Joos/Richter
Höhere Mathematik
Ein kompaktes Lehrbuch
für Studium und Beruf

JOOS / RICHTER

Höhere Mathematik

Ein kompaktes Lehrbuch für Studium und Beruf

Von Dr. Egon W. Richter
o. Professor an der Technischen Universität Braunschweig

13., korrigierte Auflage
Mit 137 Abbildungen
und 281 Aufgaben mit Lösungen

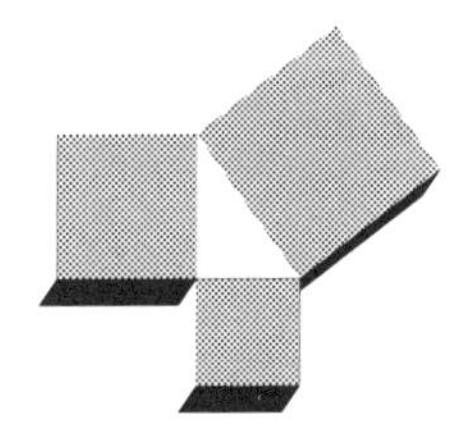

Verlag Harri Deutsch
Thun und Frankfurt am Main

Die Deutsch Bibliothek CIP-Einheitsaufnahme

Joos, Georg
Höhere Mathematik : ein kompaktes Lehrbuch für Studium und
Beruf / Joos ; Richter. - 13., korrigierte Aufl. / von Egon W.
Richter. - Thun ; Frankfurt am Main : Deutsch, 1994
ISBN 3-8171-1353-6
NE: Richter, Egon W.:

ISBN 3-8171-1353-6

13., korrigierte Auflage 1994

Druck: Fuldaer Verlagsanstalt GmbH
Printed in Germany

Vorwort

Naturwissenschaftler und Ingenieure benötigen während ihres Studiums oder im Beruf die Mathematik häufig als Hilfswissenschaft, um eine gestellte Aufgabe lösen zu können. Wie in den vorhergehenden Auflagen werden deshalb auch in dieser Neuauflage die in der Praxis bewährten mathematischen Methoden ausführlicher behandelt. Nach wie vor sind diese Methoden in einer Form dargestellt, die keine mengentheoretische Vorbildung voraussetzt. Andererseits lernen heute bereits Kinder im modernen Mathematikunterricht die Begriffe der Mengenlehre. Deshalb sind die Elemente der Mengenlehre ohne Verwendung der Symbole der mathematischen Logik aufgenommen worden. Die Nützlichkeit dieser Begriffe beruht für den Praktiker *nicht* darauf, Zahlen mengentheoretisch zu deuten. Dieser (in vielen Darstellungen der Mengenlehre im Vordergrund stehende) Aspekt wird hier nur als ein erstes Anwendungsbeispiel für mengentheoretische Begriffe kurz gestreift. Wesentlich nützlicher ist es, dem mengentheoretisch vorgebildeten Praktiker einen Zugang zu den in der Physik, Elektrotechnik, Informatik usw. verwendeten modernen mathematischen Methoden zu ermöglichen. Deshalb wird z. B. die besondere Bedeutung der meßbaren Mengen und des Maßes mehrmals aufgezeigt (Integral, Integrationsräume, Wahrscheinlichkeit).

Die Dreiteilung des Buches bleibt erhalten. Die ersten Kapitel sollen im wesentlichen an Dinge erinnern, die aus der Schule bekannt sein sollten. Dagegen wurden die Kapitel über Differential- bzw. Integralrechnung und Vektorrechnung im Stil eines Lehrbuchs abgefaßt. Die restlichen Kapitel führen in mathematische Bereiche ein, deren Nutzen für die Praxis ebenfalls unbestreitbar ist, wobei der Leser allerdings zur Lösung spezieller Probleme meistens auf entsprechende Monographien zurückgreifen muß. Diese Kapitel haben lediglich einführenden Charakter und sollen keineswegs andere Bücher ersetzen. Das trifft besonders auf die numerischen Methoden zu. Übrigens sind nicht alle besprochenen numerischen Verfahren in Kapitel 15 zusammengestellt, da gewisse Methoden – vor allem graphische Verfahren – bereits in den entsprechenden Kapiteln zur anschaulichen Interpretation benötigt wurden. In der Schreibweise der Symbole wurden weitgehend die Empfehlungen der Internationalen Union für reine und angewandte Physik berücksichtigt

Herrn Dr. G. Gerlich danke ich für viele Diskussionen und zahlreiche Verbesserungsvorschläge nach der Durchsicht des Manuskripts, die mir eine wesentliche Hilfe waren bei dem Versuch, eine für den Praktiker nützliche Darstellung mengentheoretischer Begriffe und Methoden zu finden.

E. Richter

Braunschweig, im Frühjahr 1976

Vorwort zur Taschenbuchausgabe

Im vorliegenden Nachdruck der 1978 erschienenen 12. Auflage wurden Druckfehler berichtigt und auf den Seiten 16, 19, 42, 432, 433 und 434 einige Formulierungen verbessert.
Diese besonders preiswerte Ausgabe soll vor allem Studierenden der Naturwissenschaften und Technik die Grundlagen der mathematischen Konzepte und Methoden vermitteln, die zur Lösung praktischer Probleme unentbehrlich sind.
Die meisten der in der Praxis benötigten Methoden sind älter als die moderne Mathematik und können somit ohne deren Begriffe formuliert werden. Insofern besteht kein Grund, alten Wein in neue Schläuche zu gießen. Andererseits kann bereits die Wahl eines geeigneten mathematischen Konzepts helfen, naturwissenschaftliche Probleme besser zu erfassen. Deshalb wird versucht, dem Praktiker verständlich zu machen, daß einige wichtige Begriffe der modernen Mathematik für die Formulierung und Lösung seiner Probleme nützlich sein können. Eine handbuchähnliche Vollständigkeit moderner mathematischer Vokabeln und Verfahren würde ein mehrbändiges Werk füllen und ist schon deshalb nicht beabsichtigt. Beide Aspekte bei der Behandlung praktischer Probleme in angemessener Weise zu berücksichtigen, dazu möchte dieses Buch anregen.

E. Richter

Braunschweig, im Sommer 1979

Vorwort zur 13. Auflage

Nachdem die Taschenbuchausgabe vergriffen ist, hat sich der Verlag Harri Deutsch zu einem Nachdruck entschlossen.
Die Veränderungen in der vorliegenden Auflage beschränken sich auf die Berichtigung einiger Druckfehler und die Herausnahme des kurzen Abschnitts über das Programmieren elektronischer Rechenanlagen, die wegen der rasanten Entwicklung auf diesem Gebiet notwendig wurde.
Das Literaturverzeichnis wurde aktualisiert und ergänzt.

E. Richter

Braunschweig, im Herbst 1993

Inhaltsverzeichnis

1. Mengen und Zahlen

1.1. Klassen und Mengen, Relationen und Funktionen

Eine Eigenschaft irgendeines realen oder gedachten Objekts x beschreiben wir durch eine geeignete Aussage über das Objekt, wofür symbolisch $Ag(x)$ geschrieben wird.

Beispiele

1. $Ag(x)$: x ist Haus eines Dorfes A; 2. $Ag(x)$: x ist Ziegelstein eines Hauses; 3. $Ag(x)$: x besteht aus 5 Teilen.

Alle Objekte, auf die eine gegebene Aussage zutrifft, bilden eine »Vielheit«, die wir als *Klasse* bezeichnen. Eine Aussage $Ag(x)$ definiert somit eine Klasse M und x heißt *Element* von M, wenn $Ag(x)$ gilt, symbolisch $x \in M$ geschrieben. Wenn x kein Element von M ist, schreibt man symbolisch $x \notin M$. Die Beispiele 1 und 2 zeigen, daß ein Element einer Klasse (z. B. ein Haus der Klasse »Dorf A«) selbst wieder eine Klasse sein kann (z. B. bilden alle Ziegelsteine eines Hauses des Dorfes A die Klasse »Haus«). Man bezeichnet deshalb jedes Objekt x als Klasse x. Umgekehrt gibt man Klassen, die Elemente von Klassen sind, einen besonderen Namen. Eine Klasse x heißt *Menge* genau dann, wenn es irgendeine Klasse B mit $x \in B$ gibt. Diese Unterscheidung zwischen Klassen und Mengen ermöglicht einerseits einfache sprachliche Formulierungen und ist andererseits nützlich, um die sogenannten Antinomien der (naiven) Mengenlehre zu vermeiden (Antinomie von Russell; 1872—1970: Wenn man die Menge M aller jener Mengen definieren will, die sich *nicht* selbst als Element enthalten, gelangt man zu dem Widerspruch: M ist genau dann Element von M, wenn M nicht Element von M ist). Die in diesem Buch benötigten Gesamtheiten können *alle* als Mengen behandelt werden, so daß wir nur aus sprachlicher Bequemlichkeit in gewissen Fällen von Klassen sprechen, z. B. bezeichnen wir Mengensysteme als Klassen. Nun läßt sich die eindeutige Definition einer Klasse M durch eine Aussage $Ag(x)$ symbolisch in die Form

$$M := \{x | x \text{ ist Menge mit } Ag(x)\} \tag{1-1}$$

bringen, d. h., x ist dann und nur dann Element von M,

$$x \in M, \tag{1-2}$$

wenn x Element irgendeiner Klasse ist und $Ag(x)$ gilt. Man vereinbart, daß $Ag(x)$ auch aus logischen Verknüpfungen anderer Aussagen bestehen darf und die Aussage »x ist Menge« zur Vereinfachung der Schreibweise im allgemeinen weggelassen wird. Häufig kann man die Elemente einer Menge durch Aufzählung angeben:

$$M = \{x_1, x_2, x_3, \ldots, x_n\}. \tag{1-3}$$

Mengen, die sich nur durch die Reihenfolge der Elementaufzählung unterscheiden, sind gleich.

Beispiel

$M: = \{x | x =$ Anzahl der Augen auf der Fläche eines Spielwürfels$\} = \{1, 2, 3, 4, 5, 6\}$.

Besteht eine Menge nur aus einem einzigen Element, heißt sie *Einermenge*. Entsprechend bestehen Zweiermengen aus zwei Elementen usw. Es kann vorkommen, daß man mit Mengen rechnet, von denen man nicht weiß, ob sie überhaupt ein Element haben.

Beispiel

$M: = \{x | x$ ist ein aus Ziegelsteinen bestehendes Haus eines Dorfes A$\}$. Vielleicht wurde keines dieser Häuser aus Ziegelsteinen gebaut.

Es ist deshalb zweckmäßig, auch eine leere Klasse, die *Nullmenge*, zu definieren.

$$\emptyset : = \{x | x \text{ ist Menge und ist keine Menge}\}. \tag{1-4}$$

Die Nullmenge enthält kein Element, kann selbst aber Element einer Klasse sein.

Beispiel

Die natürlichen Zahlen sind nützlich zum Abzählen realer Objekte. Umgekehrt kann man jede Menge, die die Eigenschaft hat, aus n Objekten zu bestehen, verwenden, um die natürliche Zahl n zu definieren. Es liegt dann nahe, die Zahl Null durch $0: = \emptyset$, die Zahl 1 durch $1: = \{\emptyset\} = \{0\}$, die Zahl 2 durch $2: = \{\emptyset, \{\emptyset\}\} = \{0, 1\}$ usw. zu definieren, also

$$n: = \{0, 1, \ldots, n - 1\}. \tag{1-5}$$

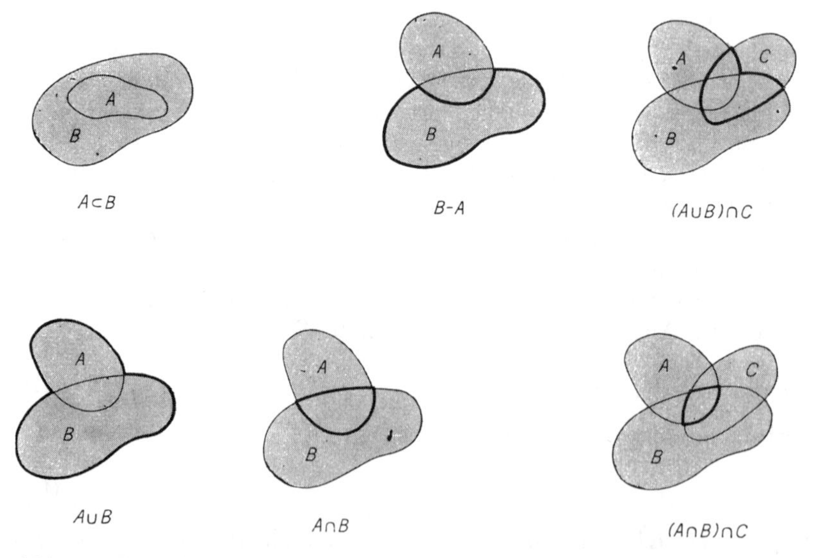

Abb. 1 VENN-Diagramme für (1-7, 1-12, 1-13, 1-17, 1-20) und (1-28)

Für irgend zwei Klassen (Mengen) A und B definiert man ferner elementare Operationen, die sich häufig durch Punktmengen in der Ebene veranschaulichen lassen (sogenannte VENN-Diagramme oder EULERsche Kreise, Abb. 1).

A und B sind gleich, symbolisch

$$A = B, \tag{1-6}$$

wenn jedes Element von A auch Element von B ist und umgekehrt. A ist Teilklasse (Teilmenge) von B, symbolisch

$$A \subset B, \tag{1-7}$$

wenn jedes Element von A auch Element von B ist (vgl. Abb. 1). Hieraus folgt:

$$A \subset A. \tag{1-8}$$

$$\text{Wenn } A \subset B \text{ und } B \subset C, \text{ gilt } A \subset C. \tag{1-9}$$

$$\text{Wenn } A \subset B \text{ und } B \subset A, \text{ gilt } A = B. \tag{1-10}$$

Man beachte, daß (1-8) stets gilt, während sehr häufig $A \notin A$ ist (vgl. z. B. 1-5). Ferner ist stets

$$\emptyset \subset A, \tag{1-11}$$

aber im allgemeinen $\emptyset \notin A$. Es ist also nötig, zwischen den beiden Beziehungen $\in$ und $\subset$ sorgfältig zu unterscheiden. *Vereinigung* von A und B, symbolisch

$$A \cup B, \tag{1-12}$$

heißt die Klasse der Elemente, die zur Klasse A *oder* zur Klasse B gehören (vgl. Abb. 1). Sind A und B Mengen, so ist auch $A \cup B$ eine Menge. *Durchschnitt* von A und B, symbolisch

$$A \cap B, \tag{1-13}$$

heißt die Klasse der Elemente, die zur Klasse A *und* zur Klasse B gehören (vgl. Abb. 1). Ist A oder B eine Menge, so ist auch $A \cap B$ eine Menge. Zwei Klassen (Mengen) A und B, die kein gemeinsames Element besitzen, nennt man *disjunkt*; für sie gilt

$$A \cap B = \emptyset. \tag{1-14}$$

Die Einführung dieser beiden Klassenverknüpfungen (Mengenverknüpfungen) $\cup$ und $\cap$ hat gewisse Rechenregeln zur Folge. Diese sind mit Hilfe der bisher definierten Grundoperationen beweisbar[1]) und sind mittels der VENN-Diagramme wenigstens einsehbar (vgl. Abb. 1). Für jeden Bereich, in dem A, B und C irgendwelche Klassen (Mengen) sind, ergibt sich folgende algebraische Struktur:

$$A \cup B = B \cup A; \quad A \cap B = B \cap A \tag{1-15}$$

$$A \cup A = A; \quad A \cap A = A \tag{1-16}$$

$$(A \cup B) \cup C = A \cup (B \cup C); \quad (A \cap B) \cap C = A \cap (B \cap C) \tag{1-17}$$

$$(A \cap B) \cup A = A; \quad (A \cup B) \cap A = A \tag{1-18}$$

$$(A \cap B) \cup C = (A \cup C) \cap (B \cup C) \tag{1-19}$$

$$(A \cup B) \cap C = (A \cap C) \cup (B \cap C) \tag{1-20}$$

---

[1] Diese und ähnliche Beweise findet man in den zahlreichen Lehrbüchern über Mengenlehre

Wir erwähnen noch die Möglichkeit, *Vereinigung* und *Durchschnitt beliebig vieler Klassen* (Mengen) zu formulieren. Als Vereinigung aller Klassen U mit der Eigenschaft $Ag(U)$ definiert man

$$\bigcup_{Ag(U)} U: = \{x | \text{ es gibt ein } U \text{ mit } Ag(U) \text{ und } x \in U\}, \tag{1-21}$$

d. h., x ist genau dann Element von (1-21), wenn es eine Klasse U mit der Eigenschaft $Ag(U)$ gibt und $x \in U$ gilt.

Als Durchschnitt aller Klassen U mit der Eigenschaft $Ag(U)$ definiert man

$$\bigcap_{Ag(U)} U: = \{x | \text{ für alle } U \text{ gilt, wenn } Ag(U), \text{ so ist } x \in U\}. \tag{1-22}$$

Häufig ist es nützlich, zu jeder Klasse (Menge) A ihre *Komplementärklasse* $\bar{A}$ (Komplementärmenge) zu definieren, die alle *nicht* zu A gehörenden Elemente enthält:

$$\bar{A}: = \{x | x \notin A\}. \tag{1-23}$$

Dann gilt (vgl. 1-14):

$$A \cap \bar{A} = \emptyset, \tag{1-24}$$

und man kann beweisen (bzw. mittels der VENN-Diagramme einsehen):

$$\bar{\bar{A}} = A, \tag{1-25}$$

$$\overline{A \cup B} = \bar{A} \cap \bar{B}; \quad \overline{A \cap B} = \bar{A} \cup \bar{B}, \text{ (DE MORGAN 1806-1871)} \tag{1-26}$$

(DE MORGAN 1806—1871)

$$B \subset \bar{A} \text{ gilt genau dann, wenn } A \cap B = \emptyset \text{ ist.} \tag{1-27}$$

Die Komplementärklasse benutzt man z. B., um die sogenannte *Differenz* zweier Klassen (Mengen) A und B zu definieren (vgl. Abb. 1):

$$B - A: = B \cap \bar{A} = \{x | x \in B \text{ und } x \notin A\}. \tag{1-28}$$

Für $A \supset B$ heißt $B - A$ auch Komplementärklasse (-menge) A von A bezüglich B.

Zu jeder Menge A definiert man ferner als eine spezielle Klasse die *Potenzmenge P(A)*, die alle Teilmengen der Menge A als Elemente enthält:

$$P(A):= \{x | x \subset A\} \tag{1-29}$$

Beispiel

$M: = \{x,y\}$ wobei x und y Mengen sein sollen. Wegen (1-8) und (1-11) gilt $P(M) = \{\emptyset, \{x\}, \{y\}, \{x,y\}\}$.

Zur Formulierung der Analysis auf mengentheoretischer Grundlage benötigt man das *geordnete Paar* zweier Elemente a und b, symbolisch (a, b). Im Gegensatz zur Zweiermenge soll es in (a, b) auf die Reihenfolge der Elemente a und b ankommen, d. h., wenn (a,b) = (c,d) ist, gilt a = c und b = d Mit geordneten Paaren als Element definiert man

$$A \times B: = \{(x,y) | x \in A \text{ und } y \in B\}, \tag{1-30}$$

genannt *kartesisches Produkt* der Klassen (Mengen) A und B. Geordnete Paare kann man anschaulich als Punkte in einer xy-Ebene deuten (vgl. Abb. 2). Wie man beweisen

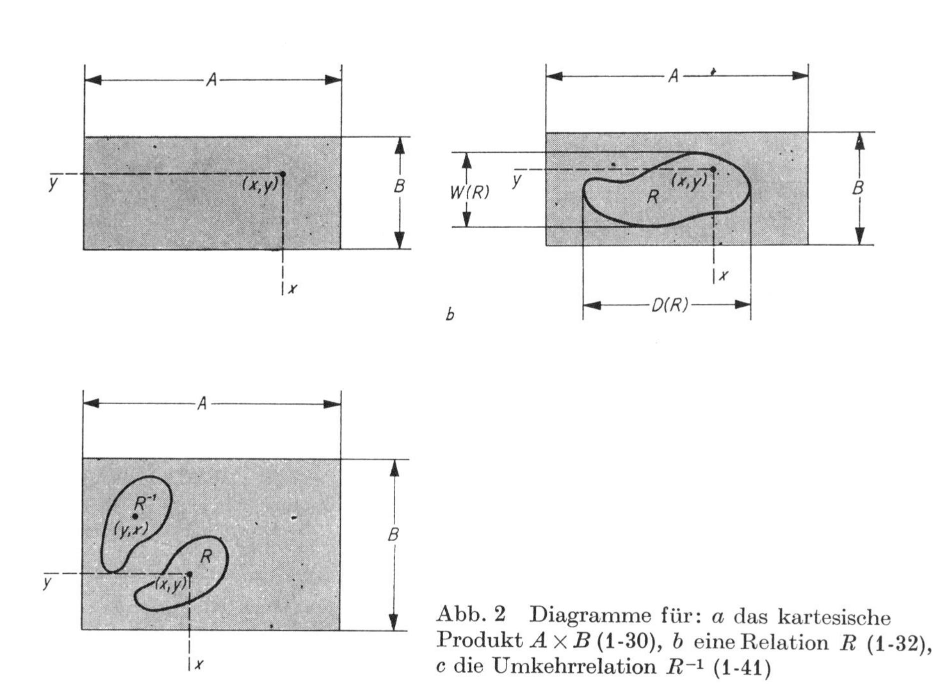

Abb. 2 Diagramme für: *a* das kartesische Produkt $A \times B$ (1-30), *b* eine Relation R (1-32), *c* die Umkehrrelation R^{-1} (1-41)

kann, gilt: Wenn A und B Mengen sind, ist auch $A \times B$ eine Menge. Entsprechend der Definition der Nullmenge (1-4) folgt:

$$A \times B = \emptyset \tag{1-31}$$

gilt genau dann, wenn $A = \emptyset$ oder $B = \emptyset$ ist.

Ein geordnetes Paar (x,y) kann man auch als ein *einziges* Objekt interpretieren (vgl.: *ein* Punkt der xy-Ebene), das Träger einer Eigenschaft ist, die durch die Aussage $Ag(x,y)$ beschrieben wird. Entsprechend (1-1) wird durch

$$R := \{(x,y) \mid (x,y) \in A \times B \text{ mit } Ag(x,y)\} \tag{1-32}$$

eine Klasse (Menge) definiert, die man als (binäre) *Relation* bezeichnet. $(x,y) \in R$ bedeutet wegen (1-32): (x,y) ist genau dann Element von R, wenn $x \in A$, $y \in B$ und $Ag(x,y)$ gelten. Wie ein Vergleich von (1-32) mit (1-30) zeigt, ist das kartesische Produkt selbst eine Relation. Wenn $R \subset A \times B$ ist, bezeichnet man R als eine *Relation zwischen den Klassen A und B*. Wenn $R \subset A \times A$ ist, nennt man R eine *Relation in (der Klasse) A*.

Für $(x,y) \in R$ schreibt man symbolisch auch

$$x \, R \, y. \tag{1-33}$$

Beispiele

1. Eine Relation R in A heißt *Ordnungsrelation*, wenn für alle $x,y,z \in A$ gilt:

$$(x,x) \in R; \tag{1-34}$$

$$\text{wenn } (x,y) \in R \text{ und } (y,z) \in R, \text{ ist auch } (x,z) \in R, \tag{1-35}$$

$$\text{wenn } (x,y) \in R \text{ und } (y,x) \in R, \text{ ist } x = y. \tag{1-36}$$

Die Relation $\leqq$, d. h. kleiner oder gleich, zwischen natürlichen (und anderen) Zahlen ist z. B. eine Ordnungsrelation, deren Elemente nach (1-33) $x \leqq y$ geschrieben werden (vgl. 1-69).

2. Eine Relation R in A heißt *Äquivalenzrelation*, wenn für alle $x,y,z \in A$ (1-34, 1-35) erfüllt ist und anstelle von (1-36) gilt:

$$\text{wenn } (x,y) \in R, \text{ ist auch } (y,x) \in R. \tag{1-37}$$

Die Äquivalenzrelation R (symbolisch $\sim$) definiert in A zu jedem y die *Äquivalenzklasse*

$$C_y := \{x \mid x \sim y\} = \{x \mid (x,y) \in R\}, \tag{1-38}$$

Jedes Element x in (1-38) heißt *Repräsentant* der Äquivalenzklasse.

Für eine gegebene Relation $R \subset A \times B$ sind im allgemeinen nicht alle $x \in A$ und $y \in B$ passend (vgl. Abb. 2). Die kleinste benötigte Klasse, die von $x \in A$ gebildet wird, heißt *Definitionsbereich* $D(R)$.

$$x \in D(R) \tag{1-39}$$

gilt genau dann, wenn es ein y gibt, so daß $(x,y) \in R$ ist (vgl. Abb. 2).

Die kleinste benötigte Klasse, die von $y \in B$ gebildet wird, heißt *Wertebereich* $W(R)$.

$$y \in W(R) \tag{1-40}$$

gilt genau dann, wenn es ein x gibt, so daß $(x,y) \in R$ ist (vgl. Abb. 2).
Offenbar ist $D(R) \subset A$ und $W(R) \subset B$. Jeder Relation R ordnet man ihre inverse Relation, die *Umkehrrelation* R^{-1} zu durch (vgl. Abb. 2)

$$R^{-1} := \{(y,x) \mid (x,y) \in R\}. \tag{1-41}$$

Besonders wichtig sind die *eindeutigen Relationen*, die die Eigenschaft

$$\text{wenn } (x,y) \in R \text{ und } (x,z) \in R, \text{ gilt } y = z, \tag{1-42}$$

besitzen. Durch eine eindeutige Relation wird jedem Element $x \in D(R)$ genau ein Element $y \in W(R)$ zugeordnet. Diese Zuordnung bezeichnet man als *Abbildung*, *Operator* oder *Funktion* f und schreibt für die Abbildung *von A in B*

$$f: A \to B, \tag{1-43}$$

wobei A der Definitionsbereich $D(f)$ von f und $W(f) \subset B$ der Wertebereich von f ist. Wenn $W(f) = B$ gilt, spricht man von einer Abbildung *von A auf B*. Für $D(f) \subset A$ heißt f eine Abbildung *aus* A in B bzw. auf B. Wird dem Element $x \in D(f)$ das Element $y \in W(f)$ zugeordnet, so sagt man »y ist das Bild von x« oder »y ist der Wert der Funktion f an der Stelle x« und schreibt symbolisch

$$y = f(x). \tag{1-44}$$

Damit kann man nach (1-32) eine *Abbildungsrelation* (auch Graph der Funktion f genannt, Abb. 3)

$$R_f = \{(x,y) \mid y = f(x),\ x \in D(f)\} \tag{1-45}$$

formulieren. Zwei Funktionen f und g sind genau dann gleich ($f = g$), wenn ihre Definitionsbereiche übereinstimmen und für jedes $x \in D(f) = D(g)$ die Werte der Funktionen gleich sind: $f(x) = g(x)$. Wenn f eine Funktion auf $D(f)$ ist und $R_g \subset R_f$ gilt, nennt man g

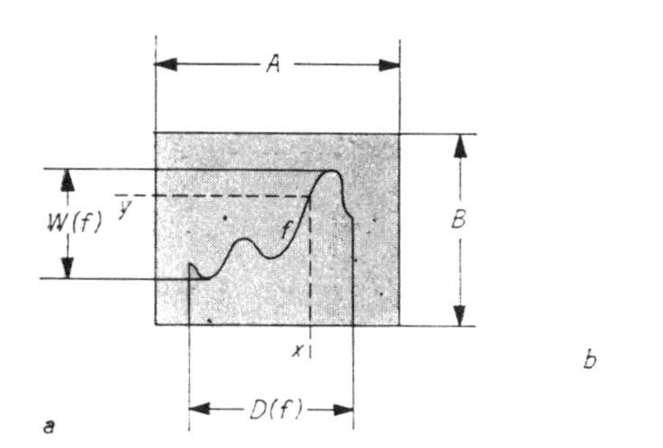

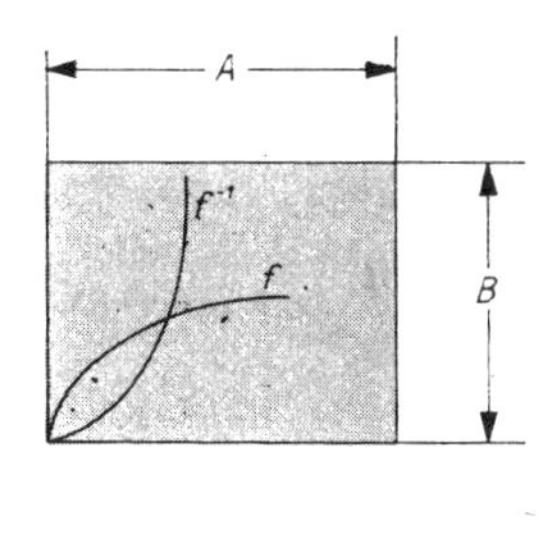

Abb. 3 Schaubilder für: *a* die Abbildungsrelation R_f (1-45), *b* die Umkehrrelation R_f^{-1} (1-46)

die *Einschränkung* von f auf $D(g)$. Bei $R_f \supset R_g$ bezeichnet man f als eine *Fortsetzung* von g auf $D(g)$ zu f auf $D(f)$. Die Eindeutigkeit (1-42) ist ein wesentliches Merkmal einer Funktion. Die entsprechend (1-41) gebildete inverse Abbildungsrelation

$$R_f^{-1} = \{(y, x) \,|\, (x, y) \in R_f\} \tag{1-46}$$

ist im allgemeinen nicht eindeutig.
Falls diese Umkehrrelation eindeutig ist, existiert auch f^{-1} und man nennt f eine umkehrbare oder eindeutige Funktion. f^{-1} heißt Umkehrfunktion von f (vgl. Abb. 3).

Das *f-Bild einer Menge C* ist die Klasse aller Funktionswerte $f(x)$ für $x \in D(f) \cap C$. Man schreibt hierfür:

$$f[C] := \{f(x) \mid x \in D(f) \text{ und } x \in C\}. \tag{1-47}$$

Beispiel. $f[D(f)] = W(f)$

Das *f-Urbild einer Menge B* bildet man entsprechend (1-41) mit den Elementen von $W(f) \cap B$

$$f^{-1}[B] = \{x \mid f(x) \in W(f) \text{ und } f(x) \in B\}. \tag{1-48}$$

Beispiel. $f^{-1}[W(f)] = D(f)$.

Häufig werden Mengen abgebildet, deren Elemente selbst Funktionen sind. Die Abbildungen einer Menge A von Funktionen in die reellen bzw. komplexen Zahlen sind so wichtig, daß man ihnen einen besonderen Namen gibt:

Eine Abbildung

$$f: A \to \mathbb{R} \text{ bzw. } \mathbb{C} \tag{1-49}$$

heißt *Funktional.* ($\mathbb{R}$ vgl. Abschnitt 1.2.4., $\mathbb{C}$ vgl. Abschnitt 1.2.5.).

1.2. Zahlen und Folgen

Mit den im Abschnitt 1.1. zusammengestellten Elementen der Mengenlehre lassen sich auch Aussagen über Zahlenmengen formulieren. Die mengentheoretische Deutung der Zahlen betrachten wir als ein erstes Beispiel für die Anwendung der Mengenlehre. Im folgenden verzichten wir allerdings auf die in mengentheoretischen Darstellungen übliche Interpretation der natürlichen und ganzen Zahlen durch Äquivalenzklassen und machen zu diesen Zahlen nur einige Bemerkungen.

1.2.1. Natürliche Zahlen

Die Menge der natürlichen Zahlen $\mathbb{N}$ läßt sich mit Hilfe des Nachfolgers n^+ einer natürlichen Zahl n (vgl. 1-5) erzeugen. Als *Nachfolger von n* wird definiert

$$n^+ := n \cup \{n\} = \{0, 1, \ldots, n-1, n\}. \tag{1-50}$$

Wir folgen hier einem von J. v. NEUMANN (1903—1957) vorgeschlagenen Ansatz, nach dem auch die Null durch die Definition $0 := \emptyset$ mit zu den natürlichen Zahlen gerechnet wird. Mit (1-50) gilt dann: Eine natürliche Zahl besitzt die Eigenschaft, aus 0 durch Nachfolger herstellbar zu sein.
Man kann beweisen, daß die Menge der natürlichen Zahlen $\mathbb{N}$ aus einer unendlichen Anzahl von Elementen besteht, was auch die Schreibweise

$$\mathbb{N} = \{0, 1, 2, 3, \ldots\} \tag{1-51}$$

andeutet. Manche Autoren benutzen $\mathbb{N} = \{1, 2, 3, \ldots\}$ und bezeichnen (1-51) mit $\mathbb{N}_0$.

Die arithmetischen Operationen Addition und Multiplikation werden für natürliche Zahlen durch folgende Grundeigenschaften definiert. Für alle $x,y \in \mathbb{N}$ gilt:

$$x + 0 = x; \quad x + y^+ = (x + y)^+ \quad \text{Addition,} \tag{1-52}$$

$$x \cdot 0 = 0; \quad x \cdot y^+ = x \cdot y + x \quad \text{Multiplikation,} \tag{1-53}$$

$$x^0 = 1; \quad x^{y^+} = x^y \cdot x \quad \text{Potenz.} \tag{1-54}$$

Aus (1-52) folgt z. B. für $y = 0$ wegen $0^+ = 1$ wie erwartet:

$$x^+ = x + 1. \tag{1-55}$$

Man kann zeigen, daß (1-52) bis (1-54) für $x,y,z \in \mathbb{N}$ folgende bekannte Regeln liefern

$$x + y = y + x; \quad (x + y) + z = x + (y + z) \tag{1-56}$$

$$x \cdot y = y \cdot x; \quad (x \cdot y) \cdot z = x \cdot (y \cdot z) \tag{1-57}$$

$$z \cdot (x + y) = z \cdot x + z \cdot y \tag{1-58}$$

$$z^x \cdot z^y = z^{x+y}; \quad (z^x)^y = z^{x \cdot y}. \tag{1-59}$$

Die Ordnungseigenschaften der natürlichen Zahlen lassen sich unter Verwendung der Addition definieren. Für die Relation »kleiner oder gleich«, symbolisch $\leqq$, definiert man: $x \leqq y$ gilt genau dann, wenn es ein $z \in \mathbb{N}$ gibt, so daß $x + z = y$ für ein Paar natürlicher Zahlen x und y gilt.
Die Nachfolgereigenschaft der natürlichen Zahlen wird im *Satz von der vollständigen Induktion* ausgenutzt: Eine Aussage $Ag(n)$ sei für $n = 0$ (oder bis zu einer anderen natürlichen Zahl) richtig. Wenn für alle $n \in \mathbb{N}$ aus $Ag(n)$ stets die Richtigkeit von $Ag(n + 1)$ folgt, dann gilt $Ag(n)$ für alle $n \in \mathbb{N}$. Dieser Satz wird häufig benutzt, um die Richtigkeit einer Aussage $Ag(n)$ für jede natürliche Zahl zu beweisen. Auf diese Weise kann z. B. (1-56) bis (1-59) mit Hilfe von (1-52) bis (1-54) bewiesen werden.

Beispiel

$Ag(n)$: Die Potenzmenge einer Menge M aus n Elementen besteht aus 2^n Elementen.
Induktionsanfang: $Ag(1)$ gilt, da für $M = \{x\}$ $P(M) = \{\emptyset, \{x\}\}$ folgt.
Induktionsannahme: $Ag(n)$ gilt für $n \in \mathbb{N}$ mit $n > 1$.
Induktionsbehauptung: $Ag(n + 1)$. Beweis: Die Elemente $x_1, \ldots, x_n$ bilden 2^n Teilmengen.

Zu jeder Teilmenge kann das Element x_{n+1} hinzugefügt werden, so daß es neben den 2^n Teilmengen ohne x_{n+1} noch gleichviele mit x_{n+1} gibt, also $2^n + 2^n = 2 \cdot 2^n = 2^{n+1}$ Teilmengen.

1.2.2. Ganze Zahlen

Im Bereich der natürlichen Zahlen wurde die arithmetische Operation Addition $x + z = y$ eingeführt, die offenbar nicht für jedes Paar natürlicher Zahlen (x,y) so möglich sind, daß auch $z \in \mathbb{N}$ gilt (z. B. $9 + z = 3$). Diese Einschränkung läßt sich nur beseitigen, wenn man den natürlichen Zahlenbereich erweitert. Dazu geht man von $x + z = 0$ für $x \neq 0 \in \mathbb{N}$ aus, nennt die Lösungen dieser Gleichung das Negative der Zahlen x und schreibt $z = -x$. Den erweiterten Bereich nennt man die Menge $\mathbb{Z}$ der ganzen Zahlen, die sich durch

$$\mathbb{Z} := \{z \mid z \in \mathbb{N} \text{ oder } -z \in \mathbb{N}\} \tag{1-60}$$

angeben läßt.

Addition und Multiplikation können so definiert werden, daß auch für die ganzen Zahlen Rechenregeln gelten, die (1-56) bis (1-59) entsprechen.

1.2.3. Rationale Zahlen

Verlangt man die unbeschränkte Gültigkeit der Multiplikation $x \cdot z = y$ (z. B. $2 \cdot z = 3$), so wird erneut eine Erweiterung des Zahlenbereichs notwendig. Die Menge der Zahlen dieses Bereichs wird mit einer geeigneten Äquivalenzrelation definiert. Für die ganzen Zahlen a,x,y,z und $y = x \cdot z$ liefert (1-57) $(a \cdot x) \cdot z = a \cdot y$, d. h., die Multiplikation ordnet einer Zahl z nicht nur das geordnete Paar (x,y) zu, sondern jedes geordnete Paar $(a \cdot x, a \cdot y)$ für alle $a \in \mathbb{Z}$. Setzt man $a \cdot x = u$, $a \cdot y = v$, so folgt

$$v \cdot x = (a \cdot y) \cdot x = y \cdot (a \cdot x) = y \cdot u \tag{1-61}$$

und analog (1-32) die Relation

$$R = \{(p,q) \mid p = (x,y),\ q = (u,v) \text{ mit } v \cdot x = y \cdot u\}, \tag{1-62}$$

die sich als Äquivalenzrelation erweist (vgl. 1-34, 1-35, 1-37). Die Elemente von (1-62) werden symbolisch (vgl. 1-33)

$$p \sim q \tag{1-63}$$

geschrieben, und nach (1-38) wird in $\mathbb{Z} \times \mathbb{Z}$ durch (1-62) die Äquivalenzklasse

$$C_q = C_{u,v} = \{p \mid p \sim q\} \tag{1-64}$$

definiert.

Beispiel

Für $u = 5$, $v = 8$ gilt nach (1-64) wegen $8 \cdot x = y \cdot 5$: $C_{5,8} = \{(5,8), (-5,-8), (10,16), (-10,-16), \ldots\}$.

Dem Objekt z in $x \cdot z = y$ ordnet man die Äquivalenzklasse (1-64) zu, nennt sie *rationale Zahl* und schreibt

$$C_{x,y} = \frac{y}{x}\,. \tag{1-65}$$

Die Rechenregeln für diese neuen Zahlen werden durch geeignete Definitionen für die

Addition und Multiplikation rationaler Zahlen so festgelegt, daß man die bekannte *Bruchrechnung* erhält. Die Äquivalenzklasse $C_{1,y}$ entspricht dabei einer ganzen Zahl:

$$C_{1,y} = \frac{y}{1} = y\,. \qquad (1\text{-}66)$$

Die Menge aller rationalen Zahlen beschreibt man durch

$$Q = \left\{\frac{y}{x} \,\middle|\, x, y \in \mathbb{Z}, \quad x \neq 0\right\}. \qquad (1\text{-}67)$$

Es gilt $\mathbb{N} \subset \mathbb{Z} \subset Q$.

Die bisher skizzierten Erweiterungen der Bereiche $\mathbb{N}$ und $\mathbb{Z}$ wurden nötig, weil gefordert wurde, daß bestimmte algebraische Strukturen (Addition und Multiplikation) in Zahlenbereichen unbeschränkt gültig sein sollen. Für die Erweiterung des Bereichs rationaler Zahlen zum Bereich der reellen Zahlen ist keine algebraische Struktur maßgebend, sondern die Ordnungseigenschaft rationaler Zahlen. Um die Ordnungsrelation zu definieren, erinnern wir daran, daß mit (x,y) auch $(a \cdot x,\ a \cdot y)$, $a \in \mathbb{Z}$ derselben rationalen Zahl zugeordnet wird, also $\frac{y}{x} = \frac{a \cdot y}{a \cdot x}$ gilt. Ist x eine negative ganze Zahl, d. h. $-x \in \mathbb{N}$, genügt es, $-a \in \mathbb{N}$ zu wählen, damit $a \cdot x = (-a) \cdot (-x) \in \mathbb{N}$ gilt. Es ist also stets $a \cdot x \in \mathbb{N}$ erreichbar, und man definiert:

Eine rationale Zahl $\frac{y}{x}$ $(y \neq 0)$, für die ein $a \neq 0 \in \mathbb{Z}$ so gewählt sei, daß $a \cdot x \in \mathbb{N}$ ist, heißt

$$\text{positiv, wenn } a \cdot y \in \mathbb{N}; \text{ negativ, wenn } -a \cdot y \in \mathbb{N}. \qquad (1\text{-}68)$$

Die Ordnungsrelationen »kleiner« ($<$) bzw. »größer« ($>$) werden definiert durch:

$$\left.\begin{matrix} s < r \\ s > r \\ s = r \end{matrix}\right\} \text{ genau dann, wenn } r + (-s) = \left\{\begin{matrix} \text{pos. Zahl} \\ \text{neg. Zahl} \\ 0 \text{ ist.} \end{matrix}\right. \qquad (1\text{-}69)$$

$s \leqq r$ bedeutet »$r < s$ oder $r = s$«.

Aus (1-69) ergeben sich folgende, leicht beweisbare *Ungleichungen:*
Wenn $r < s$ ist, folgt

$$r + t < s + t \quad \text{für beliebiges } t \in Q\,, \qquad (1\text{-}70)$$

$$r \cdot t < s \cdot t \quad \text{für } t > 0 \quad \text{und} \quad r \cdot t > s \cdot t \quad \text{für } t < 0\,. \qquad (1\text{-}71)$$

Ferner definiert man

$$|r| := \begin{cases} r, \text{ wenn } r > 0 \\ 0, \text{ wenn } r = 0 \\ -r, \text{ wenn } r < 0 \end{cases} \qquad (1\text{-}72)$$

als *absoluten Betrag* einer rationalen Zahl r. Mit (1-71) ergeben sich folgende Rechenregeln

$$|r \cdot s| = |r| \cdot |s| \qquad (1\text{-}73)$$

$$|r| - |s| \leqq \big||r| - |s|\big| \leqq |r \pm s| \leqq |r| + |s| \qquad (1\text{-}74)$$

$d(r,s) := |r - s|$ bezeichnet man als Abstand der beiden Zahlen r und s. (1-75)

1.2.4. Reelle Zahlen

Nach (1-69) ist von zwei voneinander verschiedenen rationalen Zahlen r und s stets eine größer als die andere. Deshalb lassen sich alle rationalen Zahlen Punkten einer Geraden zuordnen *(Zahlengerade)*. Dazu wählt man auf einer Geraden einen Punkt, dem die 0 zugeordnet wird (Nullpunkt) und eine gewisse Strecke, deren Endpunkte den Abstand 1 haben (Längeneinheit). Ausgehend vom Nullpunkt ergeben sich durch wiederholtes Anlegen der Längeneinheit und Markieren der Endpunkte auf der Geraden Punkte, denen man die Zahlen der geordneten Menge $\mathbb{Z}$ zuordnet. Den nichtganzen rationalen Zahlen entsprechen dann Punkte auf der Zahlengeraden, die innerhalb der entstandenen Intervalle liegen. Man kann leicht zeigen, daß bei dieser Anordnung der rationalen Zahlen nicht alle Punkte der Geraden markiert werden. Verwendet man zwei Strecken der Zahlengeraden, deren Endpunkte durch rationale Zahlen markiert sind, als Katheten in einem rechtwinkligen Dreieck und legt die zugehörige Hypotenuse an die Zahlengerade, so werden im allgemeinen nicht beide Endpunkte auf der Zahlengeraden durch rationale Zahlen markiert sein. Nach den Satz von PYTHAGORAS gilt nämlich $r^2 + s^2 = t^2$ (r,s = Kathetenlängen, t = Hypotenusenlänge) und für beliebige $r,s \in \mathbb{Q}$ läßt sich diese Gleichung im allgemeinen nicht für ein $t \in \mathbb{Q}$ lösen. Zum Beispiel führt $r = s = 1$ zu $t^2 = 2$, und kein $t \in \mathbb{Q}$ erfüllt diese Gleichung. Fordert man, Lücken dieser Art auf der Zahlengeraden zu füllen, genauer: $x^n = y$ mit $n \in \mathbb{N}$, $y > 0$ unbeschränkt lösen zu können, muß der Bereich der rationalen Zahlen erweitert werden. Um Hinweise zu erhalten, auf welchem Weg dieses Problem bewältigt werden kann, betrachten wir die Gleichung $x^2 = 2$. Durch Probieren findet man Näherungslösungen, wobei wir die Dezimalbruchschreibweise verwenden:

$$a_0, a_1 a_2 \cdots := a_0 + \frac{a_1}{10} + \frac{a_2}{100} + \cdots (a_n = 0,1, \ldots, 9;\ n \in \mathbb{N}). \tag{1-76}$$

Offenbar sind z. B. die x^2-Werte

$$(1{,}4)^2 = 1{,}96\ ; \quad (1{,}41)^2 = 1{,}988\ ; \quad (1{,}414)^2 = 1{,}9994$$

und

$$(1{,}5)^2 = 2{,}25\ ; \quad (1{,}42)^2 = 2{,}016\ ; \quad (1{,}415)^2 = 2{,}0023$$

Näherungslösungen, die sich einerseits von »unten« (<2) und andererseits von »oben« (>2) der 2 immer besser anpassen, d. h., die Differenz $|x^2 - 2|$ wird immer kleiner. Die gesuchte Lösung x wird also durch die Näherungslösungen $x_0 = 1{,}4$; $x_1 = 1{,}41$; $x_2 = 1{,}414$; ... bzw. $x_0 = 1{,}5$; $x_1 = 1{,}42$; $x_2 = 1{,}415$; ... fortschreitend besser dargestellt. Dies legt den Gedanken nahe, für solche Fälle, in denen die Gleichung $x^n = y$ mit $n \in \mathbb{N}$, $y > 0$ keine Lösung für rationale x-Werte besitzt, geeignete Folgen von Näherungslösungen als neue Zahlen zu definieren. Von dieser Idee lassen wir uns im folgenden leiten. Schreibt man die n-te Näherungslösung $x_n = f(n)$, $n \in \mathbb{N}$, wird klar, daß eine spezielle Klasse der Klassen aller Funktionen betrachtet wird. Die (zugeordneten) Funktionswerte einer Funktion f: $\mathbb{N} \to$ Zahlenmenge nennt man eine (Zahlen-)*Folge*:

$$(f(n)) := (f(0), f(1), f(2), \ldots) = (a_0, a_1, a_2, \ldots). \tag{1-77}$$

$f(n) = a_n$ mit $n \in \mathbb{N}$ heißt Glied der Folge (1-77). Wenn der Wertebereich einer Folge $W(f) = \mathbb{Q}$ ist, schreiben wir für ein Glied dieser rationalen Folge $r_n = f(n)$.

Beispiel

Jeder Dezimalbruch $a_0, a_1 a_2 \ldots a_n$ (vgl. 1-76) ergibt eine aufsteigende Folge rationaler Zahlen, nämlich $r_0 \leqq r_1 \leqq r_2 \leqq \ldots$ mit $r_n = a_0, a_1 a_2 \ldots a_n$.

Die in diesem Beispiel erwähnte rationale Folge besitzt eine wichtige Eigenschaft: Für $m > n$ gilt $r_m - r_n < \frac{1}{10^n}$, d. h., die Differenz zwischen zwei Gliedern der Folge wird um so kleiner, je größer der Index n wird. CAUCHY (1789—1857) erkannte die Bedeutung, die Folgen mit dieser Eigenschaft für die Mathematik haben.

Eine (rationale) Folge (r_n) heißt CAUCHY-*Folge* (auch *Fundamentalfolge*), wenn es zu jedem positiven (rationalen) ε eine geeignete, natürliche Zahl $N(\varepsilon)$ gibt, so daß für alle $n,m > N(\varepsilon)$ gilt:

$$|r_m - r_n| < \varepsilon \tag{1-78}$$

Man kann beweisen, daß z. B. jeder Dezimalbruch eine CAUCHY-Folge ist. Wir werden später sehen, daß CAUCHY-Folgen zur Definition neuer Zahlen außerhalb des Bereichs rationaler Zahlen benutzt werden können. Zunächst definieren wir:
Wenn es für eine (rationale) Folge (r_n) eine (rationale) Zahl s gibt und zu jedem positiven (rationalen) ε eine geeignete natürliche Zahl $N(\varepsilon)$, so daß

$$|r_n - s| < \varepsilon \tag{1-79}$$

für alle $n > N(\varepsilon)$ gilt, heißt die Folge *konvergent gegen den Grenzwert s*. Man schreibt dafür auch

$$\lim_{n\to\infty} r_n = s \quad \text{(lat. limes = Grenze)}, \tag{1-80}$$

da der Grenzwert s durch die für (1-79) formulierten Bedingungen eindeutig gegeben ist. Besonders häufig treten Folgen auf, die gegen 0 konvergieren. Diese werden als *Nullfolgen* bezeichnet.

Beispiel

$r_n = \frac{1}{n+1}$. Setze $\varepsilon = \frac{y}{x}$ mit $x,y \in \mathbb{N}$ und $x \neq 0$, $y \neq 0$. Wähle $N = x - 1$. Für $n > N$ folgt dann $n > x - 1$ oder $n + 1 > x$, also $\frac{1}{n+1} < \frac{1}{x} \leqq \frac{y}{x} = \varepsilon$, d. h. $\left|\frac{1}{n+1}\right| < \varepsilon$ für alle $n > N = \frac{y}{\varepsilon} - 1$. Ein Vergleich mit (1-79) zeigt, daß $s = 0$ ist, also eine Nullfolge vorliegt.

Zwischen konvergenten Folgen und CAUCHY-Folgen besteht folgende Beziehung:
Jede konvergente Folge ist eine CAUCHY-Folge.
Wegen (1-74) ist nämlich $|r_m - r_n| = |r_m - s - (r_n - s)| \leqq |r_m - s| + |r_n - s|$, so daß aus $\lim\limits_{n\to\infty} r_n = \lim\limits_{m\to\infty} r_m = s$ über (1-79) $|r_m - r_n| < 2\varepsilon$ folgt. Die Umkehrung dieses Satzes gilt *nicht*, da es CAUCHY-Folgen rationaler Zahlen gibt, für die man in (1-79) kein rationales s angeben kann (z. B. die nach (1-76) erwähnte Folge von Dezimalbrüchen für $r_n^2 < 2$).

Diese Situation ist vergleichbar mit der bei den natürlichen Zahlen hinsichtlich der Differenz und der bei den ganzen Zahlen hinsichtlich der Division. Wir wollen nun den Bereich der rationalen Zahlen so erweitern, daß CAUCHY-Folgen stets konvergieren, d. h., $\lim\limits_{n\to\infty} r_n$ soll für jede rationale Folge existieren. Von den rationalen Folgen, die gegen eine rationale Zahl konvergieren, ist bekannt, daß verschiedene Folgen gegen denselben Grenzwert konvergieren können (z. B. alle Nullfolgen konvergieren gegen 0). Man definiert: Zwei (rationale) CAUCHY-Folgen (r_n) und (r_n') heißen äquivalent

$$(r_n) \sim (r_n'), \quad \text{wenn} \quad (r_n - r_n') \tag{1-81}$$

eine (rationale) Nullfolge ist.

Wir bezeichnen mit F_Q die Menge aller rationalen CAUCHY-Folgen. Mit (1-81) definiert man die *Äquivalenzrelation*

$$R := \{((r_n), (r'_n)) | (r_n), (r'_n) \in F_Q \text{ und } (r_n) \sim (r'_n)\}, \tag{1-82}$$

die eine Teilklasse von $F_Q \times F_Q$ ist. Analog (1-38) erhält man durch R eine *Äquivalenzklasse*

$$C_{(r_n)} := \{(r'_n) | ((r_n), (r'_n)) \in R\}. \tag{1-83}$$

Man definiert: Eine Äquivalenzklasse $C_{(r_n)}$ heißt eine *reelle Zahl.*

Für die reellen Zahlen definiert man die Rechenoperationen der Addition und Multiplikation in der üblichen Weise; für Repräsentanten von (1-83) soll gelten:

$$\lim (r_n) + \lim (r'_n) = \lim ((r_n) + (r'_n)); \ \lim (r_n) \cdot \lim (r'_n) = \lim ((r_n) \cdot (r'_n)). \tag{1-84}$$

Da die Rechenregeln für rationale Zahlen bereits bekannt sind, kann man beweisen, daß $r_n + r'_n$ und $r_n \cdot r'_n$ tatsächlich CAUCHY-Folgen sind. Man kann auch zeigen, daß die Definition unabhängig von der Wahl der speziellen Repräsentanten einer Äquivalenzklasse gilt. Als Nullelement der reellen Zahlen bezeichnet man den Grenzwert der CAUCHY-Folge ($r_n = 0$ für alle n). Ferner definiert man: Wenn ein geeignetes positives rationales ε und eine geeignete natürliche Zahl $N(\varepsilon)$ so gewählt werden können, daß in einer CAUCHY-Folge $r_n > \varepsilon$ für $n > N(\varepsilon)$ gilt, heißt $\lim (r_n)$ *positiv,* und man schreibt $\lim (r_n) >$ Nullelement. Analog zu (1-69) definiert man: $\lim (r_n) > \lim (r'_n)$ gilt dann genau, wenn $\lim ((r_n) - (r'_n)) >$ Nullelement ist. Entsprechendes gilt für die anderen Ordnungsrelationen und für den absoluten Betrag analog (1-72) bis (1-75).

Wir erwähnen noch die Möglichkeit, jede rationale Zahl r zu schreiben als $\lim (r_n = r$ für alle $n) = r$. Deshalb sind die rationalen Zahlen als Teilmenge im Bereich der reellen Zahlen enthalten.

Wir schreiben im folgenden für eine reelle Zahl statt $\lim (r_n)$ einfach einen Buchstaben, z. B. x, und bezeichnen die Menge aller reellen Zahlen mit $\mathbb{R}$. Es gilt

$$\mathbb{N} \subset \mathbb{Z} \subset Q \subset \mathbb{R}. \tag{1-85}$$

Für das praktische Rechnen mit reellen Zahlen ist wichtig, daß jede Äquivalenzklasse (1-83) einen Dezimalbruch als Repräsentanten enthält. Deshalb kann man jede reelle Zahl x durch einen Dezimalbruch darstellen (z. B. $x = \sqrt{2}$ entsprechend den Werten nach 1-76). Wenn dieser Dezimalbruch periodisch ist oder abbricht, ist x eine rationale Zahl. Die in $\mathbb{R}$ enthaltenen nichtrationalen Zahlen, *irrationale Zahlen* genannt, sind nach (1-23) Elemente der Komplementärmenge $\overline{Q}$.

Auf Folgen aus reellen Zahlen: (x_n) mit $x_n = f(n) \in \mathbb{R}$ können die Definitionen (1-78) (CAUCHY-Folgen) und (1-79) (Konvergenz) übertragen werden, indem dort r_n, r_m durch x_n, x_m ersetzt und ε, s als $\in \mathbb{R}$ interpretiert werden. Dann bleibt auch (1-80) gültig; zusätzlich läßt sich beweisen:

Jede CAUCHY-Folge aus reellen Zahlen konvergiert gegen eine reelle Zahl (Konvergenzkriterium von CAUCHY). Dies bedeutet aber *nicht*, daß $\lim_{n \to \infty} x_n = y$ ein Glied der Cauchy-Folge (x_n) sein muß.

Wenn man aus einer Menge $M \subset \mathbb{R}$ eine Folge (x_n) voneinander verschiedener Elemente so auswählen kann, daß sie gegen einen Punkt x konvergieren (d. h. $\lim_{n \to \infty} x_n = x$),

heißt x *Häufungspunkt* der Menge M. Er braucht nicht zu M zu gehören. Bezeichnet man die Menge der Häufungspunkte mit M', gilt:
Die Menge M heißt

abgeschlossen, wenn $M' \subset M$ ist, (1-86)

in sich dicht, wenn $M \subset M'$ ist. (1-87)

In die Definitionen der konvergenten Folgen und Cauchy-Folgen gehen die Ordnungseigenschaften reeller Zahlen wesentlich ein. Das gleiche gilt für den folgenden Begriff: Sind a, b und x reelle Zahlen, heißt die Menge

$$]a, b[:= \{x \mid x \in \mathbb{R} \quad \text{und} \quad a < x < b\} \quad \text{offenes Intervall.} \tag{1-88}$$

Entsprechend definiert man mit der Eigenschaft $a \leqq x \leqq b$ ein *abgeschlossenes Intervall* $[a,b] =]a,b[\cup \{a,b\}$ und mit $a \leqq x < b$ bzw. $a < x \leqq b$ *halboffene Intervalle* $[a,b[$ bzw. $]a,b]$. Wenn man $-\infty < x < (+)\infty$ schreibt, meint man alle Punkte der Zahlengeraden. Die mit $-\infty$ und $+\infty$ bezeichneten Objekte sind nicht als Zahlen zu interpretieren. $-\infty < x$ kann man sich vorstellen als einen Punkt der Zahlengeraden, der links von jedem Punkt x der Geraden liegt (man sagt auch »bei minus Unendlich«). Entsprechendes gilt für $x < (+)\infty$. Schließlich heißt

$$\bar{\mathbb{R}} := \mathbb{R} \cup \{-\infty, +\infty\} \tag{1-89}$$

die *abgeschlossene Zahlengerade*.

Die einpunktigen Mengen $\{a\}$ werden als abgeschlossene Intervalle betrachtet.

Als *Umgebung* eines Punktes $x_0 \in \mathbb{R}$ bezeichnet man die Teilmenge $U(x_0) \subset \mathbb{R}$, wenn in dieser Teilmenge ein offenes Intervall $U_\varepsilon(x_0) := \{x \mid x \in \mathbb{R}$ und $x_0 - \varepsilon < x < x_0 + \varepsilon$, $\varepsilon > 0\}$ enthalten ist, also $U_\varepsilon(x_0) \subset U(x_0)$ gilt (Abb. 4).

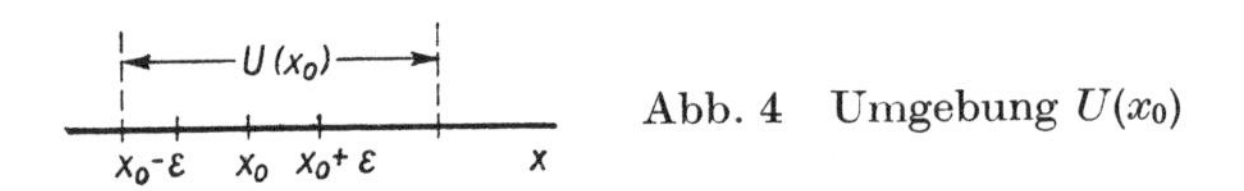

Abb. 4 Umgebung $U(x_0)$

Eine Menge $M \subset \mathbb{R}$ heißt

beschränkt, wenn M ganz in einem endlichen Intervall $[a,b]$ enthalten ist,. (1-90)

kompakt, wenn M abgeschlossen und beschränkt ist. (1-91)

Bei der Diskussion von Funktionseigenschaften spielen Intervalle bzw. geeignete Verallgemeinerungen dieses Begriffs eine wesentliche Rolle. Die für den Praktiker interessanten Eigenschaften von Funktionen lassen sich sehr einfach formulieren, wenn man die beiden folgenden Verallgemeinerungen verwendet. In beiden Fällen betrachten wir von einer Menge Ω Teilmengen, die spezielle Eigenschaften haben und deshalb zu speziellen Klassen zusammengefaßt werden können.

Wenn für die Elemente A_i (Teilmengen von Ω) der Klasse T gilt:

1. es ist $\emptyset \in T$ und $\Omega \in T$,

2. die Vereinigung beliebig vieler Elemente A_i von T ist wieder ein Element von T, symbolisch

$$\bigcup_i A_i \in T \quad (i = 1, 2, \dots \text{ oder nicht abzählbare } i),$$

3. der Durchschnitt endlich vieler Elemente A_i von T ist wieder ein Element von T, symbolisch

$$\bigcap_{i=1}^{n} A_i \in T,$$

heißt die Klasse T eine *Topologie* auf Ω; die Elemente A_i von T heißen *offene Mengen*. Diese Bezeichnung deutet die Verallgemeinerung des Begriffs »offene Intervalle« an. Wählt man $\Omega = \mathbb{R}$, gilt: Jedes offene Intervall (1-88) ist eine offene Menge. Man sagt deshalb auch, daß die Menge der reellen Zahlen durch die offenen Intervalle mit einer Topologie versehen wird. Die Topologie $T = \{\emptyset, \Omega\}$ heißt triviale Topologie.
Eine Menge Ω mit einer Topologie T heißt *topologischer Raum.*

Wenn für die Elemente M_i (Teilmengen von Ω) der Klasse S gilt:

1. es ist $\emptyset \in S$ und $\Omega \in S$,

2. die Komplemente der Elemente von S bezüglich Ω sind ebenfalls Elemente von S, symbolisch (vgl. 1-23): wenn $M_i \in S$, gilt auch $\bar{M}_i \in S$,

3. die Vereinigung abzählbar vieler Elemente M_i von S ist wieder ein Element von S, symbolisch

$$\bigcup_{i=1}^{\infty} M_i \in S,$$

heißt S eine *σ-Algebra*[1]) auf Ω; die Elemente M_i von S heißen *(S)-meßbare Mengen*[2]). Wenn 1. bis 3. gilt, folgt auch $\bigcap_{i=1}^{\infty} M_i \in S$. Die Potenzmenge $P(\Omega)$ (vgl. 1-29) ist stets eine σ-Algebra und zwar die »größte« auf Ω. Für jede Teilmenge $A \subset \Omega$ ist $S = \{\emptyset, A, \bar{A}, \Omega\}$ die kleinste, A enthaltende σ-Algebra, symbolisch $S(A)$. Zu jeder Klasse E von Teilmengen von Ω existiert eine kleinste, E enthaltende σ-Algebra $S(E)$. Man nennt $S(E)$ die von E auf Ω erzeugte σ-Algebra. Wählt man $\Omega = \mathbb{R}$, kann man mit den nach rechts halboffenen Intervallen

$$[a, b[\, := \{x \mid x \in \mathbb{R} \quad \text{und} \quad a \leq x < b\}, \tag{1-92}$$

die Klasse aller nach rechts halboffenen Intervalle bilden

$$J := \{[a, b[\, \mid a \in \mathbb{R}, \quad b \in \mathbb{R} \quad \text{und} \quad a \leq b\} \tag{1-93}$$

(für $a = b$ ist $[a,b[\, = \emptyset$). Die von J auf $\mathbb{R}$ erzeugte σ-Algebra heißt BORELsche *σ-Algebra* $B := S(J)$. Die Elemente dieser σ-Algebra heißen BOREL*sche Mengen* von $\mathbb{R}$ (BOREL 1871—1956). Man kann zeigen, daß auch die Menge aller offenen bzw. abgeschlossenen

[1] Diese Mengenalgebra darf nicht mit algebraischen Strukturen der Vektorrechnung verwechselt werden. Manchmal bezeichnet man diese σ-Algebra auch als »Feld« oder (Mengen-) »Körper«

[2] Meßbar heißen diese Mengen, da auf ihnen ein Maß (vgl. 1-94, 1-95) definiert werden kann

Intervalle die BORELsche σ-Algebra erzeugen. Eine Menge Ω mit einer σ-Algebra S heißt *Meßraum*, symbolisch (Ω,S).

Jede Menge Ω, deren Elemente umkehrbar eindeutig den Elementen von $\mathbb{N}$ zuzuordnen sind, heißt *abzählbar*. Man sagt auch, Ω sei äquivalent zu $\mathbb{N}$. Für jede Teilmenge einer abzählbaren Menge ist auch die Elementanzahl eine natürliche Zahl, die dieser Teilmenge als eine charakterisierende Größe (Maßzahl) zugeordnet werden kann. Analog kann jedem Intervall $[a,b]$ die Länge $\lambda([a,b]) := b - a$, eine positive reelle Zahl, als Maßzahl zugeordnet werden.

Die Frage, wie man Teilmengen einer Klasse Ω allgemeiner eine Maßzahl $\mu \in \mathbb{R}$ und $\mu \geqq 0$ zuordnen kann, hat zur Entwicklung der sogenannten *Maßtheorie* geführt. Die beiden obengenannten Maßzahlen haben eine besonders wichtige gemeinsame Eigenschaft: Bildet man die Vereinigung zweier Teilmengen mit endlicher **Elementanzahl** bzw. zweier Intervalle, so entspricht die Gesamtelementanzahl bzw. die Gesamtlänge nur dann der Summe der beiden Elementanzahlen bzw. Längen, wenn die beiden Mengen keine gemeinsamen Elemente bzw. Intervalle haben. Für die Definition einer allgemeineren Maßzahl wird also diese Eigenschaft zu berücksichtigen sein. Untersucht man in ähnlicher Weise, welche Eigenschaften Mengen haben sollten, um ihnen Maßzahlen in geeigneter Weise zuordnen zu können, trifft man auf die bereits als »meßbar« charakterisierten Mengen einer σ-Algebra. Diese Überlegungen legen folgende Definition nahe: Eine auf einer σ-Algebra S auf Ω definierte Abbildung μ: $S \to \overline{\mathbb{R}}$ heißt *Maß* (auf S), wenn gilt

$$\mu \geq 0\,, \quad \mu(\emptyset) = 0\,, \tag{1-94}$$

$$\mu\left(\bigcup_{i=1}^{\infty} M_i\right) = \sum_{i=1}^{\infty} \mu(M_i)\,, \quad \text{wobei } M_i \cap M_j = \emptyset \text{ für } M_i, M_j \in S \text{ und } i \neq j \text{ sei}\,, \tag{1-95}$$

d. h., in (1-95) sollen nur paarweise fremde S-meßbare Mengen benutzt werden.

Wenn (1-95) durch eine analoge Forderung für die Vereinigung von nur *endlich vielen* meßbaren Mengen ersetzt wird, heißt μ *Inhalt* (auf S).

Wenn auf S eines Meßraumes (Ω,S) ein Maß μ definiert ist, heißt (Ω,S,μ) *Maßraum*.

Die Potenzmenge einer abzählbaren Menge Ω ist eine σ-Algebra. Die Elementanzahl der abzählbaren Teilmengen genügt (1-94) und (1-95) und ist damit ein spezielles Maß, auch *Zählmaß* genannt. Für $\Omega = \mathbb{R}$ erzeugt die Menge J (vgl. 1-93) aller nach rechts halboffenen Intervalle eine σ-Algebra B. Man kann zeigen: Auf B gibt es genau ein Maß λ, das jedem nach rechts halboffenen Intervall $[a,b[$ seine Länge zuordnet

$$\lambda([a,b[) := b - a\,. \tag{1-96}$$

Dieses Maß λ heißt LEBESGUE-BOREL*sches Maß* auf $\mathbb{R}$ (LEBESGUE 1875—1941). Man kann ferner zeigen, daß

$$\lambda([a,b[) = \lambda(]a,b]) = \lambda([a,b]) = \lambda(]a,b[) \tag{1-97}$$

gilt. Die einpunktige Menge $\{x\} \in \mathbb{R}$ kann als abgeschlossenes Intervall interpretiert werden. Wählt man ein Intervall $[a,b[$, das $\{x\}$ enthält, und macht $[a,b[$ anschließend beliebig klein, folgt

$$\lambda(\{x\}) = 0\,. \tag{1-98}$$

Allgemein bezeichnet man eine meßbare Menge M, deren Maß $\mu(M) = 0$ ist, als (μ)-*Nullmenge*.

1.2.5. Komplexe Zahlen

Die Erweiterung des Bereichs rationaler Zahlen zu dem der reellen Zahlen geschah wegen der Forderung ,daß $x^n - y = 0$ für $n \in \mathbb{N}$, $y > 0$ unbeschränkt lösbar sein soll. Läßt man auch $y < 0$ zu, wird erneut eine Erweiterung des Zahlenbereichs notwendig. Zum Beispiel ist $x^2 + 1 = 0$ für $x \in \mathbb{R}$ nicht lösbar. Die Erweiterung geschieht durch Verwendung geordneter Paare (a,b) reeller Zahlen a und b. Diese Paare bezeichnet man als *komplexe* Zahlen und definiert Addition und Multiplikation mit $a, b, c, d \in \mathbb{R}$ durch

$$(a, b) + (c, d) = (a + c, b + d) \tag{1-99}$$

$$(a, b) \cdot (c, d) = (ac - bd, ad + bc) \tag{1-100}$$

Die Deutung der komplexen Zahlen als geordnete Paare reeller Zahlen stammt von Hamilton (1805—1865). Eine geometrische Darstellung dieser Zahlen, die uns nach Abb. 2 sofort einleuchtet, wurde aber schon vorher benutzt. Gauss (1777—1855) verwendete bereits die *komplexe Zahlenebene.* Zeichnet man in einer Ebene zwei aufeinander senkrecht stehende Zahlengeraden ein und trägt vom Schnittpunkt O (lat. origo = Ursprung) auf der horizontalen Geraden einen Wert x ab und auf der vertikalen Geraden einen Wert y, gelangt man in der Ebene eindeutig zu einem Punkt $z = (x,y)$. Die beiden Zahlenwerte x und y heißen *Koordinaten* (lat. co-ordinatus = zugeordnet) des Punktes z und die beiden Zahlengeraden *Koordinatenachsen.* Offenbar kann man jedem Punkt $z = (x,y)$ der Ebene eine komplexe Zahl zuordnen und erhält so die komplexe Zahlenebene. Betrachtet man komplexe Zahlen $z = (x,y)$ für $y = 0$, liefern (1-99) und (1-100) $(a,0) + (c,0) = (a + c,0)$; $(a,0) \cdot (c,0) = (ac,0)$. Offensichtlich kann man mit $(x,0)$ wie mit der reellen Zahl x rechnen, so daß identifiziert wird: $(x,0) = x$. Damit ist $\mathbb{R}$ eine Teilmenge der Menge der komplexen Zahlen $\mathbb{C}$.

Mit (1-100) folgt

$$a \cdot (c, d) = (a, 0) \cdot (c, d) = (ac, ad)\,, \tag{1-101}$$

also wegen (1-99)

$$z = (x,y) = (x,0) + (0,y) = x \cdot (1,0) + y \cdot (0,1). \tag{1-102}$$

Im allgemeinen setzt man $(0,1) = i$ und erhält für (1-102)

$$\boxed{z = x + \mathrm{i}y}\,. \tag{1-103}$$

Man bezeichnet iy als *imaginäre Zahl* und i als *imaginäre Einheit.* Ferner bezeichnet man x als *Realteil* von z und y als *Imaginärteil* von z, symbolisch $x = \operatorname{Re} z$, $y = \operatorname{Im} z$. Entsprechend heißt in der komplexen Zahlenebene die x-Achse *reelle Achse,* die y-Achse *imaginäre Achse.*

Aus $(0,1) \cdot (0,1) = (-1,0)$ ergibt sich

$$\mathrm{i}^2 = -1\,. \tag{1-104}$$

Wie man sieht, besitzt die Gleichung $z^2 + 1 = 0$ wegen (1-104) die Lösung $z = \mathrm{i}$. Die Schreibweise (1-103) ist besonders zweckmäßig, da alle Rechenoperationen mit komplexen Zahlen auf Operationen mit reellen Zahlen zurückgeführt werden, wobei nur (1-104) zu beachten ist.

Beispiele

$$z_1 + z_2 = x_1 + x_2 + \mathrm{i}\,(y_1 + y_2)$$

$$z^2 = (x + \mathrm{i}y)^2 = x^2 - y^2 + 2\mathrm{i}xy$$

$$(x + \mathrm{i}y)\,(x - \mathrm{i}y) = x^2 + y^2$$

$$\frac{z_1}{z_2} = \frac{x_1 + \mathrm{i}y_1}{x_2 + \mathrm{i}y_2} = \frac{x_1 + \mathrm{i}y_1}{x_2 + \mathrm{i}y_2} \cdot \frac{x_2 - \mathrm{i}y_2}{x_2 - \mathrm{i}y_2} = \frac{x_1x_2 + y_1y_2}{x_2^2 + y_2^2} + \mathrm{i}\,\frac{y_1x_2 - x_1y_2}{x_2^2 + y_2^2}$$

Die komplexe Zahl $z^* = x - \mathrm{i}y$ heißt die zu $z = x + \mathrm{i}y$ *konjugierte* (lat. coniungere = verbinden) Zahl (Abb. 5).

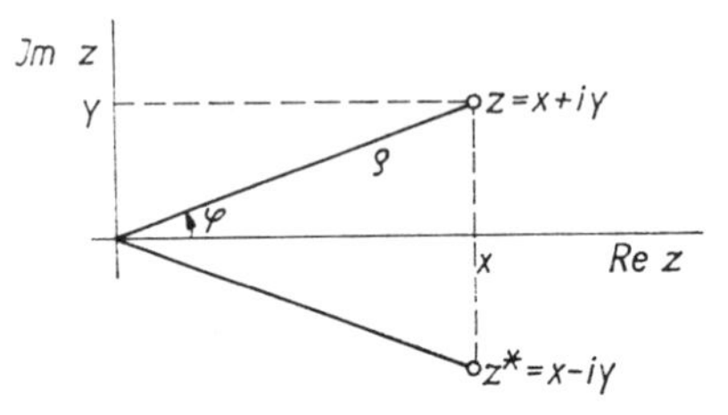

Abb. 5 Komplexe Zahlenebene

Im Unterschied zu den reellen Zahlen ist es für die komplexen Zahlen sinnlos, eine Zahl größer oder kleiner als eine andere zu nennen. Dies ergibt sich aus dem Unterschied zwischen den Punkten einer Geraden und denen einer Ebene. Trotzdem kann man auch für komplexe Zahlen einen absoluten Betrag definieren. Im Anschluß an (1-75) definiert man als Betrag einer komplexen Zahl $z = x + \mathrm{i}y$ den Abstand des entsprechenden Punktes in der komplexen Zahlenebene vom Nullpunkt:

$$|z| = d(z, 0) = \sqrt{x^2 + y^2}\,. \tag{1-105}$$

Es ist also $|z|^2 = z \cdot z^*$.

Eine häufig sehr zweckmäßige Schreibweise für eine komplexe Zahl erhält man durch Einführung ebener Polarkoordinaten ϱ $(0 \leqq \varrho < \infty)$ und φ $(0 \leqq \varphi \leqq 2\pi)$:

$$x = \varrho \cos \varphi; \quad y = \varrho \sin \varphi.^{1)} \tag{1-106}$$

Wegen (1-103) ist dann

$$z = \varrho\,(\cos \varphi + \mathrm{i} \sin \varphi), \tag{1-107}$$

und nach (1-105) ergibt sich $\varrho = |z|$. Man nennt φ das Argument von z, symbolisch $\arg z$. Die Rechenoperationen mit komplexen Zahlen werden durch (1-107) zurückgeführt auf Operationen mit Kreisfunktionen. Für $z_1 = \varrho_1(\cos \varphi_1 + \mathrm{i} \sin \varphi_1)$, $z_2 = \varrho_2(\cos \varphi_2 + \mathrm{i} \sin \varphi_2)$ folgt wegen der Additionstheoreme (2-50, 2-51)

$$z_1 z_2 = \varrho_1 \varrho_2 \{\cos (\varphi_1 + \varphi_2) + \mathrm{i} \sin (\varphi_1 + \varphi_2)\} \tag{1-108}$$

$$\frac{z_1}{z_2} = \frac{\varrho_1}{\varrho_2} \{\cos (\varphi_1 - \varphi_2) + \mathrm{i} \sin (\varphi_1 - \varphi_2)\} \tag{1-109}$$

Als n-te Potenz von z erklärt man

$$z^n := \underbrace{z \cdot z \cdot \cdots z}_{n \text{ Faktoren}}; \quad z^0 := 1 \text{ für } n \in \mathbb{N}\,. \tag{1-110}$$

[1] Kreisfunktionen vgl. Abschnitt 2.2.4.

Wegen (1-108) folgt

$$z^n = \varrho^n (\cos n\varphi + \mathrm{i} \sin n\varphi), \quad n = 1, 2, \ldots, \tag{1-111}$$

und hieraus ergibt sich für $\varrho = 1$ die MOIVREsche Formel (DE MOIVRE 1667—1754)

$$(\cos \varphi + \mathrm{i} \sin \varphi)^n = \cos n\varphi + \mathrm{i} \sin n\varphi, \tag{1-112}$$

die für trigonometrische Umformungen sehr nützlich ist. Umgekehrt definiert man als n-te Wurzel w einer komplexen Zahl z eine solche, die zur n-ten Potenz erhoben, $w^n = z$ ergibt. Nach (1-101) ist dies sicher erfüllt für

$$w_0 = \sqrt[n]{\varrho} \left(\cos \frac{\varphi}{n} + \mathrm{i} \sin \frac{\varphi}{n}\right).$$

Es sind aber noch andere Wurzeln möglich. In (1-107) können zu φ ganzzahlige Vielfache von 2π hinzugefügt werden, ohne zu einem anderen Bildpunkt in der komplexen Zahlenebene zu gelangen. Wegen (2-50, 2-51) sind deshalb

$$\begin{aligned} w_p &= \sqrt[n]{\varrho} \left\{\cos \left(\frac{\varphi}{n} + \frac{2\pi p}{n}\right) + \mathrm{i} \sin \left(\frac{\varphi}{n} + \frac{2\pi p}{n}\right)\right\} \\ &= w_0 \left(\cos \frac{2\pi p}{n} + \mathrm{i} \sin \frac{2\pi p}{n}\right), \end{aligned} \tag{1-113}$$

ebenfalls Zahlen, die zur n-ten Potenz erhoben z ergeben, und zwar sind sie alle verschieden, solange $p = 0, 1, 2, \ldots, n\text{-}1$ ist. w_0 heißt *Hauptwert* von $z^{\frac{1}{n}}$ und $\zeta_p = \cos \frac{2\pi p}{n} + \mathrm{i} \sin \frac{2\pi p}{n}$ $(p = 0, 1, 2, \ldots, n\text{-}1)$ bezeichnet man als die n-ten *Einheitswurzeln*. Geometrisch ergeben sich die ζ_p als Teilungspunkte, wenn der *Einheitskreis* (Kreis mit $r = 1$) in n gleiche Teile geteilt wird (Abb. 6). Dies gilt auch für reelle Zahlen, die in der

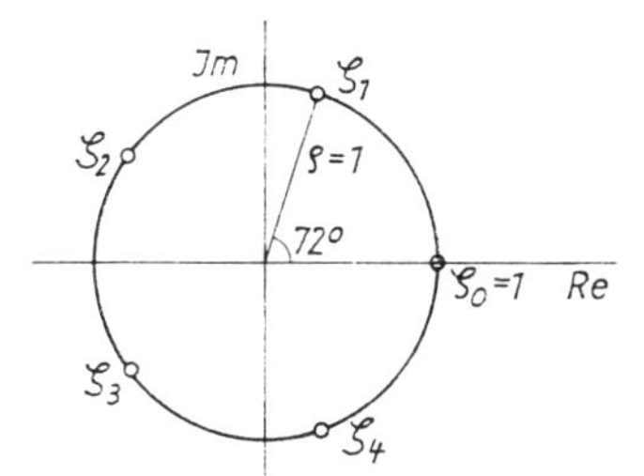

Abb. 6 5-te Einheitswurzeln ζ_p $(p = 0, 1, 2, 3, 4)$

Form $a = a(\cos 2\pi + \mathrm{i} \sin 2\pi)$ als Sonderfälle der komplexen Zahlen geschrieben werden können. Die n-Deutigkeit entspricht der Zweideutigkeit der Quadratwurzeln.

Als einen der wichtigsten Sätze für die Praxis wollen wir hier noch die EULERsche Formel (EULER 1707-1723) mitteilen:

$$\boxed{\mathrm{e}^{\mathrm{i}\varphi} = \cos \varphi + \mathrm{i} \sin \varphi}\,. \tag{1-114}$$

Den Beweis holen wir in Abschnitt 8.2. nach, die Exponentialfunktion e^x wird durch (2-38) erklärt[1]). Wegen (1-114) läßt sich an Stelle von (1-107) kürzer $z = \varrho\, \mathrm{e}^{\mathrm{i}\varphi}$ schreiben, und man sieht, daß (1-108, 1-109, 1-113) in sehr einfacher Weise nach (2-31) zu erhalten sind, wenn dort als Exponenten auch imaginäre Zahlen zugelassen werden.

[1] Die Funktionen komplexer Veränderlicher werden in Kapitel 9 eingehender behandelt.

Die Definition (1-43) der Funktion f ist auch anwendbar, wenn die Definitions- und Wertebereiche Teilmengen der komplexen Zahlen sind. Entsprechend umfaßt die Definition (1-77) auch Folgen, deren Wertebereich $W(f) \subset \mathbb{C}$ ist.

Beispiele

1. Eine Folge (z_n), $z_n \in \mathbb{C}$, $n \in \mathbb{N}$, in der die Differenzen zwischen zwei aufeinanderfolgenden Gliedern den gleichen Wert haben, $z_1 - z_0 = z_2 - z_1 = \ldots = z$, heißt *arithmetische Folge.* Die ersten k Glieder der Folge sind $z_0, z_0 + z, z_0 + 2z, \ldots, u - 2z, u - z, u$, mit $u = z_0 + (k-1)z$. Die Summe dieser Glieder ist

$$s = z_0 + z_0 + z + z_0 + 2z + \ldots + u - 2z + u - z + u$$

oder in umgekehrter Reihenfolge geschrieben

$$s = u + u - z + u - 2z + \ldots + z_0 + 2z + z_0 + z + z_0.$$

Addition beider Summen ergibt

$2s = k(z_0 + u)$, also ist die Summe der arithmetischen Folge mit k Gliedern

$$\boxed{s = \frac{k}{2}\{2z_0 + (k-1)\,z\}} \tag{1-115}$$

2. Eine Folge (z_n), $z_n \in \mathbb{C}$, $n \in \mathbb{N}$, in der zwischen zwei aufeinanderfolgenden Gliedern immer dasselbe Verhältnis besteht, $z_n = z_0 z^n$, heißt *geometrische Folge.* Die ersten k Glieder sind $z_0, z_0 z, z_0 z^2, \ldots, z_0 z^{k-1}$. Wenn die Summe dieser Glieder

$$s = z_0 + z_0 z + z_0 z^2 + \ldots + z_0 z^{k-1}$$

mit z multipliziert werden

$$zs = z_0 z + z_0 z^2 + z_0 z^3 + \ldots + z_0 z^k,$$

erhält man durch Subtraktion

$s(1 - z) = z_0(1 - z^k)$, also die Summe der geometrischen Folge mit k Gliedern

$$\boxed{s = z_0 \frac{1 - z^k}{1 - z}} \tag{1-116}$$

1.3. Kombinatorik

Die Kombinatorik befaßt sich mit Anordnungen von Objekten $x_1, x_2, \ldots, x_n$, deren Beschaffenheit gleichgültig ist. Die Objekte müssen nicht notwendig verschieden sein.

1.3.1. Permutationen

Eine Anordnung der Menge $\{x_1, \ldots x_n\}$ erhält man, wenn jedes Element mit einer Platznummer versehen wird. Für die Elemente $x_1, .., x_n$ benutzt man als Platznummern die natürlichen Zahlen $1, 2, \ldots, n$ und schreibt die als *Permutationen* (lat. permutare = umsetzen) bezeichneten Anordnungen häufig in der Form

$$\begin{pmatrix} 1 & 2 & 3 & \cdot & \cdot & n \\ x_1 & x_2 & x_3 & \cdot & \cdot & x_n \end{pmatrix}, \quad \begin{pmatrix} 1 & 2 & 3 & \cdot & \cdot & n \\ x_2 & x_1 & x_3 & \cdot & \cdot & x_n \end{pmatrix}, \ldots \tag{1-117}$$

Benutzt man die im Abschnitt 1.1 eingeführten Begriffe, gilt die Definition:
Eine Abbildung von $\{1, 2, ..., n\}$ auf $\{x1, x2, ..., xn\}$ heißt Permutation.

Zunächst nehmen wir an, alle Objekte $x_1, \ldots, x_n$ seien verschieden, und fragen: Wieviel verschiedene Permutationen gibt es? Für 2 Objekte gibt es offenbar die beiden Permutationen $\binom{1\ 2}{x_1 x_2}$ und $\binom{1\ 2}{x_2 x_1}$.
Ein drittes Objekt kann bei jeder der beiden Permutationen als Nachbar von x_1 bzw. x_2 hinzugefügt werden. 3 Objekte ergeben also $2 \cdot 3$ Permutationen. Allgemeiner ergibt sich:
Die Anzahl der verschiedenen Permutationen von n verschiedenen Objekten ist

$$\boxed{P(n) = 1 \cdot 2 \cdot 3 \cdot 4 \ldots n = n!} \tag{1-118}$$

Dies läßt sich für $1 \leqq n \in \mathbb{N}$ mit Hilfe der vollständigen Induktion beweisen, wobei $n = 1$ als Induktionsanfang benutzt wird.
Die Schreibweise $n!$ wird »n-Fakultät« gelesen und ist zunächst nur für positiv ganzzahliges n erklärt. Aus $(n + 1)! = (n + 1) \cdot n!$ ergibt sich formal für $n = 0 : 1! = 0!$ und für $n = -1 : 0! = 0\,(-1)!$ Für eine einfachere Schreibweise mancher Formeln ist es zweckmäßig, von dieser formalen Erweiterung Gebrauch zu machen und festzulegen

$$0! = 1\,; \quad \frac{1}{(-n)!} = 0 \tag{1-119}$$

für n positiv ganzzahlig.
Diese Festsetzung läßt sich mit Hilfe der Integraldarstellung der Fakultät rechtfertigen (vgl. Abb. 106).

Wenn es unter den n Objekten eine Anzahl gleiche Objekte gibt, sind nicht alle $n!$ Permutationen voneinander verschieden. Sind 3 Objekte gleich, gibt es $3!$ gleiche Permutationen, so daß von den $n!$ Permutationen nur noch der $3!$-te Teil verschieden ist. Wenn es bei n Objekten mehrere Gruppen von n_i gleichen Objekten gibt, ist die Zahl der verschiedenen Permutationen[1])

$$\boxed{P\,(n_1, n_2, \cdots) = \frac{n!}{n_1!\, n_2! \cdots} = \frac{n!}{\prod\limits_i n_i!}}\,, \tag{1-120}$$

1.3.2. Variationen und Kombinationen

Wenn aus n Objekten eine Anzahl p ausgewählt wird, treten folgende vier Fälle auf. Entweder muß in der Auswahl die Anordnung der p Objekte berücksichtigt werden (Variation) oder nicht (Kombination). Ferner kann jedes der n Objekte nur einmal (ohne Wiederholung) oder mehrmals (mit Wiederholung) verwendet werden.

Jede Abbildung von $\{1, 2, \ldots, p\}$ in $\{x_1, x_2, \ldots, x_n\}$, $(p \leqq n)$ heißt geordnete Auswahl von p Objekten. Diese Auswahl enthält im allgemeinen Wiederholungen. Wenn die Abbildung eineindeutig ist, enthält die geordnete Auswahl keine Wiederholungen. Wird in einer Auswahl von p Objekten die Anordnung nicht berücksichtigt, bilden alle Abbildungen von $\{1, 2, \ldots, p\}$ in $\{x_1, x_2, \ldots, x_n\}$, die durch Umordnung auseinander hervorgehen, eine Äquivalenzklasse (vgl. 1-38).

Variationen (geordnete Auswahlen) ohne Wiederholung. Auf wieviel verschiedene Arten kann man aus n verschiedenen Objekten p Objekte ohne Wiederholung auswählen, wenn die Anordnung der p Objekte berücksichtigt wird? Für 7 Objekte, aus denen 3 herausgegriffen werden, ist z. B.

$$\begin{matrix} x_1 & x_2 & x_3 & x_4 & x_5 & x_6 & x_7 \\ - & - & 1 & 2 & - & 3 & - \end{matrix} \tag{1-121}$$

---

[1] Allgemein wird definiert $\prod\limits_i a_i := a_1 \cdot a_2 \cdot a_3 \cdot \ldots$

eine Auswahl, wobei die untere Zeile die Platzziffer der ausgewälten Objekte angibt. Diese Zeile besteht offenbar aus 7 Zeichen, wobei 4 Zeichen gleich sind. Die Anzahl der verschiedenen Permutationen dieser Zeichen ist nach (1-120) $7!/4!$. Aus n verschiedenen Objekten kann man also genau

$$\boxed{V_p(n) = \frac{n!}{(n-p)!}} \tag{1-122}$$

geordnete Auswahlen vom Umfang $p \leqq n$ ohne Wiederholung herausgreifen. (1-122) läßt sich durch vollständige Induktion beweisen.

Variationen mit Wiederholung. Wenn aus n Objekten ein Objekt ausgewählt wird, gibt es n verschiedene Möglichkeiten. Sollen aus n wiederholt verwendbaren Objekten zwei ausgewählt werden, so gibt es nach der Wahl des einen Objekts noch n Möglichkeiten, das zweite Objekt auszuwählen. Da das erste Objekt ebenfalls unter n Objekten ausgewählt werden kann, gibt es für $p = 2$ insgesamt n^2 verschiedene Auswahlen. Aus n verschiedenen Objekten kann man also genau

$$\boxed{V_p^W(n) = n^p} \tag{1-123}$$

geordnete Auswahlen vom Umfang $p \geqq 1$ mit Wiederholung herausgreifen (Beweis durch vollständige Induktion).

Kombinationen (Auswahlen ohne Berücksichtigung der Anordnung) ohne Wiederholung. Wenn aus 7 Objekten 3 ohne Berücksichtigung der Anordnung herausgegriffen werden, sind z. B. in (1-121) in der zweiten Zeile die 3 Platzziffern durch 3 gleiche Markierungen (+) zu ersetzen. Diese Zeile besteht somit aus 7 Zeichen, die in 2 Gruppen mit gleichen Zeichen (4 bzw. 3) zerfallen. Nach (1-120) gibt es $7!/4!\,3!$ verschiedene Permutationen dieser Zeichen. Ohne Berücksichtigung der Anordnung und ohne Wiederholung kann man aus n verschiedenen Objekten also genau

$$\boxed{C_p(n) = \frac{n!}{p!\,(n-p)!} = \binom{n}{p}} \quad \text{(gelesen „}n\text{ über }p\text{")} \tag{1-124}$$

Auswahlen vom Umfang $p \leqq n$ herausgreifen.

Wegen $n! = (n-p)!(n-p+1)(n-p+2)\ldots n = n(n-1)\ldots(n-p+1)(n-p)!$ ergibt sich

$$\binom{n}{p} = \frac{n(n-1)(n-2)\cdots(n-p+1)}{p!}. \tag{1-125}$$

Aus (1-124) folgt

$$\binom{n}{p} = \binom{n}{n-p} \text{ und damit } \binom{n}{0} = \binom{n}{n} = 1. \tag{1-126}$$

Ferner ist

$$\binom{n+1}{2} = 1 + 2 + 3 + \cdots + n = \sum_{m=1}^{n} m. \tag{1-127}$$

Kombinationen mit Wiederholung. Ohne Berücksichtigung der Anordnung können mit Wiederholung aus n verschiedenen Objekten genau

$$\boxed{C_p^W(n) = \binom{n+p-1}{p}} \tag{1-128}$$

Auswahlen vom Umfang $p \geqq 1$ herausgegriffen werden. Der Beweis läßt sich durch vollständige Induktion führen.

Binomischer bzw. polynomischer Lehrsatz. Als eine Anwendung der Kombinatorik leiten wir den allgemeinen Ausdruck für $(a + b)^n$ bei ganzzahligem positivem Exponenten n ab. Nach Definition der n-ten Potenz ist $(a + b)^n = \underbrace{(a + b) \cdot (a + b) \cdots (a+b)}_{n \text{ Faktoren}}$.

Diese Multiplikation von Summen liefert schließlich eine Summe von 2^n-Summanden, die jeweils Produkt von n Faktoren a und b sind. Wie oft kommen gleiche Summanden vor?

Für einen Summanden sei n_a die Zahl der a-Faktoren, n_b die Zahl der b-Faktoren, so daß $n = n_a + n_b$ gilt. Die Zahl der Permutationen dieser n Elemente eines Summanden ergibt sich nach (1-120) zu

$$P(n_a, n_b) = \frac{n!}{n_a!\, n_b!} = \frac{n!}{n_a!\,(n - n_a)!} = \frac{n!}{(n - n_b)!\, n_b!},$$

und infolge (1-124) gilt

$$P(n_a, n_b) = \binom{n}{n_a} = \binom{n}{n_b}.$$

Bemerkenswert ist die Symmetrie dieser Ausdrücke hinsichtlich n_a und n_b. Wir ersetzen n_b durch ν und erhalten den *binomischen Lehrsatz*

$$\boxed{(a + b)^n = \sum_{\nu=0}^{n} \binom{n}{\nu} a^{n-\nu} b^\nu} \tag{1-129}$$

Man nennt die Ausdrücke $\binom{n}{\nu}$ *Binomialkoeffizienten.* Setzt man $a = 1$ und $b = x$, so liefert (1-129) eine sehr nützliche Entwicklung des Polynoms $(1 + x)^n$ nach Potenzen von x [vgl. (2-26)]:

$$(1 + x)^n = \sum_{\nu=0}^{n} \binom{n}{\nu} x^\nu = 1 + nx + \frac{n\,(n-1)}{2} x^2 + \cdots + x^n. \tag{1-130}$$

Entsprechend ergibt sich der *polynomische Lehrsatz*

$$(a_1 + a_2 + \cdots + a_r)^n = \sum_{\nu_1, \nu_2 \cdots \nu_r = 0}^{n} \frac{n!}{\nu_1!\, \nu_2! \cdots \nu_r!}\, a_1^{\nu_1} a_2^{\nu_2} \cdots a_r^{\nu_r}, \tag{1-131}$$

wobei

$$\nu_1 + \nu_2 + \cdots + \nu_r = n \quad \text{und} \quad \sum_{\nu_1, \nu_2 \cdots \nu_r = 0}^{n} = \sum_{\nu_1=0}^{n} \sum_{\nu_2=0}^{n} \cdots \sum_{\nu_r=0}^{n}$$

ist

1.4. Aufgaben zu 1.1. bis 1.3.

1. Für eine gegebene Klasse (Menge) M sei $A \subset M$ und $B \subset M$. Man beweise $A \cup B = (A \cap \bar{B}) \cup B$; $A \cap \bar{B} = A \cap \overline{(A \cap B)}$; $A = (A \cap B) \cup (A \cap \overline{(A \cap B)})$; $(A \cap B) \cap (A \cap \bar{B}) = \emptyset$.

2. Für eine gegebene Klasse (Menge) M sei $A_1, A_2, \ldots$ eine disjunkte Zerlegung, d. h., es gilt $\bigcup_i A_i = M$. Man zeige, daß $A_1 \cap B$, $A_2 \cap B, \ldots$ für $B \subset M$ eine disjunkte Zerlegung von B ist.

3. Gegeben ist eine komplexe Zahl z_0 und eine reelle Zahl a. Welche Kurve beschreibt $z = x + iy$ in der GAUSSschen Zahlenebene, wenn $|z - z_0| = a$ ist? Man berechne $y = f(x)$ speziell für $z_0 = 3$; $a = 4$.

4. Man beweise

$$|z_1 + z_2|^2 = |z_1|^2 + 2\operatorname{Re}(z_1 z_2^*) + |z_2|^2.$$

5. Mit Hilfe des binomischen Lehrsatzes leite man aus der MOIVREschen Formel für $\cos n\varphi$ bzw. $\sin n\varphi$ Ausdrücke ab, die nur Potenzen von $\cos\varphi$ und $\sin\varphi$ enthalten. Welche Beziehungen zwischen den Kreisfunktionen ergeben sich speziell für $n = 2$ bzw. $n = 3$?

6. Man berechne alle komplexen Zahlen, die

$$w = \sqrt[3]{(3 + i)^2} \quad \text{genügen.}$$

(Zur Lösung dieser Aufgabe sollte man mit Kreisfunktionen umgehen können.)

7. Man berechne

$$\binom{1}{0} \quad \binom{1}{1}$$

$$\binom{2}{0} \quad \binom{2}{1} \quad \binom{2}{2}$$

$$\binom{3}{0} \quad \binom{3}{1} \quad \binom{3}{2} \quad \binom{3}{3} \quad \text{usw.}$$

(PASCALsches Dreieck).

8. Man beweise

$$\binom{n}{p-1} + \binom{n}{p} = \binom{n+1}{p} \quad \text{und vergleiche mit 7.}$$

9. Wie oft werden Hände geschüttelt,

a) wenn sich n Studenten treffen und jeder allen anderen genau einmal die Hand gibt?
b) wenn m Dozenten n Studenten nach der Prüfung gratulieren?

10. Wieviel Wörter von 3 Buchstaben kann man aus den 26 Buchstaben unseres Alphabets bilden,

a) wenn jede Zusammenstellung als Wort gilt?
b) Wenn nur solche Zusammenstellungen als Wort gelten, bei denen der mittlere Buchstabe ein Vokal ist und die beiden anderen Buchstaben Konsonanten sind?

11. Auf wieviel verschiedene Arten kann man N *numerierte* Teilchen so in g Zellen legen, daß in der i-ten Zelle gerade N_i Teilchen liegen? Die Anordnung der Teilchen innerhalb jeder Zelle sei beliebig (Grundfrage der sogenannten klassischen Statistik).

12. Auf wieviel Arten kann man N *nicht unterscheidbare* Teilchen auf g fest angeordnete Zellen verteilen, wenn jede Zelle höchstens ein Teilchen aufnehmen kann? ($N \leqq g$) (Grundfrage der sogenannten FERMI-Statistik.)

13. Auf wieviel Arten kann man N *nicht unterscheidbare* Teilchen auf g fest angeordnete Zellen verteilen, wenn jede Zelle beliebig viele Teilchen aufnehmen kann? (Grundfrage der sogenannten BOSE-EINSTEIN-Statistik.)

2. Reelle Funktionen reeller Veränderlicher

2.1. Funktionen und ihre Darstellung

Der im Abschnitt 1.1. definierte Funktionsbegriff wird im folgenden auf Definitions- und Wertebereiche aus reellen Zahlen angewendet. Leser, die den heute üblichen mengentheoretischen Zugang zum Funktionsbegriff nicht schätzen, können sich diesen Begriff folgendermaßen klar machen: Gegeben sei eine Größe x, die alle möglichen reellen Zahlen in einem vorgegebenen Bereich annehmen kann. Man nennt x eine reelle *Veränderliche* oder *Variable*. Eine reelle Funktion f ordnet jedem zulässigen Wert der Variablen x eindeutig einen Wert einer anderen reellen Veränderlichen y zu. Man schreibt

$$y = f(x) \text{ oder } y = y(x) \tag{2-1}$$

und nennt den Bereich reeller Zahlen, auf dem $f(x)$ definiert ist, den Definitionsbereich $D(f)$, während der Bereich reeller Zahlen, die y annehmen kann, Wertebereich $W(f)$ heißt. Es ist zu beachten, daß in (2-1) y den Wert der Funktion f an der Stelle x angibt, während f die Gesamtheit der möglichen y-Werte repräsentiert, also ein einziges mathematisches Objekt bezeichnet. Für eine genauere Beschreibung des Funktionsbegriffs benötigt man jene mengentheoretischen Mittel, die im Abschnitt 1.1. zusammengestellt wurden.

Die Definition der Funktion durch (2-1) stammt von Dirichlet (1805—1859), der die eindeutige Zuordnung eines Wertes von x zu einem Wert von y als das Wesentliche einer Funktion erkannte und nicht etwa die formelmäßige Darstellung des Zusammenhangs (wie z. B. $y = x^2$). x wurde als unabhängige, y als abhängige Veränderliche bezeichnet. Die Bezeichnung Funktion (lat. functio = Verrichtung) gebrauchte zuerst Leibniz (1646 —1716) im Hinblick auf die Tangente, Normale, den Krümmungsradius usw. einer Kurve, die mit jedem Punkt der Kurve in bestimmter Beziehung stehen. Die gewählte Bezeichnung spiegelt zweifellos eine dynamische Interpretation des Funktionsbegriffs wider, von der in der präziseren mengentheoretischen Definition nichts mehr vorhanden ist. Eine Funktion ist ebenso wie eine Zahl ein mathematisches Objekt.

Im Gegensatz zur Mathematik ist es in den Naturwissenschaften üblich, anstelle von f auch $f(x)$ oder $y(x)$ für eine Funktion zu schreiben, um auch die Variable zu bezeichnen, die dem Definitionsbereich der Funktion zugeordnet wird. Ein bestimmter Wert von x wird dann häufig durch einen Index, z. B. x_0, gekennzeichnet. Wir benutzen im folgenden $f(x)$ oder $y(x)$ zur Beschreibung einer Funktion. Wenn kein Mißverständnis zu befürchten ist, schreiben wir für $y(x)$ auch kurz y. Der Definitionsbereich von f kann auf einen als *Intervall* bezeichneten endlichen Bereich der Zahlengeraden beschränkt sein. Für $a, b \in \mathbb{R}$ definiert $a \leqq x \leqq b$ ein *abgeschlossenes* Intervall und $a < x < b$ ein *offenes* Intervall (vgl. 1-88). Kann x jeden reellen Zahlenwert annehmen, schreibt man $-\infty < x < \infty$. Eine Größe c, die nur *eine* bestimmte Zahl repräsentiert, heißt *Konstante*.

Eine anschauliche Darstellung der Funktion $f(x)$ ergibt sich, wenn zwei aufeinander senkrecht stehende Zahlengeraden in einer Ebene eingezeichnet werden. Die beiden Zahlengeraden bezeichnet man als Koordinatenachsen (vgl. komplexe Zahlenebene Abschnitt 1.2.5.). Vom Schnittpunkt (Ursprung O) aus trägt man auf der horizontalen Achse die möglichen Werte von x ein und auf der vertikalen Achse den Wertebereich von $f(x)$. Zu jedem Wert x des Definitionsbereichs von $f(x)$ gehört nach (2-1) eindeutig ein Wert $y = f(x)$. In der mit Koordinatenachsen versehenen Ebene bezeichnet (x,y) eindeutig einen Punkt P, die ihm zugeordneten beiden Zahlenwerte heißen seine *Koordinaten*. Die auf der horizontalen Achse zwischen Ursprung und x liegende Strecke heißt *Abszisse* (lat. abscisus = abgeschnitten) des Punktes P. Den durch y bestimmten vertikalen Abstand vom Ursprung nennt man *Ordinate* (lat. ordinatus = geordnet) des Punktes P. Entsprechend heißt die x-Achse Abszissenachse und die y-Achse Ordinatenachse. Dieses rechtwinklige Koordinatensystem hat DESCARTES (1596—1650) in die Mathematik eingeführt und wird deshalb *kartesisch* genannt. Für jeden x-Wert des Definitionsbereichs $D(f)$ (z. B. $a \leqq x \leqq b$) läßt sich wegen (2-1) eindeutig ein Punkt der Koordinatenebene angeben. Die Gesamtheit dieser Punkte bezeichnet man als graphische Darstellung der Funktion $f(x)$ (Abb. 7, vgl. Abb. 3).

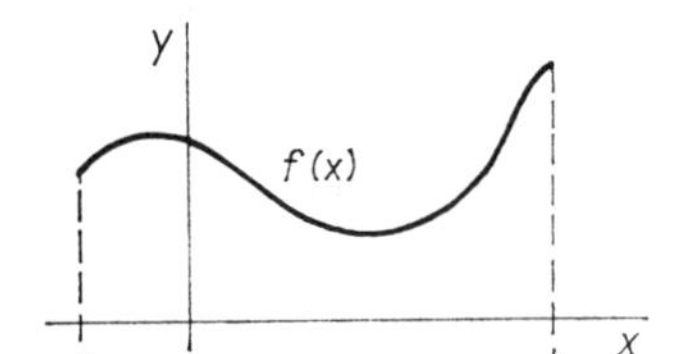

Abb. 7 Graphische Darstellung einer Funktion $f(x)$

Bei der graphischen Darstellung irgendeines funktionalen Zusammenhangs muß der Maßstab sorgfältig überlegt werden. Die Zuordnung der Längeneinheiten der x- und y-Achse zu den Einheiten der darzustellenden Größen muß so getroffen werden, daß die Kurve möglichst in der Winkelhalbierenden der Achsen bleibt, d. h., weder zu flach noch zu steil erscheint. Eine Maßstabsänderung der x-Achse bedeutet eine Zusammenschiebung bzw. Dehnung der Figur in der x-Richtung, entsprechendes gilt für die y-Achse.

Die Darstellung in der xy-Ebene ist nur dann möglich, wenn die Veränderlichen x und y reelle Größen sind. Die Darstellung von Funktionen komplexer Veränderlicher wird später behandelt.

Es ist zu beachten, daß die Definition einer Funktion kein Kontinuum möglicher x-Werte voraussetzt. Es gibt Funktionen, die nur für diskrete x-Werte definiert sind. So ist z. B. $f(x) = x!$ zunächst nur für positive ganzzahlige x-Werte definiert, erst die Integraldarstellung der Fakultät liefert eine Fortsetzung dieser Funktion auf den Bereich aller reellen Zahlen. Dagegen ist die Eindeutigkeit (Zuordnung eines einzigen y-Wertes zu einem x-Wert) wesentlicher Bestandteil der Definition einer Funktion f. Daraus folgt: Wenn in (2-1) für zwei verschiedene Punkte x_1, $x_2 \in D(f)$ auch $f(x_1)$ und $f(x_2)$ verschiedene Werte sind, führt die umgekehrte Zuordnung, symbolisch

$$x = f^{-1}(y), \quad x \in D(f);\ y \in W(f), \tag{2-2}$$

ebenfalls zu einer Funktion. $f^{-1}(y)$ heißt *Umkehrfunktion* (vgl. 1-46). Dann nennt man $f(x)$ eine eindeutig umkehrbare oder eine eineindeutige Funktion.

Beispiel

$f(x) = x^2$ ist nur dann eine eineindeutige Funktion, wenn $x \geqq 0$ ist. Mit dieser Annahme ist $f^{-1}(y) = +\sqrt{y}$ die Umkehrfunktion mit den Funktionswerten $x = +\sqrt{y}$.

Nach der hier verwendeten, üblichen Definition einer Funktion ist eine »mehrdeutige Funktion« (z. B. $f(x) = \pm\sqrt{x}$) keine Funktion, sondern eine Relation (vgl. 1-32, Abb. 2).

Für die durch eine Rechenvorschrift gegebene Funktion $f(x)$ ist $y = f(x_0)$ der Wert an der Stelle x_0. Es kann aber vorkommen, daß der Funktionswert für einen diskreten Wert $x = x_0$ durch die Rechenvorschrift nicht erklärt wird. So ergibt sich z. B. aus $y = \frac{x^2 - 4}{2x - 4}$ für $x_0 = 2$ der unbestimmte Ausdruck $y = \frac{0}{0}$.

Wie die graphische Darstellung dieser Funktion (Abb. 8) zeigt, wird bei Annäherung der x-Werte an $x_0 = 2$ der Funktionswert $y = f(x)$ beliebig nahe an $y = 2$ herankommen, obwohl $f(x = 2)$ nicht erklärt ist. Setzt man $x_n = 2 + \frac{1}{n}$, folgt

$$f(x_n) = \frac{x_n^2 - 4}{2x_n - 4} = \frac{4 + \frac{4}{n} + \frac{1}{n^2} - 4}{4 + \frac{2}{n} - 4} = \frac{4n + 1}{2n} = 2 + \frac{1}{2n}.$$

Da (1-80) auch für reelle Zahlen gilt, erhält man

$$\lim_{n \to \infty} f(x_n) = 2.$$

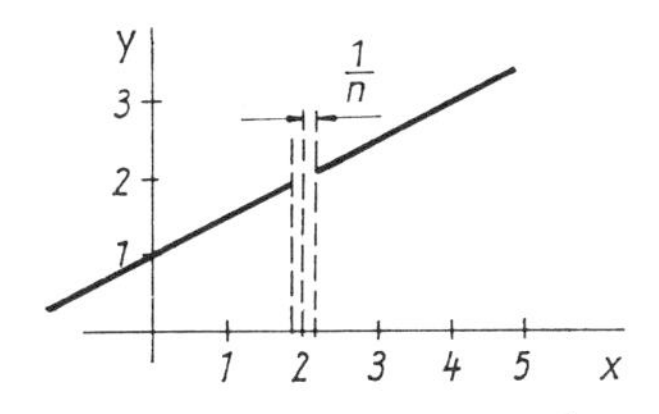

Abb. 8 $f(x) = \frac{x^2 - 4}{2x - 4}$

Dieses Beispiel zeigt: Wenn eine Folge (x_n) gegen einen Grenzwert x konvergiert, für den $f(x_0)$ nicht erklärt ist, so kann dennoch ein Zahlenwert existieren, gegen den $f(x_n)$ konvergiert. $f(x)$ besitzt in x_0 einen Grenzwert g, symbolisch

$$\lim_{x \to x_0} f(x) = g, \tag{2-3}$$

wenn für x-Werte, die hinreichend nahe bei x_0 liegen, die Werte $y = f(x)$ dem Wert g beliebig nahe kommen. Dabei braucht $f(x)$ für $x = x_0$ nicht definiert zu sein.

Die Bedeutung von (2-3) kann exakter erklärt werden: $f(x)$ besitzt in x_0 einen Grenzwert g, wenn für *jede* Folge (x_n) mit $x_n \in D(f)$, die gegen x_0 konvergiert (d. h. $\lim_{n \to \infty} x_n = x_0$), die Folge (y_n) mit $y_n = f(x_n)$ gegen g konvergiert (d. h. $\lim_{n \to \infty} f(x_n) = g$).

Wegen der in (1-84) definierten Rechenoperationen für Grenzwerte gelten für zwei Funktionen $f_1(x)$ und $f_2(x)$, die bei x_0 die Grenzwerte $\lim_{x \to x_0} f_1(x) = g_1$ und $\lim_{x \to x_0} f_2(x) = g_2$ besitzen, folgende Regeln:

$$\lim_{x \to x_0} [f_1(x) \pm f_2(x)] = g_1 \pm g_2, \quad \lim_{x \to x_0} [f_1(x) \cdot f_2(x)] = g_1 g_2;$$

$$\lim_{x \to x_0} \left[\frac{f_1(x)}{f_2(x)}\right] = \frac{g_1}{g_2} \quad (g_2 \neq 0). \text{ Ferner ist } \lim_{x \to x_0} |f(x)| = |g|.$$

Wenn eine Funktion $f(x)$ den Grenzwert 0 besitzt, d. h. $\lim\limits_{x \to x_0} (fx) = 0$, verwendet man in der Praxis oft die Redeweise »$f(x)$ wird für $x \to x_0$ *unendlich klein*«. Häufig hat man zwei Funktionen $f(x)$ und $g(x)$ miteinander zu vergleichen, die beide bei x_0 den Grenzwert 0 besitzen. Existiert $\lim\limits_{x \to x_0} \left|\frac{f(x)}{g(x)}\right| = A = \text{const.}$ und ist $A \neq 0$, sagt man: »$f(x)$ wird für $x \to x_0$ von gleicher Größenordnung unendlich klein wie $g(x)$« und schreibt symbolisch $f(x) = O(g(x))$. Wenn $A = 0$ ist, sagt man: »$f(x)$ wird für $x \to x_0$ stärker unendlich klein als $g(x)$«. Meistens benutzt man als Vergleichsfunktion $g(x) = (x - x_0)^n$ mit $n > 0$. Für $A \neq 0$ ist dann $f(x) = O((x - x_0)^n)$, und man sagt: »$f(x)$ wird für $x \to x_0$ von *n-ter Ordnung unendlich klein*« oder sehr nachlässig: »$f(x)$ ist bei x_0 eine *unendlich kleine Größe n-ter Ordnung*«. Eindringlich sei der Leser vor der falschen Vorstellung gewarnt, $f(x)$ sei hier eine unendlich kleine Größe im Sinn einer unendlich kleinen Konstanten. Eine Konstante bezeichnet *eine* bestimmte Zahl, und *die einzige unendlich kleine Konstante, die es gibt, ist die Null.* »Unendlich kleine Größen« sind stets nur Funktionen, deren Grenzwerte für eine bestimmte Stelle Null sind.

Beispiele

$f(x) = x^2 - x_0^2$ wird für $x \to x_0 \neq 0$ unendlich klein von 1. Ordnung, da $\lim\limits_{x \to x_0} \frac{x^2 - x_0^2}{x - x_0} = 2x_0$ ist. $f(x) = \sqrt{ax + x^2}$ $(a > 0)$ wird für $x \to 0$ unendlich klein von der Ordnung $\frac{1}{2}$, da $\lim\limits_{x \to 0} \frac{\sqrt{ax + x^2}}{\sqrt{x}} = \sqrt{a}$ ist.

Die Regeln für das Rechnen mit »unendlich kleinen Größen« ergeben sich aus den Rechenregeln für Grenzwerte. Besitzen z. B. die Funktionen $f(x)$, $g(x)$, $r(x)$ und $s(x)$ bei x_0 den Grenzwert 0 und werden $r(x)$, $s(x)$ für $x \to x_0$ von höherer Ordnung unendlich klein als $f(x)$, $g(x)$, folgt

$$\lim_{x \to x_0} \frac{f(x) + r(x)}{g(x) + s(x)} = \lim_{x \to x_0} \left(\frac{f}{g} \frac{1 + \frac{r}{f}}{1 + \frac{s}{g}}\right) = \lim_{x \to x_0} \left(\frac{f}{g}\right) \cdot \frac{1 + \lim \frac{r}{f}}{1 + \lim \frac{s}{g}} = \lim_{x \to x_0} \frac{f(x)}{g(x)}.$$

Man sieht, Funktionen, die bei x_0 von höherer Ordnung unendlich klein werden, können gegenüber solchen, die von niedrigerer Ordnung unendlich klein werden (oder »endlich« bleiben, d. h. Grenzwerte $\neq 0$ haben), *weggelassen* werden. In einigen Fällen muß man aber vorsichtig sein.

Beispiele

In $f(x) = 3 - x$ wird x für $x \to 0$ unendlich klein von der Ordnung 1 und kann gegen 3 weggelassen werden, da $\lim\limits_{x \to 0} (3 - x) = 3$ ist. In $f(x) = 9 - (3 - x)^2$ kann x für $x \to 0$ jedoch nicht gegen 3 vernachlässigt werden, da $\lim\limits_{x \to 0} (9 - (3 - x)^2) = \lim\limits_{x \to 0} (9 - 9 + 6x - x^2) = \lim\limits_{x \to 0} (6x - x^2) = \lim\limits_{x \to 0} 6x$ ist.

Für $x \to 0$ kann man also $1 - x \approx 1$ setzen[1]), während für $1 - (1 - x)^2 \approx 2x$ gesetzt werden muß.

Es ist keineswegs immer möglich, für eine bei x_0 nicht erklärte Funktion einen Grenzwert zu finden (z. B. ist $\sin \frac{1}{x}$ für $x_0 = O$ nicht erklärt, und wenn eine Nullfolge (x_n) benutzt wird, oszilliert $\sin \frac{1}{x_n}$ für $n \to \infty$ immer schneller zwischen $+1$ und -1, konvergiert also nicht). Für Funktionen, die bei x_0 eine Sprungstelle endlicher Höhe be-

[1] Das Zeichen $\approx$ bedeutet »ungefähr gleich«

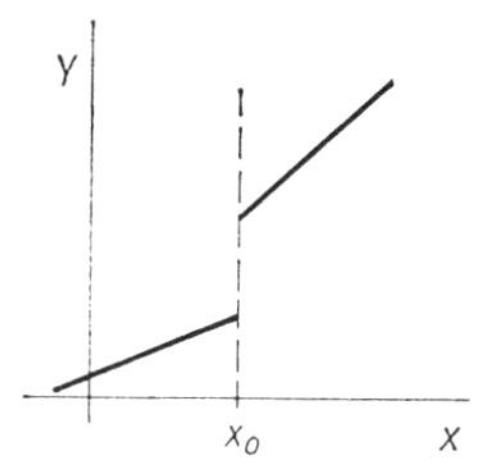

Abb. 9 Unstetige Funktion

sitzen (vgl. Abb. 9), existiert kein Grenzwert im Sinn von (2—3). Beschränkt man sich aber bei der Grenzwertbildung entweder auf $x < x_0$ oder $x > x_0$ (d. h. auf Folgen (x_n), die gegen x_0 konvergieren und für die entweder $x_n < x_0$ oder $x_n > x_0$ ist), kann man für die Annäherung von links (symbolisch $x \to x_0 - 0$) bzw. von rechts (symbolisch $x \to x_0 + 0$) Grenzwerte für $f(x)$ erklären:

$$\lim_{x \to x_0 - 0} f(x) = g_l \quad \text{linksseitiger Grenzwert,} \tag{2-4}$$

$$\lim_{x \to x_0 + 0} f(x) = g_r \quad \text{rechtsseitiger Grenzwert.} \tag{2-5}$$

Funktionen haben häufig die wichtige Eigenschaft, *stetig* zu sein. Eine anschauliche Interpretation dieses Begriffs liefert die graphische Darstellung der Funktion $f(x)$. Wenn das Kurvenbild einer Funktion für den ganzen Definitionsbereich *nirgends zerreißt* (vgl. Abb. 7), heißt die Funktion im ganzen Bereich $D(f)$ oder *global stetig*. Die in Abb. 9 dargestellten Funktion ist an der Stelle x_0 *unstetig*. Mit Hilfe des Grenzwertbegriffs läßt sich eine exakte Definition der Stetigkeit angeben, die nicht den Rückgriff auf eine graphische Darstellung erfordert: Eine Funktion $f(x)$ heißt an der Stelle x_0 ihres Definitionsbereichs *stetig*, wenn der Grenzwert $\lim\limits_{x \to x_0} f(x)$ existiert und zudem

$$\boxed{\lim_{x \to x_0} f(x) = f(x_0)} \tag{2-6}$$

gilt. Eine Funktion ist demnach an der Stelle x_0 *unstetig*, wenn *entweder* $\lim f(x)$ nicht existiert *oder* $f(x)$ für x_0 nicht definiert ist *oder* $\lim\limits_{x \to x_0} f(x)) \neq f(x_0)$ ist.

Die in Abb. 8 dargestellte Funktion ist an der Stelle $x = 2$ nicht erklärt, kann aber durch die zusätzliche Erklärung $y(x = 2) = 2$ zu einer überall in $\mathbb{R}$ stetigen Funktion gemacht werden. Im Gegensatz hierzu besitzt die in Abb. 9 dargestellte Funktion an der Stelle x_0 verschiedene rechts- bzw. linksseitige Grenzwerte. Deshalb ist dort eine eindeutige Funktion nicht möglich; $f(x)$ ist an dieser Stelle evtl. rechtsseitig stetig $(\lim\limits_{x \to x_0 + 0} f(x) = f(x_0))$ oder linksseitig stetig $(\lim\limits_{x \to x_0 - 0} f(x) = f(x_0))$, nach (2-6) jedenfalls unstetig. Im Gegensatz zur globalen Stetigkeit wird durch (2-6) eine *lokale* Stetigkeit definiert, da die Funktion nur in der Umgebung des Punktes x_0 betrachtet wird. Fordert man die Gültigkeit von (2-6) für jedes x des Definitionsbereichs von f, ist f auf $D(f)$ global stetig. In dieser Bedingung für globale Stetigkeit wird die lokale Stetigkeit benutzt. In anderen, gleichwertigen Bedingungen für globale Stetigkeit wird (2-6) nicht benötigt. Folgende gleichwertige und zugleich allgemeinere Definition setzt lediglich voraus, daß die betrachtete Funktion $f: \Omega \to \Omega'$ (vgl. 1-43) zwei Mengen Ω und Ω' miteinander verknüpft, die mit Topologien T und T' versehen sind (vgl. Abschnitt 1.2.).

Eine Funktion f: $\Omega \to \Omega'$ mit den entsprechenden Topologien T bzw. T' heißt (global) *stetig*, wenn die Urbildmenge jeder offenen Menge $A' \subset \Omega'$ (d. h. $A' \in T'$) eine offene Teilmenge von Ω ist, d.h.

$$f^{-1}[A'] \in T. \tag{2-7}$$

Man beachte, daß diese Stetigkeitseigenschaft wesentlich davon abhängt, welche Klassen von Teilmengen von Ω bzw. Ω' (die Topologien T bzw. T') als offene Teilmengen festgelegt werden.

Für den in diesem Kapitel betrachteten Fall $\Omega \subset \mathbb{R}$, $\Omega' \subset \mathbb{R}$ kann in (2-7) anstelle von »offene Menge« das in (1-88) definierte offene Intervall gesetzt werden.

Man beachte ferner, daß in (2-7) nicht verlangt wird, offene Teilmengen von Ω sollen in offene Teilmengen von Ω' abgebildet werden. Dies trifft nämlich für stetige Funktionen im allgemeinen nicht zu.

Beispiel

Die Funktion sin x (vgl. Abb. 20) bildet das offene Intervall $0 < x < 2\pi$ auf das abgeschlossene Intervall $-1 \leqq y \leqq +1$ ab.

Für stetige Funktionen gelten folgende Sätze, die wir ohne Beweis erwähnen. Jede *auf einem abgeschlossenen Intervall* $[a, b] \subset \mathbb{R}$ *definierte stetige Funktion f ist beschränkt und abgeschlossen* (d.h. es gibt $m, M \in \mathbb{R}$, so daß $m \leqq f(x) \leqq M$ gilt für $a \leqq x \leqq b$). Jede auf einem abgeschlossenen Intervall definierte stetige Funktion f, für die y_1 und y_2 ($y_1 < y_2$) mögliche Funktionswerte sind, nimmt auch jeden Zwischenwert $y(y_1 < y < y_2)$ an (Zwischenwertsatz von Bolzano (1781-1848) und Weierstrass (1815-1897)).

Für die folgenden Abschnitte ist es zweckmäßig, noch einige Eigenschaften von Funktionen geeignet zu benennen. Eine Funktion heißt *gerade*, wenn $f(-x) = f(x)$ ist, *ungerade*, wenn $f(-x) = -f(x)$ gilt. Wenn für eine auf einem Intervall J (vgl. 1-88) definierte Funktion f für zwei Punkte x_1 und x_2 des Intervalls, die $x_1 < x_2$ erfüllen sollen, aber sonst beliebig wählbar sind, stets $f(x_1) < f(x_2)$ gilt, heißt die Funktion $f(x)$ *monoton wachsend*. Ist $f(x_1) > f(x_2)$, heißt die Funktion *monoton fallend*.

Nachdem wir einige Eigenschaften von Funktionen kennengelernt haben, drängt sich die Frage auf: Welche Eigenschaften kennzeichnen die Funktionenklassen, die der Praktiker zur Beschreibung von Naturvorgängen benötigt? Um diese Frage beantworten zu können, machen wir zunächst einige Bemerkungen zur Methode, Mathematik auf die Wirklichkeit anzuwenden. Unter Wirklichkeit verstehen wir hier Sachverhalte, die mit Hilfe physikalischer Geräte feststellbar sind. Um etwas Konkretes vor Augen zu haben, denken wir z. B. an eine Briefwaage, die den Sachverhalt »Gewicht eines Gegenstandes« durch den Ausschlag eines Zeigers mißt. Die empirisch feststellbare Größe der Zeigerausschläge können wir verwenden, um Meßergebnisse anzugeben. Allerdings muß man vorher definieren, was mögliche Meßergebnisse sein sollen, z. B. Ausschlag und kein Ausschlag oder Ausschläge zwischen 0—1 cm, 1 — 2 cm und 2 — 3 cm. Die möglichen Meßergebnisse werden auch als Ereignisse bezeichnet und bilden die Elemente einer Menge. Die Anzahl der Elemente dieser Menge wird schließlich durch die Meßgenauigkeit des Apparates begrenzt, denn zwei Ausschläge, die sich nur innerhalb der Meßgenauigkeit voneinander unterscheiden, bezeichnen das gleiche Meßergebnis.

Wenn der eben geschilderte Sachverhalt in die Sprache einer mathematischen Theorie übersetzt werden soll, hat man zu bedenken: Aus einem physikalischen Sachverhalt kann man bestenfalls Hinweise zur Aufstellung oder für die Wahl einer mathematischen Theorie erhalten. Die Verwendung einer bestimmten mathematischen Theorie zur Beschreibung eines physikalischen Sachverhalts ist nicht ableitbar, sondern geschieht letzten Endes intuitiv. Eine zur Naturbeschreibung benutzte mathematische Theorie enthält deshalb im allgemeinen Idealisierungen des physikalischen Sachverhalts, die mathematisch sehr praktisch sein können aber empirisch nicht nachweisbar sind. Man muß sich davor hüten, aus solchen Idealisierungen auf die Struktur der Wirklichkeit zu schließen.

Wir kehren zurück zu den Zeigerausschlägen einer Briefwaage und wählen zur Beschreibung der Größe dieser Ausschläge eine Teilmenge der positiven reellen Zahlen, die nach oben begrenzt ist durch den Zahlenwert, den wir dem maximal möglichen Ausschlag zuordnen. Mit dieser Wahl führen wir bereits eine Idealisierung ein, denn im Gegensatz zu der oben eingeführten Menge möglicher Meßergebnisse besteht jede Teilmenge von $\mathbb{R}$ aus nicht abzählbar vielen Elementen (Kontinuum). Von dieser Teilmenge sind als Meßwerte ohnehin nur die rationalen Zahlen denkbar, da jeder Meßwert nur als endlicher Dezimalbruch geschrieben werden kann. Wegen der stets vorhandenen Meßungenauigkeit können von diesen abzählbar vielen Zahlenwerten auch nicht alle *verschiedene* mögliche Meßwerte beschreiben. Nur Intervalle von Zahlen können zur Beschreibung möglicher Meßwerte benutzt werden. Es ist aus mathematischen Gründen praktisch, in solchen Intervallen nicht nur rationale Zahlen geeignet zusammenzufassen, sondern die Idealisierung »Intervall reeller Zahlen« zu benutzen. Klassen, deren Elemente Intervalle von $\mathbb{R}$ sind, haben wir bereits kennengelernt: Einerseits die offenen Intervalle, die die Menge der reellen Zahlen mit einer Topologie versehen und die geeignete Begriffe sind, um die Eigenschaft »Stetigkeit« einer Funktion allgemein und global zu definieren (vgl. 2-7). Andererseits die BORELschen Mengen, die von halboffenen wie auch von offenen und abgeschlossenen Intervallen erzeugt werden. Die Eigenschaften dieser meßbaren Mengen, die sich aus den zur Definition (Abschnitt 1.2.) verwendeten Axiomen ergeben, legen ihre Verwendung zur Naturbeschreibung nahe. Welchen Einfluß die intuitive Wahl geeigneter Mengensysteme auf die Beschreibung physikalischer Sachverhalte hat, soll im folgenden angedeutet werden. Wenn an einem physikalischen System mit verschiedenen Meßapparaten gemessen wird, findet man zwischen den Meßergebnissen häufig Zusammenhänge, die nach Übersetzung in die Sprache der Mengenlehre als Relationen formuliert werden. Diese Relationen sind mathematisch formulierte »physikalische Gesetze«. (Beispiel: Messungen der Bildweite und Dingweite bei der Abbildung durch eine Linse legen die Formulierung eines Linsengesetzes nahe.) Ein eindeutiger Zusammenhang zwischen den Meßergebnissen zweier Apparate wird mathematisch durch eine Funktion beschrieben (vgl. 1-43). Die Eigenschaften der zur Beschreibung benutzten Funktionen hängen von den Eigenschaften der als Definitions- und Wertebereich verwendeten Mengen ab, d. h. von der Wahl der zur Beschreibung von Meßergebnissen verwendeten Mengensysteme. Wählt man offene Mengen (vgl. Abschn. 1.2.), wird die mathematische Formulierung eines physikalischen Gesetzes durch stetige Funktionen (vgl. 2-7) bevorzugt. Wählt man meßbare Mengen (vgl. Abschnitt 1.2.) wird die in (2-8) definierte umfangreichere Klasse der meßbaren Funktionen zugelassen. Für die mathematische Beschreibung physikalischer Sachverhalte wird man solche Funktionenklassen bevorzugen, die möglichst einfache mathematische Formulierungen erlauben. Dieses Prinzip der Einfachheit ist für die Ökonomie des Denkens zweifellos sehr wesentlich. Was hier *einfach* bedeuten soll, läßt sich allerdings nicht objektiv erfassen, sondern hängt weitgehend von der Vorbildung des Naturforschers ab. Ein Praktiker, dem die Grundbegriffe der Mengenlehre nicht vertraut sind, wird manche der neuerdings auch in technischen Bereichen verwendeten moderneren mathematischen Theorien als höchst kompliziert bezeichnen, während der in dieser Denkweise geübtere solche Theorien evtl. als besonders einfach empfindet.

Zur Definition (2-7) der (global) stetigen Funktionen wurden offene Mengen verwendet. Eine andere wichtige Funktionenklasse läßt sich definieren, wenn man die Abbildungen von einem Meßraum (Ω,S) in einen Meßraum (Ω',S') betrachtet und in der Definition (2-7) die Klassen der offenen Teilmengen (die Topologien T bzw. T') durch die Klassen der meßbaren Teilmengen (die σ-Algebra S bzw. S') ersetzt:

Eine Funktion $f\colon \Omega \to \Omega'$ mit den entsprechenden σ-Algebren S bzw. S' heißt $(S - S')$-*meßbar*, wenn die Urbildmenge jeder meßbaren Menge $M' \subset \Omega'$ (d. h. $M' \in S'$) eine meßbare Teilmenge von Ω ist, d. h.

$$f^{-1}[M'] \in S. \qquad (2\text{-}8)$$

Für $\Omega = \mathbb{R}$ und $\Omega' = \mathbb{R}$ mit Borelschen σ-Algebren B und B' auf $\mathbb{R}$ kann man zeigen, daß jede nach (2-7) stetige Funktion $f\colon \mathbb{R} \to \mathbb{R}$ auch $(B - B')$-meßbar (Borel-meßbar genannt) ist. Die Umkehrung gibt es jedoch nicht, so daß die Klasse der meßbaren Funktionen umfangreicher als die der stetigen Funktionen ist. Ferner gilt der für uns wichtige Satz: Es seien (Ω,S) und $(\bar{\mathbb{R}},\bar{B})$ (vgl. 1-89, $\bar{B}$ ist die Borelsche σ-Algebra auf $\bar{\mathbb{R}}$) zwei Meßräume. Eine Funktion $f\colon\Omega \to \bar{\mathbb{R}}$ ist genau dann $(S - \bar{B})$-meßbar (auch S-meßbar genannt), wenn für alle $c \in \mathbb{R}$ gilt

$$\{\omega \mid \omega \in \Omega \text{ und } f(\omega) < c\} \in S. \tag{2-9}$$

Gleichwertig mit (2-9) sind $\{\omega|f(\omega) > c\} \in S$ oder $\{\omega|f(\omega) \leqq c\} \in S$ oder $\{\omega|f(\omega) \geqq c\} \in S$.

Beispiel

Die als *Indikatorfunktion* einer Menge $A \subset \Omega$ bezeichnete Funktion

$$J_A(\omega) := \begin{cases} 0 \text{ für } \omega \in \bar{A} \\ 1 \text{ für } \omega \in A \end{cases} \tag{2-10}$$

ist genau dann S-meßbar, wenn A eine meßbare Teilmenge von Ω ist, d.h. $A \in S$.,
Für (2-10) gilt nämlich

$$\{\omega|\omega \in \Omega \quad \text{und } J_A(\omega) < c\} = \begin{cases} \emptyset & \text{für } c \leqq 0 \\ \bar{A} & \text{für } 0 < c \leqq 1 \\ A \cup \bar{A} = \Omega & \text{für } 1 < c, \end{cases}$$

d. h., für alle $c \in \mathbb{R}$ ist diese Menge stets ein Element der kleinsten A enthaltenden σ-Algebra (vgl. Abschnitt 1.2.).

Wenn $\Omega = \mathbb{R}$ und $S = B$ gilt, ist $J_{[a,b[}(x)$ mit $x \in \mathbb{R}$ und (1-92) die in Abb. 10 dargestellte, für $x = a, b$ rechtsseitig stetige, also nach (2-6) unstetige Rechteckfunktion.

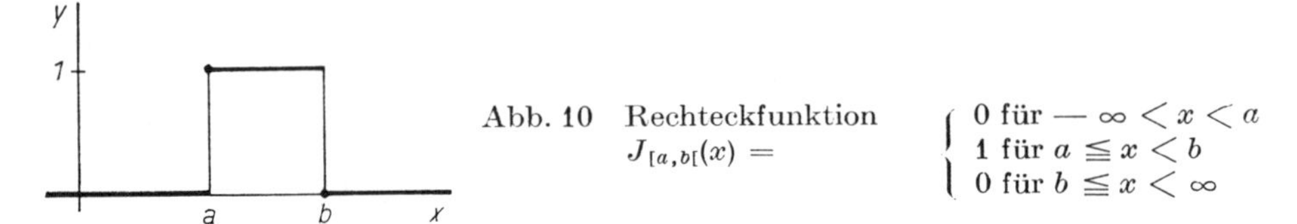

Abb. 10 Rechteckfunktion $J_{[a,b[}(x) = \begin{cases} 0 \text{ für } -\infty < x < a \\ 1 \text{ für } a \leqq x < b \\ 0 \text{ für } b \leqq x < \infty \end{cases}$

Die bisher diskutierten Eigenschaften von Funktionen sind keineswegs die einzig interessanten für den Praktiker. Später werden wir noch andere wichtige Eigenschaften (Differenzierbarkeit, Integrierbarkeit) kennenlernen .

Wenden wir uns noch einmal der mathematischen Beschreibung physikalischer Gesetze zu. Häufig ergeben sich aus den durch verschiedene Meßgeräte an einem physikalischen System ermittelten Meßergebnissen gesetzmäßige Zusammenhänge zwischen mehr als zwei Ereignismengen. *Beispiel:* Der Druck eines Gases hängt vom Volumen und der Temperatur ab. Auch dieser eindeutige Zusammenhang läßt sich mathematisch durch eine Funktion (1-43) beschreiben. Sind z. B. $x \in \mathbb{R}$ und $y \in \mathbb{R}$ zwei Veränderliche, die verschiedene physikalische Sachverhalte beschreiben, kann durch eine Funktion $f(x,y)$ jedem Wertepaar von x und y ein $z \in \mathbb{R}$ eindeutig zugeordnet werden:

$$z = f(x,y). \tag{2-11}$$

Wegen (1-30) läßt sich die Funktion $f(x,y)$ nach (1-43) auch in der Form

$$f\colon A \to \mathbb{R} \tag{2-12}$$

mit $D(f) = A \subset \mathbb{R} \times \mathbb{R}$ schreiben. Den zweidimensionalen Zahlenraum $\mathbb{R} \times \mathbb{R}$ bezeichnet man symbolisch mit $\mathbb{R}^2$, seine Elemente, die geordneten Paare (x,y) ,sind anschaulich zu deuten als Punkte in einer xy-Ebene (vgl. Abb. 2). Eine anschauliche Darstellung einer Funktion (2-12) ergibt sich, wenn senkrecht zur xy-Ebene eine Zahlengerade angebracht wird, so daß ein Funktionswert z (vgl. 2-11) als Höhe über der xy-Ebene interpretiert werden kann. Auf diese Weise liefert $f(x,y)$ eine Fläche in einem dreidimensionale Raum. (Beispiele: in Abb. 11 $f(x,y) = x^2 + y^2$; Abb. 12 zeigt die anschauliche Darstellung einer Zustandsfunktion für ein nichtideales Gas).

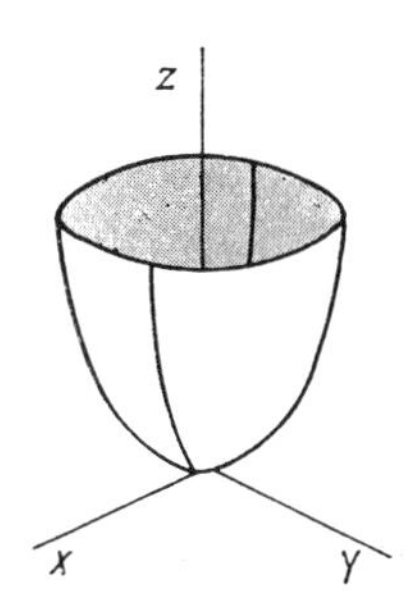

Abb. 11 Teil der Fläche $f(x,y) = x^2 + y^2$ (Rotationsparaboloid)

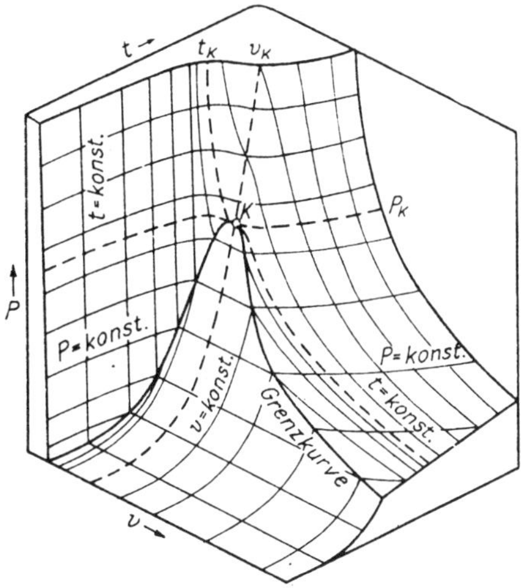

Abb. 12 Zustandsfläche $p(t,v)$ des Wasserdampfs (t = Temperatur, v = Volumen, p = Druck)

Die Begriffe *Grenzwert*, *Stetigkeit* und *Meßbarkeit* übertragen sich von den Funktionen mit einer Veränderlichen sinngemäß auf $f(x,y)$. Ist z. B. $f(x,y)$ am Punkt (x_0,y_0) nicht erklärt, existiert möglicherweise

$$\lim_{(x,y)\to(x_0,y_0)} f(x, y) = g \,. \tag{2-13}$$

Der in (2-13) gemeinte Doppellimes ist zu unterscheiden von

$$\lim_{y\to y_0} \left(\lim_{x\to x_0} f(x, y)\right) \text{ und } \lim_{x\to x_0} \left(\lim_{y\to y_0} f(x, y)\right). \tag{2-14}$$

In (2-13) soll man sich nämlich dem Punkt (x_0,y_0) von *allen möglichen* Seiten her nähern können und stets denselben Wert g finden. In (2-14) nähert man sich dem Punkt (x_0,y_0) dagegen nur parallel zu den Koordinatenachsen. Bei Annäherung von anderer Richtung (z. B. längs der Winkelhalbierenden $y = x$) kann $f(x,y)$ evtl. einen von (2-14) verschiedenen Grenzwert besitzen.

Beispiel

$$f(x, y) = \frac{xy}{x^2 + y^2} \text{ für } x_0 = y_0 = 0 \,.$$

Wenn

$$\boxed{\lim_{(x,y)\to(x_0,y_0)} f(x, y) = f(x_0, y_0)} \tag{2-15}$$

gilt, heißt $f(x,y)$ (lokal) stetig im Punkt (x_0,y_0). Die Definitionen der globalen Stetigkeit (2-7) und der Meßbarkeit (2-8) können direkt übernommen werden, wenn dort $\Omega = \mathbb{R}\times\mathbb{R}$ und $\Omega' = \mathbb{R}$ gesetzt wird und für $\mathbb{R}\times\mathbb{R}$ statt der Intervalle (1-92) die Parallelotope

$$[a_1,a_2;b_1,b_2[:=\{(x,y)\mid(x,y)\in\mathbb{R}^2 \text{ und } a_1\leqq x<b_1,\ a_2\leqq y<b_2\} \quad (2\text{-}16)$$

und statt (1-93) die Menge aller Parallelotope von $\mathbb{R}^2$ benutzt werden.

Die Erweiterung der mathematischen Beschreibung physikalischer Gesetze, die mehr als zwei wählbare Veränderliche besitzen, liegt auf der Hand. Man definiert:

$$\mathbb{R}^n:=\{(x_1,x_2,\ldots,x_n)\mid x_\nu\in\mathbb{R} \text{ für } \nu=1,2,\ldots,n\} \quad (2\text{-}17)$$

heißt *n-dimensionaler Zahlenraum* (n eine natürliche Zahl $\neq 0$). Die Punkte des $\mathbb{R}^n$ sind die geordneten n-tupel, symbolisch

$$x:=(x_1,x_2,\ldots,x_n) \quad (2\text{-}18)$$

geschrieben. Mit (2-18) lassen sich die Intervalle (1-88), (1-92) und (2-16) verallgemeinern zu den Parallelotopen

$$]a,b[:=\{x\mid x\in\mathbb{R}^n \text{ und } a<x<b\}, \quad (2\text{-}19)$$
$$[a,b[:=\{x\mid x\in\mathbb{R}^n \text{ und } a\leqq x<b\}, \quad (2\text{-}20)$$

wobei die Ungleichungen für die entsprechenden Komponenten der n-tupel gemeint sind, z. B. ist $a<x<b$ symbolische Abkürzung für $a_1<x_1<b_1$, $a_2<x_2<b_2,\ldots$, $a_n<x_n<b_n$. Die von der Menge J^n aller nach rechts halboffenen Parallelotope (2-20) erzeugte σ-Algebra (vgl. Abschnitt 1.2.), heißt *Borelsche σ-Algebra B^n*, ihre Elemente $B_i\in B^n$ heißen *Borelsche Mengen* von $\mathbb{R}^n$. Eine reelle Funktion mit n Veränderlichen ist in der Form (2-12) schreibbar, wenn dort $D(f)=A\subset\mathbb{R}^n$ gesetzt wird. Die Definitionen der Stetigkeit (2-7) und der Meßbarkeit (2-8) können dann unmittelbar verwendet werden.

Bisher haben wir den Funktionsbegriff diskutiert und gelegentlich auf mögliche graphische Darstellungen (Abb. 7 und 11) hingewiesen. In der Praxis ergibt sich häufig das umgekehrte Problem: Wie können geometrische Gebilde durch Funktionen beschrieben werden? Diese Frage wird im Kapitel 5 (Analytische Geometrie) ausführlich behandelt. Hier soll nur auf das Verfahren, Parameter als Hilfsvariable einzuführen (Parametrisierung), hingewiesen werden. Wir betrachten zunächst das geometrische Gebilde *Kurve*. Eine in der xy-Ebene liegende Kurve der in Abb. 13 dargestellten Form läßt sich wegen der geforderten Eindeutigkeit (vgl. 1-42) nur mühselig durch eine Funktion $f(x)$ beschreiben. Man kann die Beschreibung aber sehr leicht ausführen, wenn man neben x und y noch eine dritte Veränderliche $u\in\mathbb{R}$, die man als Parameter bezeichnet, so einführt, daß

$$x(u);\ y(u) \qquad \text{(Parameterdarstellung)} \quad (2\text{-}21)$$

auf einem Intervall $[a,b]=\{u|u\in\mathbb{R} \text{ und } a\leqq u\leqq b\}$ definierten Funktionen sind. Zu jedem Wert u des Definitionsbereichs gehören dann eindeutig ein Wert $x=x(u)$ und ein Wert $y=y(u)$, also ein Punkt (x,y) der xy-Ebene. Der Punkt $(x(a),y(a))$ heißt Anfangspunkt und $(x(b),y(b))$ Endpunkt der Kurve. Durchläuft u alle Werte des Intervalls von a nach b, wird jeder Kurvenpunkt $(x(u),y(u))$ durchlaufen, wobei die Kurve zugleich einen *Durchlaufungssinn* erhält (orientierte Kurve Abb. 13).

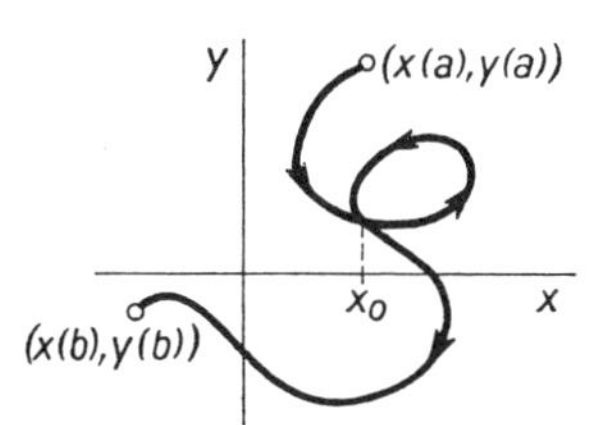

Abb. 13 Kurve $x(u)$, $y(u)$ für $u \in [a,b]$ mit Durchlaufungssinn

Beispiel

$x^2 + y^2 = 1$ stellt einen Kreis in der xy-Ebene dar. Eine Parameterdarstellung (2-21) dieses Kreises liefern die Funktionen $x(u) = \cos u$, $y(u) = \sin u$ für $u \in [0,2\pi]$. Der Kreis ist zugleich ein Beispiel für eine geschlossene Kurve, da $x(0) = x(2\pi)$; $y(0) = y(2\pi)$ gilt.

Die Parameterdarstellung einer Kurve ist auch für Kurven im dreidimensionalen Raum möglich. Man kann deshalb umgekehrt mit Hilfe des Funktionsbegriffs definieren, was in der graphischen Darstellung eine Kurve ergibt:

Es sei $[a,b]$ ein Intervall und $u \in [a,b]$. Sind auf $[a,b]$ n reelle stetige Funktionen $f_1(u), f_2(u), \ldots, f_n(u)$ definiert, heißt diese Abbildung

$$[a,b] \to \mathbb{R}^n \tag{2-22}$$

Kurve oder *parametrisierter Weg.*

$$x = x(u) := (f_1(u), \ldots, f_n(u)) \tag{2-23}$$

ist ein Punkt in $\mathbb{R}^n$. $x = x(a)$ heißt Anfangspunkt und $x = x(b)$ heißt Endpunkt der Kurve. Wenn $x(a) = x(b)$ ist, heißt die Kurve *geschlossen.*

Entsprechend verfährt man bei der Beschreibung von Flächen in $\mathbb{R}^3$ bzw. von ähnlichen Gebilden in Zahlenräumen höherer Dimension. Es sei $M \subset \mathbb{R}^p$ und $(u_1, u_2, \ldots, u_p)$ ein Punkt in $\mathbb{R}^p$. Sind auf M n reelle Funktionen $f_1(u_1, \ldots, u_p), \ldots, f_n(u_1, \ldots, u_p)$ definiert mit $p < n$, heißt diese Abbildung

$$M \to \mathbb{R}^n \tag{2-24}$$

eine *p-dimensionale Mannigfaltigkeit* oder *Hyperfläche* in $\mathbb{R}^n$. Ein Punkt der p-dimensionalen Mannigfaltigkeit ist durch

$$x = x(u_1, \ldots, u_p) := (f_1(u_1, \ldots, u_p), \ldots, f_n(u_1, \ldots, u_p)) \tag{2-25}$$

in $\mathbb{R}^n$ festgelegt. Man nennt deshalb auch $u_1, \ldots, u_p$ die Koordinaten eines Punktes der p-dimensionalen Mannigfaltigkeit. Hält man $p - 1$ Parameter, z. B. $u_2, \ldots, u_p$, auf festen Werten, geht (2-25) mit $u_1 = u$ über in (2-23), d. h., man erhält eine Kurve auf der p-dimensionalen Mannigfaltigkeit, *Koordinatenlinie* genannt. Da diese Koordinatenlinien im allgemeinen keine Geraden sind, heißen $u_1, \ldots, u_p$ auch *krummlinige Koordinaten* der p-dimensionalen Mannigfaltigkeit. Die Koordinatenlinien sind Kurven, die einen Durchlaufungssinn besitzen. Für $p = 2$ und $n = 3$ sind die durch (2-24) definierten zweidimensionalen Mannigfaltigkeiten in $\mathbb{R}^3$ *Flächen.*

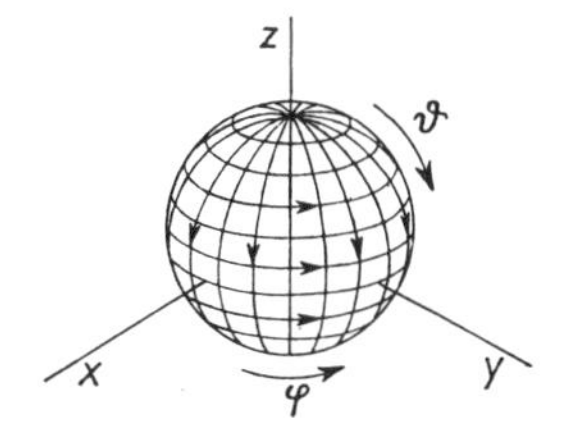

Abb. 14 Kugelfläche mit Koordinatenlinien
$(0 \leqq \vartheta \leqq \pi,\ 0 \leqq \varphi \leqq 2\pi)$

Beispiel

Koordinatenlinien auf einer Kugelfläche. Bezeichnet man $u_1 = \vartheta$, $u_2 = \varphi$ und wählt $M = \{(\vartheta,\varphi) \mid (\vartheta,\varphi) \in \mathbb{R}^2$ und $0 \leqq \vartheta \leqq \pi,\ 0 \leqq \varphi \leqq 2\pi\} \subset \mathbb{R}^2$, so wird durch die 3 Funktionen $x(\vartheta,\varphi) = r \cos \varphi \sin \vartheta$; $y(\vartheta,\varphi) = r \sin \varphi \sin \vartheta$; $z(\vartheta,\varphi) = r \cos \vartheta$ mit $r \in \mathbb{R}$ in $\mathbb{R}^3$ eine Kugelfläche $F_r = \{(x,y,z) \mid (x,y,z) \in \mathbb{R}^3$ und $x^2 + y^2 + z^2 = r^2\}$ definiert, die als Koordinatenlinien Längenkreise ($\varphi = \text{const}$) und Breitenkreise ($\vartheta = \text{const}$) besitzt (Abb. 14).

2.2. Einfachste Funktionen

2.2.1. Rationale Funktionen

Diese Funktionen enthalten nur die Grundoperationen $+, -, \cdot, :$ in einer endlichen Anzahl von Anwendungen. *Ganze rationale Funktionen* oder *Polynome* heißen rationale Funktionen, die keine Division enthalten. Jedes Polynom vom Grad n ist darstellbar durch

$$f(x) = a_0 + a_1 x + a_2 x^2 + \cdots + a_n x^n \quad \text{oder kürzer}$$

$$\boxed{f(x) = \sum_{\nu=0}^{n} a_\nu x^\nu = p_n(x)} \ (\nu = 0, 1, 2, \cdots), \tag{2-26}$$

wobei $x^0 = 1$ festgesetzt wird.

Die als *Koeffizienten* bezeichneten Größen a_ν sind *Konstanten*. Für $a_n \neq 0$ heißt n der *Grad* des Polynoms. Das geometrische Bild der ganzen rationalen Funktion heißt *Parabel n-ter Ordnung*, ihr Verhalten für sehr große bzw. sehr kleine x-Werte ist leicht überschaubar. Es ist klar, daß für sehr große Werte von $|x|$ in (2-26) die höchste Potenz von x alle anderen überwiegt, die deshalb vernachlässigt werden können. Umgekehrt ist z. B. $\left(\frac{1}{10}\right)^2 \ll \frac{1}{10}$[1], so daß für sehr kleine Werte von $|x|$ allein die niedrigste Potenz ausschlaggebend ist (Diskussion der Nullstellen von $p_n(x)$, s. Abschnitt 3.1.).

Gebrochene rationale Funktionen heißen rationale Funktionen, in denen die Division unentbehrlich ist. Sie lassen sich als Quotient zweier Polynome schreiben

$$\boxed{f(x) = \frac{\sum_{\nu=0}^{n} a_\nu x^\nu}{\sum_{\mu=0}^{m} b_\mu x^\mu} = \frac{p_n(x)}{q_m(x)}} \ (\mu, \nu = 0, 1, 2 \cdots). \tag{2-27}$$

Wenn für $a_n \neq 0$; $b_m \neq 0$, $n < m$ ist, heißen diese Funktionen *echt gebrochen*. Für $n \geqq m$ läßt sich $f(x)$ stets als Summe eines Polynoms und einer echt gebrochenen Funktion darstellen:

$$f(x) = p(x) + \frac{p_{m-1}(x)}{q_m(x)}, \tag{2-28}$$

z. B.

$$f(x) = \frac{x^3 - 2x^2 + 5x - 1}{x + 1} = x^2 - 3x + 8 - \frac{9}{x + 1}.$$

---

[1] Das Zeichen $\ll$ bedeutet »sehr klein gegen«

Für sehr große Werte von $|x|$ nähert sich eine echt gebrochene Funktion $f(x)$ *unbegrenzt* dem Wert *Null*. Entsprechend nähert sich eine unecht gebrochene Funktion (d. h. $n \geqq m$) für sehr große Werte von $|x|$ unbegrenzt der in (2-28) auftretenden Parabel $p(x)$. Man bezeichnet $p(x)$ als *Asymptote* (griech. »Nichtzusammenfallende«) der Funktion $f(x)$.

Die gebrochene rationale Funktion (2-27) kann bereits für endliche x-Werte beliebig groß werden. Dazu ist offenbar nur nötig, daß $q_m(x) = 0$ und $p_n(x) \neq 0$ ist. Solche x-Werte heißen *Pole* der Funktion $f(x)$ (vgl. Abschnitt 9.1.6.). Ist dagegen $q_m(x) = 0$ und $p_n(x) = 0$, so folgt $f(x) = \frac{0}{0}$. Diese Stellen, für die $f(x)$ nicht erklärt ist, heißen *Lücken*. Um über das Verhalten von $f(x)$ in der Nähe dieser Lücken etwas zu erfahren, muß man die bereits erwähnten Grenzwertbetrachtungen anstellen.

Für später ist noch die Zerlegung einer gebrochenen rationalen Funktion in eine Summe sogenannter *Partialbrüche* wichtig. Wir gehen von der Gleichung $q_m(x) = 0$ aus, deren Lösungen $x = a;\ b;\ c; \ldots$ die Wurzeln der Gleichung genannt werden. Nach Abschnitt 3.1. kann man mit Hilfe dieser Wurzeln das Polynom $q_m(x)$ durch Linearfaktoren darstellen:

$$q_m(x) = b_m(x - a)^\alpha \cdot (x - b)^\beta \ldots (x - r)^\varrho, \tag{2-29}$$

wobei $b_m \neq 0$; $\alpha + \beta + \ldots + \varrho = m$ und $\alpha, \beta, \ldots, \varrho \geqq 1$ ist. Die Exponenten $\alpha, \beta, \ldots$ geben an, wie häufig gleiche Linearfaktoren bei der Zerlegung auftreten, so daß die mit $a, b, \ldots$ bezeichneten Wurzeln alle verschieden sind. Zum Beispiel: $f(x) = x^3 + 3x^2 - 4 = (x - 1)(x + 2)^2$.

Zunächst betrachten wir nur den Fall, daß alle Wurzeln reell sind. Man nennt $\frac{A}{(x-a)^\alpha}$; $\frac{B}{(x-b)^\beta}$; ... *Partialbrüche*, und es gilt der Satz: Jede echt gebrochene rationale Funktion läßt sich eindeutig in Partialbrüche zerlegen. Man setzt mit zunächst unbestimmten Koeffizienten $A_1, A_2, \ldots, A_\alpha, B_1, \ldots, B_\beta, \ldots, R_\varrho$ an

$$\begin{aligned} \frac{p_n(x) b_m}{q_m(x)} &= \frac{A_1}{x - a} + \frac{A_2}{(x - a)^2} + \cdots + \frac{A_\alpha}{(x - a)^\alpha} \\ &+ \frac{B_1}{x - b} + \frac{B_2}{(x - b)^2} + \cdots + \frac{B_\beta}{(x - b)^\beta} \\ &+ \cdots + \frac{R_\varrho}{(x - r)^\varrho}. \end{aligned} \tag{2-30}$$

Nach Multiplikation mit $q_m(x)$ steht rechts ein Polynom vom Grad $(m - 1)$. Da in einer echt gebrochenen Funktion das Polynom $p_n(x)$ keine höheren Potenzen als $n = m - 1$ besitzen kann, so stehen sich Polynome mit gleichem Grad gegenüber. Beide Polynome können nur dann gleich sein, d. h. für alle x-Werte übereinstimmen, wenn die Koeffizienten entsprechender Potenzen von x links und rechts gleich sind. Der *Koeffizientenvergleich* liefert gerade m Gleichungen, um die m Koeffizienten $A_1, \ldots, R_\varrho$ zu bestimmen.

Beispiele

Ist

$$f(x) = \frac{2x^2 + 20x + 12}{(x - 2)(x + 1)(x + 3)} = \frac{A_1}{x - 2} + \frac{B_1}{x + 1} + \frac{C_1}{x + 3},$$

so folgt

$$x^2 + 20x + 12 = A_1(x + 1)(x + 3) + B_1(x - 2)(x + 3) + C_1(x - 2)(x + 1)$$

oder

$$2x^2 + 20x + 12 = (A_1 + B_1 + C_1)x^2 + (4A_1 + B_1 - C_1)x + 3A_1 - 6B_1 - 2C_1.$$

Durch Koeffizientenvergleich ergibt sich

$$A_1 + B_1 + C_1 = 2;\ 4A_1 + B_1 - C_1 = 20;\ 3A_1 - 6B_1 - 2C_1 = 12$$

und hieraus schließlich

$$A_1 = 4;\ B_1 = 1;\ C_1 = -3$$

Entsprechend führt

$$f(x) = \frac{1}{(x-1)(x+1)^2} = \frac{A_1}{x-1} + \frac{B_1}{x+1} + \frac{B_2}{(x+1)^2}$$

zur Gleichung

$$1 = (A_1 + B_1)x^2 + (2A_1 + B_2)x + A_1 - B_1 - B_2,$$

also

$$A_1 + B_1 = 0;\ 2A_1 + B_2 = 0;\ A_1 - B_1 - B_2 = 1.$$

Die Auflösung ergibt

$$A_1 = \frac{1}{4};\quad B_1 = -\frac{1}{4};\quad B_2 = -\frac{1}{2}.$$

Befinden sich unter den Wurzeln von $q_m(x) = 0$ komplexe Werte, so faßt man diejenigen Brüche, deren Nenner konjugiert komplexe Größen sind, zusammen. Es ergeben sich dann, wie sich zeigen läßt, am Ende nur Partialbrüche mit reellen Größen, solange die Koeffizienten der gebrochenen rationalen Funktion reell sind (vgl. Abschnitt 3.1.).

2.2.2. Potenzfunktionen und Exponentialfunktionen

Potenzfunktion $f(x) = x^n$

Für $n = 0, 1, 2, \ldots$ ist die Potenzfunktion eine ganze rationale Funktion, das geometrische Bild also eine Parabel n-ter Ordnung. Wegen der Bedeutung $x^{-m} = \frac{1}{x^m}$ ist die Potenzfunktion für $n = -m;\ m = 1, 2, 3, \ldots$ eine gebrochene rationale Funktion, deren Pole bei $x = 0$ liegen, während die x-Achse zur Asymptote wird. Schließlich bedeutet

$$f(x) = x^{\frac{r}{s}} = \left(x^{\frac{1}{s}}\right)^r = \sqrt[s]{x^r} \quad (r, s = 1, 2, \cdots).$$

Die Potenzfunktion ist für eine rationale Größe $n = \frac{r}{s}$ also keine rationale Funktion. Die verschiedenen Potenzen liefern Kurven, die in Abbildung 15 dargestellt sind. Die Umkehrfunktion $f(x) = \sqrt[n]{x}$ der Potenzfunktion $f(x) = x^n$ erscheint, wie erwartet, als die an der Grenzgeraden $f(x) = x$ gespiegelte Potenzfunktion. Bemerkenswert ist, daß für sehr große n-Werte in einem großen Intervall der x-Werte $\sqrt[n]{x} \approx 1$ ist.

Exponentialfunktion $f(x) = a^x$

Wir vereinbaren, die Konstante $a > 0$ zu nehmen und nennen sie *Basis*. Die Veränderliche x erscheint hier als *Exponent*. Im Anschluß an die Potenzfunktion ist a^x zunächst

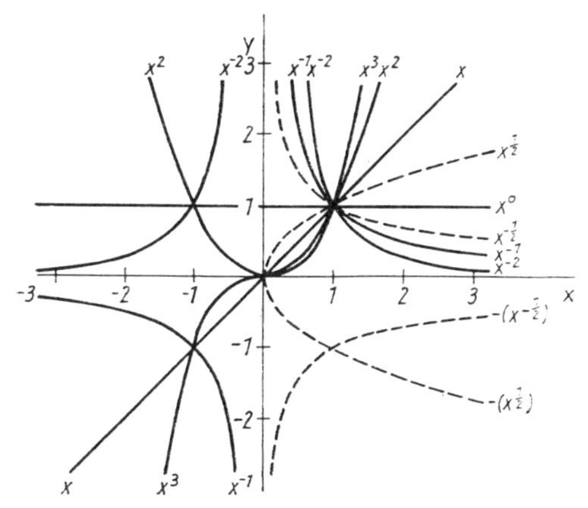

Abb. 15 Potenzfunktion $f(x) = x^n$ und ihre Umkehrfunktion

nur für rationale x-Werte erklärt:

$$a^{\frac{r}{s}} = \sqrt[s]{a^r} \quad (s = 1, 2, \cdots; \quad r = \pm 1, \pm 2, \cdots).$$

Durch die Vereinbarung $a > 0$ erreichen wir also, daß $a^{r/s}$ für *alle* Exponenten eine reelle Zahl ist.

a^x kann auch für irrationale x-Werte erklärt werden. Ist z. B. $x = \sqrt{2} = 1{,}414\ldots$, so verstehen wir unter a^x den *Grenzwert*, dem sich die Folge

$$a^{1,4} = \sqrt[10]{a^{14}}; \quad a^{1,41} = \sqrt[100]{a^{141}}; \quad a^{1,414} = \sqrt[1000]{a^{1414}}; \quad \text{usw.}$$

nähert (vgl. Abschnitt 1.2.).

Schließlich läßt sich zeigen (den Beweis übergehen wir), daß für $a > 1$ $\lim\limits_{x \to 0} a^x = 1$ ist. Es ist deshalb zweckmäßig, ergänzend $a^0 = 1$ zu *erklären* (dies ist wohlgemerkt ebenso eine Definition wie z. B. $a^3 = a \cdot a \cdot a$).

Damit ist a^x für jeden reellen x-Wert erklärt. Es läßt sich zeigen, daß auch hier noch die bekannten Regeln (1-59)

$$a^{x_1} \cdot a^{x_2} = a^{x_1 + x_2}; \quad (a^{x_1})^{x_2} = a^{x_1 \cdot x_2} \tag{2-31}$$

gelten. Wegen der Verabredung $a_0 = 1$ ist (2-31) auch für $x_2 = -x_1$ richtig.

Die Exponentialfunktion, die zu den wichtigsten nicht rationalen Funktionen zählt, ist in Abbildung 16 für verschiedene Basiswerte dargestellt. Je nachdem, ob $a > 1$ oder $0 < a < 1$ ist, verhält sich a^x für $x \to \infty$ ganz verschieden. Wenn $a > 1$ ist, folgt $\lim\limits_{x \to \infty} a^x = \infty$, und wenn $0 < a < 1$ ist, so gilt $\lim\limits_{x \to \infty} a^x = 0$.

In vielen Problemen hat die hier mit a bezeichnete Konstante den Wert $2{,}718\ldots$; dies ist die Zahl, die von Napier (1550—1617) zur Grundzahl seines Logarithmensystems gewählt wurde. Auf diese Zahl ist man zunächst gestoßen durch die Betrachtung des Zinseszins bei kleinen Zeiträumen. Wir wollen stattdessen folgendes Beispiel aus der Physik zur Ableitung dieses speziellen Wertes benutzen.

Gegeben sei eine für das Licht nicht völlig durchlässige Platte mit parallelen Flächen. Läßt man ein Bündel paralleler Lichtstrahlen der Intensität I_0 senkrecht auf die eine Fläche fallen, so tritt aus der gegenüberliegenden Fläche die Intensität pI_0 aus, wobei p

ein echter Bruch ist. Die Erfahrung zeigt, daß p von der Wellenlänge des Lichts abhängt, nicht aber von I_0. Sehen wir von der Reflexion des Lichtes an den Grenzflächen ab, so bedeutet dies, daß die Lichtabsorption proportional zur Lichtintensität ist. Wählt man eine hinreichend dünne Platte, so ist die Absorption zudem annähernd proportional der Plattendicke δ, d. h. $p = \alpha\delta$, wobei α eine von I_0 und δ unabhängige Materialkonstante (Absorptionskoeffizient) ist, die noch von der Lichtwellenlänge abhängt. Für einen Körper beliebiger Dicke aus derselben Substanz soll nun die Intensität in irgend einem Punkt P im Innern des Körpers in der Entfernung x von jeder Grenzfläche bestimmt werden, auf die ein Lichtbündel der Intensität I_0 fällt. Wir teilen den Abstand x in eine sehr große Anzahl gleicher Teile δ und denken uns durch die Teilpunkte ebene Flächen parallel mit der Grenzfläche gelegt. Hierdurch entstehen $\frac{x}{\delta}$ Schichten, durch die das Licht gehen muß, bevor es P erreicht. Die Absorption in der ersten Schicht ist $\alpha I_0\delta$, die Intensität des hindurchgegangenen Lichts $I_0(1 - \alpha\delta)$. Hieraus folgt für die Intensität des durch die zweite Schicht hindurchgegangenen Lichts $I_0(1 - \alpha\delta)^2$. Setzen wir diese Überlegung in analoger Weise fort, so ergibt sich für die Intensität im Punkt P der Wert

$$I = I_0\,(1 - \alpha\delta)^{\frac{x}{\delta}}. \tag{2-32}$$

Das Resultat ist um so genauer, je größer die Anzahl der Teile von x oder, was dasselbe ist, je kleiner δ ist. Der wirkliche Wert der Lichtstärke in P ist daher $I = \lim\limits_{\delta \to 0} I_0(1 - \alpha\delta)^{x/\delta}$ oder mit $\alpha\delta = -\varepsilon$.

$$I = I_0 \lim_{\varepsilon \to 0}\,(1 + \varepsilon)^{-\frac{\alpha x}{\varepsilon}} = I_0 \lim_{\varepsilon \to 0}\left[(1 + \varepsilon)^{\frac{1}{\varepsilon}}\right]^{-\alpha x}. \tag{2-33}$$

Da α und x ihre Werte unverändert beibehalten, wenn ε kleiner wird, so braucht man offenbar nur den Wert von $(1 + \varepsilon)^{\frac{1}{\varepsilon}}$ zu berechnen, um den Wert von I zu finden. Weil dieser Grenzwert in vielen ähnlichen Aufgaben eine große Rolle spielt, hat man dafür ein besonderes Symbol, nämlich e, eingeführt. Es ist also

$$\boxed{\mathrm{e} = \lim_{\varepsilon \to 0}\,(1 + \varepsilon)^{\frac{1}{\varepsilon}}} \tag{2-34}$$

und daher

$$I = I_0\,\mathrm{e}^{-\alpha x}.^{1)} \tag{2-35}$$

Daß $(1 + \varepsilon)^{\frac{1}{\varepsilon}}$ sich einem bestimmten Grenzwert nähert, wenn ε abnimmt, läßt sich streng beweisen. Dazu setzen wir zunächst für ε speziell die Werte $1, \frac{1}{2}, \frac{1}{3}, \dots \frac{1}{n}, \dots$ ein, d. h., $\frac{1}{\varepsilon} = n$ wird positiv ganzzahlig gewählt, und bestimmen nur $\lim\limits_{n \to \infty}\left(1 + \frac{1}{n}\right)^n$

Sicher ist $(1 + 1)^1, \left(1 + \frac{1}{2}\right)^2, \dots$ eine *aufsteigende Folge* von Zahlen. Wenn alle Zahlen der Folge *kleiner* als eine gewisse endliche Zahl sind, so muß diese sogenannte *beschränkte* Folge für n einem Grenzwert zustreben. Wir zeigen, daß die Folge beschränkt ist. Nach

[1] Statt e^{bx} schreibt man auch $\exp\,(bx)$

dem binomischen Lehrsatz (1-129) ist

$$\left(1+\frac{1}{n}\right)^n = 1 + \binom{n}{1}\frac{1}{n} + \binom{n}{2}\frac{1}{n^2} + \cdots + \binom{n}{p}\frac{1}{n^n}$$

$$= 1 + 1 + \frac{1}{2!}\left(1-\frac{1}{n}\right) + \cdots$$

$$+ \frac{1}{n!}\left(1-\frac{1}{n}\right)\left(1-\frac{2}{n}\right)\cdots\left(1-\frac{n-1}{n}\right).$$

Demnach gilt

$$\left(1+\frac{1}{n}\right)^n < 1 + 1 + \frac{1}{2!} + \cdots + \frac{1}{n!}. \tag{2-36}$$

Andererseits ist

$$\frac{1}{3!} = \frac{1}{1\cdot 2\cdot 3} < \frac{1}{2^2}; \quad \frac{1}{4!} < \frac{1}{2^3}; \quad \text{usw.},$$

also

$$1 + \frac{1}{2!} + \cdots + \frac{1}{n!} < 1 + \frac{1}{2} + \cdots + \frac{1}{2^{n-1}} = \frac{1-\left(\frac{1}{2}\right)^n}{1-\frac{1}{2}},$$

wobei für die geometrische Folge die Summenformel (1-116) ausgenutzt wurde. Da sicher

$$\frac{1-\left(\frac{1}{2}\right)^n}{1-\frac{1}{2}} < \frac{1}{1-\frac{1}{2}} = 2$$

ist, folgt

$$\left(1+\frac{1}{n}\right)^n < 3, \tag{2-37}$$

d. h., die aufsteigende Folge ist beschränkt, so daß für $n \to \infty$ ein Grenzwert <3 existieren muß. Da nach obigem jedenfalls $\left(1+\frac{1}{n}\right)^n > 2$ ist, folgt

$$2 < \lim_{n\to\infty}\left(1+\frac{1}{n}\right)^n < 3.$$

Für beliebiges $\varepsilon > 0$ gibt es ein positiv ganzzahliges n, für das $n \leqq \frac{1}{\varepsilon} < n+1$ bzw. nach (1-71) $\frac{1}{n} \geqq \varepsilon > \frac{1}{n+1}$ gilt. Dies liefert $\left(1+\frac{1}{n+1}\right)^n < (1+\varepsilon)^{\frac{1}{\varepsilon}} < \left(1+\frac{1}{n}\right)^{n+1}$, also $\left(1+\frac{1}{n+1}\right)^{-1}\cdot\left(1+\frac{1}{n+1}\right)^{n+1} < (1+\varepsilon)^{\frac{1}{\varepsilon}} < \left(1+\frac{1}{n}\right)^n\cdot\left(1+\frac{1}{n}\right)$. Für $n \to \infty$ geht $\varepsilon \to 0$ und es gilt allgemein $2 < e < 3$.

Nachdem wir nun sicher sind, daß der Grenzwert e existiert, setzen wir in $(1+\varepsilon)^{\frac{1}{\varepsilon}}$ verschiedene Werte ein und erhalten:

	$(1+\varepsilon)^{\frac{1}{\varepsilon}} = 2$	2,594	2,705	2,717	2,718
für	$\varepsilon = 1$	0,1	0,01	0,001	0,0001 .

Die Zahlen zeigen deutlich, daß der Ausdruck (2-34) sich einem bestimmten Grenzwert nähert, wenn ε abnimmt. e ist ebenso wie π eine irrationale Zahl, ihr Wert ist bis auf

7 Dezimalen genau 2,7182818. Weiter läßt sich zeigen, daß e ebensowenig wie π die Wurzel einer algebraischen Gleichung (3-1) mit rationalen Koeffizienten ist. Solche irrationale Zahlen heißen *transzendente* Zahlen.

Man kann leicht zeigen, daß für reelle x-Werte analog zu (2-33) auch

$$e^x = \lim_{\varepsilon \to 0} (1 + x\varepsilon)^{\frac{1}{\varepsilon}} \tag{2-38}$$

gilt.

In allen Fällen, bei denen sich, wie im obigen Beispiel der Lichtabsorption, der Funktionswert $y = f(x)$ proportional zum Wert y ändert, wenn x um einen sehr kleinen Betrag größer wird, trifft man auf die e-Funktion.

2.2.3. Logarithmus

Die Exponentialfunktion $f(x) = a^x$ ist für alle $a > 0$ und $a \neq 1$ eine monotone Funktion. Sie besitzt deshalb eine ebenfalls monotone Umkehrfunktion (vgl. Abschnitt 2.1.), die man als *Logarithmus zur Basis a* ($a > 0$ und $\neq 1$) bezeichnet, symbolisch: $\log_a x$. Die zu dieser Funktion gehörenden Kurven sind in Abbildung 17 dargestellt. Diese Kurven folgen direkt aus jenen der Abbildung 16 durch Spieglung an der Geraden $f(x) = x$. Für $f(x) = a^x$ ist *stets* $y > 0$, so daß der Logarithmus nur für $x > 0$ reelle y-Werte liefern kann. Ferner gilt nach (2-31) für $y_1 = a^{x_1}$, $y_2 = a^{x_2}$:

$$y_1 \cdot y_2 = a^{x_1 + x_2}; \quad \frac{y_1}{y_2} = a^{x_1 - x_2}; \quad y_1^r = a^{r \cdot x_1};$$

$$\sqrt[s]{y_1} = a^{\frac{x_1}{s}} \quad (s = 1, 2, \ldots).$$

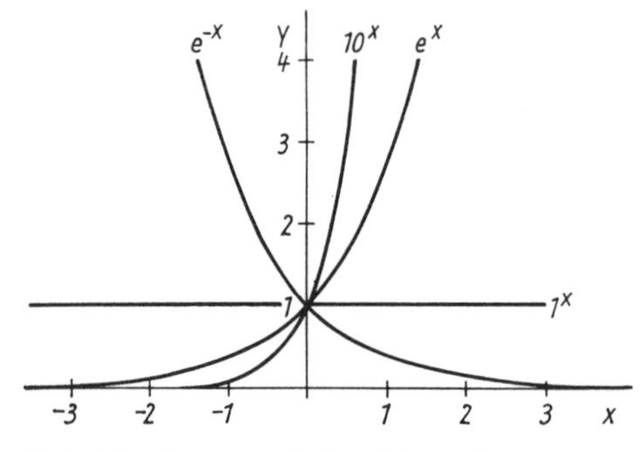

Abb. 16 Exponentialfunktion $f(x) = a^x$

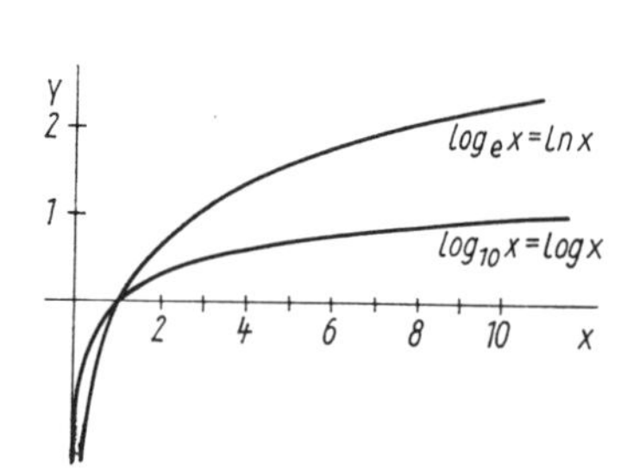

Abb. 17 Logarithmus $f(x) = \log_a x$ zur Basis 10 und e

Hieraus folgt für die Logarithmen $y_1 = \log_a x_1$, $y_2 = \log_a x_2$ durch Umkehrung:

$$y_1 + y_2 = \log_a (x_1 x_2); \quad y_1 - y_2 = \log_a \frac{x_1}{x_2}, \tag{2-39}$$

$$r y_1 = \log_a (x_1^r), \quad \frac{y_1}{s} = \log_a \sqrt[s]{x_1}.$$

Diese Gleichungen drücken die bekannten und für jede Basis gültigen Sätze über den Logarithmus eines Produkts, eines Quotienten, einer Potenz oder einer Wurzel aus.

Wählt man zur Basis die Zahl 10, so gelangt man zu dem gewöhnlich bei den Rechnungen benutzten BRIGGSschen Logarithmus. Wird dagegen als Basis die in (2-34) eingeführte Zahl e genommen, dann ergeben sich die sogenannten *natürlichen* Logarithmen. Dieselben werden mit »log nat« oder kurz mit den Buchstaben ln bezeichnet. Der Übergang von einem Logarithmensystem zum anderen ist einfach. Will man beispielsweise von den natürlichen zu anderen Logarithmen, deren Basis a ist, gelangen, so geht man aus von $a^b = C$. Hieraus folgt $b = \log_a C$ und $b \ln a = \ln C$, also

$$\log_a C = \frac{\ln C}{\ln a}\,; \qquad \ln C = \ln a \log_a C\,. \tag{2-40}$$

Andererseits ergibt sich dafür

$$e^b = C$$

analog

$$\ln C = \frac{\log_a C}{\log_a e}\,; \qquad \log_a C = \log_a e \ln C\,. \tag{2-41}$$

Will man von den BRIGGSschen *(dekadischen) Logarithmen* zu den *natürlichen Logarithmen* übergehen, so gilt wegen $\ln 10 = 2{,}3086$ nach (2-40)

$$\boxed{\ln C = 2{,}3026 \cdot \log_{10} C}\,. \tag{2-42}$$

Mit $\log_{10} e = \frac{1}{\ln 10} = 0{,}43429$ folgt die Umkehrung

$$\boxed{\log_{10} C = 0{,}43429 \cdot \ln C}\,. \tag{2-43}$$

Meistens verabredet man, die BRIGGSschen Logarithmen einfach mit log oder lg zu bezeichnen, also *ohne* explizite Angabe der Basis 10.

Logarithmische Maßstäbe. Für die Darstellung vieler Funktionen ist es zweckmäßig, entweder für die x-Achse oder für die y-Achse oder für beide nicht lineare, sondern logarithmische Maßstäbe (»Rechenschieberteilung«) zu verwenden. Es ergeben sich dann einfacher zu zeichnende Kurvenbilder. Derart geteiltes Koordinatenpapier ist sowohl mit einseitiger als auch mit zweiseitiger logarithmischer Teilung erhältlich.

Für die Darstellung der Exponentialfunktionen benutzt man einseitig logarithmische Teilungen. Soll z. B. die Funktion $f(x) = ae^{-px}$ gezeichnet werden, so bilde man zunächst beiderseits den Logarithmus und nehme als Koordinaten

$$\xi = x, \quad \eta = \log f(x), \tag{2-44}$$

womit sich eine lineare Funktion $\eta(\xi) = \log a - p \log e \cdot \xi$ ergibt, die eine Gerade darstellt, deren Steigung (vgl. Abschnitt 5.1.) $p \log e$ ist.

Ein etwa verwickelteres Beispiel ist die Elektronenemission J eines glühenden Drahtes als Funktion der absoluten Temperatur T. Die Theorie ergibt dafür den Ausdruck

$$J = aT^2 e^{-\frac{b}{T}}\,.$$

Aus den beobachteten Reihen zusammengehörender Werte von J und T soll die wichtige Größe b ermittelt werden. Durch Logarithmierung ergibt sich

$$\log J = \log a + 2 \log T - \frac{b}{T} \log e$$

oder

$$\log J - 2 \log T = \log a - \frac{b}{T} \log \mathrm{e} .$$

Setzt man jetzt

$$\log J - 2 \log T = \eta , \quad \frac{1}{T} = \xi ,$$

so wird

$$\eta(\xi) = \log a - b \log \mathrm{e} \cdot \xi$$

wieder eine Gerade, aus deren Steigung man unmittelbar $b \log \mathrm{e}$ abliest. Hat man dagegen eine einfache Potenzfunktion (auch mit negativem, gebrochenem oder irrationalem Exponenten) aufzuzeichnen, so benutzt man beiderseitig logarithmische Maßstäbe. Beispiel: Die sekundlich von einem glühenden, schwarzen Körper ausgestrahlte Energie S ist der vierten Potenz der absoluten Temperatur proportional:

$$S = \sigma T^4 .$$

Mit

$$\log S = \eta , \quad \log T = \xi$$

ergibt sich wieder eine Gerade

$$\eta(\xi) = \log \sigma + 4 \xi .$$

Für numerische Rechnungen sind die Logarithmen ein wichtiges Hilfsmittel. Ihre Nützlichkeit besteht vor allem darin, daß kompliziertere Rechenoperationen entsprechend (2-39) durch einfachere ersetzt werden können. Beim *Rechenschieber* wird diese Möglichkeit nicht nur im algebraischen Bereich ausgenutzt, sondern zugleich die Abbildung auf den geometrischen Bereich vollzogen. Dann kann man durch Addieren zweier Strecken der Zahlengeraden, die eine logarithmische Einteilung trägt, in der Tat eine Multiplikation ausführen.

Bei numerischen Rechnungen, die mit Hilfe der Logarithmen ausgeführt werden, muß man häufig den Logarithmus einer Summe aufsuchen, z. B. $\log(a + b)$. Wenn die Summanden selbst logarithmisch berechnet wurden, so ist es besonders lästig, zu $\log a$ bzw. $\log b$ erst den *Numerus* a bzw. b aufsuchen zu müssen, um dann $\log(a + b)$ bilden zu können. Deshalb hat man sogenannte *Additionslogarithmen* eingeführt. Wir benutzen dazu die Umformung

$$\log(a + b) = \log a + \log\left(1 + \frac{b}{a}\right). \tag{2-45}$$

Hierin läßt sich der *Additionslogarithmus* $\log\left(1 + \frac{b}{a}\right)$ z. B. abhängig von $\log a - \log b$ in einer Tabelle bzw. in einer Abbildung 18 wiedergeben. Kennt man nun $\log a$ und $\log b$, so ergibt sich aus dieser Tabelle bzw. Kurve der zugehörige Wert von $\log\left(1 + \frac{b}{a}\right)$ und damit nach (2-45) auch $\log(a + b)$. Entsprechendes gilt für

$$\log(a - b) = \log a - \log\left(\frac{1}{1 - \frac{b}{a}}\right). \tag{2-46}$$

Die *Subtraktionslogarithmen* $\log\left(\frac{1}{1 - \frac{b}{a}}\right)$ abhängig von $\log a - \log b$ sind ebenfalls in Abbildung 18 dargestellt.

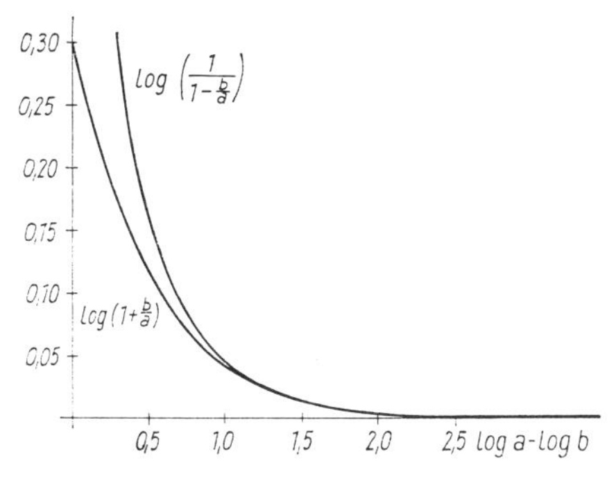

Abb. 18 Additionslogarithmus $\log\left(1+\frac{b}{a}\right)$ und Subtraktionslogarithmus $\log\left(1-\frac{b}{a}\right)^{-1}$ für $a > b$

2.2.4. Trigonometrische (Kreis-)Funktionen

Bezeichnet man mit c die Hypotenuse eines rechtwinkligen Dreiecks, mit a die dem Winkel φ gegenüberliegende Kathete und die andere Kathete mit b, so ist definiert

$$\text{Sinus von } \varphi : \sin\varphi = \frac{a}{c}; \quad \text{Kosinus von } \varphi : \cos\varphi = \frac{b}{c};$$

$$\text{Tangens von } \varphi : \tan\varphi = \frac{a}{b} = \frac{\sin\varphi}{\cos\varphi};$$

$$\text{Kotangens von } \varphi : \cot\varphi = \frac{b}{a} = \frac{\cos\varphi}{\sin\varphi}.$$ [1]

Manchmal benutzt man auch

$$\text{Sekans von } \varphi : \sec\varphi = \frac{c}{b} = \frac{1}{\cos\varphi};$$

$$\text{Kosekans von } \varphi : \operatorname{cosec}\varphi = \frac{c}{a} = \frac{1}{\sin\varphi}.$$

Es ist häufig zweckmäßig, den Winkel φ nicht in der Gradeinteilung auszudrücken, sondern durch die Länge des zu φ gehörigen Kreisbogens eines Kreises mit dem Radius r. Als *Bogenmaß* x definiert man das Verhältnis von Bogenlänge zu r, welches aus dem *Gradmaß* nach der Beziehung

$$\boxed{x = \frac{\pi}{180}\varphi^\circ = 0{,}01745\ldots\varphi^\circ} \tag{2-47}$$

berechnet werden kann.

Es entspricht also

φ:	30°	45°	57°18′	60°	90°	180°	270°	360°
x:	$\frac{\pi}{6}$	$\frac{\pi}{4}$	1	$\frac{\pi}{3}$	$\frac{\pi}{2}$	π	$\frac{3\pi}{2}$	2π

Die Einheit des Bogenmaßes $x = 1$ bezeichnet man als Radiant, also 1 *Radiant* $\triangleq$ 57,296 Grad[2]).

[1] Manchmal schreibt man auch tg statt tan und ctg statt cot

[2] $\triangleq$ bedeutet »entspricht«

Der Kreis mit $r = 1$ heißt *Einheitskreis*, für ihn ist das Bogenmaß x zugleich die Länge des *Kreisbogens*, der zu φ gehört.[1])

Am Einheitskreis lassen sich den Kreisfunktionen bestimmte gerichtete Strecken (d. h. Strecken mit Vorzeichen versehen) zuordnen. Die positiven Richtungen werden entsprechend Abb. 19a definiert. Aus Abb. 19a und b liest man direkt ab:

1. *Vorzeichen*

	$0 < x < \frac{\pi}{2}$	$\frac{\pi}{2} < x < \pi$	$\pi < x < \frac{3\pi}{\pi}$	$\frac{3\pi}{2} < x < 2\pi$
$\sin x$	+	+	—	—
$\cos x$	+	—	—	+
$\tan x$, $\cot x$	+	—	+	—

2. *Periodizität*

$\sin(x + 2\pi) = \sin x$; $\cos(x + 2\pi) = \cos x$

$\tan(x + \pi) = \tan x$; $\cot(x + \pi) = \cot x$

3.

	$-x$	$\frac{\pi}{2} \pm x$	$\pi \pm x$	$\frac{3\pi}{2} \pm x$	$2\pi \pm x$
sin	$-\sin x$	$+\cos x$	$\mp \sin x$	$-\cos x$	$\pm \sin x$
cos	$+\cos x$	$\mp \sin x$	$-\cos x$	$\pm \sin x$	$+\cos x$
tan	$-\tan x$	$\mp \cot x$	$\pm \tan x$	$\mp \cot x$	$\pm \tan x$
cot	$-\cot x$	$\mp \tan x$	$\pm \cot x$	$\mp \tan x$	$\pm \cot x$

Also nur $\cos x$ ist eine *gerade* Funktion.

4.

	0	$\frac{\pi}{6}$	$\frac{\pi}{4}$	$\frac{\pi}{3}$	$\frac{\pi}{2}$	$\frac{2\pi}{3}$	$\frac{3\pi}{4}$	$\frac{5\pi}{6}$	π
sin	0	$\frac{1}{2}$	$\frac{1}{2}\sqrt{2}$	$\frac{1}{2}\sqrt{3}$	1	$\frac{1}{2}\sqrt{3}$	$\frac{1}{2}\sqrt{2}$	$\frac{1}{2}$	0
cos	1	$\frac{1}{2}\sqrt{3}$	$\frac{1}{2}\sqrt{2}$	$\frac{1}{2}$	0	$-\frac{1}{2}$	$-\frac{1}{2}\sqrt{2}$	$-\frac{1}{2}\sqrt{3}$	-1
tan	0	$\frac{1}{\sqrt{3}}$	1	$\sqrt{3}$	∞	$-\sqrt{3}$	-1	$-\frac{1}{\sqrt{3}}$	0
cot	∞	$\sqrt{3}$	1	$\frac{1}{\sqrt{3}}$	0	$-\frac{1}{\sqrt{3}}$	-1	$-\sqrt{3}$	∞

Berechnet man für die Kreisfunktionen noch mehr Funktionswerte, so ergeben sich die in Abb. 20 dargestellten Kurven. Von besonderer Bedeutung ist der Grenzwert

[1] Oft schreibt man in bezug auf den Einheitskreis $x = \text{arc}\,\varphi$ (lat. *arcus* = Bogen). Neben der bekannten (Alt-)Gradeinteilung, die dem rechten Winkel 90° zuordnet und $1° = 60' = 3600''$ ($'$ bedeutet Bogenminuten, $''$ Bogensekunden) unterteilt, gibt es *Neugrade*. Diese Einteilung ordnet dem rechten Winkel 100^g zu, und $1^g = 100^c = 10000^{cc}$ (^{c} bedeutet Neuminute, ^{cc} Neusekunde)

$\lim\limits_{x \to 0} \frac{\sin x}{x}$, der sich leicht bestimmen läßt. Aus Abb. 19a entnimmt man sofort, daß für $0 < x < \frac{\pi}{2}$ stets $0 < \sin x < x < \tan x$ gilt.

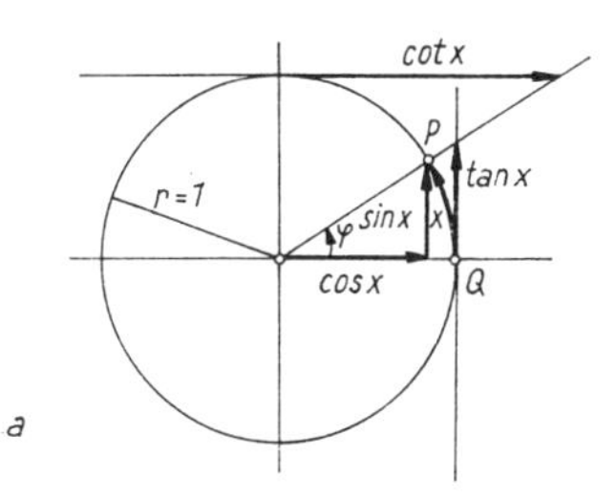

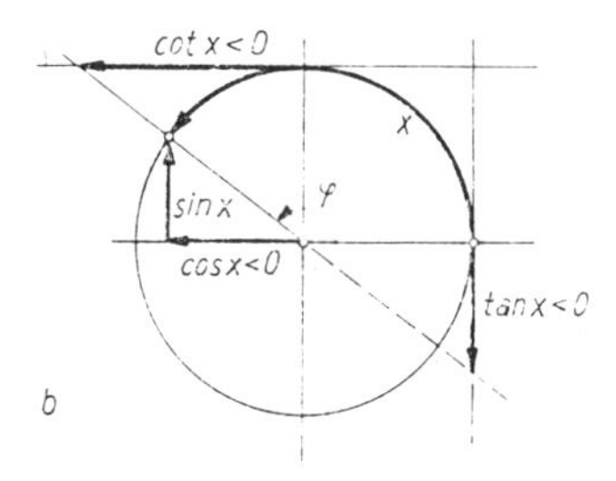

Abb. 19 Zuordnung der Kreisfunktionen am Einheitskreis. Der positive Drehsinn von φ ist dem Uhrzeigersinn entgegengerichtet. Die in a eingezeichneten Pfeile kennzeichnen Richtungen, in denen den Kreisfunktionen positive Werte zuzuordnen sind. Entsprechend sind in b $\cos x$, $\tan x$ und $\cot x$ negativ für $\frac{\pi}{2} < x < \pi$

Nach (1-71) folgt für den Kehrwert

$$\cot x < \frac{1}{x} < \frac{1}{\sin x}$$

und nach Multiplikation mit $\sin x > 0$

$$\cos x < \frac{\sin x}{x} < 1 .$$

Da $\lim\limits_{x \to 0} \cos x = \cos 0 = 1$ ist, so folgt

$$\lim_{x \to 0} \frac{\sin x}{x} = 1. \tag{2-48}$$

Wegen

$$\frac{\tan x}{x} = \frac{\sin x}{x} \frac{1}{\cos x}$$

ist dann übrigens auch

$$\lim_{x \to 0} \frac{\tan x}{x} = 1 .$$

Für *hinreichend kleine* x-Werte, genauer $x \to 0$, ist also

$$\sin x \approx \tan x \approx x. \tag{2-49}$$

Welche x-Werte hierbei noch zugelassen werden dürfen, können wir erst mit Hilfe der Reihenentwicklung für $\sin x$ (vgl. 8-17) angeben.

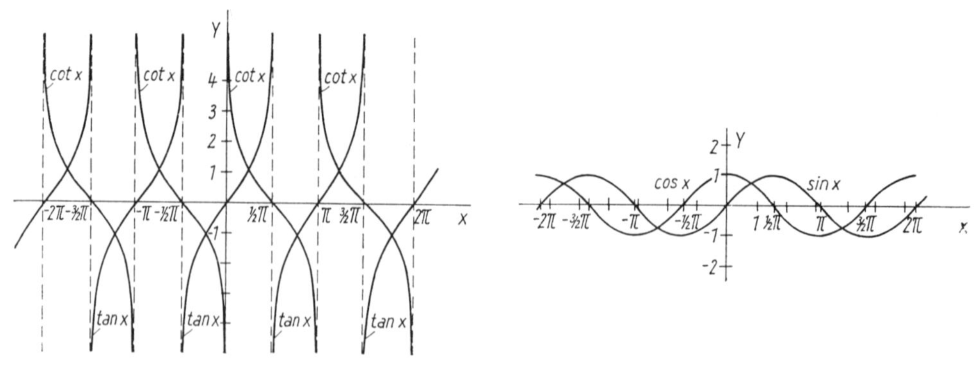

Abb. 20 Trigonometrische Funktionen

Wir erwähnten als (1-114) die EULERsche Formel

$$e^{i\varphi} = \cos\varphi + i\sin\varphi,$$

deren Beweis erst in Abschnitt 8.2. möglich ist. Mit Hilfe dieser Formel lassen sich ähnliche wie bei der MOIVREschen Formel (1-112) (vgl. Abschnitt 1.4. Aufgabe 5) eine Reihe von Beziehungen zwischen trigonometrischen Funktionen ableiten. Da die linken Seiten der Gleichungen

$$e^{i\varphi}\, e^{\pm i\psi} = (\cos\varphi + i\sin\varphi)(\cos\psi \pm i\sin\psi)$$
$$e^{i(\varphi\pm\psi)} = \cos(\varphi\pm\psi) + i\sin(\varphi\pm\psi)$$

wegen der auch im Komplexen gültigen Potenzregeln übereinstimmen, gilt

$$\cos(\varphi\pm\psi) = \cos\varphi\cos\psi \mp \sin\varphi\sin\psi, \tag{2-50}$$
$$\sin(\varphi\pm\psi) = \sin\varphi\cos\psi \pm \cos\varphi\sin\psi. \tag{2-51}$$

Ferner ergeben sich aus $e^{i\varphi} \pm e^{i\psi}$ die Beziehungen

$$\sin\varphi \pm \sin\psi = 2\sin\frac{\varphi\pm\psi}{2}\cdot\cos\frac{\varphi\mp\psi}{2}, \tag{2-52}$$

$$\cos\varphi + \cos\psi = 2\cos\frac{\varphi+\psi}{2}\cdot\cos\frac{\varphi-\psi}{2}, \tag{2-53}$$

$$\cos\varphi - \cos\psi = -2\sin\frac{\varphi+\psi}{2}\cdot\sin\frac{\varphi-\psi}{2}. \tag{2-54}$$

Von der Vielzahl möglicher Beziehungen zwischen den Kreisfunktionen erwähnen wir hier nur noch folgende nützliche Formeln:

$$\cos^2\varphi + \sin^2\varphi = 1\ ^{1)}, \tag{2-55}$$

$$1 + \cos\varphi = 2\cos^2\frac{\varphi}{2}, \tag{2-56}$$

[1]Für $(\cos\varphi)^2$ schreibt man etwas leger $\cos^2\varphi$, was nicht als $\cos(\cos\varphi)$ interpretiert werden darf

$$1 - \cos \varphi = 2 \sin^2 \frac{\varphi}{2}, \tag{2-57}$$

$$1 + \tan^2 \varphi = \frac{1}{\cos^2 \varphi}, \tag{2-58}$$

$$\tan(\varphi \pm \psi) = \frac{\tan \varphi \pm \tan \psi}{1 \mp \tan \varphi \, \tan \psi}, \tag{2-59}$$

und schließlich

$$\cos \varphi = \frac{1}{2}(e^{i\varphi} + e^{-i\varphi}), \tag{2-60}$$

$$\sin \varphi = \frac{1}{2i}(e^{i\varphi} - e^{-i\varphi}). \tag{2-61}$$

Die trigonometrischen Funktionen als Mittel zur Darstellung periodischer Vorgänge. Die wichtige Eigenschaft der Sinus- bzw. Kosinusfunktion, nach Zunahme des Arguments um 2π zum alten Wert zurückzukehren, macht sie in hervorragender Weise geeignet, periodische Vorgänge mathematisch zu beschreiben. Wenn wir von einem Vorgang nur verlangen, daß er sich nach τ Sekunden wiederholt, so ist seine einfachste Darstellung

$$f(t) = A \cos \frac{2\pi t}{\tau} \quad \text{oder} \quad f(t) = A \sin \frac{2\pi t}{\tau}.$$

Diese Funktion nimmt nach $t = \tau$ Sekunden wieder denselben Wert an, da ja das Argument um 2π gewachsen ist. A heißt die *Amplitude*, das Argument $\frac{2\pi t}{\tau}$ die *Phase der Schwingung*, wie man auch eine solche periodische Funktion der Zeit kurz nennt. Wählen wir die cos-Funktion, so hat für $t = 0$ die Funktion $f(t)$ ihren größten Wert. Dies braucht aber nicht immer der Fall zu sein. Es ist daher notwendig, noch eine »*Phasenkonstante*« δ einzuführen und zu schreiben:

$$f(t) = A \cos\left(\frac{2\pi t}{\tau} + \delta\right).$$

Hat man zwei gleichperiodische Vorgänge verschiedener Amplitude, die gegeneinander um die Phasendifferenz δ verschoben sind, so kann bei dem ersten die Phasenkonstante gleich Null setzen werden, während wir dem zweiten die Konstante δ geben, so daß wir schreiben:

$$f_1(t) = a_1 \cos \frac{2\pi t}{\tau}, \qquad f_1(t) = a_2 \cos\left(\frac{2\pi t}{\tau} + \delta\right). \tag{2-62}$$

Die Summe beider muß wieder eine periodische Funktion der Zeit mit der Periode τ sein, da es ja jedes einzelne Glied ist. Diese Funktion läßt sich durch trigonometrische Umformung als eine einzige cos-Funktion darstellen: Es ist zunächst

$$f_1(t) + f_2(t) = a_1 \cos \frac{2\pi t}{\tau} + a_2 \cos \frac{2\pi t}{\tau} \cos \delta - a_2 \sin \frac{2\pi t}{\tau} \sin \delta.$$

Wären die Koeffizienten von $\cos \frac{2\pi t}{\tau}$ und $\sin \frac{2\pi t}{\tau}$ selbst wieder als cos bzw. sin einer Größe darzustellen, so ließe sich die Formel (2-50) anwenden. Dies ist aber offenbar zunächst nicht der Fall, weil im allgemeinen $(a_1 + a_2 \cos \delta)^2 + (a_2 \sin \delta)^2 \neq 1$ ist. Schreiben wir aber

$$f_1(t) + f_2(t) = \sqrt{a_1^2 + a_2^2 + 2\, a_1 a_2 \cos \delta}$$

$$\times \left(\frac{(a_1 + a_2 \cos \delta) \cos \frac{2\pi t}{\tau}}{\sqrt{a_1^2 + a_2^2 + 2\, a_1 a_2 \cos \delta}} - \frac{a_2 \sin \delta \sin \frac{2\pi t}{\tau}}{\sqrt{a_1^2 + a_2^2 + 2 a_1 a_2 \cos \delta}} \right),$$

so wird dieser Bedingung Genüge getan, wenn wir setzen:

$$\sqrt{a_1^2 + a_2^2 + 2 a_1 a_2 \cos \delta} = A, \quad \frac{a_2 \sin \delta}{A} = \sin \gamma, \quad \frac{a_1 + a_2 \cos \delta}{A} = \cos \gamma,$$

$$f_1(t) + f_2(t) = A \cos \left(\frac{2\pi t}{\tau} + \gamma \right). \tag{2-63}$$

Diese Formel läßt sich nach Abbildung 21 so deuten: Man findet Amplitude und Phase (bezogen auf die erste Schwingung) der Summe zweier phasenverschobener Schwingungen, wenn man zwei Strecken, die den betreffenden Amplituden a_1 und a_2 gleich sind, unter dem Winkel δ aneinandersetzt und die dritte Seite zieht, derart, daß δ der Außenwinkel des entstehenden Dreiecks wird. Dann gibt diese Seite nach Länge und Winkel mit a_1 die resultierende Amplitude und ihre Phase gegenüber der ersten Schwingung.

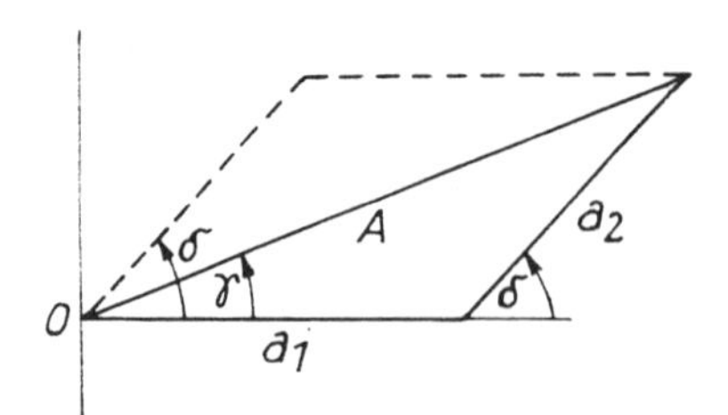

Abb. 21 Zusammensetzung zweier gleichfrequenter phasenverschobener Schwingungen (»Zeigerdiagramm«)

Besonders einfach wird die Zusammensetzung zweier phasenverschobener, gleichfrequenter Schwingungen im Zeigerschaubild. Die beiden Vorgänge (2-62) sind die Realteile der Funktionen $a_1 e^{i\omega t}$ und $a_2 e^{i(\omega t + \delta)}$, wobei $\omega = \frac{2\pi}{\tau}$ gesetzt ist. Wir haben in der komplexen Ebene also 2 mit gleicher Winkelgeschwindigkeit umlaufende Zeiger, zwischen denen stets die Phasendifferenz δ besteht. Wenn wir jetzt die beiden Zeiger nach den Regeln der Addition komplexer Zahlen addieren und den Realteil nehmen, erhalten wir die resultierende Schwingung nach Amplitude und Phase. Da die beiden Zeiger mit gleicher Winkelgeschwindigkeit umlaufen, ist es gleichgültig, in welcher Stellung wir die Addition vornehmen, z. B. können wir a_1 in die reelle Achse legen. Damit erhält man aber gerade die oben angegebene Konstruktion. Sind mehr als zwei periodische Funktionen derselben Periode zusammenzusetzen, so kann man dasselbe Verfahren fortsetzen, indem man zur Summe der beiden ersten die dritte addiert, zu dieser Summe die vierte usw. Graphisch läßt sich dies außerordentlich einfach ausführen, indem man die den Amplituden entsprechenden Strecken unter den den Phasendifferenzen entsprechenden Winkeln aneinanderfügt und die letzte Seite in dem entstehenden Polygon zieht, die dann die gesuchte Resultante der Schwingung ergibt.

Eine allgemeinere periodische Funktion mit der Periode τ erhält man, wenn man eine Summe der Form

$$f(t) = a_0 + a_1 \cos \frac{2\pi t}{\tau} + a_2 \cos 2 \cdot \frac{2\pi t}{\tau} + \cdots + a_n \cos n \frac{2\pi t}{\tau}$$

ansetzt. Auch hier wiederholt sich nach τ sec der ganze Vorgang. Wir werden später sehen, daß man durch derartige Summen bzw. Reihen praktisch jede periodische Funktion beschreiben kann.

2.2.5. Zyklometrische Funktionen

Die Umkehrfunktionen der trigonometrischen Funktionen heißen zyklometrische Funktionen. Fragen wir nach dem Bogen am Einheitskreis, dessen Sinus einen gegebenen Wert x hat, so schreiben wir diese Funktion:

$$f(x) = \arcsin x\,. \tag{2-64}$$

In gleicher Weise sind die Funktionen $\arccos x$, $\arctan x$, $\operatorname{arccot} x$ definiert[1]). Selbstverständlich kann man aus den Eigenschaften der trigonometrischen Funktionen alle Eigenschaften der Umkehrfunktionen ableiten. So entspricht der Periodizität der trigonometrischen Funktionen die Vieldeutigkeit der zyklometrischen. Der Verlauf der zyklometrischen Funktionen ist in Abb. 22 dargestellt. In vielen Fällen ist es möglich, von der Vieldeutigkeit der zyklometrischen Funktionen abzusehen. Man führt dann sogenannte *Hauptwerte* der Funktionen ein, die jeweils einen eindeutigen Zweig erfassen.

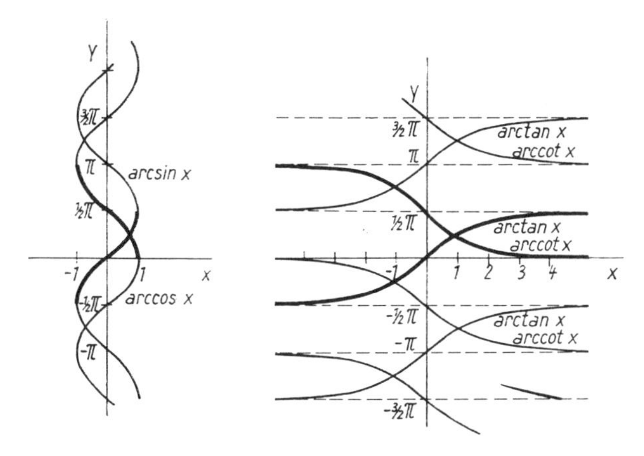

Abb. 22 Zyklometrische Funktionen (dick gezeichnete Kurventeile kennzeichnen die Hauptwerte)

Als Hauptwert benutzt man

$$\begin{aligned} -\frac{\pi}{2} &\le \arcsin x \le \frac{\pi}{2}\,; \qquad 0 \le \arccos x \le \pi\,; \\ -\frac{\pi}{2} &< \arctan x < \frac{\pi}{2}\,; \qquad 0 < \operatorname{arccot} x < \pi\,. \end{aligned} \tag{2-65}$$

[1] Manchmal bezeichnet man die trigonometrischen Umkehrfunktionen auch mit $\sin^{-1} x$, $\cos^{-1} x$, $\tan^{-1} x$, $\cot^{-1} x$. Dann ist $\frac{1}{\sin x} \neq \sin^{-1} x$ usw.

Es sei hier aber ausdrücklich darauf hingewiesen, daß die Verwendung eines Hauptwertes an Stelle der gesamten Funktion eine Verstümmelung der zyklometrischen Funktion bedeutet. Nicht bei jedem Problem kann man auf die Mehrdeutigkeit der zyklometrischen Funktionen verzichten.

2.2.6. Hyperbelfunktionen und ihre Umkehr

Es hat sich als zweckmäßig erwiesen, gewisse Kombinationen von Exponentialfunktionen besonders zu kennzeichnen und sie mit dem Namen Hyperbelfunktionen auszuzeichnen, nämlich

$$\frac{1}{2}(e^x - e^{-x}) = \sinh x \quad \text{(gelesen Sinus hyperbolicus } x\text{)}, \tag{2-66}$$

$$\frac{1}{2}(e^x + e^{-x}) = \cosh x, \tag{2-67}$$

$$\frac{e^x - e^{-x}}{e^x + e^{-x}} = \tanh x = \frac{\sinh x}{\cosh x}, \tag{2-68}$$

$$\frac{e^x + e^{-x}}{e^x - e^{-x}} = \coth x = \frac{\cosh x}{\sinh x}. \tag{2-69}$$

Aus (2-66) und (2-67) ersieht man sofort, daß eine der EULERschen Formel analoge Beziehung besteht:

$$\boxed{e^x = \cosh x + \sinh x}\,. \tag{2-70}$$

Aus diesem Grunde lassen sich alle für die trigonometrischen Funktionen abgeleiteten Formeln auf die Hyperbelfunktionen übertragen, wobei man sich nur merken muß, daß überall dort, wo das Produkt zweier Sinus auftritt, wegen des fehlenden Faktors i in (2-70) das Vorzeichen umgekehrt ist, also z. B.

$$\cosh^2 x - \sinh^2 x = 1 \tag{2-71}$$

(entsprechend $\cos^2 x + \sin^2 x = 1$).

Ferner lauten z. B. die Additionstheoreme

$$\sinh(x \pm y) = \sinh x \cdot \cosh y \pm \cosh x \cdot \sinh y, \tag{2-72}$$

$$\cosh(x \pm y) = \cosh x \cdot \cosh y \pm \sinh x \cdot \sinh y. \tag{2-73}$$

Auch die geometrische Bedeutung und den Namen der Hyperbelfunktionen erläutern wir durch Analogien zu den Kreisfunktionen. Von dem in Abb. 19a dargestellten Einheitskreis hat der Sektor OQP den Flächeninhalt

$$F = \pi r^2 \cdot \frac{x}{2\pi} = \frac{x}{2}.$$

Das Argument x der Kreisfunktionen ist also auch als doppelter Flächeninhalt des zu φ gehörigen Einheitskreissektors zu interpretieren. Entsprechend betrachten wir von der in Abb. 23 gezeichneten Hyperbel $\xi^2 - \eta^2 = 1$ [vgl. (5-29)] den Hyperbelsektor OPQ. Mit Hilfe des später eingeführten Integrals läßt sich leicht zeigen, daß der doppelte Flächeninhalt dieses Sektors gerade durch das Argument x der Hyperbelfunktionen an-

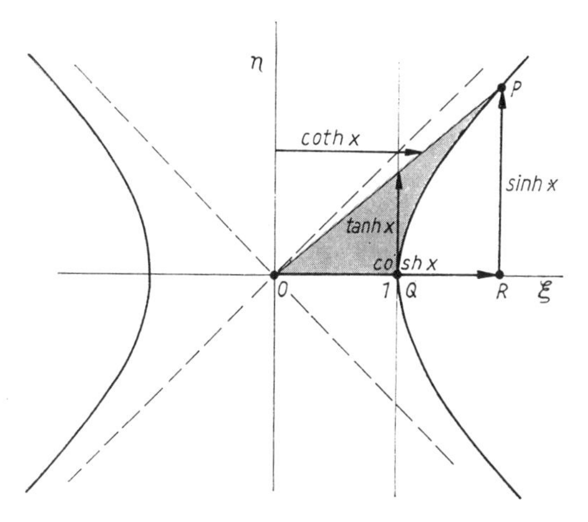

Abb. 23. Zuordnung der Hyperbelfunktionen am Hyperbelsektor. $\eta(x) = \sinh x$, $\xi(x) = \cosh x$ ist eine Parameterdarstellung der Hyperbel $\xi^2 - \eta^2 = 1$ (vgl. 2-71). Für Q ist $x = 0$. Die eingezeichneten Pfeile kennzeichnen Richtungen, in denen den Hyperbelfunktionen positive Werte zuzuordnen sind

gegeben wird [vgl. (6-51)]. Aus diesem Grund bezeichnet man die Umkehrfunktionen mit arsinh x (gelesen area sinus hyperbolicus), arcosh x, artanh x und arcoth x.[1])

Aus Abb. 23 ergeben sich die in Abb. 24 dargestellten Kurven für die Hyperbelfunktionen. Die Kurven der Umkehrfunktionen ergeben sich wie üblich durch Spiegelung an der Geraden $y = x$. Man erkennt, daß arsinh x, artanh x und arcoth x eindeutige Funktionen sind, während arcosh x zweideutig ist. Schließlich erhält man aus (2-70) und (2-71)

$$\operatorname{arsinh} x = \ln\left(x + \sqrt{x^2 + 1}\right) \quad (-\infty < x < \infty)\,, \tag{2-74}$$

$$\operatorname{arcosh} x = \ln\left(x + \sqrt{x^2 - 1}\right) \quad (1 \leq x < \infty)\,, \tag{2-75}$$

aus (2-68)

$$\operatorname{artanh} x = \frac{1}{2} \ln\left(\frac{1+x}{1-x}\right) \quad (-1 < x < 1) \tag{2-76}$$

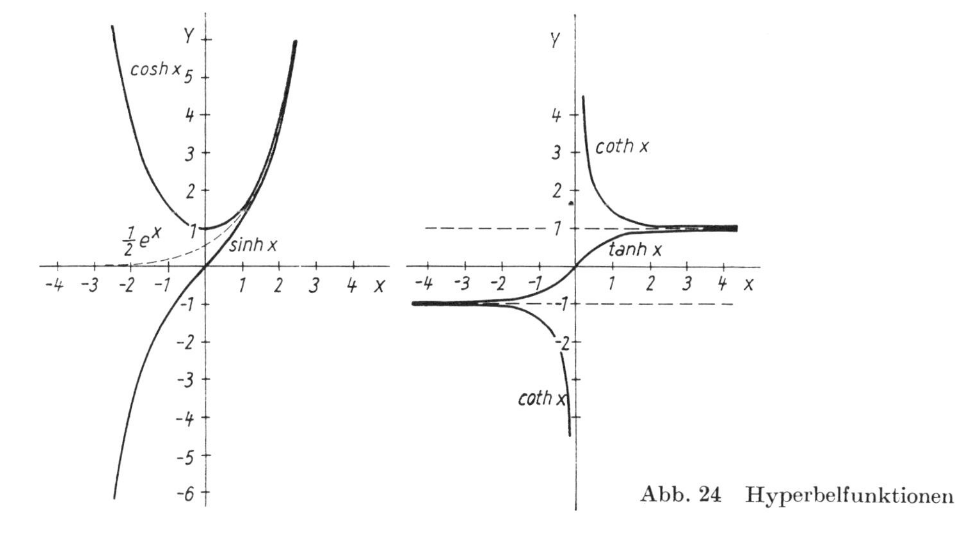

Abb. 24 Hyperbelfunktionen

---

[1] Manchmal wird auch $\sinh^{-1} x$, $\cosh^{-1} x$, $\tanh^{-1} x$, $\coth^{-1} x$ geschrieben. Dann ist $\frac{1}{\sinh x} \neq \sinh^{-1} x$ usw.

und aus (2-69)

$$\operatorname{arcoth} x = \frac{1}{2} \ln\left(\frac{x+1}{x-1}\right) \quad (|x| > 1)\,. \tag{2-77}$$

Mit Hilfe der Hyperbelfunktionen kann man auch sin und cos von komplexen Argumenten berechnen. Es ist zunächst gemäß Gleichung (2-61):

$$\sin(iy) = \frac{1}{2i}(e^{-y} - e^{+y}) = \frac{i}{2}(e^{y} - e^{-y}) = i \sinh y \tag{2-78}$$

und entsprechend

$$\cos(iy) = \cosh y\,. \tag{2-79}$$

Damit wird

$$\begin{aligned}\sin(x + iy) &= \sin x \cos(iy) + \cos x \sin(iy)\\ &= \sin x \cosh y + i \cos x \sinh y.\end{aligned} \tag{2-80}$$

2.3. Aufgaben zu 2.1. bis 2.2.

1. Man berechne

$$\lim_{x\to 5} \frac{x^2 + 2x - 35}{x^2 - 8x + 15}\,; \quad \lim_{x\to\infty} \frac{3x^2 + 2x + 4}{2x^2 + x + 5}\,; \quad \lim_{x\to\infty} \frac{ax^m + b}{cx^n + d}\,;$$

$$\lim_{x\to 0} (1 - 3x)^{\frac{1+x}{x}}\,; \quad \lim_{x\to 0} (1 + x^2)^{\frac{1}{x}}\,; \quad \lim_{x\to 0} (1 + x)^{\frac{1}{x^2}}\,;$$

$$\lim_{\varphi\to 0} \frac{\sin\varphi}{\varphi} \quad (\varphi \text{ im Gradmaß gemessen}).$$

2. Es ist zu beweisen

$$\lim_{n\to\infty} \frac{n!}{n^n} = 0\,; \quad \lim_{x\to 0} \frac{1 - \cos x}{x^2} = \frac{1}{2}\,.$$

3. Welchen Grenzwerten nähern sich die Funktionen

$$f(x) = \arctan \frac{1}{x} \quad \textbf{(Hauptwert)}$$

$$f(x) = |x|\,; \quad f(x) = \frac{x}{|x|}$$

für $x \to +0$ und $x \to -0$? Sind diese Funktionen bei $x = 0$ stetig? (graphische Darstellung).

4. Man zeichne ein Schichtlinienbild der Fläche $f(x,y) = \dfrac{x - 2y}{3x + y}$ und berechne die Grenzwerte

$$\lim_{x\to 0} (\lim_{y\to 0} f)\,; \quad \lim_{y\to 0} (\lim_{x\to 0} f)\,; \quad \lim_{(x,y)\to(0,0)} f\,.$$

5. Die Funktion $f(x,y) = \dfrac{4xy}{4x^2 + y^2}$ ist für $x = 0$, $y = 0$ nicht definiert. Wir erklären zusätzlich, daß $f(x = 0,\ y = 0) = 0$ sein soll. Ist die Funktion damit zu einer im Punkt $x = 0$, $y = 0$ stetigen Funktion ergänzt worden?

6. Die Brüche

$$\frac{4x+11}{(x-4)(x+2)(x+5)}\,; \quad \frac{x^2+x+1}{(x+1)^3}\,; \quad \frac{x^2+6}{(x^2+x+1)(x^2-x+1)}$$

sind in Partialbrüche zu zerlegen.

7. Es ist der Verlauf der Funktion $f(x) = x \sin \frac{1}{x}$ graphisch darzustellen und $\lim_{x \to 0}\left(x \sin \frac{1}{x}\right)$ zu berechnen.

8. Mit Hilfe von (2-60) bzw. (2-61) stelle man $\cos^5 \varphi$ als Funktion von $\cos \varphi$, $\cos 3\varphi$, $\cos 5\varphi$ und $\sin^5 \varphi$ als Funktion von $\sin \varphi$, $\sin 3\varphi$, $\sin 5\varphi$ dar.

9. Der unbekannte Winkel x soll so bestimmt werden, daß er der Gleichung $a \cos x + b \sin x = c$ genügt (a, b und c sind Konstanten).

10. Warum sieht man bei Filmvorführungen die Luftschraube von Flugzeugen mitunter stillstehen oder den Umlaufsinn umkehren?

11. Durch Einsetzen einer Reihe von verschiedenen x-Werten konstruiere man die zu $f(x) = a \sin (px^2)$ gehörende Kurve (a und p sind Konstanten).

12. Was ist $\ln(-1)$? (Man wende die Eulersche Formel für $n\pi$ an. $n = 1, 3, 5, \ldots$).

13. a) Man beweise

$$\arctan x_1 + \arctan x_2 = \arctan\left(\frac{x_1 + x_2}{1 - x_1 x_2}\right).$$

b) Was liefert diese Beziehung, wenn für jeden Summanden der linken Seite *ein* bestimmter Wert eingesetzt wird?

c) Wenn in obiger Beziehung nur der Hauptwert von $\arctan x$ benutzt wird und x_1 das gleiche Vorzeichen wie x_2 hat, welche Beziehung muß dann zwischen x_1 und x_2 bestehen, damit a) gilt?

3. Algebraische Gleichungen und Matrizen

3.1. Algebraische Gleichungen mit einer Unbekannten

Als algebraische Gleichung mit einer Unbekannten x bezeichnet man die Gleichung n-ten Grades

$$\sum_{\nu=0}^{n} a_\nu x^\nu = 0\,. \tag{3-1}$$

Die Lösung dieser Gleichung heißen *Wurzeln.* Ein Vergleich mit (2-26) zeigt, daß (3-1) gerade die *Nullstellen* (d. h. x-Werte, für die $f(x) = 0$ ist) des Polynoms $p_n(x)$ liefert.

Zunächst wollen wir einige allgemeine Sätze formulieren. Von grundlegender Bedeutung ist folgender Satz, dessen Beweis wir hier übergehen müssen:

Jedes Polynom $p_n(x) = \sum_{\nu=0}^{n} a_\nu x^\nu$, dessen Grad $n \geqq 1$ ist, hat *mindestens eine Nullstelle*, wenn man für x nicht nur reelle, sondern auch komplexe Zahlen zuläßt (genannt *Fundamentalsatz der Algebra*). Hierbei können auch die Koeffizienten a_ν komplexe Zahlen sein.

Erst der Zwang, diesen Satz nur mit Hilfe der komplexen Zahlen ohne Ausnahme formulieren und beweisen zu können, hat den komplexen Zahlen Bürgerrecht im Reich der Mathematik verschafft.

Wir wollen zeigen: Wenn $x = x_1$ eine Nullstelle des Polynoms $p_n(x)$ ist, dann ist $\frac{p_n(x)}{x - x_1}$ auch ein Polynom; d. h. $p_n(x)$ ist durch $x - x_1$ teilbar. Durch Ausrechnen überzeugt man sich, daß für beliebige positive Exponenten m

$$x^m - x_1^m = (x^{m-1} + x_1 x^{m-2} + \ldots + x_1^{m-2} x + x_1^{m-1})(x - x_1)$$

ist. Wegen $p_n(x_1) = 0$ ergibt sich dann

$$\frac{p_n(x)}{x - x_1} = \frac{p_n(x) - p_n(x_1)}{x - x_1} = \sum_{\nu=1}^{n} a_\nu \frac{x^\nu - x_1^\nu}{x - x_1}$$

$$= \sum_{\nu=1}^{n} a_\nu (x^{\nu-1} + x_1 x^{\nu-2} + \cdots + x_1^{\nu-2} x + x_1^{\nu-1}),$$

also in der Tat ein Polynom, und zwar für $a_n \neq 0$ vom Grad $n - 1$. Nach dem Fundamentalsatz hat auch dieses Polynom mindestens eine Nullstelle, die bei $x = x_2$ liegen möge. Dann folgt $\frac{p_{n-1}(x)}{x - x_2}$ = Polynom vom Grad $n - 2$. Setzt man diese Schlußweise fort, bis ein Polynom 0-ten Grades, nämlich a_n, erscheint, so ergibt sich

$$p_n(x) = (x - x_1)(x - x_2) \ldots (x - x_n) \cdot a_n \tag{3-2}$$

als *Produktdarstellung* des Polynoms n-ten Grades. Es läßt sich also jedes Polynom $p_n(x)$ mit $n \geqq 1$ und $a_n \neq 0$ als ein Produkt von n *Linearfaktoren* $(x - x_i)$ darstellen. Jede algebraische Gleichung n-ten Grades $p_n(x) = 0$ hat demnach genau n *Wurzeln*, die reell oder komplex sein können[1]).

Von den Nullstellen $x_1, x_2, \ldots, x_n$ können einige oder auch alle unter sich gleich sein. Es ist zweckmäßig, in (3-2) alle gleichen Linearfaktoren zusammenzufassen, so daß

$$p_n(x) = (x - x_1)^\alpha (x - x_2)^\beta \ldots (x - x_n)^\omega \cdot a_n \tag{3-3}$$

mit $\alpha + \beta + \ldots + \omega = n$ gilt. Man nennt dann z. B. $x = x_2$ eine *β-fache Nullstelle*.

Schließlich können algebraische Gleichungen, deren Koeffizienten a_0 bis a_{n-1} alle *reell* sind, komplexe Wurzeln nur in der Weise liefern, daß je zwei von ihnen *konjugiert* sind. Dies zeigt (3-2), wenn man z. B. die ersten beiden Linearfaktoren ausmultipliziert zu $x^2 - (x_1 + x_2)x + x_1 x_2$. Nur wenn $x_2 = x_1^*$ ist, wird $x_1 + x_2$ und $x_1 \cdot x_2$ reell sein.

3.1.1. Sätze über die reellen Wurzeln algebraischer Gleichungen und deren Berechnung

Sätze über die reellen Wurzeln algebraischer Gleichungen

In einem Polynom $p_n(x) = \sum_{\nu=0}^{n} a_\nu x^\nu$ überwiegen für sehr große $|x|$-Werte die Summanden mit der höchsten Potenz alle anderen. Für $x \to -\infty$ oder $x \to +\infty$ ist also das Vor-

[1] Häufig wird erst dieser Satz als Fundamentalsatz der Algebra bezeichnet

zeichen von x^n maßgebend für das ganze Polynom. Hieraus folgt: Polynome, deren n eine *ungerade* Zahl ist, gehen für $x \to +\infty$ nach $a_n \cdot \infty$ und für $x \to -\infty$ nach $-a_n \cdot \infty$. Die Kurven dieser Polynome müssen also die x-Achse *mindestens einmal* schneiden, d. h., es gibt mindestens eine Nullstelle für reelle x-Werte. Ein Polynom ungeraden Grades kann auch 3, 5, 7 usw. Nullstellen für reelle x-Werte haben, jedenfalls eine ungerade Anzahl. Deshalb muß eine algebraische Gleichung ungeraden Grades eine *ungerade* Anzahl *reeller Wurzeln* haben. Wir können sogar sagen, ob mindestens eine dieser reellen Wurzeln bei positiven bzw. negativen x-Werten zu finden ist. Da $p_n(x = 0) = a_0$ ist, so muß für $a_0 > 0$ die Kurve des Polynoms mit $a_n > 0$ die negative x-Achse mindestens einmal schneiden, während für $a_0 < 0$ die positive x-Achse geschnitten wird. Also: Wenn n ungerade ist, dann hat die algebraische Gleichung mit $a_n > 0$ jedenfalls eine reelle Wurzel, deren Vorzeichen gerade entgegengesetzt dem von a_0 ist.

Wenn n *gerade* und a_0 positiv ist, so läßt sich allgemein nichts über die Existenz von reellen Wurzeln aussagen. Ist dagegen bei geradem n a_0 negativ und $a_n > 0$, dann besitzt die algebraische Gleichung *mindestens eine positive* und *eine negative* reelle Wurzel. Denn für $x = 0$ wird dann $y = p_n(x = 0) = a_0 < 0$, während für $x \to +\infty$ und $x \to -\infty$ wegen $a_n > 0$ $y \to +\infty$ folgt.

Berechnung der Wurzeln algebraischer Gleichungen

Man kann zeigen, daß allgemeine Formeln für die Berechnung der Wurzeln nur für algebraische Gleichungen möglich sind, deren Grad $n = 1, 2, 3, 4$ ist. Den Beweis wollen wir hier übergehen. Nur in speziellen Fällen lassen sich auch Gleichungen mit höherem Grad als 4 explizit auflösen. Um die Wurzeln der Gleichungen höheren Grades zu finden, bleiben im allgemeinen nur graphische Methoden, Probieren und Näherungsrechnungen (vgl. Abschnitt 15.4.). Welchen Weg man auch wählt, es ist zweckmäßig, zunächst das Glied mit der zweithöchsten Potenz zu beseitigen. Das ist immer möglich, wenn man in (3-1) durch den Ansatz

$$x = z - \frac{a_{n-1}}{n a_n} \tag{3-4}$$

eine neue Variable z einführt. Dann ist

$$a_n x^n + a_{n-1} x^{n-1} = a_n \left(z^n - \frac{a_{n-1}}{a_n} z^{n-1} + \cdots + \left[-\frac{a_{n-1}}{n a_n} \right]^n \right) + a_{n-1} \left(z^{n-1} + \cdots + \left[-\frac{a_{n-1}}{n a_n} \right]^{n-1} \right),$$

so daß der Koeffizient von z^{n-1} gerade Null wird. Diese in der Unbekannten z geschrieben algebraische Gleichung heißt die *Normalform* von (3-1).

Quadratische Gleichungen. Die algebraische Gleichung zweiten Grades

$$a_2 x^2 + a_1 x + a_0 = 0$$

bzw.

$$x^2 + ax + b = 0 \tag{3-5}$$

$\left(a = \frac{a_1}{a_2}, b = \frac{a_0}{a_2} \right)$ reduziert sich mit dem Ansatz (3-4) auf die Normalform

$$z^2 + b - \frac{a^2}{4} = 0 .$$

Hieraus folgt

$$z_{1,2} = \pm \sqrt{\frac{a^2}{4} - b}\,,$$

so daß die Wurzeln von (3-5)

$$\boxed{x_1 = -\frac{a}{2} + \frac{1}{2}\sqrt{a^2 - 4b}\,; \qquad x_2 = -\frac{a}{2} - \frac{1}{2}\sqrt{a^2 - 4b}} \tag{3-6}$$

sind. Nach (3-2) gilt

$$x^2 + ax + b = (x - x_1)(x - x_2),$$

so daß

$$x_1 + x_2 = -a, \quad x_1 \cdot x_2 = b \tag{3-7}$$

sein muß, was man nach Berechnung der Wurzeln (3-6) als Probe ausnutzen kann.

Sind die Koeffizienten a und b *reell*, so hat die Gleichung für

$a^2 - 4b \geqq 0$ *zwei reelle* Wurzeln,

die im Fall des Gleichheitszeichens zusammenfallen und für

$a^2 - 4b < 0$ *zwei konjugiert komplexe* Wurzeln.

Sind die Koeffizienten a bzw. b *komplex*, so erhält man die Normalform

$$z^2 = \frac{a^2}{4} - b = r + is = \varrho\,(\cos\varphi + i\sin\varphi)\,.$$

Die Lösungen sind dann nach (1-113) $z_1 = -\sqrt{\varrho}\left(\cos\frac{\varphi}{2} + i\sin\frac{\varphi}{2}\right)$, $z_2 = -z_1$ und die Wurzeln der Gleichung:

$$x_1 = -\frac{a}{2} + z_1\,, \qquad x_2 = -\frac{a}{2} - z_1\,. \tag{3-8}$$

Für $\varphi = 2\pi$ ergibt sich aus (3-8) wieder (3-7).

Kubische Gleichungen. Die algebraische Gleichung dritten Grades

$$x^3 + ax^2 + bx + c = 0 \tag{3-9}$$

reduziert sich mit dem Ansatz $x = z - \frac{a}{3}$ auf die Normalform

$$z^3 + pz + q = 0, \tag{3-10}$$

wobei

$$p = b - \frac{a^2}{3}\,, \qquad q = c - \frac{ab}{3} + \frac{2\,a^3}{27} \tag{3-11}$$

ist. Nach einer Methode, die der Mathematiker CARDANO (1501—1576) veröffentlichte, setzt man $z = u + v$ und verfügt, daß $u \cdot v = -\frac{p}{3}$ ist. Dann lassen sich u^3 und v^3 als die beiden Lösungen der quadratischen Gleichung $w^2 + qw - \frac{p^3}{27} = 0$ interpretieren, also $w_1 = u^3$, $w_2 = v^3$. Damit ergeben sich schließlich die 3 Lösungen

$$\left.\begin{aligned} z_1 = u + v = & \sqrt[3]{-\frac{q}{2} + \sqrt{\left(\frac{q}{2}\right)^2 + \left(\frac{p}{3}\right)^3}} \\ & + \sqrt[3]{-\frac{q}{2} - \sqrt{\left(\frac{q}{2}\right)^2 + \left(\frac{p}{3}\right)^3}} \\ z_2 = & -\frac{1}{2}(u + v) + \frac{i}{2}\sqrt{3}\,(u - v) \\ z_3 = & -\frac{1}{2}(u + v) - \frac{i}{2}\sqrt{3}\,(u - v) \end{aligned}\right\} \qquad (3\text{-}12)$$

und die 3 Wurzeln der Gleichung (3-9) folgen aus $x_i = z_i - \frac{a}{3}$. Wir wollen hier nur den Fall betrachten, daß die Koeffizienten a, b und c reell sind. Dann liefert (3-12)

für $\left(\frac{q}{2}\right)^2 + \left(\frac{p}{3}\right)^3 > 0$ eine *reelle* Wurzel x_1

und *die konjugiert komplexen* Wurzeln x_2, x_3,

für $\left(\frac{q}{2}\right)^2 + \left(\frac{p}{3}\right)^3 = 0$ drei *reelle* Wurzeln, wobei $x_2 = x_3$ ist.

Wenn $p < 0$ ist, so kann auch der Fall $\left(\frac{q}{2}\right)^2 + \left(\frac{p}{3}\right)^3 < 0$ auftreten. Dann muß man in (3-12) die dritte Wurzel aus einer komplexen Größe ziehen.

Dies war im 16. Jahrhundert noch sehr ungewöhnlich, obwohl die Hilfsmittel zur Lösung des Problems schon vorhanden waren. Welche Schwierigkeiten die Lösung dennoch bereitete, erkennt man daran, daß dieses Problem mit *casus irreducibilis* bezeichnet wurde.

Da für $\left(\frac{q}{2}\right)^2 + \left(\frac{p}{3}\right)^3 < 0$ nach (3-12) u^3 und v^3 konjugiert komplex sind, so sind es auch u und v, also ist z_1, z_2 und z_3 reell. Sezten wir $u^3 = \varrho(\cos\varphi + i\sin\varphi)$, so folgt $\cos\varphi = -\frac{q}{2\varrho}$ und $\varrho = -\frac{p}{3}\sqrt{-\frac{p}{3}}$. $z = u + v$ liefert dann schließlich

$$\left.\begin{aligned} z_1 &= 2\sqrt{-\frac{p}{3}}\cos\frac{\varphi}{3} \\ z_2 &= -2\sqrt{-\frac{p}{3}}\cos\left(\frac{\varphi}{3} - 60^\circ\right) \\ z_3 &= -2\sqrt{-\frac{p}{3}}\cos\left(\frac{\varphi}{3} + 60^\circ\right), \end{aligned}\right\} \qquad (3\text{-}13)$$

also in der Tat drei reelle Wurzeln x_1, x_2, x_3.

Wegen der relativ komplizierten Ausdrücke (3-12, 3-13), die bei der formalen Lösung kubischer Gleichungen auftreten, ist es oft zweckmäßiger, bereits für diese algebraischen Gleichungen die allgemeinen Näherungsmethoden zu verwenden (vgl. Abschnitt 15.4.).

Biquadratische Gleichungen. Für die algebraische Gleichung vierten Grades

$$x^4 + ax^3 + bx^2 + xc + d = 0 \qquad (3\text{-}14)$$

gilt erst recht, daß Näherungsmethoden am schnellsten die Wurzeln der Gleichung liefern. Denn die formale Lösung der Normalform $z^4 + pz^2 + qz + r = 0$ mit dem Ansatz $z = u + v + w$ führt zunächst auf eine kubische Gleichung, deren Lösungen gerade u^2, v^2 bzw. w^2 sind. Erst wenn man diese Gleichung dritten Grades gelöst hat, lassen sich die 4 Wurzeln von (3-14) berechnen. Wir verzichten hier wegen des geringen praktischen Nutzens auf die Angabe der Formeln.

3.2. Lineare Gleichungssysteme

Ein System von n linearen algebraischen Gleichungen, in dem n Unbekannte $x_1, x_2, \ldots, x_n$ erscheinen, lautet allgemein

$$\left.\begin{array}{l} a_{11}x_1 + a_{12}x_2 + \ldots + a_{1n}x_n = b_1 \\ a_{21}x_1 + a_{22}x_2 + \ldots + a_{2n}x_n = b_2 \\ \ldots\ldots\ldots\ldots\ldots\ldots\ldots\ldots\ldots \\ a_{n1}x_1 + a_{n2}x_2 + \ldots + a_{nn}x_n = b_n \end{array}\right\} \tag{3-15}$$

oder kürzer

$$\sum_{j=1}^{n} a_{ij}x_j = b_i \qquad (i = 1, 2, \cdots n). \tag{3-16}$$

Die Koeffizienten a_{ij} und die Größen b_i betrachten wir als gegeben durch reelle oder komplexe Werte. Sind alle $b_i = 0$, so heißt das System (3-15) *homogen.* Die Aufgabe, die n Unbekannten x_j zu berechnen, läuft darauf hinaus, aus (3-15) alle Unbekannten bis auf eine, z. B. x_k zu eliminieren. Für solche Eliminationsprobleme schuf Leibniz ein wertvolles mathematisches Instrument: die Determinanten.

3.2.1. Determinanten

Unter Verwendung der Koeffizienten von (3-15) bezeichnen wir als Determinante den Ausdruck

$$D = \begin{vmatrix} a_{11} & a_{12} & \cdots & a_{1n} \\ a_{21} & a_{22} & \cdots & a_{2n} \\ \cdot & \cdot & \cdot & \cdot \\ a_{n1} & a_{n2} & & a_{nn} \end{vmatrix} \tag{3-17}$$

und definieren als Rechenvorschrift:

$$D = \sum_{\substack{\text{Permutation} \\ \text{von } k\, l \ldots r}} \pm a_{1k} \cdot a_{2l} \cdots a_{nr}\,. \tag{3-18}$$

Diese Summe ist folgendermaßen zu verstehen. Wir schreiben ein Produkt von n Elementen des Ausdrucks (3-17) in der Form

$$a_{1k} \cdot a_{2l} \cdots a_{nr} \tag{3-19}$$

hin. Da der erste Index von a_{ij} jeweils die *Zeile* angibt, in der das Element in (3-17) zu finden ist, so nehmen wir also aus *jeder Zeile genau ein Element* als Faktor. Der zweite Index von a_{ij} gibt die *Spalte* an, in der das Element in (3-17) zu finden ist, und dieser Index wird im Produkt mit $k, l, \ldots, r$ bezeichnet, also zunächst als frei wählbar offen gelassen. Wir fordern ferner, daß im Produkt (3-19) auch aus *jeder Spalte genau ein Element* als Faktor verwendet werden soll. Ein von (3-19) mit erfaßtes Produkt ist demnach z. B.

$$a_{11} \cdot a_{22} \cdot a_{33} \cdots a_{nn}\,.$$

Alle möglichen Produkte erhalten wir offenbar dadurch, daß von den zweiten Indizes alle möglichen Permutationen gebildet werden. Diese $n!$ Permutationen [vgl. (1-118)] teilen wir noch in zwei Gruppen. Permutationen, die aus der natürlichen Reihenfolge $1, 2, 3, \ldots, n$ durch eine gerade Anzahl von Vertauschungen hervorgehen, heißen *gerade* und erhalten in (3-18) das positive Vorzeichen. Die dann noch verbleibenden *ungeraden* Permutationen werden in (3-18) mit dem *negativen* Vorzeichen versehen. Es gibt ebensoviel gerade wie ungerade Permutationen.

Beispiel

$$D = \begin{vmatrix} a_{11} & a_{12} & a_{13} \\ a_{21} & a_{22} & a_{23} \\ a_{13} & a_{32} & a_{33} \end{vmatrix}$$

Von den $3! = 6$ Permutationen der Zahlen 1, 2, 3 gehören 3 zu den geraden, nämlich (1, 2, 3) (2, 3, 1) (3, 1, 2) und 3 zu den ungeraden, nämlich (2, 1, 3) (3, 2, 1) (1, 3, 2). Somit ergibt sich nach (3-18)

$$D = a_{11}a_{22}a_{33} + a_{12}a_{23}a_{31} + a_{13}a_{21}a_{32} - (a_{12}a_{21}a_{33} + a_{13}a_{22}a_{31} + a_{11}a_{23}a_{32}). \quad (3\text{-}20)$$

Aus der Vorschrift (3-18) ergeben sich wichtige Eigenschaften der Determinante. Es ist $\sum \pm a_{1k} \cdot a_{2l} \cdots a_{nr} = \sum \pm a_{k1} \cdot a_{l2} \cdots a_{rn}$, also:

Eine Determinante bleibt ungeändert, wenn man Zeilen und Spalten vertauscht, d. h. wenn man die Determinante an der *Hauptdiagonalen* $a_{11}, a_{22}, \ldots, a_{nn}$ spiegelt. Werden zwei Spalten vertauscht, so wird in (3-18) jede gerade Permutation in eine ungerade verwandelt und umgekehrt. Das gleiche geschieht bei Vertauschung zweier Zeilen. Also:

Eine Determinante wechselt ihr Vorzeichen, wenn zwei Zeilen oder zwei Spalten vertauscht werden.

Hieraus folgt sofort:

Eine Determinante mit zwei gleichen Zeilen oder zwei gleichen Spalten hat den Wert Null.

Aus (3-17) und (3-18) ergibt sich unmittelbar:

Multipliziert man alle Elemente einer Zeile oder einer Spalte mit einem Faktor p, so wird der Wert der Determinante das p-fache.

Durch Ausrechnen überzeugt man sich von der Beziehung

$$\begin{vmatrix} a_{11}(a_{12} + b_{12})a_{13} \\ a_{21}(a_{22} + b_{22})a_{23} \\ a_{31}(a_{32} + b_{32})a_{33} \end{vmatrix} = \begin{vmatrix} a_{11} & a_{12} & a_{13} \\ a_{21} & a_{22} & a_{23} \\ a_{31} & a_{32} & a_{33} \end{vmatrix} + \begin{vmatrix} a_{11} & b_{12} & a_{13} \\ a_{21} & b_{22} & a_{23} \\ a_{31} & b_{32} & a_{33} \end{vmatrix} \quad (3\text{-}21)$$

(*Addition* von Determinanten).

Für $b_{i2} = pa_{ij} (j = 1$ oder $3)$ ist nach den obigen Sätzen in (3-21) die zweite Determinante auf der rechten Seite stets Null, so daß folgt:

Eine Determinante ändert ihren Wert nicht, wenn man zu den Elementen einer Zeile oder einer Spalte die mit einem festen Faktor multiplizierten Elemente einer anderen Zeile bzw. Spalte addiert.

Durch Ausrechnen kann man sich auch davon überzeugen, daß für die *Multiplikation* von Determinanten gilt:

$$\begin{vmatrix} a_{11} & a_{12} & a_{13} \\ a_{21} & a_{22} & a_{23} \\ a_{31} & a_{32} & a_{33} \end{vmatrix} \cdot \begin{vmatrix} b_{11} & b_{12} & b_{13} \\ b_{21} & b_{22} & b_{23} \\ b_{31} & b_{32} & b_{33} \end{vmatrix} = \begin{vmatrix} c_{11} & c_{12} & c_{13} \\ c_{21} & c_{22} & c_{23} \\ c_{31} & c_{32} & c_{33} \end{vmatrix},$$

wobei sich

$$c_{ik} = a_{i1}b_{1k} + a_{i2}b_{2k} + a_{i3}b_{3k} = \sum_{j=1}^{3} a_{ij}b_{jk} \tag{3-22}$$

ergibt.

An Hand des Beispiels der Determinante mit 9 Elementen wollen wir noch eine wichtige Entwicklungsmöglichkeit für Determinanten kennenlernen. (3-20) läßt sich auch schreiben

$$\begin{aligned} D &= a_{11}(a_{22}a_{33} - a_{23}a_{32}) + a_{12}(a_{23}a_{31} - a_{21}a_{33}) + a_{13}(a_{21}a_{32} - a_{22}a_{31}) \\ &= a_{11}(a_{22}a_{33} - a_{23}a_{32}) + a_{21}(a_{13}a_{32} - a_{12}a_{33}) + a_{31}(a_{12}a_{23} - a_{13}a_{22}), \end{aligned}$$

also in einer Ordnung nach den Elementen der ersten Zeile bzw. ersten Spalte der Determinante. Die hierbei auftretenden Faktoren sind

$$A_{11} = a_{22}\,a_{33} - a_{23}\,a_{32} = \begin{vmatrix} a_{22} & a_{23} \\ a_{32} & a_{33} \end{vmatrix}$$

$$A_{12} = -\begin{vmatrix} a_{21} & a_{23} \\ a_{31} & a_{33} \end{vmatrix}; \quad A_{13} = \begin{vmatrix} a_{21} & a_{22} \\ a_{31} & a_{32} \end{vmatrix} \quad \text{usw.}$$

Die als *Unterdeterminanten* (oder Minoren) bezeichneten Größen $(-1)^{i+j} A_{ij}$ entstehen offenbar dadurch, daß in der Determinante D die i-te *Zeile* und j-*te Spalte gestrichen* wird. Es ist also

$$A_{ij} = (-1)^{i+j} \begin{vmatrix} a_{11} & \cdots & a_{1,j-1} & a_{1,j+1} & \cdots & a_{1n} \\ \cdots & \cdots & \cdots & \cdots & \cdots & \cdots \\ a_{i-1,1} & \cdots & a_{i-1,j-1} & a_{i-1,j+1} & \cdots & a_{i-1,n} \\ a_{i+1,1} & \cdots & a_{i+1,j-1} & a_{i+1,j+1} & \cdots & a_{i+1,n} \\ \cdots & \cdots & \cdots & \cdots & \cdots & \cdots \\ a_{n1} & \cdots & a_{n,j-1} & a_{n,j+1} & \cdots & a_{nn} \end{vmatrix}.$$

Die Entwicklung einer Determinante (3-17) *nach den Elementen der i-ten Zeile* lautet dann ganz allgemein: (LAPLACEscher Entwicklungssatz)

$$\boxed{D = \sum_{j=1}^{n} a_{ij}A_{ij}}\,. \tag{3-23}$$

Entsprechend gilt für die *Entwicklung nach den Elementen der j-ten Spalte*

$$\boxed{D = \sum_{i=1}^{n} a_{ij}A_{ij}}\,. \tag{3-24}$$

Benutzt man in den Entwicklungen Unterdeterminanten, die nicht zu den Elementen a_{ij} gehören, sondern zu einer anderen Zeile (Spalte), so hat man die Entwicklung einer

Determinante mit zwei gleichen Zeilen (Spalten), die verschwindet, also:

$$\sum_{j=1}^{n} a_{ij} A_{lj} = 0 \quad \text{für } i \neq l \tag{3-25}$$

und

$$\sum_{i=1}^{n} a_{ik} A_{ij} = 0 \quad \text{für } k \neq j \ . \tag{3-26}$$

Die Entwicklung nach Unterdeterminanten ist für die praktische Ausrechnung einer Determinante unentbehrlich. Zur Berechnung von Determinanten 3ten Grades ist oft die Regel von SARRUS nützlich: Schreibe neben D noch einmal die zwei ersten Spalten von D, bilde die Produkte von je 3 Elementen, die parallel zur Hauptdiagonalen liegen, und addiere sie. Bilde ebenso die Produkte von je 3 Elementen parallel zur zweiten Diagonalen und subtrahiere sie von den anderen Produkten. Beispiel:

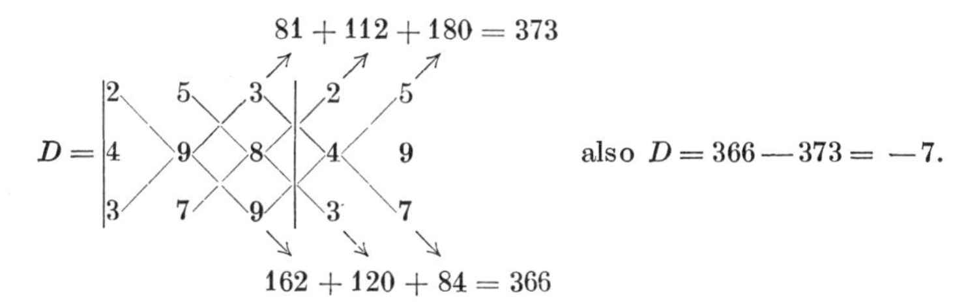

3.2.2. Auflösung linearer Gleichungssysteme mit Hilfe von Determinanten

Wir wollen nun aus dem System (3-15) bzw. (3-16) die Unbekannten x_j berechnen. Dazu multiplizieren wir (3-24) mit x_j und (3-26) mit x_k. Wenn wir letzteres über alle k-Werte summieren und zum ersteren addieren, so folgt

$$\begin{aligned} D x_j &= \sum_{i=1}^{n} a_{ij} A_{ij} x_j + \sum_{\substack{k=1 \\ (k \neq j)}}^{n} \sum_{i=1}^{n} a_{ik} A_{ij} x_k \\ &= \sum_{i=1}^{n} A_{ij} \left(a_{ij} x_j + \sum_{\substack{k=1 \\ (k \neq j)}}^{n} a_{ik} x_k \right) = \sum_{i=1}^{n} A_{ij} \left(\sum_{k=1}^{n} a_{ik} x_k \right) . \end{aligned}$$

Nach (3-16) ist $\sum_{k=1}^{n} a_{ik} x_k = b_i$, also

$$\boxed{x_j = \frac{\sum_{i=1}^{n} b_i A_{ij}}{D}} \quad (j = 1, 2, \cdots n) \ . \tag{3-27}$$

Damit haben wir die CRAMERsche Regel zur Berechnung der Unbekannten abgeleitet (CRAMER 1704—1752):

Bilde die Determinante

$$D_j = \sum_{i=1}^{n} b_i A_{ij} , \tag{3-28}$$

die sich aus den Koeffizienten a_{ik} dadurch ergibt, daß man die Koeffizienten a_{ij} der zu berechnenden Unbekannten x_j durch die in (3-15) rechts stehenden Glieder b_i ersetzt. x_j ist dann der Quotient $\frac{D_j}{D}$.

Für die Praxis ist dieses formale Verfahren, ein Gleichungssystem numerisch aufzulösen, nur selten geeignet. Determinanten höheren Grades erfordern viel Rechenarbeit. Bereits für $n > 3$ sind andere Verfahren vorzuziehen, von denen das GAUSSsche *Eliminationsverfahren* im allgemeinen am günstigsten arbeitet (vgl. Abschnitt 15.1.).

Homogenes Gleichungssystem. Für homogene Systeme sind alle $b_i = 0$, also folgt aus (3-27)

$$Dx_j = 0 \quad (j = 1, 2, \ldots, n). \tag{3-29}$$

Für $D \neq 0$ folgt eindeutig die *triviale Lösung* $x_j = 0$ für alle j. Für *nichttriviale Lösungen* eines homogenen Gleichungssystems ist also die *notwendige Bedingung*

$$D = 0, \tag{3-30}$$

die eine zu (3-15) zusätzliche Beziehung zwischen den Koeffizienten a_{ij} schafft. Deshalb sind von den n Gleichungen (3-15) in Wirklichkeit nur $n - 1$ verschieden, so daß nicht mehr die n Unbekannten x_j berechnet werden können, sondern lediglich *Verhältnisse*, z. B.

$$\frac{x_1}{x_n}, \quad \frac{x_2}{x_n}, \quad \ldots \frac{x_{n-1}}{x_n}, \quad \text{wenn} \quad x_n \neq 0 \text{ ist}.$$

Inhomogene Gleichungssysteme. Wenn in (3-15) mindestens eine Größe $b_i \neq 0$ ist, so gibt es nach (3-27) für

$D \neq 0$ eine eindeutige Lösung des Gleichungssystems und für

$D = 0$ müssen alle $D_j = 0$ sein, damit x_j endlich bleibt. Ist dies erfüllt, so sind die n Gleichungen (3-15) nicht unabhängig voneinander und es lassen sich beliebig viele Lösungen finden.

3.3. Matrizen

3.3.1. Allgemeine Definitionen und Verknüpfungsregeln

Wir gehen wieder von dem linearen Gleichungssystem (3-16) aus, wobei wir statt b_i nun y_i schreiben, also

$$\sum_{j=1}^{n} a_{ij}x_j = y_i \quad (i = 1, 2, \ldots n). \tag{3-31}$$

Die reellen oder komplexen Koeffizienten a_{ij} eines solchen Systems kann man in einem quadratischen Schema anordnen

$$\mathbf{a} = \begin{pmatrix} a_{11} & a_{12} & \ldots & a_{1n} \\ a_{21} & a_{22} & \ldots & a_{2n} \\ \cdot & \cdot & \cdot & \cdot \\ a_{n1} & a_{n2} & \ldots & a_{nn} \end{pmatrix} \quad \text{oder kurz} \quad \mathbf{a} = (a_{ij}), \tag{3-32}$$

das man als *Matrix* bezeichnet.

Äußerlich unterscheidet sich eine Matrix von einer Determinante also nur dadurch, daß Klammern statt gerader Striche verwendet werden. Dennoch sind Determinanten und Matrizen ihrem Wesen nach etwas völlig verschiedenes. Eine Determinante wird nach einer festen Rechenvorschrift gebildet und stellt somit eine *spezielle Funktion* mit n^2 Variablen a_{ij} dar. Dagegen ist eine Matrix ein *neues Gebilde* von n^2 Größen a_{ij}, vergleichbar dem Gebilde der komplexen Zahl (a, b), das aus 2 Größen besteht. Man kann eine Matrix direkt als eine *höhere komplexe Zahl* auffassen. Wenn wir für diese neuen »Zahlen« die Verknüpfungsrelationen »plus« und »mal« in geeigneter Weise definieren, so können wir tatsächlich eine enge Verwandtschaft zwischen Matrizen und komplexen Zahlen aufzeigen. Die Matrix $\begin{pmatrix}1 0\\0 1\end{pmatrix}$ verhält sich nämlich genau so wie die reelle Zahl 1 und $\begin{pmatrix}0 1\\-1 0\end{pmatrix}$ genau so wie die imaginäre Zahl i (vgl. Abschnitt 7.5., Aufgabe 12).

In unserem Beispiel (3-32) ist das Schema quadratisch. Die Definition der Matrix ist aber im Gegensatz zur Determinante auch auf ein rechteckiges Schema von m Zeilen und n Spalten ausdehnbar. Wenn eine Matrix nur *eine Zeile* bzw. *eine Spalte* hat, so nennt man sie einen *Vektor*. Man schreibt

$$\tilde{\boldsymbol{a}} = (a_{11}\, a_{12}\, a_{13} \ldots a_{1n}) \qquad (3\text{-}33)$$

für einen *Zeilenvektor* und

$$\boldsymbol{a} = \begin{pmatrix} a_{11} \\ a_{21} \\ \vdots \\ a_{n1} \end{pmatrix} \qquad (3\text{-}34)$$

für einen *Spaltenvektor* (wir kennzeichnen Vektoren durch kursiven Fettdruck[1]).

Den hier im algebraischen Bereich formal eingeführten Begriff des Vektors werden wir im Abschnitt 7.1. zunächst im anschaulich-geometrischen Bereich definieren. Es zeigt sich, daß ähnlich wie bei reellen und komplexen Zahlen, auch zwischen Vektoren im geometrischen und algebraischen Bereich in analoger Weise Verknüpfungen definiert werden können.

Die Verknüpfungsregeln zwischen zwei Matrizen wollen wir unter Verwendung des linearen Gleichungssystems (3-31) definieren. Wir betrachten zwei lineare Systeme aus m Gleichungen,

$$\sum_{j=1}^{n} a_{ij} x_j = y_i \quad \text{und} \quad \sum_{l=1}^{n} b_{kl} u_l = v_k \quad (i,k = 1, 2, \ldots m),$$

deren Koeffizienten die rechteckigen Matrizen $\mathbf{a} = (a_{ij})$ bzw. $\mathbf{b} = (b_{kl})$ liefern. Nun legen wir fest, daß jede Verknüpfung zwischen $\mathbf{a}$ und $\mathbf{b}$ stets wieder eine rechteckige Matrix $\mathbf{c} = (c_{rs})$ ergeben soll, deren Elemente c_{rs} wiederum als Koeffizienten eines linearen Systems

$$\sum_{s=1}^{n} c_{rs} w_s = z_r \qquad (r = 1,2, \ldots m)$$

gedeutet werden können. Entsprechend

$$\sum_{j=1}^{n} a_{ij} x_j + \sum_{j=1}^{n} b_{ij} x_j = \sum_{j=1}^{n} c_{ij} x_j$$

definieren wir die *Addition* bzw. *Subtraktion* von Matrizen, d. h. $\mathbf{a} \pm \mathbf{b} = \mathbf{c}$ durch

$$c_{ij} = a_{ij} \pm b_{ij}. \qquad (3\text{-}35)$$

[1] Vektoren können auch durch übergesetzte Pfeile $\vec{a}$ oder Frakturbuchstaben $\mathfrak{a}$ gekennzeichnet werden

Die Multiplikation der Matrix $\mathbf{a}$ mit einer reellen oder komplexen Zahl α erfolgt nach der Regel

$$\alpha\mathbf{a} = (\alpha \cdot a_{ij}). \tag{3-36}$$

Dagegen läßt sich das Produkt zweier Matrizen nicht etwa durch die Multiplikation zweier linearer Systeme festlegen, da das Resultat dann kein lineares System wäre. Um zu einer Definition des Produktes zu kommen, benutzen wir die Systeme

$$\sum_{k=1}^{n} b_{jk}x_k = y_j \quad \text{und} \quad \sum_{j=1}^{m} a_{ij}y_j = z_i \quad (i = 1, \ldots p).$$

Durch Einsetzen erhält man

$$\sum_{k=1}^{n} \sum_{j=1}^{m} a_{ij}b_{jk}x_k = z_i,$$

also wieder ein lineares System. Diese Verknüpfung der beiden Matrizen $\mathbf{a}$ und $\mathbf{b}$ wollen wir als Produkt bezeichnen. Wir definieren also die *Multiplikation* zweier Matrizen, d. h. $\mathbf{ab} = \mathbf{c}$[1]) durch

$$\boxed{c_{ik} = \sum_{j=1}^{m} a_{ij}b_{jk}}, \quad (i = 1, \ldots p; k = 1, \ldots n). \tag{3-37}$$

Da im allgemeinen

$$\sum_j a_{ij}b_{jk} \neq \sum_j b_{ij}a_{jk}$$

gilt, so ist das *Matrizenprodukt nicht kommutativ*, d. h. $\mathbf{ab} \neq \mathbf{ba}$. Es ist aber stets

$$(\mathbf{a} + \mathbf{b})\mathbf{c} = \mathbf{ac} + \mathbf{bc} \quad (\textit{distributiv}) \tag{3-38}$$

und

$$(\mathbf{ab})\mathbf{c} = \mathbf{a}(\mathbf{bc}) \quad (\textit{assoziativ}).$$

Schließlich folgt aus (3-37), daß zwei Matrizen nur dann multipliziert werden können, wenn die vordere Matrix gleichviel Elemente in den Zeilen wie die hintere Matrix in den Spalten enthält. Wir bemerken noch, daß Matrizen- und Determinantenmultiplikation offenbar nach der gleichen Vorschrift erfolgen. Allerdings ist das Determinantenprodukt (3-22) wegen der Vertauschbarkeit von Zeilen und Spalten in Determinanten kommutativ. Die Definition (3-37) ermöglicht eine sehr einfache Schreibweise für jedes lineare Gleichungssystem (3-31). Wir fassen alle Größen y_i im *Spaltenvektor* $\boldsymbol{y}$ und alle x_j im *Spaltenvektor* $\boldsymbol{x}$ zusammen. Dann läßt sich (3-31) als das Produkt

$$\mathbf{a}\boldsymbol{x} = \boldsymbol{y} \tag{3-39}$$

schreiben.

3.3.2. Spezielle Matrizen

Wir charakterisieren spezielle Matrizen durch geeignete Bezeichnungen. Eine Matrix, die aus $\mathbf{a} = (a_{ij})$ durch *Vertauschung* von *Zeilen* und *Spalten* hervorgeht, heißt die zu $\mathbf{a}$

[1] Zwischen $\mathbf{a}$ und $\mathbf{b}$ schreiben wir *keinen* Punkt im Unterschied zur üblichen Zahlenmultiplikation

transportierte Matrix $\tilde{\mathbf{a}} = (\tilde{a}_{ij}) = (a_{ji})$. Wenn die Elemente a_{ij} komplexe Zahlen sind, so kann man das Transponieren zugleich mit der Bildung des Konjugiert Komplexen verbinden. Die Matrix $\mathbf{a}^+ = (a_{ij}^+) = (a_{ji}^*)$ heißt dann die zu $\mathbf{a}$ *adjungierte* Matrix (lat. adiungere = hinzufügen). Wir definieren eine *Einheitsmatrix* $\mathbf{I}$ durch die Vorschrift $\mathbf{aI} = \mathbf{Ia} = \mathbf{a}$. Wegen (3-37) ist $\mathbf{I} = (\delta_{ij})$[1]. Als eine Art Umkehr der Multiplikation ist die Bildung der zu $\mathbf{a}$ *inversen* oder *reziproken* Matrix $\mathbf{a}^{-1}$ anzusehen, die aus $\mathbf{aa}^{-1} = \mathbf{I}$ folgt. Die Matrixelemente von $\mathbf{a}^{-1}$ erhalten wir aus einer Betrachtung der Beziehung (3-23) und (3-25), die sich zusammenfassend

$$\delta_{ki} D = \sum_{j=1}^{n} a_{kj} A_{ij}$$

schreiben lassen. Unter der Voraussetzung, daß $D \neq 0$ ist, führen wir die Abkürzung $\frac{A_{ij}}{D} = b_{ji}$ ein und bekommen $\delta_{ki} = \sum_{j=1}^{n} a_{kj} b_{ji}$, also das Produkt $\mathbf{ab} = \mathbf{I}$. Dementsprechend definiert man

$$\mathbf{a}^{-1} = (a_{ij}^{-1}) = \left(\frac{A_{ji}}{D}\right) \quad (i \text{ ist Zeilenindex}) \tag{3-40}$$

als *inverse Matrix*. Diese existiert offenbar nur für solche Matrizen $\mathbf{a}$, die quadratisch sind und deren zugehörige Determinante nicht verschwindet. Matrizen, deren $D = 0$ ist, heißen *singulär*. Wir sehen sofort, daß für $D \neq 0$ wegen (3-37) und (3-24, 3-26) $\mathbf{aa}^{-1} = \mathbf{a}^{-1}\mathbf{a} = \mathbf{I}$ gilt. Die reziproke Matrix erlaubt eine formale Auflösung des Systems (3-39) nach $\boldsymbol{x}$, denn es ist

$$\mathbf{a}^{-1}\boldsymbol{y} = \mathbf{a}^{-1}(\mathbf{a}\boldsymbol{x}) = (\mathbf{a}^{-1}\mathbf{a})\boldsymbol{x} = \mathbf{I}\boldsymbol{x} = \boldsymbol{x}. \tag{3-41}$$

Hinter dieser Auflösung verbirgt sich nichts anderes als die CRAMERsche Regel (3-27), wonach

$$\sum_{i=1}^{n} \frac{A_{ij}}{D} y_i = x_j$$

ist. Bilden wir $(\mathbf{ab})(\mathbf{ab})^{-1} = \mathbf{I}$, so folgt durch Multiplikation mit $\mathbf{a}^{-1}$ von links $\mathbf{a}^{-1}(\mathbf{ab})(\mathbf{ab})^{-1} = \mathbf{Ib}(\mathbf{ab})^{-1} = \mathbf{b}(\mathbf{ab})^{-1} = \mathbf{a}^{-1}\mathbf{I} = \mathbf{a}^{-1}$. Eine weitere Multiplikation von links mit $\mathbf{b}^{-1}$ liefert

$$(\mathbf{ab})^{-1} = \mathbf{b}^{-1}\mathbf{a}^{-1}. \tag{3-42}$$

Für das Rechnen mit Matrizen ist schließlich zu beachten, daß die *Nullmatrix* $\mathbf{0}$ eine Eigenschaft hat, die sich bei der Zahl 0 nicht findet. Aus $\mathbf{ab} = \mathbf{0}$ folgt keineswegs, daß $\mathbf{a}$ oder $\mathbf{b}$ eine Nullmatrix sein muß. Man rechnet leicht nach, daß z. B.

$$\begin{pmatrix} a_{11} & a_{12} \\ 0 & 0 \end{pmatrix} \begin{pmatrix} a_{12} & 0 \\ -a_{11} & 0 \end{pmatrix} = \begin{pmatrix} 0 & 0 \\ 0 & 0 \end{pmatrix}$$

---

[1] $\delta_{ij} = \begin{cases} 0 \text{ für } i \neq j \\ 1 \text{ für } i = j \end{cases}$. Man nennt δ_{ij} das KRONECKERsche Delta (KRONECKER 1823—1891)

ist. Wir stellen die wichtigsten speziellen Matrizen zusammen:

Die Matrix $\mathbf{a} = (a_{ij})$ heißt	wenn die Beziehung besteht	d. h., wenn für die Matrixelemente a_{ij} gilt
Nullmatrix $\mathbf{0}$	$\mathbf{b} + \mathbf{0} = \mathbf{b}$	alle $a_{ij} = 0$
Einheitsmatrix $\mathbf{I}$	$\mathbf{I}\mathbf{I} = \mathbf{I}$	$a_{ij} = \delta_{ij}$
Diagonalmatrix		$a_{ij} = 0$ für $i \neq j$
symmetrisch	$\mathbf{a} = \tilde{\mathbf{a}}$	$a_{ij} = a_{ji}$
hermitesch[1]	$\mathbf{a} = \mathbf{a}^+$	$a_{ij} = a_{ji}^*$
antisymmetrisch (= *schief-symmetrisch*)	$\mathbf{a} = -\tilde{\mathbf{a}}$	$a_{ij} = -a_{ji}$; $a_{ii} = 0$
schief-hermitesch	$\mathbf{a} = -\mathbf{a}^+$	$a_{ij} = -a_{ji}^*$
reell	$\mathbf{a} = \mathbf{a}^*$	$a_{ij} = a_{ij}^*$
orthogonal	$\mathbf{a}\tilde{\mathbf{a}} = \tilde{\mathbf{a}}\mathbf{a} = \mathbf{I}$ d. h. $\tilde{\mathbf{a}} = \mathbf{a}^{-1}$	
unitär	$\mathbf{a}\mathbf{a}^+ = \mathbf{a}^+\mathbf{a} = \mathbf{I}$ d. h. $\mathbf{a}^+ = \mathbf{a}^{-1}$	

3.3.3. Eigenwerte, Eigenvektoren

Häufig muß man ein Gleichungssystem betrachten, das sich aus (3-31) ergibt, wenn $y_i = \lambda x_i$ gesetzt wird, also

$$\sum_{j=1}^{n} a_{ij} x_j = \lambda x_i \quad (i = 1, 2, \ldots n) \tag{3-43}$$

lautet. Hierbei soll λ zunächst eine willkürliche Konstante sein. Wir wollen zeigen, daß (3-43) nur gelöst werden kann, wenn λ auf bestimmte Werte festgelegt wird. Dazu schreiben wir $\mathbf{a}\boldsymbol{x} = \lambda \boldsymbol{x}$ mit Hilfe von $\lambda \mathbf{I} \boldsymbol{x} = \lambda \boldsymbol{x}$ um zu

$$(\mathbf{a} - \lambda \mathbf{I})\boldsymbol{x} = 0. \tag{3-44}$$

Diese homogene Gleichung hat nach (3-30) nichttriviale Lösungen genau dann, wenn die Determinante der Matrix $\mathbf{a} - \lambda \mathbf{I}$ verschwindet, d. h.

$$\begin{vmatrix} a_{11} - \lambda & a_{12} \ldots\ldots & a_{1n} \ldots \\ a_{21} \ldots\ldots & a_{22} - \lambda \ldots & a_{2n} \ldots \\ \ldots\ldots\ldots & \ldots\ldots & \ldots\ldots \\ a_{n1} \ldots\ldots & a_{n2} \ldots\ldots & a_{nn} - \lambda \end{vmatrix} = 0 .$$

Hieraus ergibt sich eine algebraische Gleichung vom Grad n in λ, die als *charakteristische Gleichung* bezeichnet wird. Diese Gleichung wird manchmal auch *Säkulargleichung* genannt, da sie in der Theorie der Störungen von Planetenbahnen auftritt. Solche Störungen verändern die Bahnen erst in einem langen Zeitraum (lat. saeculum = Jahrhundert) merklich. Auch in der Atommechanik begegnet man bei Störungsproblemen immer wieder Gleichungen dieser Form. Die Wurzeln $\lambda_1, \lambda_2, \ldots, \lambda_n$ der Gleichung heißen *Eigenwerte der Matrix* $\mathbf{a}$. Nur für diese λ-Werte kann (3-43) für nicht verschwindende x_j

---

[1] Benannt nach dem Mathematiker HERMITE (1822—1901). Diese Matrix wird auch als *selbstadjungiert* bezeichnet

existieren. Setzt man einen Eigenwert, z. B. λ_ν in das System (3-44) ein, so ergeben sich Lösungen $x_{1\nu}, x_{2\nu}, \ldots, x_{n\nu}$, die sich im Spaltenvektor $\boldsymbol{x}_\nu$ zusammenfassen lassen. $\boldsymbol{x}_\nu$ heißt der zu λ_ν gehörende *Eigenvektor* von $\mathbf{a}$. Allerdings sind die Lösungen eines homogenen Systems nicht eindeutig bestimmt (vgl. Abschnitt 3.2.), so daß auch $\alpha\boldsymbol{x}_\nu$ ein Lösungsvektor ist, wenn für α eine beliebige Konstante gewählt wird. Im allgemeinen wählt man α so, daß stets das positive Produkt $\boldsymbol{x}_\nu^+\boldsymbol{x}_\nu = x_{1\nu}^* x_{1\nu} + \ldots + x_{n\nu}^* x_{n\nu}$ für den Vektor $\alpha\boldsymbol{x}_\nu$ genau 1 ergibt, also $\alpha = (\boldsymbol{x}_\nu^+ \boldsymbol{x}_\nu)^{-1/2}$. Dann ist

$$\alpha\boldsymbol{x}_\nu = \frac{\boldsymbol{x}_\nu}{\sqrt{\boldsymbol{x}_\nu^+\boldsymbol{x}_\nu}} = \hat{\boldsymbol{x}}_\nu \tag{3-45}$$

und $\hat{\boldsymbol{x}}_\nu$ heißt *Einheitseigenvektor oder normierter Eigenvektor*. Um einen Begriff von der Anwendung der Matrizenrechnung zu geben, wollen wir für *hermitesche* Matrizen noch einige Aussagen über Eigenwerte bzw. Eigenvektoren ableiten. Zunächst erwähnen wir die für $\mathbf{a} = (a_{ij})$, $\mathbf{b} = (b_{kl})$ allgemein gültige Beziehung

$$\mathbf{b}^+\mathbf{a}^+ = \left(\sum_{l=1}^n b_{kl}^+ a_{lj}^+\right) = \left(\sum_{l=1}^n b_{lk}^* a_{jl}^*\right) = \left(\sum_{l=1}^n a_{kl} b_{lj}\right)^+ = (\mathbf{a}\,\mathbf{b})^+ , \tag{3-46}$$

die für eine hermitesche Matrix $\mathbf{a}$ wegen $\mathbf{a} = \mathbf{a}^+$ und für $\mathbf{b} = \boldsymbol{x}$ kurz $(\mathbf{a}\boldsymbol{x})^+ = \boldsymbol{x}^+\mathbf{a}$ lautet. Wir betrachten nun (3-43) für den Fall, daß der Eigenwert λ_ν benutzt wird, also

$$\mathbf{a}\boldsymbol{x}_\nu = \lambda_\nu \boldsymbol{x}_\nu \tag{3-47}$$

gilt, wobei $\mathbf{a}$ eine hermitesche Matrix sein soll. Dann folgt

$$(\mathbf{a}\boldsymbol{x}_\nu)^+ = \boldsymbol{x}_\nu^+\mathbf{a} = \lambda_\nu^* \boldsymbol{x}_\nu^+ .$$

Multipliziert man von rechts mit $\boldsymbol{x}_\nu$, so ergibt sich

$$\boldsymbol{x}_\nu^+\mathbf{a}\boldsymbol{x}_\nu = \lambda_\nu^* \boldsymbol{x}_\nu^+\boldsymbol{x}_\nu .$$

Andererseits liefert (3-47) nach Multiplikation mit $\boldsymbol{x}_\nu$ von links

$$\boldsymbol{x}_\nu^+\mathbf{a}\boldsymbol{x}_\nu = \lambda_\nu \boldsymbol{x}_\nu^+\boldsymbol{x}_\nu .$$

Da die linken Seiten beider Gleichungen übereinstimmen und $\boldsymbol{x}_\nu\boldsymbol{x}_\nu \neq 0$ ist, so folgt

$$\lambda_\nu = \lambda_\nu^* . \tag{3-48}$$

d. h., *die Eigenwerte einer hermiteschen Matrix sind stets reell.* Benutzt man zwei verschiedene Eigenwerte λ_ν , λ_μ der hermiteschen Matrix $\mathbf{a}$, so gilt

$$\mathbf{a}\boldsymbol{x}_\nu = \lambda_\nu \boldsymbol{x}_\nu \quad \text{und} \quad \mathbf{a}\boldsymbol{x}_\mu = \lambda_\mu \boldsymbol{x}_\mu .$$

Hiermit bilden wir

$$\boldsymbol{x}_\mu^+\mathbf{a}\boldsymbol{x}_\nu = \lambda_\nu \boldsymbol{x}_\mu^+\boldsymbol{x}_\nu \quad \text{und} \quad \boldsymbol{x}_\nu^+\mathbf{a}\boldsymbol{x}_\mu = \lambda_\mu \boldsymbol{x}_\nu^+\boldsymbol{x}_\mu .$$

Nach (3-46) ergibt sich

$$(\boldsymbol{x}_\mu^+\mathbf{b}\boldsymbol{x}_\nu)^+ = (\mathbf{a}\boldsymbol{x}_\nu)^+\boldsymbol{x}_\mu = \boldsymbol{x}_\nu^+\mathbf{a}^+\boldsymbol{x}_\mu$$

und wegen $\mathbf{a}^+ = \mathbf{a}$ also

$$(\boldsymbol{x}_\mu^+\mathbf{a}\boldsymbol{x}_\nu)^+ = \boldsymbol{x}_\nu^+\mathbf{a}\boldsymbol{x}_\mu = \lambda_\mu \boldsymbol{x}_\nu^+\boldsymbol{x}_\mu = \lambda_\nu^* \boldsymbol{x}_\nu^+\boldsymbol{x}_\mu .$$

Da $\lambda_\nu^* = \lambda_\nu$ ist, so folgt hieraus

$$(\lambda_\mu - \lambda_\nu)\boldsymbol{x}_\nu^+\boldsymbol{x}_\mu = 0\,. \tag{3-49}$$

Wir hatten angenommen, daß $\lambda_\mu \neq \lambda_\nu$ ist, folglich ergibt sich

$$\boldsymbol{x}_\nu^+\boldsymbol{x}_\mu = 0\,. \tag{3-50}$$

Zwei Vektoren, die (3-50) erfüllen, nennt man *orthogonal* zueinander. Wir werden im Abschnitt 7.2.2. sehen, daß diese Bezeichnung für Vektoren mit reellen Elementen anschaulich interpretiert werden kann. (3-50) läßt sich mit (3-45) zusammenfassen zu

$$\hat{\boldsymbol{x}}_\nu^+\hat{\boldsymbol{x}}_\mu = \delta_{\nu\mu} \tag{3-51}$$

Einen Satz von Eigenvektoren, der (3-51) erfüllt, nennt, man *orthonormiert.* Wir haben somit gefunden, daß die zu verschiedenen Eigenwerten gehörenden *Eigenvektoren* einer *hermiteschen Matrix* einen *orthonormierten* Satz bilden.

Die Ergebnisse (3-48) und (3-51) zeigen sehr wesentliche Eigenschaften hermitescher Matrizen, die zugleich auch für symmetrische Matrizen gelten. Symmetrische Matrizen ergeben sich aus den hermiteschen Matrizen für den Spezialfall, daß alle Elemente reell sind. Hermitesche Matrizen spielen in vielen physikalischen Problemen eine Rolle, insbesondere in der Quantenmechanik.

Wir wollen noch eine Bemerkung zur sogenannten *Diagonalisierung* einer beliebigen quadratischen Matrix $\mathbf{a}$ machen. Gemeint ist damit die Reduktion der nichtdiagonalen Matrix $\mathbf{a}$ auf eine Diagonalmatrix. Diese Aufgabe läßt sich mit Hilfe der Eigenvektoren von $\mathbf{a}$ lösen. Für den Fall, daß *alle Eigenwerte* der Matrix $\mathbf{a}$ *verschieden* sind, bekommen wir aus (3-43) gerade n Eigenvektoren. Ein Element des Eigenvektors $\hat{\boldsymbol{x}}_\nu$ ist $\hat{x}_{\nu k} = \dfrac{x_{\nu k}}{\sqrt{\boldsymbol{x}_\nu^+\boldsymbol{x}_\nu}}$ und wenn man alle Eigenvektoren benutzt, um n Spalten einer Matrix zu bilden, so ergibt sich für orthonormierte Eigenvektoren die unitäre Matrix (vgl. Abschnitt 3.5. Aufgabe 12).

$$\hat{\mathbf{x}} = (\hat{x}_{ij}) = \begin{pmatrix} \hat{x}_{11} & \hat{x}_{12} & \dots & \hat{x}_{1n} \\ \hat{x}_{21} & \dots & \dots & \hat{x}_{2n} \\ \dots & \dots & \dots & \dots \\ \hat{x}_{n1} & \dots & \dots & \hat{x}_{nn} \end{pmatrix}. \tag{3-52}$$

Hiermit folgt wegen (3-43)

$$\mathbf{a}\hat{\mathbf{x}} = \left(\sum_k a_{ik}\hat{x}_{kj}\right) = (\lambda_j \hat{x}_{ij}) = \hat{\mathbf{x}}\boldsymbol{L}, \tag{3-53}$$

wobei

$$\boldsymbol{L} = (\lambda_j\delta_{ij}) \tag{3-54}$$

als Diagonalmatrix eingeführt wird. Wenn wir annehmen, daß der benutzte Satz von Eigenvektoren orthonormiert ist, also (3-51) gilt, so folgt

$$\hat{\mathbf{x}}^+\mathbf{a}\hat{\mathbf{x}} = \hat{\mathbf{x}}^+\hat{\mathbf{x}}\mathbf{L} = \mathbf{I}\mathbf{L} = \mathbf{L}\,. \tag{3-55}$$

Damit haben wir $\mathbf{a}$ auf eine Diagonalmatrix zurückgeführt, die zudem die Eigenschaft hat, als Diagonalterme gerade die Eigenwerte von $\mathbf{a}$ zu besitzen. Für hermitesche Matrizen ist (3-51) erfüllt, also (3-55) stets erreichbar.

Zur Ableitung von (3-55) genügt bereits Det. ($\hat{\mathbf{x}}$) $\neq 0$, da dann $\hat{\mathbf{x}}^{-1}$ existiert und $\hat{\mathbf{x}}^{-1}\mathbf{a}\hat{\mathbf{x}} = \mathbf{L}$ folgt. Man kann zeigen, daß Det. ($\hat{\mathbf{x}}$) $\neq 0$ gerade lineare Unabhängigkeit der n Eigenvektoren erfordert, was immer erreicht werden kann. Andererseits lassen sich n linear unabhängige Vektoren stets durch ein geeignetes Verfahren orthogonalisieren, so daß (3-55) für jede Matrix $\mathbf{a}$ erreicht werden kann, deren Eigenwerte *alle verschieden* sind.

Wenn einige der Eigenwerte $\lambda_1, \lambda_2, \ldots, \lambda_n$ gleich sind, so liefert (3-43) nur m verschiedene Eigenvektoren, wobei $m < n$ ist. Man kann aber zeigen, daß zu m linear unabhängigen Vektoren (vgl. Abschnitt 7.2.1.) gerade noch $n - m$ linear unabhängig ergänzende Vektoren *hinzugewählt* werden können. Bildet man mit den insgesamt n Vektoren wieder die Matrix (3-52), so ist im allgemeinen $\hat{\mathbf{x}}^{-1}\mathbf{a}\hat{\mathbf{x}}$ *keine* Diagonalmatrix. Für die Spezialfälle, daß $\mathbf{a}$ *symmetrisch, hermitesch* oder *unitär* ist, ergibt sich aber (3-53) und damit auch (3-55). Es gilt also: *Eine hermitesche Matrix ist stets diagonalisierbar.*

3.4. Lineare Transformationen

3.4.1. Allgemeines über Transformationen

Im Gleichungssystem (3-31) betrachten wir die Größen $x_1, x_2, \ldots, x_n$ nun nicht mehr als Unbekannte, sondern als *Veränderliche*. Durch (3-31) werden diesen n Veränderlichen n *neue Veränderliche* $y_1, y_2, \ldots, y_n$ zugeordnet. Im allgemeinsten Fall wird ein solcher Übergang von einem Variablensatz zu einem anderen durch irgendwelche auf Teilmengen des $\mathbb{R}^n$ definierte Funktionen

$$y_i(x_1, x_2, \ldots, x_n) \quad (i = 1, 2, \ldots, n) \tag{3-56}$$

vermittelt. Man nennt diese Abbildung eine *Transformation* der Variablen. In (3-31) sind die vermittelnden Funktionen vom ersten Grad in den x_j und zudem sind alle Terme mit einer x_j-Größe gleichen Grades behaftet, was als *homogen* bezeichnet wird. Deshalb heißt (wobei wir statt $y_i(x_1, \ldots x_n)$ kurz y_i schreiben)

$$y_i = \sum_{j=1}^{n} a_{ij} x_j \quad (i = 1, 2, \ldots, n) \tag{3-57}$$

für *konstante* Koeffizienten a_{ij} eine *homogene lineare Transformation*. (Eine allgemeine lineare Transformation enthält noch einen konstanten Summanden). Wenn die Determinante

$$D = \text{Det.}\ (a_{ij}) \neq 0 \tag{3-58}$$

ist, so gilt nach Cramer auch die Umkehrung (3-27)

$$x_j = \sum_{i=1}^{n} \frac{A_{ij}}{D} y_i = \sum_{i=1}^{n} b_{ji} y_i\,. \tag{3-59}$$

Eine umkehrbare Transformation heißt auch *nichtentartet.*

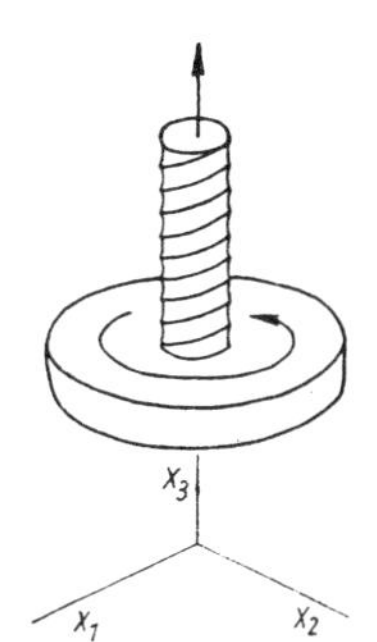

Abb. 25 Rechtsschraube und Rechtssystem

Nach dieser Interpretation eines linearen Gleichungssystems können wir sehr einfach in den geometrischen Bereich hinüberwechseln und die Wirkung von (3-57) anschaulich deuten. Im Abschnitt 2.1. benutzten wir x und y als unabhängige Variable, die wir längs zweier rechtwinkliger Geraden als Koordinaten auftrugen. Wir wollen nun drei unabhängige Variable x_1, x_2, x_3 in analoger Weise für ein dreidimensionales rechtwinkliges Geradensystem als Koordinaten benutzen. Wir verabreden folgende Anordnung für die 3 Zahlengeraden: Wenn jeweils die Richtung *zunehmender* x-Werte betrachtet wird, so soll ein Drehen von x_1 nach x_2 ein Vorwärtsgehen in x_3 im Sinne einer *Rechtsschraube* zur Folge haben (Abb. 25). Ein so orientiertes kartesisches System heißt *Rechtssystem*. Für $n = 3$ ordnet (3-57) den Koordinaten x_1, x_2, x_3 neue Koordinaten, nämlich y_1, y_2, y_3 zu; das lineare Gleichungssystem vermittelt also eine *Koordinatentransformation*. Da $x_1 = 0$, $x_2 = 0$, $x_3 = 0$ auch $y_1 = 0$, $y_2 = 0$, $y_3 = 0$ nach sich zieht, so haben alle durch (3-57) erreichbaren Koordinatensysteme den gleichen Punkt als Ursprung. Worin diese Koordinatensysteme sich vom System x_1, x_2, x_3 unterscheiden können, erkennen wir schnell mit Hilfe des Spezialfalles $a_{12} = a_{13} = a_{21} = a_{23} = a_{31} = 0$, $a_{11} = a_{22} = a_{33} = 1$. Dann folgt aus (3-57) $y_1 = x_1$, $y_2 = x_2$, $y_3 = a_{32}x_2 + x_3$, d. h., hier fallen die Koordinatenachsen y_1 und y_2 mit x_1 bzw. x_2 zusammen. Die Werte $y_3 = \text{const}$ liefern in der x_2x_3-Ebene die Kurvenschar $x_3 = -a_{32}x_2 + c$, also Geraden, deren Neigung gegen die x_2-Achse durch a_{32} festgelegt wird und die für verschiedene c-Werte parallel zueinander liegen. Demnach ist auch die Koordinatenlinie für y_3 eine Gerade, die aber nicht mit der Zahlengeraden für x_3 zusammenfällt und somit *nicht* auf y_2 senkrecht steht. Die Koordinatentransformation (3-57) liefert allgemein den Übergang zu solchen Koordinaten, die auf schiefwinklig zueinander stehenden unbegrenzten Geraden abgetragen werden, deren Schnittpunkt im Ursprung des kartesischen Koordinatensystems liegt. Ein Punkt P, der im Raum *festgehalten* wird, kann durch bestimmte Werte der kartesischen Koordinaten x_{1P}, x_{2P}, x_{3P} gekennzeichnet werden. Nachdem eine Koordinatentransformation (3-57) ausgeführt worden ist, wird der gleiche Punkt durch andere Koordinaten, nämlich y_{1P}, y_{2P}, y_{3P} beschrieben (Abb. 26a), da das Koordinatensystem sich geändert hat.

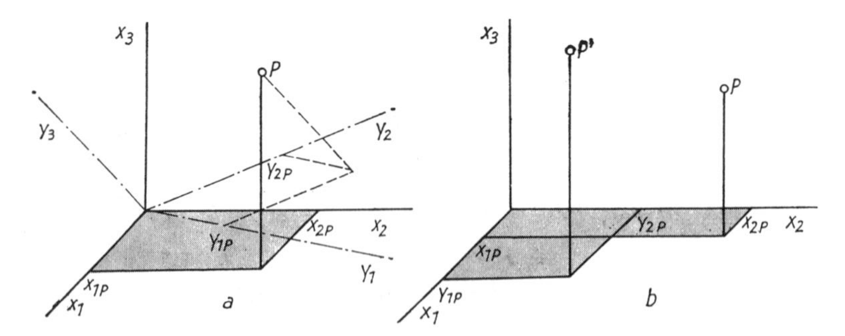

Abb. 26 *a* Koordinatentransformation; *b* Punkttransformation

Neben dieser Auffassung gibt es noch eine andere von gleicher Wichtigkeit, die auch den analytischen Ausdruck (3-57) anschaulich interpretiert. Tragen wir die aus (3-57) folgenden Werte y_1, y_2, y_3 *im Koordinatensystem* x_1, x_2, x_3 ein, so gelangen wir von einem Punkt P (x_{1P}, x_{2P}, x_{3P}) zu einem anderen Punkt P' (y_{1P}, y_{2P}, y_{3P}) (Abb. 26b). Wir nennen P' den *Bildpunkt* von P, der durch die *Abbildung* (3-57) entstanden ist. Da jeder Punkt des Raumes in dieser Weise wieder auf einen Punkt des Raumes abgebildet werden kann, spricht man von einer *Punkttransformation* oder Abbildung des Raumes auf sich selbst.

Die allgemeinste Form einer solchen Abbildung oder Punkttransformation liefert (3-56) für $n = 3$. Die spezielle Abbildung (3-57) bzw. $y_i = \sum_j a_{ij}x_j + d_i$ nennt man *affine Abbildung* des Raumes oder *affine* (Punkt-)Tra*nsformation* (lat. affinis = verwandt). Affine Abbildungen haben die Eigenschaft, daß im Endlichen gelegene Punkte wieder ins Endliche abgebildet werden und daß einer Ebene wieder eine Ebene, jeder Geraden wieder eine Gerade entspricht. Die affine Abbildung ist zwar eine sehr wichtige Abbildung, aber keineswegs die einzige, die in der Praxis benötigt wird. Zum Beispiel ist die der geometrischen Optik äquivalente geometrische Punkttransformation nicht affin. Man benötigt dort vielmehr die *projektive Transformation*

$$y_i = \frac{\sum a_{ij}x_j + d_i}{\sum b_{ij}x_j + g_i},$$

die zwar ebenfalls eine Ebene wieder auf eine Ebene und eine Gerade auf eine Gerade (*Kollineation* genannt) abbildet, aber ein Punkt im Endlichen kann ins Unendliche abgebildet werden. Die affine Transformation ist offensichtlich ein Spezielfall der projektiven.

Wenn für die affine Transformation auch (3-58) erfüllt ist, so können wir die Abbildung umkehren und von P' ausgehend wieder P erhalten. Die Bedingung für *umkehrbareindeutige* (auch *eineindeutig* genannte) Abbildungen ist gerade (3-58).

3.4.2. Orthogonale Transformationen

Ein wichtiger Sonderfall von (3-57) sind die Transformationen, bei denen auch das Koordinatensystem y_1, y_2, y_3 *rechtwinklig* ist, also alle 3 Geraden orthogonal sind wie im kartesischen System. Welche Eigenschaften die Matrixelemente a_{ij} für orthogonale Transformationen besitzen müssen, läßt sich an Hand von Abb. 26a ableiten. Wir kommen aber schneller zum Ziel, wenn wir zunächst zwei einander senkrecht schneidende Geraden im kartesischen Koordinatensystem x_1, x_2, x_3 beschreiben (Abb. 27). Auf den mit I und II bezeichneten Geraden wählen wir je einen beliebigen Punkt $P(x_1, x_2, x_3)$ bzw. $P'(x_1', x_2', x_3')$, die vom Schnittpunkt den Abstand r bzw. r' haben. Durch eine zweifache Anwendung des pythagoräischen Lehrsatzes ergibt sich $r^2 = x_1^2 + x_2^2 + x_3^2$ oder $r = \frac{x_1}{r}x_1 + \frac{x_2}{r}x_2 + \frac{x_3}{r}x_3$. Identifizieren wir die Gerade I z. B. mit der y_1-Achse, so

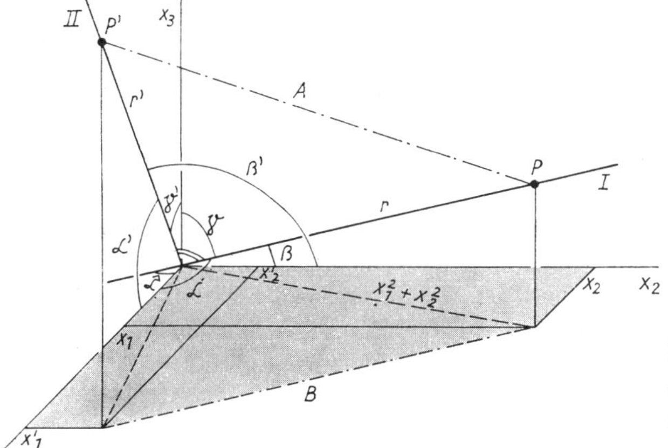

Abb. 27 Zur orthogonalen Transformation. Die Geraden I und II schneiden einander senkrecht

müssen wir noch angeben, wo die positiven Werte von y_1 auf I liegen sollen. Wenn in Abb. 27 P durch einen positiven y_1-Wert gekennzeichnet werden soll, so ist $r = y_1$, also

$$y_1 = \frac{x_1}{r} x_1 + \frac{x_2}{r} x_2 + \frac{x_3}{r} x_3 . \tag{3-60}$$

Unter Verwendung der in Abb. 27 eingezeichneten Winkel liefert ein Vergleich mit (3-57) dann

$$a_{11} = \frac{x_1}{r} = \cos\alpha; \quad a_{12} = \frac{x_2}{r} = \cos\beta; \quad a_{13} = \frac{x_3}{r} = \cos\gamma . \tag{3-61}$$

Würde in Abb. 27 P durch einen negativen y_1-Wert gekennzeichnet, so wäre $r = -y_1$ und $a_{11} = -\frac{x_1}{r} = \cos(\alpha + \pi) = \cos\hat{\alpha}$ usw. Wenn wir festlegen, daß die Winkel zwischen der y_1-Achse und den x_1-, x_2-, x_3-Achsen nur zwischen *positiven Richtungen* genommen werden, so sind die Koeffizienten a_{11}, a_{12}, a_{13} stets durch den Kosinus dieser Winkel, *Richtungskosinus* genannt, gegeben. Identifizieren wir die Gerade II mit der y_2-Achse, so folgt analog

$$a_{21} = \cos\alpha'; \quad a_{22} = \cos\beta'; \quad a_{23} = \cos\gamma', \tag{3-62}$$

wenn in Abb. 27 P' positive y_2-Werte haben soll.

Nun ist $r^2 = x_1^2 + x_2^2 + x_3^2 = r^2(a_{11}^2 + a_{12}^2 + a_{13}^2)$, d. h.

$$a_{11}^2 + a_{12}^2 + a_{13}^2 = 1 \tag{3-63}$$

und ebenso

$$a_{21}^2 + a_{22}^2 + a_{23}^2 = 1 . \tag{3-64}$$

Die Annahme, daß sich I und II senkrecht schneiden, können wir ebenfalls unter Anwendung des pythagoräischen Lehrsatzes ausnutzen. Aus Abb. 27 liest man ab:

$$A^2 = r^2 + r'^2; \quad A^2 = B^2 + (x_3' - x_3)^2$$
$$B^2 = (x_1' - x_1)^2 + (x_2' - x_2)^2, \text{ d. h.}$$
$$r^2 + r'^2 = (x_1' - x_1)^2 + (x_2' - x_2)^2 + (x_3' - x_3)^2$$

oder

$$x_1 x_1' + x_2 x_2' + x_3 x_3' = 0$$

bzw.

$$a_{11}a_{21} + a_{12}a_{22} + a_{13}a_{23} = 0. \tag{3-65}$$

Die drei Gleichungen (3-63, 3-64, 3-65) lassen sich zusammenfassen zu

$$\sum_{k=1}^{3} a_{ik}a_{jk} = \delta_{ij}, \quad (i, j = 1, 2) . \tag{3-66}$$

Führen wir eine dritte Gerade ein, die ebenfalls im Ursprung des x_1, x_2, x_3-Systems die Geraden I und II senkrecht schneidet, so ergeben sich zwei weitere Gleichungen der Form (3-66), nämlich für $i, j = 1,3$ und $i, j = 2,3$. Insgesamt gilt deshalb für die Matrixelemente a_{ij}, wenn (3-57) eine *orthogonale Transformation* beschreibt

$$\boxed{\sum_{k=1}^{3} a_{ik}a_{jk} = \delta_{ij}} , \quad (i, j = 1, 2, 3) . \tag{3-67}$$

Wir halten an der Bezeichnung

$$\sphericalangle(y_1x_1) = \alpha; \quad \sphericalangle(y_1x_2) = \beta; \quad \sphericalangle(y_1x_3) = \gamma$$ [1]

$$\sphericalangle(y_2x_1) = \alpha'; \quad \sphericalangle(y_2x_2) = \beta'; \quad \sphericalangle(y_2x_3) = \gamma'$$

$$\sphericalangle(y_3x_1) = \alpha''; \quad \sphericalangle(y_3x_2) = \beta''; \quad \sphericalangle(y_3x_3) = \gamma''$$

fest und bilden von (3-57) die Umkehrung

$$x_i = \sum_{j=1}^{3} b_{ij} y_j . \tag{3-68}$$

Dann folgt

$$b_{11} = \cos\left(\sphericalangle(x_1y_1)\right) = \cos\alpha \;\; = a_{11}$$

$$b_{12} = \cos\left(\sphericalangle(x_1y_2)\right) = \cos\alpha' \; = a_{21}$$

$$b_{13} = \cos\left(\sphericalangle(x_1y_3)\right) = \cos\alpha'' = a_{31} \text{ usw.,}$$

also allgemein

$$b_{ij} = a_{ji} . \tag{3-69}$$

Demnach gilt neben (3-67) auch

$$\boxed{\sum_{k=1}^{3} a_{ki} a_{kj} = \delta_{ij}}\,, \qquad (i, j = 1, 2, 3) . \tag{3-70}$$

Nach Abschnitt 3.3.2. ist infolge (3-69) $\mathbf{b}$ die zu $\mathbf{a}$ transponierte Matrix, also $\mathbf{b} = \tilde{\mathbf{a}}$. Für orthogonale Transformationen $\boldsymbol{y} = \mathbf{a}\boldsymbol{x}$ läßt sich die Umkehrung (3-68) somit $\boldsymbol{x} = \tilde{\mathbf{a}}\boldsymbol{y}$ schreiben. Andererseits ist nach (3-41) allgemein $\boldsymbol{x} = \mathbf{a}^{-1}\boldsymbol{y}$, so daß $\tilde{\mathbf{a}}\mathbf{a} = \mathbf{a}\tilde{\mathbf{a}} = \mathbf{I}$ gilt. Hierdurch werden die in Abschnitt 3.3.2. bereits genannten orthogonalen Matrizen definiert, für die (3-66) und (3-70) notwendige und hinreichende Bedingungen sind. Wegen $\tilde{\mathbf{a}} = \mathbf{a}^{-1}$ folgt nach (3-69) und (3-40) für die Matrixelemente

$$a_{ji} = \frac{A_{ji}}{D}, \tag{3-71}$$

wobei $D = \text{Det.}\,(a_{ij})$ ist. Da die Determinante der transponierten Matrix ebenfalls D liefert, so ergibt sich wegen $\mathbf{a}\tilde{\mathbf{a}} = \mathbf{I}$

$$D^2 = \text{Det.}\,(\mathbf{a}) \cdot \text{Det.}\,(\tilde{\mathbf{a}}) = 1,$$

d. h.

$$D = \pm 1. \tag{3-72}$$

Demnach ist

$$a_{ji} = \pm A_{ji}, \tag{3-73}$$

also

$$\left.\begin{aligned} a_{11} &= \pm(a_{22}a_{33} - a_{32}a_{23}); & a_{12} &= \pm(a_{23}a_{31} - a_{33}a_{21}) \\ a_{13} &= \pm(a_{21}a_{32} - a_{31}a_{22}); & a_{21} &= \pm(a_{13}a_{32} - a_{33}a_{12}) \\ a_{22} &= \pm(a_{11}a_{33} - a_{31}a_{13}); & a_{23} &= \pm(a_{12}a_{31} - a_{32}a_{11}) \\ a_{31} &= \pm(a_{12}a_{23} - a_{13}a_{22}); & a_{32} &= \pm(a_{13}a_{21} - a_{23}a_{11}) \\ a_{33} &= \pm(a_{11}a_{22} - a_{12}a_{21}). \end{aligned}\right\} \tag{3-74}$$

---

[1] $\sphericalangle(y_i x_j)$ kennzeichnet den Winkel zwischen den positiven Richtungen der y_i- und x_j-Achse

Daß diese Beziehungen tatsächlich (3-67) und (3-70) erfüllen, erkennt man leicht durch Einsetzen von (3-73) in (3-24, 3-25, 3-26). Die Gleichungen (3-67, 3-70, 3-74) zeigen, daß die 9 Matrixelemente einer orthogonalen Matrix nicht unabhängig voneinander wählbar sind.

Sehr anschaulich gewinnen wir die Anzahl der frei wählbaren Winkel für den Übergang vom x_1, x_2, x_3-System zum y_1, y_2, y_3-System, wenn wir ersteres in geeigneter Weise um seinen Ursprung drehen. Dabei beschränken wir uns zunächst darauf, daß auch y_1, y_2, y_3 ein Rechtssystem bildet. Eine Drehung des x_1, x_2, x_3-Systems um den Winkel φ mit der x_3-Koordinatenachse als Drehachse ist gleich einer zweidimensionalen Transformation. Bezeichnen wir die Koordinaten eines Punktes P vor der Drehung mit x_1, x_2, x_3 und nach der Drehung mit u_1, u_2, u_3, so ergibt sich aus Abb. 28

$$\begin{aligned} x_1 &= r\cos\delta; \quad x_2 = r\sin\delta, \\ u_1 &= r\cos(\delta - \varphi) = \cos\varphi\, x_1 + \sin\varphi\, x_2, \\ u_2 &= r\sin(\delta - \varphi) = -\sin\varphi\, x_1 + \cos\varphi\, x_2. \\ u_3 &= x_3 \end{aligned}$$

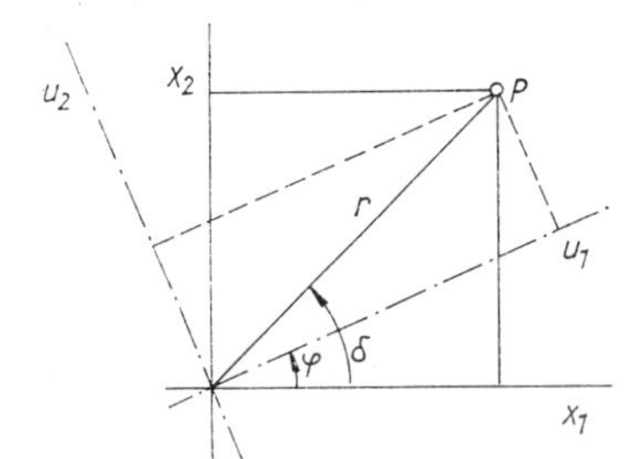

Abb. 28 Drehung des Koordinatensystems x_1, x_2, x_3 um x_3 als Drehachse

Zu dieser Transformation $\boldsymbol{u} = \mathbf{b}\boldsymbol{x}$ gehört also die Matrix (bezüglich x_1, x_2, x_3)

$$\mathbf{b} = \begin{pmatrix} \cos\varphi & \sin\varphi & 0 \\ -\sin\varphi & \cos\varphi & 0 \\ 0 & 0 & 1 \end{pmatrix}. \tag{3-75}$$

Durch zwei weitere Drehungen können wir dann jede Lage des y_1, y_2, y_3-Systems erreichen. In Abb. 29 ist dargestellt, wie die $y_1\,y_2$-Ebene die x_1x_2-Ebene in der Geraden K, *Knotenlinie* genannt, schneidet. Durch die eben ausgeführte Drehung können wir die x_1-Achse mit K zusammenfallen lassen. K entspricht also der u_1-Achse. Dann drehen wir das u_1, u_2, u_3-System um die u_1-Achse, bis u_3 mit der y_3-Achse zusammenfällt, wodurch der Winkel ϑ festgelegt ist. Bezeichnen wir das neue Koordinatensystem mit v_1, v_2, v_3, so gehört zur Transformation $\boldsymbol{v} = \mathbf{c}\boldsymbol{u}$ die Matrix (bezüglich u_1, u_2, u_3)

$$\mathbf{c} = \begin{pmatrix} 1 & 0 & 0 \\ 0 & \cos\vartheta & \sin\vartheta \\ 0 & -\sin\vartheta & \cos\vartheta \end{pmatrix}.$$

Eine Drehung des v_1, v_2, v_3-Systems um den Winkel ψ mit v_3 als Drehachse liefert schließlich das System y_1, y_2, y_3, d.h. eine Transformation $\mathbf{y} = \mathbf{d}\mathrm{v}$ *mit der Matrix* (bezüglich v_1, v_2, v_3)

$$\mathbf{d} = \begin{pmatrix} \cos\psi & \sin\psi & 0 \\ -\sin\psi & \cos\psi & 0 \\ 0 & 0 & 1 \end{pmatrix}.$$

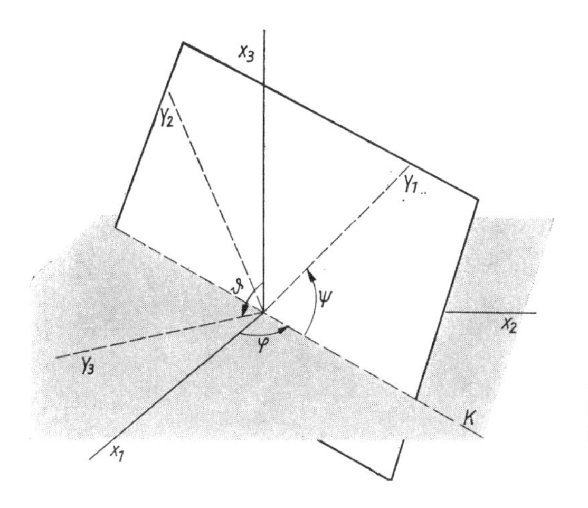

Abb. 29 Drehung des Koordinatensystems x_1, x_2, x_3 um eine beliebige Drehachse

Insgesamt gilt also

$$\boldsymbol{y} = \mathbf{d}\boldsymbol{v} = \mathbf{dc}\boldsymbol{u} = \mathbf{dcb}\boldsymbol{x}, \quad \text{d. h. } \mathbf{a} = \mathbf{dcb} \text{ bezüglich } x_1, x_2, x_3 .$$

Führt man die drei Koordinatentransformationen hintereinander aus, so folgt:

$$\mathbf{a} = \begin{pmatrix} \cos\varphi\cos\psi - \sin\varphi\sin\psi\cos\vartheta & \sin\varphi\cos\psi + \cos\varphi\sin\psi\cos\vartheta & \sin\psi\sin\vartheta \\ -\cos\varphi\sin\psi - \sin\varphi\cos\psi\cos\vartheta & -\sin\varphi\sin\psi + \cos\varphi\cos\psi\cos\vartheta & \cos\psi\sin\vartheta \\ \sin\varphi\sin\vartheta & -\cos\varphi\sin\vartheta & \cos\vartheta \end{pmatrix} \tag{3-76}$$

Die in der orthogonalen Transformationsmatrix allein frei wählbaren Winkel φ, ψ, ϑ nennt man EULERsche *Winkel*. Die Determinante der Matrix (3-76) läßt sich einfach ausrechnen, wenn man die zweite Zeile mit $\cos\psi$ multipliziert und zu ihr die mit $\sin\psi$ multiplizierte erste Zeile hinzuaddiert. Es ergibt sich $D = +1$. Damit haben wir zugleich eine anschauliche Interpretation der beiden in (3-72) zugelassenen Vorzeichen zur Hand. Ist das y_1, y_2, y_3-System aus dem x_1, x_2, x_3-System durch *Drehungen* zu erzeugen, so ist in (3-72) und (3-74) das *positive Vorzeichen* zu nehmen. Wenn wir aber nur durch eine zusätzliche Vertauschung aller positiven Achsenrichtungen mit den negativen das x_1, x_2, x_3-System in ein vorgegebenes y_1, y_2, y_3-System überführen können, so ist $D = -1$. Als Abbildung gedeutet, wird durch $y_1 = -x_1$, $y_2 = -x_2$, $y_3 = -x_3$ jeder Punkt $P(x_1, x_2, x_3)$ des Raumes in $P(-x_1, -x_2, -x_3)$ übergeführt, was man als *Inversion* bezeichnet. Es ist leicht zu erkennen, daß das durch Vertauschung der Achsenrichtungen entstandene y_1, y_2, y_3-System auch erzeugt werden kann durch eine Drehung des x_1, x_2, x_3-Systems um eine der Koordinatenachsen als Drehachse und anschließender *Spieglung* dieser Koordinatenachse an der zu ihr senkrechten Ebene. Die Inversion läßt sich somit als eine *Drehspiegelung* ausführen. Durch diese Transformation wird stets ein Rechtssystem in ein Linkssystem u. u. übergeführt. Das gleiche kann man erreichen durch Vertauschung zweier Koordinatenachsen, z. B. $y_1 = x_2$, $y_2 = x_1$, $y_3 = x_3$. Die zu dieser Transformation gehörende Matrix $\begin{pmatrix} 010 \\ 100 \\ 001 \end{pmatrix}$ hat wieder die Determinante $D = -1$ und auch diese Transformation läßt sich als Drehspiegelung ausführen. *Drehspiegelungen* sind stets mit dem *negativen Vorzeichen* in (3-72) und (3-74) verknüpft.

3.5. Aufgaben zu 3.1. bis 3.4.

1. Die Gleichung

$$x^n + a_{n-1}x^{n-1} + \ldots + a_1 x + a_0 = 0 \tag{3-77}$$

besitzt die n Wurzeln $\alpha_1, \alpha_2, \ldots, \alpha_n$. Man beweise, daß $a_{n-1} = -(\alpha_1 + \alpha_2 + \ldots + \alpha_n)$ und $a_0 = \pm\alpha_1\alpha_2\ldots\alpha_n$ ist.

2. Man leite aus (3-77) eine Gleichung ab, deren Wurzeln das c-fache der Wurzeln von (3-77) sind.

3. Gesucht werden die Wurzeln der Gleichung

$$x^3 - 3x^2 - 12x - 112 = 0.$$

4. Man bestimme die Wurzeln der Gleichung

$$x^3 - 3x^2 - 4x + 12 = 0.$$

5. Zu berechnen sind die Determinanten

$$\begin{vmatrix} 2 & 1 & -1 \\ 3 & 5 & -2 \\ 5 & 7 & -1 \end{vmatrix} \text{ und } \begin{vmatrix} 3 & 7 & 6 & 2 \\ -6 & 8 & -4 & -3 \\ 4 & 5 & 12 & 3 \\ -5 & 6 & 2 & -2 \end{vmatrix}.$$

6. Welchen Ausdruck erhält man nach Ausrechnen der Determinante

$$\begin{vmatrix} a^2 - p^2 & ab & ac \\ ba & b^2 - p^2 & bc \\ ca & cb & c^2 - p^2 \end{vmatrix} ?$$

7. Welche Lösung hat das Gleichungssystem

$$\text{a)}\ \begin{aligned} 4x_1 - 3x_2 + x_3 &= 8 \\ 3x_1 + 5x_2 - 2x_3 &= -6 \\ x_1 - 2x_2 + 3x_3 &= 2 \end{aligned} \quad \text{und} \quad \text{b)}\ \begin{aligned} 2x_1 - 3x_2 + 5x_3 &= 2 \\ -6x_1 + 2x_2 - x_3 &= 4 \\ 10x_1 - x_2 - 3x_3 &= -3 \end{aligned} \quad ?$$

8. Man berechne die zu

$$\mathbf{a} = \begin{pmatrix} 4 & -3 & 1 \\ 3 & 5 & -2 \\ 1 & -2 & 3 \end{pmatrix}$$

inverse Matrix $\mathbf{a}^{-1}$ und zeige, daß mit $\boldsymbol{y} = \begin{pmatrix} 8 \\ -6 \\ 2 \end{pmatrix}$ die Lösungen von 7a) auch aus $\boldsymbol{x} = \mathbf{a}^{-1}\boldsymbol{y}$ folgen.

9. Es ist zu zeigen, daß schiefhermitesche Matrizen nur imaginäre Eigenwerte haben können.

10. Man berechne die Eigenwerte und normierten Eigenvektoren der Matrix

$$\text{a)}\ \begin{pmatrix} 9 & -4 \\ 11 & -6 \end{pmatrix} \quad \text{und} \quad \text{b)}\ \begin{pmatrix} 8 - i & 33 + 13i \\ -1 + i & -6 + 2i \end{pmatrix}.$$

11. Für die Matrix $\frac{1}{5}\begin{pmatrix} -1 & 12i \\ -12i & 6 \end{pmatrix}$ sollen die Eigenwerte und normierten Eigenvektoren berechnet werden.

12. Die Matrix von Aufgabe 11 ist zu diagonalisieren. Außerdem zeige man, daß die zur Diagonalisierung benutzte Matrix der Eigenvektoren unitär ist.

13. Man beweise die Beziehung $(\widetilde{\mathbf{ab}}) = \tilde{\mathbf{b}}\tilde{\mathbf{a}}$ und zeige, daß die beiden orthogonalen Transformationen $\mathbf{y} = \mathbf{a}\mathbf{x}$, $\mathbf{x} = \mathbf{b}\mathbf{z}$ eine Transformation $\mathbf{y} = \mathbf{c}\mathbf{z}$ liefern, die wiederum orthogonal ist.

14. Wie sehen die Elemente der Transformationsmatrix aus, die ein orthogonales Koordinatensystem x_1, x_2, x_3

a) in sich selbst,
b) in das inverse System $-x_1, -x_2, -x_3$,
c) in das an der x_1x_2-Ebene gespiegelte System überführt?

15. Das orthogonale x_1, x_2, x_3-System wird um die x_2-Achse als Drehachse gedreht. In positiver x_2-Richtung blickend, soll die Drehung im Uhrzeigersinn um den Winkel 120° ausgeführt werden. Wie transformieren sich die Koordinaten eines raumfesten Punktes P?

4. Differentialrechnung

In diesem Kapitel betrachten wir nur *reelle* Funktionen *reeller* Veränderlicher.

4.1. Ableitung der Funktionen mit einer Veränderlichen

Die Begründer der Differentialrechnung Newton (1642—1727) und Leibniz formulierten den Begriff der Ableitung im geometrisch-anschaulichen Bereich. Newton wurde durch das physikalische Grundproblem, aus der gegebenen Bewegung eines Körpers seine Geschwindigkeit in jeden beliebigen Zeitpunkt zu bestimmen, zu seiner »Fluxionsrechnung« geführt. Dagegen löste Leibniz mit seiner »Differentialrechnung« das geometrische Problem, an eine gegebene Kurve in jedem Punkt die Tangente zu konstruieren. Wir betrachten zunächst Kurven, die als graphische Darstellung einer Funktion $f(x)$ interpretiert werden können. Ähnlich wie die Stetigkeit erweist sich die Differenzierbarkeit einer Funktion als eine sehr wichtige Eigenschaft einer Funktion.

Im folgenden wollen wir den Begriff der Ableitung einer Funktion anschaulich einführen.

4.1.1. Ableitung und Differentialquotient

Die Bewegung eines Körpers längs einer vorgegebenen Bahnkurve läßt sich vergleichen mit der Bewegung eines Eisenbahnzuges längs der fest verlegten Schienen. Von einem bestimmten Kurvenpunkt an (Bahnhof) registrieren wir, welche Zeit t (lat. tempus = Zeit) verstreicht, bis der Körper die längs der Kurve gemessene Strecke s (lat. spatium = Weg) zurückgelegt hat. Die zu verschiedenen s-Werten gehörenden t-Werte können wir in ein rechtwinkliges s,t-Koordinatensystem eintragen und erhalten z. B. das Weg-Zeit-Schaubild von Abbildung 30. Auf der Strecke von s_1 bis s_2 legt der Körper offenbar in gleichen Zeiten gleiche Strecken zurück, wir nennen das Verhältnis $\frac{s_2 - s_1}{t_2 - t_1}$ die *Geschwin-*

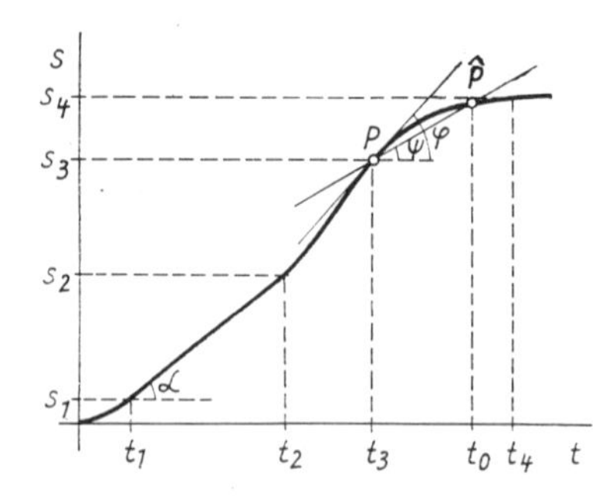

Abb. 30 Weg-Zeit-Diagramm zur Definition der Geschwindigkeit bei ungleichförmiger Bewegung

digkeit v des Körpers zu allen Zeiten t, zwischen t_1 und t_2. Man erkennt aus Abbildung 30, daß dieses Verhältnis genau der Tangens des Neigungswinkels α der Geraden zwischen s_1 und s_2 gegen die t-Achse ist. $\tan\alpha = \frac{s_2 - s_1}{t_2 - t_1}$ heißt die *Steigung* dieser Geraden. Zwischen s_2 und s_4 verläuft $s(t)$ nicht mehr geradlinig. Was nennen wir jetzt die Geschwindigkeit des Körpers zu einer Zeit t? Wir bezeichnen die Stelle s_3, t_3 des $s(t)$-Verlaufs mit P und eine beliebige andere Stelle s_0, t_0 im Intervall t_2 bis t_4 mit $\hat{P}$. Dann legen wir durch beide Punkte eine Gerade, die als *Sekante* der $s(t)$-Kurve bezeichnet wird, deren Steigung durch

$$\tan\psi = \frac{s_0 - s_3}{t_0 - t_3} \tag{4-1}$$

gegeben ist und wieder eine Geschwindigkeit darstellt, und zwar die *mittlere* Geschwindigkeit im Intervall $[t_3, t_0]$. Verschieben wir $\hat{P}$ längs der $s(t)$-Kurve, dann ändert sich ψ und somit diese Geschwindigkeit, so daß wir (4-1) nicht als Definition der Geschwindigkeit des Körpers zur Zeit t_3 benutzen können. Wenn wir aber $\hat{P}$ längs $s(t)$ zu P hinrücken lassen, so strebt die Sekante einer Grenzlage zu, die man als *Tangente* an die $s(t)$-Kurve im Punkt P bezeichnet. Diese Tangente hat die Steigung $\tan\varphi$ ganz unabhängig davon, ob $\hat{P}$ von oben oder unten her nach P wandert. Den Grenzübergang schreiben wir entsprechend (2-3)

$$\tan\varphi = \lim_{\hat{P}\to P} \tan\psi = \lim_{t_0\to t_3} \frac{s_0 - s_3}{t_0 - t_3} \,. \tag{4-2}$$

Die Definition, daß $\tan\varphi$ die Geschwindigkeit des Körpers zur Zeit t_3 darstellt, ermöglicht nun, für jede ungleichförmige Bewegung zu jeder Zeit eindeutig eine Geschwindigkeit anzugeben. Für gleichförmige Bewegungen geht diese Definition – wie man aus Abb. 30 erkennt – wieder in den Ausdruck $\frac{s_0 - s_3}{t_0 - t_3}$ über. Diese Betrachtung zeigt zugleich, daß die Definition der Geschwindigkeit eines Körpers und die Konstruktion der Tangente an eine Kurve analoge Probleme sind, die beide auf den Grenzübergang (4-2) führen.

Den Grenzwert (4-2) formulieren wir allgemeiner für eine Funktion $f(x)$, die auf einem gegebenen Intervall J der Zahlengeraden definiert sei. Falls der Quotient $\frac{f(x) - f(x_0)}{x - x_0}$ für $x \to x_0$ einen Grenzwert besitzt, schreibt man

$$\lim_{x\to x_0} \frac{f(x) - f(x_0)}{x - x_0} = f'(x_0) \tag{4-3}$$

und nennt $f'(x_0)$ die Ableitung der Funktion $f(x)$ an der Stelle x_0. Man sagt auch: $f(x)$ ist in x_0 *differenzierbar*. Wenn $f(x)$ in jedem Punkt des Intervalls J differenzierbar ist, heißt $f(x)$ auf J differenzierbar und die durch (4-3) in jedem Punkt $x_0 \in J$ erklärte Funktion $f'(x)$ heißt die *Ableitung der Funktion* $f(x)$.

Verwendet man für die Differenzen symbolisch

$$\Delta x = x - x_0, \quad \Delta y = f(x) - f(x_0), \tag{4-4}$$

so läßt sich nach (4-3) für die Ableitung der Funktion $f(x)$ an der Stelle x_0 auch

$$\boxed{f'(x_0) = \lim_{\Delta x \to 0} \frac{\Delta y}{\Delta x} = \lim_{\Delta x \to 0} \frac{f(x_0 + \Delta x) - f(x_0)}{\Delta x}} \tag{4-5}$$

schreiben.

Aus $f(x_0 + \Delta x) = f(x_0) + \frac{f(x_0 + \Delta x) - f(x_0)}{\Delta x} \Delta x$ folgt für $\Delta x \to 0$ nach Abschnitt 2.1. $\lim\limits_{\Delta x \to 0} f(x_0 + \Delta x) = f(x_0) + f'(x_0) \lim\limits_{\Delta x \to 0} \Delta x = f(x_0)$, falls $f'(x_0)$ existiert. Nach (2-6) ist dies aber die Definition der Stetigkeit für die Funktion $f(x_0)$ an der Stelle x_0. Also gilt: **Wenn eine Funktion differenzierbar ist, so ist sie auch stetig. Umgekehrt folgt für eine stetige Funktion jedoch *nicht*, daß sie auch überall differenzierbar ist.** Zum Beispiel ist für die Funktion $f(x) = |x|$, wie man aus Abb. 31 abliest, $f'(x) = -1$ für $x < 0$ und $f'(x) = 1$ für $x > 0$. Obwohl diese Funktion bei $x = 0$ stetig ist, kann man ihr dort keine Tangente eindeutig zuordnen, d. h., bei $x = 0$ existiert die Ableitung nicht. Ein solcher Fall einer stetigen und doch nicht differenzierbaren Funktion kommt sogar in der Physik vor: Die sogenannte BROWNsche Molekularbewegung besteht darin, daß ein mikroskopisch eben noch sichtbares Teilchen durch die Stöße der auftreffenden Moleküle eine zitternde Bewegung ausführt. Wenn man in bestimmten Zeitabständen Δt die Änderung Δx der x-Koordinate des Teilchen beobachtet, so könnte man daran denken, $\frac{\Delta x}{\Delta t}$ als die Geschwindigkeit des Teilchens zu nehmen. Dabei wird man aber eine große Enttäuschung erleben: Nimmt man die Zeitintervalle halb so groß, so bekommt man gänzlich andere Werte, die mit den ursprünglichen aber auch gar nichts mehr zu tun haben. Der Grund liegt darin, daß die wahre Geschwindigkeit durch die Stöße in unmeßbar kleinen Zeiten immer wieder sprunghaft geändert wird und daß keine Hoffnung besteht, in Zeitintervallen zu beobachten, die kleiner sind als die Zeitintervalle zwischen zwei Stößen. Obwohl also die x-Koordinate sich mit der Zeit stetig ändert, existiert keine Ableitung. Zum Glück gehören solche Fälle in der realen Welt zu den Seltenheiten, so daß wir künftig von ihnen absehen und bei Stetigkeit stets die

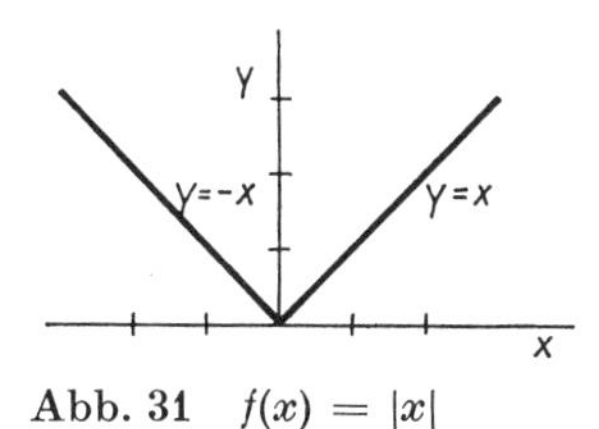

Abb. 31 $f(x) = |x|$

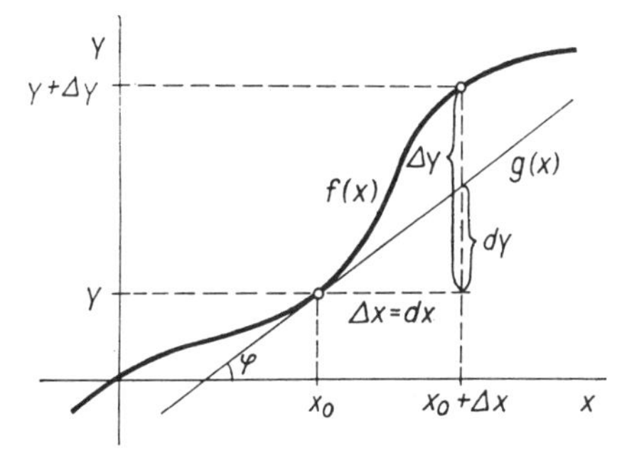

Abb. 32 Differenzen und Differentiale

Differenzierbarkeit voraussetzen wollen. Auch Unstetigkeitspunkte werden wir nur selten zu betrachten haben, so daß wir, wenn nichts anderes bemerkt, stetigen Verlauf annehmen wollen.

Wir wenden uns nun der Schreibweise in *Differentialen* zu, die von LEIBNIZ eingeführt wurde. Auf einem Intervall $J \subset \mathbb{R}$ sei eine reelle Funktion $f(x)$ definiert, die in $x_0 \in J$ differenzierbar ist. Die Ableitung $f'(x_0)$ dieser Funktion in x_0 kann nach (4-2) als Anstieg $\tan \varphi$ der Kurventangente im Punkt x_0, y gedeutet werden (Abb. 32). Man kann jedoch auch $f'(x_0)$ als eine ***lineare Abbildung*** interpretieren, die auf $\Delta x = x - x_0$ wirkt:
Wenn die Funktion $f(x)$ in $x_0 \in J$ differenzierbar ist, gibt es eine eindeutige Funktion f': $\mathbb{R} \to \mathbb{R}$, so daß die lineare Abbildung $g(x) = f(x_0) + f'(x_0)\Delta x$ Tangentenfunktion von f in x_0 ist (vgl. 5-15). Dann heißt

$$\mathrm{d}f(x_0) := f'(x_0)\,\Delta x \tag{4-6}$$

das *Differential der Funktion* $f(x)$. Da $y = f(x_0)$ der Wert der Funktion an der Stelle x_0 ist, schreibt man auch $\mathrm{d}f(x_0) = \mathrm{d}y$.
Für den Fall $f(x) = x$ fällt die Tangente in jedem Punkt mit der Kurve zusammen. Wegen $g(x) = x_0 + \mathrm{d}f(x_0) = f(x) = x$ ist dann

$$\mathrm{d}f(x_0) = \Delta x \text{ für } f(x) = x, \tag{4-7}$$

d. h., auch Δx kann als ein Differential $\mathrm{d}f$ interpretiert werden. Schreibt man $\mathrm{d}f(x_0) = \mathrm{d}x$ für $f(x) = x$, so lautet (4-6) $\mathrm{d}y = f'(x_0)\,\mathrm{d}x$. Die Ableitung einer Funktion f an der Stelle x_0 kann somit auch durch

$$\boxed{f'(x_0) = \frac{\mathrm{d}y}{\mathrm{d}x}} \tag{4-8}$$

als *Differentilaquotient* dargestellt werden. Anschaulich ist $\mathrm{d}y$ jener Anteil von Δy, der sich beim Fortschreiten um die Strecke $\mathrm{d}x$ ergibt, wenn man die Funktion $f(x)$ durch ihre Tangente in x_0 ersetzt (Abb. 32). Aus (4-5) und (4-8) folgt

$$\frac{\mathrm{d}y}{\mathrm{d}x} = \lim_{\Delta x \to 0} \frac{\Delta y}{\Delta x}, \tag{4-9}$$

so daß der Differentialquotient auch als Grenzwert des Differenzenquotienten erklärt werden kann. Dabei darf (4-9) aber nicht so aufgefaßt werden, daß $\mathrm{d}x$ etwa der Grenzwert von Δx ist, denn es gilt

$$\lim_{\Delta x \to 0} \Delta x = 0 \tag{4-10}$$

und niemals $\mathrm{d}x$! Vielmehr ist in (4-9) zunächst $\frac{\Delta y}{\Delta x}$ zu bilden und nach geeigneten Umformungen dieses Ausdrucks der Grenzwert zu bestimmen, z. B. gilt für $f(x) = x^2$

$$\frac{\Delta y}{\Delta x} = \frac{f(x_0 + \Delta x) - f(x_0)}{\Delta x} = \frac{(x_0 + \Delta x)^2 - x_0^2}{\Delta x} = 2x_0 + \Delta x,$$

also

$$f'(x_0) = \frac{dy}{dx} = \lim_{\Delta x \to 0} \frac{\Delta y}{\Delta x} = 2x_0. \tag{4-11}$$

Die Schreibweise in Differentialen hat gegenüber der Darstellung $f'(x_0)$ Vorteile, die wir erst später einsehen können. Die Tatsache, daß im Gegensatz zu $f'(x_0)$ das Differential $\mathrm{d}y$ die *gleiche Dimension* (z. B. cm oder g usw.) wie die Funktion f hat, wollen wir aber schon hier vermerken.

4.1.2. Differentiale als unendlich kleine Größen

Ehe wir die Rechenregeln zur Gewinnung der abgeleiteten Funktionen behandeln, wollen wir einiges über die Verwendung des Differentials als unendlich kleine Größen vorausschicken.

Wie bereits im Abschnitt 2.1. erwähnt, ist die Bezeichnung »unendlich kleine Größe« (auch: *infinitesimal* klein) lediglich eine sehr nachlässige Redeweise für den Tatbestand, daß diese Größe eine Veränderliche ist, die bei einem bestimmten Grenzübergang gegen Null geht. Um direkt an die früheren Betrachtungen über unendlich kleine Größen anschließen zu können, bedenken wir, daß nach (4-5) und (4-9) $\lim\limits_{\Delta x \to 0}\left(\frac{\mathrm{d}y}{\mathrm{d}x} - \frac{\Delta y}{\Delta x}\right) = 0$ ist. Da wir $\Delta x = \mathrm{d}x$ interpretierten, gilt schließlich $\lim\limits_{\Delta x \to 0} \frac{\mathrm{d}y - \Delta y}{\Delta x} = 0$. Hieraus entnehmen wir im Anschluß an Abschnitt 2.1., daß beim Grenzübergang $\Delta x \to 0$ die Differenz $\mathrm{d}y - \Delta y$ von *höherer Ordnung* als Δx *unendlich klein* wird. (Daß für eine endliche Größe von $f'(x_0)$ die Differenz $\mathrm{d}y - \Delta y$ mit Δx nach Null geht, ist trivial, da $\lim\limits_{\Delta x \to 0} \mathrm{d}y = \lim\limits_{\Delta x \to 0} f'(x_0)\,\Delta x = 0$ ist und $\lim\limits_{\Delta x \to 0} \Delta y = \lim\limits_{\Delta x \to 0} \{f(x_0 + \Delta x) - f(x_0)\} = 0$.) Damit haben wir gefunden: Wenn $\Delta x = \mathrm{d}x$ hinreichend klein gewählt wird, so kann man

$$\Delta y \approx \mathrm{d}y \tag{4-12}$$

setzen. Auch aus Abbildung 32 kann man dies entnehmen. Denn *für hinreichend kleine* Δx ist offenbar

$$\frac{\mathrm{d}y}{\mathrm{d}x} \approx \frac{\Delta y}{\Delta x}, \tag{4-13}$$

d. h. wegen $\Delta x = \mathrm{d}x$ wieder (4-12). Wollen wir (4-12) ausnutzen, so muß also im allgemeinen $\mathrm{d}x$ und damit wegen $\mathrm{d}y = f'(x_0)\,\mathrm{d}x$ zugleich $\mathrm{d}y$ sehr klein gewählt werden. Man sagt dann auch, die Differentiale würden als unendlich kleine Größen verwendet. Das ist nur richtig in dem in Abschnitt 2.1. ausführlich erläuterten Sinn. Keinesfalls darf man an unendlich kleine Konstanten denken, denn die können immer nur gleich Null sein. Vielmehr sind die Differential *endliche*, von Null verschiedene Größen, die lediglich im Grenzübergang $\Delta x \to 0$ nach Null gehen.

Die Beziehung (4-12) ist für mathematische Naturbeschreibungen außerordentlich wichtig. In den Beobachtungen, die der Messung zugänglich sind, können nach Vorgabe eines Δx stets nur endliche Änderungen Δy des untersuchten funktionalen Zusammenhangs gemessen werden. Die Naturbeschreibung wird dann ganz wesentlich dadurch vereinfacht, wenn man an Stelle der von *zwei* benachbarten x-Werten abhängenden Differenz Δy das von *einem* x-Wert abhängende Differential $\mathrm{d}y$ verwendet. Da dies einem verborgenen Grenzübergang gleichkommt, muß der funktionale Zusammenhang prinzipiell als stetig vorausgesetzt werden können. Die Möglichkeit, mit Differentialen eine *einfache Naturbeschreibung* zu erhalten, wird entsprechend dem Prinzip der Einfachheit bei der Theorienbildung vielfach ausgenutzt und führt zur Aufstellung von Differentialgleichungen (Kapitel 10 und 11).

Schließlich wollen wir noch erwähnen, daß (4-12) für Fehlerbetrachtungen wichtig ist. Hat man einem funktionalen Zusammenhang in der Natur die Funktion $\mathrm{f}(x)$ zugeordnet, so ist bei einem Vergleich mit der Naturbeobachtung zu bedenken, daß jeder durch eine Messung bestimmte Wert stets nur einer Zahl x mit einer Meßungenauigkeit $\pm h$ zugeordnet werden kann. Da h im allgemeinen hinreichend klein ist, ergibt sich die zugehörige Ungenauigkeit von $f(x)$, nämlich $\Delta y = f(x \pm h) - f(x)$, wegen (4-13) direkt aus

$$\mathrm{d}y = \pm f'(x)h. \tag{4-14}$$

Der entsprechende *relative Fehler* ist dann

$$\frac{\mathrm{d}y}{y} = f'(x)\frac{dx}{f(x)} = \pm\frac{f'(x)}{f(x)}h. \tag{4-15}$$

4.1.3. Differentialquotient einer Potenz mit beliebigem Exponenten

Um den Differentialquotienten einer Funktion $f(x)$ zu finden, oder wie man auch sagt, um die Funktion zu *differenzieren*, kann man stets von der Gleichung

$$\frac{\mathrm{d}y}{\mathrm{d}x} = \lim_{\Delta x \to 0} \frac{f(x + \Delta x) - f(x)}{\Delta x} \tag{4-16}$$

ausgehen, wobei wir vereinfachend den Index 0 am x weglassen.

Für $f(x) = x^m$, wo m zunächst eine positive ganze Zahl bedeutet, gilt

$$\frac{\mathrm{d}y}{\mathrm{d}x} = \lim_{\Delta x \to 0} \frac{(x + \Delta x)^m - x^m}{\Delta x}.$$

Mittels des binomischen Lehrsatzes läßt sich diese Gleichung folgendermaßen umformen:

$$\frac{\mathrm{d}y}{\mathrm{d}x} = \lim_{\Delta x \to 0}\left[m x^{m-1} + \frac{m(m-1)}{1 \cdot 2} x^{m-2}\Delta x + \ldots\right],$$

also

$$\frac{\mathrm{d}(x^m)}{\mathrm{d}x} = m x^{m-1},$$

da alle Glieder, welche Δx oder eine Potenz von Δx enthalten, beim Übergang $\Delta x \to 0$ zugleich mit Δx verschwinden.

Ist m ein positiver Bruch $\frac{p}{q}$, wo p und q ganze Zahlen sind, dann ist $y^q = x^p$ und $(y + \Delta y)^q = (x + \Delta x)^p$ (vgl. Abb. 32).

Zieht man hiervon die vorige Gleichung ab und wendet wieder einen binomischen Lehrsatz an, dann ergibt sich nach einer kleinen Umformung

$$\frac{\Delta y}{\Delta x} = \frac{p x^{p-1} + \frac{p(p-1)}{1 \cdot 2} x^{p-2}\Delta x + \ldots}{q y^{q-1} + \frac{q(q-1)}{1 \cdot 2} y^{q-2}\Delta y + \ldots},$$

also

$$\frac{\mathrm{d}y}{\mathrm{d}x} = \frac{p x^{p-1}}{q y^{q-1}},$$

Schließlich kann man wieder $\frac{p}{q} = m$ setzen.

Ist der Exponent m negativ, etwa $= -m'$, also $f(x) = x^{-m'}$, wobei m' eine ganze oder gebrochene Zahl sein kann, dann ist

$$\frac{dy}{dx} = \lim_{\Delta x \to 0} \frac{(x + \Delta x)^{-m'} - x^{-m'}}{\Delta x}$$

$$= \lim_{\Delta x \to 0} \left[\frac{\frac{1}{(x + \Delta x)^{m'}} - \frac{1}{x^{m'}}}{\Delta x} \right]$$

$$= \lim_{\Delta x \to 0} \left[\frac{(x + \Delta x)^{m'} - x^{m'}}{\Delta x} \cdot \frac{1}{x^{m'}(x + \Delta x)^{m'}} \right].$$

Der Grenzwert des ersten Ausdrucks in der Klammer ist gleich dem Differentialquotienten von $x^{m'}$, d. h. $m'x^{m'-1}$; Der Grenzwert des zweiten Ausdrucks, in welchem $x + \Delta x$ in x übergeht, ist $\frac{1}{x^{2m'}}$, also

$$\frac{dy}{dx} = -m' \frac{x^{m'-1}}{x^{2m'}} = -m' x^{m'-1}.$$

Wir sind also zu dem Resultat gelangt, daß der Differentialquotient von $f(x) = x^m$, wo m eine positive oder negative ganze oder gebrochene Zahl sein kann, gegeben ist durch die Formel

$$\frac{dy}{dx} = m x^{m-1},$$

woraus folgt

$$dy = m x^{m-1} dx, \quad \text{oder}$$

$$\boxed{d(x^m) = m x^{m-1} dx}. \tag{4-17}$$

Man erhält also den Differentialquotienten, wenn man mit dem Exponenten m multipliziert und zu gleicher Zeit den Exponenten um 1 erniedrigt, d. h. durch x dividiert.

Hat man sich diese Regel eingeprägt, kann man direkt alle Wurzeln der Veränderlichen x und alle Brüche, deren Nenner eine Potenz oder eine Wurzel dieser Veränderlichen und deren Zähler 1 ist, differenzieren.

Zur Übung möge man folgende Funktionen differenzieren:

$$\frac{d}{dx}(\sqrt{x}) = \frac{1}{2\sqrt{x}}, \qquad \frac{d}{dx}(x^2\sqrt{x}) = \frac{5}{2} x\sqrt{x},$$

$$\frac{d}{dx}(\sqrt[3]{x}) = \frac{1}{3\sqrt{x^2}}, \qquad \frac{d}{dx}\left(\frac{1}{x}\right) = -\frac{1}{x^2},$$

$$\frac{d}{dx}\left(\frac{1}{x^2}\right) = -\frac{2}{x^3}. \qquad \frac{d}{dx}\left(\frac{1}{x^p}\right) = -\frac{p}{x^{p+1}},$$

$$\frac{d}{dx}\left(\frac{1}{x\sqrt{x}}\right) = -\frac{3}{2x^2\sqrt{x}}, \qquad \frac{d}{dx}\left(\frac{1}{\sqrt[5]{x}}\right) = -\frac{1}{5x\sqrt[5]{x}}.$$

Wie man sieht, tritt in dem Differentialquotienten einer Wurzelgröße immer die gleichnamige Wurzel auf.

4.1.4. Differentialquotient einer Funktion mit einem konstanten Koeffizienten und einer vielgliedrigen Summe

Ein konstanter Faktor bei der Funktion $f(x)$ erscheint nach der Ableitung bei $f'(x)$: Wenn a eine Konstante bedeutet, gilt für $af(x)$

$$\Delta y = a\,[f(x + \Delta x) - f(x)]\,,$$

$$\frac{\mathrm{d}y}{\mathrm{d}x} = a \lim_{\Delta x \to 0} \frac{f(x + \Delta x) - f(x)}{\Delta x} = af'(x)\,. \tag{4-18}$$

Der Differentialquotient von $f(x) = ax^m$ ist hiernach

$$\frac{\mathrm{d}y}{\mathrm{d}x} = amx^{m-1}\,.$$

Der Differentialquotient der Summe mehrerer Funktionen ist gleich der Summe der Differentialquotienten dieser einzelnen Funktionen:
Sind u, v und w Funktionen von x und ist $y = u + v + w$, so ist

$$\Delta y = \Delta u + \Delta v + \Delta w\,, \quad \frac{\Delta y}{\Delta x} = \frac{\Delta u}{\Delta x} + \frac{\Delta v}{\Delta x} + \frac{\Delta w}{\Delta x}\,, \text{ also}$$

$$\frac{\mathrm{d}y}{\mathrm{d}x} = \frac{\mathrm{d}u}{\mathrm{d}x} + \frac{\mathrm{d}v}{\mathrm{d}x} + \frac{\mathrm{d}w}{\mathrm{d}x}\,. \tag{4-19}$$

Eine additive konstante Größe ist bei der Differentiation ohne Einfluß:
Für $f(x) + A$ folgt

$$\Delta y = f(x + \Delta x) - f(x)\,,$$

$$\frac{\mathrm{d}y}{\mathrm{d}x} = \lim_{\Delta x \to 0} \frac{f(x + \Delta x) - f(x)}{\Delta x} = f'(x)\,. \tag{4-20}$$

Zur Übung differenziere man die folgenden beiden Ausdrücke:

$$\frac{\mathrm{d}}{\mathrm{d}x}[(1 + x^2)^3] = \frac{\mathrm{d}}{\mathrm{d}x}(1 + 3x^2 + 3x^4 + x^6) = 6x + 12x^3 + 6x^5$$

und

$$\frac{\mathrm{d}}{\mathrm{d}x}\left(\frac{x-1}{\sqrt[3]{x}-1}\right) = \frac{\mathrm{d}}{\mathrm{d}x}(\sqrt[3]{x^2} + \sqrt[3]{x} + 1) = \frac{2}{3\sqrt[3]{x}} + \frac{1}{3\sqrt[3]{x^2}}\,.$$

4.1.5. Differentialquotient einer Exponentialfunktion

Für $f(x) = \mathrm{e}^{px}$ folgt

$$\frac{\mathrm{d}y}{\mathrm{d}x} = \lim_{\Delta x \to 0} \frac{e^{p\,(x+\Delta x)} - e^{px}}{\Delta x} = p\,e^{px} \lim_{\Delta x \to 0} \frac{e^{p\Delta x} - 1}{p\Delta x}\,.$$

Je kleiner Δx ist, um so mehr nähert sich $\mathrm{e}^{p\Delta x}$ dem Wert 1. Der Ausdruck $\mathrm{e}^{p\Delta x} - 1$ nähert sich also dem Wert Null. Setzen wir für diesen Ausdruck ε, dann ist $p\,\Delta x =$

$\ln(1+\varepsilon)$, also

$$\frac{dy}{dx} = p\,e^{px}\lim_{\varepsilon\to 0}\frac{\varepsilon}{\ln(1+\varepsilon)} = p\,e^{px}\lim_{\varepsilon\to 0}\frac{1}{\frac{1}{\varepsilon}\ln(1+\varepsilon)}$$

$$= p\,e^{px}\lim_{\varepsilon\to 0}\frac{1}{\ln\left\{(1+\varepsilon)^{\frac{1}{\varepsilon}}\right\}}.$$

Da nach (2-34) der Grenzwert von $(1+\varepsilon)^{\frac{1}{\varepsilon}}$ gerade e ist, folgt

$$\lim_{\varepsilon\to 0}\ln(1+\varepsilon)^{\frac{1}{\varepsilon}} = \ln e = 1$$

und damit

$$\boxed{\frac{dy}{dx} = p\,e^{px}}. \tag{4-21}$$

Für $p = 1$ erhält man

$$\frac{d(e^x)}{dx} = e^x. \tag{4-22}$$

Der Differentialquotient der Exponentialfunktion e^x *ist also der Funktion selbst gleich.*

Für $f(x) = a^x$ ergibt sich der Differentialquotient nach (4-21), wenn man berücksichtigt, daß $a^x = e^{x\ln a}$ ist. Mit $p = \ln a$ erhält man

$$\frac{d(a^x)}{dx} = a^x \ln a. \tag{4-23}$$

4.1.6. Differentialquotienten trigonometrischer und hyperbolischer Funktionen

Für $f(x) = \sin x$ folgt wegen (2-52)

$$\frac{dy}{dx} = \lim_{\Delta x\to 0}\frac{\sin(x+\Delta x) - \sin x}{\Delta x} = \lim_{\Delta x\to 0}\left\{\frac{\sin\frac{1}{2}\Delta x}{\frac{1}{2}\Delta x}\cdot\cos\left(x+\frac{1}{2}\Delta x\right)\right\}.$$

Je kleiner Δx wird, desto mehr nähert sich nach (2-49) $\sin\frac{1}{2}\Delta x$ dem Bogen $\frac{1}{2}\Delta x$. Ferner nähert sich der letzte Faktor dem Wert $\cos x$. Also ist

$$\boxed{\frac{d(\sin x)}{dx} = \cos x}. \tag{4-24}$$

Für $f(x) = \cos x$ folgt analog

$$\frac{dy}{dx} = -\lim_{\Delta x\to 0}\left\{\frac{\sin\frac{1}{2}\Delta x}{\frac{1}{2}\Delta x}\cdot\sin\left(x+\frac{1}{2}\Delta x\right)\right\},$$

also

$$\boxed{\frac{\mathrm{d}(\cos x)}{\mathrm{d}x} = -\sin x}\,. \tag{4-25}$$

Aus

$$\frac{\mathrm{d}(\tan x)}{\mathrm{d}x} = \lim_{\Delta x \to 0} \frac{\tan(x+\Delta x) - \tan x}{\Delta x}$$

$$= \lim_{\Delta x \to 0} \frac{\dfrac{\sin(x+\Delta x)}{\cos(x+\Delta x)} - \dfrac{\sin x}{\cos x}}{\Delta x}$$

ergibt sich in ähnlicher Weise

$$\boxed{\frac{\mathrm{d}(\tan x)}{\mathrm{d}x} = \frac{1}{\cos^2 x}} \tag{4-26}$$

und

$$\boxed{\frac{\mathrm{d}(\cot x)}{\mathrm{d}x} = -\frac{1}{\sin^2 x}} \tag{4-27}$$

Der Leser möge zur Übung die Rechnung selber durchführen.

Nach (4-26) ist der Differentialquotient von $\tan x$ stets positiv, diese trigonometrische Funktion muß also mit wachsendem x fortwährend zunehmen. Wie dieses geschieht, läßt sich aus der graphischen Darstellung (Abb. 20) entnehmen. An den Stellen der plötzlichen Sprüngen von $+\infty$ nach $-\infty$ existiert kein Differentialquotient, da der für die Ableitung benötigte Grenzwert nicht existiert.

Aus der Definition der Hyperbelfunktionen (2-66 bis 2-69) folgt durch Differentiation gemäß (4-19) und (4-22) unmittelbar

$$\frac{\mathrm{d} \sinh x}{\mathrm{d}x} = \cosh x\,, \tag{4-28}$$

$$\frac{\mathrm{d} \cosh x}{\mathrm{d}x} = \sinh x\,, \tag{4-29}$$

und nach den im folgenden abgeleiteten Regeln für die Differentiation eines Bruches (4-34):

$$\frac{\mathrm{d} \tanh x}{\mathrm{d}x} = \frac{1}{\cosh^2 x}\,, \tag{4-30}$$

$$\frac{\mathrm{d} \coth x}{\mathrm{d}x} = -\frac{1}{\sinh^2 x}\,. \tag{4-31}$$

4.1.7. Differentialquotient eines Produkts und eines Quotienten

Den Differentialquotienten eines Produktes uv zweier Funktionen von x erhält man auf folgende Weise: Es ist

$$\frac{\mathrm{d}(uv)}{\mathrm{d}x} = \lim_{\Delta x \to 0} \frac{(u+\Delta u)(v+\Delta v) - uv}{\Delta x}$$

$$= \lim_{\Delta x \to 0} \left(u\,\frac{\Delta v}{\Delta x} + v\,\frac{\Delta u}{\Delta x} + \Delta u\,\frac{\Delta v}{\Delta x} \right),$$

also

$$\boxed{\frac{\mathrm{d}\,(uv)}{\mathrm{d}x} = u\frac{\mathrm{d}v}{\mathrm{d}x} + v\frac{\mathrm{d}u}{\mathrm{d}x}}\,. \tag{4-32}$$

Das dritte Glied in der vorletzten Zeile verschwindet, weil

$$\lim_{\Delta x \to 0} \Delta u \frac{\Delta v}{\Delta x} = \lim_{\Delta x \to 0} \frac{\Delta u}{\Delta x}\frac{\Delta v}{\Delta x}\Delta x = \frac{\mathrm{d}u}{\mathrm{d}x}\frac{\mathrm{d}v}{\mathrm{d}x} \lim_{\Delta x \to 0} \Delta x = 0$$

ist. Man kann das Resultat folgendermaßen ausdrücken: Um das Produkt uv zu differenzieren, verfährt man zunächst so, als ob u und dann so, als ob v konstant wäre. Die erhaltenen Resultate, nämlich $u\frac{\mathrm{d}v}{\mathrm{d}x}$ und $v\frac{\mathrm{d}u}{\mathrm{d}x}$, sind zu addieren. Diese Regel läßt sich auch im geometrischen Bereich leicht verifizieren. Interpretieren wir nämlich u und v als Seitenlängen eines Rechtecks, so ist dessen Inhalt uv. Wird u um Δu und v um Δv verändert, so ist die Änderung des Flächeninhalts

$$\Delta(uv) = (u + \Delta u)\,(v + \Delta v) - uv = u\,\Delta v + v\,\Delta u + \Delta u\,\Delta v$$

und mit (4-12) folgt wieder (4-32), wenn nur Glieder gleicher Größenordnung berücksichtigt werden.

Beispiele. $\frac{\mathrm{d}}{\mathrm{d}x}(e^x \sin x) = \mathrm{e}^x(\sin x + \cos x)$, $\frac{\mathrm{d}}{\mathrm{d}x}(x^m \mathrm{e}^x) = \mathrm{h}^x(mx^{m-1} + x^m)$.

In ähnlicher Weise erhält man für den Differentialquotienten eines Produktes von drei Funktionen

$$\frac{\mathrm{d}\,(uvw)}{\mathrm{d}x} = uv\frac{\mathrm{d}w}{\mathrm{d}x} + vw\frac{\mathrm{d}u}{\mathrm{d}x} + wu\frac{\mathrm{d}v}{\mathrm{d}x}, \tag{4-33}$$

eine Formel, welche leicht auf eine größere Anzahl von Faktoren erweitert werden kann.

Für den Differentialquotienten des Quotienten $\frac{u}{v}$ findet man

$$\frac{\mathrm{d}}{\mathrm{d}x}\left(\frac{u}{v}\right) = \lim_{\Delta x \to 0} \frac{\frac{u + \Delta u}{v + \Delta v} - \frac{u}{v}}{\Delta x} = \lim_{\Delta x \to 0} \frac{v\frac{\Delta u}{\Delta x} - u\frac{\Delta v}{\Delta x}}{v\,(v + \Delta v)}\,.$$

$$\boxed{\frac{\mathrm{d}}{\mathrm{d}x}\left(\frac{u}{v}\right) = \frac{v\frac{\mathrm{d}u}{\mathrm{d}x} - u\frac{\mathrm{d}v}{\mathrm{d}x}}{v^2}}\,. \tag{4-34}$$

Durch Anwendung dieser Formel läßt sich z. B. der Differentialquotient von $\tan x$ aus den Differentialquotienten von $\sin x$ und $\cos x$ ableiten:

$$\frac{\mathrm{d}\,(\tan x)}{\mathrm{d}x} = \frac{\mathrm{d}}{\mathrm{d}x}\left(\frac{\sin x}{\cos x}\right) = \frac{\cos x\frac{\mathrm{d}\,(\sin x)}{\mathrm{d}x} - \sin x\frac{\mathrm{d}\,(\cos x)}{\mathrm{d}x}}{\cos^2 x}$$

$$= \frac{\cos^2 x + \sin^2 x}{\cos^2 x} = \frac{1}{\cos^2 x}\,.$$

4.1.8. Differentialquotient der Umkehrfunktion

Wenn die stetige Funktion $f(x)$ auf dem Intervall $a \leqq x \leqq b$ keinen Wert mehr als einmal annimmt, d. h. monoton ist, läßt sich eine ebenfalls stetige und monotone Umkehrfunktion $f^{-1}(y)$ angeben (vgl. Abschnitt 2.1.). Nach (2-2) ordnet die Umkehrfunktion jedem $y \in W(f)$ eindeutig einen Wert $x \in D(f)$ zu: $x = f^{-1}(y)$. Eine entsprechende Zuordnung ist $x + \Delta x = f^{-1}(y + \Delta y)$, womit sich analog zu (4-4)

$$\Delta x = f^{-1}(y + \Delta y) - f^{-1}(y)$$

ergibt. Berücksichtigt man die Stetigkeit von $f^{-1}(y)$, so folgt

$$\lim_{\Delta y \to 0} \Delta x = \lim_{\Delta y \to 0} (f^{-1}(y + \Delta y) - f^{-1}(y)) = 0 .$$

Wegen $\Delta y = f(x + \Delta x) - f(x)$ gilt ferner

$$\frac{f^{-1}(y + \Delta y) - f^{-1}(y)}{\Delta y} = \frac{\Delta x}{f(x + \Delta x) - f(x)},$$

wobei der Nenner wegen der Monotonie vou $f(x)$ von Null verschieden ist.
Wenn $f(x)$ auf $D(f)$ differenzierbar ist, gilt (4-5) und mit $\lim\limits_{\Delta y \to 0} \Delta x = 0$ folgt

$$(f^{-1})'(y) = \lim_{\Delta y \to 0} \frac{f^{-1}(y + \Delta y) - f^{-1}(y)}{\Delta y} = \frac{1}{f'(x)}$$

für $x = f^{-1}(y)$ und $f'(x) \neq 0$.

Analog zu (4-8) läßt sich die Ableitung der Umkehrfunktion in y durch den Differentialquotienten $\frac{dx}{dy}$ darstellen. Somit erhält man

$$f'(x) \cdot (f^{-1})'(y) = \frac{dy}{dx} \frac{dx}{dy} = 1, \tag{4-35}$$

wobei $x = f^{-1}(y)$ ist.

In der differentiellen Schreibweise scheint diese Bezeichnung trivial zu sein, da die Differentiale »weggekürzt« werden können. Es ist aber zu bedenken, daß in $\frac{dy}{dx}$ das Differential dx von der Variablen x in $\frac{dx}{dy}$ aber dx von der Funktion $f^{-1}(y)$ gebildet wird. Demnach haben die beiden in (4-35) auftretenden Differentiale dx eine verschiedene Bedeutung, ebenso wie die beiden dy. Daß trotzdem formales Kürzen in (4-35) zum richtigen Ergebnis führt, zeigt lediglich die Vorteile der Leibnizschen Symbolik.

Logarithmische Funktionen. Ist z. B. $y(x) = \ln x$, dann folgt $x = f^{-1}(y) = e^y$, $\frac{dx}{dy} = e^y$, also nach (4-35) $\frac{dy}{dx} = \frac{1}{e^y} = \frac{1}{x}$ oder

$$\boxed{\frac{d(\ln x)}{dx} = \frac{1}{x}} \tag{4-36}$$

Ist die Basis des Logarithmensystems nicht e, sondern z. B. a, so hat man nach (2-40) $\log_a = \frac{\ln x}{\ln a}$, also

$$\boxed{\frac{d(\log_a x)}{dx} = \frac{1}{x \ln a}} . \tag{4-37}$$

Zyklometrische Funktionen. Bei der Berechnung der Differentialquotienten zyklometrischer Funktionen ist zu beachten, daß die trigonometrischen Funktionen nicht auf ganz $\mathbb{R}$ monoton sind. Wie Abbildung 20 zeigt, ist $\sin x$ auf den Intervallen

$$\left[\frac{2n-1}{2}\pi, \frac{2n+1}{2}\pi\right], \; n \in \mathbb{Z}, \text{ und } \cos x \text{ auf } [n\pi, (n+1)\pi], \; n \in \mathbb{Z},$$

monoton. Analoges gilt für $\tan x$ und $\cot x$ auf den entsprechenden offenen Intervallen. Auf diesen Definitionsbereichen sind die trigonometrischen Funktionen umkehrbar (zyklometrische Funktionen vgl. Abschnitt 2.2.5.). Da die trigonometrischen Funktionen auf den genannten Intervallen differenzierbar sind, können mit (4-35) für $f'(x) \neq 0$ auch die Differentialquotienten der zyklometrischen Funktionen berechnet werden. Zum Beispiel ergibt sich für $y(x) = \sin x$ auf $\left[-\frac{\pi}{2}, \frac{\pi}{2}\right]$ als Umkehrfunktion $x = f^{-1}(y) = \arcsin y$ auf $[-1, 1]$ und mit (4-24) liefert (4-35)

$$\frac{\mathrm{d}(\arcsin y)}{\mathrm{d}y} = \frac{1}{\cos x} = \frac{1}{\sqrt{1-\sin^2 x}} = \frac{1}{\sqrt{1-y^2}}.$$

Da die Umkehrung von $\sin x$ auf ein Intervall bezogen wird, wo $f^{-1}(y)$ eine monoton steigende Funktion ist (vgl. Abb. 22), muß das positive Vorzeichen der Wurzel gewählt werden. Zugleich bedeutet diese spezielle Wahl des Intervalls, daß von $\arcsin y$ der Hauptwert genommen wird (vgl. 2-65). Hätte man $\sin x$ auf $\left[\frac{\pi}{2}, \frac{3\pi}{2}\right]$ bezogen, müßte entsprechend das negative Vorzeichen der Wurzel genommen werden.

Der Hauptwert der Umkehrfunktion $\arctan y$ bezieht sich nach (2-65) auf das Intervall $\left]-\frac{\pi}{2}, \frac{\pi}{2}\right[$ und man berechnet den Differentialquotienten in analoger Weise. Wegen (4-26) und (4-35) gilt für $y(x) = \tan x$

$$\frac{\mathrm{d}(\arctan y)}{\mathrm{d}y} = \cos^2 x = \frac{1}{1+\tan^2 x} = \frac{1}{1+y^2}.$$

Ähnlich ergeben sich die Differentialquotienten für $\operatorname{arccos} y$ und $\operatorname{arccot} y$.

Wenn nicht das Gegenteil ausdrücklich hervorgehoben wird, werden die Differentialquotienten der zyklometrischen Funktionen für die Hauptwerte verwendet. Für diese gilt:

$$\boxed{\frac{\mathrm{d}(\arcsin x)}{\mathrm{d}x} = \frac{1}{\sqrt{1-x^2}}}, \tag{4-39}$$

$$\boxed{\frac{\mathrm{d}(\arccos x)}{\mathrm{d}x} = -\frac{1}{\sqrt{1-x^2}}}, \tag{4-40}$$

$$\boxed{\frac{\mathrm{d}(\arctan x)}{\mathrm{d}x} = \frac{1}{1+x^2}}, \tag{4-41}$$

$$\boxed{\frac{\mathrm{d}(\operatorname{arccot} x)}{\mathrm{d}x} = -\frac{1}{1+x^2}}. \tag{4-42}$$

Die Ausdrücke (4-39) und (4-40), ebenso (4-41) und (4-42) unterscheiden sich voneinander nur durch das Vorzeichen. Dies rührt daher, daß $\arcsin x + \arccos x$ und ebenso

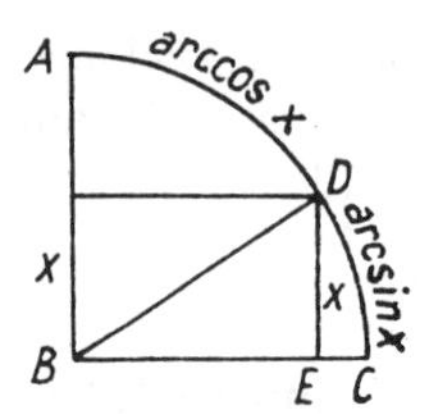

Abb. 33 Zur Ableitung von arcsin x und arccos x

arctan x + arccot x gleich einer konstanten Größe sind. In Abb. 33 ist z. B. für $BD = 1$: arcsin $x = CD$, arccos $x = AD$,

$$\arcsin x + \operatorname{arcos} x = CD + AD = \frac{\pi}{2}.$$

Da bei der Differentiation die konstante Größe $\frac{\pi}{2}$ wegfällt, so können sich die Differentialquotienten von arcsin x und arccos x nur durch das Vorzeichen voneinander unterscheiden.

Umkehrfunktionen der Hyperbelfunktionen. In analoger Weise erhält man die Differentialquotienten der Funktionen arsinh x, arcosh x usw. Der hyperbolische Sinus ist auf ganz $\mathbb{R}$ umkehrbar. Für $x(y) = \sinh y$ ist $y = \operatorname{arsinh} x$ und $\frac{dx}{dy} = \cosh y$, $\frac{dy}{dx} = \frac{1}{\cosh y}$. Wegen $\cosh^2 y - \sinh^2 y = 1$ ergibt sich

$$\frac{d(\operatorname{arsinh} x)}{dx} = \frac{1}{\sqrt{x^2+1}}. \tag{4-43}$$

Ebenso folgt für die Umkehrfunktion von cosh y auf $[0, -\infty[$

$$\frac{d(\operatorname{arcosh} x)}{dx} = \frac{1}{\sqrt{x^2+1}}, \tag{4-44}$$

und wegen

$$1 - \tanh^2 y = \frac{\cosh^2 y - \sinh^2 y}{\cosh^2 y} = \frac{1}{\cosh^2 y}$$

wird

$$\frac{d(\operatorname{artanh} x)}{dx} = \frac{1}{1-x^2} \tag{4-45}$$

sowie

$$\frac{d(\operatorname{arcoth} x)}{dx} = \frac{1}{1-x^2}. \tag{4-46}$$

artanh x ist nur für $|x| < 1$ definiert, da tanh x zwischen -1 und $+1$ liegt. Dagegen ist arcoth x nur für $|x| > 1$ definiert, so daß sich (4-45) und (4-46) durchaus nicht widersprechen, sondern ergänzen.

4.1.9. Stufenweise Differentiation (Kettenregel)

Um verwickeltere Funktionen zu differenzieren, betrachtet man häufig f nicht geradewegs als Funktion von x, sondern als eine Funktion einer anderen Größe u, die ihrerseits von x abhängt. Ist z. B. $y(x) = e^{x^2}$, dann setzt man $x^2 = u$ und erhält $f(u) = e^u$.

Allgemeiner betrachten wir eine auf einem Intervall $J \subset \mathbb{R}$ definierte Funktion $u(x)$, deren Wertebereich das Intervall $\tilde{J} \subset \mathbb{R}$ sei. Auf $\tilde{J}$ sei ferner eine Funktion $f(u)$ definiert. Dann kann jedem Wert $x \in J$ der Wert $y = f(u(x))$ zugeordnet werden. Man nennt $f(u(x))$ eine *zusammengesetzte Funktion* und schreibt symbolisch $(f \circ u)(x)$). Wenn $u(x)$ in

$x_0 \in J$ und $f(u)$ in $u_0 = u(x_0) \in \tilde{J}$ differenzierbar ist, läßt sich die zusammengesetzte Funktion in x_0 differenzieren. Es gilt $\Delta y = f(u) - f(u_0) = s(u)\,\Delta u$ (vgl. Abb. 32), wobei für $\Delta u = u - u_0 \neq 0$ wegen (4-3) $\lim\limits_{u \to u_0} s(u) = f'(u_0)$ folgt. Nach Voraussetzung ist $u(x)$ in x_0 differenzierbar, also in x_0 auch stetig, so daß für $\Delta x = x - x_0 \to 0$ ebenfalls $\Delta u \to 0$ folgt. Damit ergibt sich $\lim\limits_{\Delta x \to 0} \frac{\Delta y}{\Delta x} = \lim\limits_{\Delta u \to 0} s(u) \lim\limits_{\Delta x \to 0} \frac{\Delta u}{\Delta x} = f'(u_0)u'(x_0)$, mit $u_0 = u(x_0)$. Wegen (4-8, 4-9) schreibt man auch

$$\boxed{\frac{\mathrm{d}y}{\mathrm{d}x} = \frac{\mathrm{d}y}{\mathrm{d}u}\,\frac{\mathrm{d}u}{\mathrm{d}x}}\,. \tag{4-47}$$

Nach dieser *Kettenregel* läßt sich die Ableitung einer zusammengesetzten Funktion leicht berechnen. Obwohl die beiden in (4-47) auftretenden Differentiale du verschiedene Bedeutung haben, wirkt die Kettenregel wie ein formales »Kürzen« von du gegen du.

Im obigen Beispiel ist

$$\frac{\mathrm{d}y}{\mathrm{d}u} = \mathrm{e}^u, \quad \frac{\mathrm{d}u}{\mathrm{d}x} = 2x,$$

$$\frac{\mathrm{d}y}{\mathrm{d}x} = \frac{\mathrm{d}y}{\mathrm{d}u}\,\frac{\mathrm{d}u}{\mathrm{d}x} = 2x\mathrm{e}^{x^2}, \quad \text{bzw.} \quad \mathrm{d}y = 2x\mathrm{e}^{x^2}\,\mathrm{d}x\,.$$

Als weiteres Beispiel betrachten wir die Funktion $\sin mx$. Setzt man $mx = u$, so ist

$$y(u) = \sin u\,, \quad \mathrm{d}y = \cos u\,\mathrm{d}u\,, \quad \mathrm{d}u = m\,\mathrm{d}x\,, \quad \mathrm{d}y = m\cos mx\,\mathrm{d}x\,,$$

$$\frac{\mathrm{d}y}{\mathrm{d}x} = m\cos mx\,.$$

In ähnlicher Weise findet man

$$\frac{\mathrm{d}\,(\cos mx)}{\mathrm{d}x} = -m\sin mx\,,$$

$$\frac{\mathrm{d}\,[\sin(px+q)]}{\mathrm{d}x} = p\cos(px+q)\,,$$

$$\frac{\mathrm{d}\,[\cos(px+q)]}{\mathrm{d}x} = -p\sin(px+q)\,.$$

Wenn man beachtet, daß $\sec x = \frac{1}{\cos x}$ und $\operatorname{cosec} x = \frac{1}{\sin x}$ ist, so kann man auch diese Funktionen leicht differenzieren. Man findet

$$\frac{\mathrm{d}(\sec x)}{\mathrm{d}x} = \frac{\sin x}{\cos^2 x}\,,$$

$$\frac{\mathrm{d}(\operatorname{cosec} x)}{\mathrm{d}x} = -\frac{\cos x}{\sin^2 x}\,.$$

Weitere Beispiele. In jedem der folgenden Übungsbeispiele wird man sofort sehen, welche Funktion für u zu nehmen ist. Es empfiehlt sich übrigens, in nicht zu schwierigen Fällen den Buchstaben u gar nicht niederzuschreiben, sondern alles sofort in x auszudrücken.

$$\frac{\mathrm{d}}{\mathrm{d}x}\,[(1+x^2)^3] = 3\,(1+x^2)^2\,2x = 6x\,(1+x^2)^2\,,$$

$$\frac{d}{dx}\left[\frac{1}{a+bx+cx^2}\right] = -\frac{b+2cx}{(a+bx+cx^2)^2},$$

$$\frac{d}{dx}[\sqrt{a+bx}] = \frac{b}{\sqrt{2a+bx}},$$

$$\frac{d}{dx}[F(a+bx)] = bF'(a+bx), \quad \text{z. B.} \quad \frac{d}{dx}[\ln(a+bx)] = \frac{b}{a+bx},$$

$$\frac{d}{dx}[e^{F(x)}] = F'(x)\,e^{F(x)}, \quad \text{z. B.}^{1)} \quad \frac{d}{dx}(e^{x^m}) = mx^{m-1}\,e^{x^m},$$

$$\frac{d}{dx}(e^{\sin x}) = e^{\sin x}\cos x,$$

$$\frac{d}{dx}[\ln(F(x))] = \frac{F'(x)}{F(x)}, \quad \text{z. B.} \quad \frac{d}{dx}(\ln\sin x) = \frac{\cos x}{\sin x} = \cot x,$$

$$\frac{d}{dx}(\ln\ln x) = \frac{1}{x\ln x},$$

$$\frac{d}{dx}[(F(x))^m] = m(F(x))^{m-1}F'(x), \quad \text{z. B.} \quad \frac{d}{dx}(\sin^m x) = m\sin^{m-1}x\cos x,$$

$$\frac{d}{dx}\left[\arctan\frac{x}{a}\right] = \frac{a}{a^2+x^2}.$$

Bei Produkten, Potenzen, Wurzelgrößen und Quotienten empfiehlt sich oft das sogenannte *logarithmische Differenzieren.*

Soll z. B.

$$y(x) = \sqrt[5]{\frac{(1+x^2)^3}{(1-2x)^2}}$$

differenziert werden, so beachte man, daß

$$\ln y = \frac{3}{5}\ln(1+x^3) - \frac{2}{5}\ln(1-2x)$$

ist. Hieraus folgt durch Differentiation

$$\frac{1}{y}\frac{dy}{dx} = \frac{3}{5}\cdot\frac{2x}{1+x^2} - \frac{2}{5}\cdot\frac{-2}{1-2x} = \frac{2(2+3x-4x^2)}{5(1+x^2)(1-2x)},$$

und, wenn man mit $y(x)$ multipliziert,

$$\frac{dy}{dx} = \frac{2(2+3x-4x^2)}{5\sqrt[5]{(1+x^2)^2(1-2x)^7}}.$$

Die logarithmische Differentiation hat außerdem den Vorzug, sofort die *relative bzw. prozentuale Änderung* $\frac{dy}{y}$ zu liefern und damit eine Größe, die von der physikalischen Dimension des y *unabhängig* ist.

In noch verwickelteren Fällen kann man auch u als eine Funktion von einer anderen Veränderlichen v ansehen und v als Funktion von x. Wegen

$$\frac{du}{dx} = \frac{du}{dv}\,\frac{dv}{dx}$$

---

[1] Mit e^{x^m} ist die Potenz von e gemeint, deren Exponent x^m ist.

gilt damit

$$\frac{\mathrm{d}y}{\mathrm{d}x} = \frac{\mathrm{d}y}{\mathrm{d}u}\,\frac{\mathrm{d}u}{\mathrm{d}v}\,\frac{\mathrm{d}v}{\mathrm{d}x}.$$

Ist z. B.

$$y(x) = \mathrm{e}^{\sqrt[3]{a+bx^2}},$$

dann setze man

$$a + bx^2 = v \quad \text{und} \quad \sqrt[3]{v} = u,$$

woraus

$$f(u) = \mathrm{e}^u \quad \text{folgt}.$$

Man erhält so

$$\frac{\mathrm{d}y}{\mathrm{d}x} = \frac{2bx}{3\sqrt[3]{(a+bx^2)^2}}\,\mathrm{e}^{\sqrt[3]{a+bx^2}}.$$

Kombiniert man die Regeln der letzten Abschnitte, kann man, mit Hilfe der Differentialquotienten von x^m, e^x, $\sin x$, $\cos x$, $\tan x$, $\cot x$, $\sinh x$, $\cosh x$, $\tanh x$, $\coth x$, $\ln x$, $\arcsin x$, $\arccos x$, $\arctan x$, $\operatorname{arsinh} x$, $\operatorname{arcosh} x$, $\operatorname{artanh} x$, $\operatorname{arcoth} x$ viele sehr verwickelte Funktionen differenzieren.

Man findet z. B.

$$\frac{\mathrm{d}}{\mathrm{d}x}\left[\sqrt{\frac{1+x}{1-x}}\right] = \frac{1}{2}\cdot\frac{\frac{\mathrm{d}}{\mathrm{d}x}\left[\frac{1+x}{1-x}\right]}{\sqrt{\frac{1+x}{1-x}}} = \frac{1}{2}\sqrt{\frac{1-x}{1+x}}\cdot\frac{(1-x)+(1+x)}{(1-x)^2}$$

$$= \frac{1}{(1-x)\sqrt{1-x^2}},$$

$$\frac{\mathrm{d}}{\mathrm{d}x}\left[x^m\sqrt{a+bx+bx^2}\right] = mx^{m-1}\sqrt{a+bx+bx^2} + \frac{1}{2}x^m\frac{b+2cx}{\sqrt{a+bx+cx^2}}$$

$$= \frac{\left\{am + b\left(\frac{1}{2}+m\right)x + c(1+m)x^2\right\}x^{m-1}}{\sqrt{a+bx+cx^2}},$$

$$\frac{\mathrm{d}}{\mathrm{d}x}\left[\ln\left\{b+2cx+2\sqrt{c(a+bx+cx^2)}\right\}\right] = \frac{2c + \frac{c(b+2cx)}{\sqrt{c(a+bx+cx^2)}}}{b+2cx+2\sqrt{c(a+bx+bx^2)}}$$

$$= \sqrt{\frac{c}{a+bx+cx^2}},$$

$$\frac{\mathrm{d}}{\mathrm{d}x}\left[\frac{\tan(a-x)}{\tan(a+x)}\right] = \frac{\tan(a+x)\cdot\frac{-1}{\cos^2(a-x)} - \tan(a-x)\cdot\frac{1}{\cos^2(a+x)}}{\tan^2(a+x)}$$

$$= -\frac{\sin 2a\cos 2x}{\sin^2(a+x)\cos^2(a-x)}.$$

4.1.10. Differentiation von Funktionen in Parameterdarstellung

Die Möglichkeit, eine Zuordnung zwischen Zahlenwerten mit Hilfe eines Parameters w durch die Funktionen $x(w)$, $y(w)$ darzustellen, wurde bereits in (2-21) erwähnt. Wenn $y(w) = f(x(w))$ ist, gilt nach der Kettenregel (4-47) $\frac{\mathrm{d}y}{\mathrm{d}w} = \frac{\mathrm{d}y\mathrm{d}x}{\mathrm{d}x\mathrm{d}w}$, d. h. für $\frac{\mathrm{d}x}{\mathrm{d}w} \neq 0$

$$\boxed{\frac{\mathrm{d}y}{\mathrm{d}x} = \frac{\frac{\mathrm{d}y}{\mathrm{d}w}}{\frac{\mathrm{d}x}{\mathrm{d}w}}}. \tag{4-48}$$

Um Verwechslungen zu vermeiden, ist es zweckmäßig, die Ableitung nach dem Parameter durch einen Punkt zu kennzeichnen, also in NEWTONscher Schreibweise. Mit $\frac{\mathrm{d}y}{\mathrm{d}w} = \dot{y}$, $\frac{\mathrm{d}x}{\mathrm{d}w} = \dot{x}$ läßt sich (4-48) in der Form $f'(x) = \frac{\dot{y}}{\dot{x}}$ schreiben.

4.1.11. Ableitungen und Differentialquotienten höherer Ordnung

Wir denken uns von einer Kurve $f(x)$ Punkt für Punkt die Steigung der Tangente ermittelt. Dies kann nach den entwickelten Rechenregeln geschehen, wenn die Funktion durch einen mathematischen Ausdruck gegeben ist; man kann dies aber auch graphisch machen. In diesem Fall ist es zweckmäßiger, nicht etwa ein Lineal Punkt für Punkt in die Lage der Tangente zu bringen und den Winkel mit der x-Achse zu bestimmen, was eine recht erhebliche Ungenauigkeit mit sich bringt, sondern durch ein spiegelndes Lineal die Lage der zur Tangente senkrechten Geraden, der Normale, zu ermitteln. Kurve und Spiegelbild zeigen nämlich nur dann keinen Knick an der Spiegeloberfläche, wenn das Lineal genau senkrecht zur Kurve ist. Statt den Winkel mit der positiven x-Achse muß man dann den Winkel mit der positiven y-Richtung ablesen, dessen Tangens gleich $\frac{\mathrm{d}y}{\mathrm{d}x}$ ist. Die Werte von $\frac{\mathrm{d}y}{\mathrm{d}x}$ tragen wir in einem neuen Koordinatensystem als Funktion von x auf und erhalten so eine neue Kurve, die *differenzierte Kurve*. Diese Aufgabe tritt uns in der Praxis sehr oft entgegen. Wenn man z. B. das elektrische Erdfeld über einer Ebene ausmessen will, ermittelt man das elektrostatische Potential V als Funktion der Höhe h. Das Feld selbst ergibt sich nach den Gesetzen der Elektrostatik zu $\frac{\mathrm{d}V}{\mathrm{d}h}$.

Betrachten wir jetzt die abgeleitete Funktion f', die im allgemeinen wieder eine Funktion von x ist. Jeder Ordinatenwert gibt die Steigung der Tangente der ursprünglichen Funktion für denselben Wert von x an. Ist die ursprüngliche Funktion eine Gerade, so bleibt die Steigung konstant und die abgeleitete Funktion ergibt eine zur x-Achse parallele Gerade. Eine Abweichung der ursprünglichen Kurve von der Geraden hat ein Zu- oder Abnehmen der Werte der abgeleiteten Funktion zur Folge. Der Differentialquotient der abgeleiteten Funktion zeigt uns also, ob die ursprüngliche Funktion eine Abweichung von der Geraden besitzt. Die zweite Ableitung wird gewöhnlich als *Krümmung* bezeichnet.

Da dx eine willkürlich wählbare und somit von x unabhängige Zahl ist, ergibt sich nach (4-18) für die Ableitung der Funktion $f'(x)\,\mathrm{d}x$:

$$\frac{\mathrm{d}(\mathrm{d}y)}{\mathrm{d}x} = (f'(x)\,\mathrm{d}x)' = f''(x)\,\mathrm{d}x\,. \tag{4-49}$$

Man nennt das Differential d(dy) *Differential zweiter Ordnung* oder *zweites Differential* von y und bezeichnet es mit d^2y (gelesen »d zwei y«). Also ist

$$d^2y = f''(x)\,(\mathrm{d}x)^2\,, \quad \text{und} \quad \boxed{f''(x) = \frac{\mathrm{d}^2y}{\mathrm{d}x^2}} \tag{4-50}$$

heißt die *zweite Ableitung* bzw. der *zweite Differentialquotient* der ursprünglichen Funktion $f(x)$. In gleicher Weise können wir die Funktion $f''(x)$ abermals differenzieren und erhalten die *dritte Ableitung* bzw. den *dritten Differentialquotienten*

$$f'''(x) = \frac{\mathrm{d}^3y}{\mathrm{d}x^3}\,.$$

Allgemein ist

$$\boxed{f^{(n)}(x) = \frac{\mathrm{d}^ny}{(\mathrm{d}x)^n} = \frac{\mathrm{d}^ny}{\mathrm{d}x^n}} \tag{4-51}$$

die *n-te Ableitung* bzw. der *n-te Differentialquotient.*

Von den höheren Differentialquotienten hat der zweite noch anschauliche Bedeutung und wird auch im täglichen Leben gebraucht. In Zeiten beträchtlicher Arbeitslosigkeit wird es z. B. bereits als Lichtblick angesehen, wenn das weitere *Anwachsen* der Arbeitslosenzahl geringer wird, d. h. wenn der zweite Differentialquotient negativ ist, obwohl die Zahl der Arbeitslosen selbst noch steigt, der erste Differentialquotient also positiv bleibt.

Besonders wichtig ist im Weg-Zeit-Schaubild der zweite Differentialquotient, der hier die Änderung der Geschwindigkeit angibt, die man als *Beschleunigung* bezeichnet. Beim freien Fall ist bekanntlich die Beschleunigung konstant.

Wir wollen eine Kurve in einem Punkt P *konvex* zur x-Achse nennen, wenn sie in der Nähe dieses Punktes oberhalb der in P anliegenden Tangente verläuft (Abb. 34a), dagegen *konkav* zur x-Achse, wenn sie auf beiden Seiten unterhalb der Tangente verläuft (Abb. 34b). Es kann außerdem vorkommen, daß die Kurve in einem Punkt P gerade von der Konkavität in die Konvexität oder umgekehrt übergeht (Abb. 34c); in

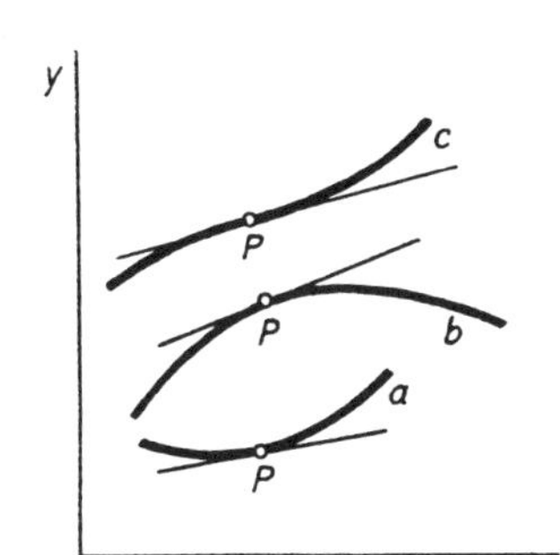

Abb. 34 Verschiedene Krümmungsverhältnisse

diesem Fall spricht man von einem Wendepunkt. Im ersten Fall sieht man aus der Abbildung, daß die Steigung in der Umgebung von P wächst, es ist also $y'' > 0$, im zweiten Fall nimmt sie ab, d. h. es ist $y'' < 0$; im letzten Fall wechselt y'' von positiven zu negativen Werten, d. h. die Größe geht durch Null, es ist also im Wendepunkt $y'' = 0$.

4.1.12. Höhere Differentialquotienten einer Potenz

Zur Berechnung der Differentialquotienten höherer Ordnung braucht man nur die Regeln früherer Abschnitte wiederholt anzuwenden. Manchmal läßt sich für die verschiedenen abgeleiteten Funktionen eine einfache allgemeine Regel aufstellen.

Ist $y(x) = x^m$, dann folgt $\frac{\mathrm{d}y}{\mathrm{d}x} = mx^{m-1}$, $\frac{\mathrm{d}^2y}{\mathrm{d}x^2} = m(m-1)x^{m-2}$ und allgemein

$$\frac{\mathrm{d}^n y}{\mathrm{d}x^n} = m\,(m-1)\cdots(m-n+1)\,x^{m-n}\,. \tag{4-52}$$

Ist $m = 4$, so kann man Differentialquotienten bis zur vierten Ordnung ableiten, die folgenden sind Null; ist $m = 6$, so ist der letzte Differentialquotient, der nicht verschwindet, von der sechsten Ordnung. Der Leser möge sich hiervon selbst überzeugen. Bei wiederholter Differentiation einer ganzen rationalen algebraischen Funktion fallen nacheinander alle Glieder fort, zuerst das konstante Glied und zuletzt das Glied mit dem höchsten Exponenten.

4.1.13. Höhere Differentialquotienten exponentieller und trigonometrischer Funktionen

Aus $y(x) = \mathrm{e}^{px}$ erhält man nacheinander

$$\frac{\mathrm{d}y}{\mathrm{d}x} = p\mathrm{e}^{px}\,,\quad \frac{\mathrm{d}^2y}{\mathrm{d}x^2} = p^2\mathrm{e}^{px}\quad \text{usw.}$$

Noch einfacher liegen die Verhältnisse bei der Funktion e^x; hier sind alle abgeleiteten Funktionen gleich der ursprünglichen Funktion e^x.

Im folgenden sind noch einige höhere Differentialquotienten berechnet:

$$y(x) = \sin px\,,\qquad z(x) = \cos px\,,$$

$$\frac{\mathrm{d}y}{\mathrm{d}x} = p\cos px\,,\qquad \frac{\mathrm{d}z}{\mathrm{d}x} = -p\sin px\,,$$

$$\frac{\mathrm{d}^2y}{\mathrm{d}x^2} = -p^2\sin px\,,\qquad \frac{\mathrm{d}^2z}{\mathrm{d}x^3} = -p^2\cos px\,,$$

$$\frac{\mathrm{d}^3y}{\mathrm{d}x^3} = -p^3\cos px\,,\qquad \frac{\mathrm{d}^3z}{\mathrm{d}x^3} = p^3\sin px\,,$$

$$\frac{\mathrm{d}^4y}{\mathrm{d}x^4} = p^4\sin px\,,\qquad \frac{\mathrm{d}^4z}{\mathrm{d}x^4} = p^4\,\mathrm{sos}\,px\,.$$

In diesen Formeln treten immer höhere Potenzen von p auf, während gleichzeitig der Sinus mit dem Kosinus abwechselt. Nach zwei Differentiationen nimmt die Funktion ihren ursprünglichen, aber mit entgegengesetztem Vorzeichen und einem anderen konstanten Faktor versehenen Wert wieder an.

Es verdient noch hervorgehoben zu werden, daß man, wenn die Differentialquotienten einer Funktion *für einen bestimmten Wert* $x = a$ berechnet werden sollen, zuerst die

Differentiation ausführen und erst nachher $x = a$ einsetzen muß. Hätte man schon in $\frac{dy}{dx} = F'(x)$ den Wert a eingesetzt, so könnte man aus dem gefundenen Wert $F'(a)$ den zweiten Differentialquotienten nicht mehr ableiten. Seiner Bedeutung nach hängt $F''(a)$ nicht bloß von dem Wert $F'(a)$ des ersten Differentialquotienten ab; $F''(a)$ wird vielmehr bestimmt durch die *Änderung*, welche $F'(x)$ in der Nähe von $x = a$ erleidet.

4.1.14. Wiederholte Differentiation eines Produkts

Die Regel (4-32) für die Differentiation eines Produkts zweier Funktionen von x läßt sich auch bei der Berechnung der Differentialquotienten höherer Ordnung anwenden.

Bevor wir die allgemeinen Formeln aufstellen, geben wir ein Beispiel.

Es soll der zweite Differentialquotient von

$$y(x) = e^{px}x^m$$

ermittelt werden.

Zu diesem Zweck setzen wir $e^{px} = u$, $x^m = v$. Wir erhalten dann nach der allgemeinen Regel (4-32)

$$\frac{dy}{dx} = e^{px}[mx^{m-1} + px^m].$$

Dieses ist wieder ein Produkt; differenzieren wir es aufs neue nach der allgemeinen Regel, so erhalten wir den zweiten Differentialquotienten, nämlich

$$\frac{d^2y}{dx^2} = e^{px}[pmx^{m-1} + p^2x^m] + e^{px}[m(m-1)\,x^{m-2} + pmx^{m-1}]$$

$$= e^{px}[m(m-1)\,x^{m-2} + 2p\,mx^{m-1} + p^2x^m].$$

Ist allgemein

$$y = uv,$$

so findet man durch Differentiation von

$$\frac{dy}{dx} = u\frac{dv}{dx} + v\frac{du}{dx},$$

wo jedes Glied wieder ein Produkt zweier Funktionen ist,

$$\frac{d^2y}{dx^2} = u\frac{d^2v}{dx^2} + 2\frac{du}{dx}\frac{dv}{dx} + v\frac{d^2u}{dx^2}. \tag{4-53}$$

Der dritte Differentialquotient ergibt sich hieraus in ähnlicher Weise

$$\frac{d^3y}{dx^3} = u\frac{d^3v}{dx^3} + 3\frac{du}{dx}\frac{d^2v}{dx^2} + 3\frac{d^2u}{dx^2}\frac{dv}{dx} + v\frac{d^3u}{dx^3} \tag{4-54}$$

und ebenso der vierte, fünfte usw. Als Zahlenfaktoren treten gerade die Binomialkoeffizienten auf (vgl. 1-129).

4.1.15. Höhere Differentialquotienten einer Funktion, die indirekt von einer Veränderlichen abhängt

Auch die Kettenregel (4-47) kann in ähnlicher Weise bei der Ableitung der höheren Differentialquotienten angewandt werden.

Ist z. B.

$$f(u) = \sin u\,, \quad u = e^x\,,$$

so folgt

$$\frac{dy}{dx} = \frac{dy}{du}\frac{du}{dx} = \cos u \cdot e^x\,.$$

Um den zweiten Differentialquotienten $\frac{d^2y}{dx^2}$ zu ermitteln, differenziere man das Produkt rechts nach der gewöhnlichen Regel, also

$$\frac{d^2y}{dx^2} = \cos u\,\frac{d(e^x)}{dx} + e^x\,\frac{d(\cos u)}{dx}\,.$$

Da

$$\frac{d(\cos u)}{dx} = \frac{d(\cos u)}{du}\,\frac{du}{dx} = -\sin u\,\frac{du}{dx}$$

ist, so wird

$$\frac{d^2y}{dx^2} = \cos u \cdot e^x - e^x \sin u\,\frac{du}{dx}\,,$$

oder indem man e^x für u einsetzt,

$$\frac{d^2y}{dx^2} = e^x \cos e^x - e^{2x} \sin e^x\,.$$

Auch für derartige Fälle läßt sich eine allgemeine Formel entwickeln. Hängt y von u ab und u seinerseits von x, d. h. $f(u)$, $u(x)$, so ist zunächst nach (4-47)

$$\frac{dy}{dx} = \frac{dy}{du}\,\frac{du}{dx} = f'(u)\,u'(x)\,. \tag{4-55}$$

Um $\frac{d^2y}{dx^2}$ zu bilden, hat man also ein Produkt zu differenzieren. Nach der Produktregel (4-32) ergibt sich

$$\frac{d^2y}{dx^2} = \frac{df'(u)}{dx}\,\varphi'(x) + f'(u)\,\frac{d\varphi'(x)}{dx}\,. \tag{4-56}$$

Wegen (4-47) erhält man schließlich

$$\frac{d^2y}{dx^2} = f''(u)\,[\varphi'(x)]^2 + f'(u)\,\varphi''(x)\,. \tag{4-57}$$

Entsprechend ergibt sich für den dritten Differentialquotienten

$$\frac{d^3y}{dx^3} = f'''(u)\,[\varphi'(x)]^3 + 3f''(u)\,\varphi'(x)\,[\varphi''(x)]^2 + f'(u)\,\varphi'''(x)\,. \tag{4-58}$$

4.1.16. Zweiter Differentialquotient für Funktionen in Parameterdarstellung

Wenn eine Zuordnung zwischen Zahlenwerten mit Hilfe eines Parameters w durch die Funktionen $x(w)$, $y(w)$ dargestellt wird, so ist für $y(w) = f(x(w))$ nach (4-48)

$$f'(x) = \frac{dy}{dx} = \frac{\frac{dy}{dw}}{\frac{dx}{dw}} = \frac{\dot{y}}{\dot{x}}\,.$$

Mit $\dot{y}$ und $\dot{x}$ ist auch $f'(x(w), y(w))$ eine Funktion von w. Setzt man in obiger Gleichung f' an Stelle von y ein, so folgt unter Ausnutzung von (4-34)

$$f''(x) = \frac{\mathrm{d}f'}{\mathrm{d}x} = \frac{\frac{\mathrm{d}f'}{\mathrm{d}w}}{\frac{\mathrm{d}x}{\mathrm{d}w}} = \frac{\frac{\mathrm{d}}{\mathrm{d}w}\left(\frac{\dot{y}}{\dot{x}}\right)}{\dot{x}} = \frac{\ddot{y}\dot{x} - \ddot{x}\dot{y}}{\dot{x}^3}. \tag{4-59}$$

4.2. Einige Anwendungen des Differentialquotienten

4.2.1. Maxima und Minima einer Funktion

Das positive oder negative Vorzeichen des ersten Differentialquotienten einer Funktion $f(x)$ zeigt an, ob sie bei Zunahme der Veränderlichen x zu- oder abnimmt. Es ist möglich, daß für einen bestimmten Wert a der Differentialquotient Null wird und für benachbarte x-Werte verschiedenes Vorzeichen hat. Ist das Vorzeichen für $x < a$ positiv, für $x > a$ negativ, dann steigt die Funktion bis $x = a$, um danach zu fallen. Ihr Wert für $x = a$ ist demnach größer als die unmittelbar vorhergehenden und die unmittelbar folgenden Werte. Man sagt in diesem Fall, die Funktion besitzt an der Stelle $x = a = x_{ma}$ ein relatives *Maximum* (Abb. 35). Wenn umgekehrt $\frac{\mathrm{d}y}{\mathrm{d}x}$ erst negativ und später positiv ist, so hat die Funktion an der Stelle $x = a = x_{mi}$ ein relatives *Minimum*, d. h. ihr Wert ist bei $x = x_{mi}$ kleiner als die unmittelbar vorhergehenden und folgenden Werte (Abb. 35). Eine Funktion kann, nachdem sie ein relatives Maximum erreicht hat, später durch eine neue Steigung noch größer werden, dieses Maximum ist daher nicht notwendig der größte aller Werte der Funktion. Die Bezeichnung *relatives* oder *lokales* Maximum bzw. Minimum bezieht sich also auf einen Funktionswert, der mit den Funktionswerten der *unmittelbaren* Umgebung verglichen wird. Die Begriffe *absolutes* Maximum bzw. Minimum dagegen beziehen sich auf einen Vergleich mit allen Funktionswerten. Im folgenden sind stets relative Maxima bzw. Minima gemeint.

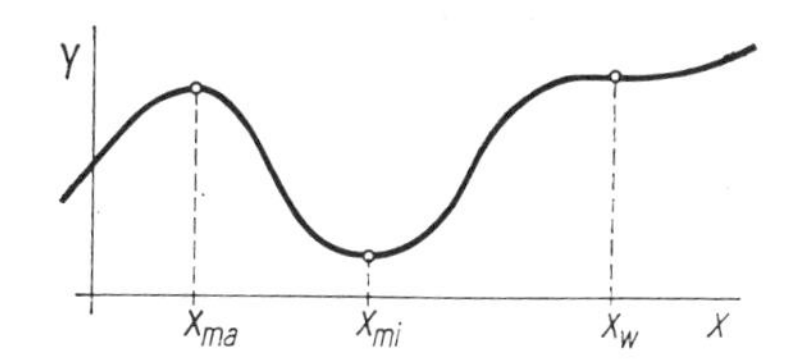

Abb. 35 Maximum, Minimum und Wendepunkt mit waagerechter Tangente

Damit ein Maximum oder Minimum eintritt, genügt es nicht, daß der Differentialquotient für einen bestimmten Wert der Veränderlichen x Null wird, sondern er muß auch sein Vorzeichen wechseln. Eine Kurve kann nämlich, nachdem sie, stets steigend, einen Punkt erreicht hat, wo die Tangente zur x-Achse parallel verläuft, also $\frac{\mathrm{d}y}{\mathrm{d}x} = 0$ ist, weiter steigen (siehe $x = x_w$ in Abb. 35). Die Kurve hat dann in jenem Punkt kein Maximum oder Minimum, sondern einen *Wendepunkt* mit *waagerechter Tangente.* Wenn man die Frage, ob Maximum oder Minimum vorliegt, offenlassen will, spricht man von einem *Extremum*, das sowohl Maximum als auch Minimum bedeuten kann. Von einem *stationären* Wert spricht man, wenn es noch offen ist, ob ein Extremum oder ein Wendepunkt mit waagerechter Tangente vorliegt.

Der zweite Differentialquotient gibt in einfachster Weise Aufschluß darüber, welcher stationäre Wert an der Stelle $x = a$ vorliegt, an der der erste Differentialquotient verschwindet. Da z. B. für ein Minimum von $f(x)$ die Steigung $f'(x)$ mit wachsendem x fortwährend zunimmt, wobei im Minimum $x = a$ gerade der Nullwert erreicht wird, so muß $f''(a) > 0$ sein. Im Maximum ist es gerade umgekehrt: Hier nimmt die Steigung ständig ab, so daß $f''(a) < 0$ ist. Finden wir zu $f'(a) = 0$ auch noch $f''(a) = 0$ aber $f'''(a) \neq 0$, so hat in $x = a$ die Steigung selbst einen Extremwert. Die Kurve hat dort einen Wendepunkt mit waagerechter Tangente. Wir haben also als Kennzeichen eines

Maximums: $f'(a) = 0, \quad f''(a) < 0,$

Minimums: $f'(a) = 0, \quad f''(a) > 0,$

Wendepunkts mit waagerechter Tangente:

$$f'(a) = f''(a) = 0, \quad f'''(u) \neq 0.$$

Wir haben bislang vorausgesetzt, daß $f(x)$ an der Stelle $x = a$ überhaupt differenzierbar ist. Wenn das nicht erfüllt ist und z. B. bereits $f'(a)$ nicht existiert, so lassen sich die eben abgeleiteten Regeln nicht anwenden, auch wenn die Funktion bei $x = a$ einen Extremwert besitzt. Zum Beispiel hat $f(x) = |x|$ für $x = 0$ ein Minimum. Existiert aber für eine Funktion $f(x)$ die erste Ableitung in $x = a$, so ist $f'(a)=0$ notwendige und hinreichende Bedingung dafür, daß $f(a)$ ein *stationärer* Wert ist. Die stationären Werte einer auf einem offenen Intervall differenzierbaren Funktion $f(x)$ ergeben sich also, wenn die Gleichung

$$f'(x) = 0 \tag{4-60}$$

aufgelöst wird. Die oben angegebenen Kennzeichen für das Auftreten eines stationären Wertes reichen allerdings nicht aus. So kann z. B. für $f'(a) = f''(a) = f'''(a) = 0$, $f^{(4)}(a) \neq 0$ die Funktion $f(x)$ an der Stelle $x = a$ durchaus einen Extremwert haben. Man mache sich dies an der Funktion $f(x) = x^4$ klar. Für die Kennzeichnung der stationären Werte ist es offenbar wichtig, ob die niedrigste bei $x = a$ *nicht* verschwindende Ableitung von gerader oder ungerader Ordnung ist. Gilt für eine n-mal differenzierbare Funktion, die in einer Umgebung von a (vgl. Abschnitt 1.2.4.) definiert ist,

$$f'(a) = f''(a) = \ldots = f^{(n-1)}(a) = 0 \text{ aber } f^{(n)}(a) \neq 0,$$

so haben wir als *hinreichende Bedingung* (der Beweis läßt sich mit (4-80) führen):

für ein Maximum

n geradzahlig, $\quad f^{(n)}(a) < 0,$

für ein Minimum

n geradzahlig, $\quad f^{(n)}(a) > 0,$

für einen Wendepunkt mit waagerechter Tangente

$n > 1$ ungeradzahlig, $\quad f^{(n)}(a) \neq 0.$ (4-61)

Beispiele. 1. Es ist die Grundlinie und Höhe eines Rechtecks zu bestimmen, welches bei gegebenem Umfang $2p$ den größten Inhalt F hat.

Ist x die Grundlinie, dann ist $p - x$ die Höhe und der Inhalt $F = x(p - x)$. Hieraus folgt $\frac{\mathrm{d}F}{\mathrm{d}x} = p - 2x$ und $\frac{\mathrm{d}^2F}{\mathrm{d}x^2} = -2$. Die Bedingung (4-60) liefert $x = \frac{p}{2}$ und da $\frac{\mathrm{d}^2F}{\mathrm{d}x^2} = 0$ ist, so ergibt sich nach (4-61), daß für $x = \frac{p}{2}$ ein Maximum des Flächeninhalts vorliegt. Unter allen Rechtecken von gegebenem Umfang hat also das Quadrat den größten Inhalt.

Soll umgekehrt die Grundlinie und Höhe eines Rechtecks bestimmt werden, welches bei gegebenem Inhalt F einen möglichst kleinen Umfang hat, dann setzen wir die Grundlinie wieder $= x$, so daß die Höhe $\frac{F}{x}$ und der halbe Umfang $p = x + \frac{F}{x}$ ist. Aus $\frac{\mathrm{d}p}{\mathrm{d}x} = 1 - \frac{F}{x^2} = 0$ folgt $x = \sqrt{F}$, also ist wegen $\frac{\mathrm{d}^2p}{\mathrm{d}x^2} = \frac{2F}{x^3}$ offenbar $p''(x = \sqrt{F}) = \frac{2}{\sqrt{F}} > 0$. Es liegt somit tatsächlich ein Minimum vor. Unter allen Rechtecken von gleichem Inhalt hat also das Quadrat den kleinsten Umfang.

2. Welches Verhältnis von Höhe h zu Halbmesser r muß man einer Konservenbüchse geben, damit bei festem Inhalt V ein Minimum an Blech gebraucht wird?

Es ist $V = r^2\pi h$ und die Oberfläche $F = 2r^2\pi + 2r\pi h$, also $F = 2r^2\pi + \frac{2V}{r}$. Wegen $\frac{\mathrm{d}F}{\mathrm{d}r} = 4\pi r - \frac{2V}{r^2} = 0$ folgt $r = \left(\frac{V}{2\pi}\right)^{\frac{1}{3}}$ und $h = 2^{\frac{2}{3}}\left(\frac{V}{\pi}\right)^{\frac{1}{3}}$ also $\frac{h}{r} = 2$.

Aus $\frac{\mathrm{d}^2F}{\mathrm{d}r^2} = 4\pi + \frac{4V}{r^3}$ ergibt sich am Ort des Extremwertes $F'' = 12\pi$, d. h. es liegt ein Minimum vor, wenn $h = 2r$ ist.

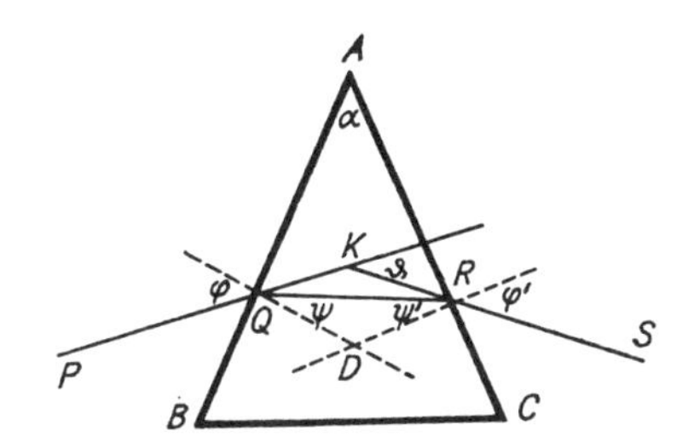

Abb. 36 Ablenkung eines Lichtstrahls in einem Prisma

3. Ein etwas schwierigeres Beispiel entnehmen wir der Optik. ABC (Abb. 36) sei der Schnitt eines Prismas mit einer Ebene senkrecht zur brechenden Kante. Ein Lichtstrahl PQ werde durch das Prisma über QR nach RS gebrochen. In Q und R seien die Lote QD und RD errichtet. Es wird gefragt, bei welchem Einfallswinkel der gebrochene Strahl am wenigsten von seiner ursprünglichen Richtung abgelenkt wird. Man hat, wenn n der Brechungsindex ist,

$$\left.\begin{aligned} \sin\varphi &= n\sin\psi, \\ \psi + \psi' &= \alpha, \\ \sin\varphi' &= n\sin\psi'. \end{aligned}\right\} \tag{4-62}$$

Sobald φ gegeben ist, kann man aus diesen Gleichungen ψ, ψ' und φ' und dadurch die Richtung des austretenden Strahles berechnen.

Damit ist auch der Ablenkungswinkel ϑ bekannt[1]):

$$\vartheta = \varphi + \varphi' - \alpha.$$

[1] Da die Summe der Winkel des Vierecks $AQDR$ 360° beträgt, so ist $\angle\, QDR = 180° - \alpha$. Da $\psi + \psi' = 180° - \angle\, QDR$, so ist $\psi + \psi' = \alpha$. Ferner ist $\angle\, KQR = \varphi - \psi$ und $\angle\, KRQ = \varphi' - \psi'$, mithin der Ablenkungswinkel ϑ als Außenwinkel des Dreiecks QKR gleich $\varphi - \psi + \varphi' - \psi'$, d. h. $\vartheta = \varphi + \varphi' - \alpha$

Ändert sich die Richtung des einfallenden Strahles, so ändert sich auch ϑ. Lassen wir φ die kleine Zunahme $\mathrm{d}\varphi$ erfahren, dann sind die hierdurch hervorgerufenen Veränderungen von ψ, ψ', φ' und ϑ bestimmt durch die Gleichungen

$$\begin{aligned}\cos\varphi\,\mathrm{d}\varphi &= n\cos\psi\,\mathrm{d}\psi,\\ \mathrm{d}\psi + \mathrm{d}\psi' &= 0,\\ \cos\varphi'\,\mathrm{d}\varphi' &= n\cos\psi'\,\mathrm{d}\psi'\\ \mathrm{d}\vartheta &= \mathrm{d}\varphi + \mathrm{d}\varphi',\end{aligned}$$

die aus den obenstehenden durch Differentiation erhalten werden. Es lassen sich nun der Reihe nach $\mathrm{d}\psi$, $\mathrm{d}\psi'$, $\mathrm{d}\varphi'$ und $\mathrm{d}\vartheta$ durch $\mathrm{d}\varphi$ ausdrücken. Dadurch ergibt sich

$$\mathrm{d}\vartheta = \left(1 - \frac{\cos\varphi\cos\psi'}{\cos\psi\cos\varphi'}\right)\mathrm{d}\varphi\,.$$

Um zu entscheiden, ob beim Wachsen von φ die Ablenkung größer oder kleiner wird, muß man untersuchen, ob

$$\frac{\cos\varphi\cos\psi'}{\cos\psi\cos\varphi'} < \text{oder} > 1$$

oder ob

$$\frac{\cos\varphi}{\cos\psi} < \text{oder} > \frac{\cos\varphi'}{\cos\psi'}$$

ist. Der Einfachheit halber legen wir die zweiten Potenzen dieser Größen den Untersuchungen zugrunde, da man diese mit Hilfe der Gleichungen (4-62) in ψ und ψ' ausdrücken kann. Man hat also zu entscheiden, ob

$$\frac{1 - n^2\sin^2\psi}{1 - \sin^2\psi} < \text{oder} > \frac{1 - n^2\sin^2\psi'}{1 - \sin^2\psi'} \tag{4-63}$$

ist. Statt dieser Größen kann man auch schreiben

$$n^2 - \frac{n^2 - 1}{1 - \sin^2\psi} \quad \text{und} \quad n^2 - \frac{n^2 - 1}{1 - \sin^2\psi'},$$

und man sieht jetzt leicht ein, daß das erste oder zweite Ungleichheitszeichen gelten muß, je nachdem, ob

$$\psi > \text{oder} < \psi'$$

ist. Hierbei ist n als >1 vorausgesetzt.

Nimmt der Einfallswinkel φ von Null an zu, dann fängt auch ψ mit dem Wert Null an, und es ist also, da $\psi + \psi' = \alpha$ ist, zuerst $\psi < \psi'$. Die Ablenkung ϑ wird also beim Zunehmen von φ kleiner. Ist φ so groß geworden, daß $\psi = \psi'$ ist, so wird beim weiteren Wachsen ϑ nicht mehr kleiner, sondern größer werden. Hieraus folgt, daß ϑ für $\psi = \psi'$, d. h. für $\varphi = \varphi'$, ein Minimum ist, also dann, wenn der Strahlengang das Prisma parallel zur Basis BC durchsetzt.

4.2.2. Mittelwertsatz der Differentialrechnung

Im vorigen Abschnitt betrachteten wir die relativen Extremwerte. Hier können wir an den in Abschnitt 2.1. erwähnten Satz von WEIERSTRASS anschließen, der besagt, daß jede im Intervall $a \leqq x \leqq b$ *stetige* Funktion dort mindestens ein absolutes Maximum und ein absolutes Minimum besitzt. Nehmen wir zusätzlich an, daß $f(x)$ im Intervall $a < x < b$ auch *einmal differenzierbar* ist und $f(a) = f(b)$ gilt, so können wir nach ROLLE (1652—1719) formulieren:

$f'(x)$ hat *im Innern* des Intervalls mindestens *eine Nullstelle*, es gibt also mindestens ein x_0 in $a < x_0 < b$, für das $f'(x_0) = 0$ ist.

Anschaulich leuchtete dieser Satz unmittelbar ein, wie man Abb. 37 entnimmt. Analytisch gelingt der Beweis mit dem Satz von WEIERSTRASS. Denn sieht man von dem trivialen Fall ab, daß überall auf dem Intervall $f(x) = f(a) = \text{const}$ (d. h. $f'(x)=0$) ist, so muß $f(x)$ nach diesem Satz *im Innern* des Intervalls *mindestens ein Maximum* (z. B. in Abb. 37 für $a < x < c$) oder ein Minimum (z. B. in Abb. 37 für $c < x < b$) besitzen. Da aber $f'(x)$ überall existieren soll, so ist an der Stelle x_0 eines solchen Extrem-

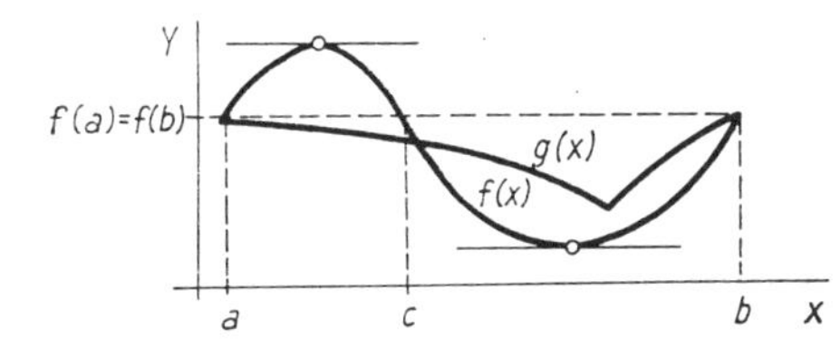

Abb. 37 Zum Satz von ROLLE. Nur $f(x)$ ist in $a < x < b$ überall differenzierbar

wertes notwendig $f'(x_0) = 0$ (dagegen existiert $g'(x)$ in Abbildung 37 an der entscheidenden Stelle nicht). Der Satz von ROLLE hilft uns nun einen Mittelwertsatz zu beweisen. Wir setzen wieder voraus, daß $f(x)$ in $a \leqq x \leqq b$ *stetig* ist und im Innern des Intervalls, also für $a < x < b$, $f'(x)$ existiert. Dann besagt der wichtige *Mittelwertsatz der Differentialrechnung*, daß es *mindestens eine* Stelle x_0 innerhalb des Intervalls $a < x_0 < b$ gibt, wo

$$f(b) - f(a) = (b - a)\, f'(x_0) \tag{4-64}$$

gilt. Zum Beweis benutzen wir die Funktion $g(x) = f(x) - \lambda x$ ($\lambda = \text{const}$). Wählen wir $g(a) = g(b)$, so folgt $f(a) - \lambda a = f(b) - \lambda b$, also

$$\lambda = \frac{f(b) - f(a)}{b - a}\,.$$

Da $g(x)$ überall stetig und differenzierbar ist, wo dies für $f(x)$ zutrifft, so erfüllt $g(x)$ gerade die Voraussetzungen des Satzes von ROLLE. Demnach gibt es mindestens eine Stelle x_0 in $a < x_0 < b$, an der $g'(x) = 0$ ist, d. h. $f'(x_0) = \lambda$, womit wir (4-64) bestätigt haben. Abbildung 38 zeigt, daß die geometrische Interpretation dieses Mittelwertsatzes

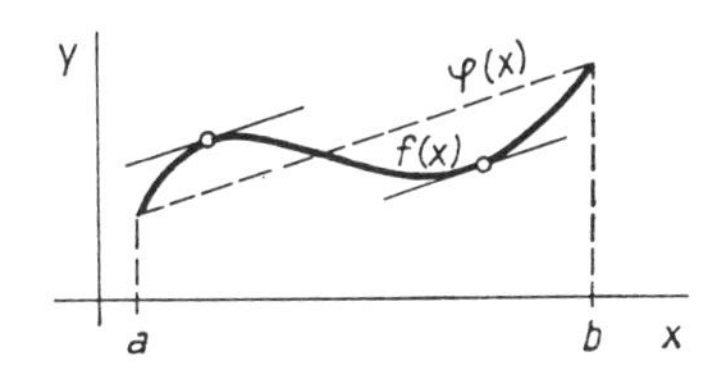

Abb. 38 Zum Mittelwertsatz der Differentialrechnung
$\varphi(x) = f(a) + \lambda(x - a), \quad \lambda = \dfrac{f(b) - f(a)}{b - a}$

sehr einfach ist: Unter den oben genannten Voraussetzungen gibt es zu jeder Kurve zwischen a und b mindestens einen Punkt, wo die Tangente parallel zur Verbindungsgeraden $\varphi(x)$ ist. Es ist häufig zweckmäßig, diesen Mittelwertsatz in etwas anderer Form zu schreiben. Setzt man $a = x$ und $b = x + h$, dann läßt sich $x_0 = x + \vartheta h$ schreiben, wobei alle Werte innerhalb des betrachteten Intervalls vorkommen, wenn $0 < \vartheta < 1$ ist. Aus (4-64) ergibt sich

$$\boxed{f(x + h) = f(x) + hf'(x + \vartheta h)}\,, \quad (0 < \vartheta < 1)\,. \tag{4-65}$$

Schließlich wollen wir noch eine nützliche Erweiterung des Mittelwertsatzes vornehmen. Wir betrachten *zwei* Funktionen $f(x)$ und $g(x)$, die auf dem Intervall $a \leqq x \leqq b$ *stetig* sind und von denen $f'(x)$ und $g'(x)$ auf $a < x < b$ existieren. Führen wir die Hilfsfunktion $\psi(x) = f(x) - \mu g(x)$ ein und fordern $\psi(a) = \psi(b)$, so ergibt sich

$$\mu = \frac{f(b) - f(a)}{g(b) - g(a)},$$

wenn wir voraussetzen, daß $g(b) \neq g(a)$ ist. Auf $\psi(x)$ können wir wieder den Satz von ROLLE anwenden, es gibt also eine Stelle x_0 in $a < x_0 < b$, für die $\psi'(x_0) = 0$ ist, d. h. $f'(x_0) = \mu g'(x_0)$. Wenn wir weiterhin annehmen, daß im ganzen Intervall $g'(x) \neq 0$ ist, so ergibt sich (CAUCHY 1789—1857)

$$\frac{f'(x_0)}{g'(x_0)} = \frac{f(b) - f(a)}{g(b) - g(a)} \tag{4-66}$$

bzw. mit $a = x$, $b = x + h$, $x_0 = x + \vartheta h$

$$\frac{f'(x + \vartheta h)}{g'(x + \vartheta h)} = \frac{f(x + h) - f(x)}{g(x + h) - g(x)}, \quad (0 < \vartheta < 1). \tag{4-67}$$

Den Mittelwertsatz der Differentialrechnung werden wir noch häufig ausnutzen, vor allem bei der angenäherten Darstellung von Funktionen. Eine erste Anwendung bringt der folgende Abschnitt.

4.2.3. Regel von BERNOULLI und DE L'HOSPITAL zur Bestimmung von Grenzwerten

In Abschnitt 2.1. führten wir mit der Definition (2-3) den Begriff des Grenzwertes ein. Wir haben dort an einzelnen Beispielen gezeigt, wie man Grenzwerte berechnen kann. Es gibt noch weitere Regeln, nach denen man Grenzwerte von Funktionen bestimmen kann und von diesen wollen wir hier die für den Praktiker wichtigste formulieren. Es sei aber ausdrücklich bemerkt, daß die folgende Regel *nicht* immer zum Ziel führt. Es gibt Fälle, in denen diese Regel keinen bestimmten Ausdruck liefert, dann muß man versuchen, den Grenzwert auf andere Weise zu bestimmen.

Die von J. BERNOULLI (1667—1748) und DE L'HOSPITAL (1661—1704) angegebene Regel bezieht sich auf zwei Funktionen $f(x)$ und $g(x)$, deren Quotient $\varphi(x) = \frac{f(x)}{g(x)}$ an der Stelle $x = \xi$ nicht erklärt ist. Es sei $a \leqq \xi \leqq b$. Wir betrachten den Fall, daß $f(x)$ und $g(x)$ auf $a < x < b$ differenzierbar sind und $f(\xi) = g(\xi) = 0$ ist. Setzen wir $x = \xi + h$, so folgt $\frac{f(x)}{g(x)} = \frac{f(\xi + h) - f(\xi)}{g(\xi + h) - g(\xi)}$. Nehmen wir ferner an, daß $g'(x) \neq 0$ ist, so liefert (4-67) $\frac{f(x)}{g(x)} = \frac{f'(\xi + \vartheta h)}{g'(\xi + h\vartheta)}$. Da $x \to \xi$ auch $h \to 0$ nach sich zieht, so folgt die Regel von BERNOULLI und DE L'HOSPITAL:

$$\boxed{\lim_{x \to \xi} \frac{f(x)}{g(x)} = \lim_{x \to \xi} \frac{f'(x)}{g'(x)}}, \tag{4-68}$$

wenn diese Grenzwerte existieren. (4-68) gilt auch, wenn $x \to \infty$, wie man durch Einführen von $y = \frac{1}{x}$ für $y \to 0$ zeigt. Man beachte, daß (4-68) noch nicht einmal die Existenz von $g'(\xi)$ und $f'(\xi)$ erfordert; es genügt, wenn der in (4-68) rechts stehende Grenzwert existiert. Meistens existieren aber $f'(\xi)$ und $g'(\xi)$, so daß aus (4-68)

$$\lim_{x \to \xi} \frac{f(x)}{g(x)} = \frac{f'(\xi)}{g'(\xi)} \tag{4-69}$$

folgt.

Bei Anwendung der Regel (4-68) bzw. (4-69) kann es vorkommen, daß auch $\frac{f'(\xi)}{g'(\xi)}$ nicht erklärt ist. Unter der Voraussetzung, daß auf $a < x < b$ auch die *zweiten* Ableitungen $f''(x)$ und $g''(x)$ existieren, läßt sich (4-68) erneut anwenden und liefert

$$\lim_{x \to \xi} \frac{f'(x)}{g'(x)} = \lim_{x \to \xi} \frac{f''(x)}{g''(x)}.$$

Sind $f(x)$ und $g(x)$ *beliebig oft* differenzierbar, so folgt analog

$$\boxed{\lim_{x \to \xi} \frac{f(x)}{g(x)} = \lim_{x \to \xi} \frac{f^{(n)}(x)}{g^{(n)}(x)}}, \tag{4-70}$$

wenn erst die *n-te Ableitung* zum Ziel führt.

Beispiele. 1. $\lim\limits_{x \to 0} \frac{\sin x}{x} = \lim\limits_{x \to 0} \frac{\cos x}{1} = 1$ [s. auch (2-48)]

2. $\lim\limits_{x \to 0} \frac{1 - \cos x}{x^2} = \lim\limits_{x \to 0} \frac{\sin x}{2x} = \lim\limits_{x \to 0} \frac{\cos x}{2} = \frac{1}{2}$.

Nach Abschnitt 2.1. kann man sagen: für $x \to 0$ ist $\sin x$ eine unendlich kleine Größe erster Ordnung, $\sin x \approx x$, während $1 - \cos x$ unendlich klein von zweiter Ordnung wird, also $\cos x \approx 1 - \frac{x^2}{2}$.

3. $\lim\limits_{x \to 0} \frac{a^x - 1}{x} = \lim\limits_{x \to 0} (a^x \ln a) = \ln a$, d. h. für $x \to 0$ ist $a^x \approx 1 + x \ln a$. Wenn $x = \frac{1}{n}$ (n ganzzahlig positiv) gesetzt wird, so folgt für $n \to \infty$

$$\sqrt[n]{a} \approx 1 + \frac{1}{n} \ln a. \tag{4-71}$$

Die obigen Regeln sind nicht nur anwendbar, wenn die unbestimmte Form $\frac{0}{0}$ auftritt, sondern auch in folgenden Fällen:

a) $\frac{\infty}{\infty}$. Existiert auf $a < x < b$ $f'(x)$, $g'(x)$ und gilt $\lim\limits_{x \to \xi} f(x) = \infty$, $\lim\limits_{x \to \xi} g(x) = \infty$, so ist für $g'(x) \neq 0$ in $a < x < b$ auch

$$\lim_{x \to \xi} \frac{f(x)}{g(x)} = \lim_{x \to \xi} \frac{f'(x)}{g'(x)},$$

wenn rechts der Grenzwert existiert. Für $\frac{\infty}{\infty}$ gilt also wieder (4-68); den Beweis wollen wir hier übergehen. Ebenso gilt auch (4-70).

Beispiel. Für $p > 0$ ganzzahlig und $a > 1$ ergibt sich nach (4-68)

$$\lim_{x \to \infty} \frac{x^p}{a^x} = \lim_{x \to \infty} \frac{p x^{p-1}}{a^x \ln a} = \cdots = \lim_{x \to \infty} \frac{p!}{a^x (\ln a)^p},$$

also

$$\lim_{x\to\infty} \frac{x^p}{a^x} = 0 . \tag{4-72}$$

Dieses Ergebnis läßt sich nach Abschnitt 2.1. in dem Satz ausdrücken: Die *Exponentialfunktion* a^x mit $a > 1$ wird *stärker unendlich* als *jede noch so hohe Potenz* von x.

b) $0 \cdot \infty$. Soll $\lim\limits_{x\to\xi} [f(x)g(x)]$ für $f(\xi) = 0$ und $\lim\limits_{x\to\xi} g(x) = \infty$ bestimmt werden, setzt man $g(x) = \frac{1}{G(x)}$ und hat für $f \cdot g$ die Form $\frac{0}{0}$, kann also (4-68) anwenden. Ebenso kann $f(x) = \frac{1}{F(x)}$ gesetzt werden, um $\frac{\infty}{\infty}$ zu erreichen.

c) $\infty - \infty$. Ist $\lim\limits_{x\to\xi} [f(x) - g(x)]$ für $\lim\limits_{x\to\xi} f(x) = \lim\limits_{x\to\xi} g(x) = \infty$ zu bestimmen, setzt man $f(x) = \frac{1}{F(x)}$, $g(x) = \frac{1}{G(x)}$ und bestimmt den Grenzwert von $f(x) - g(x) = \frac{G(x) - F(x)}{F(x)G(x)}$ nach (4-68), da rechts die Form $\frac{0}{0}$ auftritt.

Beispiele. 1. $\lim\limits_{x\to 0} \left(\frac{1}{\sin x} - \cot x\right) = \lim\limits_{x\to 0} \frac{1 - \cos x}{\sin x} = \lim\limits_{x\to 0} \frac{\sin x}{\cos x} = 0 .$

2. $$\lim_{x\to 0} \left(\frac{1}{e^x - 1} - \frac{1}{x}\right) = \lim_{x\to 0} \frac{x + 1 - e^x}{x (e^x - 1)} = \lim_{x\to 0} \frac{1 - e^x}{e^x - 1 + xe^x}$$
$$= \lim_{x\to 0} \frac{-e^x}{2e^x + xe^x} = -\frac{1}{2} .$$

d) 0^0, 1^∞, ∞^0. Wenn $\lim\limits_{x\to\xi} f(x)^{g(x)} = \lim\limits_{x\to\xi} e^{g(x)\ln f(x)}$ zu bestimmen ist für $\lim\limits_{x\to\xi} f(x) = \lim\limits_{x\to\xi} g(x) = 0$ oder $\lim\limits_{x\to\xi} f(x) = 1$, $\lim\limits_{x\to\xi} g(x) = \infty$ oder $\lim\limits_{x\to\xi} f(x) = \infty$, $\lim\limits_{x\to\xi} g(x) = 0$, so ist $g(x) \ln f(x)$ stets von der Form $0 \cdot \infty$ und dieser Grenzwert kann nach der oben angegebenen Regel berechnet werden. Da die e-Funktion stetig ist, hat man nach Abschnitt 2.1.

$$e^{\lim (g \ln f)} = \lim e^{g \ln f} = \lim f^g .$$

Beispiele. $\lim\limits_{x\to +0} x^x = e^{\lim (x \ln x)}$; $\lim\limits_{x\to +0} (x \ln x) = \lim\limits_{x\to +0} \frac{\ln x}{x^{-1}} = \lim\limits_{x\to +0} \frac{x^{-1}}{-x^{-2}} = 0 .$

Also $\lim\limits_{x\to +0} x^x = e^0 = 1 .$

Schließlich wollen wir ein Beispiel nennen, wo die Regel von Bernoulli und de l'Hospital *versagt*. Ist $f(x) = x^2 \sin \frac{1}{x}$, $g(x) = \sin x$, so liefert (4-68)

$$\lim_{x\to 0} \frac{f(x)}{g(x)} = \lim_{x\to 0} \frac{2x \sin \frac{1}{x} - \cos \frac{1}{x}}{\cos x} = -\lim_{x\to 0} \left(\cos \frac{1}{x}\right),$$

also *keinen* bestimmten Grenzwert, da für $x \to 0$ $\cos \frac{1}{x}$ unendlich oft zwischen $+1$ und -1 schwankt. Dennoch existiert ein Grenzwert, wie man aus $\lim\limits_{x\to 0} \left(\frac{x}{\sin x} \cdot x \sin \frac{1}{x}\right) = \lim\limits_{x\to 0} \left(\frac{x}{\sin x}\right) \lim\limits_{x\to 0} \left(x \sin \frac{1}{x}\right) = 0$ erkennt.

4.2.4. TAYLORscher Satz

Eine außerordentlich häufig benutzte Verallgemeinerung des Mittelwertsatzes der Differentialrechnung stammt von B. TAYLOR (1685—1731). Sie hängt eng mit der für die Praxis wichtigen Frage zusammen, unter welchen Umständen man eine vorgegebene Funktion $f(x)$ in der Umgebung *einer Stelle* x_0 durch ein *Polynom angenähert* darstellen kann. Diese Art der Approximation (lat. approximare = sich nähern) der Funktion $f(x)$, die nicht die einzig mögliche ist (vgl. Kapitel 8), geht aus vom Polynom (2-26):

$$g(x) = \sum_{\nu=0}^{n} a_\nu (x - x_0)^\nu .$$

Die Koeffizienten a_ν lassen sich offenbar durch die Ableitungen von g an der Stelle x_0 darstellen, denn es ist

$$g(x_0) = a_0;\ g'(x_0) = a_1;\ g''(x_0) = 2a_2;\ g'''(x_0) = 6a_3;\ \ldots\ g^{(n)}(x_0) = n!\, a_n,$$

also

$$g(x) = g(x_0) + (x - x_0)\, g'(x_0) + \frac{(x - x_0)^2}{2} g''(x_0) + \cdots$$

$$\frac{(x - x_0)^n}{n!} g^{(n)}(x_0) \tag{4-73}$$

oder wenn wir $x = x_0 + h$ setzen,

$$g(x_0 + h) = g(x_0) + hg'(x_0) + \frac{h^2}{2} g''(x_0) + \cdots + \frac{h^n}{n!} g^{(n)}(x_0) . \tag{4-74}$$

Betrachten wir nun eine auf $a \leqq x \leqq b$ n-mal differenzierbare, sonst aber *beliebige* Funktion $f(x)$, so läuft obige Frage darauf hinaus, festzustellen, wie

$$f(x) - \sum_{\nu=0}^{n} \frac{(x - x_0)^\nu}{\nu!} f^{(\nu)}(x_0) = R_n(x) \quad \text{mit} \quad f^{(0)}(x) = f(x) \tag{4-75}$$

in der Umgebung von x_0 beschaffen ist. R_n bezeichnet man als *Restglied n-ter Ordnung*, da es uns den Unterschied von $f(x)$ zum Polynom angibt. Zunächst benutzen wir die Regel von BERNOULLI und DE L'HOSPITAL (4-70) zur Bestimmung des Grenzwertes

$$\lim_{x \to x_0} \frac{R_n(x)}{(x - x_0)^n} = \lim_{x \to x_0} \frac{R_n^{(n-1)}(x)}{n!\,(x - x_0)}$$

$$= \lim_{x \to x_0} \frac{f^{(n-1)}(x) - f^{(n-1)}(x_0) - (x - x_0) f^{(n)}(x_0)}{n!\,(x - x_0)}$$

$$= \lim_{\Delta x \to 0} \frac{f^{(n-1)}(x_0 + \Delta x) - f^{(n-1)}(x_0)}{n!\,\Delta x} - \frac{1}{n!} f^{(n)}(x_0) = 0 .$$

Nach Abschnitt 2.1. können wir also sagen: für $x \to x_0$ wird $R_n(x)$ *von höherer als n-ter Ordnung unendlich klein.* Mit Hilfe des Satzes von ROLLE können wir sogar für $R_n(x)$ einen analytischen Ausdruck angeben.

Wir bezeichnen (4-75) ausführlicher durch $R_n(x, x_0)$, um auch die Abhängigkeit vom Ort x_0 mit anzudeuten und wählen als Hilfsfunktion

$$\varphi(\xi) = R_n(x, \xi) - \left(\frac{x - \xi}{x - x_0}\right)^r R_n(x, x_0), \quad (r \geq 1) . \tag{4-76}$$

Es ist dann gerade $\varphi(x) = \varphi(x_0) = 0$. Wenn auf dem Intervall $x_0 \leqq \xi \leqq x$ alle Ableitungen von $f(\xi)$ einschließlich $f^{n+1}(\xi)$ existieren, so sind wegen (4-75) für φ alle Voraussetzungen des Satzes von ROLLE erfüllt, es gibt also eine Stelle ξ_0 mit $\varphi'(\xi_0) = 0$. Nun ist

$$\varphi'(\xi) = \frac{\mathrm{d}R_n(x,\xi)}{\mathrm{d}\xi} + r\frac{(x-\xi)^{(r-1)}}{(x-x_0)^r}R_n(x,x_0)$$

$$= \sum_{\nu=1}^{n}\frac{(x-\xi)^{\nu-1}}{(\nu-1)!}f^{(\nu)}(\xi) - \sum_{\nu=0}^{n}\frac{(x-\xi)^{\nu}}{\nu!}f^{(\nu+1)}(\xi)$$

$$+ r\frac{(x-\xi)^{r-1}}{(x-x_0)^r}R_n(x,x_0),$$

also wegen

$$\sum_{\nu=1}^{n}\frac{(x-\xi)^{\nu-1}}{(\nu-1)!}f^{(\nu)}(\xi) = \sum_{\nu=0}^{n-1}\frac{(x-\xi)^{\nu}}{\nu!}f^{(\nu+1)}(\xi)$$

$$\varphi'(\xi) = -\frac{(x-\xi)^n}{n!}f^{(n+1)}(\xi) + r\frac{(x-\xi)^{r-1}}{(x-x_0)^r}R_n(x,x_0)$$

und $\varphi'(\xi_0) = 0$ ergibt sich

$$R_n(x,x_0) = \frac{(x-x_0)^r(x-\xi_0)^{n+1-r}}{n!\,r}f^{(n+1)}(\xi_0), \quad (x_0 < \xi_0 < x).$$

Setzt man $x = x_0 + h$ und $\xi_0 = x_0 + \vartheta h$, so muß $0 < \vartheta < 1$ sein und

$$R_n(h,x_0) = \frac{h^{n+1}(1-\vartheta)^{n+1-r}}{n!\,r}f^{(n+1)}(x_0+\vartheta h), \quad (0<\vartheta<1) \tag{4-77}$$

(SCHLÖMILCH 1823—1901).

Je nach der Wahl von r erhalten wir verschiedene Formeln. $r = 1$ liefert die von CAUCHY angegebene Formel

$$\boxed{R_n(h,x_0) = \frac{h^{n+1}}{n!}(1-\vartheta)^n f^{(n+1)}(x_0+\vartheta h)}, \quad (0<\vartheta<1) \tag{4-78}$$

und für $r = n + 1$ bekommen wir die Formel von LAGRANGE

$$\boxed{R_n(h,x_0) = \frac{h^{n+1}}{(n+1)!}f^{(n+1)}(x_0+\vartheta h)}, \quad (0<\vartheta<1). \tag{4-79}$$

Wir haben also gefunden: Jede auf dem Bereich $x - x_0 = h$ um die Stelle x_0 $(n + 1)$-mal differenzierbare Funktion $f(x)$ läßt sich in der Umgebung von x_0 darstellen durch die TAYLORsche *Entwicklung*

$$\boxed{\begin{aligned} f(x) = f(x_0+h) = f(x_0) + hf'(x_0) + \frac{h^2}{2!}f''(x_0) + \cdots \\ + \frac{h^n}{n!}f^{(n)}(x_0) + R_n(h,x_0) \end{aligned}} \tag{4-80}$$

$R_n(h, x_0)$ ist durch (4-77, 4-78, 4-79) gegeben. Im allgemeinen sind die in diesen drei Formeln auftretenden Größen ϑ nicht näher bekannte Funktionen von x, x_0 und n.

Um den Fehler zu erfahren, den man bei einer Vernachlässigung von R_n macht, muß deshalb ein Wert von ϑ zwischen 0 und 1 *gewählt* werden. Meistens benutzt man dazu das LAGRANGEsche Restglied (4-79), das einfacher gebaut ist als (4-78), und bestimmt den Fehler für $\vartheta \approx 0$ bzw. $\vartheta \approx 1$. Es kommt jedoch vor, daß diese Abschätzung zu grob ist und in einem der beiden Fälle einen viel zu großen Fehler liefert. Dann muß man das CAUCHYsche Restglied (4-78) heranziehen und für ϑ den Wert einsetzen, der das Restglied am größten macht. So läßt sich eventuell eine bessere Abschätzung finden. Das Auftreten solcher Schwierigkeiten bei der Verwendung einer bestimmten Restgliedformel ist der Grund dafür, daß wir oben sowohl die Formel von LAGRANGE als auch die von CAUCHY angegeben haben. Besonders erwähnt sei noch, daß die in (4-77, 4-78, 4-79) auftretenden Größen ϑ voneinander *verschieden* gewählt werden können, da jede dieser drei Formeln unabhängig von den beiden anderen gilt. Die Entwicklung (4-80) ist eine Erweiterung des Mittelwertsatzes, der sich in der Form (4-65) wegen (4-78) für $n = 0$ ergibt.

Wir werden später (vgl. 8-15) die aus den endlich vielen Gliedern bestehende TAYLORsche Entwicklung (4-80 bzw. 4-75) (auch TAYLORsche Formel genannt) durch einen Grenzübergang für $n \to \infty$ in eine aus unendlich vielen Gliedern bestehende Reihe (TAYLORsche Reihe) überführen. Da man es aber in der praktischen Anwendung manchmal mit der Frage zu tun hat, wie gut man eine Funktion durch *endlich* viele Glieder einer Reihe approximieren kann, so sind die oben angegebenen Restgliedformeln besonders wertvoll.

Wird die TAYLORsche Entwicklung speziell für die Stelle $x_0 = 0$ verwendet, so lautet (4-80)

$$f(x) = \sum_{\nu=0}^{n} \frac{x^\nu}{\nu!} f^{(\nu)}(0) + R_n(x, 0)\,. \tag{4-81}$$

Dieser Ausdruck wird auch als MAC LAURINsche Formel bezeichnet (MAC LAURIN 1698 — 1746).

Beispiele. 1. $f(x) = (1 + x)^m$ soll für *eine beliebige reelle Zahl* m in der Umgebung von $x_0 = 0$ nach (4-80) entwickelt werden. Die Stetigkeit von $f(x)$ ist auch für negative Werte von m gesichert, wenn $x \neq -1$ ist. Außerdem ist $f(x)$ stets reell, wenn $x > -1$ gefordert wird. Nun ist

$$\frac{\mathrm{d}^n (1 + x)^m}{\mathrm{d}x^n} = m(m-1) \ldots (m - n + 1)(1 + x)^{m-n},$$

also mit der Bezeichnung

$$\frac{m(m-1)\ldots(m-n+1)}{n!} = \binom{m}{n}, \binom{m}{0} = 1 \tag{4-82}$$

[hier ist n positiv ganzzahlig und m irgendeine reelle Zahl, im Gegensatz zu (1-125), wo n und p ganzzahlig sind] folgt aus (4-81)

$$(1 + x)^m = \sum_{\nu=0}^{n} \binom{m}{\nu} x^\nu + R_n(x, 0)\,. \tag{4-83}$$

(4-78) liefert

$$R_n(x, 0) = (n + 1)\binom{m}{n+1}(1 - \vartheta)^n (1 + \vartheta x)^{m-(n+1)}\, x^{n+1} \tag{4-84}$$

und aus (4-79) folgt

$$R_n(x, 0) = \binom{m}{n+1}(1 + \vartheta x)^{m-(n+1)}\, x^{n+1}\,. \tag{4-85}$$

Speziell für m positiv ganzzahlig ist bei $n > m$: $\binom{m}{n} = 0$ und bei $n = m$: $\binom{m}{n} = 1$, $\binom{m}{n+1} = 0$. In diesem Fall geht also (4-83) in den binomischen Satz (1-130) über, wenn $n \geqq m$ gesetzt wird. Man kann also (4-83) als *Erweiterung des binomischen Lehrsatzes* (1-130) ansehen.

Speziell für $m = \frac{1}{2}$ folgt aus (4-83)

$$\sqrt{1+x} = 1 + \frac{1}{2}x - \frac{1}{8}x^2 + \frac{1}{16}x^3 + R_3(x,0),$$

und (4-85) liefert

$$R_3(x,0) = -\frac{5}{128}x^4(1+\vartheta x)^{-\frac{7}{2}}.$$

Um den möglichen Fehler abzuschätzen, den wir bei einer Vernachlässigung von R_3 machen, betrachten wir zunächst $x > 0$. Wie man sieht, ergibt sich dann gerade für $\vartheta \ll 1$ der maximale Fehler $R_3 \approx -\frac{5}{128}x^4$, der durch das folgende Glied der Reihe in (4-83) bestimmt wird. Betrachten wir dagegen $-1 < x < 0$, so erweist sich R_3 für $\vartheta \ll 1$ als minimaler Fehler, und $\vartheta \approx 1$ liefert den maximalen Fehler, der für $x \to -1$ sogar unendlich groß wird. In diesem Fall liefert (4-84), d. h. $R_3(x,0) = -\frac{5}{32}x^4\left(\frac{1-\vartheta}{1+\vartheta_x}\right)^3 \cdot \frac{1}{\sqrt{1+\vartheta_x}}$ für x-Werte, die nicht zu nahe bei Null liegen, kleinere maximale Fehler. Zum Beispiel für $x = -0{,}5$ ergibt (4-85) mit $\vartheta = 1$ $|R_3| < 0{,}0276$ und (4-84) für $\vartheta = 0$ $|R_3| < 0{,}0098$.

2. $f(x) = e^x$ soll in der Umgebung von $x_0 = 0$ nach (4-80) entwickelt werden. (4-81) liefert für $-\infty < x < \infty$

$$e^x = \sum_{\nu=0}^{n} \frac{x}{\nu!} + R_n(x,0) \tag{4-86}$$

und (4-78)

$$R_n(x,0) = \frac{x^{n+1}}{n!}(1-\vartheta)^n e^{\vartheta x}. \tag{4-87}$$

Nach (4-79) ist

$$R_n(x,0) = \frac{x^{n+1}}{(n+1)!}e^{\vartheta x},$$

es liefert also das LAGRANGEsche Restglied

$$\left.\begin{array}{lll} \text{für } x \geqq 0 \text{ mit } \vartheta = 1 & & R_n < \dfrac{x^{n+1}}{(n+1)!}e^x, \\ \text{für } x \leqq 0 \text{ mit } \vartheta = 0 & & |R_n| < \dfrac{x^{n+1}}{(n+1)!}. \end{array}\right\} \tag{4-88}$$

Der Verlauf dieser maximalen Werte ist bis $n = 4$ in Abbildung 39 dargestellt. Man sieht, daß in der Entwicklung $e^x = 1 + x + \frac{x^2}{2} + \frac{x^3}{6} + \frac{x^4}{24} + R_4(x,0)$ der Rest R_4 für alle $|x| \leqq 1$ in sehr guter Näherung vernachlässigt werden kann. Es ergibt sich z. B. für $x = 1$ nach (4-88) $R_4 < 0{,}02$, nach (4-87) $R_4 < 0{,}04$, während aus $1 + 1 + \frac{1}{2} + \frac{1}{6} + \frac{1}{24} = 2{,}708$ und $e = 2{,}718$ als wirklicher Fehler 0,01 folgt. Entsprechend ist für $x = -1$ nach (4-88) $|R_4| < 0{,}008$, während aus $1 - 1 + \frac{1}{2} - \frac{1}{6} + \frac{1}{24} = 0{,}375$ und $e^{-1} = 0{,}368$ als wirklicher Fehler 0,007 folgt. Hier liefert der mit Hilfe des LAGRANGEschen Restgliedes abgeschätzte Fehler einen wesentlich besseren Wert als die Abschätzung auf Grund der CAUCHYschen Formel.

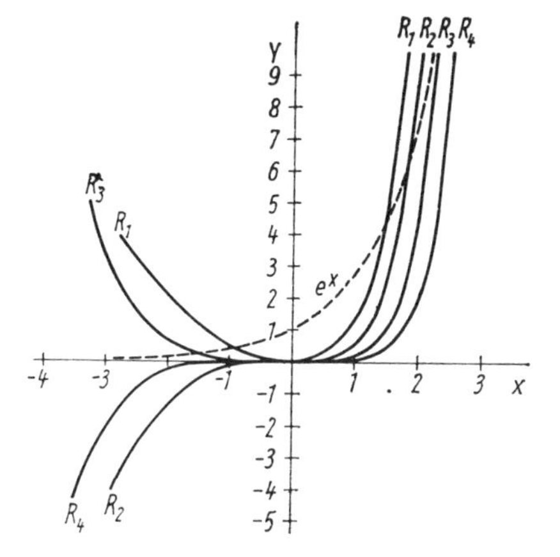

Abb. 39 Zur TAYLORschen Entwicklung von e^x an der Stelle $x_0 = 0$. Die maximalen Fehler $R_n(x,0)$ für $n = 1, 2, 3, 4$ nach (4-88)

Für $x = 2$ würde die Vernachlässigung von R_4 einen Fehler nach sich ziehen, der aus (4-88) abgeschätzt kleiner als 2 wäre, also von $e^2 = 7{,}389$ einen beträchtlichen Bruchteil ausmachen würde.

4.3. Ableitung der Funktionen mit mehreren Veränderlichen

4.3.1. Partielle Differentialquotienten und totales Differential

Im dreidimensionalen Raum sei eine Fläche $f(x,y)$, etwa ein Modell der Erdoberfläche, gegeben. Befinden wir uns in einem Punkt P_0 dieser Fläche, der durch $z = f(x,y)$ beschrieben wird, so hängt beim Fortschreiten um Δs die Höhenänderung Δz davon ab, in welcher Richtung wir weitergehen. Der Differentialquotient $\frac{dz}{ds}$ bekommt also in *jeder Richtung einen anderen Wert.* Wir wollen jetzt die Richtungen bevorzugen, bei denen eine der beiden unabhängigen Veränderlichen festgehalten wird, also die Richtung

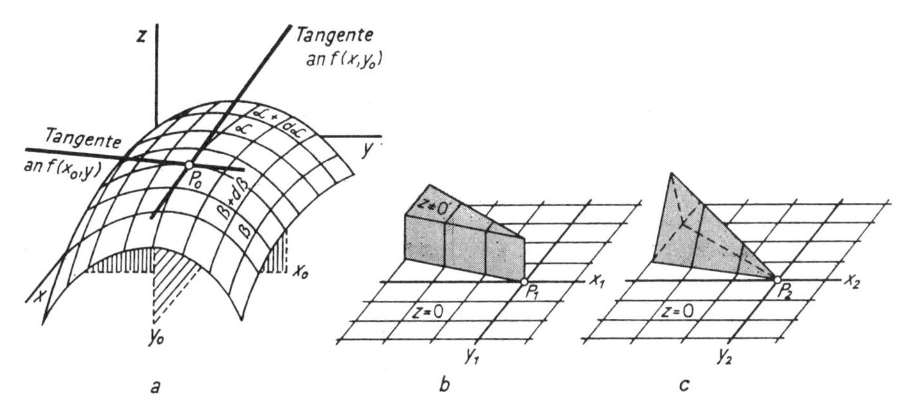

Abb. 40 Stetigkeit und Differenzierbarkeit einer Funktion $f(x,y)$, die anschaulich als eine Fläche interpretiert werden kann. $f(x,y)$ ist am Punkt P_0 stetig und differenzierbar (*a*), P_1 nicht stetig, obwohl die Erklärung $z = 0$ für $x = x_1$, $y = y_1$ dort sogar $f_x = f_y = 0$ nach sich zieht (*b*), P_2 stetig, aber nicht differenzierbar (*c*). Zwar ist in P_2 $f_x = f_y = 0$, aber beide Ableitungen sind unstetig

parallel zur xz- und yz-Ebene (Abb. 40a). Im ersten Fall ändert sich nur x, und wir bilden den Grenzwert von $\frac{\Delta z}{\Delta x}$, im zweiten Fall ändert sich nur y, so daß wir den Grenzwert von $\frac{\Delta z}{\Delta y}$ bilden können. Wir bezeichnen im Anschluß an (4-5) und (4-8) den bei *festgehaltenem* y gebildeten Grenzwert

$$\lim_{\Delta x \to 0} \frac{f(x + \Delta x, y) - f(x, y)}{\Delta x} = f_x(x, y) = \frac{\partial f}{\partial x} \tag{4-89}$$

als *partielle Ableitung erster Ordnung von f nach x* an der Stelle (x, y) bzw. als *ersten partiellen Differentialquotienten*[1]). Analog ist

$$\lim_{\Delta y \to 0} \frac{f(x, y + \Delta y) - f(x, y)}{\Delta y} = f_y(x, y) = \frac{\partial f}{\partial y} .$$

Beispiel. $f = x^3y^2 , \frac{\partial f}{\partial x} = 3x^2y^2 , \frac{\partial f}{\partial y} = 2x^3y .$

Entsprechend ist für eine Funktion $f(x_1, x_2, \ldots, x_n)$, also mit n Veränderlichen, die partielle Ableitung erster Ordnung von f nach x_i an der Stelle $(x_1, \ldots, x_n)$ definiert durch den Grenzwert

$$\boxed{\begin{aligned} &\lim_{\Delta x_i \to 0} \frac{f(x_1, \ldots, x_i + \Delta x_i, \ldots, x_n) - f(x_1, \ldots, x_n)}{\Delta x_i} \\ &\quad = f_{x_i}(x_1, \ldots, x_n) = \frac{\partial f}{\partial x_i} . \end{aligned}} \tag{4-90}$$

Wie wir bei der Übertragung des Grenzwertbegriffs von Funktionen mit *einer* Veränderlichen auf Funktionen mit *zwei* Veränderlichen (vgl. 2-13) bereits sahen, müssen wir unsere Aufmerksamkeit besonders darauf richten, daß man sich in einer Fläche von *allen möglichen Seiten* einem Punkt nähern kann.

Eine Funktion $f(x)$ nannten wir differenzierbar, wenn $f'(x)$ existiert. Die Existenz von $f'(x)$ andererseits zieht notwendig die Stetigkeit von $f(x)$ nach sich (vgl. Abschnitt 4.1.1.). Hier gilt: Aus der Existenz der partiellen Ableitungen erster Ordnung nach allen Veränderlichen, also $f_{x_i}(x_1, \ldots, x_n)$ für $i = 1, 2, \ldots, n$, folgt nicht die Stetigkeit von $f(x_1, \ldots, x_n)$ (Abb. 40b; ferner ist z. B. die in Abschnitt 2.3., Aufgabe 5, betrachtete Funktion $f(x,y) = \frac{4xy}{4x^2 + y^2}$ mit der Erklärung $f(0,0) = 0$ an der Stelle $x = y = 0$ unstetig, obwohl dort $f_x = f_y = 0$ gilt). Dies ist offenbar eine Folge davon, daß wir von P_0 aus die Richtungen bevorzugt haben, bei denen alle unabhängigen Veränderlichen bis auf eine konstant gehalten werden. Um die Ableitung in *einer beliebigen Richtung* zu formulieren, müssen wir den Grenzwert $\lim_{\Delta s \to 0} \frac{\Delta f}{\Delta s}$ bestimmen. Allgemein ist der Funktionszuwachs $\Delta f = f(x + \Delta x, y + \Delta y) - f(x,y)$. Wir nehmen an, daß $f(x, y)$ in einer (offenen) Umgebung um (x, y) definiert ist und dort stetige partielle Ableitungen f_x, f_y existieren.

[1] Diese Schreibweise wurde von Jacobi (1804—1851) eingeführt

Wenn auch $(x + \Delta x, y + \Delta y)$ in dieser Umgebung liegt, folgt mit Hilfe des Mittelwertsatzes (4-65)

$$\begin{aligned}\Delta f &= f(x+\Delta x,y) - f(x,y) + f(x+\Delta x, y+\Delta y) - f(x+\Delta x,y)\\ &= f_x(x+\vartheta\Delta x,y)\,\Delta x + f_y(x+\Delta x, y+\eta\Delta y)\,\Delta y, \quad (0<\vartheta<1,\ 0<\eta<1)\end{aligned}$$

und wegen (1-73, 1-74)

$$\begin{aligned}|\Delta f - f_x(x,y)\,\Delta x - f_y(x,y)\,\Delta y| &\leqq |f_x(x+\vartheta\Delta x,y) - f_x(x,y)|\,|\Delta x|\\ &\quad + |f_y(x+\Delta x,y+\eta\Delta y) - f_y(x,y)|\,|\Delta y|.\end{aligned}$$

Um die Stetigkeit von f_x auszunutzen betrachten wir einen Kreis mit Radius r um (x,y) und $\Delta s := \sqrt{(\Delta x)^2 + (\Delta y)^2} < r$. Wegen der Stetigkeit von f_x kann für jedes $\varepsilon > 0$ ein r stets so gewählt werden, daß $|f_x(x + \Delta x, y + \Delta y) - f_x(x,y)| < \frac{\varepsilon}{2}$ gilt (vgl. 2-3, 2-15, 8-72). Entsprechendes gilt für f_y. Mit $\Delta f = f_x\,\Delta x + f_y\,\Delta y + R(\Delta s)$ erhält man schließlich $|R(\Delta s)| \leqq \frac{\varepsilon}{2}(|\Delta x| + |\Delta y|) \leqq \varepsilon\,\Delta s$, d. h. $\lim\limits_{\Delta s \to 0} \frac{|R(\Delta s)|}{\Delta s} = 0$. Demnach ist

$$\boxed{\mathrm{d}f := f_x\,\Delta x + f_y\,\Delta y} \tag{4-91}$$

die lineare Approximation von $f(x,y)$, die analog (4-6) mit $\mathrm{d}f$ bezeichnet wird und *vollständiges* oder *totales Differential* heißt.

Dies gilt für beliebig viele Veränderliche, wie man durch dieselbe Überlegung nachweisen kann. Für $f(x_1, \ldots, x_n)$ definiert man analog mit $\Delta x_i = \mathrm{d}x_i$ $(i = 1, \ldots, n)$

$$\boxed{\mathrm{d}f := f_{x_1}\mathrm{d}x_1 + f_{x_2}\mathrm{d}x_2 + \cdots + f_{x_n}\mathrm{d}x_n}\,. \tag{4-92}$$

Wir haben damit gefunden: Eine Funktion $f(x_1, \ldots, x_n)$ ist durch eine lineare Funktion approximierbar, wenn alle partiellen Ableitungen erster Ordnung f_{x_i} existieren *und stetig* sind. Eine solche Funktion heißt *stetig differenzierbar* oder schlechthin *differenzierbar*. Hier genügt zur Differenzierbarkeit also nicht die bloße Existenz von f_{x_i}. Dies wird klar, wenn wir uns für $f(x,y)$ die anschauliche Deutung der Differenzierbarkeit überlegen. In Abschnitt 4.1.1. interpretierten wir das Differential $\mathrm{d}y$ für $f(x)$ als den Zuwachs der Tangentenfunktion, wenn man von x um $\mathrm{d}x$ weitergeht. Entsprechend stellt die lineare Form

$$g(x,y) - f(x_0,y_0) = f_x(x_0,y_0)\,(x - x_0) + f_y(x_0,y_0)\,(y - y_0) \tag{4-93}$$

geometrisch eine Ebene dar. Wenn x_0, y_0 festgehalten wird und x, y alle möglichen Werte durchläuft (also $x - x_0$ bzw. $y - y_0$ beliebig groß wird), so liefert $g(x,y)$ alle Punkte der Ebene, die an der Stelle x_0, y_0 die Fläche $f(x,y)$ gerade berührt (vgl. 7-118). Man nennt diese Ebene auch *Tangentialebene*. Demnach bedeutet $\Delta f \approx \mathrm{d}f$ die Approximation der Fläche $f(x,y)$ durch die Tangentialebene an der Stelle x_0, y_0, was im allgemeinen nur für hinreichend kleine Werte von $x - x_0$ und $y - y_0$ gut möglich sein wird. Man macht sich leicht klar: Wenn zwar f an der Stelle x_0, y_0 stetig ist, aber f_x oder f_y *nicht*, so ist die Existenz einer Tangentialebene an dieser Stelle nicht mehr gesichert (Abb. 40c). Entsprechend der obigen Definition nennen wir also eine Funktion $f(x,y)$ nur dann differenzierbar an der Stelle x_0, y_0, wenn dort eine Tangentialebene an die Fläche kon-

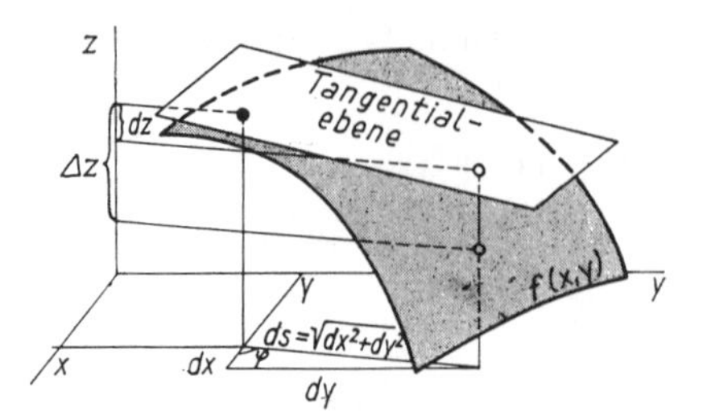

Abb. 41 Tangentialebene und Differential

struiert werden kann (Abb. 41). Nach der Definition des Differentials df läßt sich wegen (4-9) nunmehr die *Ableitung* von $f(x,y)$ *in beliebiger Richtung* formulieren:

$$\lim_{\Delta s \to 0} \frac{\Delta f}{\Delta s} = \frac{\mathrm{d}f}{\mathrm{d}s} = \frac{\partial f}{\partial x}\frac{\mathrm{d}x}{\mathrm{d}s} + \frac{\partial f}{\partial y}\frac{\mathrm{d}y}{\mathrm{d}s}. \tag{4-94}$$

Führen wir den Winkel φ zwischen der Richtung von ds und der x-Achse ein (Abb. 41), so läßt sich (4-94) auch

$$\frac{\mathrm{d}f}{\mathrm{d}s} = \cos\varphi \frac{\partial f}{\partial x} + \sin\varphi \frac{\partial f}{\partial y} \tag{4-95}$$

schreiben. Man spricht dann auch von einer *Ableitung von f in Richtung φ* (an der Stelle x_0, y_0).

Beispiele. 1. Die Beziehung zwischen Druck p, Volumen v und Celsiustemperatur t einer Gasmasse ist gegeben durch den Ausdruck

$$v = \frac{a\,(1 + bt)}{p},$$

wo a und b Konstanten sind. Steigt bei konstantem Druck die Temperatur um dt, dann ist die Änderung des Volumens:

$$\frac{\partial v}{\partial t}\mathrm{d}t = \frac{ab}{p}\mathrm{d}t.$$

Wird dagegen bei konstanter Temperatur der Druck um dp erhöht, so erleidet das Volumen die Zunahme

$$\frac{\partial v}{\partial p}\mathrm{d}p = -\frac{a\,(1 + bt)}{p^2}\mathrm{d}p.$$

Das negative Vorzeichen zeigt an, daß das Volumen bei Druckzunahme kleiner wird.

Ändern sich Temperatur und Druck gleichzeitig, dann ist die totale Änderung des Volumens:

$$\mathrm{d}v = \frac{\partial v}{\partial t}\mathrm{d}t + \frac{\partial v}{\partial p}\mathrm{d}p$$

oder

$$\mathrm{d}v = \frac{ab}{p}\mathrm{d}t - \frac{a\,(1 + bt)}{p^2}\mathrm{d}p.$$

2. Will man wissen, wie sich eine Flüssigkeit oder ein Gas bewegt, so muß man die Komponenten u, v, w der Geschwindigkeit in bezug auf drei zueinander senkrechte Achsen in jedem Augenblick und in jedem Punkt kennen.

Sind x, y, z die Koordinaten eines Punktes im Raum, ist ferner t die seit einem bestimmten Augenblick verflossene Zeit, dann müssen u, v, w als Funktionen von x, y, z, t betrachtet werden, da sich ja die Geschwindigkeit von Punkt zu Punkt und mit der Zeit ändert.

Läßt man zunächst x, y, z konstant und ändert nur t, dann erhält man die Geschwindigkeit der Flüssigkeitsteilchen, die sich nacheinander in dem Punkt mit den Koordinaten x, y, z befinden. Will man dagegen zu ein und derselben Zeit die Geschwindigkeiten der verschiedenen Flüssigkeitsteilchen miteinander vergleichen, dann muß man die Werte von u, v, w in dem Punkt mit den Koordinaten x, y, z mit der Geschwindigkeit an anderen Stellen vergleichen.

Man kann sich nun die Frage stellen, wie sich die Geschwindigkeitskomponente u eines *bestimmten* Flüssigkeitsteilchens, das sich zur Zeit t in dem Punkt (x, y, z) des Raumes befindet, während der Zeit dt ändert. Da in dieser Zeit die Koordinaten des Teilchens um $dx = u\,dt$, $dy = v\,dt$, $dz = w\,dt$ zunehmen, so ist die gesuchte Änderung:

$$\begin{aligned} du &= \frac{\partial u}{\partial t}\,dt + \frac{\partial u}{\partial x}\,dx + \frac{\partial u}{\partial y}\,dy + \frac{\partial u}{\partial z}\,dz \\ &= \left(\frac{\partial u}{\partial t} + u\frac{\partial u}{\partial x} + v\frac{\partial u}{\partial y} + w\frac{\partial u}{\partial z}\right)dt\,. \end{aligned}$$

4.3.2. Einfluß der Meßungenauigkeit auf das Endergebnis

Wenn die bei Messungen auftretenden Ungenauigkeiten hinreichend klein sind, können wir (4-12) analog in (4-92) benutzen, um den Gesamtfehler zu ermitteln. Wird nämlich eine Größe dadurch gefunden, daß man die Resultate verschiedener Messungen miteinander kombiniert, so ist ihre Ungenauigkeit maximal die Summe der Ungenauigkeit der einzelnen Messungen. Im allgemeinen kann man nur den *Betrag* der Meßungenauigkeit Δx_i einer Größe x_i abschätzen. Deshalb weiß man auch nicht, ob sich bei der Addition der Einzelfehler einige gegenseitig kompensieren. Jedenfalls erhalten wir den *ungünstigsten* Fall, also die größte Gesamtungenauigkeit der Funktion $f(x_1, \ldots, x_n)$, wenn statt (4-92)

$$\Delta f = \pm\left\{\left|\frac{\partial f}{\partial x_1}\Delta x_1\right| + \left|\frac{\partial f}{\partial x_2}\Delta x_2\right| + \cdots + \left|\frac{\partial f}{\partial x_n}\Delta x_n\right|\right\} \tag{4-96}$$

benutzt wird.

Wenn für die *zufällig* auftretenden Meßfehler[1]) plausible Annahmen über die Wahrscheinlichkeit ihres Auftretens gemacht werden (vgl. Abschnitt 14.3.2.), so kann man einen *mittleren Gesamtfehler* ableiten, der sich aus den mittleren Meßfehlern $\overline{\Delta x_i}$ berechnen läßt:

$$\overline{\Delta f} = \pm\left\{\left(\frac{\partial f}{\partial x_1}\overline{\Delta x_1}\right)^2 + \left(\frac{\partial f}{\partial x_2}\overline{\Delta x_2}\right)^2 + \cdots + \left(\frac{\partial f}{\partial x_n}\overline{\Delta x_n}\right)^2\right\}^{\frac{1}{2}}. \tag{4-97}$$

Beispiel. Um die Dichte ϱ eines Körpers zu bestimmen, hat man ihn zuerst in der Luft, dann unter Wasser gewogen. Die Resultate dieser Wägungen seien p und q. Ist die Dichte des Wassers ϱ_w, so gilt

$$\varrho = \varrho_w \frac{p}{p-q},$$

und nach (4-96) zeigt die Formel

$$\Delta\varrho = \pm\,\varrho_w \frac{p|\Delta q| + q|\Delta p|}{(p-q)^2}$$

---

[1] Darunter versteht man Fehler, die auf rein zufällig wirkenden Einflüssen beruhen und deshalb statistischen Betrachtungen zugänglich sind. Im Gegensatz hierzu spricht man von *systematischen* Fehlern, wenn Einflüsse eine ganz bestimmte Abweichung bei der Messung verursachen. Solche Fehler sind im Prinzip erkennbar und vermeidbar

an, mit welchem Fehler die Dichte des Körpers maximal behaftet ist, wenn man sich bei der Wägung in der Luft um Δp und bei der Wägung im Wasser um Δq geirrt hat.

4.3.3. Höhere partielle Differentialquotienten

Sind die partiellen Differentialquotienten wieder Funktionen der Veränderlichen, wie es im allgemeinen der Fall ist, so können sie nochmals differenzierbar sein. Man erhält so partielle Differentialquotienten höherer Ordnung.

Es sei f eine Funktion von x und y. Differenziert man $\frac{\partial f}{\partial x}$ nach x und y, so erhält man

$$\frac{\partial}{\partial x}\left(\frac{\partial f}{\partial x}\right) \quad \text{und} \quad \frac{\partial}{\partial y}\left(\frac{\partial f}{\partial x}\right), \tag{4-98}$$

ebenso aus $\frac{\partial f}{\partial y}$

$$\frac{\partial}{\partial x}\left(\frac{\partial f}{\partial y}\right) \quad \text{und} \quad \frac{\partial}{\partial y}\left(\frac{\partial f}{\partial y}\right). \tag{4-99}$$

Dieses schreibt man gewöhnlich kürzer, und zwar für (4-98)

$$\frac{\partial^2 f}{\partial x^2} = f_{xx} \quad \text{und} \quad \frac{\partial^2 f}{\partial y\,\partial x} = f_{yx}\,,$$

für (4-99)

$$\frac{\partial^2 f}{\partial x\,\partial y} = f_{xy} \quad \text{und} \quad \frac{\partial^2 f}{\partial y^2} = f_{yy}\,.$$

Der Zähler zeigt in diesen Formeln an, wie oft differenziert worden ist, der Nenner, nach welchen Veränderlichen und in welcher Reihenfolge. Stets ist nach der Veränderlichen, welche am weitesten rechts steht, zuerst differenziert worden, z. B. ist in

$$\frac{\partial^6 f}{\partial x^2\,\partial y\,\partial z^3}$$

zuerst dreimal nach z, dann einmal nach y, schließlich zweimal nach x differenziert worden.

Unter gewissen Voraussetzungen kann die Reihenfolge der Differentation *umgekehrt* werden. Wir zeigen zunächst, daß

$$\boxed{f_{xy} = f_{yx}} \tag{4-100}$$

gilt, sofern nicht nur f_x und f_y, sondern auch f_{xy} und f_{yx} am Ort (x, y) *stetige* Funktionen sind. Dazu führen wir die Hilfsfunktion

$$F(x) = f(x,y + k) - f(x,y) \quad (y \text{ festgehalten}) \tag{4-101}$$

ein, die auf dem Intervall x bis $x + h$ stetig und differenzierbar sei. Dann liefert der Mittelwertsatz (4-65)

$$F(x + h) - F(x) = hF'(x + \vartheta h), \quad (0 < \vartheta < 1).$$

Nach (4-101) ist

$$F'(x + \vartheta h) = f_x(x + \vartheta h,\, y + k) - f_x(x + \vartheta h,\, y),$$

und wenn wir annehmen, daß f_x im Intervall y bis $y + k$ stetig und nach y differenzierbar ist, so liefert eine erneute Anwendung von (4-65)

$$f_x(x + \vartheta h, y + k) - f_x(x + \vartheta h, y) = k f_{xy}(x + \vartheta h, y + \varepsilon k), \quad (0 < \varepsilon < 1),$$

also

$$F(x + h) - F(x) = hk f_{xy}(x + \vartheta h, y + \varepsilon k), \quad (0 < \vartheta < 1, 0 < \varepsilon < 1). \quad (4\text{-}102)$$

Benutzen wir dagegen die Hilfsfunktion

$$G(y) = f(x + h, y) - f(x,y) \text{ (x festgehalten)}, \quad (4\text{-}103)$$

die im Intervall von y bis $y + k$ stetig und differenzierbar sei, so folgt analog

$$G(y + k) - G(y) = kh f_{yx}(x + \alpha h, y + \beta k), \quad (0 < \alpha < 1, 0 < \beta < 1), \quad (4\text{-}104)$$

wenn f_y im Intervall x bis $x + h$ stetig und nach x differenzierbar ist.

Nun ist aber einerseits nach (4-101)

$$F(x + h) - F(x) = f(x + h, y + k) - f(x + h, y) - (f(x, y + k) + f(x,y)$$

und andererseits nach (4-103)

$$G(y + k) - G(y) = f(x + h, y + k) - f(x, y + k) - f(x + h, y) + f(x,y),$$

also sind die linken Seiten von (4-102) und (4-104) gleich, so daß

$$f_{yx}(x + \alpha h, y + \beta k) = f_{xy}(x + \vartheta h, y + \varepsilon k)$$

gilt. Wenn f_{xy} und f_{yx} an der Stelle (x, y) stetige Funktionen sind, so liefert der Grenzübergang $(h,k) \to (0,0)$ tatsächlich (4-100). Der eben bewiesene Satz bleibt bestehen, wenn f eine Funktion von mehr als zwei Veränderlichen ist; denn enthält die Funktion z. B. z, so bleibt diese Veränderliche doch bei den Ableitungen nach x und y konstant. Ebenso gilt dieser Satz, wenn f schon aus einer anderen Funktion durch Differentiation entstanden ist, z. B. $f(x,y) = g_x(x,y)$. Unter der Voraussetzung, daß alle partiellen Ableitungen *dritter* Ordnung von g am Ort (x, y) existieren und stetig sind, folgt dann $g_{xxy} = g_{xyx} = g_{yxx}$; $g_{xyy} = g_{yxy} = g_{yyx}$. Hieraus folgt: Wenn eine Funktion beliebig viele Male nach einigen Veränderlichen differenziert werden soll, so kommt es auf die Reihenfolge dieser Operationen gar nicht an. Denn man kann zwei aufeinanderfolgende Differentationen miteinander vertauschen, und wenn man das mehrere Male tut, jede beliebige Reihenfolge der verschiedenen Operationen erhalten. Das Endresultat hängt nur davon ab, wie oft nach jeder Veränderlichen zu differenzieren ist. Dabei ist allerdings immer die Stetigkeit der Funktionen und ihrer Ableitungen vorausgesetzt, auf singuläre Fälle also keine Rücksicht genommen.

Der Leser möge den bewiesenen Satz an einigen einfachen Beispielen prüfen. Ist z. B. $\varphi = x^y$, dann findet man sowohl für $\dfrac{\partial^2\varphi}{\partial x \partial y}$ als auch für $\dfrac{\partial^2\varphi}{\partial y \partial x}$ den Wert

$$x^{y-1} + y x^{y-1} \ln x\,.$$

4.3.4. Bedingungen dafür, daß $\varphi(x,y)\,dx + \psi(x,y)\,dy$ ein vollständiges Differential ist

Der im vorigen Abschnitt abgeleitete Satz gibt noch zu folgenden Bemerkungen Anlaß: Liegt ein Ausdruck der Form

$$\varphi(x,y)\,dx + \psi(x,y)\,dy \quad (4\text{-}105)$$

vor, der auch PFAFFsche Form (PFAFF 1765—1825) genannt wird, so gibt es in gewissen Fällen eine Funktion $f(x,y)$, die partiell nach x und y differenziert, φ und ψ liefert. *Im allgemeinen besteht aber eine solche Funktion nicht.* Wenn (4-105) das vollständige Differential irgendeiner Funktion $f(x,y)$ darstellen soll, so muß nach einem Vergleich mit (4-91) offenbar

$$\varphi = \frac{\partial f}{\partial x} \quad \text{und} \quad \psi = \frac{\partial f}{\partial y} \tag{4-106}$$

sein. Unter der Annahme, daß φ und ψ differenzierbar sind, folgt dann $\varphi_y = f_{xy}$ und $\psi_x = f_{yx}$; wenn φ_y und ψ_x stetig sind, ergibt sich wegen (4-100)

$$\frac{\partial \varphi}{\partial y} = \frac{\partial \psi}{\partial x}\,. \tag{4-107}$$

Nur wenn (4-107) erfüllt ist, kann eine zweimal differenzierbare Funktion $f(x,y)$ existieren, für die der PFAFFsche Ausdruck (4-105) gerade zum vollständigen Differential wird. Wir werden später sehen (Abschnitt 6.5.), daß (4-107) nicht nur notwendige, sondern auch hinreichende Bedingung ist.

Beispiele. Bei den Funktionen $\varphi = x^2 + y^2$, $\psi = xy$ ist die Bedingungsgleichung (4-107) nicht erfüllt, da $\varphi_y = 2y$ und $\psi_x = y$ ist. Demnach liefert (4-105) kein vollständiges Differential. Für $\varphi = 3x^2y$, $\psi = x^3$ ist dagegen $\varphi_y = 3x^2$ und $\psi_x = 3x^2$, also (4-107) erfüllt. In der Tat liefert $f = x^3y$ das passende vollständige Differential.

In analoger Weise folgt, daß der PFAFFsche Ausdruck

$$\sum_{i=1}^{n} X_i\,(x_1\,,\cdots x_n)\,\mathrm{d}x_i \tag{4-108}$$

ein *vollständiges Differential* (4-92) für eine Funktion $f(x_1, \ldots x_n)$ ist, wenn

$$X_i = \frac{\partial f}{\partial x_i} \qquad (i = 1, 2, \ldots n) \tag{4-109}$$

gilt und die Ableitungen $\frac{\partial X_i}{\partial x_i}$ stetig sind. Notwendig und hinreichend dafür, daß (4-108) das vollständige Differential einer Funktion f darstellt, ist (vgl. 4-107)

$$\boxed{\frac{\partial X_i}{\partial x_j} = \frac{\partial X_j}{\partial x_i}} \qquad (i, j = 1, 2, \ldots n)\,. \tag{4-110}$$

4.3.5. Differentiation von Funktionen, wenn neue Veränderliche eingeführt werden

Wir differenzierten in Abschnitt 4.1.9. eine Funktion $f(u)$ die durch $u(x)$ von x abhängt. Die Ableitung solcher zusammengesetzter Funktionen $f(u(x))$ führte uns auf die Kettenregel (4-47). Wenn wir nun annehmen, daß in $f(x,y)$, $x(u)$ und $y(u)$ ist, so sind x und y nicht mehr unabhängig voneinander (vgl. 2-21). Wenn alle im folgenden benötigten Ableitungen existieren, gilt $\Delta f = f_x\,\Delta x + f_y\,\Delta y + R(x,y)$ mit $R(x,y) = \mathrm{O}([\Delta x]^2, [\Delta y]^2, \Delta x\,\Delta y)$. Wegen $\Delta x = r(u)\,\Delta u$ und $\Delta y = s(u)\,\Delta u$ mit $\lim\limits_{u \to u_0} r(u) = \frac{\mathrm{d}x}{\mathrm{d}u}$, $\lim\limits_{u \to u_0} s(u) = \frac{\mathrm{d}y}{\mathrm{d}u}$ (vgl. Ableitung von 4-47) folgt $\Delta f = \{f_x r(u) + f_y s(u) + \tilde{R}\}\,\Delta u$ mit $\tilde{R} = \mathrm{O}(r^2(u)\,\Delta u, s^2(u)\,\Delta u, r(u)s(u)\,\Delta u)$.

Für $\Delta u \to 0$ ergibt sich

$$\lim_{u \to u_0} \frac{\Delta f}{\Delta u} = \frac{\mathrm{d}f}{\mathrm{d}u} = \frac{\partial f}{\partial x}\frac{\mathrm{d}x}{\mathrm{d}u} + \frac{\partial f}{\partial y}\frac{\mathrm{d}y}{\mathrm{d}u} \tag{4-111}$$

als *verallgemeinerte Kettenregel.* (4-111) geht formal aus (4-91) hervor, wenn dort durch $\mathrm{d}u$ dividiert wird.

Ist $f(x_1, \ldots, x_n)$ mit $x_i = x_i(u)$ $(i = 1, \ldots, n)$, definiert und stetig differenzierbar, so läßt sich (4-92) entsprechend verallgemeinern zu

$$\boxed{\frac{\mathrm{d}f}{\mathrm{d}u} = \sum_{i=1}^{n} \frac{\partial f}{\partial x_i}\frac{\mathrm{d}x_i}{\mathrm{d}u}\,.} \tag{4-112}$$

Beispiele. Ist $f = xy$ mit $x = x(u)$, $y = y(u)$, so liefert (4-111) $\frac{\mathrm{d}f}{\mathrm{d}u} = y\frac{\mathrm{d}x}{\mathrm{d}u} + x\frac{\mathrm{d}y}{\mathrm{d}u}$, also die Produktregel in Übereinstimmung mit (4-32). Ist $f = y^x$ mit $x = x(u)$, $y = y(u)$, so erhält man $f_y = xy^{x-1}$, $f_x = y^x \ln y$, also $\frac{\mathrm{d}f}{\mathrm{d}u} = y^x \ln y\frac{\mathrm{d}x}{\mathrm{d}u} + xy^{x-1}\frac{\mathrm{d}y}{\mathrm{d}u}$.

Wir betrachten den Fall, daß in $f(x,y)$ neben der Veränderlichen u eine zweite Veränderliche v eingeführt wird, d. h. auf gegebenen Intervallen für u und v seien definiert:

$$x(u,v), \quad y(u,v). \tag{4-113}$$

Einen solchen Übergang von einem Variablensatz zu einem anderen erwähnten wir bereits in (3-56) und nannten dies eine *Variablentransformation* bzw. *Punkttransformation.* Die Funktionen (4-113) müssen nicht wie in (3-57) linear sein, sollen aber stetig differenzierbar sein. Dann läßt sich (4-111) anwenden. Halten wir z. B. v fest, so liefert (4-111)

$$\frac{\partial f}{\partial u} = \frac{\partial f}{\partial x}\frac{\partial x}{\partial u} + \frac{\partial f}{\partial y}\frac{\partial y}{\partial u}, \tag{4-114}$$

wobei wir nun an Stelle der gewöhnlichen Ableitung partielle schreiben müssen, da in x, y und f zwei Variable stecken. Analog liefert (4-111) für festgehaltenes u

$$\frac{\partial f}{\partial v} = \frac{\partial f}{\partial x}\frac{\partial x}{\partial v} + \frac{\partial f}{\partial y}\frac{\partial y}{\partial v}\,. \tag{4-115}$$

Betrachten wir schließlich direkt $f = f(u,v)$, so gibt (4-91) das vollständige Differential

$$\mathrm{d}f = \frac{\partial f}{\partial u}\mathrm{d}u + \frac{\partial f}{\partial v}\mathrm{d}v\,, \tag{4-116}$$

in dem nun aber $\frac{\partial f}{\partial u}$ durch (4-114) und $\frac{\partial f}{\partial v}$ durch (4-115) gegeben ist. Wenn die Beziehungen (4-113) *eindeutig nach* u und v aufgelöst werden können, so gibt es die eindeutige *Umkehrung*

$$u(x,y), \quad v(x,y) \tag{4-117}$$

der Variablentransformation. Nehmen wir an, daß diese Funktionen stetig differenzierbar sind, so können wir wegen (4-113)

$$u(x(u,v),\, y(u,v)), \quad v(x(u,v),\, y(u,v))$$

schreiben und die Beziehungen (4-114) und (4-115) direkt für $f = u$ bzw. $f = v$ ausnutzen. $f = u$ liefert wegen $\frac{\partial f}{\partial u} = 1$, $\frac{\partial f}{\partial v} = 0$

$$\left.\begin{aligned} \frac{\partial u}{\partial x}\frac{\partial x}{\partial u}+\frac{\partial u}{\partial y}\frac{\partial y}{\partial u}&=1\\ \frac{\partial u}{\partial x}\frac{\partial x}{\partial v}+\frac{\partial u}{\partial y}\frac{\partial y}{\partial v}&=0\,, \end{aligned}\right\} \tag{4-118}$$

und $f = v$ ergibt analog

$$\left.\begin{aligned} \frac{\partial v}{\partial x}\frac{\partial x}{\partial u}+\frac{\partial v}{\partial y}\frac{\partial y}{\partial u}&=0\\ \frac{\partial v}{\partial x}\frac{\partial x}{\partial v}+\frac{\partial v}{\partial y}\frac{\partial y}{\partial v}&=1\,. \end{aligned}\right\} \tag{4-119}$$

Diese 4 Gleichungen fassen wir als ein System auf, in dem entweder $\frac{\partial x}{\partial u}, \frac{\partial x}{\partial v}, \frac{\partial y}{\partial u}, \frac{\partial y}{\partial v}$ bekannte Größen und $\frac{\partial u}{\partial x}, \frac{\partial u}{\partial y}, \frac{\partial v}{\partial x}, \frac{\partial v}{\partial y}$ die unbekannten Größen sind oder umgekehrt. Zur Auflösung dieses linearen Gleichungssystems benutzen wir im ersten Fall die Determinante

$$D = \begin{vmatrix} \frac{\partial x}{\partial u} & \frac{\partial x}{\partial v} \\ \frac{\partial y}{\partial u} & \frac{\partial y}{\partial v} \end{vmatrix}, \tag{4-120}$$

die wir abkürzend auch $\frac{\partial(x,y)}{\partial(u,v)}$ schreiben und *Funktionaldeterminante* nennen. Dann lassen sich nach der CRAMERschen Regel (3-27) für $D \neq 0$ die unbekannten Größen berechnen:

$$u_x = \frac{y_v}{D}, \quad u_y = -\frac{x_v}{D}, \quad v_x = -\frac{y_u}{D}, \quad v_y = \frac{x_u}{D}.$$

Im anderen Fall führen wir die Funktionaldeterminante

$$D' = \frac{\partial(u,v)}{\partial(x,y)} = \begin{vmatrix} \frac{\partial u}{\partial x} & \frac{\partial u}{\partial y} \\ \frac{\partial v}{\partial x} & \frac{\partial v}{\partial y} \end{vmatrix} \tag{4-121}$$

ein und erhalten für $D' \neq 0$

$$x_u = \frac{v_y}{D}, \quad x_v = -\frac{u_y}{D'}, \quad y_u = -\frac{v_x}{D'}, \quad y_v = \frac{u_x}{D'}.$$

Setzt man beide Auflösungen ineinander ein, so folgt

$$\frac{\partial(x,y)}{\partial(u,v)} \cdot \frac{\partial(u,v)}{\partial(x,y)} = 1\,. \tag{4-122}$$

Allgemein nennt man diese Transformation mit *nicht verschwindender* Funktionaldeterminante *gewöhnliche Punkttransformation.* Ist dagegen die Funktionaldeterminante $D = 0$, so muß nach den Überlegungen von Abschnitt 3.2.2. $y_v = x_v = y_u = x_u = 0$ sein, d. h. x und y hängen dann nicht mehr von u und v ab. Somit gilt (4-113) nicht mehr und die Umkehrung (4-117) kann gar nicht gebildet werden, so daß alle daran anknüpfenden Betrachtungen *nicht* vollzogen werden können. Neben dieser nicht weiterführenden Möglichkeit gibt es aber noch eine andere. Wenn die in (4-113) benutzten Größen x

und y *voneinander abhängen*, also z. B. $y(x)$ gilt, haben wir statt (4-113) $y(x(u,v))$ und es liefert (4-114) $\frac{\partial y}{\partial u} = \frac{\mathrm{d}y}{\mathrm{d}x}\,\frac{\partial x}{\partial u}$ sowie (4-115) $\frac{\partial y}{\partial v} = \frac{\mathrm{d}y}{\mathrm{d}x}\,\frac{\partial x}{\partial v}$.
Dann ist

$$D = x_u y_v - x_v y_u = (x_u x_v - x_v x_u)\,\frac{\mathrm{d}y}{\mathrm{d}x} = 0\,,$$

also verschwindet die Funktionaldeterminante auch in diesem Fall. Mann kann zeigen (den allgemeinen Beweis übergehen wir), daß $\frac{\partial(x,y)}{\partial(u,v)} = 0$ notwendige und hinreichende Bedingung für das Auftreten einer *funktionalen Beziehung* zwischen $x = x(u,v)$ und $y = y(u,v)$ ist.

Die Abhängigkeit (4-113) tritt häufig auf, wenn es sich darum handelt, neue Koordinaten einzuführen. Ist z. B. $f(x,y)$ gegeben und ist es aus irgendeinem Grund zweckmäßig, diese Funktion samt den partiellen Differentialquotienten durch ebene Polarkoordinaten r und φ auszudrücken, so ergibt sich durch $x = r\cos\varphi$, $y = r\sin\varphi$ (vgl .1-106) nach (4-114)

$$\frac{\partial f}{\partial r} = \frac{\partial f}{\partial x}\cos\varphi + \frac{\partial f}{\partial y}\sin\varphi$$

und nach (4-115)

$$\frac{\partial f}{\partial \varphi} = -r\,\frac{\partial f}{\partial x}\sin\varphi + r\,\frac{\partial f}{\partial y}\cos\varphi\,.$$

Hieraus folgt

$$\frac{\partial f}{\partial x} = \frac{\partial f}{\partial r}\cos\varphi - \frac{1}{r}\,\frac{\partial f}{\partial \varphi}\sin\varphi\,,\quad \frac{\partial f}{\partial y} = \frac{\partial f}{\partial r}\sin\varphi + \frac{1}{r}\,\frac{\partial f}{\partial \varphi}\cos\varphi\,.$$

Werden in $f(x_1, \ldots, x_n)$ durch

$$x_i(u_1, \ldots, u_n) \quad (i = 1, 2, \ldots, n) \tag{4-123}$$

neue Veränderliche eingeführt, so gilt allgemein

$$\frac{\partial f}{\partial u_l} = \sum_{i=1}^{h} \frac{\partial f}{\partial x_i}\,\frac{\partial x_i}{\partial u_l}\,. \tag{4-124}$$

Abschließend erwähnen wir den Spezialfall, daß der Wertebereich einer stetig differenzierbaren Funktion $F(x,y)$ aus einer einzigen Zahl C besteht:

$$F(x,y) = C. \tag{4-125}$$

Nach (4-91) gilt $\mathrm{d}F = F_x\,\mathrm{d}x + F_y\,\mathrm{d}y$, und da $\Delta F = 0$ ist, folgt für $F_y \neq 0$

$$\boxed{\frac{\mathrm{d}y}{\mathrm{d}x} = -\frac{F_x}{F_y}}\,, \tag{4-126}$$

also eine Differentialgleichung zur Berechnung von $y(x)$ (vgl. 10-5).

Man beachte, daß bei partiellen Ableitungen die ∂F *nicht* »gekürzt« werden dürfen.

Um die zweite Ableitung zu berechnen, benutzen wir (4-34) und finden

$$\frac{\mathrm{d}^2y}{\mathrm{d}x^2} = \frac{F_x\,\frac{\mathrm{d}F_y}{\mathrm{d}x} - F_y\,\frac{\mathrm{d}F_x}{\mathrm{d}x}}{F^2_y}\,.$$

Bedenken wir, daß F_x und F_y Funktionen von x und $y(x)$ sind, so folgt nach (4-111)

$$\frac{\mathrm{d}^2y}{\mathrm{d}x^2} = \frac{F_x\left(F_{yx} - F_{yy}\dfrac{F_x}{F_y}\right) - F_y\left(F_{xx} - F_{xy}\dfrac{F_x}{F_y}\right)}{F_y^2}. \tag{4-127}$$

4.4. Einige Anwendungen der partiellen Ableitung

4.4.1. TAYLORscher Satz für eine Funktion mit mehreren Veränderlichen

Wir nehmen an, daß auf dem Bereich $x_0 \leqq x \leqq x_0 + h$ und $y_0 \leqq y \leqq y_0 + k$ die Funktion $f(x,y)$ $(n + 1)$-mal differenzierbar ist. Wie in Abschnitt 4.2.4. versuchen wir $f(x,y)$ in der Umgebung der Stelle x_0, y_0 durch eine ganze rationale Funktion n-ten Grades darzustellen. Um die (4-80) entsprechende Formel abzuleiten, ist es zweckmäßig, eine Hilfsgröße t mit $0 \leqq t \leqq 1$ in

$$x = x_0 + th, \qquad y = y_0 + tk$$

einzuführen. Durchläuft t alle Werte von 0 bis 1, so nimmt x und y in dem rechteckigen Bereich $x_0 \ldots x_0 + h$, $y_0 \ldots y_0 + k$ genau alle Werte der Diagonalen von x_0, y_0 bis $x_0 + h$, $y_0 + k$ an. Für alle Punkte dieser Geraden ist

$$f(x,y) = f(x_0 + th,\, y_0 + tk) = F(t).$$

Auf $F(t)$ können wir direkt (4-80) anwenden. Die Ableitungen von $F(t)$ ergeben sich nach der Kettenregel (4-111) zu

$$F'(t) = \frac{\mathrm{d}F}{\mathrm{d}t} = \frac{\partial f}{\partial x}\,h + \frac{\partial f}{\partial y}\,k = f_x h + f_y k,$$

$$F''(t) = \frac{\partial}{\partial x}\left(\frac{\partial f}{\partial x}\,h + \frac{\partial f}{\partial y}\,k\right)h + \frac{\partial}{\partial y}\left(\frac{\partial f}{\partial x}\,h + \frac{\partial f}{\partial y}\,k\right)k$$

$$= h^2 f_{xx} + 2hk f_{xy} + k^2 f_{yy}.$$

Formal kann man auch schreiben

$$F''(t) = \left(h\frac{\partial}{\partial x} + k\frac{\partial}{\partial y}\right)\left(h\frac{\partial f}{\partial x} + k\frac{\partial f}{\partial y}\right)$$

$$= \left(h\frac{\partial}{\partial x} + k\frac{\partial}{\partial y}\right)\left(h\frac{\partial}{\partial x} + k\frac{\partial}{\partial y}\right)f$$

$$= \left(h\frac{\partial}{\partial x} + k\frac{\partial}{\partial y}\right)^2 f.$$

Hierbei hat der Ausdruck $h\dfrac{\partial}{\partial x} + k\dfrac{\partial}{\partial y}$ nur einen Sinn, indem er auf eine Funktion angewendet wird. Eine solche Größe nennt man allgemein einen *Operator* (vgl. 1-43). Wird an einen Operator ein ganzzahliger Exponent n gesetzt, so bedeutet dies (wie üblich), daß der Operator n-mal hintereinander zu schreiben ist und dann jeder Operator auf *alles*, was rechts von ihm steht, anzuwenden ist.

Die n-te Ableitung lautet demnach

$$F^{(n)}(t) = \left(h\frac{\partial}{\partial x} + k\frac{\partial}{\partial y}\right)^n f = \sum_{r=0}^{n}\binom{n}{r} h^{n-r}k^r \frac{\partial^n f}{\partial x^{n-r}\,\partial y^r}, \tag{4-128}$$

und (4-80) liefert

$$F(t) = \sum_{r=0}^{n} \frac{t^r}{r!} F^{(n)}(0) + R_n(t, 0), \tag{4-129}$$

wobei nach LAGRANGE das Restglied entsprechend (4-79)

$$R_n(t, 0) = \frac{t^{n+1}}{(n+1)!} F^{(n+1)}(\vartheta t), \quad (0 < \vartheta < 1)$$

lautet.

Nun ist $F(0) = f(x_0, y_0)$ und $F(1) = f(x_0 + h, y_0 + k)$, also liefert (4-129) die TAYLORsche *Entwicklung*

$$\boxed{\begin{aligned} f(x_0 + h, y_0 + k) = f(x_0, y_0) &+ [hf_x + kf_y]_{\substack{x=x_0\\y=y_0}} \\ &+ \frac{1}{2!}[h^2 f_{xx} + 2hk\, f_{xy} + k^2 f_{yy}]_{\substack{x=x_0\\y=y_0}} + \cdots \\ + \frac{1}{n!}\left[h^n f_{x^n} + \cdots + \binom{n}{r} h^{n-r} k^r f_{x^{n-r}y^r} + \cdots + k^n f_{y^n}\right]_{\substack{x=x_0\\y=y_0}} \\ + R_n(h, k. x_0, y_0) \end{aligned}}, \tag{4-130}$$

wobei

$$R_n(h, k, x_0, y_0) = \frac{1}{(n+1)!}\left[\left(h\frac{\partial}{\partial x} + k\frac{\partial}{\partial y}\right)^{n+1} f\right]_{\substack{x=x_0+\vartheta h\\y=y_0+\vartheta k}}, \quad (0 < \vartheta < 1) \tag{4-131}$$

ist. Für $n = 0$ ergibt sich hieraus der Mittelwertsatz für zwei Veränderliche. (4-130) und (4-131) lassen sich für mehr als zwei Veränderliche entsprechend verallgemeinern.

4.4.2. Maxima und Minima von Funktionen mehrerer Veränderlicher

Bei *einer* Veränderlichen fanden wir als Kennzeichen eines relativen Extremwerts die horizontale Tangente, d. h. das Verschwinden des ersten Differentialquotienten, wobei der zweite dann darüber Aufschluß gab, ob ein wirklicher Extremwert oder ein Wendepunkt mit horizontaler Tangente vorlag und ob es sich um ein Maximum oder Minimum handelt. Analog ist bei einer Funktion von zwei Veränderlichen, die wir durch eine Fläche mit den Punkten $z = f(x,y)$ veranschaulichen können, notwendige Bedingung für einen *Extremwert* die waagerechte Lage der Berührungs*ebene*. Man denke sich etwa den höchsten oder tiefsten Punkt einer Kugel! Die Untersuchung der Natur des Extremums ist bei mehreren Veränderlichen aber wesentlich verwickelter und erfordert ein Studium des Verlaufs der Fläche in der Umgebung des Punktes, für den eine waagerechte Berührungsebene gefunden ist. Es kann vor allem neben einem echten Maximum oder Minimum, wie es in dem angeführten Beispiel der Kugel vorliegt, der Fall eines »*Sattels*« eintreten. Steigt man zu einem Gebirgssattel auf, so hat man in dieser Richtung am Sattel selbst den höchsten Punkt erreicht und kann wieder auf der anderen Seite absteigen; rechts und links aber steigen Berge auf, in der zur Marschrichtung senkrechten Richtung ist also der Sattel ein Minimum (vgl. Abb. 55e). Glücklicherweise kann man sehr oft aus der Natur der Aufgabe erkennen, ob es sich um ein echtes Maximum oder Minimum handelt, so daß weitere Untersuchungen meist nicht nötig sind. Die Forderung einer waagerechten Berührungsebene bedeutet nach (4-93)

$$\frac{\partial f}{\partial x} = 0 \quad \text{und} \quad \frac{\partial f}{\partial y} = 0 .$$

Damit verschwindet auch das totale Differential df. Man drückt dies so aus: *Am Ort des Extremwerts ist $f(x,y)$ »stationär« geworden,* (vgl. Abschnitt 4.2.1.).

Diese Bedingung für ein Extremum läßt sich auf beliebig viele unabhängige Veränderliche ausdehnen, während man die Veranschaulichung durch die waagerechte Berührungsebene natürlich nur bei zwei unabhängigen Veränderlichen vornehmen kann. Es ist also notwendige Bedingung für den relativen Extremwert einer Funktion $f(x_1, \ldots, x_n)$:

$$\boxed{\frac{\partial f}{\partial x_i} = 0}, \quad (i = 1, 2, \cdots, n) \tag{4-132}$$

und damit

$$df = \sum_{i=1}^{n} \frac{\partial f}{\partial x_i} dx_i = 0 . \tag{4-133}$$

Wir kehren zu zwei unabhängigen Veränderlichen zurück. An jener Stelle x_0, y_0, wo (4-132) erfüllt ist, hat $f(x,y)$ einen *stationären Wert.* In der Umgebung einer solchen Stelle gilt nach (4-130) die TAYLORsche Entwicklung

$$f(x_0 + h, y_0 + k) - f(x_0, y_0) = \frac{1}{2} [h^2 f_{xx} + 2hk f_{xy} + k^2 f_{yy}]_{\substack{x=x_0 \\ y=y_0}} + R_2 .$$

Da für $(h,k) \to (0,0) R_2$ von höherer Ordnung als der Klammerausdruck verschwindet, so wird für hinreichend kleine Werte von h und k das Vorzeichen der ganzen rechten Seite durch das von $h^2 f_{xx} + 2hk f_{xy} + k^2 f_{yy}$ an der Stelle x_0, y_0 bestimmt, wenn nicht alle Ableitungen f_{xx}, f_{xy}, f_{yy} am Ort x_0, y_0 verschwinden. Wir wollen letzteres voraussetzen, sonst müßten wir in (4-130) den nächsthöheren Term betrachten, der nicht identisch verschwindet. Setzt man $h = \varrho \cos \varphi$, $k = \varrho \sin \varphi$, so lautet der entscheidende Ausdruck

$$\varrho^2 [\cos^2 \varphi \, f_{xx} + 2 \cos \varphi \sin \varphi \, f_{xy} + \sin^2 \varphi \, f_{yy}]_{\substack{x=x_0 \\ y=y_0}} . \tag{4-134}$$

Wir unterscheiden folgende Fälle:

1. An der Stelle x_0, y_0 ist $f_{xx} = f_{yy} = 0$, aber $f_{xy} \neq 0$. Dann wird das Vorzeichen von (4-134) durch $f_{xy} \sin 2\varphi$ bestimmt. Je nachdem, ob man $\varphi > 0$ oder $\varphi < 0$ wählt, ist dieses Vorzeichen *verschieden,* d. h. $f(x_0,y_0)$ ist *weder* ein Maximum *noch* ein Minimum, sondern ein *Sattelpunkt* (vgl. Abb. 55e).

2. An der Stelle x_0, y_0 ist entweder $f_{xx} \neq 0$ oder $f_{yy} \neq 0$. Nehmen wir $f_{xx} \neq 0$ an, so läßt sich (4-134) schreiben als

$$\frac{\varrho^2}{f_{xx}} [(f_{xx} \cos \varphi + f_{xy} \sin \varphi)^2 + (f_{xx} f_{yy} - f_{xy}^2) \sin^2 \varphi]_{\substack{x=x_0 \\ y=y_0}} , \tag{4-135}$$

und wir müssen drei Fälle unterscheiden

a) $f_{xx}f_{yy} - f_{xy}^2 > 0$, dann hängt das Vorzeichen von (4-135) allein von f_{xx} ab, und es gilt: Ist an der Stelle x_0, y_0

$f_{xx} < 0$, so hat dort $f(x_0,y_0)$ ein *Maximum*,
$f_{xx} > 0$, so hat dort $f(x_0,y_0)$ ein *Minimum.*

b) $f_{xx}f_{yy} - f_{xy}^2 < 0$, dann kann das Vorzeichen von (4-135) durch die Wahl geeigneter φ-Werte entweder positiv oder negativ gemacht werden; es ist also ähnlich wie in 1. $f(x_0,y_0)$ ein *Sattelpunkt.*

c) $f_{xx}f_{yy} - f_{xy}^2 = 0$, dann gibt es φ-Werte, die (4-135) zu Null machen, wenn nämlich $\tan\varphi = -\frac{f_{xx}}{f_{xy}}$ erfüllt ist. In diesem Fall benötigt man also das nächsthöhere Glied der TAYLORschen Entwicklung, um Aussagen machen zu können.

Ist $f_{yy} \neq 0$ anstatt f_{xx}, so muß man in (4-135) f_{xx} und f_{yy} miteinander vertauschen und bekommt in a), b), c) entsprechende Aussagen.

4.4.3. Maxima und Minima von Funktionen mehrerer Veränderlicher bei Bestehen von Nebenbedingungen

Eine Funktion von n unabhängigen Veränderlichen sei definiert. Die notwendige Bedingung für einen stationären Wert (Maximum, Minimum oder Sattelpunkt) besteht in dem Verschwinden aller partiellen Differentialquotienten $\frac{\partial f}{\partial x_i}$ $(i = 1,\dots, n)$.

Das läßt sich auch ohne geometrische Interpretation einsehen: In der Gleichung

$$\mathrm{d}f = \frac{\partial f}{\partial x_1}\mathrm{d}x_1 + \frac{\partial f}{\partial x_2}\mathrm{d}x_2 + \cdots \frac{\partial f}{\partial x_n}\mathrm{d}x_n = 0$$

können die Differentiale $\mathrm{d}x_i$ jeden beliebigen kleinen Wert haben; man kann es daher auch so einrichten, daß die Glieder $\frac{\partial f}{\partial x_i}\mathrm{d}x_i$ alle positiv werden. Dann kann aber der Ausdruck nur verschwinden, wenn die Differentialquotienten verschwinden. Diese Schlußweise ist nicht mehr statthaft, wenn zwischen den n Veränderlichen x_i noch eine Anzahl l Bedingungsgleichungen $\varphi_j(x_1\dots x_n) = 0$ $(j=1,\dots, l)$ bestehen, also nur $n - l$ Veränderliche unabhängig sind. Durch $n - l$ Differentiale sind dann die l übrigen bereits bestimmt und nicht mehr willkürlich so wählbar, daß die Summe aus lauter positiven Gliedern besteht. Man könnte deshalb mit Hilfe der l Bedingungsgleichungen die nur scheinbar unabhängigen Veränderlichen eliminieren und mit den $n - l$ unabhängigen Veränderlichen wie oben verfahren. Dies stößt aber bei der wirklichen Durchführung oft auf große Schwierigkeiten. Viel übersichtlicher ist folgender, von LAGRANGE gefundene Weg: Wir differenzieren auch die Bedingungsgleichungen:

$$\left.\begin{aligned} \mathrm{d}\varphi_1 &= \frac{\partial \varphi_1}{\partial x_1}\mathrm{d}x_1 + \cdots \frac{\partial \varphi_1}{\partial x_n}\mathrm{d}x_n = 0\,,\\ &\vdots \qquad\qquad \vdots \qquad\qquad\qquad \vdots\\ \mathrm{d}\varphi_l &= \frac{\partial \varphi_l}{\partial x_1}\mathrm{d}x_1 + \cdots \frac{\partial \varphi_l}{\partial x_n}\mathrm{d}x_n = 0\,. \end{aligned}\right\} \qquad (4\text{-}136)$$

Die erste Gleichung multiplizieren wir mit einem Faktor λ_1, der auch eine Funktion der x_i sein kann, die zweite mit λ_2 usw. und addieren sie zur Hauptgleichung für $\mathrm{d}f$.

Wir erhalten dann

$$\begin{aligned} 0 = &\left(\frac{\partial f}{\partial x_1} + \lambda_1 \frac{\partial \varphi_1}{\partial x_1} + \cdots \lambda_l \frac{\partial \varphi_l}{\partial x_1}\right) \mathrm{d}x_1 + \cdots \\ &+ \left(\frac{\partial f}{\partial x_n} + \lambda_1 \frac{\partial \varphi_1}{\partial x_n} + \cdots \lambda_l \frac{\partial \varphi_l}{\partial x_n}\right) \mathrm{d}x_n \,. \end{aligned} \qquad (4\text{-}137)$$

Nun bestimmen wir die Faktoren λ_k ($k = 1, \ldots, l$) so, daß die ersten l Klammerausdrücke verschwinden. Dann steht rechts eine Summe mit $(n - l)$ Differentialen, die wir als die *unabhängigen* nehmen können. Für diese dürfen wir also wie oben schließen, daß die Klammerausdrücke Null sein müssen.

Im Endeffekt werden also alle Klammern Null gesetzt. Damit hat man n Gleichungen für die $n + l$ Größen $x_1 \ldots x_n$, $\lambda_1 \ldots \lambda_l$. Dazu kommen aber noch die l Bedingungsgleichungen, so daß es tatsächlich ebensoviel Gleichungen wie Unbekannte gibt.

Am Beispiel der günstigsten Konservenbüchse sei das Verfahren erläutert. Im Abschnitt 4.2.1. wurde eine der beiden Veränderlichen r und h eliminiert, jetzt wollen wir sie zunächst beibehalten und erhalten für das Minimum der Oberfläche die Gleichung

$$\mathrm{d}F = 0 = 4r\pi \,\mathrm{d}r + 2\pi h \,\mathrm{d}r + 2r\pi \,\mathrm{d}h$$

oder

$$0 = (2r + h) \,\mathrm{d}r + r \,\mathrm{d}h.$$

Dazu kommt die Nebenbedingung $V = r^2\pi h = \mathrm{const}$, welche differenziert ergibt:

$$0 = 2r\pi h \,\mathrm{d}r + r^2\pi \,\mathrm{d}h \text{ oder } 0 = 2h \,\mathrm{d}r + r \,\mathrm{d}h.$$

Multiplizieren wir diese Gleichung mit λ und addieren sie zur ersten, so erhalten wir die beiden Gleichungen

$$2r + h + 2\lambda h = 0, \quad r(1 + \lambda) = 0,$$

wobei noch

$$r^2\pi h = V$$

hinzukommt. Ihre Lösung gibt das bereits früher abgeleitete Resultat $h = 2r$. Hier ist die neue Methode nicht viel einfacher, sie wird es aber in allen verwickelteren Fällen.

4.5. Aufgaben zu 4.1. bis 4.4.

Es sollen die folgenden Funktionen differenziert werden:

1. $4x^3 - 3x^2\sqrt{x} + 2x$. **2.** $\dfrac{2}{x^2\sqrt[5]{x}}$. **3.** $\dfrac{1 + \sqrt[3]{x} + \sqrt[3]{x^2} + x}{\sqrt{x}}$. **4.** $(a + bx^p)^q$.

5. $\left(\dfrac{x^2}{1 + x^2}\right)^n$. **6.** $x\,(a + x)^2\,(b - x)$. **7.** $x\,(a + bx + cx^2)^n$. **8.** $\sqrt{1 - x^2}$.

9. $\sqrt{\dfrac{1 + x}{1 - x}}$. **10.** $\dfrac{\sqrt{x + a}}{\sqrt{a} + \sqrt{x}}$. **11.** $\sqrt{a + bx + cx^2}$. **12.** $\dfrac{x}{\sqrt[3]{a + bx + cx^2}}$.

13. $\left(x + \sqrt{1 - x^2}\right)^n$. **14.** $x^{m-1}\,(a + bx^n)^{\frac{p}{q}}$. **15.** $\mathrm{e}^{p + qx + rx^2}$. **16.** $(x^3 - 3x^2 + 6x - 6)\,\mathrm{e}^x$.

17. $p^{\sqrt{1 - x^2}}$. **18.** $x \ln x - x$. **19.** $\ln\,(p + qx + rx^2)$. **20.** $\ln\,(\cosh x)$.

21. $\ln\left(\frac{b+2cx+\sqrt{b^2-4ac}}{b+2cx-\sqrt{b^2-4ac}}\right)$. **22.** $\sin^p x \cos^q x$. **23.** $\frac{\sin x}{x}$ **24.** $\tan x - x$.

25. $\sqrt{1-a\sin^2 x}$. **26.** $\tan x \tan\frac{x}{2}$. **27.** $\frac{e^x \cos x}{1+e^x \sin x}$. **28.** $e^{1+\tan x}$.

29. $\ln\left(\tan\frac{x}{2}\right)$. **30.** $\sin(2\arcsin x)$ (Hauptwert). **31.** $\arctan\left(\frac{1-x}{1+x}\right)$.

32. Es soll die Geschwindigkeit und Beschleunigung eines Punktes, der sich nach der Gleichung

$$y(t) = ae^{-\lambda t}\cos 2\pi\left(\frac{t}{T}+p\right)$$

bewegt, berechnet werden.

33. Eine Gasmasse, die anfangs unter dem Druck p_0 bei der absoluten Temperatur T_0 das Volumen v_0 einnimmt, dehnt sich aus, ohne daß dabei Wärme zu- oder abgeführt wird. Es seien während der Ausdehnung die gleichzeitigen Werte von Druck, Temperatur und Volumen p, T und v, dann ist

$$\frac{p}{p_0} = \left(\frac{v_0}{v}\right)^k, \quad \frac{pv}{T} = \frac{p_0 v_0}{T_0},$$

wo k eine Konstante ist. Welcher Zusammenhang besteht zwischen den gleichzeitigen kleinen Änderungen von Druck, Volumen und Temperatur?

34. Wie groß ist $\ln(1+\delta)$, wenn δ sehr klein ist?

35. Welche Änderung erfährt $y = \log(\tan x)$, wenn sich x um die kleine Größe Δx ändert? Für $x = 45°$ bzw. $15°$ berechne man die Änderung von y, wenn x um $10''$ zunimmt.

36. Zwei parallele, im Spektrum dicht beieinander gelegene Lichtstrahlen (z. B. die beiden den Natriumlinien entsprechenden) fallen unter einem gegebenen Winkel auf ein Prisma. Man berechne den Winkel zwischen beiden Strahlen nach Durchgang durch das Prisma. Der Unterschied $d\lambda$ der Wellenlängen und die Dispersionsformel $n(\lambda)$ für den Stoff, aus dem das Prisma besteht, sind gegeben.

37. Es ist zu untersuchen, ob die Funktion

$$x^m(b-x)^n$$

ein Maximum oder Minimum hat.

38. Für welchen Wert von x wird

$$\left(\frac{\sin x}{x}\right)^2$$

ein Maximum?

39. Wie lauten die zweiten Differentialquotienten von e^u; $\sin u$; $\arctan u$; $\frac{u}{v}$; u, v, w, wenn u, v, w Funktionen von x sind?

40. Man berechne $\frac{d^2y}{dx^2}$ aus der Gleichung

$$\frac{x^m}{a^m} + \frac{y^m}{b^m} = 1.$$

41. Wie lautet $\frac{d^2y}{dx^2}$ wenn $x = a\cos\vartheta$ und $y = b\sin\vartheta$ (a, b Konstanten) sind?

42. Welchen Wert muß die Konstante m haben, damit $y(x) = e^{mx}$ der Gleichung

$$A\frac{d^2y}{dx^2} + B\frac{dy}{dx} + Cy = 0$$

genügt? (A, B und C Konstanten).

43. Es soll bewiesen werden, daß

$$y(x) = C_1 \sin nx + C_2 \cos nx + \frac{\cos m}{n^2 - m^2}$$

stets die Gleichung

$$\frac{d^2y}{dx^2} + n^2 y = \cos mx$$

erfüllt, welchen Wert die Konstanten C_1 und C_2 auch haben mögen.

44. Es soll der Verlauf der Funktion

$$y(x) = \frac{x^2 - x + 1}{x^2 + x - 1}$$

untersucht werden.

45. Wie verläuft die Funktion $y(x) = \sin x(1 + \cos x)$?

46. Die Beziehung zwischen Druck p, Volumen v und absoluter Temperatur T eines realen Gases ist durch die VAN DER WAALSsche Gleichung

$$\left(p + \frac{a}{v^2}\right)(v - b) = RT$$

bestimmt, wo a, b und R positive Konstanten sind. Es sollen die gleichzeitigen Änderungen von v und p bei konstanter Temperatur T diskutiert werden. (Man betrachte $p\ (v)$).

47. Man skizziere den Funktionsverlauf $f(x)$ in der Umgebung von x_0, wenn $f'(x_0) = f''(x_0) = \ldots = f^{(n-1)}(x_0) = 0$ und für n ungerade $f^{(n)}(x_0) > 0$ bzw. $f^{(n)}(x_0) < 0$ ist.

48. Wie lauten die ersten und zweiten partiellen Differentialquotienten von

a) $x^m y^n$; b) $F(xy)$; c) $F(x + y)$; d) $x^m \cos py$;

e) $e^{px} \cos qy$; f) $e^{\alpha x^2 + \beta xy + \gamma y^2}$; g) $\arctan\left(\frac{x}{y}\right)$;

h) $F(\varrho)$ mit $\varrho = \sqrt{x^2 + y^2}$?

49. Welche Werte erhält man, wenn $r(x,y,z) = \sqrt{x^2 + y^2 + z^2}$ ist, für

$$\Delta r = \frac{\partial^2 r}{\partial x^2} + \frac{\partial^2 r}{\partial y^2} + \frac{\partial^2 r}{\partial z^2},$$

$$\Delta \ln r = \frac{\partial^2 (\ln r)}{\partial x^2} + \frac{\partial^2 (\ln r)}{\partial y^2} + \frac{\partial^2 (\ln r)}{\partial z^2}$$

und allgemein für

$$\Delta F(r) = \frac{\partial^2 F(r)}{\partial x^2} + \frac{\partial^2 F(r)}{\partial y^2} + \frac{\partial^2 F(r)}{\partial z^2} \ ?$$

50. Was ergibt sich für

$$\Delta [xF(r)] = \left(\frac{\partial^2}{\partial x^2} + \frac{\partial^2}{\partial y^2} + \frac{\partial^2}{\partial z^2}\right)[xF(r)]$$

und

$$\Delta [xyF(r)] = \left(\frac{\partial^2}{\partial x^2} + \frac{\partial^2}{\partial y^2} + \frac{\partial^2}{\partial z^2}\right)[xyF(r)]?$$

51. Es soll bewiesen werden, daß

$$\frac{\partial}{\partial x}\left(\frac{\partial^2}{\partial x^2} + \frac{\partial^2}{\partial y^2} + \frac{\partial^2}{\partial z^2}\right)\varphi = \left(\frac{\partial^2}{\partial x^2} + \frac{\partial^2}{\partial y^2} + \frac{\partial^2}{\partial z^2}\right)\frac{\partial \varphi}{\partial x} \text{ ist.}$$

52. Welchen Bedingungen müssen die Konstanten α und β in der Funktion

$$y(x) = \mathrm{e}^{\alpha x + \beta t + \gamma}$$

genügen, damit

$$\frac{\partial^2 y}{\partial x^2} = A \frac{\partial^2 y}{\partial t^2} + B \frac{\partial y}{\partial t}$$

ist?

53. Wenn für irgendeinen Stoff zwischen dem Druck p, dem Volumen v und der Temperatur t eine Beziehung besteht, dann kann man v als Funktion von p und t ansehen und die Differentialquotienten $\frac{\partial v}{\partial p}$ und $\frac{\partial v}{\partial t}$ bilden. Man kann jedoch auch, indem man v konstant läßt, den Differentialquotienten $\frac{\partial p}{\partial t}$ bilden. Es soll $\frac{\partial p}{\partial t}$ mit Hilfe der beiden zuerst genannten Differentialquotienten ausgedrückt werden.

54. Eine Funktion $f(x,y)$, die für jeden beliebigen Wert von t der Gleichung $f(tx,ty) = t^m(fx,y)$ $(m \in \mathbb{R})$ genügt, heißt *homogen vom Grad m*. Man beweise, daß für solche Funktionen

$$xf_x + yf_y = mf(x,y) \text{ gilt (Eulersches Theorem).}$$

55. Wo liegen die stationären Werte der Funktion

$$f(x,y) = (x^2 + y^2)^2 - 2a^2(x^2 - y^2)$$

und von welcher Art sind sie?

56. Man bestimme den Grenzwert von

$$\lim_{x \to \infty} \frac{\ln x}{x^n}; \quad \lim_{x \to +0} (x \ln x); \quad \lim_{x \to \infty} x^2 \left(1 - x \sin \frac{1}{x}\right); \quad \lim_{x \to \infty} \left(\frac{x + a}{x - a}\right)^x; \quad \lim_{x \to 0} (\sin x)^x.$$

57. Wie lautet die Taylorsche Entwicklung von $\ln(1 + x)$ in der Umgebung von $x = 0$? Man benutze das Lagrangesche Restglied, um den maximalen Fehler abzuschätzen, der sich für $x = 1$ ergibt.

58. Wie lautet die Taylorsche Entwicklung und das Lagrangesche Restglied für $\sin x$ und $\cos x$ in der Umgebung von $x = 0$?

5. Aus der analytischen Geometrie

Die analytische Geometrie ermittelt auf rechnerischem Weg Beziehungen zwischen geometrischen Gebilden. Die von uns schon benutzte Darstellung von $f(x)$ durch eine Kurve in der xy-Ebene gehört ebenso in den Bereich der analytischen Geometrie, wie die Deutung von $f(x,y)$ als Fläche im dreidimensionalen Raum. Gerade wegen der Verknüpfung von Algebra und Geometrie ist die von Descartes entdeckte analytische Geometrie für den Praktiker von grundlegender Bedeutung. Aus diesem Zweig der Mathematik sollen hier die Gleichungen für die wichtigsten Kurven und Flächen zusammengestellt und diskutiert werden, auf die wir dann in den folgenden Kapiteln zurückgreifen können. Dabei steht uns leider die Vektorrechnung (Kapitel 7) noch nicht zur Verfügung. Das vektorielle Rechnen hat innerhalb der analytischen Geometrie, vor allem bei der Beschreibung von geometrischen Gebilden im dreidimensionalen Raum, den Vorteil, daß man geometrische Resultate auf dem Weg der *Anschauung* gewinnt, während die rein koordinatenmäßige Rechnung oft den geometrischen Sinn nicht klar hervortreten läßt. Aus diesem Grund wollen wir die Differentialgeometrie im Rahmen der Vektorrechnung (Abschnitt 7.3.) behandeln. Trotzdem müssen wir schon hier gelegentliche Formeln mitteilen, die zweckmäßig mit Hilfe vektorieller Betrachtungen gewonnen werden. Die Ableitung dieser Formeln holen wir dann in Abschnitt 7.2. nach, den der Leser übrigens auch ohne Kenntnis der Integralrechnung zunächst durcharbeiten kann. Schließlich bringen wir hier noch im Zusammenhang mit den Kurven zweiten Grades einiges über die quadratischen Formen und die Kegelschnitte.

5.1. Lineare Gebilde

Wir betrachten geometrische Gebilde, die analytisch durch eine lineare Gleichung der Form

$$Ax + By + Cz + D = 0 \tag{5-1}$$

beschrieben werden, wobei x, y und z Koordinaten bezüglich eines kartesischen Koordinatensystems sein sollen und $A, B, C, D, \in \mathbb{R}$.

Setzt man in (5-1) $\frac{A}{B} = -m$, $\frac{D}{B} = -n$ $(B \neq 0)$ und läßt die z-Koordinate weg, so folgt

$$\boxed{y = mx + n}, \tag{5-2}$$

also die bereits benutzte Form einer *Geraden in der xy-Ebene*. Hierbei ist $m = \tan\alpha$ die Steigung der Geraden (α ist der Winkel mit der positiven x-Achse) und n der Abschnitt auf der y-Achse. Wählen wir auf der Geraden einen beliebigen Punkt P_0 mit den Koordinaten x_0, y_0, so folgt aus (5-2)

$$\boxed{\frac{y - y_0}{x - x_0} = \tan\alpha} \tag{5-3}$$

als Gleichung einer Geraden, die in der xy-Ebene mit gegebener Richtung α durch einen gegebenen Punkt P_0 geht. Führt man ebene Polarkoordinaten $x = r\cos\varphi$, $y = r\sin\varphi$ ein (vgl. 1-106), so liefert (5-3) $r\sin\varphi - r_0\sin\varphi_0 = \tan\alpha(r\cos\varphi - r_0\cos\varphi_0)$ oder

$$r\sin(\varphi - \alpha) = r_0\sin(\varphi_0 - \alpha). \tag{5-4}$$

Die Verallgemeinerung für eine Gerade im Raum läßt sich mit Hilfe der Vektorrechnung leicht finden. Geht die Gerade durch den Punkt x_0, y_0, z_0 mit einem Winkel α gegen die positive x-Achse, β gegen die positive y-Achse und γ gegen die positive z-Achse, so ergibt sich [vgl. (7-56)]

$$\boxed{x = x_0 + \lambda\cos\alpha; \quad y = y_0 + \lambda\cos\beta; \quad z = z_0 + \lambda\cos\gamma} \tag{5-5}$$

als Gleichung einer *Geraden im Raum* in Parameterdarstellung. Hier ist der Parameter λ die einzige unabhängige Veränderliche. Für $\gamma = 90°$ folgt aus (5-5) wieder (5-3).

Jede in x, y, z lineare Gleichung (5-1) stellt ein *Ebene* dar. Wählt man $x = a$ für $y = z = 0$, $y = b$ für $x = z = 0$ und $z = c$ für $x = y = 0$, so folgt $(A,B,C,D \neq 0)$

$$a = -\frac{D}{A}, \quad b = -\frac{D}{B}, \quad c = -\frac{D}{C},$$

also

$$\boxed{\frac{x}{a} + \frac{y}{b} + \frac{z}{c} - 1 = 0} \tag{5-6}$$

die Gleichung einer *Ebene im Raum* mit den *Achsenabschnitten* a, b, c (Abb. 42). Für $c \to \infty$ erhält man $\frac{x}{a} + \frac{y}{b} = 1$ als Gleichung einer Ebene, die parallel zur z-Achse verläuft.

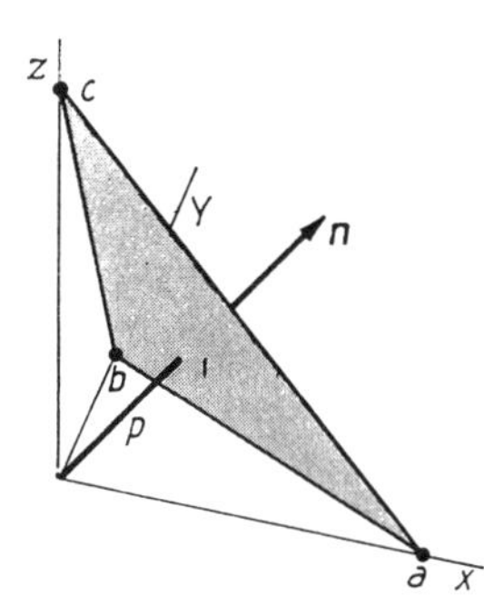

Abb. 42 Ebene im Raum

Setzt man $z = 0$, so entsteht aus (5-6) die Achsenabschnittsgleichung der *Geraden* in der xy-Ebene. Ein Vergleich mit (5-2) zeigt, daß hier $b = n$ und $a = -\frac{n}{m}$ ist.

Schließlich wollen wir eine sehr nützliche Form der Ebenengleichung angeben, die sich mit Hilfe der Vektorrechnung schnell herleiten läßt. Uns stehen aber aus der Betrachtung orthogonaler Transformationen auch andere Mittel zur Verfügung. Wir betrachten in Abb. 27 die Gerade I und auf ihr den Punkt P, der in unserer jetzigen Bezeichnung die Koordinaten x_0, y_0, z_0 haben soll. Dann ergibt sich aus (3-60) und (3-61) der Abstand dieses Punktes vom Koordinatenursprung

$$p = x_0 \cos\alpha + y_0 \cos\beta + z_0 \cos\gamma \tag{5-7}$$

(wir benutzen hier p anstatt r in Abb. 27). Dabei sind α, β, γ die Winkel zwischen der Geraden I und den Koordinatenachsen. Durch den Punkt P soll noch eine zweite Gerade gehen, und zwar so, daß sie *senkrecht* auf der ersten steht. Diese Gerade soll mit den Koordinatenachsen die Winkel α', β', γ' bilden. Nach (3-65) stehen beide Geraden genau dann senkrecht, wenn

$$\cos\alpha\cos\alpha' + \cos\beta\cos\beta' + \cos\gamma\cos\gamma' = 0 \tag{5-8}$$

ist. Aus (5-7) und (5-5) folgt hiermit

$$\boxed{p = x\cos\alpha + y\cos\beta + z\cos\gamma}\,. \tag{5-9}$$

Da (5-9) für *jede* Gerade gilt, die durch den Punkt x_0, y_0, z_0 geht und senkrecht auf $\boldsymbol{n}$ in Abb. 42 steht, so gilt (5-9) für alle Punkte der Ebene *senkrecht* zu $\boldsymbol{n}$, die als kleinsten

Abstand vom Koordinatenursprung die Entfernung p hat. $\boldsymbol{n}$ heißt die *Normale* der Ebene, und (5-9) bezeichnet man als *Gleichung der Ebene in Normalform* (HESSEsche Normalform; HESSE 1811—1874).

Ein Vergleich von (5-9) mit (5-1) zeigt, daß

$$\left.\begin{aligned} \cos\alpha &= \frac{A}{\sqrt{A^2+B^2+C^2}}, \quad & \cos\beta &= \frac{B}{\sqrt{A^2+B^2+C^2}} \\ \cos\gamma &= \frac{C}{\sqrt{A^2+B^2+C^2}}, \quad & p &= -\frac{D}{\sqrt{A^2+B^2+C^2}} \end{aligned}\right\} \tag{5-10}$$

ist, da nach (3-63)

$$\cos^2\alpha + \cos^2\beta + \cos^2\gamma = 1 \tag{5-11}$$

sein muß.

Für $z = 0$ erhalten wir die *Normalform der Geraden* in der Ebene

$$\boxed{l = x\cos\alpha + y\sin\alpha}\,, \tag{5-12}$$

wobei l die Länge des Lotes vom Koordinatenursprung auf die Gerade ist. Hit Milfe ebener Polarkoordinaten läßt sich (5-12) auch

$$l = r\cos(\varphi - \alpha) \tag{5-13}$$

schreiben.

Betrachtet man zwei sich schneidende Ebenen, so ist der Winkel ϑ zwischen beiden Ebenen aus

$$\boxed{\cos\vartheta = \cos\alpha_1\cos\alpha_2 + \cos\beta_1\cos\beta_2 + \cos\gamma_1\cos\gamma_2} \tag{5-14}$$

zu berechnen. Wir beweisen dies am einfachsten mit Hilfe der Vektorrechnung (vgl. 7-60).

5.2. Ebene Kurven, insbesondere Kurven zweiten Grades

5.2.1. Gleichungen der Tangente und Normale einer Kurve

Da der Differentialquotient $\frac{\mathrm{d}y}{\mathrm{d}x}$ die Steigung der Tangente angibt, erhalten wir die Gleichung der Tangente im Punkt P_0 dadurch, daß wir die Gleichung einer Geraden durch P_0 mit der Steigung $f'(x_0)$ hinschreiben. Dabei bedeutet $f'(x_0)$ den Ausdruck, den man erhält, wenn man die Funktion $f(x)$ differenziert und hinterher den Wert der Koordinate x_0 einsetzt. Die *Tangente* hat daher nach (5-3) die Gleichung

$$\boxed{\frac{y - y_0}{x - x_0} = f'(x_0)}\,. \tag{5-15}$$

Beispiel. $f(x) = ax^2$ (Parabel) ergibt $f'(x) = 2ax$, also $\frac{y - y_0}{x - x_0} = 2ax_0$.

Nicht immer ist die Gleichung der Kurve nach y aufgelöst gegeben. So sei z. B. die Kurve $F(x,y) = \frac{y^2}{a^2} + \frac{x^2}{b^2} - 1 = 0$ (Ellipse) vorgegeben. Nach (4-126) ist

$$\frac{\mathrm{d}y}{\mathrm{d}x} = -\frac{b^2}{a^2}\,\frac{x}{y}\,.$$

Man erhält durch Einsetzen der Koordinaten x_0 und y_0 als Tangentengleichung

$$\frac{y - y_0}{x - x_0} = -\frac{b^2 x_0}{a^2 y_0}.$$

Endlich wollen wir noch die Tangente an eine in Parameterform gegebene Kurve, die *Zykloide*, kennenlernen: Wenn ein Kreis (Abb. 43) auf einer Geraden Ox rollt, so beschreibt jeder Punkt der Peripherie dieses Kreises eine Kurve, die man *Zykloide* nennt und die aus einer Aufeinanderfolge kongruenter Teile, wie OAQ, besteht. Ein Punkt des Kreises soll ursprünglich auf der Geraden Ox im Punkt O liegen; rollt der Kreis so weit, daß der Mittel-

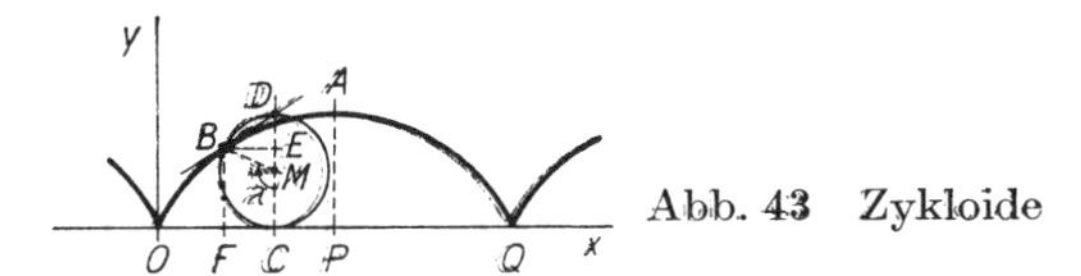

Abb. 43 Zykloide

punkt, welcher sich ursprünglich auf Oy befand, nach M gelangt, so wird jener Punkt seinen Ort verändern und nach B gelangen. Die Koordinaten des Punktes B sind $OF = x$, $BF = y$. Ist ferner der Zentriwinkel BMC gleich λ und der Radius r, so ist OC = Bogen $BC = r\lambda$, $FC = BE = r \sin(\pi - \lambda) = r \sin \lambda$, $EM = r \cos(\pi - \lambda) = -r \cos \lambda$, also

$$x = OF = OC - FC = r\lambda - r \sin \lambda = r(\lambda - \sin \lambda),$$

$$y = BF = MC + ME = r - r \cos \lambda = r(1 - \cos \lambda).$$

Der Winkel λ ist hier also die Veränderliche, von der sowohl x als auch y abhängt, und man hat

$$\frac{dx}{d\lambda} = r(1 - \cos \lambda), \quad \frac{dy}{d\lambda} = r \sin \lambda.$$

Damit wird die Steigung der Tangente

$$\tan \vartheta = \frac{dy}{dx} = \frac{\sin \lambda}{1 - \cos \lambda} = \cot \frac{\lambda}{2},$$

also $\vartheta = \frac{\pi}{2} - \frac{\lambda}{2}$. Hieraus folgt, daß die Tangente in B durch den höchsten Punkt D des Kreises geht, denn es ist $\sphericalangle BDC = \frac{1}{2} \sphericalangle BMC = \frac{\lambda}{2}$, also der Winkel, den BD mit Ox bildet, $\frac{\pi}{2} - \frac{\lambda}{2}$.

Die *Normale* erhält man, wenn man die Tangente um $\frac{\pi}{2}$ dreht, und zwar im gleichen Sinn wie die Drehung der x- zur y-Achse erfolgt. Nach (5-15) ist also für die *Normale*

$$\boxed{\frac{y - y_0}{x - x_0} = \tan\left(\vartheta_0 + \frac{\pi}{2}\right) = -\frac{1}{f'(x_0)}} \tag{5-16}$$

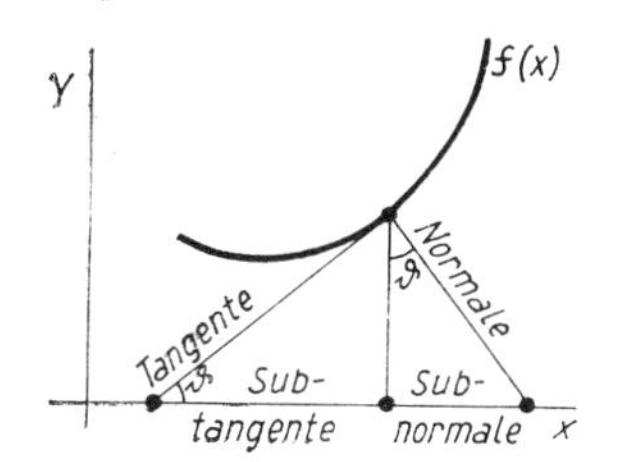

Abb. 44 Tangente, Normale, Subtangente und Subnormale

Die Länge der Tangente zwischen Berührungspunkt und x-Achse wird oft kurz als die *Tangente* bezeichnet, ihre Projektion auf die x-Achse als *Subtangente.* In gleicher Weise ist die *Normale* und *Subnormale* definiert (Abb. 44).

Wenn eine Kurve in Polarkoordinaten gegeben ist, also in Form einer *Polargleichung* $r = f(\varphi)$, so läßt sich deren Tangente im Punkt P (dessen Koordinaten r, φ sind) in folgender Weise berechnen. Die Einführung der Veränderlichen r, φ an Stelle von x, y durch $x(r,\varphi) = r\cos\varphi$, $y(r,\varphi) = r\sin\varphi$ hat zur Folge, daß nach (4-116)

$$\mathrm{d}x = x_r\,\mathrm{d}r + x_\varphi\,\mathrm{d}\varphi = \cos\varphi\,\mathrm{d}r - r\sin\varphi\,\mathrm{d}\varphi$$

$$\mathrm{d}y = y_r\,\mathrm{d}r + y_\varphi\,\mathrm{d}\varphi = \sin\varphi\,\mathrm{d}r + r\cos\varphi\,\mathrm{d}\varphi$$

gilt. Die Auflösung nach $\mathrm{d}r$ und $\mathrm{d}\varphi$ liefert

$$\mathrm{d}r = \cos\varphi\,\mathrm{d}x + \sin\varphi\,\mathrm{d}y; \qquad r\,\mathrm{d}\varphi = -\sin\varphi\,\mathrm{d}x + \cos\varphi\,\mathrm{d}y,$$

also wegen $\dfrac{\mathrm{d}y}{\mathrm{d}x} = \tan\alpha = \dfrac{\sin\alpha}{\cos\alpha}$ folgt $\dfrac{\mathrm{d}r}{r\mathrm{d}\varphi} = \dfrac{\cos(\alpha-\varphi)}{\sin(\alpha-\varphi)}$
oder

$$\frac{\mathrm{d}r}{\mathrm{d}\varphi} = f'(\varphi) = r\cot\beta\,, \tag{5-17}$$

wobei $\beta = \alpha - \varphi$ ist. Aus Abb. 45, in der diese Winkel eingezeichnet sind, entnimmt man auch direkt: Da $PR \perp OQ$ gezogen ist, folgt $PR = r\sin\Delta\varphi$, $OR = r\cos\Delta\varphi$, also $RQ = r(1 - \cos\Delta\varphi) + \Delta r$ und

$$\cot OQP = \frac{RQ}{PR} = \frac{r\,(1-\cos\Delta\varphi) + \Delta r}{r\sin\Delta\varphi}.$$

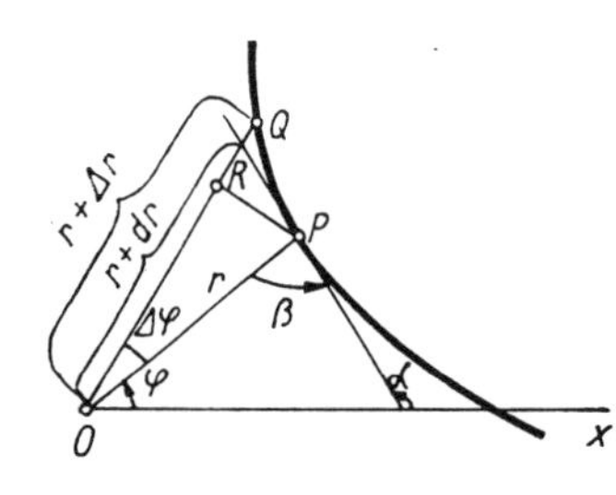

Abb. 45 Zur Gleichung der Tangente in Polarkoordinaten

Wählen wir $\Delta\varphi = \mathrm{d}\varphi$ hinreichend klein, so ist (Beispiele 1. und 2. zu 4-70) $\sin\Delta\varphi \approx \mathrm{d}\varphi$, $\cos\Delta\varphi \approx 1 - \dfrac{(\mathrm{d}\varphi)^2}{2}$ und $\Delta r \approx \mathrm{d}r$, also

$$\lim_{\Delta\varphi\to 0} \cot OQP = \cot\beta = \frac{\mathrm{d}r}{r\mathrm{d}\varphi}, \quad \text{wie (5-17).}$$

Da $r = f(\varphi)$ ist, läßt sich (5-17) auch umformen zu

$$\tan\beta = \frac{f(\varphi)}{f'(\varphi)}. \tag{5-18}$$

Die Gleichung der Tangente für den Kurvenpunkt r_0, φ_0 wird dann nach (5-4) wegen $\alpha = \beta_0 + \varphi_0$

$$r\sin(\beta_0 + \varphi_0 - \varphi) = r_0\sin\beta_0, \tag{5-19}$$

$$\text{wobei } \tan\beta_0 = \frac{r_0}{f'(\varphi_0)} \text{ ist.}$$

5.2.2. Bogenelement einer Kurve

Wir denken an die Parameterdarstellung (2-21) einer Kurve und wählen auf dieser Kurve einen beliebigen Punkt. Diesen erklären wir zum Nullpunkt unserer Zählung, die wir längs der Kurve so ausführen wollen, daß wir an jedem Punkt der Kurve vermerken, wie weit er von dem fixierten Nullpunkt entfernt ist. Mit Hilfe dieser Marken wird jeder Kurvenpunkt in ähnlicher Weise festgelegt, wie man bestimmte Stellen einer Landstraße mit Kilometersteinen eindeutig angibt. Diese vom Nullpunkt aus gezählte Länge nennt man *Bogenlänge der Kurve* und bezeichnet sie mit L (vgl. 6-26). Speziell für diese Wahl des Parameters lautet die Parameterdarstellung der Kurve also

$$x(s), \; y(s).$$

Die Wegdifferenz längs der Kurve zwischen zwei Markierungen ist $\Delta s = s - s_0$. Zeichnen wir an der Stelle s_0 die zugehörige Kurventangente ein, so können wir nun Abbildung 46 entnehmen, daß für $\Delta s \to 0$ der Bogen Δs durch das Geradenstück ds ersetzt werden kann, das zugleich mit der zum Bogen Δs gehörenden Sehne zusammenfällt. In einer hinreichend kleinen Umgebung von s können wir also den Kurvenbogen durch das *Bogenelement*

$$\boxed{\mathrm{d}s = \sqrt{\mathrm{d}x^2 + \mathrm{d}y^2} = \sqrt{1 + \left(\frac{\mathrm{d}y}{\mathrm{d}x}\right)^2}\,\mathrm{d}x} \tag{5-20}$$

ausdrücken. Es ist auch

$$\mathrm{d}x = \mathrm{d}s \cos \vartheta, \quad \mathrm{d}y = \mathrm{d}s \sin \vartheta, \tag{5-21}$$

und in Polarkoordinaten erhält man

$$\boxed{\mathrm{d}s = \sqrt{r^2 + \left(\frac{\mathrm{d}r}{\mathrm{d}\varphi}\right)^2}\,\mathrm{d}\varphi} \tag{5-22}$$

5.2.3. Krümmung und Krümmungsradius

Wie in Abschnitt 4.1.11. ausgeführt, gibt die Änderung des ersten Differentialquotienten (der zweite Differentialquotient) die Änderung der Richtung der Tangente, also die Abweichung von der Geraden, d. h. die *Krümmung*. Wir wollen jetzt einen mathematischen Ausdruck für die Krümmung ableiten.

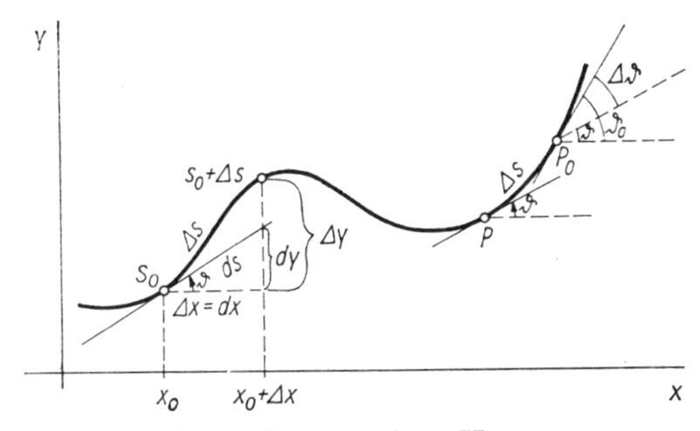

Abb. 46 Bogenelement einer Kurve

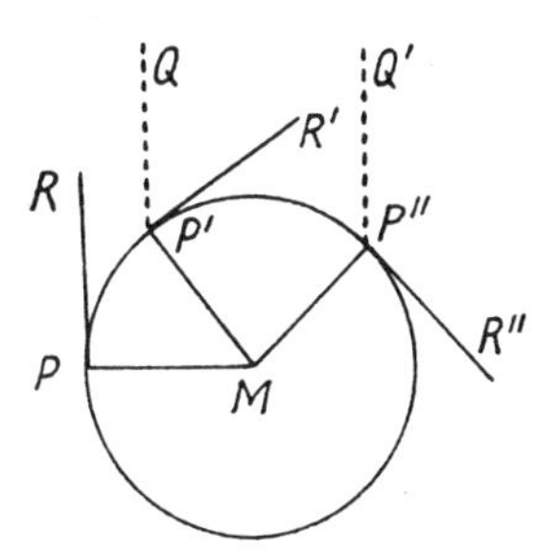

Abb. 47 Richtungsänderung bei der Kreisbewegung

Ein Punkt bewege sich z. B. auf einem Kreis von P nach P' (Abb. 47). Am Anfang ist die Richtung der Bewegung durch die Tangente PR, am Ende durch die Tangente $P'R'$ bestimmt. Die Richtungsänderung ist also durch den Winkel $QP'R'$ gegeben, und diesen können wir durch den gleichgroßen Zentriwinkel PMP' ersetzen. Ebenso ist die Richtungsänderung längs des Kreisbogens PP'' durch den Winkel $Q'P''R''$ oder durch den gleichgroßen Winkel PMP'' bestimmt. Man sieht hieraus, wie bei ein- und demselben Kreis die Richtungsänderung der Länge des betrachteten Bogens proportional ist. Man wird in dieser Weise selbst darauf geführt, die Richtungsänderung auf die Längeneinheit zu beziehen; dies betrachten wir als ein Maß der Krümmung und nennen sie auch kurz die *Krümmung*. Man erhält sie, wenn man die Richtungsänderung längs eines beliebigen Bogens, etwa PP', d. h. den Winkel PMP' durch die Bogenlänge PP' dividiert. Letztere ist aber gleich dem Produkt aus dem Zentriwinkel und dem Radius r, und daher ist die Krümmung $= \frac{1}{r}$. Diese ist also um so größer, je kleiner der Radius ist.

Im Gegensatz zum Kreis zeigen bei allen anderen Kurven verschiedene Bögen von gleicher Länge ungleiche Richtungsänderungen, und man erhält daher für zwei beliebig gewählte Bögen zwei verschiedene Resultate, wenn man jedesmal die Richtungsänderung längs des Bogens durch seine Länge dividiert, also $\frac{\Delta\vartheta}{\Delta s}$ bildet (Abb. 46). Man kann den in dieser Weise für irgend ein Kurvenstück gefundenen Quotienten die *mittlere Richtungsänderung je Längeneinheit* oder die *mittlere Krümmung* des betreffenden Kurvenstücks nennen. Will man aber die Krümmung von Punkt zu Punkt überblicken, so liegt es nahe, den Grenzwert zu betrachten, dem sich die mittlere Krümmung nähert, wenn man den Anfangspunkt P des Bogens festhält, die Länge desselben aber fortwährend kleiner werden läßt. Diesen Grenzwert

$$\lim_{\Delta s \to 0} \frac{\Delta\vartheta}{\Delta s} = \frac{\mathrm{d}\vartheta}{\mathrm{d}s} = k \tag{5-23}$$

nennt man jetzt die *Krümmung im Punkt P*.

Da die Länge des Bogenelements ds stets positiv genommen wird, hängt das Vorzeichen, welches wir für die Krümmung $\frac{\mathrm{d}\vartheta}{\mathrm{d}s}$ finden, nur von dem Vorzeichen von dϑ ab.

Wird die in Abbildung 46 dargestellte Kurve von P nach P_0 durchlaufen, so wächst ϑ, also ist $k > 0$. Durchläuft man das gleiche Kurvenstück in umgekehrter Richtung, so ist $k < 0$. Das *Vorzeichen* der Krümmung hängt vom *Durchlaufungssinn* ab.
Wir fanden beim Kreis, daß der Kehrwert der Krümmung gleich dem Kreisradius ist.

Man kann deshalb allgemein

$$\varrho = \frac{1}{|k|} \tag{5-24}$$

als Radius eines Kreises einführen, der die gleiche Krümmung hat wie die Kurve in dem betrachteten Kurvenpunkt. Der Mittelpunkt dieses *Krümmungskreises* liegt auf der *Kurvennormale* und heißt *Krümmungsmittelpunkt*. Wird eine Kurve so durchlaufen, daß der in Abbildung 46 eingeführte Winkel ϑ zunimmt, also $k > 0$ ist, so liegt der Krümmungsmittelpunkt stets zur Linken.

Rechnerisch ergibt sich Krümmung und Krümmungsradius sehr schnell: Da nach (4-2, 4-3) $f' = \tan\vartheta$, also $\vartheta = \arctan f'$ und

$$\frac{\mathrm{d}\vartheta}{\mathrm{d}s} = \frac{\mathrm{d}\vartheta}{\mathrm{d}x} \cdot \frac{1}{\frac{\mathrm{d}s}{\mathrm{d}x}}$$

ist, folgt wegen (4-41) und (5-20)

$$\frac{\mathrm{d}\vartheta}{\mathrm{d}s} = \frac{f''}{1 + f'^2} \cdot \frac{1}{\sqrt{1 + f'^2}},$$

$$\boxed{k = \frac{f''}{(1 + f'^2)^{3/2}}}. \qquad (5\text{-}25)$$

5.2.4. Kreis

Wir wollen die Kurven zweiten Grades besprechen und beginnen mit der einfachsten, dem Kreis. Bezogen auf den Koordinatenursprung als Mittelpunkt ist der Kreis dadurch gekennzeichnet, daß r konstant gleich a ist, also lautet in rechtwinkligen Koordinaten die Kreisgleichung:

$$\boxed{x^2 + y^2 = a^2}. \quad \text{Kreisgleichung} \qquad (5\text{-}26)$$

Hat der Mittelpunkt die Koordinaten m und n, so ergibt eine einfache Verschiebung des Koordinatenursprungs in den Mittelpunkt die Gleichung

$$(x - m)^2 + (y - n)^2 - a^2 = x^2 + y^2 - 2mx - 2ny + m^2 + n^2 - a^2 = 0.$$

Kennzeichnend ist, daß auch jetzt noch die Koeffizienten von x^2 und y^2 gleich sind. *Nur in diesem Fall* stellt eine Kurve zweiten Grades einen Kreis dar.

5.2.5. Ellipse

Wir gehen von einem auf den Koordinatenursprung als Mittelpunkt bezogenen Kreis aus und verkürzen alle Ordinaten im Maßstab $\frac{b}{a}$, setzen also $\bar{y} = \frac{b}{a} y$. Damit wird die Gleichung der neuen Kurve:

$$\bar{x}^2 + \bar{y}^2 \frac{a^2}{b^2} - a^2 = 0$$

oder, wenn wir die Striche wieder weglassen,

$$\boxed{\frac{x^2}{a^2} + \frac{y^2}{b^2} = 1}. \quad \text{Ellipsengleichung (Mittelpunktsgleichung)} \qquad (5\text{-}27)$$

Diese Kurve nennen wir Ellipse. Da nur Glieder mit x^2 und y^2 vorkommen, ändert sich bei Vorzeichenwechsel von x oder y nichts, die Ellipse ist sowohl zur x- als auch zur y-Achse symmetrisch. Diese Symmetrieachsen, die bei beliebiger Lage des Koordinatensystems natürlich nicht mit den Koordinatenachsen zusammenfallen, heißen die *Hauptachsen*. Ist $a > b$, so heißt a die große, b die kleine Achse.

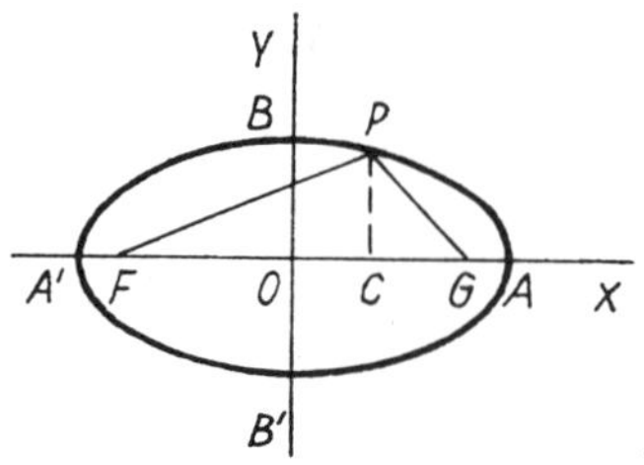

Abb. 48 Konstruktion der Ellipse

Statt durch affine Transformation eines Kreises kann man die Ellipse auch auf andere Weise erzeugen: Wir nehmen (Abb. 48) auf der x-Achse die beiden Punkte F und G mit den Abszissen $-e$ und $+e$ an und suchen den Ort der Punkte P, für die die *Summe* der Abstände FP und GP konstant ist. Die Größe e heißt die *Exzentrizität* der Ellipse. Diese Summe ist gleich $2OA = 2a$. Denn denkt man sich in F und G einen Faden befestigt, der länger als $2e$ sein muß, und zeichnet die Ellipse dadurch, daß man unter steter Spannung des Fadens mit einem an den Faden angelegten Stift alle möglichen Lagen P aufsucht, so sieht man, daß in der Lage der waagerechten Hauptachse zur Strecke $2e$ die doppelte Strecke $a - e$ hinzukommt. Die Ellipsengleichung ergibt sich folgendermaßen:

Nach unserer Konstruktion ist

$$\sqrt{(x+e)^2+y^2}+\sqrt{(x-e)^2+y^2}=2a$$

oder

$$\sqrt{(x+e)^2+y^2}=2a-\sqrt{(x-e)^2+y^2}\,,$$

durch Quadrieren folgt

$$ex=a^2-a\sqrt{(x-e)^2+y^2}$$

und durch abermaliges Quadrieren

$$x^2(a^2-e^2)+a^2y^2=a^2(a^2-e^2)$$

oder

$$\frac{x^2}{a^2}+\frac{y^2}{a^2-e^2}-1=0\,.$$

Ein Vergleich mit (5-27) zeigt, daß dies dieselbe Kurve ist, wenn man $b^2 = a^2 - e^2$ setzt. Dies ergibt sich auch aus der Erzeugung mittels des Fadens, wenn man den Schnittpunkt mit der y-Achse betrachtet. Die vier ausgezeichneten Punkte, die die Endpunkte der Hauptachsen darstellen, heißen die *Scheitel.* Aus Symmetriegründen hat in diesen Punkten die Normale die Richtung der Achsen. Die Geraden FP und GP werden als die Leitstrahlen der Ellipse bezeichnet, F und G als die *Brennpunkte.*

Von erheblicher Wichtigkeit ist eine Eigenschaft der Ellipsennormale, die wir jetzt ableiten wollen. Aus der Gleichung der Ellipse:

$$y=\frac{b}{a}\sqrt{a^2-x^2}$$

folgt für einen Punkt mit positiven Koordinaten, z. B. P (Abb. 49),

$$\frac{\mathrm{d}y}{\mathrm{d}x}=-\frac{b}{a}\,\frac{x}{\sqrt{a^2-x^2}}\,,$$

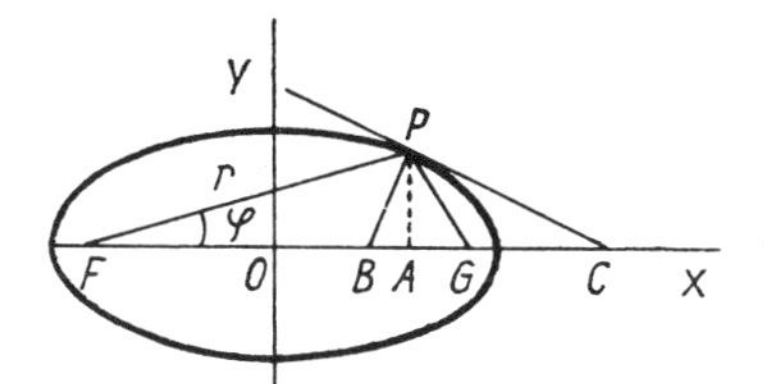

Abb. 49 Tangente und Normale der Ellipse

also, wenn PC die Tangente ist,

$$|\tan PCO| = \frac{b}{a}\,\frac{x}{\sqrt{a^2 - x^2}} = \frac{b^2 x}{a^2 y}.$$

Die Subtangente AC, mit dem positiven Vorzeichen genommen, ist $\frac{a^2 - x^2}{x}$. Da dieser Wert ausschließlich von a und x abhängt, so folgt:

Alle durch (5-27) beschriebenen Ellipsen, die sich nur hinsichtlich ihrer kleinen Achse voneinander unterscheiden, besitzen in Kurvenpunkten mit der Abszisse x Tangenten, die die x-Achsen in ein und demselben Punkt schneiden. Unter den genannten Ellipsen befindet sich auch ein Kreis; es besteht also eine einfache Beziehung zwischen den Tangenten an einer Ellipse und den Tangenten an einem Kreis, dessen Radius die Ellipsenachse ist.

Die Lage der Normale wird bestimmt durch den Wert der Subnormale (vgl. Abb. 44), den wir wieder mit dem positiven Vorzeichen nehmen,

$$Sn = BA = \frac{b^2 x}{a^2}.$$

Für die Abstände der Punkte B und C vom Mittelpunkt O findet man

$$OB = OA - BA = x - \frac{b^2 x}{a^2} = \frac{(a^2 - b^2)\,x}{a^2},$$

$$OC = OA + AC = x + \frac{a^2 - x^2}{x} = \frac{a^2}{x}.$$

Wir berechnen mit OB das Verhältnis der Stücke BF und BG, in welche die Normale die Strecke zwischen den Brennpunkten teilt. Es ist nämlich

$$OF = OG = e = \sqrt{a^2 - b^2},$$

$$BF = e + OB = e + \frac{(a^2 - b^2)\,x}{a^2} = e + \frac{e^2 x}{a^2},$$

$$BG = e - OB = e - \frac{e^2 x}{a^2},$$

also

$$BF : BG = \left(1 + \frac{ex}{a^2}\right) : \left(1 - \frac{ex}{a^2}\right).$$

Andererseits sind die Entfernungen PF und PG, wenn man

$$y^2 = \frac{b^2}{a^2}\,(a^2 - x^2)$$

berücksichtigt,

$$PF = \sqrt{(e+x)^2 + y^2} = \sqrt{(e+x)^2 + \frac{b^2}{a^2}(a^2 - x^2)}$$
$$= \sqrt{a^2 + 2ex + \frac{e^2}{a^2}x^2} = a + \frac{ex}{a},$$

$$PG = 2a - PF = a - \frac{ex}{a}.$$

Aus dem Gefundenen folgt die Proportion

$$BF : BG = PF : PG.$$

Nach einem bekannten planimetrischen Satz halbiert also die Normale PB den Winkel zwischen den Leitstrahlen; es müssen daher auch die Winkel, welche die Tangente mit den Leitstrahlen bildet, gleich sein. Da nach dem optischen Reflexionsgesetz der Winkel, den der reflektierte Strahl mit der Flächennormale bildet, gleich dem Winkel zwischen einfallendem Strahl und Flächennormale sein muß, folgt daraus, daß alle Lichtstrahlen, die von F ausgehen und auf eine spiegelnde Ellipse treffen, in G vereinigt werden. Diese Eigenschaft wird z. B. bei Untersuchungen des Raman-Effekts benutzt, wo in F eine röhrenförmige Quecksilberlampe senkrecht zur Zeichenebene angebracht wird, während sich die zu untersuchende Substanz in einer Röhre in G befindet und ein spiegelnder elliptischer Zylinder beide Rohre umgibt. Damit wird auch die Bezeichnung Brennpunkte für F und G verständlich.

Von Bedeutung ist noch die Gleichung der Ellipse in Polarkoordinaten, bezogen auf einen Brennpunkt als Pol. Nehmen wir den links vom Mittelpunkt gelegenen Brennpunkt F, so erhalten wir für den zweiten Leitstrahl nach Abb. 49.

$$PG = r_2 = \sqrt{r^2 + 4e^2 - 4er\cos\varphi},$$

also wegen der Grundeigenschaft der Ellipse:

$$2a - r = \sqrt{r^2 + 4e^2 - 4er\cos\varphi}.$$

Hieraus ergibt sich durch Quadrieren und Auflösen nach r

$$r = \frac{a^2 - e^2}{a - e\cos\varphi} = \frac{\frac{b^2}{a}}{1 - \frac{e}{a}\cos\varphi}.$$

$\frac{b^2}{a}$ wird gewöhnlich als der »Parameter« p der Ellipse bezeichnet; p ist gleich der Ordinate des Kurvenpunktes über dem Brennpunkt F, wie man sofort sieht, wenn man $\varphi = \frac{\pi}{2}$ setzt. Das Verhältnis des halben Brennpunktabstandes e zur halben Großachse a heißt die *numerische Exzentrizität*. Mit diesen Bezeichnungen wird die Ellipsengleichung

$$\boxed{r = \frac{p}{1 - \varepsilon\cos\varphi} \quad \text{mit} \quad p = \frac{b^2}{a}, \quad \varepsilon = \frac{b}{a}}. \quad \text{Ellipsengleichung in Polarkoordinaten} \qquad (5\text{-}28)$$

Hätte man den anderen Brennpunkt als Pol genommen, so hätte man das umgekehrte Vorzeichen im Nenner bekommen. Das Vorzeichen von ε ist also für die Ellipse nicht kennzeichnend, sondern der Absolutwert von $\varepsilon' = \frac{e}{a}$, der, solange es sich um eine Ellipse handelt, stets kleiner als 1 sein muß.

5.2.6. Hyperbel und Parabel

Fragen wir nach dem Ort der Punkte, deren Abstände von zwei festen Punkten F und G, die die Entfernung $2e$ haben, eine feste *Differenz* $\pm 2a$ besitzen, so erhält man eine äußerlich ganz anders aussehende Kurve (Abb. 50), deren Gleichung sich aber nur durch

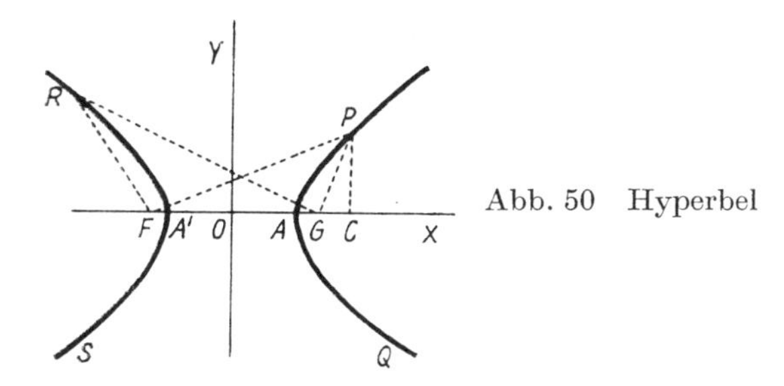

Abb. 50 Hyperbel

ein Vorzeichen von der der Ellipse unterscheidet. Es ist also, wenn man den Koordinatenursprung in die Mitte zwischen F und G legt,

$$\sqrt{(x+e)^2+y^2} - \sqrt{(x-e)^2+y^2} = \pm\, 2a\,.$$

Durch dieselbe Rechnung wie bei der Ellipse erhält man

$$(a^2 - e^2)x^2 + a^2y^2 = a^2(a^2 - e^2).$$

Es ist aber jetzt $e > a$, wir setzen daher $a^2 - e^2 = -b^2$ und erhalten als Hyperbelgleichung:

$$\boxed{\frac{x^2}{a^2} - \frac{y^2}{b^2} = 1}\,. \qquad \text{Hyperbelgleichung (Mittelpunktsgleichung)} \qquad (5\text{-}29)$$

Für $y = 0$ ergibt sich $x = \pm a$, die Strecken OA und OA' haben also die Länge a. Die kleine Achse b ist entsprechend dem negativen Zeichen von b^2 imaginär und an der Kurve nicht zu erkennen, im Gegensatz zur Ellipse. Obwohl die Hyperbel aus zwei getrennten Zweigen besteht, ist sie eine Kurve, die in einem Zug durchlaufen wird: Beginnen wir in A und wandern über P hinaus, so kommen wir in dieser Richtung ins Unendliche. Von dort gelangen wir über S nach A'; dann gehen wir über R wieder ins Unendliche und von dort über Q nach A zurück.

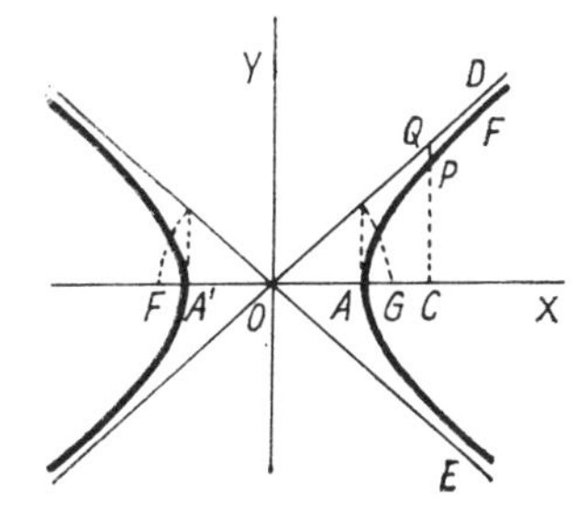

Abb. 51 Asymptoten der Hyperbel

Zieht man durch O zwei gerade Linien OD und OE (Abb. 51), deren Gleichungen

$$y = +\frac{b}{a}x \quad \text{und} \quad y = -\frac{b}{a}x$$

sind, und vergleicht die zu einer gleichen Abszisse gehörenden Ordinaten dieser Geraden und der Hyperbel, z. B.

$$CQ = \frac{b}{a}x\,,$$

$$CP = \frac{b}{a}\sqrt{x^2 - a^2}\,,$$

so ergibt sich, daß $CP < CQ$ ist und daß der Hyperbelzweig AF mithin stets unter der Geraden OD bleibt. Die Differenz der beiden Ordinaten ist

$$PQ = \frac{b}{a}\left[x - \sqrt{x^2 - a^2}\right],$$

wofür man auch schreiben kann, nachdem man mit $x + \sqrt{x^2 - a^2}$ multipliziert und dividiert hat,

$$PQ = \frac{ab}{x + \sqrt{x^2 - a^2}}\,.$$

Bei wachsendem x nähert sich PQ dem Grenzwert Null. Die krumme Linie AF kommt also der Geraden OD beliebig nahe.

Ähnlich liegen die Verhältnisse bei den übrigen Zweigen der Hyperbel. Man nennt solche Geraden, wie OD und OE, *Asymptoten* (vgl. Abschnitt 2.2.). Diese können leicht konstruiert werden, wenn man die Brennpunkte der Hyperbel und die konstante Differenz $2a$ der Leitstrahlen kennt. Man hat nämlich nur nötig, im Punkt A mit der Abszisse $x = a$ ein Lot von der Länge $\sqrt{e^2 - a^2}$ zu errichten und den Endpunkt des Lotes mit O zu verbinden.

Schneidet man eine Ellipse oder Hyperbel mit einer Geraden, so bedeutet dies analytisch das Aufsuchen jener Werte von x und y, welche sowohl der Ellipsen-(Hyperbel-) Gleichung als auch der Geraden genügen. Dies gibt durch Elimination von y eine quadratische Gleichung für x. Eine solche hat entweder zwei reelle (gegebenenfalls zusammenfallende) Wurzeln oder zwei imaginäre. Eine einzelne reelle Wurzel kann nicht vorkommen. Bei der Ellipse sieht man auch sofort, daß eine Gerade sie entweder in zwei Punkten oder gar nicht schneidet (die Berührung entspricht dem Schnitt mit zwei zusammengerückten Schnittpunkten). Eine Parallele zu einer Hyperbelasymptote gibt aber augenscheinlich nur einen einzigen Schnittpunkt. Wie löst sich dieser Widerspruch? Einfach dadurch, daß der andere ins Unendliche gerückt ist. Die Asymptote selbst hat überhaupt keinen Schnittpunkt im Endlichen, sie berührt also die Hyperbel im Unendlichen. Für eine einfache Berührung im Unendlichen ist allgemein kennzeichnend, daß im Gegensatz zur einfachen Berührung im Endlichen die Kurve auf verschiedenen Seiten der Geraden liegt.

Durch dieselbe Rechnung wie bei der Ellipse erhält man für die Polargleichung der Hyperbel

$$r = \frac{p}{1 - \varepsilon\cos\varphi} \quad \text{mit} \quad p = \frac{b^2}{a}, \quad \varepsilon = \frac{e}{a}\,. \tag{5-30}$$

Im Unterschied zurEllipse ist hier $\varepsilon > 1$. Dadurch verschwindet der Nenner für gewisse Werte von φ, was bei der Ellipse nicht vorkommen kann.

Betrachten wir die Polargleichung von Ellipse und Hyperbel, so ist ε entweder <1 (Ellipse) oder >1 (Hyperbel). Was bedeutet $\varepsilon = 1$? Der Verlauf der Kurve

$$\boxed{r = \frac{p}{1 - \cos\varphi}} \quad \text{Parabelgleichung in Polarkoordinaten} \tag{5-31}$$

läßt sich leicht überblicken: Da $\cos\varphi = \cos(-\varphi)$ gilt, ist die Polarachse Symmetrieachse. Für $\varphi = 0$ wird r unendlich, während für $\varphi = \pi$ nach (5-31) $r = \frac{p}{2}$ wird. Die Kurve hat also eine gewisse Ähnlichkeit mit einer halben Ellipse, deren Mittelpunkt in Richtung der großen Achse ins Unendliche hinausgerückt ist. Tatsächlich ist dies auch die Bedeutung von $\frac{e}{a} = 1$, denn wenn beide Größen immer mehr wachsen, nähert sich ihr Verhältnis dem Wert 1.

In rechtwinkligen Koordinaten wird aus (5-31) $\sqrt{x^2 + y^2} = p + x$ oder durch Quadrieren $y^2 = p^2 + 2px$, und wenn man den Ursprung in den Scheitel $x = \frac{p}{2}$ legt,

$$\boxed{y^2 = 2px}\,. \quad \text{Parabelgleichung (Scheitelgleichung)} \tag{5-32}$$

Auch die Parabel läßt sich durch Leitstrahlen (Abb. 52) erzeugen:

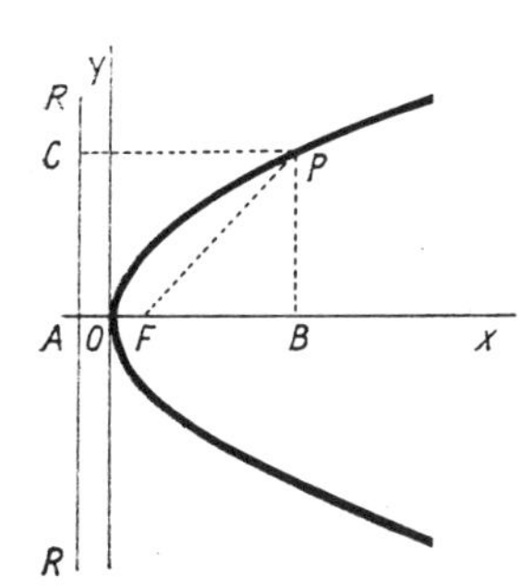

Abb. 52 Parabel mit Leitlinie

Sie ist der Ort der Punkte, die von einer durch den Punkt $x = -\frac{p}{2}$ parallel zur y-Achse verlaufenden Leitgeraden AR und dem auf der x-Achse bei $x = \frac{p}{2}$ liegenden Brennpunkt F den gleichen Abstand haben. Von der Geraden AR bzw. dem Brennpunkt F hat nämlich der Punkt P mit den Koordinaten x und y den Abstand (vgl. Abb. 52)

$$PF = \sqrt{(FB)^2 + (PB)^2} = \sqrt{\left(x - \frac{p}{2}\right)^2 + y^2}$$

bzw. $PC = AB = x + \frac{p}{2}$.

Da nach der Definition $PC = PF$ sein soll, also auch $(PC)^2 = (PF)^2$, so folgt

$$\left(x - \frac{p}{2}\right)^2 + y^2 = \left(x + \frac{p}{2}\right)^2 \quad \text{oder} \quad y^2 = 2px\,.$$

Die Steigung der Tangente wird nach der Parabelgleichung:

$$\frac{\mathrm{d}y}{\mathrm{d}x} = \frac{p}{y} = \sqrt{\frac{p}{2x}}\,.$$

Da dieser Wert um so kleiner ist, je größer x ist, so wird der Neigungswinkel der Tangente gegen die Abszissenachse mit wachsendem x immer kleiner, d. h., die Richtung der Tangente nähert sich mit wachsendem x immer mehr der Abszissenachse, während sie sich bei der Hyperbel der Asymptote nähert. Hieraus folgt, daß eine jede Hyperbel, deren Brennpunkte auf der Parabelachse liegen, stets stärker steigen muß als die Parabel, falls nur x hinreichend groß gewählt wird.

Mit dem obigen Wert von $\frac{\mathrm{d}y}{\mathrm{d}x}$ ergibt sich jetzt (vgl. Abb. 44 und 53)

$$Sn = AB = y\frac{\mathrm{d}y}{\mathrm{d}x} = p = 2OF\,, \quad St = AC = y\frac{\mathrm{d}x}{\mathrm{d}y} = 2x\,,$$

$$N = PB = y\sqrt{1 + \left(\frac{\mathrm{d}y}{\mathrm{d}x}\right)^2} = \sqrt{2px + p^2}\,,$$

$$T = PC = y\sqrt{1 + \left(\frac{\mathrm{d}x}{\mathrm{d}y}\right)^2} = \sqrt{2px + 4x^2}\,,$$

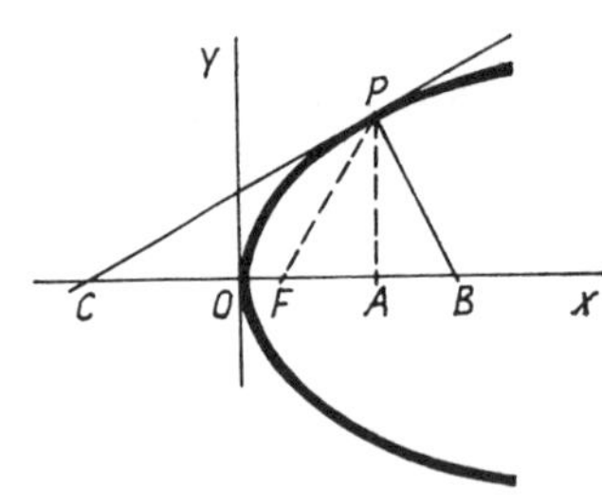

Abb. 53 Tangente und Normale der Parabel

Da $AC = 2x$ ist, muß der Schnittpunkt der Tangente mit der Achse ebensoweit von O entfernt sein wie A (die Projektion von P auf die Abszissenachse). Die Gleichungen lehren ferner die merkwürdige Eigenschaft der Parabel, daß die Subnormale für alle Punkte *gleichlang*, nämlich immer dem Parameter p gleich ist.

Zeichnet man vom Brennpunkt F die Strecke FP ein, so ist nach der Definition der Parabel $FP = x + \frac{1}{2}p$. Andererseits ist, wie oben gefunden wurde, $OC = OA = x$, mithin, da $OF = \frac{1}{2}p$,

$$CF = x + \frac{1}{2}p\,.$$

Das Dreieck FCP ist somit gleichschenklig, daher

$$\sphericalangle FCP = \sphericalangle FPC.$$

Die Tangente in P bildet also gleiche Winkel mit der Geraden FP und der Abszissenachse.

Daraus folgt, daß auch die Normale den Winkel zwischen der Richtung der Abszissenachse, die gleichzeitig die Parabelachse ist, und dem Leitstrahl vom Brennpunkt nach P halbiert. Dies ergibt eine technische Anwendung: Ein Parallelstrahlenbündel, das parallel zur Achse einfällt, wird im Brennpunkt vereinigt, wenn die Parabel aus spiegelndem Material besteht. Die Umkehr wird bei Parabolspiegel-Scheinwerfern benutzt.

5.2.7. Ausgeartete Kegelschnitte

Wie schon im Altertum bekannt, lassen sich Ellipse, Parabel und Hyperbel auf eine gemeinsame Weise erzeugen, nämlich durch Schnitte eines Kreiskegels mit einer Ebene, die nicht durch die Spitze geht. Je nach der verschiedenen Neigung der Ebene entstehen die drei verschiedenen Kurvenarten. Legt man die Ebene durch die Spitze, so erhält man einen »ausgearteten Kegelschnitt«, ein Geradenpaar. Analytisch erhält man die Gleichung einer aus zwei getrennten Kurven $f(x,y) = 0$ und $g(x,y) = 0$ bestehenden Kurve allgemein dadurch, daß man das Produkt $f(x,y)\,g(x,y)$ gleich Null setzt. Man sieht sofort, daß die Gleichung $f(x,y)\,g(x,y) = 0$ von f und von g erfüllt wird. Wenn die beiden Einzelkurven Geraden sind, so ergibt das Produkt eine Gleichung zweiten Grades. Die Gleichung eines solchen Geradenpaares, bezogen auf den Schnittpunkt als Ursprung und die Achsen als Symmetrieachsen, haben wir bereits bei den Asymptoten der Hyperbel kennengelernt:

$$\frac{x^2}{a^2} - \frac{y^2}{b^2} = 0\,.$$

Das Geradenpaar kann auch parallel sein: $x^2 - a^2 = 0$, weiter können die beiden Geraden zusammenfallen oder imaginär sein.

Einen letzten Fall müssen wir noch betrachten, die Gleichung

$$\boxed{\frac{x^2}{a^2} + \frac{y^2}{b^2} + 1 = 0}\,. \quad \text{Imaginärer Kegelschnitt} \qquad (5\text{-}33)$$

Diese kann, da nur positive Größen vorkommen, überhaupt nicht durch reelle Werte der Koordinaten befriedigt werden. Wir nennen diese »Kurve« imaginären Kegelschnitt.

Jede Gleichung zweiten Grades zwischen x und y stellt eine der bisher betrachteten Kurven dar: Ellipse, Parabel, Hyperbel, Geradenpaar, imaginären Kegelschnitt. Dies wollen wir nun zeigen.

5.2.8. Diskussion der Kurven zweiten Grades. Hauptachsentransformation

Wir nehmen eine allgemeine Gleichung zweiten Grades zwischen x und y an und wollen einfache Kennzeichen dafür suchen, welcher Art die Kurve ist. Wir schreiben die Gleichung in der Form

$$a_{11}x^2 + 2a_{12}xy + a_{22}y^2 + 2a_{13}x + 2a_{23}y + a_{33} = 0\text{[1]}. \qquad (5\text{-}34)$$

Für das Weitere sind einige Determinanten der Koeffizienten a_{ik} von besonderer Bedeutung ($a_{ik} = a_{ki}$ gesetzt!):

$$A = \begin{vmatrix} a_{11} & a_{12} & a_{13} \\ a_{21} & a_{22} & a_{23} \\ a_{31} & a_{32} & a_{33} \end{vmatrix} \qquad (5\text{-}35)$$

[1] Die Faktoren 2 bei den »gemischten« und linearen Gliedern sind zu beachten. Ist eine Gleichung mit Zahlen als Koeffizienten gegeben, so muß man für a_{12}, a_{13}, a_{23} die Hälfte der dort stehenden Zahlen nehmen

und die Unterdeterminanten (vgl. Abschnitt 3.2.1.)

$$\left.\begin{aligned} A_{33} &= \begin{vmatrix} a_{11} a_{12} \\ a_{21} a_{22} \end{vmatrix} = a_{11}a_{22} - a_{12}^2 , \\ A_{32} &= a_{13}a_{21} - a_{11}a_{23} , \\ A_{31} &= a_{12}a_{23} - a_{13}a_{22} . \end{aligned}\right\} \tag{5-36}$$

Da uns für Ellipse und Hyperbel Mittelpunktsgleichungen bekannt sind, versuchen wir zunächst das Koordinatensystem so zu verschieben, daß der Ursprung in den Mittelpunkt fällt. Wir setzen dazu

$$x = x' + m, \quad y = y' + n \tag{5-37}$$

und erhalten für (5-34)

$$a_{11}x'^2 + 2a_{12}x'y' + a_{22}y'^2 + 2a'_{13}x' + 2a'_{23}y' + a'_{33} = 0 \tag{5-38}$$

mit

$$\left.\begin{aligned} a'_{13} &= a_{11}m + a_{12}n + a_{13}; \quad a'_{23} = a_{21}m + a_{22}n + a_{23}, \\ a'_{33} &= a_{11}m^2 + 2a_{12}mn + a_{22}n^2 + 2a_{13}m + 2a_{23}n + a_{33}. \end{aligned}\right\} \tag{5-39}$$

Der Mittelpunkt der hier betrachteten Kurven soll Symmetriezentrum sein, so daß die Kurvengleichung sich nicht ändert, wenn man gleichzeitig x' mit $-x'$ und y' mit $-y'$ vertauscht. Dies bedeutet, daß in (5-38) die linearen Glieder verschwinden müssen. Wir setzen also

$$a'_{13} = a_{11}m + a_{12}n + a_{13} = 0; \quad a'_{23} = a_{21}m + a_{22}n + a_{23} = 0. \tag{5-40}$$

Die Lösungen dieses Gleichungssystems sind (vgl. 3-27)

$$m = \frac{A_{31}}{A_{33}}, \quad n = \frac{A_{32}}{A_{33}}, \tag{5-41}$$

vorausgesetzt, daß $A_{33} \neq 0$ ist. Wir nehmen im folgenden das letztere an und erhalten für die zweite Zeile von (5-39) (beachte $a_{ik} = a_{ki}$)

$$\begin{aligned} A_{33}^2 a'_{33} &= a_{11}A_{31}^2 + 2a_{12}A_{31}A_{32} + a_{22}A_{32}^2 + 2a_{13}A_{31}A_{33} + 2a_{23}A_{32}A_{33} + a_{33}A_{33}^2 \\ &= A_{31}(a_{11}A_{31} + a_{12}A_{32} + a_{13}A_{33}) + A_{32}(a_{21}A_{31} + a_{22}A_{32} + a_{23}A_{33}) \\ &\quad + A_{33}(a_{31}A_{31} + a_{32}A_{32} + a_{33}A_{33}). \end{aligned}$$

Nach (3-25) verschwinden die beiden ersten Klammern, und nach (3-23) ist die dritte Klammer gleich A. Somit ergibt sich

$$a'_{33} = \frac{A}{A_{33}}, \tag{5-42}$$

und (5-38) lautet

$$a_{11}x'^2 + 2a_{12}x'y' + a_{22}y'^2 + \frac{A}{A_{33}} = 0 . \tag{5-43}$$

Wenn $A = 0$ ist, so steht in (5-43) links eine *quadratische Form*, man hat also eine quadratische Gleichung für $\frac{x'}{y'}$, deren beide Wurzeln ein *Geradenpaar* bestimmen. Also ist

$A = 0$ *das Kennzeichen der Ausartung des Kegelschnitts zum Geradenpaar.* Ist zudem noch $A_{33} = 0$, so ist es ein Parallelenpaar. Nur für $A_{33} < 0$ sind die Geraden reell.

Um bei den eigentlichen Mittelpunktskegelschnitten weiterzukommen, drehen wir jetzt das Koordinatensystem, so daß dessen Achsen in die Hauptachsen fallen. Für diese *Hauptachsentransformation* bestimmen wir für die Kurve (5-43) zunächst die

Tangentenrichtung

$$\frac{\mathrm{d}y'}{\mathrm{d}x'} = -\frac{a_{11}x' + a_{12}y'}{a_{21}x' + a_{22}y'}.$$

Nach (5-16) ist dann die Normalenrichtung am Ort x', y' der Kurve durch

$$\frac{a_{21}x' + a_{22}y'}{a_{11}x' + a_{12}y'}$$

gegeben. Abb. 49 zeigt uns, daß gerade jene Normalen, die durch den Koordinatenursprung gehen, die Hauptachsen liefern. Für diese Normalen muß nach (5-3) also

$$\frac{y'}{x'} = \frac{a_{21}x' + a_{22}y'}{a_{11}x' + a_{12}y'} \tag{5-44}$$

gelten. Diese quadratische Gleichung für $\frac{x'}{y'}$ liefert zwei Wurzeln, die die Hauptachsen angeben. Doch kann man durch einen scheinbaren Umweg die Ergebnisse übersichtlicher darstellen. Durch Einführung eines Parameters λ kann man (5-44) zerlegen in die beiden Gleichungen

$$\left.\begin{aligned} a_{11}x' + a_{12}y' &= \lambda x', \\ a_{21}x' + a_{22}y' &= \lambda y'. \end{aligned}\right\} \tag{5-45}$$

Damit haben wir ein Gleichungssystem der Form (3-43) vor uns, das nur nichttriviale Lösungen hat, wenn

$$\begin{vmatrix} a_{11} - \lambda & a_{12} \\ a_{21} & a_{22} - \lambda \end{vmatrix} = \lambda^2 - (a_{11} + a_{22})\,\lambda + \mathrm{A}_{33} = 0 \tag{5-46}$$

ist. Die Wurzeln

$$\lambda_{1,2} = \frac{1}{2}\left[a_{11} + a_{22} \pm \sqrt{(a_{11} - a_{22})^2 + 4a_{12}^2}\right] \tag{5-47}$$

der Säkulargleichung (5-46) sind die Eigenwerte der Matrix $\begin{pmatrix} a_{11} a_{12} \\ a_{21} a_{22} \end{pmatrix}$. Diese Matrix ist wegen $a_{12} = a_{21}$ symmetrisch, so daß sie stets *diagonalisierbar* ist (vgl. Abschnitt 3.3.), wobei dann die Wurzeln λ_1, λ_2 in der Diagonalen stehen. Es ist also

$$a_{11}x'^2 + 2a_{12}x'y' + a_{22}y'^2 = \lambda_1 u^2 + \lambda_2 v^2. \tag{5-48}$$

Hier sind u, v die Koordinaten jenes gegen x', y' gedrehten Systems, in dem die Koordinatenachsen mit den Hauptachsen zusammenfallen. (5-48) ist der zweidimensionale Fall der allgemeinen *orthogonalen Transformation einer quadratischen Form auf die Hauptachsen.* Unter einer quadratischen Form versteht man den Ausdruck

$$\tilde{\boldsymbol{x}}\mathbf{a}\boldsymbol{x} = \sum_{i,j=1}^{n} a_{ij}x_i x_j, \tag{5-49}$$

wobei die Matrix $\mathbf{a}$ als symmetrisch mit reellen Koeffizienten angenommen wird, also $\mathbf{a} = \tilde{\mathbf{a}}$ (vgl. Abschnitt 3.3.). $\boldsymbol{x}$ ist ein Spaltenvektor (3-34) mit reellen Koeffizienten, so daß $\tilde{\boldsymbol{x}}$ ein Zeilenvektor (3-33) ist. Wir führen nun eine orthogonale Transformation

$$\boldsymbol{x} = \mathbf{b}\boldsymbol{u}$$

ein, die (vgl. 3-67) durch $\tilde{\mathbf{b}}\mathbf{b} = \mathbf{I}$ gekennzeichnet ist. Nach (3-46) ist $\tilde{\boldsymbol{x}} = \tilde{\boldsymbol{u}}\tilde{\mathbf{b}}$, also

$$\tilde{\boldsymbol{x}}\mathbf{a}\boldsymbol{x} = \tilde{\boldsymbol{u}}\tilde{\mathbf{b}}\mathbf{a}\mathbf{b}\boldsymbol{u} = \tilde{\boldsymbol{u}}\mathbf{c}\tilde{\boldsymbol{u}}\,, \tag{5-50}$$

wobei wir $\mathbf{c} = \tilde{\mathbf{b}}\mathbf{a}\mathbf{b}$ gesetzt haben. Aus der Definition der Matrizenmultiplikation (3-37) folgt direkt $\widetilde{\mathbf{a}\mathbf{b}} = \tilde{\mathbf{b}}\tilde{\mathbf{a}}$, also $\tilde{\mathbf{c}} = \widetilde{\mathbf{a}\mathbf{b}}\mathbf{b} = \tilde{\mathbf{b}}\mathbf{a}\mathbf{b} = \mathbf{c}$, d. h., mit $\mathbf{a}$ ist auch $\mathbf{c}$ symmetrisch. Dann läßt sich aber $\mathbf{c}$ stets diagonalisieren. Wir denken uns nun $\mathbf{b}$ gleich so geeignet gewählt, daß $\mathbf{c}$ selbst diese Diagonalmatrix ist. Wegen (3-54, 3-55) braucht man dazu nur $\mathbf{b} = \hat{\mathbf{x}}$ zu setzen, wobei die Matrix $\hat{\mathbf{x}}$ durch Eigenvektoren entsprechend (3-52) gebildet wird, die sich mit Hilfe von $\mathbf{a}$ aus (3-43) ergeben. Dann ist $x_i = \sum_{\nu=1}^{n} \hat{x}_{i\nu} u_\nu$, $\sum_{j=1}^{n} a_{ij}\hat{x}_{j\mu} = \lambda_\mu \hat{x}_{i\mu}$ und wegen (3-51) $\sum_{i=1}^{n} \hat{x}_{i\nu}\hat{x}_{i\mu} = \delta_{\mu\nu}$. Ausführlich lautet (5-50) nun

$$\sum_{i,j=1}^{n} a_{ij}x_i x_j = \sum_{i,j=1}^{n} \sum_{\mu,\nu=1}^{n} a_{ij}\hat{x}_{i\nu}\hat{x}_{j\mu} u_\nu u_\mu$$

$$= \sum_{i=1}^{n} \sum_{\mu,\nu=1}^{n} \lambda_\mu \hat{x}_{i\nu}\hat{x}_{i\mu} u_\nu u_\mu = \sum_{\mu,\nu=1}^{n} \lambda_\mu \delta_{\nu\mu} u_\nu u_\mu\,,$$

also

$$\sum_{i,j=1}^{n} a_{ij}x_i x_j = \sum_{\nu=1}^{n} \lambda_\nu u_\nu^2. \tag{5-51}$$

Damit haben wir in der Tat die quadratische Form (5-49) auf eine *Summe von Quadraten* transformiert, die gemischtquadratischen Glieder sind verschwunden. (5-51) hat nicht nur in der Mathematik, sondern auch in der Physik weitreichende Auswirkungen.

Wir wenden uns wieder dem zweidimensionalen Fall (5-48) zu. Wollen wir wissen, um welchen Winkel φ das System u, v gegen x', y' gedreht ist, so benutzen wir (5-45) und finden

$$a_{21} + (a_{22} - \lambda)\frac{\mathrm{d}y'}{\mathrm{d}x'} = a_{21} + (a_{22} - \lambda)\tan\varphi = 0\,.$$

Wegen $\tan 2\varphi = \dfrac{2\tan\varphi}{1 - \tan^2\varphi}$ und (5-46) gilt dann

$$\tan 2\varphi = \frac{2a_{21}(\lambda - a_{22})}{\lambda^2 - 2a_{22}\lambda + a_{22}^2 - a_{21}^2} = \frac{2a_{21}}{a_{11} - a_{22}}\,. \tag{5-52}$$

Man kann also direkt aus (5-34) den Drehwinkel φ berechnen. Für die weitere Untersuchung betrachten wir (5-43) und nutzen (5-48) aus:

$$\lambda_1 u^2 + \lambda_2 v^2 + \frac{A}{A_{33}} = 0 \tag{5-53}$$

mit $A \neq 0$ und $A_{33} \neq 0$. Es ist zweckmäßig, auch die Beziehungen (3-7), d. h. wegen (5-47)

$$\lambda_1 + \lambda_2 = a_{11} + a_{22}\,; \qquad \lambda_1\lambda_2 = A_{33} \tag{5-54}$$

zu verwenden. Wegen $A_{33} \neq 0$ ist hier nur $\lambda_1 \neq 0$, $\lambda_2 \neq 0$ möglich, und wir haben folgende Fälle

1. $\lambda_1 < 0$, $\lambda_2 < 0$, d. h. $A_{33} > 0$, $a_{11} + a_{22} < 0$. Vergleichen wir (5-53) mit (5-27) bzw. (5-33), so folgt, daß im Fall $A > 0$ eine *Ellipse*, im Fall $A < 0$ *ein imaginärer Kegelschnitt* vorliegt.

Für $\lambda_1 = \lambda_2 < 0$ ist nach (5-47) $a_{11} = a_{22} = \lambda_1 = \lambda_2$, $a_{12} = 0$. Der Vergleich von (5-53) mit (5-26) zeigt, daß für $A > 0$ ein *Kreis* vorliegt. Es ist plausibel, daß (5-52) dann keinen Drehwinkel φ liefert, da jede Achse Hauptachse ist.

2. λ_1 und λ_2 haben verschiedene Vorzeichen, d. h. $A_{33} < 0$. Aus dem Vergleich von (5-53) mit (5-29) folgt dann sowohl für $A < 0$ als auch für $A > 0$, daß eine *Hyperbel* vorliegt.

Schließlich wollen wir noch den Fall $A_{33} = 0$ untersuchen. Dann liefert uns (5-41) keine Lösungen mehr. Wir müssen deshalb direkt (5-34) betrachten und versuchen dort statt der Nullpunktsverschiebung sofort eine Drehung des Koordinatensystems. Nach der Drehung um den Ursprung bezeichnen wir die Koordinatenachse mit u und v. Nach (3-75) führen wir also die orthogonale Transformation

$$\left.\begin{aligned} x &= u\cos\varphi - v\sin\varphi \\ y &= u\sin\varphi + v\cos\varphi \end{aligned}\right\} \tag{5-55}$$

aus. Durch Einsetzen in (5-34) ergibt sich

$$a'_{11}u^2 + 2a'_{12}uv + a'_{22}v^2 + 2a'_{13}u + 2a'_{23}v + a_{33} = 0\,, \tag{5-56}$$

und wenn wir die Drehung so einrichten, daß das gemischt quadratische Glied verschwindet, so muß

$$a'_{12} = (a_{22} - a_{11})\sin\varphi\cos\varphi + a_{12}(\cos^2\varphi - \sin^2\varphi) = 0$$

sein. Dies liefert gerade wieder (5-52). Wegen $A_{33} = 0$ ist für $a_{11} \neq 0$

$$a_{22} = \frac{a_{12}^2}{a_{11}}\,, \quad \text{also} \quad \tan 2\varphi = \frac{2}{1 - \left(\dfrac{a_{12}}{a_{11}}\right)^2}\,\frac{a_{12}}{a_{11}}\,.$$

Hieraus folgt $\tan\varphi = \dfrac{a_{12}}{a_{11}}$ oder $\tan\varphi = -\dfrac{a_{11}}{a_{12}}$. In (5-56) ist $a'_{11} = a_{11}\cos^2\varphi + 2a_{12}\cos\varphi\sin\varphi + a_{22}\sin^2\varphi$. Wegen $A_{33} = 0$ ergibt sich hier $a'_{11} = a_{11}\left(\cos\varphi + \dfrac{a_{12}}{a_{11}}\sin\varphi\right)^2$ und analog $a'_{22} = a_{11}\left(\dfrac{a_{12}}{a_{11}}\cos\varphi - \sin\varphi\right)^2$. Demnach verschwindet je nach Wahl von $\tan\varphi$ entweder a'_{11} oder a'_{22}. Wir wählen

$$\tan\varphi = \frac{a_{12}}{a_{11}}\,, \tag{5-57}$$

also

$$\cos\varphi = \frac{a_{11}}{\sqrt{a_{11}^2 + a_{12}^2}}\,, \quad \sin\varphi = \frac{a_{12}}{\sqrt{a_{11}^2 + a_{12}^2}}\,,$$

so daß folgt

$$a'_{11} = a_{11} + a_{22}\,, \quad a'_{22} = 0\,,$$

$$a'_{13} = \frac{a_{11}a_{13} + a_{12}a_{23}}{\sqrt{a_{11}^2 + a_{12}^2}}\,, \quad a'_{23} = \frac{a_{11}a_{23} - a_{12}a_{13}}{\sqrt{a_{11}^2 + a_{12}^2}}\,.$$

Setzen wir $a'_{11} \neq 0$ voraus, so liefert (5-56)

$$u^2 + \frac{2a'_{13}}{a'_{11}}u + \frac{2a'_{23}}{a'_{11}}v + \frac{a_{33}}{a'_{11}} = 0\,.$$

Erst jetzt wollen wir das Koordinatensystem verschieben. Wir wählen

$$u = -\frac{a'_{13}}{a'_{11}} + w, \quad \text{wodurch}$$

$$w^2 + \frac{2a'_{23}}{a'_{11}} v + \frac{a_{33}}{a'_{11}} - \left(\frac{a'_{13}}{a'_{11}}\right)^2 = 0$$

entsteht. Den Fall $a'_{23} = 0$ können wir ausschließen, da dann eine Gerade vorliegt bzw. zwei parallele Geraden vorliegen. Für $a'_{23} \neq 0$ wählen wir

$$v = -\frac{a'_{11}}{2\,a'_{23}}\left[\frac{a_{33}}{a'_{11}} - \left(\frac{a'_{13}}{a'_{11}}\right)^2\right] + t \quad \text{und erhalten}$$

$$w^2 + \frac{2\,a'_{23}}{a'_{11}} t = 0\,. \tag{5-58}$$

Ein Vergleich mit (5-32) zeigt, das hier eine *Parabel* mit

$$p = -\frac{a'_{23}}{a'_{11}} = \frac{A_{32}}{\sqrt{a_{11}\,(a_{11} + a_{22})^3}} \tag{5-59}$$

vorliegt. Sollte $A_{32} < 0$ sein, so ersetzt man in (5-58) noch t durch $-t$. Wir sehen nun nachträglich, daß aus (5-46) für $A_{33} = 0$, $\lambda_1 = 0$ und $\lambda_2 = a_{11} + a_{22}$, gerade a'_{11} folgt. Somit enthält die charakteristische Gleichung (5-46) auch den Fall der Parabel.

Wenn $a'_{11} = 0$, $a'_{22} \neq 0$ ist, so läßt sich analog zeigen, daß eine Parabel vorliegt. (5-34) liefert also für

A_{33}	A		
>0	>0	$a_{11} + a_{22} < 0$	Ellipse
>0	<0	$a_{11} + a_{22} > 0$	Ellipse
>0	<0	$a_{11} + a_{22} < 0$	imaginären
>0	>0	$a_{11} + a_{22} > 0$	Kegelschnitt
>0	>0	$a_{12} = 0$ und	
		$a_{11} = a_{22} < 0$	Kreis
>0	<0	$a_{11} = a_{22} > 0$	Kreis
<0	$\neq 0$		Hyperbel
$=0$	$\neq 0$		Parabel
<0	$=0$		2 nichtparallele Geraden
$=0$	$=0$	$A_{11} + A_{22} < 0$	2 parallele Geraden
$=0$	$=0$	$A_{11} + A_{22} = 0$	eine Gerade
>0	$=0$		imaginäre
$=0$	$=0$	$A_{11} + A_{22} > 0$	Geraden

5.3. Flächen zweiten Grades

5.3.1. Rotationsflächen zweiten Grades

Es sei allgemein in der yz-Ebene eine Kurve $f(y)$ gegeben. Wir fragen nach der Gleichung der Fläche, die entsteht, wenn wir diese Kurve um die z-Achse rotieren lassen (vgl. Abb. 54). In einer beliebigen Lage der Kurvenebene hat ein Punkt P, der in der ur-

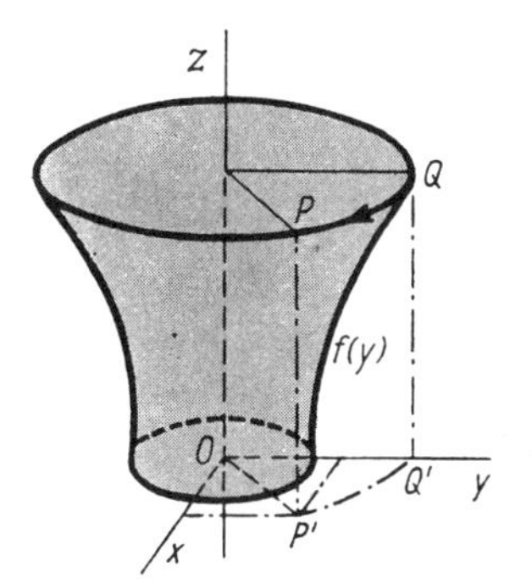

Abb. 54 Rotationsfläche

sprünglichen Lage Q die Koordinate y hatte, eine Projektion seines Abstandes von O auf die xy-Ebene $OP' = \varrho$, welche gleich der ursprünglichen Koordinate y ist. Für eine beliebige Lage gilt also die Beziehung

$$z = f(\varrho) = f\left(\sqrt{x^2 + y^2}\right) \quad \text{Gleichung einer Rotationsfläche} \tag{5-60}$$

als Gleichung der zur »*Meridiankurve*« $z = f(y)$ gehörenden Rotationsfläche. Ersetzt man also in der Gleichung $z = f(y)$ überall y durch $\sqrt{x^2 + y^2}$, so erhält man die Gleichung der Rotationsfläche, welche entsteht, wenn man die Meridiankurve $f(y)$ um die z-Achse dreht.

Wir wenden dies auf die Kurven zweiten Grades an. Bei Rotation um eine der Symmetrieachsen dieser Kurven ergeben sich Flächen, deren Gleichungen vom zweiten Grade sind und die wir die Rotationsflächen zweiten Grades nennen. (Bei Rotation um andere Achsen erhält man Flächen höheren Grades.)

Aus dem Kreis $z = \sqrt{a^2 - y^2}$ folgt die Gleichung der Halbkugel:

$$z = \sqrt{a^2 - (x^2 + y^2)}$$

oder

$$\boxed{x^2 + y^2 + z^2 - a^2 = 0}\,. \quad \text{Gleichung der Kugel} \tag{5-61}$$

Kennzeichnend für die Kugel ist wie beim Kreis, daß auch dann, wenn der Kugelmittelpunkt nicht in 0 liegt, die Koeffizienten der quadratischen Glieder gleich sind und kein Produkt xy usw. auftritt. Man sieht dies sofort, wenn man das Koordinatensystem verschiebt und dreht.

Aus der Ellipse $z = \frac{a}{c}\sqrt{a^2 - y^2}$ erhält man das *Rotationsellipsoid*

$$\boxed{\frac{x^2}{a^2} + \frac{y^2}{a^2} + \frac{z^2}{c^2} - 1 = 0}\,. \quad \text{Gleichung des Rotationsellipsoids} \tag{5-62}$$

Aus der Parabel

$$2pz = y^2,$$

deren Achse die z-Achse ist, erhält man das *Rotationsparaboloid*

$$\boxed{x^2 + y^2 - 2pz = 0}\,. \quad \text{Gleichung des Rotationsparaboloids} \qquad (5\text{-}63)$$

Bei der Hyperbel erhält man zwei grundverschiedene Flächen, je nachdem ob die Hyperbel um die Achse rotiert, welche die Kurve in den Scheiteln schneidet, oder um die dazu Senkrechte.

Wir wollen zunächst den ersten Fall betrachten und müssen, damit die z-Achse die schneidende Achse wird, von der Gleichung ausgehen:

$$-\frac{y^2}{a^2} + \frac{z^2}{c^2} - 1 = 0\,.$$

Diese gibt die Fläche

$$\boxed{-\frac{x^2}{a^2} - \frac{y^2}{a^2} + \frac{z^2}{c^2} - 1 = 0}\,. \quad \begin{array}{l}\text{Gleichung des zweimantligen}\\ \text{Rotationshyperboloids}\end{array} \qquad (5\text{-}64)$$

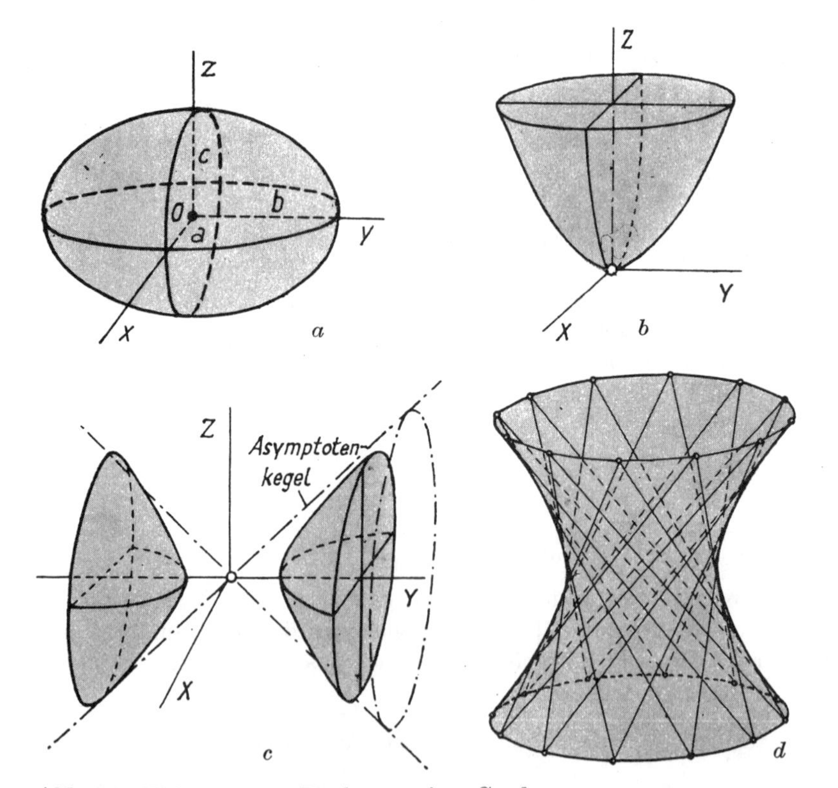

Abb. 55 Nichtentartete Flächen zweiten Grades:
a Ellipsoid; *b* elliptisches Paraboloid; *c* zweimantliges Hyperboloid; *d* einmantliges Hyperboloid;

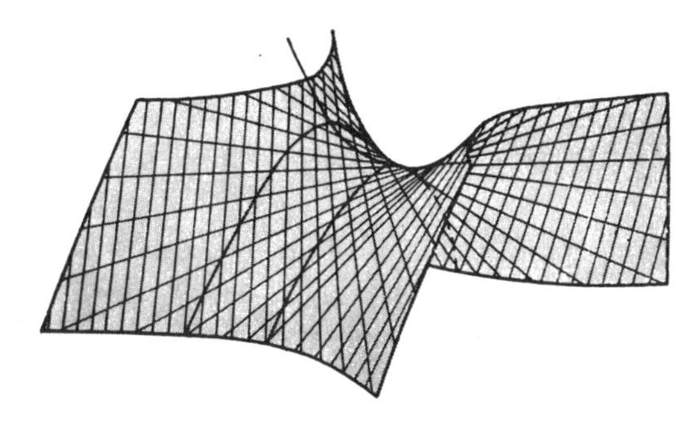

Abb. 55e
hyperbolisches Paraboloid

Wie man aus Abb. 55c, in der die y-Achse als Rotationsachse zu denken ist, ersieht, erhält man hierbei eine Fläche, die aus zwei Teilen besteht und die das zweimantlige (zweischalige) Rotationshyperboloid heißt.

Für alle bisher betrachteten Flächen ist kennzeichnend, daß die Fläche in der Umgebung eines jeden Punktes ganz auf der einen Seite der Berührungsebene liegt. Ganz anders verhält sich die Fläche, die man erhält, wenn man die Hyperbel um die andere Achse rotieren läßt. Hier ergibt sich das einmantlige Rotationshyperboloid

$$\boxed{\frac{x^2}{a^2}+\frac{y^2}{a^2}-\frac{z^2}{c^2}-1=0}, \quad \text{Gleichung des einmantligen Rotationshyperboloids} \tag{5-65}$$

das in Abb. 55d gezeichnet ist. Die aus den Scheiteln der Hyperbel hervorgehende engste Einschnürung heißt der *Kehlkreis*. Legt man in einen Punkt des Kehlkreises die Berührungsebene, so schneidet diese die Fläche, von der also ein Teil auf der einen, der andere Teil auf der anderen Seite der Berührungsebene liegt. Dies gilt für jeden Punkt des Hyperboloids. Man sieht, daß der Kehlkreis die in Abschnitt 4.4. besprochene Eigenschaft eines Sattels hat. Das einmantlige Rotationshyperboloid hat noch eine andere merkwürdige Eigenschaft: Auf ihm gibt es Geraden, während schon die unmittelbare Anschauung zeigt, daß auf den anderen bisher erwähnten Flächen keine Geraden gezogen werden können. Denn schneidet man die Fläche mit der Ebene $y = a$, so müssen die Schnittkurven sowohl die Hyperboloidsgleichung als auch die Ebenengleichung erfüllen:

$$\frac{x^2}{a^2}-\frac{z^2}{c^2}=0, \quad y=a.$$

Dies ist aber der Fall, wenn entweder

$$\frac{x}{a}-\frac{z}{c}=0, \quad y=a \quad \text{oder}$$

$$\frac{x}{a}+\frac{z}{c}=0, \quad y=a \quad \text{ist}.$$

Dreht man diese Geraden um die z-Achse, so beschreibt jeder ihrer Punkte einen Parallelkreis, bleibt also auf dem Hyperboloid, aus jeder der beiden Geraden erhält man also je eine ganze Schar. Eine solche durch Verschiebung einer Geraden entstehende Fläche heißt *Regelfläche*.

Endlich ist noch eine ausgeartete Fläche zweiten Grades durch Rotation zu erzeugen: Läßt man das Geradenpaar, also die ausgeartete Kurve zweiten Grades, um eine seiner Symmetrieachsen rotieren, so entsteht der Rotationskegel

$$\boxed{\frac{x^2}{a^2}+\frac{y^2}{a^2}-\frac{z^2}{c^2}=0}\,. \quad \text{Gleichung des Rotationskegels} \tag{5-66}$$

Für ihn ist wie beim Geradenpaar das Fehlen des Absolutgliedes kennzeichnend. Aus dem Asymptotenpaar der beiden Hyperbelzweige wird der *Asymptotenkegel* des Rotationshyperboloids.

5.3.2. Allgemeine Flächen zweiten Grades

Wir machen mit den Rotationsflächen eine affine Pressung in der y-Richtung im Maßstab $\frac{b}{a}$ und erhalten aus dem Rotationsellipsoid das dreiachsige Ellipsoid

$$\boxed{\frac{x^2}{a^2}+\frac{y^2}{b^2}+\frac{z^2}{c^2}-1=0}\,. \quad \text{Gleichung des Ellipsoids} \tag{5-67}$$

Die 3 Achsen dieser Flächen haben die Längen a, b und c. Der Ursprung ist Symmetriezentrum, die Koordinatenebenen sind Symmetrieebenen.

Aus dem Rotationsparaboloid geht das elliptische Paraboloid hervor

$$\boxed{\frac{x^2}{a^2}+\frac{y^2}{b^2}-2pz=0}\,. \quad \text{Gleichung des elliptischen Paraboloids} \tag{5-68}$$

Ebensowenig wie die Parabel besitzt diese Fläche einen Mittelpunkt, deshalb sind auch nur die yz- und zx-Ebenen Symmetrieebenen.

Aus dem zweimantligen Rotationshyperboloid wird das allgemeine zweimantlige Hyperboloid

$$\boxed{-\frac{x^2}{a^2}-\frac{y^2}{b^2}+\frac{z^2}{c^2}-1=0}\,. \quad \text{Gleichung des zweimantligen Hyperboloids} \tag{5-69}$$

Aus dem einmantligen Rotationshyperboloid ergibt sich das allgemeine einmantlige Hyperboloid

$$\boxed{\frac{x^2}{a^2}+\frac{y^2}{b^2}-\frac{z^2}{c^2}-1=0}\,. \quad \text{Gleichung des einmantligen Hyperboloids} \tag{5-70}$$

Auch dieses ist wie das einmantlige Rotationshyperboloid eine Regelfläche mit zwei Geradenscharen.

Damit ist aber die Zahl der nicht ausgearteten Flächen zweiten Grades noch nicht erschöpft: Kehrt man in der Gleichung des elliptischen Paraboloids im Glied mit y^2 das Vorzeichen um, so erhält man eine neue Fläche

$$\boxed{\frac{x^2}{a^2}-\frac{y^2}{b^2}-2pz=0}\,. \quad \text{Gleichung des hyperbolischen Paraboloids} \tag{5-71}$$

Diese Gleichung läßt sich nicht aus einer Rotationsfläche ableiten, und keine der bisher aufgestellten Gleichungen läßt sich auf diese Form bringen. Diese Fläche heißt das *hyperbolische Paraboloid*. Sie ist gleich dem einmantligen Hyperboloid eine Regelfläche. Denn die Gleichung läßt sich nach Einführung eines Parameters λ aufspalten in

$$\frac{x}{a} - \frac{y}{b} = \lambda\,, \quad \frac{x}{a} + \frac{y}{b} = \frac{2pz}{\lambda} \quad \text{(1. Schar)}$$

oder

$$\frac{x}{a} + \frac{y}{b} = \lambda\,, \quad \frac{x}{a} - \frac{y}{b} = \frac{2pz}{\lambda} \quad \text{(2. Schar)}\,.$$

Befriedigt ein Punkt die beiden Geradengleichungen, so befriedigt er auch die Flächengleichung.

Die Verwandtschaft mit dem elliptischen Paraboloid geht aus einer anderen Erzeugungsart dieser Fläche hervor. Wir betrachten in der yz-Ebene die Parabel $\frac{y^2}{b^2} = 2pz$ und lassen an ihr die in der xz-Ebene gelegene Parabel $\frac{x^2}{a^2} = 2pz$ derart entlanggleiten, daß ihre Ebene der xz-Ebene parallel bleibt und ihr Scheitel sich auf der ersten Parabel verschiebt. Bezeichnen wir die Scheitelordinate mit s, so wird die Gleichung der verschobenen Parabel

$$\frac{x^2}{a^2} = 2p\,(z - s)\,.$$

s muß aber der Gleichung $\frac{y^2}{b^2} = 2ps$ genügen, also wird die Gleichung der so entstehenden *Schiebungsfläche*

$$\frac{x^2}{a^2} + \frac{y^2}{b^2} - 2pz = 0 \quad \text{(elliptisches Paraboloid)}\,.$$

Machen wir dasselbe mit der nach der negativen z-Richtung geöffneten Parabel $\frac{x^2}{a^2} + 2pz = 0$, so erhalten wir als Gleichung der *Schiebungsfläche* das hyperbolische Paraboloid

$$\frac{x^2}{a^2} - \frac{y^2}{b^2} - 2pz = 0\,.$$

Aus dieser Erzeugung sieht man auch, daß der Ursprung, in dem die beiden Parabelscheitel zusammenfallen, das Musterbeispiel eines Sattelpunktes ist. Damit ist die Aufzählung der nichtentarteten Flächen zweiten Grades, die in Abb. 55 zusammengestellt sind, beendet.

Durch affine Pressung eines (geraden) Kreiskegels kann man den allgemeinen Kegel zweiten Grades erzeugen. Eine Klassifikation nach Kegeln mit elliptischer, parabolischer oder hyperbolischer Basis entfällt, weil der Schnitt eines Kegels mit einer Ebene je nach der Neigung dieser Ebene eine Ellipse, Parabel oder Hyperbel (»Kegelschnitte«!) liefert. Ist in einer zur xy-Ebene parallelen Ebene $z = h$ irgendeine Kurve zweiten Grades

$$a_{11}x^2 + 2a_{12}xy + a_{22}y^2 + 2a_{13}x + 2a_{23}y + a_{33} = 0 \tag{5-72}$$

gegeben und verbinden wir alle ihre Punkte mit O, so erfüllen diese Geraden den allgemeinen Kegel zweiten Grades mit O als Spitze. Irgendein Punkt der Kurve habe die

Koordinaten x_0, y_0 und h, dann lautet die Gleichung der Verbindungsgeraden mit O:

$$x = \lambda x_0, \ y = \lambda y_0, \ z = \lambda h,$$

aus der letzten Gleichung folgt $\lambda = \frac{z}{h}$.

Die Koordinaten x_0 und y_0 müssen die Gleichung (5-72) befriedigen, also $a_{11}x_0^2 + 2a_{12}x_0y_0 + a_{22}y_0^2 + 2a_{13}x_0 + 2a_{23}y_0 + a_{33} = 0$; setzt man darin $x_0 = \frac{xh}{z}$, $y_0 = \frac{yh}{z}$ ein, so erhält man

$$a_{11}x^2 + 2a_{12}xy + a_{22}y^2 + 2\frac{a_{13}}{h}xz + 2\frac{a_{23}}{h}yz + \frac{a_{33}}{h^2}z^2 = 0.$$

Kennzeichnend ist, daß die Gleichung homogen ist, d. h., daß nur Glieder zweiten Grades vorkommen. Der als Leitlinie dienende Kegelschnitt kann nun seinerseits wieder zum Geradenpaar entartet sein, in diesem Fall wird aus dem Kegel ein Ebenenpaar.

Endlich gibt es noch eine imaginäre Fläche zweiten Grades, welche dem imaginären Kegelschnitt entspricht.

Wenn eine allgemeine Gleichung zweiten Grades zwischen den Koordinaten gegeben ist, die wir in der Form schreiben:

$$\left.\begin{aligned} &a_{11}x^2 + a_{22}y^2 + a_{33}z^2 + 2a_{12}xy + 2a_{23}yz + 2a_{31}zx \\ &\quad + 2a_{14}x + 2a_{24}y + 2a_{34}z + a_{44} = 0, \end{aligned}\right\} \tag{5-73}$$

so kann die Untersuchung in weitgehender Analogie zur Untersuchung der Kurve zweiten Grades durchgeführt werden. Wir brauchen wieder die Determinante A aller Koeffizienten und deren Unterdeterminanten, insbesondere A_{44}.

Zunächst verschieben wir das Koordinatensystem so, daß O in den Mittelpunkt kommt, d. h., wir suchen in

$$x = x' + m, \ y = y' + n, \ z = z' + q \tag{5-74}$$

die Koordinaten n, m, q so zu bestimmen, daß die linearen Glieder verschwinden. Dies gibt 3 Gleichungen, deren Lösung ist

$$m = \frac{A_{41}}{A_{44}}, \quad n = \frac{A_{42}}{A_{44}}, \quad q = \frac{A_{43}}{A_{44}}. \tag{5-75}$$

Ist $A_{44} = 0$, so existiert kein im Endlichen gelegener Mittelpunkt, die Fläche ist ein Paraboloid oder bei Entartung ein Kegel mit der Spitze im Unendlichen, d. h. ein Zylinder. Die Richtung nach dem im Unendlichen gelegenen Mittelpunkt, d. h. die Achsenrichtung, erhält man aus

$$m:n:q = A_{41}:A_{42}:A_{43}. \tag{5-76}$$

Ferner suchen wir für eine Mittelpunktsfläche die Richtung der Hauptachsen.

Nach Ausführung der Koordinatenverschiebung erhält man wie bei der Kurve zweiten Grades als neues Absolutglied $a'_{44} = \frac{A}{A_{44}}$. Daraus ersieht man, daß $A = 0$ die Bedingung dafür ist, daß die Fläche ein Kegel ist, denn die linearen Glieder sind in der neuen Form bereits beseitigt, und mit $A = 0$ wird die Gleichung homogen vom zweiten Grad.

Die Hauptachsen der Mittelpunktsflächen definieren wir wieder als die Richtungen, in denen die Flächennormale durch den Koordinatenursprung geht. Für diese Richtungen gilt, wenn wir den Faktor 2 in λ hineinnehmen,

$$\left.\begin{aligned} \frac{1}{2}\frac{\partial F}{\partial x} &= a_{11}x + a_{12}y + a_{13}z = \lambda x\,,\\ \frac{1}{2}\frac{\partial F}{\partial y} &= a_{21}x + a_{22}y + a_{23}z = \lambda y\,,\\ \frac{1}{2}\frac{\partial F}{\partial z} &= a_{31}x + a_{32}y + a_{33}z = \lambda z\,. \end{aligned}\right\} \tag{5-77}$$

Diese drei homogenen linearen Gleichungen können nur eine nichttriviale Lösung haben, wenn ihre Koeffizientendeterminante verschwindet (vgl. 3-30); wir erhalten also die dreidimensionale Säkulargleichung

$$\begin{vmatrix} a_{11}-\lambda & a_{12} & a_{13} \\ a_{21} & a_{22}-\lambda & a_{23} \\ a_{31} & a_{32} & a_{33}-\lambda \end{vmatrix} = 0\,. \tag{5-78}$$

Die Wurzeln λ_1, λ_2, λ_3 dieser Gleichung erscheinen in der quadratischen Form (5-51), wenn wir durch eine geeignete Drehung zum Koordinatensystem u, v, w übergegangen sind. Wir erreichen damit die Normalform

$$\lambda_1 u^2 + \lambda_2 v^2 + \lambda_3 w^2 + \frac{A}{A_{44}} = 0\,. \tag{5-79}$$

Der Vergleich mit (5-67, 5-69) und (5-70) zeigt:

Es ist für $\frac{A}{A_{44}} < 0$ *die Fläche ein Ellipsoid, wenn alle drei Wurzeln positiv; ein einschaliges Hyperboloid, wenn zwei Wurzeln positiv, eine negativ; ein zweischaliges Hyperboloid, wenn eine Wurzel positiv, zwei negativ; eine imaginäre Fläche, wenn alle drei Wurzeln negativ sind.*

Im Fall $A_{44} = 0$ wird wegen des Verschwindens des Absolutgliedes der Säkulargleichung von selbst eine Wurzel Null, die beiden anderen entscheiden, ob ein elliptisches oder hyperbolisches Paraboloid vorliegt. *Sind sie beide vom gleichen Vorzeichen, so ist das Paraboloid elliptisch, andernfalls hyperbolisch.* Durch Untersuchung der Unterdeterminanten von A läßt sich auch bei einem Kegel noch weiter entscheiden, ob er zum Ebenenpaar entartet ist. Es sei ferner erwähnt, daß auch der Kegel imaginär sein kann.

5.4. Aufgaben zu 5.1. bis 5.3.

1. Es soll die Richtung der Tangente einer Hyperbel bestimmt werden. Man beweise auch, daß die Punkte, wo die Tangente die Asymptoten schneidet, in gleichen Abständen vom Berührungspunkt liegen.

2. Welche Richtung hat die Tangente der Kettenlinie

$$y(x) = \frac{1}{b}\cosh bx?$$

3. Es soll die Richtung der an die Archimedische Spirale $r = a\varphi$, an die hyperbolische $r = \frac{a}{\varphi}$ und logarithmische Spirale $r = a\,e^{b\varphi}$ gezogenen Tangenten bestimmt werden.

4. Es soll der Krümmungsradius der Ellipse und Hyperbel berechnet werden. Wie groß ist dieser Radius in den Scheiteln $y = 0$ bzw. $x = 0$ der Ellipse?

5. Zieht man durch die Scheitel $(a,0)$ und $(0,b)$ einer Ellipse Geraden parallel zur y- bzw. x-Achse, so entsteht das Rechteck $(0,0)$; $(a,0)$; (a,b); $(0,b)$. Das Lot von (a,b) auf die Diagonale $(a,0)$; $(0,b)$ gefällt, schneidet in seiner Verlängerung die x- und y-Achse jeweils im Krümmungsmittelpunkt der Scheitelkreise für $(a,0)$ und $(0,b)$. Man beweise diesen Satz und verwende ihn zur Konstruktion der Ellipse.

6. Zwei zueinander senkrechte Achsen Ox, Oy und ein Punkt P sind gegeben. Es soll durch P eine Gerade so gezogen werden, daß das Geradenstück zwischen den Schnittpunkten mit Ox und Oy ein Minimum ist.

7. In eine gegebene Kugel soll ein Zylinder so eingezeichnet werden, daß sein Inhalt ein Maximum ist.

8. Es soll auf einer geraden Linie ein Punkt bestimmt werden, so daß die Summe der Quadrate seiner Abstände von zwei gegebenen Punkten ein Minimum ist.

9. Es soll die Gleichung einer Ellipse aufgestellt werden in bezug auf ein Koordinatensystem, das aus den Halbierungslinien der Winkel zwischen der großen und kleinen Achse besteht.

10. Eine gerade Linie und ein Punkt F außerhalb derselben sind gegeben. Ein zweiter Punkt P soll der Bedingung genügen, daß seine Abstände von der Geraden und von F in einem gegebenen Verhältnis stehen. Es soll die Gleichung des geometrischen Ortes von P abgeleitet und mittels dieser Gleichung bewiesen werden, daß der geometrische Ort je nach dem Wert des genannten Verhältnisses eine Ellipse, Hyperbel- oder Parabel ist.

11. Es ist der Abstand zweier Punkte $AB = 2a$ gegeben. Man suche den geometrischen Ort eines dritten Punktes P von solcher Lage, daß das Produkt aus seinen beiden Abständen von A und B gleich ist einer gegebenen Zahl b^2. (Man lege die x-Achse in AB und die y-Achse senkrecht darauf durch die Mitte von AB. Man betrachte die drei Hauptfälle, wo $b < a$, $b = a$, $b > a$ ist, und zeichne die verschiedenen Linien. Sie werden *Lemniskaten* genannt.)

12. Die Koordinaten eines sich bewegenden Punktes sind

$$x(t) = a \cos 2\pi \left(\frac{t}{T} + p\right),$$

$$y(t) = a \cos 4\pi \frac{t}{T},$$

wo bei t die Zeit bedeutet. (Die Bewegung der Projektionen auf die Koordinatenachsen ist also eine harmonische; die Schwingungsdauer der einen ist jedoch nur halb so groß wie die der anderen.) Es soll die Gleichung der Bahn aufgestellt und die Kurve für einige Werte von p konstruiert werden. (Figuren von LISSAJOUS.) Besondere Fälle sind $p = 0$ und $p = \frac{1}{8}$.

13. Durch wieviel Punkte ist eine Fläche zweiten Grades bestimmt?

14. Es soll bewiesen werden, daß es bei einem beliebigen Ellipsoid zwei Richtungen gibt, in denen eine Ebene dasselbe so schneidet, daß der Querschnitt kreisförmig ist.

15. Eine beliebige gerade Linie, welche die z-Achse nicht schneidet, wird um diese Achse herumgedreht. Es soll die Gleichung der entstehenden Fläche aufgestellt und die Gestalt des Meridians ermittelt werden.

16. In einem Körper werden zwei Geraden L und L' gezogen, die mit den Koordinatenachsen die Winkel α, β, γ bzw. α', β', γ' bilden. Wenn jetzt der Körper in den Richtungen der Achsen sehr kleine Dilatationen erleidet, so daß die Dimensionen in diesen Richtungen $1 + \delta$, $1 + \varepsilon$, $1 + \zeta (\delta, \varepsilon, \zeta \ll 1)$ mal größer werden, wie ändert sich dann der Winkel zwischen L und L'?

17. Ein dreiachsiges Ellipsoid weicht sehr wenig von einer Kugel ab. Es soll der »unendlich kleine« Winkel zwischen der Normalen in irgendeinem Punkt und der Verbindungslinie dieses Punktes mit dem Mittelpunkt bestimmt werden.

18. Gegeben sind n Punkte, $P_1, P_2, \ldots, P_n$ mit den rechtwinkligen Koordinaten x_1, y_1, z_1; x_2, y_2, z_2 usw. Für welche Lage eines Punktes A wird die Summe der Quadrate der Entfernungen $AP_1, AP_2, \ldots, AP_n$ zu einem Minimum?

19. Man diskutiere die Kurven mit den Gleichungen

a) $x^2 - 2xy + y^2 - 4x - 4y + 4 = 0$,
b) $x^2 + 2xy + y^2 + 2x + 2y + 2 = 0$,
c) $4xy + 6x - 2y - 5 = 0$.

6. Integralrechnung

Um den Sinn der Integralrechnung zu erläutern, erinnern wir an das im Abschnitt 4.1. diskutierte Problem der Bewegung eines Körpers längs einer vorgegebenen Bahnkurve. Bei gleichförmiger Bewegung definierten wir $v = \frac{s - s_0}{t - t_0}$ als Geschwindigkeit des Körpers. Wählt man $s_0 = 0$, $t_0 = 0$ als Nullpunkt in der ts-Ebene (vgl. Abb. 30), gilt $s = v \cdot t$. Im folgenden wollen wir im Gegensatz zur Fragestellung in Abschnitt 4.1. annehmen, die Geschwindigkeit v des Körpers sei bekannt und die Aufgabe ist: Berechnung der Strecke s, die der Körper in der Zeit t zurücklegt. Solange $v = \text{const}$ gilt, gibt es keine Schwierigkeiten. Bemerkenswert ist immerhin, daß in der für dieses Problem zweckmäßigerweise verwendeten tv-Ebene die Produktbildung $v \cdot t$ und damit s geometrisch als Flächeninhalt interpretiert werden kann. Bei veränderlicher Geschwindigkeit $v(t)$ ist die Berechnung der Strecke s nicht mehr so einfach, die geometrische Interpretation bleibt jedoch: Es soll der Flächeninhalt s berechnet werden, der von der Abszisse t und der Kurve $v(t)$ zwischen $t_0 = 0$ und t eingeschlossen wird (Abb. 56). Wir

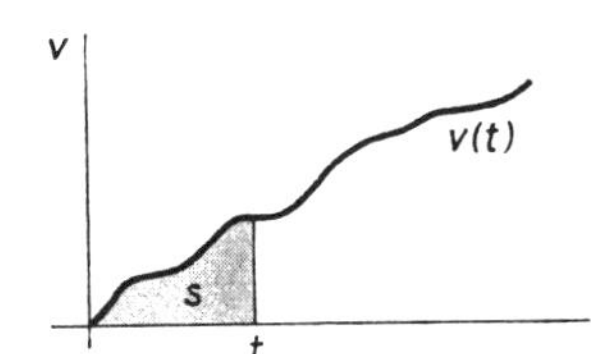

Abb. 56 Wegstrecke s als Flächeninhalt zwischen der Funktion $v(t)$ und der Abszisse

erwähnen noch einige weitere Beispiele mit ähnlicher Problemstellung. Wenn ein Körper durch eine vom Ort unabhängige Kraft um die Strecke s fortbewegt wird, ist die dabei geleistete Arbeit $A = K \cdot s$. Wenn K und s bekannt sind, kann man die Arbeit berechnen und wieder als einen Flächeninhalt in der sK-Ebene deuten. Für eine ortsabhängige Kraft $K(s)$ ist das Problem, A zu berechnen, analog zu dem bei der Berechnung von s mit $v(t)$. In der Elektrotechnik ist der magnetische Induktionsfluß Φ in einer Fläche F von besonderer Bedeutung. Es gilt $\Phi = B \cdot F$, wenn B, die magnetische Induktion, senkrecht zu F und ortsunabhängig ist. Stellt man sich die Fläche F als einen Teil einer xy-Ebene vor und trägt längs einer Zahlengeraden senkrecht zu dieser Ebene den Wert von B ab, so ist $B \cdot F$ und damit Φ geometrisch als Volumeninhalt interpretierbar. Letzteres gilt auch, wenn B ortsabhängig ist. Wie die Beispiele deutlich zeigen, werden in der Praxis allgemeine Methoden zur Berechnung von Inhalten (Quadratur) benötigt. Dieses Problem wird in der als *Integralrechnung* bezeichneten mathematischen Theorie gelöst.

6.1. Bestimmtes Integral

6.1.1. Definition und Eigenschaften eines bestimmten Integrals

Im Gegensatz zur Diskussion lokaler Eigenschaften einer Funktion (z. B. Differenzierbarkeit) wird bei einer Inhaltsbildung der ganze Wertebereich bzw. Definitionsbereich einer Funktion benötigt (lat. integer = ganz). Die möglichen Lösungswege sind für reelle Funktionen mit einer reellen Veränderlichen auch anschaulich einzusehen. Es sei die reelle Funktion $f(x)$ mit $x \in \mathbb{R}$ auf dem durch $a \leqq x < b$ gegebenen Intervall $[a,b[$ definiert[1]). Wir erinnern an die graphische Darstellung Abbildung 7 und fragen nach dem Flächeninhalt des Teiles der xy-Ebene, der unten von der Abszisse $[a,b[$, oben vom Verlauf der Funktion $f(x)$ und rechts und links von den Ordinaten bei $x = a$ bzw. $x = b$ begrenzt wird. Die Berechnung dieses Flächeninhalts ist offenbar sehr einfach, wenn eine Treppenfunktion $u(x)$ (Abb. 57) vorliegt, die sich mit Hilfe der Indikatorfunktion (2-10) in der Form

$$u(x) = \sum_{\nu=0}^{n-1} y_\nu J_\nu(x)\,; \quad y_\nu \in \mathbb{R}; \quad J_\nu(x) = \begin{cases} 0 \text{ für } x \notin [x_\nu,\, x_{\nu+1}[\\ 1 \text{ für } x \in [x_\nu,\, x_{\nu+1}[\end{cases} \tag{6-1}$$

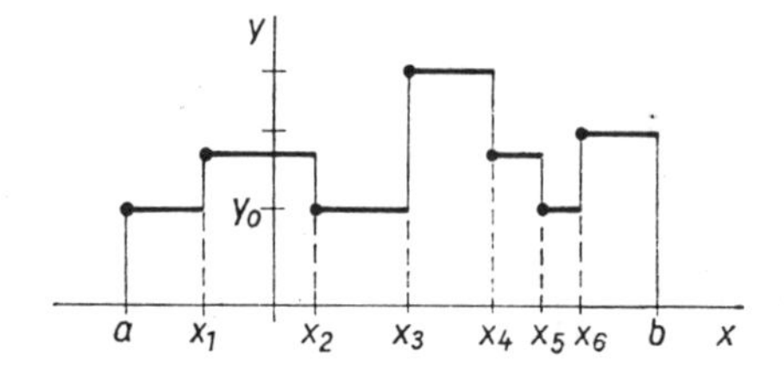

Abb. 57 Rechtsseitig stetige Treppenfunktion

schreiben läßt, wobei die Punkte

$$a = x_0 < x_1 < x_2 < \ldots < x_n = b \tag{6-2}$$

das Intervall $[a,b[$ in Teilintervalle

$$[a,x_1[, \ldots, [x_\nu,x_{\nu+1}[, \ldots, [x_{n-1},b[\tag{6-3}$$

zerlegen. Als Teilintervalle wurden nichtabgeschlossene gewählt, um die Eindeutigkeit der Treppenfunktion zu sichern. Der Flächeninhalt der Fläche unter der Treppenfunktion ist

$$s = \sum_{\nu=0}^{n-1} y_\nu\,(x_{\nu+1} - x_\nu)\,. \tag{6-4}$$

Wenn die begrenzende Kurve nicht die graphische Darstellung einer Treppenfunktion ist, versucht man, den Flächeninhalt wenigstens näherungsweise mit Hilfe geeignet gewähl-

---

[1] Die Verwendung eines halboffenen Intervalls ermöglicht bequeme Formulierungen (vgl. 6-1, 6-3). Das Integral ist unabhängig davon, ob die Endpunkte mitgenommen oder nicht mitgenommen werden.

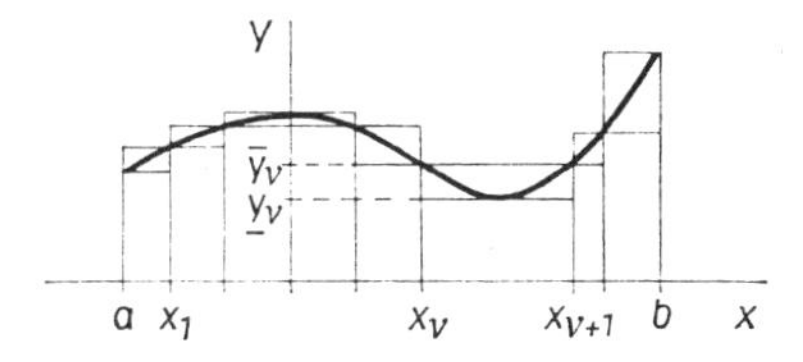

Abb. 58 Zur Untersumme s_u (6-5) und Obersumme s_o (6-6)

ter Treppenfunktionen zu berechnen. Wählt man z. B. für die Fläche unter einer Kurve $f(x)$ eine Zerlegung in einbeschriebene Rechteckstreifen (Abb. 58) und berechnet deren Inhalt nach (6-4), erhält man die *Untersumme*

$$s_u = \sum_{\nu=0}^{n-1} \underline{y}_\nu (x_{\nu+1} - x_\nu), \tag{6-5}$$

wobei $\underline{y}_\nu$ das Minimum der Funktion $f(x)$ über dem Intervall $[x_\nu, x_{\nu+1}[$ ist. Entsprechend ergibt sich für eine Zerlegung in Rechteckstreifen mit der Höhe $\bar{y}_\nu$ (Maximum von $f(x)$ über $[x_\nu, x_{\nu+1}[$) die *Obersumme* (Abb. 58)

$$s_o = \sum_{\nu=0}^{n-1} \overline{y_\nu} (x_{\nu+1} - x_\nu). \tag{6-6}$$

Dieses Verfahren zur näherungsweisen Berechnung von Flächeninhalten wurde schon von ARCHIMEDES (287—212 v. Chr.) und KEPLER (1571—1630) benutzt und findet auch heute noch Anwendung zur angenäherten Berechnung von Integralen. Der entscheidende Schritt von Summen der Form (6-4) bis (6-6) zu einem als Integral bezeichneten analytischen Objekt wird durch eine geeignete Grenzwertbildung erreicht. Beschränkt man sich auf stetige Funktionen $f(x)$, legt bereits Abb. 58 den Gedanken nahe, die Näherungssummen für den Flächeninhalt durch Verfeinerungen der gewählten Zerlegung des Intervalls $[a,b]$ zu verbessern. Als Feinheit einer Zerlegung (6-2) bezeichnet man die maximale Länge l der in $[a,b]$ benutzten Teilintervalle

$$l := \max_{\nu=0,1,2,\dots,n} (x_{\nu+1} - x_\nu). \tag{6-7}$$

Dieser Gedanke wurde von CAUCHY zu einer analytischen Integraldefinition ausgebaut, die wir in der Formulierung von RIEMANN (1826—1866) wiedergeben. Zunächst wird aus jedem Teilintervall $[x_\nu, x_{\nu+1}]$ (als abgeschlossen angenommen) ein *beliebiger Punkt* $x = \xi_\nu$ gewählt und die Summe

$$s_R = \sum_{\nu=0}^{n-1} f(\xi_\nu)(x_{\nu+1} - x_\nu) \quad \text{RIEMANNsche Summe von } f \tag{6-8}$$

gebildet. Wenn für beliebig verfeinerte Zerlegungen (d. h. $l \to 0$) des Intervalls $[a,b]$ die RIEMANNsche Summe unabhängig von der Wahl der Zerlegung und der Wahl der Punkte ξ_ν einem Grenzwert zustrebt, heißt dieser Grenzwert RIEMANNsches Integral. Exakter formuliert man: Wenn es zu jedem $\varepsilon > 0$ ein $\delta > 0$ so gibt, daß für jede Zerlegung mit $l < \delta$ und jede Wahl von Zwischenpunkten ξ_ν

$$|s_R - J| < \varepsilon \tag{6-9}$$

gilt, heißt J bestimmtes RIEMANN*sches Integral der Funktion* $f(x)$ *über* $[a,b]$. Symbolisch schreibt man für das Integral von $f(x)$ über x zwischen den Grenzen a und b

$$\boxed{J = \int_a^b f(x)\,\mathrm{d}x}, \tag{6-10}$$

wobei das von LEIBNIZ eingeführte Zeichen $\int$ ein stilisiertes S ist, das an die Summation erinnern soll. In (6-10) wird $f(x)$ als *Integrand* bezeichnet. Alle Funktionen $f(x)$, für die das RIEMANNsche Integral J existiert, heißen R-integrierbar (d. h. im RIEMANNschen Sinn integrierbar). Jede im Intervall $[a,b]$ überall beschränkte Funktion $f(x)$, die höchstens an endlich vielen Stellen unstetig, sonst aber stetig ist (d. h. stückweise stetig), ist R-integrierbar (Abb. 59). Die Unstetigkeit von $f(x)$ kann auch bei $x = a$ oder $x = b$ liegen, so daß (6-10) nicht nur eine Integration über $[a,b]$, sondern auch über $]a,b]$, $[a,b[$ und $]a,b[$ definiert. Die Ausdehnung der Integraldefinition auf unendliche Intervalle bzw. auf Funktionen, die für bestimmte x-Werte nicht beschränkt sind, geschieht im Abschnitt 6.5.

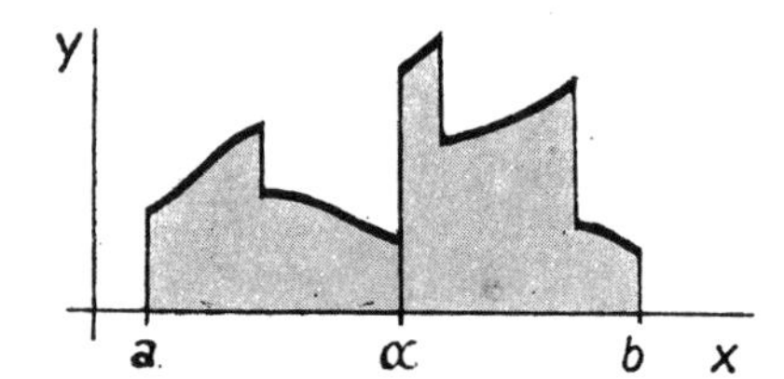

Abb. 59 Zur Integration stückweise stetiger Funktionen

Beispiel für bestimmte Integrale: Ein einfaches Beispiel, bei dem sich der Grenzübergang (6-9) bequem ausführen läßt, ist etwa die Berechnung von $\int\limits_0^1 e^x \, dx$. Man teile das Intervall in n gleiche Teile $\Delta x_\nu = \frac{1}{n}$ und bilde die Untersumme

$$\frac{1}{n}\left(1 + e^{\frac{1}{n}} + e^{\frac{2}{n}} + \cdots + e^{\frac{n-1}{n}}\right).$$

Nach Summierung der in der Klammer stehenden geometrischen Folge wird daraus (vgl. 1-116)

$$\frac{1}{n} \frac{e^{\frac{n}{n}} - 1}{e^{\frac{1}{n}} - 1} = \frac{e - 1}{\dfrac{e^{\frac{1}{n}} - e^0}{\frac{1}{n} - 0}} .$$

Der rechts im Nenner stehende Quotient ist offenbar der zwischen $x = 0$ und $x = \frac{1}{n}$ gebildete Differenzenquotient der Funktion e^x, geht also bei unbeschränkter Verfeinerung der Unterteilung, d. h. bei $\frac{1}{n} \to 0$, in die Ableitung von e^x an der Stelle $x = 0$, demnach in $e^0 = 1$ über, so daß herauskommt:

$$\int\limits_0^1 e^x dx = e - 1 .$$

In (6-8) kann f auch negative Werte annehmen, für die sich wegen $x_\nu < x_{\nu+1}$ in s_R negative Summanden ergeben. Bezeichnet man die Summe der nichtnegativen Summanden in s_R mit s_R^+ und den Betrag der Summe negativer Summanden mit s_R^-, gilt

$$s_R = s_R^+ - s_R^-, \quad |s_R| = s_R^+ + s_R^- . \tag{6-11}$$

Wenn (6-9) sowohl für s_R^+ als auch für s_R^- gilt, folgt

$$\int\limits_a^b f(x)\, dx = \int\limits_a^b f^+(x)\, dx - \int\limits_a^b f^-(x)\, dx \tag{6-12}$$

mit $$f(x)=\begin{cases} f^+(x) & \text{für} \quad f(x)\geqq 0 \\ -f^-(x) & \text{für} \quad f(x)<0. \end{cases} \tag{6-13}$$

Auf der rechten Seite von (6-12) treten zwei *nichtnegative* Integrale auf, die als Flächeninhalte unter $f^+(x)$ bzw. $f^-(x)$ interpretiert werden können. Wie man sieht, werden in $\int f(x)\,\mathrm{d}x$ Flächen, die in der xy-Ebene unterhalb der x-Achse liegen, »negative Flächeninhalte« zugeordnet.

Wegen $|f(x)| = |f^+(x)| + |f^-(x)|$ und (6-12) gilt mit (1-74) für eine R-integrierbare Funktion $f(x)$:

$$\left|\int_a^b f(x)\,\mathrm{d}x\right| = \left|\int_a^b f^+\mathrm{d}x - \int_a^b f^-\mathrm{d}x\right| \leqq \int_a^b f^+\mathrm{d}x + \int_a^b f^-\mathrm{d}x = \int_a^b |f(x)|\,\mathrm{d}x \tag{6-14}$$

Jede Zahl $\alpha \in \mathbb{R}$ mit $a < \alpha < b$ zerlegt das Intervall $[a,b]$ in zwei disjunkte Teilintervalle $[a,\alpha[$ und $[\alpha,b]$ (vgl. Abb. 59). Eine auf $[a,b]$ R-integrierbare Funktion $f(x)$ ist dann auch auf $[a,\alpha[$ und $[\alpha,b]$ integrierbar, und es gilt

$$\boxed{\int_a^b f(x)\,\mathrm{d}x = \int_a^\alpha f(x)\,\mathrm{d}x + \int_\alpha^b f(x)\,\mathrm{d}x}, \quad (a<\alpha<b)\,. \tag{6-15}$$

Sind $f(x)$ und $g(x)$ zwei auf $[a,b]$ R-integrierbare Funktionen und $c \in \mathbb{R}$, so ist auch $f(x) + cg(x)$ integrierbar, und es gilt

$$\boxed{\int_a^b (f(x)+cg(x))\,\mathrm{d}x = \int_a^b f(x)\,\mathrm{d}x + c\int_a^b g(x)\,\mathrm{d}x}\,. \tag{6-16}$$

Da für $f(x) - g(x) \geqq 0$ auch das Integral (6-10) von $f(x) - g(x)$ über $[a,b]$ nichtnegativ ist, folgt

$$\int_a^b f(x)\,\mathrm{d}x \geqq \int_a^b g(x)\,\mathrm{d}x\,. \tag{6-17}$$

Das bestimmte Integral (6-10) wurde für $a < b$ definiert. Beim praktischen Umgang mit Integralen treten auch die Fälle $b < a$ und $b = a$ auf. Es ist deshalb zweckmäßig, folgende, mit den oben angegebenen Rechenregeln verträgliche Definitionen hinzuzufügen

$$\boxed{\int_a^b f(x)\,\mathrm{d}x := -\int_b^a f(x)\,\mathrm{d}x} \quad \text{für} \quad b<a\,, \tag{6-18}$$

$$\boxed{\int_a^a f(x)\,\mathrm{d}x := 0}\,. \tag{6-19}$$

Wenn $\alpha\varphi(x) \leqq f(x)\,\varphi(x) \leqq \beta\varphi(x)$ gilt mit $\alpha,\beta \in \mathbb{R}$ und $\varphi(x) \geqq 0$ über $[a,b]$, ergibt sich wegen (6-17) $\alpha \leqq m \leqq \beta$ mit

$$m := \frac{\int_a^b f(x)\,\varphi(x)\,\mathrm{d}x}{\int_a^b \varphi(x)\,\mathrm{d}x} \quad \textit{Integralmittelwert}\,. \tag{6-20}$$

Wenn $f(x)$ und $\varphi(x)$ über $[a,b]$ nicht nur R-integrierbar sind, sondern stetig, muß $f(x)$ jeden Wert zwischen α und β an mindestens einer Stelle des Intervalls annehmen. Bezeichnet man mit ξ die Stelle, wo $f(\xi) = m$ ist, liefert (6-20)

$$\int_a^b f(x)\,\varphi(x)\,\mathrm{d}x = f(\xi) \int_a^b \varphi(x)\,\mathrm{d}x\,, \tag{6-21}$$

den *Mittelwertsatz der Integralrechnung*, der nicht nur für $a \leqq \xi \leqq b$ gilt, sondern bereits für $a < \xi < b$ (und $\varphi(x) \geqq 0$). Speziell für $\varphi(x) = 1$ gilt nach (6-21)

$$\int_a^b f(x)\,\mathrm{d}x = f(\xi)\,(b - a)\,. \tag{6-22}$$

6.1.2. Bogenlänge

Zur Beschreibung einer Kurve wurden durch (2-21) bzw. (2-23) Parameterdarstellungen eingeführt, bei denen $[a,b]$ ein Intervall für den Parameter $u \in \mathbb{R}$ ist. Eine zu (6-2) analoge Zerlegung ζ dieses Intervalls

$$a = u_0 < u_1 < \ldots < u_k = b \tag{6-23}$$

zeichnet gewisse Kurvenpunkte $x(u)$ (vgl. 2-23) aus, die man durch Geraden miteinander verbinden kann (Abb. 60). Das zwischen den Kurvenpunkten $x(a)$ und $x(b)$ entstandene Sehnenpolygon besitzt eine Länge, die man analytisch als Summe der Kurven-

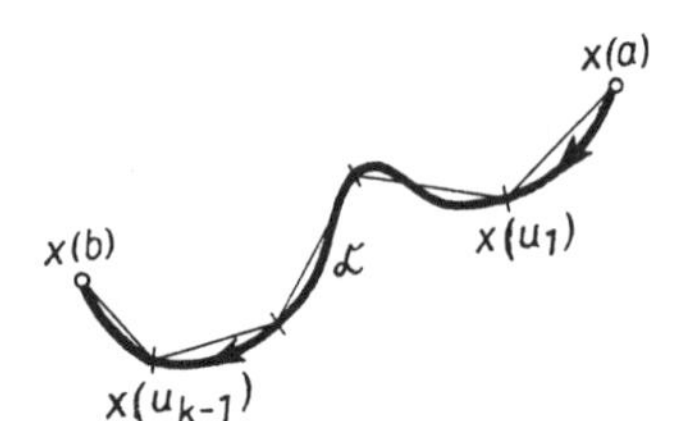

Abb. 60 Kurve mit Sehnenpolygon

punktabstände ausdrücken kann, z. B. für eine Kurve $\mathfrak{C}$ in der xy-Ebene mit $x_\nu = x(u_\nu)$; $y_\nu = y(u_\nu)$:

$$\mathbf{L}(\zeta) = \sum_{\nu=0}^{k-1} \sqrt{(x_{\nu+1} - x_\nu)^2 + (y_{\nu+1} - y_\nu)^2} =$$

$$= \sum_{\nu=0}^{k-1} \sqrt{\left(\frac{x_{\nu+1} - x_\nu}{u_{\nu+1} - u_\nu}\right)^2 + \left(\frac{y_{\nu+1} - y_\nu}{u_{\nu+1} - u_\nu}\right)^2}\,(u_{\nu+1} - u_\nu)\,. \tag{6-24}$$

Wenn diese Summe für beliebig feine Zerlegungen unabhängig von der Wahl der Zerlegung ζ einem Grenzwert $L < \infty$ zustrebt, heißt die Kurve $\mathfrak{C}$ *rektifizierbar* (lat. rectificare = strecken), und L heißt *Bogenlänge der Kurve* $\mathfrak{C}$. Die Bogenlänge läßt sich einfach berechnen, wenn die Parameterdarstellung (2-21) bzw. (2-23) wenigstens einmal nach u differenzierbar und die Ableitung stetig ist. Wir bezeichnen die Ableitungen von $x(u)$ und $y(u)$ nach u mit $\dot{x}(u)$ und $\dot{y}(u)$. Der Mittelwertsatz der Differentialrechnung (4-64) liefert mit $\Delta u_\nu = u_{\nu+1} - u_\nu$

$$x_{\nu+1} - x_\nu = \Delta u_\nu \dot{x}(\xi_\nu), \quad u_\nu < \xi_\nu < u_{\nu+1},$$
$$y_{\nu+1} - y_\nu = \Delta u_\nu \dot{y}(\tilde{\xi}_\nu), \quad u_\nu < \tilde{\xi}_\nu < u_{\nu+1},$$

so daß (6-24) übergeht in

$$L(\zeta) = \sum_{\nu=0}^{k-1} \sqrt{[\dot{x}(\xi_\nu)]^2 + [\dot{y}(\xi_\nu)]^2}\,(u_{\nu+1} - u_\nu)\,. \tag{6-25}$$

Die Stetigkeit von $\dot{x}$ und $\dot{y}$ erlaubt in (6-25) die Wahl eines gemeinsamen Punktes ξ_ν im Intervall $[u_{\nu+1}, u_\nu]$, so daß (6-25) als RIEMANNsche Summe interpretiert werden kann. Da $\sqrt{\dot{x}^2 + \dot{y}^2}$ R-integrierbar ist, liefert (6-10):

$$\boxed{L = \int_a^b \sqrt{\dot{x}^2 + \dot{y}^2}\,\mathrm{d}u} \quad \text{Bogenlänge einer ebenen Kurve}\,. \tag{6-26}$$

Entsprechend ergibt sich mit (2-23)

$$\boxed{L = \int_a^b \sqrt{\sum_{i=1}^{n} \left(\frac{\mathrm{d}f_i(u)}{\mathrm{d}u}\right)^2}\,\mathrm{d}u} \quad \text{Bogenlänge einer Kurve im } \mathbb{R}^n\,. \tag{6-27}$$

6.2. Unbestimmtes Integral

6.2.1. Zusammenhang zwischen Differentiation und Integration

Eine auf einem Intervall $[a,b]$ definierte, integrierbare Funktion ist auch über allen Teilintervallen $[a,x]$, $a \leqq x \leqq b$, integrierbar. Wendet man (6-10) auf diese Teilintervalle an, wird der Wert des Integrals eine Funktion der oberen Grenze x. Man kann deshalb mit Hilfe dieses Integrals eine neue Funktion definieren

$$\boxed{\mathrm{F}(x) := \int_a^x f(t)\,\mathrm{d}t}\,, \quad x \in [a,b]\,. \tag{6-28}$$

Da es auf die Bezeichnung der Integrationsveränderlichen nicht ankommt und es zweckmäßig ist, sie anders als die Grenzen zu bezeichnen, haben wir im Integral x durch t ersetzt.

Wir wollen den Zusammenhang zwischen $F(x)$ und $f(x)$ untersuchen. Dabei beschränken wir uns im folgenden auf *stetige Funktionen* $f(x)$. In diesem Fall zeigt sich, daß $F(x)$ nicht nur stetig, sondern auch auf $[a,b]$ differenzierbar ist und $F'(x) = f(x)$ gilt. Um dies zu beweisen bilden wir zunächst den Differentialquotienten

$$Q(x,h) = \frac{F(x+h) - F(x)}{h} = \frac{1}{h}\left(\int_a^{x+h} f(t)\mathrm{d}t - \int_a^x f(t)\mathrm{d}t\right).$$

Wegen (6-15) und (6-18) gilt dann

$$Q(x,h) = \frac{1}{h}\int_x^{x+h} f(t)\mathrm{d}t = f(\xi)\,, \qquad (x \leqq \xi \leqq x+h)\,,$$

wobei noch (6-22) ausgenutzt wurde. Offenbar ist $\lim\limits_{h\to 0} Q(x,h) = F'(x)$ und $\lim\limits_{h\to 0} \xi = x$, so daß wegen der Stetigkeit von $f(x)$ folgt

$$\boxed{f(x) = F'(x) = \frac{\mathrm{d}F}{\mathrm{d}x}}\,. \tag{6-29}$$

(6-28) und (6-29) erlauben die Integration als eine »Umkehrung« der Differentiation aufzufassen.

Eine differenzierbare Funktion $F(x)$, für die (6-29) gilt, heißt *Stammfunktion* zur Funktion $f(x)$. Sind $F_1(x)$ und $F_2(x)$ zwei Stammfunktionen zu $f(x)$, gilt $F_1'(x) = F_2'(x) = f$ also $\frac{\mathrm{d}}{\mathrm{d}x}(F_1(x) - F_2(x)) = 0$ und damit

$$F_1(x) - F_2(x) = \text{const}, \tag{6-30}$$

d. h., mit $F(x)$ ist auch $F(x) + C (C \in \mathbb{R})$ eine Stammfunktion zu $f(x)$. Wegen (6-15) ergibt sich mit (6-28) für je zwei Punkte $\alpha, \beta \in [a,b]$

$$\int_\alpha^\beta f(t)\mathrm{d}t = F(\beta) - F(\alpha). \tag{6-31}$$

Eine Funktion $F(x)$, für die (6-31) gilt, heißt *unbestimmtes Integral* der integrierbaren Funktion $f(x)$. Da jedes unbestimmte Integral von $f(x)$ eine Stammfunktion zu $f(x)$ ist und umgekehrt, schreibt man symbolisch

$$\boxed{\int f(x)\mathrm{d}x = F(x) + C} \tag{6-32}$$

für das unbestimmte Integral. Aus (6-31) ergibt sich die wichtige Erkenntnis: Bestimmte Integrale über stetige Funktionen lassen sich berechnen, indem man Stammfunktionen sucht!

6.2.2. Stammfunktionen zu den einfachsten Funktionen

Die Regel (4-17) für die Differentiation einer Potenz liefert für $m \neq -1$:

$$\boxed{\int x^m \mathrm{d}x = \frac{1}{m+1} x^{m+1} + C}. \tag{6-33}$$

Um eine Potenz von x zu integrieren, hat man sie also mit x zu multiplizieren und durch den neuen, d. h. um 1 erhöhten Wert des Exponenten zu dividieren.
Besondere Fälle sind z. B.

$$\int \mathrm{d}x = x + C, \qquad \int x\mathrm{d}x = \frac{1}{2}x^2 + C,$$

$$\int x^4 \mathrm{d}x = \frac{1}{5}x^5 + C, \qquad \int \frac{\mathrm{d}x}{x^2} = -\frac{1}{x} + C \quad (x \neq 0),$$

$$\int \frac{\mathrm{d}x}{x^5} = -\frac{1}{4x^4} + C \ (x \neq 0), \qquad \int \sqrt{x}\,\mathrm{d}x = \frac{2}{3}x\sqrt{x} + C,$$

$$\int \frac{\mathrm{d}x}{\sqrt{x}} = 2\sqrt{x} + C \quad (x \neq 0), \qquad \int \frac{\mathrm{d}x}{x\sqrt[3]{x^2}} = -\frac{3}{2}\frac{1}{\sqrt[3]{x^2}} + C \ (x \neq 0).$$

Das Integral $\int \frac{\mathrm{d}x}{x}$ findet man für positive Werte von x durch Umkehrung von (4-36)

$$\int \frac{\mathrm{d}x}{x} = \ln x + C. \tag{6-34}$$

Für negative Werte von x hat dies keinen Sinn, weil negative Zahlen keinen reellen Logarithmus haben. Für $x < 0$ gilt aber die Formel

$$\int \frac{\mathrm{d}x}{x} = \ln(-x) + C, \tag{6-35}$$

von deren Richtigkeit man sich leicht durch Differentiation überzeugt. Es ist also allgemein für $x \neq 0$

$$\boxed{\int \frac{\mathrm{d}x}{x} = \ln|x| + C}. \tag{6-36}$$

Weiter ergibt sich durch Umkehrung der entsprechenden Differentiationsformeln z. B.

$$\boxed{\int \mathrm{e}^x \mathrm{d}x = \mathrm{e}^x + C}. \tag{6-37}$$

$$\boxed{\begin{array}{ll} \int \sin x \,\mathrm{d}x = -\cos x + C, & \int \cos x \,\mathrm{d}x = \sin x + C \\ \int \frac{\mathrm{d}x}{\cos^2 x} = \tan x + C, & \int \frac{\mathrm{d}x}{\sin^2 x} = -\cot x + C \\ \int \frac{\mathrm{d}x}{\sqrt{1-x^2}} = \arcsin x + C, & \int \frac{\mathrm{d}x}{1+x^2} = \arctan x + C \end{array}} \tag{6-38}$$

Zu der vorletzten Formel ist zu bemerken, daß jeweils die x-Werte auszuschließen sind, für die der Integrand über alle Grenzen wächst oder die rechte Seite nicht erklärt ist. Unter $\arcsin x$ verstehen wir in der obigen Formel nur den in (2-65) eingeführten Hauptwert, sonst ist Abschnitt 4.1.8. zu beachten. In allen Formeln, die eine Quadratwurzel enthalten, meinen wir mit dem Wurzelausdruck den positiven Wert. In derartigen Formeln wird übrigens nur von solchen Werten der Veränderlichen die Rede sein, für welche die Wurzelgröße einen reellen Wert hat. In der Gleichung für $\int \frac{\mathrm{d}x}{\sqrt{1-x^2}}$ sind z. B. Werte von x, die außerhalb des Intervalls von -1 bis $+1$ liegen, auszuschließen, dort muß also $|x| < 1$ sein.

Wir fügen noch einige weitere Grundformeln bei, die, wie später gezeigt werden soll, aus den obenstehenden abgeleitet werden können. Der Leser möge sich vorerst durch Differentiation der rechts stehenden Ausdrücke von der Richtigkeit der Resultate überzeugen.

$$\int \frac{\mathrm{d}x}{1-x^2} = \frac{1}{2} \ln\left(\frac{1+x}{1-x}\right) + C \quad \text{oder} \quad = \frac{1}{2} \ln\left(\frac{x+1}{x-1}\right) + C, \tag{6-39}$$

je nachdem, ob x zwischen -1 und $+1$ oder außerhalb dieser Grenzen liegt. Man muß zwischen diesen beiden Fällen unterscheiden, weil eine negative Zahl keinen reellen Logarithmus hat.

Auch bei vielen anderen Integralformeln, die einen Logarithmus enthalten, ist hierauf zu achten. Wir werden uns indes oft damit begnügen, nur *eine* Gestalt der Formel anzuführen. Ihr Gültigkeitsbereich ergibt sich dann aus der Forderung, daß die Größe, deren Logarithmus vorkommt, positiv sein muß.

Formeln dieser Art sind

$$\int \frac{dx}{\sqrt{x^2+1}} = \ln\left[x + \sqrt{x^2+1}\right] + C,$$

$$\int \frac{dx}{\sqrt{x^2-1}} = \ln\left[x + \sqrt{x^2-1}\right] + C. \qquad (6\text{-}40)$$

Die Integrale (6-39) und (6-40) bekommen ein ganz anderes Aussehen, wenn man Hyperbelfunktionen zu Hilfe nimmt. Die Umkehr der Formeln (4-28) bis (4-31) und (4-43) bis (4-46) gibt eine zu (6-38) analoge Integraltabelle:

$$\begin{array}{|l|}\hline \int \sinh x\,dx = \cosh x + C, \quad \int \cosh x\,dx = \sinh x + C \\ \int \frac{dx}{\cosh^2 x} = \tanh x + C, \quad \int \frac{dx}{\sinh^2 x} = -\coth x + C \\ \int \frac{dx}{\sqrt{1+x^2}} = \operatorname{arsinh} x + C, \quad \int \frac{dx}{1-x^2} = \begin{cases} \operatorname{artanh} x + C & \text{für} \quad x < 1 \\ \operatorname{arcoth} x + C & \text{für} \quad x > 1 \end{cases} \\ \hline \end{array} \qquad (6\text{-}41)$$

Durch Vergleich von (6-41) mit (6-40) folgt auch hier die Beziehung (2-74)

$$\operatorname{arsinh} x = \ln\left(x + \sqrt{x^2+1}\right) + C.$$

Im allgemeinen werden bei der Integration der Integrale $\int \frac{dx}{\sqrt{x^2+1}}$ und $\int \frac{dx}{\sqrt{1-x^2}}$ logarithmische Funktionen und keine Hyperbelfunktionen benutzt. Der Hauptgrund dafür ist, daß die üblichen Logarithmentafeln keine Hyperbelfunktionen enthalten.

6.3. Integrationsmethoden für analytisch auswertbare Integrale

Hat man die Integration als Umkehrung der Differentiaton erkannt, könnte man sich aus einem Verzeichnis der Differentialquotienten aller nur denkbarer Funktionen ein Verzeichnis der Integrale machen. Wir wollen aber im folgenden Methoden entwickeln, die gegebene Integrale, soweit sie überhaupt durch die bisher benutzten Funktionen darstellbar sind (was durchaus nicht immer der Fall ist!), auf die im vorigen Abschnitt aufgezählten Grundintegrale, die man sich zweckmäßigerweise einprägt, zurückführen. Integrale, die sich durch die bekannten, bisher verwendeten Funktionen in geschlossener Form darstellen lassen, nennt man *analytisch auswertbar*. Die Richtigkeit der hier abgeleiteten Formeln kann jederzeit durch Differenzieren geprüft werden.

6.3.1. Integral einer Summe oder Differenz von Funktionen

Sind die Funktionen $u(x)$, $v(x)$, $w(x)$, ... *stetig* und a, b, c, ... konstante Faktoren, so gilt

$$\int [au(x) + bv(x) - cw(x) + \ldots]\,dx = a\int u(x)\,dx + b\int v(x)\,dx - c\int w(x)\,dx + \ldots \qquad (6\text{-}42)$$

Zum Beweis brauchen wir nur die rechte Seite zu differenzieren und erhalten nach (6-29) $au(x) + bv(x) - cw(x) + \ldots$. Dies ist aber gerade der Integrand der linken Seite von (6-42). Nach (6-32) kann sich dann die rechte Seite von der linken nur durch eine additive Konstante unterscheiden, die wir uns aber auf die einzelnen Integrale verteilt, bereits in (6-42) hineingezogen denken können.

Beispiele.

$$\int \frac{1+x}{x^2}\,\mathrm{d}x = \int \frac{\mathrm{d}x}{x^2} + \int \frac{\mathrm{d}x}{x} = -\frac{1}{x} + \ln x + C\,,$$

$$\int x(1-x)^2\,\mathrm{d}x = \int (x - 2x^2 + x^3)\,\mathrm{d}x = \frac{1}{2}x^2 - \frac{2}{3}x^3 + \frac{1}{4}x^4 + C\,,$$

$$\int \frac{1-x^3}{1-x}\,\mathrm{d}x = \int (1 + x + x^2)\,\mathrm{d}x = x + \frac{1}{2}x^2 + \frac{1}{3}x^3 + C\,.$$

6.3.2. Partielle Integration

Da sich die Ermittlung eines unbestimmten Integrals, also das Aufsuchen einer Stammfunktion $F(x)$, als Umkehrung der Differentiation herausgestellt hat, steht zu erwarten, daß die wichtigsten Differentiationsregeln nach sachgemäßer Umkehrung entsprechende *Integrationsregeln* liefern werden. Aus der Differentialrechnung (vgl. 4-32) wissen wir, daß

$$uv' + vu' = u\frac{\mathrm{d}v}{\mathrm{d}x} + v\frac{\mathrm{d}u}{\mathrm{d}x} = \frac{\mathrm{d}\,(uv)}{\mathrm{d}x} \tag{6-43}$$

ist. Wir können diese Gleichung jetzt so interpretieren, daß uv eine Stammfunktion der linken Seite ist, d. h. also

$$\int uv'\,\mathrm{d}x + \int vu'\,\mathrm{d}x = uv$$

oder

$$\boxed{\int uv'\,\mathrm{d}x = uv - \int vu'\,\mathrm{d}x}\,, \tag{6-44}$$

wenn $u(x)$ und $v(x)$ differenzierbar sowie $u'(x)$ und $v'(x)$ stetig sind.

Man kann also ein Integral auf ein anderes zurückführen, sobald sich die zu integrierende Funktion in zwei Faktoren u und v' zerlegen und das Integral v des einen Faktors angeben läßt. Dieses Integrationsverfahren heißt *teilweise* oder *partielle Integration*, oder, seiner Herkunft aus der Produktenregel der Differentation wegen, auch *Produktintegration*. Sie kann häufig mit Erfolg zur Bestimmung von $\int uv'\,\mathrm{d}x$ angewendet werden, nämlich dann, wenn $\int vu'\,\mathrm{d}x$ entweder unmittelbar mit Hilfe der bereits abgeleiteten Formeln angegeben werden kann oder wenigstens einfacher als $\int uv'\,\mathrm{d}x$ ist. Unter Benutzung von Differentialen

$$\mathrm{d}u = \frac{\mathrm{d}u}{\mathrm{d}x}\,\mathrm{d}x = u'\mathrm{d}x \quad \text{und} \quad \mathrm{d}v = \frac{\mathrm{d}v}{\mathrm{d}x}\,\mathrm{d}x = v'\,\mathrm{d}x$$

schreibt man die Formel (6-44) oft auch noch kürzer:

$$\int u\,\mathrm{d}v = uv - \int v\,\mathrm{d}u\,, \tag{6-45}$$

was natürlich genau dasselbe besagen soll.

Den Formeln (6-44) und (6-45) braucht keine Integrationskonstante beigefügt zu werden, da das letzte Glied $\int vu'\,\mathrm{d}x$ bzw. $\int v\,\mathrm{d}u$ ein unbestimmtes Integral darstellt.

Beispiele.

Es soll $\int \ln x\,\mathrm{d}x$ bestimmt werden. Wir setzen $u = \ln x$, $v = x$, dann ist

$$\int \ln x\,\mathrm{d}x = x \ln x - \int x\,\frac{\mathrm{d}x}{x} = x \ln x - x + C\,.$$

Setzt man $u = \ln x$ und $v = \frac{1}{2}x^2$, dann erhält man

$$\int x \ln x \, dx = \int \ln x \, d\left(\frac{1}{2}x^2\right) = \frac{1}{2}x^2 \ln x - \frac{1}{2}\int x^2 \frac{dx}{x}$$
$$= \frac{1}{2}x^2 \ln x - \frac{1}{4}x^2 + C.$$

In derselben Weise würde man $\int x^m \ln x \, dx$ ermitteln können.

Wir bemerken, daß man die obigen Resultate, ebenso wie alle anderen, die sich auf unbestimmte Integrale beziehen, dadurch verifizieren kann, daß man den gefundenen Ausdruck differenziert. Man gewöhne sich daran, besonders bei längeren Rechnungen auf diesem Weg die Richtigkeit des Resultats zu prüfen.

Bei der Anwendung der partiellen Integration auf einen gegebenen Differentialausdruck kommt es vor allen Dingen darauf an, die Faktoren u und dv zweckmäßig zu wählen.

Es soll z. B. die Funktion $x\,e^x$ integriert werden. Setzt man

$$e^x = u, \quad x\,dx = dv,$$

so würde sich ergeben

$$\int x e^x \, dx = \int e^x d\left(\frac{x^2}{2}\right) = \frac{1}{2}x^2 e^x - \frac{1}{2}\int x^2 e^x \, dx.$$

Wir hätten also die Bestimmung von $\int x\,e^x\,dx$ auf die Bestimmung von $\int x^2\,e^x\,dx$ zurückgeführt. Da nun aber das letzte Integral weniger einfach als das ursprüngliche ist, so wären wir auf diesem Weg unserem Ziel nicht näher gekommen. Setzt man dagegen $x = u$, $e^x\,dx = dv$, so ergibt sich

$$\int x\,e^x\,dx = \int x\,d(e^x) = x\,e^x - \int e^x\,dx = x\,e^x - e^x + C.$$

In ähnlicher Weise findet man

$$\int x \sin x \, dx = -\int x \, d(\cos x) = -x \cos x + \int \cos x \, dx$$
$$= -x \cos x + \sin x + C,$$
$$\int x \cos x \, dx = \int x \, d(\sin x) = x \sin x - \int \sin x \, dx = x \sin x + \cos x + C.$$

Sollen die Integrale

$$\int x^m e^x \, dx, \quad \int x^m \sin x \, dx, \quad \int x^m \cos x \, dx$$

bestimmt werden, wo m eine ganze positive Zahl bedeutet, verfährt man genau wie oben: Man erhält dann ein Glied, welches $\int x^{m-1}\,e^x\,dx$, bzw. $\int x^{m-1} \cos x\,dx$ oder $\int x^{m-1} \sin x\,dx$ enthält, welches also einfacher ist als das ursprüngliche Integral. Durch wiederholte Anwendung der partiellen Integration kann in diesen Fällen die ursprüngliche Funktion vollständig integriert werden.

Da die Formel (6-44) für alle Werte von x gilt, so kann man für x einmal a, dann b einführen und die beiden Ergebnisse voneinander subtrahieren. Dies gibt zunächst für Funktionen mit stetiger Ableitung (in leicht verständlicher Abkürzung geschrieben):

$$\boxed{\int_a^b uv' \, dx = vu \Big|_a^b - \int_a^b vu' \, dx}. \qquad (6\text{-}46)$$

Für bestimmte Integrale gilt also eine (6-44) entsprechende Formel. Man kann zeigen – wir übergehen den Beweis-, daß für (6-46) nur die Integrierbarkeit von v und u' vorausgesetzt werden muß.

Beispiel.

$$\int_0^p e^{-x^2}\,dx = e^{-x^2}x\Big|_0^p + 2\int_0^p e^{-x^2}x^2\,dx;$$

da für $x = 0$ auch $x\,e^{-x^2} = 0$ ist, so erhält man nach einer einfachen Umstellung

$$\int_0^p e^{-x^2}x^2\,dx = -\frac{1}{2}pe^{-p^2} + \frac{1}{2}\int_0^x e^{-x^2}\,dx.$$

Das Integral links ist hierdurch auf ein einfacheres zurückgeführt worden.

6.3.3. Einführung einer neuen Veränderlichen

Zwei Hilfsmittel, ein gegebenes Integral auf eines der Grundintegrale zurückzuführen, haben wir bereits kennengelernt. Ein drittes, das auf die Umkehrung der aus der Differentialrechnung bekannten Kettenregel (vgl. 4-47) hinausläuft, besteht darin, daß man statt x eine neue Veränderliche u einführt, die in bekannter Weise mit x zusammenhängt. Dies Verfahren wird als *Substitutionsmethode* bezeichnet.

Gesetzt, es soll das Integral $J = \int f(x)\,dx$, d. h. die Funktion, deren Differential

$$dJ = f(x)\,dx \tag{6-47}$$

ist, bestimmt werden. Führt man eine Parameterdarstellung $x(u)$ (vgl. 2-21) ein, läßt sich J auch als eine Funktion von u auffassen:

$$J = \int g(u)\,du.$$

Wenn $g(u)$ einfacher als $f(x)$ ist, läßt sich dieses neue Integral häufig elementar ausrechnen. Man erhält dadurch J zunächst als Funktion von u, kann aber dann, auf Grund der zwischen u und x bestehenden Beziehung, wiederum die ursprüngliche Variable x einführen.

Für eine differenzierbare Funktion $x(u)$ ist $f(x)\,dx = f[x(u)]x'(u)\,du$, also die oben mit $g(u)$ bezeichnete Funktion $g(u) = f[x(u)]x'(u)$, und wir haben für stetige Funktionen $f(x)$ und $x'(u)$

$$\boxed{\int f(x)\,dx = \int f[x(u)]\,x'(u)\,du}\,. \tag{6-48}$$

Am einfachsten gestaltet sich die Transformation, wenn die gegebene Funktion $f(x)$ in zwei Faktoren zerlegbar ist, deren einer der Differentialquotient einer Funktion $\psi(x)$ ist. Wenn es sich also etwa um die Integration von

$$\int w(x)\,\psi'(x)\,dx$$

handelt, so setzt man $\psi(x) = u$. Kann man die Umkehrung $x(u)$ bilden, dann wird das Integral

$$\int w(x)\,\psi'(x)\,dx = \int w[x(u)]\,du. \tag{6-49}$$

Die Einführung einer neuen Veränderlichen ist auch bei bestimmten Integralen anwendbar. Wenn, wie wir es oben voraussetzten,

$$f(x)\,dx = F(u)\,du$$

ist und wenn den für x gegebenen Grenzen $x_1 = x(u_1)$ und $x_2 = x(u_2)$ die Werte u_1 und u_2 der neuen Veränderlichen entsprechen, so ist

$$\boxed{\int_{x_1}^{x_2} f(x)\,\mathrm{d}x = \int_{u_1}^{u_2} F(u)\,\mathrm{d}u}\,. \tag{6-50}$$

Beispiele.

Es soll $\int e^{ax}\,\mathrm{d}x$ bestimmt werden. Wir setzten $ax = u$, dann ergibt sich wegen $\mathrm{d}u = a\,\mathrm{d}x$

$$\int e^{ax}\mathrm{d}x = \int e^u \frac{\mathrm{d}u}{a} = \frac{1}{a} e^u + C = \frac{1}{a} e^{ax} + C\,.$$

In ähnlicher Weise erhält man

$$\int \sin ax\,\mathrm{d}x = \frac{1}{a}\int \sin ax\,\mathrm{d}(a\,x) = -\frac{1}{a}\cos ax + C\,,$$

$$\int \cos ax\,\mathrm{d}x = \frac{1}{a}\int \cos ax\,\mathrm{d}(a\,x) = \frac{1}{a}\sin ax + C\,.$$

Die Größe a kann auch negativ sein.

Um $\int \frac{\mathrm{d}x}{a+bx}$ zu finden, setzt man $a + bx = u$. Dann ist $\mathrm{d}x = \frac{\mathrm{d}u}{b}$, also

$$\int \frac{\mathrm{d}x}{a+bx} = \frac{1}{b}\int \frac{\mathrm{d}u}{u} = \frac{1}{b}\ln u + C = \frac{1}{b}\ln(a+b\,x) + C\,.$$

In ähnlicher Weise erhält man

$$\int \frac{\mathrm{d}x}{(a+bx)^2} = -\frac{1}{b\,(a+bx)} + C\,,$$

$$\int \sin(a+bx)\,\mathrm{d}x = -\frac{1}{b}\cos(a+bx) + C\,,$$

$$\int e^{a+bx}\,\mathrm{d}x = \frac{1}{b}e^{a+bx} + C\,,$$

$$\int \ln(1+x)\,\mathrm{d}x = \int \ln(1+x)\,\mathrm{d}(1+x) = (1+x)\ln(1+x) - x + C\,.$$

Die Einführung einer neuen Veränderlichen leistet auch gute Dienste, wenn x in dem Ausdruck $a + bx + cx^2$ auftritt und sonst keine Funktion von x unter dem Integralzeichen steht. Hat man nämlich

$$a + b\,x + cx^2 = \left(a - \frac{b^2}{4c}\right) + c\left(x + \frac{b}{2c}\right)^2$$

und setzt $x + \frac{b}{2c} = u$, so kommt u nur noch in der zweiten Potenz vor.

Es soll z. B.

$$\int \frac{\mathrm{d}x}{17 + 12x + 3x^2}$$

entwickelt werden. Da $17 + 12x + 3x^2 = 5 + 3(x+2)^2$

ist, so ergibt sich, wenn man $x + 2 = u$ setzt,

$$\int \frac{du}{5 + 3u^2} = \frac{1}{5} \int \frac{du}{1 + \left(\sqrt{\frac{3}{5}}\, u\right)^2} = \frac{1}{\sqrt{15}} \int \frac{d\left(\sqrt{\frac{3}{5}}\, u\right)}{1 + \left(\sqrt{\frac{3}{5}}\, u\right)^2}$$

$$= \frac{1}{\sqrt{15}} \arctan\left[\sqrt{\frac{3}{5}}\, u\right) + C,$$

also

$$\int \frac{dx}{17 + 12x + 3x^2} = \frac{1}{\sqrt{15}} \arctan\left[\sqrt{\frac{3}{5}}\,(x + 2)\right] + C.$$

Mittels der Substitutionsmethode lassen sich auch generell alle diejenigen Integrale vereinfachen, welche nur eine Funktion von x^2 multipliziert mit $x\,dx$ enthalten. Es ist nämlich $x\,dx = \frac{1}{2}\,d(x^2)$. Zum Beispiel

$$\int e^{px^2} x\,dx = \frac{1}{2p} \int e^{px^2} d(px^2) = \frac{1}{2p} e^{px^2} + C,$$

$$\int \frac{x\,dx}{1 + x^2} = \frac{1}{2} \int \frac{d\,(1 + x^2)}{1 + x^2} = \frac{1}{2} \ln(1 + x^2) + C.$$

Als letztes Beispiel für die Substitutionsmethode wollen wir den Flächeninhalt des Hyperbelsektors berechnen. Von dem Ergebnis machten wir bereits im Abschnitt 2.2. Gebrauch, um die geometrische Bedeutung der Hyperbelfunktionen zu erläutern. Gesucht ist also der Inhalt des in Abb. 23 eingezeichneten Hyperbelsektors OPQ. Dieser Sektor ist offenbar die Differenz zwischen dem rechtwinkligen Dreieck ORP und der Fläche unter dem Hyperbelstück $y = \sqrt{x^2 - 1}$ von Q bis R:

$$\text{Hyperbelsektor} = \frac{xy}{2} - \int_1^{x_R} \sqrt{x^2 - 1}\,dx.$$

Mit der Substitution $x = \cosh u$ wird das Integral rechts zu

$$\int_0^{u_R} \sinh^2 u\,du = \frac{1}{2} \int_0^{u_R} (\cosh 2u - 1)\,du,$$

also

$$2 \cdot \text{Hyperbelsektor} = \cosh u \cdot \sinh u - \frac{1}{2} \sinh 2u + u = u. \tag{6-51}$$

Viele Integrale können durch geeignete Kombination der behandelten Methoden – d. h. der Zerlegung in zwei oder mehr Teile (6-42), der partiellen Integration (6-44) und der Einführung einer neuen Veränderlichen (6-48) – berechnet werden.

Um z. B. $\int \frac{dx}{1 - x^2}$ zu bestimmen, geht man aus von

$$\frac{1}{1 - x^2} = \frac{1}{2}\left[\frac{1}{1 + x} + \frac{1}{1 - x}\right].$$

Man hat dann

$$\int \frac{dx}{1 - x^2} = \frac{1}{2}\left[\int \frac{dx}{1 + x} + \int \frac{dx}{1 - x}\right],$$

also, wenn $-1 < x < +1$ ist,

$$\int \frac{\mathrm{d}x}{1-x^2} = \frac{1}{2}[\ln(1+x) - \ln(1-x)] + C = \frac{1}{2}\ln\left(\frac{1+x}{1-x}\right) + C$$

(vgl. 6-39). In ähnlicher Weise ist

$$\int \frac{\mathrm{d}x}{x(1+x)} = \int \frac{\mathrm{d}x}{x} - \int \frac{\mathrm{d}x}{1+x} = \ln x - \ln(1+x) + C = \ln\left(\frac{x}{1+x}\right) + C\,.$$

In der Ableitung dieser Gleichung ist vorausgesetzt, daß x positiv ist. Liegt x zwischen -1 und 0, so ersetze man $\int \frac{\mathrm{d}x}{x}$ durch $\int \frac{\mathrm{d}(-x)}{-x} = \ln(-x)$, womit sich für das gesuchte Integral der Wert $\ln\left(\frac{-x}{1+x}\right) + C$ ergibt.

Ist endlich $x < -1$, so schreibe man wieder für $\int \frac{\mathrm{d}x}{x}$ den Ausdruck $\ln(-x)$ und für $\int \frac{\mathrm{d}x}{1+x}$ das Integral

$$\int \frac{\mathrm{d}(-1-x)}{-1-x} = \ln(-1-x)\,.$$

Das Endresultat läßt sich dann wieder auf obige Form bringen.

6.3.4. Anwendung der Integrationsmethoden auf einige Funktionenklassen

Mit den bisher entwickelten Methoden sind alle Möglichkeiten zur Integration unbestimmter Integrale erschöpft. Wir wollen sie jetzt systematisch auf die einzelnen Funktionen anwenden.

1. Ganze und gebrochene rationale Funktionen. Die Integration ganzer rationaler Funktionen ergibt sich von selbst, da es sich um Summen einfacher Potenzfunktionen handelt. Wir können also gleich zur Integration gebrochener rationaler Funktionen übergehen, die sich in jedem Fall »in geschlossener Form ausführen« läßt. Dies bedeutet, daß das Integral durch die elementaren Funktionen darstellbar ist. Ein Mittel dazu bietet in erster Linie die bereits in (2-30) behandelte Zerlegung solcher Funktionen in *Partialbrüche.*

Diese Zerlegung von $\frac{p_n(x)}{q_m(x)}$ benutzt die Wurzeln $x = a, b, c, \ldots$, die sich als Lösung der Gleichung $q_m(x) = 0$ ergeben. Wir bemerkten bereits in Abschnitt 2.2. daß einige, oder alle Wurzeln komplexe Zahlen sein können, wobei allerdings für den Fall, daß alle Koeffizienten des Polynoms $q_m(x)$ reell sind, nur solche komplexen Wurzeln auftreten können, die *paarweise konjugiert komplex* sind. In diesem Fall kann man die bei $\int \frac{p_n(x)}{q_m(x)}\mathrm{d}x$ infolge (2-30) auftretenden Integrale $\int \frac{\mathrm{d}x}{(a+bx)^n}$ (n positiv ganzzahlig) auch auswerten, ohne mit komplexen Zahlen rechnen zu müssen. Es lassen sich nämlich jeweils die in (2-30) konjugiert komplex auftretenden Partialbrüche, z. B. $\frac{A}{x-(s+it)} + \frac{B}{x-(s-it)}$ vor der Integration zusammenfassen zu $\frac{(A+B)x+C}{(x-s)^2+t^2}$. Treten die Linearfaktoren $x-(s-it)$ und $x-(s+it)$ häufiger auf, etwa α-mal, so macht man am besten gleich in der Partialbruchentwicklung (2-30) statt

$$\frac{A_1}{x-(s+it)} + \cdots + \frac{A_\alpha}{(x-(s+it))^\alpha} + \frac{B_1}{x-(s-it)} + \cdots + \frac{B_\alpha}{(x-(s-it))^\alpha}$$

den Ansatz

$$\frac{K_1x + L_1}{(x-s)^2 + t^2} + \frac{K_2x + L_2}{[(x-s)^2 + t^2]^2} + \cdots + \frac{K_\alpha x + L_\alpha}{[(x-s)^2 + t^2]^\alpha} \tag{6-52}$$

und bestimmt die K_i bzw. L_i direkt durch Koeffizientenvergleich. Dann hat man es bei der Zerlegung von $\int \frac{p_n(x)}{q_m(x)}\,\mathrm{d}x$ durchweg mit reellen Integralen zu tun, von der Gestalt $\int \frac{\mathrm{d}x}{(a+bx)^n}$ bzw. $\int \frac{p+qx}{(a+bx+cx^2)^n}\,\mathrm{d}x$ (n positiv ganzzahlig).

Das erste Integral kann leicht dadurch bestimmt werden, daß man $a + bx = y$ setzt. Dann ist

$$\int \frac{\mathrm{d}x}{(a+bx)^n} = \begin{cases} \frac{1}{b}\ln(a+bx) + C & \text{für } n = 1 \\ \frac{1}{b(1-n)}(a+bx)^{1-n} & \text{für } n > 1\,. \end{cases} \tag{6-53}$$

Um das zweite Integral zu berechnen, setzen wir $a + bx + cx^2 = y$, so daß $\mathrm{d}y = (b + 2cx)\,\mathrm{d}x$ ist. Es ist deshalb zweckmäßig, die Zerlegung

$$p + qx = \frac{q}{2c}(b + 2cx) + \left(p - \frac{bq}{2c}\right)$$

zu benutzen. Dann ist für $n = 1$

$$\int \frac{p+qx}{a+bx+cx^2}\,\mathrm{d}x = \frac{q}{2c}\ln(a+bx+cx^2) + \left(p - \frac{bq}{2c}\right)\int \frac{\mathrm{d}x}{a+bx+cx^2}\,.$$

Zur Berechnung des zweiten Summanden bilden wir $a + bx + cx^2 = \frac{1}{c}\left(cx + \frac{b}{2}\right)^2 + \frac{\lambda}{4c}$, wobei $\lambda = 4ac - b^2$ ist.

Für $\lambda = 0$ ist

$$\int \frac{\mathrm{d}x}{a+bx+cx^2} = -\frac{1}{\left(cx + \frac{b}{2}\right)} + C\,. \tag{6-54}$$

Für $\lambda > 0$ setzen wir $z = \frac{2cx+b}{\sqrt{\lambda}}$, dann ist nach (6-38)

$$\int \frac{\mathrm{d}x}{a+bx+cx^2} = \frac{2}{\sqrt{\lambda}}\arctan\frac{b+2cx}{\sqrt{\lambda}} + C\,. \tag{6-55}$$

Für $\lambda < 0$ setzen wir $z = \frac{2cx+b}{\sqrt{-\lambda}}$ und erhalten nach Abschnitt 6.3.3.

$$\int \frac{\mathrm{d}x}{a+bx+cx^2} = \frac{1}{\sqrt{-\lambda}}\ln\left|\frac{b+2cx-\sqrt{-\lambda}}{b+2cx+\sqrt{-\lambda}}\right| + C\,. \tag{6-56}$$

Der Fall $n > 1$ führt zu

$$\int \frac{p+qx}{(a+bx+cx^2)^n}\,\mathrm{d}x = \frac{q}{2c(1-n)}(a+bx+cx^2)^{1-n} + \left(p - \frac{bq}{2c}\right)\int \frac{\mathrm{d}x}{(a+bx+cx^2)^n}\,.$$

Durch partielle Integration erhält man ($y = a + bx + cx^2$):

$$\begin{aligned}\int \frac{\mathrm{d}x}{y^n} &= \frac{x}{y^n} + n\int \frac{(b+2cx)\,x}{y^{n+1}}\,\mathrm{d}x \\ &= \frac{x}{y^n} + n\int \frac{2}{y^n}\,\mathrm{d}x - \frac{bn}{2c}\int \frac{b+2cx}{y^{n+1}}\,\mathrm{d}x - \frac{n\lambda}{2c}\int \frac{\mathrm{d}x}{y^{n+1}}\end{aligned}$$

oder

$$(1-2n)\int\frac{\mathrm{d}x}{y^n}=\frac{2cx+b}{2cy^n}-\frac{n\lambda}{2c}\int\frac{\mathrm{d}x}{y^{n+1}},$$

und wenn wir n durch $n-1$ ersetzen, so gilt

$$\int\frac{\mathrm{d}x}{(a+bx+cx^2)^n}=\int\frac{\mathrm{d}x}{y^n}=\frac{b+2cx}{(n-1)\lambda y^{n-1}}+\frac{2c(2n-3)}{(n-1)\lambda}\int\frac{\mathrm{d}x}{y^{n-1}}. \tag{6-57}$$

Damit haben wir eine *Rekursionsformel* aufgestellt. Der Nutzen solcher Rekursionsformeln liegt darin, daß sie ein Integral, in dem der konstante Exponent n vorkommt, auf ein Integral zurückführt, in dem der Exponent einen kleineren Wert hat. Man kann dann durch Einsetzen verschiedener Werte für n das Integral $\int\frac{\mathrm{d}x}{y^n}$ schließlich auf $\int\frac{\mathrm{d}x}{y}$ zurückführen, was wir in (6-54, 6-55, 6-56) bereits diskutiert haben.

Mit Hilfe dieser Resultate lassen sich alle Integrale rationaler Funktionen auswerten.

2. *Irrationale Funktionen.* Von den Integralen, die irrationale Funktionen enthalten, sind diejenigen, deren Grundform

$$\int\frac{\mathrm{d}x}{\sqrt{a+bx+cx^2}} \tag{6-58}$$

ist, noch mit Hilfe bekannter Funktionen zu berechnen. Ist $c=0$, so führt die Substitution $a+bx=z^2$, d. h. $2z\,\mathrm{d}z=b\,\mathrm{d}x$ auf die in 1. diskutierten Integrale mit rationalen Funktionen.

Für $c\neq 0$ setzt man $\mu=a-\frac{b^2}{4c}$ und $u=x+\frac{b}{2c}$, so daß $a+bx+cx^2=\mu+cu^2$ ist und statt (6-58) $\int\frac{\mathrm{d}u}{\sqrt{\mu+cu^2}}$ diskutiert werden muß. Es folgt für $\mu>0$, $c>0$ mit $u=\sqrt{\frac{\mu}{c}}\,z$:

$$\int\frac{\mathrm{d}x}{\sqrt{a+bx+cx^2}}=\frac{1}{\sqrt{c}}\ln\left[b+2cx+2\sqrt{c}\,\sqrt{a+bx+cx^2}\right]+C, \tag{6-59}$$

für $\mu>0$, $c<0$ mit $u=\sqrt{-\frac{\mu}{c}}\,z$:

$$\int\frac{\mathrm{d}x}{\sqrt{a+bx+cx^2}}=\frac{1}{\sqrt{c}}\arcsin\frac{2cx+b}{\sqrt{b^2-4ac}}+C, \tag{6-60}$$

für $\mu<0$, $c>0$ mit $u=\sqrt{-\frac{\mu}{c}}\,z$: wieder (6-59).

$\mu<0$, $c<0$ liefert für $\sqrt{\mu+cu^2}$ einen imaginären Ausdruck. Alle Integrale, die $\sqrt{a+bx+cx^2}$ enthalten, lassen sich durch die Substitution $u=x+\frac{b}{2c}$ auf Integrale mit $\sqrt{1+z^2}$ bzw. $\sqrt{1-z^2}$ oder $\sqrt{z^2-1}$ zurückführen. Häufig bekommt man dann einfache Integrale, wenn trigonometrische Funktionen oder Hyperbelfunktionen substituiert werden. Irrationale Integrale, in denen $\sqrt{a_0+a_1x+a_2x^2+\ldots+a_nx^n}$ mit $n>2$ auftritt, lassen sich *nicht* mehr durch die bisher benutzten bekannten Funktionen ausdrücken. Zum Beispiel treten bei der Berechnung der Länge eines Ellipsenbogens Integrale von der Form

$$u(x)=\int\limits_0^x\frac{\mathrm{d}z}{\sqrt{(1-z^2)(1-k^2z^2)}},\quad (0<k^2<1) \tag{6-61}$$

auf, die man als *elliptische Integrale* bezeichnet. Genauer bezeichnet man (6-61) als elliptisches Normalintegral erster Gattung in der LEGENDREschen Form (LEGENDRE 1752—1833).

Mit Hilfe von Verfahren, die wir später kennenlernen werden (vgl. Kapitel 15), kann man bestimmte Integrale mit beliebiger Genauigkeit numerisch berechnen. So kann man auch zu jedem x-Wert von (6-61) einen Wert $u(x)$ berechnen und die Ergebnisse in einer Tabelle zusammenstellen oder durch eine graphische Darstellung veranschaulichen. Wir tun damit das gleiche, was wir bisher für Funktionen wie etwa $\log x$ oder $\sin x$ getan haben. (6-61) definiert, also eine uns bisher unbekannte Funktion. Im Gegensatz zu den uns schon bekannten, sogenannten *elementaren* Funktionen bezeichnet man die erst durch Integrale definierten Funktionen als *höhere* Funktionen. Es ist aber wichtig, sich klarzumachen, daß zwischen elementaren und höheren Funktionen *kein Wesensunterschied* besteht. Die einen sind uns nur deshalb geläufiger als die anderen, weil wir schon öfter mit ihnen zu tun hatten. (6-61) ist lediglich *ein* Beispiel dafür, daß wir Integrale zur Definition neuer Funktionen benutzten können. Wir können jede integrierbare Funktion verwenden, um aus ihr durch die bestimmte Integration von 0 bis x eine *neue* Funktion zu erzeugen. Auch die sogenannten elementaren Funktionen kann man auf diese Weise herstellen. (6-38) zeigt, daß wir z. B. $\frac{1}{\sqrt{1-x^2}}$ zur Definition von $\arcsin x$ benutzen könnten. Die Integralrechnung erweist sich so als ein mächtiges Instrument, um zu den bekannten Funktionen neue hinzuzufügen. Welche von diesen Funktionen für die Praxis benötigt werden, hängt allein davon ab, wie oft man bei praktischen Problemen auf eines dieser Integrale geführt wird. Die elliptischen Integrale treten z. B. in der Physik bereits bei der Darstellung von Schwingungen eines mathematischen Pendels mit *endlicher* Amplitude auf. So wird auch verständlich, daß sie in ihrem Verlauf und ihren Eigenschaften mancherlei Ähnlichkeit mit den gewöhnlichen trigonometrischen Funktionen aufweisen. Es ist hier nicht möglich, auf die elliptischen Integrale näher einzugehen (vgl. Abschnitt 10.3.4.). Für die wichtigsten höheren Funktionen, die auch als *spezielle* Funktionen bezeichnet werden, sind die Funktionenwerte in Tabellenwerken zusammengestellt worden. Man findet dort im allgemeinen auch Rekursionsformeln und Näherungsausdrücke für diese Funktionen.

3. Integrale mit Exponential- oder logarithmischen Funktionen. Wenn das Integral nur die Exponentialfunktion enthält, also von der Form $\int f(e^{kx})\,dx$ ist, erhält es durch die Substitution

$$e^{kx} = y\,, \quad x = \frac{1}{k}\ln y\,, \quad dx = \frac{dy}{ky}$$

eine von den Exponentialgrößen freie Form $\int \frac{f(y)}{ky}\,dy$.

Bei Integralen der Form $\int f(x)\,e^{kx}\,dx$ wendet man oft mit Vorteil partielle Integration an, z. B.

$$\int x e^{kx}\,dx = \frac{x}{k}e^{kx} - \frac{1}{k}\int e^{kx}\,dx = \left(\frac{x}{k} - \frac{1}{k^2}\right)e^{kx}. \tag{6-62}$$

Aber bereits ein so einfaches Integral wie $\int \frac{e^x}{x}\,dx$ ist nicht elementar auswertbar. Dieses Integral definiert, mit gewissen Grenzen versehen, eine der oft vorkommenden speziellen Funktionen, nämlich die *Integralexponentialfunktion* bzw. den *Integrallogarithmus.* Allgemein lassen sich für $\int \frac{e^x}{x^n}\,dx$ Rekursionsformeln aufstellen, die zu $\int \frac{e^x}{x}\,dx$ führen. Durch partielle Integration erhält man z. B.

$$\int \frac{e^x}{x^2}\,dx = -\frac{1}{x}e^x + \int \frac{e^x}{x}\,dx\,.$$

Auch bei Integralen, die Logarithmen enthalten, helfen Substitution und partielle Integration weiter. In dem Integral $\int x^n f(\ln x)\,\mathrm{d}x$ ergibt die Substitution

$$y = \ln x\,. \quad x = \mathrm{e}^y, \quad \mathrm{d}x = \mathrm{e}^y\,\mathrm{d}y\,,$$

$$\int x^n f(\ln x)\,\mathrm{d}x = \int \mathrm{e}^{(n+1)y} f(y)\,\mathrm{d}y\,.$$

Damit ergibt sich für jeden positiven oder negativen Exponenten n außer $n = -1$:

$$\int x^n \ln x\,\mathrm{d}x = \int y\mathrm{e}^{(n+1)y}\,\mathrm{d}y = \frac{y}{n+1}\,\mathrm{e}^{(n+1)y} - \frac{1}{n+1}\int \mathrm{e}^{(n+1)y}\,\mathrm{d}y$$

$$= x^{n+1}\left(\frac{\ln x}{n+1} - \frac{1}{(n+1)^2}\right). \tag{6-63}$$

4. Integrale bei trigonometrischen Funktionen und deren Umkehr.

a) Potenzen und Potenzprodukte von Sinus und Kosinus. Wir leiten zunächst Rekursionsformeln für ganzzahligen oder negativen Exponenten ab. Man erhält durch partielle Integration für $\int \sin^m x\,\mathrm{d}x$ (m eine ganze positive oder negative Zahl)

$$\int \sin^m x\,\mathrm{d}x = \int \sin^{m-1} x \sin x\,\mathrm{d}x$$

$$= -\sin^{m-1} x \cos x + (m-1)\int \sin^{m-2} x \cos^2 x\,\mathrm{d}x\,.$$

Mit $\cos^2 x = 1 - \sin^2 x$ ergibt sich

$$m \int \sin^m x\,\mathrm{d}x = -\sin^{m-1} x \cos x + (m-1)\int \sin^{m-2} x\,\mathrm{d}x. \tag{6-64}$$

Sind m und $m - 2$ positiv, so ist $\int \sin^{m-2} x\,\mathrm{d}x$ einfacher als $\int \sin^m x\,\mathrm{d}x$; ist m negativ, so gilt das Umgekehrte. Auf jeden Fall können wir also das verwickeltere Integral auf ein einfacheres mit Hilfe einer Rekursionsformel zurückführen.

Durch Differentiation kann man Rekursionsformeln, wie wir sie hier für das Integral $\int \sin^m x\,\mathrm{d}x$ abgeleitet haben, leicht verifizieren.

Für $m = 3$ erhält man z. B. aus (6-64)

$$\int \sin^3 x\,\mathrm{d}x = -\frac{1}{3}\sin^2 x \cos x + \frac{2}{3}\int \sin x\,\mathrm{d}x$$

$$= -\frac{1}{3}(\sin^2 x + 2)\cos x + C;$$

für $m = 2$:

$$\int \sin^2 x\,\mathrm{d}x = -\frac{1}{2}\sin x \cos x + \frac{1}{2}\int \mathrm{d}x$$

$$= -\frac{1}{2}\sin x \cos x + \frac{1}{2}x + C\,.$$

Für höhere Werte von m muß man die Rekursionsformel wiederholt anwenden.

Ist m negativ, so setzt man in (6-64) $m - 2 = -n$, wo n nun eine positive Zahl bedeutet und erhält die Rekursionsformel

$$\int \frac{\mathrm{d}x}{\sin^n x} = -\frac{1}{n-1}\,\frac{\cos x}{\sin^{n-1} x} + \frac{n-2}{n-1}\int \frac{\mathrm{d}x}{\sin^{n-2} x}, \quad (n > 0)\,. \tag{6-65}$$

Hieraus folgt z. B.

$$\int \frac{dx}{\sin^2 x} = -\cot x + C\,, \quad \int \frac{dx}{\sin^3 x} = -\frac{1}{2}\,\frac{\cos x}{\sin^2 x} + \frac{1}{2}\int \frac{dx}{\sin x}\,.$$

Den Wert von $\int \frac{dx}{\sin x}$ werden wir sogleich berechnen.

In ähnlicher Weise lassen sich für

$$\int \cos^m x\,dx \quad \text{und} \quad \int \frac{dx}{\cos^m x}$$

Rekursionsformeln aufstellen; wir überlassen dies dem Leser. Übrigens lassen sich diese Integrale durch die Substitution $x = \frac{\pi}{2} - y$ auf (6-64) und (6-65) zurückführen.

Um $\int \frac{dx}{\sin x}$ zu berechnen, nehmen wir den halben Bogen, also $\frac{x}{2}$, als neue Veränderliche. Dann ergibt sich

$$\int \frac{dx}{\sin x} = \int \frac{d\,\frac{x}{2}}{\sin\frac{x}{2}\cos\frac{x}{2}} = \int \frac{d\tan\frac{x}{2}}{\tan\frac{x}{2}} = \ln\left(\tan\frac{x}{2}\right) + C\,. \tag{6-66}$$

Aus dieser Gleichung folgt ferner

$$\int \frac{dx}{\cos x} = -\int \frac{d\left(\frac{\pi}{2} - x\right)}{\sin\left(\frac{\pi}{2} - x\right)} = -\ln\left[\tan\left(\frac{\pi}{4} - \frac{x}{2}\right)\right] + C$$

$$= \ln\left[\tan\left(\frac{\pi}{4} + \frac{x}{2}\right)\right] + C\,. \tag{6-67}$$

Die Rekursionsformeln für $\int \sin^m x\,dx$ und $\int \cos^m x\,dx$ sind besondere Fälle der Formeln

$$\int \sin^p x\,\cos^q x\,dx = -\frac{\sin^{p-1} x\cos^{q+1} x}{p+q} + \frac{p-1}{p+q}\int \sin^{p-2} x\,\cos^q x\,dx\,,$$

$$= \frac{\sin^{p+1} x\cos^{q-1} x}{p+q} + \frac{q-1}{p+q}\int \sin^p x\,\cos^{q-2} x\,dx\,, \tag{6-68}$$

die für negative Werte von p oder q umzukehren sind.

Wir fügen noch ein paar einfache Integrale von trigonometrischen Funktionen bei, die Sonderfälle der Potenzprodukte darstellen.

$$\int \sin x\cos x\,dx = \int \sin x\,d(\sin x) = \frac{1}{2}\sin^2 x + C\,.$$

$$\int \tan x\,dx = \int \frac{\sin x\,dx}{\cos x} = -\int \frac{d(\cos x)}{\cos x} = -\ln(\cos x) + C\,.$$

$$\int \cot x\,dx = \int \frac{\cos x\,dx}{\sin x} = \int \frac{d(\sin x)}{\sin x} = \ln(\sin x) + C\,.$$

$$\int \frac{dx}{\sin x\cos x} = \int \frac{d(\tan x)}{\tan x} = \ln(\tan x) + C\,.$$

Führt man bei dem ersten dieser Integrale die Rechnung etwas anders durch, so erhält man scheinbar andere Werte für das Integral.

Man hat nämlich

$$\int \sin x \cos x \, dx = -\int \cos x \, d(\cos x) = -\frac{1}{2}\cos^2 x + C,$$

oder bei Einführung des doppelten Bogens, also $2x$, als neue unabhängige Veränderliche

$$\int \sin x \cos x \, dx = \frac{1}{4}\int \sin 2x \, d(2x) = -\frac{1}{4}\cos 2x + C.$$

Da $\sin^2 x + \cos^2 x = 1$ und $\cos 2x = \cos^2 x - \sin^2 x$ ist, so kommen diese verschiedenen Resultate auf ein und dasselbe heraus, nur hat man in den drei Formeln unter der Konstanten C nicht den gleichen Wert zu verstehen.

Die Einführung des doppelten Bogens kann auch bei der Ermittlung anderer Integrale vielfach gute Dienste leisten.

Zum Beispiel

$$\int \sin^2 x \cos^2 x \, dx = \frac{1}{8}\int \sin^2 2x \, d(2x) = -\frac{1}{16}\sin 2x \cos 2x + \frac{1}{8}x + C.$$

Wir hätten diesen Ausdruck auch auf Integrale von der Form (6-64) zurückführen können, wenn wir anstatt $\cos^2 x$ den Wert $1 - \sin^2 x$ gesetzt hätten. Es wäre dann

$$\int \sin^2 x \cos^2 x \, dx = \int \sin^2 x \, dx - \int \sin^4 x \, dx$$

zu berechnen gewesen.

Ein sehr nützliches Mittel, um Integrale von Sinus- und Kosinuspotenzen bequemer auszuwerten als durch die meist recht mühselige Anwendung der soeben besprochenen Rekursionsformeln, besteht in der Ausnutzung des *Zusammenhangs der trigonometrischen Funktionen mit der Exponentialfunktion* imaginären Arguments, wie er in den EULERschen Formeln (vgl. 2-60, 2-61)

$$\cos mx = \frac{1}{2}(e^{imx} + e^{-imx}) \quad \text{bzw.} \quad \sin mx = \frac{1}{2i}(e^{imx} - e^{-imx}) \tag{6-69}$$

zum Ausdruck kommt.

Es sei z. B. $\int \sin^5 x \, dx$ zu bestimmen. Mit Benutzung des bionomischen Satzes erhält man nach (6-69) sofort (vgl. Abschnitt 2.3., Aufgabe 8)

$$\sin^5 x = \frac{1}{16}(\sin 5x - 5\sin 3x + 10\sin x);$$

durch gliedweise Integration folgt das Endergebnis

$$\int \sin^5 x \, dx = \frac{1}{16}\left[-\frac{\cos 5x}{5} + \frac{5\cos 3x}{3} - 10\cos x\right]$$

und daraus wegen (6-31) z. B.

$$\int_0^{\frac{\pi}{2}} \sin^5 x \, dx = \frac{1}{16}\left(+\frac{1}{5} - \frac{5}{3} + 10\right) = \frac{8}{15}.$$

Auch die Integrale vom Typ $\int \cos^m x \sin^n x \, dx$ lassen sich durch Ausmultiplizieren der binomischen Entwicklungen für die beiden Potenzen und geeignetes Zusammenfassen der Glieder in entsprechender Weise behandeln.

Aus den unbestimmten Integralen der verschiedenen trigonometrischen Funktionen lassen sich leicht bestimmte Integrale ableiten, deren Werte besonders einfach sind, wenn als Grenzen $0, \frac{1}{2}\pi, \pi, \frac{3}{2}\pi$ oder ähnliche Werte genommen werden.

Man findet z. B. wegen $\cos\left(\frac{\pi}{2} - y\right) = \sin y$ durch die Substitution $x = \frac{\pi}{2} - y$ (also $dx = -dy$ und $y = \frac{\pi}{2}$ für $x = 0$, sowie $y = 0$ für $x = \frac{\pi}{2}$), daß

$$\int_0^{\frac{\pi}{2}} \cos^p x \, dx = -\int_{\frac{\pi}{2}}^{0} \sin^p y \, dy = \int_0^{\frac{\pi}{2}} \sin^p y \, dy \tag{6-70}$$

ist, wobei zuletzt (6-18) ausgenutzt wurde. (6-64) und (6-68) liefern dann

$$\int_0^{\frac{\pi}{2}} \sin x \, dx = \int_0^{\frac{\pi}{2}} \cos x \, dx = 1, \quad \int_0^{\frac{\pi}{2}} \sin x \cos x \, dx = \frac{1}{2},$$

$$\int_0^{\frac{\pi}{2}} \sin^2 x \, dx = \int_0^{\frac{\pi}{2}} \cos^2 x \, dx = \frac{\pi}{4}, \quad \int_0^{\frac{\pi}{2}} \sin^2 x \cos^2 x \, dx = \frac{\pi}{16},$$

$$\int_0^{\frac{\pi}{2}} \sin^3 x \, dx = \int_0^{\frac{\pi}{2}} \cos^3 x \, dx = \frac{2}{3}, \quad \int_0^{\frac{\pi}{2}} \sin^4 x \, dx = \int_0^{\frac{\pi}{2}} \cos^4 x \, dx = \frac{3\pi}{16}.$$

Setzt man in (6-64) einmal $x = \frac{1}{2}\pi$, darauf $x = 0$ (wobei für $m > 1$ das erste Glied rechts jedesmal verschwindet) und zieht die beiden Werte voneinander ab, so ergibt sich eine Rekursionsformel für das bestimmte Integral, nämlich

$$\int_0^{\frac{\pi}{2}} \sin^m x \, dx = \frac{m-1}{m} \int_0^{\frac{\pi}{2}} \sin^{m-2} x \, dx. \tag{6-71}$$

Ersetzt man hierin m durch $m - 2$, folgt für $m > 3$

$$\int_0^{\frac{\pi}{2}} \sin^{m-2} x \, dx = \frac{m-3}{m-2} \int_0^{\frac{\pi}{2}} \sin^{m-4} x \, dx.$$

Diesen Wert in die vorhergehende Gleichung eingesetzt, gibt

$$\int_0^{\frac{\pi}{2}} \sin^m x \, dx = \frac{(m-1)(m-3)}{m(m-2)} \int_0^{\frac{\pi}{2}} \sin^{m-4} x \, dx.$$

Indem man aufs neue die Rekursionsformel (6-71) anwendet, kann man das Integral $\int_0^{\frac{\pi}{2}} \sin^{m-4} x \, dx$ in ein anderes Integral $\int_0^{\frac{\pi}{2}} \sin^{m-6} x \, dx$ umformen. Wird dies so oft wie nötig wiederholt, erhält man schließlich, wenn m gerade ist,

$$\int_0^{\frac{\pi}{2}} \sin^m x \, dx = \frac{(m-1)\,(m-3)\cdots 3\cdot 1}{m\,(m-2)\cdots 4\cdot 2}\int_0^{\frac{\pi}{2}} dx = \frac{(m-1)\,(m-3)\cdots 3\cdot 1}{m\,(m-2)\cdots 4\cdot 2}\cdot\frac{\pi}{2},$$

und wenn m ungerade ist,

$$\int_0^{\frac{\pi}{2}} \sin^m x \, dx = \frac{(m-1)\,(m-3)\cdots 2}{m\,(m-2)\cdots 3}\int_0^{\frac{\pi}{2}} \sin x \, dx = \frac{(m-1)\,(m-3)\cdots 2}{m\,(m-2)\cdots 3}.$$

Der Leser möge in ähnlicher Weise das Integral $\int_0^{\frac{\pi}{2}} \cos^m x \, dx$ berechnen.

Einige der oben behandelten bestimmten Integrale lassen sich durch einfache Betrachtungen unmittelbar ohne Zuhilfenahme des unbestimmten Integrals ableiten.

Zum Beispiel liefert (6-70) direkt die Werte von

$$\int_0^{\frac{\pi}{2}} \sin^2 x \, dx \quad \text{und} \quad \int_0^{\frac{\pi}{2}} \cos^2 x \, dx.$$

Da die beiden Integrale gleich groß sind, so ist jedes derselben gleich der Hälfte ihrer Summe, woraus folgt:

$$\int_0^{\frac{\pi}{2}} \sin^2 x \, dx = \int_0^{\frac{\pi}{2}} \cos^2 x \, dx = \frac{1}{2}\int_0^{\frac{\pi}{2}} (\sin^2 x + \cos^2 x) \, dx = \frac{1}{2}\int_0^{\frac{\pi}{2}} dx = \frac{\pi}{4}.$$

Denselben Wert haben auch die Integrale zwischen den Grenzen $\frac{\pi}{2}$ und π, π und $\frac{3}{2}\pi$ usw., also

$$\int_0^{\frac{\pi}{2}} \sin^2 x \, dx = \int_{\frac{\pi}{2}}^{\pi} \sin^2 x \, dx = \int_{\pi}^{\frac{3}{2}\pi} \sin^2 x \, dx = \frac{\pi}{4},$$

$$\int_0^{\frac{\pi}{2}} \cos^2 x \, dx = \int_{\frac{\pi}{2}}^{\pi} \cos^2 x \, dx = \int_{\pi}^{\frac{3}{2}\pi} \cos^2 x \, dx = \frac{\pi}{4}.$$

Um z. B. das zweite der hier angeführten Integrale zu finden, setzen wir $y = \pi - x$. Dann ist

$$\int_{\frac{\pi}{2}}^{\pi} \sin^2 x \, dx = -\int_{\frac{\pi}{2}}^{0} \sin^2 y \, dy = \int_0^{\frac{\pi}{2}} \sin^2 y \, dy = \int_0^{\frac{\pi}{2}} \sin^2 x \, dx$$

In ähnlicher Weise läßt sich der Beweis führen, wenn die Grenzen π und $\frac{3}{2}\pi$ usw. sind.

Bei der Berechnung von weiteren bestimmten Integralen ist es häufig von Vorteil, das Integrationsintervall in kleinere Intervalle zu zerlegen, wozu wir (6-15) benutzen.

Zum Beispiel lassen sich die Integrale

$$\int_0^{\pi} \sin^2 x \,dx\,; \quad \int_0^{\frac{3\pi}{2}} \sin^2 x \,dx\,; \quad \int_0^{2\pi} \sin^2 x \,dx \quad \text{usw.}$$

und die entsprechenden Integrale mit $\cos^2 x$ leicht ermitteln.

Zerlegt man nämlich bei dem Integral $\int_0^{\pi} \sin^2 x \,dx$ das Integrationsintervall $[0,\pi]$ in die Intervale $\left[0,\frac{\pi}{2}\right]$ und $\left[\frac{\pi}{2},\pi\right]$, so erhält man zwei Integrale, von denen jedes den Wert $\frac{\pi}{4}$ hat. Also $\int_0^{\pi} \sin^2 x \,dx = \frac{\pi}{2}$. Ebenso ist auch $\int_0^{\pi} \cos^2 x \,dx = \frac{\pi}{2}$. Auch die Integrale $\int_0^{\frac{\pi}{2}} \sin^4 x \,dx$, $\int_0^{\frac{\pi}{2}} \sin^2 x \cos^2 x \,dx$, $\int_0^{\frac{\pi}{2}} \cos^4 x \,dx$ können so berechnet werden. Für das zweite findet man, wenn man $2x = y$ setzt,

$$\int_{\pi}^{\frac{\pi}{2}} \sin^2 x \cos^2 x \,dx = \frac{1}{8} \int_0^{\pi} \sin^2 y \,dy = \frac{\pi}{16}.$$

Um die beiden anderen zu berechnen, benutzten wir die Gleichung

$$(\sin^2 x + \cos^2 x)^2 = \sin^4 x + 2 \sin^2 x \cos^2 x + \cos^4 x = 1$$

Aus ihr ergibt sich

$$\int_0^{\frac{\pi}{2}} \sin^4 x \,dx + 2 \int_0^{\frac{\pi}{2}} \sin^2 x \cos^2 x \,dx + \int_0^{\frac{\pi}{2}} \cos^4 x \,dx = \frac{\pi}{2},$$

und wegen (6-70)

$$\int_0^{\frac{\pi}{2}} \sin^4 x \,dx = \int_0^{\frac{\pi}{2}} \cos^4 x \,dx = \frac{3}{16}\pi.$$

Endlich machen wir noch darauf aufmerksam, daß ein bestimmtes Integral den Wert Null hat, wenn man es in Elemente zerlegen kann, von denen jeweils zwei gleich große mit entgegengesetztem Vorzeichen vorkommen.

So ist z. B.

$$\int_0^{\pi} \sin^2 x \cos x \,dx = 0\,,$$

da die Funktion $\sin^2 x \cos x$ für zwei Werte von x, von denen der eine ebensoweit von Null entfernt ist wie der andere von π, gleich groß ist, aber entgegengesetztes Vorzeichen hat.

Wir haben bei den Integralen mit trigonometrischen Funktionen etwas ausführlich verweilt, weil sich auf sie viele andere mittels geeigneter Substitutionen zurückführen lassen.

In dieser Weise können wir z. B. die beiden letzten Integrale, welche wir in (6-41) aufgenommen haben, berechnen. In

$$\int \frac{dx}{\sqrt{x^2+1}}$$

liegt es nahe, die Substitution $x = \tan\varphi$ zu versuchen, da sie für den Nenner den einfachen Wert $1/\cos\varphi$ ergibt. (6-67) liefert nun

$$\int \frac{d\varphi}{\cos\varphi} = \ln\left[\tan\left(\frac{\pi}{4}+\frac{\varphi}{2}\right)\right] + C$$

und das Additionstheorem (2-59)

$$\tan\left(\frac{\pi}{4}+\frac{\varphi}{2}\right) = \frac{1+\tan\frac{\varphi}{2}}{1-\tan\frac{\varphi}{2}} = \tan\varphi + \frac{1}{\cos\varphi} = x + \sqrt{x^2+1}\,,$$

wobei mit $\cos\frac{\varphi}{2} + \sin\frac{\varphi}{2}$ erweitert und (2-56, 2-57) ausgenutzt wurde.

So ergibt sich schließlich

$$\int \frac{dx}{\sqrt{x^2+1}} = \ln\left[x+\sqrt{x^2+1}\right] + C\,.$$

Um $\int \frac{dx}{\sqrt{x^2-1}}$ zu entwickeln, setzen wir $x = \frac{1}{\cos\varphi}$. Die Rechnung ist dann fast dieselbe wie soeben, und es ergibt sich

$$\int \frac{dx}{\sqrt{x^2-1}} = \ln\left[x+\sqrt{x^2-1}\right] + C\,.$$

b) Gebrochene rationale Ausdrücke, die nur trigonometrische Funktionen enthalten. Alle derartigen Integrale lassen sich durch die Substitution

$$y = \tan\frac{x}{2}, \quad \cos^2\frac{x}{2} = \frac{1}{1+y^2}, \quad dy = \frac{1}{2\cos^2\frac{x}{2}}\,dx, \quad dx = \frac{2\,dy}{1+y^2}$$

auf gebrochene rationale Funktionen zurückführen.

So ist z. B. wegen $\cos x = \cos^2\frac{x}{2} - \sin^2\frac{x}{2} = \frac{1-y^2}{1+y^2}$

$$\int \frac{dx}{a+\cos x} = \int \frac{2\,dy}{(1+y^2)\left(a+\frac{1-y^2}{1+y^2}\right)} = \frac{2}{a-1}\int \frac{dy}{y^2+\frac{a+1}{a-1}}$$

$$= \frac{2}{\sqrt{a^2-1}}\arctan\left(y\sqrt{\frac{a-1}{a+1}}\right) = \frac{2}{\sqrt{a^2-1}}\arctan\left(\sqrt{\frac{a-1}{a+1}}\tan\frac{x}{2}\right) \quad \text{für} \quad \frac{a+1}{a-1} > 0$$

$$= \frac{2}{\sqrt{1-a^2}}\operatorname{arctanh}\left(\sqrt{\frac{1+a}{1-a}}\tan\frac{x}{2}\right) \quad \text{für} \quad \frac{a+1}{a-1} < 0\,.$$

c) Irrationale Ausdrücke, die trigonometrische Funktionen enthalten. Tritt Sinus oder Kosinus unter einem Wurzelzeichen auf, so ist das Integral im allgemeinen nicht durch elementare Funktionen auszudrücken.

d) Integrale mit zyklometrischen Funktionen: bei diesen hilft meist partielle Integration weiter.

So erhält man z. B.

$$\int \arcsin x \, dx = x \arcsin x - \int \frac{x \, dx}{\sqrt{1 - x^2}} = x \arcsin x + \sqrt{1 - x^2}.$$

wobei wir entsprechend (4-39) nur den Hauptwert von $\arcsin x$ berücksichtigt haben.

5. Einige Integrale über Produkte rationaler, exponentieller und trigonometrischer Funktionen. Wegen der gleichen Behandlungsmethode (Rekursionsformeln) soll hier noch auf einige mitunter auftretende Integraltypen eingegangen werden. Mittels partieller Integration ergibt sich

$$\int x^m e^x \, dx = x^m e^x - m \int x^{m-1} e^x \, dx,$$

$$\int x^m \sin x \, dx = -x^m \cos x + m \int x^{m-1} \cos x \, dx,$$

$$\int x^m \cos x \, dx = x^m \sin x - m \int x^{m-1} \sin x \, dx.$$

Diese Rekursionsformeln möge der Leser durch partielle Integration nach e^{ax} bestätigen.

Die Integrale $\int \frac{\sin x}{x} dx$ und $\int \frac{\cos x}{x} dx$ gehören zu denjenigen, die nicht mittels der Funktionen, die wir kennengelernt haben, dargestellt werden können. Diese Integrale geben somit Anlaß zur Definition neuer höherer Funktionen, die man nach Festsetzung geeigneter Integrationsgrenzen als *Integralsinus* $\mathrm{Si}(x) = \int_0^x \frac{\sin z}{z} dz$ bzw. *Integralkosinus* $\mathrm{Ci}(x) = -\int_x^\infty \frac{\cos z}{z} dz$, $(x > 0)$ bezeichnet.

6.4. Einige Anwendungen der Integration

6.4.1. Integraldarstellung des Restgliedes der Taylorschen Entwicklung

Wenn eine Funktion $f(x)$ auf einem Intervall $a \leqq x \leqq b$ $(n + 1)$-mal differenzierbar ist, so läßt sie sich in diesem Intervall in der Umgebung einer beliebigen Stelle x_0 nach (4-75) entwickeln:

$$f(x) = \sum_{\nu=0}^{n} \frac{(x - x_0)^\nu}{\nu!} f^{(\nu)}(x_0) + R_n(x, x_0),$$

wobei das Restglied R_n durch (4-77, 4-78, 4-79) dargestellt werden kann. Nach (6-29, 6-31) ist andererseits

$$f(x) - f(x_0) = \int_{x_0}^{x} f'(t) \, dt,$$

und eine partielle Integration (6-46) liefert

$$f(x) - f(x_0) = (t - x) f'(t) \Big|_{x_0}^{x} - \int_{x_0}^{x} (t - x) f''(t) \, dt$$

$$= (x - x_0) f'(x_0) - \int_{x_0}^{x} (t - x) f''(t) \, dt.$$

Eine weitere partielle Integration liefert dann

$$f(x) - f(x_0) = (x - x_0)f'(x_0) + \frac{(x - x_0)^2}{2} f''(x_0) + \\ + \int_{x_0}^{x} \frac{(t - x)^2}{2} f^{(3)}(t)\,\mathrm{d}t\,.$$

Die Fortsetzung dieses Verfahrens ergibt also gerade wieder die TAYLORsche Entwicklung, wobei das Restglied

$$R_n(x, x_0) = \int_{x_0}^{x} \frac{(x - t)^n}{n!} f^{(n+1)}(t)\,\mathrm{d}t \qquad (6\text{-}72)$$

ist, bzw. nach der Substitution $x = x_0 + h$, $t - x_0 = z$

$$R_n(h, x_0) = \frac{1}{n!} \int_0^h (h - z)^n f^{(n+1)}(x_0 + z)\,\mathrm{d}z\,. \qquad (6\text{-}73)$$

Setzt man in dieser *Integraldarstellung* des Restgliedes die Stetigkeit von $f^{(n+1)}(x)$ voraus, so liefert der Mittelwertsatz (6-21) mit $\varphi(z) = (h - z)^n$

$$R_n(h, x_0) = \frac{h^{n+1}}{(n+1)!} f^{(n+1)}(x_0 + \xi)\,, \quad (0 \leqq \xi \leqq h)\,,$$

also das Restglied von LAGRANGE (4-79). Für $\varphi(z) = 1$ ergibt sich analog das Restglied von CAUCHY (4-78).

6.4.2. Einige geometrische Anwendungen

1. Es soll der Inhalt der Fläche OPB (Abb. 52) berechnet werden, die zwischen der Parabel $f(x) = \sqrt{2px}$ von 0 bis P und der x-Achse liegt. Setzt man $OB = b$, so ist

$$\text{Inhalt } OPB = \int_0^b f(x)\,\mathrm{d}x = \int_0^b \sqrt{2px}\,\mathrm{d}x\,.$$

Da $\int \sqrt{2px}\,\mathrm{d}x = \frac{2}{3} x\sqrt{2px} + C$ ist, so folgt Inhalt $OPB = \frac{2}{3} b\sqrt{2pb} = \frac{2}{3} OB \cdot PB$. Der Flächeninhalt ist also $\frac{2}{3}$ von der Fläche des Rechtecks, dessen Seiten OB und BP sind.

2. Es soll die Länge des Bogens OP der Parabel berechnet werden. Nach (6-26) ist für $u = x$, $y(u) = f(x)$

$$\text{Bogen } OP = \int_0^b \sqrt{1 + (f'(x))^2}\,\mathrm{d}x\,.$$

Dies Integral läßt sich ausrechnen; man kann aber einfacher so vorgehen:

Bezeichnet man den Winkel der Parabeltangente gegen die x-Achse mit ϑ, so ist $f' = \tan\vartheta$, daher $1 + f'^2 = \frac{1}{\cos^2\vartheta}$, und man kann auch schreiben:

$$\text{Bogen } OP = \int_0^b \frac{\mathrm{d}x}{\cos\vartheta}\,.$$

Führen wir jetzt ϑ durchweg als Integrationsveränderliche ein, so folgt aus

$$f'(x) = \tan\vartheta = \sqrt{\frac{p}{2x}} \quad \text{umgekehrt} \quad x = \frac{1}{2}p\cot^2\vartheta,$$

also

$$dx = -p\frac{\cos\vartheta}{\sin^3\vartheta}d\vartheta.$$

Für $x = 0$ wird $\vartheta = \frac{\pi}{2}$, für $x = b$ nimmt der Winkel den Wert ϑ_1 an, welcher der Tangente in P entspricht und sich aus der Gleichung $\tan\vartheta_1 = \sqrt{\frac{p}{2b}}$ ermitteln läßt. Man hat also

$$\text{Bogen } OP = -p\int\limits_{\frac{\pi}{2}}^{\vartheta_1}\frac{d\vartheta}{\sin^3\vartheta} = p\int\limits_{\vartheta_1}^{\frac{\pi}{2}}\frac{d\vartheta}{\sin^3\vartheta}.$$

Nach (6-65) ist

$$\int\frac{d\vartheta}{\sin^3\vartheta} = -\frac{1}{2}\,\frac{\cos\vartheta}{\sin^2\vartheta} + \frac{1}{2}\ln\tan\frac{\vartheta}{2} + C,$$

also

$$\begin{aligned}\text{Bogen } OP &= \frac{1}{2}p\left(\frac{\cos\vartheta_1}{\sin^2\vartheta_1} - \ln\tan\frac{1}{2}\vartheta_1\right)\\ &= \frac{1}{2}p\left\{\sqrt{\frac{2b}{p}}\left(1+\frac{2b}{p}\right) - \ln\left[\sqrt{1+\frac{2b}{p}} - \sqrt{\frac{2b}{p}}\right]\right\}.\end{aligned}$$

3. Läßt man die Figur in Abbildung 58 um die x-Achse rotieren, entsteht ein *Rotationskörper*, dessen Volumen V durch eine Summe von Zylindern, wie sie durch die Rotation der Rechtecke entstehen, angenähert wird. Das Volumen eines solchen Zylinders ist $\pi f^2(\xi_\nu)(x_{\nu+1} - x_\nu)$, so daß man mit (6-8) und (6-9) sofort

$$V = \pi\int\limits_a^b f^2(x)\,dx \tag{6-74}$$

als *Volumen des Rotationskörpers* erhält, wenn $f^2(x)$ R-integrierbar ist. Entsprechend ist die Oberfläche eines Zylinders $2\pi f(\xi_\nu)\sqrt{1+[f'(\xi_\nu)]^2}\,(x_{\nu+1} - x_\nu)$ (vgl. (6-25) für stetige Funktionen $x = u$, $y(u) = f(x)$), und man erhält

$$O = 2\pi\int\limits_a^b f(x)\sqrt{1+[f'(x)]^2}\,dx \tag{6-75}$$

als *Oberfläche des Rotationskörpers.*

4. Für ein Rotationsparaboloid, das sich bei Rotation der Figur in Abbildung 52 um die x-Achse ergibt, liefert (6-74) mit $f^2(x) = 2px$, und $a = 0$, $b =$ Koordinate des Punktes B: $V = \pi pb^2$. Wenn die Oberfläche des Rotationsparaboloids bis zur Ebene durch P und B berechnet werden soll, benutzt man den in 2. eingeführten Winkel ϑ als Integrationsvariable. Mit (6-75) erhält man

$$O = 2\pi\int\limits_0^b\sqrt{2px}\,\frac{dx}{\cos\vartheta} = 2\pi p^2\int\limits_{\vartheta_1}^{\frac{\pi}{2}}\frac{\cos\vartheta}{\sin^4\vartheta}d\vartheta.$$

Wegen

$$\int \frac{\cos \vartheta}{\sin^4 \vartheta} \, d\vartheta = \int \frac{d(\sin \vartheta)}{\sin^4 \vartheta} = -\frac{1}{3} \frac{1}{\sin^3 \vartheta} + C$$

folgt hieraus

$$O = \frac{2}{3} \pi p^2 \left[\frac{1}{\sin^3 \vartheta_1} - 1 \right] = \frac{2}{3} \pi p^2 \left[\sqrt{\left(1 + \frac{2b}{p}\right)^3} - 1 \right].$$

Abschließend wollen wir den Leser darauf hinweisen, daß in der Praxis die Auswertung von Integralen im allgemeinen an Hand von *Integraltafeln* geschieht. In diesen Tafelwerken sind die wichtigsten Integrale mit ihren Lösungen zusammengestellt. Man versäume nicht, sich rechtzeitig an die Benutzung einer *guten* Integraltafel zu gewöhnen, etwa durch Aufsuchen der in diesem Kapitel als Beispiele behandelten Integrale.

6.5. Uneigentliche Integrale, Parameterintegrale und Kurvenintegrale

1. *Uneigentliche Integrale.* In der RIEMANNschen Integraldefinition (6-10) wurde ein endliches Integrationsintervall $[a,b]$ vorausgesetzt. Ist $f(x)$ in dem Intervall $a \leqq x < \infty$ integrierbar, so definiert man

$$\boxed{\int_a^\infty f(x) \, dx = \lim_{b \to \infty} \int_a^b f(x) \, dx}, \tag{6-76}$$

vorausgesetzt, daß dieser Grenzwert existiert. (6-76) zählt man zu den *uneigentlichen Integralen*, das im Fall der Existenz des Grenzwerts ein *konvergierendes uneigentliches Integral* genannt wird (lat. convergere = sich hinneigen). Zum Beispiel existiert

$$\int_1^\infty \frac{dx}{x^m} = \lim_{b \to \infty} \int_1^b \frac{dx}{x^m} = \lim_{b \to \infty} \left[\frac{1}{m-1} \left(1 - \frac{1}{b^{m-1}}\right) \right]$$

nur, solange $m > 1$ ist, denn für $m \leqq 1$ ist kein Grenzwert vorhanden. Analog definiert man

$$\int_{-\infty}^b f(x) \, dx = \lim_{a \to -\infty} \int_a^b f(x) \, dx. \tag{6-77}$$

Als Bedingung dafür, daß eine Funktion integrierbar ist, nannten wir im Anschluß an (6-10) u. a. ihre Beschränktheit im Intervall $[a,b]$. Ist $f(x)$ an einer Stelle ξ in $a \leqq \xi \leqq b$ *nicht mehr beschränkt*, wohl aber auf $a \leqq x \leqq \xi - \varepsilon$; $\xi + \delta \leqq x \leqq b$ und dort integrierbar, so definiert man

$$\boxed{\int_a^b f(x) \, dx = \lim_{\substack{\varepsilon \to 0 \\ \delta \to 0}} \left[\int_a^{\xi - \varepsilon} f(x) \, dx + \int_{\xi + \delta}^b f(x) \, dx \right]}, \quad (\varepsilon > 0; \delta > 0), \tag{6-78}$$

wenn die Grenzwerte existieren. Auch (6-78) rechnet man zu den uneigentlichen Integralen.

Zum Beispiel für $m > 0$ und $\neq 1$:

$$\int_{-1}^{+1} \frac{dx}{x^m} = \lim_{\substack{\varepsilon \to 0 \\ \delta \to 0}} \left[\int_{-1}^{-\varepsilon} \frac{dx}{x^m} + \int_{\delta}^{1} \frac{dx}{x^m} \right]$$

$$= \frac{1}{1-m} \lim_{\substack{\varepsilon \to 0 \\ \delta \to 0}} [(-\varepsilon)^{1-m} - (-1)^{1-m} + 1 - \delta^{1-m}]$$

existiert nur für $m < 1$ und liefert dann für ungeradzahliges $\frac{1}{m}$ genau Null.

Wie man zeigen kann, konvergiert das uneigentliche Integral $\int_a^b f(x)\,dx$ sicher, wenn $\int_a^b |f(x)|\,dx$ konvergiert. Dann heißt $f(x)$ *absolut integrierbar*. Wir übergehen den Beweis. Die in (6-78) auftretenden Grenzübergänge sind beide *voneinander unabhängig* auszuführen. Wenn die beiden Grenzwerte einzeln existieren, so existiert auch ihre Summe und damit (6-78). Es kann aber vorkommen, daß *keiner* der beiden Grenzwerte existiert, wenn $\varepsilon \to 0$ und $\delta \to 0$ unabhängig voneinander ausgeführt werden und dennoch der Grenzwert

$$P\left(\int_a^b f(x)\,dx\right) = \lim_{\varepsilon \to 0} \left[\int_a^{\xi-\varepsilon} f(x)\,dx + \int_{\xi+\varepsilon}^b f(x)\,dx\right], \quad (\varepsilon > 0) \tag{6-79}$$

existiert. (6-79) wird auch in der Praxis verwendet (z. B. in der Tragflügeltheorie). Man nennt $P\left(\int_a^b f(x)dx\right)$ den CAUCHY*schen Hauptwert des divergenten uneigentlichen Integrals* $\int_a^b f(x)\,dx$.

Beispiel.

$\int_{-\infty}^{+\infty} x\,dx$ existiert nur als CAUCHYscher Hauptwert $\lim_{a \to \infty} \int_{-a}^{a} x\,dx = 0$, während es im üblichen Sinn divergiert, da $\lim_{a \to \infty} \int_{-a}^{c} x\,dx$ ebenso divergiert wie $\lim_{b \to \infty} \int_{-a}^{b} x\,dx$, so daß eine zu (6-78) analoge Beziehung keinen endlichen Wert liefert.

2. *Parameterintegrale.* Wenn in dem Integranden eines Integrals neben der Integrationsveränderlichen x noch ein Parameter α vorkommt, so hängt auch das zwischen den Grenzen a und b genommene Integral von α ab. Zunächst sollen a und b von α unabhängig sein, also

$$F(\alpha) = \int_a^b f(x,\alpha)\,dx\,. \tag{6-80}$$

Wenn wir diese Funktion nach α differenzieren wollen, so können wir nicht ohne weiteres die Ableitung des Integranden bilden, denn dabei vertauschen wir die Reihenfolge zweier Grenzübergänge. Wir wissen von (2-14), daß dadurch ein anderes Ergebnis entstehen kann. Es läßt sich aber zeigen (den Beweis übergehen wir hier): Wenn $f(x,\alpha)$ in einem Bereich $a \leqq x \leqq b$; $\alpha_1 \leqq \alpha \leqq \alpha_2$ der $x\alpha$-Ebene *stetig* ist und $\frac{\partial f}{\partial \alpha}$ *existiert und stetig* ist, so gilt

$$\frac{\mathrm{d}F(\alpha)}{\mathrm{d}\alpha} = \int_a^b \frac{\partial f(x,\alpha)}{\partial \alpha} \mathrm{d}x . \tag{6-81}$$

Dies bezeichnet man als LEIBNIZ*sche Regel.*

Hängen auch die Grenzen a, b von α ab und sind $a(\alpha)$, $b(\alpha)$ differenzierbar, so ergibt sich schließlich

$$\boxed{\frac{\mathrm{d}F}{\mathrm{d}\alpha} = \int_{a(\alpha)}^{b(\alpha)} \frac{\partial f(x,\alpha)}{\partial \alpha} \mathrm{d}x + f[b(\alpha),\alpha] \frac{\mathrm{d}b}{\mathrm{d}\alpha} - f[a(\alpha),\alpha] \frac{\mathrm{d}a}{\mathrm{d}\alpha}} . \tag{6-82}$$

Soll (6-81) für uneigentliche Integrale benutzt werden, muß man fordern, daß auch nach der Ableitung des Integranden der Grenzwert für $b \to \infty$ bzw. $a \to -\infty$ überhaupt existiert.

Zum Beispiel ist (6-67) für $f(x,\alpha) = \frac{\sin \alpha x}{x}$ ein konvergierendes uneigentliches Integral, nicht aber für $g(x,\alpha) = \frac{\partial f}{\partial \alpha} = \cos \alpha x$, da $\lim\limits_{b \to \infty} \frac{\sin \alpha b}{\alpha}$ nicht existiert. Hieraus läßt sich aber nicht schließen, daß von $F(\alpha) = \int\limits_0^\infty \frac{\sin \alpha x}{x} \mathrm{d}x$ die Ableitung $\frac{\mathrm{d}F}{\mathrm{d}\alpha}$ nicht existiert. Tatsächlich ist $\int\limits_0^\infty \frac{\sin \alpha x}{x} \mathrm{d}x$ für $\alpha > 0$ gleich $\frac{\pi}{2}$, für $\alpha = 0$ gleich Null und für $\alpha < 0$ gleich $-\frac{\pi}{2}$, so daß für $\alpha \gtrless 0$ $F'(\alpha) = 0$ ist. Beim *Differenzieren uneigentlicher Parameterintegrale* ist also *Vorsicht* geboten.

Die Integration eines Parameterintegrals nach dem Parameter führt auf Doppelintegrale, die wir im Abschnitt 6.6. betrachten.

Ein wichtiges Beispiel für Parameterintegrale ist die durch

$$\Gamma(\alpha) = \int_0^\infty x^{\alpha-1} \mathrm{e}^{-x} \mathrm{d}x \tag{6-83}$$

definierte *Gammafunktion.* Dieses uneigentliche Integral ist hinsichtlich der oberen Grenze wegen (4-72) für alle α-Werte konvergent. In der Nähe von $x = 0$ verhält sich das Integral wie $\int\limits_0 x^{\alpha-1} \, \mathrm{d}x = \frac{1}{\alpha} x^\alpha|_0$, es existiert also für $\alpha > 0$. Die partielle Integration

$$\int_a^b x^{\alpha-1} \mathrm{e}^{-x} \mathrm{d}x = -\mathrm{e}^{-x} x^{\alpha-1} \Big|_a^b + \int_a^b (\alpha-1) x^{\alpha-2} \mathrm{e}^{-x} \mathrm{d}x$$

liefert

$$\int_0^\infty x^{\alpha-1} \mathrm{e}^{-x} \mathrm{d}x = (\alpha-1) \int_0^\infty x^{\alpha-2} \mathrm{e}^{-x} \mathrm{d}x ,$$

wobei rechts das Integral an der unteren Grenze nur für $\alpha > 1$ existiert. Ersetzen wir noch α durch $\alpha + 1$, so folgt die Rekursionsformel

$$\boxed{\Gamma(\alpha + 1) = \alpha\Gamma(\alpha)}, \quad (\alpha > 0)\,. \tag{6-84}$$

Nun ist

$$\Gamma(1) = \int_0^\infty e^{-x}\,dx = -e^{-x}\Big|_0^\infty = 1\,,$$

so daß wir aus (6-84) für ganzzahliges $\alpha = n$

$$\boxed{\Gamma(n + 1) = n!}, \quad (n \text{ positiv ganzzahlig}) \tag{6-85}$$

erhalten. Die Γ-Funktion läßt sich daher auch so interpretieren, daß durch das Integral (6-83) die ursprünglich nur für *ganzzahlige* Argumente n definierte Fakultät (vgl. 1-118) nunmehr auch für *nichtganzzahlige positive* Zwischenwerte erklärt wird. Zum Beispiel ergibt sich für $\alpha = \frac{1}{2}$ mit $x = t^2$

$$\Gamma\left(\frac{1}{2}\right) = \int_0^\infty \frac{e^{-x}}{\sqrt{x}}\,dx = 2\int_0^\infty e^{-t^2}\,dt = \int_{-\infty}^\infty e^{-t^2}\,dt\,, \tag{6-86}$$

ein Integral, dessen Wert wir später zu $\sqrt{\pi}$ bestimmen werden. Durch das Problem der Interpolation der Fakultät für nichtganzzahlige Argumente wurde Euler auf die Integraldarstellung (6-83) geführt, die später Gauss (1777—1855) ausführlich diskutierte. Man nennt

$$\Gamma(\alpha + 1) = \Pi(\alpha) \tag{6-87}$$

auch Gauss*sche Pifunktion.* (6-83) ist nicht die einzig mögliche Darstellung von $\Gamma(\alpha)$. Die gleiche Funktion läßt sich durch Einführung neuer Veränderlicher unter dem Integral anders darstellen. Darüber hinaus kann die Γ-Funktion, die hier nur für $\alpha > 0$ erklärt wurde, auch für $\alpha < 0$ sinnvoll definiert werden (vgl. 9-34, Abb. 106).

3. *Kurvenintegrale bei zwei Veränderlichen.* Wir haben bis jetzt nur solche Integrale behandelt, die eine einzige Veränderliche enthielten. Nun wollen wir eine rektifizierbare Kurve $\mathfrak{C}$ in der xy-Ebene betrachten, die durch eine Parameterdarstellung $x(u)$, $y(u)$ gegeben ist (vgl. 2-23). Zwischen den beiden zu u_a und u_b gehörenden Kurvenpunkten hat die Kurve nach (6-26) die Länge

$$L = \int_{u_a}^{u_b} \sqrt{\left(\frac{dx}{du}\right)^2 + \left(\frac{dy}{du}\right)^2}\,du\,.$$

Wir wählen zwischen $u_a = u_0$ und $u_b = u_n$ noch $n - 1$ Teilpunkte $u_1, u_2, \ldots$ und bezeichnen die Bogenlänge der Kurventeilstücke mit $\Delta s_\nu = s_{\nu-1} - s_\nu$. Außerdem nehmen wir an, daß längs der Kurve $\mathfrak{C}$ eine Funktion $f(x(u), y(u))$ definiert ist, die überall beschränkt ist. Dann können wir in jedem Teilintervall einen Wert $\eta_\nu (u_{\nu-1} \leqq \eta_\nu \leqq u_\nu)$ wählen, für den $f(P_\nu) = f(x(\eta_\nu), y(\eta_\nu))$ existiert (Abb. 61). Lassen wir die Unterteilung beliebig fein werden, so können wir analog zu (6-10) den Grenzwert

$$\boxed{J = \int_{\mathfrak{C}} f(x(s), y(s))\,ds}, \tag{6-88}$$

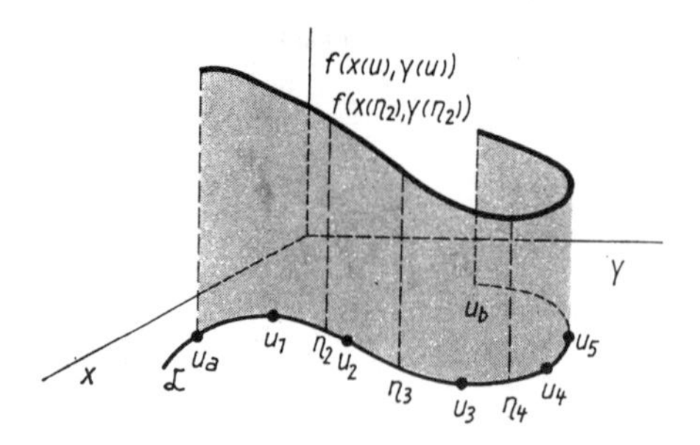

Abb. 61 Zur Definition des Kurvenintegrals

falls er existiert, *Kurvenintegral* (auch *Linienintegral*) nennen. Die Kurve $\mathfrak{C}$ bezeichnet man als *Integrationsweg*. Hier ist $\mathrm{d}s = \sqrt{\mathrm{d}x^2 + \mathrm{d}y^2}$ das in (5-20) eingeführte Bogenelement. Das bestimmte Integral (6-10) ergibt sich umgekehrt als ein Spezialfall von (6-88), wenn man dort als Integrationsweg ein Stück der x-Achse wählt. Damit das Integral

$$\int_{\mathfrak{C}} f(x(s), y(s))\,\mathrm{d}s = \int_{u_a}^{u_b} f(x(u), y(u)) \sqrt{\left(\frac{\mathrm{d}x}{\mathrm{d}u}\right)^2 + \left(\frac{\mathrm{d}y}{\mathrm{d}u}\right)^2}\,\mathrm{d}u \tag{6-89}$$

existiert, muß $f(x,y)\sqrt{\dot{x}^2 + \dot{y}^2}$ eine R-integrierbare Funktion sein. Das ist erfüllt, wenn $f(x,y)$ längs der Kurve $\mathfrak{C}$ eine *stetige* Funktion von x, y ist und $\dot{x}, \dot{y}$ im Intervall $u_a \leqq u \leqq u_b$ stetig sind, mit Ausnahme von endlichen vielen Unstetigkeitsstellen, d. h., die Kurve $\mathfrak{C}$ kann endlich viele Ecken oder Spitzen aufweisen. Wählt man für die Kurvendarstellung einen anderen Parameter, z. B. t, so daß $u(t)$ differenzierbar und $\frac{\mathrm{d}u}{\mathrm{d}t}$ stetig ist, ergibt sich aus (6-89) sofort, daß ein Kurvenintegral *nur von der Kurve* $\mathfrak{C}$ abhängt, *nicht* aber von der *Wahl des Parameters*. Ebenso ist ein Kurvenintegral *unabhängig* von der *Wahl des Koordinatensystems x,y*. Häufig liegt bei der praktischen Anwendung des Kurvenintegrals der Fall vor, daß sich die Funktion f auf einem bestimmten Bereich der xy-Ebene als eine Summe zweier Funktionen darstellen läßt:

$$f(x, y) = X(x, y)\frac{\mathrm{d}x}{\mathrm{d}s} + Y(x, y)\frac{\mathrm{d}y}{\mathrm{d}s}. \tag{6-90}$$

Während X und Y beliebige (stetige) Funktionen von x, y sind, hängen x und y von s ab. Dann ist

$$\int_{\mathfrak{C}} f(x, y)\,\mathrm{d}s = \int_{s=0}^{l} \left[X(x(s), y(s))\frac{\mathrm{d}x}{\mathrm{d}s}\,\mathrm{d}s + Y(x(s), y(s))\frac{\mathrm{d}y}{\mathrm{d}s}\,\mathrm{d}s\right], \tag{6-91}$$

wenn wir den Kurvenpunkt P_1 durch $s = 0$ und P_2 durch $s = l$ kennzeichnen. Nach (6-48) gilt schließlich

$$\int_{\mathfrak{C}} f(x, y)\,\mathrm{d}s = \int_{x_1}^{x_2} X(x, y)\,\mathrm{d}x + \int_{y_1}^{y_2} Y(x, y)\,\mathrm{d}y, \tag{6-92}$$

wobei $x_1 = x(0)$; $x_2 = x(l)$; $y_1 = y(0)$; $y_2 = y(l)$ gesetzt wurde.

Es sei beispielsweise $X = y$, $Y = a = \mathrm{const}$. Wählt man in Abb. 62 zunächst den Integrationsweg P_1QP_2, dessen Seiten parallel mit den Achsen laufen, dann kann man (6-92) in zwei Teile zerlegen, welche den Linien P_1Q und QP_2 entsprechen.

Auf der ersten Strecke ist $y = y_1$, d. h. das zweite Integral Null (vgl. 6-19); für diesen Weg wird also das Integral (6-90)

$$\int_{x_1}^{x_2} y_1 \, dx = y_1 (x_2 - x_1) . \tag{6-93}$$

Auf der Strecke QP_2 ist $x = x_2$; dieser Weg liefert somit zu der gesuchten Summe den Beitrag

$$\int_{y_1}^{y_2} a \, dy = a (y_2 - y_1) . \tag{6-94}$$

Das Resultat der Integration über den ganzen Weg ist also

$$\int_{P_1QP_2} (X \, dx + Y \, dy) = y_1 (x_2 - x_1) + a (y_2 - y_1) \tag{6-95}$$

(um den Integrationsweg anzudeuten, haben wir unter das Integralzeichen P_1QP_2 gesetzt).

Analog findet man

$$\int_{P_1RP_2} (X \, dx + Y \, dy) = y_2 (x_2 - x_1) + a (y_2 - y_1) . \tag{6-96}$$

Wählt man dagegen den Integrationsweg längs der Geraden P_1P_2, gilt nach (5-3) und (5-15) auf der ganzen Strecke die Beziehung

$$dx = \frac{x_2 - x_1}{y_2 - y_1} dy ;$$

man erhält also

$$X \, dx + Y \, dy = \frac{x_2 - x_1}{y_2 - y_1} y \, dy + a \, dy$$

und das gesuchte Integral

$$\int_{P_1P_2} (X \, dx + Y \, dy) = \frac{x_2 - x_1}{y_2 - y_1} \int_{y_1}^{y_2} y \, dy + a \int_{y_1}^{y_2} dy$$
$$= \frac{1}{2} (y_2 + y_1) (x_2 - x_1) + a (y_2 - y_1) . \tag{6-97}$$

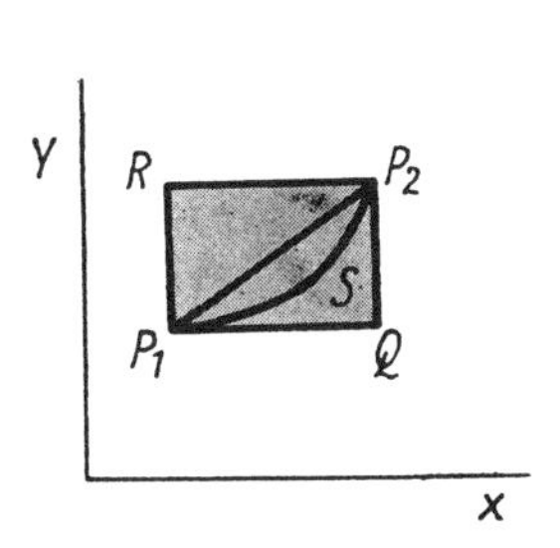

Abb. 62 Verschiedene Integrationswege von P_1 nach P_2

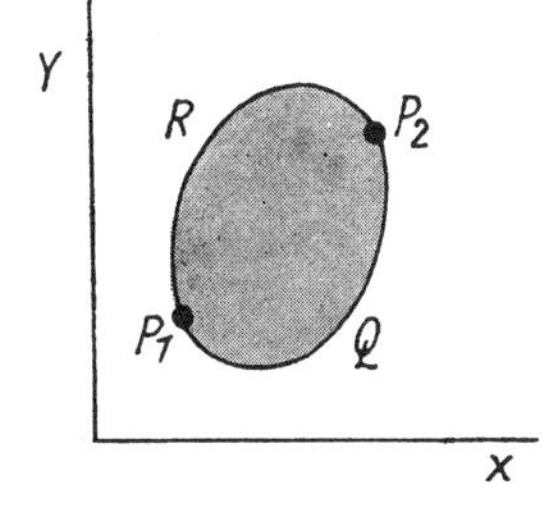

Abb. 63 Geschlossener Weg von P_1 über P_2 nach P_1

Ebenso wie nun die Werte (6-95, 6-96, 6-97) voneinander verschieden sind, würde man im allgemeinen auch für jede Kurve zwischen P_1 und P_2 (z. B. S in Abb. 62) einen anderen Wert des Integrals erhalten.

Das Ergebnis, zu welchem wir soeben gekommen sind, führt noch zu einer weiteren wichtigen Folgerung. Man kann nämlich im Definitionsbereich der Funktion $f(x,y)$ eine geschlossene Kurve wählen, die P_1 und P_2 berührt (Abb. 63). Geometrisch dargestellt, können wir also z. B. von P_1 nach P_2 auf dem Weg P_1QP_2 gelangen und auf dem Weg P_2RP_1 nach dem Anfangspunkt zurückkehren. Wegen (6-18) ergibt sich der Wert des Integrals der längs $P_1QP_2RP_1$ geschlossenen Kurve gleich der Differenz der Integrale längs P_1QP_2 und P_1RP_2. Da diese beiden Integrale im allgemeinen ungleich sind, so wird gewöhnlich der Wert des Integrals von Null verschieden sein, wenn man von bestimmten Anfangswerten für x und y ausgehend längs einer geschlossenen Kurve nach denselben Anfangswerten zurückkehrt.

In dem oben behandelten Fall (Abb. 62) ergibt sich z. B. bei Integration längs $P_1P_2QP_1$

$$\oint(X\,\mathrm{d}x + Y\,\mathrm{d}y) = \frac{1}{2}(y_2 - y_1)(x_2 - x_1)\,.$$ [1]

Nur in *einem* Fall ist der Wert des Integrals unabhängig vom Integrationsweg. Wenn nämlich $X\,\mathrm{d}x + Y\,\mathrm{d}y = \mathrm{d}\varphi$ ein *vollständiges Differential* (4-91) ist, liefert (6-92)

$$\boxed{\int_{\mathfrak{C}} f(x,y)\,\mathrm{d}s = \int_{P_1}^{P_2} \mathrm{d}\varphi = \varphi_2 - \varphi_1} \qquad (6\text{-}98)$$

wobei $\varphi_1 = \varphi(x_1,y_1) = \varphi(x(0),y(0))$ und $\varphi_2 = \varphi(x_2,y_2) = \varphi(x(l),y(l))$ bedeutet. In (6-98) hängt der Wert des Kurvenintegrals offensichtlich nur noch von den beiden Werten ab, die φ im Punkt P_1 bzw. P_2 hat. Es ist also gleichgültig, auf welchem Weg wir von P_1 nach P_2 gelangt sind. Kehrt man auf irgendeinem Weg von P_2 nach P_1 zurück, so ist hier für *jeden geschlossenen Weg*

$$\boxed{\oint f(x,y)\,\mathrm{d}s = \oint \mathrm{d}\varphi = 0}\,. \qquad (6\text{-}99)$$

Allerdings muß der Integrationsweg immer längs einer Kurve genommen werden, die nur endlich viele Ecken oder Spitzen hat (d. h. stückweise glatt ist). Außerdem muß $\varphi(x,y)$ in dem von der geschlossenen Kurve umschlossenen Bereich der xy-Ebene an *jeder Stelle* eindeutig gegeben sein und zudem $\frac{\partial\varphi}{\partial x}$, $\frac{\partial\varphi}{\partial y}$ existieren und stetig sein. Innerhalb des betrachteten endlich ausgedehnten Bereichs der xy-Ebene darf es *nicht* etwa eine oder mehrere Inseln geben, wo φ nicht erklärt ist. Wir vergleichen den betrachteten xy-Bereich mit der Darstellung eines Meeres auf einer Landkarte. Dabei sollen die Landgebiete gerade jede Stellen bezeichnen, wo $\varphi(x,y)$ die genannten Voraussetzungen nicht erfüllt: Es kann vorkommen, daß das Meer nur *eine* zusammenhängende Küste besitzt. Einen solchen Bereich, der von einem einzigen geschlossenen Ufer (d. h. Randkurve) begrenzt wird, nennt man *einfach zusammenhängend.* Liegt in dem Meer *eine* Insel, so gibt es ein zweites in sich geschlossenes Ufer, das aber mit der anderen Küste nicht zusammenhängt. Dann spricht man vom *zweifach zusammenhängenden* Bereich

[1] Um den geschlossenen Umlauf auszudrücken, benutzt man ein Integralzeichen mit Ring

usw. Die Zahl der in sich geschlossenen Randkurven, die sich gegenseitig nicht berühren, gibt an, wievielfach der Bereich zusammenhängt. Damit können wir kurz sagen:

(6-99) gilt nur, wenn der Integrationsweg innerhalb eines einfach zusammenhängenden Bereichs verläuft.

Daß diese Voraussetzung wichtig ist, zeigt uns das Beispiel $\varphi = \arctan \frac{y}{x}$. Diese Funktion ist nur im Punkt (0,0) nicht stetig. Außerhalb dieser singulären Stelle, die im ganzen Bereich also eine jener »Inseln« darstellt, existiert $\frac{\partial \varphi}{\partial y} = \frac{x}{x^2 + y^2}, \frac{\partial \varphi}{\partial x} = \frac{-y}{x^2 + y^2}$ und ist stetig. Wir wählen eine geschlossene Kurve $\mathfrak{C}$ so, daß sie die »Insel« (0,0) mit umschließt, z. B. einen Kreis mit Radius R, dessen Mittelpunkt bei (0,0) liegt. Dann ist es zweckmäßig, $x = R \cos \psi$, $y = R \sin \psi$ zu setzen, und ψ von 0 bis 2π laufen zu lassen. Wegen $\varphi = \arctan \frac{y}{x} = \psi$ liefert (6-98) nun

$$\int_0^{2\pi} \mathrm{d}\varphi = 2\pi \tag{6-100}$$

und keineswegs Null, wie nach (6-99) zu erwarten wäre.

Wir wollen noch bemerken, daß sich der zu (6-98) führende Satz auch umkehren läßt: Ist der Wert eines Kurvenintegrals *unabhängig* vom Integrationsweg, so muß der Ausdruck unter dem Integralzeichen *notwendig* ein vollständiges Differential sein. Angenommen, es hat $J = \int_0^P (X\,\mathrm{d}x + Y\,\mathrm{d}y)$ für alle Wege zwischen einem ein für allemal gewählten Anfangspunkt 0 und dem Punkt P mit den Koordinaten $x = \xi$, $y = \eta$ den gleichen Wert. Dann kann J nur von ξ, η abhängen. Die Ableitung nach ξ bilden wir gemäß (4-89):

$$\frac{\partial J}{\partial \xi} = \lim_{\Delta\xi \to 0} \frac{J(\xi + \Delta\xi, \eta) - J(\xi, \eta)}{\Delta\xi}$$

und nennen P' den Punkt mit den Koordinaten $(\xi + \Delta\xi, \eta)$. Wegen der Unabhängigkeit des Integrals J vom Weg ist

$$J(\xi + \Delta\xi, \eta) = \int_0^{P'} (X\,\mathrm{d}x + Y\,\mathrm{d}y) = \int_0^P \cdots + \int_P^{P'} \cdots,$$

also

$$J(\xi + \Delta\xi, \eta) - J(\xi, \eta) = \int_P^{P'} (X\,\mathrm{d}x + Y\,\mathrm{d}y).$$

Als Integrationsweg von P nach P' wählen wir $\xi \leqq x \leqq \xi + \Delta\xi$ bei festgehaltenem $y = \eta$, so daß gilt

$$\frac{\partial J}{\partial \xi} = \lim_{\Delta\xi \to 0} \frac{1}{\Delta\xi} \int_\xi^{\xi+\Delta\xi} X(x, \eta)\,\mathrm{d}x = X(\xi, \eta),$$

wobei wir zuletzt noch den Mittelwertsatz der Integralrechnung (6-22) ausgenutzt haben. Ebenso folgt $\frac{\partial J}{\partial \eta} = Y(\xi,\eta)$. Damit haben wir gezeigt, daß $X\,\mathrm{d}x + Y\,\mathrm{d}y = \frac{\partial J}{\partial x}\,\mathrm{d}x + \frac{\partial J}{\partial y}\,\mathrm{d}y$ ein vollständiges Differential $\mathrm{d}J$ ist. Mit Hilfe des Kurvenintegrals läßt sich schließlich auch zeigen, daß die Bedingung (4-107) $\frac{\partial X}{\partial y} = \frac{\partial Y}{\partial x}$ und stetig nicht nur notwendig dafür ist, daß $X\,\mathrm{d}x + Y\,\mathrm{d}y$ ein vollständiges Differential ist, sondern auch hinreichend. Um dies zu zeigen, benutzten wir die Funktion $J = \int\limits_{P_1QP_2} (X\,\mathrm{d}x + Y\,\mathrm{d}y)$, wobei der Integrationsweg Abb. 62 zu entnehmen ist. P_1 sei ein fester Punkt mit den Koordinaten x_1, y_1 und P_2 ein Punkt mit den Koordinaten ξ, η. Dann ist

$$J(\xi,\eta) = \int\limits_{x_1}^{\xi} X(x, y_1)\,\mathrm{d}x + \int\limits_{y_1}^{\eta} Y(\xi, y)\,\mathrm{d}y$$

und

$$\frac{\partial J}{\partial \eta} = Y(\xi,\eta); \quad \frac{\partial J}{\partial \xi} = X(\xi, y_1) + \frac{\partial}{\partial \xi}\int\limits_{y_1}^{\eta} Y(\xi, y)\,\mathrm{d}y\,.$$

Nach Voraussetzung existiert $\frac{\partial Y(\xi,y)}{\partial \xi} = \frac{\partial X(\xi,y)}{\partial y}$ und ist stetig, so daß (6-81) liefert:

$$\frac{\partial}{\partial \xi}\int\limits_{y_1}^{\eta} Y(\xi, y)\,\mathrm{d}y = \int\limits_{y_1}^{\eta} \frac{\partial Y}{\partial \xi}\,\mathrm{d}y = \int\limits_{y_1}^{\eta} \frac{\partial X}{\partial y}\,\mathrm{d}y = X(\xi,\eta) - X(\xi, y_1)\,.$$

Also ist $\frac{\partial J}{\partial \xi} = X(\xi,\eta)$. Ersetzt man ξ, η durch x, y, so folgt unmittelbar, daß $X\,\mathrm{d}x + Y\,\mathrm{d}y$ ein vollständiges Differential – der Funktion J – ist, wofür (4-107) offenbar hinreicht.

Die obigen Betrachtungen lassen sich leicht für Funktionen mit mehr als zwei Veränderlichen erweitern. Im allgemeinen ist für eine Kurve (2-23) das Kurvenintegral $\int\limits_{\mathfrak{C}} f(x(s), y(s), z(s)\ldots)\,\mathrm{d}s$ das sich häufig als $\int (X\,\mathrm{d}x + Y\,\mathrm{d}y + Z\,\mathrm{d}z + \ldots)$ schreiben läßt, vom Integrationsweg abhängig. Nur wenn $X\,\mathrm{d}x + Y\,\mathrm{d}y + Z\,\mathrm{d}z + \ldots$ ein vollständiges Differential ist, gilt $\oint f(x,y,z,\ldots)\,\mathrm{d}s = 0$, vorausgesetzt, daß der Integrationsweg einen mehrdimensionalen einfach zusammenhängenden Bereich umschließt.

Beispiele.

a) Wirkt eine konstante Kraft vom Betrag K auf einen Massenpunkt, der sich längs des Weges s bewegen kann, so ergibt sich für die Arbeit, die längs des Weges s von P_1 bis P_2 geleistet wird $A = \int\limits_{P_1}^{P_2} K \cos\alpha\,\mathrm{d}s$, wobei α der Winkel ist, den die Richtung der Kraft mit dem Weg bildet. In der Vektorrechnung (Abschnitt 7.4.) wird gezeigt, daß sich

$$K \cos\alpha\,\mathrm{d}s = X\,\mathrm{d}x + Y\,\mathrm{d}y + Z\,\mathrm{d}z \tag{6-101}$$

schreiben läßt, wobei X, Y, Z die Kraftkomponenten in Richtung der x-, y-, z-Achse sind. Das die geleistete Arbeit kennzeichnende Kurvenintegral hängt im allgemeinen von dem Weg ab, auf dem der Massenpunkt von P_1 nach P_2 läuft. Sobald jedoch die Kraftkomponenten in (6-101) als partielle Differentialquotienten einer *Kraftfunktion* φ dargestellt werden können, ist die Arbeit unabhängig vom eingeschlagenen Weg und gleich $\varphi_2 - \varphi_1$. φ nennt man das *Potential* der Kraft K. Beschreibt der Punkt eine geschlossene Bahn, so ist in diesem Fall die Arbeit Null.

6.6. Mehrfache Integrale

6.6.1. Doppelintegrale

In der xy-Ebene sei auf dem Rechteck $[a_1, b_1; a_2; b_2]$, das durch $a_1 \leqq x \leqq a_2$ und $b_1 \leqq y \leqq b_2$ gegeben ist (vgl. 2-16), eine stetige Funktion $f(x,y)$ definiert (für eine anschauliche Darstellung vgl. Abb. 40a). Dann werden durch (vgl. 6-80)

$$g(x) = \int_{b_1}^{b_2} f(x, y)\,\mathrm{d}y; \quad h(y) = \int_{a_1}^{a_2} f(x, y)\,\mathrm{d}x$$

zwei stetige Funktionen definiert, die R-integrierbar sind, d. h., es existieren

$$\int_{a_1}^{a_2} g(x)\,\mathrm{d}x \quad \text{und} \quad \int_{b_1}^{b_2} h(y)\,\mathrm{d}y\,.$$

Man kann beweisen – wir übergehen den Beweis –, daß unter den oben genannten Voraussetzungen

$$\int_{a_1}^{a_2} \left(\int_{b_1}^{b_2} f(x,y)\,\mathrm{d}y \right) \mathrm{d}x = \int_{b_1}^{b_2} \left(\int_{a_1}^{a_2} f(x, y)\,\mathrm{d}x \right) \mathrm{d}y \tag{6-102}$$

ist. Dieser gemeinsame Wert heißt *Integral von* $f(x,y)$ über dem Rechteck $F = [a_1, b_1; a_2, b_2]$, und man schreibt symbolisch

$$J = \int_F f(x, y)\,\mathrm{d}x\,\mathrm{d}y\,. \tag{6-103}$$

Anschaulich läßt sich (6-103) als *Volumen* des zwischen dem Rechteck F und der Fläche $f(x,y)$ liegenden Raumbereichs interpretieren, der seitlich von vier senkrecht zur xy-Ebene stehenden Ebenenstücken begrenzt wird. Ähnlich wie beim einfachen Integral kann man zeigen: Jede auf einem Rechteck F der xy-Ebene definierte Funktion $f(x,y)$, die *beschränkt* und mit *Ausnahme einzelner Punkte oder einzelner Linien stetig* ist, ist R-integrierbar im Sinn von (6-102). Wenn eine stetige Funktion $f(x,y)$ nicht auf einem Rechteck der xy-Ebene definiert ist, sondern auf irgendeinem Ebenenstück F, das von einer Randkurve $\mathfrak{C}$ begrenzt wird, zerlegt man F in Teilrechtecke $F_{\mu\nu}{:} = \{(x,y) \mid a_\mu \leqq x \leqq a_{\mu+1};\ b_\nu \leqq y \leqq b_{\nu+1}\}$. Die Vereinigung aller Teilrechtecke, die wenigstens einen Punkt mit F gemeinsam haben, sei $\bigcup_{\nu,\mu} F_{\mu\nu}$ (vgl. Abb. 64). Ist $F^i = \bigcup_{\mu,\nu} F^i_{\mu\nu}$ die Vereinigung aller ganz in F liegenden Teilrechtecke, gilt $F^i \subset \bigcup_{\mu,\nu} F_{\mu\nu}$. Wählt man für die Kantenlängen jedes Teilrechtecks $\frac{1}{2^n}$ und bezeichnet mit F^i_n die zu diesem Intervallnetz gehörende Vereinigung aller ganz in F liegenden Teilrechtecke, so gilt $F^i_n \subset F^i_{n+1}$ da ein Intervallnetz mit Teilrechtecken der Kantenlänge $\frac{1}{2^{n+1}}$ im allgemeinen mehr Punkte von F überdeckt. Auf jedem Intervallnetz ist durch (6-103) ein Integral $\int_{F^i_n} f(x,y)\,\mathrm{d}x\,\mathrm{d}y$ definiert. Man kann zeigen, daß $\left(\int_{F^i_n} f(x,y)\,\mathrm{d}x\,\mathrm{d}y\right)$ eine CAUCHY-Folge ist, so daß man

$$\int_F f(x, y)\,\mathrm{d}x\mathrm{d}y := \lim_{n \to 0} \int_{F^i_n} f(x, y)\,\mathrm{d}x\mathrm{d}y \tag{6-104}$$

als Integral von f auf einer berandeten Fläche F definiert (vgl. 8-91). Sind $y_1(x)$ und $y_2(x)$ zwei auf dem Intervall $\alpha_1 \leqq x \leqq \alpha_2$ definierte stetige Funktionen, die F beranden (vgl. Abb. 64), gilt: Wenn $f(x,y)$ auf F stetig ist, ist auch $g(x) = \int_{y_1(x)}^{y_2(x)} f(x,y)\,dy$ stetig, und es folgt

$$\int_F f(x, y)\,dx dy = \int_{\alpha_1}^{\alpha_2} \left(\int_{y_1(x)}^{y_2(x)} f(x,y)\,dy \right) dx\,. \tag{6-105}$$

Analog gilt

$$\int_F f(x, y)\,dx dy = \int_{\beta_1}^{\beta_2} \left(\int_{x_1(y)}^{x_2(y)} f(x, y)\,d x \right) dy\,, \tag{6-106}$$

wenn $x_1(y)$ und $x_2(y)$ zwei auf dem Intervall $\beta_1 \leqq y \leqq \beta_2$ definierte stetige Funktionen sind, die F beranden. Das Doppelintegral (6-105, 6-106) existiert auch für Funktionen $f(x,y)$, die auf F beschränkt sind und höchstens für eine endliche Anzahl von Kurven $y(x)$ (y als stetig differenzierbar vorausgesetzt) in F unstetig sind.
Analog zu (6-76) kann das Doppelintegral auch für unendliche Integrationsbereiche existieren. Für $f(x,y) = 1$ erhält man z. B. durch (6-105)

$$\int_F dx dy = \int_{\alpha_1}^{\alpha_2} y_2(x)\,dx - \int_{\alpha_1}^{\alpha_2} y_1(x)\,dy \tag{6-107}$$

den *Flächeninhalt der Fläche F*.

Beispiel.

Die Fläche einer Ellipse sei gleichmäßig mit Materie von der konstanten Dichte σ belegt. Es soll das Trägheitsmoment Θ der ganzen Masse in Bezug auf eine zur Ebene senkrechte, durch 0 gehende Gerade berechnet werden. Unter dem Trägheitsmoment eines Massenelements bezogen auf eine gerade Linie L als Achse versteht man das Produkt: Masse multipliziert mit dem Quadrat des Abstandes r von der Geraden L. Da das Quadrat der Entfernung eines Elements von dieser Geraden $x^2 + y^2$ ist und die Masse des Elements $\sigma\,dx\,dy$ beträgt, so haben wir den Ausdruck $\sigma(x^2 + y^2)\,dx\,dy$ zu integrieren.

Wir wollen mit der Integration nach y anfangen. Aus der Gleichung der Ellipse

$$\frac{x^2}{a^2} + \frac{y^2}{b^2} = 1$$

folgt für die äußersten, zu einem bestimmten x gehörenden Werte von y

$$-\frac{b}{a}\sqrt{a^2 - x^2} \quad \text{und} \quad +\frac{b}{a}\sqrt{a^2 - x^2}\,.$$

Die äußersten Werte von x sind $-a$ und $+a$. Wir erhalten also

$$\Theta = \sigma \int_{-a}^{+a} \int_{-\frac{b}{a}\sqrt{a^2-x^2}}^{\frac{b}{a}\sqrt{a^2-x^2}} (x^2 + y^2)\,d x\,dy\,.$$

Da

$$\int_{-\frac{b}{a}\sqrt{a^2-x^2}}^{+\frac{b}{a}\sqrt{a^2-x^2}} (x^2 + y^2)\,dy = 2\,\frac{b}{a}\,x^2\sqrt{a^2 - x^2} + \frac{2}{3}\,\frac{b^3}{a^3}\sqrt{(a^2 - x^2)^3}$$

ist, folgt

$$\Theta = 2\frac{b}{a}\sigma \int\limits_{-a}^{+a} x^2 \sqrt{a^2 - x^2}\,dx + \frac{2}{3}\frac{b^3}{a^3}\sigma \int\limits_{-a}^{+a} \sqrt{(a^2 - x^2)^3}dx.$$

Setzt man $x = a \sin \varphi$, so wird

$$\int\limits_{-a}^{+a} x^2 \sqrt{a^2 - x^2}\,dx = a^4 \int\limits_{-\pi/2}^{+\pi/2} \sin^2\varphi \cos^2\varphi\, d\varphi = \frac{1}{8}\pi a^4,$$

$$\int\limits_{-a}^{+a} \sqrt{(a^2 - x^2)^3}\,dx = a^4 \int\limits_{-\pi/2}^{+\pi/2} \cos^4\varphi\, d\varphi = \frac{3}{8}\pi a^4.$$

und hieraus folgt

$$\Theta = \frac{1}{4}\pi ab\,(a^2 + b^2)\sigma\,. \tag{6-108}$$

Man denkt sich also den Ellipsenumfang durch die Endpunkte der äußersten Ordinaten links und rechts in einen *unteren* Bogen $y_1 = -\frac{b}{a}\sqrt{a^2 - x^2}$ und einen *oberen* Bogen $y_2 = +\frac{b}{a}\sqrt{a^2 - x^2}$ zerlegt und integriert gemäß der vorangehenden Überlegung über y jeweils zwischen y_1 und y_2.

Die Zerlegung eines Gebietsrandes in einen unteren und einen oberen Bogen läßt sich, wie Abb. 64 zeigt, auch bei etwas allgemeinerer Form der Berandung durchführen. Wenn die Randkurven von jeder Parallelen zur x- bzw. y-Achse an endlich vielen Stellen berührt oder geschnitten werden, kann man die Fläche F in Teilflächen zerlegen (Abb. 65) und die Integration für die Teilflächen einzeln ausführen.

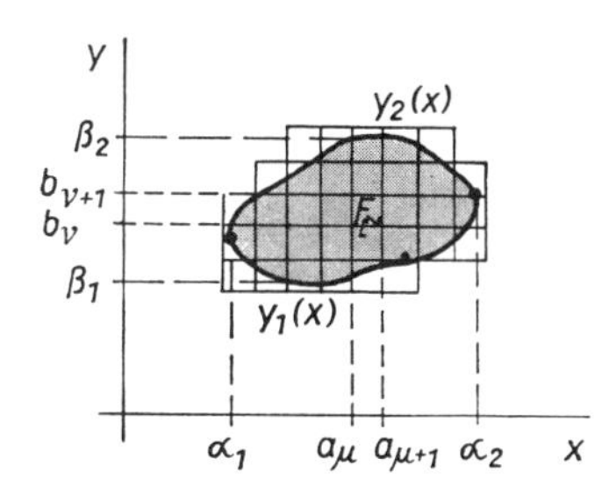

Abb. 64 Zerlegung eines Ebenenstücks in Teilrechtecke

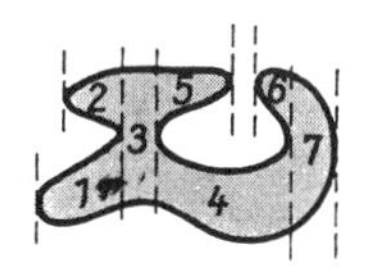

Abb. 65 Zerlegung eines Ebenenstücks in Teilflächen

Häufig ist es zweckmäßig, anstelle der kartesischen Koordinaten x und y andere, z. B. u und v, einzuführen. Wir nehmen an, daß die auf einem Ebenenstück (abgeschlossenes Gebiet) $\tilde{F}$ der u,v-Ebene definierten differenzierbaren Funktionen $x(u,v)$ und $y(u,v)$ eine umkehrbar eindeutige Koordinatentransformation (vgl. Abschnitt 4.3.5.) vermitteln. Dann ist die Funktionaldeterminante

$$\frac{\partial(x,y)}{\partial(u,v)} = \begin{vmatrix} \frac{\partial x}{\partial u} & \frac{\partial x}{\partial v} \\ \frac{\partial y}{\partial u} & \frac{\partial y}{\partial v} \end{vmatrix} \neq 0\,. \tag{6-109}$$

Im folgenden wird

$$\frac{\partial(x,y)}{\partial(u,v)} > 0 \tag{6-110}$$

vorausgesetzt. Den Übergang zu den neuen Koordinaten vollziehen wir im Integral in zwei Schritten. Zunächst transformieren wir nur die y-Koordinate durch eine eindeutig umkehrbare Funktion $y(u',v')$ und $x = u'$, d. h., es sei überall $\frac{\partial y}{\partial v'} \neq 0$ und $v'(x,y)$ die Umkehrfunktion. Das innere Integral von (6-105) läßt sich für diese Transformation nach (6-50) umformen, wobei wir annehmen, daß die Randkurven $y_1(x)$ und $y_2(x)$ in $v_1'(x)$ und $v_2'(x)$ übergehen (Abb. 66). Aus (6-105) ergibt sich wegen (6-50) und (6-106)

$$\int_F f(x,y)\,\mathrm{d}x\mathrm{d}y = \int_{\alpha_1}^{\alpha_2}\left(\int_{v_1'(x)}^{v_2'(x)} f(x,y(x,v'))\,\frac{\partial y}{\partial v'}\,\mathrm{d}v'\right)\mathrm{d}x =$$
$$= \int_{\gamma_1}^{\gamma_2}\left(\int_{x_1(v')}^{x_2(v')} f(x,y(x,v'))\,\frac{\partial y}{\partial v'}\,\mathrm{d}x\right)\mathrm{d}v', \tag{6-111}$$

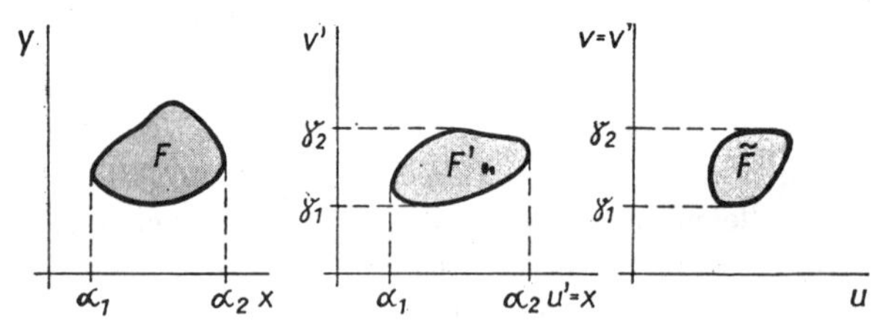

Abb. 66 Abbildung eines Ebenenstücks $\tilde{F}$ der uv-Ebene auf ein Ebenenstück F der xy-Ebene durch die Koordinatentransformation $x(u,v)$, $y(u,v)$

wobei $x_1(v')$ und $x_2(v')$ die auf $\gamma_1 \leqq v' \leqq \gamma_2$ definierten stetigen Randkurven von F' sind. Im Integral auf der rechten Seite transformieren wir nur noch die x-Koordinate durch eine umkehrbar eindeutige Funktion $x(u,v)$ und $v' = v$. Es ist also überall $\frac{\partial x}{\partial u} \neq 0$ und $u(x,v')$ die Umkehrfunktion. Wir nehmen an, daß die Randkurven $x_1(v')$ und $x_2(v')$ in $u_1(v)$ und $u_2(v)$ übergehen (Abb. 66). Aus (6-111) erhält man wegen (6-50)

$$\int_F f(x,y)\,\mathrm{d}x\mathrm{d}y = \int_{\gamma_1}^{\gamma_2}\left(\int_{u_1(v)}^{u_2(v)} f(x(u,v)\,,\,y(u,v))\,\frac{\partial y}{\partial v}\,\frac{\partial x}{\partial u}\,\mathrm{d}u\right)\mathrm{d}v\,. \tag{6-112}$$

Wenn zwei Teiltransformationen $x(\xi,\eta)$, $y(\xi,\eta)$ und $\xi(u,v)$, $\eta(u,v)$ zu einer Transformation $x(u,v)$, $y(u,v)$ zusammengesetzt werden, ergibt sich für die Funktionaldeterminante (6-109)

$$\frac{\partial(x,y)}{\partial(u,v)} = \frac{\partial(x,y)}{\partial(\xi,\eta)}\,\frac{\partial(\xi,\eta)}{\partial(u,v)}\,. \tag{6-113}$$

Diese Beziehung folgt aus (4-114) und (4-115), wenn dort x durch ξ und y durch η ersetzt wird und anschließend für f x bzw. y verwendet wird. Dann kann $\frac{\partial(x,y)}{\partial(u,v)} = \frac{\partial x}{\partial u}\,\frac{\partial y}{\partial v} - \frac{\partial x}{\partial v}\,\frac{\partial y}{\partial u}$ in die Form (6-113) gebracht werden. Die für (6-111) benutzte erste Teiltransformation ergibt die Funktionaldeterminante $\frac{\partial(x,y)}{\partial(x,v')} = \frac{\partial y}{\partial v'}$. Für die zweite Teiltransformation gilt $\frac{\partial(x,v)}{\partial(u,v)} = \frac{\partial y}{\partial u}$. Die zusammengesetzte Transformation besitzt dann nach (6-113) die

Funktionaldeterminante $\frac{\partial(x,y)}{\partial(u,v)} = \frac{\partial y}{\partial v} \frac{\partial x}{\partial u}$, so daß (6-112) in der Form

$$\int_F f(x,y)\,\mathrm{d}x\mathrm{d}y = \int_{\tilde{F}} \tilde{f}(u,v) \frac{\partial(x,y)}{\partial(u,v)} \mathrm{d}u\mathrm{d}v \tag{6-114}$$

geschrieben werden kann. Wir haben (6-114) unter der Voraussetzung abgeleitet, daß überall $\frac{\partial(x,y)}{\partial(u,v)} \neq 0$ ist und wählten die Vereinbarung (6-110). Man kann zeigen, daß (6-114) auch gültig bleibt, wenn die Funktionaldeterminante an *endlich vielen Punkten* der Fläche F verschwindet, aber in der Umgebung jedes dieser Punkte (6-110) erfüllt ist (d. h. ein Vorzeichenwechsel ist nicht erlaubt). In (6-114) heißt

$$\mathrm{d}S :=\frac{\partial(x,y)}{\partial(u,v)} \mathrm{d}u\mathrm{d}v \quad \text{Flächenelement}. \tag{6-115}$$

Beispiele.

Für ebene Polarkoordinaten $\varrho(0 \leqq \varrho < \infty)$, $\varphi(0 \leqq \varphi \leqq 2\pi)$ ist $x = \varrho \cos \varphi$, $y = \varrho \sin \varphi$ und $x_\varrho = \cos \varphi$, $y_\varrho = \sin \varphi$, $x_\varphi = -\varrho \sin \varphi$, $y_\varphi = \varrho \cos \varphi$, also $\frac{\partial\,(x,y)}{\partial\,(\varrho\varphi)} = \varrho$ und $\mathrm{d}S = \varrho\, \mathrm{d}\varrho\, \mathrm{d}\varphi$. Der Punkt $\varrho = 0$ kann entsprechend der Bemerkung zu (6-114) in $\tilde{F}$ enthalten sein. Für $\tilde{f}(\varrho,\varphi) = 1$ ergibt sich aus (6-111) und (6-114)

$$\int_{\tilde{F}} \varrho \mathrm{d}\varrho \mathrm{d}\varphi = \int_{\varphi_1}^{\varphi_2} \left(\int_{\varrho_1(\varphi)}^{\varrho_2(\varphi)} \varrho \mathrm{d}\varrho \right) \mathrm{d}\varphi = \frac{1}{2} \int_{\varphi_1}^{\varphi_2} [\varrho_2^2(\varphi) - \varrho_1^2(\varphi)]\, \mathrm{d}\varphi \tag{6-116}$$

als Flächeninhalt zwischen zwei Kurven $\varrho_2(\varphi)$ und $\varrho_1(\varphi)$ im Winkelbereich $\varphi_1 \leqq \varphi \leqq \varphi_2$. Doppelintegrale können auch zur Berechnung einfacher Integrale nützlich sein. Als Beispiel behandeln wir das Integral $J = \int_0^\infty e^{-ax^2}\, \mathrm{d}x$, das in der Wahrscheinlichkeitsrechnung (vgl. Abschnitt 14.3.) vorkommt. Zur Berechnung dieses Integrals bilden wir zunächst

$$J^2 = \int_0^\infty e^{-x^2} \mathrm{d}x \int_0^\infty e^{-y^2} \mathrm{d}y = \int_0^\infty \int_0^\infty e^{-(x^2+y^2)}\, \mathrm{d}x\, \mathrm{d}y \tag{6-117}$$

und führen ebene Polarkoordinaten als neue Variable ein. Wegen der Beschränkung auf $0 \leqq x < \infty$, $0 \leqq y < \infty$ folgt

$$J^2 = \int_0^\infty \left(\int_0^{\pi/2} e^{-\varrho^2}\, \mathrm{d}\varphi \right) \varrho\, \mathrm{d}\varrho = \frac{\pi}{2} \int_0^\infty e^{-\varrho^2} \varrho\, \mathrm{d}\varrho .$$

Das verbleibende uneigentliche Integral existiert, und es gilt

$$\int_0^\infty e^{-\varrho^2} \varrho\, \mathrm{d}\varrho = -\frac{1}{2} e^{-\varrho^2} \Big|_0^\infty = \frac{1}{2}, \quad \text{also} \quad J^2 = \frac{\pi}{4} \quad \text{oder}$$

$$J = \int_0^\infty e^{-x^2}\, \mathrm{d}x = \frac{1}{2} \sqrt{\pi}. \tag{6-118}$$

Führt man $x = \sqrt{a}z$ mit $a > 0$ ein, liefert (6-118)

$$\int_0^\infty e^{-az^2}\, \mathrm{d}z = \frac{1}{2} \frac{\sqrt{\pi}}{a}. \tag{6-119}$$

Damit lassen sich ferner Integrale der Form $\int\limits_0^\infty e^{-ax^2} x^m \, dx$ für $m \in \mathbb{N}$ berechnen. Durch partielle Integration ergibt sich

$$\int e^{-ax^2} x^m \, dx = -\frac{1}{2a} e^{-ax^2} x^{m-1} + \frac{m-1}{2a} \int e^{-ax^2} x^{m-2} \, dx\,, \tag{6-120}$$

wobei $\int e^{-ax^2} x \, dx = -\frac{1}{2a} e^{-ax^2} + C$ ausgenutzt wurde. Aus (6-120) folgt $\int\limits_0^\infty e^{-ax^2} x^m \, dx = \frac{m-1}{2a} \int\limits_0^\infty e^{-ax^2} x^{m-2} \, dx$, also für $m = 2, 3, \ldots$ eine Rekursionsformel, die für gerade Werte von m auf (6-119) aufbaut und für ungerade Werte von m auf $\int\limits_0^\infty e^{-ax^2} x \, dx = \frac{1}{2a}$.

6.6.2. Dreifache Integrale

Im vorigen Abschnitt wurde das Doppelintegral für eine stetige Funktion $f(x,y)$ über einem Rechteck der xy-Ebene (6-103) durch zwei einfache Integrale (6-102) definiert. Analog kann man für eine stetige Funktion $f(x,y,z)$ über einem Quader $[a_1,b_1,c_1; a_2,b_2,c_2]$ im xyz-Raum ein dreifaches Integral definieren. Die Übertragung auf ein beliebig abgeschlossenen Bereich G des xyz-Raumes ist ebenso wie in der xy-Ebene möglich, und man erhält für eine auf einem abgeschlossenen Raumbereich $G \subset \mathbb{R}^3$ definierte stetige Funktion das dreifache Integral durch (vgl. 6-105, 6-106)

$$\int\limits_G f(x,y,z) \, dx dy dz = \int\limits_{F_{xy}} \left(\int\limits_{\varphi_1(x,y)}^{\varphi_2(x,y)} f(x,y,z) \, dz \right) dx dy =$$

$$= \int\limits_{F_{xz}} \left(\int\limits_{\psi_1(x,z)}^{\psi_2(x,z)} f(x,y,z) \, dy \right) dx dz = \int\limits_{F_{yz}} \left(\int\limits_{\xi_1(y,z)}^{\xi_2(y,z)} f(x,y,z) \, dx \right) dy dz\,, \tag{6-121}$$

wobei $\varphi_1(x,y)$ und $\varphi_2(x,y)$ die Randflächen des Bereichs G über der xy-Ebene sind. Entsprechendes gilt für $\psi(x,z)$ und $\xi(y,z)$. Das Integral (6-121) existiert auch für beschränkte Funktionen $f(x,y,z)$ auf G, die höchstens für eine endliche Anzahl von Flächen (mit stetig veränderlicher Tangentialebene) in G unstetig sind. Wie beim einfachen Integral und beim Doppelintegral kann das Integral (6-121) auch bei unendlichem Integrationsbereich G existieren.

Wenn in einem uvw-Raum über einem abgeschlossenen Raumbereich $\tilde{G}$ differenzierbare Funktionen $x(u,v,w)$, $y(u,v,w)$ und $z(u,v,w)$ definiert sind und $\frac{\partial(x,y,z)}{\partial(u,v,w)} \neq 0$ ist, vermitteln diese Funktionen eine umkehrbar eindeutige Koordinatentransformation (vgl. Abschnitt 4.3.5.). Analog zu (6-114) gilt

$$\boxed{\int\limits_G f(x,y,z) \, dx \, dy \, dz = \int\limits_{\tilde{G}} \tilde{f}(u,v,w) \, \frac{\partial(x,y,z)}{\partial(u,v,w)} \, du \, dv \, dw}\,, \tag{6-122}$$

wobei analog zu (6-109) bis auf endlich viele Punkte in $\tilde{G}$

$$\frac{\partial(x,y,z)}{\partial(u,v,w)} > 0 \tag{6-123}$$

sei. Man nennt

$$\boxed{\mathrm{d}\tau := \frac{\partial(x, y, z)}{\partial(u, v, w)} \mathrm{d}u \, \mathrm{d}v \, \mathrm{d}w} \quad \text{Volumenelement.} \tag{6-124}$$

Für $f = 1$ gibt (6-122) den Volumeninhalt des Bereichs G an.

Beispiele.

Für *räumliche Polarkoordinaten* r, ϑ, φ (auch *Kugelkoordinaten* genannt) gilt $x = r \cos\varphi \sin\vartheta$; $y = r \sin\varphi \sin\vartheta$; $z = r \cos\vartheta$, $(0 \leqq r < \infty,\ 0 \leqq \varphi \leqq 2\pi,\ 0 \leqq \vartheta \leqq \pi)$, und hierfür liefert (6-124)

$$\boxed{\mathrm{d}\tau = r^2 \sin\vartheta \, \mathrm{d}\vartheta \, \mathrm{d}r \, \mathrm{d}\varphi}\,. \tag{6-125}$$

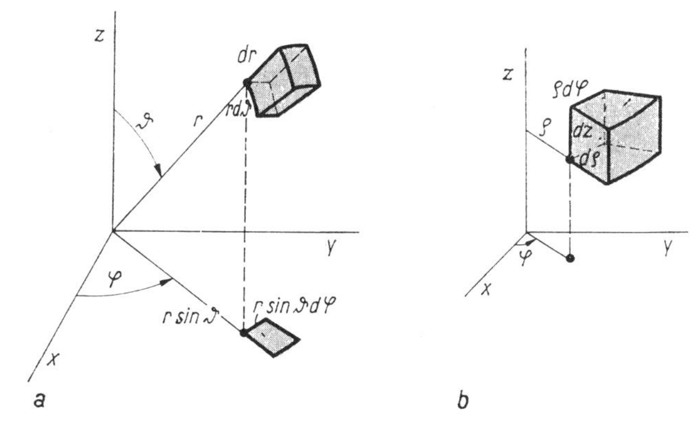

Abb. 67 Volumenelemente a in Kugelkoordinaten, b in Zylinderkoordinaten

Es ist sehr nützlich, sich die Entstehung solcher Volumenelemente anschaulich an Hand der Koordinatenflächen klarzumachen (vgl. Abb. 67a). In Abb. 67b ist das Volumenelement für Zylinderkoordinaten dargestellt. Man liest sofort ab, daß

$$\boxed{\mathrm{d}\tau = \varrho \, \mathrm{d}\varrho \, \mathrm{d}\varphi \, \mathrm{d}z} \tag{6-126}$$

ist. Dies liefert natürlich auch (6-124) für $x = \varrho \cos\varphi$; $y = \varrho \sin\varphi$; z. Aus Abb. 67 entnimmt man zugleich, daß die Kugel das Oberflächenelement $\mathrm{d}S = r^2 \sin\vartheta \, \mathrm{d}\vartheta \, \mathrm{d}\varphi$ besitzt.

Die Bedingung (6-123) wird für $r = 0$ und $\vartheta = 0$ bei Kugelkoordinaten bzw. $\varrho = 0$ bei Zylinderkoordinaten *nicht* erfüllt. Die Funktionaldeterminanten sind in der Umgebung dieser Werte aber stetig und positiv, so daß entsprechend der Bemerkung zu (6-114) diese Stellen auch im Integrationsbereich enthalten sein dürfen.

Als Beispiel für ein dreifaches Integral behandeln wir das *Trägheitsmoment eines Ellipsoids.* Gegeben sei ein dreiachsiges Ellipsoid, das gleichmäßig mit Materie erfüllt ist; es soll das Trägheitsmoment in bezug auf eine der Achsen berechnet werden.
Die Gleichung der Oberfläche des Ellipsoids ist

$$\frac{x^2}{a^2} + \frac{y^2}{b^2} + \frac{z^2}{c^2} = 1\,.$$

Die Grenzen von z bei gegebenem x und y sind

$$-c\sqrt{1 - \frac{x^2}{a^2} - \frac{y^2}{b^2}} \quad \text{und} \quad +c\sqrt{1 - \frac{x^2}{a^2} - \frac{y^2}{b^2}}\,.$$

Will man ferner nach y integrieren, muß man beachten, daß die Projektion des Ellipsoids auf die xy-Ebene eine Ellipse ist, deren Gleichung

$$\frac{x^2}{a^2} + \frac{y^2}{b^2} = 1$$

ist, so daß die Grenzen von y

$$-b\sqrt{1-\frac{x^2}{a^2}} \quad \text{und} \quad +b\sqrt{1-\frac{x^2}{a^2}}$$

sind. Schließlich sind die äußersten Werte von x offenbar $-a$ und $+a$. Das Trägheitsmoment in bezug auf die x-Achse ist also, wenn ϱ die konstante Dichte bedeutet,

$$\Theta = \varrho \int_{-a}^{+a} \left(\int_{-b\sqrt{1-\frac{x^2}{a^2}}}^{+b\sqrt{1-\frac{x^2}{a^2}}} \int_{-c\sqrt{1-\frac{x^2}{a^2}-\frac{y^2}{b^2}}}^{+c\sqrt{1-\frac{x^2}{a^2}-\frac{y^2}{b^2}}} (y^2+z^2)\,\mathrm{d}z\,\mathrm{d}y \right) \mathrm{d}x; \tag{6-127}$$

die Masse $\varrho\,\mathrm{d}x\,\mathrm{d}y\,\mathrm{d}z$ jedes Volumenelements wurde mit dem Quadrat seiner Entfernung von der x-Achse, d. h. mit $y^2 + z^2$ multipliziert.

Da die inneren Integrationen von (6-127) das Trägheitsmoment einer unendlich dünnen elliptischen Scheibe, bezogen auf eine senkrecht zur Scheibe durch den Mittelpunkt gezogene Achse, geben, muß das Resultat dieser beiden Integrationen mit (6-108) übereinstimmen; man hat in den Formeln jenes Beispiels nur x, y, a, b, σ mit $y, z, b\sqrt{1-\frac{x^2}{a^2}}, c\sqrt{1-\frac{x^2}{a^2}-\frac{y^2}{b^2}}$ und $\varrho\,\mathrm{d}x$ zu vertauschen. Demzufolge geht die Formel (6-127) über in

$$\Theta = \frac{1}{4}\pi\varrho bc\,(b^2+c^2) \int_{-a}^{+a} \left(1-\frac{x^2}{a^2}\right)^2 \mathrm{d}x = \frac{4}{15}\pi\varrho abc\,(b^2+c^2)\,.$$

Den Volumeninhalt des Ellipsoids erhält man aus (6-127), wenn dort der Integrand durch 1 ersetzt wird. Nach Integration folgt $I = \frac{4}{3}\pi abc$ und die Masse des Ellipsoids $M = \frac{4}{3}\varrho\pi abc$, also

$$\Theta = \frac{1}{5} M\,(b^2+c^2)\,.$$

Entsprechend ergeben sich die Trägheitsmomente bezüglich der y- bzw. z-Achse durch Ersetzen von b bzw. x durch a.

Integrale für Bereiche mit mehr als 3 Dimensionen kann man leicht als Verallgemeinerungen von (6-120) und (6-121) definieren.

6.7. Aufgaben zu 6.1. bis 6.6.

Es sollen die folgenden Integrale bestimmt werden:

1. $\sqrt[3]{x^2}\,\mathrm{d}x$. **2.** $\int \frac{1-x^n}{1-x}\,\mathrm{d}x$ (n positiv ganzzahlig). **3.** $\int \frac{x}{1+x^4}\,\mathrm{d}x$.

4. $\int_0^a \frac{a-x}{\sqrt[3]{a}-\sqrt[3]{x}}\,\mathrm{d}x$ (a positiv). **5.** $\int_{-1}^{+1} \frac{\mathrm{d}x}{1+x^2}$. **6.** $\int_0^1 \frac{\mathrm{d}x}{\sqrt{1+x^2}}$.

7. $\int_0^1 \arcsin x\,\mathrm{d}x$ $\begin{cases} \text{a) für den Hauptwert} \\ \text{b) für } \frac{\pi}{2} \leq \arcsin x \leq \pi \end{cases}$. **8.** $\int_0^{\pi/2} \sin^5 x \cos^9 x\,\mathrm{d}x$.

9. $\int\limits_0^\infty e^{-px}\,dx$ (p positiv).

Durch Einführung einer neuen Veränderlichen und wenn nötig durch Zerlegung der zu integrierenden Funktion sollen die folgenden Integrale berechnet werden:

10. $\int \frac{5+3x}{1+2x}\,dx$. **11.** $\int \ln\left(\frac{1+x}{1-x}\right)dx$. **12.** $\int \frac{dx}{1+x+x^2}$.

13. $\int \frac{dx}{\sqrt{x^2+2x+2}}$. **14.** $\int \frac{dx}{(x-1)^2\,(x^2+x+1)}$. **15.** $\int\limits_0^{\pi/2} \frac{\sin(\alpha+x)}{\cos(\beta+x)}\,dx$.

16. $\int \sin x \sin 2x\,dx$. **17.** $\int x\,e^{a+bx^2}\,dx$.

18. $\int \frac{dx}{a\sin x + b\cos x}$ (man setze $a = r\cos\varphi$, $b = r\sin\varphi$).

19. $\int \tan^2 x\,dx$. **20.** $\int \arctan x\,dx$ (Hauptwert, partielle Integration).

21. $\int e^{ax}\cosh bx\,dx$. **22.** $\int e^{ax}\cos bx\,dx$. **23.** $\int\limits_0^\infty e^{-x}\sin x\,dx$.

24. $\oint\limits_{\mathfrak{C}} (xy\,dx + x\,dy)$ für $\mathfrak{C}$: Kreis mit dem Radius 1 um den Koordinatenursprung als Mittelpunkt.

25. $\oint\limits_{\mathfrak{C}} (y\,dx - x\,dy)$ für $\mathfrak{C}: (x-2)^2 + y^2 = 2$.

26. Eine in der xy-Ebene verlaufende geschlossene, stückweise glatte und sich selbst nicht überschneidende Kurve, die von jeder Geraden x = const. und y = const. höchstens in zwei Punkten getroffen wird, schließt den Flächeninhalt $F = \frac{1}{2}\oint\limits_{\mathfrak{C}} (x\,dy - y\,dx)$ ein, wenn $\mathfrak{C}$ so durchlaufen wird, daß der eingeschlossene Bereich zur Linken liegt (*positiver* Umlaufsinn). Man beweise dies und zeige, was sich ergibt, wenn $\mathfrak{C}$ in negativem Umlaufsinn durchlaufen wird (*Leibnizsche Sektorformel*).

27. Es soll der Inhalt der Fläche ermittelt werden, die von der Kettenlinie $y(x) = \cosh x$, den beiden Koordinatenachsen und einer Ordinate begrenzt wird.

28. Es ist der Flächeninhalt der von der Kurve $x(t) = a\cos t$, $y(t) = b\sin t$ eingeschlossenen Fläche zu berechnen. Welche Form hat die Kurve?

29. Die Kettenlinie $y(x) = \cosh x$ dreht sich um die x-Achse. Wie groß ist der Inhalt des Körpers, welcher durch die so entstandene Oberfläche und zwei zur x-Achse senkrechte Ebenen $x = 0$ und $x = a$ begrenzt wird?

30. Für eine Zykloide berechne man

a) die Länge des Bogens OA in Abb. 43,

b) den vom Zykloidenbogen OQ und der x-Achse eingeschlossenen Flächeninhalt.

31. Ein beweglicher Punkt P wird von einem festen Punkt O mit einer Kraft angezogen, die proportional der m-ten Potenz der Entfernung ist. Welche Arbeit leistet die Kraft, wenn bei einer Bewegung von P der Abstand zwischen P und O von r_1 in r_2 übergeht?

32. Die Achsen zweier Umdrehungszylinder, deren Radien gleich groß (gleich a) sind, schneiden sich unter einem rechten Winkel. Wie groß ist das Volumen des beiden gemeinsamen Stücks?

33. Das Volumen einer Gasmasse unter dem Druck p_0 sei v_0. Dehnt sich das Gas ohne Wärmeaustausch mit der Umgebung aus, so ändern sich der Druck p und das Volumen v nach der Formel

$$\frac{p}{p_0} = \left(\frac{v_0}{v}\right)^k$$

(k konstant). Das Gas leistet bei der »unendlich kleinen« Ausdehnung dv die Arbeit $p\,dv$. Welche Arbeit leistet es, wenn sich sein Volumen von v_0 auf v_1 vergrößert? Besonderer Fall: $k = 1$.

34. Eine Flüssigkeit strömt durch eine Röhre mit kreisförmigem Querschnitt vom Radius R. Die Bewegung ist überall parallel zur Achse der Röhre gerichtet, und die Geschwindigkeit in einem Punkt, dessen Abstand von der Achse r ist, gleich $a\,(R^2 - r^2)$, wo a eine Konstante ist. Welches Flüssigkeitsvolumen strömt während der Zeiteinheit durch den Querschnitt? (Man beschreibe in dem zur Achse senkrechten Querschnitt zwei Kreise, konzentrisch zum Umfang der Röhre, mit den Radien r und $r + dr$, und berechne zuerst die Flüssigkeitsmenge, welche durch den schmalen Ring zwischen den beiden Kreisen fließt. Durch Integration findet man dann die gesamte durch den Querschnitt fließende Flüssigkeitsmenge.)

35. Nach dem Torricellischen Gesetz fließt unter dem Einfluß der Schwerkraft durch eine kleine Öffnung in einer dünnen Wand pro Zeiteinheit die Flüssigkeitsmenge $a\sqrt{h}$ aus, wo a eine Konstante und h die Höhe des Flüssigkeitsspiegels über der Öffnung bedeuten. Bei einem gegebenen Gefäß ist die Größe des Flüssigkeitsspiegels Q eine bekannte Funktion der Höhe h. Man soll einen Ausdruck für die Zeit ermitteln, welche nötig ist, damit der Flüssigkeitsspiegel um ein bestimmtes, »unendlich kleines« Stück sinkt, und ferner für die Zeit, welche nötig ist, damit die Höhe des Flüssigkeitsspiegels über die Öffnung von h_1 auf h_2 sinkt. Besondere Formen des Gefäßes: ein vertikal gestellter Zylinder; ein Kegel, dessen Ausströmungsöffnung in der Spitze liegt; eine Kugel mit der Öffnung im tiefsten Punkt.

36. Es soll eine Rekursionsformel für $\int x^m \sin px\, dx$ aufgestellt werden, mit der dann der Wert des Integrals für $m = 1$, 2 und 3 ermittelt werden soll.

37. Zwei Massen m und m' im Abstand r ziehen einander mit einer Kraft $\frac{mm'}{r^2}$ an. (Dieses Gesetz wird auch in den folgenden Aufgaben vorausgesetzt.) Es soll die Anziehung ermittelt werden, die eine homogene[1]) Kreisfläche mit den Radien a auf die Masseneinheit ausübt, die sich auf der Achse des Kreises in einem Abstand d vom Mittelpunkte befindet. Flächendichte (auch in späteren Aufgaben) σ.

38. Es soll die Anziehung einer homogenen quadratischen Platte (Seitenlänge a) auf die Masseneinheit berechnet werden, die sich auf der im Mittelpuntk O errichteten Senkrechten im Abstand h von O befindet.

39. Es soll der Schwerpunkt ermittelt werden von

a) einer homogenen ebenen Fläche, welche die Gestalt eines Trapezes hat (parallele Seiten a und b, Höhe h);

b) einem homogenen abgestumpften Kegel (Radien der beiden Endflächen r_1 und r_2, Höhe h).

Im kartesischen Koordinatensystem definiert man als Koordinaten des Schwerpunkts

$$\xi = \frac{1}{M}\int x\varrho\, d\tau; \qquad \eta = \frac{1}{M}\int y\varrho\, d\tau; \qquad \zeta = \frac{1}{M}\int z\varrho\, d\tau;$$

mit $M = \int \varrho\, d\tau$ und ϱ = Massendichte.

40. Ein gerader Zylinder mit beliebiger Grundfläche wird von einer zur Achse des Zylinders geneigten Ebene geschnitten. Es soll bewiesen werden, daß das Volumen des abgeschnittenen Zylinderstücks gleich ist dem Produkt aus dem Inhalt der Grundfläche und der Länge der auf der Grundfläche im Schwerpunkt derselben errichteten Senkrechten.

41. Unter dem Trägheitsmoment eines Systems von materiellen Punkten mit den Massen $m_1, m_2 \ldots, m_n$, bezogen auf eine gegebene Drehachse, von der sie die Abstände $r_1, r_2, \ldots, r_n$ haben, versteht man den Ausdruck

$$\sum_{\nu=1}^{\infty} m_\nu r_\nu^2,$$

[1] *Homogen* bedeutet hier, daß die Dichte überall gleich groß ist. In den folgenden Aufgaben wird stets homogene Verteilung der Materie vorausgesetzt

bzw. bei stetiger Massenerfüllung das entsprechende Integral. Das Trägheitsmoment eines Punktsystems, dessen Gesamtmasse M ist, in bezug auf eine durch den Schwerpunkt gehende Achse sei Θ. Es soll bewiesen werden, daß das Trägheitsmoment in bezug auf eine parallele, im Abstand d von der ersten befindlichen Achse $\Theta + Md^2$ ist (Satz von STEINER).

42. Es soll das Trägheitsmoment berechnet werden:

a) der Fläche eines gleichseitigen Dreiecks (Seitenlänge a) in bezug auf eine Seite bzw. in bezug auf eine in einem Eckpunkt auf der Fläche errichteten Senkrechten,

b) eines regelmäßigen n-Ecks (Radius des umschriebenen Kreises r) in bezug auf eine im Mittelpunkt auf der Fläche errichteten Senkrechten,

c) eines rechtwinkligen Parallelepipeds in bezug auf die Kanten (Kantenlängen a, b und c),

d) eines Umdrehungszylinders (Radius r, Höhe h) in bezug auf die Achse bzw. einen Durchmesser der Grundfläche,

e) eines Umdrehungskegels (Höhe h, halber Scheitelwinkel α) in bezug auf die Achse bzw. eine in der Spitze senkrecht zur Achse errichtete Gerade,

f) eines Kugelsegments (Radius der Kugel r, Höhe des Segments h) in bezug auf die Achse.

7. Vektor- und Tensorrechnung

7.1. Definition des Vektors und Tensors

In der Physik treten vielfach Größen auf, die durch Angabe einer einzigen Zahl noch nicht eindeutig gekennzeichnet sind. Viele Größen sind erst durch Angabe eines Zahlenwerts *und* einer Richtung im Raum eindeutig festgelegt, z. B. die Geschwindigkeit eines Körpers oder die elektrische Feldstärke. Ausgehend von ähnlichen Gebilden in der Geometrie, der *gerichteten Strecke*, wurde für solche Größen ein Rechenverfahren entwickelt (GRASSMANN 1809—1877, HAMILTON 1805—1865), das die Schreibweise vereinfacht und die Beziehungen viel klarer hervortreten läßt. HAMILTON nannte die mit einer Richtung verknüpfte Größe *Vektor* (lat. vector = Träger). Die Vektorrechnung ist eine Art *Stenographie*, die sich wegen ihrer Unabhängigkeit von speziellen Koordinatensystemen zur Beschreibung physikalischer Größen gut eignet. Allerdings lassen sich in der Physik keineswegs alle Größen durch einen Zahlenwert und eine Richtung eindeutig festlegen. Wirkt z. B. auf einen deformierbaren Körper eine äußere Kraft in bestimmter Richtung, so wird ein Massenelement im Innern des Körpers im allgemeinen eine durch die elastische Bindung veränderte Wirkung spüren. Um diese Spannungen im Körper beschreiben zu können, muß man Gebilde höherer Art einführen, die sogenannten *Tensoren* (lat. tensio = Spannung). Obwohl solche Gebilde nicht nur bei der Beschreibung elastischer Deformationen auftreten, bezeichnet man sie immer als Tensoren. In der Physik wurden manche Fortschritte (z. B. in der Relativitätstheorie) überhaupt erst durch die Anwendung der Tensorrechnung möglich, und insofern leistet dieser Kalkül mehr als nur stenographische Beschreibung.

Welche Größen haben wir als Vektoren bzw. Tensoren anzusehen? Um diese Frage zunächst für die Vektoren beantworten zu können, benutzten wir den geometrisch-

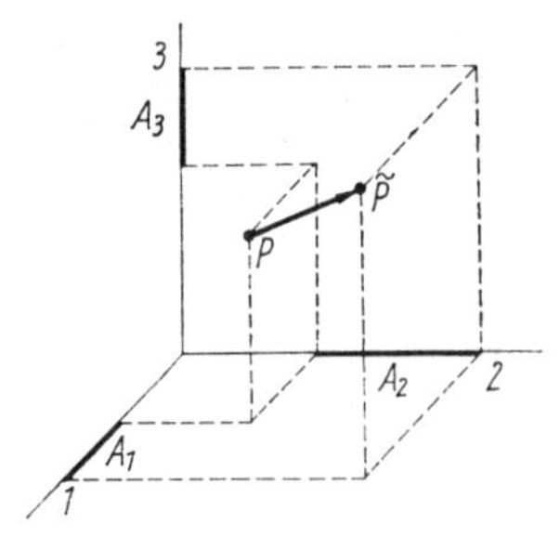

Abb. 68 Vektor als gerichtete Strecke

anschaulichen Bereich. Dort definiert man als Vektor eine mit einer *Richtung versehene Strecke* im Raum. Wir nennen die Endpunkte der Strecke P und $\tilde{P}$ (Abb. 68). In einem kartesischen Koordinatensystem soll P durch die Koordinaten x_1, x_2, x_3, $\tilde{P}$ durch die Koordinaten y_1, y_2, y_3 gekennzeichnet sein. Wir denken uns den Raum mit allen seinen Punkten festgehalten und führen ein zweites kartesisches Koordinatensystem ein, in dem P durch x_1', x_2', x_3' und $\tilde{P}$ durch y_1', y_2', y_3' gekennzeichnet wird. Das Gebilde: gerichtete Strecke zwischen P und $\tilde{P}$, wollen wir nun von beiden Koordinatensystemen aus beschreiben. Zunächst nehmen wir an, daß beide Koordinatensysteme den gleichen Ursprung haben. Dann können wir bei jedem der beiden Punkte die Transformationsformeln für seine Koordinaten sofort hinschreiben. Nach (3-57) ist für P:

$$x_i = \sum_{j=1}^{3} a_{ij} x_j', \quad (i = 1, 2, 3),$$

und für $\tilde{P}$:

$$y_i = \sum_{j=1}^{3} a_{ij} y_j', \quad (i = 1, 2, 3),$$

wobei die Orthogonalität beider Koordinatensysteme durch (3-67, 3-70)

$$\sum_{k=1}^{3} a_{ik} a_{jk} = \delta_{ij}, \quad \sum_{k=1}^{3} a_{ki} a_{kj} = \delta_{ij}, \quad (i, j = 1, 2, 3) \tag{7-1}$$

gekennzeichnet wird und a_{ij} den Kosinus des Winkels zwischen der x_i-Achse und der x_j'-Achse angibt. Fällt der Ursprung beider Koordinatensysteme nicht zusammen, sondern hat der Ursprung des gestrichenen Systems im ungestrichenen System die Koordinaten x_{10}, x_{20}, x_{30}, so transformieren sich die Koordinaten von P und $\tilde{P}$ nach

$$x_i - x_{i0} = \sum_{j=1}^{3} a_{ij} x_j', \quad y_i - x_{i0} = \sum_{j=1}^{3} a_{ij} y_j', \quad (i = 1, 2, 3). \tag{7-2}$$

Die Umkehrung ergibt sich aus (3-68, 3-69)

$$x_k' = \sum_{l=1}^{3} a_{lk} (x_l - x_{l0}), \quad y_k' = \sum_{l=1}^{3} a_{lk} (y_l - x_{l0}), \quad (k = 1, 2, 3). \tag{7-3}$$

In Abschnitt 3.4. (Abb. 27) erkannten wir, daß sich der Abstand $P\tilde{P}$, d. h. die *Länge* der betrachteten Strecke, durch Anwendung des pythagoräischen Lehrsatzes ergibt. Danach ist

$$A = \sqrt{\sum_{i=1}^{3} (y_i - x_i)^2}$$

im ungestrichenen System. Die Größen $A_i = y_i - x_i$, $(i = 1, 2, 3)$ sind dabei die Projektionen der Strecke $P\tilde{P}$ auf die drei Koordinatenachsen (Abb. 68). Wenn wir die Richtung des Vektors in Abbildung 68 umkehren, so bedeutet dies eine Vertauschung von P und $\tilde{P}$, so daß A_i in $-A_i$ übergeht. Die Größen A_i sagen also etwas über die Orientierung der Strecke mit der Länge A aus. Mit Hilfe von (7-3) können wir sofort angeben, wie sich A_i transformiert, wenn wir den Vektor im gestrichenen System beschreiben wollen. Setzen wir $A'_k = y'_k - x'_k$ so folgt

$$\boxed{A'_k = \sum_{l=1}^{3} a_{lk} A_l}, \quad (k = 1, 2, 3) \,. \tag{7-4}$$

(7-2) liefert die Umkehrung

$$\boxed{A_i = \sum_{j=1}^{3} a_{ij} A'_j}, \quad (i = 1, 2, 3) \tag{7-5}$$

Da wir die Punkte P und $\tilde{P}$ im Raum festgehalten haben, sind die A_i bzw. A'_i Größen, die von *verschiedenen Koordinatensystemen* aus den *gleichen Vektor* charakterisieren. Man faßt die drei Maßzahlen A_i bzw. A'_i deshalb zusammen und bezeichnet sie mit dem Symbol $\boldsymbol{A}$[1]). Dieses Symbol repräsentiert also den Vektor, der vom Koordinatensystem unabhängig ist, während die A_i sich auf ein bestimmtes kartesisches Koordinatensystem beziehen, in dem der Vektor $\boldsymbol{A}$ beschrieben wird. Wir können nun das Transformationsverhalten (7-4, 7-5) der drei Maßzahlen einer gerichteten Strecke benutzten, um auch außerhalb des geometrischen Bereichs einen Vektor zu definieren: Ein Vektor $\boldsymbol{A}$ ist jedes System von drei koordinatenbezogenen Maßzahlen $\boldsymbol{A} = (A_1, A_2, A_3)$, die sich bei der Koordinatentransformation (7-3) wie (7-4) transformieren. Die Koeffizienten a_{ij} sind miteinander durch (7-1) bzw. (3-74) verknüpft.

Indem wir so den Vektor im algebraischen Bereich definiert haben, kann man die Eigenschaften dieses Gebildes als eine Art Hyperzahl unabhängig von seiner geometrischen Bedeutung untersuchen und auf einen n-dimensionalen Raum ausdehnen. Im dreidimensionalen Raum können wir jedoch *stets* in den anschaulichen Bereich zurückkehren. Auch wenn ein Vektor *nicht* die Dimension einer Länge besitzt, können wir ihn als eine gerichtete Strecke veranschaulichen, ähnlich wie $f(x)$ als Kurve gezeichnet werden kann. Im Gegensatz zur Punkttransformation (7-3) ist (7-4) offensichtlich homogen, d. h. für die Größen A_k ist es ohne Einfluß, wo der Koordinatenursprung des gestrichenen Systems liegt. Das Zahlentripel A'_1, A'_2, A'_3 bzw. A_1, A_2, A_3 bezeichnet also nicht nur die *eine* in Abb. 68 eingezeichnete gerichtete Strecke, sondern *zugleich* auch *alle parallelverschobenen*. Der Anfangspunkt jedes Vektors ist also *willkürlich* wählbar.

Die bei der geometrischen Deutung des Vektors $\boldsymbol{A}$ auftretende Länge A nennt man im algebraischen Bereich seinen *Betrag* oder seine *Norm*

$$\boxed{|\boldsymbol{A}| = A = \sqrt{\sum_{i=1}^{3} A_i^2}\,.} \tag{7-6}$$

[1] Statt kursiven Fettdruck benutzt man auch gotische Buchstaben oder als Symbol $\vec{A}$ bzw. in Schreibmaschinentexten und handgeschriebenen Texten $\underline{A}$

Häufig bezeichnet man auch $A^2 = \sum_{i=1}^{3} A_i^2$ als Norm des Vektors $\boldsymbol{A}$ (vgl. Abschnitt 8.4.1.). (7-5) liefert

$$A^2 = \sum_{i=1}^{3} \sum_{j,s=1}^{3} a_{ij} a_{is} A'_j A'_s ,$$

und da die Summe über i die A'_j, A'_s nicht berührt, folgt wegen (7-1)

$$A^2 = \sum_{j,s=1}^{3} \delta_{js} A'_j A'_s = \sum_{j=1}^{3} A'^2_j .$$

Die Norm bzw. der Betrag eines Vektors ist also *invariant* gegenüber der Koordinatentransformation (7-3), was im geometrischen Bereich die triviale Feststellung bedeutet, daß die Länge einer Strecke durch eine veränderte Beschreibung nicht geändert wird.

Jede Größe, die durch eine *einzige* Maßzahl repräsentiert wird, die bei einer Koordinatentransformation *ungeändert* bleibt, ist ein *Skalar* (lat. scalae = Leiter):

$$\boxed{\Phi(x_1, x_2, x_3) = \Phi'(x'_1, x'_2, x'_3)} . \qquad (7\text{-}7)$$

Wie man sieht, ist A ebenso eine skalare Größe wie z. B. die Temperatur T. Bevor wir auf die Vektoralgebra näher eingehen, wollen wir eine Antwort auf die Frage finden, wann wir eine Größe als *Tensor* bezeichnen.

Versucht man die im Innern eines deformierbaren Körpers wirkenden Kräfte durch eine phänomenologische Beschreibung zu erfassen, benutzt man folgende Idee von CAUCHY: Wir denken uns einen beliebigen Schnitt durch den Körper und auf der einen Seite der Schnittfläche das Material vollständig entfernt. Dadurch würde sich das verbleibende Material in der Nähe des Schnittes deformieren, da nun dort eine freie Oberfläche entstanden ist. Wenn das vermieden werden soll, so müssen wir längs der Schnittfläche geeignete Kräfte anbringen, die diese Deformation verhindern. Diese auf der *Oberfläche* des Schnitts wirkenden Zusatzkräfte beschreiben dann offenbar in äquivalenter Form die Wirkung des ursprünglich vorhandenen, dann aber entfernten Materials. Wir unterteilen die Schnittfläche F in Flächenelemente ΔF und kennzeichnen die Stellung dieser Flächenelemente im Raum durch je einen Vektor $\boldsymbol{n}$ der *senkrecht* auf ΔF stehen soll. Die Kraft $\boldsymbol{K}$, die wir auf F anbringen müssen, ist nun keineswegs nur parallel zum Normalvektor $\boldsymbol{n}$ vorzustellen. Vielmehr müssen im allgemeinen auch Verschiebungen parallel zu F aufgefangen werden. Einen geeigneten Zusammenhang zwischen $\boldsymbol{K}$, ΔF und $\boldsymbol{n}$ können wir formulieren, wenn wir ein kartesisches Koordinatensystem einführen, in dem $\boldsymbol{n}$ die Maßzahlen n_1, n_2, n_3 und $\boldsymbol{K}$ die Maßzahlen K_1, K_2, K_3 hat. (Jede Kraft ist eine vektorielle Größe, da neben ihrer Stärke auch ihre Richtung wesentlich ist.) Um einerseits $\boldsymbol{K}$ jede beliebige Lage bezüglich $\boldsymbol{n}$ zu erlauben und andererseits einen möglichst einfachen Ausdruck zu bilden, macht man den *Ansatz*

$$K_i = \sum_{j=1}^{3} \sigma_{ij} n_j \Delta F , \quad (i = 1, 2, 3) ,$$

wobei σ_{ij} Proportionalitätskonstanten sind, deren Werte die Lage von $\boldsymbol{K}$ bezüglich $\boldsymbol{n}$ bestimmen, in die also die spezifischen Eigenschaften des jeweils betrachteten Materials eingehen. Man bezeichnet $\dfrac{K_i}{\Delta F} = t_i$ und $\boldsymbol{t} = (t_1, t_2, t_3)$ als *Spannungsvektor*. Der obige Ansatz $t_i = \sum_{j=1}^{3} \sigma_{ij} n_j$ läßt sich auch so interpretieren, daß der Vektor $\boldsymbol{t}$ funktional vom Vektor $\boldsymbol{n}$ abhängt, wobei die Funktion linear und homogen ist. Die Proportionalitätskonstanten lassen sich in der Matrix (σ_{ij}) zusammenfassen, die man als *Tensor* bezeichnet.

Allgemein führen wir einen Tensor folgendermaßen ein: Gegeben sind zwei Vektoren $\boldsymbol{B}$ und $\boldsymbol{C}$, die in einem kartesischen Koordinatensystem durch die Maßzahlen B_1, B_2, B_3 bzw. C_1, C_2, C_3 charakterisiert werden. Besteht dann zwischen beiden Vektoren der lineare Zusammenhang

$$\boxed{C_i = \sum_{j=1}^{3} A_{ij} B_j}, \quad (i = 1, 2, 3), \tag{7-8}$$

so bezeichnen wir die Gesamtheit

$$\mathbf{A} = (A_{ij}) = \begin{pmatrix} A_{11} & A_{12} & A_{13} \\ A_{21} & A_{22} & A_{23} \\ A_{31} & A_{32} & A_{33} \end{pmatrix} \tag{7-9}$$

als einen *Tensor* (genauer als *Tensor zweiter Stufe*, auch *Dyade* genannt). Man beachte, daß die Matrix (7-9) *nur* dann als Tensor bezeichnet werden kann, wenn die neun *Maßzahlen* in einem Gleichungssystem stehen, das die Maßzahlen zweier Vektoren wie (7-8) miteinander verknüpft. Wenn (7-8) nicht von der speziellen Wahl des Koordinatensystems abhängen soll, sondern eine davon unabhängige Bedeutung hat (was man z. B. von der Beschreibung eines physikalischen Sachverhalts fordern muß), so gilt auch

$$C'_l = \sum_{k=1}^{3} A'_{lk} B'_k . \tag{7-10}$$

Symbolisch schreibt man deshalb

$$\boldsymbol{C} = \mathbf{A}\boldsymbol{B} . \tag{7-11}$$

Wir können (7-8) verwenden, um das Verhalten der Tensormaßzahlen bei Koordinatentransformation zu untersuchen. Dazu benutzen wir (7-5) für C_i und B_j in (7-8), so daß folgt

$$\sum_{j=1}^{3} a_{ij} C'_j = \sum_{j,k=1}^{3} A_{ij} a_{jk} B'_k .$$

Nach Multiplikation mit a_{il} und anschließender Summation über i ergibt sich wegen (7-1)

$$\sum_{i,j=1}^{3} a_{il} a_{ij} C'_j = C'_l = \sum_{i,j,k=1}^{3} A_{ij} a_{il} a_{jk} B'_k ,$$

und der Vergleich mit (7-10) liefert

$$\boxed{A'_{lk} = \sum_{i,j=1}^{3} a_{il} a_{jk} A_{ij}} . \tag{7-12}$$

Multiplizieren wir (7-12) mit $a_{rl} a_{sk}$ und summieren über l und k, so folgt wieder wegen (7-1):

$$\boxed{A_{rs} = \sum_{l,k=1}^{3} a_{rl} a_{sk} A'_{lk}} . \tag{7-13}$$

Damit haben wir analog zu (7-4, 7-5) Transformationsformeln für die Maßzahlen eines Tensors (zweiter Stufe) gefunden. Nur wenn sich die neun koordinatenbezogenen Größen von (7-9) bei der Koordinatentransformation (7-3) wie (7-12) transformieren, kann man die Matrix (7-9) als Tensor bezeichnen. Schließlich ergibt sich aus (7-8) noch eine weitere Möglichkeit, einen Tensor zu kennzeichnen. Multipliziert man (7-8) mit C_i und summiert über i, so folgt wegen (7-6), daß

$$\sum_{i,j=1}^{3} A_{ij}C_iB_j = \text{invariant gegenüber der Koordinatentransformation (7-3)}$$

ist, also

$$\boxed{\sum_{i,j=1}^{3} A_{ij}C_iB_j = \sum_{i,j=1}^{3} A'_{ij}C'_iB'_j}\,. \tag{7-14}$$

Man kann somit einen Tensor (zweiter Stufe) auch dadurch charakterisieren, daß die *Bilinearform* (7-14) gegenüber der Koordinatentransformation (7-3) *invariant* bleiben muß.

Die formale Verallgemeinerung von (7-12, 7-13, 7-14) für Tensoren höherer Stufe liegt auf der Hand. Andererseits zeigt ein Vergleich von (7-12) mit (7-4) und (7-7), daß man *Vektoren* als Tensoren *erster* Stufe und *Skalare* als Tensoren *nullter* Stufe bezeichnen kann. Für die praktische Anwendung haben von den Tensoren höherer Stufe jedoch nur solche von zweiter Stufe eine wesentliche Bedeutung, zu denen wir noch einige Bemerkungen machen.

Vergleicht man (7-8) mit (3-57), so fällt die formale Übereinstimmung beider Systeme auf. Der Unterschied ist nur der, daß in (3-57) Punktkoordinaten auftreten, in (7-8) aber Maßzahlen von Vektoren, auch *Vektorkoordinaten* genannt. (3-57) interpretierten wir im Abschnitt 3.4. als Punkttransformation, d. h. als Abbildung des (Punkt-)Raumes auf sich selbst. Ebenso läßt sich (7-8) als eine Abbildung interpretieren. Diese Abbildungen sind linear, da sie die analog (8-108) zu formulierenden Linearitätseigenschaften besitzen. Die Einführung des Tensorbegriffs im Anschluß an (7-8, 7-9) kann den Eindruck erwecken, als sei ein Tensor nichts anderes als eine lineare Abbildung. Tatsächlich wird der Tensorbegriff in der Physik meistens in diesem Sinn verwendet. Im Gegensatz dazu versteht man in der Mathematik unter einem Tensor etwas anderes. Wir können hier auf diese Definition nicht näher eingehen, sondern verweisen auf die entsprechende Literatur. Wir erwähnen lediglich, daß die Untersuchung der in (7-14) auftretenden bilinearen Abbildung $\varphi(C,B) := \sum_{i,j} A_{ij}C_iB_j$ mit Hilfe des Tensorraumes auf die Untersuchung linearer Abbildungen zurückgeführt werden kann. Ferner kann man zeigen, daß sich Tensoren und lineare Abbildungen in endlich-dimensionalen Vektorräumen (vgl. Abschnitt 8.4.1.) eindeutig entsprechen. Damit könnte die oben erwähnte, bei Physikern häufig anzutreffende Übertragung des Tensorbegriffs auf lineare Abbildungen begründet werden. Bemerkenswert ist ferner, daß im Anschluß an (3-32) eine einspaltige Matrix bereits als Vektor bezeichnet wurde. Dies ist verträglich mit (7-8) und kann als Übertragung des Vektorbegriffs in den n-dimensionalen Raum angesehen werden.

Aus der formalen Übereinstimmung von (7-8) und (3-57) bzw. (3-31) können wir entnehmen, daß die *Verknüpfungsregeln zwischen Tensoren* (zweiter Stufe) die *gleichen* sind wie zwischen *Matrizen*, also entsprechend (3-35, 3-36, 3-37) zu geschehen haben. Auch alles, was über spezielle Matrizen mit reellen Elementen gesagt wurde, gilt für die entsprechenden speziellen Tensoren. So gilt z. B. für die in der Praxis am häufigsten auftretenden *symmetrischen Tensoren* ($A_{ij} = A_{ji}$), daß sie *stets* durch eine orthogonale Matrix, also eine Drehung des Bezugssystems, *diagonalisierbar* sind (vgl. Abschnitt 3.3.).

Im Gegensatz zu den Vektoren, die sich anschaulich als gerichtete Strecke leicht vorstellen lassen, gibt es für Tensoren im allgemeinen *keine einfache geometrische* Deutung. Nur die *symmetrischen* Tensoren bilden darin eine Ausnahme. Um das zu erkennen, betrachten wir die Bilinearform (7-14), die für $A_{ij} = A_{ji}$ und $C_i = B_i = X_i$ zur *quadratischen Form* wird, also

$$\sum_{i,j=1}^{3} A_{ij} X_i X_j = \text{const.} \tag{7-15}$$

Dieser Form begegneten wir im Zusammenhang mit der Hauptachsentransformation, wobei im Unterschied zu (5-49) hier an Stelle der Punktkoordinaten x_i wieder Vektorkoordinaten X_i stehen. Dann können wir umgekehrt (7-15) als *Mittelpunktsgleichung der Flächen zweiten Grades* deuten, d. h., halten wir den Anfangspunkt eines beliebigen Vektors $\boldsymbol{X}$ fest und drehen den Vektor nach allen Richtungen, so beschreibt der Endpunkt des Vektors eine Mittelpunktsfläche zweiten Grades, wobei die Konstante auf der rechten Seite von (7-15) durch $\mathbf{A}$ und den benutzten Vektor $\boldsymbol{X}$ bestimmt wird. Die durch (7-15) beschriebene Schar von Mittelpunktsflächen zweiten Grades bezeichnet man als Tensorflächen. Schließlich kann für (7-15) durch eine Hauptachsentransformation, wobei die Eigenwerte λ_i des Tensors $\mathbf{A}$ benötigt werden (vgl. 5-51, 3-43), die Form

$$\sum_{i=1}^{3} \lambda_i Y_i^2 = \text{const.} \tag{7-16}$$

erreicht werden. Ist die rechts stehende Konstante *positiv* und $\lambda_1, \lambda_2, \lambda_3 > 0$, so bezeichnet man die Fläche im Anschluß an (5-79) als *Tensorellipsoid.*

7.2. Vektoralgebra

Im vorigen Abschnitt erkannten wir, daß die Algebra der Tensoren zweiter Stufe mit der in Abschnitt 3.3. untersuchten Matrixalgebra übereinstimmt. Hier wollen wir die Vektoralgebra im anschaulichen Bereich kennenlernen.

7.2.1. Addition, Subtraktion, lineare Abhängigkeit

Wir betrachten zwei Vektoren $\boldsymbol{A}$ und $\boldsymbol{B}$, die durch zwei gerichtete Strecken gegeben sind und die Koordinaten $A_i = y_i - x_i$ bzw. $B_i = v_i - u_i$ haben. Nach (7-4) ist jede parallel verschobene gerichtete Strecke gleichberechtigt, so daß wir unter Beibehaltung der Richtung von $\boldsymbol{B}$ den Anfangspunkt dieses Vektors in den Endpunkt von $\boldsymbol{A}$ verschieben können. Dann ist $B_i = v_i - u_i = z_i - y_i$. Bilden wir dann $C_i = A_i + B_i = z_i - x_i$, so ergibt sich $\boldsymbol{C}$ als ein Vektor, dessen Richtung und Länge vom Anfangspunkt von $\boldsymbol{A}$ und dem Endpunkt von $\boldsymbol{B}$ bestimmt wird (Abb. 69). Es ist also

$$\boldsymbol{C} = \boldsymbol{A} + \boldsymbol{B} = (A_1 + B_1, A_2 + B_2, A_3 + B_3), \tag{7-17}$$

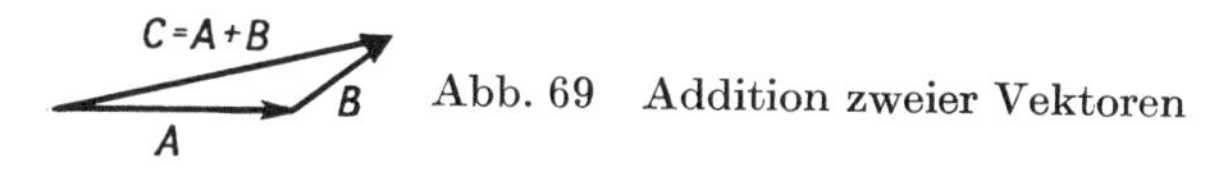

Abb. 69 Addition zweier Vektoren

wobei $\boldsymbol{A}$, $\boldsymbol{B}$, $\boldsymbol{C}$ in einer Ebene liegen. Man hätte auch den Anfangspunkt von $\boldsymbol{A}$ in den Endpunkt von $\boldsymbol{B}$ verschieben können, die dann gebildete Summe ergäbe in Abbildung 69 lediglich einen zu $\boldsymbol{C}$ parallel verschobenen Vektor. Die Vektorsumme ist also *kommutativ* (lat. commutare = vertauschen): $\boldsymbol{A} + \boldsymbol{B} = \boldsymbol{B} + \boldsymbol{A}$. Eine ähnliche Betrachtung zeigt, daß die Vektorsumme auch *assoziativ* (lat. associare = sich verbinden mit) ist: $(\boldsymbol{A} + \boldsymbol{B}) + \boldsymbol{C} = \boldsymbol{A} + (\boldsymbol{B} + \boldsymbol{C})$. Unter der Differenz der Vektoren $\boldsymbol{C}$ und $\boldsymbol{A}$ verstehen wir entsprechend (7-17)

$$\boldsymbol{B} = \boldsymbol{C} - \boldsymbol{A} = (C_1 - A_1, C_2 - A_2, C_3 - A_3), \tag{7-18}$$

die Lage von $\boldsymbol{B}$ ergibt sich aus Abbildung 69. Durch (7-18) erhält man für $A_i = C_i$ formal einen Vektor

$$\boldsymbol{0} = (0, 0, 0), \tag{7-19}$$

den man als *Nullvektor* bezeichnet.

Zwei gleichgerichtete Vektoren behalten addiert ihre Richtung bei, so daß nur ihre Längen zu addieren sind. Damit ergibt sich sofort, was man als das *Produkt* einer *reellen positiven Zahl m* mit einem Vektor $\boldsymbol{A}$ anzusehen hat. Denn Multiplikation mit m bedeutet, $\boldsymbol{A}$ m-mal aneinanderzusetzen. Also hat $\boldsymbol{C} = m\boldsymbol{A}$ die gleiche Richtung wie $\boldsymbol{A}$, aber seine Länge ist $|\boldsymbol{C}| = C = mA$. Entsprechend ist für zwei reelle positive Zahlen

$$(m + n)\boldsymbol{A} = m\boldsymbol{A} + n\boldsymbol{A}; \quad m(n\boldsymbol{A}) = n(m\boldsymbol{A}) = mn\boldsymbol{A}.$$

Wird $\boldsymbol{A}$ mit einer *negativen* rellen Zahl m multipliziert, so wird seine *Richtung* um 180° *gedreht* und seine Länge wieder mA.

Vielfach ist es zweckmäßig, Richtung und Länge eines Vektors auch in der Schreibweise auseinanderzuhalten, was folgendermaßen geschieht: Wir bezeichnen einen Vektor der *Länge* 1 und der Richtung $\boldsymbol{A}$ mit $\boldsymbol{e}_A$. Da $|\boldsymbol{A}| = A$ die wirkliche Länge von $\boldsymbol{A}$ angibt, so ist

$$\boldsymbol{A} = A\boldsymbol{e}_A = |\boldsymbol{A}|\boldsymbol{e}_A. \tag{7-20}$$

Manchmal bezeichnet man $\boldsymbol{e}_A$ auch durch $\hat{\boldsymbol{A}}$.

Besteht zwischen einer endlichen Anzahl von Vektoren eine Beziehung

$$\alpha\boldsymbol{A} + \beta\boldsymbol{B} + \gamma\boldsymbol{C} + \delta\boldsymbol{D} + \ldots = 0 \tag{7-21}$$

für irgendwelche reellen Zahlen $\alpha, \beta, \gamma, \delta, \ldots$, so heißen die Vektoren $\boldsymbol{A}, \boldsymbol{B}, \boldsymbol{C}, \boldsymbol{D}, \ldots$ *linear abhängig*, wenn nicht alle $\alpha, \beta, \gamma, \ldots$ Null sind. In Vektorkoordinaten geschrieben lautet (7–21)

$$\alpha A_i + \beta B_i + \gamma C_i + \delta D_i + \ldots = 0 \quad (i = 1, 2, 3),$$

stellt also ein Gleichungssystem aus 3 homogenen Gleichungen dar. Wir geben uns nun 3 Vektoren $\boldsymbol{A}, \boldsymbol{B}, \boldsymbol{C}$ vor, die *nicht* die gleiche Richtung haben sollen. Sind diese 3 Vektoren linear abhängig, so besteht das Gleichungssystem

$$\alpha A_i + \beta B_i + \gamma C_i = 0 \quad (i = 1, 2, 3),$$

in dem α, β, γ noch Unbekannte sind. Dieses System hat nach (3-30) nichttriviale Lösungen nur dann, wenn die Determinante

$$\Delta = \begin{vmatrix} A_1 & B_1 & C_1 \\ A_2 & B_2 & C_2 \\ A_3 & B_3 & C_3 \end{vmatrix} = 0 \tag{7-22}$$

ist. Ergeben sich als Lösungen $\alpha, \beta, \gamma \neq 0$, so gilt z. B.

$$\boldsymbol{C} = -\frac{\alpha}{\gamma}\boldsymbol{A} - \frac{\beta}{\gamma}\boldsymbol{B} = m\boldsymbol{A} + n\boldsymbol{B},$$

d. h., nach (7-17): Alle 3 Vektoren liegen in *einer Ebene*, sie sind *komplanar*. Wäre eine der Größen α, β, oder γ gleich Null, so müßten 2 der Vektoren die gleiche (oder entgegengesetzte) Richtung haben, d. h. *kollinear* sein. Man kann zeigen, daß (7-22) nicht nur hinreichend, sondern auch notwendig für komplanare Vektoren ist.

Geben wir uns 4 Vektoren vor, die nicht die gleiche Richtung haben sollen, aber linear abhängig sind, so liefert (7-21) das inhomogene Gleichungssystem ($\delta \neq 0$)

$$\frac{\alpha}{\delta} A_i + \frac{\beta}{\delta} B_i + \frac{\gamma}{\delta} C_i = -D_i, \quad (i = 1, 2, 3)$$

für die 3 Unbekannten $\frac{\alpha}{\delta}, \frac{\beta}{\delta}, \frac{\gamma}{\delta}$. Wenn $\Delta \neq 0$ ist, so hat dieses System nach Abschnitt 3.2. *stets* eindeutige Lösungen, d. h.: Sind 3 Vektoren $\boldsymbol{A}$, $\boldsymbol{B}$, $\boldsymbol{C}$ gegeben, die *nicht komplanar* sein sollen, so ist im 3-dimensionalen Raum ein vierter Vektor *stets linear abhängig*.

Wir können drei linear unabhängige, sonst aber *beliebige* Vektoren $\boldsymbol{a}_1$, $\boldsymbol{a}_2$, $\boldsymbol{a}_3$ benutzen, um *jeden* weiteren Vektor $\boldsymbol{B}$ eindeutig darzustellen in der Form

$$\boldsymbol{B} = \lambda \boldsymbol{a}_1 + \mu \boldsymbol{a}_2 + \nu \boldsymbol{a}_3 . \tag{7-23}$$

$\boldsymbol{a}_1$, $\boldsymbol{a}_2$, $\boldsymbol{a}_3$ nennt man die *Basisvektoren*, die stets ein *Dreibein* bilden, das aber keineswegs rechtwinklig sein muß. Wir vereinbaren, daß beim Drehen von $\boldsymbol{a}_1$ nach $\boldsymbol{a}_2$ das Bein $\boldsymbol{a}_3$ in die Richtung weisen soll, in der sich eine Rechtsschraube vorwärts bewegt (Rechtssystem vgl. Abb. 25). Es ist zweckmäßig, als Basisvektoren die Einheitsvektoren

$$\boldsymbol{e}_j := \hat{\boldsymbol{a}}_j = \frac{\boldsymbol{a}_j}{|\boldsymbol{a}_j|}, \quad (j = (1, 2, 3)$$

einzuführen, womit man erhält:

$$\boxed{\boldsymbol{B} = \sum_{j=1}^{3} B_j \boldsymbol{e}_j} . \tag{7-24}$$

Hierbei sind die B_j Maßzahlen, die sich auf das gewählte Basissystem beziehen. Da der Vektor $\boldsymbol{B}$ nicht davon abhängt, in welchem Basissystem er dargestellt wird, so gilt bei Einführung eines anderen Basissystems $\bar{\boldsymbol{e}}_j$:

$$\boldsymbol{B} = \sum_{j=1}^{3} B_j \boldsymbol{e}_j = \sum_{i=1}^{3} \bar{B}_i \bar{\boldsymbol{e}}_i , \tag{7-25}$$

(7-24, 7-25) nennt man die *Komponentendarstellung* des Vektors und $B_j \boldsymbol{e}_j$ bzw. $\bar{B}_i \bar{\boldsymbol{e}}_i$ *Komponenten* dieses Vektors.

Als ein *spezielles* Basissystem können wir jene Einheitsvektoren benutzen, die in die Achsenrichtungen eines kartesischen Koordinatensystems fallen. Zur Abkürzung setzt man $\boldsymbol{e}_{x_1} = \boldsymbol{i}$, $\boldsymbol{e}_{x_2} = \boldsymbol{j}$, $\boldsymbol{e}_{x_3} = \boldsymbol{k}$ und bekommt nach (7-24) für einen beliebigen Vektor

$$\boxed{\boldsymbol{A} = A_1 \boldsymbol{i} + A_2 \boldsymbol{j} + A_3 \boldsymbol{k}} . \tag{7-26}$$

Daß die Länge der »Teilvektoren«, aus denen wir hier $\boldsymbol{A}$ aufbauen, gerade durch die Vektorkoordinaten A_i gegeben ist, erkennt man unmittelbar aus Abb. 68.

7.2.2. Skalares Produkt zweier Vektoren

Die Verknüpfung »Addition« von Vektoren nach der Regel (7-17) hat noch sehr große Ähnlichkeit mit der Addition gewöhnlicher Zahlen. In sehr viel freierer Weise bezeichnet man nun gewisse charakteristische Kombinationen von Vektoren als Multiplikation, und zwar unterscheidet man bei der Kombination von zwei Vektoren eine Multiplikation, die wieder einen Vektor liefert, und eine, die eine skalare Größe ergibt. In diesem Abschnitt sprechen wir nur von dem zweiten Fall. Man bezeichnet den Ausdruck

$$\boxed{\boldsymbol{A} \cdot \boldsymbol{B} = |\boldsymbol{A}||\boldsymbol{B}| \cos \vartheta}\ ^{1)}, \tag{7-27}$$

wobei ϑ der von $\boldsymbol{A}$ und $\boldsymbol{B}$ eingeschlossene Winkel ist, als *skalares Produkt* der Vektoren $\boldsymbol{A}$ und $\boldsymbol{B}$. Man sieht sofort, daß $\boldsymbol{A} \cdot \boldsymbol{B}$ ein *Skalar* ist, und zwar $\boldsymbol{A} \cdot \boldsymbol{B} > 0$ für $0 \leqq \vartheta < \frac{\pi}{2}$, während $\boldsymbol{A} \cdot \boldsymbol{B} < 0$ für $\frac{\pi}{2} < \vartheta \leqq \pi$ ist. Ferner liefert (7-27) direkt die geometrische Deutung dieses Produkts. Abb. 70 zeigt, daß $\frac{\boldsymbol{A} \cdot \boldsymbol{B}}{B} = A \cos \vartheta$ die Projektion von $\boldsymbol{A}$ auf $\boldsymbol{B}$ und $\frac{\boldsymbol{A} \cdot \boldsymbol{B}}{A} = B \cos \vartheta$ die Projektion von $\boldsymbol{B}$ auf $\boldsymbol{A}$ ist.

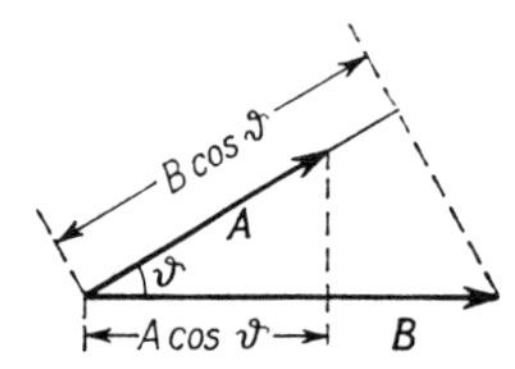

Abb. 70 Skalares Produkt zweier Vektoren

Aus der Definition (7-27) folgt, daß das skalare Produkt *kommutativ* ist, d. h. $\boldsymbol{A} \cdot \boldsymbol{B} = \boldsymbol{B} \cdot \boldsymbol{A}$ und zur Addition *distributiv* (lat. distribuere = zuteilen), d. h.

$$\boldsymbol{A} \cdot (\boldsymbol{B} + \boldsymbol{C}) = \boldsymbol{A} \cdot \boldsymbol{B} + \boldsymbol{A} \cdot \boldsymbol{C}. \tag{7-28}$$

Das letztere ergibt sich einfach, wenn man die geometrische Deutung benutzt. Es ist dann ersichtlich, daß die Projektion von $\boldsymbol{B} + \boldsymbol{C}$ auf $\boldsymbol{A}$ gleich der Summe der Projektionen von $\boldsymbol{B}$ und $\boldsymbol{C}$ auf $\boldsymbol{A}$ ist. Für eine skalare Größe m ist ferner

$$m(\boldsymbol{A} \cdot \boldsymbol{B}) = m\boldsymbol{A} \cdot \boldsymbol{B} = \boldsymbol{A} \cdot (m\boldsymbol{B}). \tag{7-29}$$

Aber in zwei Punkten unterscheidet sich das skalare Produkt zweier Vektoren von dem zweier Zahlen: Im allgemeinen ist $(\boldsymbol{A} \cdot \boldsymbol{B})\boldsymbol{C} \neq \boldsymbol{A}(\boldsymbol{B} \cdot \boldsymbol{C})$, d. h. dieses Produkt ist also *nicht assoziativ* und $\boldsymbol{A} \cdot \boldsymbol{B} = 0$ besagt *nicht*, daß entweder $\boldsymbol{A} = 0$ oder $\boldsymbol{B} = 0$ sein *muß*. Vielmehr zeigt (7-27), daß diese Beziehung auch für $A \neq 0$, $B \neq 0$ erfüllt wird, wenn nur $\vartheta = \frac{\pi}{2}$ ist. Also: Wenn $\boldsymbol{A}$ und $\boldsymbol{B}$ keine Nullvektoren sind, so folgt aus $\boldsymbol{A} \cdot \boldsymbol{B} = 0$ *notwendig*, daß $\boldsymbol{A}$ und $\boldsymbol{B}$ *aufeinander senkrecht* stehen.

Für die Achseneinheitsvektoren des kartesischen Koordinatensystems gilt daher

$$\boldsymbol{i} \cdot \boldsymbol{j} = \boldsymbol{j} \cdot \boldsymbol{k} = \boldsymbol{k} \cdot \boldsymbol{i} = 0, \tag{7-30}$$
$$\boldsymbol{i} \cdot \boldsymbol{i} = \boldsymbol{j} \cdot \boldsymbol{j} = \boldsymbol{k} \cdot \boldsymbol{k} = 1. \tag{7-31}$$

In einem *kartesischen Koordinatensystem* erhält man wegen (7-26) und (7-28) somit

$$\boxed{\boldsymbol{A} \cdot \boldsymbol{B} = \sum_{i=1}^{3} A_i B_i}. \tag{7-32}$$

[1] Die symbolische Bezeichnung des in (7-27) rechts stehenden Ausdrucks war früher nicht einheitlich. Statt $\boldsymbol{A} \cdot \boldsymbol{B}$ findet man sowohl $(\boldsymbol{AB})$ als auch $\boldsymbol{AB}$ in der Literatur

Multipliziert man (7-26) skalar mit $\boldsymbol{i}$ bzw. $\boldsymbol{j}$ bzw. $\boldsymbol{k}$, so folgt

$$\boldsymbol{A}\cdot\boldsymbol{i} = A_1, \quad \boldsymbol{A}\cdot\boldsymbol{j} = A_2, \quad \boldsymbol{A}\cdot\boldsymbol{k} = A_3. \tag{7-33}$$

Die kartesischen Komponenten des Vektors $\boldsymbol{A}$ erweisen sich in Übereinstimmung mit Abb. 62 als die orthogonalen Projektionen auf die Koordinatenachsen. Für $\boldsymbol{A} = \boldsymbol{B}$ geht sowohl (7-32) als auch die Definition (7-27) über in die Norm (vgl. 7-6)

$$\sqrt{\boldsymbol{A}\cdot\boldsymbol{A}} = A = |\boldsymbol{A}|. \tag{7-34}$$

Die durch (7-27) gegebene Möglichkeit, die Projektion zweier Vektoren aufeinander zu liefern, wird in der Praxis vielfach ausgenutzt. Wirkt z. B. auf einen Massenpunkt P die Kraft $\boldsymbol{K}$ und verschiebt ihn um die gerichtete Strecke $\boldsymbol{s}$, so ist die von der Kraft geleistete Arbeit gerade $\boldsymbol{K}\cdot\boldsymbol{s}$ (vgl. 6-101).

7.2.3. Vektorprodukt zweier Vektoren

Im vorigen Abschnitt erwähnten wir bereits, daß man zwischen zwei Vektoren auch eine als »Produkt« bezeichnete Verknüpfung definieren kann, die wieder einen Vektor ergibt. Auf diese Beziehung werden wir durch folgendes Problem geführt: Gegeben sind zwei Vektoren $\boldsymbol{A}$ und $\boldsymbol{B}$, die den Winkel ϑ einschließen, für den $0 < \vartheta < \pi$ gelten soll. Wir suchen nun einen dritten Vektor $\boldsymbol{C}$, der auf $\boldsymbol{A}$ und $\boldsymbol{B}$ senkrecht steht. In kartesischen Vektorkoordinaten ausgedrückt, muß also nach (7-28)

$$\begin{aligned} \boldsymbol{A}\cdot\boldsymbol{C} &= A_1C_1 + A_2C_2 + A_3C_3 = 0, \\ \boldsymbol{B}\cdot\boldsymbol{C} &= B_1C_1 + B_2C_2 + B_3C_3 = 0 \end{aligned}$$

sein. Dieses System hat beliebig viele Lösungen der Form

$$\begin{aligned} C_1 &= \lambda(A_2B_3 - A_3B_2), \\ C_2 &= \lambda(A_3B_1 - A_1B_3), \\ C_3 &= \lambda(A_1B_2 - A_2B_1). \end{aligned} \tag{7-35}$$

Für die Norm dieses Vektors ergibt sich nach geeigneter Zusammenfassung:

$$\begin{aligned} \boldsymbol{C}\cdot\boldsymbol{C} = {} & \lambda^2 (A_1^2 + A_2^2 + A_3^2)(B_1^2 + B_2^2 + B_3^2) - \\ & - \lambda^2 (A_1B_1 + A_2B_2 + A_3B_3)^2 = \lambda^2A^2B^2 - \lambda^2 (\boldsymbol{A}\cdot\boldsymbol{B})^2, \end{aligned}$$

also wegen (7-27)

$$|\boldsymbol{C}| = \pm\lambda AB \sin\vartheta.$$

Da $|\boldsymbol{C}| \geqq 0$ sein muß, haben wir $\pm\lambda > 0$ zu verlangen, d. h. für das positive Vorzeichen $\lambda > 0$ bzw. für das negative Vorzeichen $\lambda < 0$. Welche von diesen beiden Möglichkeiten gewählt wird, hängt wegen (7-35) offenbar von der noch zu definierenden Orientierung des Vektors $\boldsymbol{C}$ ab. Wenn wir zunächst festlegen, daß $\boldsymbol{C}$ gerade dann ein Einheitsvektor wird, wenn $\boldsymbol{A}$ und $\boldsymbol{B}$ aufeinander senkrecht stehende Einheitsvektoren sind, so muß $\lambda = \pm 1$ sein. Hiermit folgt

$$|\boldsymbol{C}| = AB \sin\vartheta \quad (0 \leqq \vartheta \leqq \pi). \tag{7-36}$$

Man überzeugt sich leicht, daß diese Größen geraden den *Flächeninhalt* jenes Parallelogramms bezeichnet, dessen Seiten A und B sind. $\boldsymbol{C}$ kennzeichnet somit das durch $\boldsymbol{A}$ und $\boldsymbol{B}$ gebildete Ebenenstück hinsichtlich seiner *Stellung im Raum* und hinsichtlich seines *Flächeninhalts*. Symbolisch schreibt man für diese Verknüpfung

$$\boldsymbol{C} = \boldsymbol{A} \times \boldsymbol{B},[1] \tag{7-37}$$

wobei (7-36) stets und (7-35) im kartesischen Bezugssystem gilt. (7-37) bezeichnet man als *Vektorprodukt* und *definiert*, daß beim Drehen von $\boldsymbol{A}$ nach $\boldsymbol{B}$ (auf dem kürzesten Weg) der Vektor $\boldsymbol{C}$ in jene Richtung weisen soll, in der sich eine Rechtsschraube vorwärts bewegen würde (Abb. 71). Diese Forderung erfüllen die im kartesischen Basis-

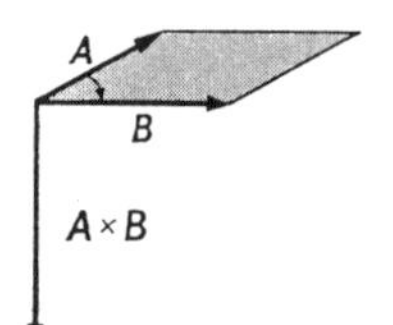

Abb. 71 Vektorprodukt zweier Vektoren

system gültigen Relationen (7-35) gerade für $\lambda = +1$. Dann ist (7-35) auch identisch mit der leicht zu merkenden Determinante

$$\boxed{\boldsymbol{A} \times \boldsymbol{B} = \begin{vmatrix} \boldsymbol{i} & \boldsymbol{j} & \boldsymbol{k} \\ A_1 & A_2 & A_3 \\ B_1 & B_2 & B_3 \end{vmatrix}}\,. \tag{7-38}$$

Das von $\boldsymbol{A}$ und $\boldsymbol{B}$ gebildete, orientierte Parallelogramm nennt man auch *Plangröße*.

Aus der Definition des Vektorprodukts ergeben sich folgende Eigenschaften: Das Vektorprodukt ist *distributiv* zur Addition

$$\boldsymbol{A} \times (\boldsymbol{B} + \boldsymbol{C}) = \boldsymbol{A} \times \boldsymbol{B} + \boldsymbol{A} \times \boldsymbol{C}, \tag{7-39}$$

wie man aus (3-21) nach Vertauschung von Zeilen und Spalten entnimmt. Für eine skalare Größe m ist nach (7-36)

$$m\boldsymbol{A} \times \boldsymbol{B} = \boldsymbol{A} \times m\boldsymbol{B} = m(\boldsymbol{A} \times \boldsymbol{B}). \tag{7-40}$$

Aber in drei Punkten unterscheidet sich nun dieses »Produkt« zweier Vektoren von dem zweier Zahlen: Das *Vektorprodukt ist nicht kommutativ*. Denn aus der Festsetzung der Richtung folgt

$$\boxed{\boldsymbol{A} \times \boldsymbol{B} = -\boldsymbol{B} \times \boldsymbol{A}}\,. \tag{7-41}$$

(7-37) ist auch *nicht assoziativ*, und schließlich zeigt (7-36), daß (7-37) einen *Nullvektor* für $\boldsymbol{A} \neq \boldsymbol{0}$, $\boldsymbol{B} \neq \boldsymbol{0}$ gerade dann liefert, wenn $\vartheta = 0$ oder π ist. Dann sind $\boldsymbol{A}$ und $\boldsymbol{B}$ kollinear. Von den bisher betrachteten Vektoren unterscheidet sich der durch (7-37) bezeichnete Vektor $\boldsymbol{C}$ offenbar dadurch, daß er auch einen *Umlaufsinn* ausdrückt. Deshalb nennt man die durch (7-37) gekennzeichneten Vektoren auch *axiale* Vektoren, während man die bisher gebrauchten als *polare* Vektoren bezeichnet. Der den axialen Vektoren zugeordnete Umlaufsinn macht sich in ihren Transformationseigenschaften bemerkbar. Nach (7-4) berechnen wir die auf das gestrichene Koordinatensystem bezogene Vektorkoordinate C_1' durch die Transformation von A_i und B_i. Dann ist

$$C_1' = A_2'B_3' - A_3'B_2' = (A_1B_2 - A_2B_1)(a_{12}a_{23} - a_{13}a_{22}) \\ + (A_1B_3 - A_3B_1)(a_{12}a_{33} - a_{13}a_{32}) + (A_2B_3 - A_3B_2)(a_{22}a_{33} - a_{32}a_{23}),$$

[1] Manche Autoren schreiben hierfür $[\boldsymbol{AB}]$

und wenn (3-74) ausgenutzt wird, so folgt

$$C_1' = \pm(a_{11}C_1 + a_{21}C_2 + a_{31}C_3)$$

oder allgemein

$$\boxed{C_k' = D\sum_{l=1}^{3} a_{lk}C_l,} \qquad (k = 1, 2, 3) \tag{7-42}$$

mit

$$D = \text{Det.}\ (a_{lk}),\ [\text{vgl. (3-17)}].$$

Der Vektor $\boldsymbol{C}$ transformiert sich also nur dann nach (7-4), d. h. wie ein *eigentlicher Vektor*, wenn in (7-42) das *positive* Vorzeichen gilt. Nach Abschnitt 3.4. ist das erfüllt, wenn das gestrichene Koordinatensystem aus dem ungestrichenen durch eine *Drehung* hervorgegangen ist. Wenn dagegen eine bei der orthogonalen Transformation auch zulässige *Spiegelung* (etwa $a_{11} = a_{22} = a_{33} = -1$ und $a_{ij} = 0$ für $i \neq j$) stattfindet, so liefert (7-4) $A_k' = -A_k$, während nach (7-42) $C_k' = C_k$ ist. Der durch (7-37) gekennzeichnete Vektor verhält sich also nur bei Translation und Drehung des Koordinatensystems wie ein eigentlicher Vektor, nicht aber bei Spiegelung. Deshalb nennt man den axialen Vektor auch *Pseudovektor*. Entsprechendes gilt für Produkte zwischen eigentlichen Vektoren und Pseudovektoren. Während das skalare Produkt zwischen zwei eigentlichen Vektoren oder zwei Pseudovektoren stets eine invariante skalare Größe ist, ergibt sich bei der Mischung beider Vektoren für den Fall der Spiegelung $\boldsymbol{A} \cdot \boldsymbol{C} = \sum A_iC_i = -\sum A_i'C_i'$. Dann liefert das skalara Produkt keinen eigentlichen Skalar mehr, sondern einen *Pseudoskalar*.

Noch eine letzte Bemerkung zum eigentümlichen Verhalten des »Vektors« (7-37). Bildet man aus den Vektorkoordinaten von $\boldsymbol{A}$ und $\boldsymbol{B}$ die Matrix (A_iB_j), so läßt sich leicht zeigen, daß diese Matrix ein Tensor ist. Denn wählen wir einen Vektor $\boldsymbol{D} = (D_1, D_2, D_3)$, so ist $\sum_j A_iB_jD_j = A_i(\boldsymbol{B} \cdot \boldsymbol{D})$, also ein Vektor wie in (7-8) gefordert.
Bilden wir den antisymmetrischen Tensor $(A_iB_j - A_jB_i)$, so erweisen sich dessen Maßzahlen gerade als identisch mit denen in (7-35). Der *Pseudovektor* ist also in Wirklichkeit ein *antisymmetrischer Tensor*, der im dreidimensionalen Raume die Eigenschaft hat, daß die Anzahl seiner frei wählbaren Maßzahlen mit der Anzahl der Maßzahlen eines Vektors übereinstimmt. Für Räume anderer Dimensionszahl besteht diese Analogie zum Vektorprodukt mit zwei Faktoren nicht.

Die Darstellung eines Ebenenstücks durch einen dazu senkrechten Vektor ist durchaus sinnvoll, denn die Ebenen $\boldsymbol{A}\times\boldsymbol{B}$ und $\boldsymbol{A}\times\boldsymbol{C}$ befolgen z. B. das Additionsgesetz von Vektoren. Setzt man für ein geschlossenes Polyeder eine einheitliche Normalenrichtung fest, etwa die nach außen zeigende, so ist immer

$$\sum_i \mathfrak{f}_i = \boldsymbol{0}. \tag{7-43}$$

Dies läßt sich zunächst für ein Tetraeder sofort zeigen (Abb. 72): Bezeichnet man die von der Spitze ausgehenden Vektoren mit $\boldsymbol{A}$, $\boldsymbol{B}$ und $\boldsymbol{C}$, so sind die richtig orientierten Flächen dargestellt durch

$$\frac{1}{2}\boldsymbol{A}\times\boldsymbol{B},\quad \frac{1}{2}\boldsymbol{B}\times\boldsymbol{C},\quad \frac{1}{2}\boldsymbol{C}\times\boldsymbol{A}\quad \text{und}\quad \frac{1}{2}(\boldsymbol{C}-\boldsymbol{B})\times(\boldsymbol{B}-\boldsymbol{A}).$$

Durch Ausmultiplizieren des letzten Produkts und Addition aller Produkte erhält man Null. Nun läßt sich aber jedes Polyeder durch Schnittflächen in Tetraeder zerlegen. Wendet man den eben gefundenen Satz auf diese Teiltetraeder an und addiert alle Flächen zusammen, so kommen die inneren Trennebenen je zweimal als Begrenzung

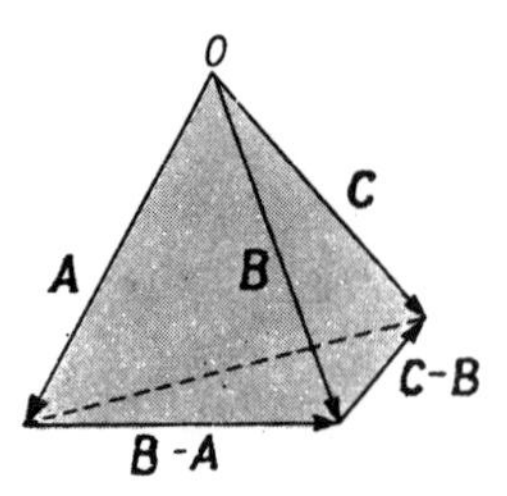

Abb. 72 Tetraederflächen

zweier aneinanderstoßender Tetraeder vor; nach der Festsetzung, daß alle Normalen aus den Tetraedern herauszeigen sollen, haben sie entgegengesetztes Vorzeichen und fallen daher in der Gesamtsumme heraus.

7.2.4. Mehrfache Produkte von Vektoren

Da das skalare Produkt eine reine Zahl ist, bedeutet die Multiplikation eines Vektors mit dem skalaran Produkt zweier anderer Vektoren nichts anderes als die Multiplikation mit einer Zahl. Etwas Neues erhalten wir, wenn wir ein Vektorprodukt mit einem anderen Vektor skalar multiplizieren: Bezeichnen wir $\boldsymbol{A}\times\boldsymbol{B}$ mit $\boldsymbol{P}$, so ist

$$\boldsymbol{C}\cdot\boldsymbol{P}=\boldsymbol{C}\cdot(\boldsymbol{A}\times\boldsymbol{B})=|\boldsymbol{C}||\boldsymbol{P}|\cos(\boldsymbol{CP})\,. \tag{7-44}$$

Dies kennzeichnet den Rauminhalt des von den drei Vektoren $\boldsymbol{A}$, $\boldsymbol{B}$ und $\boldsymbol{C}$ gebildeten Parallelepipeds (Abb. 73). Denn $\boldsymbol{A}\times\boldsymbol{B}$ ist ein Vektor, dessen Länge gleich der Grundfläche des Parallelepipeds ist, und $|\boldsymbol{C}|\cos(\boldsymbol{CP})$ ist die Höhe dieses Körpers. Ebensogut hätte man auch $\boldsymbol{B}\times\boldsymbol{C}$ als Grundfläche betrachten und den Produktvektor skalar mit $\boldsymbol{A}$ multiplizieren können. Aus diesem Grund sind bei diesem Produkt von drei Vektoren die Klammern überflüssig und wir schreiben einfach $\boldsymbol{ABC}$.

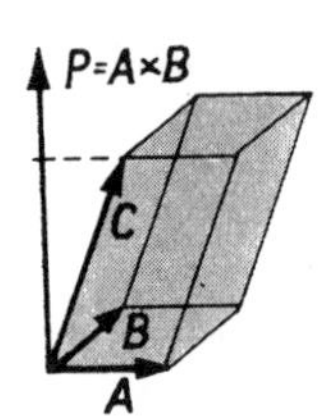

Abb. 73 Zum Produkt $\boldsymbol{ABC}$

Das Vorzeichen bedarf noch einer besonderen Überlegung: Da $\boldsymbol{B}\times\boldsymbol{C}$ das Zeichen wechselt, wenn man die Reihenfolge umkehrt, ist auch $\boldsymbol{A}\cdot(\boldsymbol{B}\times\boldsymbol{C})=-\boldsymbol{A}\cdot(\boldsymbol{C}\times\boldsymbol{B})$. Was soll dieser Vorzeichenwechsel bei einem Volumen bedeuten? Er bedeutet offenbar, daß wir dem Produkt das positive Zeichen geben, wenn die drei Vektoren $\boldsymbol{A}$, $\boldsymbol{B}$, $\boldsymbol{C}$ in dieser Reihenfolge so orientiert sind wie die drei Achsenvektoren $\boldsymbol{i}, \boldsymbol{j}, \boldsymbol{k}$. Denn geht man zur Komponentendarstellung über, so erhält man wegen (7-38) die Determinante

$$\boxed{\boldsymbol{ABC}=\begin{vmatrix} A_1 & A_2 & A_3 \\ B_1 & B_2 & B_3 \\ C_1 & C_2 & C_3 \end{vmatrix}}\,. \tag{7-45}$$

Bei der angegebenen Orientierung kann man es immer so einrichten, daß alle Komponenten positiv sind und die Determinante >0 ist. Kehrt man jetzt einen der Vektoren um, so entspricht die neue Orientierung einem gespiegelten Koordinatensystem, und das Zeichen von $\boldsymbol{ABC}$ kehrt sich ebenfalls um, da ja eine Zeile mit (-1) multipliziert wird. (7-45) ist also ein Pseudoskalar.

Besonders wichtig ist die Umformung des Vektorprodukts eines Vektors $\boldsymbol{A}$ mit dem Vektorprodukt zweier anderer Vektoren $\boldsymbol{B}\times\boldsymbol{C}$, also des Ausdrucks $\boldsymbol{A}\times(\boldsymbol{B}\times\boldsymbol{C})$, den wir mit $\boldsymbol{E}$ bezeichnen wollen. Der Vektor $\boldsymbol{E}$ muß in die Ebene von $\boldsymbol{B}$ und $\boldsymbol{C}$ fallen. Denn $\boldsymbol{D} = \boldsymbol{B}\times\boldsymbol{C}$ steht senkrecht auf $\boldsymbol{B}$ und $\boldsymbol{C}$, $\boldsymbol{E} = \boldsymbol{A}\times\boldsymbol{D}$ aber wieder senkrecht auf $\boldsymbol{D}$, fällt also in die Ebene von $\boldsymbol{B}$ und $\boldsymbol{C}$ (Abb. 74). Da jeder Vektor in dieser Ebene sich durch einen Ausdruck der Form

$$\boldsymbol{E} = \alpha\boldsymbol{B} + \beta\boldsymbol{C} \quad (\alpha \text{ und } \beta \text{ Skalare}) \tag{7-46}$$

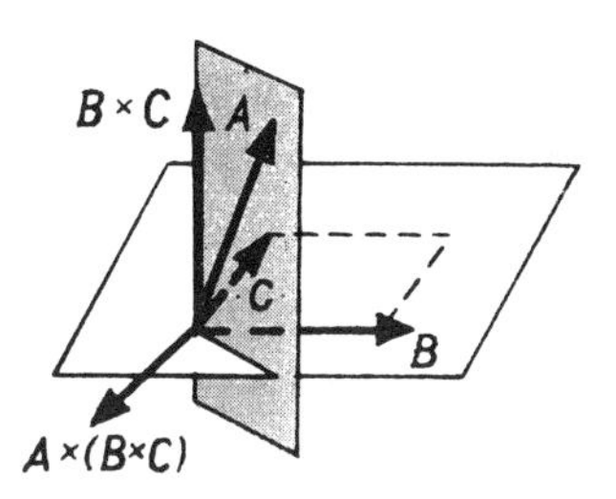

Abb. 74 Produkt $\boldsymbol{A}\times(\boldsymbol{B}\times\boldsymbol{C})$

darstellen läßt, müssen wir nur die Koeffizienten α und β bestimmen. Am einfachsten geschieht dies durch Ausrechnung in Komponenten, wobei wir uns durch passende Wahl der Achsen die Rechnung noch erleichtern können. Wir legen z. B. $\boldsymbol{C}$ in die $\boldsymbol{i}$-Achse, $\boldsymbol{B}$ in die $\boldsymbol{ij}$-Ebene, setzen also

$$\boldsymbol{C} = C_1\boldsymbol{i}, \qquad \boldsymbol{B} = B_1\boldsymbol{i} + B_2\boldsymbol{j}.$$

Über $\boldsymbol{A}$ dürfen wir dann keine speziellen Annahmen mehr machen, sondern müssen $\boldsymbol{A} = A_1\boldsymbol{i} + A_2\boldsymbol{j} + A_3\boldsymbol{k}$ setzen.

Damit wird, wie man leicht nachrechnet, $\boldsymbol{B}\times\boldsymbol{C} = -B_2C_1\boldsymbol{k}$ und $\boldsymbol{A}\times(\boldsymbol{B}\times\boldsymbol{C}) = -A_2B_2C_1\boldsymbol{i} + A_1B_2C_1\boldsymbol{j}$. Die Form (7-46) erhält man hieraus, wenn man den Vektor $A_1B_1C_1\boldsymbol{i}$ addiert und subtrahiert, denn dann wird

$$\boldsymbol{A}\times(\boldsymbol{B}\times\boldsymbol{C}) = A_1C_1(B_1\boldsymbol{i} + B_2\boldsymbol{j}) - (A_1B_1 + A_2B_2)C_1\boldsymbol{i}$$

oder

$$\boxed{\boldsymbol{A}\times(\boldsymbol{B}\times\boldsymbol{C}) = \boldsymbol{B}\,(\boldsymbol{A}\cdot\boldsymbol{C}) - \boldsymbol{C}\,(\boldsymbol{A}\cdot\boldsymbol{B})}\,. \tag{7-47}$$

Es ist also $\alpha = \boldsymbol{A}\cdot\boldsymbol{C}$, $\beta = -\boldsymbol{A}\cdot\boldsymbol{B}$. (7-47) bezeichnet man als *Entwicklungssatz.*

Wegen $(\boldsymbol{A}\times\boldsymbol{B})\cdot\boldsymbol{G} = \boldsymbol{A}\cdot(\boldsymbol{B}\times\boldsymbol{G})$ bestätigt man ferner mit (7-47)

$$\boxed{(\boldsymbol{A}\times\boldsymbol{B})\cdot(\boldsymbol{C}\times\boldsymbol{D}) = (\boldsymbol{A}\cdot\boldsymbol{C})\,(\boldsymbol{B}\cdot\boldsymbol{D}) - (\boldsymbol{A}\cdot\boldsymbol{D})\,(\boldsymbol{B}\cdot\boldsymbol{C})}\,. \tag{7-48}$$

7.2.5. Einige Anwendungen

1. *Ebene Trigonometrie.* Wir berechnen in einem Dreieck die Länge der Höhe AD, die einerseits gleich $c \sin\beta$, andererseits gleich $b \sin\gamma$ ist (Abb. 75). Durch Gleichsetzen erhält man den *Sinussatz*

$$b : c = \sin\beta : \sin\gamma. \tag{7-49}$$

Weiter ersieht man aus der Abbildung, daß $\boldsymbol{b} = \boldsymbol{a} - \boldsymbol{c}$ ist, woraus durch Quadrieren folgt:

$$b^2 = (\boldsymbol{a} - \boldsymbol{c})^2 = a^2 + c^2 - 2ac\cos\beta \quad \text{(Kosinussatz)} \tag{7-50}$$

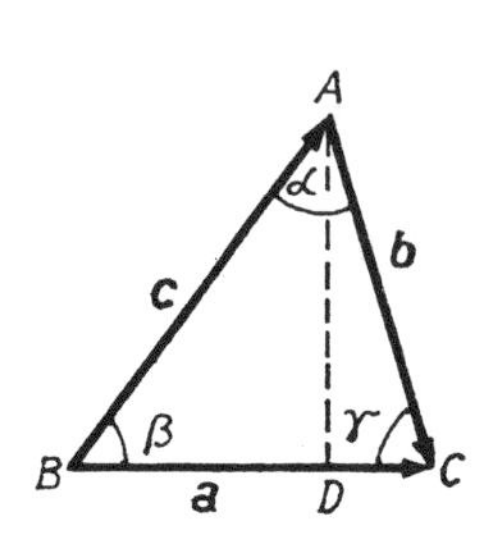

Abb. 75 Zur ebenen Trigonometrie

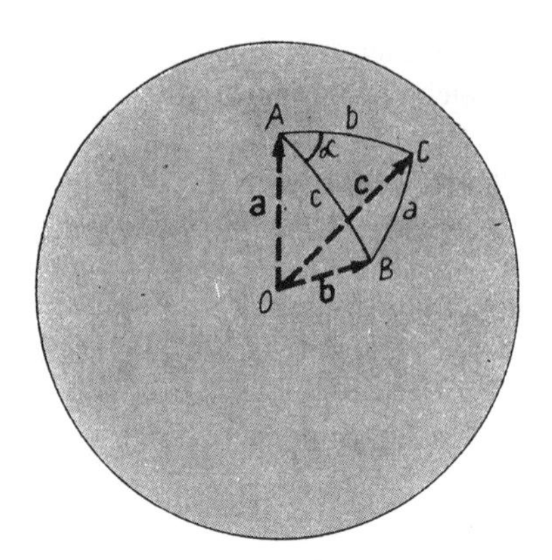

Abb. 76 Zur sphärischen Trigonometrie

2. *Sphärische Trigonometrie.* Wir betrachten auf der Einheitskugel drei Punkte A, B, C, welche nicht mit dem Mittelpunkt in einer Ebene liegen. Von O aus ziehen wir nach diesen Punkten die Vektoren $\boldsymbol{a}$, $\boldsymbol{b}$, $\boldsymbol{c}$. Die Ebenen AOB, BOC, COA schneiden aus der Kugel Großkreise aus, deren Bögen als die Seiten des sphärischen Dreiecks ABC bezeichnet werden. Die Winkel dieses sphärischen Dreiecks sind identisch mit den Winkeln, den die Ebenen AOB, BOC, COA bzw. deren Normalen miteinander bilden (vgl. Abb. 76). Da alle Vektoren die Länge 1 haben, ist

$$\left.\begin{aligned} \boldsymbol{a}\cdot\boldsymbol{b} &= \cos c; \quad \boldsymbol{c}\cdot\boldsymbol{a} = \cos b; \quad \boldsymbol{b}\cdot\boldsymbol{c} = \cos a; \\ |\boldsymbol{a}\times\boldsymbol{b}| &= \sin c; \quad |\boldsymbol{b}\times\boldsymbol{c}| = \sin a; \quad |\boldsymbol{c}\times\boldsymbol{a}| = \sin b\,. \end{aligned}\right\} \tag{7-51}$$

Damit wird, da der Winkel zwischen $\boldsymbol{a}\times\boldsymbol{b}$ und $\boldsymbol{a}\times\boldsymbol{c}$ gleich α ist:

$$(\boldsymbol{a}\times\boldsymbol{b})\cdot(\boldsymbol{a}\times\boldsymbol{c}) = \sin c \sin b \cos \alpha. \tag{7-52}$$

Dieser Ausdruck läßt sich nach (7-48) auch $(\boldsymbol{a}\times\boldsymbol{b})\cdot(\boldsymbol{a}\times\boldsymbol{c}) = \cos a - \cos b \cos c$ schreiben. Durch Gleichsetzen ergibt sich der wichtige *Kosinussatz* der sphärischen Trigonometrie:

$$\cos a = \cos b \cos c + \sin c \sin b \cos \alpha. \tag{7-53}$$

Wir können aus dem betrachteten Dreieck ein neues dadurch ableiten, daß wir die Durchstoßpunkte der Vektoren $\boldsymbol{a}\times\boldsymbol{b}$; $\boldsymbol{b}\times\boldsymbol{c}$; $\boldsymbol{c}\times\boldsymbol{a}$ aufsuchen. In diesem sind die Seiten gleich den Ergänzungswinkeln der Winkel des alten Dreiecks und die Winkel gleich den Ergänzungswinkeln der Seiten des alten Dreiecks. Damit erhält man einen zweiten Kosinussatz für die Winkel:

$$\cos \alpha = -\cos \beta \cos \gamma + \sin \beta \sin \gamma \cos a. \tag{7-54}$$

3. *Analytische Geometrie.* Man erspart sich in der analytischen Geometrie viel Schreibarbeit, wenn ein Punkt nicht durch die Koordinaten x, y, z gekennzeichnet wird, sondern durch

$$\boxed{\boldsymbol{r} = x\boldsymbol{i} + y\boldsymbol{j} + z\boldsymbol{k}}\,, \tag{7-55}$$

den sogenannten *Ortsvektor* oder *Radiusvektor* (vgl. Abb. 77). Da der Anfangspunkt dieses »Vektors« *stets* im *Ursprung des Koordinatensystems* liegt, so ist der Ortsvektor

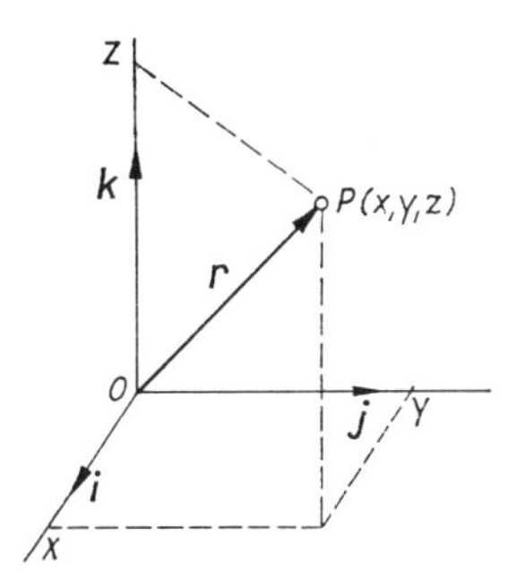

Abb. 77 Ortsvektor $\boldsymbol{r}$

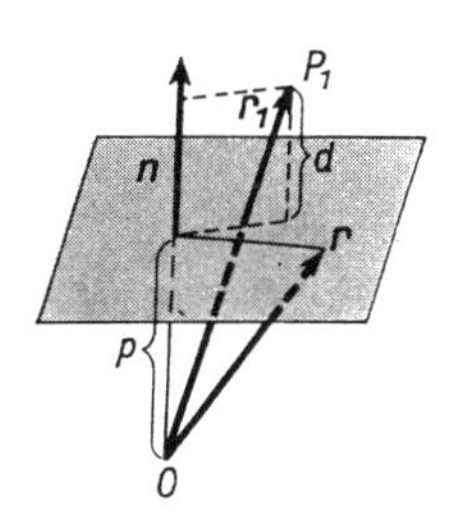

Abb. 78 Zur Ebenengleichung

kein eigentlicher Vektor mehr. Dennoch läßt sich mit ihm wie mit eigentlichen Vektoren rechnen, wenn man von der Invarianz der Vektoren gegenüber der Translation des Koordinatensystems keinen Gebrauch macht.

Ist von einer Geraden im Raum der Punkt P_1 gegeben und beschreibt der Einheitsvektor $\boldsymbol{e}$ ihre Richtung, so gilt für den Ortsvektor irgendeines Punktes dieser Geraden offenbar

$$\boxed{\boldsymbol{r} = \boldsymbol{r}_1 + \lambda \boldsymbol{e}}\,. \tag{7-56}$$

In dieser *Parameterdarstellung der Geraden im Raum* ist λ die einzige Variable. In Koordinaten geschrieben, benutzten wir diese Form in (5-5).

Kennzeichnen wir die Stellung einer Ebene durch die Richtung ihrer *Normale*, d. h. einen Einheitsvektor $\boldsymbol{n}$, der senkrecht auf der Ebene steht, und ist p der Abstand des Ursprungs O von der Ebene, so lautet nach Abb. 78 die *Normalform* der Ebene

$$\boxed{\boldsymbol{r} \cdot \boldsymbol{n} = p}\,. \tag{7-57}$$

Der Ortsvektor beschreibt hier jeden Punkt der Ebene. (5-9) ist die in Koordinaten geschriebene Form von (7-57). Ist der Abstand d gesucht, den ein außerhalb der Ebene liegender Punkt P_1 von der Ebene hat, so projiziert man dessen Ortsvektor $\boldsymbol{r}_1$ auf die Normalenrichtung (Abb. 78) und erhält

$$d = \boldsymbol{r}_1 \cdot \boldsymbol{n} - p. \tag{7-58}$$

Bezeichnen wir die Winkel, die ein Einheitsvektor $\boldsymbol{e}$ mit den Koordinatenachsen x, y, z bildet durch α, β, γ, so ist nach (7-33, 7-27) und (7-26):

$$\boldsymbol{e} = \cos\alpha\,\boldsymbol{i} + \cos\beta\,\boldsymbol{j} + \cos\gamma\,\boldsymbol{k}. \tag{7-59}$$

Bilden zwei solcher Einheitsvektoren $\boldsymbol{n}_1$ und $\boldsymbol{n}_2$ miteinander den Winkel ϑ, so liefert (7-27) und (7-34):

$$\boxed{\boldsymbol{n}_1 \cdot \boldsymbol{n}_2 = \cos\vartheta = \cos\alpha_1 \cos\alpha_2 + \cos\beta_1 \cos\beta_2 + \cos\gamma_1 \cos\gamma_2}\,. \tag{7-60}$$

Kennzeichnen $\boldsymbol{n}_1$ und $\boldsymbol{n}_2$ als Normalenvektoren die Stellung zweier Ebenen, so liefert (7-60) offenbar auch den Winkel, den beide Ebenen zwischen sich einschließen. Die beiden Ebenen schneiden sich längs einer Geraden, deren Punkte durch

$$\boldsymbol{r} \cdot \boldsymbol{n}_1 - p_1 = 0,$$
$$\boldsymbol{r} \cdot \boldsymbol{n}_2 - p_2 = 0$$

gekennzeichnet sind. Die Richtung der Schnittgeraden läßt sich nach (7-59) finden, wenn man bedenkt, daß $\boldsymbol{e} \cdot \boldsymbol{n}_1 = 0$ und $\boldsymbol{e} \cdot \boldsymbol{n}_2 = 0$ sein muß, d. h.

$$\cos\alpha\cos\alpha_1 + \cos\beta\cos\beta_1 + \cos\gamma\cos\gamma_1 = 0,$$
$$\cos\alpha\cos\alpha_2 + \cos\beta\cos\beta_2 + \cos\gamma\cos\gamma_2 = 0.$$

Hieraus läßt sich $\cos\alpha : \cos\beta : \cos\gamma$ berechnen.

Der Inhalt eines *Parallelepipeds*, dessen drei Kantenrichtungen durch $\boldsymbol{r}_A - \boldsymbol{r}_0$, $\boldsymbol{r}_B - \boldsymbol{r}_0$, $\boldsymbol{r}_C - \boldsymbol{r}_0$ festgelegt sind, ist nach (7-45)

$$V = (\boldsymbol{r}_A - \boldsymbol{r}_0)\,(\boldsymbol{r}_B - \boldsymbol{r}_0)\,(\boldsymbol{r}_C - \boldsymbol{r}_0). \tag{7-61}$$

Legt man P_0 in den Ursprung, so folgt

$$V = \boldsymbol{r}_A\,\boldsymbol{r}_B\,\boldsymbol{r}_C = \begin{vmatrix} x_A & y_A & z_A \\ x_B & y_B & z_B \\ x_C & y_C & z_C \end{vmatrix}. \tag{7-62}$$

Für ein von den Punkten P_0, P_A, P_B gebildetes Dreieck in der xy-Ebene, dessen einer Punkt P_0 im Ursprung liegen soll, liefert das Vektorprodukt sofort den *Flächeninhalt*

$$F = \frac{1}{2}\left|\boldsymbol{r}_A \times \boldsymbol{r}_B\right| = \frac{1}{2}\begin{vmatrix} x_A & y_A \\ x_B & y_B \end{vmatrix}. \tag{7-63}$$

7.3. Differentialgeometrie der Raumkurven und Flächen

7.3.1. Differentialgeometrie der Raumkurven

Bislang haben wir Vektoren als konstante Größen angesehen. Wir diskutieren jetzt den Fall, daß Vektoren Funktionen eines Parameters sind. Es sei z. B. der Ortsvektor $\boldsymbol{r}$ eine Funktion der Zeit t, d. h. zu jedem Wert von t innerhalb eines Zeitintervalls $[t_a, t_b]$ gehört eine bestimmte räumliche Lage des Vektors $\boldsymbol{r}$. Alle möglichen Endpunkte von $\boldsymbol{r}(t)$ bilden eine *Raumkurve* (vgl. 2-22). Wenn ein Punkt P dieser Kurve durch die kartesischen Koordinaten x, y und z beschrieben wird, gilt für $t \in [t_a, t_b]$

$$\boldsymbol{r}(t) = x(t)\boldsymbol{i} + y(t)\boldsymbol{j} + z(t)\boldsymbol{k}, \tag{7-64}$$

wobei die auf $[t_a, t_b]$ definierten Funktionen $x(t)$, $y(t)$, $z(t)$ dort auch differenzierbar sein sollen. Dann heißt $\boldsymbol{r}(t)$ *glatte Kurve*, und es gibt für jeden festen Wert $t_0 \in [t_a, t_b]$ drei Tangentenfunktionen (vgl. 5-15):

$$x_{\mathrm{Tg}}(t) = x(t_0) + \Delta t \left.\frac{\mathrm{d}x}{\mathrm{d}t}\right|_{t_0};\; y_{\mathrm{Tg}}(t) = y(t_0) + \Delta t \left.\frac{\mathrm{d}y}{\mathrm{d}t}\right|_{t_0}, \quad z_{\mathrm{Tg}}(t) = z(t_0) + \Delta t \left.\frac{\mathrm{d}z}{\mathrm{d}t}\right|_{t_0}, \tag{7-65}$$

wobei $\Delta t = t - t_0$ gesetzt wurde.
Mit (7-64) schreibt man kürzer

$$\boldsymbol{r}_{\mathrm{Tg}}(t) = \boldsymbol{r}(t_0) + (t - t_0)\left.\frac{\mathrm{d}\boldsymbol{r}}{\mathrm{d}t}\right|_{t_0}, \tag{7-66}$$

wobei

$$\frac{\mathrm{d}\boldsymbol{r}}{\mathrm{d}t} := \frac{\mathrm{d}x}{\mathrm{d}t}\boldsymbol{i} + \frac{\mathrm{d}y}{\mathrm{d}t}\boldsymbol{j} + \frac{\mathrm{d}z}{\mathrm{d}t}\boldsymbol{k} \tag{7-67}$$

definiert wird. (7-65) ist die Gleichung der *Tangente* an die Kurve $\boldsymbol{r}(t)$ in t_0, und $\frac{\mathrm{d}\boldsymbol{r}}{\mathrm{d}t}$ beschreibt die *Tangentenrichtung* (vgl. 7-65 mit 7-56).

Für die Tangentenfunktionen (7-65) kann man drei Differentiale analog (4-6) definieren, die sich wie in (7-67) zusammenfassen lassen:

$$\mathrm{d}\boldsymbol{r} = \mathrm{d}x\,\boldsymbol{i} + \mathrm{d}y\,\boldsymbol{j} + \mathrm{d}z\,\boldsymbol{k} \tag{7-68}$$

Eine anschauliche Interpretation zeigt Abb. 79.

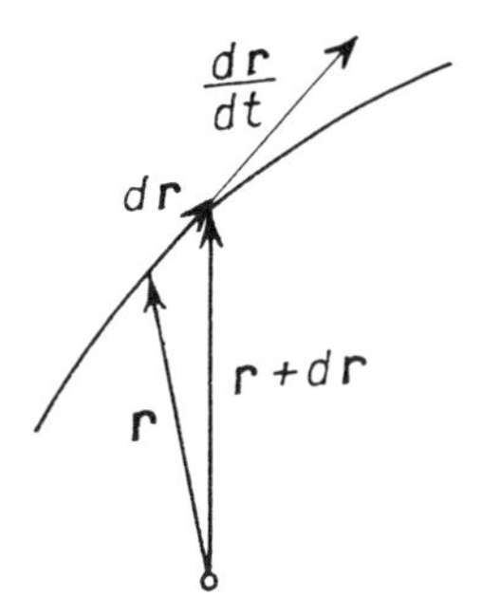

Abb. 79 Zur Differentiation des Ortsvektors

Ein Massenpunkt, der eine Bahnkurve durchläuft, besitzt in jedem Punkt dieser Kurve eine Geschwindigkeit $\boldsymbol{v} = \frac{\mathrm{d}\boldsymbol{r}}{\mathrm{d}t}$. Die Geschwindigkeit ist erst bestimmt, wenn neben dem Betrag auch die Richtung bekannt ist. Im Abschnitt 4.1. genügte die Kenntnis des Betrages der Geschwindigkeit eines Körpers, da die Richtung der Bahnkurve von vornherein feststand.

Aus $\frac{\mathrm{d}(\boldsymbol{r}\cdot\boldsymbol{r})}{\mathrm{d}t} = \frac{\mathrm{d}\boldsymbol{r}}{\mathrm{d}t}\cdot\boldsymbol{r} + \boldsymbol{r}\cdot\frac{\mathrm{d}\boldsymbol{r}}{\mathrm{d}t} = 2\boldsymbol{r}\cdot\frac{\mathrm{d}\boldsymbol{r}}{\mathrm{d}t}$ und $\frac{\mathrm{d}\boldsymbol{r}^2}{\mathrm{d}t} = 2r\,\frac{\mathrm{d}r}{\mathrm{d}t}$ ergibt sich

$$\frac{\mathrm{d}r}{\mathrm{d}t} = \boldsymbol{e}_r\cdot\frac{\mathrm{d}\boldsymbol{r}}{\mathrm{d}t}, \tag{7-69}$$

d. h., im allgemeinen ist $\left|\frac{\mathrm{d}\boldsymbol{r}}{\mathrm{d}t}\right| \neq \frac{\mathrm{d}|\boldsymbol{r}|}{\mathrm{d}t}$.

Wegen (7-67) folgt

$$\left|\frac{\mathrm{d}\boldsymbol{r}}{\mathrm{d}t}\right| = \frac{1}{\mathrm{d}t}\sqrt{\mathrm{d}x^2 + \mathrm{d}y^2 + \mathrm{d}z^2} = \frac{\mathrm{d}s}{\mathrm{d}t}, \tag{7-70}$$

wobei $\mathrm{d}s$ das Bogenelement der Raumkurve ist (vgl. 5-20). Der Vektor

$$\boxed{\frac{\frac{\mathrm{d}\boldsymbol{r}}{\mathrm{d}t}}{\left|\frac{\mathrm{d}\boldsymbol{r}}{\mathrm{d}t}\right|} = \frac{\mathrm{d}\boldsymbol{r}}{\mathrm{d}s} = \boldsymbol{t}} \tag{7-71}$$

ist demnach ein Einheitsvektor in *Richtung der Tangente*, den wir auch kurz als *Tangentenvektor* $\boldsymbol{t}$ bezeichnen. Da $|\boldsymbol{t}| = 1$ ist, so folgt nach $\boldsymbol{t}\cdot\frac{\mathrm{d}\boldsymbol{t}}{\mathrm{d}s} = \frac{1}{2}\frac{\mathrm{d}\boldsymbol{t}^2}{\mathrm{d}s} = 0$ sofort, daß $\frac{\mathrm{d}\boldsymbol{t}}{\mathrm{d}s} \perp \boldsymbol{t}$ ist. $\mathrm{d}\boldsymbol{t}$ fällt also in die senkrecht zum Tangentenvektor stehende *Normalebene* der Raumkurve. Die von $\mathrm{d}\boldsymbol{t}$ in der Normalebene ausgezeichnete Richtung heißt *Hauptnormale* $\boldsymbol{n}$ der Kurve. Der Betrag von $\frac{\mathrm{d}\boldsymbol{t}}{\mathrm{d}s}$ ergibt sich, wenn wir bedenken, daß beim Fortschreiten längs der Kurve um $\mathrm{d}s$, sich der Vektor $\boldsymbol{t}$ um $\mathrm{d}\varphi$ dreht, dann also die Richtung $\boldsymbol{t} + \mathrm{d}\boldsymbol{t}$ hat. Lassen wir die Anfangspunkte von $\boldsymbol{t}$ und $\boldsymbol{t} + \mathrm{d}\boldsymbol{t}$ zusammenfallen, so liefert $\mathrm{d}\boldsymbol{t}$ gerade die dritte Seite eines wegen $\boldsymbol{t} \cdot \mathrm{d}\boldsymbol{t} = 0$ rechtwinkligen Dreiecks, aus dem man abliest: $\frac{|\mathrm{d}\boldsymbol{t}|}{|\boldsymbol{t}|} = \tan \mathrm{d}\varphi \approx \mathrm{d}\varphi$, d. h., bei hinreichend kleinem $\mathrm{d}s$ ist $|\mathrm{d}\boldsymbol{t}| \approx \mathrm{d}\varphi$. Approximieren wir andererseits längs $\mathrm{d}s$ die Raumkurve durch ihren zugehörigen Krümmungskreis, so tritt $\mathrm{d}\varphi$ auch am Kreismittelpunkt M auf (vgl. Abb. 47). Entsprechend (5-23, 5-24) ist dann

$$\left|\frac{\mathrm{d}\boldsymbol{t}}{\mathrm{d}s}\right| = \frac{\mathrm{d}\varphi}{\mathrm{d}s} = |k| = \frac{1}{\varrho}, \tag{7-72}$$

wobei ϱ der *Krümmungsradius* der Raumkurve im Punkt (x, y, z) und k die *Krümmung* ist. Wir haben also

$$\boxed{\frac{\mathrm{d}\boldsymbol{t}}{\mathrm{d}s} = \frac{\mathrm{d}^2\boldsymbol{r}}{\mathrm{d}s^2} = \frac{\boldsymbol{n}}{\varrho}}. \tag{7-73}$$

Die durch $\boldsymbol{t}$ und $\boldsymbol{n}$ bestimmte Ebene heißt die *Schmiegebene* der Kurve, sie ist die Ebene zweier benachbarter Tangenten. Errichten wir auf der Schmiegebene die Senkrechte, so steht diese, die wir durch den Einheitsvektor $\boldsymbol{b}$ kennzeichnen, wieder senkrecht auf $\boldsymbol{t}$, fällt also in die Normalebene. Wir nennen diese auf $\boldsymbol{n}$ senkrechte zweite ausgezeichnete Normalenrichtung die *Binormale*. Die Einheitsvektoren $\boldsymbol{t}$, $\boldsymbol{n}$, $\boldsymbol{b}$ bilden miteinander ein rechtwinkliges Achsenkreuz, und wir ordnen der Reihenfolge $\boldsymbol{t}$, $\boldsymbol{n}$, $\boldsymbol{b}$ ein Rechtssystem zu (vgl. Abb. 80). Wir schreiben daher

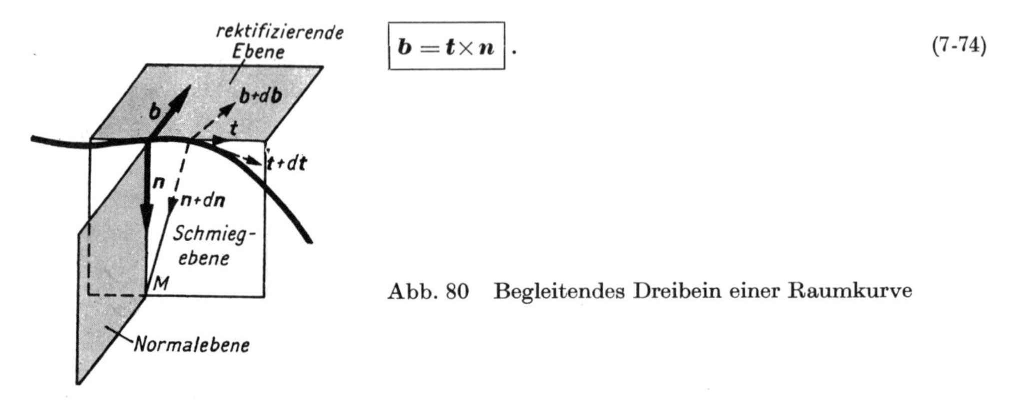

$$\boxed{\boldsymbol{b} = \boldsymbol{t} \times \boldsymbol{n}}. \tag{7-74}$$

Abb. 80 Begleitendes Dreibein einer Raumkurve

Durch das aus $\boldsymbol{t}$, $\boldsymbol{n}$, $\boldsymbol{b}$ bestehende *begleitende Dreibein*, das natürlich von Punkt zu Punkt seine Lage ändert, sind gleichzeitig drei Ebenen bestimmt, von denen wir Schmiegebene ($\boldsymbol{tn}$-Ebene) und Normalebene ($\boldsymbol{nb}$-Ebene) bereits kennenlernten. Die dritte Ebene ($\boldsymbol{bt}$-Ebene) heißt die *rektifizierende Ebene*.

Bei ebenen Kurven behält der Vektor $\boldsymbol{b}$ seine Richtung bei, da ja alle Tangenten und Normalen in derselben Ebene liegen. Eine ebene Kurve hat daher nur *eine* Krümmung. Bei einer Raumkurve dreht sich aber beim Entlanggehen auch der Vektor $\boldsymbol{b}$ und damit die Schmiegebene. Diese zweite Krümmung nennt man die *Windung*. Um diese rechnerisch zu erfassen, differenzieren wir die Gleichung $\boldsymbol{b} = \boldsymbol{t} \times \boldsymbol{n}$ nach der Bogenlänge und erhalten, da $\frac{\mathrm{d}\boldsymbol{t}}{\mathrm{d}s}$ parallel zu $\boldsymbol{n}$ ist, also $\frac{\mathrm{d}\boldsymbol{t}}{\mathrm{d}s} \times \boldsymbol{n}$ verschwindet:

$$\frac{\mathrm{d}\boldsymbol{b}}{\mathrm{d}s} = \boldsymbol{t} \times \frac{\mathrm{d}\boldsymbol{n}}{\mathrm{d}s}. \tag{7-75}$$

Dieser Vektor steht also senkrecht auf $\boldsymbol{t}$ und wegen $\boldsymbol{b} \cdot \frac{\mathrm{d}\boldsymbol{b}}{\mathrm{d}s} = \frac{1}{2}\frac{\mathrm{d}\boldsymbol{b}^2}{\mathrm{d}s} = 0$ auch senkrecht auf $\boldsymbol{b}$, also senkrecht auf der rektifizierenden ($\boldsymbol{tb}$)-Ebene. Dies bedeutet, daß $\boldsymbol{b}$ sich um die Tangente als Achse dreht und somit $\frac{\mathrm{d}\boldsymbol{b}}{\mathrm{d}s}$ die Richtung von $\boldsymbol{n}$ hat. Wir rechnen die Windung positiv, wenn sich beim Fortschreiten in Richtung wachsender Bogenlänge die Binormale um die Tangente in Richtung $\boldsymbol{t}$ gesehen im Uhrzeigersinn dreht. Dann muß man aber wegen der Anordnung von $\boldsymbol{t}$, $\boldsymbol{n}$, $\boldsymbol{b}$ als Rechtssystem schreiben:

$$\boxed{\frac{\mathrm{d}\boldsymbol{b}}{\mathrm{d}s} = -\frac{1}{\tau}\boldsymbol{n}}. \tag{7-76}$$

Für den »Windungsradius« τ gibt es keine so anschauliche Deutung wie für den Krümmungsradius ϱ.

Wir wollen jetzt den Betrag von Krümmung und Windung berechnen. Dabei wollen wir die Formeln auch noch für den Fall aufstellen, daß ein anderer Parameter als die Bogenlänge vorliegt, also $\boldsymbol{r}(u)$ ist.

Wenn wir die Ableitung nach diesem Parameter u durch einen Punkt kennzeichnen, gilt $\boldsymbol{t} = \frac{\mathrm{d}\boldsymbol{r}}{\mathrm{d}s} = \frac{\mathrm{d}\boldsymbol{r}}{\mathrm{d}u}\frac{\mathrm{d}u}{\mathrm{d}s} = \frac{\dot{\boldsymbol{r}}}{\dot{s}}$, also $\dot{\boldsymbol{r}} = \boldsymbol{t}\dot{s}$ und

$$\ddot{\boldsymbol{r}} = \dot{\boldsymbol{t}}\dot{s} + \boldsymbol{t}\ddot{s} = \frac{\boldsymbol{n}}{\varrho}\dot{s}^2 + \boldsymbol{t}\ddot{s}. \tag{7-77}$$

Bilden wir das Vektorprodukt

$$\dot{\boldsymbol{r}} \times \ddot{\boldsymbol{r}} = \frac{1}{\varrho}\dot{s}^3\,\boldsymbol{t} \times \boldsymbol{n} = \frac{1}{\varrho}\dot{s}^3\boldsymbol{b}, \tag{7-78}$$

so folgt

$$\boxed{\frac{1}{\varrho} = \frac{|\dot{\boldsymbol{r}} \times \ddot{\boldsymbol{r}}|}{\dot{s}^3}}. \tag{7-79}$$

Leitet man (7-78) nochmal nach u ab, so ergibt sich

$$\ddot{\boldsymbol{r}} \times \ddot{\boldsymbol{r}} + \dot{\boldsymbol{r}} \times \dddot{\boldsymbol{r}} = -\frac{\boldsymbol{n}}{\varrho\tau}\dot{s}^4 + \boldsymbol{b}\frac{\mathrm{d}}{\mathrm{d}u}\left(\frac{\dot{s}^3}{\varrho}\right)$$

und nach skalarer Multiplikation mit $\ddot{\boldsymbol{r}}$

$$\ddot{\boldsymbol{r}} \cdot (\dot{\boldsymbol{r}} \times \dddot{\boldsymbol{r}}) = -\frac{1}{\varrho^2\tau}\dot{s}^6.$$

Wegen (7-78) und $\ddot{\boldsymbol{r}} \cdot (\dot{\boldsymbol{r}} \times \dddot{\boldsymbol{r}}) = -\dot{\boldsymbol{r}} \cdot (\ddot{\boldsymbol{r}} \times \dddot{\boldsymbol{r}}) = -\dot{\boldsymbol{r}}\ddot{\boldsymbol{r}}\dddot{\boldsymbol{r}}$ erhält man

$$\boxed{\frac{1}{\tau} = \frac{\dot{\boldsymbol{r}}\ddot{\boldsymbol{r}}\dddot{\boldsymbol{r}}}{(\dot{\boldsymbol{r}} \times \ddot{\boldsymbol{r}})^2}}. \tag{7-80}$$

Beispiel.

Die Schraubenlinie des Kreiszylinders. Ein Punkt bewege sich mit gleichförmiger Winkelgeschwindigkeit ω auf einem Kreis und werde gleichzeitig senkrecht zur Kreisebene mit der Geschwindigkeit v vorwärtsgeschoben. Wir nennen die so entstehende Kurve eine Rechtsschraube, wenn in Richtung der Verschiebung gesehen, der Kreisumlauf im Uhrzeigersinn erfolgt. Damit wird die Gleichung der Schraubenlinie bei Rechtsschraubung:

$$x = a\cos\omega t\,, \qquad y = a\sin\omega t\,, \qquad z = vt\,.$$

Durch Differentiation folgt

$$\dot{\boldsymbol{r}} = a\omega\,[-\sin\omega t\boldsymbol{i} + \cos\omega t\boldsymbol{j}] + v\boldsymbol{k}$$
$$\ddot{\boldsymbol{r}} = -a\omega^2\,[\cos\omega t\boldsymbol{i} + \sin\omega t\boldsymbol{j}]$$
$$\dddot{\boldsymbol{r}} = a\omega^3\,[\sin\omega t\boldsymbol{i} - \cos\omega t\boldsymbol{j}]\,,$$

also

$$\dot{\boldsymbol{r}}\times\ddot{\boldsymbol{r}} = a\omega^2\,[v\sin\omega t\boldsymbol{i} - v\cos\omega t\boldsymbol{j} + a\omega\boldsymbol{k}]\,,$$
$$\dot{\boldsymbol{r}}\ddot{\boldsymbol{r}}\dddot{\boldsymbol{r}} = \dddot{\boldsymbol{r}}\cdot(\dot{\boldsymbol{r}}\times\ddot{\boldsymbol{r}}) = a^2\omega^5 v$$

und

$$\dot{s}^2 = \dot{x}^2 + \dot{y}^2 + \dot{z}^2 = a^2\omega^2 + v^2\,.$$

Nach (7-79, 7-80) ergibt sich somit

$$\frac{1}{\varrho} = \frac{a\omega^2}{a^2\omega^2 + v^2}\,; \qquad \frac{1}{\tau} = \frac{v\omega}{a^2\omega^2 + v^2}\,.$$

Windung und Krümmung sind also konstant. Dies ist eine allein für die Schraubenlinien geltende Eigenschaft.

Schließlich ist analog zu (7-74)

$$\boldsymbol{n} = \boldsymbol{b}\times\boldsymbol{t}; \qquad \boldsymbol{t} = \boldsymbol{n}\times\boldsymbol{b}, \tag{7-81}$$

und es folgt

$$\boxed{\frac{\mathrm{d}\boldsymbol{n}}{\mathrm{d}s} = \frac{\mathrm{d}\boldsymbol{b}}{\mathrm{d}s}\times\boldsymbol{t} + \boldsymbol{b}\times\frac{\mathrm{d}\boldsymbol{t}}{\mathrm{d}s} = \frac{1}{\tau}\boldsymbol{b} - \frac{1}{\varrho}\boldsymbol{t}}\,. \tag{7-82}$$

Die drei Beziehungen (7-73, 7-76, 7-82) bezeichnet man als FRENET*sche Formeln*, sie beherrschen die gesamte Theorie der Raumkurven und erlauben Gleichungen ohne Verwendung eines willkürlichen Bezugssystems aufzustellen. Diese Formulierung der Theorie der Raumkurven durch Gleichungen zwischen s, ϱ und nennt τ man *natürliche Geometrie.*

$\boldsymbol{v} = \frac{\mathrm{d}\boldsymbol{r}}{\mathrm{d}t}$ gibt die Bahngeschwindigkeit eines Massenpunktes an. Entsprechend liefert $\frac{\mathrm{d}\boldsymbol{v}}{\mathrm{d}t}$ die *Bahnbeschleunigung.* Nach (7-77) ist wegen $\dot{s}^2 = \dot{r}^2 = \boldsymbol{v}^2$

$$\frac{\mathrm{d}\boldsymbol{v}}{\mathrm{d}t} = \frac{v^2}{\varrho}\boldsymbol{n} + \frac{\mathrm{d}^2 s}{\mathrm{d}t^2}\boldsymbol{t}\,, \tag{7-83}$$

d. h., die Beschleunigung setzt sich *stets* aus einer *Normalbeschleunigung* und einer *Tangentialbeschleunigung* zusammen.

7.3.2. Differentialgeometrie der Flächen

Bei der differentialgeometrischen Untersuchung von Flächen ist es zweckmäßig, diese in der Darstellung durch 2 Parameter, u und v, anzunehmen: $x(u,v)$; $y(u,v)$; $z(u,v)$ oder $\boldsymbol{r}(u,v)$ (vgl. Abschnitt 2.1.). Hält man v fest, so ist $\boldsymbol{r}$ nur noch Funktion eines einzigen

Parameters, stellt also eine Kurve $v = \text{const}$ *auf der Fläche* dar. Gibt man v einen anderen Festwert, so erhält man eine andere Kurve auf der Fläche. So ergibt sich die ganze Schar der Kurven $v = \text{const}$. Eine zweite Schar von Kurven erhält man durch verschiedene Festwerte von u. Die beiden Kurvenscharen auf der Fläche entsprechen dem Koordinatennetz der Parallelen zur x- bzw. y-Achse in der Ebene, sie heißen *Parameterlinien* (vgl. Abschnitt 2.1. und Abb. 40a). Durch die Angabe der Werte von u und v ist die Lage eines Punktes auf der Fläche bestimmt. Wir nennen deshalb u und v die *krummlinigen Koordinaten* auf der Fläche. Das einfachste Beispiel sind die Kugelflächenkoordinaten $0 \leqq u \leqq 2\pi$ und $0 \leqq v \leqq \pi$ (Abb. 14). Mit $a \in \mathbb{R}$ gilt

$$x(u,v) = a \cos u \sin v; \quad y(u,v) = a \sin u \sin v; \quad z(u,v) = a \cos v. \tag{7-84}$$

Wir gehen jetzt von einem Punkt P nach einem benachbarten weiter und drücken das Linienelement $\mathrm{d}s$ durch die Differentiale $\mathrm{d}u$ und $\mathrm{d}v$ aus. Dann ist mit $\frac{\partial \boldsymbol{r}}{\partial u} = \boldsymbol{r}_u$ usw. $\mathrm{d}\boldsymbol{r} = \boldsymbol{r}_u \,\mathrm{d}u + \boldsymbol{r}_v \,\mathrm{d}v$, also nach (7-71)

$$\mathrm{d}\boldsymbol{r}^2 = \mathrm{d}s^2 = \boldsymbol{r}_u^2 \,\mathrm{d}u^2 + 2\boldsymbol{r}_u \cdot \boldsymbol{r}_v \,\mathrm{d}u \,\mathrm{d}v + \boldsymbol{r}_v^2 \,\mathrm{d}v^2 .$$

Für die Größen $\boldsymbol{r}_u^2$, $\boldsymbol{r}_u \cdot \boldsymbol{r}_v$, $\boldsymbol{r}_v^2$ sind die Bezeichnungen E, F, G üblich, also

$$\boxed{\begin{aligned} &\mathrm{d}s^2 = E \,\mathrm{d}u^2 + 2F \,\mathrm{d}u \,\mathrm{d}v + G \,\mathrm{d}v^2 \\ &\text{mit } E = \boldsymbol{r}_u^2, \quad F = \boldsymbol{r}_u \cdot \boldsymbol{r}_v, \quad G = \boldsymbol{r}_v^2 \end{aligned}} . \tag{7-85}$$

Dieser Ausdruck heißt die *metrische Fundamentalform* oder *erste Grundform der Flächentheorie*. Durch die Größen E, F, G ist die Art der Geometrie auf der Fläche bestimmt. Die ebene (»EUKLIDISCHE«) Geometrie ist durch $E = G = 1$, $F = 0$ gekennzeichnet, die sphärische nach (7-84) durch $E = a^2 \sin^2 v$, $F = 0$, $G = a^2$.

Für $z = f(x,y)$ wird wegen $\frac{\partial x}{\partial x} = 1$, $\frac{\partial x}{\partial y} = 0$ usf.

$$E = \left(\frac{\partial x}{\partial x}\right)^2 + \left(\frac{\partial y}{\partial x}\right)^2 + \left(\frac{\partial z}{\partial x}\right)^2 = 1 + \left(\frac{\partial f}{\partial x}\right)^2,$$

$$G = \left(\frac{\partial x}{\partial y}\right)^2 + \left(\frac{\partial y}{\partial y}\right)^2 + \left(\frac{\partial z}{\partial y}\right)^2 = 1 + \left(\frac{\partial f}{\partial y}\right)^2,$$

$$F = \frac{\partial x}{\partial x}\frac{\partial x}{\partial y} + \frac{\partial y}{\partial x}\frac{\partial y}{\partial y} + \frac{\partial z}{\partial x}\frac{\partial z}{\partial y} = \frac{\partial f}{\partial x}\frac{\partial f}{\partial y}.$$

Irgendeine Tangentenrichtung ergibt sich aus der des Linienelements $\mathrm{d}\boldsymbol{r}$:

$$\mathrm{d}\boldsymbol{r} = \boldsymbol{r}_u \,\mathrm{d}u + \boldsymbol{r}_v \,\mathrm{d}v = \mathrm{d}s \,\boldsymbol{t} . \tag{7-86}$$

Durch $\boldsymbol{r}_u$ und $\boldsymbol{r}_v$ ist also die *Tangentialebene* bestimmt. Die Normale der Fläche steht auf der durch $\boldsymbol{r}_u$ und $\boldsymbol{r}_v$ bestimmten Ebene senkrecht. Den zugehörigen Normaleneinheitsvektor erhält man, wenn man das Vektorprodukt durch seinen Betrag dividiert. Den Betrag können wir folgendermaßen ausdrücken: Nach der Definition von skalarem und Vektorprodukt ist

$$\boldsymbol{r}_u^2 \boldsymbol{r}_v^2 = \boldsymbol{r}_u^2 \boldsymbol{r}_v^2 \sin^2\vartheta + \boldsymbol{r}_u^2 \boldsymbol{r}_v^2 \cos^2\vartheta = (\boldsymbol{r}_u \times \boldsymbol{r}_v)^2 + (\boldsymbol{r}_u \cdot \boldsymbol{r}_v)^2 ,$$

also

$$(\boldsymbol{r}_u \times \boldsymbol{r}_v)^2 = GE - F^2 .$$

Somit wird der Normaleneinheitsvektor:

$$\boxed{\boldsymbol{N} = \frac{\boldsymbol{r}_u \times \boldsymbol{r}_v}{\sqrt{EG - F^2}}}\,. \tag{7-87}$$

Für den Flächeninhalt des von $\boldsymbol{r}_u\,du$ und $\boldsymbol{r}_v\,dv$ begrenzten Parallelogramms in der Tangentialebene ergibt sich

$$\boxed{dS = |\boldsymbol{r}_u \times \boldsymbol{r}_v|\,du\,dv = \sqrt{EG - F^2}\,du\,dv}\,. \tag{7-88}$$

Damit haben wir das Flächenelement (6-115) auf die Größen E, F und G zurückgeführt. Für Kugelkoordinaten liefert (7-88) $dS = a^2 \sin v\,du\,dv$, wie wir bereits der Abb. 67a entnahmen. Nun wollen wir die Krümmung von *Flächenkurven* und *Flächenschnitten* berechnen.

Wir denken uns eine Kurve auf der Fläche dadurch gegeben, daß u und v als Funktionen eines Parameters, für den wir zweckmäßigerweise wieder die Bogenlänge nehmen, vorgeschrieben sind. Der Tangenteneinheitsvektor wird nach (7-86)

$$\boldsymbol{t} = \boldsymbol{r}_u \frac{du}{ds} + \boldsymbol{r}_v \frac{dv}{ds}\,. \tag{7-89}$$

Um etwas über die Krümmung einer Flächenkurve zu erfahren, gehen wir von der Gleichung

$$\boldsymbol{N} \cdot \boldsymbol{t} = 0 \tag{7-90}$$

aus, welche besagt, daß die Flächennormale senkrecht zur Tangentenrichtung der Flächenkurve ist. Durch Differenzieren ergibt sich

$$\boldsymbol{N} \cdot \frac{d\boldsymbol{t}}{ds} + \frac{d\boldsymbol{N}}{ds} \cdot \boldsymbol{t} = \frac{1}{\varrho} \boldsymbol{N} \cdot \boldsymbol{n} + \frac{d\boldsymbol{N}}{ds} \cdot \boldsymbol{t} = 0\,. \tag{7-91}$$

Ferner ist

$$\frac{d\boldsymbol{N}}{ds} = \boldsymbol{N}_u \frac{du}{ds} + \boldsymbol{N}_v \frac{dv}{ds}\,. \tag{7-92}$$

An einem bestimmten Flächenpunkt, an dem $\boldsymbol{r}_u$ und $\boldsymbol{r}_v$ durch die Gestalt der Fläche festgelegt ist, wird die Richtung der Tangente (7-89) durch $\frac{du}{ds}$ und $\frac{dv}{ds}$ allein bestimmt. Dieselben Größen bestimmen auch den Wert von $\frac{d\boldsymbol{N}}{ds}$. Somit gewinnen wir aus (7-91, 7-92) die wichtige Erkenntnis, daß für alle Flächenkurven, welche dieselbe Tangente $\boldsymbol{t}$ haben, das skalare Produkt $\frac{1}{\varrho} \boldsymbol{N} \cdot \boldsymbol{n}$ denselben Wert hat. Wir können uns daher auf solche Kurven beschränken, die wir als Schnitte einer Ebene durch $\boldsymbol{t}$ mit der Fläche auffassen und ebene Kurven oder kurz »Schnitte« nennen. $\boldsymbol{N}$ und $\boldsymbol{n}$ sind Einheitsvektoren, ihr skalares Produkt liefert also den Winkel zwischen Flächennormale und Hauptnormale (in diesem Fall die in der Kurvenebene gelegene Normale) der Kurve. Bezeichnen wir weiter den Krümmungsradius des Normalschnitts, d. h. des durch die Flächennormale gelegten Schnitts, mit ϱ_n, so ist wegen $\frac{\boldsymbol{N} \cdot \boldsymbol{n}}{\varrho} = \text{const}$: $\frac{\cos\vartheta}{\varrho} = \frac{1}{\varrho_n}$ oder

$$\varrho = \varrho_n \cos\vartheta\,. \tag{7-93}$$

Dies ist der Satz von MEUSNIER (1754—1793): *Der Krümmungsradius des schiefen Schnitts ist gleich der Projektion des Krümmungsradius des Normalschnitts auf die Ebene des schiefen Schnitts.*

Wir wollen jetzt für den Ausdruck $\frac{\cos\vartheta}{\varrho}$ eine Beziehung ableiten, die die Fundamentalgrößen und ihre Differentialquotienten enthält: Zunächst ist nach (7-91)

$$\frac{\cos\vartheta}{\varrho} = -\frac{\mathrm{d}\boldsymbol{N}}{\mathrm{d}s}\cdot\boldsymbol{t} = -\frac{\mathrm{d}\boldsymbol{N}}{\mathrm{d}s}\cdot\frac{\mathrm{d}\boldsymbol{r}}{\mathrm{d}s} = -\frac{\mathrm{d}\boldsymbol{N}\cdot\mathrm{d}\boldsymbol{r}}{\mathrm{d}s^2}.$$

In dem skalaren Produkt $\mathrm{d}\boldsymbol{N}\cdot\mathrm{d}\boldsymbol{r}$ ist

$$\mathrm{d}\boldsymbol{N} = \boldsymbol{N}_u\,\mathrm{d}u + \boldsymbol{N}_v\,\mathrm{d}v; \qquad \mathrm{d}\boldsymbol{r} = \boldsymbol{r}_u\,\mathrm{d}u + \boldsymbol{r}_v\,\mathrm{d}v\,,$$

also

$$\mathrm{d}\boldsymbol{N}\cdot\mathrm{d}\boldsymbol{r} = \boldsymbol{N}_u\cdot\boldsymbol{r}_u\,\mathrm{d}u^2 + \boldsymbol{N}_v\cdot\boldsymbol{r}_v\,\mathrm{d}v^2 + (\boldsymbol{N}_u\cdot\boldsymbol{r}_v + \boldsymbol{N}_v\cdot\boldsymbol{r}_u)\,\mathrm{d}u\,\mathrm{d}v\,.$$

Weiter erhält man durch Differentiation von (7-87):

$$\boldsymbol{N}_u = \frac{\boldsymbol{r}_{uu}\times\boldsymbol{r}_v}{\sqrt{EG-F^2}} + \frac{\boldsymbol{r}_u\times\boldsymbol{r}_{vu}}{\sqrt{EG-F^2}} + (\boldsymbol{r}_u\times\boldsymbol{r}_v)\,\frac{\partial}{\partial u}\,\frac{1}{\sqrt{EG-F^2}}.$$

Der zweite und dritte Ausdruck liefern zum skalaren Produkt $\boldsymbol{N}_u\cdot\boldsymbol{r}_u$ keinen Beitrag, da sie dreifache Vektorprodukte mit zwei gleichen Faktoren ergeben; das gleiche gilt für den ersten und dritten Ausdruck hinsichtlich des Produktes $\boldsymbol{N}_u\cdot\boldsymbol{r}_v$. Wir führen jetzt die Abkürzungen ein:

$$\boxed{L = \frac{\boldsymbol{r}_{uu}\boldsymbol{r}_u\boldsymbol{r}_v}{\sqrt{EG-F^2}},\quad M = \frac{\boldsymbol{r}_{uv}\boldsymbol{r}_u\boldsymbol{r}_v}{\sqrt{EG-F^2}},\quad N = \frac{\boldsymbol{r}_{vv}\boldsymbol{r}_u\boldsymbol{r}_v}{\sqrt{EG-F^2}}} \tag{7-94}$$

und erhalten damit

$$\boxed{-\mathrm{d}\boldsymbol{N}\cdot\mathrm{d}\boldsymbol{r} = L\,\mathrm{d}u^2 + 2M\,\mathrm{d}u\,\mathrm{d}v + N\,\mathrm{d}v^2}\,. \tag{7-95}$$

Dieser Ausdruck heißt die *zweite Grundform der Flächentheorie*. Damit wird

$$\frac{\cos\vartheta}{\varrho} = \frac{L\,\mathrm{d}u^2 + 2M\,\mathrm{d}u\,\mathrm{d}v + N\,\mathrm{d}v^2}{F\,\mathrm{d}u^2 + 2F\,\mathrm{d}u\,\mathrm{d}v + G\,\mathrm{d}v^2} = \frac{\text{II. Grundf.}}{\text{I. Grundf.}}\,. \tag{7-96}$$

Über das Vorzeichen von $\frac{\cos\vartheta}{\varrho}$ ist folgendes zu sagen: Zunächst ist über die positive Richtung von $\boldsymbol{N}$ noch nichts festgesetzt. Wenn wir aber in einem Punkt diese Richtung festlegen, so bedeutet das positive Zeichen von cos, daß die Kurvennormale mit ihr einen spitzen Winkel bildet. Drehen wir die Schnittebene um die Flächennormale, so kommt es darauf an, ob die nach dem Krümmungsmittelpunkt der Kurve zeigende Normale ihre Richtung beibehält. Dies ist z. B. in allen Punkten eines Ellipsoids der Fall. Nehmen wir die nach innen zeigende Normale als die positive Richtung der Flächennormale, so liegen die Krümmungsmittelpunkte aller Normalschnitte auf derselben Seite. Solche Krümmungsverhältnisse sind die Kennzeichen der *elliptischen Krümmung.* Anders z. B. beim einmantligen Rotationshyperboloid (vgl. Abb. 55). Die durch den Kehlkreis gelegte Schnittebene ergibt den Krümmungsmittelpunkt im Innern, die durch den Meridianschnitt gelegte dagegen auf der Außenseite der Fläche. Die Krümmung in einem Flächenpunkt, bei dem die Krümmungsmittelpunkte der verschiedenen Normalschnitte auf verschiedenen Seiten der Fläche liegen, heißt daher *hyperbolisch*. Der Ausdruck (7-96) liefert sofort ein Kriterium, welche Art vorliegt. Da der Nenner als Quadrat des Linienelements stets positiv ist, kommt es nur darauf an, ob der Zähler sein Zeichen wechseln kann, d. h., ob er gleich Null gesetzt, reelle Wurzeln für $\frac{du}{dv}$ liefert. Es liegt also elliptische Krümmung für $LN - M^2 > 0$, hyperbolische für $LN - M^2 < 0$ vor. Der Übergang zwischen beiden Arten von Krümmungen, der durch $LN - M^2 = 0$ gekennzeichnet wird, heißt *parabolische Krümmung*. Sie bedeutet, daß der Wert Null der Krümmung noch erreicht, aber nicht überschritten wird, wenn man die Schnittebene um die Flächennormale dreht, d. h., es gibt als Extremwert des Krümmungsradius den Wert ∞. Solche Punkte sind im allgemeinen nur auf einer Kurve der Fläche vorhanden, welche die Punkte elliptischer von denen hyperbolischer Krümmung trennt. Diese Kurve heißt die *parabolische Kurve*. Kegel und Zylinder bestehen aus lauter parabolischen Punkten, an ihnen kann man sich diese Art von Krümmung am einfachsten veranschaulichen.

Wir wollen für die weiteren Untersuchungen die Fläche in dem betrachteten Punkt durch eine möglichst eng anschmiegende Fläche zweiten Grades ersetzt denken. Dabei legen wir das Koordinatensystem möglichst bequem, nämlich so, daß die Berührungsebene mit der xy-Ebene und der Ursprung mit dem Kurvenpunkt zusammenfällt. Die Gleichung dieser Fläche hat dann die Form

$$z = \frac{1}{2}(rx^2 + 2sxy + ty^2)\,. \tag{7-97}$$

Wie man sich sofort überzeugt, liefert diese Gleichung die gewollten Werte der Richtungskosinus der Flächennormale in O: 0, 0, 1. Als Parameter nehmen wir $x = u$ und $y = v$, womit $E = 1$, $F = 0$, $G = 1$ wird. Die zweiten partiellen Differentialquotienten sind

$$\frac{\partial^2 z}{\partial x^2} = r\,, \quad \frac{\partial^2 z}{\partial x\,\partial y} = s\,, \quad \frac{\partial^2 z}{\partial y^2} = t\,.$$

Damit wird

$$L = r, \quad M = s, \quad N = t.$$

Die Krümmung des Normalschnitts, die wir nur noch ins Auge fassen, ergibt sich zu

$$\frac{1}{\varrho} = \frac{r\,\mathrm{d}x^2 + 2s\,\mathrm{d}x\,\mathrm{d}y + t\,\mathrm{d}y^2}{\mathrm{d}x^2 + \mathrm{d}y^2}\,.$$

Da die Berührungsebene waagerecht liegt, fällt das Linienelement $\mathrm{d}\boldsymbol{r}$ in die xy-Ebene und hat den Betrag $|\mathrm{d}\boldsymbol{r}| = \mathrm{d}s = \sqrt{\mathrm{d}x^2 + \mathrm{d}y^2}$.

Bezeichnet man den Winkel der Fortschreitungsrichtung $\mathrm{d}\boldsymbol{r}$ mit der x-Achse mit φ, so wird

$$\frac{\mathrm{d}x}{ds} = \cos\varphi; \quad \frac{\mathrm{d}y}{\mathrm{d}s} = \sin\varphi\,.$$

φ ist gleichzeitig der Winkel, den die durch $\boldsymbol{N}$ gelegte Schnittebene mit der xz-Ebene bildet. Ein anschauliches Bild von den verschiedenen Krümmungsradien, die man bei Drehung der Schnittebene um die Normale erhält, gewinnt man dadurch, daß man in der xy-Ebene in der Spur der Schnittebene den Krümmungsradius des Schnitts oder eine Funktion desselben als Radiusvektor mit dem Betrag σ aufträgt und die Kurve $\sigma = f(\varphi)$ zeichnet. Besonders einfach wird sie, wenn man $\sigma = \sqrt{\varrho}$ nimmt:

$$\sigma = \frac{1}{\sqrt{r \cos^2 \varphi + 2s \cos \varphi \sin \varphi + t \sin^2 \varphi}}.$$

Denn quadriert man und bezeichnet die rechtwinkligen Koordinaten des Endpunktes des Radiusvektors mit ξ und η, so wird wegen $\sigma \cos \varphi = \xi$, $\sigma \sin \varphi = \eta$ die Gleichung dieser Kurve, die DUPINsche *Indikatrix* (DUPIN 1784—1873) (lat. indicare = angeben) heißt:

$$\boxed{r\xi^2 + 2s\xi\eta + t\eta^2 = 1}. \tag{7-98}$$

Dies ist die Gleichung eines Kegelschnitts. Seine Hauptachsenrichtungen geben die Richtung des größten und kleinsten Wertes von σ und damit auch von ϱ. Wir drehen jetzt das Koordinatensystem um die z-Achse so, daß die Achsen mit den Hauptachsen der Indikatrix zusammenfallen, wobei wir alle Größen mit einem Stern bezeichnen wollen, die sich auf dieses ausgezeichnete Koordinatensystem beziehen. Dann wird die Indikatrixgleichung: $r^*\xi^{*2} + t^*\eta^{*2} = 1$ und damit $\sigma = \dfrac{1}{\sqrt{r^* \cos^2\varphi^* + t^* \sin^2\varphi^*}}$, also schließlich $\dfrac{1}{\varrho} = r^* \cos^2 \varphi^* + t^* \sin^2 \varphi^*$. Für $\varphi^* = 0$ und $\varphi^* = \dfrac{\pi}{2}$ ergeben sich die beiden Extremwerte der Krümmung $\dfrac{1}{\varrho_1} = r^*$; $\dfrac{1}{\varrho_2} = t^*$, so daß sich die Gleichung auch so schreiben läßt:

$$\frac{1}{\varrho} = \frac{\cos^2 \varphi^*}{\varrho_1} + \frac{\sin^2 \varphi^*}{\varrho_2}. \tag{7-99}$$

Dies ist der *Satz von* EULER, welcher es ermöglicht, die Krümmung eines beliebigen Normalschnitts aus den beiden Hauptkrümmungen und dem Winkel der Schnittebene mit der Richtung größter Krümmung zu berechnen. Da man nach dem Satz von MEUSNIER die Krümmung des schiefen Schnitts ohne weiteres aus der des Normalschnitts berechnen kann, sind alle Krümmungsradien der Schnittkurven, die man in einem Flächenpunkt erhält, bekannt, wenn die Beträge des größten und kleinsten Krümmungsradius, und die Lage dieser Schnittebene bekannt sind. Dies ist also die nächste Aufgabe, die zu lösen ist.

Wir schreiben (7-96) für den Normalschnitt, wobei wir Zähler und Nenner gleich durch $\mathrm{d}u^2$ dividieren:

$$\frac{1}{\varrho} = \frac{N\left(\dfrac{\mathrm{d}v}{\mathrm{d}u}\right)^2 + 2M\dfrac{\mathrm{d}v}{\mathrm{d}u} + L}{G\left(\dfrac{\mathrm{d}v}{\mathrm{d}u}\right)^2 + 2F\dfrac{\mathrm{d}v}{\mathrm{d}u} + E}. \tag{7-100}$$

Geben wir einen bestimmten Wert der Krümmung vor, so stellt dies eine Gleichung für die Fortschreitungsrichtung $\dfrac{\mathrm{d}v}{\mathrm{d}u} = v'$ auf der Fläche dar. Diese Gleichung ist in v' quadratisch:

$$(\varrho N - G)v'^2 + 2(\varrho M - F)v' + \varrho L - E = 0. \tag{7-101}$$

Die Richtung eines Extremwerts von ϱ erhalten wir, wenn wir die Ableitung der linken Seite nach v' Null setzen, denn diese Gleichung stellt implizit ϱ als Funktion von v' dar, und es ist wegen $f(\varrho,v') = 0$ nach (4-126)

$$\frac{\mathrm{d}\varrho}{\mathrm{d}v'} = -\frac{\dfrac{\partial f}{\partial v'}}{\dfrac{\partial f}{\partial \varrho}},$$

also entspricht $\dfrac{\mathrm{d}\varrho}{\mathrm{d}v'} = 0$ der Gleichung $\dfrac{\partial f}{\partial v'} = 0$. Somit ist

$$(\varrho N - G)v' + (\varrho M - F) = 0. \tag{7-102}$$

Da aber gleichzeitig (7-101) gelten muß, erhält man durch Abziehen der mit v' multiplizierten Gleichung (7-102) von (7-101) eine zweite lineare Gleichung

$$(\varrho M - F)v' + (\varrho L - E) = 0, \tag{7-103}$$

also zwei in ϱ und v' lineare Gleichungen, die sich in doppelter Weise auswerten lassen:

1. Aufgefaßt als Gleichungen für v' und 1 muß die Determinante der Koeffizienten nach (3-30) verschwinden. Dies gibt

$$(\varrho L - E)(\varrho N - G) - (\varrho M - F)^2 = 0 \tag{7-104}$$

oder als Gleichung für $\dfrac{1}{\varrho}$ geschrieben:

$$\frac{1}{\varrho^2} - \frac{EN - 2FM + GL}{EG - F^2} \cdot \frac{1}{\varrho} + \frac{LN - M^2}{EG - F^2} = 0\,.$$

Nach (3-7) stellt das Absolutglied das Produkt, der negative Koeffizient von $\dfrac{1}{\varrho}$ die Summe der Wurzeln, die ja die extremen Krümmungen sind, dar: Das Produkt heißt das *Krümmungsmaß*, die Summe die *mittlere Krümmung*. Beide Größen spielen in der Flächentheorie eine wichtige Rolle. Es ist also

$$\boxed{\frac{1}{\varrho_1} \cdot \frac{1}{\varrho_2} = \frac{LN - M^2}{EG - F^2}} \quad \text{Krümmungsmaß} \tag{7-105}$$

$$\boxed{\frac{1}{\varrho_1} + \frac{1}{\varrho_2} = \frac{EN - 2FM + GL}{EG - F^2}} \quad \text{Mittlere Krümmung} \tag{7-106}$$

2. Man kann auch, indem man die Glieder mit ϱ zusammenfaßt, die beiden Gleichungen als Gleichungen für ϱ und 1 auffassen, deren Determinante gleichfalls verschwinden muß:

$$\begin{aligned} \varrho(Mv' + L) + (Fv' + E) &= 0,\\ \varrho(Nv' + M) + (Gv' + F) &= 0. \end{aligned}$$

Die so entstehende Gleichung, aus der ϱ eliminiert ist, stellt eine quadratische Gleichung für die Richtungen v' extremer Krümmung dar. Sie lautet

$$(MG - FN)v'^2 + (GL - EN)v' + (FL - EM) = 0$$

oder in leicht zu merkender Form:

$$\boxed{\begin{vmatrix} v'^2 & -v' & 1 \\ E & F & G \\ L & M & N \end{vmatrix} = 0} \quad \text{Richtungen extremer Krümmung} \tag{7-107}$$

Dies ist eine Differentialgleichung für $v = f(u)$. Die Behandlung derartiger Gleichungen wird in Kapitel 10 besprochen.

Wir müssen noch den Sonderfall betrachten, daß die beiden Hauptkrümmungen gleich werden. In diesem Fall ist die Indikatrix ein Kreis. Wie auch aus (7-99) zu ersehen ist, wird dann die Krümmung aller Normalschnitte gleich. Ein solcher Flächenpunkt heißt *Nabelpunkt*. Bei der Kugel sind alle Punkte Nabelpunkte, das Ellipsoid besitzt deren 4. Soll der Wert von ϱ unabhängig von der Richtung v' sein, so muß nach (7-100)

$$\boxed{E : F : G = L : M : N} \tag{7-108}$$

sein. Dies ist also die analytische Bedingung für einen Nabelpunkt. Trägt man in jedem Punkt die Richtung der Hauptkrümmungen als kleine Kurvenstückchen auf und verbindet diese von Punkt zu Punkt, so erhält man ein Netz aufeinander senkrechter Kurven, deren Tangenten die Richtung extremer Krümmung haben. Diese Kurven heißen die *Krümmungslinien* der Fläche. Sie haben eine wichtige Eigenschaft: Während im allgemeinen zwei benachbarte Flächennormalen windschief sind, schneiden sich entlang der Krümmungslinie benachbarte Flächennormalen. Man kann zeigen, daß die Forderung an eine Fortschreitungsrichtung, daß sich bei ihr die benachbarten Normalen schneiden sollen, auf die Differentialgleichung (7-107) der Krümmungslinien führt (wir übergehen den Beweis).

Beispiel.

Das Katenoid. Die Kurve, welche ein schwerer, vollkommen biegsamer Faden, der an beiden Enden aufgehängt ist, annimmt, hat die Form (vgl. 13-33)

$$z(x) = \frac{1}{a} \cosh ax \tag{7-109}$$

Diese Kurve heißt Kettenlinie. Dabei haben wir die Fadenebene zur xz-Ebene gemacht. Diese Kurve lassen wir um die x-Achse rotieren und erhalten damit eine als *Katenoid* bezeichnete Rotationsfläche, deren Meridianschnitt in Abbildung 81 gezeichnet ist. Ihre Gleichung ist

$$\sqrt{z^2 + y^2} = \frac{1}{a} \cosh ax\,. \tag{7-110}$$

Da die Richtung des Meridians, wie die Anschauung zeigt, bei jeder Rotationsfläche Symmetrieachse der Indikatrix ist, ist sie auch Hauptachse des Indikatrixkegelschnitts. (Außerdem sieht man, daß sich in dieser Richtung benachbarte Normalen schneiden.) Die eine Schar der Krümmungslinien stellen also die Meridiane der Rotationsfläche dar. Damit werden aber die Parallelkreise als die dazu senkrechten Richtungen die andere Schar. Jetzt müssen wir nur noch die Krümmungsradien in diesen beiden Schnittebenen ausrechnen. Der eine ist selbstverständlich der Krümmungsradius der Meridiankurve, also in unserem Fall der Kettenlinie, selbst. Man könnte versucht sein, den Radius des Parallelkreises als den anderen anzunehmen. Dabei übersieht man aber, daß der Breitenkreis kein Normalschnitt ist. Wir müssen also unsere Schnittebene um die Tangente an den Breitenkreis drehen, bis sie durch die Flächennormale geht. Nach dem Satz von Meusnier ist dann die Projektion des Krümmungsradius auf die Ebene des Breitenkreises gleich dessen Radius. Wir erhalten also den richtigen Krümmungsradius des zweiten Normalhauptschnitts, wenn wir den Abschnitt der Normalen zwischen Flächenpunkt und Rotationsachse nehmen, denn dessen Projektion auf die Ebene des Breitenkreises gibt den Radius des Breitenkreises. Die Kettenlinie hat noch die Besonderheit, daß die beiden Hauptkrümmungsradien entgegengesetzt gleich sind, die mittlere Krümmung also Null ist. Denn nach Abb. 81 ist der Normalenabschnitt zwischen

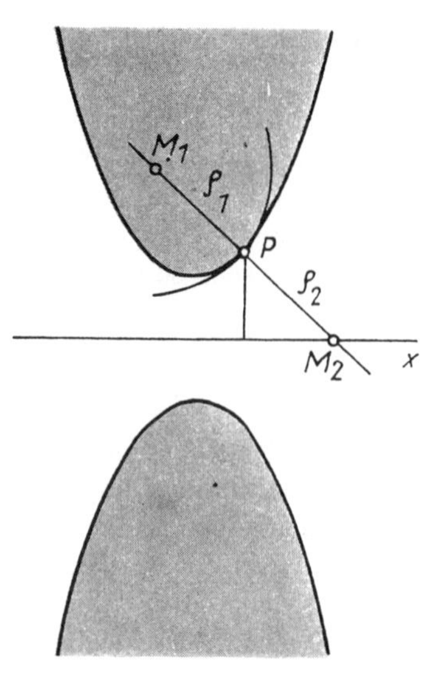

Abb. 81 Maridianschnitt des Katenoids

Flächenpunkt und Rotationsachse

$$|\varrho_2| = z\sqrt{1+z'^2} = \frac{1}{a}\cosh ax \cdot \sqrt{1+\sinh^2 ax} = \frac{1}{a}\cosh^2 ax, \tag{7-111}$$

andererseits ist nach (5-25) der Krümmungsradius der Kettenlinie

$$\varrho_1 = \frac{(1+z'^2)^{3/2}}{z''} = \frac{(1+\sinh^2 ax)^{3/2}}{a\cosh ax} = \frac{1}{a}\cosh^2 ax\,. \tag{7-112}$$

Flächen von mittlerer Krümmung Null heißen Minimalflächen, weil sie die Eigenschaft haben, eine gegebene räumliche Randkurve mit kleinster Oberfläche zu erfüllen. Würde man z. B. zwei parallele Kreise aus Draht mit einem Halbmesser an einer Mittelachse anlöten und dieses aus Rotationsachse und zwei Breitenkreisen bestehende Gebilde in eine Seifenlösung tauchen, so würde die zwischen den Kreisen gespannte Lamelle die Form des Katenoids annehmen. Der Beweis für diese Eigenschaft ist die Aufgabe der Variationsrechnung, die in Kapitel 13 behandelt wird.

7.4. Felder und Integralsätze

Wenn in einem Raumbereich eine ortsabhängige veränderliche Größe definiert ist, so existiert dort ein *Feld*. Ist den Raumpunkten eine *skalare Feldgröße* $f(x,y,z)$ [kurz auch $f(\boldsymbol{r})$ geschrieben] zugeordnet, so spricht man von einem *skalaren Feld* (z. B. Temperatur). Entsprechend wird ein Raum, in dem ein von Ort zu Ort veränderlicher Vektor $\boldsymbol{A}(x,y,z)$ [kurz $\boldsymbol{A}(\boldsymbol{r})$] definiert ist, von einem *Vektorfeld* erfüllt (z. B. Geschwindigkeit der Massenelemente einer strömenden Flüssigkeit). Schließlich kann auch ein ortsabhängiger Tensor $\mathbf{A}(x,y,z)$ kurz $\mathbf{A}(\boldsymbol{r})$ existieren, der dann ein *Tensorfeld* kennzeichnet (z. B. Spannungstensor). Alle Feldgrößen können auch noch *zeitabhängig* sein. Von physikalisch sinnvollen Feldern ist zu erwarten, daß ihre Feldgröße an jedem Raumpunkt *eindeutig* ist.

7.4.1. Gradient

Es sei ein skalares Feld $U(x,y,z) = U(\boldsymbol{r})$ gegeben. Alle Raumpunkte, für die $U(\boldsymbol{r}) = u_1 = \text{const}$ ist, liegen auf einer Fläche (vgl. Abschnitt 2.1.). Wählt man statt u_1 eine andere Konstante u_2 bzw. u_3 usw. ,so ergibt sich eine *Flächenschar*, die wir als *Niveauflächen* des skalaren Feldes $U(\boldsymbol{r})$ bezeichnen (Abb. 82). Geht man vom Punkt $P(\boldsymbol{r})$ zu einem beliebigen, benachbarten Punkt $P'(\boldsymbol{r} + \mathrm{d}\boldsymbol{r})$ über, so ergibt sich die Änderung

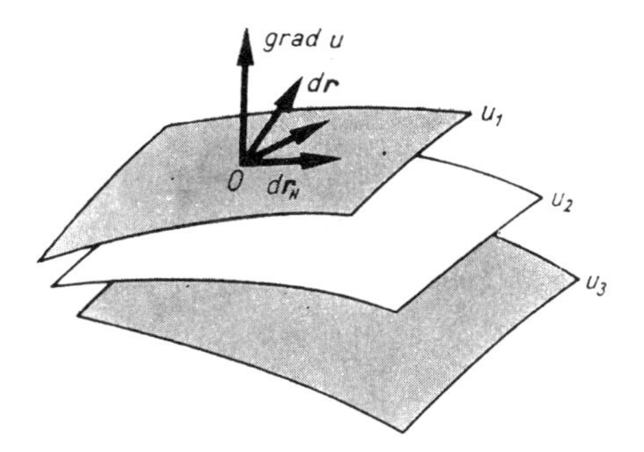

Abb. 82 Niveauflächen und Gradient

$\mathrm{d}U$ der Feldgröße $U(\boldsymbol{r})$ durch das vollständige Differential (vgl. 4-92)

$$\mathrm{d}U = \frac{\partial U}{\partial x}\,\mathrm{d}x + \frac{\partial U}{\partial y}\,\mathrm{d}y + \frac{\partial U}{\partial z}\,\mathrm{d}z\,.$$

Wegen (7-68) kann dieser Ausdruck mit einem Vektor

$$\frac{\partial U}{\partial x}\boldsymbol{i} + \frac{\partial U}{\partial y}\boldsymbol{j} + \frac{\partial U}{\partial z}\boldsymbol{k} = \operatorname{grad} U\,, \tag{7-113}$$

auch

$$\boxed{\mathrm{d}U = \mathrm{d}\boldsymbol{r}\cdot\operatorname{grad} U} \tag{7-114}$$

geschrieben werden. Wir nennen den Vektor (7-113), der das Gefälle des skalaren Feldes $U(\boldsymbol{r})$ angibt, den *Gradienten* von U (lat. gradere = schreiten) im Punkt P. Die Richtung von grad U erhalten wir, wenn wir einmal P und P' in der gleichen Niveaufläche annehmen (Fortschreitungsvektor $\mathrm{d}\boldsymbol{r}_N$ in Abb. 82). Dann ist $\mathrm{d}U = 0$, also nach (7-114) grad $U \perp \mathrm{d}\boldsymbol{r}_N$,d.h., grad U steht *senkrecht* auf der Niveaufläche. Gehen wir dagegen in beliebiger Fortschreitungsrichtung weiter, so liefert (7-114) mit $|\mathrm{d}\boldsymbol{r}| = \mathrm{d}s$

$$\mathrm{d}U = \mathrm{d}s\,|\operatorname{grad} U|\cos\vartheta\,,$$

wobei ϑ der Winkel zwischen $\mathrm{d}\boldsymbol{r}$ und grad U ist. Daraus sieht man, daß die Richtung senkrecht zur Niveaufläche (d. h. $\vartheta = 0$) diejenige des größten *Anstiegs* der Funktion $U(\boldsymbol{r})$ ist, und zwar gilt

$$|\operatorname{grad} U| = \frac{\mathrm{d}U}{\mathrm{d}s_\perp}\,. \tag{7-115}$$

Beispiel.

Eine Fläche sei in der Form $F(x, y, z) = 0$ gegeben. Wir betrachten die Niveauflächen der Funktion $F(x, y, z) = U$, von denen $U = 0$ die gegebene Fläche darstellt. Wir erhalten den Einheitsvektor der *Flächennormale*, wenn wir grad U durch seinen Betrag $\sqrt{(\operatorname{grad} U)^2}$ dividieren:

$$\boxed{\boldsymbol{N} = \frac{\operatorname{grad} U}{\sqrt{(\operatorname{grad} U)^2}}}\,. \tag{7-116}$$

Bildet $\boldsymbol{N}$ mit der x,y,z-Achse die Winkel α, β, γ, so ist nach (7-59) und (7-116)

$$\cos\alpha = \frac{F_x}{\sqrt{F_x^2 + F_y^2 + F_z^2}}\,,\quad \cos\beta = \frac{F_y}{\sqrt{F_x^2 + F_y^2 + F_z^2}}\,,\quad \cos\gamma = \frac{F_z}{\sqrt{F_x^2 + F_y^2 + F_z^2}}\,. \tag{7-117}$$

Die Gleichung der Berührungsebene an die Fläche im Punkt P_0 folgt daraus, daß die Projektionen aller Ortsvektoren dieser Ebene auf die Richtung von $\boldsymbol{N}$ in P_0 gleich der Projektion von $\boldsymbol{r}_0$ auf $\boldsymbol{N}$ sein müssen (vgl. Abb. 78): $\boldsymbol{r}\cdot\boldsymbol{N} = \boldsymbol{r}_0\cdot\boldsymbol{N}$. In Komponenten geschrieben folgt, wegen $\boldsymbol{N} = \cos\alpha\, \boldsymbol{i} + \cos\beta\, \boldsymbol{j} + \cos\gamma\, \boldsymbol{k}$,

$$\boxed{(x - x_0)\frac{\partial F}{\partial x} + (y - y_0)\frac{\partial F}{\partial y} + (z - z_0)\frac{\partial F}{\partial z} = 0} \tag{7-118}$$

als *Gleichung der Tangentenebene (Berührungsebene)* im Punkt x_0, y_0, z_0 der Fläche $F(x,y,z) = 0$.

Ähnlich wie in (4-128) kann man im Anschluß an (7-113) *formal* einen *Differentialoperator*

$$\boxed{\nabla := \frac{\partial}{\partial x}\boldsymbol{i} + \frac{\partial}{\partial y}\boldsymbol{j} + \frac{\partial}{\partial z}\boldsymbol{k}} \tag{7-119}$$

einführen, so daß z. B. $\nabla U = \operatorname{grad} U$ ist. Dieser Operator wurde von HAMILTON eingeführt und wegen der Ähnlichkeit des Symbols mit einem hebräischen Saiteninstrument als *Nabla* bezeichnet.

Wir bemerken, daß der Nablaoperator nur in solchen Bezugssystemen ohne Schwierigkeiten mehrfach hintereinander verwendet werden kann, in denen die Einheitsvektoren des Basissystems selbst *nicht* vom Ort abhängen, wie z. B. im kartesischen Koordinatensystem. Allgemein ist diese Bedingung für ein Koordinatensystem u, v, w genau dann erfüllt, wenn der Ortsvektor eine *lineare* Funktion der Koordinaten ist. Solche Koordinatensysteme gehen aus dem kartesischen System gerade durch die Transformation (3-57) hervor, die man auch als *affine* Koordinatensysteme bezeichnet. Solche Systeme haben wie das kartesische als Koordinatenkurven stets Geraden, die im Gegensatz zum kartesischen System aber nicht mehr paarweise senkrecht aufeinanderstehen.

Indem wir (7-71) benutzen, bekommen wir aus (7-114) auch

$$\boxed{\frac{\mathrm{d}U}{\mathrm{d}s} = \boldsymbol{t} \cdot \nabla U}\,. \tag{7-120}$$

Bildet der Einheitsvektor $\boldsymbol{t}$ mit der x,y,z-Achse die Winkel α, β, γ, so ist nach (7-59) $\boldsymbol{t} = \cos\alpha\boldsymbol{i} + \cos\beta\boldsymbol{j} + \cos\gamma\boldsymbol{k}$, also $\frac{\mathrm{d}U}{\mathrm{d}s} = \cos\alpha\frac{\partial U}{\partial x} + \cos\beta\frac{\partial U}{\partial y} + \cos\gamma\frac{\partial U}{\partial z}$. Im Zweidimensionalen begegnete uns diese Form in der Gestalt (4-95), nämlich als Richtungsableitung. Man bezeichnet auch (7-120) als *Richtungsableitung* von U in Richtung $\boldsymbol{t}$.

Bilden wir in dem vom skalaren Feld $U(\boldsymbol{r})$ erfüllten Raum zwischen zwei Punkten P_B und P_A das Integral

$$\int_{x_A}^{x_B} U\,\mathrm{d}x\,\boldsymbol{i} + \int_{y_A}^{y_B} U\,\mathrm{d}y\,\boldsymbol{j} + \int_{z_A}^{z_B} U\,\mathrm{d}z\,\boldsymbol{k} = \int_A^B U\,\mathrm{d}\boldsymbol{r},$$

so läßt sich für eine Raumkurve $\boldsymbol{r}(s)$, die durch P_A und P_B geht, auch $\int_A^B U\,\mathrm{d}\boldsymbol{r} = \int_A^B U\boldsymbol{t}\,\mathrm{d}s$ schreiben. Damit kommen wir zum Kurvenintegral (6-91) zurück, das hier längs der durch $\boldsymbol{t}$ bestimmten Richtung zwischen P_A und P_B ausgeführt wird.

7.4.2. Vektorfelder

Der Gradient ∇U ordnet jedem Raumpunkt, in dem das skalare Feld $U(\boldsymbol{r})$ differenzierbar ist, einen Vektor zu. Damit haben wir bereits ein Vektorfeld kennengelernt. Hier sollen einige allgemeine Eigenschaften beliebiger Vektorfelder erwähnt werden.

Als *Vektorlinie* oder *Feldlinie* bezeichnet man eine *Raumkurve*, deren *Tangentenrichtung* in *jedem Raumpunkt* mit der zu diesem Punkt gehörenden *Richtung des Vektorfeldes* zusammenfällt. Aus dieser Definition ergibt sich sofort die Bestimmungsgleichung für die Feldlinien. Denn nach (7-71) hat $\mathrm{d}\boldsymbol{r}$ die Richtung der Tangente an die Raumkurve $\boldsymbol{r}(u)$. Soll $\boldsymbol{A}(\boldsymbol{r})$ parallel zu $\mathrm{d}\boldsymbol{r}$ sein, so muß überall

$$\boxed{\mathrm{d}\boldsymbol{r}\times\boldsymbol{A}=0} \tag{7-121}$$

sein, also in kartesischen Koordinaten

$$\boxed{\frac{\mathrm{d}x}{A_1}=\frac{\mathrm{d}y}{A_2}=\frac{\mathrm{d}z}{A_3}}\,. \tag{7-122}$$

Diese *Bestimmungsgleichung* für die *Feldlinien* ist also eine Differentialgleichung, deren Behandlung wir in Kapitel 10 besprechen.

Denkt man sich im Vektorfeld eine geschlossene Kurve, so bilden alle Feldlinien, die durch diese Kurve gehen, eine Röhre, genannt *Feldröhre.*

Ist das Vektorfeld speziell ein Geschwindigkeitsfeld $\boldsymbol{v}(\boldsymbol{r})$ (z. B. in einer strömenden Flüssigkeit), so spricht man auch von *Stromlinien* und *Stromröhren.* Wenn $\boldsymbol{A}$ eine Feldstärke kennzeichnet (z. B. elektrische bzw. magnetische Feldstärke), so spricht man von *Kraftlinien und Kraftröhren.*

Betrachten wir nun die Änderung eines Vektorfeldes $\boldsymbol{A}(\boldsymbol{r}) = A_1(\boldsymbol{r})\,\boldsymbol{i} + A_2(\boldsymbol{r})\,\boldsymbol{j} + A_3(\boldsymbol{r})\,\boldsymbol{k}$ längs einer vorgegebenen Raumkurve $\boldsymbol{r}(s)$. Da die Einheitsvektoren des Basissystems ortsunabhängig sind, ergibt sich

$$\frac{\mathrm{d}\boldsymbol{A}}{\mathrm{d}s}=\frac{\mathrm{d}A_1}{\mathrm{d}s}\boldsymbol{i}+\frac{\mathrm{d}A_2}{\mathrm{d}s}\boldsymbol{j}+\frac{\mathrm{d}A_3}{\mathrm{d}s}\boldsymbol{k}\,. \tag{7-123}$$

Setzen wir $x = x_1$, $y = x_2$, $z = x_3$, so folgt nach (7-123)

$$\frac{\mathrm{d}A_i}{\mathrm{d}s}=\sum_{j=1}^{3}\frac{\partial A_i}{\partial x_j}\,\frac{\mathrm{d}x_j}{\mathrm{d}s} \qquad (i=1,2,3)\,, \tag{7-124}$$

d. h., die Matrix $\left(\frac{\partial A_i}{\partial x_j}\right)$ verknüpft zwei Vektoren, ist also nach (7-8) ein Tensor zweiter Stufe[1]).

Mit (7-67, 7-71) und (7-119) lassen sich die Richtungsableitungen (7-124)

$$\frac{\mathrm{d}A_i}{\mathrm{d}s}=\boldsymbol{t}\cdot\nabla A_i \qquad (i=1,2,3)\,,$$

schreiben, so daß

$$\boxed{\frac{\mathrm{d}\boldsymbol{A}}{\mathrm{d}s}=(\boldsymbol{t}\cdot\nabla A_1)\,\boldsymbol{i}+(\boldsymbol{t}\cdot\nabla A_2)\boldsymbol{j}+(\boldsymbol{t}\cdot\nabla A_3)\,\boldsymbol{k}=(\boldsymbol{t}\cdot\nabla)\,\boldsymbol{A}} \tag{7-125}$$

---

[1] Einige Autoren bezeichnen $B_{ij} = \frac{\partial A_i}{\partial x_j}$ als Maßzahlen eines Vektorgradienten von $\boldsymbol{A}$ (genauer: Gradiententensor von $\boldsymbol{A}$), der symbolisch $\mathsf{B} = \operatorname{Grad} \boldsymbol{A}$ geschrieben wird. Im Gegensatz zu grad U in (7-114) ist der Vektorgradient ein Tensor, durch den sich (7-125) in der Form $\frac{\mathrm{d}\boldsymbol{A}}{\mathrm{d}s} = \boldsymbol{t} \operatorname{Grad} \boldsymbol{A}$ schreiben läßt. Man beachte, daß Grad $\boldsymbol{A}$ nichts mit Grad U von (7-154) zu tun hat

die *Richtungsableitung* von $\boldsymbol{A}$ in Richtung $\boldsymbol{t}$ ist, wobei $\mathrm{d}s$ das Bogenelement der zu $\boldsymbol{t}$ gehörenden Raumkurve bedeutet.

Analog zum Kurvenintegral des vorigen Abschnitts lassen sich hier zwei verschiedene bilden, nämlich das

skalare Kurvenintegral $\int_A^B \boldsymbol{A} \cdot \mathrm{d}\,\boldsymbol{r}$ und das *vektorielle Kurvenintegral* $\int_A^B \boldsymbol{A} \times \mathrm{d}\boldsymbol{r}$.

Von (6-98) wissen wir, daß die Integration $\int_A^B \boldsymbol{A} \cdot \boldsymbol{t}\, \mathrm{d}s$ längs der Kurve $\boldsymbol{r}(s)$ nur dann vom Weg unabhängig ist, wenn $\boldsymbol{A} \cdot \boldsymbol{t}\, \mathrm{d}s = \boldsymbol{A} \cdot \mathrm{d}\,\boldsymbol{r}$ ein vollständiges Differential ist. Notwendig und hinreichend dafür ist nach (4-108, 4-110)

$$\frac{\partial A_i}{\partial x_j} = \frac{\partial A_j}{\partial x_i}, \quad (i,j = 1,2,3)\,. \tag{7-126}$$

Dann existiert nach (4-109) eine Funktion $U(\boldsymbol{r})$, für die $A_i = \dfrac{\partial U}{\partial x_i}$ ist, d. h.,

$$\boldsymbol{A} = \mathrm{grad}\, U \tag{7-127}$$

ist *notwendig* und *hinreichend* dafür, daß das Kurvenintegral

$$\int_A^B \boldsymbol{A} \cdot \mathrm{d}\boldsymbol{r} = \int_A^B \mathrm{d}U = U_B - U_A$$

unabhängig vom Weg ist, auf dem man von P_A nach P_B gelangt.

Beispiel.

Wird durch eine Kraft $\boldsymbol{K}$ ein Massenpunkt um das Stück $\mathrm{d}\boldsymbol{r}$ verschoben, so leistet diese Kraft die Arbeit $\mathrm{d}A = \boldsymbol{K} \cdot \mathrm{d}\boldsymbol{r}$. Diese zwischen zwei Raumpunkten P_α und P_β geleistete Arbeit $A = \int_\alpha^\beta \boldsymbol{K} \cdot \mathrm{d}\boldsymbol{r}$ ist demnach nur vom Weg unabhängig, wenn $\boldsymbol{K} = \mathrm{grad}\, \varphi$ ist, d. h. wenn eine Feldfunktion $\varphi(\boldsymbol{r})$ existiert, aus der die Kraft ableitbar ist vgl. (6-101). Solche Kräfte nennt man *konservativ*. Im allgemeinen führt man eine Funktion $V(\boldsymbol{r}) = -\varphi(\boldsymbol{r})$ ein, die sich als *potentielle Energie* deuten läßt. Zur Klasse dieser Felder gehört das Gravitationsfeld und das elektrostatische Feld.

Neben den Kurvenintegralen treten in den folgenden Abschnitten Flächenintegrale für *nichtebene* Flächen auf. Solche Integrale kann man mit Hilfe der Integrale über Ebenenstücke definieren. Auf einem abgeschlossenen Gebiet F einer uv-Ebene sei ein Flächenstück F definiert durch $\boldsymbol{r}(u,v) = (x(u,v),\ y(u,v),\ z(u,v))$. Auf dieser Fläche im dreidimensionalen Raum wählen wir einen Punkt $P(\boldsymbol{r})$ und betrachten das Flächenelement $\mathrm{d}S$ der in P berührenden Tangentialebene, das von $\mathrm{d}_u\boldsymbol{r} = \boldsymbol{r}_u \mathrm{d}u$ und $\mathrm{d}_v\boldsymbol{r} = \boldsymbol{r}_v\, \mathrm{d}v$ begrenzt wird. Nach (7-88) ist dessen Flächeninhalt $\mathrm{d}S = |\mathrm{d}_u\boldsymbol{r} \times \mathrm{d}_v\boldsymbol{r}|$, und man nennt

$$\mathrm{d}\boldsymbol{f} := \boldsymbol{n}\, \mathrm{d}S = \mathrm{d}_u\boldsymbol{r} \times \mathrm{d}_v\boldsymbol{r} \tag{7-128}$$

das *orientierte Flächenelement* der Fläche F im Punkt P, wobei $\boldsymbol{n}$ die Flächennormale (vgl. 7-87) ist. Wenn jedem Punkt der Fläche F ein orientiertes Flächenelement (7-128) zugeordnet werden kann und beim stetigen Übergang von einem Punkt zu einem anderen die Orientierung des einen Flächenelements in die des anderen übergeht, heißt die Fläche F *orientierbar*. Bezogen auf ein kartesisches Koordinatensystem lautet (7-128) wegen (7-38) und (7-55)

$$\mathrm{d}\boldsymbol{f} = \left[\frac{\partial\,(y,z)}{\partial\,(u,v)}\boldsymbol{i} + \frac{\partial\,(z,x)}{\partial\,(u,v)}\boldsymbol{j} + \frac{\partial\,(x,y)}{\partial\,(u,v)}\boldsymbol{k}\right]\mathrm{d}u\,\mathrm{d}v\,. \tag{7-129}$$

Für ein auch auf F definiertes Vektorfeld $\boldsymbol{A}(\boldsymbol{r}) = A_1(x,y,z)\boldsymbol{i} + A_2(x,y,z)\boldsymbol{j} + A_3(x,y,z)\boldsymbol{k}$ ergibt sich also $\boldsymbol{A}\cdot\mathrm{d}\boldsymbol{f} = [A_1\frac{\partial(y,z)}{\partial(u,v)} + A_2\frac{\partial(z,x)}{\partial(u,v)} + A_3\frac{\partial(x,y)}{\partial(u,v)}]\,\mathrm{d}u\mathrm{d}v$, so daß mit (6-114) durch

$$\int\limits_F \boldsymbol{A}\cdot\mathrm{d}\boldsymbol{f} = \iint\limits_{\tilde F}\left[\tilde A_1(u,v)\frac{\partial\,(y,z)}{\partial\,(u,v)} + \tilde A_2(u,v)\frac{\partial\,(z,x)}{\partial\,(u,v)} + \tilde A_3(u,v)\frac{\partial\,(x,y)}{\partial\,(u,v)}\right]\mathrm{d}u\,\mathrm{d}v \tag{7-130}$$

ein *Flächenintegral* für eine *nichtebene orientierte Fläche* (auch *Oberflächenintegral* genannt) definiert wird. Die Forderung (6-110) für alle Funktionaldeterminanten hat zur Folge, daß eine für $\tilde F$ in der uv-Ebene definierte Orientierung auf F übertragen wird. Man kann sich durch Einführung neuer Parameter leicht davon überzeugen, daß (7-130) gegenüber Parametertransformation invariant ist.

Beispiel.

Berechne die Wirkung einer geladenen Kugelfläche vom Radius R auf eine in einem äußeren Punkt D befindliche Ladungseinheit.

Nennen wir $\mathrm{d}S$ ein Flächenelement der Kugel, r dessen Entfernung von D und σ die Dichte der Ladung, dann ist das Potential in D[1] $V = \int\frac{\sigma\mathrm{d}S}{r}$, wobei über die ganze Oberfläche zu integrieren ist.

a) Wir nehmen zunächst an, daß die Dichte überall gleich groß ist, und wählen den Kugelmittelpunkt M als Ursprung, ferner den Punkt, wo die Verbindungslinie von D mit M die Oberfläche schneidet, zum Kugelpol P. Man erreicht hierdurch, daß r nicht von φ (der Länge) sondern nur von ϑ (dem Polabstand) abhängt. Wir setzen ferner $MD = l$. Nach dem Kosinussatz (7-50) folgt

$$r^2 = l^2 + R^2 - 2lR\cos\vartheta\,. \tag{7-131}$$

Da für die Kugel das Flächenelement $\mathrm{d}S = R^2\sin\vartheta\,\mathrm{d}\vartheta$ ist (vgl. Abschnitt 6.6.), erhält man

$$V = \sigma R^2\int\limits_0^\pi\int\limits_0^{2\pi}\frac{\sin\vartheta\,\mathrm{d}\vartheta\,\mathrm{d}\varphi}{r}\,.$$

r hängt nach (7-131) nicht von φ ab, die Integration über φ gibt daher

$$V = 2\pi\sigma R^2\int\limits_0^\pi\frac{\sin\vartheta\,\mathrm{d}\vartheta}{r}\,. \tag{7-132}$$

Um dieses Integral zu berechnen, wählen wir anstatt ϑ den Abstand r als Veränderliche, wobei wir die durch Differentiation aus (7-131) sich ergebende Beziehung $r\,\mathrm{d}r = lR\sin\vartheta\,\mathrm{d}\vartheta$ benutzen. Die neuen Grenzen ergeben sich, wenn wir in (7-131) ϑ einmal gleich Null, das andere Mal gleich π setzen; wir finden dann $r = l - R$ und $r = l + R$. Die Gleichung (7-132) geht hierdurch über in

$$V = \frac{2\pi\sigma R}{l}\int\limits_{l-R}^{l+R}\mathrm{d}r = \frac{4\pi\sigma R^2}{l}\,.$$

[1] Nach dem Coulombschen Gesetz (Coulomb 1736—1806) stoßen sich die Elektrizitätsmengen $\sigma\mathrm{d}S$ und 1 in der Entfernung r mit einer Kraft $\frac{\sigma\mathrm{d}S}{r^2}$ ab. Das Potential ist dann $-\frac{\sigma\mathrm{d}S}{r}$

b) Zweitens wollen wir den Fall behandeln, daß die Dichte dem Kosinus des sphärischen Abstandes $QA = \psi$ proportional ist, wobei Q einen laufenden Punkt und A einen festen Punkt der Kugelfläche bezeichnet.
Die eine Hälfte der Kugel hat dann eine positive, die andere eine negative Ladung: der größte Kreis, dessen Pol A ist, trennt die beiden Hälften voneinander. Längs dieses Kreises ist $\sigma = 0$; die größte Dichte findet sich in A und in dem diametral gegenüberliegenden Punkt. Bezeichnet man mit σ_0 die Dichte in A, so ist in jedem anderen Punkt $\sigma = \sigma_0 \cos \psi$.

Um das Potential für den Punkt D zu berechnen, wählen wir wieder den D zugekehrten Punkt P zum Kugelpol; überdies legen wir den größten Kreis, von welchem an wir rechnen, durch A. Setzen wir noch $\sphericalangle AMD = \alpha$, so folgt aus dem sphärischen Dreieck QAP (vgl. 7-53) $\cos \psi = \cos \alpha \cos \vartheta + \sin \alpha \sin \vartheta \cos \varphi$.
Das Potential ist also

$$V = \sigma_0 R^2 \int_0^{\pi} \int_0^{2\pi} \frac{\cos \alpha \cos \vartheta + \sin \alpha \sin \vartheta \cos \varphi}{r} \sin \vartheta \, \mathrm{d}\vartheta \, \mathrm{d}\varphi \, .$$

Integriert man zuerst über φ, so liefert das zweite Glied des Zählers den Wert 0, also:

$$V = 2\pi \sigma_0 R^2 \cos \alpha \int_0^{\pi} \frac{\cos \vartheta \sin \vartheta \, \mathrm{d}\vartheta}{r} \, .$$

Hier wollen wir wieder r als Veränderliche einführen, wobei für $\cos \vartheta$ der sich aus (7-131) ergebende Wert zu setzen ist. Schließlich wird

$$V = \frac{\pi \sigma_0 \cos \alpha}{l^2} \int_{l-R}^{l+R} (l^2 + R^2 - r^2) \, \mathrm{d}r = \frac{4}{3} \, \frac{\pi \sigma_0 R^3 \cos \alpha}{l^2} \, .$$

Wir überlassen es dem Leser, das Potential zu berechnen, welches die beiden betrachteten Elektrizitätsverteilungen in einem inneren Punkt hervorbringen. Liegt dieser auf der Linie MP in der Entfernung l vom Mittelpunkt, so hat man die abgeleiteten Formeln nur so zu ändern, daß man bei der letzten Integration als untere Grenze $R - l$ statt $l - R$ nimmt.

7.4.3. Rotation und Integralsatz von Stokes

Nicht alle Vektorfelder lassen sich als Gradient darstellen, d. h. das Integral $\oint \boldsymbol{A} \cdot \mathrm{d}\boldsymbol{r}$, längs einer geschlossenen Kurve $\mathfrak{C}$ genommen, verschwindet nicht immer. Der Wert des Umlaufintegrals um eine kleine Fläche ist von der speziellen Form unabhängig, er hängt aber von der Stellung der von der Kurve $\mathfrak{C}$ umrandeten Fläche ab. Wenn z. B. ein Vektorfeld $\boldsymbol{v}(\boldsymbol{r})$ überall gleiche Richtung hat, der Betrag des Vektors aber senkrecht zu seiner Richtung zunimmt (Abb. 83), so verschwindet das Umlaufintegral sicher beim Umlaufen eines kleinen ebenen Rechtecks, wenn dieses mit seiner Ebene senkrecht zur Richtung von $\boldsymbol{v}$ liegt; es verschwindet aber nicht, wenn es in einer Ebene liegt, die unterschiedliche $\boldsymbol{v}$ enthält (Abb. 83a und b). Zwar geben die beiden zu $\boldsymbol{v}$ senkrechten Teile des Weges wieder keinen Beitrag, aber der Beitrag der beiden waagerechten Teile verschwindet nicht, weil trotz entgegengesetzter Richtung, in der die beiden Wege durchlaufen werden, der Betrag des oberen größer ist als der des unteren.

Für ein beliebiges Vektorfeld $\boldsymbol{A}(\boldsymbol{r})$ wollen wir das Umlaufintegral $\oint \boldsymbol{A} \cdot \mathrm{d}\boldsymbol{r}$ für die Randkurve eines beliebig orientierten Flächenstücks F berechnen, das durch $\boldsymbol{r}(u,v)$ beschrieben wird. Auf dieser Fläche wählen wir einen Punkt $P(\boldsymbol{r})$ und betrachten das Flächenelement $\mathrm{d}S$ (vgl. 7-128). Wir berechnen $\boldsymbol{A} \cdot \mathrm{d}\boldsymbol{r}$ längs des Parallelogramms, das

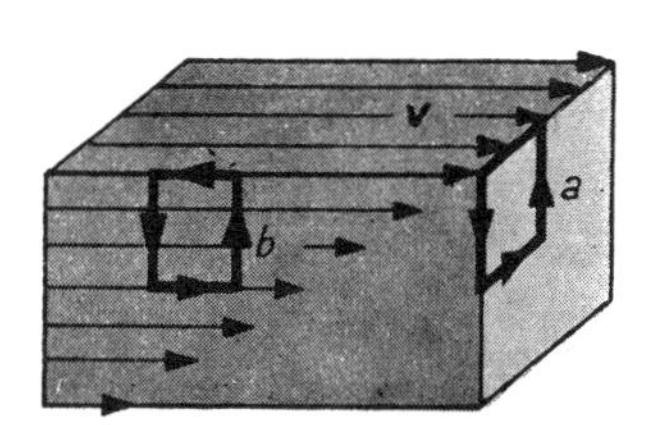

Abb. 83 Zur Abhängigkeit des Umlaufintegrals von der Stellung der umlaufenen Fläche

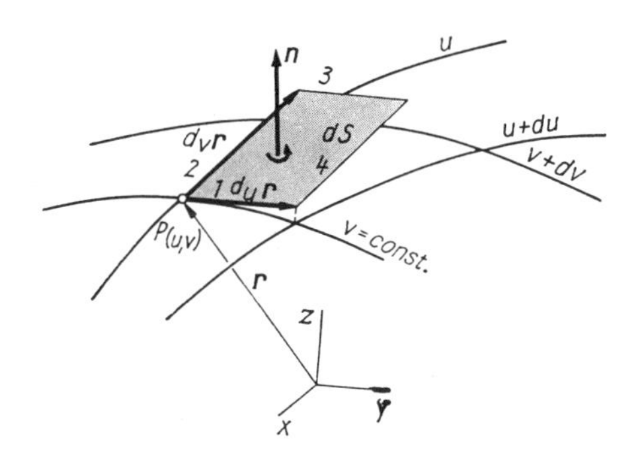

Abb. 84 Zum STOKESschen Integralsatz

den Rand von dS bildet. Dabei ist der Umlaufsinn durch (7-128) festgelegt, und entsprechend der in Abb. 84 angegebenen Numerierung wählen wir den Wert von $\boldsymbol{A}$ so, daß längs der Strecken 1 und 2: $\boldsymbol{A}_1 = \boldsymbol{A}_2 = \boldsymbol{A}(u,v)$ ist und längs der Strecke 3: $\boldsymbol{A}_3 = \boldsymbol{A}(u,v + \mathrm{d}v)$ bzw. längs der Strecke 4: $\boldsymbol{A}_4 = \boldsymbol{A}(u + \mathrm{d}u, v)$. Wir benutzen also gerade den $\boldsymbol{A}$-Wert jenes Eckpunktes, an den die betrachtete Strecke in Richtung wachsender u- bzw. v-Werte anschließt. Nach (4-80) ist für hinreichend kleine Werte von du bzw. dv näherungsweise

$$\boldsymbol{A}_3 = \boldsymbol{A}(u, v + \mathrm{d}v) = \boldsymbol{A}(u, v) + \left(\frac{\partial \boldsymbol{A}}{\partial v}\right)_{u,\,v} \mathrm{d}v\,,$$

$$\boldsymbol{A}_4 = \boldsymbol{A}(u + \mathrm{d}u, v) = \boldsymbol{A}(u.\,v) + \left(\frac{\partial \boldsymbol{A}}{\partial u}\right)_{u,\,v} \mathrm{d}u\,,$$

also

$$\oint \boldsymbol{A} \cdot \mathrm{d}\boldsymbol{r} = \boldsymbol{A}_1 \cdot \mathrm{d}_u\boldsymbol{r} - \boldsymbol{A}_2 \cdot \mathrm{d}_v\boldsymbol{r} - \boldsymbol{A}_3 \cdot \mathrm{d}_u\boldsymbol{r} + \boldsymbol{A}_4 \cdot \mathrm{d}_v\boldsymbol{r}$$

$$= \left(\frac{\partial \boldsymbol{A}}{\partial u} \cdot \mathrm{d}_v\boldsymbol{r}\right)\mathrm{d}u - \left(\frac{\partial \boldsymbol{A}}{\partial v} \cdot \mathrm{d}_u\boldsymbol{r}\right)\mathrm{d}v = \left[\frac{\partial \boldsymbol{A}}{\partial u} \cdot \boldsymbol{r}_v - \frac{\partial \boldsymbol{A}}{\partial v}\,\boldsymbol{r}_u\right]\mathrm{d}u\,\mathrm{d}v\,.$$

Da d$S = |\boldsymbol{r}_u \times \boldsymbol{r}_v|$ du dv ist, wird

$$\boxed{\frac{\oint \boldsymbol{A} \cdot \mathrm{d}\boldsymbol{r}}{\mathrm{d}S} = \frac{1}{|\boldsymbol{r}_u \times \boldsymbol{r}_v|}\left(\frac{\partial \boldsymbol{A}}{\partial u} \cdot \boldsymbol{r}_v - \frac{\partial \boldsymbol{A}}{\partial v} \cdot \boldsymbol{r}_u\right)} \tag{7-133}$$

unabhängig von der Größe des Flächenelements dS. (7-133) ist demnach eine Größe, die wir jedem Raumpunkt zuordnen können, in dem $\boldsymbol{A}$ differenzierbar ist. Wir wollen die rechte Seite von (7-133) jetzt im kartesischen Koordinatensystem näher betrachten. Dann ist

$$\frac{\partial \boldsymbol{A}}{\partial u} \cdot \boldsymbol{r}_v - \frac{\partial \boldsymbol{A}}{\partial v} \cdot \boldsymbol{r}_u = x_v \frac{\partial A_1}{\partial u} - x_u \frac{\partial A_1}{\partial v} + y_v \frac{\partial A_2}{\partial u} - y_u \frac{\partial A_2}{\partial v} + z_v \frac{\partial A_3}{\partial u} - z_u \frac{\partial A_3}{\partial v}\,.$$

Die Richtungsableitungen formen wir nach (7-120) um und erhalten

$$\frac{\partial A_i}{\partial u} = \boldsymbol{r}_u \cdot \nabla A_i \quad \text{bzw.} \quad \frac{\partial A_i}{\partial v} = \boldsymbol{r}_v \cdot \nabla A_i\,.$$

Lösen wir diese skalaren Produkte im kartesischen Koordinatensystem auf, so ergibt sich schließlich

$$\frac{\partial \boldsymbol{A}}{\partial u} \cdot \boldsymbol{r}_v - \frac{\partial \boldsymbol{A}}{\partial v} \cdot \boldsymbol{r}_u = (y_u z_v - z_u y_v)\left(\frac{\partial A_3}{\partial y} - \frac{\partial A_2}{\partial z}\right) + (x_v z_u - x_u z_v)\left(\frac{\partial A_1}{\partial z} - \frac{\partial A_3}{\partial x}\right)$$
$$+ (x_u y_v - x_v y_u)\left(\frac{\partial A_2}{\partial x} - \frac{\partial A_1}{\partial y}\right).$$

Diesen Ausdruck können wir offenbar als skalares Produkt zwischen $\boldsymbol{r}_u \times \boldsymbol{r}_v$ und einem Vektor auffassen, den man mit rot $\boldsymbol{A}$, d. h. *Rotation* von $\boldsymbol{A}$ bezeichnet[1]). Für diesen Vektor muß gelten:

$$\operatorname{rot} \boldsymbol{A} = \left(\frac{\partial A_3}{\partial y} - \frac{\partial A_2}{\partial z}\right)\boldsymbol{i} + \left(\frac{\partial A_1}{\partial z} - \frac{\partial A_3}{\partial x}\right)\boldsymbol{j} + \left(\frac{\partial A_2}{\partial x} - \frac{\partial A_1}{\partial y}\right)\boldsymbol{k}$$
$$= \begin{vmatrix} \boldsymbol{i} & \boldsymbol{j} & \boldsymbol{k} \\ \frac{\partial}{\partial x} & \frac{\partial}{\partial y} & \frac{\partial}{\partial z} \\ A_1 & A_2 & A_3 \end{vmatrix} = \nabla \times \boldsymbol{A} \qquad (7\text{-}134)$$

Da nach (7-132) $\boldsymbol{n} = \frac{\boldsymbol{r}_u \times \boldsymbol{r}_v}{|\boldsymbol{r}_u \times \boldsymbol{r}_v|}$ ist, läßt sich (7-133) schreiben:

$$\frac{\oint \boldsymbol{A} \cdot \mathrm{d}\boldsymbol{r}}{\mathrm{d}S} = \boldsymbol{n} \cdot \operatorname{rot} \boldsymbol{A} = \operatorname{rot}_n \boldsymbol{A} \qquad (7\text{-}135)$$

für ein hinreichend kleines Flächenelement $\mathrm{d}S$. Exakter formuliert gilt

$$\lim_{\Delta F \to 0} \frac{1}{\Delta F} \oint \boldsymbol{A} \cdot \mathrm{d}\boldsymbol{r} = \operatorname{rot}_n \boldsymbol{A}, \qquad (7\text{-}136)$$

vorausgesetzt, daß $\boldsymbol{A}$ am Punkt $P(\boldsymbol{r})$ *endlich, eindeutig* und *differenzierbar* ist.

(7-136) ist die *Definitionsgleichung* für den Vektor rot $\boldsymbol{A}$, dessen kartesische Komponenten wir in (7-134) notierten. Die formale Schreibweise rot $\boldsymbol{A} = \nabla \times \boldsymbol{A}$ zeigt, daß die Rotation eines Vektors $\boldsymbol{A}$ zu den axialen Vektoren gehört, die einen Drehsinn angeben, der hier durch das Umlaufintegral festgelegt ist.

Wir denken uns ein größeres beliebig geformtes Flächenstück, von dem wir voraussetzen, daß es einfach zusammenhängend ist (vgl. Abschnitt 6.5.), d. h. *jede beliebige* geschlossene Kurve auf der Fläche läßt sich auf einen Punkt zusammenziehen. Eine ringförmige Fläche z. B. ist also ausgeschlossen, weil man bei dieser eine die innere Begrenzung umschließende Kurve nicht auf einen Punkt zusammenziehen kann. Eine solche Fläche muß erst durch geeignet gelegte Schnitte (Sperrlinie) in eine einfach zusammenhängende verwandelt werden. Verbindet man z. B. bei einem Kreisring den inneren und den äußeren Kreis durch eine Sperrlinie, die nicht überschritten werden darf, so können keine geschlossenen Kurven mehr gezogen werden, welche den inneren Kreis umschließen (Abb. 85). Das Flächenstück zerlegen wir in eine große Anzahl von Flächenelementen (Abb. 86). Wenn wir für jedes dieser Elemente $\oint \boldsymbol{A} \cdot \mathrm{d}\boldsymbol{r} = \mathrm{d}S \operatorname{rot}_n \boldsymbol{A}$ bilden und alle diese Gleichungen addieren, so bleibt links nur der Umlauf um die äußere Berandung, weil die im Innern gelegenen Grenzen der einzelnen Flächenelemente

[1] Im englischen Sprachbereich wird curl $\boldsymbol{A}$ statt rot $\boldsymbol{A}$ geschrieben

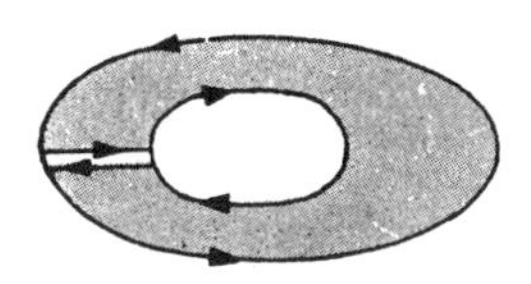

Abb. 85 Mehrfach zusammenhängender Bereich durch Sperrlinie einfach zusammenhängend gemacht

Abb. 86 Zum STOKESschen Integralsatz

immer zweimal im entgegengesetzten Sinn durchlaufen werden und solange $\boldsymbol{A}$ stetig ist, die gleichen Beiträge mit entgegengesetztem Vorzeichen liefern. Wegen (7-130) erhalten wir, wenn das Symbol F am Integral zur Vereinfachung weggelassen wird,

$$\boxed{\oint \boldsymbol{A} \cdot \mathrm{d}\boldsymbol{r} = \int \operatorname{rot} \boldsymbol{A} \cdot \mathrm{d}\boldsymbol{f}}, \tag{7-137}$$

den *Integralsatz von* STOKES (1819—1903). Das Linienintegral $\oint \boldsymbol{A} \cdot \mathrm{d}\boldsymbol{r}$, genommen um eine geschlossene Kurve, ist gleich dem Flächenintegral der Rotation von $\boldsymbol{A}$, genommen für eine beliebige, von dieser Kurve berandete Fläche. Die Zuordnung der Flächennormale zum Umlaufsinn der *Randkurve* muß dabei so getroffen werden, daß in Richtung der Normale gesehen der Umlauf im Uhrzeigersinn erfolgt (vgl. Abb. 25). Bei mehrfach zusammenhängenden Bereichen (Abb. 85), die durch Sperrlinien zusammenhängend gemacht sind, werden einheitliche Randkurven in einem Zug umlaufen, wobei die Sperrlinien zweimal in entgegengesetzter Richtung durchlaufen werden und damit zum Integral nichts beitragen. Für *jede geschlossene Fläche F* ergibt sich aus (7-137)

$$\oint_F \operatorname{rot} \boldsymbol{A} \cdot \mathrm{d}\boldsymbol{f} = 0 . \tag{7-138}$$

Ferner folgt aus (**7-137**):
Wenn in einem einfach zusamenhängenden Raumbereich rot $\boldsymbol{A} = 0$ ist, so gilt für jede differenzierbare geschlossene Kurve $\oint \boldsymbol{A} \cdot \mathrm{d}\boldsymbol{r} = 0$. Dann ist nach (**7-127**) *notwendig* $\boldsymbol{A} = \operatorname{grad} U$. Ist umgekehrt $\boldsymbol{A} = \operatorname{grad} U$, so folgt wegen (7-126) und (7-134) auch rot $\boldsymbol{A} = 0$. Somit gilt: *Notwendig und hinreichend* für rot $\boldsymbol{A} = 0$ ist $\boldsymbol{A} = \operatorname{grad} U$. Im Anschluß an die Hydrodynamik, wo an die Stelle des beliebigen Vektors $\boldsymbol{A}$ in (7-137) eine Geschwindigkeit $\boldsymbol{v}$ tritt, nennt man $\oint \boldsymbol{A} \cdot \mathrm{d}\boldsymbol{r}$ allgemein die *Zirkulation.*

Schließlich sei noch erwähnt, daß mit Hilfe des Nablavektors eine nützliche Vektorbeziehung abgeleitet werden kann. Ist λ ein ortsabhängiger Skalar, so gilt nach (7-134) und (7-39)

$$\operatorname{rot} \lambda \boldsymbol{B} = \nabla \times \lambda \boldsymbol{B} = \lambda \nabla \times \boldsymbol{B} + \nabla \lambda \times \boldsymbol{B} = \lambda \operatorname{rot} \boldsymbol{B} + \operatorname{grad} \lambda \times \boldsymbol{B} . \tag{7-139}$$

Diese Beziehung benutzten wir, um für den STOKESschen Satz eine andere Form abzuleiten. Ist nämlich $\boldsymbol{A}(\boldsymbol{r}) = U(\boldsymbol{r})\boldsymbol{e}_A$, also nur der Betrag von $\boldsymbol{A}$ ortsabhängig, nicht aber seine Richtung, so folgt rot $\boldsymbol{A} = \operatorname{grad} U \times \boldsymbol{e}_A$, und (7-137) ergibt

$$\boldsymbol{e}_A \cdot \left(\oint U \,\mathrm{d}\boldsymbol{r} - \int \mathrm{d}\boldsymbol{f} \times \operatorname{grad} U\right) = 0 .$$

Da $\boldsymbol{e}_A$ beliebig gewählt werden kann, muß

$$\boxed{\oint U \,\mathrm{d}\boldsymbol{r} = \int \mathrm{d}\boldsymbol{f} \times \operatorname{grad} U} \tag{7-140}$$

sein, womit wir auch für dieses Kurvenintegral eine Umformung gefunden haben.

7.4.4. Divergenz und Integralsatz von Gauss

Den Sinn der Operation der Divergenzbildung verstehen wir am besten, wenn wir uns ein spezielles Vektorfeld, nämlich das einer Strömung, vorstellen. In diesem bedeutet der Vektor $\boldsymbol{v}$ die Strömungsgeschwindigkeit und damit auch das in der Sekunde durch die Flächeneinheit senkrecht hindurchtretende Flüssigkeitsvolumen. Setzen wir die Dichte gleich 1, so bedeutet $\boldsymbol{v}$ auch die hindurchtretende Flüssigkeitsmasse. Hat die Strömung nicht die Richtung der Normale der Fläche, sondern bildet sie mit dieser den Winkel α, so kann nur die Normalkomponente einen Beitrag zur durchtretenden Masse liefern, während die parallel zur Fläche gerichtete Strömung an ihr entlanggleitet. Wir erhalten also bei einer ebenen Fläche f die durchtretende Menge durch das Produkt $|\boldsymbol{v}| f \cos\alpha$. Dies schreibt sich, wenn wir das gerichtete Flächenstück, $\boldsymbol{f} = \boldsymbol{n} f$ einführen, als skalares Produkt $\boldsymbol{v} \cdot \boldsymbol{f}$. Das Integral $\int \boldsymbol{v} \cdot \mathrm{d}\boldsymbol{f}$ nennt man den *Fluß* durch die Fläche F.

Wir denken uns jetzt in unser Strömungsfeld eine geschlossene Fläche gelegt, die wir in Elemente $\mathrm{d}\boldsymbol{f}$ zerlegen. Bilden wir über die ganze geschlossene Fläche das Integral des Ausdrucks $\boldsymbol{v} \cdot \mathrm{d}\boldsymbol{f}$, so gibt dies, wenn wir noch festsetzen, daß die Normale nach außen zeigen soll, den Überschuß der austretenden über die eintretende Flüssigkeitsmenge. Denn an Stellen, an denen $\boldsymbol{v}$ einen spitzen Winkel mit der Normale bildet, ist der Beitrag zum Integral positiv, an solchen mit stumpfem Winkel, wo also die Flüssigkeit in das abgegrenzte Volumen einströmt, negativ. Der Überschuß kann nur daher kommen, daß im Innern Quellen liegen, aus denen Stromlinien entspringen. Das Integral gibt uns ein Maß für die Stärke der Quellen, bzw. bei negativem Wert, der Senken. Die Quellen können im abgegrenzten Volumen beliebig verteilt sein, und es ist daher das Nächstliegende, die Ergiebigkeit auf die Volumeneinheit zu beziehen. Die Berechnung des Integrals $\oint \boldsymbol{v} \cdot \mathrm{d}\boldsymbol{f}$ bzw. für ein beliebiges Vektorfeld $\oint \boldsymbol{A} \cdot \mathrm{d}\boldsymbol{f}$ kann ähnlich wie im letzten Abschnitt geschehen. In beliebigen Koordinaten u, v, w ist ein Volumenelement jenes Parallelepiped, das sich aus den Vektoren $\mathrm{d}_u\boldsymbol{r} = \boldsymbol{r}_u\,\mathrm{d}u$, $\mathrm{d}_v\boldsymbol{r} = \boldsymbol{r}_v\,\mathrm{d}v$, $\mathrm{d}_w\boldsymbol{r} = \boldsymbol{r}_w\,\mathrm{d}w$ bilden läßt (Abb. 87). Das Volumen dieses Elements ist nach (7-44)

$$\mathrm{d}\tau = \boldsymbol{r}_u \cdot (\boldsymbol{r}_v \times \boldsymbol{r}_w)\,\mathrm{d}u\,\mathrm{d}v\,\mathrm{d}w \tag{7-141}$$

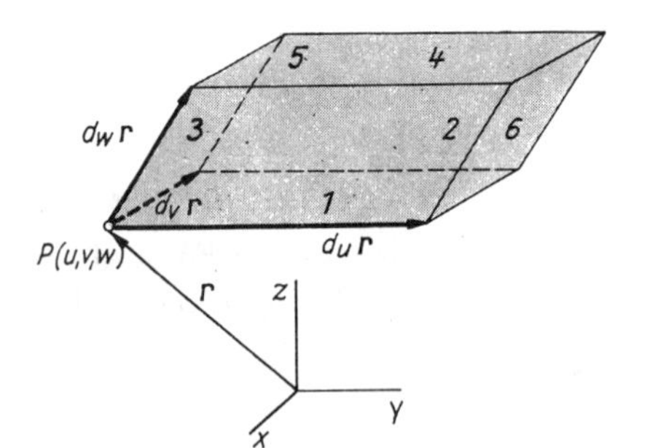

Abb. 87 Zum Gaussschen Integralsatz

und stimmt wegen (7-45) mit (6-124) überein. Da wir die gerichteten Flächenelemente der Oberfläche dieses Volumenelements betrachten müssen, legen wir fest, daß die Flächennormalen *stets nach außen* weisen sollen. Dann ist entsprechend der Numerierung in Abbildung 87

$$\mathrm{d}\boldsymbol{f}_1 = \boldsymbol{r}_v \times \boldsymbol{r}_u \,\mathrm{d}u\,\mathrm{d}v = -\mathrm{d}\boldsymbol{f}_4\,,$$
$$\mathrm{d}\boldsymbol{f}_2 = \boldsymbol{r}_u \times \boldsymbol{r}_w \,\mathrm{d}u\,\mathrm{d}w = -\mathrm{d}\boldsymbol{f}_5\,,$$
$$\mathrm{d}\boldsymbol{f}_3 = \boldsymbol{r}_w \times \boldsymbol{r}_v \,\mathrm{d}v\,\mathrm{d}w = -\mathrm{d}\boldsymbol{f}_6\,.$$

Die zu jedem Eckpunkt gehörenden $\boldsymbol{A}$-Werte benutzen wir für jene drei Flächen, die am betrachteten Punkt in Richtung wachsender u-, v-, w-Werte anschließen. Demnach ist

auf den Flächen 1, 2 und 3: $\boldsymbol{A}_1 = \boldsymbol{A}_2 = \boldsymbol{A}_3 = \boldsymbol{A}(u,v,w)$,
auf der Fläche 4: $\boldsymbol{A}_4 = \boldsymbol{A}(u,v,w + \mathrm{d}w)$,
auf der Fläche 5: $\boldsymbol{A}_5 = \boldsymbol{A}(u,v + \mathrm{d}v, w)$ und
auf der Fläche 6: $\boldsymbol{A}_6 = \boldsymbol{A}(u + \mathrm{d}u, v, w)$.

Für hinreichend kleine $\mathrm{d}u$-, $\mathrm{d}v$-, $\mathrm{d}w$-Werte ist nach (4-80) näherungsweise

$$\boldsymbol{A}_4 = \boldsymbol{A}_1 + \left(\frac{\partial \boldsymbol{A}}{\partial w}\right)\mathrm{d}w\,, \quad \boldsymbol{A}_5 = \boldsymbol{A}_2 + \left(\frac{\partial \boldsymbol{A}}{\partial v}\right)\mathrm{d}v\,, \quad \boldsymbol{A}_6 = \boldsymbol{A}_3 + \left(\frac{\partial \boldsymbol{A}}{\partial u}\right)\mathrm{d}u\,,$$

also

$$\oint \boldsymbol{A} \cdot \mathrm{d}\boldsymbol{f} = \sum_{j=1}^{6} \boldsymbol{A}_j \cdot \mathrm{d}\boldsymbol{f}_j = \left(\frac{\partial \boldsymbol{A}}{\partial w} \cdot \mathrm{d}\boldsymbol{f}_4\right)\mathrm{d}w + \left(\frac{\partial \boldsymbol{A}}{\partial v} \cdot \mathrm{d}\boldsymbol{f}_5\right)\mathrm{d}v + \left(\frac{\partial \boldsymbol{A}}{\partial u} \cdot \mathrm{d}\boldsymbol{f}_6\right)\mathrm{d}u$$

oder mit (7-141)

$$\boxed{\frac{\oint \boldsymbol{A} \cdot \mathrm{d}\boldsymbol{f}}{\mathrm{d}\tau} = \frac{1}{\boldsymbol{r}_u \cdot (\boldsymbol{r}_v \times \boldsymbol{r}_w)} \left[\frac{\partial \boldsymbol{A}}{\partial u} \cdot (\boldsymbol{r}_v \times \boldsymbol{r}_w) + \frac{\partial \boldsymbol{A}}{\partial v} \cdot (\boldsymbol{r}_w \times \boldsymbol{r}_u) + \frac{\partial \boldsymbol{A}}{\partial w} \cdot (\boldsymbol{r}_u \times \boldsymbol{r}_v)\right]}\,. \tag{7-142}$$

Ähnlich wie in (7-133) erweist sich hier die rechte Seite als *unabhängig* von der Größe des Elements $\mathrm{d}\tau$, und wir können die rechte Seite jedem Raumpunkt zuordnen. Man bezeichnet den Grenzwert

$$\boxed{\lim_{\Delta\tau \to 0} \frac{1}{\Delta\tau} \oint \boldsymbol{A} \cdot \mathrm{d}\boldsymbol{f} = \operatorname{div} \boldsymbol{A}} \tag{7-143}$$

als *Divergenz* von $\boldsymbol{A}$ (lat. divergere = auseinanderlaufen). In (7-143) wird vorausgesetzt, daß $\boldsymbol{A}$ an der Stelle $P(\boldsymbol{r})$ *endlich*, *eindeutig* und *differenzierbar* ist.

Für kartesische Koordinaten läßt sich die rechte Seite von (7-142) leicht berechnen. Wir verwandeln dazu das beliebige Parallelepiped von Abbildung 87 in einen Quader mit Flächen parallel zu den Koordinatenflächen. Dann ist $u = x$, $v = y$, $w = z$, $\boldsymbol{r}_u = \boldsymbol{i}$, $\boldsymbol{r}_v = \boldsymbol{j}$, $\boldsymbol{r}_w = \boldsymbol{k}$, so daß wegen (7-30, 7-31)

$$\boxed{\operatorname{div} \boldsymbol{A} = \frac{\partial A_1}{\partial x} + \frac{\partial A_2}{\partial y} + \frac{\partial A_3}{\partial z} = \nabla \cdot \boldsymbol{A}} \tag{7-144}$$

folgt[1]).

[1] Einige Autoren führen neben (7-144) noch eine Vektordivergenz ein. Sind A_{ij} die Maßzahlen des Tensors A, so definiert man

$$\operatorname{Div} \mathsf{A} = \sum_{i=1}^{3} \frac{\partial A_{i1}}{\partial x_i}\boldsymbol{i} + \sum_{i=1}^{3} \frac{\partial A_{i2}}{\partial x_i}\boldsymbol{j} + \sum_{i=1}^{3} \frac{\partial A_{i3}}{\partial x_i}\boldsymbol{k}$$

($x_1 = x$, $x_2 = y$, $x_3 = z$) als Vektordivergenz des Tensors A. Im Gegensatz zu (7-144) ist Div A ein Vektor, der nicht mit dem Skalar Div $\boldsymbol{A}$ (7-151) verwechselt werden darf

Nach Einführung des Divergenzbegriffs wird der berühmte GAUSSsche Satz fast eine Selbstverständlichkeit. Wir denken uns jetzt ein großes Volumen V abgegrenzt und über dessen Oberfläche das Integral $\oint \boldsymbol{A} \cdot \mathrm{d}\boldsymbol{f}$ gebildet. Dies gibt wieder den Überschuß des austretenden Vektorflusses über den eintretenden. Ist ein solcher vorhanden, so kann er nur von im Innern liegenden Quellen stammen, und der gesamte Überschuß muß gleich der Summe über alle Quellen mit ihrer Ergiebigkeit sein. Dies läßt sich formal folgendermaßen zeigen: Wir teilen das Volumen in kleine Teilvolumina $\Delta\tau_i$ ein. Für jedes Teilvolumen läßt sich die Divergenzdefinition anwenden:

$$\oint_{F_1} \boldsymbol{A} \cdot \mathrm{d}\boldsymbol{f} = \operatorname{div} \boldsymbol{A} \Delta\tau_1; \quad \oint_{F_2} \boldsymbol{A} \cdot \mathrm{d}\boldsymbol{f} = \operatorname{div} \boldsymbol{A} \Delta\tau_2 \quad \text{usw.}$$

Wenn wir jetzt beiderseits die Integrale addieren, so heben sich in der Summe über die Oberflächenintegrale die inneren Trennflächen heraus, weil jede innere Oberfläche zweimal mit entgegengesetzter Normalenrichtung vorkommt, da ja immer die Normale aus dem Volumenelement *herauszeigen* soll und weil, solange $\boldsymbol{A}$ stetig ist, der Wert des Integranden auf den inneren Trennflächen beidemal den gleichen Wert hat (vgl. Abb. 88).

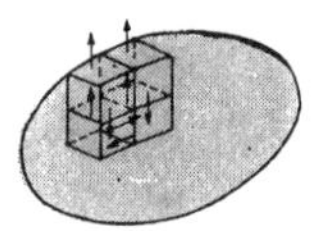

Abb. 88 Zum GAUSSschen Integralsatz

Wir haben also nur die Integration über die gesamte *äußere* Oberfläche auszuführen und erhalten, wenn wir rechts die Summation der Volumenelemente gleich als Integral schreiben (vgl. 6-122, zur Vereinfachung ohne G geschrieben),

$$\boxed{\oint \boldsymbol{A} \cdot \mathrm{d}\boldsymbol{f} = \int \operatorname{div} \boldsymbol{A} \, \mathrm{d}\tau}\,. \tag{7-145}$$

In diesem *Integralsatz* von GAUSS ist auf der gesamte Oberfläche die Flächennormale nach *außen* gerichtet. (7-145) ist auch auf mehrfach zusammenhängende Bereiche anwendbar sowie für den Fall, daß die Oberfläche aus mehreren geschlossenen Flächen besteht. Wenn sich $\boldsymbol{A}$ als Rotation eines anderen Vektors $\boldsymbol{B}$ darstellen läßt, d. h. $\boldsymbol{A} = \operatorname{rot} \boldsymbol{B}$, so wird wegen (7-138) die linke Seite von (7-142) Null, und es folgt

$$\boxed{\operatorname{div} \operatorname{rot} \boldsymbol{B} = 0}\,. \tag{7-146}$$

Die Umkehrung lautet: Genügt ein Vektor der Beziehung $\operatorname{div} \boldsymbol{A} = 0$, so läßt er sich stets durch $\boldsymbol{A} = \operatorname{rot} \boldsymbol{B}$ darstellen. Letzteres sind drei partielle Differentialgleichungen für B_1, B_2 und B_3 (vgl. Kapitel 11). Man kann in der Tat zeigen – wir übergehen den Beweis –, daß die Lösungen dieser Differentialgleichungen dann und nur dann Funktionen von $\boldsymbol{A}$ allein sind (bis auf einen additiven Gradienten), wenn $\operatorname{div} \boldsymbol{A} = 0$ erfüllt ist.

Für $\boldsymbol{A} = \operatorname{grad} U$ folgt aus (7-144)

$$\boxed{\operatorname{div} \operatorname{grad} U = \nabla \cdot \nabla U = (\nabla \cdot \nabla)\, U = \nabla^2 U}\,.$$

Statt ∇^2 benutzt man häufig das Symbol Δ (Delta), auch LAPLACEscher Operator genannt (LAPLACE 1749—1827). In kartesischen Koordinaten ist nach (7-144)

$$\boxed{\nabla \cdot \nabla = \Delta = \frac{\partial^2}{\partial x^2} + \frac{\partial^2}{\partial y^2} + \frac{\partial^2}{\partial z^2}}\,.$$

Für den GAUSSschen Integralsatz erhält man leicht andere Formen, wenn $\boldsymbol{A}$ speziell gewählt wird. Für $\boldsymbol{A}(\boldsymbol{r}) = U(\boldsymbol{r})\boldsymbol{e}_A$, d. h. $\boldsymbol{A}$ hat nur einen ortsabhängigen Betrag, ist

$$\operatorname{div} \boldsymbol{A} = \operatorname{div} U\boldsymbol{e}_A = \nabla \cdot U\boldsymbol{e}_A = \boldsymbol{e}_A \cdot \nabla U = \boldsymbol{e}_A \cdot \operatorname{grad} U,$$

so daß (7-145) liefert:

$$\boldsymbol{e}_A \cdot \left(\oint U \,\mathrm{d}\boldsymbol{f} - \int \operatorname{grad} U \,\mathrm{d}\tau\right) = 0.$$

Da $\boldsymbol{e}_A$ willkürlich gewählt werden kann, so folgt

$$\boxed{\oint U \,\mathrm{d}\boldsymbol{f} = \int \operatorname{grad} U \,\mathrm{d}\tau}\,. \tag{7-147}$$

Setzt man noch $U = \text{const}$, ergibt sich $\oint \mathrm{d}\boldsymbol{f} = 0$. Dies ist eine Verallgemeinerung von (7-43).

Für $\boldsymbol{A} = \boldsymbol{B} \times \boldsymbol{C}$ und $\boldsymbol{C} = \text{const}$ liefert (7-145) mit (7-155):

$$\oint (\boldsymbol{B} \times \boldsymbol{C}) \cdot \mathrm{d}\boldsymbol{f} = \boldsymbol{C} \cdot \oint (\mathrm{d}\boldsymbol{f} \times \boldsymbol{B}) = \int \nabla \cdot (\boldsymbol{B} \times \boldsymbol{C}) \,\mathrm{d}\tau = \boldsymbol{C} \cdot \int (\nabla \times \boldsymbol{B}) \,\mathrm{d}\tau.$$

Da auch hier $\boldsymbol{C}$ willkürlich gewählt werden kann, so folgt

$$\boxed{\oint (\mathrm{d}\boldsymbol{f} \times \boldsymbol{B}) = \int \operatorname{rot} \boldsymbol{B} \,\mathrm{d}\tau}\,. \tag{7-148}$$

Schließlich wählen wir $\boldsymbol{A} = U \operatorname{grad} V$, wobei U und V mindestens zweimal differenzierbar sein sollen. Nach (7-120) läßt sich die Ableitung in Richtung der Flächennormale $\boldsymbol{n}$ auch $\frac{\partial V}{\partial n} = \boldsymbol{n} \cdot \nabla V$ schreiben. Wegen $\mathrm{d}\boldsymbol{f} = \boldsymbol{n} \,\mathrm{d}S$ und

$$\operatorname{div} (U \operatorname{grad} V) = \nabla \cdot (U \nabla V) = \nabla U \cdot \nabla V + U \Delta V$$

ergibt sich aus (7-145):

$$\boxed{\oint U \nabla V \cdot \mathrm{d}\boldsymbol{f} = \oint U \frac{\partial V}{\partial n} \,\mathrm{d}S = \int (\nabla U \cdot \nabla V + U \Delta V) \,\mathrm{d}\tau}\,. \tag{7-149}$$

Diese Beziehung heißt *erste GREENsche Formel* (GREEN 1793—1841). Vertauscht man in (7-149) U und V und zieht die sich dann ergebende Formel von (7-149) ab, so folgt

$$\boxed{\oint \left(U \frac{\partial V}{\partial n} - V \frac{\partial U}{\partial n}\right) \mathrm{d}S = \int (U \Delta V - V \Delta U) \,\mathrm{d}\tau}\,, \tag{7-150}$$

die sogenannte *zweite GREENsche Formel*.

Diese GREENschen Formeln spielen eine wesentliche Rolle in der *Potentialtheorie* (Abschnitt 11.4.), deren erste Anfänge im Zusammenhang mit dem elektrostatischen Potential von GREEN geliefert wurden.

7.4.5. Sprungflächen

In der Elektrostatik und auch in anderen Gebieten der Physik kommt es vor, daß die Voraussetzung der Stetigkeit des Vektors $\boldsymbol{A}$ nicht überall erfüllt ist, sondern $\boldsymbol{A}$ zu beiden Seiten der Fläche verschiedene Werte annimmt. Dann darf aber der GAUSSsche

Satz nur mit Ausschluß dieser Fläche angewandt werden, denn die Divergenz von $\boldsymbol{A}$ würde für eine die Sprungfläche einschließende Oberfläche unendlich, weil wir ja das Volumen, das eingeschlossen ist, schließlich auf die mathematische Fläche zusammenziehen können, ohne daß die Divergenz zu beiden Seiten vermindert wird. Für diesen Fall führen wir den Begriff der *Flächendivergenz* ein, indem wir das Oberflächenintegral nicht durch das eingeschlossene Volumen, sondern nur durch die Fläche dividieren.

Wir wählen einen kleinen Zylinder, dessen Achse senkrecht zur Sprungfläche S liegt und der von dieser Fläche geschnitten wird, so daß der Zylinder in zwei Teile, 1 und 2, zerfällt. Die Zylinderhöhe sei Δh, seine Grundfläche $\mathrm{d}\sigma$ hinreichend klein. Dann ist

$$\oint_{\text{Zylinder}} \boldsymbol{A} \cdot \boldsymbol{n} \, \mathrm{d}S = \left[(\boldsymbol{A} \cdot \boldsymbol{n})_1 + (\boldsymbol{A} \cdot \boldsymbol{n})_2\right] \mathrm{d}\sigma + \text{Beitrag vom Mantel}\,.$$

Ist $\boldsymbol{n}$ die Flächennormale der Sprungfläche, die in Richtung von 1 nach 2 orientiert sei, so folgt $\boldsymbol{n}_2 = \boldsymbol{n} = -\boldsymbol{n}_1$ für $\Delta h \to 0$. Da aber der Beitrag vom Mantel des Zylinders proportional zu Δh ist, so ergibt sich für $\Delta h \to 0$

$$\oint_{\text{Zylinder}} \boldsymbol{A} \cdot \boldsymbol{n} \, \mathrm{d}S = (\boldsymbol{A}_2 - \boldsymbol{A}_1) \cdot \boldsymbol{n} \, \mathrm{d}\sigma$$

Analog zu (7-143) bezeichnet man

$$\lim_{\Delta\sigma \to 0} \frac{1}{\Delta\sigma} \oint \boldsymbol{A} \cdot \mathrm{d}\boldsymbol{f} = \operatorname{Div} \boldsymbol{A} = (\boldsymbol{A}_2 - \boldsymbol{A}_1) \cdot \boldsymbol{n} \qquad (7\text{-}151)$$

als *Flächendivergenz* von $\boldsymbol{A}$.

Wenn wir den GAUSSschen Satz auch für den Fall des Vorkommens von Sprungflächen beibehalten wollen, so müssen wir diese durch enganschmiegende Flächen aus dem Integrationsgebiet ausschneiden; die so entstehenden neuen Oberflächen müssen wir aber bei der Bildung des Oberflächenintegrals mitzählen. Im Fall einer einzigen Sprungfläche S (Abb. 89) erhalten wir damit, wenn wir die richtige Orientierung der Oberflächennormalen beachten,

$$\oint \boldsymbol{A} \cdot \mathrm{d}\boldsymbol{f} = \int \operatorname{div} \boldsymbol{A} \, \mathrm{d}\tau + \int_S \operatorname{Div} \boldsymbol{A} \, \mathrm{d}\sigma\,. \qquad (7\text{-}152)$$

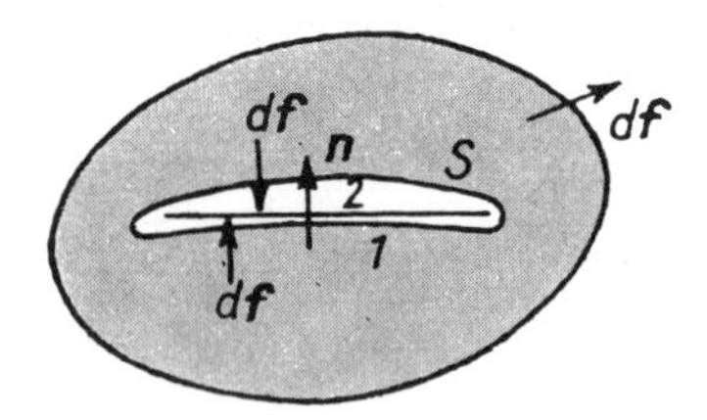

Abb. 89 Sprungfläche und GAUSSscher Integralsatz

Dies bedeutet, daß der gesamte Fluß durch die Summe der räumlichen und flächenhaft verteilten Quellen gegeben ist. In der Elektrostatik entspringen die Kraftlinien in den elektrischen Ladungen, und diese können entweder als Raumladungen oder als Flächenladungen an der Oberfläche geladener Leiter verteilt sein. Der Unterschied beider ist, daß man bei den ersten eine endliche Ladungsdichte erhält, wenn man für ein kleines Volumenelement den Quotienten Ladung/Volumen bildet, während man bei den zweiten in diesem Fall unendlich erhielte, so daß man den Quotienten Ladung/Fläche bilden muß.

Entsprechendes gilt, wenn $\boldsymbol{A}$ auf einer Fläche F, deren Randkurve $\mathfrak{C}$ ist, längs einer Kurve unstetig ist. Auf dieser Fläche läßt sich der STOKESsche Integralsatz nur anwenden, wenn die Sprungkurve durch eine umschließende Kurve aus dem Integrationsbereich herausgeschnitten wurde. Auf diesem herausgeschnittenen Flächenstück zeichnen wir ein kleines Rechteck so ein, daß die Sprungkurve die kurzen Seiten (Länge Δh) schneidet. Sind die parallel zur Sprungkurve liegenden Rechteckseiten der Länge Δs hinreichend kurz, so gilt für das Rechteck (Abb. 90)

$$\oint_{\square} \boldsymbol{A} \cdot \mathrm{d}\boldsymbol{r} = (\boldsymbol{A} \cdot \mathrm{d}\boldsymbol{s})_1 + (\boldsymbol{A} \cdot \mathrm{d}\boldsymbol{s})_2 + \text{Beitrag der kurzen Seiten}.$$

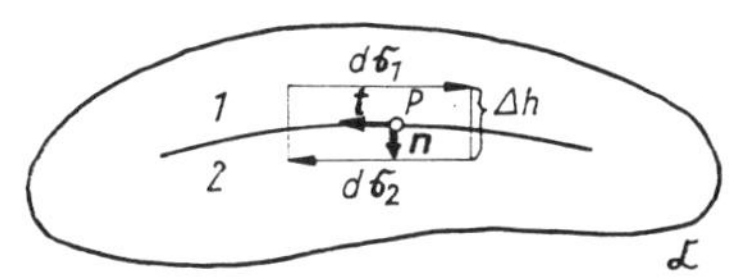

Abb. 90 Sprungkurve und STOKESscher Integralsatz

Für $\Delta h \to 0$ und wegen $\mathrm{d}\boldsymbol{s}_2 = -\mathrm{d}\boldsymbol{s}_1 = \mathrm{d}\boldsymbol{s} = \boldsymbol{t}\,\mathrm{d}s$ folgt

$$\oint_{\square} \boldsymbol{A} \cdot \mathrm{d}\boldsymbol{r} = (\boldsymbol{A}_2 - \boldsymbol{A}_1) \cdot \mathrm{d}\boldsymbol{s} = (\boldsymbol{A}_2 - \boldsymbol{A}_1) \cdot \boldsymbol{t}\,\mathrm{d}s.$$

Analog zu (7-136) erhält man also

$$\lim_{\Delta s \to 0} \frac{1}{\Delta s} \oint \boldsymbol{A} \cdot \mathrm{d}\boldsymbol{r} = (\boldsymbol{A}_2 - \boldsymbol{A}_1) \cdot \boldsymbol{t}.$$

Führen wir senkrecht zur Kurventangente $\boldsymbol{t}$ in der Ebene des Rechtecks, d. h. in der Tangentenebene am Punkt P des Flächenstücks, den Vektor $\boldsymbol{n}$ (von 1 nach 2 gerichtet) ein, so entsteht zusammen mit der Flächennormale $\boldsymbol{N}$ von F in P ein orthogonales Basissystem, das in der Reihenfolge $\boldsymbol{n}$, $\boldsymbol{t}$, $\boldsymbol{N}$ ein Rechtssystem sein soll. Dann ist z. B. $\boldsymbol{t} = \boldsymbol{N} \times \boldsymbol{n}$ und

$$(\boldsymbol{A}_2 - \boldsymbol{A}_1) \cdot \boldsymbol{t} = \boldsymbol{N} \cdot [\boldsymbol{n} \times (\boldsymbol{A}_2 - \boldsymbol{A}_1)].$$

Wir vergleichen diesen Ausdruck mit der rechten Seite von (7-136) (dort ist $\boldsymbol{n}$ die Flächennormale!) und bezeichnen

$$\operatorname{Rot} \boldsymbol{A} = \boldsymbol{n} \times (\boldsymbol{A}_2 - \boldsymbol{A}_1) \tag{7-153}$$

als *Flächenrotation* von $\boldsymbol{A}$. Flächen, auf denen $\operatorname{Rot} \boldsymbol{A} \neq 0$ ist, heißen *Wirbelflächen.* Dieser Ausdruck tritt in der Elektrodynamik im Zusammenhang mit Flächenströmen auf.

Schließlich kann man das Integral $\oint U\,\mathrm{d}\boldsymbol{r}$ benutzen, um in Analogie zu (7-140) einen *Flächengradienten*

$$\operatorname{Grad} U = \boldsymbol{n}(U_2 - U_1) \tag{7-154}$$

zu definieren.

7.4.6. Vektorumformungen

Im folgenden stellen wir die wichtigsten Formeln für die Vektorumformung zusammen.

$$\begin{aligned}
\operatorname{grad}(U+V) &= \operatorname{grad} U + \operatorname{grad} V \\
\operatorname{grad}(UV) &= V \operatorname{grad} U + U \operatorname{grad} V \\
\operatorname{grad}(\boldsymbol{A}\cdot\boldsymbol{B}) &= (\boldsymbol{B}\cdot\nabla)\boldsymbol{A} + (\boldsymbol{A}\cdot\nabla)\boldsymbol{B} \\
&\quad + \boldsymbol{A}\times\operatorname{rot}\boldsymbol{B} + \boldsymbol{B}\times\operatorname{rot}\boldsymbol{A} \\
\operatorname{rot}(\boldsymbol{A}+\boldsymbol{B}) &= \operatorname{rot}\boldsymbol{A} + \operatorname{rot}\boldsymbol{B} \\
\operatorname{rot}\lambda\boldsymbol{A} &= \lambda\operatorname{rot}\boldsymbol{A} + \operatorname{grad}\lambda\times\boldsymbol{A} \\
\operatorname{rot}(\boldsymbol{A}\times\boldsymbol{B}) &= (\boldsymbol{B}\cdot\nabla)\boldsymbol{A} - (\boldsymbol{A}\cdot\nabla)\boldsymbol{B} \\
&\quad + \boldsymbol{A}\operatorname{div}\boldsymbol{B} - \boldsymbol{B}\operatorname{div}\boldsymbol{A} \\
\operatorname{div}(\boldsymbol{A}+\boldsymbol{B}) &= \operatorname{div}\boldsymbol{A} + \operatorname{div}\boldsymbol{B} \\
\operatorname{div}\lambda\boldsymbol{A} &= \lambda\operatorname{div}\boldsymbol{A} + \boldsymbol{A}\cdot\operatorname{grad}\lambda \\
\operatorname{div}(\boldsymbol{A}\times\boldsymbol{B}) &= \boldsymbol{B}\cdot\operatorname{rot}\boldsymbol{A} - \boldsymbol{A}\cdot\operatorname{rot}\boldsymbol{B} \\
\operatorname{rot}\operatorname{rot}\boldsymbol{A} &= \operatorname{grad}\operatorname{div}\boldsymbol{A} - \Delta\boldsymbol{A}
\end{aligned} \tag{7-155}$$

In der letzten Gleichung gilt $\Delta\boldsymbol{A} = \sum_{i=1}^{3} \Delta A_i \boldsymbol{e}_i$ *nur in affinen* Koordinatensystemen.

Diese Beziehungen lassen sich durch Auflösen in Komponenten oder mit Hilfe des Nablaoperators beweisen, indem man in (7-44 bis 7-48) den Operator ∇ wie einen Vektor einsetzt. Mit (7-134, 7-144) folgt z. B., wenn konstant gehaltene Vektoren den Index c erhalten:

$$\begin{aligned}
\operatorname{rot}(\boldsymbol{A}\times\boldsymbol{B}) &= \nabla\times(\boldsymbol{A}\times\boldsymbol{B}) = \nabla\times(\boldsymbol{A}\times\boldsymbol{B}_c) + \nabla\times(\boldsymbol{A}_c\times\boldsymbol{B}) \\
&= (\boldsymbol{B}\cdot\nabla)\boldsymbol{A} - \boldsymbol{B}(\nabla\cdot\boldsymbol{A}) + \boldsymbol{A}(\nabla\cdot\boldsymbol{B}) - (\boldsymbol{A}\cdot\nabla)\boldsymbol{B}\,.
\end{aligned}$$

Die entsprechenden Formeln gelten auch für Grad, Div und Rot, wenn man ∇ durch $\boldsymbol{n}$ ersetzt und für alle Größen, auf die *kein* Operator wirkt, den Mittelwert $\bar{U} = \frac{1}{2}(U_1 + U_2)$ bzw. $\bar{\boldsymbol{A}} = \frac{1}{2}(\boldsymbol{A}_1 + \boldsymbol{A}_2)$ einsetzt. Außerdem geht $(\boldsymbol{A}\cdot\nabla)\boldsymbol{B}$ über in $(\boldsymbol{A}\cdot\boldsymbol{n})(\boldsymbol{B}_2 - \boldsymbol{B}_1)$. So ist z.B.

$$\begin{aligned}
&\operatorname{Rot}\lambda\boldsymbol{A} = \bar{\lambda}\operatorname{Rot}\boldsymbol{A} + \operatorname{Grad}\lambda\times\bar{\boldsymbol{A}}\,, \\
&\operatorname{Rot}(\boldsymbol{A}\times\boldsymbol{B}) = (\bar{\boldsymbol{B}}\cdot\boldsymbol{n})(\boldsymbol{A}_2 - \boldsymbol{A}_1) - (\bar{\boldsymbol{A}}\cdot\boldsymbol{n})(\boldsymbol{B}_2 - \boldsymbol{B}_1) + \bar{\boldsymbol{A}}\operatorname{Div}\boldsymbol{B} - \bar{\boldsymbol{B}}\operatorname{Div}\boldsymbol{A}
\end{aligned}$$

usw.

7.4.7. Vektoroperationen in allgemeinen krummlinigen Koordinaten

Häufig ist es zweckmäßiger, einen Vektor nicht auf das kartesische Koordinatensystem zu beziehen, sondern auf andere Koordinatensysteme. Wird z. B. eine Kugel langsam von einer zähen Flüssigkeit umströmt, so wird das Geschwindigkeitsfeld in der Strömung zweckmäßig mit Hilfe von Kugelkoordinaten beschrieben. Oftmals ermöglicht erst eine dem Problem angepaßte Koordinatenwahl dessen Lösung. Durch die eindeutig umkehrbaren Funktionen

$$x(u, v, w), \qquad y(u, v, w), \qquad z(u, v, w)$$

führen wir beliebige krummlinige Koordinaten u, v, w ein. Es ist zweckmäßig, $u = u^1$, $v = u^2$, $w = u^3$ zu schreiben, wobei die oben angebrachten Zahlen hier einen Index und keine Potenz bedeuten. Da $\boldsymbol{r}(u^1, u^2, u^3)$ eine Fläche beschreibt, wenn einer der Parameter festgehalten wird, so ist jeder Raumpunkt $P(\boldsymbol{r})$ Schnittpunkt der drei Koordinatenflächen $u_i = \text{const}$, ($i = 1$ bzw. $= 2$ bzw. $= 3$). Halten wir zwei Parameter fest, so liefert z. B. $\boldsymbol{r}(u^1, u^2 = a, u^3 = b)$ eine Raumkurve, nämlich die Schnittkurve der beiden

Koordinatenflächen $u^2 = a$, $u^3 = b$. Diese Schnittkurven heißen *Koordinatenlinien* (vgl. Abschnitt 2.1.). Nach (7-71) können wir die Tangentenvektoren der Koordinatenlinien sofort angeben. Wir bezeichnen sie mit $\boldsymbol{a}_i$, also

$$\boxed{\frac{\partial \boldsymbol{r}}{\partial u^i} = \boldsymbol{a}_i} \quad (i = 1, 2, 3)\,. \tag{7-156}$$

Im allgemeinen ist $|\boldsymbol{a}_i| \neq 1$. Die drei Vektoren (7-156) ordnen jedem Raumpunkt P ein Basisystem zu, das sich von Ort zu Ort ändert. Wir sprechen vom *lokalen Bezugssystem*. Wegen (4-112, 7-67, 7-156) folgt für einen Tangentenvektor beliebiger Richtung in P

$$\boxed{\frac{\mathrm{d}\boldsymbol{r}}{\mathrm{d}t} = \sum_{i=1}^{3} \frac{\partial \boldsymbol{r}}{\partial u^i} \frac{\mathrm{d}u^i}{\mathrm{d}t} = \sum_{i=1}^{3} \boldsymbol{a}_i \frac{\mathrm{d}u^i}{\mathrm{d}t}}\,. \tag{7-157}$$

In Abb. 87 machten wir von den Vektoren $\boldsymbol{a}_i\,\mathrm{d}u^i$ bereits Gebrauch.

Zur Einführung des lokalen Bezugssystems wurde ausgenutzt, daß zweidimensionale Flächen im dreidimensionalen Raum $\mathbb{R}^3$ eingebettet werden können. Diese Einbettung ist jedoch nicht notwendig, um Tangentenvektoren in einem Punkt $P \in \mathbb{R}^3$ zu definieren. Die folgenden Definitionen werden häufig für *lokale* Theorien verwendet. Durch $P \in \mathbb{R}^3$ können verschiedene Raumkurven laufen, von denen einige dieselbe Tangentenrichtung in P haben können. Nach (7-66, 7-67) haben zwei glatte Kurven $\boldsymbol{r}(t)$ und $\tilde{\boldsymbol{r}}(t)$ in P (für $t = t_0$) dieselbe Tangentenrichtung, wenn dort $\frac{\mathrm{d}x}{\mathrm{d}t} = \frac{\mathrm{d}\tilde{x}}{\mathrm{d}t}$, $\frac{\mathrm{d}y}{\mathrm{d}t} = \frac{\mathrm{d}\tilde{y}}{\mathrm{d}t}$, $\frac{\mathrm{d}z}{\mathrm{d}t} = \frac{\mathrm{d}\tilde{z}}{\mathrm{d}t}$ gilt. Die beiden Kurven bezeichnet man als äquivalent, symbolisch $\boldsymbol{r} \sim \tilde{\boldsymbol{r}}$. Damit läßt sich für die Menge aller durch P laufenden glatten Kurven eine Äquivalenzrelation definieren (vgl. 1-37), und die zu einer Kurve $\boldsymbol{r}(t)$ gehörende Menge aller äquivalenter Kurven ist eine Äquivalenzklasse $C_{\boldsymbol{r}(t)}$ (vgl. 1-38), die einem bestimmten Tangentenvektor zugeordnet werden kann. Somit kann die Äquivalenzklasse $C_{\boldsymbol{r}(t)}$ selbst zur Definitition eines Tangentenvektors in P (auch Tangentialvektor genannt) benutzt werden, wobei jedes Element von $C_{\boldsymbol{r}(t)}$ einen Repräsentanten des Tangentenvektors liefern, z. B. $\left(\frac{\mathrm{d}\tilde{x}}{\mathrm{d}t}, \frac{\mathrm{d}\tilde{y}}{\mathrm{d}t}, \frac{\mathrm{d}\tilde{z}}{\mathrm{d}t}\right)$. Eine andere Definition der Tangentialvektoren in $P \in \mathbb{R}^3$ verwendet auf der Kurve $\boldsymbol{r}(t)$ definierte differenzierbare Funktionen $f(\boldsymbol{r}(t))$ und deren Richtungsableitung (vgl. 7-120): $\left.\frac{\mathrm{d}f}{\mathrm{d}t}\right|_P = \left(\frac{\mathrm{d}x}{\mathrm{d}t}\frac{\partial f}{\partial x} + \frac{\mathrm{d}y}{\mathrm{d}t}\frac{\partial f}{\partial y} + \frac{\partial z}{\partial t}\frac{\partial f}{\partial z}\right)_{\boldsymbol{r}(t_0)}$. $\left.\frac{\mathrm{d}}{\mathrm{d}t}\right|_P$ heißt *Tangentialvektoroperator* für $\boldsymbol{r}(t)$ an der Stelle $\boldsymbol{r}(t_0)$, wenn *jede* in $\boldsymbol{r}(t_0)$ differenzierbare Funktion f auf die Zahl $\left.\frac{\mathrm{d}f}{\mathrm{d}t}\right|_P$ abgebildet wird. Diesen Operator interpretiert man häufig selbst als Tangentialvektor.

Man kann mit Hilfe der Koordinatenflächen aber in ganz anderer Weise ebenfalls ein lokales Basissystem einführen. Statt der Tangentenvektoren an die Koordinatenlinien lassen sich die Normalenvektoren der Koordinatenflächen verwenden. Bezeichnen wir den auf der Fläche $u^k = \text{const}$ senkrecht stehenden Vektor in Normalenrichtung mit $\boldsymbol{a}^k$, so sei $\boldsymbol{a}^k = \operatorname{grad} u^k$, und es folgt mit (7-157)

$$\begin{aligned}\mathrm{d}u^k &= \operatorname{grad} u^k \cdot \mathrm{d}\boldsymbol{r} = \operatorname{grad} u^k \cdot \sum_i \boldsymbol{a}_i\,\mathrm{d}u^i = \sum_i \operatorname{grad} u^k \cdot \boldsymbol{a}_i \mathrm{d}u^i \\ &= \sum_i \boldsymbol{a}^k \cdot \boldsymbol{a}_i \mathrm{d}u^i\,.\end{aligned}$$

Dann muß offenbar

$$\boxed{\boldsymbol{a}_i \cdot \boldsymbol{a}^k = \delta_i^k} \quad (i, k = 1, 2, 3)\,, \tag{7-158}$$

sein, wobei wir die Indizes am KRONECKERschen Symbol δ_{ik} (vgl. Abschnitt 3.3.) in der gleichen Weise schreiben wie auf der linken Seite. Die $\boldsymbol{a}^k$-Vektoren bilden wieder ein

Basissystem, das man als *reziprokes Basissystem* bezeichnet. In dieser Basis muß der Tangentenvektor beliebiger Richtung in P ebenfalls darstellbar sein:

$$\frac{\mathrm{d}\boldsymbol{r}}{\mathrm{d}t} = \sum_{k=1}^{3} \mathrm{p}_k \boldsymbol{a}^k . \tag{7-159}$$

Die hier für den Vektor auftretenden Maßzahlen p_k, die sich auf das Basissystem $\boldsymbol{a}^k$ beziehen (vgl. 7-24), lassen sich berechnen, wenn wir (7-159) skalar mit $\boldsymbol{a}_j$ multiplizieren und (7-157, 7-158) ausnutzen:

$$\mathrm{p}_j = \sum_i \boldsymbol{a}_j \cdot \boldsymbol{a}_i \frac{\mathrm{d}u^i}{\mathrm{d}t} . \tag{7-160}$$

Dann ist nach (7-157, 7-159, 7-160)

$$\sum_i \boldsymbol{a}_i \frac{\mathrm{d}u^i}{\mathrm{d}t} - \sum_k \boldsymbol{a}^k \mathrm{p}_k = \sum_i \left[\boldsymbol{a}_i - \sum_k (\boldsymbol{a}_k \cdot \boldsymbol{a}_i)\, \boldsymbol{a}^k\right] \frac{\mathrm{d}u^i}{\mathrm{d}t} = 0 ,$$

und da die $\frac{\mathrm{d}u^i}{\mathrm{d}t}$ $(i = 1, 2, 3)$ unabhängig voneinander wählbar sein müssen, folgt

$$\boldsymbol{a}_i = \sum_{k=1}^{3} (\boldsymbol{a}_k \cdot \boldsymbol{a}_i)\, \boldsymbol{a}^k .$$

Mit der Abkürzung

$$\boxed{\boldsymbol{a}_k \cdot \boldsymbol{a}_i = g_{ki} = g_{ik}} \tag{7-161}$$

erhält man somit

$$\boxed{\boldsymbol{a}_i = \sum_{k=1}^{3} g_{ki}\, \boldsymbol{a}^k} . \tag{7-162}$$

Analog ergibt sich mit der Abkürzung

$$\boldsymbol{a}^k \cdot \boldsymbol{a}^i = g^{ki} = g^{ik} \tag{7-163}$$

auch

$$\boxed{\boldsymbol{a}^i = \sum_{k=1}^{3} g^{ki}\, \boldsymbol{a}_k;} . \tag{7-164}$$

Nach (7-162, 7-164) ist $\boldsymbol{a}_i = \sum_{k,j=1}^{3} g_{ki} g^{jk} \boldsymbol{a}_j$, also notwendig

$$\sum_{k=1}^{3} g_{ki} g^{jk} = \delta_i^j . \tag{7-165}$$

Da die g_{ki} bzw. g^{jk} eine Aussage über die Geometrie der Koordinatenlinien bzw. Koordinatenflächen enthalten, nennt man sie *metrische Fundamentalgrößen* oder *Koordinaten des Maßtensors* (vgl. 7-162, 7-164 und 7-8).

Das Bogenelement ist (vgl. 7-70)

$$\boxed{\mathrm{d}s^2 = \mathrm{d}r \cdot \mathrm{d}r = \sum_{i,j=1}^{3} g_{ij} \mathrm{d}u^i \mathrm{d}u^j} . \tag{7-166}$$

Wir vergleichen (7-166) mit (7-85). Dort ist die Art der Geometrie auf der Fläche gerade durch die Größen E, F, G bestimmt, die in (7-166) den g_{ij} $(i,j = 1, 2)$, entsprechen. Fassen wir (7-166) als *metrische Fundamentalform* des dreidimensionalen Raumes auf, so lassen sich die in Abschnitt 7.3. für Flächen diskutierten Begriffe auch auf den dreidimensionalen Raum übertragen. Dabei tritt anstelle des skalaren Krümmungsmaßes (7-105) ein sogenannter Krümmungstensor auf. Diese Theorie, die RIEMANN ausgehend von der GAUSSschen Flächentheorie entwickelte, setzt also nicht schon die EUKLIDische Geometrie voraus, sondern enthält diese nur als Spezialfall. Allein die Fundamentalgrößen g_{ij} bestimmen im RIEMANNschen Raum die Geometrie, und diese werden in der allgemeinen Relativitätstheorie mit dem Gravitationsfeld in Verbindung gebracht.

Wie verhalten sich die hier eingeführten Größen beim Übergang zu einem anderen krummlinigen Koordinatensystem v^1, v^2, v^3? Wenn $u^k(v^1, v^2, v^3)$ gilt und $v^i(u^1, u^2, u^3)$ die eindeutige Umkehrung ist, so folgt nach (4-92)

$$\mathrm{d}v^i = \sum_{j=1}^{3} \frac{\partial v^i}{\partial u^j}\,\mathrm{d}u^j; \qquad \mathrm{d}u^k = \sum_{l=1}^{3} \frac{\partial u^k}{\partial v^l}\,\mathrm{d}v^l \tag{7-167}$$

für die *Transformation der Koordinatendifferentiale*. Hieraus ergibt sich

$$\sum_{j=1}^{3} \frac{\partial v^i}{\partial u^j}\,\frac{\partial u^j}{\partial v^l} = \delta^i_l \tag{7-168}$$

analog zu (4-118, 4-119). Bildet man mit den v^i-Koordinaten im Punkt P das Basissystem $\frac{\partial \boldsymbol{r}}{\partial v^i} = \bar{\boldsymbol{a}}_i$ $(i = 1, 2, 3)$, so folgt

$$\frac{\mathrm{d}\boldsymbol{r}}{\mathrm{d}t} = \sum_{k=1}^{3} \boldsymbol{a}_k \frac{\mathrm{d}u^k}{\mathrm{d}t} = \sum_{i=1}^{3} \bar{\boldsymbol{a}}_i \frac{\mathrm{d}v^i}{\mathrm{d}t} = \sum_{i,j=1}^{3} \bar{\boldsymbol{a}}_i\, \frac{\partial v^i}{\partial u^j}\,\frac{\mathrm{d}u^j}{\mathrm{d}t}.$$

Da alle $\frac{\mathrm{d}u^k}{\mathrm{d}t}$ beliebig wählbar sind, ergibt sich hieraus

$$\boxed{\boldsymbol{a}_k = \sum_{i=1}^{3} \frac{\partial v^i}{\partial u^k}\,\bar{\boldsymbol{a}}_i \qquad \text{und analog} \qquad \bar{\boldsymbol{a}}_i = \sum_{k=1}^{3} \frac{\partial u^k}{\partial v^i}\,\boldsymbol{a}_k}, \tag{7-169}$$

die *Transformation der Basisvektoren*. Durch skalare Multiplikation mit $\bar{\boldsymbol{a}}^l$ folgt wegen der zu (7-158) entsprechenden Beziehung $\bar{\boldsymbol{a}}_i \cdot \bar{\boldsymbol{a}}^l = \delta^l_i$:

$$\bar{\boldsymbol{a}}^l \cdot \boldsymbol{a}_k = \frac{\partial v^l}{\partial u^k} \qquad \text{und analog} \qquad \boldsymbol{a}^l \cdot \bar{\boldsymbol{a}}_i = \frac{\partial u^l}{\partial v^i}, \tag{7-170}$$

Ein Vergleich von (7-169) mit (7-167) zeigt, daß $\mathrm{d}v^i$ aus $\mathrm{d}u^j$ nicht wie $\bar{\boldsymbol{a}}_i$ aus $\boldsymbol{a}_k$ hervorgeht, beide Transformationen sind vielmehr *gegenläufig (kontragredient)*. Man nennt Größen, die sich wie *Basisvektoren* transformieren, *kovariante Größen*. Jene Größen, die sich wie die *Koordinatendifferentiale* transformieren, heißen *kontravariante* Größen (in bezug auf die Basisvektoren). Man findet schnell, daß z. B. p_k kovariante und $\bar{\boldsymbol{a}}^l$ kontravariante Größen sind, und erkennt, wie zweckmäßig die Indizes geschrieben werden: Größen, die den Index *oben* tragen, sind *kontravariante*, solche, die ihn *unten* tragen, *kovariante* Größen.

Aus $\bar{\boldsymbol{a}}_i \cdot \bar{\boldsymbol{a}}_l = \bar{g}_{il}$ ergibt sich durch Einsetzen von (7-169) die Transformationsformel für g_{kj}. Damit erhält man zugleich die Transformationsformeln für Tensoren zweiter Stufe, die zweifach kovariant bzw. kontravariant oder gemischt ko- und kontravariant sein können.

Ein beliebiger Vektor muß sich nach (7-24)

$$\boxed{\boldsymbol{B} = \sum_{i=1}^{3} b^i \boldsymbol{a}_i = \sum_{i=1}^{3} b_i \boldsymbol{a}^i = \sum_{k=1}^{3} \bar{b}^k \bar{\boldsymbol{a}}_k = \sum_{k=1}^{3} \bar{b}_k \bar{\boldsymbol{a}}^k} \tag{7-171}$$

schreiben lassen, wobei wir hier die Maßzahlen jeweils durch einen kleinen Buchstaben charakterisiert haben, um anzudeuten, daß die Basissysteme *nicht* aus Einheitsvektoren gebildet sind. Wir können natürlich sofort zu Einheitsvektoren übergehen, denn wegen (7-161) ist $|\boldsymbol{a}_i|^2 = \boldsymbol{a}_i \cdot \boldsymbol{a}_i = g_{ii}$, und es folgt z. B.

$$\boldsymbol{a}_i = \sqrt{g_{ii}}\, \boldsymbol{e}_i; \quad \boldsymbol{a}^i = \sqrt{g^{ii}}\, \boldsymbol{e}^i, \tag{7-172}$$

wobei $\boldsymbol{e}_i$ bzw. $\boldsymbol{e}^i$ Einheitsvektoren sind. Schreiben wir nun

$$\boxed{\boldsymbol{B} = \sum_{i=1}^{3} B^i \boldsymbol{e}_i = \sum_{i=1}^{3} B_i \boldsymbol{e}^i}, \tag{7-173}$$

so ergibt sich durch Vergleich mit (7-171)

$$B^i = \sqrt{g_{ii}}\, b^i; \quad B_i = \sqrt{g^{ii}}\, b_i \,. \tag{7-174}$$

Durch skalare Multiplikation von (7-171) mit $\bar{\boldsymbol{a}}_j$ bzw. $\boldsymbol{a}_j$ ergeben sich wegen (7-170):

$$\boxed{\bar{b}_j = \sum_{i=1}^{3} \frac{\partial u^i}{\partial v^j} b_i; \quad b_j = \sum_{k=1}^{3} \frac{\partial v^k}{\partial u^j} \bar{b}_k} \tag{7-175}$$

und entsprechend

$$\boxed{\bar{b}^j = \sum_{i=1}^{3} \frac{\partial v^j}{\partial u^i} b^i; \quad b^j = \sum_{k=1}^{3} \frac{\partial u^j}{\partial v^k} \bar{b}^k} \tag{7-176}$$

als *Transformationsformeln für einen Vektor*. Für das skalare Produkt zweier Vektoren $\boldsymbol{B}$ und $\boldsymbol{C}$ liefert (7-171) mit (7-161) bzw. (7-158)

$$\boldsymbol{B} \cdot \boldsymbol{C} = \sum_{i,j=1}^{3} b^i c^j \boldsymbol{a}_i \cdot \boldsymbol{a}_j = \sum_{i,j=1}^{3} g_{ij} b^i c^j = \sum_{j=1}^{3} b_j c^j = \sum_{i=1}^{3} b^i c_i \,. \tag{7-177}$$

Wir wollen nun einige wichtige, bereits früher betrachtete Größen in allgemeinen Koordinaten schreiben. Zunächst setzen wir (7-172) in (7-157) ein und erhalten $\mathrm{d}\boldsymbol{r} = \sum_{i=1}^{3} \sqrt{g_{ii}}\, \mathrm{d}u^i \boldsymbol{e}_i$, so daß

$$\boxed{\mathrm{d}s^i = \sqrt{g_{ii}}\, \mathrm{d}u^i} \tag{7-178}$$

offenbar die Länge von $\mathrm{d}\boldsymbol{r}$ in Richtung $\boldsymbol{a}_i$ ist. Bezeichnen wir den Winkel zwischen $\boldsymbol{a}_i$ und $\boldsymbol{a}_k$ mit ϑ_{ik}, so gilt nach (7-161) und (7-27)

$$g_{ik} = \boldsymbol{a}_i \cdot \boldsymbol{a}_k = |\boldsymbol{a}_i|\,|\boldsymbol{a}_k| \cos \vartheta_{ik} = \sqrt{g_{ii}\, g_{kk}} \cos \vartheta_{ik} \,.$$

Für das bereits in (7-128) allgemein geschriebene Flächenelement

$$\mathrm{d}S^{(ik)} = |\boldsymbol{e}_i \times \boldsymbol{e}_k \mathrm{d}s^i \mathrm{d}s^k| = \mathrm{d}s^i \mathrm{d}s^k \sin \vartheta_{ik} = \sqrt{g_{ii} g_{kk}}\, \sqrt{1 - \cos^2 \vartheta_{ik}}\, \mathrm{d}u^i \mathrm{d}u^k$$

ergeben sich also die *drei Oberflächenelemente*

$$\boxed{\mathrm{d}S^{(ik)} = \sqrt{g_{ii} g_{kk} - g_{ik}^2}\, \mathrm{d}u^i \mathrm{d}u^k} \quad (i, k = 1, 2, 3)\,. \tag{7-179}$$

Das Volumenelement (7-141) $d\tau = \boldsymbol{a}_1 \cdot (\boldsymbol{a}_2 \times \boldsymbol{a}_3)\, du^1\, du^2\, du^3$ läßt sich ebenfalls auf die Fundamentalgrößen zurückführen. Dazu denken wir uns die Vektoren $\boldsymbol{a}_i$ auf ein kartesisches Koordinatensystem bezogen, d. h. $\boldsymbol{a}_i = \alpha_{i1}\boldsymbol{i} + \alpha_{i2}\boldsymbol{j} + \alpha_{i3}\boldsymbol{k}$, wobei wegen (7-156) $\alpha_{il} = \dfrac{\partial x^l}{\partial u^i}$ ist und $g_{ik} = \boldsymbol{a}_i \cdot \boldsymbol{a}_k = \sum\limits_l \alpha_{il}\alpha_{kl}$. Mit Hilfe von (7-45) und wegen der Vertauschbarkeit von Zeilen und Spalten in Determinanten läßt sich dann

$$[\boldsymbol{a}_1 \cdot (\boldsymbol{a}_2 \times \boldsymbol{a}_3)]^2 = \operatorname{Det}(\alpha_{ij}) \cdot \operatorname{Det}(\alpha_{ji}) = \operatorname{Det}\left(\sum_{l=1}^{3} \alpha_{il}\alpha_{jl}\right) = \operatorname{Det}(g_{ij})$$

bilden. Bezeichnen wir diese Determinante des *kovarianten* Maßtensors mit

$$g = \operatorname{Det}(g_{ij}), \tag{7-180}$$

so folgt

$$\boxed{d\tau = \sqrt{g}\; du^1 du^2 du^3}, \tag{7-181}$$

wobei $\boldsymbol{a}_1, \boldsymbol{a}_2, \boldsymbol{a}_3$ ein Rechtssystem bilden.

Zum Gradienten gelangen wir durch eine skalare Größe $\Phi(u^1, u^2, u^3)$, deren Änderung längs der Raumkurve $\boldsymbol{r}(t)$ wegen (7-157, 7-158)

$$\frac{d\Phi}{dt} = \sum_{i=1}^{3} \frac{\partial \Phi}{\partial u^i}\frac{du^i}{dt} = \sum_{i=1}^{3} \frac{\partial \Phi}{\partial u^i} \sum_{k=1}^{3} \boldsymbol{a}^i \cdot \boldsymbol{a}_k \frac{du^k}{dt} = \sum_{i=1}^{3} \frac{\partial \Phi}{\partial u^i}\, \boldsymbol{a}^i \cdot \frac{d\boldsymbol{r}}{dt}$$

ist. Ein Vergleich mit (7-114) führt auf

$$\boxed{\operatorname{grad} \Phi = \sum_{i=1}^{3} \frac{\partial \Phi}{\partial u^i}\, \boldsymbol{a}^i}, \tag{7-182}$$

d. h., die *Komponenten des Gradienten* sind *kovariant* zu transformieren. Als Nablavektor kann man $\nabla = \sum\limits_i \boldsymbol{a}_i \dfrac{\partial}{\partial u^i}$ einführen.

Um die Rotation allgemein zu formulieren, bedenken wir, daß die rechte Seite von (7-133) wegen (7-135, 7-156) und $\boldsymbol{n} = \boldsymbol{e}^3$

$$\frac{1}{|\boldsymbol{a}_1 \times \boldsymbol{a}_2|}\left[\frac{\partial(\boldsymbol{A} \cdot \boldsymbol{a}_2)}{\partial u^1} - \frac{\partial(\boldsymbol{A} \cdot \boldsymbol{a}_1)}{\partial u^2}\right] = \frac{\boldsymbol{a}^3}{|\boldsymbol{a}^3|} \cdot \operatorname{rot} \boldsymbol{A}$$

lautet. Auf Grund der Definition des reziproken Basissystems ist $\boldsymbol{a}^3$ ein Vektor, der senkrecht auf dem Flächenelement $\boldsymbol{a}_1 \times \boldsymbol{a}_2$ steht.

Aus $\boldsymbol{a}^3 = \alpha(\boldsymbol{a}_1 \times \boldsymbol{a}_2)$ und $(\boldsymbol{a}_1 \times \boldsymbol{a}_2) \cdot \boldsymbol{a}_3 = \sqrt{g}$ folgt $\dfrac{1}{\alpha}\boldsymbol{a}^3 \cdot \boldsymbol{a}_3 = \dfrac{1}{\alpha} = \sqrt{g}$, d. h.

$$\boldsymbol{a}^3 = \frac{1}{\sqrt{g}}(\boldsymbol{a}_1 \times \boldsymbol{a}_2). \tag{7-183}$$

Damit ergibt sich

$$\boldsymbol{a}^3 \cdot \operatorname{rot} \boldsymbol{A} = \frac{1}{\sqrt{g}}\left[\frac{\partial(\boldsymbol{A} \cdot \boldsymbol{a}_2)}{\partial u^1} - \frac{\partial(\boldsymbol{A} \cdot \boldsymbol{a}_1)}{\partial u^2}\right].$$

Schreiben wir $\boldsymbol{B}$ anstatt $\boldsymbol{A}$ und setzen $\operatorname{rot} \boldsymbol{B} = \sum_{i=1}^{3} r^i \boldsymbol{a}_i$, so folgt schließlich wegen (7-171)

$$\boxed{\begin{aligned}\operatorname{rot} \boldsymbol{B} = {} & \frac{1}{\sqrt{g}}\left(\frac{\partial b_3}{\partial u^2} - \frac{\partial b_2}{\partial u^3}\right)\boldsymbol{a}_1 + \frac{1}{\sqrt{g}}\left(\frac{\partial b_1}{\partial u^3} - \frac{\partial b_3}{\partial u^1}\right)\boldsymbol{a}_2 \\ & + \frac{1}{\sqrt{g}}\left(\frac{\partial b_2}{\partial u^1} - \frac{\partial b_1}{\partial u^2}\right)\boldsymbol{a}_3\end{aligned}} . \tag{7-184}$$

Die Divergenz läßt sich ebenso in allgemeinen Koordinaten formulieren. Die rechte Seite von (7-142) lautet wegen (7-143, 7-181, 7-183) und (7-171)

$$\boxed{\operatorname{div} \boldsymbol{B} = \frac{1}{\sqrt{g}} \sum_{i=1}^{3} \frac{\partial \sqrt{g} b^i}{\partial u^i}} . \tag{7-185}$$

7.4.8. Vektoroperationen in krummlinigen orthogonalen Koordinaten

Die wichtigsten krummlinigen Koordinatensysteme sind in der Praxis die orthogonalen Systeme, deren Basisvektoren stets senkrecht aufeinander stehen. Wenn $\boldsymbol{a}_i \perp \boldsymbol{a}_k$ ist, liefert (7-161) für $i \neq k$, $g_{ik} = 0$. Zweckmäßig führt man

$$\boxed{\sqrt{g_{ii}} = h_i} \tag{7-186}$$

ein und erhält nach (7-180) $\sqrt{g} = h_1 h_2 h_3$, nach (7-165) $g^{ii} = \frac{1}{h_i^2}$ und nach (7-162) $\boldsymbol{a}_i = h_i^2 \boldsymbol{a}^i$. Da (7-172) $\boldsymbol{a}_i = h_i \boldsymbol{e}_i$; $\boldsymbol{a}^i = \frac{1}{h_i} \boldsymbol{e}^i$ liefert, so folgt hier

$$\boldsymbol{e}_i = \boldsymbol{e}^i , \tag{7-187}$$

d. h., das reziproke Basissystem und das eigentliche Basissystem werden durch ein Dreibein erfaßt. Aus (7-173) und (7-174) folgt

$$B^i = B_i ; \quad B^i = h_i b^i ; \quad B_i = \frac{1}{h_i} b_i \quad \text{also } b_i = h_i^2 b^i . \tag{7-188}$$

Hiermit ergibt sich nach (7-166) das Bogenelement

$$\boxed{\mathrm{d}s^2 = \sum_{i=1}^{3} (h_i \, \mathrm{d}u^i)^2} , \tag{7-189}$$

nach (7-179) für die drei Oberflächenelemente

$$\boxed{\mathrm{d}S^{(ik)} = h_i \, h_k \, \mathrm{d}u^i \, \mathrm{d}u^k} \quad (i \neq k = 1, 2, 3) \tag{7-190}$$

und für das Volumenelement (7-181)

$$\boxed{\mathrm{d}\tau = h_1 \, h_2 \, h_3 \, \mathrm{d}u^1 \, \mathrm{d}u^2 \, \mathrm{d}u^3} . \tag{7-191}$$

Der Gradient (7-182) hat die Form

$$\boxed{\operatorname{grad} \Phi = \sum_{i=1}^{3} \frac{1}{h_i} \frac{\partial \Phi}{\partial u^i} \boldsymbol{e}_i} , \tag{7-192}$$

für die Rotation finden wir nach (7-184)

$$\operatorname{rot} \boldsymbol{B} = \frac{1}{h_1 h_2 h_3} \begin{vmatrix} h_1 \boldsymbol{e}_1 & h_2 \boldsymbol{e}_2 & h_3 \boldsymbol{e}_3 \\ \frac{\partial}{\partial u^1} & \frac{\partial}{\partial u^2} & \frac{\partial}{\partial u^3} \\ h_1 B_1 & h_2 B_2 & h_3 B_3 \end{vmatrix} \tag{7-193}$$

und für die Divergenz nach (7-185)

$$\operatorname{div} \boldsymbol{B} = \frac{1}{h_1 h_2 h_3} \left[\frac{\partial h_2 h_3 B_1}{\partial u^1} + \frac{\partial h_1 h_3 B_2}{\partial u^2} + \frac{\partial h_1 h_2 B_3}{\partial u^3} \right]. \tag{7-194}$$

Schließlich finden wir aus der Definitionsgleichung für den LAPLACEschen Operator

$$\begin{aligned} \Delta \boldsymbol{\Phi} &= \nabla \cdot \nabla \boldsymbol{\Phi} = \operatorname{div} \operatorname{grad} \boldsymbol{\Phi} \\ &= \frac{1}{h_1 h_2 h_3} \left[\frac{\partial}{\partial u^1} \left(\frac{h_2 h_3}{h_1} \frac{\partial \boldsymbol{\Phi}}{\partial u^1} \right) + \frac{\partial}{\partial u^2} \left(\frac{h_1 h_3}{h_2} \frac{\partial \boldsymbol{\Phi}}{\partial u^2} \right) + \frac{\partial}{\partial u^3} \left(\frac{h_1 h_2}{h_3} \frac{\partial \boldsymbol{\Phi}}{\partial u^3} \right) \right]. \end{aligned} \tag{7-195}$$

Hier erkennen wir auch, warum zur letzten Gleichung von (7-155) eine Bemerkung nötig ist. Nach (7-47) ergibt sich $\operatorname{rot} \operatorname{rot} \boldsymbol{B} = \nabla \times (\nabla \times \boldsymbol{B}) = \nabla (\nabla \cdot \boldsymbol{B}) - (\nabla \cdot \nabla) \boldsymbol{B}$. Zwar ist stets $\nabla (\nabla \cdot \boldsymbol{B}) = \operatorname{grad} \operatorname{div} \boldsymbol{B}$, aber im allgemeinen $(\nabla \cdot \nabla) \boldsymbol{B} = \Delta \boldsymbol{B} \neq \sum_{i=1}^{3} \boldsymbol{e}_i \, \Delta B^i$, da auch die Einheitsvektoren $\boldsymbol{e}_i$ noch von den Koordinaten abhängen. Nur in affinen Koordinatensystemen ist dies nicht der Fall. In allgemeinen Koordinaten erhält man $(\nabla \cdot \nabla) \boldsymbol{B} = \operatorname{grad} \operatorname{div} \boldsymbol{B} - \operatorname{rot} \operatorname{rot} \boldsymbol{B}$ durch Einsetzen von (7-182, 7-193, 7-194). Das gleiche gilt z. B. für $(\boldsymbol{B} \cdot \nabla) \boldsymbol{B}$, das sich nach der dritten Gleichung von (7-155) aus $(\boldsymbol{B} \cdot \nabla) \boldsymbol{B} = \frac{1}{2} \operatorname{grad} \boldsymbol{B}^2 - \boldsymbol{B} \times \operatorname{rot} \boldsymbol{B}$ berechnen läßt.

Das Vektorprodukt $\boldsymbol{B} \times \boldsymbol{C}$ läßt sich hier wie für kartesische Koordinaten als eine Determinante schreiben. Denn aus

$$\boldsymbol{A} = \sum_{i=1}^{3} A^i \boldsymbol{e}_i = \sum_{i=1}^{3} A_i \boldsymbol{e}_i = \sum_{i=1}^{3} (\boldsymbol{A} \cdot \boldsymbol{e}_i) \boldsymbol{e}_i$$

folgt z. B. für $\boldsymbol{A} = \boldsymbol{e}_1 \times \boldsymbol{B}$

$$\boldsymbol{e}_1 \times \boldsymbol{B} = \sum_{i=1}^{3} [(\boldsymbol{e}_i \times \boldsymbol{e}_1) \cdot \boldsymbol{B}] \, \boldsymbol{e}_i = -B_3 \boldsymbol{e}_2 + B_2 \boldsymbol{e}_3,$$

da $\boldsymbol{e}_3 = \boldsymbol{e}_1 \times \boldsymbol{e}_2$ usw. gilt. Setzen wir $\boldsymbol{A} = \boldsymbol{B} \times \boldsymbol{C}$, so folgt sofort

$$\boldsymbol{B} \times \boldsymbol{C} = \sum_{i=1}^{3} [(\boldsymbol{e}_i \times \boldsymbol{B}) \cdot \boldsymbol{C}] \, \boldsymbol{e}_i = \begin{vmatrix} \boldsymbol{e}_1 & \boldsymbol{e}_2 & \boldsymbol{e}_3 \\ B_1 & B_2 & B_3 \\ C_1 & C_2 & C_3 \end{vmatrix}. \tag{7-196}$$

Beispiele

1. *Zylinderkoordinaten.* Es ist $u^1 = \varrho$, $u^2 = \varphi$, $u^3 = z$, und wegen $x = \varrho \cos \varphi$, $y = \varrho \sin \varphi$ folgt $\boldsymbol{r} = \varrho \cos \varphi \, \boldsymbol{i} + \varrho \sin \varphi \, \boldsymbol{j} + z \boldsymbol{k}$, also

$$\boldsymbol{a}_1 = \boldsymbol{a}_\varrho = \frac{\partial \boldsymbol{r}}{\partial \varrho} = \cos \varphi \, \boldsymbol{i} + \sin \varphi \, \boldsymbol{j},$$

$$\boldsymbol{a}_2 = \boldsymbol{a}_\varphi = \frac{\partial \boldsymbol{r}}{\partial \varphi} = -\varrho \sin \varphi \boldsymbol{i} + \varrho \cos \varphi \boldsymbol{j},$$

$$\boldsymbol{a}_3 = \boldsymbol{a}_z = \frac{\partial \boldsymbol{r}}{\partial z} = \boldsymbol{k}.$$

Hieraus ergibt sich wegen $\boldsymbol{a}_i \cdot \boldsymbol{a}_i = g_{ii} = h_i^2$; $h_\varrho = 1$; $h_\varphi = \varrho$; $h_z = 1$ und $\boldsymbol{e}_\varrho = \boldsymbol{a}_\varrho$; $\boldsymbol{e}_\varphi = \frac{1}{\varrho}\boldsymbol{a}_\varphi$; $\boldsymbol{e}_z = \boldsymbol{a}_z$, also $\boldsymbol{r} = \varrho \boldsymbol{e}_\varrho + z\boldsymbol{e}_z$, wie man auch unmittelbar der Abbildung 67 entnimmt. Mit $B = B_\varrho \boldsymbol{e}_\varrho + B_\varphi \boldsymbol{e}_\varphi + B_z \boldsymbol{e}_z$ ist dann

$$\mathrm{d}S^{(\varrho\varphi)} = \varrho \mathrm{d}\varrho \mathrm{d}\varphi, \quad \mathrm{d}S^{(\varrho z)} = \mathrm{d}\varrho \mathrm{d}z,$$

$$\mathrm{d}S^{(\varphi z)} = \varrho \mathrm{d}\varphi \mathrm{d}z, \quad \mathrm{d}\tau = \varrho \mathrm{d}\varrho \mathrm{d}\varphi \mathrm{d}z,$$

was sich auch direkt aus Abbildung 67 ablesen läßt. Schließlich ergibt sich

$$\operatorname{grad} \Phi = \frac{\partial \Phi}{\partial \varrho}\boldsymbol{e}_\varrho + \frac{1}{\varrho}\frac{\partial \Phi}{\partial \varphi}\boldsymbol{e}_\varphi + \frac{\partial \Phi}{\partial z}\boldsymbol{e}_z,$$

$$\operatorname{rot} \boldsymbol{B} = \left(\frac{1}{\varrho}\frac{\partial B_z}{\partial \varphi} - \frac{\partial B_\varphi}{\partial z}\right)\boldsymbol{e}_\varrho + \left(\frac{\partial B_\varrho}{\partial z} - \frac{\partial B_z}{\partial \varrho}\right)\boldsymbol{e}_\varphi + \frac{1}{\varrho}\left(\frac{\partial \varrho B_\varphi}{\partial \varrho} - \frac{\partial B_\varrho}{\partial \varphi}\right)\boldsymbol{e}_z,$$

$$\operatorname{div} \boldsymbol{B} = \frac{1}{\varrho}\frac{\partial \varrho B_\varrho}{\partial \varrho} + \frac{1}{\varrho}\frac{\partial B_\varphi}{\partial \varphi} + \frac{\partial B_z}{\partial z},$$

$$\Delta \Phi = \frac{1}{\varrho}\frac{\partial}{\partial \varrho}\left(\varrho \frac{\partial \Phi}{\partial \varrho}\right) + \frac{1}{\varrho^2}\frac{\partial^2 \Phi}{\partial \varphi^2} + \frac{\partial^2 \Phi}{\partial z^2}.$$

2. *Kugelkoordinaten.* Wir setzen $u^1 = r$; $u^2 = \vartheta$; $u^3 = \varphi$, $(0 \leqq r < \infty,\ 0 \leqq \varphi \leqq 2\pi,\ 0 \leqq \vartheta \leqq \pi)$ und erhalten wegen $x = r \cos \varphi \sin \vartheta$; $y = r \sin \varphi \sin \vartheta$; $z = r \cos \vartheta$; $h_1 = h_r = 1$ $h_2 = h_\vartheta = r$; $h_3 = h_\varphi = r \sin \vartheta$; $\boldsymbol{r} = r\boldsymbol{e}_r$ (vgl. Abb. 67). Ferner ist $\mathrm{d}S^{(r\vartheta)} = r\, \mathrm{d}r\, \mathrm{d}\vartheta$; $\mathrm{d}S^{(r\varphi)} = r \sin \vartheta\, \mathrm{d}r\, \mathrm{d}\varphi$; $\mathrm{d}S^{(\vartheta,\varphi)} = r^2 \sin \vartheta\, \mathrm{d}\vartheta\, \mathrm{d}\varphi$; $\mathrm{d}\tau = r^2 \sin \vartheta\, \mathrm{d}r\, \mathrm{d}\vartheta\, \mathrm{d}\varphi$, was man auch direkt aus Abb. 67 ablesen kann, und

$$\operatorname{grad} \Phi = \frac{\partial \Phi}{\partial r}\boldsymbol{e}_r + \frac{1}{r}\frac{\partial \Phi}{\partial \vartheta}\boldsymbol{e}_\vartheta + \frac{1}{r \sin \vartheta}\frac{\partial \Phi}{\partial \varphi}\boldsymbol{e}_\varphi.$$

Mit $\boldsymbol{B} = B_r\boldsymbol{e}_r + B_\vartheta \boldsymbol{e}_\vartheta + B_\varphi \boldsymbol{e}_\varphi$ ergibt sich

$$\operatorname{rot} \boldsymbol{B} = \frac{1}{r \sin \vartheta}\left(\frac{\partial \sin \vartheta\, B_\varphi}{\partial \vartheta} - \frac{\partial B_\vartheta}{\partial \varphi}\right)\boldsymbol{e}_r$$
$$+ \left(\frac{1}{r \sin \vartheta}\frac{\partial B_r}{\partial \varphi} - \frac{1}{r}\frac{\partial r B_\varphi}{\partial r}\right)\boldsymbol{e}_\vartheta + \frac{1}{r}\left(\frac{\partial r B_\vartheta}{\partial r} - \frac{\partial B_r}{\partial \vartheta}\right)\boldsymbol{e}_\varphi,$$

$$\operatorname{div} \boldsymbol{B} = \frac{1}{r^2}\frac{\partial r^2 B_r}{\partial r} + \frac{1}{r \sin \vartheta}\frac{\partial \sin \vartheta\, B_\vartheta}{\partial \vartheta} + \frac{1}{r \sin \vartheta}\frac{\partial B_\varphi}{\partial \varphi},$$

$$\Delta \Phi = \frac{1}{r^2}\frac{\partial}{\partial r}\left(r^2 \frac{\partial \Phi}{\partial r}\right) + \frac{1}{r^2 \sin \vartheta}\frac{\partial}{\partial \vartheta}\left(\sin \vartheta \frac{\partial \Phi}{\partial \vartheta}\right) + \frac{1}{r^2 \sin^2 \vartheta}\frac{\partial^2 \Phi}{\partial \varphi^2}.$$

7.4.9. Spezielle Vektorfelder

Zunächst formulieren wir folgenden wichtigen Satz über die Darstellung eines Vektorfeldes $\boldsymbol{A}(\boldsymbol{r})$ durch rot $\boldsymbol{A}$ und div $\boldsymbol{A}$:

Ein Vektor $\boldsymbol{A}(\boldsymbol{r})$ ist an jeder Stelle eines einfach zusammenhängenden *endlichen* Raumbereichs *eindeutig* bestimmt, wenn überall im Innern dieses Bereichs div $\boldsymbol{A}$ *und* rot $\boldsymbol{A}$ vorgegeben ist und auf der Oberfläche F die Normalkomponente A_n von $\boldsymbol{A}$ bekannt ist.

Die Eindeutigkeit von $\boldsymbol{A}(\boldsymbol{r})$ läßt sich mit Hilfe der ersten GREENschen Formel (7-149) leicht beweisen. Angenommen, es gäbe außer $\boldsymbol{A}$ noch einen anderen Vektor $\boldsymbol{A}'$, der auch alle Voraussetzungen erfüllt, dann würde für den Vektor $\boldsymbol{B} = \boldsymbol{A} - \boldsymbol{A}'$ folgendes gelten:

$$\operatorname{div} \boldsymbol{B} = 0; \quad \operatorname{rot} \boldsymbol{B} = 0; \quad B_n = 0.$$

Nach (7-133) müßte dann $\boldsymbol{B} = \operatorname{grad} V$ gesetzt werden können, also

$$\operatorname{div} \operatorname{grad} V = \Delta V = 0 \quad \text{und} \quad B_n = \frac{\partial V}{\partial n} = 0$$

sein. (7-149) liefert dafür mit $U = V$: $\int (\operatorname{grad} V)^2 \, d\tau = 0$, und da dieser Integrand niemals negativ werden kann, so muß $\operatorname{grad} V = 0$ sein, d. h. überall ist $\boldsymbol{B} = 0$, also $\boldsymbol{A}' = \boldsymbol{A}$. Wenn es überhaupt einen Vektor $\boldsymbol{A}$ gibt, der sich durch rot $\boldsymbol{A}$ und div $\boldsymbol{A}$ darstellen läßt, so gibt es also nur *einen* solchen Vektor. Reicht der betrachtete Bereich bis ins Unendliche, so kann man den eben gelieferten Beweis offenbar nur dann übernehmen, wenn in (7-149) mit $U = V$ für $|\boldsymbol{r}| \to \infty$ das Oberflächenintegral verschwindet. Für hinreichend große $|\boldsymbol{r}|$-Werte denken wir uns F als Kugeloberfläche, für die $dS = r^2 \sin\vartheta \, d\vartheta \, d\varphi$ ist. Dann geht der Integrand $U \dfrac{\partial U}{\partial n} dS = \dfrac{1}{2} \dfrac{\partial U^2}{\partial r} r^2 \sin\vartheta \, d\vartheta \, d\varphi$ sicher nach Null für $r \to \infty$, wenn U stärker als $\dfrac{1}{\sqrt{r}}$ verschwindet. Also muß B_n und damit auch A_n für $r \to \infty$ *stärker als* $r^{-\frac{3}{2}}$ *verschwinden*, z. B. $A_n \sim r^{-2}$.

Entsprechend dem eben formulierten Satz ist es zweckmäßig, die Vektorfelder folgendermaßen einzuteilen: Ein Vektorfeld $\boldsymbol{A}(\boldsymbol{r})$, für das überall rot $\boldsymbol{A} = 0$ ist, heißt *wirbelfrei* oder *lamellar*. Ist außerdem div $\boldsymbol{A} = \varrho(\boldsymbol{r}) \neq 0$, so nennt man $\boldsymbol{A}(\boldsymbol{r})$ ein *Quellenfeld*. Wegen der Wirbelfreiheit des Quellenfeldes läßt es sich stets durch $\boldsymbol{A} = \operatorname{grad} U$ darstellen, so daß gilt

$$\boxed{\Delta U = \varrho(\boldsymbol{r})}\,. \tag{7-197}$$

Im Anschluß an die Betrachtungen über Vektorfelder nennt man $U(\boldsymbol{r})$ das (skalare) *Potential* des Feldvektors $\boldsymbol{A}(\boldsymbol{r})$.

Eine Lösung $U(\varrho(\boldsymbol{r}))$ dieser partiellen Differentialgleichung wurde zuerst für einen Spezialfall von POISSON (1781—1840) gefunden. Deshalb heißt (7-197) POISSON*sche Differentialgleichung*. Wir behandeln diese Gleichung im Abschnitt 11.4.

Ist für ein Vektorfeld $\boldsymbol{A}(\boldsymbol{r})$ in allen Raumpunkten div $\boldsymbol{A} = 0$, so heißt es *quellenfrei* oder *solenoidal* (Solenoid = Spule). Jedes quellenfreie Feld ist durch $\boldsymbol{A} = \operatorname{rot} \boldsymbol{C}$ darstellbar, wobei man in Analogie zum skalaren Potential hier $\boldsymbol{C}(\boldsymbol{r})$ als *Vektorpotential* des *Wirbelfeldes* $\boldsymbol{A}(\boldsymbol{r})$ bezeichnet. Wegen (7-155) ist dann:

$$\operatorname{rot} \boldsymbol{A} = \operatorname{rot} \operatorname{rot} \boldsymbol{C} = \operatorname{grad} \operatorname{div} \boldsymbol{C} - \Delta \boldsymbol{C}.$$

Für eine eindeutige Festlegung von $\boldsymbol{C}$ können wir nach dem obigen Satz noch über div $\boldsymbol{C}$ verfügen, da bislang nur für rot $\boldsymbol{C}$ eine Forderung, nämlich gleich $\boldsymbol{A}$ zu sein, aufgestellt wurde. Wählen wir div $\boldsymbol{C} = 0$, so ist rot $\boldsymbol{A} = -\Delta \boldsymbol{C}$ und der hieraus folgenden Bedingung div rot $\boldsymbol{A} = 0 = -\Delta$ div $\boldsymbol{C}$ wird ebenfalls genügt. Um eine Darstellung von $\boldsymbol{A}(\boldsymbol{r})$ durch das Vektorpotential angeben zu können, muß also noch rot $\boldsymbol{A} = \boldsymbol{B}(\boldsymbol{r})$ bekannt sein und

$$\Delta \boldsymbol{C} = -\boldsymbol{B}(\boldsymbol{r}) \tag{7-198}$$

gelöst werden. Benutzten wir affine Koordinaten, sind dies gerade die drei POISSONschen Gleichungen

$$\Delta C_i = -\boldsymbol{B}_i(\boldsymbol{r}) \quad (i = 1, 2, 3). \tag{7-199}$$

Ist ein Feld $\boldsymbol{A}(\boldsymbol{r})$ *quellen- und wirbelfrei*, so gilt rot $\boldsymbol{A} = 0$ und div $\boldsymbol{A} = 0$, also $\boldsymbol{A}$=grad U Dann ist statt (7-197)

$$\boxed{\Delta U = 0} \tag{7-200}$$

zu lösen. Diese partielle Differentialgleichung wurde 1782 von LAPLACE behandelt und heißt heute LAPLACE*sche Gleichung* oder *Potentialgleichung*. Jede Funktion, die der LAPLACEschen Gleichung genügt, also jede Lösung dieser Differentialgleichung, nennt man auch *harmonische Funktion*. Wir behandeln diese Gleichung ebenfalls im Abschnitt 11.4.

Auf die Gleichungen (7-197, 7-200) stieß man zuerst, als die NEWTONsche Anziehungskraft beliebiger Körper berechnet werden sollte. In der Elektrostatik traten später ähnliche Probleme auf. Genauer kennzeichnen wir diese typischen Probleme, die zunächst auf die LAPLACEsche Gleichung führen, folgendermaßen: In einem gewissen abgeschlossenen Raumbereich möge sich eine Massenverteilung bzw. Ladungsverteilung befinden. Auf eine *außerhalb* dieses Bereichs im »Aufpunkt« $P(\boldsymbol{r})$ liegende Masseneinheit bzw. Ladungseinheit wirkt dann eine Anziehungskraft $\boldsymbol{K}$ = grad U, deren Potential (7-200) genügen muß, da am Aufpunkt auch div $\boldsymbol{K} = 0$ ist. Bertachtet man dagegen einen Aufpunkt $P(\boldsymbol{r})$ *innerhalb* des mit Massen bzw. Ladungen erfüllten Bereichs, so genügt das Potential der Kraft der POISSONschen Gleichung, wobei $\varrho(\boldsymbol{r})$ die Massendichte bzw. Raumladungsdichte im Aufpunkt bedeutet. Hat ein Kraftfeld »Quellen« oder »Senken«, die nur punktförmig bzw. linienhaft oder flächenhaft verteilt sind, so spricht man von Singularitäten im sonst überall LAPLACEschen Feld. Die LAPLACEsche Gleichung erscheint in der Physik auch häufig dort, wo man es mit *stationären Flüssen* zu tun hat, z. B. in der Hydrodynamik bei der wirbelfreien, inkompressiblen Strömung, in der Thermodynamik bei der stationären Wärmeleitung und schließlich bei den stationären Diffusionsproblemen.

Die Theorie der LAPLACEschen und POISSONschen Differentialgleichungen bezeichnet man als *Potentialtheorie* (Abschnitt 11.4.).

Wir betrachten nun ein beliebiges, im dreidimensionalen Raum unendlich ausgedehntes Vektorfeld, von dem div $\boldsymbol{A} = \varrho$, rot $\boldsymbol{A} = \boldsymbol{B}$ überall bekannt ist und A_n für $r \to \infty$ stärker verschwindet als $r^{-\frac{3}{2}}$. Setzen wir $\boldsymbol{A} = \boldsymbol{A}_1 + \boldsymbol{A}_2$ und verfügen div $\boldsymbol{A}_1 = \varrho$; rot $\boldsymbol{A}_2 = \boldsymbol{B}$, so muß rot $\boldsymbol{A}_1 = 0$; div $\boldsymbol{A}_2 = 0$ sein, d. h. $\boldsymbol{A}_1$ ist ein Quellenfeld, $\boldsymbol{A}_2$ ein Wirbelfeld. *Eine* Lösung von (7-197) bzw. (7-198) genügt uns nun, um $\boldsymbol{A}$ durch ϱ und $\boldsymbol{B}$ darstellen zu können, denn wir haben oben gezeigt, daß $\boldsymbol{A}$ *eindeutig* dargestellt wird. Eine geeignete Lösung der POSSIONschen Gleichung ist nach (11-95)

$$U(\boldsymbol{r}) = -\frac{1}{4\pi} \int\limits_{G_\infty} \frac{\varrho(\boldsymbol{r}')}{|\boldsymbol{r} - \boldsymbol{r}'|} \mathrm{d}\tau', \tag{7-201}$$

im unendlich ausgedehnten Raum G_∞, wobei $\varrho(\boldsymbol{r})$ stärker als r^{-2} im Unendlichen verschwinden muß. Damit haben wir zugleich eine Lösung von (7-199), und es folgt

$$\boldsymbol{A}(\boldsymbol{r}) = -\operatorname{grad}\left[\int\limits_{G_\infty} \frac{\varrho(\boldsymbol{r}')}{4\pi|\boldsymbol{r} - \boldsymbol{r}'|} \mathrm{d}\tau'\right] + \operatorname{rot}\left[\int\limits_{G_\infty} \frac{\boldsymbol{B}(\boldsymbol{r}')}{4\pi|\boldsymbol{r} - \boldsymbol{r}'|} \mathrm{d}\tau'\right] \tag{7-202}$$

als *eindeutige* Darstellung von $\boldsymbol{A}(\boldsymbol{r})$. Damit die hier auftretenden Integrale konvergieren, müssen $\varrho(\boldsymbol{r})$ und $\boldsymbol{B}(\boldsymbol{r})$ für $t \to \infty$ stärker als r^{-2} verschwinden. Ist dies erfüllt, so verschwindet $U(\boldsymbol{r})$ nach (7-201) und entsprechend $\boldsymbol{C}(\boldsymbol{r})$ für $r \to \infty$ wie $\frac{1}{\boldsymbol{r}}$

Wir machen noch einige Bemerkungen zum *quellenfreien Feld*, dessen typische Vertreter das Magnetfeld und das Geschwindigkeitsfeld einer inkompressiblen Flüssigkeit sind. Für div $\boldsymbol{A} = 0$ folgt aus dem GAUSSschen Satz (7-145) $\oint \boldsymbol{A} \cdot \mathrm{d}\boldsymbol{f} = 0$ für jede geschlossene Oberfläche. Betrachten wir einen Teil einer Feldröhre in diesem Feld, so besteht dessen Oberfläche aus zwei Querschnitten q_1, q_2 und dem Mantel der Feldröhre. Die Flächennormale des Mantels steht bei einer Feldröhre aber *stets senkrecht* auf $\boldsymbol{A}$, so daß

$$\oint\limits_{\text{Feldröhre}} \boldsymbol{A} \cdot \mathrm{d}\boldsymbol{f} = \int\limits_{q_1} \boldsymbol{A} \cdot \mathrm{d}\boldsymbol{f} + \int\limits_{q_2} \boldsymbol{A} \cdot \mathrm{d}\boldsymbol{f} = 0$$

gilt, d. h. der *Fluß* $\int\limits_q \boldsymbol{A} \cdot \mathrm{d}\boldsymbol{f}$ *längs einer Feldröhre ist konstant.* Da im quellenfreien Feld auch $\boldsymbol{A} = \text{rot}\,\boldsymbol{C}$ gesetzt werden kann, sind die Feldlinien von $\boldsymbol{A}$ zugleich *Wirbellinien* und längs jeder *Wirbelröhre* muß

$$\int\limits_q \text{rot}\,\boldsymbol{C} \cdot \mathrm{d}\boldsymbol{f} = \text{const} \tag{7-203}$$

sein. Dieses Integral heißt *Wirbelfluß* oder *Wirbelstärke* oder *Wirbelmoment*. In der Hydrodynamik bezeichnet man (7-203) als HELMHOLTZschen Wirbelsatz (HELMHOLTZ 1821—1894). Dieser Satz gilt aber für jedes quellenfreie Feld $\boldsymbol{A} = \text{rot}\,\boldsymbol{C}$. Ebenso gilt das BIOT-SAVARTsche Gesetz der Elektrodynamik für jedes Wirbelfeld (BIOT 1774 — 1862, SAVART 1791—1841).

Um dies einzusehen, betrachten wir das *Wirbelfeld* $\boldsymbol{B}$, für das rot $\boldsymbol{A} = \boldsymbol{B}$; div $\boldsymbol{A} = 0$ ist. Wir nehmen ferner an, daß nur innerhalb einer Wirbelröhre vom Querschnitt $\mathrm{d}q$ (*Wirbelfaden* genannt) $\boldsymbol{B} \neq 0$ ist. In allen Raumpunkten, die dieser Wirbelfaden nicht berührt, ist rot $\boldsymbol{A} = 0$, d. h. dort existiert eine Potentialfunktion, die (7-200) genügen muß. Mit der Bezeichnung in Abb. 91 ist $\mathrm{d}\boldsymbol{f} = \boldsymbol{n}\,\mathrm{d}q$; $\mathrm{d}\boldsymbol{s} = \boldsymbol{n}\,\mathrm{d}s$; $\boldsymbol{n} = \frac{\boldsymbol{B}}{B}$, so daß ein

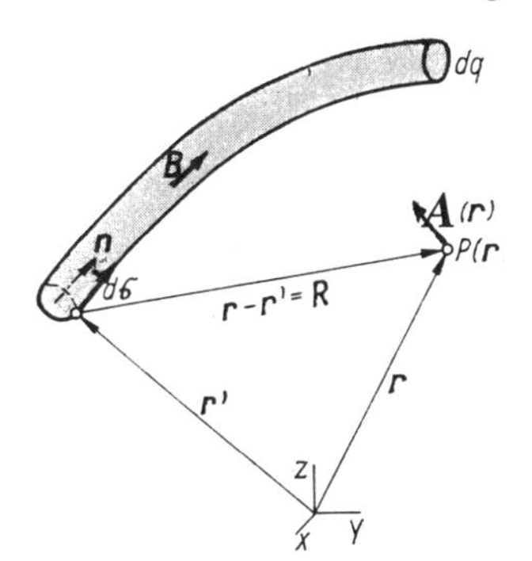

Abb. 91 Zum BIOT-SAVARTschen Gesetz

hinreichend kleines Stück des Wirbelfadens das Volumen $\mathrm{d}\tau = \mathrm{d}\boldsymbol{f} \cdot \mathrm{d}\boldsymbol{s}$ besitzt und $\boldsymbol{B}\,\mathrm{d}\tau = \boldsymbol{n}B(\mathrm{d}\boldsymbol{f} \cdot \boldsymbol{n})\,\mathrm{d}s = \mathrm{d}\boldsymbol{s}(\mathrm{d}\boldsymbol{f} \cdot \boldsymbol{B})$ ist. Nach (7-203) ist längs des Wirbelfadens $\boldsymbol{B} \cdot \mathrm{d}\boldsymbol{f} = \text{const} = \Gamma$. Wir berechnen $\boldsymbol{A}(\boldsymbol{r})$ *außerhalb* des Wirbelfadens. Nach (7-202) ist dort

$$\boldsymbol{A}(\boldsymbol{r}) = \text{rot}\left[\int\limits_{G\infty} \frac{\boldsymbol{B}(\boldsymbol{r}')}{4\pi|\boldsymbol{r}-\boldsymbol{r}'|}\,\mathrm{d}\tau'\right] = \frac{\Gamma}{4\pi}\,\text{rot}\int\limits_{\text{Faden}} \frac{\mathrm{d}\boldsymbol{s}}{R}\,.$$

Da rot nur auf $\boldsymbol{r}$ in $\boldsymbol{R} = \boldsymbol{r} - \boldsymbol{r}'$ wirkt, so ist

$$\operatorname{rot}\int \frac{\mathrm{d}\boldsymbol{s}}{R} = \nabla\times\int\frac{\mathrm{d}\boldsymbol{s}}{R} = \int \nabla\frac{1}{R}\times\mathrm{d}\boldsymbol{s}\,.$$

Ferner gilt

$$\nabla\frac{1}{R} = -\frac{1}{R^2}\nabla R = -\frac{1}{R^2}\frac{\boldsymbol{R}}{R}\,,$$

also

$$\boxed{\boldsymbol{A}(\boldsymbol{r}) = \frac{\Gamma}{4\pi}\int\limits_{\text{Faden}}\frac{\mathrm{d}\boldsymbol{s}\times\boldsymbol{R}}{R^3}}\,. \tag{7-204}$$

Damit haben wir den Feldvektor eines LAPLACEschen Feldes gefunden, das als Singularität einen Wirbelfaden enthält. Dieser Zusammenhang wurde zuerst von BIOT und SAVART auf Grund experimenteller Befunde formuliert, wobei $\boldsymbol{A}$ die magnetische Feldstärke und Γ die Stromstärke eines langen dünnen Leiters ist. Das BIOT-SAVARTsche Gesetz (7-204) gilt aber für jedes Wirbelfeld, z. B. auch für einen Wirbelfaden in einer inkompressiblen Flüssigkeit.

Wenn wir einen geschlossenen Wirbelfaden wählen, können wir den STOKESschen Satz in der Form (7-140) anwenden. Dann ist

$$\boldsymbol{A}(\boldsymbol{r}) = \frac{\Gamma}{4\pi}\operatorname{rot}\oint\frac{\mathrm{d}\boldsymbol{s}}{R} = \frac{\Gamma}{4\pi}\operatorname{rot}\left[\int\limits_F\left(\mathrm{d}\boldsymbol{f}\times\nabla'\frac{1}{R}\right)\right].$$

Da sich rot auf $\boldsymbol{r}$, aber ∇' im Integranden auf die Punkte der Fläche F, d. h. $\boldsymbol{r}'$, bezieht, so folgt nach der sechsten Gleichung von (7-155) $\operatorname{rot}\left(\mathrm{d}\boldsymbol{f}\times\nabla'\frac{1}{R}\right) = -(\mathrm{d}\boldsymbol{f}\cdot\nabla)\nabla'\frac{1}{R} + \mathrm{d}\boldsymbol{f}\operatorname{div}\left(\nabla'\frac{1}{R}\right)$. Nun ist $\nabla'\frac{1}{R} = -\frac{1}{R^2}\nabla' R = \frac{1}{R^2}\frac{\boldsymbol{R}}{R}$ und $\operatorname{div}\frac{\boldsymbol{R}}{R^3} = 0$ für jeden Punkt P, der *nicht* der Fläche F angehört, wodurch $R \neq 0$ gesichert wird. Die dritte Gleichung von (7-155) liefert $\operatorname{grad}\left(\mathrm{d}\boldsymbol{f}\cdot\nabla'\frac{1}{R}\right) = \mathrm{d}\boldsymbol{f}\cdot\nabla)\nabla'\frac{1}{R}$, da $\operatorname{rot}\left(\nabla'\frac{1}{R}\right) = -\operatorname{rot}\operatorname{grad}\frac{1}{R} = 0$ ist. Also folgt

$$\boldsymbol{A}(\boldsymbol{r}) = -\frac{\Gamma}{4\pi}\int\limits_F\operatorname{grad}\left(\mathrm{d}\boldsymbol{f}\cdot\nabla'\frac{1}{R}\right) = -\operatorname{grad}\left[\frac{\Gamma}{4\pi}\int\limits_F\left(\mathrm{d}\boldsymbol{f}\cdot\nabla'\frac{1}{R}\right)\right].$$

und wegen $\boldsymbol{A} = \operatorname{grad} U$

$$U(\boldsymbol{r}) = -\frac{\Gamma}{4\pi}\int\limits_F\frac{\partial\frac{1}{R}}{\partial n}\mathrm{d}S \tag{7-205}$$

als Potentialfunktion des Feldvektors $\boldsymbol{A}$, wobei alle Raumpunkte betrachtet werden können, die *nicht* auf der in den geschlossenen Wirbelfaden eingespannten Fläche F liegen.

Nach (4-89) läßt sich $\frac{\partial\frac{1}{R}}{\partial n} = \lim\limits_{\Delta n\to 0}\frac{1}{\Delta n}\left(\frac{1}{R+\Delta R} - \frac{1}{R}\right)$ schreiben und damit (7-205) anders interpretieren. Man kann zeigen, daß eine mit Ladung belegte Fläche (Flächendichte ϱ_F) im Raum das Potential $-\frac{1}{4\pi}\int\frac{\varrho_F}{R}\mathrm{d}S$ liefert. Betrachtet man zwei Quellflächen mit entgegengesetzter Ladungsdichte in kleinem Abstand Δn und läßt sie zusammenrücken mit der Bedingung, daß $\varrho_F\,\Delta n = \Gamma = \text{const}$ bleibt, so erhält man eine *Doppelschicht*, nämlich eine *Dipol-*

fläche, deren Dipolmoment senkrecht auf der Fläche steht, mit konstanter Flächendichte Γ. (7-205) ist offenbar das Potential dieser Doppelschicht. Jeden geschlossenen Wirbelfaden kann man sich also durch eine beliebige Doppelschicht ersetzt denken, deren Rand mit dem Wirbelfaden zusammenfällt. Während der Feldvektor $\boldsymbol{A}$ *auch* auf dieser Fläche stetig ist, *springt sein Potential* auf der Fläche, da $\oint \boldsymbol{A} \cdot d\boldsymbol{r} \neq 0$ ist längs einer geschlossenen Kurve um den als Singularität wirkenden Wirbelfaden.

7.5. Aufgaben zu 7.1. bis 7.4.

1. Ein beliebiges, in einer Ebene V liegendes Vieleck wird auf eine Ebene W, die mit V den Winkel α bildet, projiziert. Es soll bewiesen werden, daß zwischen dem Inhalt I des Vielecks und dem Inhalt I' der Projektion die Beziehung

$$I' = I \cos \alpha$$

besteht.

2. Gegeben sind drei nicht komplanare Vektoren $\boldsymbol{r}$, $\boldsymbol{A}$ und $\boldsymbol{B}$. Es soll $\boldsymbol{r}$ so in zwei Vektoren zerlegt werden, daß der eine in der Ebene von $\boldsymbol{A}$ und $\boldsymbol{B}$ liegt, der andere senkrecht dazu. Man berechne die Vektorkoordinaten für beide Vektoren, wenn in bezug auf ein kartesisches Koordinatensystem

$$\boldsymbol{r} = (1;\ 2;\ 3) \qquad \boldsymbol{A} = (2;\ -1{,}5;\ -2) \qquad \boldsymbol{B} = (1;\ -1;\ 3)$$

ist.

3. Es soll ein Vektor angegeben werden, der zu dem Vektor $\boldsymbol{a}$ symmetrisch ist, und zwar a) in bezug auf eine Ebene mit der Normale $\boldsymbol{n}$; b) in bezug auf eine Gerade mit Richtung $\boldsymbol{e}$.

4. Gegeben sind die geographischen Längen l_1 und l_2 und die geographischen Breiten b_1 und b_2 zweier Punkte auf der Erdoberfläche. Man berechne den dazwischen liegenden Bogen des größten Kreises.

5. Gegeben ist der Ortsvektor $\boldsymbol{r}_0$ eines festen Punktes P_0. Wie lautet in Vektordarstellung die Gleichung

a) der Kugel mit Radius a um P_0,

b) der Kugel durch P_0 um den Mittelpunkt $\frac{\boldsymbol{r}_0}{2}$,

c) der Ebene durch P_0, die auf $\boldsymbol{r}_0$ senkrecht steht.

6. Die Polarkoordinaten zweier Punkte $r_1, \vartheta_1, \varphi_1$ und $r_2, \vartheta_2, \varphi_2$ sind gegeben. Wie groß ist ihr Abstand? (ϑ ist die Poldistanz, d. h. $\frac{\pi}{2} - b$; φ ist die Länge l.)

7. Gesucht werden die Nabelpunkte der Fläche $xyz = a^6$.

8. Man zeige, daß sich grad U und rot $\boldsymbol{A}$ bei orthogonaler Transformation wie ein Vektor bzw. Pseudovektor verhält.

9. Für $\boldsymbol{A} = -A \frac{y}{x^2 + y^2} \boldsymbol{i} + A \frac{x}{x^2 + y^2} \boldsymbol{j}$ soll $\oint \boldsymbol{A} \cdot d\boldsymbol{r}$ längs eines Kreises mit Radius R berechnet werden, dessen Mittelpunkt bei

a) $x = y = 0$; b) $x = x_0$, $y = 0$, $(|x_0| > R)$ liegt.

Man vergleiche rot $\boldsymbol{A}$ mit dem Ergebnis von a) und b).

10. Für den Ortsvektor $\boldsymbol{r}$ (Betrag r) berechne man grad $\frac{1}{r}$; $(\boldsymbol{A} \cdot \nabla)\boldsymbol{r}$; rot $(r^n \boldsymbol{r})$; div $(r^n \boldsymbol{r})$; $\Delta \frac{1}{r}$, wobei n ganzzahlig ist.

11. Der Tangenteneinheitsvektor $\boldsymbol{t}(\boldsymbol{r})$ für die Feldlinien erlaubt ein Vektorfeld durch $\boldsymbol{A}(\boldsymbol{r}) = A(\boldsymbol{r})\, \boldsymbol{t}(\boldsymbol{r})$ darzustellen, wobei $A = |\boldsymbol{A}|$ ist. Mit Hilfe der Frenetschen Formeln stelle man im System des begleitenden Dreibeins $\boldsymbol{t}, \boldsymbol{n}, \boldsymbol{b}$, den Vektor rot $\boldsymbol{A}$ dar.

12. Im Zweidimensionalen (ebenes Feld) wird jedem Punkt der x_1x_2-Ebene durch $\mathbf{A} = x_1\boldsymbol{\delta} + x_2\boldsymbol{\varepsilon}$ ein Koordinatentensor zugeordnet, wobei $\boldsymbol{\delta} = \begin{pmatrix} 1 0 \\ 0 1 \end{pmatrix}$, $\boldsymbol{\varepsilon} = \begin{pmatrix} 0 1 \\ -1 0 \end{pmatrix}$ Tensoren sein sollen. Man addiere bzw. multipliziere zwei solche Koordinatentensoren. Das Ergebnis vergleiche man mit dem Verhalten komplexer Zahlen.

13. Wie verhält sich das Volumen des von der Basis $\boldsymbol{a}_i (i = 1, 2, 3)$, gebildeten Parallelepipeds zu dem Volumen des von der reziproken Basis $\boldsymbol{a}^i$ gebildeten Parallelepipeds?

14. Ausgehend von kartesischen Koordinaten führe man ein ortsunabhängiges Basissystem $\boldsymbol{a}_i$ $(i = 1, 2, 3)$ ein. Was ergibt sich für die metrischen Fundamentalgrößen?

15. $\boldsymbol{B} \times \boldsymbol{C}$ soll für beliebige krummlinige Koordinaten im reziproken Basissystem dargestellt werden.

16. Wie lautet die differentielle Bestimmungsgleichung der Feldlinien (7-122) in krummlinigen orthogonalen Koordinaten? Man berechne die Feldlinien des in Zylinderkoordinaten gegebenen Vektorfeldes $\boldsymbol{B} = a\varrho \boldsymbol{e}_\varphi + c\boldsymbol{e}_z (a, c$ Konstanten).

17. Gegeben ist die Koordinatentransformation $(a = \text{const})$

$$x = \frac{a \sinh \xi}{\cosh \xi - \cos \eta}; \quad y = \frac{a \sin \eta}{\cosh \xi - \cos \eta}; \quad z = z .$$

In einer Ebene $z = \text{const}$ ermittle man die Koordinatenlinien für $\xi = \text{const}$ bzw. $\eta = \text{const}$ und berechne die metrischen Fundamentalgrößen dieser orthogonalen Koordinaten.

18. Ein Wirbelfaden $\operatorname{rot} \boldsymbol{v} = \boldsymbol{w}$ läuft parallel zur z-Achse durch den Punkt x_0, y_0. Man berechne das Geschwindigkeitsfeld $\boldsymbol{v} = \boldsymbol{v}(\boldsymbol{r})$ außerhalb des Fadens.

8. Reihen FOURIER-Integral und δ-Funktion

8.1. Reihen

In den Abschnitten 1.2. und 4.2. haben wir Summen kennengelernt, die aus endlich vielen Summanden bestehen. Bezeichnen wir den ν-ten Summanden, der z. B. in der TAYLORschen Formel von x abhängt, mit $g_\nu(x)$, so betrachteten wir bislang Summen der Form (*Partial-* oder *Teilsummen* genannt)

$$s_n(x) := \sum_{\nu=0}^{n} g_\nu(x) . \tag{8-1}$$

Da $n \in \mathbb{N}$, ist s_n nach (1-77) Glied der Folge (s_n). Wenn die Folge der Partialsummen *konvergiert*, d. h. wenn der Grenzwert

$$\lim_{n \to \infty} s_n(x) = s(x) = \sum_{\nu=0}^{\infty} g_\nu(x) \tag{8-2}$$

existiert, heißt $s(x)$ (*unendliche*) *Reihe*. Ist das nicht das Fall, d. h. wird s_n für wachsende n beständig größer oder schwankt hin und her, so heißt die Reihe *divergent*. Bezeichnen wir $s(x) - s_n(x) = R_n(x)$ als *Rest*, so verlangt (8-2)

$$\lim_{n \to \infty} R_n(x) = 0 . \tag{8-3}$$

Eine Reihe ist also als ein *Grenzwert* definiert, im Gegensatz zur endlichen Summe s_n, die durch tatsächliches Aufsummieren ausgerechnet wird. Wenn $g_\nu(x)$ gegeben ist, kann man nach (8-1) s_n berechnen, kennt aber im allgemeinen s noch nicht. Es stellt sich die wichtige Frage: Kann man ohne Kenntnis von s, allein aus den gegebenen $g_\nu(x)$ erkennen, ob die zugehörige Reihe konvergiert? Um diese Frage zu beantworten, betrachten wir (8-2) zunächst für einen *festen x-Wert* x_0, so daß (8-1) eine Summe mit *konstanten* Gliedern ist.

s ist, wenn es im Endlichen überhaupt existiert, ein bestimmter Wert, den wir uns auf der Zahlengeraden eingetragen denken können, wenn wir auch nicht wissen wo. Eine Teilsumme s_n hat einen Wert, den wir uns ausrechnen und ebenfalls auf der Zahlengeraden eintragen können. Entsprechendes gilt für die Teilsumme s_{n+p}, wobei $p \geqq 1$ ist. Konvergenz bedeutet (vgl. 1-79), daß sowohl $|s - s_n|$ als auch $|s - s_{n+p}|$ nach Null gehen für $n \to \infty$. Nach (1-74) ist aber $|s_{n+p} - s_n| = |s - s_n - (s - s_{n+p})| \leqq |s - s_n| + |s - s_{n+p}|$. Aus der Existenz des Grenzwertes s folgt demnach auch

$$|s_{n+p} - s_n| = |g_{n+1} + \cdots + g_{n+p}| \to 0 \quad \text{für} \quad n \to \infty, \quad (p \geqq 1)\,. \tag{8-4}$$

Dieses von CAUCHY stammende Konvergenzkriterium (vgl. 1-78), das *notwendige* und *hinreichend* für Konvergenz der Reihen ist, enthält in der Tat s selbst nicht mehr. Leider ist (8-4) in der Praxis selten verwendbar. Als Beispiel wählen wir die geometrische Reihe, für die $g_\nu = ar^\nu$ ist. Dann ist

$$|ar^{n+1} + \cdots + ar^{n+p}| = |ar^{n+1}| \cdot |1 + r + \cdots + r^{p-1}| = |ar^{n+1}| \cdot \left|\frac{1 - r^p}{1 - r}\right|,$$

wobei zuletzt (1-116) ausgenutzt wurde. Nun ist für $0 \leqq r < 1$: $\left|\frac{1 - r^p}{1 - r}\right| \leqq \frac{1}{1 - r}$; für $-1 < r \leqq 0$: $\left|\frac{1 - r^p}{1 - r}\right| \leqq 1$ und für $|r| < 1$: $\lim\limits_{n \to \infty} r^{n+1} = 0$, so daß hier für $|r| < 1$ (8-4) erfüllt ist, d. h, $\sum\limits_{\nu=0}^{\infty} ar^\nu$ existiert für $|r| < 1$.

Aus (8-4) folgt für $p = 1$, daß bei einer konvergenten Reihe *notwendig*

$$\lim_{n \to \infty} g_n = 0 \tag{8-5}$$

ist. Reihen, für die (8-5) gilt, müssen aber keineswegs konvergieren, (8-5) ist *nicht hinreichend.* Zum Beispiel ist für die sogenannte harmonische Reihe $1 + \frac{1}{2} + \frac{1}{3} + \frac{1}{4} + \cdots$, d. h. $g_\nu = \frac{1}{\nu + 1}$, zwar (8-5) erfüllt, aber für $p = n$ ist in (8-4) $g_{n+1} + \ldots + g_{n+p} = \frac{1}{n + 2} + \cdots + \frac{1}{2n + 1} \geqq \frac{1}{2n + 1} + \cdots + \frac{1}{2n + 1} = \frac{n}{2n + 1}$, so daß für $n \to \infty$ die linke Seite niemals Null werden kann. Nach (8-4) divergiert also die harmonische Reihe.

Eine Reihe $\sum\limits_{\nu=0}^{\infty} g_\nu$ heißt *absolut* konvergent, wenn $\sum\limits_{\nu=0}^{\infty} |g_\nu|$ konvergiert. Nach 1(-74) ist $|g_{n+1} + \ldots + g_{n+p}| \leqq |g_{n+1}| + \ldots + |g_{n+p}|$, das bedeutet wegen (8-4):

Eine Reihe konvergiert, wenn sie absolut konvergiert. Die absolut konvergenten Reihen haben die wichtige Eigenschaft, daß man mit ihnen umgehen kann wie mit *endlichen* Summen. Sind z. B. zwei absolut konvergente Reihen $s = \sum\limits_{\nu=0}^{\infty} g_\nu(x)$, $t = \sum\limits_{\mu=0}^{\infty} h_\mu(x)$ gegeben, so darf man sie *gliedweise* multiplizieren und erhält

$$s \cdot t = \sum_{\nu,\mu=0}^{\infty} g_\nu(x)\, h_\mu(x)\,. \tag{8-6}$$

Das ist nicht trivial, denn nach (8-2) ist eine Reihe ein Grenzwert, der sich im allgemeinen ändert, wenn man *vor* der Grenzwertbildung eine Rechenoperation vornimmt.

Alle konvergenten Reihen mit *nicht negativen* Gliedern sind sicher absolut konvergent. Auch solche Reihen, die nur *endlich* viele negative Glieder haben, sind absolut konvergent, da (8-4) erlaubt, daß man eine endliche Anzahl von Gliedern nicht beachtet.

Existiert eine Reihe $\sum_{\nu=0}^{\infty} h_\nu$, deren Glieder sämtlich positiv sind und gilt bei einem Vergleich mit der Reihe (8-2) $|g_\nu| \leqq h_\nu$, so ist nach (1-74)

$$|g_{n+1} + \cdots + g_{n+p}| \leqq |g_{n+1}| + \cdots + |g_{n+p}| \leqq h_{n+1} + \cdots + h_{n+p}.$$

Wegen (8-4) folgt hieraus: Konvergiert eine Reihe $\sum_{\nu=0}^{\infty} h_\nu$ mit positiven Gliedern, so konvergiert die Reihe $\sum_{\nu=0}^{\infty} g_\nu$ absolut, wenn $|g_\nu| \leqq h_\nu$ ist *(Reihenvergleich)*. Die folgenden zwei Kriterien knüpfen an Vergleiche mit der geometrischen Reihe, d. h. $h_\nu = ar^\nu$, $(|r| < 1)$ an.

Hinreichend aber *nicht notwendig* für die Konvergenz einer Reihe ist, wenn von irgendeinem n an

$$\left|\frac{g_{n+1}}{g_n}\right| \leqq K \text{ oder } \sqrt[n]{|g_n|} \leqq K \quad (0 < K < 1) \tag{8-7}$$

ist. Dies ist z. B. erfüllt, wenn

$$\boxed{\lim_{n\to\infty} \left|\frac{g_{n+1}}{g_n}\right| < 1 \text{ oder } \lim_{n\to\infty} \sqrt[n]{|g_n|} < 1} \tag{8-8}$$

gilt.

Daß in (8-7) nicht $\left|\frac{g_{n+1}}{g_n}\right| < 1$ genügt, zeigt die harmonische Reihe, für die $\frac{g_{n+1}}{g_n} = \frac{n}{n+1} = 1 - \frac{1}{n+1} < 1$ ist, aber divergiert. In der Tat ist $\lim_{n\to\infty} \frac{n}{n+1} = 1$, also auch (8-8) nicht erfüllt.

Speziell für *alternierende Reihen* (die abwechselnd positives und negatives Vorzeichen haben), deren $|g_\nu|$ monoton abnehmen, ist (8-5) sogar hinreichend. Demnach ist *notwendig und hinreichend für alternierende Reihen*, daß

$$\boxed{\lim_{n\to\infty} |g_n| = 0} \tag{8-9}$$

von irgendeinem n an gilt. Im Gegensatz zur harmonischen Reihe konvergiert also

$$1 - \frac{1}{2} + \frac{1}{3} - \frac{1}{4} + \cdots.$$

Wir wollen schon hier darauf hinweisen, daß für die praktische Anwendung der Reihen nicht allein die Tatsache der Konvergenz wichtig ist, sondern auch, wie *rasch* eine Reihe konvergiert, d. h., für welche n-Werte s_n bereits s hinreichend genau approximiert, also R_n unter einer vorgegebenen Genauigkeitsgrenze liegt.

Wir gehen zu den Reihen mit *veränderlichen* Gliedern über. Es kann vorkommen, daß die Reihe für alle x-Werte des Intervalls $a \leqq x \leqq b$ konvergiert, für alle anderen x-Werte aber divergiert. Dann heißt $a \leqq x \leqq b$ das *Konvergenzintervall* der Reihe.

Nach dem CAUCHYschen Konvergenzkriterium (8-4) ist nötig, daß für jeden dieser x-Werte $|s_{n+p}(x) - s_n(x)| \to 0$ geht für $n \to \infty$ und $p \geqq 1$. Im allgemeinen wird die Summe $s_n(x)$ für verschiedene x-Werte verschieden schnell gegen $s(x)$ konvergieren. Gibt man nämlich eine

Genauigkeitsgrenze ε vor, mit der $s(x)$ durch $s_n(x)$ approximiert werden soll, so läßt sich $R_n(x)$ an allen Stellen des Konvergenzintervalls im allgemeinen nur dann unter diese Grenze herabdrücken, wenn das kleinstmögliche n für verschiedene x-Werte verschieden gewählt wird. Der Mindestindex N hängt also nicht nur von ε, sondern auch von x ab. Im allgemeinen ist also $|R_n(x)| < \varepsilon$ nur für $n \geqq N(x,\varepsilon)$ zu erreichen. Ist dagegen $|R_n(x)| < \varepsilon$ für einen von x *unabhängigen* Mindestindex $N(\varepsilon)$ überall im Intervall zu erreichen, so konvergiert $s_n(x)$ gleichmäßig schnell gegen $s(x)$.

Für *gleichmäßige Konvergenz* ist nötig, daß nach Wahl einer Genauigkeitsgrenze ε

$$|R_n(x)| < \varepsilon \text{ für alle } n \geqq N(\varepsilon) \tag{8-10}$$

und alle x-Werte ($a \leqq x \leqq b$) ist.

Die bereits erwähnte Methode des Reihenvergleichs liefert folgendes *hinreichende* aber *nicht notwendige* Kriterium:

Kann man in der Reihe $\sum\limits_{\nu=0}^{\infty} g_\nu(x)$ für jedes Glied eine Konstante a_ν finden, so daß $|g_\nu(x)| \leqq a_\nu$ ist, und konvergiert die Reihe $\sum\limits_{\nu=0}^{\infty} a_\nu$, dann konvergiert die Reihe $\sum\limits_{\nu=0}^{\infty} g_\nu(x)$ *gleichmäßig.*

Zum Beispiel ist für $g_\nu(x) = x^\nu$ und $|x| \leqq q$ mit $0 < q < 1$ die geometrische Reihe $\sum\limits_{\nu=0}^{\infty} x^\nu$ gleichmäßig konvergent, da $\sum\limits_{\nu=0}^{\infty} q^\nu$ konvergiert. Die gleichmäßig konvergenten Reihen haben die wichtige Eigenschaft, daß sich ihr Grenzprozeß mit dem des Differenzierens und des Integrierens vertauschen läßt. Wir übergehen die Beweise und nennen die Ergebnisse:

Wenn in der für $a \leqq x \leqq b$ *gleichmäßig konvergierenden Reihe* $\sum\limits_{\nu=0}^{\infty} g_\nu(x)$ die $g_\nu(x)$ stetige Funktionen sind, so ist auch $s(x)$ stetig. Ferner darf diese Reihe gliedweise integriert werden, d. h.

$$\int\limits_a^b \left(\sum_{\nu=0}^{\infty} g_\nu(x)\right) \mathrm{d}x = \sum_{\nu=0}^{\infty} \left(\int\limits_a^b g_\nu(x)\, \mathrm{d}x\right), \tag{8-11}$$

wobei dann auch die rechte Seite gleichmäßig konvergiert. Sind die $g_\nu(x)$ differenzierbar und auch $g'_\nu(x)$ stetig, so gilt

$$\frac{\mathrm{d}}{\mathrm{d}x} \sum_{\nu=0}^{\infty} g_\nu(x) = \sum_{\nu=0}^{\infty} \frac{\mathrm{d}g_\nu}{\mathrm{d}x}, \tag{8-12}$$

vorausgesetzt, daß auch die rechts stehende Reihe *gleichmäßig konvergiert*, wovon man sich überzeugen muß.

8.2. Potenzreihen

Bestehen in (8-1) die $g_\nu(x)$ aus Potenzen von x, ist also

$$s(x) = \sum_{\nu=0}^{\infty} a_\nu (x - x_0)^\nu, \tag{8-13}$$

so heißt (8-13) eine *Potenzreihe* in $x - x_0$, wobei a_ν und x_0 Konstanten sind. Die Potenzreihen sind wichtige Reihen mit veränderlichen Gliedern. Offensichtlich gehört z. B. die aus der TAYLORschen Formel (4-75) folgende TAYLORsche Reihe hierher. Für $x = x_0$ konvergieren alle Potenzreihen. Es gibt Potenzreihen, die nur für diesen Wert konvergieren und solche, die noch für andere x-Werte (eventuell für alle x-Werte) konvergieren. Konvergiert eine Potenzreihe außer bei $x = x_0$ noch an der Stelle $x = x_1$, so *muß* sie für *alle Werte* $|x - x_0| < |x_1 - x_0|$ konvergieren, sogar *absolut* und *gleichmäßig* konvergieren. Dies folgt einfach durch Einsetzen von $|x - x_0| \leqq q\,|x_1 - x_0|$ und Reihenvergleich mit der geometrischen Reihe. Nehmen wir an, daß eine Potenzreihe für $x = x_2$ divergiert, so divergiert sie auch für alle $|x - x_0| > |x_2 - x_0|$. Wir können also ein *Konvergenzintervall* mit Hilfe einer positiven Zahl r definieren, so daß die Potenzreihe für $|x - x_0| < r$ konvergiert und für $|x - x_0| > r$ divergiert. Für $|x - x_0| = r$ kann man zunächst keine Aussage machen. Häufig kann man r nach (8-7) bzw. (8-8) bestimmen und erhält

$$\boxed{r = \lim_{n\to\infty}\left|\frac{a_n}{a_{n+1}}\right| = \frac{1}{\lim\limits_{n\to\infty}\sqrt[n]{|a_n|}}}, \tag{8-14}$$

falls diese Grenzwerte existieren.

Die gleichmäßige Konvergenz jeder Potenzreihe in $|x - x_0| < r$ erlaubt Potenzreihen gliedweise zu integrieren. Da auch die gliedweise differenzierte Potenzreihe im gleichen Konvergenzbereich gleichmäßig konvergiert, gilt (8-12).

Im Innern des Konvergenzintervalls $|x - x_0| < r$ läßt sich jede Potenzreihe *beliebig oft differenzieren*, was gliedweise geschehen kann:

$$s^{(l)}(x) = l!\,a_l + (l+1)!\,a_{l+1}\,(x - x_0) + \frac{(l+2)!}{2!}\,a_{l+2}\,(x - x_0)^2 + \cdots.$$

Für $x = x_0$ folgt hieraus $a_l = \dfrac{s^{(l)}(x_0)}{l!}$; also

$$\boxed{s(x) = \sum_{\nu=0}^{\infty} \frac{s^{(\nu)}(x_0)}{\nu!}\,(x - x_0)^\nu \text{ für } |x - x_0| < r}. \tag{8-15}$$

Hieraus erkennen wir: Wenn zwei Potenzreihen $\sum\limits_{\nu=0}^{\infty} a_\nu(x - x_0)^\nu$ und $\sum\limits_{\nu=0}^{\infty} b_\nu(x - x_0)^\nu$ im Bereich $|x - x_0| < r$ *dieselbe Summe* $s(x)$ darstellen, so ist $a_\nu = b_\nu$, d. h. die Reihen sind identisch *(Eindeutigkeitssatz)*. Außerdem zeigt ein Vergleich von (8-15) mit (4-75), daß *jede Potenzreihe* im Konvergenzintervall *zugleich* die TAYLORsche *Reihe* der Funktion $s(x)$ ist. Die TAYLORsche Reihe geht aus der TAYLORschen Formel (4-75) hervor, wenn dort $\lim\limits_{n\to\infty} R_n(x) = 0$ ist. Wir nennen eine Funktion $f(x)$, die in einem gewissen Bereich um x_0 durch die zugehörige TAYLORsche Reihe dargestellt werden kann, eine *analytische* Funktion. Um von einer analytischen Funktion bei $x = x_0$ sprechen zu können, ist demnach notwendig und hinreichend, daß in einem gewissen Bereich um $x = x_0$

1. $f(x)$ beliebig oft differenzierbar ist und
2. in (4-75) $R_n(x,x_0) \to 0$ geht für $n \to \infty$.

Einen tieferen Einblick in den Charakter der analytischen Funktionen können wir erst bei der Betrachtung von Funktionen mit komplexen Veränderlichen erhalten. Aus (8-15) erkennen wir aber bereits soviel: Die Potenzreihe liegt völlig fest, wenn wir $f^{(\nu)}(x_0)$

kennen, d. h., der Verlauf einer analytischen Funktion innerhalb des Konvergenzbereichs der zugehörigen Potenzreihe ist bekannt, wenn ihr Verlauf in einer noch so kleinen Umgebung einer im Intervall liegenden, beliebigen Stelle x_0 gegeben ist.

Beispiele

1. Für $f(x) = e^x$ liefert die TAYLORsche Entwicklung nach (4-86) in $-\infty < x < \infty$

$$e^x = \sum_{\nu=0}^{n} \frac{x^\nu}{\nu!} + R_n(x,0) \text{ mit } R_n(x,0) = \frac{x^{n+1}}{(n+1)!} e^{\vartheta x}, \qquad (0 < \vartheta < 1).$$

Man kann direkt zeigen, daß $\lim\limits_{n\to\infty} R_n = 0$ für alle endlichen x-Werte ist. Stattdessen ist es aber einfacher zu zeigen, daß $\sum\limits_{\nu=0}^{\infty} \frac{x^\nu}{\nu!}$ eine für alle x-Werte konvergierende Potenzreihe ist. Das folgt aus (8-14) wegen $r = \lim\limits_{n\to\infty} \left|\frac{(n+1)!}{n!}\right| = \lim\limits_{n\to\infty} |(n+1)| = \infty$. Bildet man die Ableitung von $e^{-x} \sum\limits_{\nu=0}^{\infty} \frac{x^\nu}{\nu!}$ so folgt $e^{-x} \sum\limits_{\nu=1}^{\infty} \frac{x^{\nu-1}}{(\nu-1)!} - e^{-x} \sum\limits_{\nu=0}^{\infty} \frac{x^\nu}{\nu!} = 0$, d. h. $e^{-x} \sum\limits_{\nu=0}^{\infty} \frac{x^\nu}{\nu!} = \text{const}$. Damit $e^0 = 1$ erfüllt wird, muß die Konstante 1 sein und wegen der Eindeutigkeit der Potenzreihenentwicklung ist also

$$\boxed{e^x = \sum_{\nu=0}^{\infty} \frac{x^\nu}{\nu!}, \quad (|x| < \infty)}. \tag{8-16}$$

2. Für $f(x) = \sin x$ bzw. $\cos x$ ist nach Abschnitt 4.5., Aufgabe 58, wegen $\lim\limits_{n\to\infty} \frac{x^{2n+1}}{(2n+1)!} = 0$ und $|\cos \vartheta x| < 1$ bzw. $|\sin \vartheta x| < 1$

$$\sin x = x - \frac{x^3}{3!} + \frac{x^5}{5!} - + \cdots, \quad (|x| < \infty) \tag{8-17}$$

$$\cos x = 1 - \frac{x^2}{2!} + \frac{x^4}{4!} - + \cdots, \quad (|x| < \infty). \tag{8-18}$$

Mit Hilfe der Reihen (8-16, 8-17, 8-18) kann man die häufig benutzte EULERsche Formel (1-114) beweisen. Setzt man nämlich in (8-16) statt x die Größe ix ein, so ergibt sich wegen $i^2 = -1$; $i^3 = -i$; $i^4 = 1$ usw.

$$e^{ix} = 1 + \frac{ix}{1!} - \frac{x^2}{2!} - \frac{ix^3}{3!} + \cdots = 1 - \frac{x^2}{2!} + \frac{x^4}{2!} - + \cdots + i\left(x - \frac{x^3}{3!} + \cdots\right),$$

also in der Tat $e^{ix} = \cos x + i \sin x$.

3. Für $f(x) = (1 + x)^m$ (m reelle Zahl) ist nach (4-83) $(1 + x)^m = \sum\limits_{\nu=0}^{n} \binom{m}{\nu} x^\nu + R_n(x,0)$. Ohne das Restglied näher zu betrachten, bestimmen wir wie in 1. zunächst das Konvergenzintervall der Reihe $\sum\limits_{\nu=0}^{\infty} \binom{m}{\nu} x^\nu$. (8-14) liefert $r = \lim\limits_{n\to\infty} \left|\binom{m}{n} \Big/ \binom{m}{n+1}\right| = \lim\limits_{n\to\infty} \left|\frac{n+1}{m-n}\right| = |-1| = 1$. Bildet man die Ableitung von $(1+x)^{-m} \sum\limits_{\nu=0}^{\infty} \binom{m}{\nu} x^\nu$, so folgt wegen $(1+x) \frac{d}{dx} \sum\limits_{\nu=0}^{\infty} \binom{m}{\nu} x^\nu = m \sum\limits_{\nu=0}^{\infty} \binom{m}{\nu} x^\nu$ sofort

$\left[(1+x)^{-m} \frac{m}{1+x} - m(1+x)^{-(m+1)}\right] \sum\limits_{\nu=0}^{\infty} \binom{m}{\nu} x^\nu = 0$. Aus der Eindeutigkeit der Potenzreihenentwicklung folgt damit für alle reellen Werte von m:

$$(1+x)^m = \sum_{\nu=0}^{\infty} \binom{m}{\nu} x^\nu, \quad (|x| < 1) \tag{8-19}$$

die *Binomialreihe*. Ist m eine ganze positive Zahl, so bricht die Reihe von selbst ab und wir kommen zu (1-129) zurück. (8-19) liefert z. B.

$$\sqrt{1 \pm x} = 1 \pm \frac{1}{2}x - \frac{1}{8}x^2 \pm \frac{1}{16}x^3 - \frac{5}{128}x^4 \pm \cdots, \quad (|x| < 1),$$

$$\frac{1}{\sqrt{1 \pm x}} = 1 \mp \frac{1}{2}x + \frac{3}{8}x^2 \mp \frac{5}{16}x^3 + \frac{35}{128}x^4 \mp \cdots, \quad (|x| < 1),$$

$$\frac{1}{\sqrt[3]{(1 \pm x)^2}} = 1 \mp \frac{2}{3}x + \frac{5}{9}x^2 \mp \frac{40}{81}x^3 + \frac{440}{972}x^4 \mp \cdots, \quad (|x| < 1).$$

4. Für $f(x) = \ln(1+x)$ liefert in Abschnitt 4.5., Aufgabe 57

$$\ln(1+x) = \sum_{\nu=0}^{n} (-1)^{\nu-1} \frac{x^\nu}{\nu} + R_n(x, 0).$$

Wie in den bisher besprochenen Beispielen findet man

$$\ln(1+x) = \sum_{\nu=1}^{\infty} (-1)^{\nu-1} \frac{x^\nu}{\nu}, \quad (|x| < 1). \tag{8-20}$$

Diese Reihe gibt also die natürlichen Logarithmen aller Zahlen $0 < 1 + x < 2$. Es läßt sich zeigen, daß (8-20) auch noch für $x = +1$ konvergiert. Entsprechend ist

$$\ln\left(\frac{1+x}{1-x}\right) = 2 \sum_{\nu=1}^{\infty} \frac{1}{2\nu-1} x^{2\nu-1}, \quad (|x| < 1). \tag{8-21}$$

5. Um *zyklometrische* Funktionen zu entwickeln, ist es am zweckmäßigsten, die Integraldarstellungen dieser Funktionen auszunutzen. Nach (6-38) ist z. B. $\int \frac{\mathrm{d}x}{\sqrt{1-x^2}} = \arcsin x + C$. Für den Integranden können wir die Binomialreihe (8-19) verwenden. Aus $\frac{1}{\sqrt{1-x^2}} = 1 + \frac{1}{2}x^2 + \frac{3}{8}x^4 + \ldots$ ergibt sich durch gliedweise Integration:

$$\arcsin x = x + \frac{1}{2}\frac{x^3}{3} + \frac{3}{8}\frac{x^5}{5} + \cdots, \quad (|x| < 1), \tag{8-22}$$

wobei die für den Hauptwert gültige Beziehung $\arcsin(0) = 0$ ausgenutzt wurde. Analog liefert (6-38)

$$\arctan x = x - \frac{x^3}{3} + \frac{x^5}{5} - \frac{x^7}{7} + -, \quad (|x| < 1). \tag{8-23}$$

Aus diesen Formeln läßt sich leicht die Zahl π berechnen. Zum Beispiel ist für $x = \frac{1}{2}$ nach (8-22) $\frac{\pi}{6} = \frac{1}{2} + \frac{1}{48} + \frac{3}{1280} + \ldots$ Es läßt sich zeigen, daß (8-22, 8-23) auch noch gelten, wenn $x = -1$ oder $+1$ ist.

Schließlich wollen wir noch darauf hinweisen, daß allgemein die Entwicklung des Integranden in eine Potenzreihe für solche *Integrale* sehr wichtig ist, die sich nicht durch elementare Funktionen darstellen lassen.

Zum Beispiel ist für die in Abschnitt 6.3.4. genannte Integralexponentialfunktion wegen (8-16)

$$\int \frac{e^x}{x}\,dx = \ln x + x + \frac{x^2}{2 \cdot 2!} + \frac{x^3}{3 \cdot 3!} + \cdots + C,$$

wobei die Integration den Wert $x = 0$ nicht umfassen darf. Ebenso lassen sich die elliptischen Integrale berechnen, zu denen (6-61) zählt. Setzen wir dort $z = \sin\varphi$, so ist

$$u(\varphi, k) = \int_0^\varphi \frac{d\varphi}{\sqrt{1 - k^2 \sin^2\varphi}} \quad \text{mit} \quad 0 < k^2 < 1 .$$

Nach (8-19) ist

$$\frac{1}{\sqrt{1 - k^2 \sin^2\varphi}} = 1 + \frac{k^2}{2} \sin^2\varphi + \frac{3}{8} k^4 \sin^4\varphi + \cdots ,$$

wobei $|k^2 \sin^2\varphi| < 1$ infolge $k^2 < 1$ stets erfüllt wird. Deshalb folgt durch gliedweise Integration für alle φ-Werte

$$u(\varphi, k) = \varphi + \frac{k^2}{2} \int_0^\varphi \sin^2\varphi\, d\varphi + \frac{3}{8} k^4 \int_0^\varphi \sin^4\varphi\, d\varphi + \cdots .$$

Wählt man $\varphi = \frac{\pi}{2}$, so ergibt sich nach Abschnitt 6.3.4. z. B.

$$u\left(\frac{\pi}{2}, k\right) = \frac{\pi}{2}\left(1 + \frac{k^2}{4} + \frac{9}{64} k^4 + \cdots\right) \quad \text{für} \quad k^2 < 1 .$$

8.2.1. Asymptotische Reihen

Nach dem bisherigen scheinen konvergente Reihen zur Berechnung einer Funktion brauchbar, divergente unbrauchbar. In praxi sehen die Dinge aber etwas anders aus: Eine theoretisch konvergente Reihe kann trotzdem praktisch unbrauchbar sein, weil sie so langsam konvergiert, daß man zu viele Glieder berechnen muß. Zum Beispiel die Reihe für $\ln(1 + x)$ konvergiert zwar noch für $x = 1$, trotzdem ist sie zur Berechnung von ln 2 höchst ungeeignet, denn um noch die 3. Stelle richtig zu erhalten, müßte man in der Reihe (8-20):

$$\ln 2 = 1 - \frac{1}{2} + \frac{1}{3} - \frac{1}{4} + \frac{1}{5} \mp \cdots$$

über 1000 Glieder nehmen, da ja das tausendste Glied die 3. Stelle noch um eine volle Einheit ändert. Viel geeigneter ist die in (8-21) angegebene Reihe für $x = \frac{z-1}{z+1}$. Andererseits können Reihen, deren Glieder zunächst abnehmen, später aber unbegrenzt wachsen, und somit divergieren, durch Abbrechen bei einem geeignetem Glied einen so kleinen Wert des Restgliedes ergeben, daß das entstandene Polynom eine vorzügliche Näherung darstellt. Nach POINCARE (1854—1912) bezeichnet man die Reihendarstellung einer Funktion $f(x) = \sum_{\nu=0}^{n} g_\nu(x) + R_n(x)$ als *asymptotisch konvergent,* wenn bei festgehaltenem n

der Grenzwert $\lim\limits_{x\to\infty} R_n(x) = 0$ ist, während bei festgehaltenem x der Grenzwert $\lim\limits_{n\to\infty} R_n(x)$ durchaus über alle Grenzen wachsen kann, im Gegensatz zu den konvergenten Reihen, für die (8-3) erfüllt sein muß. Häufig schreibt man für eine asymptotische Reihenentwicklung[1]), die früher auch als halbkonvergent bezeichnet wurde,

$$f(x) \simeq \sum_{\nu=0}^{n} g_\nu(x) .$$

Den Fehler, der bei dieser Darstellung von $f(x)$ gemacht wird, kann man durch das Restglied $R_n(x)$ abschätzen. Im allgemeinen ist dieser Fehler von der Größenordnung des ersten vernachlässigten Gliedes der Reihe.

Als Beispiel wählen wir das sogenannte Fehlerintegral (14-65), das in der Statistik eine große Rolle spielt:

$$\operatorname{erf}(x) = \frac{2}{\sqrt{\pi}} \int_0^x e^{-u^2}\, du . \tag{8-24}$$

Das bestimmte Integral von 0 bis ∞ hat nach (6-118) den Wert $\frac{1}{2}\sqrt{\pi}$; als unbestimmtes Integral ist es durch die elementaren Funktionen nicht darzustellen. Man kann aber e^{-u^2} gemäß (8-16) in eine Reihe entwickeln und diese gliedweise integrieren. Die so entstehende Reihe konvergiert für jeden endlichen Wert von x. Für kleine x ist dies auch die richtige Methode, für große x ist die Reihe aber infolge zu langsamer Konvergenz völlig unbrauchbar. Da e^{-u^2} mit wachsendem u sehr schnell gegen 0 geht, wird sich $\operatorname{erf}(x)$ z. B. für $x = 5$ bereits nur noch sehr wenig von 1 unterscheiden. Wir schreiben daher

$$\operatorname{erf}(x) = 1 - \frac{2}{\sqrt{\pi}} \int_x^\infty e^{-u^2}\, du = 1 - \frac{2}{\sqrt{\pi}}\, \psi(x) \tag{8-25}$$

und setzen in dem neuen Integral $u = \frac{v}{2x} + x$; $du = \frac{dv}{2x}$ (Integrationsveränderliche ist v), womit sich ergibt

$$\int_x^\infty e^{-u^2}\, du = \frac{e^{-x^2}}{2x} \int_0^\infty e^{-\frac{v^2}{4x^2}}\, e^{-v}\, dv .$$

Wir entwickeln nach (4-86) den Faktor $e^{-\frac{v^2}{4x^2}}$ in eine Reihe, indem wir in der Reihenentwicklung von e^{-x} für x den Ausdruck $\frac{v^2}{4x^2}$ einsetzen:

$$e^{-\frac{v^2}{4x^2}} = 1 - \left(\frac{v}{2x}\right)^2 + \frac{1}{2!}\left(\frac{v}{2x}\right)^4 - \frac{1}{3!}\left(\frac{v}{2x}\right)^6 + \cdots$$
$$+ \frac{(-1)^{n+1}}{(n+1)!}\left(\frac{v}{2x}\right)^{2(n+1)} e^{-\frac{\vartheta v^2}{4x^2}} .$$

Wenn wir diese Reihe nach Multiplikation mit e^{-v} gliedweise integrieren, erhalten wir, da ja über v integriert wird, Integrale von der Form $\frac{1}{(2x)^{2p}} \int_0^\infty v^{2p}\, e^{-v}\, dv$, deren Werte

[1] $\simeq$ bedeutet »asymptotisch gleich«

nach (6-83, 6-85) $\frac{(2p)!}{(2x)^{2p}}$ betragen. Damit wird

$$\psi(x) = \frac{e^{-x^2}}{2x}\left(1 - \frac{1}{1!}\frac{2!}{(2x)^2} + \frac{1}{2!}\frac{4!}{(2x)^4} - \frac{1}{3!}\frac{6!}{(2x)^6} \pm \cdots\right) + R_n. \quad (8\text{-}26)$$

Um das aus (4-86) stammende Restglied (4-87)

$$R_n = (-1)^{n+1}\frac{e^{-x^2}}{(n+1)!\,2x\,(2x)^{2(n+1)}}\int\limits_0^\infty v^{2(n+1)}\,e^{-\frac{\vartheta v^2}{4x^2}}\,e^{-v}\,dv \quad (8\text{-}27)$$

abzuschätzen, beachten wir, daß der Exponent $\frac{\vartheta v^2}{4x^2}$ stets positiv und damit der Faktor $\exp\left\{-\frac{\vartheta v^2}{4x^2}\right\}$ kleiner als 1 ist. Es ist daher, wenn man ihn gleich 1 setzt und damit wieder ein Integral von der obigen Form erhält:

$$|R_n| < \frac{e^{-x^2}}{(n+1)!\,(2x)^{2n+3}}\int\limits_0^\infty v^{2(n+1)}\,e^{-v}\,dv = \frac{e^{-x^2}}{(2x)^{2n+3}}\,\frac{(2n+2)!}{(n+1)!}. \quad (8\text{-}28)$$

Für beliebig großes n und endliches x wächst wegen des Überwiegens von $(2n+2)!$ der Ausdruck rechts über alle Grenzen, und daran kann auch die Berücksichtigung des vernachlässigten Faktors $e^{-\frac{\vartheta v^2}{4x^2}}$, der ja von n nicht abhängt, nichts ändern, so daß das gleiche für die rechte Seite von (8-27) gilt. Wenn wir aber bei einem geeigneten Wert von n abbrechen, kann das Restglied so klein sein, daß eine sehr gute Darstellung der Funktion gefunden ist. Um den richtigen Wert von n zu finden, leiten wir zunächst eine auch für andere Zwecke sehr nützliche Näherungsformel für $n!$ ab, die besonders für große Werte von n brauchbar ist. Wir bilden

$$\ln n! = \ln 1 + \ln 2 + \ln 3 + \ldots \ln n.$$

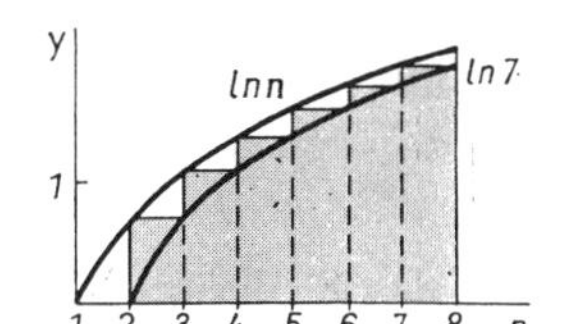

Abb. 92 Zur Berechnung von $\ln n!$

Zeichnen wir die Kurve $y = \ln n$ auf (Abb. 92), so erkennt man, daß wegen der Breite 1 der Rechtecke $\ln n!$ gleich dem Inhalt der treppenförmig begrenzten Fläche ist, der sich nur wenig von dem Inhalt der durch die logarithmische Kurve begrenzten Fläche unterscheidet. Für sehr große Werte von n kann man die Breite 1 als Differential auffassen und damit in gewisser Umkehr der Überlegungen von Abschnitt 6.1. die treppenförmig begrenzte Fläche durch die von der logarithmischen Kurve begrenzte Fläche ersetzen. Für kleinere Werte von n ist jedenfalls nach Abb. 92

$$\int\limits_1^n \ln x\,dx < \ln n! < \int\limits_1^{n+1} \ln x\,dx \quad (8\text{-}29)$$

oder

$$n \ln n - n + 1 < \ln n! < (n+1)\ln(n+1) - n. \quad (8\text{-}30)$$

Vernachlässigt man 1 gegen n, so erhält man eine nur für sehr große Werte von n gültige Näherung, die aber in der statistischen Physik, wo man mit $n \approx 10^{23}$ zu rechnen hat, vorzügliche Dienste leistet

$$n! \approx \left(\frac{n}{e}\right)^n \quad \text{für sehr große natürliche Zahlen } n. \tag{8-31}$$

Eine bessere Näherung ergibt sich, wenn man zwischen n und $n + 1$ mittelt, also

$$\ln n! \approx \int_1^{n+1/2} \ln x \, \mathrm{d}x = \left(n + \frac{1}{2}\right) \ln\left(n + \frac{1}{2}\right) - n - \frac{1}{2} + 1 \tag{8-32}$$

setzt. Schreibt man $\ln\left(n + \frac{1}{2}\right) = \ln n + \ln\left(1 + \frac{1}{2n}\right)$ und entwickelt wegen der Kleinheit von $\frac{1}{2n}$ dann $\ln\left(1 + \frac{1}{2n}\right) = \frac{1}{2n} - \cdots$, so erhält man

$$\ln n! = \left(n + \frac{1}{2}\right) \ln n + \frac{1}{2} + \frac{1}{4n} - n + \frac{1}{2}.$$

Für sehr große Werte von n kann $\frac{1}{4n}$ gegen 1 vernachlässigt werden, und man erhält $n! \approx \sqrt{n}\, n^n \mathrm{e}^{1-n}$. Eine genauere Berechnung liefert als asymptotische Darstellung für sehr große natürliche Zahlen n:

$$\boxed{n! \approx \sqrt{2\pi n}\left(\frac{n}{\mathrm{e}}\right)^n} \quad \text{Stirlingsche Formel} \tag{8-33}$$

(Stirling 1696—1770). Damit wird (8-28)

$$|R_n| < \frac{\mathrm{e}^{-x^2}}{(2x)^{2n+3}} \frac{(2n+2)^{2(n+1)}\, \mathrm{e}^{n+1} \sqrt{2n+2}}{(n+1)^{n+1}\, \mathrm{e}^{2(n+1)} \sqrt{n+1}} = \frac{\mathrm{e}^{-x^2}}{x\sqrt{2}} \mathrm{e}^{-(n+1)} \left(\frac{n+1}{x^2}\right)^{n+1}. \tag{8-34}$$

Solange $n + 1 < x^2$ ist, ist der Faktor $\frac{n+1}{x^2} < 1$, er wächst aber für $n + 1 > x^2$ sehr schnell, man muß daher bei $n + 1 = x^2$ abbrechen. Für $x = 3$, $n = 8$ ergibt sich z. B.

$$|R_n| < \frac{\mathrm{e}^{-18}}{3\sqrt{2}} = 3{,}6 \cdot 10^{-9}.$$

Obwohl die Reihe divergiert, wird die Funktion $\psi(x)$ und damit auch das Fehlerintegral auf 8 Dezimalen genau wiedergegeben, wenn man ein neungliedriges Polynom nach (8-26) nimmt. Eine solche Genauigkeit ist im allgemeinen gar nicht erforderlich, mit $n = 2$ ergibt sich bereits $|R_n| < 5{,}4 \cdot 10^{-8}$.

Diesen Beispielen entnehmen wir also, daß formale Konvergenz für die *praktische* Brauchbarkeit einer Reihenentwicklung durchaus *nicht* entscheidend sein muß.

8.3. Fouriersche Reihen

Wir haben im vorigen Abschnitt gesehen, daß die Darstellung einer Funktion durch Potenzreihen für die Praxis nur von beschränktem Nutzen ist. Viel wichtiger ist für den Praktiker die Möglichkeit, Funktionen durch einfachere analytische Ausdrücke zu *approximieren*. Um den dabei entstehenden Fehler zu erfassen, benötigt man auch einen Ausdruck für das Restglied $R_n(x)$. Diese wichtige Information geht beim Übergang zu den Reihen gerade verloren. Insofern ist die TAYLORsche Formel für den Praktiker wichtiger als die TAYLORsche Reihe. Zur Ableitung der TAYLORschen Formel (4-75) gelangten wir durch die Frage: Wie läßt sich eine gegebene Funktion $f(x)$ in der Umgebung *einer Stelle* x_0 durch ein Polynom approximieren? Häufig möchte man aber die gegebene Funktion $f(x)$ durch ein Polynom an *mehreren Stellen* $x_0, x_1, \ldots, x_n$ darstellen. Diese *Interpolation durch ein Polynom*, die eine Verallgemeinerung der TAYLORschen Formel liefert, werden wir im Kapitel 15.3.1. besprechen.

Für *periodische Funktionen*, die überall der Beziehung

$$f(x + 2l) = f(x), \quad \text{(Periode } 2l\text{)} \tag{8-35}$$

genügen, ist es zweckmäßiger, eine *Interpolation durch trigonometrische Summen* zu versuchen, also $f(x)$ durch Superposition von Sinus- und Kosinus-Funktionen darzustellen. Man macht dann den Ansatz

$$f(x) = \frac{a_0}{2} + \sum_{\nu=1}^{n} \left(a_\nu \cos \frac{\nu\pi}{l} x + b_\nu \sin \frac{\nu\pi}{l} x\right) + R_n(x)\,, \tag{8-36}$$

in dem noch a_0, a_ν, b_ν und R_n bestimmt werden müssen. Hierzu verweisen wir auf Kapitel 15.3. und wollen gleich zu dem Fall übergehen, daß die Zahl der Interpolationsstellen x_i über alle Grenzen wächst, diese Stellen also unendlich dicht liegen. Dann ergibt sich aus (8-36) rein formal die trigonometrische Reihe

$$s(x) = \frac{a_0}{2} + \sum_{\nu=1}^{\infty} \left(a_\nu \cos \frac{\nu\pi}{l} x + b_\nu \sin \frac{\nu\pi}{l} x\right), \tag{8-37}$$

FOURIERsche *Reihe* genannt, da FOURIER (1768—1830) ihre Bedeutung zur Darstellung periodischer Funktionen erkannte. Wir haben entsprechend (8-2) die Reihe mit $s(x)$ bezeichnet und setzen voraus, daß diese Reihe gleichmäßig konvergiert, wodurch wir an die a_ν, b_ν gewisse Forderungen stellen, die später formuliert werden. Dann können wir nach Abschnitt 8.1. die Reihe (8-37) gliedweise integrieren, z. B. von α bis $\alpha + 2l$. Alle Glieder mit einem Sinus oder Kosinus geben Null, nur das erste liefert la_0, also

$$a_0 = \frac{1}{l} \int_{\alpha}^{\alpha+2l} s(x)\,\mathrm{d}x\,. \tag{8-38}$$

In analoger Weise lassen sich alle anderen Koeffizienten von (8-37) ermitteln, z. B. a_μ. Dazu multiplizieren wir vor der Integration (8-37) mit $\cos \frac{\mu\pi}{l} x$. Da nach (2-53) $2\cos \frac{\nu\pi}{l} x \cos \frac{\mu\pi}{l} x = \cos(\mu + \nu) \frac{\pi}{l} x + \cos(\mu - \nu) \frac{\pi}{l} x$ ist und

$$\int_{\alpha}^{\alpha+2l} \cos(\mu + \nu) \frac{\pi}{l} x\,\mathrm{d}x = \frac{l}{\pi} \int_{\frac{\pi}{l}\alpha}^{\frac{\pi}{l}(\alpha+2l)} \cos(\mu + \nu)\,\xi\,\mathrm{d}\xi = 0\,,$$

ferner $\int_{\alpha}^{\alpha+2l} \cos(\mu - \nu) \frac{\pi}{l} x\,\mathrm{d}x = 2\,l\delta_{\mu\nu}$ für ganzzahliges μ und ν, so folgt

$$\int_{\alpha}^{\alpha+2l} \cos \frac{\mu\pi}{l} x \cos \frac{\nu\pi}{l} x\,\mathrm{d}x = l\delta_{\mu\nu} \quad \text{und} \int_{\alpha}^{\alpha+2l} \sin \frac{\mu\pi}{l} x \sin \frac{\nu\pi}{l} x\,\mathrm{d}x = l\delta_{\mu\nu}\,. \tag{8-39}$$

Damit ergibt sich

$$a_\nu = \frac{1}{l} \int_\alpha^{\alpha+2l} s(x) \cos \frac{\nu\pi}{l} x \,\mathrm{d}x\,, \qquad b_\nu = \frac{1}{l} \int_\alpha^{\alpha+2l} s(x) \sin \frac{\nu\pi}{l} x \,\mathrm{d}x\,. \tag{8-40}$$

Nun denken wir uns eine periodische Funktion (8-35) gegeben und benutzen (8.38, 8-40), d. h. wir bilden

$$a_\nu = \frac{1}{l} \int_\alpha^{\alpha+2l} f(x) \cos \frac{\nu\pi}{l} x \,\mathrm{d}x\,, \quad (\nu = 0, 1, 2, \ldots) \tag{8-41}$$

$$b_\nu = \frac{1}{l} \int_\alpha^{\alpha+2l} f(x) \sin \frac{\nu\pi}{l} x \,\mathrm{d}x\,, \quad (\nu = 1, 2, \ldots)\,, \tag{8-42}$$

genannt FOURIER-*Koeffizienten.* Offenbar liefert $\frac{a_0}{2}$ gerade den *Mittelwert der Funktion* $f(x)$ im Intervall $[\alpha, \alpha + 2l]$ (vgl. 6-20). In (8-41, 8-42) haben wir stillschweigend vorausgesetzt, daß die benutzten Integrale existieren. Setzt man diese Koeffizienten in (8-37) ein, so kann man die Konvergenz der Reihe untersuchen.

Die Frage, welche auf dem Intervall $[\alpha, \alpha + 2l]$ definierten Funktionen $f(x)$ durch (8-37) dargestellt werden können, läßt sich mit den bisher besprochenen mathematischen Mitteln nicht beantworten. Im Abschnitt 8.4. wird gezeigt, daß jede Funktion $f(x)$ des Integrationsraumes $\mathfrak{L}_2([\alpha, \alpha + 2l])$ (vgl. 8-100) durch eine FOURIERsche Reihe dargestellt werden kann, wobei allerdings in $f(x) = s(x)$ das Gleichheitszeichen als fast überall gültig zu interpretieren ist (vgl. Abschnitt 8.4.2.), d. h., $f(x)$ und $s(x)$ müssen nicht punktweise gleich sein. Nach (8-101) muß nur gelten:

$$\lim_{n \to \infty} \left(\int_\alpha^{\alpha+2l} |f(x) - s_n(x)|^2 \,\mathrm{d}\lambda(x) \right)^{1/2} = 0\,.$$

Das hier auftretende, in (8-94) definierte LEBESGUEsche Integral erlaubt mathematisch bequemere Formulierungen als das RIEMANNsche Integral.

Ohne auf Beweise einzugehen, bemerken wir zunächst, daß Stetigkeit der Funktion $f(x)$ im allgemeinen *nicht* genügt, um die Konvergenz von (8-37) zu sichern. Man kann verschiedene *hinreichende* Bedingungen für die Konvergenz von (8-37) formulieren, von denen wir zwei für die Praxis wichtige erwähnen wollen:

1. Auf $[\alpha, \alpha + 2l]$ sei $f(x)$ *stetig bis auf eine endliche Anzahl von Unstetigkeitsstellen* (wo $f(x)$ um einen endlichen Wert springt), und das ganze Intervall sei in endlich viele Teilintervalle so zerlegbar, daß $f(x)$ *in jedem Teilintervall monoton* ist (DIRICHLET 1805 — 1859).

2. Auf $[\alpha, \alpha + 2l]$ sei $f(x)$ *und* $f'(x)$ *stetig bis auf eine endliche Anzahl von Unstetigkeitsstellen* (wo $f(x)$ bzw. $f'(x)$ um einen endlichen Wert springt).

Man kann zeigen, daß jede Funktion, die einer der beiden hinreichenden Bedingungen genügt, in jedem abgeschlossenen Teilintervall von $[\alpha, \alpha + 2l]$, in dem $f(x)$ *stetig* ist, zu einer *gleichmäßig* konvergierenden FOURIER-Reihe (8-37) führt, die ihrerseits dann die Funktion $f(x)$ punktweise darstellt. An den *Unstetigkeitsstellen* von $f(x)$ liefert die

FOURIER-Reihe dagegen einen Mittelwert. Sind die genannten Bedingungen erfüllt, so ergibt sich also:

$$s(x) = \frac{a_0}{2} + \sum_{\nu=1}^{\infty} \left(a_\nu \cos \frac{\nu\pi}{l} x + b_\nu \sin \frac{\nu\pi}{l} x \right)$$
$$= \begin{cases} f(x) \text{ überall, wo } f(x) \text{ stetig ist} \\ \frac{1}{2} [f(x+0) + f(x-0)] \text{ an Unstetigkeitsstellen von } f(x) \\ \frac{1}{2} [f(\alpha+0) + f(\alpha+2l-0)] \text{ an Intervallenden} \end{cases} . \tag{8-43}$$

Offenbar gibt es einen grundsätzlichen Unterschied zwischen Potenz- und FOURIER-Reihen. Während bei den ersteren der Gesamtverlauf der dargestellten Funktionen bekannt ist, wenn man den Verlauf in einer noch so kleinen Umgebung einer Stelle x_0 kennt, kann durch FOURIER-Reihen auch eine Funktion dargestellt werden, die auf verschiedenen Teilintervallen nicht durch dieselbe analytische Funktion erfaßt wird (vgl. Abb. 93).

Wir wollen noch erwähnen, daß die FOURIERsche Reihe (8-43) wegen der EULERschen Beziehung (1-114) in komplexer Schreibweise formuliert werden kann. Setzt man (2-60, 2-61) in (8-43) ein, so ergibt sich

$$s(x) = \sum_{\nu=0}^{\infty} c_\nu e^{i \frac{\nu\pi}{l} x} + \sum_{\nu=1}^{\infty} c_\nu^* e^{-i \frac{\nu\pi}{l} x},$$

wobei nun die Koeffizienten

$$c_0 = \frac{a_0}{2};\ c_\nu = \frac{1}{2}(a_\nu - ib_\nu);\ c_\nu^* = \frac{1}{2}(a_\nu + ib_\nu), \quad (\nu = 1, 2 \ldots) \tag{8-44}$$

komplex sind. Setzt man $c_\nu^* = c_{-\nu}$, so lassen sich beide Summen zusammenfassen

$$s(x) = \sum_{\nu=-\infty}^{\infty} c_\nu e^{i \frac{\nu\pi}{l} x}, \tag{8-45}$$

Auch hierfür gilt unverändert die rechte Seite von (8-43). Die c_ν lassen sich direkt berechnen, wenn man (8-45) mit $e^{-i \frac{\mu\pi}{l} x}$ multipliziert und integriert. Wegen

$$\int_\alpha^{\alpha+2l} e^{i \frac{\pi}{l} x(\nu-\mu)} \, dx = 2l\delta_{\mu\nu}, \tag{8-46}$$

was sich mit Hilfe von (1-114) zeigen läßt, folgt anstelle von (8-41, 8-42)

$$c_\nu = \frac{1}{2l} \int_\alpha^{\alpha+2l} f(x) e^{-i \frac{\pi}{l} \nu x} \, dx, \quad (\nu = 0, 1, 2, \ldots), \tag{8-47}$$

wobei für reelle $f(x)$ $c_\nu^* = c_{-\nu}$ sein muß.

Beispiele

1. Es sei $f(x) = x$. Zunächst soll diese Funktion im Intervall $-\pi \leqq x \leqq \pi$ durch eine FOURIERsche Reihe dargestellt werden (Abb. 93a). Nach (8-41) ist für $\alpha = -\pi$, $l = \pi$: $a_\nu = \frac{1}{\pi} \int\limits_{-\pi}^{\pi} x \cos \nu x \, dx = 0$, $(\nu = 0, 1, \ldots)$ und nach (8-42) folgt $b_\nu = (-1)^{\nu-1} \frac{2}{\nu}$. Da hier $f(x)$ im Innern des Intervalls überall stetig ist, so folgt für $-\pi < x < \pi$

$$x = 2 \sum_{\nu=1}^{\infty} \frac{(-1)^{\nu-1}}{\nu} \sin \nu x \,, \tag{8-48}$$

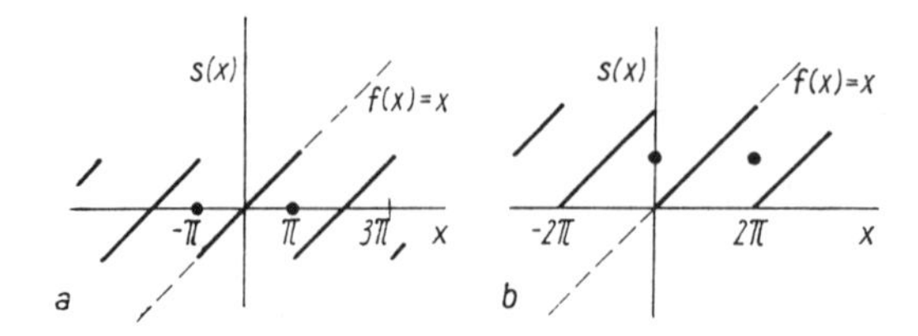

Abb. 93 Darstellung von $f(x) = x$ durch eine FOURIERsche Reihe im Intervall a) $-\pi \leqq x \leqq \pi$, b) $0 \leqq x \leqq 2\pi$

während für $x = \pm\pi$ nach (8-48) in Übereinstimmung mit (8-43) $\frac{1}{2}(-\pi + \pi) = 0$ ist. In Abb. 94 ist nach (8-48) $\frac{x}{2}$ graphisch dargestellt. In ihrem mittleren Teil nähert sich die ausgezogene Linie, welche von (8-48) die ersten drei Glieder darstellt, einer Geraden, deren Gleichung $y = \frac{x}{2}$ ist. Betrachten wir dagegen das Intervall $0 \leqq x \leqq 2\pi$, so liefert (8-41) für $\alpha = 0$, $l = \pi$: $a_\nu = \frac{1}{\pi} \int\limits_{0}^{2\pi} x \cos \nu x \, dx = 0$ nur für $\nu \neq 0$; $a_0 = 2\pi$ und (8-42) ergibt $b_\nu = -\frac{2}{\nu}$.

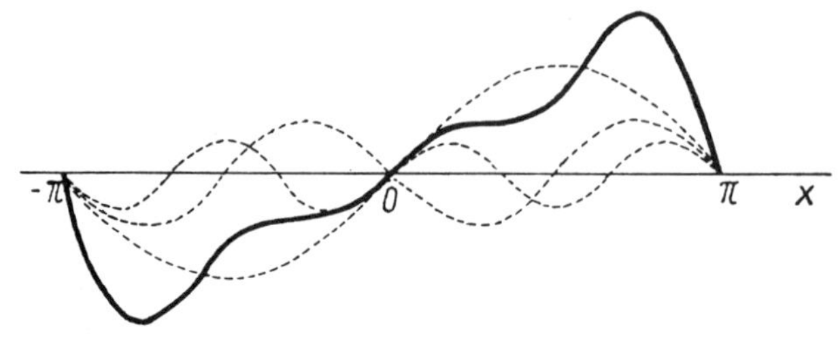

Abb. 94 FOURIERsche Entwicklung für $f(x) = \frac{\pi}{2}$. Die gestrichelten Sinuskurven stellen die ersten 3 Glieder der Reihe in (8-48) dar. Die ausgezogene Kurve ist ihre Summe

In $0 < x < 2\pi$ ist $f(x)$ stetig, also

$$x = \pi - 2 \sum_{\nu=1}^{\infty} \frac{\sin \nu x}{\nu} \,, \tag{8-49}$$

und für $x = 0$ bzw. $x = 2\pi$ erhält man aus (8-49) entsprechend (8-43) $\frac{1}{2}(0 + 2\pi) = \pi$ (Abb. 93b).

2. Wir wollen $f(x) = x^2$ in $-\pi \leqq x \leqq \pi$ durch eine FOURIERsche Reihe darstellen. Nach (8-41, 8-42) ergibt sich für $\alpha = -\pi$, $l = \pi$: $a_0 = \frac{2}{3}\pi^2$; $a_\nu = (-1)^\nu \frac{4}{\nu^2}$, $(\nu = 1, 2, \ldots)$, $b_\nu = 0$. Dann folgt

$$x^2 = \frac{1}{3}\pi^2 + 4 \sum_{\nu=1}^{\infty} \frac{(-1)^\nu}{\nu^2} \cos \nu x \tag{8-50}$$

für $-\pi \leqq x \leqq \pi$. In Abb. 95 ist nach (8-50) $\frac{1}{4}x^2 - \frac{1}{12}\pi^2$ durch die ersten drei Reihenglieder graphisch dargestellt. Die aus den gestrichelten Linien zusammengesetzte Kurve nähert sich der Parabel $y = \frac{1}{4}x^2 - \frac{1}{12}\pi^2$.

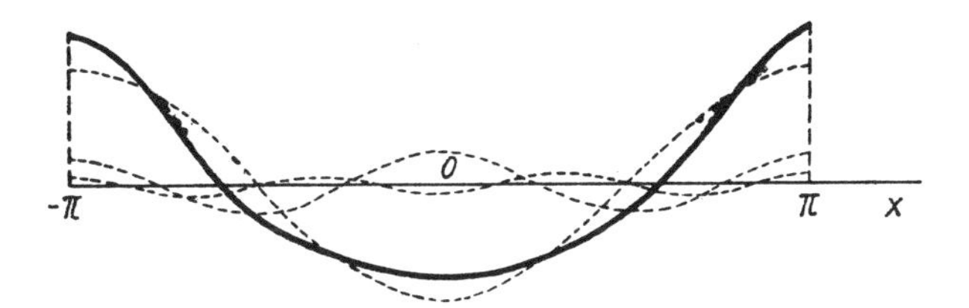

Abb. 95 FOURIERsche Entwicklung für $f(x) = \frac{1}{4}x^2 - \frac{1}{12}\pi^2$. Die gestrichelten Kurven stellen die ersten 3 Glieder der Reihe in (8-50) dar. Die ausgezogene Kurve ist ihrer Summe

3. Die *Mäanderkurve* ist definiert durch (vgl. Abb. 113).

$$f(x) = a\frac{x}{|x|} = \begin{cases} -a \text{ für } & -l \leqq x < 0 \\ +a \text{ für } & 0 < x \leqq l. \end{cases}$$

In diesem Fall müssen wir bei der Integration das Intervall zerlegen und erhalten nach (8-41, 8-42) mit $\alpha = -1$:

$$a_\nu = 0; \quad b_\nu = \frac{a}{l}\left[-\int_{-l}^{0} \sin\frac{\nu\pi x}{l}\,\mathrm{d}x + \int_{0}^{l} \sin\frac{\nu\pi x}{l}\,\mathrm{d}x\right] = \frac{2a}{\nu\pi}(1 - \cos\nu\pi),$$

also

$$b_\nu = \begin{cases} \frac{4a}{\nu\pi} & \text{für } \nu \text{ ungerade} \\ 0 & \text{für } \nu \text{ gerade}. \end{cases}$$

Deshalb wird in $-l \leqq x \leqq l$

$$f(x) = a\frac{x}{|x|} = \frac{4a}{\pi}\sum_{\nu=1}^{\infty}\frac{\sin(2\nu+1)\frac{\pi}{l}x}{2\nu+1}, \tag{8-51}$$

wobei für $x = 0$ automatisch aus (8-51) Null folgt, was nach (8-43) wegen $f(+0) = \lim_{x\to+0} f(x) = a$; $f(-0) = \lim_{x\to-0} f(x) = -a$ zu erwarten ist, da hier $\frac{1}{2}[f(+0) + f(-0)] = 0$ ist.

Die Darstellung (8-45) wird in der Praxis häufig gegenüber der Form (8-37) bevorzugt, weil man dann im Zeigerdiagramm die Addition der Teilschwingungen anschaulich erfassen kann, was entsprechend Abb. 21 für (8-45) zu einem Polygonzug führt.

Wie man sieht, treten in (8-49) und (8-51) nur Sinusfunktionen, in (8-50) nur Kosinusfunktionen auf. Dies rührt daher, daß im ersten Fall bei Umkehrung des Vorzeichens von x auch $f(x)$ das Vorzeichen wechselt. Allgemein ist für solche *ungeraden* Funktionen (vgl. Abschnitt 2.1.) stets $a_\nu = 0$, $(\nu \neq 0)$ zu erwarten, während bei *geraden* Funktionen $b_\nu = 0$ ist.

In der Entwicklung einer willkürlichen Funktion, der weder die eine noch die andere Eigenschaft zukommt, treten sowohl Glieder mit Sinus als auch mit Kosinus auf. In diesem Fall empfiehlt es sich noch, die zum gleichen Vielfachen der Grundperiode gehörenden Sinus- und Kosinusglieder zusammenzufassen:

$$\begin{aligned} &a_\nu \cos\nu x + b_\nu \sin\nu x \\ &= \sqrt{a_\nu^2 + b_\nu^2}\left(\frac{a_\nu}{\sqrt{a_\nu^2 + b_\nu^2}}\cos\nu x + \frac{b_\nu}{\sqrt{a_\nu^2 + b_\nu^2}}\sin\nu x\right) = A_\nu \cos(\nu x - \delta_\nu) \end{aligned}$$

mit

$$A_\nu = \sqrt{a_\nu^2 + b_\nu^2}, \quad \tan\delta_\nu = \frac{b_\nu}{a_\nu}.$$

Bei dieser Zusammenfassung gibt A_ν die Amplitude der ν-ten Teilschwingung und δ_ν die Phase an, die in den meisten praktischen Fällen von untergeordneter Bedeutung ist. Einen guten Überblick über das Ergebnis einer FOURIER-Analyse erhält man, wenn man die *Beträge* der gefundenen *Koeffizienten* oder deren Quadrate als Funktion von ν aufträgt. Man bezeichnet diese Darstellung dann als *Spektrum* der Funktion.

Das Beispiel 3 gibt uns Gelegenheit, das Konvergenzverhalten der FOURIERschen Reihe an einer Unstetigkeitsstelle zu untersuchen. Dazu betrachten wir die Teilsumme, die entsprechend (8-2, 8-37, 8-51)

$$s_n(x) = \frac{4a}{\pi} \sum_{\nu=0}^{n} \frac{\sin (2\nu + 1) \frac{\pi}{l} x}{2\nu + 1}$$

lautet. Da wir es hier mit einer endlichen Summe zu tun haben, gilt auch

$$s_n(x) = \frac{4a}{l} \int_0^x \sum_{\nu=0}^{n} \cos (2\nu + 1) \frac{\pi}{l} \xi \mathrm{d}\xi = \frac{2a}{l} \int_0^x \sum_{\nu=0}^{n} \left[\mathrm{e}^{i(2\nu+1)\frac{\pi}{l}\xi} + \mathrm{e}^{-i(2\nu+1)\frac{\pi}{l}\xi}\right] \mathrm{d}\xi\,.$$

Nach (1-36) ist $\sum\limits_{\nu=0}^{n} ar^\nu = a\dfrac{1 - r^{n+1}}{1 - r}$, also wegen

$$\mathrm{e}^{i\alpha} \frac{1 - \mathrm{e}^{i\alpha(2n+2)}}{1 - \mathrm{e}^{i2\alpha}} + \mathrm{e}^{-i\alpha} \frac{1 - \mathrm{e}^{-i\alpha(2n+2)}}{1 - \mathrm{e}^{-i2\alpha}} = \frac{\sin \alpha\,(2n + 2)}{\sin \alpha}$$

folgt

$$s_n(x) = \frac{2a}{l} \int_0^x \frac{\sin \frac{\pi}{l} \xi\,(2n + 2)}{\sin \frac{\pi}{l} \xi} \mathrm{d}\xi\,.$$

Wir wollen s_n nur in der Nähe des Nullpunkts betrachten, also $x \ll 1$ annehmen. Dann ist im Nenner des Integranden der Sinus durch sein Argument ersetzbar, nicht aber im Zähler, da dort noch n auftritt und $n \to \infty$ gebildet werden soll.

Mit $\frac{\pi}{l}\xi(2n + 2) = u$ ergibt sich dann $s_n(x \ll 1) = \dfrac{2a}{\pi} \displaystyle\int_0^{\frac{\pi}{l}x(2n+2)} \frac{\sin u}{u} \mathrm{d}u$. Nun ist zwar für jedes $x > 0$

$$\lim_{n\to\infty} s_n\,(x \ll 1) = \frac{2a}{\pi} \int_0^\infty \frac{\sin u}{u} \mathrm{d}u = a\,,$$

aber nicht für $x = 0$. Dies zeigt sich, wenn wir zunächst aus $\dfrac{\mathrm{d}s_n}{\mathrm{d}x} = 0$ den x-Wert ermitteln, für den $s_n(x)$ das höchste relative Maximum besitzt. Es ergibt sich $x = \dfrac{l}{2n + 2} \approx \dfrac{l}{2n}$, also $s_{n,\max} = \dfrac{2a}{\pi} \displaystyle\int_0^\pi \frac{\sin u}{u} \mathrm{d}u$. Dieser Wert ist nun unabhängig von n, so daß $s_{\infty,\max}$ für $n \to \infty$ den gleichen Wert besitzt. Da aus $x \approx \dfrac{l}{2n}$ für $n \to \infty$ auch $x \to 0$ folgt, ist $s_{\infty,\max}$ zugleich der maximale Wert, gegen den die FOURIER-Reihe bei $x = 0$ konvergiert. Aus einer Tafel für den Integralsinus entnimmt man $s\,(x \ll 1) = s_{\infty,\max}(0) = 1{,}179a$. Dieses »Überschießen« der FOURIER-Reihe über den Wert von $\lim\limits_{x\to+0} f(x) = a$ nennt man GIBBSsches Phänomen, nach J. W. GIBBS (1839—1903), der dieses Phänomen empirisch fand. Bei dem Grenzübergang $x \to -0$ konvergiert das Minimum von s_n entsprechend gegen $-1{,}179a$.

(8-45) und (8-47) lassen sich leicht auf Funktionen mit mehreren Veränderlichen ausdehnen. Zum Beispiel für zwei unabhängige Veränderliche

$$f(x,y) = \sum_{\mu,\nu=-\infty}^{\infty} c_{\mu,\nu} e^{i\frac{\pi}{l}(\nu x+\mu y)}; \quad c_{\mu,\nu} = \frac{1}{4l^2} \int_{\alpha}^{\alpha+2l} \int_{\beta}^{\beta+2l} f(x,y)\, e^{-i\frac{\pi}{l}(\nu x+\mu y)} \, dx\, dy .$$

Es ist zweckmäßig, für noch mehr unabhängige Veränderliche $x_1, x_2, \ldots$ den Ortsvektor $\boldsymbol{r} = x_1\boldsymbol{e}_1 + x_2\boldsymbol{e}_2 + x_3\boldsymbol{e}_3 + \ldots$ im N-dimensionalen Raum einzuführen und einen Vektor $\boldsymbol{k} = \frac{\pi}{l}(\nu_1\boldsymbol{e}_1 + \nu_2\boldsymbol{e}_2 + \nu_3\boldsymbol{e}_3 + \ldots)$ zu definieren, so daß $\boldsymbol{k}\cdot\boldsymbol{r} = \frac{\pi}{l}\sum_{i=1}^{N}\nu_i x_i$ ist. Damit läßt sich dann schreiben

$$\boxed{\begin{aligned} f(\boldsymbol{r}) &= \sum_{\nu_1,\nu_2,\ldots\nu_N=-\infty}^{\infty} c_{\nu_1,\nu_2,\ldots\nu_N} e^{i\boldsymbol{k}\cdot\boldsymbol{r}}; \\ c_{\nu_1,\nu_2\ldots\nu_N} &= \frac{1}{(2l)^N} \int_{\alpha_1}^{\alpha_1+2l} \cdots \int_{\alpha_N}^{\alpha_N+2l} f(\boldsymbol{r})\, e^{-i\boldsymbol{k}\cdot\boldsymbol{r}} \, d\tau \end{aligned}}, \tag{8-52}$$

wobei die rechte Seite von (8-43) entsprechend gilt.

8.4. Vektorräume, Funktionenräume

8.4.1. Vektorräume, Hilbert-Räume

Die Darstellung eines Vektors in einem Basissystem (vgl. 7-24) und die einer Funktion $f(x)$ nach (8-43) bzw. (8-45) ist auffallend ähnlich. Man kann in (8-45) c_ν als eine Maßzahl interpretieren, die sich auf das »Basissystem« $e^{i\frac{\pi\nu}{l}x}$ bezieht. Dann entspricht (8-46) den Beziehungen (7-30, 7-31), die ausdrücken, daß jeweils zwei verschiedene Basisvektoren aufeinander senkrecht stehen. Man bezeichnet deshalb auch (8-46) als Orthogonalitätsrelation für die aus den Funktionen

$$\varphi_\nu = \frac{1}{\sqrt{2l}} e^{i\frac{\pi\nu}{l}x} \quad \text{für } l \in \mathbb{R} \quad \text{und alle} \quad \nu \in \mathbb{Z} \tag{8-53}$$

gebildete Basis. Im Unterschied zu Kapitel 7 besteht diese Basis nicht nur aus 3 Elementen, sondern aus abzählbar vielen, die zudem noch komplexwertige Funktionen sind. Man kann deshalb (8-43) als eine Verallgemeinerung von (7-24) ansehen. Exaktere Aussagen über mögliche Verallgemeinerungen des Vektorbegriffs werden möglich, wenn man (wie bei der Verallgemeinerung des Längenbegriffs zum Maß im Abschnitt 1.1.) charakteristische Eigenschaften, die Vektoren (7-24) und Funktionen in der Darstellung (8-43) gemeinsam haben, auswählt und dann axiomatisch zur Definition des verallgemeinerten Vektorbegriffs benutzt. Diese Überlegungen führen zu folgender Definition:

Es sei eine Menge X mit den Elementen $x, y, z, \ldots \in X$, für die gilt:

$$x + y = y + x, \; (x + y) + z = x + (y + z), \tag{8-54}$$

für alle x gibt es ein Nullelement o mit

$$x + o = x, \tag{8-55}$$

zu jedem x gibt es ein inverses Element x' mit

$$x + x' = o, \tag{8-56}$$

zu jedem x und jeder reellen oder komplexen Zahl α gibt es $\alpha x \in X$ als Produkt mit

$$\alpha_1\alpha_2 x = \alpha_1(\alpha_2 x) \tag{8-57}$$

$$\alpha(x + y) = \alpha x + \alpha y, \quad (\alpha_1 + \alpha_2)x = \alpha_1 x + \alpha_2 x \tag{8-58}$$

$$1x = x\,. \tag{8-59}$$

Eine Menge X, deren Elemente (8-54) bis (8-59) für reelle bzw. komplexe Zahlen α erfüllen, heißt *Vektorraum* (oder linearer Raum) über den reellen bzw. komplexen Zahlen. Die Elemente heißen *Vektoren.* Durch (8-54) bis (8-59) wird eine Menge mit einer algebraischen Struktur versehen, die der im Abschnitt 7.2. diskutierten entspricht. Die Definition linear unabhängiger Vektoren kann von (7-21) übernommen werden. Die maximal mögliche Anzahl linear unabhängiger Elemente eines Vektorraumes X heißt *Dimension* des Raumes, symbolisch Dim X (vgl. Abschnitt 7.2.). Wenn unendlich viele Elemente linear unabhängig sind, heißt der Vektorraum *unendlichdimensional.* Ein maximales System von linear unabhängigen Vektoren aus X heißt eine (HAMEL-) *Basis* des Vektorraumes (vgl. Abschnitt 7.2.). Eine Teilmenge M eines Vektorraumes X heißt *Teilraum von X*, wenn mit $x_1, x_2, \ldots \in M$ auch für alle endlichen Linearkombinationen gilt: $\sum_{i=1}^{n} \alpha_i x_i \in M$ für $\alpha_i \in \mathbb{C}$ und $n < \infty$. Besonders wichtig für die Naturbeschreibung sind Vektorräume, auf denen eine oder mehrere der folgenden Abbildungen in die reellen bzw. komplexen Zahlen definiert sind. Die Untersuchung dieser Räume hat zur Entwicklung der sogenannten *Funktionalanalysis* geführt.

Wenn jedem Element x eines Vektorraumes X eine reelle Zahl, symbolisch $||x||$, zugeordnet ist, für die gilt:

$$||x|| \geqq 0 \tag{8-60}$$

$$||\alpha x|| = |\alpha|\, ||x|| \text{ für } \alpha \in \mathbb{C} \tag{8-61}$$

$$||x + y|| \leqq ||x|| + ||y||, \ (y \in X), \tag{8-62}$$

heißt $||x||$ *Halbnorm von x.* Falls zusätzlich $||x|| = 0$ genau dann gilt, wenn $x = o$ ist, heißt $||x||$ *Norm von x* und X *normierter Raum.* Ein Vektorraum X heißt *metrischer* Raum, wenn zu jedem Paar $x, y \in X$ eine reelle Zahl, die *Metrik,* symbolisch $\mathrm{d}(x,y)$, zugeordnet ist, für die gilt:

$$\mathrm{d}(x,y) \geqq 0, \quad \mathrm{d}(x,y) = 0 \text{ genau dann, wenn } x = y, \tag{8-63}$$

$$\mathrm{d}(x,y) = \mathrm{d}(y,x) \tag{8-64}$$

$$\mathrm{d}(x,y) \leqq \mathrm{d}(x,z) + \mathrm{d}(z,y), \ (z \in X). \tag{8-65}$$

Offenbar ist Metrik die Verallgemeinerung des Abstandsbegriffs (1-75). Ein Vektorraum X heißt *unitärer* Raum, wenn zu jedem Paar $x, y \in X$ eine komplexe Zahl, das *Skalarprodukt,* symbolisch $\langle x \mid y \rangle$, zugeordnet ist, für die gilt:

$$\langle x \mid y\rangle^* = \langle y \mid x\rangle \tag{8-66}$$

$$\langle x \mid x\rangle \geqq 0, \quad \langle x \mid x\rangle = 0 \text{ genau dann, wenn } x = o \tag{8-67}$$

$$\langle z \mid \alpha_1 x + \alpha_2 y\rangle = \alpha_1 \langle z \mid x\rangle + \alpha_2 \langle z \mid y\rangle, \ (z \in X) \text{ für } \alpha_1, \alpha_2 \in \mathbb{C}. \tag{8-68}$$

Jeder unitäre Raum läßt sich durch

$$\|x\| = \sqrt{< x|x >} \tag{8-69}$$

stets normieren. Jeder normierte Raum läßt sich durch die Definition

$$d(x,y) = \|x - y\| \tag{8-70}$$

stets metrisieren.

Ein Raum $\mathbb{R}^n$, dessen Elemente $x \in \mathbb{R}^n$ aus allen n-Tupeln reeller Zahlen bestehen $x: = (x_1, x_2, \ldots x_n)$ (vgl. 2-17), heißt EUKLIDischer Raum, wenn zu jedem Paar $x, y \in \mathbb{R}^n$ der Abstand durch $d(x,y) = \left[\sum_{\nu=1}^{n} (x_\nu - y_\nu)^2\right]^{1/2}$ definiert ist.

Vektorenräume, deren Elemente Funktionen sind, heißen *Funktionenräume*. Zwei Elemente $x, y \in X$ heißen zueinander *orthogonal*, wenn $<x|y> = 0$ gilt. Eine Teilmenge M eines unitären Raumes X heißt *orthonormales System*, wenn für alle $x, y \in M \subset X$ gilt:

$$\langle x \mid y \rangle = 0 \text{ für } x \neq y \text{ und } \langle x \mid x \rangle = 1. \tag{8-71}$$

In metrischen Räumen bzw. normierten Räumen mit dem Abstand (8-70) kann man analog zu (1-78) und (1-79) konvergente Folgen und CAUCHY-Folgen definieren.

Eine Folge (x_n) von Elementen eines metrischen bzw. normierten Raumes X heißt *konvergent*, wenn für jedes $\varepsilon > 0$ eine positive Zahl $N(\varepsilon)$ existiert, so daß für ein $x \in X$ $d(x_n,x) < \varepsilon$ bzw. $\|x - x_n\| < \varepsilon$ für alle $n > N(\varepsilon)$ gilt. x heißt dann Grenzwert der Folge (x_n), symbolisch

$$\lim_{n\to\infty} \| x - x_n\| = 0 \quad \text{oder} \quad \lim_{n\to\infty} x_n = x. \tag{8-72}$$

Eine Folge (x_n) von Elementen eines metrischen bzw. normierten Raumes heißt CAUCHY-Folge, wenn für jedes $\varepsilon > 0$ eine positive Zahl $N(\varepsilon)$ existiert, so daß

$$d(x_n,x_m) < \varepsilon \text{ bzw. } \|x_n - x_m\| < \varepsilon \text{ für alle } n,m > N(\varepsilon) \tag{8-73}$$

gilt. Wie im Abschnitt 1.2. gilt: Jede konvergente Folge ist eine CAUCHY-Folge, d. h. (8-73) ist eine notwendige Bedingung für (8-72).

Mit Hilfe der Folgen (8-72) und (8-73) definiert man: Ein metrischer Raum X heißt *vollständig*, wenn jede CAUCHY-Folge (x_n) mit $x_n \in X$ ein Grenzelement $x \in X$ besitzt. Eine Teilmenge M eines metrischen Raumes X heißt *dicht in* X, wenn zu jedem $x \in X$ eine gegen x konvergente Folge (x_n) mit $x_n \in M$ existiert. Ein metrischer Raum X heißt *separabel*, wenn es eine in X dichte Teilmenge $M \subset X$ gibt, die aus abzählbar vielen Elementen besteht.

Für die Naturbeschreibung haben vor allem unitäre Vektorräume, die vollständig sind, eine besondere Bedeutung. Man nennt sie HILBERT-*Räume* (HILBERT 1862—1943).

Im folgenden betrachten wir nur einen separablen HILBERT-Raum H. Benutzt man als dichte Teilmenge $M \subset H$ ein aus abzählbar vielen Elementen bestehendes orthonormales System

$$M = \{\varphi_i \mid i \in \mathbb{N}, \varphi_i \in \boldsymbol{H} \text{ und } \langle \varphi_i \mid \varphi_j \rangle = \delta_{ij}\} \tag{8-74}$$

und bildet die Teilsummen

$$s_n := \sum_{j=1}^{n} a_j \varphi_j, \quad a_j \in \mathbb{C}, \tag{8-75}$$

so folgt mit (8-69) für $n > m$

$$||s_n - s_m||^2 = < s_n - s_m | s_n - s_m > = < \sum_{j=m+1}^{n} \alpha_j \varphi_j | \sum_{k=m+1}^{n} \alpha_k \varphi_k > =$$

$$= \sum_{j,k=m+1}^{n} \alpha_j^* \alpha_k < \varphi_j | \varphi_k > = \sum_{j=m+1}^{n} |\alpha_j|^2 = t_n - t_m ,$$

wobei (8-66), (8-68), (8-74) ausgenutzt und

$$t_n := \sum_{j=1}^{n} |\alpha_j|^2 \tag{8-76}$$

gesetzt wurde. Man sieht: Wenn (t_n) eine CAUCHY-Folge ist, trifft dies auch für (s_n) zu (vgl. 8-73) und umgekehrt. Da jede CAUCHY-Folge in einem vollständigen Raum ein Grenzelement besitzt, existiert in einem HILBERT-Raum für (8-75) das Grenzelement $\sum_{j=1}^{\infty} \alpha_j \varphi_j$ genau dann, wenn $\sum_{j=1}^{\infty} |\alpha_j|^2 < \infty$ existiert.

Als *vollständiges orthonormales System (v.o.n.S.)* im HILBERT-Raum H bezeichnet man ein orthonormales System (8-74), wenn es außer dem Nullelement kein Element $u \in H$ gibt, das zu allen φ_i orthogonal ist (man beachte, daß diese Vollständigkeit nicht mit dem vollständigen Raum verwechselt werden darf). Dieses System heißt auch HILBERT-Raum-Orthonormalbasis (im Unterschied zur algebraischen oder HAMEL-Basis).

Folgende äquivalente Aussagen sind nützlich:

Ein orthonormales System M (8-74) ist genau dann ein v.o.n.S., wenn für jedes $u \in H$

$$\sum_{i=1}^{\infty} | < \varphi_i | u > |^2 = < u | u > \qquad \text{PARSEVALsche Gleichung} \tag{8-77}$$

gilt. Wenn u zu allen Elementen von M orthogonal ist, gilt $< \varphi_i | u > = 0$ und aus (8-77) folgt wegen (8-67) $u = 0$, d. h., M ist vollständig. Die Umkehrung ist trivial.

Ein orthogonales System M (8-74) ist genau dann ein v.o.n.S., wenn für jedes $u \in H$

$$u = \lim_{n \to \infty} \sum_{i=1}^{n} < \varphi_i | u > \varphi_i \tag{8-78}$$

gilt. $< \varphi_i | u >$ bezeichnet man als *verallgemeinerte* FOURIER-*Koeffizienten.*

(8-77) und (8-78) sind gleichwertige Aussagen. Wegen (8-66, 8-69) ist mit $a_i = < \varphi_i | u >$

$$||u - \sum_{i=1}^{n} a_i \varphi_i||^2 = < u - \sum_{i=1}^{n} a_i \varphi_i \Big| u - \sum_{k=1}^{n} a_k \varphi_k >$$

$$= < u | u > - \sum_i a_i^* < \varphi_i | u > - \sum_k a_k < u | \varphi_k > + \sum_{i,k} a_i^* a_k < \varphi_i | \varphi_k >$$

$$= < u | u > - \sum_{i=1}^{n} |a_i|^2 .$$

(8-77) ist äquivalent zu $\lim_{n \to \infty} \left[\langle u \mid u \rangle - \sum_{i=1}^{n} | \langle \varphi_i \mid u \rangle |^2 \right] = 0$, so daß $\lim_{n \to \infty} ||u - \sum_{i=1}^{n} \langle \varphi_i \mid u \rangle \varphi_i|| = 0$ gilt und damit nach (8-72) auch (8-78) folgt. Umgekehrt liefert (8-78)

$$<u|u> = <\sum_{i=1}^{\infty} <\varphi_i|u> \varphi_i|u> = \sum_{i=1}^{\infty} <\varphi_i|u>^* <\varphi_i|u>, \quad \text{also (8-77).}$$

Als Beispiel erwähnen wir: (8-53) bildet über dem Intervall $[0,2l]$ ein v.o.n.S., so daß (8-78) in (8-45) übergeht.

8.4.2. Integrationsräume

Im Abschnitt 2.1. haben wir auf die Bedeutung meßbarer Mengen für die Naturbeschreibung hingewiesen. Meßbar heißen die Teilmengen einer Menge Ω, die Elemente einer σ-Algebra sind. Wenn ohne weiteren Hinweis von meßbaren Mengen gesprochen wird, muß aus dem Zusammenhang erkennbar sein, welche σ-Algebra S für eine Menge Ω gewählt wurde. Im folgenden wird in der Regel die BORELsche σ-Algebra verwendet. Mit (1-94), (1-95) kann auf diesen Mengen ein Maß μ als verallgemeinerter Längen- bzw. Volumenbegriff definiert werden. Wir wollen zeigen, daß man das Maß benutzen kann, um eine über das RIEMANNsche Integral (6-10) hinausgehende Verallgemeinerung des Inhaltsbegriffs anzugeben. Die dabei auftretenden, hinsichtlich des allgemeineren Integrals integrierbaren Funktionen bilden einen speziellen Funktionenraum, der *Integrationsraum* heißt und für die Naturbeschreibung eine große Rolle spielt.

Zunächst erinnern wir daran, daß jeder S-meßbaren Menge $A \in S$ nach (2-10) wegen $A = J_A^{-1}(1)$ eindeutig eine meßbare Indikatorfunktion $J_A(\omega)$ zugeordnet werden kann. Aus der Definition (2-10) ergeben sich für Indikatorfunktionen folgende Eigenschaften

$$J_\emptyset(\omega) = 0\,, \quad J_\Omega(\omega) = 1\,, \tag{8-79}$$

$$J_{\overline{A}}(\omega) = J_\Omega(\omega) - J_A(\omega) = 1 - J_A(\omega)\,, \tag{8-80}$$

$$J_{A\cap B}(\omega) = J_A(\omega)\cdot J_B(\omega)\,, \quad J_{A\cup B}(\omega) = J_A(\omega) + J_B(\omega) - J_{A\cap B}(\omega)\,. \tag{8-81}$$

Wenn $A \subset B$ ist, gilt

$$J_A(\omega) \leqq J_B(\omega) \quad \text{für alle} \quad \omega \in \Omega\,. \tag{8-82}$$

Sind A_i paarweise disjunkte Mengen, gilt

$$J_{\bigcup_i A_i}(\omega) = \sum_i J_{A_i}(\omega)\,. \tag{8-83}$$

Wenn $A_j (j = 1, 2, \ldots)$ und $B_k (k = 1, 2, \ldots)$ paarweise disjunkte Mengen sind, gilt

$$J_{A_j \cap \overline{\bigcup_k B_k}} = J_{A_j}(1 - \sum_k J_{B_k})\,, \quad J_{\overline{\bigcup_j A_j} \cap B_k} = J_{B_k}(1 - \sum_j J_{A_j})\,. \tag{8-84}$$

Die meßbaren Indikatorfunktionen lassen sich als Elemente eines Vektorraumes E über den reellen oder komplexen Zahlen auffassen, wenn man in der üblichen Weise eine Linearkombination der Funktionen durch Linearkombinationen der Funktionswerte definiert:

$$(\alpha J_A + \beta J_B)(\omega) := \alpha J_A(\omega) + \beta J_B(\omega) \quad \text{für } \alpha, \beta \in \mathbb{R} \text{ bzw. } \mathbb{C}\,. \tag{8-85}$$

Alle endlichen Linearkombinationen meßbarer Indikatorfunktionen sind damit Elemente des Vektorraumes E. Für jedes $u(\omega) \in E$ existiert eine Darstellung der Form

$$u(\omega) = \sum_{i=0}^{n} \alpha_i J_{A_i}(\omega)\,, \quad \alpha_i \in \mathbb{C}\,, \quad n \text{ eine endliche Zahl aus } \mathbb{N} \tag{8-86}$$

in der alle α_i *verschieden* und die Mengen A_i paarweise disjunkt sind. (8-86) heißt (kürzeste) *Normaldarstellung* der meßbaren komplexwertigen Funktion $u(\omega)$. Wir bezeichnen eine komplexwertige Funktion $u = v + iw$ $(v,w \in \mathbb{R})$ als meßbar, wenn sowohl Realteil $v(\omega)$ als auch Imaginärteil $w(\omega)$ meßbar sind.
Für paarweise disjunkte Teilmengen A_i ist nach (8-79) und (8-81) $J_{A_i} \cdot J_{A_j} = J_{A_i}\delta_{ij}$, so daß aus (8-85) für $q > 0$ folgt

$$|u(\omega)|^q = \sum_{i=0}^{n} |\alpha_i|^q J_{A_i}, \quad \alpha_i \in \mathbb{C}. \tag{8-87}$$

Wenn ein Maß μ auf der σ-Algebra S definiert ist, ist für jedes $A \in S$ festgelegt, ob dieses Maß $\mu(A)$ endlich oder unendlich ist (z. B. LEBESGUE-BORELsches Maß (1-96)). Man kann deshalb einen Teilraum E_e von E durch die Forderung festlegen, daß nur solche Linearkombinationen benutzt werden, die zu meßbaren Mengen mit *endlichem* Maß gehören.
Zur Definition eines allgemeineren Integrals als (6-10) zerlegt man ein Element $u(\omega)$ aus E_e durch $u(\omega) = v(\omega) + iw(\omega)$ in die beiden reellen Funktionen $v(\omega)$, $w(\omega)$ und diese wieder analog (6-13) in ihre nichtnegativen und negativen Anteile $v^+(\omega)$, $w^+(\omega)$ bzw. $v^-(\omega)$, $w^-(\omega)$. Dann gilt z. B.

$$v^+(\omega) = \sum_{i=0}^{n} a_i J_{A_i}(\omega), \quad a_i \geqq 0. \tag{8-88}$$

Für $\Omega = \mathbb{R}$ sind diese Funktionen nichtnegative Treppenfunktionen (Abb. 57). Da $u(\omega) \in E_e$ ist, also eine Linearkombination von Indikatorfunktionen, die zu meßbaren Mengen mit endlichem Maß gehören, ist $\sum_{i=0}^{n} a_i\mu(A_i)$ eine endliche Zahl, die man als das (bestimmte) *μ-Integral von $v^+(\omega)$ über Ω* bezeichnet. Man schreibt dafür

$$\int_{\Omega} v^+(\omega)\mathrm{d}\mu(\omega) = \int v^+\mathrm{d}\mu := \sum_{i=0}^{n} a_i\mu(A_i). \tag{8-89}$$

Eine Ausdehnung der Definition (8-89) auf allgemeinere nichtnegative S-meßbare Funktionen $f^+ : \Omega \to \overline{\mathbb{R}}$ ist möglich, indem man $f^+(\omega)$ als Grenzwert einer Folge $(v_m{}^+(\omega))$ aus E_e darstellt.

Man wählt z. B.

$$v_m^+(\omega) := \sum_{\nu=0}^{m\cdot 2^m-1} \nu\, 2^{-m} J_{A_{\nu m}}(\omega) + m J_{A_m}(\omega), \qquad m = 1, 2, \ldots, \tag{8-90}$$

mit den paarweise disjunkten meßbaren Mengen

$$A_{\nu m} := \{\omega \mid \omega \in D(f^+) \text{ und } \nu 2^{-m} \leqq f^+(\omega) < (\nu + 1)2^{-m}\},$$
$$A_m := \{\omega \mid \omega \in D(f^+) \text{ und } f^+(\omega) \geqq m\}.$$

Für $f^+(\omega) = \infty$ ist $v_m^+(\omega) = m$ für alle Werte m und für $f^+(\omega) < \infty$ ist $0 \leqq f^+(\omega) - v_m^+(\omega) < 2^{-m}$ für alle Werte $m > f^+(\omega)$, d. h., nach (1-79) gilt $\lim_{m\to\infty} v_m^+ = f^+$.

Ist $(v_m^+(\omega))$ eine monoton nicht fallende Folge von Funktionen (8-88), die $f^+(\omega)$ als Grenzwert besitzt, so definiert man

$$\boxed{\int_{\Omega} f^+(\omega)\,\mathrm{d}\mu\,(\omega) = \int f^+\,\mathrm{d}\mu := \lim_{m\to\infty} \int v_m^+\,\mathrm{d}\mu} \tag{8-91}$$

als (bestimmtes) *μ-Integral von f^+ über Ω*. Man kann zeigen, daß dieser Grenzwert nicht von der speziellen Wahl der Folge (v_m^+) abhängt. Wenn f^+ und g^+ über Ω μ-integrierbar sind, ist es auch $f^+ + g^+$.

Da $f^- > 0$ ist (vgl. 6-13), kann (8-91) auch für das μ-Integral, über f^- benutzt werden, und man definiert

$$\boxed{\int_\Omega f(\omega)\,\mathrm{d}\mu\,(\omega) = \int f\,\mathrm{d}\mu := \int f^+\mathrm{d}\mu - \int f^-\mathrm{d}\mu}\,, \tag{8-92}$$

das (bestimmte) *μ-Integral einer (S-)meßbaren Funktion $f(\omega)$ über Ω*. Wenn f eine komplexe Funktion ist, gilt (8-92) für Realteil und Imaginärteil getrennt. Die Rechenregeln (6-15) bis (6-19) gelten analog für das μ-Integral, ebenso (6-14):

Setze $z = \int f\,\mathrm{d}\mu \in \mathbb{C}$. Aus (1-108) folgt $Re(z^*f) \leqq |z^*f| = |z^*|\,|f|$, also $\int Re(z^*f)\,\mathrm{d}\mu = z^*z = |z|^2 \leqq |z^*| \int |f|\,\mathrm{d}\mu$ und

$$\left|\int f\mathrm{d}\mu\right| \leqq \int \left|f\right|\mathrm{d}\mu\,. \tag{8-93}$$

Man kann beweisen: Eine (S-)meßbare komplexe Funktion über Ω ist genau dann μ-integrierbar, wenn $|f|$ μ-integrierbar ist. Ferner zeigt (8-92), daß ein μ-Integral für Funktionen, die nur auf Teilmengen von μ-Nullmengen verschieden sind, den gleichen Wert hat. Man nennt diese Funktionen *fast überall* gleich. Es kann auch nicht meßbare Teilmengen von Nullmengen geben, z. B. beim LEBESGUE-BORELschen Maß (1-97). Um Komplikationen zu vermeiden, ist es zweckmäßig, *alle* Teilmengen der Nullmengen zur σ-Algebra hinzuzunehmen. Diese heißt dann vervollständigte oder LEBESGUEsche σ-Algebra, das zugehörige Maß vervollständigtes oder LEBESGUEsches Maß. Wenn $\Omega = \mathbb{R}$ ist, verwendet man in diesem Sinn für LEBESGUE-meßbare (L-meßbare) Funktionen $f(x)$ das LEBESGUEsche Maß $\lambda\,[x_1, x_2]$. Dann heißt (vgl. 8-92)

$$\boxed{\int_a^b f(x)\,\mathrm{d}\lambda\,(x)} \tag{8-94}$$

LEBESGUE*sches Integral* einer (L-)meßbaren Funktion $f(x)$ über $[a,b]$. Wegen $\lambda(\{x\})=0$ (vgl. 1-98) kann jede L-integrierbare Funktion $f(x)$ auf einpunktigen Mengen $\{x\} \in \mathbb{R}$ abgeändert werden, ohne (8-94) zu verändern. Zwischen dem RIEMANNschen Integral (6-10) und dem LEBESGUEschen Integral (8-94) besteht folgender Zusammenhang: Wenn eine auf $[a,b]$ definierte (L-)meßbare Funktion R-integrierbar ist, so ist sie auch L-integrierbar, und das RIEMANN*sche Integral ist gleich dem* LEBESGUE*schen Integral*. Die Umkehrung ist im allgemeinen *nicht* richtig, d. h., eine L-integrierbare Funktion muß nicht R-integrierbar sein. Läßt man unendliche Intervalle zu (z. B. den gesamten Bereich $\mathbb{R}$), so verwendet man beim uneigentlichen RIEMANNschen Integral (vgl. Abschnitt 6.5.) einen Grenzwert, der für das LEBESGUEsche Integral zu speziell ist. Deshalb kann es Funktionen geben, für die das uneigentliche RIEMANNche Integral existiert, das LEBESGUEsche Integral aber nicht.

Wegen $|\alpha_i| \geqq 0$ für $\alpha_i \in \mathbb{C}$ ist (8-87) eine nichtnegative Funktion wie (8-88), so daß nach (8-89) $\int |u|^p\,\mathrm{d}\mu$ eine nichtnegative endliche Zahl ist, ebenso wie $(\int |u|^p\,\mathrm{d}\mu)^{1/p}$. Setzt man

$$\|u\|_p := \left(\int |u|^p\,\mathrm{d}\mu\right)^{1/p}, \quad p \geqq 1\,, \tag{8-95}$$

so wird (8-60) bis (8-62) erfüllt, aber aus $||u||_p = 0$ folgt $u = 0$ nur fast überall in E. Deshalb ist (8-95) eine Halbnorm. Das gleiche gilt für (S-)meßbare komplexe Funktionen $f(\omega)$ auf Ω, wenn $|f|^p$ μ-integrierbar ist. Dann heißt $f(\omega)$ *p-fach μ-integrierbar auf Ω* und

$$||f||_p := \left(\int_\Omega |f|^p \,\mathrm{d}\mu\right)^{1/p}, \quad p \geqq 1 \tag{8-96}$$

ist eine Halbnorm. Für $p = 2$ bezeichnet man $f(\omega)$ auch als *quadratintegrabel.* Während (8-60) und (8-61) für (8-96) unmittelbar klar ist, beweist man (8-62) zweckmäßig mit der HÖLDER*schen Ungleichung*

$$||fg||_1 \leqq ||f||_p \, ||g||_q, \quad \frac{1}{p} + \frac{1}{q} = 1, \quad p, q > 1 \tag{8-97}$$

(HÖLDER 1859—1937).

Wenn f oder g oder beide fast überall Null sind, ist (8-97) offenbar erfüllt. Wenn $||f||_p \neq 0$ und $||g||_q \neq 0$ ist, nutzt man $(1 + x)^{1/p} \leqq 1 + \frac{x}{p}$ für $x \geqq 0$ aus. Wegen $\frac{1}{p} + \frac{1}{q} = 1$ gilt $(1 + x)^{1/p} \leqq \frac{1 + x}{p} + \frac{1}{q}$; für $x = \frac{a}{b} - 1$ mit $a \geqq b > 0$ folgt also $a^{1/p} b^{1/q} \leqq \frac{a}{p} + \frac{b}{q}$. Analog folgt für $b \geqq a > 0$ dieselbe Ungleichung, die auch für $a = 0$ bzw. $b = 0$ gilt. Setzt man $a^{1/p} = \frac{|f|}{||f||_p}$, $b^{1/q} = \frac{|g|}{||g||_q}$ ein und integriert, ergibt sich auf der rechten Seite $\frac{1}{p} + \frac{1}{q}$, d. h. $= 1$. Wegen $|f| \, |g| = |fg|$ erhält man auf der linken Seite $\frac{||fg||_1}{||f||_p \, ||g||_q}$. Insgesamt folgt also (8-97).

Wenn (8-96) eine Norm sein soll, muß $||f||_p = 0$ genau dann gelten, wenn $f = 0$ ist. Um dies zu erreichen, faßt man fast überall gleiche Funktionen $f(\omega)$ zusammen zur Klasse $\{f(\omega)\}$. Zwischen diesen Äquivalenzklassen definiert man die Verknüpfungen mit $\alpha, \beta \in \mathbb{C}$ über die Repräsentanten

$$\alpha\{f(\omega)\} + \beta\{g(\omega)\} := \{(\alpha f + \beta g)(\omega)\}. \tag{8-98}$$

Diese Definition ist unabhängig davon, welcher Repräsentant einer Klasse gewählt wird. Die Klassen $\{f(\omega)\}$ sind mit (8-98) als Elemente eines Vektorraums aufzufassen, für den die durch (8-96) definierte Halbnorm eine Norm wird:

$$||\{f(\omega)\}||_p = ||f(\omega)||_p \tag{8-99}$$

Der als ein *Integrationsraum* bezeichnete Vektorraum mit $\Omega = [a,b] \subset \mathbb{R}$ und $1 \leqq p < \infty$

$$\mathfrak{L}_p([a,b]) := \{f \,|\, f(x) \text{ eine } (L\text{-})\text{meßbare komplexe, } p\text{-fach } L\text{-integrierbare Funktion auf } [a,b]\} \tag{8-100}$$

heißt LEBESGUE*scher Funktionenraum.* Mit (8-96) sind auch konvergente Folgen (f_n) nach (8-72) formulierbar, wobei allerdings aus $\mathrm{d}(f,g) = 0$ nur auf $f = g$ fast überall geschlossen werden kann. Eine Folge $(f_n), f_n \in \mathfrak{L}_p$ heißt deshalb im *p-ten Mittel konvergent* gegen $f \in \mathfrak{L}_p$, wenn

$$\lim_{n\to\infty} ||f - f_n||_p = \lim_{n\to\infty} \left(\int |f - f_n|^p \,\mathrm{d}\mu\right)^{1/p} = 0 \tag{8-101}$$

gilt. Entsprechendes gilt für (8-73). Ohne auf den Beweis einzugehen, zitieren wir den Satz: Jede CAUCHY-Folge in $\mathfrak{L}_p$ konvergiert im p-ten Mittel gegen ein $f \in \mathfrak{L}_p$, d. h., $\mathfrak{L}_p$

ist vollständig. Benutzt man in (8-100) als Elemente die Klassen der fast überall gleichen Funktionen, erhält man einen vollständigen, mit (8-99) normierten Raum, den man BANACH-Raum nennt (BANACH 1892—1945).

Für zwei (S-)meßbare komplexe quadratintegrable Funktionen $f(\omega)$ und $g(\omega)$ folgt aus (8-97) die Integrierbarkeit des Produkts

$$\langle f \mid g \rangle := \int f^* g \, \mathrm{d}\mu. \tag{8-102}$$

Benutzt man $\mathfrak{L}_2$ mit den Klassen der fast überall gleichen Funktionen als Elemente, so ist (8-102) als Integral für Klassen zu interpretieren und erfüllt dann (8-66) bis (8-68), definiert also ein Skalarprodukt. Für $g = f$ gilt wegen (8-96) und (8-102)

$$\langle f \mid f \rangle = \|f\|^2, \tag{8-103}$$

d. h. $\mathfrak{L}_2(\Omega)$ ist ein HILBERT-Raum, und wir können in $\mathfrak{L}_2$ z. B. (8-78) benutzen, wobei das Gleichheitszeichen wegen (8-101) im Sinn der Konvergenz im quadratischen Mittel zu interpretieren ist (vgl. 8-43).

Setzt man (8-53) in (8-102) ein, folgt

$$< \varphi_\nu | f > = \frac{1}{\sqrt{2l}} \int\limits_{\alpha}^{\alpha+2l} \mathrm{e}^{-i\frac{\pi\nu}{l}x} f(x) \, \mathrm{d}\lambda\,(x) \tag{8-104}$$

für Funktionen $f(x) \in \mathfrak{L}_2([\alpha, \alpha + 2l])$, wobei das LEBESGUEsche Maß verwendet wird (vgl. 8-94). (8-104) sind die FOURIER-Koeffizienten der aus (8-78) für (8-53) folgenden FOURIER-Reihe

$$f(x) = \frac{1}{\sqrt{2l}} \sum_{\nu=-\infty}^{\infty} < \varphi_\nu | f > \mathrm{e}^{i\frac{\pi\nu}{l}x} \,. \tag{8-105}$$

Im Unterschied zu (8-45, 8-47) ist in (8-104, 8-105) die Menge der zulässigen Funktionen $f(x)$ genau bekannt, nämlich als Elemente von $\mathfrak{L}_2([\alpha, \alpha + 2l])$.

8.4.3. Lineare Operatoren

Die Abbildung K von einem Funktionenraum U (Urbildraum) in einen Funktionenraum V (Bildraum) bezeichnet man als *Operator* (vgl. 1-43).

Wenn der Raum U ein normierter Raum ist, kann man wegen (8-72) und (8-73) die in Abschnitt 2.1. diskutierten Eigenschaften von Funktionen auch für Operatoren definieren. Anstelle von $v = K(u)$ (vgl. 2-1) schreibt man meistens

$$v = Ku \quad \text{für } u \in U,\ v \in W(K). \tag{8-106}$$

Analog (2-6) und (2-15) definiert man: Ein Operator K heißt *stetig* an der Stelle $u \in U$, wenn für jede CAUCHY-Folge (u_n) des Raumes U, für die $\lim\limits_{n\to\infty} u_n = u$ gilt,

$$\lim_{n\to\infty} Ku_n = Ku \tag{8-107}$$

ist. Wir erwähnen ferner die häufig anzutreffende Eigenschaft von Operatoren

$$K(\alpha u + \beta u') = \alpha Ku + \beta Ku' \tag{8-108}$$

für beliebige $u, u' \in U$ und beliebige komplexe Zahlen α und β. Ein Operator K, für den (8-108) gilt, heißt *linearer Operator*. Die Theorie dieser Operatoren wird für die Naturbeschreibung sehr oft benötigt, wobei U und V häufig HILBERT-Räume sind. Wenn dann noch der Bildraum V gleich dem Urbildraum ist, kann man für u und v in (8-78) dasselbe v.o.n.S. verwenden und erhält

$$< \varphi_j|v > = < \varphi_j|Ku > = \sum_{i=1}^{\infty} K_{ji} < \varphi_i|u > , \tag{8-109}$$

wobei

$$K_{ji} : = < \varphi_j|K\varphi_i > \tag{8-110}$$

gesetzt wurde.

Häufig verwendet man lineare Operatoren, die nur auf einem dichten linearen Teilraum des HILBERT-Raumes H definiert sind. Ein linearer Teilraum heißt nach (1-87) und im Anschluß an (8-72, 8-73) dicht in H, wenn man nur durch Hinzunahme der Häufungspunkte H erhält. Ein linearer Operator K, dessen Definitionsbereich $D(K) \subset H$ dicht in H ist, heißt *hermitescher* oder *symmetrischer Operator*, wenn gilt:

$$\langle u \mid Kv\rangle = \langle Ku \mid v\rangle \quad \text{für alle } u,v \in D(K). \tag{8-111}$$

Wenn

$$Ku = \lambda u \quad \text{für } u \in D(K),\ u \neq o,\ \lambda \in \mathbb{C} \tag{8-112}$$

gilt, heißt u *Eigenvektor* von K zum *Eigenwert* λ. Für $D(K) \subset H$ existiert $<u \mid v>$ und mit (8-112) ist $<u|Ku> = \lambda<u|u>$. Wegen (8-66) folgt ebenso $<Ku|u> = \lambda^*<u \mid u>$, so daß sich mit (8-111) ergibt: Alle Eigenwerte hermitescher Operatoren sind reell (vgl. 3-48).

Beispiele

1. $K = \frac{\mathrm{d}}{dx}$ mit $D(K) := \{u \mid u(x)$ und $u'(x)$ stetig auf $[a,b]\}$ ist ein linearer *Differentialoperator*. Wir verzichten auf den Beweis, daß $D(K)$ ein dichter linearer Teilraum des HILBERT-Raumes der auf $[a,b]$ quadratintegrablen Funktionen ist.

2. Mit Hilfe des LEBESGUEschen Integrals (8-94) kann man

$$v(x) = Ku = \int_a^b K(x, \xi)u(\xi)\mathrm{d}\lambda(\xi) \tag{8-113}$$

bilden, wobei quadratintegrable Funktionen $u \in \mathfrak{L}_2([a,b])$ (vgl. 8-100) gewählt werden. In der *Integraltransformation* (8-113) heißt K linearer *Integraloperator*, dessen *Kern* $K(x,\xi)$ auf dem Produktraum $[a,b] \times [a,b]$ geeignet definiert sein muß. Wenn $v \in \mathfrak{L}_2([a,b])$ gegeben ist und $u(\xi)$ gesucht wird, nennt man (8-113) eine Integralgleichung (vgl. 12-3).

8.5. FOURIER-Integral

Wir gehen aus von der FOURIER-Reihe (8-105) mit den FOURIER-Koeffizienten (8-104), setzen dort $\alpha = -1$; $k_\nu := \frac{\pi}{l}\nu$ und erhalten

$$F_l(k_\nu) : = \sqrt{\frac{l}{\pi}} < \varphi_\nu|f > = \frac{1}{\sqrt{2\pi}} \int_{-l}^{l} \mathrm{e}^{-ik_\nu x} f(x)\, \mathrm{d}\lambda\,(x) \tag{8-114}$$

für $f[(x) \in \mathfrak{L}_2([-l,l])$. Wenn der Grenzübergang $l \to \infty$ möglich ist, erwartet man eine FOURIER-Darstellung auch für nichtperiodische Funktionen $f(x) \in \mathfrak{L}_2(-\infty, +\infty)$.

Es gilt: Für $f(x) \in \mathfrak{L}_2(-\infty, +\infty)$ existiert die FOURIER-Transformierte

$$F(k) = \frac{\mathrm{d}}{\mathrm{d}k} \frac{1}{\sqrt{2\pi}} \int_{-\infty}^{\infty} \frac{1 - \mathrm{e}^{-ikx}}{ix} f(x)\, \mathrm{d}\lambda\,(x)\,, \tag{8-115}$$

wobei $F(k) \in \mathfrak{L}_2(-\infty, +\infty)$ ist, und es existiert die Rücktransformation

$$f(x) = \frac{\mathrm{d}}{\mathrm{d}x} \frac{1}{\sqrt{2\pi}} \int_{-\infty}^{\infty} \frac{\mathrm{e}^{ikx} - 1}{ik} F(k)\, \mathrm{d}\lambda\,(k)\,. \tag{8-116}$$

Anstelle von (8-77) gilt für (8-115, 8-116) mit (8-103)

$$||F|| = ||f||. \tag{8-117}$$

Wenn $f(x) \in \mathfrak{L}_2(-\infty, +\infty)$ *und* $f(x) \in \mathfrak{L}_1(-\infty, +\infty)$ ist, gilt

$$F(k) = \frac{1}{\sqrt{2\pi}} \int_{-\infty}^{\infty} \mathrm{e}^{-ikx} f(x)\, \mathrm{d}\lambda(x)\,, \tag{8-118}$$

$$f(x) = \frac{1}{\sqrt{2\pi}} \int_{-\infty}^{\infty} \mathrm{e}^{ikx} F(k)\, \mathrm{d}\lambda(k)\,. \tag{8-119}$$

Wie ein Vergleich mit (8-113) zeigt, ist die FOURIER-Transformation eine Integraltransformation mit dem Kern $K(x,k) = \frac{1}{\sqrt{2\pi}}\, \mathrm{e}^{ikx}$.

Wegen der im Anschluß an (8-94) diskutierten Eigenschaften des LEBESGUEschen Integrals gelten die Gleichheitszeichen in (8-115) bis (8-119) fast überall, d. h. nicht notwendig punktweise.

Beschränkt man sich auf solche Funktionen von $\mathfrak{L}_1(-\infty, +\infty)$ und $\mathfrak{L}_2(-\infty, +\infty)$, die im RIEMANNschen Sinn integrierbar sind (vgl. Abschnitt 6.1.), kann man anstelle von (8-118, 8-119) schreiben:

$$\boxed{F(k) = \frac{1}{\sqrt{2\pi}} \int_{-\infty}^{\infty} \mathrm{e}^{-ikx} f(x)\, \mathrm{d}x}\,, \tag{8-120}$$

$$\boxed{f(x) = \frac{1}{\sqrt{2\pi}} \int_{-\infty}^{\infty} \mathrm{e}^{ikx} F(k)\, \mathrm{d}k}\,. \tag{8-121}$$

Für *reelle* R-integrierbare Funktionen aus $\mathfrak{L}_1$ und $\mathfrak{L}_2$ erhält man nach (8-120) $F^*(k) = F(-k)$. Aus (8-121) folgt dann

$$f(x) = \frac{1}{\sqrt{2\pi}} \int_0^{\infty} [\mathrm{e}^{ikx} F(k) + \mathrm{e}^{-ikx} F^*(k)]\, \mathrm{d}k =$$

$$= \sqrt{\frac{2}{\pi}} \int_0^{\infty} [\operatorname{Re} F \cos kx - \operatorname{Im} F \sin kx]\, \mathrm{d}k\,.$$

Setze

$$a(k) := \sqrt{2}\ \mathrm{Re}\, F(k) = \frac{1}{\sqrt{\pi}} \int\limits_{-\infty}^{\infty} \cos kx\, f(x)\, \mathrm{d}x\,, \tag{8-122}$$

$$b(k) := -\sqrt{2}\ \mathrm{Im}\, F(k) = \frac{1}{\sqrt{\pi}} \int\limits_{-\infty}^{\infty} \sin kx\, f(x)\, \mathrm{d}x\,, \tag{8-123}$$

so ergibt sich

$$f(x) = \frac{1}{\sqrt{\pi}} \int\limits_{0}^{\infty} [a(k) \cos kx + b(k) \sin kx]\, \mathrm{d}k\,. \tag{8-124}$$

$F(k)$ bzw. $a(k)$ und $b(k)$ bezeichnet man als *Spektralfunktionen.* Sie geben nämlich die Verteilung der Amplituden der Teilschwingungen, d. h. das *Spektrum* an, das hier *kontinuierlich* ist im Gegensatz zum *Linienspektrum* der Fourier-Reihen (8-41, 8-42).

Beispiel

Es sei

$$f(x) = \begin{cases} 0 \text{ für } -\infty < x < -\alpha\pi \\ 1 \text{ für } -\alpha\pi \leqq x < \alpha\pi \text{ mit } \alpha > 0 \text{ (Abb. 96 und Abb. 10).} \\ 0 \text{ für } \alpha\pi \leqq x < \infty \end{cases}$$

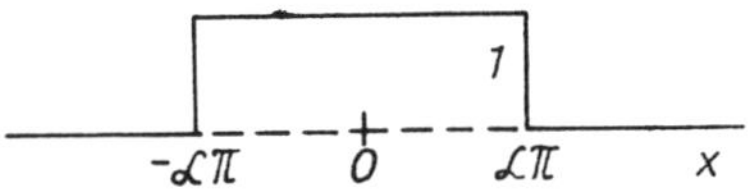

Abb. 96 Rechteckfunktion

Nach (8-122, 8-123) ist

$$a(k) = \frac{1}{\sqrt{\pi}} \int\limits_{-\alpha\pi}^{\alpha\pi} \cos k\xi \mathrm{d}\xi = 2 \frac{\sin \alpha\pi k}{\sqrt{\pi}\, k}\,; \quad b(k) = 0\,,$$

also nach (8-124) $f(x) = \dfrac{2}{\pi} \displaystyle\int\limits_{0}^{\infty} \frac{1}{k} \sin \alpha\pi k \cos kx\, \mathrm{d}k.$

In Abbildung 97 ist das Spektrum $\frac{1}{\sqrt{\pi}}\, a(k)$ für $\alpha = 1$ und $\alpha = 0{,}25$ dargestellt. Man erkennt, daß die Teilschwingungen mit den **kleinsten** k-Werten die **größten** Amplituden besitzen. Diese liefern also die größten Beiträge zu $f(x)$ und erweisen sich damit als besonders wichtig. Den halben Maximalwert, nämlich α, erreicht $\frac{1}{\sqrt{\pi}}\, a(k)$ bei $k \approx \frac{1{,}9}{\alpha\pi}$. Für diesen k-Wert liegt von

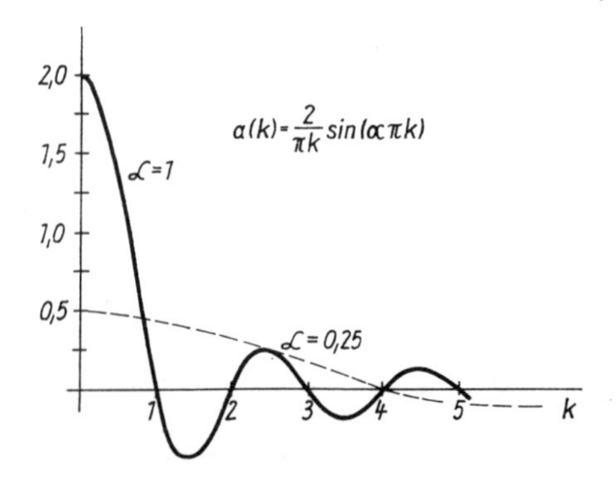

Abb. 97 Fourier-Spektrum der Rechteckfunktion von Abb. 96

$\cos kx$ etwas mehr als eine halbe Periode innerhalb der Rechteckkurve Abbildung 96. Exakt die halbe Periode ergibt sich für $k = \frac{1{,}57}{\alpha\pi} = \frac{1}{2\alpha}$, d. h. für $k = \frac{\pi}{L}$, wenn man $L = 2\alpha\pi$ setzt. Hieraus folgt die für Abschätzungen nützliche Faustregel: Eine Rechteckfunktion, die für $|x| > \frac{L}{2}$ verschwindet, besitzt ein Spektrum, dessen Halbwertsbreite näherungsweise durch $k = \frac{\pi}{L}$ gekennzeichnet wird. Demnach werden *große* k-Werte um so wichtiger, je *schmaler* die Rechteckkurve wird (vgl. Abb. 97).

Ähnlich wie die FOURIER-Reihen in (8-52), so kann man auch das FOURIER-Integral für Funktionen auf $\mathbb{R}^n$ formulieren. Mit $\boldsymbol{r} = x_1\boldsymbol{e}_1 + x_2\boldsymbol{e}_2 + x_3\boldsymbol{e}_3 + \ldots x_n\boldsymbol{e}_n$ und $\boldsymbol{k} = k_1\boldsymbol{e}_1 + k_2\boldsymbol{e}_2 + k_3\boldsymbol{e}_3 + \ldots + k_n\boldsymbol{e}_n$ folgt allgemein statt (8-118, 8-119)

$$f(\boldsymbol{r}) = \left(\frac{1}{2\pi}\right)^{n/2} \int_{-\infty}^{+\infty}\!\!\ldots\!\int F(\boldsymbol{k})\, e^{i\boldsymbol{k}\cdot\boldsymbol{r}} d\tau_k; \quad F(\boldsymbol{k}) = \left(\frac{1}{2\pi}\right)^{n/2} \int_{-\infty}^{+\infty}\!\!\ldots\!\int f(\boldsymbol{r})\, e^{-i\boldsymbol{k}\cdot\boldsymbol{r}} d\tau \tag{8-125}$$

wobei $d\tau = dx_1\, dx_2 \ldots dx_n$ und $d\tau_k = dk_1\, dk_2 \ldots dk_n$ ist.

Wir wollen noch zeigen, daß die Spektralfunktionen $F(k)$ und $H(k)$, die zur Darstellung der Funktionen $f(x)$ und $h(x)$ gehören, eine sehr einfache Berechnung des Integrals

$$\int_{-\infty}^{+\infty} f(y)\, h\,(x - y)\, dy \tag{8-126}$$

ermöglichen. Dieses Integral tritt häufig auf, wenn irgendwelche Objekte durch ein System abgebildet oder übertragen werden sollen, das die Abbildung verzerrt. Das Integral (8-126) heißt *Faltung* der Funktionen f und h. Faltet man nämlich eine Gerade, deren Endpunkte O und x sind, in der Mitte, so daß sich O und x gegenüberliegen, dann hat man zwei parallele Zahlengeraden, auf denen sich überall die von O an gezählten Werte y und die von x an gezählten Werte $x - y$ gegenüberliegen. Setzen wir in $\int_{-\infty}^{+\infty} e^{ikx} F(k) H(k)\, dk$ (8-120) ein und führen die k-Integration nach (8-121) aus, folgt

$$\boxed{\int_{-\infty}^{+\infty} f(y)\, h\,(x - y)\, dy = \int_{-\infty}^{+\infty} F(k)\, H(k)\, e^{ikx}\, dk}\,. \tag{8-127}$$

Nach diesem *Faltungssatz* kann man eine Faltung (8-126) sehr einfach dadurch ausführen, daß man von den beiden gefalteten Funktionen die Spektralfunktionen multipliziert.

8.6. δ-Funktion

In der Feldtheorie der Physik erscheinen häufig punktförmige Gebilde, z. B. Massen, Ladungen, Dipole. Um diese singulären Stellen zweckmäßig zu beschreiben, führt man nach einem Vorschlag von DIRAC (geb. 1902) die sogenannte *Delta-Funktion* ein. Wir definieren, daß

$$\boxed{\int_a^b \delta(x - x_0)\, f(x)\, dx = \begin{cases} f(x_0) & \text{für } a < x_0 < b \\ 0 & \text{für } x_0 < a \quad \text{oder} \quad x_0 > b \end{cases}} \tag{8-128}$$

ist, und zwar für *alle* $a \neq x_0$ und $b \neq x_0$. Dabei nehmen wir noch an, daß $f(x)$ an der Stelle x_0 eine stetige, beliebig oft differenzierbare Funktion ist. Wählt man $f(x) = \text{const}$ in $a \leqq x \leqq b$, so verlangt (8-128) offenbar, daß $\delta(x - x_0)$ für *alle* $x \neq x_0$ verschwindet und an der Stelle $x = x_0$ derart unendlich wird, daß für $a < x_0 < b$

$$\int_a^b \delta\,(x - x_0)\,\mathrm{d}x = 1 \tag{8-129}$$

ist. Eine gewöhnliche Funktion mit diesen Eigenschaften gibt es nicht. Aus (8-128) folgt, daß die δ-Funktion nicht als Abbildung der reellen Zahlen in die reellen Zahlen zu interpretieren ist, sondern als Abbildung von reellen Funktionen $f(x)$ in die reellen Zahlen, also als *Funktional* (vgl. 1-49). Bei der üblichen Definition für die Linearkombination von Funktionen (vgl. 8-108) erweist sich dieses Funktional als linear. Verwendet man in (8-128) geeignete normierte Funktionenräume M, ist das δ-Funktional für $f(x) \in M$ sogar stetig (vgl. 8-107). Für den Integrationsraum $\mathfrak{L}_2$ (vgl. 8-100) ist das δ-Funktional *nicht* stetig.

L. SCHWARTZ lieferte eine umfassende Darstellung dieser Funktionale. Wegen des Zusammenhangs der δ-Funktionale (Funktionen) mit Massen-, Ladungs-, usw. Verteilungen wählte man die Bezeichnung *Distributionen* (lat. distributio = Verteilung). Andere Autoren bevorzugen die Bezeichnung *verallgemeinerte Funktionen.*

Die stetigen (beschränkten) linearen Funktionale $F: M \to \mathbb{C}$ gewisser metrischer bzw. normierter Funktionenräume M nennt man *Distributionen,* und die Elemente der Funktionenräume heißen *Testfunktionen.* Folgende Funktionenräume M werden häufig verwendet:

$\mathfrak{D}(\mathbb{R}^n) := \{f \mid f(x)$ beliebig oft differenzierbare Funktion auf $\mathbb{R}^n$, die außerhalb einer kompakten Teilmenge des $\mathbb{R}^n$ identisch Null sind$\}$ (8-130)

$\mathfrak{S}(\mathbb{R}^n) := \{f \mid f(x)$ beliebig oft differenzierbare Funktion auf $\mathbb{R}^n$, die mitsamt ihren Abteilungen für $|x| = \left(\sum_{i=1}^{n} x_i^2\right)^{1/2} \to \infty$ schneller gegen Null gehen als jede beliebige Potenz von $\frac{1}{|x|}\}$ (8-131)

Die Elemente von $\mathfrak{S}(\mathbb{R}^n)$ heißen *temperierte Funktionen*; die stetigen linearen Funktionale $F: \mathfrak{S}(\mathbb{R}^n) \to \mathbb{C}$ heißen *temperierte Distributionen.* Offenbar gilt $\mathfrak{D} \subset \mathfrak{S}$. Man kann zeigen, daß sich jede Distribution über den Testräumen $\mathfrak{D}(\mathbb{R}^n)$, $\mathfrak{S}(\mathbb{R}^n)$ usw. schreiben läßt als

$$F(f) := \lim_{m \to \infty} \int_{\mathbb{R}^n} F_m(x)\, f(x)\, \mathrm{d}^n x\,, \quad (\mathrm{d}^n x = \mathrm{d}x_1 \cdots \mathrm{d}x_n)\,, \tag{8-132}$$

wobei $(F_m(x))$ eine Folge stetiger Funktionen auf $\mathbb{R}^n$ ist. Wegen (8-132) schreibt man auch *formal*

$$F(f) = \int_{\mathbb{R}^n} F(x)\, f(x)\, \mathrm{d}^n x\,. \tag{8-133}$$

Man beachte aber, daß der Grenzübergang in (8-132) *nicht punktweise* zu verstehen ist (d. h. $F(x) \neq \lim_{m \to \infty} F_m(x)$ sein kann). Vielmehr hat man erst die Integration für jedes Glied F_m der Folge (F_m) auszuführen und dann den Limes zu bilden.

(8-128) hat die Form (8-133) für $n = 1$ und $f(x) \in \mathfrak{D}(\mathbb{R})$. Allgemein definiert man mit (8-133) $\int \delta(x)\, f(x)\, \mathrm{d}x = f(0)$ für $f \in M(\mathbb{R})$.

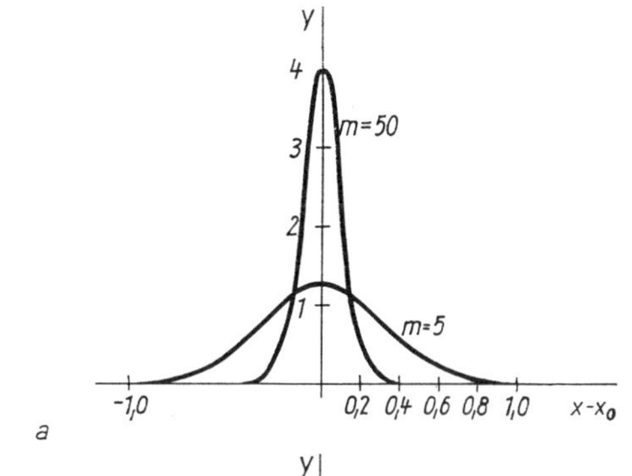

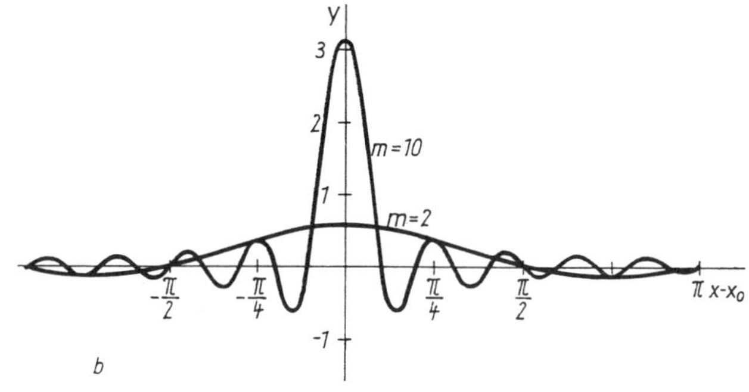

Abb. 98 Zur Darstellung der δ-Funktion durch Funktionenfolgen $(F_m(x))$ mit

a. $F_m(x) = \sqrt{\frac{m}{\pi}}\, e^{-m(x-x_0)^2}$ für $m = 5$ und $m = 50$,

b. $F_m(x) = \frac{1}{\pi(x - x_0)} \sin m\,(x - x_0)$ für $m = 2$ und $m = 10$

Wir betrachten die Folge $(F_m(x))$ mit den Gliedern $F_m(x) = \sqrt{\frac{m}{\pi}}\, \mathrm{e}^{-m(x-x_0)^2}$ auf $\mathbb{R}$ (Abb. 98a). Mit $\sqrt{m}(x - x_0) = y$ ergibt sich

$$\sqrt{\frac{m}{\pi}} \int_a^b \mathrm{e}^{-m(x-x_0)^2}\, \mathrm{d}x = \frac{1}{\sqrt{\pi}} \int_{\sqrt{m}(a-x_0)}^{\sqrt{m}(b-x_0)} \mathrm{e}^{-y^2}\, \mathrm{d}y\,.$$

Wegen $a < x_0 < b$ und $\int_{-\infty}^{+\infty} \mathrm{e}^{-y^2}\, \mathrm{d}y = \sqrt{\pi}$ folgt

$$\lim_{m\to\infty} \int_a^b \sqrt{\frac{m}{\pi}}\, \mathrm{e}^{-m(x-x_0)^2}\, \mathrm{d}x = 1\,.$$

Entsprechend (8-129, 8-132) erzeugt diese Folge die δ-Funktion. Abb. 98a zeigt, wie sich F_m für wachsende m immer mehr auf die Stelle x_0 zusammenzieht und dabei ins Unendliche wächst. Das gleiche leistet die Folge mit $F_m(x) = \frac{1}{\pi(x - x_0)} \sin m\,(x - x_0)$ (Abb. 98b), da nur für $a < x_0 < b$

$$\lim_{m\to\infty} \int_a^b \frac{\sin m\,(x - x_0)}{\pi\,(x - x_0)}\, \mathrm{d}x$$

$$= \lim_{m\to\infty} \int_{m(a-x_0)}^{m(b-x_0)} \frac{\sin y}{\pi y}\, \mathrm{d}y = \frac{1}{\pi} \int_{-\infty}^{+\infty} \frac{\sin y}{y}\, \mathrm{d}y = 1$$

ist. Weitere Folgen, die den gleichen Grenzwert liefern, sind $\frac{m}{\pi}\left(\frac{\sin mx}{mx}\right)^2$ und für $\varepsilon \to 0$

$$\frac{1}{\pi}\,\frac{\varepsilon}{(x-x_0)^2+\varepsilon^2}\,; \qquad \frac{\varepsilon}{2}\left|x-x_0\right|^{\varepsilon-1}.$$

Wir wollen die wichtigsten Formeln für die δ-Funktion herleiten. Die zur Darstellung von $\delta(x-x_0)$ benutzten Folgen zeigen, daß dies eine *gerade* Funktion ist, also

$$\boxed{\delta\,(x-x_0)=\delta\,(x_0-x)}\,. \tag{8-134}$$

Ferner liefert (8-128) für $f(x) = x - x_0$ formal

$$\boxed{(x-x_0)\,\delta\,(x-x_0)=0}\,. \tag{8-135}$$

Um die Ableitung $\delta'(x-x_0)$ zu definieren, nutzen wir aus, daß $f(x)$ differenzierbar vorausgesetzt wurde. Partielle Integration und $\delta(x-x_0) = 0$ für $x = a$ bzw. $x = b$ liefert für $a < x_0 < b$ formal

$$\int_a^b \delta'\,(x-x_0) f(x)\,\mathrm{d}x = -\int_a^b \delta\,(x-x_0)\,f'(x)\,\mathrm{d}x = -f'(x_0)\,. \tag{8-136}$$

Als Verallgemeinerung von (8-136) definiert man für Distributionen über $\mathfrak{D}(\mathbb{R}^n)$ bzw. $\mathfrak{S}(\mathbb{R}^n)$ die *Ableitung einer Distribution* durch

$$F'(f) := F(-f')\,. \tag{8-137}$$

Wegen (8-132) gilt dann auch

$$F'(f) = \lim_{m\to\infty} \int_{\mathbb{R}^n} F'_m(x)\,f(x)\,\mathrm{d}^n x\,. \tag{8-138}$$

Zur Darstellung von $\delta'(x-x_0)$ kann man z. B. die Folge (F'_m) mit $F'_m = 2\sqrt{\frac{m}{\pi}}\,m(x_0-x)\,\mathrm{e}^{-m(x-x_0)^2}$ benutzen.

Für $f(x) = x - x_0$ mit $a < x_0 < b$ liefert (8-136)

$$\int_a^b \delta'\,(x-x_0)\;(x-x_0)\,\mathrm{d}x = -1 = -\int_a^b \delta\,(x-x_0)\,\mathrm{d}x\,,$$

so daß formal

$$\boxed{\delta'\,(x-x_0) = -\frac{\delta\,(x-x_0)}{(x-x_0)}} \tag{8-139}$$

gilt, also

$$\boxed{\delta'\,(x-x_0) = -\delta'\,(x_0-x)} \tag{8-140}$$

eine *ungerade* Funktion ist. Wir betrachten nun eine eindeutige, differenzierbare Funktion $\varphi(x)$, die in $a < x < b$ an der Stelle x_0 eine Nullstelle $\varphi(x_0) = 0$ hat. Dann ist mit der Umkehrung $x = x(\varphi)$

$$\int_a^b \delta(\varphi(x))\,f(x)\,\mathrm{d}x = \int_{\varphi(a)}^{\varphi(b)} \delta(\varphi)\,\frac{f(x(\varphi))}{\varphi'(x)}\,\mathrm{d}\varphi\,.$$

Hierbei muß offenbar $\varphi'(x) \neq 0$ gefordert werden. Setzt man $b = x_0 + \varepsilon$, $a = x_0 - \varepsilon (\varepsilon > 0)$, so ist $\varphi(b) = \varphi(x_0) + \varepsilon\varphi'(x_0) + \ldots$; $\varphi(a) = \varphi(x_0) - \varepsilon\varphi'(x_0) + \ldots$, und wegen $\varphi(x_0) = 0$ ist für hinreichend kleine $\varepsilon : \varphi(b) \approx \varepsilon\varphi'(x_0)$, $\varphi(a) \approx -\varepsilon\varphi'(x_0)$. Da $\varepsilon > 0$ ist, richtet sich das Vorzeichen von $\varphi(a)$ bzw. $\varphi(b)$ nach dem Vorzeichen von $\varphi'(x_0)$. Für $\varphi'(x_0) > 0$ ist nach (8-128), wenn $\varphi = 0$ nur bei x_0 erreicht wird,

$$\int_{-\varepsilon\varphi'(x_0)}^{\varepsilon\varphi'(x_0)} \delta(\varphi) \frac{f(x(\varphi))}{\varphi'(x)} \, d\varphi = \frac{f(x_0)}{\varphi'(x_0)} .$$

Für $\varphi'(x_0) = -\psi < 0$ dagegen folgt

$$- \int_{-\varepsilon\psi}^{\varepsilon\psi} \delta(\varphi) \frac{f(x(\varphi))}{\varphi'(x)} \, d\varphi = - \frac{f(x_0)}{\varphi'(x_0)} = \frac{f(x_0)}{\psi} ,$$

also ist für jeden reellen Wert von $\varphi'(x_0) \neq 0$

$$\int_a^b \delta(\varphi(x)) \, f(x) \, dx = \frac{f(x_0)}{|\varphi'(x_0)|} , \qquad (8\text{-}141)$$

wenn in $a < x_0 < b$ an einer Stelle $\varphi(x_0) = 0$ und $\varphi'(x_0) \neq 0$ ist. Nutzen wir rechts (8-129) aus, so ergibt sich formal

$$\boxed{\delta(\varphi(x)) = \frac{\delta(x - x_0)}{|\varphi'(x_0)|}} . \qquad (8\text{-}142)$$

Beispiel

Für $\varphi(x) = \alpha x$ und $x_0 = 0$ ist $\varphi(x_0) = 0$; $\varphi'(x_0) \neq 0$ erfüllt, also nach (8-142)

$$\delta(\alpha x) = \frac{\delta(x)}{|\alpha|} . \qquad (8\text{-}143)$$

Wenn $\varphi(x)$ in $a < x < b$ mehrere Nullstellen $x_1, x_2, \ldots$. hat, so können wir (8-142) auf die entsprechenden Teilintervalle anwenden und erhalten

$$\delta(\varphi(x)) = \sum_{i=1}^{n} \frac{\delta(x - x_i)}{|\varphi'(x_i)|} , \qquad (8\text{-}144)$$

wobei $\varphi(x_i) = 0$ und $\varphi'(x_i) \neq 0$ vorausgesetzt sind.

Beispiel

Für $\varphi(x) = x^2 - x_0^2$ ist $x_1 = x_0$; $x_2 = -x_0$ und $\varphi'(x_1) = 2x_0$; $\varphi'(x_2) = -2x_0$, also nach (8-144)

$$\delta(x^2 - x_0^2) = \frac{1}{2|x_0|} \left[\delta(x - x_0) + \delta(x + x_0) \right] . \qquad (8\text{-}145)$$

Wir betonen nochmals, daß die Beziehungen (8-134) bis (8-145) nur *formal* richtig sind, die ihren Sinn erst erhalten, wenn sie unter einem Integral stehen.

Für mehrere Variable $x_1, x_2, \ldots, x_n$ läßt sich die δ-Funktion

$$\boxed{\delta(\boldsymbol{r}) = \delta(x_1)\delta(x_2)\ldots\delta(x_n)} \qquad (8\text{-}146)$$

definieren, so daß

$$f(\boldsymbol{r}_0) = \int \ldots \int \delta(\boldsymbol{r} - \boldsymbol{r}_0) f(\boldsymbol{r}) \, \mathrm{d}^n x \tag{8-147}$$

ist, vorausgesetzt, daß der Integrationsbereich den Punkt $\boldsymbol{r}_0$ enthält.

Damit sind wir in der Lage, im dreidimensionalen Raum eine Punktladung e am Ort $\boldsymbol{r}_0$ mit Hilfe der Raumladungsdichte $\varrho(\boldsymbol{r})$ zu beschreiben. Da $\iiint\limits_{-\infty}^{+\infty} \varrho(\boldsymbol{r}) \, \mathrm{d}\tau =$ Raumladung ist, müssen wir lediglich $\varrho(\boldsymbol{r}) = e\delta(\boldsymbol{r} - \boldsymbol{r}_0)$ wählen.

Zur Definition einer FOURIER-Transformierten für $\delta(x - x_0)$ orientieren wir uns an der FOURIER-Transformation (8-120, 8-121). Anstelle von F in (8-120) bezeichnen wir hier die FOURIER-Transformierte einer Funktion f mit $\tilde{f}$. Wenn zwei R-integrierbare Funktionen f, $F \in \mathfrak{L}_2$, $\mathfrak{L}_1$ gegeben sind, folgt aus (8-120, 8-121): $\int\limits_{-\infty}^{\infty} F(x) \tilde{f}(x) \, \mathrm{d}x = \int\limits_{-\infty}^{\infty} \tilde{F}(k) f(k) \, \mathrm{d}k$, da das bei der Rechnung auftretende Doppelintegral existiert. Analog definiert man für eine Distribution F mit (8-133) und $f \in \mathfrak{S}(\mathbb{R})$ eine FOURIER-Transformierte durch

$$\tilde{F}(f) := F(\tilde{f}) .$$

Für $F(x) = \delta(x - x_0)$ erhält man mit (8-120) für f aus (8-133): $F(\tilde{f}) = \tilde{f}(x_0) = \frac{1}{\sqrt{2\pi}} \int\limits_{-\infty}^{\infty} \mathrm{e}^{-ikx_0} f(k) \, \mathrm{d}k$, so daß der Definition entsprechend $\frac{1}{\sqrt{2\pi}} \mathrm{e}^{-ikx_0}$ als FOURIER-Transformierte von $\delta(x - x_0)$ bezeichnet werden kann. Durch formales Einsetzen in (8-121) erhält man damit die „Integraldarstellung"

$$\boxed{\delta(x - x_0) = \frac{1}{2\pi} \int\limits_{-\infty}^{+\infty} \mathrm{e}^{ik(x - x_0)} \, \mathrm{d}k} \, . \tag{8-148}$$

In analoger Weise kann man zeigen, daß $\delta(k - k_0)$ die FOURIER-Transformierte von $\frac{1}{\sqrt{2\pi}} \mathrm{e}^{ik_0 x}$ ist.

Entsprechend (8-146) läßt sich (8-148) für mehrere Veränderliche verallgemeinern. Dazu führen wir

$$\boldsymbol{r} = \sum_{i=1}^{n} x_i \boldsymbol{e}_i \, , \quad \boldsymbol{k} = \sum_{i=1}^{n} k_i \boldsymbol{e}_i \, , \quad \boldsymbol{e}_i \cdot \boldsymbol{e}_j = \delta_{ij}$$

ein und erhalten mit $\mathrm{d}\tau_k = \mathrm{d}k_1 \, \mathrm{d}k_2 \ldots \mathrm{d}k_n$

$$\delta(\boldsymbol{r} - \boldsymbol{r}_0) = \frac{1}{(2\pi)^n} \int\limits_{-\infty}^{+\infty} \ldots \int \mathrm{e}^{i\boldsymbol{k}(\boldsymbol{r} - \boldsymbol{r}_0)} \, \mathrm{d}\tau_k \, . \tag{8-149}$$

In den folgenden Kapiteln werden wir die δ-Funktionen häufig anwenden.

8.7. Aufgaben zu 8.1. bis 8.6.

1. Man untersuche die Konvergenz der Reihe $\sum\limits_{\nu=2}^{\infty} \left(\frac{1}{\ln \nu} \right)^{\nu}$.

2. Es sollen die folgenden Funktionen durch Potenzreihen dargestellt und das Konvergenzintervall bestimmt werden

a) $\frac{1}{\sqrt{1+x^2}} + \frac{1}{\sqrt{1-x^2}}$; b) $\cosh x$; c) $\sin x \cos x$;

d) $\tan \alpha x, \quad (\alpha > 0)$; e) $\ln \sqrt{\frac{1+x}{1-x}}$; f) $\ln x$;

g) $\ln \cos x$; h) $\ln (\sin x)$; i) $\ln\left(\frac{\sin x}{x}\right)$.

3. Die Schwingungsdauer T eines mathematischen Pendels von der Länge l ist gegeben durch die Formel

$$T = 4\sqrt{\frac{l}{g}} \int\limits_0^{\pi/2} \frac{\mathrm{d}\varphi}{\sqrt{1 - \sin^2 \frac{\alpha}{2} \sin^2 \varphi}},$$

wo α die größte Abweichung aus der Gleichgewichtslage darstellt. Es soll T in eine Reihe nach steigenden Potenzen von $\sin^2 \frac{\alpha}{2}$ entwickelt werden.

4. Die Funktion $f(x) = (x - l)^2$ soll im Intervall $[0,2l]$ durch eine FOURIERsche Reihe dargestellt werden. Man benutze diese Reihe, um $\frac{1}{6}\pi^2$ darzustellen.

5. In dem Intervall, wo die FOURIER-Reihe der Aufgabe 4 gleichmäßig konvergiert, lassen sich durch Differenzieren, bzw. Integrieren neue FOURIER-Reihen bilden. Aus diesen gewinnt man Reihendarstellungen für $\frac{\pi}{4}$ bzw. $\frac{1}{24}\pi^3$.

6. Man entwickle

$$f(x) = \begin{cases} 0 & \text{für } 0 < x \leqq l \\ C & \text{für } -l \leqq x < 0 \end{cases}$$

in eine FOURIER-Reihe im Intervall $[-l,l]$. Welche Werte ordnet die Reihe der Funktion $f(x)$ an den Stellen $x = -l, 0, +l$ zu?

7. Sind Potenzreihen Orthogonalreihen?

8. Gegeben ist folgendes aus Polynomen bestehendes Funktionensystem $\psi_0 = 1$; $\psi_1 = x$; $\psi_2 = \frac{1}{2}(3x^2 - 1)$; $\psi_3 = \frac{1}{2}(5x^3 - 3x)$; $\psi_4 = \frac{1}{8}(35x^4 - 30x^2 + 3)$. Sind die Funktionen dieses Systems in $[-1,1]$ für $\langle f \mid g \rangle = \int\limits_a^b f^*(x)\, g(x)\, \mathrm{d}x$ orthogonal? Wie groß ist der Normierungsfaktor K_ν?

9. Sind die Polynome $\psi_0 = 1$; $\psi_1 = \sqrt{3}(2x - 1)$; $\psi_2 = \sqrt{5}(6x^2 - 6x + 1)$ in $[-1,1]$ bzw. $[0,1]$ orthogonal und normiert? ($\langle f \mid g \rangle$ wie in 8.).

10. Man berechne das FOURIER-Spektrum der gedämpften Schwingung: $f(t) = 0$ für $t < 0$; $f(t) = \mathrm{e}^{-\alpha t} \cos \omega t$ für $t \geqq 0$.

11. Wie lautet das FOURIER-Spektrum für die »abgehackte« Schwingung: $f(t) = 0$ für $t < -T$ und $t > T$; $f(t) = \sin \omega t$ für $-T \leqq t \leqq T$?

12. Gesucht werden die FOURIER-Transformierten für

a) $f_a = f(x) = \frac{\alpha}{\pi(x^2 + \alpha^2)}$;

b) $f_b = f(x) = \frac{1}{\sqrt{\pi}\,\beta} \mathrm{e}^{-\left(\frac{x}{\beta}\right)^2}, \quad (\alpha, \beta > 0)$.

13. Das Faltungsintegral $J = \int\limits_{-\infty}^{+\infty} f(y)\, h(x - y)\, \mathrm{d}y$ soll berechnet werden, und zwar für

a) $f(x) = \frac{\alpha}{\pi(x^2 + \alpha^2)}, \quad h(x) = \frac{\gamma}{\pi(x^2 + \gamma^2)}, \quad (\alpha, \gamma > 0)$,

b) $f(x) = \frac{1}{\sqrt{\pi}\,\beta}\, e^{-\left(\frac{x}{\beta}\right)^2}, \quad h(x) = \frac{1}{\sqrt{\pi}\,\gamma}\, e^{-\left(\frac{x}{\gamma}\right)^2} \quad (\beta, \gamma > 0)$.

14. Setzt man längs der x-Achse an die Stelle x_0 die Punktladung $-e$, an die Stelle $x_0 + l$ die Punktladung $+e$, so erhält man einen elektrischen Dipol an der Stelle x_0, wenn $l \to 0$ mit der Voraussetzung $p = el = \text{const}$ gebildet wird, wobei p das Dipolmoment ist. Man stelle die Raumladungsdichte dieses Dipols mit Hilfe der δ-Funktion dar.

9. Funktionen einer komplexen Veränderlichen

9.1. Ableitung, Integral und Reihen

9.1.1. Ableitung einer komplexen Funktion

Eine Funktion, die einen Teilbereich der komplexen Zahlen in die komplexen Zahlen abbildet, nennen wir eine *komplexe Funktion* $f(z)$, wobei $z = x + iy$ die komplexe Veränderliche bezeichnet. Es ist zweckmäßig als Definitionsbereich $D(f)$ eine Teilmenge der *abgeschlossenen* komplexen Ebene $:\overline{\mathbb{C}} = \mathbb{C} \cup \{\infty\}$ zuzulassen. Der Wertebereich $W(f)$ komplexer Funktionen ist im allgemeinen eine Teilmenge der komplexen Zahlen. f ordnet jeder komplexen Zahl $z = x + iy$ des Definitionsbereichs $D(f)$ eindeutig eine komplexe Zahl $w = u + iv$ zu: $w = f(z)$. Anschaulich bedeutet f die Abbildung von einer komplexen Zahlenebene (z-Ebene) in eine andere (w-Ebene). Diese Abbildung kann man auch in der Form

$$\boxed{f(z) = u(x, y) + iv(x, y)} \tag{9-1}$$

schreiben, wobei x, y reelle Zahlen und $u(x,y)$, $v(x,y)$ reelle Funktionen sind. Wir nennen $f(z)$ im Punkt z_0 stetig, wenn

$$\lim_{z \to z_0} f(z) = f(z_0) \tag{9-2}$$

erfüllt ist, wobei wir diesen Grenzwert im Sinn von (2-15) interpretieren müssen. $z \to z_0$ ist ja gleichbedeutend mit $x \to x_0$ *und* $y \to y_0$. Zudem entspricht (9-2) zwei Beziehungen der Form (2-6), denn nach (9-1) muß sowohl

$$\lim_{(x,y) \to (x_0, y_0)} u(x, y) = u(x_0, y_0)$$

als auch

$$\lim_{(x,y) \to (x_0, y_0)} v(x, y) = v(x_0, y_0)$$

erfüllt sein. Als *Ableitung* der Funktion $f(z)$ im Punkt z definiert man den Grenzwert

$$\lim_{\Delta z \to 0} \frac{f(z + \Delta z) - f(z)}{\Delta z} = f'(z), \tag{9-3}$$

wenn dieser Grenzwert existiert und *nicht* davon abhängt, wie $z + \Delta z \to z$ geht. Anschaulich bedeutet dies: Man muß in der z-Ebene aus beliebiger Richtung kommend nach dem Punkt z gehen können und dabei stets den gleichen Grenzwert (9-3) erhalten. Allerdings erstreckt sich auch (9-3) auf ein Paar Veränderlicher (u,v), wodurch sich Bedingungen zwischen u und v ergeben. Gehen wir nämlich einerseits parallel zur x-Achse nach z, so ist in $\Delta z = \Delta x + i\Delta y$ gerade $\Delta y = 0$ und wegen (4-89):

$$\lim_{\Delta z \to 0} \left[\frac{u(x + \Delta x, y) - u(x, y)}{\Delta x} + i\frac{v(x + \Delta x, y) - v(x, y)}{\Delta x}\right]$$
$$= \frac{\partial u}{\partial x} + i\frac{\partial v}{\partial x} = \frac{\partial f}{\partial x}.$$

Gehen wir andererseits parallel zur y-Achse nach dem Punkt z, so folgt analog aus (9-3) und (4-89)

$$\lim_{\Delta z \to 0} \left[\frac{u(x, y + \Delta y) - u(x, y)}{i\Delta y} + \frac{v(x, y + \Delta y) - v(x, y)}{\Delta y}\right]$$
$$= \frac{1}{i}\frac{\partial u}{\partial y} + \frac{\partial v}{\partial y} = \frac{1}{i}\frac{\partial f}{\partial y}.$$

Da beide Wege zum gleichen Grenzwert $f'(z)$ führen sollen, so muß

$$\boxed{f'(z) = \frac{\partial f}{\partial x} = \frac{1}{i}\frac{\partial f}{\partial y}} \tag{9-4}$$

sein. Hieraus folgt, daß für eine differenzierbare Funktion $f(z)$ notwendig

$$\boxed{\frac{\partial u}{\partial x} = \frac{\partial v}{\partial y} \quad \text{und} \quad \frac{\partial v}{\partial x} = -\frac{\partial u}{\partial y}} \tag{9-5}$$

sein muß (CAUCHY-RIEMANNsche Differentialgleichungen). Man kann zeigen, daß (9-5) auch hinreichend für die Differenzierbarkeit von $f(z)$ ist. Differenzieren wir die erste Gleichung von (9-5) nach x, die zweite nach y und addieren beide, so erhalten wir

$$\frac{\partial^2 u}{\partial x^2} + \frac{\partial^2 u}{\partial y^2} = 0, \tag{9-6}$$

also die LAPLACEsche Gleichung (7-200) für zwei Dimensionen. Dieselbe Gleichung erhalten wir für v, wenn wir in (8-5) die erste Gleichung nach y, die zweite nach x differenzieren und sie voneinander abziehen.

Sowohl der Real- als auch der Imaginärteil einer differenzierbaren komplexen Funktion müssen die LAPLACEsche Differentialgleichung erfüllen, d. h. Potential- oder harmonische Funktionen sein.

Ist eine auf einem Gebiet $G \subset \mathrm{C}$ definierte Funktion $f(z)$ an jedem Punkt von G differenzierbar, so bezeichnet man dort $f(z)$ als *holomorphe (reguläre* oder *analytische)* Funktion.

Bildet man von $f(x,y)$ das totale Differential nach (4-92), so folgt wegen (9-4) $\mathrm{d}f = \frac{\partial f}{\partial x}\,\mathrm{d}x + \frac{\partial f}{\partial x}\,\mathrm{d}y = f'(z)\,(\mathrm{d}x + i\,\mathrm{d}y)$, also

$$\boxed{\mathrm{d}f = f'(z)\,\mathrm{d}z} \tag{9-7}$$

für das Differential einer komplexen Funktion.

9.1.2. Konforme Abbildung

Wir untersuchen die Abbildung $f(z)$, die von regulären Funktionen vermittelt wird. Wir behaupten: durch jede Funktion $f(z)$ wird an den Stellen, wo $f'(z)$ einen endlichen, von Null verschiedenen Wert hat, die z-Ebene *in kleinsten Teilen ähnlich* auf die w-Ebene abgebildet. Hiermit drücken wir aus, daß einem kleinen Polygon in der z-Ebene ein kleines ähnliches Polygon der w-Ebene entspricht. Dies ist sehr einfach zu beweisen: Wir betrachten ein kleines Dreieck z_0, $z_0 + \Delta_1 z$, $z_0 + \Delta_2 z$ und das entsprechende Dreieck aus w_0, $w_0 + \Delta_1 w$, $w_0 + \Delta_2 w$. Durch eine einfache Nullpunktsverschiebung kann man die Punkte z_0 bzw. w_0 in den Ursprung rücken. Nun ist nach Voraussetzung $f'(z)$ endlich und im allgemeinen wieder eine komplexe Zahl. Also ist angenähert (vgl. 4-6, 4-12)

$$\left.\begin{aligned} \Delta_1 w &= f'(z_0)\,\Delta_1 z \\ \Delta_2 w &= f'(z_0)\,\Delta_2 z\,. \end{aligned}\right\} \tag{9-8}$$

In der w-Ebene erhält man die komplexen Zahlen $\Delta_1 w$, $\Delta_2 w$ also durch Multiplikation der komplexen Zahlen der z-Ebene $\Delta_1 z$ und $\Delta_2 z$ mit derselben komplexen Zahl $f'(z_0)$. Nun bedeutet aber nach (1-108) die Multiplikation mit einer komplexen Zahl eine Dreh-

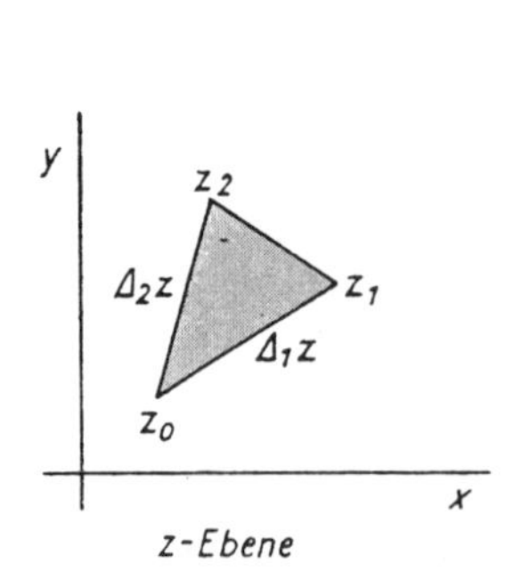

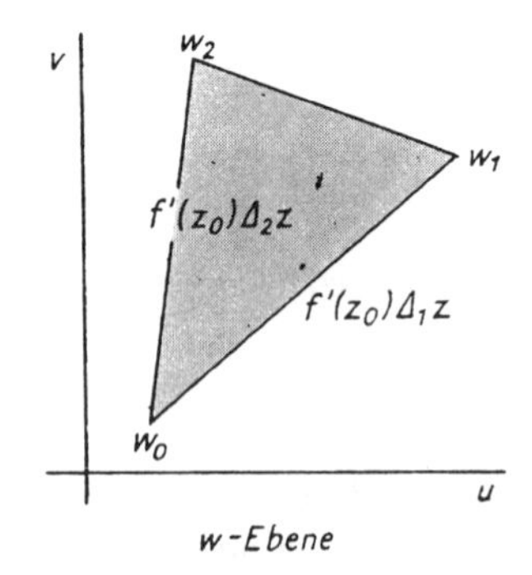

Abb. 99 Zur konformen Abbildung der z- auf die w-Ebene

streckung, es werden also die beiden Seiten $\Delta_1 z$ und $\Delta_2 z$ im gleichen Maße gestreckt (die Abbildung nennt man deshalb streckentreu; Abb. 99) und um denselben Winkel gedreht. Das aus $\Delta_1 w$ und $\Delta_2 w$ gebildete Dreieck ist also dem von $\Delta_1 z$ und $\Delta_2 z$ gebildeten ähnlich, womit auch der Winkel zwischen $\Delta_1 w$ und $\Delta_2 w$ gleich dem Winkel zwischen $\Delta_1 z$ und $\Delta_2 z$ ist (die Abbildung bezeichnet man deshalb als winkeltreu oder *konform*). Damit ist aber die Ähnlichkeit der Abbildung im Kleinen gezeigt. Dies gilt jedoch nur für solche Stellen, an denen $f'(z)$ einen endlichen, von Null verschiedenen Wert hat.

Um die geometrische Bedeutung der Cauchy-Riemannschen Differentialgleichungen zu finden, betrachten wir in der z-Ebene die beiden Kurvenscharen $u(x,y) = \text{const}$ und $v(x,y) = \text{const}$. Die Tangentialrichtungen der beiden durch den Punkt x, y gehenden Kurven ergeben sich nach (4-126) zu

$$\tan\vartheta = -\frac{u_x}{u_y} \quad \text{bzw.} \quad \tan\Theta = -\frac{v_x}{v_y}\,. \tag{9-9}$$

Wegen (9-5) ist $\tan\vartheta \tan\Theta = -1$, also $\vartheta = \Theta \pm \frac{\pi}{2}$. Demnach sind beide Kurvenscharen in allen Punkten der z-Ebene, in denen $f'(z) \neq 0$ existiert, zueinander *orthogonal*.

Beispiele

1. $f(z) = z^2 = x^2 - y^2 + 2ixy$. Wegen $w = u + iv = f(z)$ entsprechen dem Netz der Koordinaten u und v die Kurvenscharen (Abb. 100)

$$x^2 - y^2 = u$$
$$xy = v\,.$$

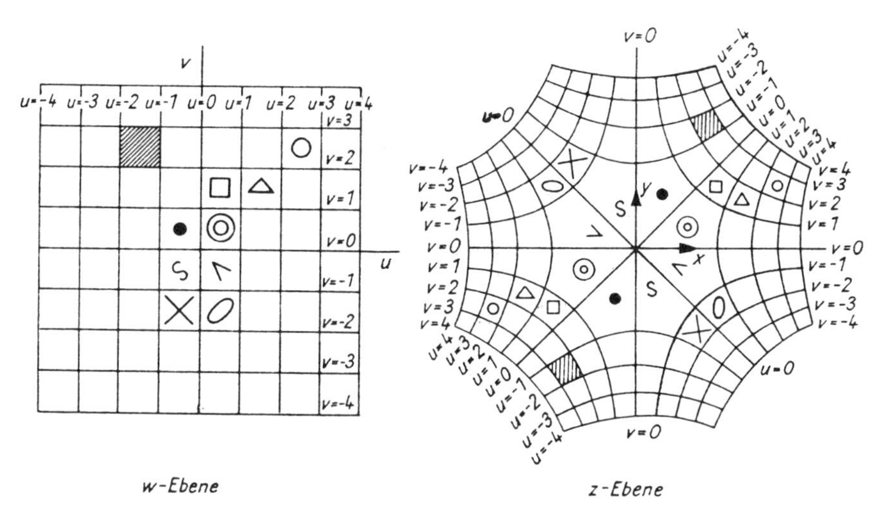

Abb. 100 Abbildung $f(z) = z^2$

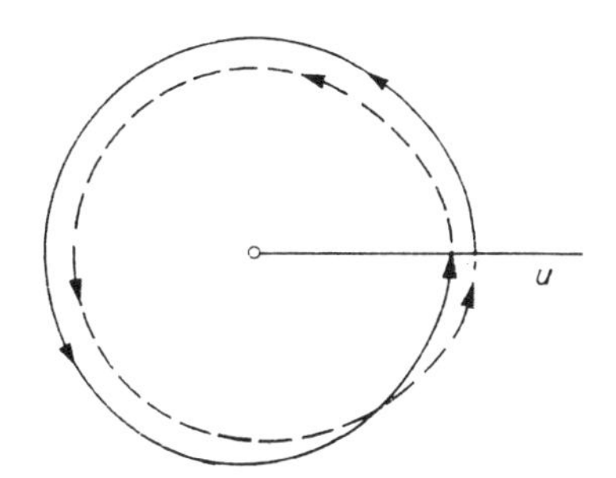

Abb. 101 Umlauf bei der zweiblättrigen RIEMANNschen Fläche

Abb. 102 Übergang vom ersten ins zweite Blatt und umgekehrt

Auch diese Kurven teilen die z-Ebene wie die rechtwinkligen Koordinaten in kleine Quadrate, nur ist der Vergrößerungsmaßstab verschieden, so daß das Netz im Großen krummlinig, aber orthogonal ist. An der Stelle $z = 0$ ist, da $f'(z)$ verschwindet, die Konformität gestört. Wie man aus der Form $z = \varrho\, e^{i\varphi}$ sofort erkennt, wird an dieser Stelle jeder Winkel bei der hier betrachteten Abbildung verdoppelt. Die Punkte der oberen Halbebene mit $y > 0$ bedecken daher mit ihren Bildpunkten bereits die ganze w-Ebene. Will man auch noch die Bildpunkte der unteren Halbebene unterbringen, so nimmt man zweckmäßigerweise ein zweites w-Blatt. Die beiden Blätter muß man so verbinden, daß einem einmaligen Umlauf um $z = 0$ ein geschlossener Umlauf durch die beiden Blätter entspricht. Dies geschieht in der Weise, daß man die w-Ebene z. B. längs der positiven u-Achse aufschlitzt und so verbindet, daß man nach einem Umlauf um 2π in das zweite Blatt und nach einem Umlauf um 4π wieder in das erste Blatt zurückgelangt (Abb. 101). Abbildung 102 zeigt im Querschnitt, wie die beiden Blätter zusammengefügt sein müssen[1]). Eine solche mehrblättrige Fläche heißt RIEMANN*sche Fläche*. Durch diese Darstellung ist auch bei der Umkehrung $f^{-1}(w) = \sqrt{w}$ die Zweideutigkeit der Quadratwurzel beseitigt, da den Punkten des ersten Blattes die obere, denen des zweiten Blattes die untere Halbebene der z-Ebene entspricht.

2. $f(z) = z^n$ für $n =$ positiv und ganzzahlig. Setze $z = \varrho\, e^{i\varphi}$, so ist $f(z) = \varrho^n\, e^{in\varphi}$, d. h., die n Winkelbereiche $\frac{2\pi}{n}$ in der z-Ebene werden auf die ganze w-Ebene abgebildet. Eine umkehrbare eindeutige Abbildung ergibt sich, wenn man die w-Ebene als n-blättrige RIEMANNsche Fläche herstellt. Die Konformität der Abbildung ist in den Punkten 0 und ∞ der w-Ebene unterbrochen. Diese beiden Punkte sind die Endpunkte des Schlitzes in der w-Ebene und heißen *Verzweigungspunkte* von der Ordnung $n - 1$. Bei der Abbildung treten an diesen Stellen die Winkel der z-Ebene in der w-Ebene n-mal so groß auf.

Um einzusehen, daß auch ∞ ein Verzweigungspunkt ist, benutzt man anstelle der GAUSSschen Zahlenebene besser die RIEMANN*sche Zahlenkugel*. Wir benutzten dazu die Kugel $x^2 + y^2 + z^2 = 1$ (hier ist z Raumkoordinate!) und projizieren jeden Punkt der xy-Ebene auf die Kugeloberfläche dadurch, daß wir den Kugelpunkt $x = y = 0, z = 1$ (Nordpol genannt) mit jedem Punkt der xy-Ebene durch eine Gerade verbinden. Die Schnittpunkte dieser Geraden mit der Kugeloberfläche liefern eindeutig die sogenannte stereographische Projektion der Ebene auf die Kugel. Bezeichnen wir die kartesischen Koordinaten des Bildpunktes von x,y) auf der Kugel mit ξ, η, ζ, so gilt

$$\xi = \frac{2x}{x^2 + y^2 + 1}, \quad \eta = \frac{2y}{x^2 + y^2 + 1}, \quad \zeta = \frac{x^2 + y^2 - 1}{x^2 + y^2 - 1}. \tag{9-10}$$

Die Umkehrung ergibt

$$x + iy = \frac{\xi + i\eta}{1 - \zeta}. \tag{9-11}$$

Wir erhalten eine überall umkehrbar eindeutige Abbildung der xy-Ebene auf die Kugel, wenn das unendlich Ferne der Ebene dem Nordpol der Kugel zugeordnet wird. Die Zahlenebene läßt sich auf diese Weise in eine Zahlenkugel überführen, wobei der Nullpunkt der Zahlenebene in den Kugelpunkt $x = y = 0$, $z = -1$ (Südpol) abgebildet wird, während ∞ in der Zahlenebene in den Norpol projiziert wird. Denken wir uns diese Projektion für die w-Ebene ausgeführt, so erscheint der Schlitz längs der positiven u-Achse auf der Kugeloberfläche als ein Schlitz, dessen Endpunkte Nord- und Südpol sind. Den verschiedenen Blättern der w-Ebene entsprechen hier verschiedene Kugeloberflächen, die längs der Schlitze zwischen Nord- und Südpol zusammengeheftet sind.

3. $f(z) = e^z = e^x(\cos y + i \sin y)$, d. h. $u(x,y) = e^x \cos y$, $v(x,y) = e^x \sin y$. Man erhält für festgehaltenes x also gleiche u- und v-Werte, wenn y sich um 2π ändert. Schlitzen wir die w-Ebene längs der negativen u-Achse auf, so entspricht dem Streifen $0 \leqq y \leqq \pi$ der z-Ebene gerade die obere Halbebene der w-Ebene. Man benötigt ∞ viele Parallelstreifen, um die z-Ebene zu überdecken, also ∞ viele Blätter in der w-Ebene. Die Punkte des Parallelstreifens zwischen $-\pi < y \leqq \pi$ benutzt man als *Hauptwert* von $\ln w$. In der w-Ebene sind wieder 0 und ∞ Verzweigungspunkte.

4. $f(z) = \frac{1}{z} = \frac{x}{x^2 + y^2} - i\frac{y}{x^2 + y^2} = \frac{1}{|z|} e^{-i\varphi}$, d. h. $|f| = \sqrt{ff^*} = \frac{1}{|z|}$ und $\arg f = -\arg z$. Jeder Punkt der z-Ebene, dessen $|z| < 1$ ist, wird in der w-Ebene auf den Bereich $|w| > 1$ abgebildet. Man spricht von einer *Spiegelung am Einheitskreis* $|z| = 1$ oder *Transformation durch reziproke Radien*. Wegen $|z| \cdot |w| = 1$ wird $z = 0$ das unendliche Ferne der w-Ebene zugeordnet. Außerdem wird hier die Transformation durch

---

[1] Leider läßt sich dies wegen der Selbstdurchdringung nicht für die ganze Fläche durch ein Papiermodell realisieren!

reziproke Radien noch mit einer Spiegelung an der reellen Achse verbunden. $\frac{1}{z}$ ist überall eine reguläre Funktion, mit Ausnahme der *singulären Stelle* $z = 0$, die als ein *Pol* (erster Ordnung) bezeichnet wird.

9.1.3. Anwendung der konformen Abbildung

Die partielle Differentialgleichung zweiter Ordnung $\Delta U = 0$ kommt in der Physik häufig vor, z. B. in der *Strömungslehre.* In einer Strömung ist im allgemeinen der Geschwindigkeitsvektor orts- und zeitabhängig. Wir wollen hier nur zeitunabhängige, sog. *stationäre,* Strömungen betrachten, die außerdem noch quellen- und wirbelfrei sein sollen. Nach Abschnitt 7.4.3. führt die Forderung rot $\boldsymbol{v} = 0$ auf eine Strömung, in der ein Geschwindigkeitspotential $U(\boldsymbol{r})$ existiert, kurz *Potentialströmung* genannt. In der Hydrodynamik wird gezeigt, daß die Forderung div $\boldsymbol{v} = 0$ gerade bei Flüssigkeiten erfüllt ist, deren Zusammendrückbarkeit vernachlässigbar ist, sogenannte *inkompressible* Flüssigkeiten.

Für die Potentialströmung inkompressibler Flüssigkeiten gilt nach (7-200) $\Delta U = 0$. Im folgenden beschränken wir uns weiter auf solche Strömungen, deren Geschwindigkeitsvektoren alle in einer gemeinsamen Ebene (z. B. xy-Ebene) liegen. Diese *ebenen* Strömungen zeigen in allen zur xy-Ebene parallelen Ebenen die gleiche Bewegung wie in der xy-Ebene. Dann ist div $\boldsymbol{v} = \frac{\partial v_1}{\partial x} + \frac{\partial v_2}{\partial y} = 0$ erfüllt, wenn

$$v_1 = \frac{\partial V}{\partial y} \quad \text{und} \quad v_2 = -\frac{\partial V}{\partial x} \tag{9-12}$$

gesetzt wird. Für $V(x,y)$ lautet demnach das totale Differential

$$\mathrm{d}V = V_x\,\mathrm{d}x + V_y\,\mathrm{d}y = -v_2\,\mathrm{d}x + v_1\,\mathrm{d}y. \tag{9-13}$$

Entsprechend (7-121) sind die als *Stromlinien* bezeichneten Feldlinien des Vektorfeldes $\boldsymbol{v}(\boldsymbol{r})$ aus $\mathrm{d}\boldsymbol{r} \times \boldsymbol{v} = 0$ zu bestimmen, hier also aus $\frac{\mathrm{d}x}{v_1} = \frac{\mathrm{d}y}{v_2}$. (9-13) zeigt, daß die in (9-12) eingeführte Funktion $V(x,y)$ längs der Stromlinien der Beziehung $\mathrm{d}V = 0$ genügen muß, d. h., die *Kurven* $V =$ const *sind zugleich die Stromlinien.* $V(x,y)$ *nennt man Stromfunktion.* Andererseits ist wegen $\boldsymbol{v} = \operatorname{grad} U$: $v_1 = \frac{\partial U}{\partial x}$; $v_2 = \frac{\partial U}{\partial y}$, so daß (9-12) $\frac{\partial U}{\partial x} = \frac{\partial V}{\partial y}$, $\frac{\partial U}{\partial y} = -\frac{\partial V}{\partial x}$ liefert. Das sind aber gerade die Cauchy-Riemannschen Differentialgleichungen (9-5), so daß wir eine reguläre Funktion

$$f(z) = U(x,y) + iV(x,y) \tag{9-14}$$

erhalten, deren *Realteil das Potential* und deren *Imaginärteil die Stromfunktion* angibt. Da nach (9-4) $\frac{\mathrm{d}f}{\mathrm{d}z} = \frac{\partial U}{\partial x} + i\frac{\partial V}{\partial x} = \frac{\partial V}{\partial y} - i\frac{\partial U}{\partial y}$ ist, so erhält man direkt $v_1 = \operatorname{Re} f'(z)$ und $v_2 = -\operatorname{Im} f'(z)$.

In der z-Ebene können wir die gesuchten Kurven $U =$ const und $V =$ const mit Hilfe einer konformen Abbildung direkt gewinnen. Es muß nur von Fall zu Fall diejenige konforme Abbildung gefunden werden, welche dem speziellen Problem entspricht. Soll z. B. die Strömung um ein Hindernis bestimmt werden, das die Gestalt eines Kreiszylinders vom Halbmesser R hat, so muß man eine Abbildung suchen, bei der die ganze

w-Ebene dem Äußeren dieses Kreises in der z-Ebene entspricht, denn im Innern des Hindernisses dürfen natürlich keine Stromlinien mehr verlaufen. Da durch die Stromlinien auf Grund ihrer Definition $d\boldsymbol{r} \times \boldsymbol{v} = 0$ keine Flüssigkeit hindurchtreten kann, genügt es, irgendeine Stromlinie dem Hindernisprofil gleichzusetzen. In großer Entfernung vom Hindernis soll wieder die einfache Parallelströmung (z. B. parallel zur x-Achse) vorliegen. Diese Forderungen erfüllt die Abbildung

$$f(z) = v_\infty\left(z + \frac{R^2}{z}\right). \tag{9-15}$$

Aus $f'(z) = v_\infty\left(1 - \frac{R^2}{z^2}\right)$ folgt, daß die Abbildung in den Punkten $z = \pm R$ (d. h. $x = \pm R$, $y = 0$) nicht mehr konform ist. Die entsprechenden Punkte in der w-Ebene, $w = \pm 2v_\infty R$ sind Verzweigungspunkte erster Ordnung. Die Werte von $|z|$ zwischen 0 und R liefern bereits alle Werte der w-Ebene. Da $f'(z) = 0$ wegen (9-4) und (9-14) auch $v_1 = v_2 = 0$, also $\boldsymbol{v} = 0$ bedeutet, so entsprechen den Verzweigungspunkten der w-Ebene in der z-Ebene die *Staupunkte* der Strömung. Trennt man in (9-15) Real- und Imaginärteil

$$U = v_\infty x\left(1 + \frac{R^2}{x^2 + y^2}\right), \quad V = v_\infty y\left(1 - \frac{R^2}{x^2 + y^2}\right),$$

so zeigt sich, daß die Stromlinie $V = 0$ gerade dem Kreis $x^2 + y^2 = R^2$, also dem Hindernisprofil entspricht. Für sehr große Werte von x und y geht $U \to v_\infty x$, $V \to v_\infty y$, also $v_1 \to v_\infty$, $v_2 \to 0$, d. h. v_∞ gibt den Betrag der im Unendlichen parallel zur x-Achse gerichteten Geschwindigkeit. Das Strömungsbild ist in Abbildung 103 wiedergegeben.

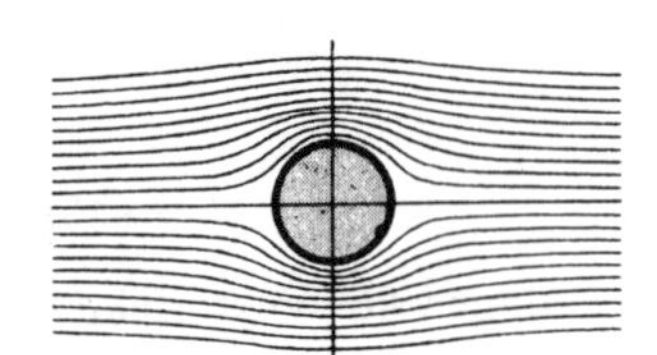

Abb. 103 Strömung um einen Kreiszylinder

Mit Hilfe der konformen Abbildung findet man somit spezielle Lösungen der Gleichung $\Delta U = 0$, vorausgesetzt, daß es sich um ein *ebenes* Strömungsproblem handelt. *Dreidimensionale Probleme lassen sich nicht mit Hilfe der konformen Abbildung lösen*, auch nicht im Fall rotationssymmetrischer Potentialströmungen.

Umgekehrt kann man jede konforme Abbildung $f(z)$ als eine Strömung in der z-Ebene interpretieren. Zum Beispiel läßt sich in Abbildung 100 die Kurve $v = 0$ mit einer festen Wand identifizieren, so daß $v = 1, 2, 3, \ldots$ die Stromlinien einer Strömung innerhalb einer rechtwinkligen Ecke darstellen.

Wir erwähnen noch die im Beispiel 3 bereits als Umkehrfunktion genannte Funktion $\ln z$. Die Abbildung $f(z) = m \ln z$ (m reelle Konstante) liefert mit $z = \varrho\, e^{i\varphi}$: $U = m \ln \varrho$, $V = m\varphi$. Die Stromlinien sind somit durch $\varphi = \text{const}$ gegeben, sind also Geraden durch $z = 0$. In Polarkoordinaten ist (vgl. Abschnitt 7.4.) $\operatorname{grad} U = \frac{\partial U}{\partial \varrho}\, \boldsymbol{e}_\varrho + \frac{1}{\varrho}\, \frac{\partial U}{\partial \varphi}\, \boldsymbol{e}_\varphi$ und damit $\boldsymbol{v} = \frac{m}{\varrho} \boldsymbol{e}_\varrho$, also in der Tat eine Radialströmung. An der singulären Stelle $z = 0$ muß für $m > 0$ eine *Quelle*, für $m < 0$ eine *Senke* sitzen. Bildet man die z-Ebene auf die RIEMANNsche Zahlenkugel ab, so sieht man, daß der Punkt $z = \infty$ für $m > 0$ eine Senke und für $m < 0$ eine Quelle sein muß. Nach (7-143) erhalten wir ein Maß für die Stärke der Quelle, wenn wir eine geschlossene Kurve um $z = 0$ legen, z. B. einen Kreis, und den Fluß $\int_0^{2\pi} v\varrho \, d\varphi$ berechnen. Die Quelle liefert demnach pro Zeiteinheit die Flüssigkeitsmenge $2\pi m$, und man nennt m *Quellstärke.*

9.1.4. Integrale komplexer Funktionen

Wir bilden in der z-Ebene formal das Integral $\mathfrak{J} = \int_{z_0}^{z_1} f(z) \, dz$. Da sich z nicht nur entlang der reellen Achse verändern kann, sondern in einer Ebene, so müssen wir noch einen Weg $\mathfrak{C}$ angeben, auf dem wir von z_0 nach z_1 gehen. Demnach entspricht $\mathfrak{J}$ einem *Kurvenintegral* (vgl. 6-88), und wir schreiben $\mathfrak{J} = \int_{\mathfrak{C}} f(z) \, dz$. Für einen geschlossenen Umlauf zerlegen wir dieses RIEMANNsche Integral in Real- und Imaginärteil (vgl. 6-92):

$$\oint f(z) \, dz = \oint (u + iv) \, (dx + i dy) = \oint (u dx - v dy) + i \oint (v dx + u dy). \qquad (9\text{-}16)$$

Führen wir die Vektoren $\boldsymbol{v}_1 = u\boldsymbol{i} - v\boldsymbol{j}$ und $\boldsymbol{v}_2 = v\boldsymbol{i} + u\boldsymbol{j}$ ein, so ist $\oint f(z) \, dz = \oint \boldsymbol{v}_1 \cdot d\boldsymbol{r} + i \oint \boldsymbol{v}_2 \cdot d\boldsymbol{r}$. Auf die beiden reellen Kurvenintegrale können wir den STOKESschen Integralsatz (7-137) anwenden, der für die xy-Ebene geschrieben ergibt:

$$\left.\begin{aligned} \oint \boldsymbol{v}_1 \cdot d\boldsymbol{r} &= \int \operatorname{rot} \boldsymbol{v}_1 \cdot d\boldsymbol{f} = -\iint \left(\frac{\partial v}{\partial x} + \frac{\partial u}{\partial y}\right) dx \, dy \,, \\ \oint \boldsymbol{v}_2 \cdot d\boldsymbol{r} &= \int \operatorname{rot} \boldsymbol{v}_2 \cdot d\boldsymbol{f} = \iint \left(\frac{\partial u}{\partial x} - \frac{\partial v}{\partial y}\right) dx \, dy \,. \end{aligned}\right\} \qquad (9\text{-}17)$$

Für den Fall, daß $f(z)$ *an jeder Stelle* des von der Kurve $\mathfrak{C}$ eingeschlossenen Bereichs der z-Ebene den CAUCHY-RIEMANNschen Differentialgleichungen (9-5) genügt, sind beide Doppelintegrale von (9-17) *Null*. Damit haben wir gezeigt: Umschließt eine Kurve in der z-Ebene ein Gebiet, in dem und auf dessen Randkurve der Integrand $f(z)$ *überall* holomorph ist, dann gilt

$$\boxed{\oint_{\mathfrak{C}} f(z) \, dz = 0} \qquad (9\text{-}18)$$

(CAUCHY*scher Integralsatz*).

Die geschlossene Kurve kann endlich viele Ecken haben und muß entsprechend der für (7-137) getroffenen Vereinbarung entgegen dem Uhrzeigersinn durchlaufen werden. Außerdem muß das umschlossene Gebiet *einfach zusammenhängend* sein. Liegen in einer ζ-Ebene ($\zeta = \xi + i\eta$) in einem Bereich, in dem die Voraussetzungen für (9-18) erfüllt sind, die beiden Punkte $\zeta = z$ und $\zeta = z_0$, so ist das zwischen diesen Punkten längs einer Kurve gebildete Kurvenintegral *unabhängig* von der gewählten Kurve. Man kann deshalb hier ein *unbestimmtes* Integral von $f(\zeta)$ definieren

$$F(z) = \int_{z_0}^{z} f(\zeta) \, d\zeta. \qquad (9\text{-}19)$$

Hiermit lassen sich die Rechenregeln (6-29, 6-31, 6-32 usw.) auf komplexe Größen übertragen.

Wir betrachten im folgenden eine auf einem einfach zusammenhängenden Gebiet $G \subset \mathbb{C}$ (Randkurve sei $\mathfrak{C}$) definierte Funktion $g(\zeta)$, die bis auf einen im Innern von G liegenden Punkt $\zeta = z$ holomorph ist. Um diese isolierte singuläre Stelle z legen wir eine andere geschlossene Kurve $\mathfrak{C}'$. Das von beiden Kurven $\mathfrak{C}$ und $\mathfrak{C}'$ eingeschlossene Gebiet enthält dann keine Singularität mehr, ist dafür aber zweifach zusammenhängend (vgl. Abschnitt 6.3.). Dieses Gebiet können wir einfach zusammenhängend machen, wenn wir eine Sperrlinie zwischen beiden Randkurven ziehen. Integrieren wir längs der in Abbildung 104 eingezeichneten *einen* Kurve $\mathfrak{C} + \mathfrak{C}'$ + Sperrlinie, so wird die Sperrlinie zweimal in entgegengesetztem Sinn durchlaufen. Entlang der Sperrlinie kommt keine Singularität vor, und während $g(\zeta)$ auf dem Hin- und Rückweg denselben Wert und dasselbe Vorzeichen hat, kehrt sich das Vorzeichen von $\mathrm{d}\zeta$ um. Demnach liefert die Sperrlinie keinen Beitrag zur Integration, und wir erhalten nach (9-18) $\oint\limits_{\mathfrak{C}} + \oint\limits_{\mathfrak{C}'} = 0$, wenn $\mathfrak{C}'$ im anderen Sinn als $\mathfrak{C}$ durchlaufen wird (Abb. 104). Wird $\mathfrak{C}'$ im gleichen Sinn wie $\mathfrak{C}$ durchlaufen, so folgt

$$\oint\limits_{\mathfrak{C}} g(\zeta)\,\mathrm{d}\zeta = \oint\limits_{\mathfrak{C}'} g(\zeta)\,\mathrm{d}\zeta\,. \tag{9-20}$$

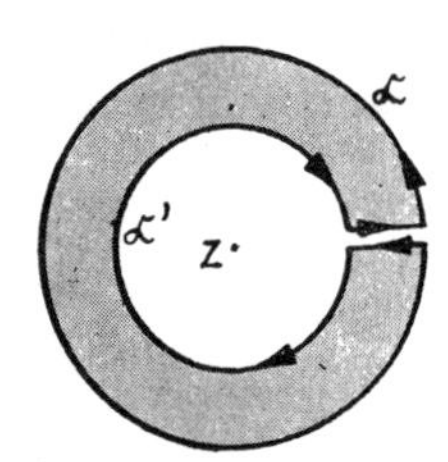

Abb. 104 Sperrlinie bei ringförmigem Integrationsgebiet

Zur Berechnung des links stehenden Integrals genügt es also, wenn man den Wert des Integrals für *irgendeine*, die Singularität bei z umschließende Kurve $\mathfrak{C}'$ kennt. Für $\mathfrak{C}'$ wählen wir einen kleinen Kreis mit Radius ϱ, dessen Mittelpunkt bei z liegt. Dann ist längs $\mathfrak{C}'$: $\zeta - z = \varrho\,\mathrm{e}^{i\,\varphi}$ und $\mathrm{d}\zeta = \mathrm{i}\varrho\,\mathrm{e}^{i\,\varphi}\,\mathrm{d}\varphi$. Benutzt man die Funktion $g(\zeta) = \dfrac{f(\zeta)}{\zeta - z}$, wobei $f(\zeta)$ in *allen* Punkten von G holomorph sein soll, so folgt

$$\oint\limits_{\mathfrak{C}'} g(\zeta)\,\mathrm{d}\zeta = i\int\limits_0^{2\pi} f(\zeta)\,\mathrm{d}\varphi = if(z)\int\limits_0^{2\pi}\mathrm{d}\varphi - i\int\limits_0^{2\pi}[f(z) - f(z + \varrho\,\mathrm{e}^{i\varphi})]\,\mathrm{d}\varphi.$$

Da $f(z)$ holomorph ist, verschwindet für $\varrho \to 0$ das zweite Integral, und es folgt: Wenn z ein im Innern eines von $\mathfrak{C}$ umschlossenen Bereichs beliebig liegender Punkt (auch als *innerer Punkt* bezeichnet) ist, so gilt

$$\boxed{f(z) = \frac{1}{2\pi i}\oint\limits_{\mathfrak{C}}\frac{f(\zeta)}{\zeta - z}\,\mathrm{d}\zeta} \tag{9-21}$$

(Cauchy*sche Integralformel*). Durch diese Formel wird der Wert einer regulären Funktion für *jeden inneren Punkt* durch ihre Werte auf der Randkurve bestimmt. Betrachtet man den in Abbildung 104 zwischen den beiden Kurven $\mathfrak{C}$ und $\mathfrak{C}'$ liegenden Bereich, in dem $f(z)$ holomorph ist, und läßt $\mathfrak{C}$ ins *Unendliche* rücken, so gilt ebenfalls (9-21), wenn man dort nur $\mathfrak{C}$ durch $\mathfrak{C}'$ ersetzt (Durchlaufungssinn für $\mathfrak{C}'$ wie in Abb. 104) und voraussetzt, daß $f(\zeta) \to 0$ geht für $\zeta \to \infty$. Unter dieser Voraussetzung gilt also die Cauchysche Integralformel auch für einen *unendlichen Bereich.*

Das Integral (9-21) nimmt eine sehr einfache Gestalt an, wenn wir für $\mathfrak{C}$ einen Kreis um z mit dem Radius ϱ, also $\zeta - z = \varrho\, e^{i\varphi}$ wählen. Dann gilt

$$f(z) = \frac{1}{2\pi} \int_0^{2\pi} f(z + \varrho\, e^{i\varphi})\, d\varphi, \tag{9-22}$$

d. h., der im Mittelpunkt eines beliebigen Kreises (auf dem und in dem $f(\zeta)$ regulär ist) angenommene Wert $f(z)$ ist gleich dem *Mittelwert* von $f(\zeta)$ auf dem Kreis. Wie man sofort sieht, gilt dieser Satz auch für jede der beiden reellen Funktionen u und v, durch die $f(z) = u + iv$ gebildet wird. Da der Mittelwert niemals größer oder kleiner sein kann als irgendeiner von den Werten, die zur Mittelbildung benutzt werden, so folgt: Die Funktionen $u(x,y)$ und $v(x,y)$ können in einem Bereich, wo $f(z) = u + iv$ eine holomorphe Funktion ist, *nirgends ein Maximum oder ein Minimum* besitzen. Ein stationärer Wert von u (oder v) an der Stelle x_0, y_0 für den $u_x(x_0,y_0) = u_y(x_0,y_0) = 0$ sein muß (vgl. Abschnitt 4.4.2.), kann in diesem Bereich demnach nur ein *Sattelpunkt* sein (vgl. Abb. 55e). Tatsächlich liefert die aus den CAUCHY-RIEMANNschen Differentialgleichungen folgende LAPLACEsche Gleichung (9-6) gerade die in (4-135) für einen Sattelpunkt hinreichende Bedingung $u_{xx}u_{yy} - u^2_{xy} < 0$.

9.1.5. Potenzreihe, TAYLORsche Reihe, Analytische Fortsetzung

Entsprechend (8-13) bezeichnet man Reihen der Form

$$\sum_{\nu=0}^{\infty} a_\nu (z - z_0)^\nu \tag{9-23}$$

als *Potenzreihen*, wobei z_0 und a_ν komplexe Konstanten sein können. Wir wollen zeigen, daß die Reihe (9-23) *konvergiert*, wenn die Reihe

$$\sum_{\nu=0}^{\infty} |a_\nu (z - z_0)^\nu| \tag{9-24}$$

(deren Glieder reell sind), konvergiert. Setze $a_\nu(z - z_0)^\nu = \xi_\nu + i\eta_\nu$, so ist $|\xi_\nu + i\eta_\nu| = \sqrt{\xi_\nu^2 + \eta_\nu^2}$, also $|\xi_\nu| \leqq |\xi_\nu + i\eta_\nu|$ und $|\eta_\nu| \leqq |\xi_\nu + i\eta_\nu|$. Konvergiert $\sum\limits_\nu |\xi_\nu + i\eta_\nu|$, dann muß nach Abschnitt 8.1. auch $\sum\limits_\nu \xi_\nu$ und $\sum\limits_\nu \eta_\nu$ absolut konvergieren, so daß $\sum\limits_\nu (\xi_\nu + i\eta_\nu) = \sum\limits_\nu a_\nu(z - z_0)^\nu$ ebenfalls absolut konvergiert. Wenn die Reihe (9-23) außer bei $z = z_0$ auch an der Stelle $z = z_1$ absolut konvergiert, so konvergiert sie für *alle Punkte* z mit $|z - z_0| < |z_1 - z_0|$ ebenfalls absolut (vgl. Abschnitt 8.2.). Im Anschluß hieran kann man zeigen (wir übergehen den Beweis), daß es einen *Konvergenzkreis* mit dem *Radius r um z_0* gibt, der so beschaffen ist, daß (9-23) für $|z - z_0| < r$ absolut konvergiert und für $|z - z_0| > r$ divergiert. Wie in (8-14), ist r für die Reihe (9-23) durch

$$r = \frac{1}{\lim\limits_{\nu \to \infty} \sqrt[\nu]{|a_\nu|}} \tag{9-25}$$

gegeben, falls dieser Grenzwert existiert.

Wie im Reellen spricht man hier von *gleichmäßiger* Konvergenz, wenn in

$$s(z) = \sum_{\nu=0}^{n} a_\nu (z - z_0)^\nu + R_n(z), \tag{9-26}$$

$$|R_n(z)| = \left| \sum_{\nu=n+1}^{\infty} a_\nu (z - z_0)^\nu \right| < \varepsilon \tag{9-27}$$

erreicht werden kann für einen von z unabhängigen Mindestindex $N(\varepsilon) \leqq n$. Wählen wir einen zum Konvergenzkreis von (9-23) konzentrischen Kreis, dessen Radius $\varrho < r$ ist und beschränken uns auf solche Werte von z, für die $|z - z_0| \leqq \varrho$ ist, dann folgt wegen (1-74)

$$\left|\sum_{\nu=n+1}^{n+p} a_\nu (z - z_0)^\nu\right| \leqq \sum_{\nu=n+1}^{n+p} |a_\nu| \varrho^\nu .$$

Die rechte Seite konvergiert sicher, da auch die auf dem Kreis mit ϱ liegenden Werte von z innerhalb des Konvergenzkreises liegen. Demnach läßt sich für alle Werte von z, für die $|z - z_0| \leqq \varrho$ ist, (9-27) erreichen. *Innerhalb eines zum Konvergenzkreis konzentrischen kleineren Kreis konvergiert* (9-23) *also gleichmäßig.*
Eine gleichmäßig konvergierende Potenzreihe darf wie im Reellen gliedweise differenziert und integriert werden.

Beispiel

Die reelle geometrische Reihe liefert $\sum_{\nu=0}^{\infty} |z|^\nu = \frac{1}{1 - |z|}$ für $|z| < 1$.

Demnach konvergiert auch $\sum_{\nu=0}^{\infty} z^\nu$, und zwar nach $\frac{1}{1 - z}$. Der Konvergenzradius dieser Reihe ist $r = 1$, für $|z| < 1$ ist die Konvergenz gleichmäßig.

Wir wollen zur TAYLORschen Reihe übergehen und benutzen dazu die CAUCHYsche Integralform (9-21). Diese Formel enthält den Punkt z, der ein innerer Punkt sein muß. Deshalb ist stets $\zeta - z \neq 0$, also der Integrand eine stetige, nach z differenzierbare Funktion. Entsprechend einer zu (6-81) analogen Beziehung können wir dann bilden

$$f'(z) = \frac{1}{2\pi i} \oint_{\mathfrak{C}} \frac{f(\zeta)}{(\zeta - z)^2} \, \mathrm{d}\zeta . \tag{9-28}$$

Wiederholte Ableitung nach z liefert schließlich

$$\boxed{f^{(n)}(z) = \frac{n!}{2\pi i} \oint_{\mathfrak{C}} \frac{f(\zeta)}{(\zeta - z)^{n+1}} \, \mathrm{d}\zeta .} \tag{9-29}$$

d. h., jede *holomorphe Funktion* ist im Innern des von $\mathfrak{C}$ umschlossenen Bereichs *beliebig oft differenzierbar*. Man beachte, daß es im Reellen einen ähnlichen Satz *nicht* gibt. Nun nutzen wir die Summenformel für die geometrische Reihe aus, die

$$\frac{1}{\zeta - z} = \frac{1}{\zeta - z_0} \frac{1}{1 - \frac{z - z_0}{\zeta - z_0}} = \sum_{\nu=0}^{\infty} \frac{(z - z_0)^\nu}{(\zeta - z_0)^{\nu+1}} \tag{9-30}$$

für $\left|\frac{z - z_0}{\zeta - q_0}\right| < 1$ liefert. Wählen wir in (9-21) für $\mathfrak{C}$ einen Kreis K um z_0, dessen Radius $\varrho = |\zeta - z_0| > |z - z_0|$ ist, so konvergiert die geometrische Reihe für die auf K liegenden Werte ζ gleichmäßig. Daran ändert auch eine Multiplikation mit der holomorphen Funktion $f(\zeta)$ nichts. Setzen wir (9-30) in (9-21) ein, so dürfen wir für $\mathfrak{C} = K$ gliedweise integrieren und erhalten wegen (9-29)

$$\boxed{f(z) = \sum_{\nu=0}^{\infty} \frac{1}{\nu!} f^{(\nu)}(z_0) (z - z_0)^\nu} , \tag{9-31}$$

also die TAYLOR*sche Reihe* der Funktion $f(z)$ in der Umgebung von z_0. Der Konvergenzkreis dieser Reihe ist offenbar der größte Kreis um z_0, in dessen Innerem $f(z)$ holomorph ist, d. h., die z_0 am nächsten, z. B. bei z', gelegene Singularität von $f(z)$ bestimmt den Konvergenzkreis der TAYLORschen Reihe, $r = |z' - z_0|$ (Abb. 105). *Jede holomorphe Funktion ist also innerhalb des genannten Konvergenzkreises durch eine Potenzreihe darstellbar.* [Diese Möglichkeit ist eigentlich der Grund dafür, daß man die holomorphen Funktionen

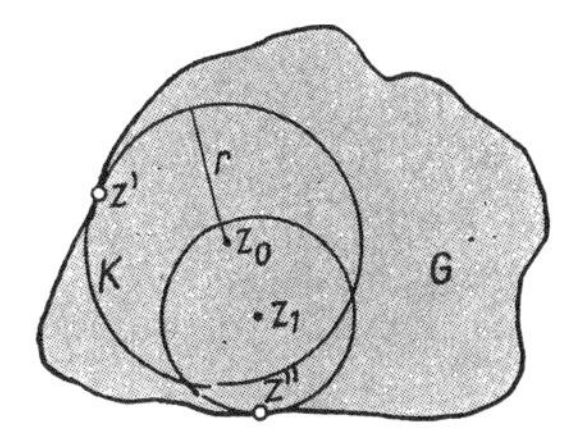

Abb. 105 Auf dem Gebiet G der z-Ebene soll $f(z)$ holomorph sein, ausgenommen die Stellen z' und z''

auch als analytische Funktionen bezeichnet.] Die Eindeutigkeit der Entwicklung (9-31) ergibt sich wie im Reellen durch Differenzieren der Reihe (9-24). Wir bekommen aus (9-31), (9-29) und (9-23) eine Integraldarstellung für die Koeffizienten

$$\boxed{a_\nu = \frac{1}{2\pi i} \oint_K \frac{f(\zeta)}{(\zeta - z_0)^{\nu+1}} \, d\zeta} . \tag{9-32}$$

Für den Betrag des Integrals können wir eine obere Grenze angeben, die sich aus der Definition des Kurvenintegrals in Analogie zu (6-22) ergibt. Es folgt wegen $|\zeta - z_0| = \varrho$

$$|a_\nu| \leqq \frac{1}{2\pi} \frac{M}{\varrho^{\nu+1}} 2\pi\varrho = \frac{M}{\varrho^\nu}, \tag{9-33}$$

wobei M = Maximum von $|f(\zeta)|$ auf K ist. Mit Hilfe dieser Ungleichung von CAUCHY finden wir sofort eine wichtige Aussage für Funktionen, die in der *gesamten* z-Ebene (einschließlich ∞) holomorph und beschränkt sind. Dann ist in der ganzen Ebene $|f(z)| \leqq M$ und $|a_\nu| \leqq \frac{M}{\varrho^\nu}$ für beliebig großen Radius ϱ des Kreises K. Für alle $\nu > 0$ können die $|a_\nu|$ also beliebig klein gemacht werden, und es folgt aus (9-31) $f(z) = a_0$, d. h.: *eine in der ganzen Ebene beschränkte reguläre Funktion ist eine Konstante* (Satz von LIOUVILLE, 1809–1882).

Die Darstellung einer holomorphen Funktion durch eine Potenzreihe kann, wie wir sehen, nur innerhalb eines Konvergenzkreises geschehen, der durch die zu z_0 nächstgelegene Singularität von $f(z)$ bestimmt wird. Meistens reicht aber der Bereich G, in dem $f(z)$ holomorph ist, noch über diesen Kreis hinaus (Abb. 105). Man bezeichnet die in $|z' - z_0| = r$ konvergente Reihe (9-23) als ein *Element* der Funktion $f(z)$. Da innerhalb des Konvergenzkreises für jeden Punkt z die Voraussetzungen für eine TAYLORsche Entwicklung von $f(z)$ gegeben sind, so kann man z. B. ein z_1 wählen, das nur $|z_1 - z_0| < |z' - z_0|$ erfüllen muß. Für diese neue Entwicklung von $f(z)$ um z_1 bestimmt nun die zu z_1 nächstgelegene singuläre Stelle z'' von $f(z)$ den Konvergenzkreis. Dabei kann der neue Konvergenzkreis durchaus über den alten hinausragen (Abb. 105). In dem beiden Konvergenzkreisen gemeinsamen Bereich müssen nach dem Eindeutigkeitssatz beide Potenzreihen die *gleiche* Funktion $f(z)$ darstellen. Wir haben also zwei Elemente der gleichen Funktion. Ist uns $f(z)$ nur im Konvergenzkreis um z_0 bekannt, so haben wir nun eine Fortsetzung dieser Funktion über diesen Konvergenzkreis hinaus erhalten, genannt *analytische Fortsetzung*. Wenn eine solche Fortsetzung überhaupt möglich ist (was erfordert, daß ein gewisser Teil des Kreisbogens vom Konvergenzkreis keine singuläre Stelle enthält), so stellt die neue Potenzreihe die *einzig mögliche* Fortsetzung von $f(z)$ dar. Somit gilt: Eine holomorphe Funktion $f(z)$ ist bereits in ihrem ganzen Existenzbereich bekannt, wenn man von ihr ein Element kennt. Wenn der Existenzbereich nicht einfach zusammenhängend ist, führt man RIEMANNsche Flächen (vgl. Abb. 101) ein, um Mehrdeutigkeiten zu vermeiden.

Beispiel

Gegeben sei die Funktion $f(z) = \sum\limits_{\nu=0}^{\infty} z^\nu$. Wie wir wissen, stellt diese geometrische Reihe gerade $f(z) = \frac{1}{1-z}$ im Bereich $|z| < 1$ dar. Da $\frac{1}{1-z}$ aber nur für $z = 1$ eine singuläre Stelle hat, können wir die durch $\sum\limits_{\nu=0}^{\infty} z^\nu$ in $|z| < 1$ definierte Funktion analytisch fortsetzen. Wählen wir z_1 mit $|z_1| < 1$ und bestimmen in der Reihe $\sum\limits_{\nu=0}^{\infty} \frac{1}{\nu!} f^{(\nu)}(z_1)(z - z_1)^\nu$ die Koeffizienten aus $f(z_1) = \sum\limits_{\nu=0}^{\infty} z_1^\nu$, $f'(z_1) = \sum\limits_{\nu=0}^{\infty} \nu z_1^{\nu-1}$ usw., so folgt $\sum\limits_{\nu=0}^{\infty} \frac{1}{(1-z_1)^{\nu+1}}(z - z_1)^\nu$.

Nach (9-25) konvergiert diese Reihe im Kreis mit dem Radius $r = |1 - z_1|$, so daß dieser Konvergenzkreis über den mit $r = 1$ hinausgreift, wenn z_1 nicht zwischen 0 und 1 liegt, sondern z. B. bei $-\frac{1}{2}$. Die Umformung (9-30) zeigt, daß diese Reihe als Summe wieder $\frac{1}{1-z}$ hat. Im vorliegenden Beispiel braucht man dieses Verfahren der analytischen Fortsetzung auch gar nicht anzuwenden, da man für $\sum\limits_{\nu=0}^{\infty} z^\nu$ die Summe kennt und dann gleich mit $\frac{1}{1-z}$ in der ganzen Ebene arbeiten kann. Kennt man aber für die gegebene Reihe den geschlossenen Ausdruck nicht, so kann man in der angegebenen Weise eine analytische Fortsetzung finden.

In der Möglichkeit einer Fortsetzung für analytische Funktionen unterscheiden sich die Funktionen einer komplexen Veränderlichen ganz wesentlich von denen mit einer reellen Veränderlichen. Für letztere sind beliebig viele verschiedene Fortsetzungen im Reellen möglich. Dagegen ist eine analytische Fortsetzung vom Reellen ins Komplexe wieder nur durch eine einzige Funktion möglich. Wenn nämlich in einem Intervall auf der reellen Achse die analytische Funktion $f(x)$ definiert ist, so kann man versuchen, in einem dieses Intervall einschließenden komplexen Bereich eine holomorphe Funktion $f(z)$ zu definieren, die für $z = x$ in die vorgegebene Funktion $f(x)$ übergeht. Gelingt dies, so ist $f(z)$ die *einzig mögliche Fortsetzung von $f(x)$ ins Komplexe.*

Beispiele

1. $e^z = \sum\limits_{\nu=0}^{\infty} \frac{z^\nu}{\nu!}$ hat den Konvergenzradius ∞ und ist in der ganzen z-Ebene analytisch. Für $z = x$ stimmt diese Definition mit der für e^x überein, sie ist also die *einzig* mögliche analytische Funktion, die e^x ins Komplexe fortsetzt.

2. $$\Gamma(z) = \int\limits_0^\infty t^{z-1}\, e^{-t}\, dt \tag{9-34}$$

ist die analytische Fortsetzung der durch (6-83) für reelle Werte α definierten *Gammafunktion*. Dieses Integral konvergiert nur für $\operatorname{Re} z > 0$, definiert dort eine analytische Funktion und genügt der Rekursionsformel $\Gamma(z+1) = z\Gamma(z)$ (vgl. 6-84). Durch analytische Fortsetzung bekommt man schließlich eine in der *ganzen* z-Ebene eindeutige analytische Funktion, die nur an den Stellen $z = 0, -1, -2, \ldots$ singuläre Stellen (Pole erster Ordnung) hat (Abb. 106).

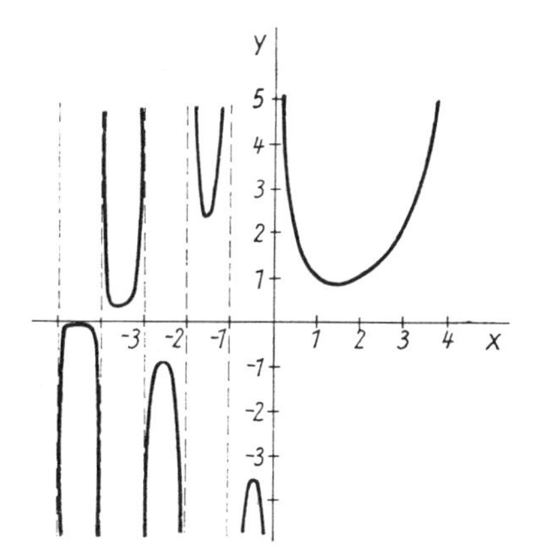

Abb. 106 Gammafunktion über der reellen Achse: $\Gamma(x) = (x-1)!$

9.1.6. Laurentsche Reihe, Residuum

Wir betrachten einen Ringbereich der ζ-Ebene, der von zwei konzentrischen Kreisen K und K' um den Punkt z_0 begrenzt wird (vgl. Abb. 104). Wir nehmen an, daß überall in diesem Ring und auf seinen beiden Rändern $f(\zeta)$ eine holomorphe Funktion ist. Dann gilt für jeden inneren Punkt z des Ringes nach (9-21)

$$f(z) = \frac{1}{2\pi i} \oint_K \frac{f(\zeta)}{\zeta - z}\,\mathrm{d}\zeta + \frac{1}{2\pi i} \oint_{K'} \frac{f(\zeta)}{\zeta - z}\,\mathrm{d}\zeta, \tag{9-35}$$

wobei K und K' wie in Abbildung 104 die Kurven $\mathfrak{C}$ und $\mathfrak{C}'$ durchlaufen werden. Dann benutzen wir für das erste Integral die Umformung (9-30), die wegen $|\zeta - z_0| > |z - z_0|$ auf K wieder zu einer Potenzreihe (9-23) mit den Koeffizienten (9-32) führt. Für die Integration längs K' ist aber $|z - z_0| > |\zeta - z_0|$, so daß wir nicht (9-30) verwenden können. Wir bilden deshalb

$$\frac{1}{\zeta - z} = -\frac{1}{z - z_0}\,\frac{1}{1 - \dfrac{\zeta - z_0}{z - z_0}} = -\sum_{\nu=0}^{\infty} \frac{(\zeta - z_0)^\nu}{(z - z_0)^{\nu+1}}, \tag{9-36}$$

also eine Reihe, die gerade für $|\zeta - z_0| < |z - z_0|$ konvergiert. Das zweite Integral liefert deshalb die Reihe

$$\sum_{\nu=0}^{\infty} a_{-(\nu+1)}\,(z - z_0)^{-(\nu+1)} = \sum_{\nu=1}^{\infty} a_{-\nu}\,(z - z_0)^{-\nu} \tag{9-37}$$

mit

$$a_{-\nu} = -\frac{1}{2\pi i} \oint_{K'} f(\zeta)(\zeta - z_0)^{\nu-1}\,\mathrm{d}\zeta, \quad (\nu = 1, 2, \ldots)\,. \tag{9-38}$$

Wir erhalten also für (9-35)

$$\boxed{f(z) = \sum_{\nu=0}^{\infty} a_\nu (z - z_0)^\nu + \sum_{\nu=1}^{\infty} a_{-\nu}(z - z_0)^{-\nu}}\,. \tag{9-39}$$

Wenn K' im gleichen Sinn wie K, also entgegen dem Uhrzeigersinn, durchlaufen wird, so steht in (9-35) vor dem letzten Integral ein negatives Vorzeichen. Dann gilt (9-39) mit

$$\boxed{a_\nu = \frac{1}{2\pi i} \oint_{\mathfrak{C}} \frac{f(\zeta)}{(\zeta - z_0)^{\nu+1}} \, \mathrm{d}\zeta, \quad (\nu = 0, \pm 1, \pm 2, \ldots)}, \tag{9-40}$$

wobei wir sogar längs jeder Kurve $\mathfrak{C}$ integrieren dürfen, die ganz im Ringbereich liegt und K' einmal entgegen dem Uhrzeigersinn umläuft, denn a_ν hängt nicht von z ab und $f(\zeta)$ ist dort holomorph.

Die Reihe (9-39) wird als LAURENT*sche Entwicklung* von $f(z)$ für den *Ringbereich* zwischen K' und K um den Punkt z_0 bezeichnet (LAURENT 1841—1901). Im Gegensatz dazu gilt die TAYLORsche Entwicklung (9-31) von $f(z)$ für das ganze Innere von $\mathfrak{C}$. Durch die eindeutige Entwicklung (9-39) wird $f(z)$ zerlegt in eine Funktion, die innerhalb von K holomorph ist und eine andere Funktion, die außerhalb von K' holomorph ist.

Die LAURENTsche Reihe ermöglicht eine Klassifikation der isolierten Singularitäten einer Funktion $f(z)$. Wenn nämlich die sonst holomorphe Funktion $f(z)$ eine einzige Singularität bei z_0 hat, gilt (9-39) im ganzen Bereich $0 < |z - z_0|$, und zumindest ein Glied der Summe mit negativen Exponenten ist vorhanden. Wenn diese Summe mit negativen Exponenten irgendwo ***abbricht***, z. B. a_{-n} der letzte von Null verschiedene Koeffizient ist, nennt man die Singularität ***außerwesentlich*** oder einen *Pol n-ter Ordnung*. Bricht die zweite Summe in (9-39) aber ***nirgends*** ab, d. h., alle $a_{-\nu} \neq 0$, so heißt die Singularität *wesentlich* (z. B. $e^{1/z}$ für $z \to 0$). Im Gegensatz zu diesen Singularitäten sind die *Verzweigungspunkte* (vgl. konforme Abbildung Beispiel 2) ***keine*** isolierten Punkte. In der Umgebung eines Verzweigungspunktes ist keine LAURENTsche Entwicklung möglich. Es ist zweckmäßig, die Funktionen mit isolierten singulären Stellen in Klassen einzuteilen: Funktionen $f(z)$, die für alle endlichen Werte von z holomorph sind, heißen *ganze Funktionen*. Hierzu gehören die *Polynome n-ter Ordnung*, die sich für $z \to \infty$ wie $|f| \sim |z - z_0|^n$ (n positiv ganzzahlig) verhalten, also im Punkt ∞ einen Pol n-ter Ordnung haben. (Der Punkt ∞ läßt sich untersuchen, wenn man $z = \frac{1}{\zeta}$ setzt und dann $f(\zeta)$ für $\zeta \to 0$ betrachtet.) *Ganze transzendente* Funktionen besitzen nur am Punkt ∞ eine wesentliche Singularität, z. B. e^z, $\cos z$, $\sin z$. Hat eine sonst holomorphe Funktion für *endliche* Werte von z *nur Pole* als singuläre Stellen, so heißt sie *meromorph*. Hierher gehören die *rationalen* Funktionen, die nur eine endliche Zahl von Polen besitzen und *transzendente* Funktionen wie $\tan z$, $\cot z$. Eine holomorphe Funktion, die weder im Endlichen, noch im Punkt ∞ eine singuläre Stelle hat, ist nach (9-33) eine *Konstante*.

Vergleicht man den in (9-40) enthaltenen Koeffizienten für $\nu = -1$, also

$$\boxed{a_{-1} = \frac{1}{2\pi i} \oint_{\mathfrak{C}} f(\zeta) \, \mathrm{d}\zeta} \tag{9-41}$$

mit (9-18), so können wir (9-41) als eine Verallgemeinerung des CAUCHYschen Integralsatzes ansehen. Man nennt a_{-1} das *Residuum* (lat. residuum = Rest) von $f(z)$ im Punkt z_0. Tatsächlich bleibt bei einer Integration von (9-39) längs eines geschlossenen Weges $\mathfrak{C}$ um z_0 nur der Term mit $\nu = -1$ als Rest übrig. Dies folgt für $\nu = 0 \cdots \infty$ direkt aus (9-18) und für $\nu = -2 \cdots -\infty$ aus $\int_0^{2\pi} e^{i(1-\nu)\varphi} \, \mathrm{d}\varphi = 0$. Für den Fall, daß $f(z)$ bei z_0 einen Pol n-ter Ordnung hat, kann man das Residuum nach einer einfachen Regel berechnen. Es ist dann nämlich

$$f(z) = \sum_{\nu=0}^{\infty} a_\nu (z - z_0)^\nu + \sum_{\nu=1}^{n} a_{-\nu} (z - z_0)^{-\nu},$$

also ist $(z - z_0)^n \cdot f(z)$ eine in z_0 holomorphe Funktion, für die man nach (9-31) eine TAYLORsche Entwicklung in der Umgebung von z_0 angeben kann. Der Koeffizient der $(n-1)$-ten Ableitung entspricht dabei gerade dem Koeffizienten a_{-1}, es gilt also

$$\boxed{a_{-1} = \frac{1}{(n-1)!}\,\frac{\mathrm{d}^{n-1}}{\mathrm{d}z^{n-1}}\left[(z-z_0)^n \cdot f(z)\right]\Big|_{\text{für } z=z_0}}\,. \tag{9-42}$$

Für $n = 1$ folgt hieraus

$$a_{-1} = (z - z_0) \cdot f(z)\big|_{\text{für } z=z_0}\,. \tag{9-43}$$

Hat die Funktion die Form $f(z) = \dfrac{\varphi(z)}{\psi(z)}$ mit $\varphi(z_0)$ holomorph und $\psi(z_0) = 0$, so läßt sich die holomorphe Funktion $\psi(z)$ in eine TAYLORsche Reihe (9-31) entwickeln. Hat $\psi(z)$ bei z_0 eine Nullstelle n-ter Ordnung, so lautet diese Entwicklung um z_0

$$\psi(z) = \frac{1}{n!}\,\psi^{(n)}(z_0)(z-z_0)^n + \frac{1}{(n+1)!}\,\psi^{(n+1)}(z-z_0)^{n+1} + \ldots \tag{9-44}$$

Für eine *einfache Nullstelle von* $\psi(z)$ folgt damit

$$\boxed{a_{-1} = \frac{\varphi(z_0)}{\psi'(z_0)}}\,. \tag{9-45}$$

Betrachtet man einen Bereich mit der Randkurve $\mathfrak{C}$, in dem die sonst holomorphe Funktion $f(z)$ nur an m verschiedenen, nicht auf $\mathfrak{C}$ liegenden isolierten Punkten $z_1, z_2, \ldots z_m$ Pole hat oder wesentlich singulär ist, so folgt

$$\oint_{\mathfrak{C}} f(z)\,\mathrm{d}z = \sum_{s=1}^{m} \oint_{\mathfrak{C}_s} f(z)\,\mathrm{d}z, \tag{9-46}$$

da wir unter Ausnutzung von (9-18) $\mathfrak{C}$ durch m Kurven $\mathfrak{C}_1, \mathfrak{C}_2, \ldots \mathfrak{C}_m$ ersetzen können, von denen jede nur einen singulären Punkt umschließt (Abb. 107). Die Integrationen

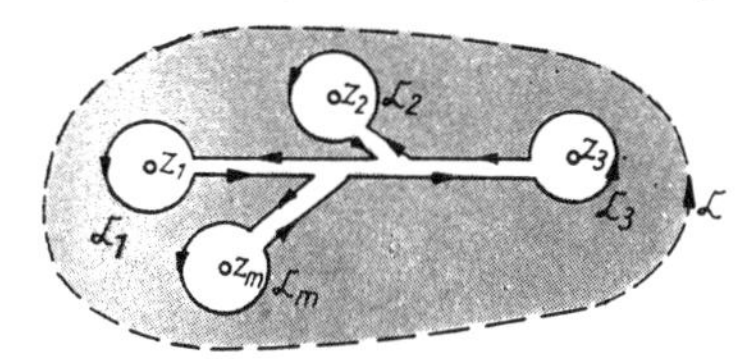

Abb. 107 Zum Residuensatz

längs der geschlossenen Kurven $\mathfrak{C}_s$ lassen sich wie oben geschildert ausführen, und man erhält

$$\boxed{\frac{1}{2\pi i}\oint_{\mathfrak{C}} f(z)\,\mathrm{d}z = \sum_{s=1}^{m} a_{-1}^{(s)}}\,, \tag{9-47}$$

den *Residuensatz*. Rechts steht die Summe der Residuen von $f(z)$ an den singulären Stellen, die von $\mathfrak{C}$ umschlossen werden.

Beispiel

Für $f(z) = \dfrac{m_1}{z - z_1} + \dfrac{m_2}{z - z_2}$ ist $a_{-1}^{(1)} = m_1$; $a_{-1}^{(2)} = m_2$, also $\oint_{\mathfrak{C}} f(z)\,\mathrm{d}z = \mathrm{i}\,4\pi(m_1 + m_2)$, wenn $\mathfrak{C}$ z_1 und z_2 umschließt. Dieses Ergebnis bestätigt sich, wenn wir bedenken, daß $\displaystyle\int_{z_r+1}^{z} \frac{\mathrm{d}\zeta}{\zeta - z_r} =$

$\ln(z - z_r)$ ist. Bei Anwendung der konformen Abbildung erkannten wir, daß diese Funktion das Potential einer ebenen Strömung liefert, die bei z_r eine Quelle der Stärke m_r hat, aus der pro Zeiteinheit die Flüssigkeitsmenge $2\pi m_r$ herausströmt. Die beiden Quellen bei z_1 und z_2 liefern also insgesamt $2\pi(m_1 + m_2)$ in den Bereich außerhalb von $\mathfrak{C}$. Ist $m_2 = -m_1$, so wird diese von der Quelle ausströmende Flüssigkeit von der Senke wieder aufgesogen. Dementsprechend hat $f(z) = \frac{m}{z}$ bei $z = 0$ das Residuum m und bei $z = \infty$ das Residuum $-m$, obwohl $\frac{1}{z}$ im Punkt ∞ regulär ist, denn $\frac{1}{z} = \zeta$ ist für $\zeta = 0$ regulär. Die stereographische Projektion der z-Ebene auf die RIEMANNsche Zahlenkugel zeigt eindrucksvoll, daß den Quellen einer ebenen Strömung *stets* Senken gleicher Gesamtstärke gegenüberstehen müssen, und sei es im Punkt ∞.

9.1.7. Anwendung des Residuensatzes

Für die Praxis ist der Residuensatz in dreifacher Hinsicht von großem Nutzen. Mit Hilfe dieses Satzes lassen sich 1. gewisse Klassen reeller Integrale ausrechnen. 2. Integraldarstellungen von Funktionen finden und 3. Summen von Reihen bestimmen.

1. *Auswertung reeller bestimmter Integrale* (Ergänzung zum Abschnitt 6.3.). Wir betrachten Integrale, deren Grenzen $-\infty$ und $+\infty$ sind, also $\int\limits_{-\infty}^{+\infty} f(x)\,dx$, und setzen voraus, daß $f(z)$ in der oberen Halbebene holomorph ist, bis auf *Pole*, die *nicht* auf der reellen Achse liegen sollen. Dann wählen wir als Integrationsweg für $\oint\limits_{\mathfrak{C}} f(z)\,dz$ ein Stück der reellen Achse ($-R \leqq x \leqq R$) und in der der oberen Halbebene einen Halbkreis K mit Radius R (Abb. 108). Wir wählen R so groß, daß alle Pole der Funktion $f(z)$ von dem Halbkreis K umschlossen werden. Dann ist nach (9-47)

$$\oint\limits_{\mathfrak{C}} f(z)\,dz = \int\limits_{-R}^{+R} f(x)\,dx + \int\limits_{K} f(z)\,dz = 2\pi i \sum \begin{smallmatrix}\text{Residuen von } f(z)\\ \text{in der}\\ \text{oberen Halbebene}\end{smallmatrix}, \qquad (9\text{-}48)$$

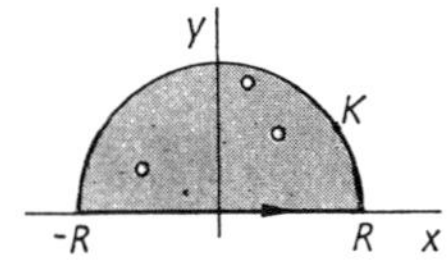

Abb. 108 Obere z-Halbebene

und wir erhalten

$$\lim_{R\to\infty} \int\limits_{-R}^{+R} f(x)\,dx = 2\pi i \sum \begin{smallmatrix}\text{Residuen von } f(z)\\ \text{in der}\\ \text{oberen Halbebene}\end{smallmatrix}, \qquad (9\text{-}49)$$

wenn

$$\lim_{R\to\infty} \int\limits_{K} f(z)\,dz = 0 \qquad (9\text{-}50)$$

ist[1]). Diese Forderung (9-50) wird z. B. erfüllt, wenn *entweder an allen* Punkten des Halb-

---

[1] Wenn $\int\limits_{0}^{\infty} f(x)\,dx$ und $\int\limits_{-\infty}^{0} f(x)\,dx$ konvergieren, so ist $\lim\limits_{R\to\infty} \int\limits_{-R}^{R} f(x)\,dx = \int\limits_{-\infty}^{+\infty} f(x)\,dx$. Konvergieren diese beiden Integrale nicht, so kann die linke Seite von (9-49) dennoch definiert sein, und zwar als Hauptwert $P\left(\int\limits_{\infty}^{\infty} f(x)\,dx\right)$[vgl. (6-79)]

kreises K für $R \to \infty$ das Produkt $z \cdot f(z) \to 0$ geht (also im Unendlichen $|f(z)|$ nach Null geht wie $|az|^{-m}$ mit $m > 1$), *oder* $f(z) = \frac{\varphi(z)}{\psi(z)} e^{imz}$ mit $m > 0$ ist und $\varphi(z)$, $\psi(z)$ Polynome sind, wobei das Nennerpolynom $\psi(z)$ von höherem Grad sein soll als das Zählerpolynom $\varphi(z)$.

Die zuerst genannte Möglichkeit ist unmittelbar einleuchtend, da K die Länge πR hat. Im zweiten Fall benutzt man zum Beweis zweckmäßig Polarkoordinaten. Hier genügt, daß $\frac{\varphi}{\psi} \to 0$ für $R \to \infty$ gilt.

Ferner gilt: Wenn in der oberen z-Halbebene und auf der reellen Achse $\lim\limits_{z \to \infty} f(z) = 0$ erfüllt ist, folgt für den Halbkreis K $\lim\limits_{R \to \infty} \int\limits_K e^{i\alpha z} f(z)\, dz = 0$ mit $\alpha > 0$. In der unteren z-Halbebene gilt ein analoger Satz mit $\alpha < 0$ (Lemma von JORDAN).

Beispiel

$\int\limits_{-\infty}^{+\infty} \frac{dx}{1+x^2} \cdot f(z) = \frac{1}{1+z^2}$ hat die Form $\frac{\varphi(z)}{\psi(z)}$ und in der oberen Halbebene nur einen Pol erster Ordnung bei $z = i$. Nach (9-45) ist dort das Residuum $\frac{1}{2i}$, also nach (9-49)

$$\int\limits_{-\infty}^{+\infty} \frac{dx}{1+x^2} = \pi.$$

Ebenso lassen sich Integrale der Form $\int\limits_0^{2\pi} f(\cos x, \sin x)\, dx$ auswerten, wobei f eine rationale Funktion von $\cos x$ und $\sin x$ ist.

Beispiel

$J = \int\limits_0^{2\pi} \frac{dx}{1 + \varepsilon \cos x}$, $(0 < \varepsilon < 1)$. Da nach (2-60) $\cos x = \frac{1}{2}(e^{ix} + e^{-ix})$ ist, liefert der Ansatz $z = e^{ix}$, also $dx = \frac{1}{iz}\, dz$, ein Integral für einen Umlauf längs des Einheitskreises $J = \frac{2}{i\varepsilon} \oint \frac{dx}{z^2 + \frac{2}{\varepsilon} z + 1}$. Die Nullstellen des Integranden sind die Pole, von denen nur einer innerhalb des Einheitskreises liegt, und zwar bei $z_1 = \frac{1}{\varepsilon}[-1 + \sqrt{1 - \varepsilon^2}]$. Nach (9-45) ist das Residuum $\frac{\varepsilon}{2\sqrt{1-\varepsilon^2}}$, also $J = \frac{2\pi}{\sqrt{1-\varepsilon^2}}$.

2. *Integraldarstellung von Funktionen.* Wir betrachten gleich ein Beispiel, und zwar das Integral

$$\varepsilon(k) = \frac{1}{2\pi i} \int\limits_{-\cup\to} \frac{e^{ikz}}{z}\, dz, \quad (k \text{ reell}), \tag{9-51}$$

wobei $-\cup\to$ bedeutet, daß wir die gesamte reelle Achse von $-\infty$ bis $+\infty$ zum Integrationsweg machen, mit Ausnahme des Nullpunkts, der in der *unteren* Halbebene längs eines kleinen Halbkreises H umgangen werden soll. Um (9-47) anwenden zu können, schließen wir zunächst den Integrationsweg im Endlichen durch einen großen Halbkreis K mit Radius R und zwar für $k < 0$ in der *unteren* Halbebene, für $k > 0$ in der *oberen* Halbebene (Abb. 109). Auf dem großen Halbkreis ist wegen $z = R\, e^{i\varphi}$ dann $e^{ikz} = e^{-kR\sin\varphi}\, e^{ikR\cos\varphi}$ und in jedem der beiden Fälle $k \sin\varphi > 0$, so daß $\frac{e^{ikz}}{z} dz = i\, e^{-kR\sin\varphi}\, e^{ikR\cos\varphi}\, d\varphi$ für $R \to \infty$ verschwindet. Im Fall $k > 0$ liefert (9-47) also für $R \to \infty$: $\varepsilon(k) =$ Residuum

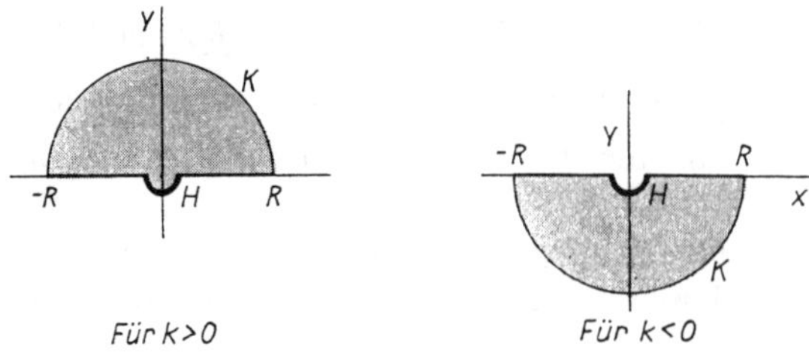

Abb. 109 Zur Berechnung des Integrals $\varepsilon(k) = \frac{1}{2\pi i}\int\limits_{\rightarrow\cup\rightarrow} \frac{e^{ikz}}{z}\,dz$

von $\frac{e^{ikz}}{z}$ in $z = 0$, d. h. $\varepsilon(k) = 1$ für $k > 0$. Im Fall $k < 0$ umschließt der Integrationsweg keinen Pol, es ist also

$$\varepsilon(k) = \begin{cases} 1 \text{ für } k > 0 \\ 0 \text{ für } k < 0, \end{cases} \tag{9-52}$$

d. h. eine *Stufenfunktion*. Umfährt man den Pol bei $z = 0$ durch einen kleinen Halbkreis in der *oberen* Halbebene, so durchläuft man für $k < 0$ eine Kurve im Uhrzeigersinn, die den Pol umschließt. Dann folgt -1 für $k < 0$ und Null für $k > 0$. Wählt man für das Integral in (9-51) als Integrationsweg die relle Achse ohne $z = 0$ zu umgehen, so liegt ein divergentes uneigentliches Integral vor. Für ein solches Integral existiert eventuell ein CAUCHYscher Hauptwert, der hier definiert ist als

$$P\left(\int_{-\infty}^{\infty} \frac{e^{ikz}}{z}\,dz\right) = \lim_{\delta\to 0}\left\{\int_{-\infty}^{-\delta} \frac{e^{ikz}}{z}\,dz + \int_{\delta}^{\infty} \frac{e^{ikz}}{z}\,dz\right\}.$$

Nun ist $\varepsilon(k) = \frac{1}{2\pi i}\left(\int_{-\infty}^{-\delta} + \int_{-\delta}^{\delta} H + \int_{\delta}^{\infty}\right)$, wobei H den kleinen Halbkreis in der unteren Halbebene kennzeichnet, dessen Endpunkte auf der reellen Achse $-\delta$ und δ sind. Ferner ist die Exponentialfunktion wegen $|z| < \infty$ in eine Reihe zu entwickeln, so daß

$$\int_{-\delta}^{\delta} \frac{e^{ikz}}{z}\,dz = \left(\ln z + ikz - \frac{k^2}{4} z^2 - i\frac{k^3}{18} z^3 + \ldots\right)\Big|_{-\delta}^{\delta} \text{ gilt.}$$

Wegen $\ln z\,\big|_{-\delta}^{\delta} = \ln \varrho\,\big|_{\delta}^{\delta} + i\varphi\,\big|_{\pi}^{2\pi} = i\pi$ folgt

$$\int_{-\delta}^{\delta} \frac{e^{ikz}}{z}\,dz = i\pi + i\,2k\delta - i\frac{k^3}{9}\delta^3 - \cdots,$$

also $\lim\limits_{\delta\to 0} \int_{-\delta}^{\delta} \frac{e^{ikz}}{z}\,dz = i\pi$ und damit

$$P\left(\frac{1}{2\pi i}\int_{-\infty}^{\infty} \frac{e^{ikz}}{z}\,dz\right) = \varepsilon - \frac{1}{2\pi i}\lim_{\delta\to 0}\int_{-\delta}^{\delta} \frac{e^{ikz}}{z}\,dz = \begin{cases} \frac{1}{2} & \text{für } k > 0 \\ -\frac{1}{2} & \text{für } k < 0\,. \end{cases} \tag{9-53}$$

Mit Hilfe der δ-Funktion (Abschnitt 8.6.) läßt sich (9-52) offenbar

$$\varepsilon(k) = \int_{-\infty}^{k} \delta(x)\,dx \tag{9-54}$$

schreiben, also auch

$$\delta(k) = \frac{\mathrm{d}\varepsilon(k)}{\mathrm{d}k}. \tag{9-55}$$

3. *Summation von Reihen.* Eine geschickte Ausnutzung der Pole von $\frac{1}{\sin \pi z}$ bzw. $\cot \pi z$ ermöglicht, Reihen der Form $\sum_{n=-\infty}^{\infty} f(n)$ zu summieren. Beide Funktionen haben Pole erster Ordnung an den Stellen, wo $\sin \pi z = 0$ ist, also für $z = n = 0, \pm 1, \pm 2, \ldots$ Nun ist $\frac{1}{\sin \pi z} = \frac{\cos \pi n}{\sin \pi (z-n)} = \frac{\varphi(z)}{\psi(z)}$ und damit sind nach (9-45) die Residuen $\frac{(-1)^n}{\pi}$. Entsprechend ergeben sich für $\cot \pi z = \cot \pi(z-n)$ die Residuen $\frac{1}{\pi}$ für alle n. Wir betrachten nun eine geschlossene Kurve $\mathfrak{C}$, innerhalb der die Pole $n = l, l+1, \ldots, m$ und die von f liegen. (9-47) liefert dann

$$\frac{1}{2\pi i} \oint_{\mathfrak{C}} \frac{\pi f(z)}{\sin \pi z} \mathrm{d}z = \sum \text{Res. von } \frac{\pi f(z)}{\sin \pi z} \text{ an Polen von } f(z) + \sum_{n=l}^{m} (-1)^n f(n).$$

Wenn $|zf(z)| \to 0$ für $|z| \to \infty$ geht, so verschwindet das Integral für einen unendlich großen Kreis um $z = 0$ und man erhält

$$\boxed{\sum_{n=-\infty}^{\infty} (-1)^n f(n) = -\sum \text{Res. von} \left[\frac{\pi f(z)}{\sin \pi z}\right] \text{ an Polen von } f(z)}. \tag{9-56}$$

Entsprechend ergibt sich

$$\boxed{\sum_{n=-\infty}^{\infty} f(n) = -\sum \text{Res. von } [\pi f(z) \cot \pi z] \text{ an Polen von } f(z)}. \tag{9-57}$$

Beispiel

$\sum_{n=-\infty}^{\infty} \frac{(-1)^n}{(a+n)^2}$. Setze in (9-56) $f(z) = \frac{1}{(a+z)^2}$, so ist ein Pol zweiter Ordnung bei $z = -a$, und $\frac{\pi}{(a+z)^2 \sin \pi z}$ hat dort nach (9-42) das Residuum $-\pi^2 \frac{\cos \pi a}{\sin^2 \pi a}$. Also liefert (9-56)

$$\sum_{n=-\infty}^{\infty} \frac{(-1)^n}{(a+n)^2} = \pi^2 \frac{\cot \pi a}{\sin \pi a}. \tag{9-58}$$

9.2. Laplace-Transformation

Im Abschnitt 8.5. behandelten wir die Fourier-Transformation, die ein Spezialfall der Integraltransformation (8-113) ist. Wir wenden uns nun einem anderen, in der Praxis oft verwendeten Spezialfall zu.

Man definiert:

$$\boxed{F(s) = Lf := \int_0^{\infty} \mathrm{e}^{-st} f(t)\, \mathrm{d}\lambda(t)} \tag{9-59}$$

mit $s \in \mathbb{C}$ heißt Laplace-*Transformierte von f*. Diese Definition ist natürlich nur sinnvoll, wenn das Integral existiert. Wegen der Ähnlichkeit zwischen (8-118) und (9-59) kann man versuchen, die in (9-59) zulässigen Funktionen aus der für die FOURIER-Transformation ermittelten Funktionenklasse zu gewinnen. Da die Transformation (9-59) aber eine viel größere Klasse von Funktionen erfaßt, als man auf diesem Weg erhält, verzichten wir auf diesen Versuch.

Die Bedingungen, denen $f(t)$ in (9-59) genügen muß, werden eingehend diskutiert bei G. DOETSCH. Wir erwähnen hier eine Funktionenklasse, die allerdings auch stärkere Voraussetzungen benutzt, als für (9-59) nötig sind:

$$\begin{aligned}\mathfrak{L}(\mathbb{R}) := \{f \mid f \in \mathfrak{L}_1(\mathbb{R}) \text{ und } f e^{-\alpha t} \in \mathfrak{L}_1(\mathbb{R}) \text{ mit geeignetem } \alpha \in \mathbb{R} \\ \text{und } f = 0 \text{ auf } (-\infty, 0)\},\end{aligned} \qquad (9\text{-}60)$$

wobei $\mathfrak{L}_1(\mathbb{R})$ durch (8-100) definiert ist.

Setzt man $s = \gamma + ik$, so folgt $|f(t)\,e^{-st}| = |f(t)|\,e^{-\gamma t} \leqq |f(t)|\,e^{-\alpha t}$ für $\gamma \geqq \alpha$. Da für $f \in \mathfrak{L}(\mathbb{R})$ das Integral $\int_{-\infty}^{\infty} |f(t)|\,e^{-\alpha t}\,d\lambda(t)$ existiert, folgt für $\gamma \geqq \alpha$ auch die Existenz von $\int_{-\infty}^{\infty} |f(t)\,e^{-st}|\,d\lambda(t)$ und wegen des Satzes nach (8-93) auch die Existenz von (9-59) für alle s mit $\operatorname{Re} s \geqq \alpha$.

Man kann zeigen: Für jede auf $\mathbb{R}$ *stetige* Funktion f aus $\mathfrak{L}(\mathbb{R})$ ist die durch (9-59) definierte Funktion $F(s)$ für $\operatorname{Re} s \geqq \alpha$ *holomorph*. Für jede auf einem Intervall (a,b) von $\mathbb{R}$ stetig differenzierbare Funktion f aus $\mathfrak{L}(\mathbb{R})$ gilt für $t \in (a,b)$ die inverse Transformation

$$f(t) = L^{-1}F := \frac{1}{2\pi i} \int_{\alpha - i\infty}^{\alpha + i\infty} F(s)\,e^{st}\,ds\,. \qquad (9\text{-}61)$$

Im folgenden verwenden wir in (9-59) nur R-integrierbare Funktionen, für die (9-61) existiert. Anschaulich kann man die Funktionen aus (9-60) als Bild eines Einschaltvorgangs zur Zeit $t = 0$ deuten (Abb. 110). In der Praxis ist die LAPLACE-Transformation nützlich zur Lösung von linearen Differential- bzw. Integralgleichungen. Dazu bildet man das Problem durch (9-59) aus dem Originalbereich in den Bildbereich ab, löst dort die Aufgabe (was häufig leichter ist) und kehrt dann in den Originalbereich zurück.

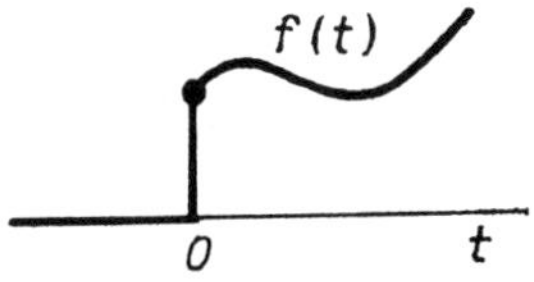

Abb. 110 Einschaltvorgang ($f(t) = 0$ für $t < 0$)

Dabei ist es zweckmäßig, nicht fortwährend (9-61) anzuwenden, sondern geeignete Tabellenwerke zu benutzen. Bevor wir die LAPLACE-Transformierten einiger wichtiger Funktionen berechnen, machen wir einige allgemeine Bemerkungen.

9.2.1. Operationen

Zwei durch die LAPLACE-Transformation zusammengehörige Funktionen kennzeichnen wir symbolisch durch

$$f(t) \circ\!\!-\!\!\bullet\; F(s)\,. \qquad (9\text{-}62)$$

Der Kreis kennzeichnet den Originalbereich. Im folgenden wird stets $\operatorname{Re} s > 0$ vorausgesetzt.

1. *Addition*

$$\boxed{f_1 + f_2 \circ\!\!-\!\!\bullet\; F_1 + F_2}\,, \qquad (9\text{-}63)$$

2. *Multiplikation mit einem konstanten Faktor c.*

$$\boxed{cf \circ\!\!-\!\!\bullet\, cF}\,. \tag{9-64}$$

3. *Ähnlichkeitstransformation.* Wir fragen nach der Bildfunktion von $f(at)$, wenn a ein reeller, positiver Faktor ist. Wegen

$$\int_0^\infty e^{-st} f(at)\,dt = \frac{1}{a}\int_0^\infty e^{-s\frac{t'}{a}} f(t')\,dt'\,, \quad (at = t')$$

gilt

$$\boxed{f(at) \circ\!\!-\!\!\bullet\, \frac{1}{a} F\left(\frac{s}{a}\right)}, \quad (a > 0)\,. \tag{9-65}$$

Einer Dilatation im Originalbereich entspricht eine Kontraktion im Bildbereich. Setzen wir $\frac{1}{a} = b$, so erhalten wir umgekehrt

$$\boxed{\frac{1}{b} f\left(\frac{t}{b}\right) \circ\!\!-\!\!\bullet\, F(bs)}, \quad (b > 0)\,, \tag{9-66}$$

d. h., wenn $f(t)$ Originalfunktion zu $F(s)$ ist, dann ist $\frac{1}{b} f\left(\frac{t}{b}\right)$ die Originalfunktion von $F(bs)$. Während die Bedeutung der Formel (9-65) darin liegt, daß man sie von links nach rechts liest, ist (9-66) für den Übergang vom Bild- zum Originalbereich wichtig.

4. *Translation im Originalbereich.*

a) Was geschieht mit der Bildfunktion, wenn wir die Originalfunktion um die Strecke $a > 0$ verschieben? (vgl. Abb. 111, zweite Kurve). Wir haben in f also $t - a$ an Stelle von t zu setzen, $\int_0^\infty e^{-st} f(t-a)\,dt = \int_0^a \ldots + \int_a^\infty \ldots$,

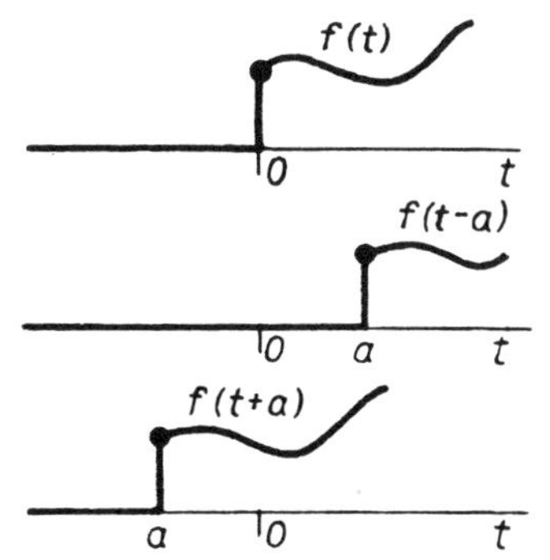

Abb. 111 Translationen

wobei das erste Integral verschwindet, weil der Integrand von 0 bis a Null ist. Im zweiten Integral setzen wir $t - a = t'$ und erhalten $\int_0^\infty e^{-s(t'+a)} f(t')\,dt'$, also

$$\boxed{f(t-a) \circ\!\!-\!\!\bullet\, e^{-as} F(s)}, \quad (a > 0)\,. \tag{9-67}$$

b) Führen wir eine Translation nach links aus (Abb. 111), so erhalten wir auf analoge Weise, wobei jetzt aber das Integral von 0 bis a stehen bleibt,

$$f(t+a) \circ\!\!-\!\!\bullet \; e^{as}\left[F(s) - \int_0^a e^{-st} f(t)\,dt\right], \quad (a > 0) \tag{9-68}$$

5. *Translation im Bildbereich.* Einer Translation im Bildbereich um eine Strecke b entspricht im Originalbereich eine Multiplikation mit e^{-bt}, also eine Dämpfung. Es ist nämlich

$$F(s+b) = \int_0^\infty e^{-st}\, e^{-bt} f(t)\,dt$$

und somit

$$e^{-bt} f(t) \circ\!\!-\!\!\bullet \; F(s+b) \quad \text{(Dämpfungssatz)}. \tag{9-69}$$

b kann hier offenbar beliebig, also auch komplex sein.

6. *Differentiation im Originalbereich.* Durch partielle Integration ergibt sich

$$\mathrm{L}\frac{df}{dt} = \int_0^\infty e^{-st} f'(t)\,dt = e^{-st} f(t)\Big|_{t=0}^{t=\infty} + s\int_0^\infty e^{-st} f(t)\,dt.$$

Das erste Glied verschwindet wegen $s = \gamma + ik$ mit $\gamma > 0$ an der oberen Grenze, und wir erhalten

$$\frac{df}{dt} \circ\!\!-\!\!\bullet \; s\,F(s) - f(0). \tag{9-70}$$

Diese für die Behandlung von Differentialgleichungen grundlegende Formel zeigt, daß einer Differentiation im Originalbereich einfach eine Multiplikation mit s im Bildbereich entspricht. Außerdem tritt noch der Funktionswert $f(0)$, der *Anfangswert*, auf, was für Anfangswertprobleme (z. B. Einschwingvorgänge) von großer Bedeutung ist[1].

Für die Ableitung höherer Ordnung erhalten wir entsprechend

$$\begin{aligned} \frac{d^2 f}{dt^2} &\circ\!\!-\!\!\bullet \; s^2 F(s) - f(0)s - f'(0) \\ \frac{d^n f}{dt^n} &\circ\!\!-\!\!\bullet \; s^n F(s) - \sum_{\nu=0}^{n-1} f^{(\nu)}(0)\, s^{n-1-\nu} \end{aligned}. \tag{9-71}$$

7. *Differentiation im Bildbereich.* Im Innern des Konvergenzbereichs von (9-59) folgt

$$\frac{dF}{ds} = \frac{d}{ds}\int_0^\infty e^{-st} f(t)\,dt = -\int_0^\infty e^{-st}\, t\, f(t)\,dt,$$

[1] $f(0)$ ist der rechtsseitige Grenzwert $f(+0)$, d. h. der Wert, den man erhält, wenn man in Abb. 110 von rechts nach $t = 0$ geht

also

$$\boxed{\begin{aligned} -t \cdot f(t) &\circ\!\!-\!\!\bullet \frac{\mathrm{d}F}{\mathrm{d}s} \\ (-t)^n f(t) &\circ\!\!-\!\!\bullet \frac{\mathrm{d}^n F}{\mathrm{d}s^n} \end{aligned}}, \tag{9-72}$$

denn $F(s)$ ist im Innern des Konvergenzbereichs von (9-59) überall holomorph. Multiplizieren mit einer Potenz im Originalbereich entspricht dem Differenzieren im Bildbereich.

8. *Integration im Originalbereich.* Wenn wir (9-70) in der Form

$$\int_0^\infty \mathrm{e}^{-st} f(t)\,\mathrm{d}t = \frac{1}{s}\left[\int_0^\infty \mathrm{e}^{-st} f'(t)\,\mathrm{d}t + f(0)\right]$$

schreiben und

$$f(t) = \int_0^t \Phi(\tau)\,\mathrm{d}\tau$$

einsetzen, erhalten wir

$$\int_0^\infty \mathrm{e}^{-st} f(t)\,\mathrm{d}t = \frac{1}{s}\int_0^\infty \mathrm{e}^{-st}\,\Phi(t)\,\mathrm{d}t\,.$$

Bezeichnen wir jetzt die Funktion $\Phi(t)$ mit $f(t)$, so ergibt sich

$$\boxed{\int_0^t f(\tau)\mathrm{d}\tau \circ\!\!-\!\!\bullet \frac{1}{s} F(s)}\,. \tag{9-73}$$

Während also der *Differentiation* im Originalbereich die Multiplikation mit s im Bildbereich entspricht, gehört zur *Integration* die Multiplikation mit s^{-1}.

9. *Integration im Bildbereich.* Wir berechnen $\int_s^\infty F(\zeta)\,\mathrm{d}\zeta$ (vgl. 9-19) mit $F(\zeta)$ nach (9-59). Wegen (6-29) ist

$$\int_s^\infty \mathrm{e}^{-\zeta t}\mathrm{d}\zeta = \frac{1}{t}\,\mathrm{e}^{-st}\,, \tag{9-74}$$

also folgt

$$\boxed{\frac{f(t)}{t} \circ\!\!-\!\!\bullet \int_s^\infty F(\zeta)\,\mathrm{d}\zeta}\,, \tag{9-75}$$

wobei die Integration längs irgendeiner Kurve ausgeführt werden kann, die von s aus nach rechts bis Re $s = \infty$ läuft.

10. *Multiplikation im Bildbereich.* Bilden wir das Produkt zweier Bildfunktionen $F_1(s)$ und $F_2(s)$

$$\begin{aligned} F_1(s)\cdot F_2(s) &= \int_0^\infty \mathrm{e}^{-st_1} f_1(t_1)\,\mathrm{d}t_1 \cdot \int_0^\infty \mathrm{e}^{-st_2} f_2(t_2)\,\mathrm{d}t_2 \\ &= \int_0^\infty\int_0^\infty \mathrm{e}^{-s\,(t_1+t_2)} f_1(t_1) f_2(t_2)\,\mathrm{d}t_1\,\mathrm{d}t_2\,, \end{aligned} \tag{9-76}$$

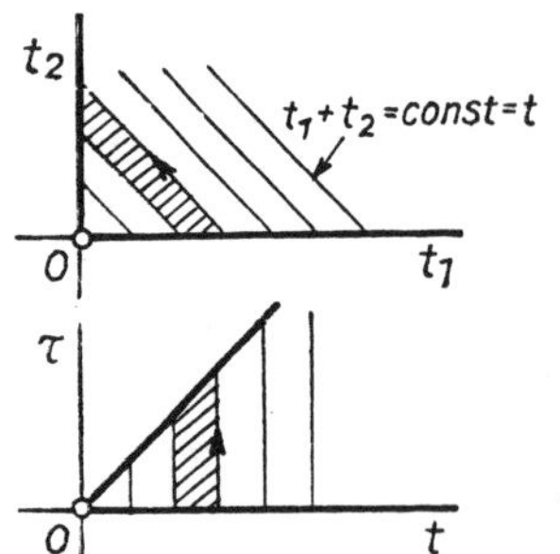

Abb. 112 Zur Faltung

so müssen wir über den gesamten ersten Quadranten der Ebene t_1, t_2 integrieren. Durch Einführung neuer Veränderlicher t und τ: $t = t_1 + t_2$, $\tau = t_2$ geht dieses Integrationsgebiet über in das erste Achtel der Ebene t, τ (Abb. 112). Dieses Gebiet erfassen wir, indem wir zuerst von $\tau = 0$ bis $\tau = t$ und dann von $t = 0$ bis ∞ integrieren. Da $\mathrm{d}t_1\,\mathrm{d}t_2 = \mathrm{d}\tau\,\mathrm{d}t$ ist, folgt

$$F_1(s) \cdot F_2(s) = \int_{t=0}^{\infty} \mathrm{e}^{-st} \int_{\tau=0}^{t} f_1(t-\tau)\, f_2(\tau)\, \mathrm{d}\tau\, \mathrm{d}t\,. \tag{9-77}$$

Im Anschluß an (8-126) bezeichnet man das Integral $\int_0^t f_1(t-\tau)\, f_2(\tau)\, \mathrm{d}\tau$ als *Faltung* der Originalfunktionen f_1 und f_2 und schreibt dafür symbolisch $f_1 * f_2$. Es entspricht also dem Produkt zweier Bildfunktionen F_1 und F_2 die Faltung der zugehörigen Originalfunktionen:

$$\boxed{f_1 * f_2 = \int_0^t f_1(t-\tau)\, f_2(\tau)\, \mathrm{d}\tau \;\circ\!\!-\!\!\bullet\; F_1(s) \cdot F_2(s)}\,. \tag{9-78}$$

(9-78) heißt *Faltungssatz*. Man kann mit der Faltung wie mit einem Produkt rechnen; es gilt nämlich

$$f_1 * f_2 = f_2 * f_1 \quad \text{und} \quad (f_1 * f_2) * f_3 = f_1 * (f_2 * f_3)\,, \tag{9-79}$$

denn es gilt z. B. mit $t - \tau = \tau'$

$$f_1 * f_2 = \int_0^t f_1(t-\tau)\, f_2(\tau)\, \mathrm{d}\tau = \int_0^t f_1(\tau')\, f_2(t-\tau')\, \mathrm{d}\tau' = f_2 * f_1\,.$$

9.2.2. Korrespondenzen

Im folgenden wollen wir für die wichtigsten Funktionen des Originalbereichs die zugehörigen Bildfunktionen angeben. Die bisher gewonnenen Sätze ermöglichen es, aus einer Korrespondenz sofort eine ganze Anzahl zu finden.

1. $f(t) = 1$ (Einheitssprung im Nullpunkt). Wegen

$$\int_0^{\infty} \mathrm{e}^{-st}\, \mathrm{d}t = -\left.\frac{\mathrm{e}^{-st}}{s}\right|_{t=0}^{t=\infty} = \frac{1}{s}$$

gilt für Re $s > 0$

$$\boxed{1 \circ\!\!-\!\!\bullet \frac{1}{s}}. \tag{9-80}$$

2. $f(t) = t^\alpha$

$$F(s) = \int_0^\infty e^{-st} t^\alpha \, dt = \frac{1}{s^{\alpha+1}} \int_0^\infty e^{-\tau} \tau^\alpha \, d\tau \quad \text{mit } st = \tau.$$

Nach (9-34) ist dieses Integral die Gammafunktion

$$\boxed{t^\alpha \circ\!\!-\!\!\bullet \frac{\Gamma(\alpha+1)}{s^{\alpha+1}}} \text{ für Re } \alpha > -1 \text{ und Re } s \geq 0 \tag{9-81}$$

Speziell:

a) Für positiv ganzen Exponenten $\alpha = n$ erhalten wir

$$t^n \circ\!\!-\!\!\bullet \frac{n!}{s^{n+1}}, \quad n = 0, 1, 2, \ldots \tag{9-82}$$

(Zu diesem Ergebnis können wir auch gelangen, wenn wir (9-72) auf (9-80) anwenden.) Nach (9-67) finden wir hieraus sofort

$$(t-a)^n \circ\!\!-\!\!\bullet n! \frac{e^{-as}}{s^{n+1}}. \quad (a > 0). \tag{9-83}$$

b) Ist $\alpha = \frac{1}{2}$ bzw. $-\frac{1}{2}$, so ergibt sich

$$\sqrt{t} \circ\!\!-\!\!\bullet \frac{1}{2s}\sqrt{\frac{\pi}{s}} \quad \text{bzw.} \quad \frac{1}{\sqrt{t}} \circ\!\!-\!\!\bullet \sqrt{\frac{\pi}{s}}. \tag{9-84}$$

(Man überzeuge sich, daß die zweite Beziehung aus der ersten vermöge (9-70) folgt!)

3. $f(t) = e^{\alpha t}$.

$$F(s) = \int_0^\infty e^{-(s-\alpha)t} dt = \frac{1}{s-\alpha},$$

also

$$\boxed{e^{\alpha t} \circ\!\!-\!\!\bullet \frac{1}{s-\alpha}} \quad (\text{Re } s > \text{Re } \alpha). \tag{9-85}$$

4. $f(t) = \sin \omega t$ bzw. $\cos \omega t$. Aus den Beziehungen (2-60, 2-61) erhalten wir nach (9-85) für $\alpha = i\omega$

$$\boxed{\begin{array}{l} \sin \omega t \circ\!\!-\!\!\bullet \dfrac{\omega}{s^2+\omega^2} \\ \cos \omega t \circ\!\!-\!\!\bullet \dfrac{s}{s^2+\omega^2} \end{array}} \quad (\text{Re } s > 0). \tag{9-86}$$

Nach dem Dämpfungssatz (9-69) folgen hieraus sofort die Korrespondenzen

$$e^{-bt} \sin \omega t \circ\!\!-\!\!\bullet \frac{\omega}{(s+b)^2+\omega^2}, \tag{9-87}$$

$$\mathrm{e}^{-bt} \cos \omega t \;\circ\!\!-\!\!\bullet\; \frac{s+b}{(s+b)^2+\omega^2}.$$

Wenden wir (9-75) auf (9-86) an, so finden wir

$$\frac{\sin \omega t}{t} \;\circ\!\!-\!\!\bullet\; \int_s^\infty \frac{\omega \mathrm{d}\zeta}{\zeta^2+\omega^2} = \operatorname{arc\,tan} \frac{\omega}{s}, \tag{9-88}$$

5. $f(t) = \sinh \omega t$ bzw. $\cosh \omega t$. Nach (2-66, 2-67) liefert (9-85) für $\alpha = \omega$

$$\boxed{\begin{array}{l} \sinh \omega t \;\circ\!\!-\!\!\bullet\; \dfrac{\omega}{s^2-\omega^2} \\[2ex] \cosh \omega t \;\circ\!\!-\!\!\bullet\; \dfrac{s}{s^2-\omega^2} \end{array}} \quad (\operatorname{Re} s > \omega > 0). \tag{9-89}$$

6. $f(t) = \ln t$. Wir differenzieren die Gammafunktion (9-34) nach z

$$\Gamma'(z) = \int_0^\infty \tau^{z-1} \ln \tau e^{-\tau} \mathrm{d}\tau,$$

etzen $z = 1$, $\tau = st$ und finden

$$\Gamma'(1) = \int_0^\infty \ln \tau \, \mathrm{e}^{-\tau} \mathrm{d}\tau = s \ln s \int_0^\infty \mathrm{e}^{-st} \mathrm{d}t + s \int_0^\infty \mathrm{e}^{-st} \ln t \, \mathrm{d}t.$$

Somit gilt

$$\boxed{\ln t \;\circ\!\!-\!\!\bullet\; -\frac{1}{s}[\ln s - \Gamma'(1)]} \quad (\operatorname{Re} s > 0). \tag{9-90}$$

Dabei ist $-\Gamma'(1) = 0{,}577215\ldots$ die sogenannte EULERsche Konstante.

7. Periodische Funktion $f(t) = f(t+np)$. Wir wollen die Bildfunktion einer mit p periodischen Funktion $f(t) = f(t+np)$ (n = ganz) bestimmen. Dazu zerlegen wir die Integration von 0 nach ∞ in eine Summe von Integralen

$$\int_0^\infty \mathrm{e}^{-st} f(t) \mathrm{d}t = \sum_{n=0}^\infty \int_{np}^{(n+1)p} \mathrm{e}^{-st} f(t) \, \mathrm{d}t,$$

die mit der Substitution $t = \tau + np$ wegen der Periodizitätseigenschaft von f in die geometrische Reihe

$$\sum_{n=0}^\infty \mathrm{e}^{-nps} \int_0^p \mathrm{e}^{-s\tau} f(\tau) \, \mathrm{d}\tau = \frac{1}{1-\mathrm{e}^{-ps}} \int_0^p \mathrm{e}^{-s\tau} f(\tau) \, \mathrm{d}\tau$$

übergeht. Es gilt also

$$\boxed{f(t) = f(t+np) \;\circ\!\!-\!\!\bullet\; \frac{1}{1-e^{-ps}} \int_0^p e^{-s\tau} f(\tau) \, \mathrm{d}\tau}. \tag{9-91}$$

Beispiel

$f(t)$ sei die Mäanderkurve (vgl. Abb. 113). Dann wird das Integral

$$\int_0^p e^{-s\tau} f(\tau)\, d\tau = \int_0^{p/2} e^{-s\tau} a\, d\tau + \int_{p/2}^0 e^{-s\tau} (-a)\, d\tau = \frac{a}{s}\left[1 - e^{-s\frac{p}{2}}\right]^2.$$

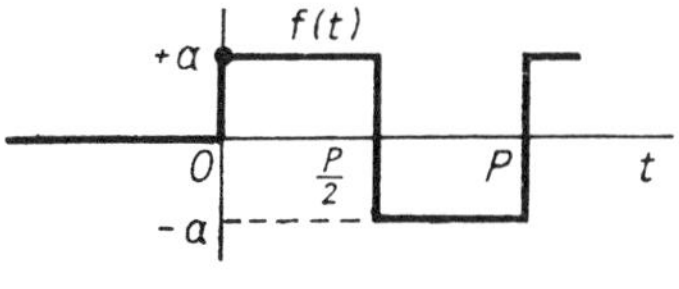

Abb. 113 Mäanderkurve für $t \geqq 0$

Also

$$\text{Mäanderkurve} \circ\!\!-\!\!\bullet \frac{a}{s} \tanh \frac{sp}{4}. \tag{9-92}$$

In den Kapiteln 10 und 12 werden wir die Anwendungen der LAPLACE-Transformation auf Differential- und Integralgleichungen kennenlernen.

9.3. Aufgaben zu 9.1. bis 9.2.

1. Wie lauten die CAUCHY-RIEMANNschen Differentialgleichungen in ebenen Polarkoordinaten?

2. Man betrachte die Abbildung $f(z) = \sin z$.

3. Für eine Strömung sei die Potentialfunktion $U(x,y)$ und die Stromfunktion $V(x,y)$ durch

$$U + iV = m[\ln(z - z_1) - \ln(z - z_2)], \quad (m > 0)$$

gegeben. Man charakterisiere diese Strömung und betrachte den Grenzübergang für $z_1 \to z_2$, wenn zugleich $m \to \infty$ geht, und zwar so, daß $m(z_2 - z_1)$ konstant bleibt.

4. Durch welche holomorphen Funktionen läßt sich eine Quadrupolquelle bei z_0 darstellen?

5. Man berechne das Integral

$$J = \frac{1}{\pi} \int_0^{2\pi} \frac{b \sin^2 x\, dx}{1 + (a + b \cos x)^2}$$

auf komplexem Wege.

6. Man berechne $\int_0^\infty \frac{dx}{a + x^4}$ für $a > 0$.

7. Welche Summe besitzt die Reihe

$$\sum_{n=-\infty}^{\infty} (a - n\pi)^{-2}?$$

8. Eine Kurve $\mathfrak{C}$ umschließe einen Bereich der z-Ebene, in dem $f(z)$ P Pole und N Nullstellen besitzt. Auf $\mathfrak{C}$ sei $f(z)$ überall holomorph und $\neq 0$. Man beweise, daß

$$\oint_{\mathfrak{C}} \frac{f'(z)}{f(z)}\, dz = 2\pi i (N - P) \tag{9-93}$$

ist, wenn jede Nullstelle bzw. jeder Pol m-ter Ordnung gerade m-mal gezählt wird.

9. $f(s)$ sei in der komplexen s-Ebene holomorph mit Ausnahme einer endlichen Anzahl von Polen, die im Endlichen liegen. Dann läßt sich in (9-61) die willkürliche Konstante a so groß wählen, daß alle Pole von $f(s)$ an Stellen mit Re $s < \alpha$ liegen. Unter der Annahme, daß $|s|f(s) \to 0$ geht für $s \to \infty$, beweise man

$$F(t) = \frac{1}{2\pi i} \int_{\alpha - i\infty}^{\alpha + i\infty} e^{st} f(s)\, ds = \sum \begin{array}{l}\text{Residuen von } e^{st}\, f(s) \\ \text{in der Halbebene} \\ \text{links von } s = \alpha\end{array} \tag{9-94}$$

10. Welche Originalfunktion gehört zu der LAPLACE-Transformierten

$$F(s) = \frac{1}{s\,(s+1)\,(s+2)\,(s+3)} \;?$$

10. Gewöhnliche Differentialgleichungen und spezielle Funktionen

10.1. Allgemeines über Differentialgleichungen

10.1.1. Auftreten von Differentialgleichungen, ein Beispiel aus der Physik

Für die Mechanik eines Massenpunktes, d. h. einer kleinen Masse, deren Ausdehnung wir vernachlässigen können, gilt das Gesetz, daß die Beschleunigung mal der Masse gleich der auf den Massenpunkt wirkenden Kraft ist. Wir wollen annehmen, daß sich der Massenpunkt nicht beliebig im Raum, sondern nur längs einer Geraden, die wir zur x-Achse machen, bewegen kann. Weiter soll die Kraft elastischer Natur sein, d. h., der Massenpunkt soll bei der Entfernung $x = 0$ eine rücktreibende Kraft erfahren, die der Entfernung proportional ist. (Eine solche Kraft wird z. B. durch eine Feder oder Gummischnur realisiert.) Wir haben dann die Bewegungsgleichung

$$m\,\frac{d^2x}{dt^2} = -\,kx \quad \text{harmonischer Oszillator}\,. \tag{10-1}$$

(Wir müssen rechts das negative Zeichen setzen, weil die Kraft bei positivem Wert von x die Richtung der negativen Achse hat, also zum Ruhepunkt hin gerichtet ist.) Die so entstandene Gleichung heißt *Differentialgleichung*. Derartige Gleichungen treten in der Physik auf Schritt und Tritt auf. *Unter einer »Lösung« der Differentialgleichung versteht man eine Funktion $x(t)$, die, in die Differentialgleichung eingesetzt, diese erfüllt.* In dem oben angeführten Beispiel sieht man sofort durch Einsetzen, daß die Funktion

$$x(t) = A\cos\sqrt{\frac{k}{m}}\,t \tag{10-2}$$

eine Lösung darstellt, denn es ist

$$\frac{d^2x}{dt^2} = -\,\frac{k}{m}\,A\cos\sqrt{\frac{k}{m}}\,t = -\,\frac{k}{m}\,x\,.$$

Die Lösung einer Differentialgleichung ist durchaus nicht immer durch bekannte Funktionen möglich, und viele neue *spezielle* Funktionen sind eben als die Lösungsfunktionen einer wichtigen Differentialgleichung eingeführt worden.

10.1.2. Einteilung der Differentialgleichungen

Man unterscheidet *gewöhnliche* Differentialgleichungen und *partielle* Differentialgleichungen. Ist y eine Funktion von nur einer Veränderlichen x und kommt also in der Differentialgleichung nur der Differentialquotient $\frac{dy}{dx}$ vor, so heißt die Gleichung eine *gewöhnliche Differentialgleichung*. Ist dagegen y Funktion von mehreren Veränderlichen und enthält die Differentialgleichung die partiellen Differentialquotienten nach diesen Veränderlichen, so heißt die Gleichung eine *partielle Differentialgleichung*.

Man teilt die Differentialgleichungen weiter ein nach der Ordnung des höchsten Differentialquotienten. In einer Differentialgleichung von der n-ten Ordnung kommen ein oder mehr Differentialquotienten von der n-ten Ordnung vor, aber keine höherer Ordnung. So sind z. B. die folgenden Differentialgleichungen von der ersten Ordnung

$$(4y^2 + x^2)\frac{dy}{dx} + (2xy + 3x^2) = 0\,,$$

$$y\sqrt{1 + \left(\frac{dy}{dx}\right)^2} - 3 = 0\,.$$

Die Gleichung

$$\frac{d^2y}{dx^2} = -a\left[1 + \left(\frac{dy}{dx}\right)^2\right]^{3/2}$$

ist von der zweiten Ordnung, die Gleichung

$$\frac{d^ny}{dx^n} + a\frac{d^{n-1}y}{dx^{n-1}} + b\frac{d^{n-2}y}{dx^{n-2}} + \cdots = 0$$

ist von der n-ten Ordnung.

Man unterscheidet schließlich *lineare* Differentialgleichungen und *nichtlineare*. In einer linearen Gleichung kommen die Funktionen und ihre Differentialquotienten nur in der ersten Potenz vor und keine Produkte der Funktion mit den Differentialquotienten oder der Differentialquotienten untereinander. Eine gewöhnliche lineare Differentialgleichung n-ter Ordnung hat also die Form

$$a_0\frac{d^ny}{dx^n} + a_1\frac{d^{n-1}y}{dx^{n-1}} + a_2\frac{d^{n-2}y}{dx^{n-2}} + \cdots + a_{n-2}\frac{d^2y}{dx^2} +$$

$$+ a_{n-1}\frac{dy}{dx} + a_ny = X\,,$$

wo $a_0, a_1, a_2, \ldots, a_n$ und X Funktionen von x allein oder konstante Größen sind. Ist $X = 0$, dann heißt die Differentialgleichung *homogen*.

10.1.3. Integrationskonstanten in den Lösungen von Differentialgleichungen

Die einfachste Differentialgleichung ist

$$\frac{dy}{dx} = F(x)\,, \tag{10-3}$$

wobei $F(x)$ eine vorgegebene Funktion ist. (10-3) hat offenbar die gleiche Form wie (6-29), so daß wir nach (6-32) sofort als Lösung erhalten

$$y(x) = \int F(x)\,\mathrm{d}x + C. \tag{10-4}$$

Ganz allgemein betrachten wir eine Differentialgleichung als gelöst, wenn man sie »auf einfache Quadraturen zurückgeführt« hat, d. h., wenn die Lösungsfunktionen nur noch Integrale enthalten, denn deren Auswertung kann auch numerisch erfolgen. Die Gleichung (10-4) ist offenbar, welchen Wert die Konstante C auch haben mag, eine Lösung der Differentialgleichung (10-3), und ebenso ist in (10-2) der Faktor A beliebig. Durch eine Differentialgleichung ist allgemein eine Funktion noch *nicht vollständig* bestimmt.

Wir wollen das Auftreten unbestimmter Konstanten im geometrischen Bereich klarmachen. Gesetzt, wir haben eine gewöhnliche Differentialgleichung erster Ordnung, die wir immer in der Form

$$\frac{\mathrm{d}y}{\mathrm{d}x} = f(x, y) \tag{10-5}$$

schreiben können. Sind x und y kartesische Koordinaten in einer Ebene, so gibt jede Lösung von (10-5) eine *Kurve.* (10-5) zeigt uns in jedem Punkt der xy-Ebene direkt die *Richtung* der Kurve an. Wenn diese Richtungen eindeutig gegeben sind, kann durch jeden Punkt im allgemeinen nur eine einzige Kurve gehen, aber den *Anfangspunkt* können wir noch nach Belieben wählen, so daß eine ganze Schar Lösungskurven von (10-5) sind (vgl. Abb. 114). Dies wird durch die Konstanten in den Lösungen ausgedrückt. Erst wenn durch eine *zusätzliche Bedingung* gefordert wird, daß die Kurve durch einen bestimmten Punkt x_0, y_0 gehen soll, wird die Konstante festgelegt und jede Unbestimmtheit in der Lösung verschwindet.

Solange die Konstante einen *beliebigen* Wert hat, spricht man von einer *allgemeinen Lösung,* der Differentialgleichung. Wenn dagegen die Integrationskonstante einen *speziellen* Wert hat, so nennt man das Integral *partikulär.*

Ähnliches gilt für die Differentialgleichungen höherer Ordnung. Das einfachste Beispiel einer Gleichung n-ter Ordnung ist

$$\frac{\mathrm{d}^n y}{\mathrm{d}x^n} = F(x)\,. \tag{10-6}$$

Man findet $y(x)$, indem man n-mal hintereinander nach x integriert. Dies liefert

$$\frac{\mathrm{d}^{n-1}y}{\mathrm{d}x^{n-1}} = \int F(x)\,\mathrm{d}x + C_1; \qquad \frac{\mathrm{d}^{n-2}y}{\mathrm{d}x^{n-2}} = \int \mathrm{d}x \int F(x)\,\mathrm{d}x + C_1 x + C_2$$

usw., so daß zum Schluß n unbestimmte Konstanten auftreten. Allgemein hat eine Differentialgleichung n-ter Ordnung n *Konstanten.* Diese Konstanten werden erst festgelegt, wenn man z. B. die zum Wert x_0 gehörenden Werte

$$y_0\,, \left(\frac{\mathrm{d}y}{\mathrm{d}x}\right)_0, \cdots, \quad \left(\frac{\mathrm{d}^{n-1}y}{\mathrm{d}x^{n-1}}\right)_0 \tag{10-7}$$

vorgibt. Aus dieser Betrachtung geht auch hervor, daß man die allgemeine Lösung einer Differentialgleichung n-ter Ordnung gefunden hat, sobald man in *irgendeiner* Weise eine Funktion $y(x)$ mit n Konstanten gefunden hat, die der Differentialgleichung genügt.

10.2. Differentialgleichungen erster Ordnung

10.2.1. Graphische Lösung der Differentialgleichung erster Ordnung

Die Differentialgleichung erster Ordnung läßt sich immer auf graphischem Weg lösen mit Hilfe der sogenannten *Isoklinen*, d. h., der Kurven gleicher Neigung. Faßt man nämlich in der Gleichung $F\left(x,y,\frac{\mathrm{d}y}{\mathrm{d}x}\right)=0$ den Differentialquotienten $\frac{\mathrm{d}x}{\mathrm{d}y}$ als Parameter auf, so erhält man für jeden Wert von $\frac{\mathrm{d}y}{\mathrm{d}x}$ eine Kurve. Alle Punkte dieser Kurve haben dieselbe Steigung der durch sie hindurchgehenden Lösungskurven. Zeichnen wir für eine größere Anzahl Punkte einer solchen Kurve kleine parallele Geradenstücke von der vorgeschriebenen Steigung ein, so stellen sie kleine Stückchen der Lösungskurve dar (Abb. 114). Bei genügend dichter Zeichnung der Isoklinen kommt man so, wenn man

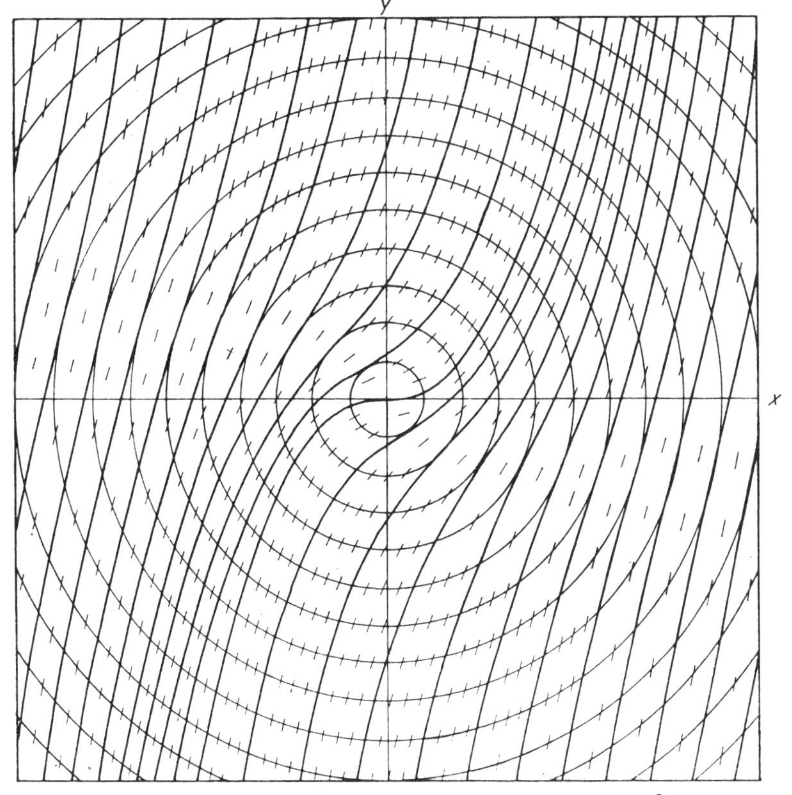

Abb. 114 Graphische Integration der Differentialgleichung $\frac{\mathrm{d}y}{\mathrm{d}x}=\sqrt{x^2+y^2}$

in irgendeinem Punkt anfängt und in der Richtung der eingezeichneten Tangentenstücke immer weiter geht, von selbst zu zusammenhängenden Kurven, welche die Schar der Lösungskurven darstellen. Als Beispiel ist in Abb. 114 die graphische Lösung der Differentialgleichung

$$\frac{\mathrm{d}y}{\mathrm{d}x}=\sqrt{x^2+y^2}$$

gegeben, bei der die Isoklinen Kreise sind.

10.2.2. Trennung der Veränderlichen

Hat die Differentialgleichung die Form

$$f(x) + g(y)\frac{\mathrm{d}y}{\mathrm{d}x} = 0\,,$$

so läßt sich schreiben:

$$f(x)\,\mathrm{d}x + g(y)\,\mathrm{d}y = 0. \tag{10-8}$$

Diese Gleichung, in der die Veränderlichen, wie man sagt, *getrennt* sind, weil ein Summand nur x, $\mathrm{d}x$ und ein anderer nur y, $\mathrm{d}y$ enthält, läßt sich immer integrieren. Nach (4-92) ist die linke Seite von (10-8) das vollständige Differential von $\int f(x)\,\mathrm{d}x + \int g(y)\,\mathrm{d}y$, also

$$\int f(x)\,\mathrm{d}x + \int g(y)\,\mathrm{d}y = C. \tag{10-9}$$

So folgt z. B. aus $x\,\mathrm{d}x + y\,\mathrm{d}y = 0$ die Lösung $x^2 + y^2 = C$.

Manche Gleichungen, die nicht gerade die Form von (10-8) haben, lassen sich hierauf zurückführen. Um z. B. die Gleichung $y\,\mathrm{d}x - x\,\mathrm{d}y = 0$ zu lösen, geht man zu $\frac{\mathrm{d}x}{x} - \frac{\mathrm{d}y}{y} = 0$ über, womit die Veränderlichen getrennt sind. Die Lösung ist $\ln x - \ln y = \ln C$ oder $\frac{x}{y} = C$. Um das Resultat so einfach wie möglich zu gestalten, ist für die unbestimmte Konstante in der vorletzten Gleichung $\ln C$ geschrieben worden, was natürlich erlaubt ist, da man jede konstante Zahl als den Logarithmus einer anderen konstanten positiven Zahl ansehen kann.

Ein weiteres Beispiel entnehmen wir der Elektrizitätslehre. Ein geladener Körper verliere seine Ladung allmählich infolge mangelhafter Isolierung. Hierbei ist der Elektrizitätsverlust proportional der gerade vorhandenen Ladung E, kann also während der Zeit $\mathrm{d}t$ durch $aE\,\mathrm{d}t$ dargestellt werden (a konstant). Die Differentialgleichung

$$\frac{\mathrm{d}E}{\mathrm{d}t} = -aE$$

gibt uns E als Funktion der Zeit. Schreibt man hierfür $\frac{\mathrm{d}E}{E} = -a\,\mathrm{d}t$ und integriert, so ergibt sich $\ln E = \ln C - at$, also

$$E(t) = C\mathrm{e}^{-at}\,.$$

Die Konstante C hat eine einfache Bedeutung, sie stellt nämlich die Größe der Ladung zur Zeit $t = 0$ dar. Die soeben behandelte Differentialgleichung kehrt in der Physik sehr oft wieder, z. B. wird der radioaktive Zerfall durch diese Gleichung beschrieben.

In einer Differentialgleichung der Form

$$\frac{\mathrm{d}y}{\mathrm{d}x} = F\left(\frac{y}{x}\right), \tag{10-10}$$

die auch als »homogen« bezeichnet wird, setzt man

$$y(x) = xu(x). \tag{10-11}$$

Dann ergibt sich aus (10-10) $u + x\frac{\mathrm{d}u}{\mathrm{d}x} = F(u)$
oder

$$\frac{\mathrm{d}u}{F(u) - u} = \frac{\mathrm{d}x}{x}\,. \tag{10-12}$$

Damit haben wir eine Gleichung mit getrennten Variablen erhalten und bekommen nach (10-9)

$$\int \frac{\mathrm{d}u}{F(u) - u} = \ln x + C\,. \tag{10-13}$$

Schließlich hat man nach der Integration noch (10-11) auszunutzen, um die gesuchte Beziehung zwischen x und y zu erhalten.

10.2.3. Gleichungen mit totalen Differentialen

Jede Differentialgleichung erster Ordnung kann auf die Form

$$X\,\mathrm{d}x + Y\,\mathrm{d}y = 0 \tag{10-14}$$

gebracht werden, wobei $X(x,y)$ und $Y(x,y)$ ist. Läßt sich die linke Seite von (10-14) als totales Differential einer Funktion $\varphi(x,y)$ schreiben, so ist

$$\varphi = C \tag{10-15}$$

die Lösung von (10-14). Notwendige und hinreichende Bedingung hierfür ist nach (4-110)

$$\frac{\partial X}{\partial y} = \frac{\partial Y}{\partial x}\,. \tag{10-16}$$

Beispiel

In

$$(2x + y)\,\mathrm{d}x + (x + 2y)\,\mathrm{d}y = 0 \tag{10-17}$$

ist (10-16) erfüllt. Setzen wir einerseits $2x + y = \dfrac{\partial\varphi}{\partial x}$, so liefert die Integration über x: $\varphi = x^2 + xy + K(y)$, wobei K bezüglich der Integration über x eine Konstante ist. Andererseits muß $x + 2y = \dfrac{\partial\varphi}{\partial y}$ sein, also $x + 2y = x + \dfrac{\mathrm{d}K}{\mathrm{d}y}$, d. h. $\dfrac{\mathrm{d}K}{\mathrm{d}y} = 2y$ oder $K = y^2$. Damit erhalten wir $\varphi = x^2 + xy + y^2$ und nach (10-15) als allgemeine Lösung von (10-17)

$$x^2 + xy + y^2 = C. \tag{10-18}$$

Nur in seltenen Fällen läßt sich (10-14) in dieser Weise integrieren. Nach Multiplikation mit der passend gewählten Größe läßt sich die linke Seite von (10-14) aber *stets* als totales Differential schreiben. Diese passende Größe, die nicht immer leicht zu finden ist, heißt *integrierender Faktor*. Multipliziert man (10-14) mit einer Funktion $\lambda(x,y)$ und fordert, daß dann ein vollständiges Differential vorliegt, so muß nach (10-16)

$$X\frac{\partial\lambda}{\partial y} - Y\frac{\partial\lambda}{\partial x} + \lambda\left(\frac{\partial X}{\partial y} - \frac{\partial Y}{\partial x}\right) = 0 \tag{10-19}$$

erfüllt sein. (10-19) stellt eine partielle Differentialgleichung dar, aus der im Prinzip λ bestimmt werden kann. Allerdings ist die Integration partieller Differentialgleichungen noch schwieriger als die Integration gewöhnlicher Differentialgleichungen (vgl. Kapitel 11), so daß die Bestimmung von λ manchmal auf Schwierigkeiten stößt.

Hat (10-14) die Form

$$\frac{\mathrm{d}y}{\mathrm{d}x} + g(x)\,y = h(x)\,, \tag{10-20}$$

so ist der integrierende Faktor einfach zu bestimmen. Dann ist nämlich $X = yg(x) - h(x)$ und $Y = 1$, so daß (10-19) $X\dfrac{\partial\lambda}{\partial y} - \dfrac{\partial\lambda}{\partial x} = -\lambda g(x)$ liefert. Diese Gleichung läßt sich offenbar für den Fall erfüllen, daß λ nur von x abhängt. Dann folgt $\dfrac{\mathrm{d}\lambda}{\mathrm{d}x} = \lambda g(x)$, also genügt

$$\lambda(x) = \mathrm{e}^{\int g(x)\,dx} \tag{10-21}$$

als integrierender Faktor zu (10-20). Die Funktion φ, deren totales Differential (10-20) ist, ergibt sich aus $\frac{\partial \varphi}{\partial y} = \lambda Y = \lambda$ zu $\varphi = \lambda y + H(x)$. Wegen $\frac{\partial \varphi}{\partial x} = \lambda X = \lambda(yg - h)$ ist $\frac{\mathrm{d}\lambda}{\mathrm{d}x} y + \frac{\mathrm{d}H}{\mathrm{d}x} = \lambda(yg - h)$, also $\frac{\mathrm{d}H}{\mathrm{d}x} = -\lambda h$ oder $H(x) = -\int \lambda h \,\mathrm{d}x$, so daß wir nach (10-15) schließlich als Lösung von (10-20)

$$y(x)\,\mathrm{e}^{\int g(x)\,dx} = \int \left[h(x)\,\mathrm{e}^{\int g(x)\,dx}\right]\mathrm{d}x + C \tag{10-22}$$

erhalten.

10.2.4. Lineare Differentialgleichung erster Ordnung

Die Gleichung (10-20) ist eine lineare Differentialgleichung, für die wir noch ein anderes Lösungsverfahren kennenlernen wollen. Wir betrachten zunächst die zugehörige homogene Gleichung, in der $h = 0$ ist. Ihr Integral ergibt sich sofort durch Trennung der Variablen zu

$$y(x) = A\mathrm{e}^{-\int g(x)\,dx}\,. \tag{10-23}$$

Wir ersetzen nun die Konstante A durch eine Funktion $u(x)$ und versuchen, diese Funktion so zu bestimmen, daß (10-20) erfüllt wird. Wir erhalten

$$\frac{\mathrm{d}y}{\mathrm{d}x} + gy = \mathrm{e}^{-\int g\mathrm{d}x}\frac{\mathrm{d}u}{\mathrm{d}x} - ug\,\mathrm{e}^{-\int g\mathrm{d}x} + gu\,\mathrm{e}^{-\int g\mathrm{d}x} = h\,,$$

also

$$u(x) = \int h\mathrm{e}^{-\int g\mathrm{d}x}\,\mathrm{d}x + C\,,$$

so daß sich zusammen mit (10-23) wieder (10-22) ergibt. Diese Lösungsmethode, die als »*Variation der Konstanten*« bezeichnet wird, hat den Vorzug, daß man nicht erst den integrierenden Faktor suchen muß.

10.3. Differentialgleichungen zweiter und höherer Ordnung

Eine Differentialgleichung zweiter Ordnung

$$f\left(x, y, \frac{\mathrm{d}y}{\mathrm{d}x}, \frac{\mathrm{d}^2y}{\mathrm{d}x^2}\right) = 0$$

stellt eine Beziehung her zwischen der Krümmung, der Steigung und den Ortskoordinaten. Wird in einem bestimmten Punkt ein bestimmter Wert der Steigung vorgeschrieben, so liefert die Differentialgleichung die Krümmung der Lösungskurven in diesem Punkt. Es geht also durch *einen* Punkt bereits, entsprechend den unendlich vielen Werten der Anfangssteigung, eine unendliche Mannigfaltigkeit von Lösungskurven. Daraus folgt, daß eine graphische Lösung viel umständlicher wird als bei den Differentialgleichungen erster Ordnung. Numerische Verfahren besprechen wir im Kapitel 15. Hier sollen nur einfache Fälle betrachtet werden, welche sich durch geschlossene analytische Ausdrücke bekannter Funktionen lösen lassen.

10.3.1. Erniedrigung der Ordnung einer Differentialgleichung zweiter Ordnung

Wenn die Differentialgleichung x oder y oder beide Veränderliche nicht enthält, läßt sie sich in einfacher Weise auf eine Differentialgleichung erster Ordnung zurückführen. Am leichtesten ist der Fall

$$f\left(\frac{\mathrm{d}y}{\mathrm{d}x}, \frac{\mathrm{d}^2y}{\mathrm{d}x^2}\right) = 0\,. \tag{10-24}$$

Man setzt $\frac{\mathrm{d}y}{\mathrm{d}x} = p$ und erhält eine Differentialgleichung erster Ordnung:

$$f\left(p, \frac{\mathrm{d}p}{\mathrm{d}x}\right) = 0\,, \tag{10-25}$$

deren Lösung $g(x, p, C_1)$ laute. Diese ist nach den in 10.2. ausgeführten Methoden weiterzubehandeln. Bei der zweiten Integration kommt dann die zweite der Integrationskonstanten herein, zu deren Bestimmung zwei Anfangs-(Rand-)Bedingungen gegeben sein müssen.

In gleicher Weise verfährt man mit der Differentialgleichung

$$f\left(x, \frac{\mathrm{d}y}{\mathrm{d}x}, \frac{\mathrm{d}^2y}{\mathrm{d}x^2}\right) = 0\,, \tag{10-26}$$

welche die Differentialgleichung erster Ordnung:

$$f\left(x, p, \frac{\mathrm{d}p}{\mathrm{d}x}\right) = 0 \tag{10-27}$$

ergibt. Endlich erhält man aus

$$f\left(y, \frac{\mathrm{d}y}{\mathrm{d}x}, \frac{\mathrm{d}^2y}{\mathrm{d}x^2}\right) = 0 \tag{10-28}$$

mit

$$\frac{\mathrm{d}y}{\mathrm{d}x} = p; \quad \frac{\mathrm{d}^2y}{\mathrm{d}x^2} = \frac{\mathrm{d}p}{\mathrm{d}y}\,\frac{\mathrm{d}y}{\mathrm{d}x} = \frac{\mathrm{d}p}{\mathrm{d}y}\,p$$

die Gleichung

$$g\left(y, p, \frac{\mathrm{d}p}{\mathrm{d}y}\right) = 0\,, \tag{10-29}$$

deren Lösung

$$h(y,p,C_1) = 0 \tag{10-30}$$

ist.

Beispiel

Eine Gleichung der Form (10-24) ergibt sich, wenn man die Strömung einer Flüssigkeit durch eine zylindrische Röhre mit kreisförmigem Querschnitt untersucht, deren Länge l sehr groß im Vergleich zum Radius R des Querschnitts ist. Zwischen den beiden Enden der Röhre herrsche der Druckunterschied P. Die Bewegung finde überall in Richtung der Achse statt. Wegen der Reibung hat die Geschwindigkeit in den verschiedenen Punkten des Querschnitts ungleiche Werte; sie ist auf der Achse am größten, an den Wänden ist sie dagegen, falls wir es mit einer benetzenden Flüssigkeit zu tun haben, Null. Die Geschwindigkeit v ist also eine Funktion des Abstandes r von der Achse. In der Hydrodynamik wird gezeigt, daß die Funktion v der Gleichung

$$\frac{\mathrm{d}^2v}{\mathrm{d}r^2} + \frac{1}{r}\,\frac{\mathrm{d}v}{\mathrm{d}r} = -\frac{P}{l\mu}\,, \tag{10-31}$$

wo μ den sogenannten Reibungskoeffizienten bedeutet, genügen muß. Da diese Gleichung v selbst nicht enthält, kann sie durch die Substitution $\frac{dv}{dr} = v'$ auf die Gleichung

$$\frac{dv'}{dr} + \frac{1}{r} v' = -\frac{P}{l\mu}$$

zurückgeführt werden, die von der Form (10-20) ist. Für den integrierenden Faktor liefert (10-21) hier r. Das Integral (10-22) ist somit

$$v'r = -\frac{P}{2l\mu} r^2 + C_1,$$

und hieraus folgt durch abermalige Integration

$$v(r) = -\frac{P}{4l\mu} r^2 + C_1 \ln r + C_2. \tag{10-32}$$

Da auf der Achse (für $r = 0$) die Geschwindigkeit nicht unendlich werden kann, so muß $C_1 = 0$ sein; C_2 ergibt sich aus der Bedingung, daß für $r = R$ (d. h. an der Wand) v verschwinden muß. Man findet so schließlich

$$v(r) = \frac{P}{4l\mu} (R^2 - r^2). \tag{10-33}$$

10.3.2. Lineare Differentialgleichungen höherer Ordnung mit konstanten Koeffizienten

1. *Homogene Differentialgleichung n-ter Ordnung.* Unter der homogenen Differentialgleichung n-ter Ordnung versteht man eine Gleichung von der Form

$$a_n \frac{d^n y}{dx^n} + a_{n-1} \frac{d^{n-1} y}{dx^{n-1}} + \dots a_1 \frac{dy}{dx} + a_0 y = 0, \tag{10-34}$$

in welcher die Veränderliche x nicht auftritt. Das Lösungsverfahren besteht darin, daß wir *versuchsweise* ansetzen

$$y(x) = A\, e^{\lambda x}. \tag{10-35}$$

Durch Einsetzen ergibt sich

$$A\, e^{\lambda x}(a_n \lambda^n + a_{n-1}\lambda^{n-1} + \dots a_1 \lambda + a_0) = 0. \tag{10-36}$$

Diese Gleichung wird erfüllt, wenn

$$\sum_{\nu=0}^{n} a_\nu \lambda^\nu = 0 \tag{10-37}$$

ist. (10-37) heißt *charakteristische Gleichung* und liefert Wurzeln, z. B. λ_i. Dann ist also

$$y_i(x) = A_i\, e^{\lambda_i x} \tag{10-38}$$

eine Lösung, wobei die multiplikative Konstante A_i willkürlich ist. Da die Differentialgleichung in der Funktion $y(x)$ und ihren Differentialquotienten linear ist, ist auch die Summe mehrerer Lösungen eine Lösung, wovon man sich durch Einsetzen sofort überzeugen kann. Wir erhalten also eine mit n Konstanten behaftete Lösung, welche die allgemeine Lösung darstellt:

$$y(x) = A_1\, e^{\lambda_1 x} + A_2\, e^{\lambda_2 x} + \dots A_n\, e^{\lambda_n x}. \tag{10-39}$$

Je nach den Realitätsverhältnissen der λ_i sehen die Lösungen der Gleichung sehr verschieden aus, auch können mehrere Wurzeln zusammenfallen, was die Sache etwas verwickelter macht. Wir wollen dies bei der linearen Differentialgleichung zweiter Ordnung im einzelnen besprechen.

2. *Schwingungsgleichung.* Eine der wichtigsten Differentialgleichungen der Physik ist die lineare Differentialgleichung zweiter Ordnung mit konstanten Koeffizienten, die gewöhnlich *Schwingungsgleichung* heißt und uns in ihrer einfachsten Form bereits in (10-1) begegnete. Wir wollen hier einen Schritt weitergehen und zu der rücktreibenden elastischen Kraft noch, so wie es in Wirklichkeit immer ist, eine Reibungskraft hinzufügen. Diese ist in den meisten Fällen der Geschwindigkeit proportional und ihr entgegengerichtet. Wir schreiben sie daher mit einem positiven Proportionalitätsfaktor r in der Form $K_r = -r\dfrac{\mathrm{d}x}{\mathrm{d}t}$ und erhalten als Bewegungsgleichung

$$m\frac{\mathrm{d}^2x}{\mathrm{d}t^2} = -kx - r\frac{\mathrm{d}x}{\mathrm{d}t}$$

oder

$$\boxed{m\ddot{x} + r\dot{x} + kx = 0}\,. \tag{10-40}$$

Die charakteristische Gleichung lautet $m\lambda^2 + r\lambda + k = 0$, und ihre Wurzeln sind

$$\lambda_1 = -\frac{r}{2m} + \sqrt{\frac{r^2}{4m^2} - \frac{k}{m}}\,; \qquad \lambda_2 = -\frac{r}{2m} - \sqrt{\frac{r^2}{4m^2} - \frac{k}{m}}\,. \tag{10-41}$$

Wir unterscheiden nun zwei Fälle:

a) $\dfrac{r^2}{4m^2} > \dfrac{k}{m}$, die Wurzeln sind reell. Unsere Differentialgleichung hat die Lösung

$$\boxed{x(t) = A\,\mathrm{e}^{\lambda_1 t} + B\,\mathrm{e}^{\lambda_2 t}}\,. \tag{10-42}$$

Die Konstanten A und B ergeben sich aus den Anfangsbedingungen. Wir wollen annehmen, daß der Massenpunkt zur Zeit $t = 0$ ohne Anfangsgeschwindigkeit aus der Entfernung x_0 losgelassen werde. Dann haben wir, da $\dot{x} = \lambda_1 A\,\mathrm{e}^{\lambda_1 t} + \lambda_2 B\,\mathrm{e}^{\lambda_2 t}$ ist, zur Bestimmung von A und B:

$$x_0 = A + B; \qquad 0 = \lambda_1 A + \lambda_2 B.$$

Diese Gleichungen ergeben

$$A = \frac{x_0\lambda_2}{\lambda_2 - \lambda_1}\,; \qquad B = \frac{x_0\lambda_1}{\lambda_1 - \lambda_2}\,. \tag{10-43}$$

Da sowohl λ_1 als λ_2 negativ ist, bedeutet die Lösung, daß der Massenpunkt in seine Ruhelage zurückkriecht, die er allerdings erst nach »unendlich langer« Zeit erreicht.

b) $\dfrac{r^2}{4m^2} < \dfrac{k}{m}$. Beide Wurzeln sind konjugiert komplex. Wir setzen

$$\sqrt{\frac{r^2}{4m^2} - \frac{k}{m}} = -i\omega$$

und erhalten als allgemeine Lösung

$$x(t) = \mathrm{e}^{-\frac{r}{2m}t}\left(B\,\mathrm{e}^{i\omega t} + A\,\mathrm{e}^{-i\omega t}\right). \tag{10-44}$$

Nach der EULERschen Formel wird hieraus

$$x(t) = e^{-\frac{r}{2m}t} [(A + B) \cos \omega t + i (B - A) \sin \omega t]$$

oder, wenn wir für die noch ganz beliebigen Konstanten $A + B$ und $i(B - A)$ die neuen Bezeichnungen a und b einführen,

$$x(t) = e^{-\frac{r}{2m}t} (a \cos \omega t + b \sin \omega t)$$

bzw. nach bekannten trigonometrischen Formeln

$$\boxed{x(t) = A_0 e^{-\frac{r}{2m}t} \cos (\omega t - \gamma)}\,, \quad \text{gedämpfter Oszillator}. \tag{10-45}$$

Jetzt sind die Integrationskonstanten die Anfangsschwingungsamplitude A_0 und die Anfangsphase γ. Die Amplitude der Schwingung klingt nach einer Exponentialfunktion ab, wobei kennzeichnend ist, daß das Verhältnis zweier aufeinanderfolgender Maximalausschläge konstant ist. Ein solcher Vorgang heißt eine *gedämpfte harmonische Schwingung.*

c) Im Grenzfall $\frac{r^2}{4m^2} = \frac{k}{m}$ hat die charakteristische Gleichung eine Doppelwurzel, so daß man nur $\lambda = -\frac{r}{2m}$ erhält. In diesem Fall ist aber auch die Funktion $Bt\, e^{-\frac{r}{2m}t}$ eine Lösung. Dieser Ausdruck stellt trotz des Faktors t eine mit großem t gegen Null gehende Funktion dar, da für große Werte von t die Exponentialfunktion überwiegt. Als allgemeine Lösung ergibt sich

$$\boxed{x(t) = (A + Bt) e^{-\frac{r}{2m}t}}\,, \tag{10-46}$$

der sog. *aperiodische Grenzfall.*

3. *Die inhomogene lineare Differentialgleichung mit konstanten Koeffizienten, insbesondere die Differentialgleichung der erzwungenen Schwingung.* Wenn in (10-34) die rechte Seite nicht Null, sondern eine Funktion der Veränderlichen ist, nennt man die Gleichung inhomogen. Für ihre Lösung ist folgender Satz wichtig: *Haben wir ein allgemeines Integral der zugehörigen homogenen Gleichung und ein partikuläres Integral der inhomogenen Gleichung, so ist die Summe beider Funktionen das allgemeine Integral der inhomogenen Gleichung.* Denn bezeichnen wir das erste Integral, das bei einer Differentialgleichung n-ter Ordnung n Integrationskonstanten enthält, mit $f(x, A_1 \ldots A_n)$, das zweite mit $g(x)$, so ist wegen der Linearität der Differentialgleichung die Summe beider ein Integral der inhomogenen Gleichung. Beim Einsetzen heben sich links alle Glieder mit f und den dazugehörigen Differentialquotienten weg, und die Funktion g erfüllt die inhomogene Differentialgleichung. Damit haben wir aber bereits das allgemeine Integral gefunden, denn die Funktion $f(x, A_1 \ldots A_n) + g(x)$ enthält ja n Integrationskonstanten.

Wir können nun die Differentialgleichung der erzwungenen Schwingung lösen. Tritt in (10-40) zu den übrigen Kräften noch eine erregende periodische Kraft von der Kreisfrequenz ω hinzu, so lautet die Differentialgleichung

$$\boxed{m\ddot{x} + r\dot{x} + kx = K_0 \cos \omega t}\,. \tag{10-47}$$

Das allgemeine Integral der homogenen Gleichung ist (10-45) mit $\tilde{\omega}_0 = \sqrt{\frac{k}{m} - \frac{r^2}{4m^2}}$; wir brauchen nur noch ein partikuläres Integral der inhomogenen Gleichung aufzusuchen. Wir machen den naheliegenden Ansatz, daß dies partikuläre Integral eine periodische Funktion von t derselben Frequenz wie die erregende Kraft sei. Da über die Phase zwischen Kraft und Schwingung nichts bekannt ist, setzt man an:

$$x(t) = A \cos(\omega t - \varphi).$$

Zunächst ist es zweckmäßiger, diese Funktion in der Form $x = p \cos \omega t + q \sin \omega t$ zu schreiben. In (10-47) eingesetzt folgt

$$-m\omega^2 p \cos \omega t - m\omega^2 q \sin \omega t - r\omega p \sin \omega t + r\omega q \cos \omega t + kp \cos \omega t$$
$$+ kq \sin \omega t = K_0 \cos \omega t.$$

Die noch frei wählbaren Koeffizienten p und q bestimmen wir so, daß die Sinus- und die Kosinusglieder für sich verschwinden. Dies gibt die zwei Gleichungen für die beiden Unbekannten p und q:

$$(k - m\omega^2)p + r\omega q = K_0,$$
$$-r\omega p + (k - m\omega^2)q = 0.$$

Wir führen die Eigenfrequenz des ungedämpften Systems $\omega_0{}^2 = k/m$ ein und lösen die beiden Gleichungen auf. Es folgt

$$p = \frac{mK_0(\omega_0^2 - \omega^2)}{m^2(\omega_0^2 - \omega^2)^2 + r^2\omega^2}; \qquad q = \frac{r\omega K_0}{m^2(\omega_0^2 - \omega^2)^2 + r^2\omega^2}$$

Fassen wir die beiden Glieder zu einer einzigen Schwingung zusammen, so erhalten wir wegen $A = \sqrt{p^2 + q^2}$ und $\tan \varphi = \frac{q}{p}$;

$$x(t) = \frac{K_0}{\sqrt{m^2(\omega_0^2 - \omega^2)^2 + r^2\omega^2}} \cos(\omega t - \varphi) \qquad \text{mit } \tan \varphi = \frac{r\omega}{m(\omega_0^2 - \omega^2)}.$$

Das allgemeine Integral wird damit im Fall kleiner Dämpfung

$$\boxed{x(t) = A_0 e^{-\frac{r}{2m}t} \cos(\tilde{\omega}_0 t - \gamma) + \frac{K_0}{\sqrt{m^2(\omega_0^2 - \omega^2)^2 + r^2\omega^2}} \cos(\omega t - \varphi)} \qquad (10\text{-}48)$$

($\tilde{\omega}_0$ = Eigenfrequenz des gedämpften Systems $\approx \omega_0$)

Durch die beiden Integrationskonstanten A_0 und γ kann den Anfangsbedingungen Genüge geleistet werden. Die Lösung setzt sich also zusammen aus einer freien Schwingung des Systems mit dessen Frequenz und einer erwzungenen Schwingung mit einer Frequenz der erregenden Kraft. Da aber die freie Schwingung mit dem Faktor $e^{-\frac{r}{2m}t}$ behaftet ist, klingt diese bald ab, und man hat im Dauerzustand nur noch die erzwungene Schwingung. Aus (10-48) erkennt man, daß die Amplitude ein Maximum erreicht, wenn die Frequenz der erregenden Kraft mit der Eigenfrequenz ω_0 zusammenfällt. Bei verschwindender Dämpfung wächst die Amplitude über alle Maße (Resonanzkatastrophe!). Das Aufschaukeln bei Resonanz ist eine in der Hochfrequenztechnik häufig ausgenutzte Erscheinung.

Schreibt man die Kraft in komplexer Form $K_0\,e^{i\omega t}$ und die partikuläre Lösung ebenfalls in der Form $C\,e^{i(\omega t-\varphi)}$, so kann man aus einer einfachen Zeichnung ohne jede Rechnung sofort die Lösung (10-48) nach dem Abklingen des Einschwingvorganges ablesen. Setzt man nämlich $x = C\,e^{i(\omega t-\varphi)}$ in die Differentialgleichung ein, so ergibt sich nach Division durch $e^{i(\omega t-\varphi)}$ wegen $\omega_0^2 = \frac{k}{m}$

$$\left[(\omega_0^2 - \omega^2) + i\,\frac{\omega}{m}\right]C = \frac{K_0}{m}e^{i\varphi}.$$

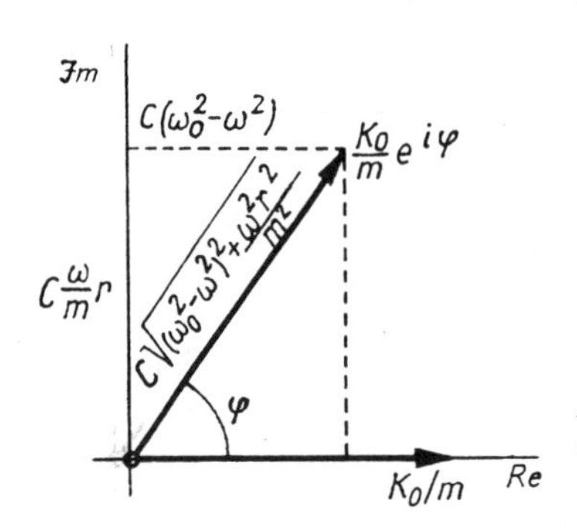

Abb. 115 Graphische Lösung der Differentialgleichung der erzwungenen Schwingung

Die Lösung ersieht man aus Abbildung 115, sie deckt sich mit der oben mühsam abgeleiteten Gleichung (10-48). Da die rechts und links stehenden komplexen Zahlen sowohl in ihrem Betrag als in ihrem Winkel übereinstimmen müssen, gilt

$$C = \frac{\frac{K_0}{m}}{\sqrt{(\omega_0^2 - \omega^2)^2 + \frac{\omega^2 r^2}{m^2}}}; \qquad \tan\varphi = \frac{\frac{\omega r}{m}}{\omega_0^2 - \omega^2}.$$

Schließlich wollen wir die Differentialgleichung (10-47) noch einmal mit Hilfe der LAPLACE-Transformation lösen. Wir sind sogar imstande, die Lösung der Differentialgleichung

$$\boxed{m\ddot{x} + r\dot{x} + kx = f(t)} \tag{10-49}$$

für eine *beliebige* zeitabhängige äußere Kraft $f(t)$ anzugeben. Bezeichnen wir $X(s) = Lx$; $F(s) = Lf$, so liefern (9-70, 9-71) die lineare Gleichung

$$m\,[s^2X - x(0)s - \dot{x}(0)] + r\,[sX - x(0)] + kX = F(s).$$

Lösen wir nach X auf, so finden wir

$$X(s) = \frac{\left(s + \frac{r}{m}\right)x(0) + \dot{x}(0) + \frac{1}{m}F(s)}{s^2 + \frac{r}{m}s + \frac{k}{m}}$$

$$= \frac{(s+b)\,x(0) + b\,x(0) + \dot{x}(0) + \frac{1}{m}F(s)}{(s+b)^2 + \omega^2},$$

wobei $b = \frac{r}{2m}$ und $\omega^2 = \frac{k}{m} - \left(\frac{r}{2m}\right)^2$ gesetzt wurde. Nun transformieren wir die einzelnen Summanden der Lösung in den Originalbereich. Für die ersten drei Glieder erhalten wir nach (9-87)

$$x(0)\,e^{-bt}\cos\omega t + \frac{1}{\omega}[b\,x(0) + \dot{x}(0)]\,e^{-bt}\sin\omega t.$$

Auf das letzte Glied $\frac{1}{m}\frac{1}{(s+b)^2+\omega^2}F(s)$, ein Produkt von zwei Bildfunktionen, wenden wir den Faltungssatz (9-77) an. Wegen

$$\frac{1}{m}\frac{1}{(s+b)^2+\omega^2} \bullet\!\!-\!\!\circ \frac{1}{m\omega}\,\mathrm{e}^{-bt}\sin\omega t \quad \text{und} \quad F(s) \bullet\!\!-\!\!\circ f(t)$$

ergibt sich für die Originalfunktion des Produkts

$$\frac{1}{m\omega}(\mathrm{e}^{-bt}\sin\omega t) * f(t) = \frac{1}{m\,\omega}\int_0^t \mathrm{e}^{-b(t-\tau)}\sin\omega\,(t-\tau)f(\tau)\,\mathrm{d}\tau.$$

Danach lautet die Lösung von (10-49)

$$\boxed{\begin{aligned} x(t) &= x(0)\,\mathrm{e}^{-bt}\cos\omega t + \frac{1}{\omega}[b\,x(0) + \dot{x}(0)]\,\mathrm{e}^{-bt}\sin\omega t \\ &\quad + \frac{1}{m\,\omega}\int_0^t \mathrm{e}^{-b(t-\tau)}\sin\omega\,(t-\tau)f(\tau)\,\mathrm{d}\tau \end{aligned}} \tag{10-50}$$

Ist z. B. $f(t)$ irgendeine periodische Funktion, so setzt man ihre FOURIER-Entwicklung in (10-50) ein und integriert gliedweise.

Das Verfahren, das wir bei (10-49) angewendet haben, läßt sich analog bei einer Differentialgleichung mit höheren Ableitungen durchführen. Dabei ergibt sich im Bildbereich ein $X(s)$, das im Nenner ein Polynom von höherer Ordnung als 2 besitzt. Um daraus $x(t)$ zu finden, zerlegt man $X(s)$ in Partialbrüche (vgl. Abschnitt 2.2.) und transformiert diese einzeln in den Originalbereich zurück.

10.3.3. Lineare Differentialgleichungen zweiter Ordnung mit variablen Koeffizienten

Ist die Ordnung der Differentialgleichung mit variablen Koeffizienten höher als 1, so ist im allgemeinen weder durch elementare Funktionen noch durch Integrale eine geschlossene Darstellung der Lösungen möglich. Häufig kann man aber zumindest für bestimmte Bereiche von x die Lösungen durch Reihen darstellen. Wir betrachten hier nur eine bestimmte Klasse von Differentialgleichungen zweiter Ordnung, zu der viele in der Praxis auftretende lineare Differentialgleichungen gehören. In der Differentialgleichung

$$\frac{\mathrm{d}^2y}{\mathrm{d}x^2} + P(x)\frac{\mathrm{d}y}{\mathrm{d}x} + Q(x)y = R(x) \tag{10-51}$$

sollen die Koeffizienten P, Q und R nur Funktionen von x sein. Man kann zeigen (wir übergehen den Beweis), daß die Lösung der inhomogenen Gleichung (10-51) stets durch die Methode der »Variation der Konstanten« (vgl. Abschnitt 10.2.4.) aus der allgemeinen Lösung der zugehörigen homogenen Differentialgleichung gewonnen werden kann. Deshalb betrachten wir weiterhin nur die aus (10-51) für $R = 0$ folgende homogene Gleichung

$$\boxed{y'' + P(x)y' + Q(x)y = 0} \tag{10-52}$$

Zwei linear unabhängige Lösungen (vgl. 7-21) der Differentialgleichung (10-52) bezeichnet man als *Fundamentalsystem*, da sich aus diesen Lösungen alle Lösungen in der Form

$$y(x) = Ay_1(x) + By_2(x)$$

aufbauen lassen.

Ist einer der beiden Koeffizienten P bzw. Q im Punkt $x = x_0$ singulär, so nennt man x_0 eine singuläre Stelle der Differentialgleichung. Besitzt die allgemeine Lösung von (10-52) an der gleichen Stelle x_0 einen *Pol n-ter* Ordnung, so heißt x_0 *eine außerwesentlich singuläre Stelle* oder *Stelle der Bestimmtheit* der Differentialgleichung (10-52). Bei genauerer Betrachtung, die wir hier nicht anstellen wollen, zeigt sich, daß die Koeffizienten P und Q an der Stelle x_0 gewisse Bedingungen erfüllen müssen, damit dann die Lösung dort höchstens einen Pol besitzt. Es gilt nämlich das *Theorem* von L. FUCHS: (10-52) besitzt bei x_0 genau dann eine außerwesentliche Singularität, wenn mindestens einer der Koeffizienten P, Q bei x_0 eine singuläre Stelle hat, und zwar so, daß dort P höchstens einen Pol *erster* Ordnung Q höchstens einen *Pol zweiter Ordnung* besitzt (FUCHS 1833—1902).

Setzt man in (10-52) $(x - x_0)\,P(x) = p(x)$ und $(x - x_0)^2\,Q(x) = q(x)$, so muß für den Fall, daß x_0 eine außerwesentlich singuläre Stelle ist, $p(x)$ und $q(x)$ in der Umgebung des Punktes x_0 in eine TAYLOR-Reihe entwickelt werden können. Sind dagegen schon $P(x)$ und $Q(x)$ bei x_0 in eine TAYLOR-Reihe entwickelbar, so ist x_0 ein *regulärer* Punkt.

Will man Lösungen von (10-52) bei $x = \infty$ untersuchen, so führt man in (10-52) $\xi = \dfrac{1}{x}$ als Veränderliche ein. Dann ergibt sich

$$\ddot{y} + \left[\frac{2}{\xi} - \frac{1}{\xi^2}\,P\left(\frac{1}{\xi}\right)\right]\dot{y} + \frac{1}{\xi^4}\,Q\left(\frac{1}{\xi}\right)y = 0\,, \tag{10-53}$$

wobei $\dot{y} = \dfrac{\mathrm{d}y}{\mathrm{d}\xi}$ ist. (10-52) heißt für $x = \infty$ regulär bzw. singulär, je nachdem ob (10-53) für $\xi = 0$ regulär oder singulär ist. Jede Differentialgleichung der Form (10-52) hat *mindestens eine singuläre Stelle*, die z. B. für Differentialgleichungen mit konstanten Koeffizienten bei $x = \infty$ liegt (vgl. 10-53).

Wir wollen im folgenden voraussetzen, daß in (10-52) an den Stellen $x_1, x_2, \ldots, x_n$ *P höchstens Pole erster Ordnung und Q höchstens Pole zweiter Ordnung* besitzt. Dann lassen sich die Koeffizienten darstellen in der Form

$$P(x) = \sum_{i=1}^{n} \frac{A_i}{x - x_i} + p(x)\,; \quad Q(x) = \sum_{i=1}^{n} \left[\frac{B_i}{(x - x_i)^2} + \frac{C_i}{x - x_i}\right] + q(x)\,, \tag{10-54}$$

wobei A_i, B_i, C_i Konstanten sind und $p(x)$, $q(x)$ Funktionen *ohne* Singularitäten. Wenn man (10-45) in (10-52) einsetzt, so sind alle im Endlichen liegenden Singularitäten der Differentialgleichung außerwesentlich. Nur wenn außerdem

$$p(x) = q(x) = 0 \qquad \text{und} \qquad \sum_{i=1}^{n} C_i = 0 \tag{10-55}$$

gilt, ist auch $x = \infty$ eine außerwesentliche Singularität. In diesem Fall treten nur außerwesentliche Singularitäten auf, und man nennt (10-52) die *Differentialgleichung der* FUCHS*schen Klasse.*

Da die Lösungen von (10-52) an den Stellen außerwesentlicher Singularität höchstens Pole endlicher Ordnung haben kann, läßt sich durch den Reihenansatz

$$y(x) = (x - x_k)^s \sum_{\nu=0}^{\infty} a_\nu\,(x - x_k)^\nu \tag{10-56}$$

eine allgemeine Lösung von (10-52) mit (10-54) (eventuell 10-55) aufbauen. Konvergieren die Reihen (10-54) im Bereich $|x - x_k| < r$, so konvergiert (10-56) im gleichen Bereich. Wir denken uns $p(x)$ und $q(x)$ in der Umgebung von $x - x_k$ in TAYLOR-Reihen entwickelt

$$p(x) = \sum_{\mu=0}^{\infty} p_\mu\,(x - x_k)^\mu, \quad q(x) = \sum_{\mu=0}^{\infty} q_\mu\,(x - x_k)^\mu \tag{10-57}$$

und zusammen mit (10-54, 10-56) in (10-52) eingesetzt. Dann folgt

$$\sum_{\nu=0}^{\infty} a_\nu (x - x_k)^{\nu+s-2} \Big\{ (\nu + s)(\nu + s - 1) + (\nu + s) A_k + B_k$$
$$+ \left[(\nu + s) \sum_{i \neq k}^{n} A_i (x - x_i)^{-1} + p_0 + C_k \right] (x - x_k)$$
$$+ \left[(\nu + s) p_1 + \sum_{i \neq k}^{n} (B_i (x - x_i)^{-2} + C_i (x - x_i)^{-1}) + q_0 \right] (x - x_k)^2$$
$$+ [(\nu + s) p_2 + q_1] (x - x_k)^3$$
$$+ [(\nu + s) p_3 + q_2] (x - x_k)^4 + \ldots \Big\} = 0 , \tag{10-58}$$

wobei x_k eine von den Singularitätsstellen sein soll, die in (10-54) auftreten. x_k kann aber auch ein regulärer Punkt sein, wozu wir in (10-54, 10-58) nur $A_k = B_k = C_k = 0$ setzen müssen. Nach der Methode der unbestimmten Koeffizienten vergleichen wir nun jene Koeffizienten miteinander, die bei gleichen Potenzen von $x - x_k$ stehen. So ergibt sich z. B. für $(x - x_k)^{s-2}$: $a_0\{s(s - 1) + sA_k + B_k\} = 0$, also mit der Annahme $a_0 \neq 0$

$$s(s - 1) + sA_k + B_k = 0 \text{ bei } x = x_k. \tag{10-59}$$

Diese Gleichung bestimmt die möglichen s-Werte und heißt deshalb *determinierende* Gleichung. *Indexgleichung* oder *Fundamentalgleichung*. Die entsprechenden Beziehungen für größere Exponenten von $x - x_k$ liefern Bestimmungsgleichungen für die a_ν, wobei a_0 willkürlich wählbar bleibt.

Bezeichnen wir die beiden Wurzeln der Indexgleichung (10-59) mit σ_1 und σ_2, so lassen sich folgende Fälle unterscheiden:

1. $\sigma_1 - \sigma_2$ weder eine ganze Zahl noch Null. Die Lösungen (10-56) für $s = \sigma_1$ und $s = \sigma_2$ sind linear unabhängig. Allgemeine Lösung von (10-52) ist $y = y_1 + y_2$.

2. $\sigma_1 - \sigma_2$ entweder eine ganze Zahl ($\sigma_1 > \sigma_2$ gewählt) oder Null. Dann ist zunächst nur eine Lösung (10-56) bekannt, nämlich y_1 für $s = \sigma_1$. Setze $y = y_1\eta$, so liefert (10-52) $\eta'' + \left(2\frac{y_1'}{y_1} + P(x)\right)\eta' = 0$. Diese Differentialgleichung erster Ordnung für η' läßt sich durch Trennung der Variablen lösen. Man findet $\eta' = \frac{B}{y_1^2} \exp\,[-\int P \,dx]$, also $y_2(x) = y_1(x) \int \frac{B}{y_1^2} \exp\left[-\int P \,dx\right] dx$ als zweite, von y_1 linear unabhängige Lösung. Falls $s = \sigma_2$ für irgendeine positive ganze Zahl l die Bedingung $(l + s)(l + s - 1) + (l + s)A_k + B_k = 0$ erfüllt, bleibt in (10-58) sowohl a_0 als auch a_2 *unbestimmt*, d. h., (10-56) liefert für σ_2 eine zweiparametrige Schar von Reihen, die als allgemeine Lösung benutzt werden können.

Beispiel

$y'' + \frac{2}{x - x_1} y' = 0$. Nach (10-53) ist $\ddot{y} + \frac{2}{\xi - \xi_1} \dot{y} = 0$, so daß $x = \infty$ eine reguläre Stelle der vorgegebenen Differentialgleichung ist, die nur bei $x = x_1$ *singulär* ist. Da (10-54) gerade für $A_1 = 2$, $A_{k \neq 1} = 0$; $B_k = C_k = 0$, $p(x) = q(x) = 0$ erfüllt ist, so gehört diese Differentialgleichung zur Fuchsschen Klasse, und zwar ist sie die einzige Gleichung dieser Klasse, die nur *eine* singuläre Stelle im Endlichen besitzt. Die Indexgleichung (10-59) hat bei $x = x_1$ die zwei Lösungen $\sigma_1 = 0$, $\sigma_2 = -1$, so daß der 2. Fall vorliegt. Die Koeffizienten der Reihe (10-56) folgen aus (10-58), nämlich $a_0 s(s + 1) + a_1(s + 1)(s + 2)(x - x_1) + a_2(s + 2)(s + 3)(x - x_1)^2 + \ldots = 0$. Für $s = 0$ liefert der Koeffizientenvergleich $a_0 \neq 0$, $a_\nu = 0$ $(\nu = 1, 2, \ldots)$ und für $s = -1$: $a_0 \neq 0$, $a_1 \neq 0$, $a_\mu = 0$ $(\mu = 2, 3, \ldots)$. Nach (10-56) ist dann $y = a_0(x - x_1)^{-1} + a_1$ die Lösung, die man im vorliegenden Beispiel natürlich viel einfacher durch den Ansatz $(x - x_1)y = u$ erhalten hätte, da die gegebene Differentialgleichung dann in $u'' = 0$ übergeht.

Wir wollen noch erwähnen, daß in einigen Fällen nicht nur (10-56) zu einer Lösung von (10-52) führt, sondern auch ein Ansatz mit *fallenden* Potenzen von $x - x_k$

$$y(x) = (x - x_k)^s \sum_{\nu=0}^{\infty} b_\nu (x - x_k)^{-\nu} . \tag{10-60}$$

Dieser Ansatz entspricht z. B. für $x_k = 0$ in (10-53) einer Reihe mit steigenden Potenzen für ξ.

Die Lösungen von (10-52) in der Form (10-56, 10-60) führen im allgemeinen auf nicht elementare *neue* Funktionen $y(x)$. Die wichtigsten dieser *speziellen* Funktionen besprechen wir im Abschnitt 10.5. Die am häufigsten vorkommenden Differentialgleichungen vom Typ (10-52, 10-54) wollen wir noch kurz nennen:

$$x(x - 1)y'' - [(1 + \alpha + \beta)x - \gamma]y' + \alpha\beta y = 0, \tag{10-61}$$

wobei α, β, γ Konstanten sind. (10-61) nennt man *hypergeometrische* oder GAUSSsche Differentialgleichung. Die Singularitäten bei $x = 0, 1, \infty$ sind außerwesentlich.

$$xy'' + (\gamma - x)y' - \alpha y = 0, \quad (\alpha,\gamma \text{ konstant}) \tag{10-62}$$

heißt *konfluente hypergeometrische* Differentialgleichung. Diese geht nämlich aus (10-61) hervor, wenn man dort x durch $\frac{x}{b}$ ersetzt und dann $b \to \infty$ gehen läßt. Dann bleibt $x = 0$ eine außerwesentliche Singularität, aber bei $x = \infty$ fließen zwei Singularitäten zusammen (lat. confluere), und es entsteht dort eine wesentliche Singularität.

$$xy'' + (1 - x)y' + ny = 0, \quad (n \in \mathbb{N}) \tag{10-63}$$

ist die Differentialgleichung der LAGUERRE*schen Polynome* (LAGUERRE 1834—1886). Ein Spezialfall von (10-62) ist

$$y'' - 2xy' + 2ny = 0, \quad (n \in \mathbb{N}) \tag{10-64}$$

und liefert die HERMITE*schen Polynome.* (10-64) läßt sich durch die Transformation $\xi = x^2$ auf (10-62) zurückführen.

$$(1 - x^2)y'' - xy' + n^2y = 0, \quad (n \in \mathbb{Z}) \tag{10-65}$$

heißt TSCHEBYSCHEFF*sche Gleichung* (TSCHEBYSCHEFF 1821—1894). Sie ergibt sich aus (10-61), wenn dort die Transformation $x = \frac{1}{2}(1 - \xi)$ ausgeführt und $\alpha = -\beta = n$ sowie $\gamma = \frac{1}{2}$ gesetzt wird.

$$(1 - x^2)y'' - 2xy' + n(n + 1)y = 0, \quad (n \in \mathbb{R}) \tag{10-66}$$

heißt LEGENDRE*sche Gleichung* (LEGENDRE 1752—1833). Bei $x = -1, +1, \infty$ befinden sich Stellen außerwesentlicher Singularität. Substituiert man in (10-66) $x = 1 - 2\xi$, so ergibt sich (10-61) mit $\alpha = -n$, $\beta = n + 1$, $\gamma = 1$.

$$x^2y'' + xy' + (x^2 - n^2)y = 0, \quad (n \in \mathbb{R}) \tag{10-67}$$

heißt BESSEL*sche Gleichung.* Sie besitzt nur bei $x = 0$ eine außerwesentlich singuläre Stelle, während bei $x = \infty$ eine wesentliche Singularität vorliegt.

Die Differentialgleichungen (10-61 — 10-67) sind Spezialfälle der Gleichung

$$\boxed{\frac{\mathrm{d}}{\mathrm{d}x}\left[p(x)\,\frac{\mathrm{d}y}{\mathrm{d}x}\right] + [\lambda r(x) - q(x)]\,y = 0}\,, \tag{10-68}$$

die als STURM-LIOUVILLE*sche Gleichung* bezeichnet wird (STURM 1803—1855, LIOUVILLE 1809—1882). λ ist ein von x unabhängiger Parameter. (10-68) geht z. B. in (10-66) über, wenn man $p = 1 - x^2$, $q = 0$; $r = 1$; $\lambda = n(n + 1)$ setzt. Ebenso folgt (10-67) für $p = x$; $q = -x$; $r = \frac{1}{x}$; $\lambda = -n^2$. Typisch ist, daß die Gleichung (10-68) im allgemeinen nur im Bereich $a \leqq x \leqq b$ betrachtet wird, in dem die Gleichung keine singuläre Stelle hat (diese liegen eventuell auf den Rändern a und b) und in dem $r(x) > 0$ ist. Wir setzen

$$L = \frac{\mathrm{d}}{\mathrm{d}x}\left[p(x)\frac{\mathrm{d}}{\mathrm{d}x}\right] - q(x); \qquad K = \frac{1}{r(x)} L \tag{10-69}$$

und können damit (10-68) in der Form

$$Ky = -\lambda y \tag{10-70}$$

schreiben. Da der Operator K offensichtlich (8-108) erfüllt, ist er *linear*. Ein Vergleich mit (8-112) zeigt, daß (10-70) ein Eigenwertproblem ist. Der Definitionsbereich von K ist $D(K)\colon = \{u | u(x),\, u'(x)$ und $u''(x)$ stetig auf $[a,b]\}$. Man kann zeigen, daß $D(K)$ dicht ist im HILBERT-Raum $\mathfrak{L}_2$ ([a,b)] (vgl. 8-100), wenn in dem Skalarprodukt (8-102) $\mathrm{d}\mu = r(x)\,\mathrm{d}x$ gewählt wird, also für reelle Funktionen:

$$\langle f | g \rangle = \int_a^b f(x)\, g(x)\, r(x)\, \mathrm{d}x\,. \tag{10-71}$$

Wir untersuchen nun, ob K hermitesch ist. Dies ist nach (8-111) wegen $K = \frac{1}{r} L$ gleichbedeutend mit

$$\int_a^b v(x)\, L\, u(x)\, \mathrm{d}x = \int_a^b u(x)\, L\, v(x)\, \mathrm{d}x\,,$$

wobei u, v zum Definitionsbereich von L gehören sollen. Mit (10-69) liefert eine partielle Integration einerseits

$$\int_a^b v\, L\, u\, \mathrm{d}x = \int_a^b v \frac{\mathrm{d}}{\mathrm{d}x}\left(p\frac{\mathrm{d}u}{\mathrm{d}x}\right)\mathrm{d}x - \int_a^b v\, q\, u\, \mathrm{d}x$$

$$= v\, p\frac{\mathrm{d}u}{\mathrm{d}x}\bigg|_a^b - \int_a^b \frac{\mathrm{d}v}{\mathrm{d}x}\, p\, \frac{\mathrm{d}u}{\mathrm{d}x}\,\mathrm{d}x - \int_a^b v\, q\, u\, \mathrm{d}x\,.$$

Andererseits ist

$$\int_a^b u\, L\, v\, \mathrm{d}x = u\, p\frac{\mathrm{d}v}{\mathrm{d}x}\bigg|_a^b - \int_a^b \frac{\mathrm{d}u}{\mathrm{d}x}\, p\, \frac{\mathrm{d}v}{\mathrm{d}x}\,\mathrm{d}x - \int_a^b u\, q\, v\, \mathrm{d}x\,,$$

so daß K hermitesch ist, wenn die Funktionen der Bedingung

$$\boxed{\left(v\, p\frac{\mathrm{d}u}{\mathrm{d}x} - u\, p\frac{\mathrm{d}v}{\mathrm{d}x}\right)_{x=a} = \left(v\, p\frac{\mathrm{d}u}{\mathrm{d}x} - u\, p\frac{\mathrm{d}v}{\mathrm{d}x}\right)_{x=b}} \tag{10-72}$$

genügen. Lösungen von (10-70), die diese *Randbedingungen* erfüllen, nennt man *Eigenfunktionen* des STURM-LIOUVILLEschen Problems. Es gelten nun folgende Sätze:

Die aus (10-70) folgenden Eigenwerte, deren Eigenfunktionen normierbar sind, bilden einen diskreten Satz $\lambda_1, \lambda_2, \ldots$ Jeder Eigenwert ist *reell* (vgl. Abschnitt 8.4.3.).

Die zu zwei verschiedenen Eigenwerten λ_ν, λ_μ gehörenden Eigenfunktionen y_ν, y_μ sind zueinander *orthogonal*. Denn multipliziert man $Ly_\nu = -\lambda_\nu r y_\nu$ mit y_μ und $Ly_\mu = -\lambda_\mu r y_\mu$ mit y_ν, so folgt

$$y_\mu L y_\nu + \lambda_\nu r y_\nu y_\mu = 0; \qquad y_\nu L y_\mu + \lambda_\mu r y_\nu y_\mu = 0 .$$

Subtraktion und Integration liefert wegen (10-71)

$$(\lambda_\nu - \lambda_\mu) \int_a^b r y_\nu y_\mu \, dx = 0 ,$$

also wegen $\lambda_\nu \neq \lambda_\mu$

$$\int_a^b r y_\mu y_\nu \, dx = 0 , \qquad (r > 0) .$$

Für $\lambda_\nu = \lambda_\mu$ und $y_\nu \neq y_\mu$ nennt man den Eigenwert *entartet*. Schließlich erwähnen wir ohne Beweis: Alle Eigenfunktionen, die Lösungen von (10-68) sind und (10-72) erfüllen, bilden ein *vollständiges* Funktionensystem in $\mathfrak{L}_2$ ([a,b]) mit (10-71). Nach (8-78) ist dann jede Funktion $f \in \mathfrak{L}_2$ ([a,b]), die den Randbedingungen genügt, durch die Reihe

$$\boxed{f(x) = \sum_{\nu=1}^{\infty} c_\nu y_\nu(x) , \qquad (a \leqq x \leqq b)} \tag{10-73}$$

darstellbar (im Sinn der Konvergenz im Mittel, vgl. Abschnitt 8.4.), wobei

$$\boxed{c_\nu = \frac{1}{K_\nu^2} \int_a^b r(x) f(x) y_\nu(x) \, dx} \tag{10-74}$$

und

$$\int_a^b y_\mu(x) y_\nu(x) r(x) \, dx = K_\nu^2 \delta_{\mu\nu} , \qquad (r > 0) \tag{10-75}$$

ist.

Abschließend sei erwähnt, daß sich die oben geführte Diskussion unmittelbar auf den Fall übertragen läßt, daß y komplexwertige Funktion einer *komplexen Variablen* z ist. Die gesamte Theorie der Differentialgleichungen kann dann sogar von einem besser geeigneten Standpunkt aus diskutiert werden, z. B. erscheinen die beiden Ansätze (10-56, 10-60) zusammengefaßt als LAURENTsche Entwicklung (9-39).

10.3.4. Nichtlineare Differentialgleichungen

Neben linearen Differentialgleichungen treten in den Naturwissenschaften und in der Technik häufig nichtlineare Gleichungen auf. Die Lösung solcher Differentialgleichungen ist im allgemeinen schwieriger als die der linearen Gleichungen, da die allgemeine Lösung nun nicht mehr als lineare Funktion aus partikulären Integralen (sog. Superposition) aufgebaut werden kann. Manchmal gelingt es allerdings, eine nichtlineare

Gleichung durch eine geeignete Transformation auf eine lineare zurückzuführen, die dann nach den besprochenen Methoden gelöst werden kann.

Beispiel

Die RICCATIsche Gleichung [RICCATI 1676—1757] $y' = f(x)\,y^2 + g(x)\,y + h(x)$ geht durch die Transformation $y = -\frac{u'}{uf}$ über in die lineare Gleichung

$$fu'' - (f' + fg)u' + f^2hu = 0.$$

Nichtlineare Gleichungen können ähnlich wie lineare Gleichungen auf Lösungen führen, die nicht durch elementare Funktionen darstellbar sind.

Beispiel

$\left(\frac{dy}{du}\right)^2 = (1 - y^2)\,(1 - k^2y^2)$ hat als Lösung die *elliptische Funktion* $y(x) = sn(u,k)$, die im Anschluß an das elliptische Integral (6-61) eingeführt wird. Dort ist $z = \sin \Phi$ zu setzen, so daß $u = \int\limits_0^{\Phi} \frac{d\Phi}{\sqrt{1 - k^2 \sin^2 \Phi}}$ gilt. Dann definiert man $\mathrm{sn}(u,k) = \sin \Phi$ als Umkehrfunktion dieses Integrals.

Für viele Anwendungen ist die Diskussion *nichtlinearer Schwingungen* von besonderer Bedeutung.

Beispiel

Das mathematische Pendel führt Schwingungen aus, die der Gleichung $\frac{d^2\varphi}{dt^2} + \frac{g}{l} \sin \varphi = 0$ genügen (l = Pendellänge, g = Gravitationsbeschleunigung, φ = Winkel gegen die Ruhelage). Diese Gleichung ist nur für kleine Winkel ($\sin \varphi \approx \varphi$) linear.

Wir können hier auf diese interessanten Probleme nicht weiter eingehen und verweisen auf die in den Literaturhinweisen empfohlenen Bücher.

10.4. Systeme gewöhnlicher Differentialgleichungen

Wir gehen über zu Gleichungen, die neben *einer* Variablen *mehrere unbekannte* Funktionen enthalten. Sind für n unbekannte Funktionen $y_1(x), y_2(x), \ldots, y_n(x)$ n Differentialgleichungen

$$\frac{\mathrm{d}y_i}{\mathrm{d}x} = f_i\,(y_1, y_2, \ldots y_n, x)\,, \quad (i = 1, 2, \ldots n) \tag{10-76}$$

vorgegeben, so spricht man von einem *System* gewöhnlicher Differentialgleichungen. Wir bemerken, daß jede Differentialgleichung n-ter Ordnung offenbar als Spezialfall von (10-76) interpretiert werden kann. Denn setzt man in der Gleichung

$$\frac{\mathrm{d}^n y}{\mathrm{d}x^n} = f\,(y, y', \ldots, y^{(n-1)}, x)$$

$y = y_1;\ y' = y_2;\ \ldots;\ y^{(n-1)} = y_n,$ so folgt

$$\frac{\mathrm{d}y_1}{\mathrm{d}x} = y_2;\ \ldots; \qquad \frac{\mathrm{d}y_{n-1}}{\mathrm{d}x} = y_n; \qquad \frac{\mathrm{d}y_n}{\mathrm{d}x} = f\,(y_1, \ldots, y_n, x)\,,$$

also ein System der Form (10-76).

Umgekehrt kann man ein System (10-76) in eine einzige Differentialgleichung n-ter Ordnung verwandeln. Für $n = 2$ brauchen wir z. B. nur anzunehmen, daß sich $\frac{\mathrm{d}y_2}{\mathrm{d}x} =$

$f_2(x, y_1, y_2)$ auflösen läßt nach $y_1 = \psi\left(x, y_2, \frac{dy_2}{dx}\right)$. Dann liefert die Ableitung

$$\frac{dy_1}{dx} = \frac{\partial\psi}{\partial x} + \frac{\partial\psi}{\partial y_2}\,\frac{dy_2}{dx} + \frac{\partial\psi}{\partial y_2'}\,\frac{d^2y_2}{dx^2} = f_1\left(x, y_2, \frac{dy_2}{dx}\right),$$

d. h. eine Differentialgleichung zweiter Ordnung für $y_2(x)$. Als lineares System bezeichnet man die Form

$$\frac{dy_i}{dx} = \sum_{j=1}^{n} p_{ij}(x)\, y_j + p_{i0}(x)\,, \qquad (i = 1, 2, \ldots n)\,, \tag{10-77}$$

die *homogen* genannt wird, wenn $p_{10} = p_{20} = \ldots p_{n0} = 0$ ist. Kürzer läßt sich das homogene System mit Hilfe des Spaltenvektors (3-34)

$$\boldsymbol{y} = \begin{pmatrix} y_1 \\ \vdots \\ y_n \end{pmatrix}$$ und der Matrix $\mathbf{p} = (p_{ij})$ analog zu (3-39) als

$$\frac{d\boldsymbol{y}}{dx} = \mathbf{p}\boldsymbol{y} \tag{10-78}$$

schreiben.

Das System (10-78) hat an der Stelle x_0 eine Singularität, wenn bei x_0 mindestens ein Koeffizient p_{ij} singulär ist. Die Formulierung von Bedingungen, die notwendig und hinreichend dafür sind, daß an einer Stelle x_0 eine außerwesentliche Singularität vorliegt, ist bei Systemen viel unübersichtlicher als bei einer Differentialgleichung höherer Ordnung. Wir unterlassen deshalb diese Betrachtungen.

Jede Lösung von (10-78), z. B. $\boldsymbol{y}_\nu(x)$ stellt offenbar ein ganzes Funktionensystem dar, nämlich $y_{\nu,1}(x), \ldots, y_{\nu,n}(x)$. Angenommen, wir haben s verschiedene Lösungen von (10-78) gefunden, so ist wegen der Linearität des Gleichungssystems auch jede Linearkombination

$$\boldsymbol{y}(x) = \sum_{\nu=1}^{s} a_\nu \boldsymbol{y}_\nu(x) \quad (a_\nu \text{ konstant}), \tag{10-79}$$

Lösung von (10-78). Sind in einem Bereich $a \leqq x \leqq b$ alle Koeffizienten $p_{ij}(x)$ in (10-78) stetig, so läßt sich zeigen, daß die Zahl s der *linear unabhängigen Lösungsvektoren* [vgl. 7-21] *höchstens* $s = n$ sein kann. Den Beweis wollen wir übergehen. Sind n Lösungsvektoren linear unabhängig, d. h. ist an jeder Stelle x in $a \leqq x \leqq b$ die Determinante

$$\begin{vmatrix} y_{11}(x) & \cdots & y_{1n}(x) \\ \vdots & & \vdots \\ y_{n1}(x) & \cdots & y_{nn}(x) \end{vmatrix} \neq 0 \tag{10-80}$$

(vgl. 7-22), so nennt man diese Lösungen ein *Fundamentalsystem*. Jedes Fundamentalsystem kann als (Integral-)*Basis* in einem *n-dimensionalen Vektorraum* gedeutet werden, in dem alle Lösungen von (10-78) liegen und sich durch

$$\boldsymbol{y}(x) = \sum_{\nu=1}^{n} a_\nu \boldsymbol{y}_\nu(x) \quad (a_\nu \text{ konstant}) \tag{10-81}$$

darstellen lassen.

Alle Lösungen des inhomogenen Gleichungssystems (10-77) lassen sich durch »Variation der Konstanten« von (10-81) ermitteln. Die linearen Systeme mit *konstanten Koeffizienten* -

$$\frac{\mathrm{d}y_i}{\mathrm{d}x} = \sum_{j=1}^{n} p_{ij}\, y_j, \quad (i = 1, 2, \ldots n), \tag{10-82}$$

in denen die p_{ij} reelle Konstanten sind, kommen in der Praxis häufig im Zusammenhang mit der Untersuchung von gekoppelten Schwingungserscheinungen vor. Ähnlich wie für (10-34) versuchen wir in (10-82) den Ansatz

$$y_i(x) = A_i\, \mathrm{e}^{\lambda x}, \quad (i = 1, 2, \ldots, n) \tag{10-83}$$

und erhalten

$$(\mathbf{p} - \lambda \mathbf{I})\boldsymbol{y} = 0, \tag{10-84}$$

d. h. ein Gleichungssystem der Form (3-44), das nur dann nichttriviale Lösungen besitzt, wenn die Determinante

$$\begin{vmatrix} p_{11} - \lambda & p_{12} \cdots p_{1n} \\ \vdots & \vdots \\ p_{n1} & p_{n2} \cdots p_{nn} - \lambda \end{vmatrix} = 0$$

ist. Die Wurzeln λ_r der hieraus folgenden *charakteristischen Gleichung* liefern mit (10-83) Lösungssysteme. Wir wollen hier nicht untersuchen, wie man in jedem Fall, d. h., auch wenn die Wurzeln mehrfach bzw. konjugiert komplex sind, ein Fundamentalsystem von (10-82) erhalten kann. Stattdessen weisen wir auf einen anderen Weg hin, der bei gekoppelten Schwingungen im allgemeinen schneller zur Lösung führt.

Haben wir zunächst getrennt zwei ungedämpfte Schwingungssysteme, deren Ausschläge mit x bzw. y bezeichnet seien, so gehorcht jedes einer Schwingungsgleichung (10-1). Nun soll ein Kopplungsglied eingefügt werden, so daß der Ausschlag des einen den Ausschlag des anderen beeinflußt. Dies Kopplungselement kann sowohl vom Ausschlag selbst als auch von dessen ersten oder zweiten Differentialquotienten abhängen. Wir wollen den letzten Fall betrachten und schreiben die beiden Differentialgleichungen in der Form

$$a_{11}\frac{\mathrm{d}^2x}{\mathrm{d}t^2} + a_{12}\frac{\mathrm{d}^2y}{\mathrm{d}t^2} + b_1 x = 0, \tag{10-85}$$

$$a_{21}\frac{\mathrm{d}^2x}{\mathrm{d}t^2} + a_{22}\frac{\mathrm{d}^2y}{\mathrm{d}t^2} + b_2 x = 0. \tag{10-86}$$

Für die Kopplungskoeffizienten gilt $a_{12} = a_{21}$. Wäre die Kopplung Null, so hätten die beiden Systeme die Eigenfrequenzen

$$\omega_{01} = \sqrt{\frac{b_1}{a_{11}}} \text{ und } \omega_{02} = \sqrt{\frac{b_2}{a_{22}}}. \tag{10-87}$$

Um y zu eliminieren, differenzieren wir (10-86) zweimal nach t und erhalten

$$a_{12}\frac{\mathrm{d}^4x}{\mathrm{d}t^4} + a_{22}\frac{\mathrm{d}^4y}{\mathrm{d}t^4} + b_2\frac{\mathrm{d}^2y}{\mathrm{d}t^2} = 0. \tag{10-88}$$

Andererseits folgt durch zweimalige Differentiation von (10-85)

$$\frac{\mathrm{d}^4y}{\mathrm{d}t^4} = -\frac{1}{a_{12}}\left(a_{11}\frac{\mathrm{d}^4x}{\mathrm{d}t^4} + b_1\frac{\mathrm{d}^2x}{\mathrm{d}t^2}\right).$$

Setzt man diesen Ausdruck für $\frac{d^4 y}{dt^4}$ und den aus (10-85) für $\frac{d^2 y}{dt^2}$ folgenden in (10-88) ein, so ergibt sich eine Differentialgleichung vierter Ordnung von der Form

$$p\,\frac{d^4x}{dt^4}+q\,\frac{d^2x}{dt^2}+rx=0\,, \tag{10-89}$$

in der die Koeffizienten bedeuten:

$$p=a_{11}a_{22}-a_{12}^2;\qquad q=a_{11}b_2+a_{22}b_1;\qquad r=b_1b_2.$$

Wir haben also statt eines Systems aus vier Gleichungen erster Ordnung *eine* Gleichung vierter Ordnung hergestellt. Diese lösen wir durch den Ansatz $x=e^{\lambda t}$ und erhalten als charakteristische Gleichung $p\lambda^4+q\lambda^2+r=0$. Es ergeben sich vier Wurzeln

$$\lambda_1=i\sqrt{\frac{q}{2p}+\sqrt{\frac{q^2}{4p^2}-\frac{r}{p}}}=i\omega_1;\qquad \lambda_2=-i\omega_1;$$

$$\lambda_3=i\sqrt{\frac{q}{2p}-\sqrt{\frac{q^2}{4p^2}-\frac{r}{p}}}=i\omega_2;\qquad \lambda_4=-i\omega_2;$$

und somit als Lösung von (10-89)

$$x(t)=A_1\,e^{i\omega_1 t}+B_1\,e^{-i\omega_1 t}+C_1\,e^{i\omega_2 t}+D_1\,e^{-i\omega_2 t}\,. \tag{10-90}$$

In den praktisch vorkommenden Fällen sind ω_1 und ω_2 reell, so daß also in jedem System zwei Eigenschwingungen, ω_1 und ω_2, auftreten, die von denen der getrennten Systeme (10-87) verschieden sind.

Um die Lösung für y zu erhalten, ist *keine* Integration mehr nötig. Berechnet man nämlich aus (10-85) die zweite Ableitung

$$\frac{d^2y}{dt^2}=-\frac{1}{a_{12}}\left(b_1x+a_{11}\,\frac{d^2x}{dt^2}\right)$$

und setzt sie in (10-86) ein, so erhält man y als Funktion von x und $\frac{d^2x}{dt^2}$:

$$y=-\frac{1}{a_{12}b_2}\left(a_{22}b_1x+p\,\frac{d^2x}{dt^2}\right).$$

Die Funktion y findet man also durch *Differentiation* von (10-90):

$$y(t)=\frac{a_{22}b_1-p\omega_1^2}{a_{12}b_2}\left(A_1\,e^{i\omega_1 t}-B_1\,e^{-i\omega_1 t}\right)$$
$$+\frac{a_{22}b_1-p\omega_2^2}{a_{12}b_2}\left(C_1\,e^{i\omega_2 t}+D_1\,e^{-i\omega_2 t}\right). \tag{10-91}$$

Es treten somit nur vier willkürliche Integrationskonstanten auf.

10.5. Zylinderfunktionen und Kugelfunktionen

In Abschnitt 10.1. wurde darauf hingeweisen, daß Lösungen von Differentialgleichungen im allgemeinen nicht durch elementare Funktionen darstellbar sind. Vielmehr können Lösungen auf neue spezielle Funktionen führen, von denen wir hier nur die beiden wichtigsten diskutieren wollen.

10.5.1. Zylinderfunktionen (Besselsche Funktionen)

Im Zusammenhang mit einem astronomischen Problem benutzte Bessel eine Funktion, die der Differentialgleichung (10-67):

$$x^2y'' + xy' + (x^2 - n^2)y = 0, \qquad (n \in \mathbb{R})$$

genügt. Auf diese Gleichung stößt man in der Physik und in der Technik sehr häufig, insbesondere dann, wenn es sich um Probleme handelt, bei denen *Rotationssymmetrie um eine Achse* (Zylindersymmetrie) besteht. Die Besselschen Funktionen heißen daher auch Zylinderfunktionen.

Nach (10-52, 10-54, 10-57) gilt für die Besselsche Gleichung, bei der die außerwesentliche Singularität an der Stelle $x_1 = 0$ liegt: $A_1 = 1$; $A_i = 0$, $(i \neq 1)$; $B_1 = -n^2$, $B_i = 0$, $(i \neq 1)$; $C_i = 0$; $p(x) = 0$; $q_0 = 1$; $q_\mu = 0$, $(\mu \neq 0)$, so daß (10-58) für $x_k = 0$ liefert:

$$\sum_{\nu=0}^{\infty} a_\nu x^{\nu+s-2}\,[(\nu + s)^2 - n^2 + x^2] = 0\,,$$

also

$$\begin{aligned} &a_0 x^{s-2}(s^2 - n^2) + a_1 x^{s-1}[(s+1)^2 - n^2] + x^s\{a_2[(s+2)^2 - n^2] + a_0\} \\ &+ x^{s+1}\{a_3[(s+3)^2 - n^2] + a_1\} + \ldots = 0. \end{aligned} \tag{10-92}$$

Die Indexgleichung (10-59) lautet $s^2 - n^2 = 0$ und liefert die beiden Lösungen

$$\sigma_1 = n, \qquad \sigma_2 = -n. \tag{10-93}$$

Wir betrachten zunächst die Lösung $s = n$ und wählen $n \geqq 0$. Dann ist z. B. $(s+1)^2 - n^2 = 2n + 1 \neq 0$ und ein Koeffizientenvergleich in (10-92) liefert

$$\begin{aligned} &a_1 = a_3 = a_5 = \cdots = 0 \\ &a_2 = -\frac{a_0}{4\,(n+1)}\,; \qquad a_4 = -\frac{a_2}{2\cdot 4\,(n+2)} = \frac{a_0}{2\cdot 4\cdot 4\,(n+1)\,(n+2)}\,; \;\cdots \end{aligned} \tag{10-94}$$

Gewöhnlich setzt man für das noch frei wählbare a_0

$$a_0 = \frac{1}{2^n\,\Gamma(n+1)}\,,$$

wobei Γ die in (6-83) eingeführte Gammafunktion ist. Damit ergibt sich nach (10-56) als Lösung, die man mit $y = J_n(x)$ bezeichnet,

$$J_n(x) = \frac{1}{2^n\,\Gamma(n+1)}\,x^n\left[1 - \frac{1}{n+1}\left(\frac{x}{2}\right)^2 + \frac{1}{2\,(n+1)\,(n+2)}\left(\frac{x}{2}\right)^4 - \cdots\right].$$

Nach (6-84) besteht die Rekursionsformel $\Gamma\,(n+2) = (n+1)\,\Gamma(n+1)$ usw., so daß

$$\begin{aligned} J_n(x) &= \frac{1}{\Gamma\,(n+1)}\left(\frac{x}{2}\right)^n + (-1)\,\frac{1}{1!\,\Gamma\,(n+2)}\left(\frac{x}{2}\right)^{n+2} \\ &\quad + (-1)^2\,\frac{1}{2!\,\Gamma\,(n+3)}\left(\frac{x}{2}\right)^{n+4} + \cdots \end{aligned}$$

gilt, also

$$\boxed{J_n(x) = \sum_{r=0}^{\infty} \frac{(-1)^r}{r!\,\Gamma\,(n+r+1)}\left(\frac{x}{2}\right)^{n+2r}} \quad (n \geqq 0)\,. \tag{10-95}$$

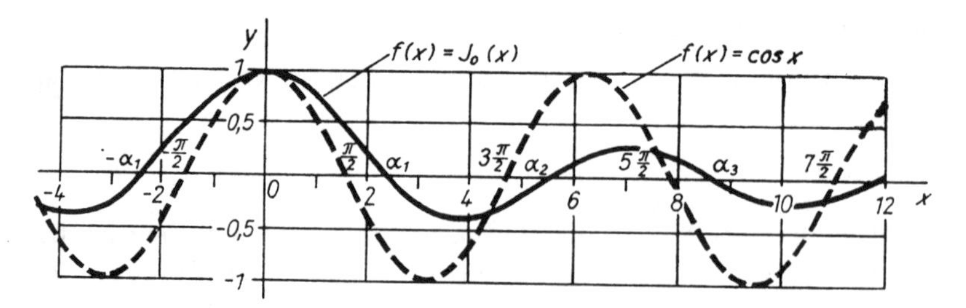

Abb. 116 Bessel-Funktion 1. Art der Ordnung 0 [$J_0(x)$] im Vergleich mit cos x

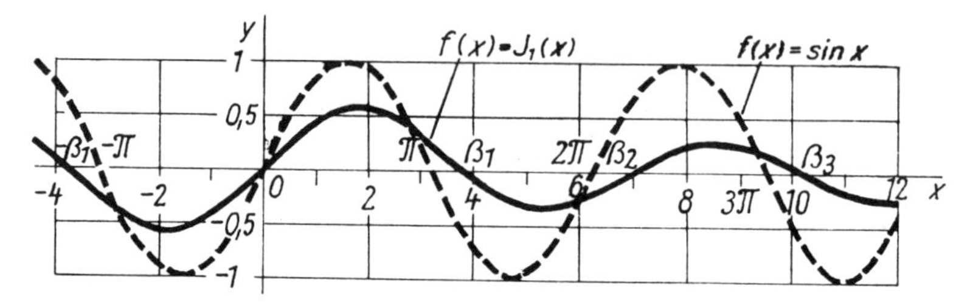

Abb. 117 Bessel-Funktion 1. Art der Ordnung 1 [$J_1(x)$] im Vergleich mit sin x

Durch diese Reihe wird die Bessel-*Funktion 1. Art der Ordnung* n definiert. Die Reihe (10-95) konvergiert für jedes endliche x, und zwar schneller als die Reihen für sin x und cos x. Der Verlauf von $J_0(x)$ und $J_1(x)$ ist in Abbildung 116 und 117 dargestellt. Die Funktionswerte der Bessel-Funktion sind ähnlich wie die der elementaren Funktionen in entsprechenden Tabellenwerken zu finden. Die ersten Nullstellen liegen für

$$J_0(x) = 0 \text{ bei } x = 2{,}4048;\ 5{,}5201;\ 8{,}6537;\ldots$$
$$J_1(x) = 0 \text{ bei } x = 0;\ 3{,}8317;\ 7{,}0156;\ 10{,}1735;\ldots$$

Benutzt man die zweite Lösung (10-93), d. h. $s = -n$, so müssen für $n \geqq 0$ die nach (10-59) genannten Fälle unterschieden werden (für $n \leqq 0$ ergeben sich dieselben Lösungen, wenn man zunächst $s = -n$ und dann $s = n$ diskutiert):

1. $\sigma_1 - \sigma_2 = 2n$ ist weder Null noch eine ganze Zahl. Dann ist in (10-92) $(s+1)^2 - n^2 = 1 - 2n \neq 0$ usw., so daß man anstatt (10-95) durch eine analoge Rechnung erhält

$$\boxed{J_{-n}(x) = \sum_{r=0}^{\infty} \frac{(-1)^r}{r!\,\Gamma(r-n+1)} \left(\frac{x}{2}\right)^{2r-n}} \quad (n > 0)\,. \tag{10-96}$$

Diese Reihe ist linear unabhängig von (10-95) $\left(\text{z. B. liefert } n = \frac{1}{3} \text{ einerseits die Potenzen } \frac{1}{3}, \frac{7}{3}, \frac{13}{3} \text{ und andererseits } -\frac{1}{3}, \frac{5}{3}, \frac{11}{3}\right)$ und divergiert für $x = 0$. Demnach ist

$$y(x) = AJ_n(x) + BJ_{-n}(x) \tag{10-97}$$

die allgemeine Lösung von (10-67) zunächst für *nicht ganzzahliges* $2n$ und $n \neq 0$.

2. $2n$ ist eine ganze Zahl ungleich Null und erfüllt die Bedingung $(l+s)(l+s-1) + (l+s)A_1 + B_1 = (l+s)^2 - n^2 = 0$ für $s = -n$. Dies liefert außer $l = 0$ noch die Beziehung $l = 2n$. Für *halbzahliges* n ist in (10-56) also a_0 und a_1 unbestimmt, wenn

$s = -n$ gesetzt wird. Man wählt dann z. B. für $n = \frac{1}{2}$: $a_1 = \frac{1}{\sqrt{2}\,\Gamma\left(\frac{1}{2}+1\right)}$ und $a_0 = \frac{\sqrt{2}}{\Gamma\left(-\frac{1}{2}+1\right)}$ und erhält dadurch (10-97) auch als allgemeine Lösung für *halbzahliges* n.

Die BESSEL-Funktionen (10-95, 10-96) für halbzahliges n haben die Eigenschaft, daß man sie als rationale Funktionen von $\sqrt{x}$ und $\sin x$, $\cos x$ darstellen kann. Ein entsprechender Reihenvergleich liefert z. B.

$$J_{\frac{1}{2}}(x) = \sqrt{\frac{2}{\pi x}}\sin x; \quad J_{\frac{3}{2}}(x) = \sqrt{\frac{2}{\pi x}}\left(\frac{\sin x}{x} - \cos x\right);$$
$$J_{-\frac{1}{2}}(x) = \sqrt{\frac{2}{\pi x}}\cos x; \quad J_{-\frac{3}{2}}(x) = \sqrt{\frac{2}{\pi x}}\left(-\sin x - \frac{\cos x}{x}\right)$$

oder allgemein für positiv halbzahligen Index

$$J_{r+\frac{1}{2}}(x) = (-1)^r \sqrt{\frac{2}{\pi}}\, x^{r+\frac{1}{2}} \left[\left(\frac{1}{x}\frac{\mathrm{d}}{\mathrm{d}x}\right)^r \frac{\sin x}{x}\right], \qquad (10\text{-}98)$$

wobei r positiv ganzzahlig ist.

Da die Funktionen (10-98) in der Lösung der Wellengleichung (11-117) in Kugelkoordinaten auftreten, bezeichnet man (10-98) bzw.

$$j_r(x) = \sqrt{\frac{\pi}{2x}}\, J_{r+\frac{1}{2}}(x) \qquad (10\text{-}99)$$

als *Kugel*-BESSEL-*Funktion* oder *sphärische* BESSEL-*Funktion*.

3. $n = 0$. Neben der Lösung $J_0(x)$ erhalten wir eine zweite, linear unabhängige Lösung aus

$$y_2(x) = J_0(x)\int \frac{\mathrm{d}x}{J_0^2(x)} \exp\left[-\int\frac{\mathrm{d}x}{x}\right] = J_0(x)\int\frac{\mathrm{d}x}{xJ_0^2(x)}.$$

Da

$$\frac{1}{J_0^2(x)} = \left(1 - \frac{x^2}{2^2} + \frac{x^4}{2^2\cdot 4^2} - \frac{x^6}{2^2\cdot 4^2\cdot 6^2}\cdots\right)^{-2} = 1 + \frac{x^2}{2} + \ldots$$

ist, so folgt

$$y_2(x) = J_0(x)\cdot \ln x + c_2x^2 + c_4x^4 + \ldots$$

Setzt man diesen Ausdruck in die BESSELsche Differentialgleichung ein, so erhält man wieder Rekursionsformeln für die Koeffizienten c_i und es ergibt sich als zweite unabhängige Lösung

$$Y_0(x) = J_0(x)\cdot \ln x + \frac{x^2}{4} - \frac{1}{2^2}\left(1+\frac{1}{2}\right)\left(\frac{x}{2}\right)^4 + \ldots$$
$$= J_0(x)\cdot\ln x - \sum_{\nu=1}^{\infty}\frac{1}{(\nu!)^2}\left(-\frac{x^2}{4}\right)^{\nu}\Phi(\nu), \qquad (10\text{-}100)$$

$$\text{mit } \Phi(\nu) = \sum_{\tau=1}^{\nu}\frac{1}{\tau} \quad \text{und} \quad \Phi(0) = 0. \qquad (10\text{-}101)$$

Meistens addiert man zu (10-100) noch ein Vielfaches von $J_0(x)$ hinzu und benutzt statt (10-100)

$$N_0(x) = \frac{2}{\pi}[Y_0(x) - (\ln 2 - \gamma)\, J_0(x)], \tag{10-102}$$

wobei $\gamma = 0{,}577\,216$ als EULERsche Konstante bezeichnet wird. Damit wird

$$y(x) = AJ_0(x) + BN_0(x) \tag{10-103}$$

die allgemeine Lösung der BESSELschen Gleichung für $n = 0$.

4. n ganzzahlig. Es gilt (10-96), da $1 - 2n \neq 0$, $3 - 2n \neq 0$ usw. erfüllt ist, jedoch treten in (10-95, 10-96) die gleichen Potenzen auf und man findet

$$J_{-n}(x) = (-1)^n J_n(x). \tag{10-104}$$

Ähnlich wie im Fall 3 kann man sich eine zweite linear unabhängige Lösung verschaffen und erhält als allgemeine Lösung von (10-67)

$$y(x) = AJ_n(x) + BN_n(x), \tag{10-105}$$

wobei für die BESSEL-*Funktion 2. Art der Ordnung* $n = 0, 1, 2, \ldots$

$$\boxed{\begin{aligned} N_n(x) = {} & \frac{2}{\pi}\left[\gamma + \ln\left(\frac{x}{2}\right)\right] J_n(x) \\ & - \frac{1}{\pi} \sum_{\nu=0}^{\infty} \frac{(-1)^\nu}{\nu!\,(n+\nu)!} \left(\frac{x}{2}\right)^{n+2\nu} [\Phi(\nu) + \Phi\,(n+\nu)] \\ & - \frac{1}{\pi} \sum_{\nu=0}^{n-1} \frac{(n-\nu-1)!}{\nu!} \left(\frac{2}{x}\right)^{n-2\nu} \end{aligned}}\,. \tag{10-106}$$

mit $\Phi(\nu)$ von (10-101) folgt. Für $n = 0$ fällt der letzte Term weg, und es ergibt sich (10-102). (10-106) heißt auch NEUMANN*sche Funktion* (C. NEUMANN 1832—1925). Auch die Werte dieser Funktion sind Tabellenwerken zu entnehmen. Den Verlauf von $N_0(x)$ und $N_1(x)$ zeigt Abbildung 118. Der Hauptunterschied gegenüber den BESSELschen Funktionen 1. Art besteht darin, daß $N_n(x)$ für $x = 0$ unendlich wird.

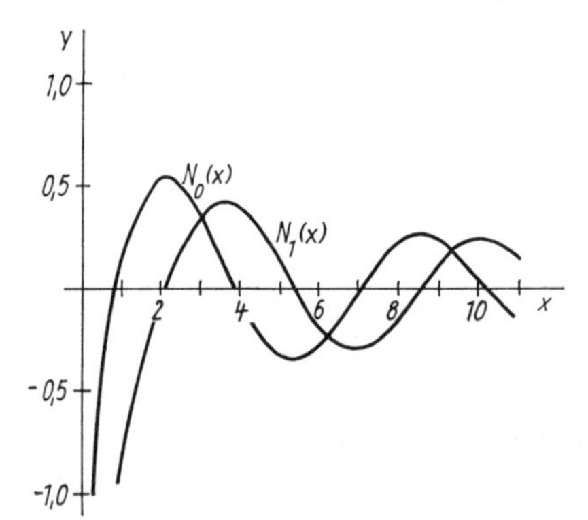

Abb. 118 BESSEL-Funktionen 2. Art der Ordnung 0 (N_0) und 1 (N_1)

Manchmal (z. B. im Zusammenhang mit der Fortpflanzung von Wellen) ist es zweckmäßig, (10-95) und (10-106) zusammenzufassen zu

$$\boxed{\begin{aligned} H_n^{(1)}(x) &= J_n(x) + i\,N_n(x) \\ H_n^{(2)}(x) &= J_n(x) - i\,N_n(x) \end{aligned}}\,. \tag{10-107}$$

Man nennt (10-107) HANKEL*sche Funktionen 1. bzw. 2. Art* (HANKEL 1839—1873) oder BESSEL*sche Funktionen 3. Art der Ordnung n.* Offenbar ist dann

$$y(x) = A\,H_n^{(1)}(x) + BH_n^{(2)}(x) \tag{10-108}$$

allgemeine Lösung der BESSELschen Gleichung. Für reelle x-Werte sind die HANKELschen Funktionen komplex. (10-107) zeigt, daß diese Funktionen analog zur EULERschen Formel (1-114) gebildet wurden.

Wir erwähnten bereits in Abschnitt 10.3., daß sich die Theorie der Differentialgleichungen in gleicher Weise für Funktionen einer komplex Veränderlichen ausführen läßt. Man kann also in der BESSELschen Gleichung z. B. x durch ix ersetzen und erhält

$$x^2y'' + xy' - (x^2 + n^2)y = 0. \tag{10-109}$$

Die allgemeine Lösung dieser Differentialgleichung bezeichnen wir für den Fall:
n weder Null noch ganzzahlig mit

$$y(x) = AI_n(x) + BI_{-n}(x),$$

n ganzzahlig mit

$$y(x) = AI_n(x) + BK_n(x).$$

Ein Vergleich dieser Lösungen mit (10-95) zeigt, daß

$$\boxed{I_n(x) = i^{-n}\,J_n(ix)}\;;\quad \boxed{K_n(x) = \frac{\pi}{2}\,i^{n+1}\,H_n^{(1)}(ix)} \tag{10-110}$$

ist.

Da $J_n(ix)$ die BESSEL-Funktion mit *imaginärem* Argument kennzeichnet, nennt man $I_n(x)$ und $K_n(x)$ *modifizierte* BESSEL-*Funktionen* 1. und 2. Art. Abb. 119 zeigt, daß der Verlauf dieser Funktionen völlig verschieden von dem der eigentlichen BESSEL-Funktionen ist. Vor allem oszillieren die modifizierten Funktionen nicht.

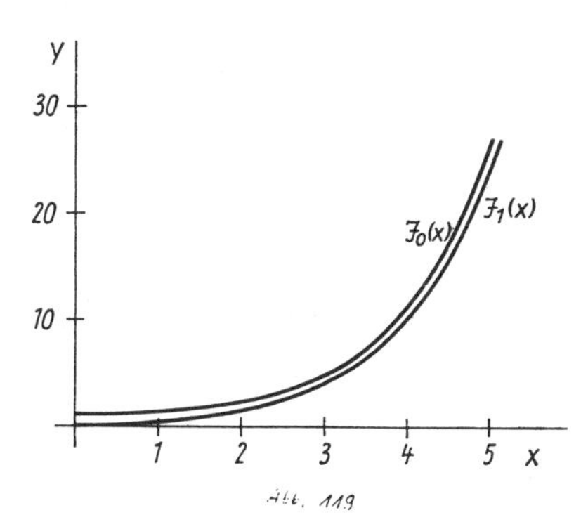

Abb. 119 Modifizierte BESSEL-Funktionen 1. Art der Ordnung 0 (I_0) und 1 (I_1)

Rekursionsformeln. Mit Hilfe der Reihendarstellung (10-95) bestätigt man durch Ausrechnen Rekursionsformeln, die für beliebiges reelles n gelten.

$$xJ_{n-1}(x) + xJ_{n+1}(x) = 2nJ_n(x) \tag{10-111}$$

$$J_{n-1}(x) - J_{n+1}(x) = 2\,\frac{dJ_n}{dx}\,. \tag{10-112}$$

Hieraus folgt auch

$$nJ_n(x) - x\frac{\mathrm{d}J_n}{\mathrm{d}x} = x\,J_{n+1}(x)\,. \tag{10-113}$$

(10-95) ergibt ebenso

$$\frac{\mathrm{d}}{\mathrm{d}x}[x^n J_n(x)] = x^n J_{n-1}(x); \qquad \frac{\mathrm{d}}{\mathrm{d}x}[x^{-n}J_n(x)] = -x^{-n}J_{n+1}(x)\,. \tag{10-114}$$

Analoge Beziehungen lassen sich mit Hilfe von (10-106) auch für die NEUMANNschen Funktionen ableiten. Man kann deshalb in (10-111) bis (10-114) jedes J durch ein N ersetzen. Für die modifizierten BESSEL-Funktionen gelten ähnliche Rekursionsformeln.

Integraldarstellung. Wir haben die BESSEL-Funktionen als Lösung der BESSELschen Differentialgleichung eingeführt. Bereits in Abschnitt 6.3. diskutierten wir die Möglichkeit, spezielle Funktionen durch Integrale darzustellen. Wir wollen deshalb noch zeigen, wie sich auch für $J_n(x)$ eine Integraldarstellung gewinnen läßt. Dazu betrachten wir die Reihen (vgl. 8-16)

$$\exp\left(\frac{z}{2}\zeta\right)\cdot\exp\left(-\frac{z}{2\zeta}\right) = \sum_{\lambda=0}^{\infty}\sum_{r=0}^{\infty}\frac{1}{\lambda!\,r!}\left(\frac{z}{2}\zeta\right)^{\lambda}\left(\frac{-z}{2\zeta}\right)^{r}.$$

Setzt man $\lambda = n + r$ und beachtet, daß $\lambda = 0$ und $r = \infty$ dann $n = -\infty$ ergibt, so folgt

$$\exp\left[\frac{z}{2}\left(\zeta - \frac{1}{\zeta}\right)\right] = \sum_{n=-\infty}^{\infty}\sum_{r=0}^{\infty}\frac{(-1)^r}{r!\,(n+r)!}\zeta^n\left(\frac{z}{2}\right)^{n+2r}.$$

Für ganzzahliges n liefert (10-95, 10-96) schließlich wegen (6-85)

$$\exp\left[\frac{z}{2}\left(\zeta - \frac{1}{\zeta}\right)\right] = \sum_{n=-\infty}^{\infty} J_n(z)\zeta^n\,, \tag{10-115}$$

d. h., $J_n(z)$ erscheint als Entwicklungskoeffizient in einer Reihenentwicklung für eine »erzeugende« Funktion. Lassen wir zu, daß ζ und z komplex sind, so stellt (10-115) gerade die LAURENT-Reihe (9-39) der erzeugenden Funktion $\exp\left[\frac{z}{2}\left(\zeta - \frac{1}{\zeta}\right)\right]$ dar und (9-40) liefert eine komplexe Integraldarstellung der BESSEL-Funktionen

$$J_n(z) = \frac{1}{2\pi i}\oint_{\mathfrak{C}} \zeta^{-(n+1)}\exp\left[\frac{z}{2}\left(\zeta - \frac{1}{\zeta}\right)\right]\mathrm{d}\zeta\,, \tag{10-116}$$

wobei z im positiven Sinn längs $\mathfrak{C}$ umlaufen wird. Durch Einsetzen von (10-116) in die BESSELsche Gleichung (10-67) überzeugt man sich davon, daß diese Darstellung nicht nur für ganzzahliges n gilt, sondern ganz allgemein. Demnach kann man auch (10-116) als Definition der BESSEL-Funktion auffassen. (10-115) kann man ebenfalls benutzen, um die Rekursionsformeln (10-111 — 10-114) abzuleiten. Mit (10-116) läßt sich sofort das *Additionstheorem* der BESSEL-Funktionen

$$J_n(z_1 + z_2) = \sum_{s=-\infty}^{\infty} J_s(z_1)\,J_{n-s}(z_2) \tag{10-117}$$

beweisen, das in der Praxis häufig sehr nützlich ist.

Asymptotische Darstellung. Unter Ausnutzung der Integration in der komplexen Ebene kann man für die Zylinderfunktionen Darstellungen angeben, die zwar nur für

$x \to \infty$ exakt richtig sind, aber schon für große x-Werte brauchbare Näherungen liefern. Ganz grob gilt für $x \to \infty$

$$J_n(x) \cong \sqrt{\frac{2}{\pi x}} \cos\left(x - \frac{n\pi}{2} - \frac{\pi}{4}\right); \quad N_n(x) \cong \sqrt{\frac{2}{\pi x}} \sin\left(x + \frac{n\pi}{2} - \frac{\pi}{4}\right). \qquad (10\text{-}118)$$

Diese Näherung ist um so besser, je kleiner n ist. Man erhält aus (10-118) z. B. $J_0(16) \approx -0{,}175$ anstelle des exakten Wertes $J_0(16) = -0{,}1749$.

10.5.2. Kugelfunktionen (LEGENDREsche Funktionen)

Befindet sich ein Massenpunkt der Masse 1 an der Stelle $x = y = 0$, $z = a$ eines kartesischen Koordinatensystems, so ist das Potential dieser Masse an irgendeiner Stelle x, y, z des Raumes gerade $\frac{1}{R}$, mit $R = \sqrt{x^2 + y^2 + (z - a)^2}$. In Kugelkoordinaten (vgl. 6-125) ist $R = \sqrt{r^2 + a^2 - 2ar \cos \vartheta}$. Bei dem Versuch, für $\frac{1}{R}$ eine Reihenentwicklung anzugeben, stieß LEGENDRE auf neue Funktionen, die später nach ihm benannt wurden (vgl. 10-129). Diese Funktionen treten immer dann auf, wenn in Problemen, die mit Hilfe von Kugelkoordinaten formuliert werden, keine φ-Abhängigkeit besteht. Jede Kugeloberfläche wird von den LEGENDREschen Funktionen entsprechend ihrem Vorzeichen in Zonen eingeteilt, die paralle zum Äquator verlaufen. Man bezeichnet diese Funktionen deshalb auch als *zonale Kugelfunktionen*, sie genügen der Differentialgleichung (10-66):

$$(1 - x^2)y'' - 2xy' + n(n + 1)y = 0, \qquad (n \in \mathbb{R}).$$

Nach (10-52, 10-54, 10-57) ist mit $x_1 = -1$, $x_2 = 1$:

$$A_1 = A_2 = 1; \quad A_i = 0, (i = 3, \ldots); \quad B_i = 0, (i = 1, \ldots);$$

$$C_1 = \frac{n}{2}(n+1); \quad C_2 = -\frac{n}{2}(n+1); \quad C_i = 0, \quad (i = 3, \ldots);$$

$$p(x) = q(x) = 0\,.$$

Für die reguläre Stelle $x_k = 0$ liefert (10-58) wegen $A_k = B_k = C_k = 0$

$$\sum a_\nu x^{\nu+s-2} \left\{(\nu + s)(\nu + s - 1) - (\nu + s)\frac{2x^2}{1 - x^2} + \frac{n(n+1)}{1 - x^2} x^2\right\} = 0$$

oder nach Multiplikation mit $1 - x^2$:

$$\begin{aligned} &a_0 x^s \left\{s(s-1)x^{-2} - (s - n)(s + n + 1)\right\} + \ldots \\ &+ a_r x^{s+r} \left\{(s + r)(s + r - 1)x^{-2} - (s - n + r)(s + n + r + 1)\right\} \\ &+ \ldots = 0\,. \end{aligned} \qquad (10\text{-}119)$$

Die Indexgleichung (10-59) lautet hier $s(s - 1) = 0$ und liefert die Lösungen

$$\sigma_1 = 0, \; \sigma_2 = 1. \qquad (10\text{-}120)$$

Für die Lösung $s = 0$ ergibt sich aus (10-119) durch Koeffizientenvergleich

$$a_2 = -\frac{n(n+1)}{2} a_0; \qquad a_4 = \frac{n(n-2)(n+1)(n+3)}{4!} a_0; \ldots$$

und

$$a_3 = -\frac{(n-1)\,(n+2)}{3!}\,a_1;$$

$$a_5 = \frac{(n-1)\,(n-3)\,(n+2)\,(n+4)}{5!}\,a_1; \ldots$$

d. h., a_0 und a_1 sind willkürlich wählbare Konstanten. Somit liefert (10-56) sofort die allgemeine Lösung

$$y(x) = a_0 u_n + a_1 v_n, \tag{10-121}$$

wobei

$$\boxed{\begin{aligned} u_n &= 1 - \frac{n\,(n+1)}{2!}\,x^2 + \frac{n\,(n-2)\,(n+1)\,(n+3)}{4!}\,x^4 - \ldots \\ v_n &= x - \frac{(n-1)\,(n+2)}{3!}\,x^3 + \frac{(n-1)\,(n-3)\,(n+2)\,(n+4)}{5!}\,x^5 \ldots \end{aligned}}, \tag{10-122}$$

ist. Diese Reihen konvergieren im Bereich $-1 < x < 1$ und divergieren bereits für $x = \pm 1$, wenn sie nicht abbrechen.

Für $s = 1$ liefert (10-119) $a_1 = a_3 = a_5 = \ldots = 0$, während die restlichen Koeffizienten in (10-56) eingesetzt gerade $y = a_0 \cdot v_n$ liefern, also eine der beiden in (10-121) benutzten Lösungen. Benutzt man anstatt (10-56) den Reihenansatz (10-60), so ergeben sich Lösungen der LEGENDREschen Gleichungen, die im Gegensatz zu (10-121) für $|x| > 1$ konvergieren.

Die beiden Reihen (10-122) haben die besondere Eigenschaft, daß sie für bestimmte Werte von n *abbrechen* und dann für *alle endlichen Werte* von x gelten. Wenn n eine *positive gerade Zahl* (oder Null) ist, so bricht u_n ab. Für $n = 2$ liefert (10-122) z. B. $u_2 = 1 - 3x^2$. Wenn n eine *positive ungerade Zahl* ist, so bricht v_n ab. Für $n = 3$ ergibt sich aus (10-122) z. B. $v_3 = x - \frac{5}{3}\,x^3$. Diese *Polynome* kann man zur Definition der LEGENDREschen Funktion benutzten. Man nennt

$$\boxed{P_n(x) = \begin{cases} \dfrac{u_n(x)}{u_n(1)} & \text{für } n = 0, 2, 4, \ldots \\[2ex] \dfrac{v_n(x)}{v_n(1)} & \text{für } n = 1, 3, 5, \ldots \end{cases}} \tag{10-123}$$

die LEGENDRE*schen Polynome* oder LEGENDRE*schen Funktionen* 1. Art. Demnach ist also

$$\boxed{\begin{aligned} &P_0(x) = 1; \quad P_1(x) = x; \quad P_2(x) = \frac{1}{2}(3x^2 - 1); \\ &P_3(x) = \frac{1}{2}(5x^3 - 3x); \quad P_4(x) = \frac{1}{8}(35x^4 - 30x^2 + 3); \text{ usw.} \end{aligned}} \tag{10-124}$$

(vgl. Abb. 120). Die jeweils verbleibende zweite Lösung von (10-122), die stets eine *nicht* abbrechende Reihe darstellt, führt zur Definition

$$\boxed{Q_n(x) = \begin{cases} u_n(1) \cdot v_n(x) & \text{für } n = 0, 2, 4, \ldots \\ -v_n(1) \cdot u_n(x) & \text{für } n = 1, 3, 5, \ldots \end{cases}}, \tag{10-125}$$

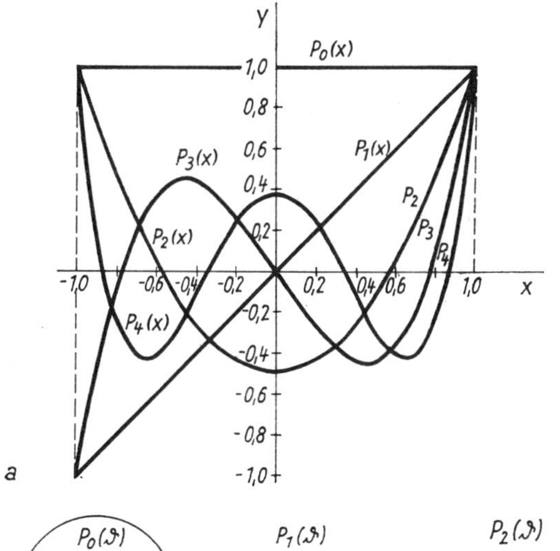

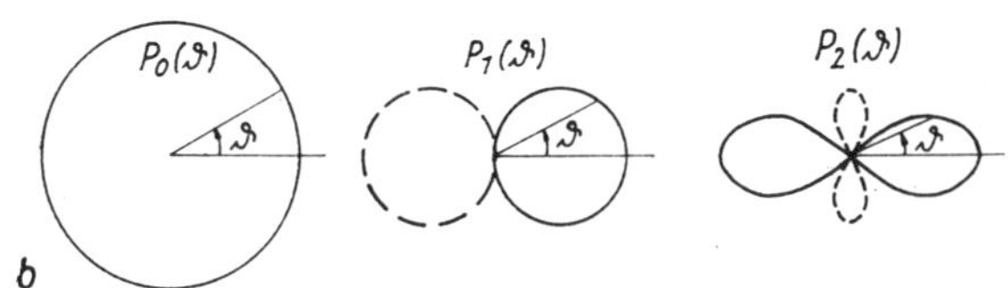

Abb. 120 LEGENDREsche Polynome (zonale Kugelfunktionen)
a: $P_0(x)$, $P_1(x)$, $P_2(x)$, $P_3(x)$ und $P_4(x)$;
b: Polardiagramme ($x = \cos\vartheta$) für $P_0(\vartheta)$, $P_1(\vartheta)$ und $P_2(\vartheta)$

die als LEGENDRE*sche Funktionen 2. Art* bezeichnet werden. Für $n = 0$ ergibt sich

$$Q_0(x) = x + \frac{1}{3}x^3 + \frac{1}{5}x^5 + \ldots = \frac{1}{2}\ln\left(\frac{1+x}{1-x}\right), \quad (|x| < 1) \tag{10-126}$$

und entsprechend

$$\begin{aligned} Q_1(x) &= P_1(x)\,Q_0(x) - 1; \quad Q_2(x) = P_2(x)\,Q_0(x) - \frac{3}{2}x; \\ Q_3(x) &= P_3(x)\,Q_0(x) - \frac{5}{2}x^2 + \frac{2}{3}; \quad \text{usw.} \end{aligned} \tag{10-127}$$

In der Praxis treten fast ausschließlich Probleme auf, in denen $x = \cos\vartheta$ ist. Dann sind die LEGENDREschen Polynome $P_n(\cos\vartheta)$ besonders ausgezeichnete Lösungen, da $Q_n(\cos\vartheta)$ für $\vartheta = 0$ unendlich wird. Wir verzichten im folgenden auf eine weitere Diskussion der LEGENDREschen Funktionen 2. Art.

Wir wollen zeigen, daß die Funktionen (10-123) tatsächlich in der Reihenentwicklung von $\frac{1}{R} = \frac{1}{a}\left[1 + \left(\frac{r}{a}\right)^2 - 2\frac{r}{a}\cos\vartheta\right]^{-\frac{1}{2}}$ auftreten. Wir setzen $\cos\vartheta = x$; $\frac{r}{a} = t$ und entwickeln die Funktion

$$f(x,t) = (1 - 2xt + t^2)^{-\frac{1}{2}} \tag{10-128}$$

in eine TAYLORsche Reihe um die Stelle (x, $t = 0$), wir bilden also

$$\begin{aligned} f(x,t) &= f(x.0) + t\left(\frac{\partial f}{\partial t}\right)_{t=0} + \frac{t^2}{2}\left(\frac{\partial^2 f}{\partial t^2}\right)_{t=0} + \cdots + \frac{t^r}{r!}\left(\frac{\partial^r f}{\partial t^r}\right)_{t=0} + \cdots \\ &= 1 + tx + \frac{t^2}{2}(3x^2 - 1) + \ldots \end{aligned}$$

Ein Vergleich mit (10-124) liefert dann in der Tat

$$\boxed{\frac{1}{R} = \frac{1}{a} \sum_{\nu=0}^{\infty} \left(\frac{r}{a}\right)^{\nu} P_{\nu}(\cos\vartheta)}, \quad (a > r). \tag{10-129}$$

In der Entwicklung

$$(1 - 2xt + t^2)^{-\frac{1}{2}} = \sum_{\nu=0}^{\infty} t^{\nu} P_{\nu}(x) \tag{10-130}$$

erscheint $P_n(x)$ als Entwicklungskoeffizient einer »erzeugenden« Funktion in ähnlicher Weise wie $J_n(x)$ in (10-115). Man kann (10-130) benutzen, um einige Eigenschaften von $P_n(x)$ kennenzulernen. Differenziert man (10-130) nach t, so ergibt sich

$$\frac{x - t}{(1 - 2xt + t^2)^{3/2}} = \sum_{\nu=0}^{\infty} \nu\, t^{\nu-1} P_{\nu}(x) \tag{10-131}$$

oder

$$(x - t) \sum_{\nu=0}^{\infty} t^{\nu} P_{\nu}(x) = (1 - 2xt + t^2) \sum_{\nu=0}^{\infty} \nu t^{\nu-1} P_{\nu}(x),$$

und ein Koeffizientenvergleich von t^{ν} liefert die *Rekursionsformel*

$$(n + 1)\, P_{n+1}(x) - (2n + 1)\, x P_n(x) + n P_{n-1}(x) = 0. \tag{10-132}$$

Differenziert man andererseits (10-130) nach x, so ergibt sich mit (10-131)

$$\sum_{\nu=0}^{\infty} \nu t^{\nu} P_{\nu}(x) = (x - t) \sum_{\nu=0}^{\infty} t^{\nu} \frac{\mathrm{d}P_{\nu}}{\mathrm{d}x},$$

also durch Koeffizientenvergleich

$$x \frac{\mathrm{d}P_n(x)}{\mathrm{d}x} - \frac{\mathrm{d}P_{n-1}(x)}{\mathrm{d}x} = n P_n(x). \tag{10-133}$$

Differenziert man (10-132) nach x, so erhält man mit (10-133)

$$\frac{\mathrm{d}P_{n+1}(x)}{\mathrm{d}x} - \frac{\mathrm{d}P_{n-1}(x)}{\mathrm{d}x} = (2n + 1)\, P_n(x), \quad (n \geqq 1). \tag{10-134}$$

Aus (10-130) läßt sich sofort eine Integraldarstellung für P_n gewinnen. Wir wollen aber einen anderen Weg einschlagen und zunächst $\frac{\mathrm{d}^n}{\mathrm{d}x^n}(x^2 - 1)^n$ bilden. Es ist $\frac{\mathrm{d}}{\mathrm{d}x}(x^2 - 1) = 2x$; $\frac{\mathrm{d}^2}{\mathrm{d}x^2}(x^2 - 1)^2 = 4(3x^2 - 1)$ usw.

Ein Vergleich mit (10-124) zeigt, daß allgemein

$$P_n(x) = \frac{1}{2^n n!} \frac{\mathrm{d}^n}{\mathrm{d}x^n} (x^2 - 1)^n \tag{10-135}$$

ist (*Formel von* RODRIGUES). Diese Formel benutzen wir einerseits, um direkt aus (9-29) die *Integraldarstellung*

$$P_n(z) = \frac{1}{2\pi i} \oint_{\mathfrak{C}} \frac{(\zeta^2 - 1)^n}{2^n (\zeta - z)^{n+1}}\, \mathrm{d}\zeta \tag{10-136}$$

zu erhalten, wobei $\mathfrak{C}$ den Punkt z in positivem Sinn umläuft. Andererseits ist (10-135) sehr nützlich zur Auswertung von Integralen, deren Integrand LEGENDREsche Polynome enthält. Wir können z. B. in $\int_{-1}^{1} f(x)P_n(x)\,dx$ die Formel (10-135) einsetzen und partiell integrieren. Der dabei entstehende Term $\left[\frac{d^{n-1}}{dx^{n-1}}(x^2-1)^n\right]_{-1}^{1}$ ist stets Null, so daß

$$\int_{-1}^{1} f(x)\,P_n(x)\,dx = -\frac{1}{2^n n!}\int_{-1}^{1}\frac{df}{dx}\frac{d^{n-1}}{dx^{n-1}}(x^2-1)^n\,dx$$

folgt. Nun kann man erneut partiell integrieren und erhält schließlich

$$\int_{-1}^{1} f(x)\,P_n(x)\,dx = \frac{(-1)^n}{2^n n!}\int_{-1}^{1}(x^2-1)^n\frac{d^n f}{dx^n}\,dx\,. \tag{10-137}$$

Wir verwenden diese Beziehung für den Fall, daß $f(x) = P_m(x)$ ist. Da P_m ein Polynom m-ten Grades für x ist, so ergibt sich $\frac{d^n f}{dx^n} = 0$ für $m < n$, d. h.

$$\boxed{\int_{-1}^{1} P_m(x)\,P_n(x)\,dx = 0} \quad (m \neq n)\,.$$

Dies ist nichts anderes als die nach (10-75) erwartete Orthogonalitätsbeziehung für die LEGENDREschen Polynome. Für $m = n$ aber liefert (10-135) $\frac{d^n P_m(x)}{dx^n} = \frac{(2n)!}{2^n n!}$, wie man sich an Hand der binomischen Entwicklung (1-129) für $(x^2-1)^n$ leicht überlegt. Da die Substitution $x = \cos\vartheta$ nach Abschnitt 6.3.

$$\int_{-1}^{1}(x^2-1)^n\,dx = 2(-1)^n\int_{0}^{\pi/2}\sin^{2n+1}\vartheta\,d\vartheta = \frac{(-1)^n\,2^{n+1}\,n!}{3\cdot 5\ldots(2n+1)}$$

liefert, so ergibt sich schließlich

$$\boxed{\int_{-1}^{1}[P_n(x)]^2\,dx = \frac{2}{2n+1}}\,, \tag{10-138}$$

d. h., die in (10-75) eingeführte Normierungskonstante ist für LEGENDREsche Polynome $K_n = \sqrt{\frac{1}{2n+1}}$. Es sind also $\sqrt{n+\frac{1}{2}}\,P_n(x)$ im Bereich $-1 \leqq x \leqq 1$ normierte orthogonale Funktionen, die ein vollständiges System bilden (vgl. Abschnitt 8.4.), und man kann jede Funktion $f \in \mathfrak{L}_2([-1,1])$ nach (10-73, 10-74) durch die Reihe

$$f(x) = \sum_{n=0}^{\infty} c_n P_n(x), \qquad (-1 \leqq x \leqq 1) \tag{10-139}$$

mit

$$c_n = \left(n+\frac{1}{2}\right)\int_{-1}^{1} f(x)\,P_n(x)\,dx \tag{10-140}$$

im Sinn der Konvergenz im quadratischen Mittel darstellen.

Häufig stößt man bei der Behandlung von Problemen in Kugelkoordinaten nicht auf die Differentialgleichung (10-66), sondern auf die verwandte Gleichung

$$(1-x^2)\,y''-2xy'+\left[n\,(n+1)-\frac{m^2}{1-x^2}\right]y=0\,. \tag{10-141}$$

Für diese *zugeordnete* LEGENDRE*sche Gleichung* läßt sich eine Lösung gewinnen, wenn wir (10-66) zunächst m-mal differenzieren. Man erhält dann

$$\left\{(1-x^2)\frac{\mathrm{d}^2}{\mathrm{d}x^2}-2\,(m+1)\,x\frac{\mathrm{d}}{\mathrm{d}x}+[n\,(n+1)-m\,(m+1)]\right\}\frac{\mathrm{d}^m y}{\mathrm{d}x^m}=0$$

und mit Hilfe der Transformation

$\frac{\mathrm{d}^m y}{\mathrm{d}x^m}=(1-x^2)^{-\frac{m}{2}}\eta(x)$ ergibt sich gerade (10-141) für $\eta(x)$.

Da $y=P_n(x)$ die LEGENDREsche Gleichung löst, ist

$$\boxed{y(x)=P_n^m(x)=(1-x^2)^{\frac{m}{2}}\frac{\mathrm{d}^m P_n(x)}{\mathrm{d}x^m}} \tag{10-142}$$

eine Lösung von (10-141). Man nennt deshalb $P_n^m(x)$ *zugeordnete* LEGENDREsche *Funktionen 1. Art.* Entsprechend ist $Q_n^m(x)$ definiert. Da $P_n(x)$ ein Polynom vom Grad n ist, folgt $P_n^m(x)=0$ für $m>n$. Außerdem ist $P_n^0=P_n$ und

$$\boxed{\begin{aligned}&P_1^1(x)=\sqrt{1-x^2}\;;\;P_2^1(x)=3x\sqrt{1-x^2}\;;\;P_2^2(x)=3\,(1-x^2)\\&P_3^1(x)=\frac{3}{2}(5x^2-1)\sqrt{1-x^2}\;;\;P_3^2(x)=15x\,(1-x^2)\;;\\&P_3^3(x)=15\,(1-x^2)^{3/2}\qquad\text{usw.}\end{aligned}}\,. \tag{10-143}$$

Ähnlich wie für $P_n(x)$ kann man auch für $P_n^m(x)$ Rekursionsformeln angeben. Der zu (10-138) entsprechende Ausdruck liefert einen Normierungsfaktor, und man erhält

$$\sqrt{\left(n+\frac{1}{2}\right)\frac{(n-m)\,!}{(n+m)\,!}}\;P_n^m(x) \tag{10-144}$$

als *normierte* zugeordnete LEGENDREsche Funktionen 1. Art. Wir erwähnen noch, daß $P_n^m(x)$ mit den Kugelflächenfunktionen (vgl. Abschnitt 11.4) in engem Zusammenhang steht.

10.6. Aufgaben zu 10.1. bis 10.5.

1. Es sollen die folgenden Differentialgleichungen gelöst werden:

a) $(1+x^2)y\,\mathrm{d}x-(1-y^2)x\,\mathrm{d}y=0$; b) $\sin x\cos y\,\mathrm{d}x-\cos x\sin y\,\mathrm{d}y=0$;
c) $\varphi(y)\,\mathrm{d}x+\psi(x)\,\mathrm{d}y=0$; d) $xy(y\,\mathrm{d}x+x\,\mathrm{d}y)+x^3\,\mathrm{d}x=0$; e) $(y-x)\,\mathrm{d}y+y\,\mathrm{d}x=0$;
f) $(8y+10x)\,\mathrm{d}x+(5y+7x)\,\mathrm{d}y=0$.

2. Man löse die Gleichung:

a) $\frac{\mathrm{d}^2y}{\mathrm{d}x^2}-5\frac{\mathrm{d}y}{\mathrm{d}x}+4y=0$; b) $\frac{\mathrm{d}^2y}{\mathrm{d}x^2}-5\frac{\mathrm{d}y}{\mathrm{d}x}+4y=x$;

c) $\frac{\mathrm{d}^2y}{\mathrm{d}x^2}+y=x$; d) $\frac{\mathrm{d}^2y}{\mathrm{d}x^2}+2\frac{\mathrm{d}y}{\mathrm{d}x}+y=0$.

3. Gesucht wird die Gleichung derjenigen Kurve, deren Subnormale in allen Punkten denselben Wert hat.

4. Bei welcher Kurve ist die Länge der Normale, gerechnet bis zum Schnittpunkt mit der x-Achse, konstant?

5. Bei welcher Kurve bildet die Tangente überall denselben Winkel mit dem nach einem festen Punkt gezogenen Radiusvektor? (Man benutze Polarkoordinaten.)

6. *Evolute und Evolvente.* Verbindet man die Krümmungsmittelpunkte einer Kurve $\mathfrak{C}$, so erhält man eine neue Kurve $\mathfrak{C}'$, welche die *Evolute* der Kurve $\mathfrak{C}$ heißt. Man zeige, daß sie von den Normalen der Kurve $\mathfrak{C}$ umhüllt wird. Man stelle ihre Gleichung in Parameterform auf (Parameter ist die x-Koordinate des Kurvenpunktes von $\mathfrak{C}$) und rechne sie für die Parabel aus. Umgekehrt heißt $\mathfrak{C}$ die *Evolvente* von $\mathfrak{C}'$. Ist $\mathfrak{C}'$ gegeben und $\mathfrak{C}$ gesucht, derart, daß $\mathfrak{C}'$ die Evolute von $\mathfrak{C}$ ist, so erhält man nicht eine, sondern unendlich viele Evolventen. Man zeige, daß man die Evolventen beim Abwickeln eines an die Kurve $\mathfrak{C}'$ angelegten, straff gespannten Fadens erhält; man gebe ihre Gleichung allgemein an und rechne sie für die Kettenlinie $y(x) = \frac{1}{a} \cosh ax$ aus.

7. In einer vertikalen Röhre befindet sich eine Gasmasse, die überall dieselbe Temperatur hat und auf welche die Schwerkraft überall mit derselben Stärke wirkt. Es sollen die Dichte ϱ und der Druck p als Funktionen der Höhe z über dem Boden ermittelt werden. Dabei ist $p = a\varrho$ ($a = \text{const}$) und die Beschleunigung der Schwerkraft g. (Man beachte, daß eine »unendlich dünne« horizontale Schicht von der Differenz der Drucke, die sie beiderseits erfährt, getragen wird.) (Barometrische Höhenformel.)

8. Zwei vertikale zylindrische Gefäße, die durch ein horizontales Kapillarrohr miteinander verbunden sind, sind mit ein und derselben Flüssigkeit verschieden hoch gefüllt. Durch die Kapillare strömt in der Zeiteinheit ein Flüssigkeitsvolumen, das proportional der Höhendifferenz in den beiden Gefäßen ist (Proportionalitätsfaktor a). Die horizontalen Querschnitte der Gefäße seien S_1 und S_2 und die Höhen der Flüssigkeitsspiegel über der Kapillaren für $t = 0$: H_1 und H_2. Es sollen diese Höhen h_1 und h_2 für einen beliebigen Zeitmoment t berechnet werden.

9. Man löse die Differentialgleichung $y'' - 2y' + 5y = \exp(-2x)$ mit den Anfangsbedingungen $y(0) = 3$; $y'(0) = -1$.

10. Welche Lösung hat das System

$$\frac{d^2y}{dt^2} - \frac{dx}{dt} + 2y = 4t; \qquad \frac{d^2x}{dt^2} + \frac{dy}{dt} + 2x = 0,$$

in der Parameterdarstellung $y = y(t)$, $x = x(t)$, wenn $x(0) = 1$; $y(0) = 0$ und $\dot{x}(0) = \dot{y}(0) = 0$ sind?

11. Man beweise, daß für positiv ganzzahliges n

$$J_n(x) = \frac{1}{\pi} \int_0^\pi \cos(n\vartheta - x \sin\vartheta) \, d\vartheta$$

ist [Besselsche Integraldarstellung von $J_n(x)$].

12. Man beweise die Darstellungen

$$\text{a) } e^{ix \sin\vartheta} = \sum_{n=-\infty}^{\infty} J_n(x) \, e^{in\vartheta};$$

$$\text{b) } \cos x = J_0(x) + 2 \sum_{n=1}^{\infty} (-1)^n J_{2n}(x);$$

$$\text{c) } \sin x = 2 \sum_{n=0}^{\infty} (-1)^n J_{2n+1}(x).$$

13. Wie lautet die (10-129) entsprechende Reihe für $a < r$?

14. Zwei Punktladungen e_1, e_2 liegen auf der z-Achse eines kartesischen Koordinatensystems im Abstand a_1 bzw. a_2 vom Ursprung. In einem Punkt (x,y,z), dessen Abstand vom Ursprung größer als a_1 und a_2 ist, stelle man das Potential durch eine Reihe mit Legendreschen Polynomen dar.

11. Partielle Differentialgleichungen

In partiellen Differentialgleichungen ist – im Gegensatz zu den gewöhnlichen Differentialgleichungen – die Lösung eine Funktion von *mehr als einer Veränderlichen*. Erscheinen in einer partiellen Differentialgleichung nur die Ableitungen nach *einer* Veränderlichen, dann können die anderen Variablen als Parameter betrachtet werden, so daß eigentlich eine gewöhnliche Differentialgleichung vorliegt. Allerdings können die Integrationskonstanten von den Parametern abhängen. Zum Beispiel hat $z_{xx} + 2z_x + z(x,y) = 0$, $\left(z_x = \frac{\partial z}{\partial x},\ z_{xx} = \frac{\partial^2 z}{\partial x^2}\right)$ die allgemeine Lösung $z(x,y) = [A(y) + xB(y)]\,\mathrm{e}^{-x}$. Ähnlich einfach lassen sich die Gleichungen vom Typ $z_{xy} + az_y + f(x,y) = 0$ lösen, da man durch $z_y = \eta(x,y)$ die gewöhnliche Differentialgleichung $\eta_x + a\eta + f(x,y) = 0$ erhält. Wir sehen im folgenden von solchen einfachen Fällen ab und wenden uns der viel schwierigeren Aufgabe zu, aus Gleichungen vom Typ

$$F(x, y, z, U, U_x, U_y, U_z, U_{xx}, U_{yy}, U_{zz}, U_{xy}, \ldots) = 0 \tag{11-1}$$

Lösungen $U(x,y,z)$ zu bestimmen. Solche Differentialgleichungen begegneten uns bereits bei der Diskussion der Vektorfelder, z. B. in der POISSONschen Gleichung $U_{xx} + U_{yy} + U_{zz} = \varrho(x,y,z)$. Tatsächlich sind Gleichungen der Form (11-1) für die Naturbeschreibung von außerordentlicher Bedeutung. Bevor wir uns den wichtigsten partiellen Differentialgleichungen zuwenden, machen wir einige Bemerkungen zur allgemeinen Theorie solcher Gleichungen. Dabei ist es zweckmäßig, von Gleichungen mit *zwei* Variablen auszugehen, denn deren Lösung $U(x,y)$ können wir anschaulich als eine *Fläche über der xy-Ebene* deuten (vgl. Abb. 41). Hat man die Theorie für diese Gleichungen vom Typ

$$F(x, y, U, U_x, U_y, U_{xx}, U_{yy}, U_{xy}) = 0 \tag{11-2}$$

formuliert, so ist eine Übertragung auf mehr als zwei unabhängige Veränderliche leicht möglich.

11.1. Differentialgleichungen erster Ordnung

Gleichungen der Form

$$a(x,y,U)U_x + b(x,y,U)U_y = c(x,y,U) \tag{11-3}$$

sind *linear in den Ableitungen höchster Ordnung*. Solche Gleichungen nennt man *quasilinear*, da z. B. Glieder mit $U \cdot U_x$ bzw. $U \cdot U_y$ zugelassen werden. Nur wenn a, b unabhängig von U sind und c linear in U ist, wird (11-3) als *lineare* Gleichung bezeichnet.

Welche Forderung (11-3) an die Lösungsfläche $U(x,y)$ stellt, können wir aus einem Vergleich mit (7-118) entnehmen. Offenbar verlangt (11-3) an jeder Stelle (x,y,U) der gesuchten Lösungsfläche *Tangentialebenen*, die den Vektor (a,b,c) *enthalten*. Eine Lösung von (11-3) zu finden bedeutet also anschaulich: An ein gegebenes Vektorfeld Flächen $U(x,y)$ zu konstruieren, deren Tangentialebenen überall den Feldvektor enthalten. Da ein Vektor einem ganzen Büschel von Ebenen angehören kann, dessen Achse gerade durch den Vektor bestimmt wird, so müssen wir klären, wann eindeutige Lösungen zu erwarten sind. Im folgenden setzen wir voraus, daß die Koeffizienten a, b, c und ihre partiellen Ableitungen erster Ordnung stetige Funktionen sind – zumindest in dem Bereich, für den eine Lösung von (11-3) gesucht wird. Die Feldlinien des Vektorfeldes $(a(x,y,U), b(x,y,U), c(x,y,U))$ bezeichnet man als *Charakteristiken*. Sie sind Raumkurven, die auf den Lösungsflächen liegen und nach (7-122) durch die gewöhnlichen Differentialgleichungen

$$\frac{\mathrm{d}x}{a} = \frac{\mathrm{d}y}{b} = \frac{\mathrm{d}U}{c} \tag{11-4}$$

bestimmt werden. Führen wir einen Parameter s ein, so können wir anstelle von (11-4) auch

$$\frac{\mathrm{d}x}{\mathrm{d}s} = a\,(x,\ y,\ U); \quad \frac{\mathrm{d}y}{\mathrm{d}s} = b\,(x,\ y,\ U); \quad \frac{\mathrm{d}U}{\mathrm{d}s} = c\,(x,\ y,\ U) \tag{11-5}$$

schreiben. Die Kurvenschar $x(s)$, $y(s)$ ist offenbar die Projektion der Charakteristiken auf die xy-Ebene. Man kann zeigen (wir übergehen den Beweis), daß unter den genannten Stetigkeitsvoraussetzungen für a, b, c *jede Lösungsfläche* $U(x,y)$ *von Charakteristiken erzeugt wird*, die eine *einparametrige Kurvenschar* $U(x(s), y(s))$ bilden (Abb. 121).

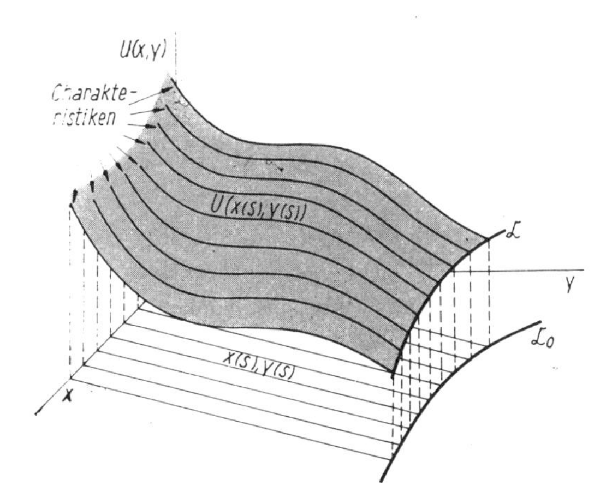

Abb. 121 Erzeugung einer Lösungsfläche $U(x,y)$ durch Charakteristiken

Da bei den gewöhnlichen Differentialgleichungen die Integrationskonstanten durch Anfangsbedingung bestimmt werden, geben wir als Anfangswerte die differenzierbaren Funktionen

$$x(t);\ y(t);\ U(t) \tag{11-6}$$

vor, um eine spezielle Lösung aus der ganzen Lösungsmannigfaltigkeit zu bekommen (t ist ein Parameter). Angenommen, wir geben in Abb. 121 durch (11-6) die Kurve $\mathfrak{C}$ vor, so sei deren Projektion auf die xy-Ebene $\mathfrak{C}_0$. Zur Vereinfachung wird außerdem angenommen, daß sich $\mathfrak{C}_0$ nicht selbst überschneidet. Unter welchen Voraussetzungen läßt sich nun eine Lösungsfläche bestimmen, die durch $\mathfrak{C}$ geht (*Anfangswertproblem* oder CAUCHY-*Problem* genannt)? In der Umgebung von $\mathfrak{C}$ können wir ein Stück der gesuchten Fläche $U(x,y)$ dadurch konstruieren, daß wir jene Lösungskurven von (11-5) benutzen, die den Anfangswerten (11-6) genügen, d. h., die $\mathfrak{C}$ schneidende Charakteristiken sind:

$$x(s,t);\ y(s,t);\ U(s,t). \tag{11-7}$$

Wenn es uns gelingt, aus $x(s,t)$ und $y(s,t)$ die Umkehrung $s(x,y)$ und $t(x,y)$ zu bilden, so erhalten wir aus (11-7) die gesuchte Lösung $U(x,y)$. Diese Lösung ist dann *eindeutig*, da die benutzten Charakteristiken die Lösungsfläche selbst erzeugen. Die eindeutige Umkehrung $s(x,y)$ und $t(x,y)$ ist möglich, wenn die Funktionaldeterminante (4-120)

$$D = x_s y_t - x_t y_s \neq 0 \tag{11-8}$$

ist. *Wenn* dagegen längs $\mathfrak{C}$ überall $D = 0$ ist, liefert (11-5)

$$\frac{x_t}{y_t} = \frac{x_s}{y_s} = \frac{a}{b}\,; \quad \frac{U_t}{c} = \frac{U_x x_t + U_y y_t}{a\,U_x + b\,U_y} = \frac{y_t}{b} = \frac{x_t}{a}\,,$$

vorausgesetzt, daß U_t (also U_x und U_y) überhaupt existiert und auf $\mathfrak{C}$ stetig ist. Wegen (11-4) haben wir damit gezeigt, daß für eine verschwindende Funktionaldeterminante $\mathfrak{C}$ selbst eine Charakteristik sein muß. Dann hat das Anfangswertproblem aber unendlich viele Lösungen, da der Tangentenvektor an eine Charakteristik einem ganzen Büschel möglicher Tangentialebenen angehören kann. Das Anfangswertproblem ist also lösbar, wenn auf $\mathfrak{C}$ überall

1. $D \neq 0$ erfüllt wird. Dann gibt es nur *eine Lösungsfläche* durch $\mathfrak{C}$.
2. $D = 0$ gilt und U_t als stetige Funktion existiert. Dann gibt es *unendlich viele Lösungsflächen* durch $\mathfrak{C}$.

Damit haben wir zugleich erkannt, daß sich Lösungsflächen *nur längs einer Charakteristik* durchdringen können.

Beispiel

$U_x + U_y = U^2$ besitzt nach (11-5) die Charakteristiken $x(s) = x_0 + s$; $y(s) = y_0 + s$; $U(s) = \dfrac{U_0}{1 - sU_0}$, wobei x_0, y_0, U_0 Integrationskonstanten sind. Wird eine Anfangskurve vorgegeben, z. B. durch $x_0 = t$; $y_0 = -t$; $U_0 = t$, so ist $x(s,t) = t + s$; $y(s,t) = -t + s$; $U(s,t) = \dfrac{t}{1 - st}$ die Schar der durch $\mathfrak{C}$ gehenden Charakteristiken. Da dann (11-8) $D = -2$ liefert, bekommen wir durch $\mathfrak{C}$ eine eindeutige Lösungsfläche, die sich wegen $2s = x + y$; $2t = x - y$ zu $U(x,y) = 2\dfrac{x - y}{4 - (x^2 - y^2)}$ ergibt.

Die Erweiterung der Theorie auf quasilineare Differentialgleichungen mit n unabhängigen Veränderlichen bringt keine wesentlichen Schwierigkeiten mit sich.

Liegt eine allgemeine nichtlineare Differentialgleichung erster Ordnung

$$F(x, y, U, U_x, U_y) = 0 \tag{11-9}$$

vor, so wird die Charakteristikentheorie etwas komplizierter.

Die durch (11-9) an jeder Stelle x, y, U zugelassenen Tangentialebenen an die möglichen Lösungsflächen stellen dann kein Ebenenbüschel mehr dar. Es gibt stattdessen eine einparametrige Ebenenschar, die gerade einen *Kegel* (MONGEscher Kegel; MONGE 1746—1818) umhüllt. Jede Lösungsfläche muß an jeder Stelle des x,y,U-Raumes den zu dieser Stelle gehörenden MONGEschen Kegel berühren. Im Unterschied zu den quasilinearen Gleichungen (11-3) gibt es nun an jeder Stelle x, y, U nicht nur *eine* charakteristische Richtung, sondern eine einparametrige *Schar* solcher Richtungen. Raumkurven, die an jeder Stelle eine dort mögliche charakteristische Richtung besitzen, bezeichnet man als *Fokalkurven* (d. h. Brennlinien). (11-9) steht nämlich in engem Zusammenhang mit der Lichtausbreitung, die im Zweidimensionalen durch die Gleichung $U_x^2 + U_y^2 = n(x,y)$ beschrieben werden kann, wobei n der Brechungsindex des Mediums ist.

11.2. Quasilineare und lineare Differentialgleichungen zweiter Ordnung

Gleichungen vom Typ

$$aU_{xx} + 2bU_{xy} + cU_{yy} + d = 0, \tag{11-10}$$

wobei die Koeffizienten a, b, c und d Funktionen von x, y, U, U_x, U_y sind, bezeichnen wir wieder als *quasilinear*, da (11-10) linear in den höchsten Ableitungen ist. Solche Gleichungen treten bei der mathematischen Naturbeschreibung sehr häufig auf, so ist z. B. die schon mehrfach erwähnte POISSONsche Gleichung $U_{xx} + U_{yy} = \varrho(x,y)$ ein Spezialfall von (11-10).

11.2.1. Charakteristikenmethode

Für eine Diskussion der Lösungsmannigfaltigkeit von (11-10) ist es zweckmäßig, zunächst neue Veränderliche

$$\xi = \varphi(x,y); \quad \eta = \psi(x,y) \tag{11-11}$$

einzuführen. Dann ist

$$\begin{aligned} U_{xx} &= U_{\xi\xi}\varphi_x^2 + 2U_{\xi\eta}\varphi_x\psi_x + U_{\eta\eta}\psi_x^2 + U_\xi\varphi_{xx} + U_\eta\psi_{xx}; \\ U_{yy} &= U_{\xi\xi}\varphi_y^2 + 2U_{\xi\eta}\varphi_y\psi_y + U_{\eta\eta}\psi_y^2 + U_\xi\varphi_{yy} + U_\eta\psi_{yy}; \\ U_{xy} &= U_{\xi\xi}\varphi_x\varphi_y + U_{\xi\eta}(\varphi_x\psi_y + \varphi_y\psi_x) + U_{\eta\eta}\psi_x\psi_y + U_\xi\varphi_{xy} + U_\eta\psi_{xy}, \end{aligned}$$

und mit

$$\left.\begin{aligned} Q(\varphi,\psi) &= a\varphi_x\psi_x + b(\varphi_x\psi_y + \varphi_y\psi_x) + c\varphi_y\psi_y, \\ L\{\varphi\} &= a\varphi_{xx} + 2b\varphi_{xy} + c\varphi_{yy} \end{aligned}\right\} \tag{11-12}$$

ergibt sich aus (11-10)

$$Q(\varphi,\varphi)U_{\xi\xi} + 2Q(\varphi,\psi)U_{\xi\eta} + Q(\psi,\psi)U_{\eta\eta} + L\{\varphi\}U_\xi + L\{\psi\}U_\eta + d = 0. \tag{11-13}$$

In (11-12, 11-13) sind a, b, c und d Funktionen von ξ, η, U, U_ξ, U_η. Wir wollen in ähnlicher Weise wie in Abschnitt 11.1 das Anfangswertproblem untersuchen: Wenn wir in der xy-Ebene eine Kurve $\mathfrak{C}_0$ durch $\varphi(x,y) = 0$ vorgeben und auf $\mathfrak{C}_0$ zudem noch U, U_x, U_y vorschreiben, ist dann eine Lösungsfläche von (11-10) bestimmt? Im Gegensatz zu früher ist jetzt nicht nur eine durch $\varphi(x,y) = 0$ und U festgelegte Raumkurve $\mathfrak{C}$ im xyU-Raum vorgegeben, sondern mit U_x und U_y sind auch die Tangentialebenen längs $\mathfrak{C}$ vorgegeben. Diese Vorgabe bezeichnet man als CAUCHY*sche Anfangsbedingung* oder Randbedingung. Denken wir uns $\mathfrak{C}_0$ durch die Parameterdarstellung $x(\sigma)$, $y(\sigma)$ gegeben, so ist also auch $U(\sigma)$, $U_x(\sigma)$, $U_y(\sigma)$ vorgegeben. Da andererseits

$$\frac{\mathrm{d}U}{\mathrm{d}\sigma} = U_x\frac{\mathrm{d}x}{\mathrm{d}\sigma} + U_y\frac{\mathrm{d}y}{\mathrm{d}\sigma} \tag{11-14}$$

ist, müssen die Koeffizienten U_x, U_y der Tangentialebene längs $\mathfrak{C}$ so vorgegeben werden, daß sie die als *Streifenbedingung* bezeichnete Relation (11-14) erfüllen. Das Anfangswertproblem besteht also darin, eine Lösungsfläche von (11-10) zu finden, die den vorgegebenen Streifen enthält.

Wenn (11-11) eine umkehrbar eindeutige Transformation beschreibt – was wir annehmen wollen –, so muß nach (4-121) $\varphi_x\psi_y - \varphi_y\psi_x \neq 0$ sein. Da $U_x = U_\xi\varphi_x + U_\eta\psi_x$; $U_y = U_\xi\varphi_y + U_\eta\psi_y$ ist, so läßt sich dieses System stets nach U_ξ, U_η auflösen, und man sieht, daß bei gegebenem $U_x(\sigma)$, $U_y(\sigma)$ immer $U_\xi(\sigma)$, $U_\eta(\sigma)$ auf $\mathfrak{C}_0$ berechnet werden kann. Die eindeutig umkehrbare Transformation (11-11) hat zur Folge, daß sich längs der Kurve $\varphi(x,y) = \xi = 0$ die Variable η ändert, also $\sigma = \sigma(\eta)$ ist. Dann läßt sich auf $\mathfrak{C}_0$ auch $U_{\eta\eta} = \frac{\mathrm{d}U_\eta}{\mathrm{d}\sigma}\frac{\mathrm{d}\sigma}{\mathrm{d}\eta}$ und $U_{\xi\eta} = \frac{\mathrm{d}U_\xi}{\mathrm{d}\sigma}\frac{\mathrm{d}\sigma}{\mathrm{d}\eta}$ berechnen. Dagegen erhält man $U_{\xi\xi}$ auf $\mathfrak{C}_0$ *nicht* aus $U_\xi(\sigma)$. Diese, aus $\mathfrak{C}$ »herausführende« Ableitung läßt sich gerade aus (11-13) gewinnen, da alle anderen in (11-13) auftretenden Ableitungen auf $\mathfrak{C}_0$ bekannt sind. Allerdings liefert (11-13) $U_{\xi\xi}$ nur, wenn für jeden Punkt von $\mathfrak{C}$ $Q(\varphi,\varphi) \neq 0$ ist. Dann bestimmt die Differentialgleichung längs des Anfangsstreifens *eindeutig* die zweiten und höheren Ableitungen von U, so daß das Anfangswertproblem eine *eindeutige Lösung* besitzt. Ist dagegen längs $\mathfrak{C}$ überall noch

$$Q(\varphi,\varphi) = a\varphi_x^2 + 2b\varphi_x\varphi_y + c\varphi_y^2 = 0 \tag{11-15}$$

erfüllt, dann ist die Ergänzung des Anfangsstreifens zu einem Lösungsstreifen von (11-10) *nicht mehr eindeutig* möglich. Im Anschluß an Abschnitt 11.1. nennen wir einen Anfangsstreifen, für den (11-15) gilt, einen *charakteristischen Streifen.* Konsequenterweise sollte man die zugehörige Kurve $\mathfrak{C}$ als Charakteristik bezeichnen, häufig wird jedoch die Projektion von $\mathfrak{C}$ auf die xy-Ebene, also $\mathfrak{C}_0$, *Charakteristik* genannt. Wir schließen uns diesem Brauch an und können nun kurz sagen: (11-15) ist die notwendige und hinreichende Bedingung dafür, daß $\mathfrak{C}_0$ eine Charakteristik ist. Wegen $\mathrm{d}\xi = \varphi_x\,\mathrm{d}x + \varphi_y\,\mathrm{d}y$ erhält man $\varphi_x\,\mathrm{d}x + \varphi_y\,\mathrm{d}y = 0$ längs einer Kurve $\xi = \text{const}$, und hiermit ergibt sich für $\varphi_y \neq 0$ aus (11-15)

$$\boxed{\frac{\mathrm{d}y}{\mathrm{d}x} = \frac{1}{a}\left(b \pm \sqrt{b^2 - ac}\right)}\,, \tag{11-16}$$

also eine gewöhnliche Differentialgleichung als Bestimmungsgleichung für die Charakteristiken. (11-16) gibt direkt die als *charakteristische Richtung* bezeichnete Tangentenrichtung der Charakteristiken an. An (11-16) erkennen wir, warum die Theorie der *linearen* Differentialgleichungen vom Typ (11-10) viel einfacher als die der quasilinearen Gleichungen ist. Denn in linearen Gleichungen sind die Koeffizienten a, b, c nur Funktionen von x und y, so daß (11-16) unmittelbar gelöst werden kann. Dagegen enthalten diese Koeffizienten bei quasilinearen Gleichungen auch noch U, U_x, U_y, d. h., die gesuchte Lösung von (11-10) müßte schon bekannt sein, damit man (11-16) auflösen kann. In der mathematischen Naturbeschreibung entstehen quasilineare Gleichungen vom Typ (11-10) häufig aus einem System von quasilinearen Gleichungen erster Ordnung. Dann ist es meistens zweckmäßiger, direkt eine Lösung dieses Systems zu versuchen. In jedem Fall ist (11-16) aber nützlich, um zu einer Unterteilung der Gleichung (11-10) in drei Typen zu gelangen. Ausgangspunkt für diese Einteilung ist die Erkenntnis, daß (11-16) nur dann *reelle* Charakteristiken liefern wird, wenn $ac - b^2 \leq 0$ ist. Die Bezeichnung für die verschiedenen Gleichungstypen schließt eng an die quadratische Form

(11-15) an, die nach einer Hauptachsentransformation eine Einteilung der Kurven zweiten Grades ermöglicht (vgl. Abschnitt 5.2.; es ist $A_{33} = ac - b^2$).

1. $ac - b^2 < 0$. Dann liefert (11-16) *zwei reelle Scharen von Charakteristiken.* Wir wählen für diese Scharen die Bezeichnung $\varphi(x,y) = \xi = \text{const}$; $\psi(x,y) = \eta = \text{const}$ und nennen die Parameter ξ, η die *charakteristischen Koordinaten.* Für das positive Vorzeichen in (11-16) ist $\varphi_x \, dx_+ + \varphi_y \, dy_+ = 0$, d. h. $Q(\varphi,\varphi) = 0$ und wegen $\psi_x \, dx_- + \psi_y \, dy_- = 0$ ist $Q(\psi,\psi) = 0$, so daß nach (11-13)

$$\boxed{\frac{\partial^2 U}{\partial \xi \, \partial \eta} = f(\xi, \eta, U, U_\xi, U_\eta)} \tag{11-17}$$

die hierzu gehörende *Normalform* von (11-13) ist. Man bezeichnet (11-17) als *hyperbolische Differentialgleichung.* Als Prototyp dieser hyperbolischen Gleichungen merke man sich die *Wellengleichung* (vgl. Abschnitt 11.5.) in ihrer einfachsten Form

$$\boxed{\frac{\partial^2 U}{\partial x^2} - \frac{1}{c^2} \frac{\partial^2 U}{\partial t^2} = 0}, \tag{11-18}$$

die wellenförmige Fortpflanzungen einer Erregung U mit der Geschwindigkeit c beschreibt (z. B. Seilwellen, Schallwellen, elektromagnetische Wellen). Ersetzen wir in (11-10) y durch t, so ist für (11-18) $a = 1$, $b = d = 0$ und c durch $-\frac{1}{c^2}$ zu ersetzen. Dann liefert (11-16) die Charakteristiken

$$x - ct = x_0 - ct_0 = \xi = \varphi(x,t); \quad x + ct = x_0 + ct_0 = \eta = \psi(x,t), \tag{11-19}$$

und es ist

$$U_{xx} = U_{\xi\xi} + 2U_{\xi\eta} + U_{\eta\eta}; \quad U_{tt} = c^2 U_{\xi\xi} - 2c^2 U_{\xi\eta} + c^2 U_{\eta\eta},$$

so daß (11-18) übergeht in

$$\frac{\partial^2 U}{\partial \xi \, \partial \eta} = 0. \tag{11-20}$$

Hieraus erhalten wir sofort die allgemeine Lösung, denn U_ξ darf offenbar nicht von η abhängen, so daß $U_\xi = V(\xi)$ ist, woraus durch Integration

$$U(\xi,\eta) = U_1(\xi) + U_2(\eta) \tag{11-21}$$

folgt, wobei U_1, U_2 noch willkürliche Funktionen sind. Demnach ist die allgemeine Lösung von (11-18) (D'ALEMBERTsche Lösung; D'ALEMBERT 1717—1783):

$$\boxed{U(x,t) = U_1(x - ct) + U_2(x + ct)} \tag{11-22}$$

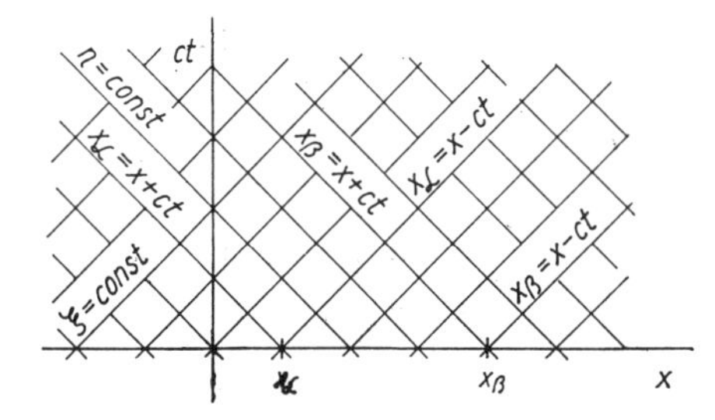

Abb. 122 Charakteristiken der Wellengleichung (11-18)

In der ct,x-Ebene sind die Charakteristiken von (11-18) Geraden, die von der x-Achse unter einem Winkel von $\pm 45°$ geschnitten werden (Abb. 122). Wir wollen nun für (11-18) zeigen, welche qualitativen Eigenschaften die Lösung des Anfangswertproblems bei hyperbolischen Gleichungen besitzt. Dazu nehmen wir an, daß zur Zeit $t = 0$, U und U_t vorgegeben sind, z. B.

$$U(x,0) = F(x);\; U_t(x,0) = H(x). \tag{11-23}$$

Aus (11-22) ergibt sich

$$U_t = \frac{\mathrm{d}U_1}{\mathrm{d}\xi}\,\xi_t + \frac{\mathrm{d}U_2}{\mathrm{d}\eta}\,\eta_t = c\left(\frac{\mathrm{d}U_2}{\mathrm{d}\eta} - \frac{\mathrm{d}U_1}{\mathrm{d}\xi}\right),$$

also für $t = 0$: $U_t(x,0) = c\frac{\mathrm{d}}{\mathrm{d}x}(U_2 - U_1)$. Dann liefert

$$F(x) = U_1(x) + U_2(x)$$

und

$$\int_{x_\alpha}^{x} H(\varepsilon)\,\mathrm{d}\varepsilon = c\,[U_2(x) - U_1(x)]$$

die Beziehungen

$$U_1(x) = \frac{1}{2}\left[F(x) - \frac{1}{c}\int_{x_\alpha}^{x} H(\varepsilon)\,\mathrm{d}\varepsilon\right]; \quad U_2(x) = \frac{1}{2}\left[F(x) + \frac{1}{c}\int_{x_\alpha}^{x} H(\varepsilon)\,\mathrm{d}\varepsilon\right].$$

Innerhalb des Wertebereichs von x kann jeder Wert von x benutzt werden. Zum Beispiel ergibt sich aus $U_1(x_\alpha)$ und $U_2(x_\beta)$, wenn wir $x_\alpha = x - ct$, $x_\beta = x + ct$ wählen, wegen (11-22) die Lösung

$$\boxed{U(x,t) = \frac{1}{2}[F(x - ct) + F(x + ct)] + \frac{1}{2c}\int_{x-ct}^{x+ct} H(\varepsilon)\,\mathrm{d}\varepsilon}, \tag{11-24}$$

die den Anfangsbedingungen (11-23) genügt. Man erkennt, wie sich die zur Zeit $t = 0$ bei $x = x_\alpha$ bzw. $x = x_\beta$ vorgegebenen Werte $F(x_\alpha)$ bzw. $F(x_\beta)$ *längs der Charakteristiken* $x_\alpha = x - ct$ bzw. $x_\beta = x + ct$ unverändert *fortpflanzen*. Nach Definition charakteristischer Streifen wissen wir, daß sich zwei Lösungsflächen von (11-10) *nur* längs charakteristischer Streifen verzweigen können, d. h., eine Lösungsfläche kann nur dort in eine andere Lösungsfläche übergehen, wobei U *und* die ersten Ableitungen U_x, U_y *stetige* Funktionen sind. Hiernach ist klar, daß sich sogenannte *schwache Unstetigkeiten* [d. h. für (11-10) sollen U, U_x und U_y stetig sein, während die höheren Ableitungen zum Teil unstetig sind] *nur längs der Charakteristiken* ausbreiten können. Es läßt sich zeigen – wir übergehen den Beweis–, daß bei *linearen* Gleichungen (vgl. 11-18) die Charakteristiken auch für die Ausbreitung *starker Unstetigkeiten* [d. h. für (11-10): es können bereits die ersten Ableitungen von U unstetig sein] eine wesentliche Rolle spielen. Es ist bemerkenswert, daß Lösungen linearer Gleichungen *nur* dann Diskontinuitäten enthalten, wenn diese durch die Anfangsbedingungen eingeführt wurden. Im Gegensatz dazu können *nichtlineare* Gleichungen auch bei stetigen Anfangsbedingungen zu *unstetigen* Lösungen führen. Ferner zeigt (11-24), daß die Lösung U an einem Punkt P mit $x = \frac{1}{2}(x_\beta + x_\alpha)$, $ct = \frac{1}{2}(x_\beta - x_\alpha)$ (vgl. Abb. 122) allein aus den Anfangsdaten im Bereich $x_\alpha \leqq x \leqq x_\beta$

bestimmt wird. Man nennt dieses Stück der Anfangswertkurve $\mathfrak{C}_0$ deshalb *Abhängigkeitsgebiet* der Stelle P. Eine Abänderung der Anfangswerte außerhalb von $x_\alpha \cdots x_\beta$ hat *keinen Einfluß* auf die *Lösung im Punkt P*.

Auch für die allgemeine inhomogene hyperbolische Gleichung (11-17) gilt ein ähnlicher Satz. Jene 2 durch P gehenden Charakteristiken von (11-17), die aus der Anfangswertkurve ein Stück Γ herausschneiden, grenzen wie in Abb. 122 einen dreieckähnlichen Bereich der xt-Ebene ab. Man kann zeigen (wir übergehen den Beweis), daß die Lösung des Anfangswertproblems von (11-17) an der Stelle P nur von den Anfangswerten auf Γ und von solchen Werten der Funktion f abhängt, die im Innern des von den beiden Charakteristiken und Γ eingeschlossenen Gebiets angenommen werden. Man nennt dann nicht nur Γ, sondern diesen ganzen Bereich Abhängigkeitsgebiet.

Umgekehrt haben die Anfangswerte in $x_\alpha \leqq x \leqq x_\beta$ auf die Lösungen an allen jenen Punkten der xt-Ebene mit $t > 0$ einen Einfluß, die innerhalb eines Gebietes liegen, das von den Charakteristiken $x_\alpha = x + ct$ und $x_\beta = x - ct$ begrenzt wird (vgl. Abb. 122). Diesen, in Richtung positiver t-Werte unbegrenzten Bereich, bezeichnet man als *Einflußgebiet* der Anfangswerte in $x_\alpha \leqq x \leqq x_\beta$. Schließlich kann man alle jene Punkte der xt-Ebene ($t > 0$) betrachten, an denen die Lösung vollständig durch die Anfangswerte auf $\mathfrak{C}_0$ zwischen $x_\alpha \leqq x \leqq x_\beta$ bestimmt ist. Diese Punkte bilden das sogenannte *Fortsetzungsgebiet* von $x_\alpha \leqq x \leqq x_\beta$ (in Abb. 122 alle Punkte im Dreieck $x_\alpha P x_\beta$). Diese Überlegungen sind sehr nützlich für gasdynamische Probleme, in denen Überschallgeschwindigkeiten auftreten.

2. $ac - b^2 = 0$. (11-6) liefert nur *eine reelle Charakteristikenschar* $\varphi(x,y) = \text{const}$. Wir wählen deshalb $\eta = \psi(x,y) = y$ und erhalten einerseits wegen (11-15) $Q(\varphi,\varphi) = 0$, andererseits nach (11-12) $Q(\varphi,\psi) = b\varphi_x + c\varphi_y$; $Q(\psi,\psi) = c$. Da (11-16) $a\varphi_x = -b\varphi_y$ liefert, ist wegen $b^2 = ac$ auch $b\varphi_x = -c\varphi_y$, also $Q(\varphi,\psi) = 0$. Damit ergibt sich aus (11-13)

$$\boxed{\frac{\partial^2 U}{\partial \eta^2} = f(\xi, U, U_\xi, U_\eta)} \qquad (11\text{-}25)$$

als *Normalform* der sogenannten *parabolischen Differentialgleichung*. Prototyp dieser Gleichung ist die *Diffusionsgleichung* (vgl. Abschnitt 11.6.)

$$\boxed{\frac{\partial^2 U}{\partial y^2} = \frac{1}{k^2}\frac{\partial U}{\partial t}}, \qquad (11\text{-}26)$$

die Ausgleichsvorgänge beschreibt (z. B. Konzentrationsausgleich, Temperaturausgleich). In (11-10) muß hierfür $a = b = 0$; $c = 1$; $d = -\frac{1}{k^2}\frac{\partial U}{\partial t}$ gesetzt werden, so daß (11-15) $\varphi_y = 0$, d. h. $\xi = \varphi(t,y) = t - t_0$ als Charakteristikenschar liefert. Damit geht aber (11-26) unmittelbar in (11-25) über.

3. $ac - b^2 > 0$. Dann liefert (11-16) *keine reelle Charakteristik*. Die Integration von (11-16) ergibt

$$\varphi(x,y) = u(x,y) + iv(x,y); \qquad \psi(x,y) = u(x,y) - iv(x,y).$$

Es ist zweckmäßig (11-10) nicht der Transformation (11-11) zu unterwerfen, wodurch in (11-13) komplexe unabhängige Veränderliche auftreten würden, sondern die Transformation

$$\xi = u(x,y); \qquad \eta = v(x,y)$$

zu benutzen. Dann tritt in (11-12, 11-13) u anstelle von φ und v anstelle von ψ auf, z. B.

$$Q(u,v) = au_xv_x + b(u_xv_y + u_yv_x) + cu_yv_y. \tag{11-27}$$

Die komplexe Charakterstikenschar $\varphi(x,y) = \text{const}$ genügt $\varphi_x \, dx + \varphi_y \, dy = 0$, also wegen (11-16) der Gleichung (11-15), die nun

$$a(u_x + iv_x)^2 + 2b(u_x + iv_x)(u_y + iv_y) + b(u_y + iv_y)^2 = 0$$

lautet und durch Zerlegung in Real- und Imaginärteil zwei Gleichungen liefert, nämlich $Q(u,u) = Q(v,v)$ und $Q(u,v) = 0$. Deshalb ergibt sich nach (11-13)

$$\boxed{\frac{\partial^2 U}{\partial \xi^2} + \frac{\partial^2 U}{\partial \eta^2} = f(\xi, \eta, U, U_\xi, U_\eta)} \tag{11-28}$$

als *Normalform* der sogenannten *elliptischen Differentialgleichung*. Als Prototyp dieser Gleichung erkennt man unmittelbar

$$\boxed{\frac{\partial^2 U}{\partial x^2} + \frac{\partial^2 U}{\partial y^2} = 0}, \tag{11-29}$$

d. h. die zweidimensionale LAPLACEsche Gleichung (7-200), die in Potentialfeldern gilt.

Wir bemerken ferner, daß bereits bei ein und denselben *linearen* Gleichungen (11-10) (in denen a, b und c noch ortsabhängig sein können) innerhalb verschiedener Bereiche der xy-Ebene jeweils ein anderer Typ der drei Möglichkeiten (11-17, 11-25, 11-28) vorkommen kann. Die Typeneinteilung linearer partieller Differentialgleichungen zweiter Ordnung läßt sich für mehr als zwei Variable in analoger Weise vollziehen. Für n Veränderliche $x_1, x_2, \ldots, x_n$ betrachten wir die Gleichung

$$\sum_{i=1}^{n} \sum_{j=1}^{n} a_{ij} \frac{\partial^2 U}{\partial x_i \, \partial x_j} + \ldots = 0, \tag{11-30}$$

wobei die Punkte einen Ausdruck kennzeichnen sollen, der *keine* zweiten Ableitungen enthält. Alle $a_{ij} = a_{ji}$ sollen nur von $x_1, x_2, \ldots, x_n$ abhängen. Durch eine Transformation

$$\xi_i = \varphi_i(x_1, \ldots, x_n), \; (i = 1, 2, \ldots, n)$$

geht (11-30) über die in Form

$$\sum_{i=1}^{n} \sum_{j=1}^{n} \alpha_{ij} \frac{\partial^2 U}{\partial \xi_i \, \partial \eta_j} + \ldots = 0, \tag{11-31}$$

wobei sich

$$\alpha_{ij} = \sum_{r=1}^{n} \sum_{s=1}^{n} a_{rs} \frac{\partial \varphi_i}{\partial x_s} \frac{\partial \varphi_j}{\partial x_r} \tag{11-32}$$

ergibt. (11-31, 11-32) entsprechen (11-12, 11-13). Gibt man CAUCHYsche Anfangsbedingungen (d. h. $U, U_{x_1}, U_{x_2}, \ldots, U_{x_n}$) auf einer Hyperfläche $\varphi_K(x_1, \ldots x_n) = 0$ vor, so ist die Lösung des Anfangswertproblems genau dann mehrdeutig, wenn

$$\sum_{r=1}^{n} \sum_{s=1}^{n} a_{rs} \frac{\partial \varphi_K}{\partial x_s} \frac{\partial \varphi_K}{\partial x_r} = 0 \tag{11-33}$$

erfüllt wird. Dann heißt $\varphi_K = 0$ *charakteristische Hyperfläche* oder Charakteristik der Gleichung (11-30). Betrachtet man (11-33) als quadratische Form $Q = \sum_{r,s=1}^{n} a_{rs}\eta_r\eta_s$, so gelangt man wieder zu einer Typeneinteilung, die z. B. für $n = 3$ an die Einteilung der Flächen zweiten Grades anschließt (vgl. Abschnitt 5.3.). Hiernach kann eine *elliptische* Differentialgleichung für jeden festgehaltenen Punkt $x_1, x_2, \ldots, x_n$ auf die Form

$$U_{x_1x_1} + U_{x_2x_2} + \ldots + U_{x_nx_n} = 0 \tag{11-34}$$

gebracht werden. Aus (11-34) entsteht eine (eigentlich) *hyperbolische* Gleichung, wenn *eines* der positiven Vorzeichen durch ein negatives ersetzt wird. Werden in (11-34) *mehrere* positive Vorzeichen durch ein negatives ersetzt, so nennt man die Gleichung *ultrahyperbolisch*. Verschwindet in (11-34) eines oder mehrere Glieder, so heißt die Gleichung *parabolisch*.

11.2.2. Randbedingungen

Bislang haben wir die CAUCHYschen Anfangsbedingungen kennengelernt, die voraussetzen, daß man längs des Randes U *und* die Neigung der Lösungsfläche vorgibt. Dabei haben wir über die Gestalt des Randes noch nichts ausgesagt. Die genauere Diskussion zeigt jedoch einen Einfluß der Gestalt des Randes auf die Eindeutigkeit der Lösung. Hätten wir z. B. für die hyperbolische Gleichung (11-18) in Abbildung 122 nicht die *ganze* Gerade $t = 0$ als $\mathfrak{C}_0$ gewählt, sondern nur das Stück zwischen x_α, x_β und dafür *zusätzlich* noch die durch x_α und x_β vertikal verlaufenden Geraden, so zeigt ein Blick auf (11-24), daß längs dieses neuen Randes die CAUCHYschen Rand- bzw. Anfangsbedingungen keineswegs überall vorgegeben werden können. Man bekäme nämlich ein *überbestimmtes* Problem. Offensichtlich kann in dem erwähnten Beispiel längs der Geraden $x = x_\alpha$ bzw. $x = x_\beta$ nur *entweder* U *oder* U_x bzw. das *Verhältnis von* U_x *zu* U festgelegt werden. Wir fassen diese Möglichkeiten zusammen in

$$AU(\sigma) + BU_n(\sigma) = f(\sigma), \tag{11-35}$$

wobei A und B vorgegebene Konstanten sind und $f(\sigma)$ eine längs des Randes vorgegebene Funktion ist. U_n bezeichnet die Ableitung in Richtung der Normale des Randes. Wenn $f(\sigma) = 0$ ist, heißt (11-35) *homogene*, sonst *inhomogene Randbedingung*. Für $B = 0$ ist durch (11-35) nur U längs des Randes vorgegeben, was als DIRICHLET*sche Randbedingungen* bezeichnet wird. Für $A = 0$ bestimmt (11-35) nur U_n längs des Randes, dann spricht man von NEUMANN*schen Randbedingungen*. Das als Beispiel genannte Problem (11-18) zu lösen mit den CAUCHYschen Anfangsbedingungen $U(x,0) = F$, $U_t(x,0) = H$ und mit den homogenen DIRICHLETschen Randbedingungen $U(x_\alpha,t) = U(x_\beta,t) = 0$ stellt ein gemischtes Anfangs- und Randwertproblem dar, das gerade einer bei x_α, x_β eingespannten Saite entspricht, die zur Zeit $t = 0$ in bestimmter Weise ausgelenkt wird.

Glücklicherweise ergeben sich im allgemeinen bei physikalischen und technischen Problemen mit der mathematischen Formulierung des Problems nicht nur die entsprechenden Differentialgleichungen, sondern auch die richtigen Randbedingungen, die zur eindeutigen Lösung führen. Allerdings kann die Erkenntnis, welche Randbedingungen für welche Differentialgleichungen die »richtigen« sind, ein guter Wegweiser dafür sein, wie man neue Probleme sinnvoll formuliert.

Es erweist sich bei genauerer Diskussion – die wir übergehen wollen –, daß naturgemäß zu *hyperbolischen* Differentialgleichungen Bereiche mit *offenen* Rändern gehören, längs derer CAUCHYsche Randbedingungen vorgegeben werden (*Anfangswertprobleme* bzw. gemischte Anfangs- und Randwertprobleme). In entsprechender Weise gehören zu *elliptischen* Differentialgleichungen Bereiche mit *geschlossenen* Rändern, längs derer entweder DIRICHLETsche oder NEUMANNsche Randbedingungen bzw. (11-35) vorgegeben werden (*Randwertprobleme*). Die *parabolischen* Differentialgleichungen nehmen eine Zwischenstellung ein. Zu ihnen gehören *offene* Ränder, längs derer DIRICHLETsche oder NEUMANNsche Randbedingungen vorgegeben werden (gemischte *Anfangs-* und *Randwertprobleme*). Wir weisen noch darauf hin, daß ein geschlossenes Gebiet auch bis ins Unendliche reichen kann. Dann müssen allerdings auch im Unendlichen Randbedingungen vorgegeben werden – im Gegensatz zum bis ins Unendliche reichenden offenen Gebiet.

11.2.3. Lösungsmethoden linearer Differentialgleichungen

Zur Lösung linearer partieller Differentialgleichungen mit geeigneten Anfangs- bzw. Randbedingungen stehen verschiedene Methoden zur Verfügung, von denen wir nur zwei allgemein anwendbare nennen.

1. Darstellung der Lösung in geschlossener Form durch ein Integral, das charakterisierende Funktionen enthält. Ein einfaches Beispiel für diese Darstellung ist (11-24). Für lineare hyperbolische Gleichungen der Form (11-17) läßt sich eine (11-24) entsprechende integrale Darstellung der Lösung mit Hilfe der sogenannten RIEMANN*schen Funktion* angeben. Wir gehen hierauf nicht weiter ein. Die integrale Darstellung der Lösung linearer elliptischer bzw. parabolischer Gleichungen gelingt mit Hilfe der GREEN*schen Funktionen*, die wir im Abschnitt 11.4. und 11.6. näher kennenlernen werden. Diese integralen Darstellungen haben den Vorteil großer Allgemeinheit, aber den Nachteil, daß die auftretenden Integrale häufig nur numerisch ausgewertet werden können.

2. Darstellung der Lösung durch unendliche Reihen von geeigneten Funktionen. Man versucht nicht erst eine allgemeine Lösung zu finden, die dann den speziellen Randbedingungen angepaßt werden muß, sondern sucht sofort die zum speziellen Problem passenden Lösungen. Dies geschieht durch einen *Produktansatz*

$$\boxed{U(x_1, \ldots x_n) = F_1(x_1) F_2(x_2) \cdots F_n(x_n)}\,, \tag{11-36}$$

der die ursprüngliche partielle Differentialgleichung mit n Variablen *separiert* in n gewöhnliche Differentialgleichungen. Diese gewöhnlichen Differentialgleichungen liefern dann die zu dem Randwertproblem passenden Eigenfunktionen, mit deren Hilfe die zu den vorgegebenen Randwerten passende Lösung des Problems aufgebaut wird. Diese *Methode der Eigenfunktionen*, die wir im Abschnitt 11.4., 11.5. und 11.6. vorführen werden, hängt davon ab, ob man ein Koordinatensystem findet, das für die Form des vorgegebenen Randes zweckmäßig ist und in dem die zu untersuchende partielle Differentialgleichung überhaupt separierbar ist. Letzteres ist keineswegs immer der Fall. Wenn die Methode der Eigenfunktionen überhaupt anwendbar ist, liefert sie häufig eine viel zweckmäßigere Darstellung der Lösung als die unter 1. erwähnte Methode.

11.3. Quasilineare Differentialgleichungssysteme erster Ordnung

In der Hydrodynamik und Elektrodynamik liegen häufig Probleme vor, die mathematisch durch ein System von partiellen Differentialgleichungen erfaßt werden. Es ist deshalb sehr nützlich, die Charakteristikentheorie auch auf Systeme zu übertragen. Es genügt, wenn wir uns auf quasilineare Gleichungen erster Ordnung beschränken, die wir in der Form

$$\sum_{j=1}^{m} \sum_{k=1}^{n} a_{ij}^{(k)} \frac{\partial U_j}{\partial x_k} + b_i = 0\,, \quad (i = 1, 2, \ldots m) \tag{11-37}$$

schreiben. Die $a_{ij}^{(k)}$ und b_i können stetige Funktionen von $x_1, x_2, \ldots, x_n$ und $U_1, U_2, \ldots, U_m$ sein, wobei wir mit n die Anzahl der Veränderlichen und mit m die Anzahl der unbekannten Funktionen bezeichnen. Durch eine Transformation

$$\xi_r = \varphi_r(x_1, x_2, \ldots, x_n) \tag{11-38}$$

wird

$$\frac{\partial U_j}{\partial x_k} = \sum_{r=1}^{n} \frac{\partial U_j}{\partial \xi_r} \frac{\partial \xi_r}{\partial x_k},$$

und (11-37) geht über in

$$\sum_{j=1}^{m} \sum_{k=1}^{n} \sum_{r=1}^{n} a_{ij}^{(k)} \frac{\partial \xi_r}{\partial x_k} \frac{\partial U_j}{\partial \xi_r} + b_i = 0, \quad (i = 1, 2 \ldots n)\,. \tag{11-39}$$

Nun wollen wir mit den Cauchyschen Anfangsbedingungen das Anfangswertproblem: $U_1, U_2, \ldots, U_m$ gegeben auf einer Hyperfläche $\xi_1 = \psi(x_1, \ldots, x_n) = 0$ (11-40) betrachten. Da $\operatorname{grad} \psi = \left\{\frac{\partial \psi}{\partial x_1}, \ldots, \frac{\partial \psi}{\partial x_n}\right\}$ ein n-dimensionaler Vektor ist, der senkrecht auf der Anfangsfläche steht, so schreiben wir (11-39)

$$\sum_{j=1}^{m} \sum_{k=1}^{n} a_{ij}^{(k)} \frac{\partial \psi}{\partial x_k} \frac{\partial U_j}{\partial \xi_1} + \sum_{j=1}^{m} \sum_{k=1}^{n} \sum_{r=2}^{n} a_{ij}^{(k)} \frac{\partial \xi_r}{\partial x_k} \frac{\partial U_j}{\partial \xi_r} + b_i = 0\,. \tag{11-41}$$

Das Anfangswertproblem ist hier *nicht eindeutig* lösbar, wenn die Ableitungen $\frac{\partial U_j}{\partial \xi_1}$ nicht berechnet werden können, und dies ist gerade dann der Fall, wenn

$$\begin{vmatrix} \alpha_{11} & \alpha_{12} & \ldots & \alpha_{1m} \\ \alpha_{21} & & & \cdot \\ \cdot & & & \cdot \\ \cdot & & & \cdot \\ \cdot & & & \cdot \\ \alpha_{m1} & \ldots & \ldots & \alpha_{mm} \end{vmatrix} = 0 \tag{11-42}$$

ist, wobei

$$\alpha_{ij} = \sum_{k=1}^{n} a_{ij}^{(k)} \frac{\partial \psi}{\partial x_k} \tag{11-43}$$

gesetzt wurde. (Der Leser mache sich diese Bedingung z. B. für $n = m = 2$ klar.)

Wenn die *charakteristische Bedingung* (11-42) erfüllt ist, nennt man $\psi(x_1, \ldots, x_n) = 0$ eine *Charakteristik* von (11-37). Setzen wir in (11-43) $\eta_k = \frac{\partial \psi}{\partial x_k}$, so ergibt sich aus (11-42) ein Polynom m-ten Grades in den $\eta_1, \ldots, \eta_n$

$$P(\eta_1, \ldots, \eta_n) = 0. \tag{11-44}$$

Besitzt (11-44) *keine reellen* Lösungen außer der trivialen Lösung $\eta_1 = \eta_2 = \ldots = \eta_n = 0$, so nennt man (11-37) *elliptisch.* Hat bei *willkürlicher* Wahl von $\eta_1, \ldots, \eta_{n-1}$ die algebraische Gleichung (11-44) für η_n m reelle (nicht notwendig verschiedene) Wurzeln, so heißt (11-37) *total hyperbolisch.* Läßt sich (11-44) durch eine geeignete lineare Transformation in ein Polynom von *weniger* als n Veränderlichen verwandeln, so heißt (11-37) *parabolisch* ausgeartet.

Für quasilineare Systeme (11-37) läßt sich (11-44) nur dort diskutieren, wo man $U_1, \ldots, U_m$ bereits kennt, also auf der Anfangswertfläche (11-40). Bei linearen Systemen (11-37) ist wegen der Koordinatenabhängigkeit der $a_{ij}^{(k)}$ die Lösung von (11-44) und damit der Typ des Systems ebenfalls koordinatenabhängig.

Beispiel

In der Hydrodynamik wird gezeigt, daß die Strömung einer Flüssigkeit (wenn in ihr die Entropie überall denselben konstanten Wert hat) von zwei Bilanzgleichungen beherrscht wird. Einerseits führt die Impulserhaltung in einer Flüssigkeit, deren innere Reibung vernachlässigt wird (sog. ideale Flüssigkeit), auf die EULERsche Gleichung

$$\varrho \frac{\mathrm{d}\boldsymbol{v}}{\mathrm{d}t} = \boldsymbol{K} - \operatorname{grad} p, \tag{11-45}$$

wobei $\boldsymbol{v}(x,y,z,t)$ die Geschwindigkei des Massenelements am Ort x, y, z zur Zeit t und $\boldsymbol{K}$ die Kraftdichte äußerer Kräfte am gleichen Ort ist. Die skalaren Größen $\varrho(x,y,z,t)$; $p(x,y,z,t)$ kennzeichnen die Dichte bzw. den hydrostatischen Druck der Flüssigkeit, die wegen der Entropiekonstanz durch

$$\operatorname{grad} p = a^2 \operatorname{grad} \varrho \tag{11-46}$$

über die Schallgeschwindigkeit $a = \sqrt{\frac{\mathrm{d}p}{\mathrm{d}\varrho}}$ miteinander verknüpft sind (barotroper Zustand).

Die in (11-45) eingehende Beschleunigung läßt sich nach (4-92), (7-125) auch

$$\frac{\mathrm{d}\boldsymbol{v}}{\mathrm{d}t} = \frac{\partial \boldsymbol{v}}{\partial t} + (\boldsymbol{v} \cdot \nabla)\,\boldsymbol{v} \tag{11-47}$$

schreiben, wobei auf der rechten Seite nun die Ableitungen nach den Koordinaten des Laborsystems auftreten. Andererseits ergibt sich aus der Massenerhaltung die *Kontinuitätsgleichung*

$$\frac{\partial \varrho}{\partial t} + \operatorname{div} \varrho\, \boldsymbol{v} = 0, \tag{11-48}$$

wobei $\varrho\boldsymbol{v}$ die Massenflußdichte kennzeichnet. Wir betrachten den einfachen Fall einer zweidimensionalen stationären Strömung ohne äußeres Kraftfeld. Dann ist $\frac{\partial \boldsymbol{v}}{\partial t} = 0$, $\frac{\partial \varrho}{\partial t} = 0$, und mit $v_1 = u(x,y)$; $v_2 = w(x,y)$ ergibt sich $(\boldsymbol{v} \cdot \nabla)\boldsymbol{v} = (uu_x + wu_y;\ uw_x + ww_y; 0)$, so daß nach (11-45 — 11-48) folgendes System entsteht:

$$\begin{aligned} &\varrho u u_x + \varrho w u_y + a^2 \varrho_x = 0 \\ &\varrho u w_x + \varrho w w_y + a^2 \varrho_y = 0 \\ &\varrho(u_x + w_y) + u\varrho_x + w\varrho_y = 0. \end{aligned} \tag{11-49}$$

Für dieses quasilineare System ergeben sich mit $u = U_1$, $w = U_2$, $\varrho = U_3$, $x = x_1$, $y = x_2$ nach (11-37) die Koeffizienten $a_{11}^{(1)} = \varrho u$; $a_{11}^{(2)} = \varrho w$; $a_{22}^{(1)} = \varrho u$; $a_{22}^{(2)} = \varrho w$; $a_{13}^{(1)} = a_{23}^{(2)} = a^2$; $a_{31}^{(1)} = a_{32}^{(2)} = \varrho$; $a_{33}^{(1)} = u$; $a_{33}^{(2)} = w$, so daß wegen (11-43) für (11-42)

$$\begin{vmatrix} \varrho\,(u\psi_x + w\psi_y) & 0 & a^2\psi_x \\ 0 & \varrho\,(u\psi_x + w\psi_y) & a^2\psi_y \\ \varrho\psi_x & \varrho\psi_y & u\psi_x + w\psi_y \end{vmatrix} = 0$$

folgt. Durch Ausrechnen dieser Determinante erhält man

$$\varrho^2[u\psi_x + w\psi_y]\,[(u\psi_x + w\psi_y)^2 - a^2(\psi_x^2 + \psi_y^2)] = 0. \tag{11-50}$$

Da $u\psi_x + w\psi_y = \boldsymbol{v} \cdot \operatorname{grad} \psi$ ist, so liefert die Lösung $u\psi_x + w\psi_y = 0$ die Bedingung $\boldsymbol{v} \perp \operatorname{grad} \psi$, d. h., als eine Schar charakteristischer Kurven ergeben sich gerade die *Stromlinien* der Strömung. Wegen $(\boldsymbol{v} \cdot \operatorname{grad} \psi)^2 = v^2 \cos^2 \beta (\operatorname{grad} \psi)^2$ läßt sich der zweite Klammerausdruck von (11-50) als $(v^2 \cos^2 \beta - a^2)\,(\operatorname{grad} \psi)^2$ schreiben, d. h., die charakteristische Bedingung wird auch erfüllt für $\cos \beta = \pm \frac{a}{v}$. Führt man den Winkel $\alpha = \frac{\pi}{2} - \beta$ zwischen $\boldsymbol{v}$ und der Tangentenrichtung an die beiden neuen charakteristischen Kurven am Ort x, y ein, so gilt

$$\sin \alpha = \pm \frac{a}{v} = \pm \frac{1}{M} \tag{11-51}$$

Man bezeichnet $M = \frac{v}{a}$ als *MACH-Zahl* und α als *MACHschen Winkel*, während die Kurven der beiden durch (11-51) gekennzeichneten Charakteristikenscharen *MACHsche Linien* heißen (MACH 1838—1916). Offenbar ist (11-51) für reelle Winkel nur erfüllbar, wenn $M \geqq 1$ ist, d. h. in der *Überschallströmung*. Entsprechend unserer Definition ist demnach nur im Überschallbereich das System (11-49) total hyperbolisch. Es ist typisch, daß in diesem Geschwindigkeitsbereich längs gewisser Randkurven vorgegebene Randbedingungen nur auf bestimmte Gebiete der Flüssigkeit Einfluß haben (vgl. Abschnitt 11.2.1.).

11.4. LAPLACEsche und POISSONsche Differentialgleichung (Potentialtheorie)

Die POISSONsche Gleichung

$$\Delta U(x, y, z) = \varrho(x, y, z) \tag{11-52}$$

ist eine *inhomogene elliptische Differentialgleichung*, zu der die homogene Gleichung

$$\Delta U(x, y, z) = 0 \tag{11-53}$$

gehört, d. h., die LAPLACEsche Gleichung. In Abschnitt 7.4. bemerkten wir bereits, daß diese Gleichungen in der Theorie der Gravitation und Elektrizität eine wichtige Rolle spielen. Auch in der Hydrodynamik ergibt sich für die stationäre quellen- und wirbelfreie Strömung ebenfalls (11-53). Wir konnten zeigen (Abschnitt 9.1.), daß die LAPLACEsche Gleichung im *Zweidimensionalen durch konforme Abbildung* unter Berücksichtigung von Randbedingungen gelöst wird. Im Beispiel (9-15) ist dabei die Strömungsgeschwindigkeit im Unendlichen vorgegeben worden. Wegen $\boldsymbol{v} = \operatorname{grad} U$ wurden demnach inhomogene NEUMANNsche Randbedingungen benutzt, die tatsächlich zu eindeutigen Lösungen elliptischer Gleichungen führen. Im folgenden wenden wir uns den Lösungsmethoden *dreidimensionaler* Gleichungen (11-52, 11-53) zu, bei denen die spezielle Methode der konformen Abbildung *nicht* anwendbar ist.

11.4.1. Lösung der LAPLACEschen Gleichung durch Produktansatz

Entsprechend den Bemerkungen am Ende des Abschnitts 11.2. wollen wir die Lösung für die drei wichtigsten Koordinatensysteme angeben, in denen (11-53) separierbar ist.

1. *Kartesische Koordinaten.* Zur Lösung von

$$U_{xx} + U_{yy} + U_{zz} = 0 \tag{11-54}$$

machen wir nach (11-36) den Ansatz $U(x, y, z) = X(x)\, Y(y)\, Z(z)$ und erhalten

$$\frac{1}{X}\frac{d^2X}{dx^2} + \frac{1}{Y}\frac{d^2Y}{dy^2} + \frac{1}{Z}\frac{d^2Z}{dz^2} = 0, \qquad (11\text{-}55)$$

also eine Summe, in der jeder Summand Funktion von nur *einer* Variablen ist. Wir schreiben (11-55) in der Form

$$\frac{1}{X}\frac{d^2X}{dx^2} = k(y, z), \qquad (11\text{-}56)$$

wobei nun die linke Seite nur von x abhängt. Da eine Änderung in y oder z *keine* Änderung auf der linken Seite hervorruft, muß $k(y,z)$ offenbar eine *Konstante* sein, die wir zweckmäßigerweise mit $-k_1^2$ bezeichnen (der Parameter k_1^2 kann auch *komplexe* Werte annehmen.) Dann liefert (11-56)

$$\frac{d^2X}{dx^2} + k_1^2 X = 0, \qquad (11\text{-}57)$$

und entsprechend folgt

$$\frac{d^2Y}{dy^2} + k_2^2 Y = 0, \quad \frac{d^2Z}{dz^2} + k_3^2 Z = 0, \qquad (11\text{-}58)$$

wobei (11-55) für die Konstanten

$$k_1^2 + k_2^2 + k_3^2 = 0 \qquad (11\text{-}59)$$

liefert. Wir betrachten zunächst (11-57) und erhalten für $k_1 \neq 0$ nach Abschnitt 10.3.2. die allgemeine Lösung $X = A_1\, e^{ik_1x} + B_1\, e^{-ik_1x}$, d. h. bei reellem k_1 trigonometrische Funktionen bzw. bei imaginärem k_1 hyperbolische Funktionen. Für $k_1 = 0$ besitzt (11-57) die Lösung $X = \alpha_1 x + \beta_1$. Welche dieser Lösungen verwendbar sind, hängt von dem jeweils betrachteten Problem ab. Das gilt ebenso für die formal gleichen Lösungen von (11-58). Als Lösung von (11-54) kann auch jede Linearkombination der Lösungen von (11-57, 11-58) gewählt werden. Wir zeigen später, daß die Lösungen der LAPLACEschen Gleichung unter bestimmten Voraussetzungen eindeutig sind, d. h., es genügt für ein vorgegebenes Problem *irgendeine* Lösung zu finden, damit besitzt man die einzig mögliche Lösung.

Als Beispiel betrachten wir einen Quader mit den Kantenlängen a, b, c, auf dessen Randflächen bei $x = 0$, a und $y = 0$, b die periodischen Randbedingungen

$$U(0,y,z) = U(a,y,z) = 0; \quad U(x,0,z) = U(x,b,z) = 0$$

vorgegeben sind. Für $k_1 = 0$ ist dann nur $\alpha_1 = 0, \beta_1 = 0$, also die triviale Lösung $X = 0$ möglich. Ebenso liefert $k_2 = 0$ dann $Y = 0$. Nichttriviale Lösungen ergeben sich nur für $k_1 \neq 0$, $k_2 \neq 0$, und zwar liefern die Randbedingungen bei $x = 0$: $B_1 = -A_1$; bei $y = 0$: $B_2 = -A_2$; bei $x = a$ bzw. $y = b$:

$$k_1 = \frac{\pi l}{a}; \quad k_2 = \frac{\pi m}{b},$$

also

$$k_3 = \pi i \sqrt{\left(\frac{l}{a}\right)^2 + \left(\frac{m}{b}\right)^2} = \pi i \varkappa, \qquad (11\text{-}60)$$

wobei noch (11-59) ausgenutzt wurde und l, m alle ganzen Zahlen sein können. Für diese Randbedingungen ist offenbar $Z(z)$ durch hyperbolische Funktionen darstellbar und die Lösung von (11-54) für das Innere des Quaders kann aus den Produkten

$$\sin\frac{\pi l x}{a}\sin\frac{\pi m y}{b}(A_3 e^{-\pi\varkappa z} + B_3 e^{\pi\varkappa z}) \tag{11-61}$$

aufgebaut werden. Wenn $Z(0) = 0$ ist, folgt

$$U(x, y, z) = \sum_{l,m=1}^{\infty} U_{lm}\sin\frac{\pi l x}{a}\sin\frac{\pi m y}{b}\sinh\pi\varkappa z \tag{11-62}$$

mit $\varkappa = \sqrt{\left(\frac{l}{a}\right)^2 + \left(\frac{m}{b}\right)^2}$. Die Lösung stellt sich also in Form einer zweifachen FOURIERschen Reihe dar, so daß die zunächst noch unbestimmten Koeffizienten nach (8-42) berechnet werden können aus den Randwerten von U auf $z = c$:

$$U_{lm}\sinh\pi\varkappa c = \frac{4}{ab}\int_0^a\int_0^b U(x, y, c)\sin\frac{\pi l x}{a}\sin\frac{\pi m y}{b}\,\mathrm{d}x\,\mathrm{d}y\,.$$

Die Entwicklungskoeffizienten in (11-62) sind hier offenbar bestimmt durch die Funktion U auf der Randfläche $z = c$.

Wenn auf allen Wänden des Quaders $U \neq 0$ ist, so kann man die Lösung im Innern des Quaders aus sechs Lösungen vom Typ (11-62) einfach durch Addition konstruieren.

2. *Zylinderkoordinaten.* Nach Abschnitt 7.4.8. gilt in den Zylinderkoordinaten ϱ, φ, z:

$$\Delta U = U_{\varrho\varrho} + \frac{1}{\varrho}U_\varrho + \frac{1}{\varrho^2}U_{\varphi\varphi} + U_{zz} = 0\,. \tag{11-63}$$

Entsprechend (11-36) setzen wir $U(\varrho,\varphi,z) = P(\varrho)\,\Phi(\varphi)\,Z(z)$ an und erhalten

$$\frac{1}{P}\frac{\mathrm{d}^2P}{\mathrm{d}\varrho^2} + \frac{1}{\varrho P}\frac{\mathrm{d}P}{\mathrm{d}\varrho} + \frac{1}{\varrho^2\Phi}\frac{\mathrm{d}^2\Phi}{\mathrm{d}\varphi^2} + \frac{1}{Z}\frac{\mathrm{d}^2Z}{\mathrm{d}z^2} = 0\,. \tag{11-64}$$

Wie in 1. finden wir dann

$$\frac{\mathrm{d}^2Z}{\mathrm{d}z^2} - k^2Z = 0\,, \tag{11-65}$$

$$\frac{\mathrm{d}^2\Phi}{\mathrm{d}\varphi^2} + n^2\Phi = 0\,, \tag{11-66}$$

$$\varrho^2\frac{\mathrm{d}^2P}{\mathrm{d}\varrho^2} + \varrho\frac{\mathrm{d}P}{\mathrm{d}\varrho} + (k^2\varrho^2 - n^2)P = 0\,, \tag{11-67}$$

wobei k und n eventuell komplexe Konstanten sind. Die Lösungen von (11-65, 11-66) entsprechen denen von (11-57, 11-58). Allerdings müssen wir für den Fall, daß *keine* Randfläche bei $\varphi = \text{const}$ liegt, zur Eindeutigkeit der Lösung noch $\Phi(\varphi + 2\pi) = \Phi(\varphi)$ fordern, d. h., in $A\exp(\pm in\varphi)$ muß *n ganzzahlig* sein. Für $n = 0$ liefert (11-66) $\Phi = \alpha\varphi + \beta$, also mit $\Phi(\varphi + 2\pi) = \Phi(\varphi)$ nur $\Phi = \text{const}$. (11-67) erkennen wir als BESSELsche Gleichung (10-67), die für n Null oder positiv ganzzahlig nach (10-105) die allgemeine Lösung

$$P = AJ_n(k\varrho) + BN_n(k\varrho) \tag{11-68}$$

hat. Falls k imaginär ist [dies folgt z. B. für die Randbedingung $Z(0) = Z(l)$], sind in (11-68) die modifizierten BESSELschen Funktionen (10-110) zu verwenden. Wenn aus physikalischen Gründen zu erwarten ist, daß U auf der Achse $\varrho = 0$ einen *endlichen* Wert besitzt, so muß wegen $N_n(0) = \infty$ in (11-68) $B = 0$ gesetzt werden. Dann erhält man

$$U(\varrho,\varphi,z) = U_{k,n} J_n(k\varrho)\,\mathrm{e}^{\pm(kz+in\varphi)} \tag{11-69}$$

als eine Lösung von (11-63). Wir wollen diese Lösung den Randbedingungen $U(\varrho,\varphi,0) = U(\varrho,\varphi,l)$ und $U = F(z)$ für $\varrho = a$ anpassen. Ersteres liefert $\pm k = \mathrm{i}\frac{2\pi m}{l}$ (m ganzzahlig), letzteres $n = 0$, und wir finden mit (10-110)

$$U(\varrho,\varphi.z) = \sum_{m=-\infty}^{\infty} U_{m,0}\, J_0\left(\frac{2\pi m}{l}\varrho\right) \mathrm{e}^{i\frac{2\pi m}{l}z}, \tag{11-70}$$

also wieder eine FOURIERsche Reihendarstellung der Lösung von (11-63). Andere Randbedingungen [z. B. $U(a,\varphi,z) = 0$] können anstelle von (11-70) zu einer Reihenentwicklung nach BESSEL-Funktionen führen.

3. *Kugelkoordinaten.* In den Koordinaten r, ϑ, φ schreibt sich (11-53):

$$\Delta U = \frac{1}{r^2}\frac{\partial}{\partial r}\left(r^2\frac{\partial U}{\partial r}\right) + \frac{1}{r^2 \sin\vartheta}\frac{\partial}{\partial\vartheta}\left(\sin\vartheta\frac{\partial U}{\partial\vartheta}\right) + \frac{1}{r^2\sin^2\vartheta}\frac{\partial^2 U}{\partial\varphi^2} = 0\,. \tag{11-71}$$

Der Ansatz $U(r,\vartheta,\varphi) = R(r)\,\Theta(\vartheta)\,\Phi(\varphi)$ ermöglicht (11-71) in folgende drei Gleichungen aufzuspalten:

$$\frac{\mathrm{d}^2\Phi}{\mathrm{d}\varphi^2} + m^2\Phi = 0\,, \tag{11-72}$$

$$\frac{1}{r^2}\frac{\mathrm{d}}{\mathrm{d}r}\left(r^2\frac{\mathrm{d}R}{\mathrm{d}r}\right) - \frac{n\cdot(n+1)}{r^2}R = 0\,, \tag{11-73}$$

$$\frac{1}{\sin\vartheta}\frac{\mathrm{d}}{\mathrm{d}\vartheta}\left(\sin\vartheta\frac{\mathrm{d}\Theta}{\mathrm{d}\vartheta}\right) + \left[n(n+1) - \frac{m^2}{\sin^2\vartheta}\right]\Theta = 0\,, \tag{11-74}$$

wobei die in (11-73) erscheinende Konstante zweckmäßigerweise in der Form $n(n+1)$ geschrieben wurde, so daß n und m Konstanten sind. (11-72) ist direkt mit (11-66) vergleichbar, so daß auch hier m *Null* oder *ganzzahlig* sein muß. (11-74) geht für $x = \cos\vartheta$ gerade in die Gleichung (10-141) über und hat demnach als spezielle Lösungen die zugeordneten LEGENDREschen Funktionen 1. Art $P_n^m(\cos\vartheta)$ (vgl. 10-142), wobei m als positiv ganzzahlig angenommen wird. Aus physikalischen Gründen genügt es bei kugelförmiger Begrenzung, diese Lösung zu benutzen, da die LEGENDREschen Funktionen 2. Art für $\vartheta = 0$ unendlich große Werte annehmen. Da diese Reihen (10-122) nur dann für $x = \pm 1$ (d. h. $\vartheta = 0,\pi$) endliche Werte liefern, wenn n *ganzzahlig* ist, beschränken wir uns im folgenden auf diese n-Werte. Die verbleibende Gleichung (11-73) lösen wir durch den Ansatz $R = r^\alpha$, womit (11-73) übergeht in $\alpha(\alpha+1) = n(n+1)$, d. h. $\alpha = n$ bzw. $\alpha = -(n+1)$; so daß (11-71) folgende Funktionen als Lösungen besitzt:

$$\left.\begin{array}{ll} r^n \cos(m\varphi)\,P_n^m(\cos\vartheta); & r^n \sin(m\varphi)\,P_n^m(\cos\vartheta); \\ r^{-(n+1)}\cos(m\varphi)\,P_n^m(\cos\vartheta); & r^{-(n+1)}\sin(m\varphi)\,P_n^m(\cos\vartheta)\,. \end{array}\right\} \tag{11-75}$$

Man bezeichnet

$$\boxed{Y_n(\vartheta,\varphi) = \sum_{m=0}^{n} P_n^m(\cos\vartheta)\,[A_m\cos m\varphi + B_m \sin m\varphi]} \tag{11-76}$$

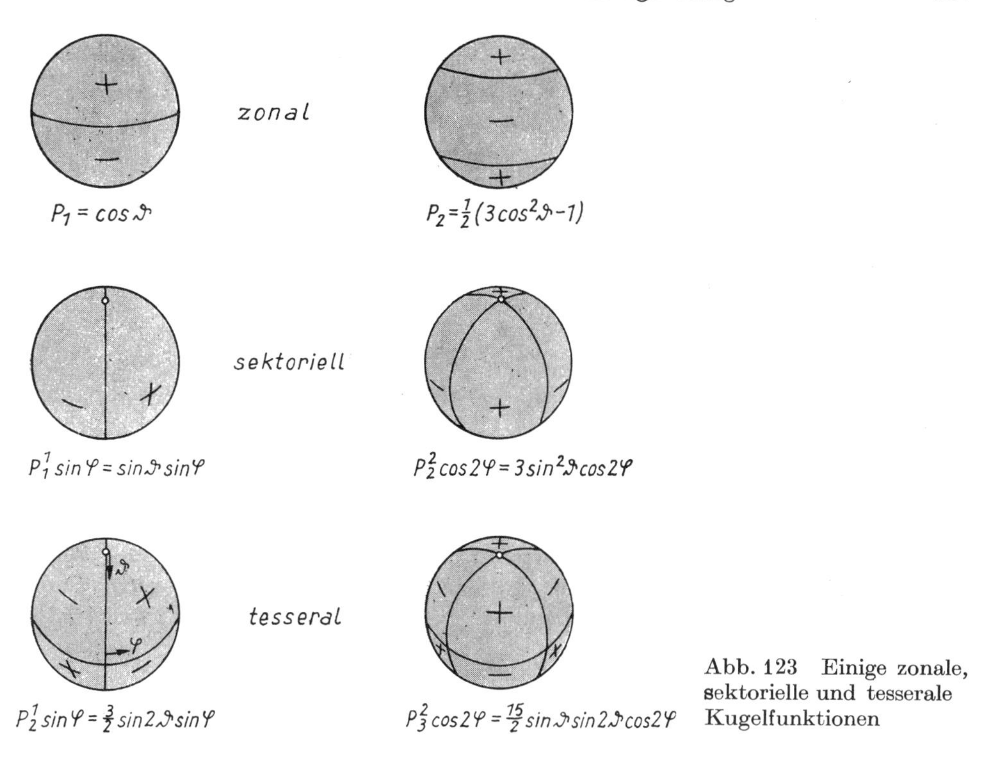

Abb. 123 Einige zonale, sektorielle und tesserale Kugelfunktionen

als *Kugelflächenfunktionen*, sie bilden Lösungen von (11-72, 11-74). Für $m = 0$ erhalten wir offenbar wieder die *zonalen Kugelfunktionen* (vgl. Abschnitt 10.5.) die nur von ϑ abhängen, so daß sie die Kugeloberfläche in positive und negative Zonen einteilen, deren Randkurven Parallelkreise zum Äquator sind (Abb. 123). Für $m = n$ ist nach (10-143) z. B. $P_1^1(\cos\vartheta) = \sin\vartheta$, $P_2^2 = 3\sin^2\vartheta$, $P_3^3 = 15\sin^3\vartheta$ usw., in (11-76) treten also die Funktionen $\sin^n\vartheta\cos n\varphi$ bzw. $\sin^n\vartheta\sin n\varphi$ auf. Da $\sin\vartheta$ für $0 < \vartheta < \pi$ nicht durch Null geht, so teilen diese sogenannten *sektoriellen Kugelfunktionen* die Kugeloberfläche in positive und negative Sektoren, deren Randkurven Meridiane sind (Abb. 123). Für $0 < m < n$ wird die Kugeloberfläche in positive und negative Bogenrechtecke zerlegt, deren Randkurven Teile von Breitenkreisen bzw. Meridianen sind. Man bezeichnet diese, auch in (11-76) enthaltenen Funktionen, als tesserale Kugelfunktionen (lat. tesserae = viereckiger Abschnitt, Abb. 123).

Für die Lösung von (11-71) erhalten wir die Reihendarstellung

$$U(r,\vartheta,\varphi) = \sum_{n=0}^{\infty} (a_n r^n + b_n r^{-(n+1)}) \sum_{m=0}^{n} P_n^m(\cos\vartheta)\,[A_{nm}\cos m\varphi + B_{nm}\sin m\varphi]\,, \tag{11-77}$$

wobei die Konstanten a_n, b_n, A_{nm} und B_{nm} durch Randbedingungen auf Kugelschalen bestimmt werden. (11-77) enthält für $n = 0$ die *kugelsymmetrische* Lösung $U = \frac{a}{r}$, was man auch sofort aus (11-71) bestätigen kann.

11.4.2. Anwendung der GREENschen Formeln auf harmonische Funktionen

Wir bezeichnen die Lösungen der LAPLACEschen Gleichung (11-53) als *harmonische Funktionen*, für die sich aus den GREENschen Formeln (7-149, 7-150) wichtige Aussagen gewinnen lassen. Im folgenden setzen wir voraus, daß alle in (7-149, 7-150) auftretenden Ableitungen auf der Randfläche bzw. in dem von ihr umschlossenen Raumbereich stetig sind und V eine harmonische Funktion ist, die im umschlossenen Raumbereich überall analytisch sein soll. Dann liefert (7-149) für $U = V$

$$\int (\nabla U)^2 \, d\tau = \int U_x^2 + U_y^2 + U_z^2) \, d\tau = \oint U \frac{\partial U}{\partial n} \, dS. \tag{11-78}$$

Das hierbei auftretende Volumenintegral bezeichnet man als DIRICHLETsches Integral. Aus (11-78) ergibt sich für homogene NEUMANNsche bzw. DIRICHLETsche Randbedingungen:

1. Ist auf der Randfläche überall $\frac{\partial U}{\partial n} = 0$, so muß an jeder Stelle des umschlossenen Raumbereichs $(\nabla U)^2 = 0$, d. h. $U = \text{const}$ sein.

2. Ist auf der Randfläche überall $U = 0$, so muß im ganzen umschlossenen Bereich $U = \text{const} = 0$ sein, da die Konstante mit dem Wert auf dem Rand übereinstimmen muß. Wenn Lösungen überhaupt existieren, so folgt aus 1. und 2. sofort deren Eindeutigkeit:

Stimmen zwei harmonische Funktionen auf der Randfläche überein ($U_1 - U_2 = W = 0$), so ist nach 2. auch im Innern des umschlossenen Bereichs $W = 0$, d. h. $U_1 = U_2$.

Stimmen die Normalableitungen zweier harmonischer Funktionen auf der Randfläche überein, so folgt in analoger Weise nach 1., daß sie sich im Innern des umschlossenen Bereichs höchstens um eine Konstante unterscheiden können.

Damit ist gezeigt, daß eindeutige Lösungen der LAPLACEschen Gleichung (11-53) möglich sind, wenn auf einer geschlossenen Randfläche *entweder* DIRICHLETsche *oder* NEUMANNsche Randbedingungen vorgegeben werden (vgl. Abschnitt 11.2.). Allerdings ist bei der Vorgabe NEUMANNscher Randbedingungen zu beachten, daß (7-150) für $V = 1$

$$\oint \frac{\partial U}{\partial n} \, dS = 0 \tag{11-79}$$

verlangt, wenn Lösungen von $\Delta U = 0$ gesucht werden.

Wir betrachten nun eine Kugelschale, deren Oberfläche von zwei konzentrischen Kugeln mit dem Radius R_0 bzw. R gebildet wird ($R_0 < R$). Setzen wir in (7-150) $V = \frac{1}{r}$ ein, so ist wegen $\Delta \frac{1}{r} = 0$ und $\frac{\partial V}{\partial n} = -\frac{1}{R^2}$ auf der äußeren Fläche der Schale bzw. wegen $\frac{\partial V}{\partial n} = \frac{1}{R_0{}^2}$ auf der inneren Fläche:

$$\frac{1}{R} \oint \left(\frac{\partial U}{\partial n} + \frac{U}{R} \right) dS + \frac{1}{R_0} \oint \left(\frac{\partial U}{\partial n} - \frac{U}{R_0} \right) dS = 0$$

Wegen (11-79) gilt also

$$\frac{1}{R^2} \int\limits_{\text{äuß. Fl.}} U \, dS = \frac{1}{R_0^2} \int\limits_{\text{inn. Fl.}} U \, dS$$

Da auf der inneren Fläche $dS = R_0^2 \sin \vartheta \, d\vartheta \, d\varphi$ ist, so ergibt sich für $R_0 \to 0$ wegen der Stetigkeit von U

$$\boxed{U_0 = \frac{1}{4\pi R^2} \int\limits_{\text{Kugeloberfläche}} U \, \mathrm{d}S}, \tag{11-80}$$

wobei U_0 der Wert von U im Kugelmittelpunkt ist. (11-80) bezeichnet man als *Mittelwerttheorem*, da U_0 gleich dem arithmetischen Mittel von U auf der Kugeloberfläche ist. Im Zweidimensionalen konnten wir das entsprechende Theorem bereits mit Hilfe der komplexen Funktionen ableiten (vgl. 9-22). Wie dort, so folgt auch hier:

3. Eine analytische harmonische Funktion kann ihr Maximum oder Minimum *nur auf der Randfläche* annehmen. Hieraus ergibt sich wiederum:

4. Ist eine analytische harmonische Funktion auf der Randfläche *konstant*, so ist sie auch im ganzen umschlossenen Bereich konstant.

11.4.3. Lösung der POISSONschen Gleichung mit Hilfe der GREENschen Funktion

Die Methode der GREENschen Funktion, die auf lineare Differentialgleichungen anwendbar ist, hat enge Beziehungen zu der physikalischen Bedeutung der POISSONschen Gleichung (11-52). Wir erwähnten bereits in Abschnitt 7.4., daß diese Gleichung für solche Felder typisch ist, die in dem betrachteten Raumbereich *Quellen* (z. B. Ladungen) enthalten. Die Methode der GREENschen Funktion besteht darin, daß wir das Feld U in einem Raumpunkt $\boldsymbol{r}$ auch bei kontinuierlicher Quellenverteilung zusammensetzen aus den einzelnen Beiträgen jedes Raumpunktes $\boldsymbol{r}'$ zum Feld in $\boldsymbol{r}$. Das Feld, das von einer Einheitspunktquelle herrührt, liefert an der Stelle $\boldsymbol{r}$ den Beitrag $G(\boldsymbol{r},\boldsymbol{r}')$. Diese Funktion bezeichnet man als GREENsche *Funktion*. Damit die Lösung von (11-52) durch

$$\boxed{U(\boldsymbol{r}) = \int G(\boldsymbol{r}, \boldsymbol{r}') \, \varrho(\boldsymbol{r}') \, \mathrm{d}\tau'} \tag{11-81}$$

dargestellt wird, wobei $\varrho(\boldsymbol{r}')$ die Quelldichte am Ort $\boldsymbol{r}'$ ist, muß offenbar

$$\Delta U = \int \varrho(\boldsymbol{r}') \, \Delta G(\boldsymbol{r},\boldsymbol{r}') \, \mathrm{d}\tau' = \varrho(\boldsymbol{r}) \tag{11-82}$$

sein. Unter der Voraussetzung, daß der Integrationsbereich die Stelle $\boldsymbol{r}$ enthält und $\varrho(\boldsymbol{r}')$ eine Testfunktion ist (vgl. Abschnitt 8.6.), können wir nach (8-147) hierfür aber

$$\boxed{\Delta G(\boldsymbol{r}, \boldsymbol{r}') = \delta(\boldsymbol{r} - \boldsymbol{r}')} \tag{11-83}$$

schreiben, da dies gerade (11-82) erfüllt. Die GREENsche Funktion ist demnach aus einer Differentialgleichung zu bestimmen, die mit Ausnahme des *einen* Punktes $\boldsymbol{r} = \boldsymbol{r}'$ jene zu (11-52) gehörende *homogene* (d. h. LAPLACEsche) Gleichung ist. Wir prüfen nun, unter welchen Voraussetzungen (11-83) auf (11-81) führt. Dazu benutzen wir die GREENsche Formel (7-150) und setzen dort $V(\boldsymbol{r}) = G(\boldsymbol{r},\boldsymbol{r}')$. Nutzt man (11-52) und (11-83) aus, so ergibt sich

$$U(\boldsymbol{r}') = \int G(\boldsymbol{r}, \boldsymbol{r}') \, \varrho(\boldsymbol{r}) \, \mathrm{d}\tau + \oint\limits_{F} \left[U \frac{\partial G}{\partial n} - G \frac{\partial U}{\partial n} \right] \mathrm{d}S \, .$$

Für die noch frei wählbaren Randbedingungen der GREENschen Funktion benutzen wir möglichst einfache. Wenn U auf F, d. h. $U(\boldsymbol{r}_F)$ gegeben ist (DIRICHLETsche Randbedingungen) kann man

$$G(\boldsymbol{r}_F, \boldsymbol{r}') = 0$$

wählen. Wir zeigen zunächst, daß damit zugleich eine überall symmetrische GREENsche Funktion

$$G(\boldsymbol{r}, \boldsymbol{r}') = G(\boldsymbol{r}, \boldsymbol{r}) \tag{11-84}$$

erzwungen wird. Setzt man nämlich in (7-150) $U(\boldsymbol{r}) = G(\boldsymbol{r},\boldsymbol{r}')$ und $V(\boldsymbol{r}) = G(\boldsymbol{r},\boldsymbol{r}'')$, so liefert $G(\boldsymbol{r}_F,\boldsymbol{r}') = G(\boldsymbol{r}_F,\boldsymbol{r}'') = 0$ für die linke Seite mit (11-83) $0 = \int [G(\boldsymbol{r},\boldsymbol{r}')\,\delta(\boldsymbol{r} - \boldsymbol{r}'') - G(\boldsymbol{r},\boldsymbol{r}'')\,\delta(\boldsymbol{r} - \boldsymbol{r}')]\,\mathrm{d}\tau = G(\boldsymbol{r}'',\boldsymbol{r}') - G(\boldsymbol{r}',\boldsymbol{r}'')$, also (11-84). Diese Reziprozitätsbeziehung läßt sich physikalisch interpretieren: Eine Quelle bei $\boldsymbol{r}'$ hat am Punkt $\boldsymbol{r}$ eine Wirkung, wie sie die gleiche Quelle bei $\boldsymbol{r}$ am Punkt $\boldsymbol{r}'$ hervorruft. Wegen (11-84) gilt für die DIRICHLETschen Randbedingungen allgemein

$$U(\boldsymbol{r}) = \int G(\boldsymbol{r}, \boldsymbol{r}')\,\varrho(\boldsymbol{r}')\,\mathrm{d}\tau' + \oint_F U(\boldsymbol{r}')\,\frac{\partial G(\boldsymbol{r}, \boldsymbol{r}')}{\partial n}\,\mathrm{d}S\,. \tag{11-85}$$

Hiermit ist (11-81) offenbar vereinbar, wenn $U(\boldsymbol{r}_F) = 0$ vorgegeben ist, d. h., wenn die DIRICHLETschen Randbedingungen homogen sind. Für $U(\boldsymbol{r}_F) \neq 0$ liefert (11-85) mit (11-83) wegen (11-82) ebenfalls eine Lösung der POISSONschen Differentialgleichung für alle Punkte $\boldsymbol{r}$ im Innern des Bereichs.

Wenn NEUMANNsche Randbedingungen vorgegeben sind, kann man eine ähnliche Darstellung der Lösung mit Hilfe einer GREENschen Funktion finden, auf die wir hier verzichten.

Wir wenden uns der *Berechnung* GREEN*scher Funktionen* für den Fall zu, daß $U(\boldsymbol{r}_F) = 0$ ist. (11-83) legt nahe, Reihendarstellungen für $G(\boldsymbol{r},\boldsymbol{r}')$ zu versuchen, die den zur Lösung der LAPLACEschen Gleichung benutzten Reihen entsprechen. Die Möglichkeit, solche Entwicklungen nach Eigenfunktionen zu finden, hängt von der Separierbarkeit der Gleichung (11-83) ab, wobei die Form der Randfläche die Wahl des Koordinatensystems entscheidend beeinflußt.

Beispiel

Auf der Oberfläche eines Quaders, dessen Eckpunkt durch (0, 0, 0); (a, b, c) usw. gegeben sind, sei $G(\boldsymbol{r},\boldsymbol{r}') = 0$. Die zu (11-62) entsprechende Lösung der LAPLACEschen Gleichung $\Delta G = 0$ hat für diese Randbedingung die Form

$$G = \sum_{l,m,n=-\infty}^{\infty} A_{lmn} \sin\frac{l\pi}{a}x \sin\frac{m\pi}{b}y \sin\frac{n\pi}{c}z\,, \tag{11-86}$$

wobei l, m, n ganze Zahlen sind. Setzt man (11-86) in (11-83) ein, so folgt

$$-\sum \pi^2\left[\left(\frac{l}{a}\right)^2 + \left(\frac{m}{b}\right)^2 + \left(\frac{n}{c}\right)^2\right] A_{lmn} \sin\frac{l\pi}{a}x \sin\frac{m\pi}{b}y \sin\frac{n\pi}{c}z$$
$$= \delta(x - x')\,\delta(y - y')\,\delta(z - z')\,.$$

Nach Multiplikation mit $\sin\frac{\lambda\pi}{a}x$; $\sin\frac{\mu\pi}{b}y$; $\sin\frac{\nu\pi}{c}z$ integriert man über das ganze Quadervolumen und erhält wegen (8-39) und (8-128)

$$A_{\lambda\mu\nu} = -\frac{8\sin\frac{\lambda\pi}{a}x' \sin\frac{\mu\pi}{b}y' \sin\frac{\nu\pi}{c}z'}{abc\,\pi^2\left[\left(\frac{\lambda}{a}\right)^2 + \left(\frac{\mu}{b}\right)^2 + \left(\frac{\nu}{c}\right)^2\right]}\,. \tag{11-87}$$

Damit sind in (11-86) die Koeffizienten gerade so bestimmt, daß (11-83) erfüllt wird. Wie man sieht, genügt die so gewonnene GREENsche Funktion in der Tat (11-84). Kennt man die Funktion $\varrho\,(x, y\; z)$ der Gleichung (11-52) in dem Quader, so ist durch (11-81) auch die gesuchte Lösung der POISSONschen Gleichung im Quader bekannt.

Schließlich wollen wir den wichtigen Fall betrachten, daß der im obigen Beispiel angenommene Quader unendlich groß wird. Dann geht in (11-86, 11-87) a, b und c nach Unendlich, und wir müssen entsprechend Abschnitt 8.5. zu einer Integraldarstellung übergehen. Wir ersparen uns diesen etwas mühsamen Weg, wenn wir in (11-83) G direkt durch ein FOURIER-Integral darstellen. Nach (8-125) schreiben wir für geeignete Funktionen

$$G(\boldsymbol{r}, \boldsymbol{r}') = \left(\frac{1}{2\pi}\right)^{3/2} \iiint\limits_{-\infty}^{+\infty} F(\boldsymbol{k}, \boldsymbol{r}')\, \mathrm{e}^{i\boldsymbol{k}\cdot\boldsymbol{r}}\, \mathrm{d}k_1\, \mathrm{d}k_2\, \mathrm{d}k_3 \tag{11-88}$$

und bedenken, daß sich die δ-Funktion nach (8-149) durch

$$\delta(\boldsymbol{r} - \boldsymbol{r}') = \frac{1}{(2\pi)^3} \iiint\limits_{-\infty}^{+\infty} \mathrm{e}^{i\boldsymbol{k}\cdot(\boldsymbol{r}-\boldsymbol{r}')}\, \mathrm{d}k_1\, \mathrm{d}k_2\, \mathrm{d}k_3 \tag{11-89}$$

darstellen läßt. Damit liefert (11-83)

$$\begin{aligned} \Delta G &= -\left(\frac{1}{2\pi}\right)^{3/2} \iiint k^2 F\, \mathrm{e}^{i\boldsymbol{k}\cdot\boldsymbol{r}}\, \mathrm{d}k_1\, \mathrm{d}k_2\, \mathrm{d}k_3 \\ &= \frac{1}{(2\pi)^3} \iiint \mathrm{e}^{i\boldsymbol{k}\cdot(\boldsymbol{r}-\boldsymbol{r}')}\, \mathrm{d}k_1\, \mathrm{d}k_2\, \mathrm{d}k_3 . \end{aligned} \tag{11-90}$$

Da nach Abschnitt 8.6.

$$\frac{1}{(2\pi)^3} \iiint\limits_{-\infty}^{+\infty} \mathrm{e}^{-i(\boldsymbol{k}-\boldsymbol{k}')\cdot\boldsymbol{r}}\, \mathrm{d}x\, \mathrm{d}y\, \mathrm{d}z = \delta(\boldsymbol{k} - \boldsymbol{k}') \tag{11-91}$$

ist, ergibt sich aus (11-90) durch Multiplikation mit $\exp\,(-i\boldsymbol{k}'\cdot\boldsymbol{r})$ und anschließender Integration über x, y, z

$$\begin{aligned} &-\iiint k^2\, F (2\pi)^{3/2}\, \delta(\boldsymbol{k} - \boldsymbol{k}')\, \mathrm{d}k_1\, \mathrm{d}k_2\, \mathrm{d}k_3 \\ &= \iiint \mathrm{e}^{-i\boldsymbol{k}\cdot\boldsymbol{r}'}\, \delta(\boldsymbol{k} - \boldsymbol{k}')\, \mathrm{d}k_1\, \mathrm{d}k_2\, \mathrm{d}k_3 , \end{aligned}$$

oder

$$F(\boldsymbol{k}', \boldsymbol{r}') = -\left(\frac{1}{2\pi}\right)^{3/2} \frac{\exp\,(-i\boldsymbol{k}'\cdot\boldsymbol{r}')}{k'^2} . \tag{11-92}$$

(11-92) in (11-88) eingesetzt liefert

$$G(\boldsymbol{r}, \boldsymbol{r}') = -\frac{1}{(2\pi)^3} \iiint\limits_{-\infty}^{+\infty} \frac{1}{k^2}\, \mathrm{e}^{i\boldsymbol{k}\cdot(\boldsymbol{r}-\boldsymbol{r}')}\, \mathrm{d}k_1\, \mathrm{d}k_2\, \mathrm{d}k_3 . \tag{11-93}$$

Die Integration läßt sich leicht ausführen, wenn im $\boldsymbol{k}$-Raum Kugelkoordinaten eingeführt werden und die Polachse in die Richtung des Vektors $\boldsymbol{R} = \boldsymbol{r} - \boldsymbol{r}'$, $(\boldsymbol{r} \neq \boldsymbol{r}')$ liegt. Dann ist nämlich $\boldsymbol{k}\cdot(\boldsymbol{r} - \boldsymbol{r}') = k_3 R = Rk\cos\vartheta$ und

$$G(\boldsymbol{r}, \boldsymbol{r}') = -\frac{1}{(2\pi)^3} \int\limits_0^{\infty} \int\limits_0^{\pi} \int\limits_0^{2\pi} \sin\vartheta\, \mathrm{e}^{ikR\cos\vartheta}\, \mathrm{d}k\, \mathrm{d}\vartheta \quad \mathrm{d}\varphi = -\frac{1}{2\pi^2} \int\limits_0^{\infty} \frac{\sin kR}{kR}\, \mathrm{d}k$$

oder (vgl. Abschnitt 6.5.)

$$\boxed{G(\boldsymbol{r}, \boldsymbol{r}') = -\frac{1}{4\pi\,|\boldsymbol{r} - \boldsymbol{r}'|}} \tag{11-94}$$

als GREENsche *Funktion für den unendlich ausgedehnten Raum*, die im Unendlichen (d. h. $r \to \infty$) gerade die Randbedingung $G(\infty, \boldsymbol{r}') = 0$ erfüllt (sogenannte *natürliche Randbedingungen*). Wir erinnern daran, daß (11-94) die *gleiche* Abhängigkeit zeigt wie das Potential einer *Punktladung*, die sich bei $\boldsymbol{r}'$ befindet. Nun haben wir auch die Lösung der POISSONschen Gleichung im unendlich ausgedehnten Raum gefunden. Nach (11-81) erhält man

$$\boxed{U(\boldsymbol{r}) = -\frac{1}{4\pi} \iiint\limits_{-\infty}^{+\infty} \frac{\varrho(\boldsymbol{r}')}{|\boldsymbol{r} - \boldsymbol{r}'|}\,\mathrm{d}\tau'} \tag{11-95}$$

als Lösung von (11-52). Damit das Integral konvergiert, muß allerdings $\varrho(\boldsymbol{r})$ *stärker* als r^{-2} im Unendlichen verschwinden.

Mit (11-94) ist auch $G(\boldsymbol{r}, \boldsymbol{r}') = -\frac{1}{4\pi|\boldsymbol{r} - \boldsymbol{r}'|} + g(\boldsymbol{r}, \boldsymbol{r}')$ eine Lösung von (11-83), wenn $\Delta g(\boldsymbol{r}, \boldsymbol{r}') = 0$ ist, also $g(\boldsymbol{r}, \boldsymbol{r}')$ eine harmonische Funktion. Um die GREENsche Funktion für einen endlichen Raumbereich zu bestimmen genügt es demnach, im Innern des Bereichs eine harmonische Funktion zu berechnen, die auf der Randfläche wegen $G(\boldsymbol{r}_F, \boldsymbol{r}') = 0$ durch $g(\boldsymbol{r}_F, \boldsymbol{r}') = \frac{1}{4\pi|\boldsymbol{r}_F - \boldsymbol{r}'|}$ gegeben ist.

Ohne auf die Ableitung einzugehen, erwähnen wir die Lösung von (11-83) für den *zweidimensionalen* Fall einer *unendlich ausgedehnten Ebene*. Dann liefert (11-83)

$$\boxed{G(\boldsymbol{r}, \boldsymbol{r}') = \frac{1}{2\pi} \ln R}\,, \tag{11-96}$$

wobei $R = \sqrt{(x - x')^2 + (y - y')^2}$ ist. (11-96) erfüllt offenbar nur Randbedingungen, die im Unendlichen wie $\ln R$ selbst unendlich werden. Diese Funktion ist charakteristisch für das Potential einer Punktladung im zweidimensionalen Gebiet, die im dreidimensionalen Raum durch eine homogen aufgeladene Gerade dargestellt wird. Ähnlich wie im dreidimensionalen Bereich läßt sich hier die GREENsche Funktion für einen endlichen Bereich der Ebene in der Form $G(\boldsymbol{r}, \boldsymbol{r}') = \frac{1}{2\pi} \ln |\boldsymbol{r} - \boldsymbol{r}'| + h(\boldsymbol{r}, \boldsymbol{r}')$ angeben, wobei $h(\boldsymbol{r}, \boldsymbol{r}')$ eine im Innern des Bereichs harmonische Funktion sein muß, die auf der Randkurve für $h(\boldsymbol{r}_F, \boldsymbol{r}') = -\frac{1}{2\pi} \ln |\boldsymbol{r}_F - \boldsymbol{r}'|$ gerade $G(\boldsymbol{r}_F, \boldsymbol{r}') = 0$ liefert.

Im *eindimensionalen* Fall geht (11-83) über in die gewöhnliche Differentialgleichung

$$\frac{\mathrm{d}^2 G}{\mathrm{d}x^2} = \delta(x - x'), \tag{11-97}$$

die sich mit der Stufenfunktion (9-52) wegen (9-55) auch

$$\frac{\mathrm{d}^2 G}{\mathrm{d}x^2} = \frac{\mathrm{d}\varepsilon(x - x')}{\mathrm{d}x}$$

schreiben läßt. Eine Integration liefert

$$\frac{\mathrm{d}G}{\mathrm{d}x} = \varepsilon(x - x') + C_1\,,$$

d. h., an der Stelle $x = x'$ macht die erste Ableitung von G einen Sprung. Die zweite Integration ergibt für $x < x'$: $G = C_1 x + C_2$ und für $x > x'$: $G = (C_1 + 1)x + C_3$. Zur Eindeutigkeit der Lösung müssen wir dann für $x = x'$ noch $C_2 = x' + C_3$ verlangen. Wir wollen die Lösung in einer symmetrischen Form anschreiben. Dazu setzen wir $C_1 = C - \frac{1}{2}$; $C_2 = C' + \frac{1}{2}x'$ und erhalten als Lösung von (11-97)

$$\boxed{G(x, x') = \frac{1}{2}|x - x'| + Cx + C'} \tag{11-98}$$

als GREEN*sche Funktion im eindimensionalen Bereich.* Die Konstanten C und C' werden für einen endlichen x-Bereich $x_1 \leqq x \leqq x_2$ durch die Forderung $G(x_1, x') = G(x_2, x') = 0$ bestimmt.

Abschließend weisen wir noch darauf hin, daß die Methode der GREENschen Funktion nicht nur auf inhomogene Gleichungen mit homogenen Randbedingungen anwendbar ist, sondern auch auf *homogene Gleichungen* mit *inhomogenen Randbedingungen* [vgl. z. B. (11-85) für $\varrho = 0$ und $U(\boldsymbol{r}_F) \neq 0$].

11.5. Wellengleichung

Die eindimensionale Wellengleichung (11-18) haben wir als Prototyp hyperbolischer Differentialgleichungen bereits eingehend diskutiert. Wir wenden uns nun der homogenen dreidimensionalen Wellengleichung

$$\Delta U - \frac{1}{c^2}\frac{\partial^2 U}{\partial t^2} = 0 \tag{11-99}$$

zu. Im folgenden setzen wir c als *konstant* voraus.

Die Wellengleichung tritt in der Physik sehr häufig auf. Sie liegt z. B. sowohl den Lichtwellen als auch den Schallwellen zugrunde. Für letztere wollen wir die Ableitung von (11-99) aus den Grundgleichungen der Hydrodynamik (11-45, 11-48) kurz skizzieren. Dazu vernachlässigen wir äußere Kräfte und betrachten in der Flüssigkeit nur kleine Störungen des Ruhezustandes, d. h. wir setzen für Dichte bzw. Druck

$$\varrho(\boldsymbol{r},t) = \varrho_0 + \varrho'(\boldsymbol{r},t); \quad p(\boldsymbol{r},t) = p_0 + p'(\boldsymbol{r},t),$$

wobei $|\varrho'| \ll \varrho_0$; $|p'| \ll p_0$ sein soll. ϱ_0, p_0 kennzeichnen den räumlich und zeitlich konstanten Ruhezustand, so daß $\boldsymbol{v}_0 = 0$ ist. Mit (11-46, 11-47) liefert (11-45) nun

$$(\varrho_0 + \varrho')\left[\frac{\partial \boldsymbol{v}}{\partial t} + (\boldsymbol{v} \cdot \nabla)\boldsymbol{v}\right] = -(a_0 + a')^2 \operatorname{grad}(\varrho_0 + \varrho'),$$

und wenn wir *linearisieren*, d. h. nur Ausdrücke mitnehmen, die in den gestörten Größen von erster Ordnung sind, gilt

$$\varrho_0 \frac{\partial \boldsymbol{v}}{\partial t} = -a_0^2 \operatorname{grad} \varrho'. \tag{11-100}$$

Entsprechend ergibt sich aus (11-48)

$$\frac{\partial \varrho'}{\partial t} + \varrho_0 \operatorname{div} \boldsymbol{v} = 0, \tag{11-101}$$

Leitet man (11-101) nach der Zeit ab und setzt (11-100) ein, so folgt

$$\frac{\partial^2 \varrho'}{\partial t^2} = -\varrho_0 \operatorname{div} \frac{\partial \boldsymbol{v}}{\partial t} = a_0^2 \operatorname{div}\operatorname{grad} \varrho' = a_0^2 \Delta \varrho',$$

also (11-99), wobei sich in diesem Fall c als Schallgeschwindigkeit a_0 erweist.

Zur Lösung von (11-99) versuchen wir zunächst wieder einen Produktansatz

$$U(\boldsymbol{r}, t) = \psi(\boldsymbol{r}) \cdot T(t), \tag{11-102}$$

der (11-99) auf die Form

$$\frac{c^2}{\psi} \Delta\psi = \frac{1}{T} \frac{d^2 T}{dt^2}$$

bringt. Bezeichnen wir die Separationskonstante mit $-\omega^2$, so ergibt sich einerseits

$$\frac{d^2 T}{dt^2} + \omega^2 T = 0 \tag{11-103}$$

mit der allgemeinen Lösung für ($\omega \neq 0$)

$$T(t) = A\, e^{i\omega t} + B\, e^{-i\omega t} \tag{11-104}$$

und andererseits

$$\boxed{\Delta\psi + k^2\psi = 0}, \tag{11-105}$$

wobei wir $\frac{\omega}{c} = k$ gesetzt haben. Diese Gleichung, die nur noch die Ortsabhängigkeit von $U(\boldsymbol{r},t)$ enthält, bezeichnet man als *statische Wellengleichung* oder HELMHOLTZ*sche Gleichung* (HELMHOLTZ 1821—1894). Im Gegensatz zu (11-99) ist 11-105) eine elliptische Differentialgleichung. Um eindeutige Lösungen erwarten zu können, müssen nach Abschnitt 11.2. für (11-99) auf einem offenen Rand im $\boldsymbol{r}t$-Raum CAUCHYsche Randbedingungen vorgegeben sein, für (11-105) aber auf einem geschlossenen Rand des $\boldsymbol{r}$-Raumes DIRICHLETsche bzw. NEUMANNsche Randbedingungen. Wir können bei diesen Randbedingungen (11-105) in analoger Weise wie die LAPLACEsche Gleichung durch Produktansätze lösen.

Betrachten wir zunächst *kartesische Koordinaten*, so liefert der Ansatz $\psi(\boldsymbol{r}) = X(x)\, Y(y)\, Z(z)$ wieder (11-57, 11-58), aber anstelle von (11-59) die Beziehung

$$k_1^2 + k_2^2 + k_3^2 = k^2. \tag{11-106}$$

Wenn wir diese spezielle Annahme machen, daß k_1, k_2, k_3 reelle Größen sind, so können wir den reellen Vektor $\boldsymbol{k} = (k_1, k_2, k_3)$ einführen, und jede zu den passenden Randbedingungen gehörende Lösung von (11-99) läßt sich in der Form (vgl. 11-62)

$$U(\boldsymbol{r}, t) = \sum_{k_1, k_2, k_3} [U_1(\boldsymbol{k})\, e^{i(\boldsymbol{k}\cdot\boldsymbol{r}+kct)}\, U_2(\boldsymbol{k})\, e^{i(\boldsymbol{k}\cdot\boldsymbol{r}-kct)}] \tag{11-107}$$

schreiben. Wir entnehmen dieser FOURIERschen Reihendarstellung, daß »passende« Randbedingungen die räumlich periodische Bedingungen sind.

Die Funktion $U(\boldsymbol{k}) \exp(i\boldsymbol{k}\cdot\boldsymbol{r} - ikct)$ hat an allen jenen Stellen des $\boldsymbol{r}t$-Raumes, für die $\boldsymbol{k}\cdot\boldsymbol{r} - kct = \text{const}$ ist, den gleichen Wert. Um diesen Ausdruck im dreidimensionalen Raum zu deuten, betrachten wir die allgemeinere Form

$$F(\boldsymbol{r}) - \omega t = \text{const} \tag{11-108}$$

und bilden hiervon das totale Differential $\omega\, dt = \text{grad}\, F \cdot d\boldsymbol{r}$. Führt man den Einheitsvektor $\frac{d\boldsymbol{r}}{ds}$ ein und legt diesen in Richtung der Flächennormale der Fläche $F(\boldsymbol{r}) = \text{const}$, so ist mit (7-116)

$$\frac{d\boldsymbol{r}}{dt} \cdot \text{grad}\, F = |\text{grad}\, F| = \omega \frac{dt}{ds} \quad \text{oder}$$

$$\boxed{\frac{ds}{dt} = \frac{\omega}{|\text{grad}\, F|}}, \quad (\omega \in \mathbb{R}) \tag{11-109}$$

offenbar die Geschwindigkeit, mit der sich die Fläche $F(\boldsymbol{r})$ in Richtung ihrer Normale bewegt. (11-108) beschreibt demnach im dreidimensionalen Raum mit der Geschwindigkeit (11-109) wandernde Flächen $F(\boldsymbol{r}) = \text{const}$, die man als *Wellenflächen* bezeichnet. Dementsprechend bezeichnet man jede partikuläre Lösung der Wellengleichung, die man in der Form

$$\boxed{U(\boldsymbol{r}, t) = U(F(\boldsymbol{r}) \pm \omega t)} \tag{11-110}$$

schreiben kann, als *fortschreitende Welle*. Die Fortschreitungsrichtung liegt im Fall $F(\boldsymbol{r}) - \omega t$ in Richtung der Flächennormale von $F(\boldsymbol{r}) = \text{const}$, im Fall $F(\boldsymbol{r}) + \omega t$ in entgegengesetzter Richtung. $F(\boldsymbol{r}) \pm \omega t$ heißt *Phasenfunktion*, sie kennzeichnet den *Zustand der Welle* an jeder Stelle $\boldsymbol{r}$ zur Zeit t. Offenbar sind nach (11-110) durch $F(\boldsymbol{r}) \pm \omega t = \text{const}$ zu jeder Zeit t die Flächen *gleichen Zustands* $F(\boldsymbol{r})$ bestimmt, die deshalb auch als Flächen *konstanter Phase* bezeichnet werden. Entsprechend nennt man (11-109) die *Phasengeschwindigkeit* der Welle (11-110).

Wir wenden uns wieder der Lösung (11-107) zu, die als partikuläre Lösungen Wellen der Form

$$\boxed{U(\boldsymbol{k}) \exp(i\, \boldsymbol{k} \cdot \boldsymbol{r} \pm i\omega t)} \tag{11-111}$$

enthält. Setzt man $\boldsymbol{n} = \frac{\boldsymbol{k}}{k}$, so erweist sich $\frac{F(\boldsymbol{r})}{k} = \boldsymbol{n} \cdot \boldsymbol{r} = \text{const}$ nach (7-57) als Normalform der *Ebene* im dreidimensionalen Raum. Deshalb bezeichnet man Wellen vom Typ (11-111) als *ebene Wellen* und $\boldsymbol{n}$ als *Wellennormale* (vgl. 11-22). Da nun grad $F = \boldsymbol{k}$ ist, haben diese Wellen nach (11-109) und (11-105) die Phasengeschwindigkeit $\frac{\omega}{k} = c$. Ersetzt man in (11-111) t durch $t + \frac{2\pi}{\omega}$, so ergibt sich der gleiche Zustand, d. h., jeder Wellenzustand wiederholt sich an einem festen Ort nach der Zeit

$$\boxed{T = \frac{2\pi}{\omega}}, \tag{11-112}$$

die man als Periode bezeichnet. Das Reziproke hiervon, nämlich

$$\boxed{\nu = \frac{1}{T} = \frac{\omega}{2\pi}}, \tag{11-113}$$

nennt man *Frequenz* und $\omega = 2\pi\nu$ *Kreisfrequenz*. Die Frequenz gibt an einem festen Ort die Zahl der Schwingungen pro Zeiteinheit an. Ersetzt man in (11-111) $\boldsymbol{r}$ durch $\boldsymbol{r} + \frac{2\pi}{k}\,\boldsymbol{n}$, so ergibt sich ebenfalls der gleiche Zustand, d. h., zu einer festen Zeit wiederholt sich jeder Wellenzustand in Richtung der Wellennormale nach einer räumlichen Periode der Länge

$$\boxed{\lambda = \frac{2\pi}{k}}, \tag{11-114}$$

die man als *Wellenlänge* bezeichnet. Man nennt dann k die *Wellenzahl* und $\boldsymbol{k}$ den *Wellenzahlvektor*. Aus $c = \frac{\omega}{k}$ folgt auch

$$\boxed{c = \nu\lambda}. \tag{11-115}$$

Die FOURIERsche Reihendarstellung (11-107) können wir nun als eine Superposition von *ebenen Wellen* deuten, deren Wellenzahlvektoren durch die Randbedingungen festgelegt werden. Im unendlich ausgedehnten Bereich geht die Reihendarstellung (11-107) in eine Integraldarstellung (8-125) über. Dann bilden die Wellenzahlvektoren einen kontinuierlichen Vektorraum.

Als zweites Beispiel betrachten wir die Lösung der HEILMHOLTZschen Gleichung (11-105) in *Kugelkoordinaten*. Der Ansatz $\psi(\boldsymbol{r}) = R(r)\,\Theta(\vartheta)\,\Phi(\varphi)$ liefert aus (11-105), wie bei der LAPLACEschen Gleichung, sowohl (11-72) als auch (11-74). Aber an die Stelle von (11-73) tritt hier

$$\frac{1}{r^2}\,\frac{\mathrm{d}}{\mathrm{d}r}\left(r^2\,\frac{\mathrm{d}R}{\mathrm{d}r}\right) + \left[k^2 - \frac{n\,(n+1)}{r^2}\right] R = 0\,. \tag{11-116}$$

Die Konstante k beeinflußt also nur die Funktion $R(r)$. Durch die Transformation $R = \frac{1}{\sqrt{r}}\,\chi(r)$ geht (11-116) in eine BESSELsche Gleichung für $\chi(r)$ über, die für ganzzahliges n (vgl. Abschnitt 10.5.) die Lösung

$$\chi(r) = A\,J_{n+\frac{1}{2}}(kr) + B\,J_{-\left(n+\frac{1}{2}\right)}(kr) \tag{11-117}$$

besitzt. Da n ganzzahlig ist, sind die BESSEL-Funktionen durch (10-98) gegeben. Die Lösung von (11-99), die Problemen in Kugelkoordinaten angepaßt ist, hat somit die Form

$$\begin{aligned} U(\boldsymbol{r}, t) = \frac{1}{\sqrt{r}} \sum_k \sum_{n=0}^{\infty} \Big\{ &\left[a_n(k) J_{n+\frac{1}{2}}(kr) + b_n(k) J_{-\left(n+\frac{1}{2}\right)}(kr)\right] Y_n(\vartheta, \varphi)\, \mathrm{e}^{ikct} \\ &+ \left[c_n(k) J_{n+\frac{1}{2}}(kr) + \mathrm{d}_n(k) J_{-\left(n+\frac{1}{2}\right)}(kr)\right] Y_n(\vartheta, \varphi)\, \mathrm{e}^{-ikct} \Big\}. \end{aligned} \tag{11-118}$$

Die Kugelflächenfunktionen $Y_n(\vartheta,\varphi)$ sind durch (11-76) bestimmt. Ein Blick auf (10-99) zeigt, daß hier gerade die *sphärischen* BESSEL-Funktionen auftreten. Wir wollen aus (11-118) die Lösung für folgendes Problem finden: Die Kugeloberfläche bei $r = r_0$ sei als Membran ausgebildet, die kugelsymmetrisch mit der Frequenz ω entsprechend $\exp(-i\omega t)$ schwingt. Welche nach außen laufenden Wellen strahlt diese Quelle ab? Da bei r_0 keine ϑ bzw. φ-Abhängigkeit bestehen soll, muß in (11-118) $n = 0$ sein. Außerdem gibt es nur *einen* Wert von $\omega = kc$ bzw. k. Nach (10-98) ist

$$J_{1/2}(kr) = \sqrt{\frac{2}{\pi kr}}\,\sin kr; \quad J_{-1/2}(kr) = \sqrt{\frac{2}{\pi kr}}\,\cos kr\,,$$

so daß wegen (2-60, 2-61) in der gesuchten Lösung Ausdrücke der Form

$$\frac{C}{r}\,\mathrm{e}^{i\,(kr-\omega t)} \quad \text{bzw.} \quad \frac{C}{r}\,\mathrm{e}^{-i\,(kr+\omega t)} \tag{11-119}$$

auftreten. Nach (11-110) handelt es sich um Wellen mit Wellenflächen $F(\boldsymbol{r}) = kr = \text{const}$, d. h. Kugelflächen. Deshalb bezeichnet man (11-119) als aus- bzw. einlaufende *Kugelwelle*. Nach Abschnitt 7.4.8. ist hier grad $F = k\boldsymbol{e}_r$, d. h., die Phasengeschwindigkeit (11-109) ist wieder $\frac{\omega}{k} = c$. Als Lösung des betrachteten Problems ergibt sich

$$\boxed{U(\boldsymbol{r}, t) = \frac{C}{kr}\,\mathrm{e}^{i\,(kr-\omega t)}}\,, \tag{11-120}$$

eine *auslaufende Kugelwelle*. Man beachte, daß Kugelflächen im Abstand $\frac{2\pi}{k}$ nicht den gleichen Zustand der Welle zeigen.

Wenn die kugelförmige Membran bei $r = r_0$ nicht kugelsymmetrisch schwingt, sondern z. B. entsprechend $\cos \vartheta \exp(-i\omega t)$, bezeichnet man die von der Quelle abgestrahlten Wellen als *Dipolwellen*. Deshalb spielen die in (11-118) enthaltenen partikulären Lösungen in der Theorie der akustischen Strahler eine wesentliche Rolle.

Das eben betrachtete Beispiel gehört zu den Problemen, die der homogenen Wellengleichung (11-99) inhomogene Randbedingungen hinzufügen. Entsprechend der Bemerkung am Ende von Abschnitt 11.4. lassen sich solche Probleme allgemein mit Hilfe der GREENschen Funktion behandeln. Das gleiche gilt für die inhomogene Wellengleichung, die innerhalb des betrachteten Volumens noch Quellen zuläßt.

11.6. Diffusionsgleichung

Die Diffusionsgleichung

$$\Delta U = \frac{1}{\varkappa^2} \frac{\partial U}{\partial t} \tag{11-121}$$

unterscheidet sich von der Wellengleichung (11-99) durch eine erste zeitliche Ableitung anstelle einer zweiten Ableitung. Wie sehr man sich davor hüten muß, solche Unterschiede gering zu achten, sahen wir bereits in Abschnitt 11.2. Dort begegnete uns die eindimensionale Diffusionsgleichung (11-26) als *Prototyp parabolischer* Differentialgleichungen.

Wir wollen zeigen, wie sich die für Ausgleichsvorgänge typische Gleichung (11-121) im Fall der Teilchendiffusion ableiten läßt. Dazu nehmen wir an, daß in einer ruhenden Flüssigkeit die Konzentration eines gelösten Stoffes von Ort zu Ort verschieden ist, d. h., die Zahl der Teilchen pro Volumeneinheit dieses Stoffes ist $n = n(\boldsymbol{r},t)$. Die Erfahrung zeigt, daß dann ein Teilchenstrom $\boldsymbol{j}_n$ einsetzt, der durch $\boldsymbol{j}_n = -D \operatorname{grad} n$ gegeben ist (FICKsches Gesetz). Hier bezeichnet man den Proportionalitätsfaktor D als Diffusionskoeffizienten. Wenn keine Teilchen neu entstehen oder verschwinden, muß eine zu (11-48) analoge Kontinuitätsgleichung, nämlich $\frac{\partial n}{\partial t} + \operatorname{div} \boldsymbol{j}_n = 0$ bestehen. Nutzt man nun das FICKsche Gesetz aus, so ergibt sich für konstantes $D = \varkappa^2$ sofort (11-121). Ersetzt man Teilchenzahl durch Temperatur, so erweist sich (11-121) als Wärmeleitungsgleichung.

Zur Lösung von (11-121) mit konstantem $\varkappa$ machen wir wieder den Produktansatz (11-102) und erhalten

$$\frac{\varkappa^2}{\psi} \Delta\psi = \frac{1}{T} \frac{\mathrm{d}T}{\mathrm{d}t}. \tag{11-122}$$

Bezeichnen wir die Separationskonstante mit $-\varkappa^2 k^2$, so ergibt sich anstelle von (11-103)

$$\frac{\mathrm{d}T}{\mathrm{d}t} + \varkappa^2 k^2 T = 0$$

mit der allgemeinen Lösung

$$T(t) = T_0 \, \mathrm{e}^{-\varkappa^2 k^2 (t-t_0)}, \tag{11-123}$$

wobei k durch die Randbedingungen bestimmt wird. Wenn k reell ist, führt (11-123) für $t \to \infty$ zu $U \to 0$. Dann ist der Endzustand einer Lösung von (11-121) durch $U = 0$ gegeben, wie auch der Anfangszustand beschaffen sein mag. Dies zeigt, daß für ein durch (11-121) beschriebenes Phänomen die *Zeitrichtung* eine ausgezeichnete Rolle spielt (irreversible Vorgänge).

Die linke Seite von (11-122) liefert für $\psi(\boldsymbol{r})$ wieder die HELMHOLTZsche Gleichung (11-105). Somit erhalten wir z. B. für *kartesische* Koordinaten aus (11-107) sofort die allgemeine Lösung von (11-121)

$$U(\boldsymbol{r}, t) = \sum_{k_1, k_2, k_3} [U_1(\boldsymbol{k})\,\mathrm{e}^{i\boldsymbol{k}\cdot\boldsymbol{r}-\varkappa^2k^2t} + U_2(\boldsymbol{k})\,\mathrm{e}^{-i\boldsymbol{k}\cdot\boldsymbol{r}-\varkappa^2k^2t}], \tag{11-124}$$

wobei geeignete Randbedingungen die möglichen Werte von $\boldsymbol{k}$ festlegen.

Wir wollen zum unendlich ausgedehnten Raum übergehen, wofür wir wegen (8-125)

$$U(\boldsymbol{r}, t) = \left(\frac{1}{2\pi}\right)^{3/2} \iiint\limits_{-\infty}^{+\infty} U(\boldsymbol{k})\,\mathrm{e}^{-\varkappa^2k^2t}\,\mathrm{e}^{i\boldsymbol{k}\cdot\boldsymbol{r}}\,\mathrm{d}k_1\,\mathrm{d}k_2\,\mathrm{d}k_3 \tag{11-125}$$

erhalten. Da zur Zeit $t = 0$

$$U(\boldsymbol{r}, 0) = U_0(\boldsymbol{r}) = \left(\frac{1}{2\pi}\right)^{3/2} \iiint\limits_{-\infty}^{+\infty} U(\boldsymbol{k})\,\mathrm{e}^{i\boldsymbol{k}\cdot\boldsymbol{r}}\,\mathrm{d}k_1\,\mathrm{d}k_2\,\mathrm{d}k_3$$

ist, liefert (8-125) bei vorgegebenen DIRICHLETschen Anfangsbedingungen

$$U(\boldsymbol{k}) = \left(\frac{1}{2\pi}\right)^{3/2} \iiint\limits_{-\infty}^{+\infty} U_0(\boldsymbol{r}')\,\mathrm{e}^{-i\boldsymbol{k}\cdot\boldsymbol{r}'}\,\mathrm{d}\tau'.$$

Setzt man dies in (11-125) ein, so läßt sich die Integration über $\mathrm{d}k_1$, $\mathrm{d}k_2$, $\mathrm{d}k_3$ ausführen und es folgt

$$U(\boldsymbol{r}, t) = \frac{1}{(2\varkappa\sqrt{\pi t})^3} \iiint\limits_{-\infty}^{+\infty} U_0(\boldsymbol{r}')\,\mathrm{e}^{-\frac{(\boldsymbol{r}-\boldsymbol{r}')^2}{4\varkappa^2 t}}\,\mathrm{d}\tau'. \tag{11-126}$$

Die Anfangswerte U_0 müssen im ganzen Ortsraum vorgegeben werden. Wenn z. B. zur Zeit $t = 0$ im Ursprung $\boldsymbol{r} = 0$ eine δ-förmige Temperaturverteilung besteht, d. h. $U_0(\boldsymbol{r}) = A\delta(\boldsymbol{r})$, so liefert (11-126)

$$\boxed{U(\boldsymbol{r}, t) = \frac{A}{(2\varkappa\sqrt{\pi t})^3}\,\mathrm{e}^{-\frac{r^2}{4\varkappa^2 t}}}\,. \tag{11-127}$$

Diese zu jeder Zeit t in $\boldsymbol{r}$ kugelsymmetrische Funktion gehört zu den typischen Funktionen, die bei Zufallsprozessen auftreten (vgl. 14-64). Man bezeichnet sie als GAUSSsche *Verteilung*.

Wir wollen die Diskussion der Diffusionsgleichung, die sich auch in verschiedenen Koordinatensystemen durchführen läßt, hier abbrechen. Zur Vervollständigung weisen wir noch auf die inhomogene Diffusionsgleichung

$$\frac{\partial U}{\partial t} = \varkappa^2 \Delta U + q$$

hin, in der Quellen berücksichtigt werden. Zur Lösung dieser Gleichung bietet sich wieder die Methode der GREENschen Funktion an, die im unendlich ausgedehnten Gebiet eng mit (11-127) zusammenhängt.

11.7. Aufgaben zu 11.1. bis 11.6.

1. Welche Gestalt hat die LAPLACEsche Differentialgleichung in einem Raum mit n Dimensionen, wenn nur die zentralsymmetrische Lösung $U(r)$ mit $r = \sqrt{x_1^2 + \ldots + x_n^2}$ gesucht wird? Man löse die Gleichung für $n = 1, 2, 3$.

2. Man zeige, daß die kugelsymmetrischen Lösungen der Wellengleichung im dreidimensionalen Raum allgemein durch Überlagerung einer auslaufenden mit einer einlaufenden Welle darstellbar sind. Ist eine ähnliche Darstellung auch für zentralsymmetrische Lösungen der Wellengleichung im zweidimensionalen Bereich möglich?

3. Eine Saite sei an den Endpunkten $x = 0$ und $x = l$ fest eingespannt. Wie bewegt sich die Saite, wenn zur Zeit $t = 0$ die Auslenkung $U(x,0) = F(x)$ und die zeitliche Ableitung $U_t(x,0) = H(x)$ vorgegeben sind? Man löse die zugehörige Wellengleichung

a) mit Hilfe der Charakteristikenmethode (Integraldarstellung der Lösung),

b) mit Hilfe FOURIERscher Reihen.

4. Die Raumladungsdichte eines elektrischen Dipols an der Stelle $\boldsymbol{r}_0$ ist durch $-(\boldsymbol{p} \cdot \nabla)\,\delta(\boldsymbol{r}-\boldsymbol{r}_0)$ gegeben (vgl. Abschnitt 8.7., Aufgabe 14). $\boldsymbol{p}$ ist das gerichtete Dipolmoment. Man berechne das Potential dieses Dipols im unendlich ausgedehnten Raum, wobei zu berücksichtigen ist, daß die in (11-95) verwendete Quelldichte $\varrho(\boldsymbol{r}) = -4\pi$ mal Raumladungsdichte ist. Was ergibt sich für das elektrische Feld $\boldsymbol{E}(\boldsymbol{r}) = -\text{grad}\, U$?

5. Für Probleme, die um die z-Achse eines kartesischen Koordinatensystems rotationssymmetrisch sind, bestimme man die allgemeine Lösung der Wellengleichung in großem Abstand von der z-Achse. Dazu verwendet man zweckmäßig HANKELsche Funktionen (10-107) die für große Werte von $\varrho = \sqrt{x^2 + y^2}$ eine Darstellung nach fortschreitenden Wellen ermöglichen.

6. Man berechne das Eindringen der jährlichen Temperaturschwankungen ins Erdinnere. Für die Erde ist die Temperaturleitfähigkeit $\varkappa^2 \approx 2 \cdot 10^{-3} \dfrac{\text{cm}^2}{\text{sec}}$. Die Erdoberfläche kann näherungsweise als eben angesehen werden. Für die wechselnde Einstrahlung an der Erdoberfläche setze man eine trigonometrische Funktion an.

12. Lineare Integralgleichungen

Bei der Diskussion der partiellen Differentialgleichungen begegnete uns die Methode der GREENschen Funktion, nach der man z. B. die Lösung der POISSONschen Differentialgleichung für homogene Randbedingungen in der Form (11-81):

$$U(\boldsymbol{r}) = \iiint G(\boldsymbol{r}, \boldsymbol{r}')\,\varrho(\boldsymbol{r}')\,\mathrm{d}\tau' \tag{12-1}$$

schreiben kann. Die Gestalt der GREENschen Funktion G hängt – wie wir erkannten – von den Randbedingungen des betrachteten Problems ab. Wenn die Quelldichte $\varrho(\boldsymbol{r}')$ gegeben ist, so kann man bei bekanntem $G(\boldsymbol{r},\boldsymbol{r}')$ die Potentialfunktion $U(\boldsymbol{r})$ berechnen. Hier stellen wir uns die umgekehrte Aufgabe: Aus der Beziehung (12-1) die Quelldichte zu bestimmen, wenn die Potentialfunktion $U(\boldsymbol{r})$ vorgegeben ist. Dieses Problem erfordert die Lösung der *Integralgleichung* (12-1).

Als zweites Beispiel betrachten wir folgendes Problem der *optischen Abbildung*: In der Dingebene mit den Koordinaten x', y' sei eine Leuchtdichteverteilung $\varrho(\boldsymbol{r}')$ vorgegeben. Durch ein Linsensystem erreichen wir eine Abbildung dieser leuchtenden Fläche auf einem Schirm in der Bildebene (Koordinaten x, y). Das abbildende System bildet jede Punktquelle der Dingebene auf dem Schirm als eine *flächenhafte* Lichtverteilung ab, was wir durch die *Abbildungsfunktion* $K(\boldsymbol{r},\boldsymbol{r}')$ erfassen. Demnach wird ein Punkt der Bildebene mit der Stärke

$$U(\boldsymbol{r}) = \iint K(\boldsymbol{r},\boldsymbol{r}')\,\varrho(\boldsymbol{r}')\,\mathrm{d}x'\mathrm{d}y' \tag{12-2}$$

von allen Punkten $\boldsymbol{r}'$ der Dingebene beleuchtet. Will man aus einer gemessenen Lichtverteilung $U(\boldsymbol{r})$ auf die wahre Verteilung $\varrho(\boldsymbol{r}')$ schließen, so muß die Integralgleichung (12-2) gelöst werden. Im Unterschied zum ersten Beispiel kann man für dieses Abbildungsproblem im allgemeinen *keine* Differentialgleichung für $U(\boldsymbol{r})$ finden.

Typen von Integralgleichungen. Wir beschränken uns auf *eine* Dimension. Dann ist die zu (12-1, 12-2) äquivalente Gleichung

$$\boxed{f(x) = \int_a^b K(x,x')\,\varphi(x')\,\mathrm{d}x'}\,, \qquad (12\text{-}3$$

wobei $f(x)$, $K(x,x')$ vorgegeben und $\varphi(x)$ gesucht wird. (12-3) heißt FREDHOLM*sche Integralgleichung erster Art* (FREDHOLM 1866—1927). $K(x,x')$ nennt man den *Kern* der Integralgleichung. Wenn nicht beide Integrationsgrenzen durch feste Werte a, b gegeben sind, sondern z. B. b durch x ersetzt wird, nennt man (12-3) VOLTERRA*sche Integralgleichung erster Art* (VOLTERRA 1860—1940). Als FREDHOLM*sche Integralgleichung zweiter Art* bezeichnet man die Form

$$\boxed{\varphi(x) = \lambda \int_a^b K(x,x')\,\varphi(x')\,\mathrm{d}x' + f(x)}\,, \tag{12-4}$$

wobei $f(x)$, $K(x,x')$ vorgegeben sind und $\varphi(x)$ gesucht wird. λ ist ein Parameter. Für $f(x) \neq 0$ heißt (12-4) auch *inhomogen*, während für $f(x) = 0$ die homogene FREDHOLMsche Integralgleichung zweiter Art entsteht. Ersetzt man in (12-4) b durch x, so gelangt man zur VOLTERRAschen Integralgleichung zweiter Art. Schließlich spricht man von einer Integralgleichung *dritter Art*, wenn in (12-4) die linke Seite durch $g(x) \cdot \varphi(x)$ ersetzt wird, wobei $g(x)$ eine bekannte Funktion ist.

Eine Integralgleichung heißt *singulär*, wenn entweder eine Integrationsgrenze (bzw. beide Integrationsgrenzen) unendlich ist oder der Kern $K(x,x')$ mindestens an einer Stelle im Integrationsbereich unendlich groß wird.

Die Gleichungen (12-3, 12-4) sind *linear*. Es gibt auch *nichtlineare* Integralgleichungen, die sich in der Form

$$\varphi(x \qquad \int_a^b F\,[x, x', \varphi(x')]\,\mathrm{d}x' + f(x) \tag{12-5}$$

schreiben lassen, wobei F eine nichtlineare Funktion von φ ist, z. B. $F = K(x,x')\,\varphi^n(x')$ für $n \neq 1$.

12.1. FREDHOLMsche Integralgleichungen

Wir beschränken uns im folgenden auf die linearen Gleichungen (12-3) und (12-4), für die hier nur zwei Lösungsmethoden skizziert werden sollen. Im Gegensatz zu den Differentialgleichungen, bei denen die Lösungen erst durch zusätzliche Randbedingungen eindeutig bestimmt werden, ist die Lösung einer Integralgleichung im allgemeinen durch die Gleichung selbst festgelegt.

12.1.1. Entwicklungen nach Eigenfunktionen

Auf den Zusammenhang zwischen Integralgleichungen und *Eigenwertproblemen* haben wir bereits in Abschnitt 8.4.3. hingeweisen. Wir definierten dort den Operator

$$K = \int_a^b K(x, x') \ldots \mathrm{d}x', \tag{12-6}$$

so daß sich (12-3) in der Form

$$f = K\varphi \tag{12-7}$$

und (12-4) in der Gestalt

$$\varphi = \lambda K\varphi + f \tag{12-8}$$

schreiben läßt. Es ist danach verständlich, daß Integralgleichungen mit *hermiteschen* oder *symmetrischen* Kernen

$$K^*(x',x) = K(x,x') \tag{12-9}$$

eine ausgezeichnete Rolle in der Theorie der Integralgleichungen spielen. So folgt z. B. für (12-9) aus der homogenen Gleichung von (12-8), daß *hermitesche Kerne stets reelle Eigenwerte* besitzen. Ähnlich wie für die STURM-LIOUVILLEsche Gleichung in Abschnitt 10.3 zeigt man auch hier, daß die Eigenfunktionen zu verschiedenen Eigenwerten eines hermiteschen Kerns *orthogonal* sind. Wenn man für hermitesche Kerne die *Normierbarkeit* (8-103) voraussetzt, d. h.,

$$\iint |K(x, x')|^2 \,\mathrm{d}x \,\mathrm{d}x' = N^2 \tag{12-10}$$

soll überall endlich sein, so kann man folgendes zeigen: Die *Eigenwerte normierbarer hermitescher Kerne* bilden einen diskreten Satz von Werten. Es existiert *mindestens ein* nicht verschwindender *reeller Eigenwert*. Den Beweis dieser Sätze übergehen wir und bemerken noch – ebenfalls ohne Beweis – daß sich im Sinne der Konvergenz im Mittel (vgl. Abschnitt 8.4.2.) ein Kern nach seinen Eigenfunktionen φ_ν entwickeln läßt. Aus

$$K(x, x') = \sum_\nu c_\nu(x')\, \varphi_\nu(x)$$

folgt entsprechend (8-78, 8-104) wegen der Orthogonalität der normierten Eigenfunktionen

$$c_\nu(x') = \int_a^b K(x, x')\, \varphi_\nu^*(x)\, \mathrm{d}x$$

oder mit (12-9) $c_\nu^*(x') = \int_a^b K(x',x)\, \varphi_\nu(x)\, \mathrm{d}x.$

Die homogene Gleichung von (12-4) liefert dann $\varphi_\nu(x') = \lambda_\nu c_\nu^*(x')$, also

$$K(x, x') = \sum_\nu \frac{1}{\lambda_\nu} \varphi_\nu(x) \varphi_\nu^*(x'), \tag{12-11}$$

wobei über alle Eigenfunktionen summiert wird.

Beispiel

Wir betrachten die Gleichung $\varphi = \lambda K \varphi$ mit dem Kern

$$K(x, x') = \begin{cases} x(1 - x') & \text{für} \quad 0 \leqq x \leqq x' \\ x'(1 - x) & \text{für} \quad x' \geqq x \leqq 1 \end{cases} \tag{12-12}$$

im Intervall $0 \leqq x \leqq 1$. Offenbar läßt sich K als Funktion von x in eine FOURIER-Reihe (8-37) entwickeln, wobei man zweckmäßigerweise $K_k(x,x') = a_k \cos kx + b_k \sin kx$ setzt und $K(0,x') = 0$ berücksichtigt. Dies liefert $a_k = 0$. Da auch $K(1,x') = 0$ ist, muß für $b_k \neq 0$, $k = \pi\nu$, (ν ganzzahlig) sein, also

$$K(x, x') = \sum_{\nu=1}^{\infty} b_\nu \sin \pi\nu x \,. \tag{12-13}$$

Die möglichen negativen ν-Werte ergeben mit $b_\nu = -b_{-\nu}$ die gleiche Lösung wie (12-13). Entsprechend (8-39) ist hier

$$b_\nu = 2 \int_0^1 K(x, x') \sin \pi\nu x \, \mathrm{d}x = \frac{2}{(\pi\nu)^2} \sin \pi\nu x' \,, \tag{12-14}$$

so daß (12-13) mit (12-11) übereinstimmt, wenn in der letzteren Gleichung $\lambda_\nu = (\pi\nu)^2$ und $\varphi_\nu(x) = \sqrt{2} \sin \pi\nu x$ gesetzt wird.

Ein Kern heißt *positiv definit*, wenn in der Schreibweise (8-102) für jedes normierbare $\varphi(x)$

$$\langle \varphi | K\varphi \rangle > 0 \tag{12-15}$$

ist. Für *negativ definite* Kerne muß in (12-15) nur $>$ durch $<$ ersetzt werden. Die homogene Gleichung von (12-8) zeigt sofort, daß für *positiv definite Kerne alle Eigenwerte positiv* sind, und für solche Kerne läßt sich zeigen, daß ihre Eigenfunktionen ein *vollständiges Orthogonalsystem* bilden (wir übergehen den Beweis). Entsprechendes gilt für negativ definite Kerne.

Die Darstellung (12-11) kann man benutzten, um jede Funktion $f(x)$, die mit Hilfe einer beliebigen Funktion $g(x)$ durch

$$f(x) = \int_a^b K(x, x') g(x') \, \mathrm{d}x' \tag{12-16}$$

»quellenmäßig« dargestellt wird, nach den Eigenfunktionen des Kerns zu entwickeln. Denn für

$$f(x) = \sum_\nu b_\nu \varphi_\nu(x) \tag{12-17}$$

erhält man mit (8-78, 8-102)

$$b_\nu = \int_a^b f(x) \varphi^*(x) \, \mathrm{d}x = \int_a^b \int_a^b K(x, x') \varphi_\nu^*(x) g(x') \, \mathrm{d}x \, \mathrm{d}x' = \frac{1}{\lambda_\nu} \langle \varphi_\nu | g \rangle \,. \tag{12-18}$$

Hiermit haben wir nun auch einen Zugang zur Lösung der inhomogenen Gleichung (12-8), da $\varphi - f = \lambda K \varphi$ als quellenmäßige Darstellung von $\varphi - f$ aufgefaßt werden kann. Dann ergibt sich nach (12-17, 12-18)

$$\varphi - f = \sum_\nu b_\nu \varphi_\nu(x) \tag{12-19}$$

mit

$$b_\nu = \frac{\lambda}{\lambda_\nu} \langle \varphi_\nu | \varphi \rangle .$$

Da aber $\int (\varphi - f) \varphi_\nu^* \, dx = \langle \varphi_\nu | \varphi \rangle - \langle \varphi_\nu | f \rangle = b_\nu$ ist, so folgt auch

$$b_\nu = \frac{\lambda}{\lambda_\nu - \lambda} \langle \varphi_\nu | f) \rangle . \tag{12-20}$$

Hiermit können wir nun die FREDHOLM*sche Alternative* formulieren: *Entweder* ist λ *kein Eigenwert* des Kerns von (12-8), dann ist die *einzige Lösung der inhomogenen Gleichung* (12-8)

$$\boxed{\varphi(x) = f(x) + \sum_\nu \frac{\lambda \varphi_\nu(x)}{\lambda_\nu - \lambda} \int_a^b \varphi_\nu^*(x') f(x') \, dx' .} \tag{12-21}$$

Oder λ ist ein Eigenwert des Kerns von (12-8), z. B. $\lambda = \lambda_\mu$, dann wird der Nenner von (12-20) Null. Damit dann überhaupt eine Lösung der inhomogenen Gleichung (12-8) möglich ist, muß $\leqq \varphi_\mu | f \geqq = 0$ sein, d. h. $f(x)$ muß zu $\varphi_\mu(x)$ *orthogonal* sein. Die allgemeine Lösung hat auch dann die Form (12-21), wobei nur für $\nu = \mu$ ein unbestimmter Koeffizient b_μ auftritt.

Wir haben damit gezeigt, daß die FREDHOLMsche Integralgleichung zweiter Art keineswegs für jede beliebige Funktion $f(x)$ lösbar ist. Auch die FREDHOLMsche Integralgleichung *erster* Art besitzt nicht immer eine Lösung. Der Entwicklungssatz zeigt vielmehr, daß sich in (12-7) die Funktion $f(x)$ nach (12-17) mit (12-18) entwickeln lassen muß. In (12-17) ist dann $b_\nu = \langle \varphi_\nu | f \rangle = \frac{1}{\lambda_\nu} \langle \varphi_\nu | \varphi \rangle$ und wenn wir die Lösung $\varphi(x)$ durch die Reihenentwicklung

$$\varphi(x) = \sum_\nu a_\nu \varphi_\nu(x) \tag{12-22}$$

darstellen, so folgt $a_\nu = \langle \varphi_\nu | \varphi \rangle$ oder

$$\varphi(x) = \sum_\nu \lambda_\nu \langle \varphi_\nu | f \rangle \varphi_\nu(x) = \sum_\nu \lambda_\nu \varphi_\nu(x) \int_a^b \varphi_\nu^*(x') f(x') \, dx' . \tag{12-23}$$

Für definite Kerne der Gleichung (12-7) ist wegen der Vollständigkeit des Orthogonalsystems $\varphi_\nu(x)$ die Lösung durch (12-23) eindeutig bestimmt.

12.1.2. Iterationsverfahren

Die Methode der Entwicklung nach Eigenfunktionen des Kerns erfordert, daß die homogene Gleichung $\varphi = \lambda K \varphi$ für alle Eigenwerte gelöst wird. Hier soll dagegen ein Verfahren besprochen werden, das direkt die Lösung einer FREDHOLMschen Integralgleichung zweiter Art liefern kann. Wir gehen von (12-8) aus und wählen in niedrigster Näherung

$$\varphi_0 = f. \tag{12-24}$$

Setzen wir dies auf der rechten Seite von (12-8) ein, so folgt ein korrigierter Wert

$$\varphi_1 = \lambda K \varphi_0 + f = (I + \lambda K) f, \quad (If = f).$$

Fährt man in dieser Weise fort, so ergibt sich in n-ter Näherung

$$\varphi_n = \lambda K \varphi_{n-1} + f = (I + \lambda K + \lambda^2 K_2 + \ldots + \lambda^n K_n) f, \tag{12-25}$$

wobei

$$K_2(x, x'') = \int_a^b K(x, x')\, K(x', x'')\, \mathrm{d}x'$$

der *zweifach iterierte Kern* von $K(x,x')$ ist und entsprechend

$$K_n(x, x'') = \int_a^b K_{n-1}(x, x')\, K(x', x'')\, \mathrm{d}x' \tag{12-26}$$

der *n-fach iterierte Kern*.

Wenn (12-25) für $n \to \infty$ konvergiert, so läßt sich zeigen, daß die NEUMANN*sche Reihe*

$$\boxed{\varphi(x) = f(x) + \sum_{\nu=1}^{\infty} \lambda^\nu \int_a^b K_\nu(x, x') f(x')\, \mathrm{d}x'}, \quad (K_1 = K) \tag{12-27}$$

gleichmäßig gegen $\varphi(x)$ konvergiert, wenn das Integral $\int_a^b |K(x,x')|^2\, \mathrm{d}x'$, im ganzen x-Intervall unterhalb eines festen Wertes bleibt. Den Beweis übergehen wir. Für welche Werte von λ die Reihe in (12-27) überhaupt konvergiert, kann man direkt nach der Auswertung des Integrals der Lösung entnehmen. Falls $K(x,x')$ ein *normierbarer hermitescher Kern* ist, läßt sich zeigen, daß für die Konvergenz der Reihe in (12-27) notwendig und hinreichend

$$|\lambda| < |\lambda_{\min}| \tag{12-28}$$

ist, wobei $\lambda_{\min}$ der Eigenwert von $K(x,x')$ mit kleinstem Betrag ist. Auch diesen Beweis führen wir nicht aus.

Beispiel

Wir suchen die Lösung der Gleichung

$$\varphi(x) = x + \lambda \int_0^\pi \sin(x + x')\, \varphi(x')\, \mathrm{d}x'. \tag{12-29}$$

Zunächst benutzen wir die Methode der Entwicklung nach Eigenfunktionen. Dazu muß die homogene Gleichung

$$\varphi(x) = \lambda \int_0^\pi \sin(x + x')\, \varphi(x')\, \mathrm{d}x' = \lambda A \sin x + \lambda B \cos x \tag{12-30}$$

gelöst werden, wobei wir $A = \int_0^\pi \cos x' \varphi(x')\, dx'$ und $B = \int_0^\pi \sin x' \varphi(x')\, dx'$ gesetzt haben. Nun läßt sich (12-30) in diesen Ausdrücken für A und B ausnutzen. Es ergibt sich

$$A = \lambda A \int_0^\pi \cos x' \sin x'\, dx' + \lambda B \int_0^\pi \cos^2 x'\, dx' = \lambda B \frac{\pi}{2}$$

und $B = \lambda A \frac{\pi}{2}$. Dieses Gleichungssystem für A, B hat nur nichttriviale Lösungen, wenn $\lambda_{1,2} = \pm \frac{2}{\pi}$ ist. Damit haben wir die Eigenwerte der homogenen Gleichung nach einem Verfahren gefunden, das für *Produktkerne* der Form

$$K(x,x') = \sum_\nu h_\nu(x)\, k_\nu(x') \tag{12-31}$$

stets angewendet werden kann. Die zugehörigen Eigenfunktionen liefert (12-30):

$$\varphi_1 = C(\sin x + \cos x); \quad \varphi_2 = C'(\sin x - \cos x). \tag{12-32}$$

Normiert man diese Eigenfunktionen wie in (8-74), so folgt $C = C' = \frac{1}{\sqrt{\pi}}$. Für die inhomogene Gleichung (12-29) liefert (12-21) nach einfacher Rechnung die Lösung

$$\varphi(x) = x + \frac{\lambda}{1 - \left(\frac{\pi\lambda}{2}\right)^2} \left[\left(\frac{\pi^2\lambda}{2} - 2\right) \sin x + (1-\lambda)\, \pi \cos x\right]. \tag{12-33}$$

Wir wollen zeigen, daß auch das Iterationsverfahren zum gleichen Ergebnis führt. Zunächst berechnet man die iterierten Kerne nach (12-26) und findet

$$K_{2n}(x, x') = \left(\frac{\pi}{2}\right)^{2n-1} \cos(x - x'); \quad K_{2n-1} = \left(\frac{\pi}{2}\right)^{2(n-1)} \sin(x + x'), \quad (n = 1,2\ldots).$$

Damit ergibt sich durch (12-27)

$$\varphi(x) = x + \sum_{\nu=1}^{\infty} \lambda^{2\nu-1} \left(\frac{\pi}{2}\right)^{2(\nu-1)} \left[\left(\frac{\pi^2\lambda}{2} - 2\right) \sin x + (1-\lambda)\, \pi \cos x\right]. \tag{12-34}$$

Da nach (8-19) $\sum_{\mu=0}^{\infty} \left(\frac{\lambda\pi}{2}\right)^{2\mu} = \frac{1}{1 - \left(\frac{\pi\lambda}{2}\right)^2}$ für $\left(\frac{\pi\lambda}{2}\right)^2 < 1$ ist, so ist (12-34) mit (12-33) identisch, wenn

$$|\lambda| < \frac{2}{\pi} \tag{12-35}$$

bleibt. Nur dann konvergiert die Reihe in (12-34). Da $K(x,x') = \sin(x + x')$ die Eigenwerte $\lambda_{1,2} = \pm \frac{2}{\pi}$ besitzt, stimmt (12-35) mit (12-28) überein, wie es für diesen normierbaren symmetrischen Kern zu erwarten ist.

12.2. ABELsche Integralgleichung

Als Beispiel einer VOLTERRAschen Integralgleichung behandeln wir die spezielle Gleichung

$$\boxed{f(x) = \int_0^x (x - x')^{-\alpha} \varphi(x')\, dx'} \qquad (0 < \alpha < 1), \tag{12-36}$$

in der $f(x)$ bekannt ist und $\varphi(x)$ gesucht wird.

Auf diesen Typ mit $\alpha = \frac{1}{2}$ stieß ABEL (1802—1829) bei der Behandlung des folgenden mechanischen Problems: Unter dem Einfluß der Schwerkraft soll sich ein Massenpunkt in einer vertikalen yz-Ebene (z sei die Höhe) längs einer Kurve $z(y)$ vom Punkt z_p nach $z = 0$ bewegen. Welche Gestalt hat die Kurve, wenn die Fallzeit T eine gegebene Funktion der Höhe z_p ist? Nach dem Energiesatz der Mechanik ist die kinetische Energie $E_{kin} = \frac{m}{2} v^2 = \frac{m}{2}\left(\frac{\mathrm{d}s}{\mathrm{d}t}\right)^2$ gleich dem Verlust an potentieller Energie $E_{\mathrm{pot}} = mg(z_p - z)$, also

$$\frac{\mathrm{d}s}{\mathrm{d}t} = \sqrt{2g\,(z_p - z)}\,. \tag{12-37}$$

Wenn wir annehmen, daß die Kurve in der Form $y(z)$ eindeutig beschrieben wird, so folgt wegen $\mathrm{d}s = -\sqrt{1 + y'^2}\,\mathrm{d}z$ (wachsenden Werten der Bogenlänge entsprechen abnehmende z-Werte) für die Fallzeit

$$T = \int_0^T \mathrm{d}t = \int_{s_p}^{s_0} \frac{\mathrm{d}s}{\sqrt{2g(z_p - z)}} = \int_0^{z_p} \sqrt{\frac{1 + y'^2}{2g(z_p - z)}}\,\mathrm{d}z\,. \tag{12-38}$$

Es ist also $T = f(z_p)$, und für $\varphi(z) = \sqrt{\frac{1 + y'^2}{2g}}$ erhält man die Form (12-36) mit $\alpha = \frac{1}{2}$.

Wir lösen nun die verallgemeinerte ABELsche Gleichung (12-36), die bei $x = x'$ singulär ist, mit Hilfe der LAPLACE-Transformation. (12-36) stellt offenbar ein Faltungsintegral (9-78) dar, so daß wir auch

$$f(x) = x^{-\alpha} * \varphi(x) \tag{12-39}$$

schreiben können. Es ist zweckmäßig $\varphi(x) = \frac{\mathrm{d}\vartheta(x)}{\mathrm{d}x}$ zu setzen. Im Bildbereich lautet (12-39) wegen (9-78, 9-81, 9-70)

$$F(s) = \frac{\Gamma(1 - \alpha)}{s^{1-\alpha}}\,[s\Theta(s) - \vartheta(0)]\,.$$

Wir lösen nach der Unbekannten auf

$$\Theta(s) = \frac{\vartheta(0)}{s} + \frac{F(s)}{\Gamma(1 - \alpha)s^{\alpha}}$$

und übertragen die Lösung in den Originalbereich mit Hilfe von (9-80, 9-81, 9-78)

$$\vartheta(x) = \vartheta(0) + \frac{x^{\alpha-1}}{\Gamma(1 - \alpha)\,\Gamma(\alpha)} * f(x)$$

$$= \vartheta(0) + \frac{x}{\Gamma(1 - \alpha)\,\Gamma(\alpha)} \int_0^x \xi^{\alpha-1} f(x - \xi)\,\mathrm{d}\xi\,.$$

Die gesuchte Funktion $\varphi(x)$ erhalten wir durch Ableitung nach x, wobei zu beachten ist, daß die obere Grenze des Integrals von x abhängt. Nach (6-80) ist

$$\frac{\mathrm{d}}{\mathrm{d}x} \int_0^x \xi^{\alpha-1} f(x - \xi)\,\mathrm{d}\xi = \int_0^x \xi^{\alpha-1} \frac{\mathrm{d}f(x - \xi)}{\mathrm{d}x}\,\mathrm{d}\xi + x^{\alpha-1} f(0)\,.$$

Demnach ergibt sich unter Ausnutzung von (9-79) als Lösung von (12-36)

$$\boxed{\varphi(x) = \frac{1}{\Gamma(1 - \alpha)\Gamma(\alpha)} \left[\int_0^x (x - \xi)^{\alpha-1} \frac{\mathrm{d}f(\xi)}{\mathrm{d}\xi}\,\mathrm{d}\xi + x^{\alpha-1} f(0)\right]}\,. \tag{12-40}$$

Der Faktor vor der Klammer läßt sich einfacher schreiben. Man kann zeigen, daß $\Gamma(\alpha)\,\Gamma(1-\alpha) = \frac{\pi}{\sin\alpha\pi}$ ist.

12.3. Aufgaben zu 12.1. bis 12.2.

1. Welche Lösung hat die Gleichung

$\varphi(x) = x^2 + \lambda\int_0^1 (x + x')\,\varphi(x')\,\mathrm{d}x'$ für solche Werte von λ, die keine Eigenwerte der homogenen Gleichung sind?

2. Man löse die Integralgleichung (12-38) unter der Voraussetzung, daß die Fallzeit $T = \sqrt{\frac{2}{g}\,z_p}$ beträgt. Welche Gestalt hat die zu dieser Lösung gehörende Kurve $y(z)$?

3. Die STURM-LIOUVILLEsche Gleichung (10-68) läßt sich mit Hilfe des Operators L von (10-69) in der Form $Ly(x) = -\lambda r(x)\,y(x)$ schreiben. Man zeige, daß diese Gleichung in die homogene FREDHOLMsche Integralgleichung zweiter Art

$$y(x) = \lambda\int_a^b G(x, x')\,r(x')\,y(x')\,\mathrm{d}x' \tag{12-41}$$

übergeführt werden kann, wenn die GREENsche Funktion der Gleichung

$$LG(x,x') = -\delta(x - x') \tag{12-42}$$

genügt und y homogene DIRICHLETsche bzw. NEUMANNsche Randbedingungen besitzt.

13. Variationsrechnung

Mit der Lehre von den Differentialgleichungen verknüpft ist die Variationsrechnung. Ihre Fragestellung lautet so: Für welche Funktion bzw. Funktionen einer oder mehrerer Veränderlicher nimmt ein bestimmtes Integral, das eine Funktion dieser Funktionen und deren Differentialquotienten enthält, einen Extremwert an? Die Fragestellung geht also viel weiter als die in Abschnitt 4.2. behandelte Frage, für welche x-Werte eine *vorgegebene Funktion* $y(x)$ einen Extremwert hat. Hier wird dagegen ein ganzer *Funktionsverlauf* $y(x)$ gesucht, und entsprechend groß ist die praktische Bedeutung. In den Aufgabenkreis der Variationsrechnung fallen alle Fragen, wie: »Welche Form muß ich einem Schiffskörper geben, damit der Widerstand am kleinsten ist«, »welche Form muß ich einem Behälter geben, damit der Inhalt bei gegebener Oberfläche ein Maximum wird«. Erinnern wir uns an das Beispiel der günstigsten Konservenbüchse (Abschnitt 4.2.). Dort ist die zylindrische Form vorgegeben und unter den zylindrischen Formen die günstigste aufgesucht worden, jetzt suchen wir die allergünstigste Form, die in diesem Fall eine Kugel wäre (was aus anderen Gründen wieder unzweckmäßig ist!). Im allgemeinen enthält die Funktion unter dem Integralzeichen neben den Veränderlichen nur die ersten Ableitungen, wir wollen uns auf diese Fälle beschränken. Wir fragen also bei einer Veränderlichen nach jener Funktion $y(x)$, welche das Integral

$$\boxed{J = \int_a^b F(x, y, y')\,\mathrm{d}x} \tag{13-1}$$

zu einem Extremwert macht. Man schreibt auch $J[y]$, da die in (13-1) verwendeten Funktionen $y(x)$ den Definitionsbereich des Funktionals J bilden (vgl. 1-49). Entsprechend ist die Form des Integrals bei mehreren Funktionen und Veränderlichen. Wie anschließend gezeigt wird, läßt sich diese Frage auf die Lösung einer Differentialgleichung zurückführen. In manchen Fällen kann man aber auch den umgekehrten Weg gehen und zur Lösung einer Differentialgleichung – falls ihre Form dies zuläßt – die zugehörige Variationsaufgabe lösen, indem man für die Funktion $y(x)$ eine Potenzreihe ansetzt und dann die Koeffizienten nach den Regeln der Differentialrechnung so bestimmt, daß das Integral einen Extremwert erhält.

13.1. Variationsprobleme mit einer Funktion einer Veränderlichen

Um etwas Anschauliches vor Augen zu haben, denken wir uns die Aufgabe gestellt, auf irgendeiner Fläche die kürzeste Verbindung zwischen zwei Punkten A und B aufzusuchen. Die Koordinaten der beiden Punkte seien a, y_a und b, y_b. Die gesuchte Funktion $y(x)$ sei auf dem Intervall $[a,b]$ definiert und dort stetig differenzierbar. Neben dieser betrachten wir jetzt benachbarte (»variierte«) Funktionen, die aber alle die Eigenschaft haben, durch die Endpunkte A und B zu gehen (Abb. 124). Ihre Abweichungen gegen

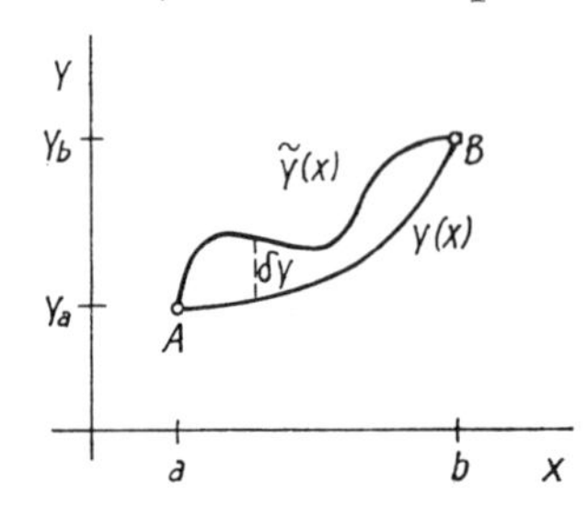

Abb. 124 Variation einer Funktion $y(x)$

die gesuchte Funktion sind wieder als Funktionen von x darzustellen. Da für die benachbarten Kurven die Abweichungen klein sind, schreiben wir

$$\tilde{y}(x) = y(x) + \varepsilon\eta(x), \tag{13-2}$$

wobei wir die Kleinheit in die Größe ε gesteckt haben. Die als stetig differenzierbar angenommene Funktion $\eta(x)$ ist beliebig, bis auf die Eigenschaft $\eta(a) = \eta(b) = 0$. Man nennt

$$\varepsilon\eta(x) = \delta y \tag{13-3}$$

die *erste Variation von* $y(x)$, die an einer festen Stelle x gebildet wird. Setzen wir statt y die benachbarte Funktion $\tilde{y}(x)$ in die zu integrierende Funktion ein, so wird das Integral (13-1) eine Funktion von ε:

$$J(\varepsilon) = \int_a^b F(x, y + \varepsilon\eta, y' + \varepsilon\eta')\,\mathrm{d}x\,. \tag{13-4}$$

Wir können jetzt die Forderung, daß $y(x)$ das Integral zu einem Extremwert macht, so ausdrücken: $J(\varepsilon)$ muß als Funktion von ε für $\varepsilon = 0$ ein Extremum haben, d. h.

$$\left(\frac{\mathrm{d}J}{\mathrm{d}\varepsilon}\right)_{\varepsilon=0} = 0 . \tag{13-5}$$

Damit haben wir die Aufgabe der Variationsrechnung auf die Aufgabe der Extremwertbestimmung einer gegebenen Funktion zurückgeführt.

Wir nehmen an, daß die Funktion F unter dem Integralzeichen in x, y und y' zweimal stetig differenzierbar sei, entwickeln nach (4-130) und erhalten

$$J(\varepsilon) = \int_a^b \left(F(x, y, y') + \varepsilon\eta \frac{\partial F}{\partial y} + \varepsilon\eta' \frac{\partial F}{\partial y'} + \dots\right) \mathrm{d}x . \tag{13-6}$$

Durch Differentiation nach ε folgt (vgl. 6-81)

$$\frac{\mathrm{d}J}{\mathrm{d}\varepsilon} = \int_a^b \left(\eta \frac{\partial F}{\partial y} + \eta' \frac{\partial F}{\partial y'} + \text{Glieder mit } \varepsilon, \varepsilon^2 \dots\right) \mathrm{d}x . \tag{13-7}$$

Für $\varepsilon = 0$ verschwinden die Glieder mit ε und höheren Potenzen von ε, es folgt also wegen (13-5)

$$\int_a^b \eta \frac{\partial F}{\partial y} \mathrm{d}x + \int_a^b \eta' \frac{\partial F}{\partial y'} \mathrm{d}x = 0 . \tag{13-8}$$

Das zweite Integral formen wir durch partielle Integration um:

$$\int_a^b \eta' \frac{\partial F}{\partial y'} \mathrm{d}x = \left[\eta \frac{\partial F}{\partial y'}\right]_a^b - \int_a^b \eta \frac{\mathrm{d}}{\mathrm{d}x} \frac{\partial F}{\partial y'} \mathrm{d}x . \tag{13-9}$$

Da die Funktion η an den Grenzen verschwindet, ist der erste Ausdruck Null, und wegen (13-8) gilt

$$\int_a^b \eta \left(\frac{\partial F}{\partial y} - \frac{\mathrm{d}}{\mathrm{d}x} \frac{\partial F}{\partial y'}\right) \mathrm{d}x = 0 . \tag{13-10}$$

Formal schreibt man mit (13-3) auch

$$\int_a^b \frac{\delta F}{\delta y} \delta y \, \mathrm{d}x = \varepsilon \left(\frac{\mathrm{d}J}{\mathrm{d}\varepsilon}\right)_{\varepsilon=0}$$

und nennt

$$\boxed{\frac{\delta F}{\delta y} = \frac{\partial F}{\partial y} - \frac{\mathrm{d}}{\mathrm{d}x} \frac{\partial F}{\partial y'}} \tag{13-11}$$

die *Variationsableitung von $F(x,y,y')$*.

Wenn das Integral (13-10) für jede zugelassene Funktion $\eta(x)$ verschwinden soll, so ist dies nur möglich, wenn der Faktor, mit dem η multipliziert ist, Null ist. Damit haben wir die EULER-LAGRANGE*sche Differentialgleichung* der Variationsaufgabe als eine *notwendige*

Bedingung gefunden:

$$\boxed{\frac{\mathrm{d}}{\mathrm{d}x}\frac{\partial F}{\partial y'} - \frac{\partial F}{\partial y} = 0}\,. \tag{13-12}$$

Die möglichen Funktionen $y(x)$ ergeben sich als Lösung dieser Differentialgleichung zweiter Ordnung. Alle aus (13-12) folgenden Lsöungen $y(x)$ bezeichnet man als *Extremalen*. Da die EULER-LAGRANGEsche Differentialgleichung lediglich eine notwendige Bedingung ist, so kann man nur schließen, daß sich unter den Extremalen auch jene gesuchte Funktion $y(x)$ befindet, die (13-1) zu einem Maximum oder Minimum macht. Im allgemeinen muß man deshalb noch untersuchen, *welche Extremale* die Lösung des Problems liefert.

Häufig enthält F die Veränderliche x nicht. Dann kann man sofort ein erstes Integral von (13-12) angeben. Es ist nämlich einerseits

$$\frac{\mathrm{d}}{\mathrm{d}x}\frac{\partial F(y, y')}{\partial y'} = \frac{\partial^2 F}{\partial y' \partial y}y' + \frac{\partial^2 F}{\partial y'^2}y''$$

und andererseits

$$\frac{\mathrm{d}}{\mathrm{d}x}\left(y'\frac{\partial F(y, y')}{\partial y'} - F\right) = y'\left(\frac{\partial^2 F}{\partial y'^2}y'' + \frac{\partial^2 F}{\partial y' \partial y}y' - \frac{\partial F}{\partial y}\right),$$

so daß (13-12)

$$y'\frac{\partial F(y, y')}{\partial y'} - F(y, y') = \text{const} \tag{13-13}$$

liefert.

Beispiele

1. *Die Kurve kürzester Fallzeit.* In einer vertikalen Ebene seien zwei Punkte P_0 und P_1 gegeben, die nicht senkrecht untereinanderlliegen. Wir fragen nach der Kurve, die ein Massenpunkt unter dem Einfluß der Schwerkraft beschreiben muß, um in *kürzester* Zeit von P_0 nach P_1 zu gelangen. Den entsprechenden Ausdruck für die Fallzeit haben wir bereits in (12-38) formuliert. Es ist hier üblich, das zy-Koordinatensystem anders zu orientieren. Wir legen die positive z-Achse senkrecht nach *unten* und machen P_0 zum Ursprung des Systems. Um diese Orientierung zu erhalten, müssen wir in (12-38) z durch $z_p - z$ und z_p durch z_1 ersetzen. In

$$T = \frac{1}{\sqrt{2g}}\int_0^{z_1}\sqrt{\frac{1 + y'^2}{z}}\,\mathrm{d}z \tag{13-14}$$

enthält der Integrand y nicht, so daß die EULER-LAGRANGE-Gleichung (13-12)

$$\frac{\partial}{\partial y'}\sqrt{\frac{1 + y'^2}{z}} = \text{const} \tag{13-15}$$

liefert. Wir setzen die Integrationskonstante gleich $\frac{1}{\sqrt{2a}}$ und erhalten nach Ausführung der Ableitung in (13-15) $\frac{y'}{\sqrt{1 + y'^2}} = \sqrt{\frac{z}{2a}}$ bzw.

$$y' = \frac{\mathrm{d}y}{\mathrm{d}z} = \sqrt{\frac{z}{2a - z}}\,. \tag{13-16}$$

Diese Gleichung läßt sich ohne weiteres integrieren, doch ist das Ergebnis in der dann erhaltenen Form nicht übersichtlich. Andererseits überzeugt man sich sofort durch Einsetzen, daß die Parameterdarstellung

$$z = a(1 - \cos\varphi); \quad y = a(\varphi - \sin\varphi) \tag{13-17}$$

eine Lösung der Differentialgleichung ist. Dies ist aber eine in Abschnitt 5.2. behandelte Kurve die *Zykloide*. Da die positive Achse nach unten zeigt, müssen wir Abb. 43 um die waagerechte Achse nach unten klappen. Die Bahn hat also die Form der Abb. 125. Die Größe a erhält

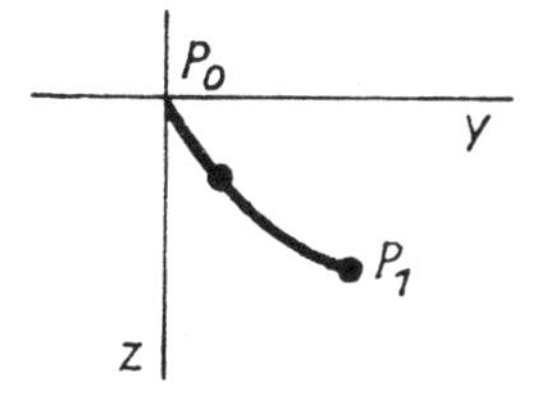

Abb. 125 Kurve kürzester Fallzeit

man aus der Bedingung, daß die Zykloide durch den Punkt z_1, y_1 gehen muß. Die beiden Gleichungen

$$z_1 = a(1 - \cos\varphi_1); \quad y_1 = a(\varphi_1 - \sin\varphi_1) \tag{13-18}$$

liefern nach Divisionen eine transzendente Gleichung für φ_1

$$\frac{y_1}{z_1} = \frac{\varphi_1 - \sin\varphi_1}{1 - \cos\varphi_1},$$

nach deren näherungsweiser Lösung man aus (13-18) a erhält.

2. *Die geodätischen Linien einer Fläche.* Eine Fläche sei in Parameterform gegeben $\boldsymbol{r}(u,v)$. Wir fragen nach der Gleichung der Flächenkurven $v(u)$, welche die *kürzeste Verbindung* zwischen zwei Punkten darstellen. In der Ebene sind es bekanntlich die Geraden, auf der Kugel die Großkreise. Die mathematische Ableitung ist recht mühsam. Wir wollen daher einen physikalischen Beweis liefern. Die kürzeste Verbindung wird die Kurve sein, die ein auf die Fläche gelegter, gespannter Faden annimmt. Wenn wir jetzt (Abb. 126) die Kräfte betrachten, die an einem Element ds eines biegsamen Fadens angreifen, so sind dies einer-

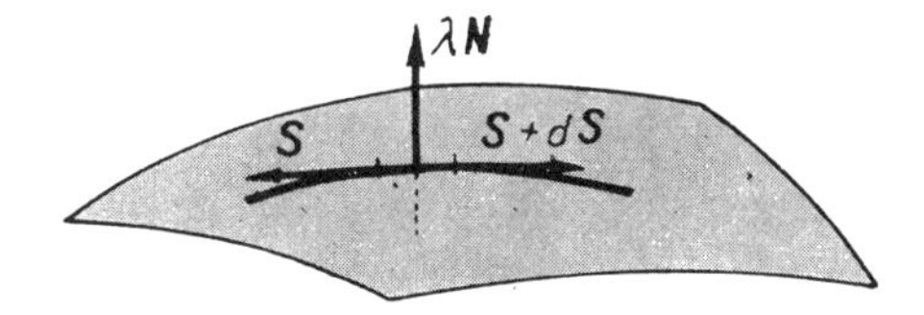

Abb. 126 Zur Ableitung der geodätischen Linie

seits die Spannungen, durch welche wir die anschließenden Stücke in ihrer Kraftwirkung ersetzen, andererseits der Druck der Fläche. Dieser muß bei einer glatten Fläche die Richtung der Normale haben. Die Spannungen haben die Richtung der Tangenten in den Endpunkten. Als Vektoren haben wir also die beiden Spannungen (vgl. Abschnitt 7.3.)

$$\boldsymbol{S} + \mathrm{d}\boldsymbol{S} = (S + \mathrm{d}S)\,\boldsymbol{t} + S\,\mathrm{d}\boldsymbol{t} \quad \text{und} \quad \boldsymbol{S} = -S\boldsymbol{t}, \quad (S = |\boldsymbol{S}|)$$

und die Normalkraft der Fläche $\lambda\boldsymbol{N}$. Wenn die Kräfte im Gleichgewicht stehen sollen, muß die Normalkraft der Fläche die Richtung der Normalkomponente der resultierenden Spannung haben, also ist, da d$S\boldsymbol{t}$ tangential gerichtet ist[1]),

[1] Da aber keine andere Tangentialkraft da ist, muß im Gleichgewicht d$S\boldsymbol{t}$ verschwinden, der Betrag der Spannung ist also längs des ganzen Fadens konstant

$$\lambda \boldsymbol{N} = S\,\mathrm{d}\boldsymbol{t} = S\frac{\mathrm{d}\boldsymbol{t}}{\mathrm{d}s}\,\mathrm{d}s = \frac{S\boldsymbol{n}}{\varrho}\,\mathrm{d}s\,, \tag{13-19}$$

d. h., *die Hauptnormale der Flächenkurve muß mit der Flächennormale zusammenfallen.* Dies ist die kennzeichnende Eigenschaft der kürzesten Verbindungskurven, die *geodätische Linien* heißen.

13.1.1. Extremwerte von Integralen mit Nebenbedingungen

Sehr häufig sind bei Aufgaben der Variationsrechnung außer der Forderung, daß $y(x)$ durch die Randpunkte A und B gehen muß, auch noch Nebenbedingungen für die Lösungsfunktion zu erfüllen, die meist in Form der Konstanz eines anderen bestimmten Integrals gegeben sind. Auf solche Variationsprobleme, die man *isoperimetrische Probleme* nennt, wollen wir uns beschränken. Es ist z. B. diejenige geschlossene Kurve gesucht, die bei gegebenem Umfang den größten Flächeninhalt umschließt (Kreis) oder bei gegebenem Inhalt den kleinsten Umfang hat. Auch diese Aufgabe kann man auf die Bestimmung eines *Extremwerts mit Nebenbedingungen* zurückführen. Zunächst ist, wenn den benachbarten Funktionen y besondere Bedingungen auferlegt sind, nicht mehr aus der Forderung des Verschwindens des Integrals auf das Verschwinden des Intreganden zu schließen. Dies gilt ja nur, wenn der Funktion η keinerlei Bedingungen auferlegt sind, so daß man sie z. B. so wählen kann, daß alle Beiträge zu dem Integral positiv sind. Wir betrachten nun im Fall *einer* Nebenbedingung eine doppelte Mannigfaltigkeit benachbarter Funktionen:

$$\tilde{y} = y + \varepsilon_1 \eta + \varepsilon_2 \zeta. \tag{13-20}$$

Diese sollen für $\varepsilon_1 = 0$ und $\varepsilon_2 = 0$ das Integral J, das eine Funktion von ε_1 und ε_2 wird, zu einem Extremum machen, es muß also sein:

$$\mathrm{d}J = \frac{\partial J}{\partial \varepsilon_1}\,\mathrm{d}\varepsilon_1 + \frac{\partial J}{\partial \varepsilon_2}\,\mathrm{d}\varepsilon_2 = 0 \quad \text{für } \varepsilon_1 = \varepsilon_2 = 0\,. \tag{13-21}$$

Andererseits soll noch die Bedingung

$$\boxed{K = \int_a^b G(x, y, y')\,\mathrm{d}x = \text{const}} \tag{13-22}$$

bei jeder Variation erfüllt bleiben. Die Funktionen y müssen also so gewählt werden, daß

$$K = \int_a^b G(x, y + \varepsilon_1\eta + \varepsilon_2\zeta,\, y' + \varepsilon_1\eta' + \varepsilon_2\zeta')\,\mathrm{d}x = \text{const} \tag{13-23}$$

und damit

$$\mathrm{d}K = \frac{\partial K}{\partial \varepsilon_1}\,\mathrm{d}\varepsilon_1 + \frac{\partial K}{\partial \varepsilon_2}\,\mathrm{d}\varepsilon_2 = 0 \tag{13-24}$$

gewahrt wird. Dies ist aber gerade die in **4.4.3.** behandelte Aufgabe. Wir multiplizieren also nach dem dort angegebenen Verfahren die Gleichungen (13-24) mit einem Multiplikator λ und addieren sie zur Hauptgleichung (13-21), wobei nach (4-137)

$$\frac{\partial J}{\partial \varepsilon_1} + \lambda\,\frac{\partial K}{\partial \varepsilon_1} = 0 \quad \text{und} \quad \frac{\partial J}{\partial \varepsilon_2} + \lambda\,\frac{\partial K}{\partial \varepsilon_2} = 0 \tag{13-25}$$

für $\varepsilon_1 = \varepsilon_2 = 0$ gilt. Entwickeln wir den Integranden G von (13-23) ebenso in eine TAYLORsche Reihe nach Potenzen von ε_1 wie F in J, so erhalten wir aus (13-25)

$$\frac{\partial J}{\partial \varepsilon_1} + \lambda \frac{\partial K}{\partial \varepsilon_1} = \int_a^b \left(\eta \frac{\partial F}{\partial y} + \eta\lambda \frac{\partial G}{\partial y} + \eta' \frac{\partial F}{\partial y'} + \eta'\lambda \frac{\partial G}{\partial y'} + \text{Glieder mit } \varepsilon_1, \varepsilon_2\right) \mathrm{d}x \,. \tag{13-26}$$

Wenn die Beziehung für $\varepsilon_1 = 0$ und $\varepsilon_2 = 0$ erfüllt sein soll, folgt wegen (13-9)

$$\int_a^b \eta \left[\frac{\mathrm{d}}{\mathrm{d}x}\left(\frac{\partial F}{\partial y'} + \lambda \frac{\partial G}{\partial y'}\right) - \frac{\partial F}{\partial y} - \lambda \frac{\partial G}{\partial y}\right] \mathrm{d}x = 0 \,. \tag{13-27}$$

Da die in (13-20) eingeführte Funktion η willkürlich ist, dürfen wir jetzt wieder aus dem Verschwinden des Integrals auf das Verschwinden des Integranden schließen und erhalten die Gleichung

$$\boxed{\frac{\mathrm{d}}{\mathrm{d}x} \frac{\partial(F + \lambda G)}{\partial y'} - \frac{\partial(F + \lambda G)}{\partial y} = 0} \,. \tag{13-28}$$

Sie unterscheidet sich von (13-12) nur dadurch, daß jetzt die Funktion $F^* = F + \lambda G$ statt F auftritt. Auf dieselbe Gleichung kommt man auch, wenn man die zweite Gleichung von (13-25) benutzt.

Beispiel

Welche Form nimmt ein dünnes homogenes Seil unter dem Einfluß der Schwere an, dessen Enden bei A bzw. B festgemacht sind? Im Gleichgewicht muß offenbar der Schwerpunkt des Seils möglichst tief liegen. Wir wählen die Ebene des Seils als xy-Ebene und erhalten für die y-Koordinate des Schwerpunkts

$$y_S = \frac{\int_A^B y \mathrm{d}m}{\int_A^B \mathrm{d}m} \,. \tag{13-29}$$

Bezeichnen wir die Masse pro Längeneinheit mit ϱ, so ist $\mathrm{d}m = \varrho\, \mathrm{d}s$. Da für ein homogenes Seil $\varrho = \text{const}$ ist, folgt wegen (6-26), wenn dort $u = x$ gesetzt wird,

$$\int_A^B \mathrm{d}m = \varrho L; \int_A^B y \,\mathrm{d}m = \varrho \int_a^b y \sqrt{1 + y'^2}\, \mathrm{d}x \,,$$

so daß (13-29) übergeht in

$$y_S = \frac{1}{\mathrm{L}} \int_a^b y \sqrt{1 + y'^2}\, \mathrm{d}x \,. \tag{13-30}$$

Die tiefste Lage des Schwerpunkts bei festgehaltenen Endpunkten muß nun unter der Nebenbedingung aufgesucht werden, daß die Länge des Seils $L = c = \text{const}$ ist. Wir haben also das Extremum von

$$\mathrm{J} = \frac{1}{c} \int_a^b y \sqrt{1 + y'^2}\, \mathrm{d}x \text{ mit } \int_a^b \sqrt{1 + y'^2}\, \mathrm{d}x = c \tag{13-31}$$

aufzusuchen. Dieses Problem führt auf eine Gleichung (13-28), in der x nicht explizit auftritt, so daß man analog zu (13-13) sofort ein erstes Integral angeben kann:

$$y'\left(\frac{y}{c}\frac{y'}{\sqrt{1+y'^2}}+\frac{\lambda y'}{\sqrt{1+y'^2}}\right)-\frac{y}{c}\sqrt{1+y'^2}-\lambda\sqrt{1+y'^2}=-\frac{\beta}{c},$$

wobei wir die Integrationskonstante gleich $-\frac{\beta}{c}$ gesetzt haben. Diese Gleichung läßt sich vereinfachen zu $\frac{y+c\lambda}{\sqrt{1+y'^2}}=\beta$ oder mit $y+c\lambda=z$ zu

$$\frac{z}{\sqrt{1+z'^2}}=\beta. \tag{13-32}$$

Das Integral dieser Gleichung ist $z=\beta\cosh\left(\frac{x}{\beta}+\alpha\right)$, so daß sich als Lösung der Gleichung (13-28)

$$y(x)=\beta\cosh\left(\frac{x}{\beta}+\alpha\right)-c\lambda \tag{13-33}$$

ergibt. Aus dieser Schar von *Kettenlinien* wird durch Rand- und Nebenbedingungen *eine* Kettenlinie als Lösung dieses Problems ausgewählt. Denn setzt man $\frac{x}{\beta}+\alpha=\xi$, so gilt für die Endpunkte

$$y_a+c\lambda=\beta\cosh\xi_a; \qquad y_b+c\lambda=\beta\cosh\xi_b,$$

und die zweite Gleichung von (13-21) liefert

$$\beta(\sinh\xi_b-\sinh\xi_a)=c.$$

Dies sind drei (transzendente) Gleichungen, aus denen die drei Unbekannten α, β und λ berechnet werden müssen.

13.2. Variationsprobleme mit mehreren Funktionen und Veränderlichen

Mehrere Funktionen einer Veränderlichen

Wenn die zu integrierende Funktion mehrere Funktionen enthält, betrachtet man die benachbarten Funktionen

$$\tilde{y}_1=y_1+\varepsilon_1\eta_1;\ \tilde{y}_2=y_2+\varepsilon_2\eta_2;\ \dots\ \tilde{y}_N=y_N+\varepsilon_N\eta_N. \tag{13-34}$$

Das Integral wird dann analog zu (13-4) eine Funktion der Veränderlichen $\varepsilon_1,\dots,\varepsilon_N$, und es müssen die Differentialquotienten $\frac{\partial J}{\partial\varepsilon_1},\frac{\partial J}{\partial\varepsilon_2}\dots$ für die Werte $\varepsilon_1,\varepsilon_2\dots=0$ verschwinden, was in genau derselben Weise wie früher zu dem System von Differentialgleichungen führt:

$$\boxed{\frac{\mathrm{d}}{\mathrm{d}x}\frac{\partial F}{\partial y'_\nu}+\frac{\partial F}{\partial y_\nu}=0} \quad (\nu=1,2,\dots,N). \tag{13-35}$$

Mehrere Veränderliche

In diesem Fall handelt es sich um das Extremum eines mehrfachen Integrals, das bei zwei Veränderlichen und einer Funktion $z(x,y)$ die Form hat:

$$\boxed{J=\iint F\left(x,y,z,\frac{\partial z}{\partial x},\frac{\partial z}{\partial y}\right)\mathrm{d}x\,\mathrm{d}y}. \tag{13-36}$$

Man erhält dann anstelle von (13-12) die partielle Differentialgleichung

$$\boxed{\frac{\partial}{\partial x}\frac{\partial F}{\partial z_x}+\frac{\partial}{\partial y}\frac{\partial F}{\partial z_y}-\frac{\partial F}{\partial z}=0}\left(z_x=\frac{\partial z}{\partial x}\quad \text{usw.}\right). \tag{13-37}$$

Bei *n Veränderlichen einer Funktion* ergibt sich in entsprechender Weise

$$\boxed{\sum_{k=1}^{n}\frac{\partial}{\partial x_k}\left(\frac{\partial F}{\partial \frac{\partial y}{\partial x_k}}\right)-\frac{\partial F}{\partial y}=0}\,. \tag{13-38}$$

Sind neben *n Veränderlichen noch N Funktionen* zu berücksichtigen, so erhält man für

$$F=F\left(x_1,\ldots x_n, y_1,\ldots, y_N \frac{\partial y_1}{\partial x_1}, \frac{\partial y_2}{\partial x_2}, \ldots \frac{\partial y_N}{\partial x_n}\right)$$

anstelle von (13-38) ein System von N Gleichungen analog zu (13-35).

13.3. Aufgaben zu 13.1. bis 13.2.

1. Man zeige mit Hilfe der Variationsrechnung, daß die kürzeste Verbindung zwischen zwei Punkten in einer Ebene eine Gerade und auf einer Kugel ein Großkreis ist.
2. Wenn eine Kurve $y(x)$, die in der xy-Ebene durch zwei vorgegebene Punkte A und B geht, um die x-Achse rotiert, so entsteht eine Rotationsfläche. Für welche Funktion $y(x)$ hat diese Rotationsfläche ein Minimum?
3. Wenn Licht von einem Punkt A zu einem Punkt B gelangt, so ist der Lichtweg durch diejenige Kurve gekennzeichnet, auf der die Laufzeit des Lichts ein Minimum ist (Fermatsches Prinzip der Strahlenoptik). Welcher Lichtweg ergibt sich für ein Medium, in dem die Lichtgeschwindigkeit proportional mit der Höhe zunimmt?
4. Von dem Integral $\int_a^b [p(x)\, y'^2 + q(x)\, y^2]\, dx$ ist der Extremwert zu bestimmen unter der Nebenbedingung $\int_a^b r(x)\, y^2\, dx = \text{const.}$

14. Wahrscheinlichkeitsrechnung

In vielen Bereichen der Wissenschaft und Technik begegnet man *Zufallserscheinungen*. Das sind Phänomene, die trotz gleicher Beobachtungsbedingungen verschiedene Resultate liefern können. Enthält z. B. eine Urne eine Anzahl gleicher Kugeln, die sich nur in der Farbe unterscheiden, so wird man bei aufeinanderfolgenden Ziehungen selten Kugeln gleicher Farbe ziehen. Trotz konstanter Versuchsbedingungen läßt sich das Ergebnis aber bei keiner Ziehung exakt vorhersagen. *Warum* die Ergebnisse zufällig sind, brauchen wir *nicht* zu erklären. Für eine deterministische Vorhersage mögen die exakten Gesetze zu kompliziert oder prinzipiell nicht formulierbar sein, uns interessiert hier nur, daß man durch hinreichend häufige Wiederholung eines bestimmten Experiments eine Menge von verschiedenen Ergebnissen erhält, die man als *Elementarereignisse* bezeichnet (z. B. die Anzahl der Augen eines Würfels liefert die Menge $\{1, 2, 3, 4, 5, 6\}$). Eventuell können mehrere Elementarerreignisse das Eintreten eines bestimmten *Ereignisses* repräsentieren (z. B. repräsentiert beim Würfel die Teilmenge $\{2, 4, 6\}$ das Ereignis »gerade Zahl«). Im folgenden bezeichnen wir als Ereignis ganz allgemein solche Teilmengen aus der Menge der Elementarereignisse, für deren Erscheinen man prinzipiell eine Wahrscheinlichkeit angeben kann, wobei wir allerdings definieren müssen, was »Wahrscheinlichkeit« heißen soll. Die Ereignisse sind keineswegs immer reelle Zahlen (z. B. ergibt die Ziehung farbiger Kugeln aus einer Urne die Elementarereignisse »weiß«, »rot« usw.; beim Würfel erwähnten wir bereits das Ereignis »gerade Zahl«). Man kann aber jedem Ereignis eine reelle Zahl durch eine Vorschrift zuordnen, so daß in jedem Fall eine Menge reeller Zahlen vorliegt, die den Wertevorrat eine Größe X bilden sollen. Da Ereignisse mit bestimmten Wahrscheinlichkeiten eintreten, nimmt auch die Funktion X ihre Werte entsprechend diesen Wahrscheinlichkeiten an. Man bezeichnet deshalb X als *zufällige Größe* oder *Zufallsvariable* bzw. *stochastische* (gr. vermuten) *Variable.* Im folgenden wird der Wertevorrat von X für einen bestimmten Versuch als nicht veränderlich vorausgesetzt, d. h., im Versuch soll kein »Wackelkontakt« verborgen sein.

14.1. Wahrscheinlichkeit und Verteilungsfunktion

Es ist bemerkenswert, daß trotz des irregulären Verhaltens der Einzelergebnisse die vielen Versuche zu einer *wachsenden Ordnung* führen. Dies zeigt sich, wenn wir nach vielen Versuchen auszählen, wie häufig ein bestimmter Wert beobachtet wurde. Angenommen, ein Versuch hat als Ergebnisse die Werte $x_1, x_2, \ldots, x_k (x_i \in \mathbb{N})$ geliefert (z. B. Ziehung aus einer Urne mit Kugeln, Würfelspiel, Münzenwurf). Bei n Versuchen sei der Wert x_s gerade r_s-mal aufgetreten. Dann ist offenbar $\sum\limits_{s=1}^{k} r_s = n$ oder

$$\sum_{s=1}^{k} \frac{r_s}{n} = 1 . \tag{14-1}$$

$\frac{r_s}{n}$ ist die *empirische Häufigkeit* für das Auftreten von x_s. Macht man sehr viele Versuche, so zeigt sich, daß die empirische Häufigkeit *nahezu konstant* wird. Diese Stabilität der Häufigkeit ist typisch für eine statistische Ordnung, und man bezeichnet die Zahl, mit der $\frac{r_s}{n}$ für große Werte von n nahezu übereinstimmt als *Wahrscheinlichkeit* $P(x_s)$ für das Eintreten des Ereignisses x_s.

Man beachte, daß $\lim\limits_{n\to\infty} \frac{r_s}{n}$ im mathematischen Sinn (vgl. 1-80) nicht existiert. Auch bei sehr vielen Versuchen können eventuell lange Serien mit einem gleichbleibenden Ergebnis auftreten. Bei einem gegebenem Wert ε ist dann (1-79) nicht für alle $n > N(\varepsilon)$ erfüllbar. Um eine mathematisch exakte Definition der Wahrscheinlichkeit anzugeben, geht man nach derselben Methode vor wie bei der Verallgemeinerung des Begriffs Inhalt (vgl. Abschnitt 1.2.). Man untersucht die durch Versuche feststellbaren wesentlichen Eigenschaften der empirischen Häufigkeit und fordert, daß die durch eine Definition eingeführte Wahrscheinlichkeit dieselben Eigenschaften besitzen soll. Das in (1-94,

1-95) definierte Maß μ besitzt bereits sehr ähnliche Eigenschaften wie die empirische Häufigkeit. Durch eine Normierungsbedingung erhält das Maß auch die Eigenschaft (14-1) und wird dann als *Wahrscheinlichkeitsmaß* oder *Wahrscheinlichkeit* P bezeichnet. Man definiert also die Wahrscheinlichkeit auf einer σ-Algebra S auf einer Klasse Ω durch eine Abbildung $P\colon S \to \mathbb{R}$, für die gilt

$$P \geqq 0; \qquad P(\emptyset) = 0; \qquad P(\Omega) = 1 \tag{14-2}$$

$$P\left(\bigcup_{i=1}^{\infty} M_i\right) = \sum_{i=1}^{\infty} P(M_i), \quad \text{wobei } M_i \cap M_j = \emptyset \tag{14-3}$$

$$\text{für } M_i, M_j \in S \text{ und } i \neq j \text{ sei.}$$

Der Maßraum (Ω, S, P) heißt *Wahrscheinlichkeitsraum*, wobei die Elemente von Ω als *Elementarereignisse* und die Elemente der σ-Algebra S als *Ereignisse* bezeichnet werden, d. h., Ereignisse sind S-meßbare Mengen.

Wegen $M \cup \bar{M} = \Omega$, $\bar{M} \cap M = \emptyset$ und (14-3) folgt $P(\Omega) = P(\bar{M} \cup M) = P(M) + P(\bar{M})$. Nach (14-2) und (14-3) sind $P(\bar{M}) \geqq 0$ und $P(\Omega) = 1$, so daß

$$0 \leqq P(M) \leqq 1 \tag{14-4}$$

für jedes Ereignis M gilt. Ferner ist nach Abschnitt 1.4. (Aufgabe 1) $M_i = (M_i \cap M_j) \cup (M_i \cap \bar{M}_j)$, $M_i \cup M_j = (M_i \cap \bar{M}_j) \cup M_j$. Wegen $(M_i \cap M_j) \cap (M_i \cap \bar{M}_j) = \emptyset$ und $(M_i \cap \bar{M}_j) \cap M_j = \emptyset$ ergibt sich nach (14-3):

$$P(M_i \cap M_j) + P(M_i \cup M_j) = P(M_i) + P(M_j)\,. \tag{14-5}$$

Für $M_i \subset M_j$ ist $(M_j \cap \bar{M}_i) \cup M_i = M_j$, und es folgt

$$P(M_j) = P(M_i) + P(M_j \cap \bar{M}_i) \geqq P(M_i). \tag{14-6}$$

Versuche sollen Informationen über einen bestimmten Sachverhalt liefern, der durch Vorgabe von Bedingungen für alle anderen Sachverhalte ausgewählt wird. Dementsprechend benötigt man zur Wahrscheinlichkeitsbeschreibung physikalischer Sachverhalte eine *bedingte Wahrscheinlichkeit*, die wir im folgenden nur für den Spezialfall diskutieren, daß Elementarereignisse nach zwei verschiedenen Merkmalen klassifiziert werden können. Als Beispiel erwähnen wir eine Urne, die weiße und rote *numerierte* Kugeln enthält. Jede Kugel wird also durch die beiden Merkmale »Farbe« und »Zahl« gekennzeichnet, so daß die Ereignismenge Ω auf zwei Weisen eingeteilt werden kann. Durch n-maliges Ziehen einer Kugel aus der Urne (und anschließendes Zurücklegen) sei »Farbe weiß« r_w-mal sowie »Farbe weiß und Zahl s« r_{ws}-mal aufgetreten. Man erhält neben den beiden empirischen Häufigkeiten $\frac{r_w}{n}$ und $\frac{r_{ws}}{n}$ auch $\frac{r_{ws}}{r_w}$, die empirische Häufigkeit für das Auftreten von »Farbe weiß und Zahl s« unter der Bedingung, daß »Farbe weiß« überhaupt auftritt. Diese Erfahrung führt zu folgender Definition:

Gegeben sei ein Wahrscheinlichkeitsraum (Ω, S, P) und ein Ereignis $B \in S$ mit $P(B) > 0$. Dann heißt

$$P(A|B) := \frac{P(A \cap B)}{P(B)} \tag{14-7}$$

bedingte Wahrscheinlichkeit für das Ereignis $A \in S$. Zwei Ereignisse A und B nennt man *voneinander unabhängig*, wenn $P(A \mid B)$ *nicht* vom Ereignis B abhängt, d. h., wenn $P(A \mid B) = P(A)$ ist. Dann ergibt sich aus (14-7)

$$P(A \cap B) = P(A)\,P(B). \tag{14-8}$$

Dieses *Multiplikationsgesetz* der Wahrscheinlichkeiten gilt also nur für *unabhängige* Ereignisse, während das in der Definition (14-3) benutzte *Additionsgesetz* der Wahrscheinlichkeiten für einander *ausschließende* Ereignisse gilt.

Wenn die Ereignisse $A_1, A_2, \ldots$ die Klasse Ω disjunkt zerlegen $(\bigcup_i A_i = \Omega)$ und die Ereignisse $B_1, B_2, \ldots$ eine andere disjunkte Zerlegung von Ω liefern $(\bigcup_j B_j = \Omega)$, sind auch $A_1 \cap B_i, A_2 \cap B_i, \ldots$ disjunkte Ereignisse, und wegen (14-3) folgt durch Summation über die erste Zerlegung

$$\sum_i P(A_i \cap B_k) = P\left(\bigcup_i (A_i \cap B_k)\right) = P(B_k). \tag{14-9}$$

Entsprechendes gilt für die Summation über die zweite Zerlegung. Mit (14-7) liefert (14-9):

$$P(B_k) = \sum_i P(B_k|A_i)\, P(A_i). \tag{14-10}$$

Wenn $P(B_i) > 0$ ist, ergibt sich aus (14-7, 14-10)

$$P(A_j|B_i) = \frac{P(A_j \cap B_i)}{P(B_i)} = \frac{P(B_i|A_j)\, P(A_j)}{\sum_l P(B_i|A_l)\, P(A_l)}, \tag{14-11}$$

die Formel von Bayes (1702—1761).

Manchmal werden zur Naturbeschreibung Übergangswahrscheinlichkeiten benötigt, deren mathematische Definition mit Hilfe des kartesischen Produkts (1-30) geschieht. $\Omega \times \Omega$ ist ein Produktereignisraum. Sind die Ereignismengen A_i $(i = 1, \ldots)$, B_j $(j = 1, \ldots)$ disjunkte Zerlegungen von Ω, so sind die Produktmengen $A_i \times \Omega$ $(i = 1, \ldots)$, $\Omega \times B_j$ $(j = 1, \ldots)$ und $A_i \times B_j$ $(i, j = 1, \ldots)$ disjunkte Zerlegungen von $\Omega \times \Omega$. Die Klasse $A_i \times B_j$ $(i, j = 1, \ldots)$ erzeugt auf $\Omega \times \Omega$ eine σ-Algebra (vgl. Abschnitt 1.2.), auf der eine Wahrscheinlichkeit P analog (14-2, 14-3) definiert werden kann. Im Anschluß an (14-7) definiert man

$$Q(A_i, B_j) := \frac{P((A_i \times \Omega) \cap (\Omega \times B_j))}{P(A_i \times \Omega)} = \frac{P(A_i \times B_j)}{P(A_i \times \Omega)} \tag{14-12}$$

als *Übergangswahrscheinlichkeit* vom Ereignis A_i zum Ereignis B_j.

Auf der Ereignismenge kann man Funktionen definieren. Jede S-meßbare Funktion $X: \Omega \to \bar{\mathbb{R}}$ (vgl. Abschnitt 2.1.) heißt *numerische Zufallsvariable*. Nach den Bemerkungen zu (2-9) ist eine Funktion X genau dann S-meßbar, wenn für alle $x \in \mathbb{R}$ $\{\omega \mid \omega \in \Omega$ und $X(\omega) \leqq x\} \in S$ gilt. Diese Menge ist ein Ereignis und enthält alle Elementarereignisse, denen durch die Funktion X eine reelle Zahl zugeordnet wird, die kleiner oder gleich x ist. Für diese Menge schreibt man auch kurz $\{X(\omega) \leqq x\}$ und bezeichnet

$$F(x) := P(\{X(\omega) \leqq x\}) \tag{14-13}$$

als *Verteilungsfunktion*. Sei $S_1 = \{X(\omega) \leqq x_1\}$, $S_2 = \{X(\omega) \leqq x_2\}$ und $x_1 < x_2$. Dann ist $S_1 \subset S_2$ und $S_2 \cap \bar{S}_1 = \{x_1 < X(\omega) \leqq x_2\}$ entsprechend der Definition für die σ-Algebra S (vgl. Abschnitt 1.2.) ebenfalls ein Ereignis. Wegen (14-6) folgt

$$P(\{x_1 < X(\omega) \leqq x_2\}) = F(x_2) - F(x_1), \tag{14-14}$$

und für $\{X(\omega) = x_1\} \cup \{x_1 < X(\omega) \leqq x_2\} = \{x_1 \leqq X(\omega) \leqq x_2\}$ ergibt sich

$$P(\{x_1 \leqq X(\omega) \leqq x_2\}) = F(x_2) - F(x_1) + P(\{X(\omega) = x_1\}). \tag{14-15}$$

(14-6) liefert ferner

$$F(x_1) \leqq F(x_2) \text{ für } x_1 < x_2. \tag{14-16}$$

Man kann zeigen, daß sowohl

$$F(x^+) := \lim_{\substack{\varepsilon \to 0 \\ \varepsilon > 0}} F(x + \varepsilon) \quad \text{als auch } F(x^-) := \lim_{\substack{\varepsilon \to 0 \\ \varepsilon > 0}} F(x - \varepsilon)$$

existiert und $F(x^+) \neq F(x^-)$ möglich ist. Ferner läßt sich beweisen, daß die durch (14-13) definierte Verteilungsfunktion *rechtsseitig* stetig ist, d. h., es gilt

$$F(x) = F(x^+). \tag{14-17}$$

Außerdem gilt

$$P(\{X(\omega) = x\}) = F(x) - F(x^-). \tag{14-18}$$

Definiert man $P(\{X(\omega) = -\infty\}) = P(\{X(\omega) = \infty\}) = 0$, folgt aus (14-2) und (14-3)

$$\lim_{x \to -\infty} F(x) = 0; \quad \lim_{x \to \infty} F(x) = 1\,. \tag{14-19}$$

Die Verteilungsfunktion ist also eine monoton nichtfallende Funktion mit Werten zwischen 0 und 1. (14-17) zeigt, daß $F(x)$ genau dann *stetig* ist, wenn $P(\{X(\omega) = x\}) = 0$ ist. Da $0 \leqq F(x) \leqq 1$ gilt, kann für $F(x)$ eine Sprunghöhe $p > \frac{1}{2}$ höchstens einmal, eine Sprunghöhe $\frac{1}{2} \geqq p > \frac{1}{4}$ höchstens dreimal usw. auftreten, d. h., die Verteilungsfunktion kann *höchstens abzählbar viele Sprungstellen* besitzen.

Auf einem Wahrscheinlichkeitsraum (Ω, S, P) können auch mehrere Zufallsvariable, z.B. $X: \Omega \to \bar{\mathbb{R}}$ und $Y: \Omega \to \bar{\mathbb{R}}$, definiert sein. Dann bezeichnet man

$$F(x,y) := P(\{X(\omega) \leqq x \text{ und } Y(\omega) \leqq y\}) \tag{14-20}$$

als *gemeinsame Verteilungsfunktion*. Wegen $\{X(\omega) \leqq x\} \in S$ und $\{Y(\omega) \leqq y\} \in S$ gilt die Wahrscheinlichkeit (14-20) für das Ereignis $\{X(\omega) \leqq x\} \cap \{Y(\omega) \leqq y\} \in S$. Analog (14-19) gilt

$$F(-\infty,y) = F(x,-\infty) = 0, \qquad F(\infty,\infty) = 1, \tag{14-21}$$

während

$$F(\infty,y) = F_Y(y), \qquad F(x,\infty) = F_X(x) \tag{14-22}$$

marginale Verteilungsfunktionen sind (lat. margo = Rand). Der Index an F deutet an, daß im allgemeinen $F_X \neq F_Y$ ist.

14.2. Versuche mit abzählbarer Ereignismenge

Einige Versuche, deren Ergebnisse sich durch abzählbar viele Werte beschreiben lassen, haben wir bereits in Abschnitt 14.1. kennengelernt. Die dort eingeführten Definitionen ermöglichen eine allgemeine Diskussion von Versuchen, deren Ereignismenge Ω abzählbar ist. Nach Abschnitt 1.2. ist die Klasse aller Teilmengen einer abzählbaren Menge Ω eine σ-Algebra und die Elementanzahl jeder dieser Teilmengen ein Maß (Zählmaß). Wenn Ω eine *endliche* Anzahl von Elementen enthält, z. B. m, erhält man durch Normierung des Zählmaßes eine Wahrscheinlichkeit

$$\boxed{P(M_g) = \frac{g}{m}}, \tag{14-23}$$

wobei g die Elementenanzahl der Teilmenge M_g bezeichnet. (14-23) wurde von LAPLACE als Definition der Wahrscheinlichkeit benutzt. Man bezeichnet g auch als Anzahl der für das Eintreten eines bestimmten Ereignisses *günstigen* Fälle und m als Anzahl der überhaupt *möglichen* Fälle.

Beispiele

1. Bei einem Würfel ist die Elementanzahl von Ω gleich der Anzahl der Würfelflächen. Die Wahrscheinlichkeit, daß nach dem Werfen des Würfels eine bestimmte Fläche oben liegt, ist wegen (14-23) $P = \frac{1}{6}$. Sind die Würfelflächen von 1 bis 6 durchnumeriert und fragt man nach der Wahrscheinlichkeit, beim Würfeln eine gerade Zahl zu werfen, liefert (14-23) $P = \frac{3}{6} = \frac{1}{2}$.

2. Eine Urne enthalte 5 weiße, 4 schwarze und 2 rote Kugeln. Wie groß ist die Wahrscheinlichkeit, entweder eine weiße oder eine rote Kugel zu ziehen? Nach (14-23) ist $P(\text{weiß}) = \frac{5}{11}$ und $P(\text{rot}) = \frac{2}{11}$. Da diese Ereignisse einander ausschließen, gilt nach (14-3) $P(\text{weiß oder rot}) = P(\text{weiß}) + P(\text{rot}) = \frac{7}{11}$.

3. In $n + 1$ Urnen $A_0, A_1, \ldots A_n$ seien jeweils n Kugeln enthalten, und zwar in der Urne A_k $(k = 0, \ldots n)$ k schwarze und $n - k$ weiße Kugeln. Man wähle eine Urne willkürlich aus und ziehe eine Kugel. Wenn diese Kugel schwarz ist, mit welcher Wahrscheinlichkeit stammt sie aus der Urne A_k? Nach (14-23) ist $P(A_k) = \frac{1}{n+1}$ und $P(s|A_k) = \frac{k}{n}$, wobei s das Ereignis »schwarze Kugel« bezeichnet. Gesucht wird $P(A_k|s)$. Wegen $\sum\limits_{l=0}^{n} P(s|A_l)\,P(A_l) = \sum\limits_{l=0}^{n} \frac{l}{n\,(n+1)} = \frac{1}{2}$ folgt mit (14-11)

$$P(A_k|s) = \frac{2k}{n\,(n+1)}\,.$$

Man beachte, daß die durch (14-23) gegebene Wahrscheinlichkeit mit der bei n Versuchen experimentell ermittelten empirischen Häufigkeit $\frac{r_s}{n}$ (vgl. Abschnitt 14.1.) nur dann nahezu übereinstimmt, wenn die Versuche bestimmten Bedingungen genügen. So muß man im obigen Würfelbeispiel einen Würfel benutzen, der aus homogener Materie besteht.

14.2.1. Binomische Verteilung

Häufig trifft man in Problemen auf ein Experiment, das nur *zwei* mögliche Ergebnisse hat (sog. BERNOULLIscher Versuch). Wir machen ν voneinander unabhängige Wiederholungen dieses Versuchs. Ist A eines der beiden möglichen Ergebnisse, so bezeichnen wir mit $p = P(A)$ die Wahrscheinlichkeit für das Auftreten von A. Dann ist $q = 1 - p$ die Wahrscheinlichkeit für das Auftreten des anderen möglichen Ergebnisses »nicht A«[1]. Wir fragen nach der Wahrscheinlichkeit, daß A bei ν Versuchen n-mal auftritt. Die Antwort geben wir in zwei Schritten. In welcher Anordnung die n Ergebnisse A auf die ν Versuche auch verteilt sein mögen, jede Anordnung hat wegen der Unabhängigkeit der Versuche voneinander nach (14-8) die Wahrscheinlichkeit $p^n q^{\nu - n}$. Die Anzahl der Anordnungen von n Ergebnissen A auf ν Versuche ist gleich der Zahl der Auswahl

[1] Diese Überlegungen lassen sich auch auf Experimente anwenden, die mehr als 2 verschiedene Ergebnisse haben können. Das Ereignis »nicht A« bedeutet dann alle »Ergebnisse außer A«

vom Umfang n aus ν Objekten, also nach (1-124) $\binom{\nu}{n}$. Damit erhalten wir als Wahrscheinlichkeit für das Auftreten von n Ergebnissen A bei ν-Versuchen

$$\boxed{P(n;\nu)=\binom{\nu}{n}p^n q^{\nu-n}},\ n=0,1,\ldots,\nu, \tag{14-24}$$

wobei p die Wahrscheinlichkeit für das Auftreten von A in *einem* Versuch und $q = 1-p$ ist. (14-24) bezeichnet man als *binomische Wahrscheinlichkeitsverteilung.*

Beispiel

Ein Kartenspiel mit 52 Karten soll auf Grund der Farbe der Karten in 4 Gruppen von je 13 Karten gleicher Farbe aufgeteilt werden können. Wie groß ist die Wahrscheinlichkeit, daß man in 15 Ziehungen 3 Karten gleicher Farbe zieht? Da $p = \frac{13}{52} = \frac{1}{4}$ die Wahrscheinlichkeit ist, bei einem Zug eine Karte bestimmter Farbe zu erhalten, liefert (14-24)

$$P(3;15) = \binom{15}{3}(0{,}25)^3(0{,}75)^{12} \approx 0{,}225\,.$$

14.2.2. Poisson-Verteilung

Wir betrachten die binomische Verteilung (14-24) für den Grenzfall, daß die Zahl der Versuche *sehr groß* und zugleich die Wahrscheinlichkeit p *sehr klein* wird. Genauer: Wir setzen $\nu p = \lambda =$ const und bestimmen dann die für $\nu \to \infty$ folgende Verteilung aus (14-24). Da

$$P(n;\nu) = \frac{\nu!}{n!\,(\nu-n)!}\left(\frac{\lambda}{\nu}\right)^n\left(1-\frac{\lambda}{\nu}\right)^{\nu-n} = \frac{\lambda^n}{n!}\left(1-\frac{\lambda}{\nu}\right)^{\nu}\frac{\nu!}{(\nu-n)!}\,\frac{1}{(\nu-\lambda)^n}$$

$$= \frac{\lambda^n}{n!}\left(1-\frac{\lambda}{\nu}\right)^{\nu}\frac{(\nu-n+1)(\nu-n+2)\ldots(\nu-1)\,\nu}{(\nu-\lambda)^n}$$

und nach (2-36, 2-38) $\lim\limits_{\nu\to\infty}\left(1-\frac{\lambda}{\nu}\right)^{\nu} = \mathrm{e}^{-\lambda}$ ist, ergibt sich

$$\boxed{P(n)=\frac{\lambda^n\,\mathrm{e}^{-\lambda}}{n!}}, \tag{14-25}$$

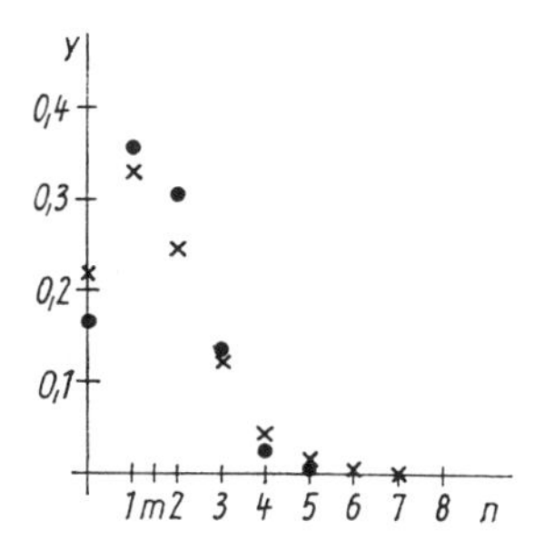

Abb. 127 Binomische Verteilung $P(n;5)$ für $p = 0{,}3$ nach (14-24) (●); Possion-Verteilung $P(n)$ für $\lambda = 1{,}5$ nach (14-25) (×)

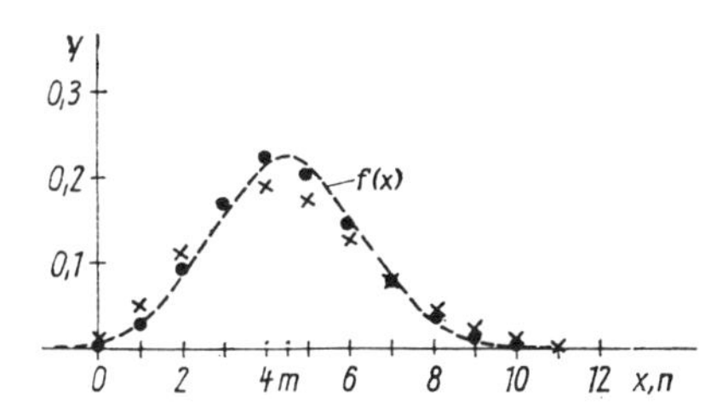

Abb. 128 Binomische Verteilung $P(n;15)$ für $p = 0{,}3$ nach (14-24) (●); Possion-Verteilung $P(n)$ für $\lambda = 4{,}5$ nach (14-25) (×); Normalverteilung $f(x)$ für $m = 4{,}5, \sigma = 1{,}77$ nach (14-64) (--)

die POISSON*sche Wahrscheinlichkeitsverteilung*. Diese Verteilung kann für eine große Zahl von Versuchen in der Form

$$P(n;\nu) \simeq \frac{(\nu p)^n}{n!} e^{-\nu p}, \quad (\nu \gg 1) \tag{14-26}$$

auch als Approximation der binomischen Verteilung benutzt werden (Abb. 127, 128).

Beispiel

Bei der Herstellung irgendeines Artikels hat sich ergeben, daß die Wahrscheinlichkeit für Ausschuß 0, 1 ist. Wählt man nun 20 Artikel willkürlich aus, wie groß ist dann die Wahrscheinlichkeit, unter diesen nicht mehr als 5 % Ausschuß zu finden? Für $p = 0{,}1$ liefert (14-24) $P(0;20) = 0{,}1216$; $P(1;20) = 0{,}2718$, so daß sich wegen (14-3) insgesamt $P = 0{,}3918$ ergibt. Dagegen liefert (14-26) 0,1353 bzw. 0,2706, so daß man mit (14-3) die Abschätzung $P = 0{,}4059$ erhält.

14.2.3. Erwartungswerte, Momente

Wenn Ω eine abzählbare Ereignismenge ist, kann man wegen $\{X(\omega) \leqq x\} = \bigcup_{\substack{\text{alle} \\ x_i \leqq x}} \{X(\omega) = x_i\}$, (14-3) und (14-13) die Verteilungsfunktion

$$\boxed{F(x) = \sum_{\substack{\text{alle} \\ x_i \leqq x}} P(x_i)} \tag{14-27}$$

mit $P(x_i) := P(\{X(\omega) = x_i\})$ definieren. Wegen (14-2) ist

$$\sum_{\text{alle xi}} P(x_i) = 1\,. \tag{14-28}$$

Der Zufallsvariablen X ordnet man die als absolut konvergent vorausgesetzte Summe

$$E[X] = m := \sum_{\text{alle xi}} x_i\, P(x_i) \tag{14-29}$$

als *Mittelwert* oder *Mittel* von X zu. Wenn auf $W(X)$ eine reelle Funktion $g(x)$ definiert ist, bezeichnet man die als absolut konvergent vorausgesetzte Summe

$$\boxed{E\,[g(X)] := \sum_{\text{alle xi}} g(x_i)\, P(x_i)} \tag{14-30}$$

als *Erwartungswert* von $g(X)$. Für $g(X) = X^n$ ergibt sich

$$E\,[X^n] = \sum_{\text{alle xi}} x_i^n\, P(x_i), \tag{14-31}$$

das *n-te Moment* von X. Das erste Moment ist offenbar der Mittelwert (14-29), und das zweite Moment $E\,[X^2] = \mu_2$ heißt *quadratisches Mittel von X*. Das zweite Moment um das Mittel m ist

$$E\,[(X - m)^2] = \sum_{\text{alle xi}} (x_i - m)^2\, P(x_i), \tag{14-32}$$

das auch als *Varianz* der Zufallsvariablen X bezeichnet wird (lat. varius = abweichen). Die Varianz läßt sich mit der *mittleren quadratischen Abweichung*

$$\sigma = \sqrt{E\,[X - m)^2]}$$

in Verbindung bringen. Durch Ausrechnen von (14-32) erhält man mit (14-28, 14-29) direkt

$$\sigma^2 = \mu_2 - m^2. \tag{14-33}$$

Beispiele

1. Für das Auftreten von n Ergebnissen A in ν Bernoullischen Versuchen liefert (14-24) die Wahrscheinlichkeit. Die Zufallsvariable X hat hier bei vorgegebenem ν den Wertevorrat $n = 0, 1, 2, \ldots, \nu$. Für das Mittel liefert (14-29) demnach wegen (1-129)

$$m = \sum_{n=0}^{\nu} n \binom{\nu}{n} p^n q^{\nu-n} = p \frac{\partial}{\partial p} \sum_{n=0}^{\nu} \binom{\nu}{n} p^n q^{\nu-n}$$
$$= p \frac{\partial}{\partial p} (p+q)^{\nu} = \nu\, p(p+q)^{\nu-1},$$

oder durch $p + q = 1$

$$m = \nu p \quad \text{(Mittelwert der binomischen Verteilung).} \tag{14-34}$$

Entsprechend ergibt sich

$$\sigma = \sqrt{\nu p q} \quad \text{(mittlere quadratische Abweichung der binomischen Verteilung).} \tag{14-35}$$

2. Für die Poissonsche Verteilung (14-25) liefert (14-29)

$$m = \sum_{n=0}^{\infty} n \frac{\lambda^n}{n!} e^{-\lambda} = \lambda\, e^{-\lambda} \sum_{n=1}^{\infty} \frac{\lambda^{n-1}}{(n-1)!},$$

also wegen (8-16)

$$m = \lambda \quad \text{(Mittelwert der Poissonschen Verteilung),} \tag{14-36}$$

wie nach (14-34) zu erwarten ist. Zur Berechnung der Varianz nutzen wir (14-33) aus und bestimmen μ_2. Da hier $\frac{\partial m}{\partial \lambda} = \lambda^{-1}\mu_2 - m$ ist liefert (14-36) $\mu_2 = m(m+1)$, und (14-33) ergibt

$$\sigma = \sqrt{\lambda} \quad \text{(mittlere quadratische Abweichung der Poissonschen Verteilung).} \tag{14-37}$$

Wenn die Elementarereignisse $\omega \in \Omega$ nach zwei verschiedenen Merkmalen klassifiziert werden können, definiert man auf Ω zwei Zufallsvariable X und Y und definiert nach (14-20) die gemeinsame Verteilungsfunktion

$$\boxed{F(x, y) = \sum_{\substack{\text{alle} \\ x_i \leqq x}} \sum_{\substack{\text{alle} \\ y_j \leqq y}} P(x_i, y_j)} \tag{14-38}$$

mit $P(x_i, y_j) = P(\{X(\omega) = x_i \text{ und } Y(\omega) = y_j\})$. Nach (14-22) erhält man

$$F_X(x) = \sum_{x_i \leqq x} P(x_i), \quad F_Y(y) = \sum_{y_j \leqq y} P(y_j), \tag{14-39}$$

wobei analog (14-9)

$$P(x_i) = \sum_{\text{alle } y_j} P(x_i, y_j), \quad P(y_j) = \sum_{\text{alle } x_i} P(x_i, y_j) \tag{14-40}$$

gilt. Entsprechend (14-29) ist dann $m_X = \sum_{\text{alle } x_i} x_i P(x_i)$, $m_Y = \sum_{\text{alle } y_j} y_j P(y_j)$ und nach (14-32, 14-33) $\sigma_X^2 = \mu_{2X} - m_X^2$, $\sigma_Y^2 = \mu_{2Y} - m_Y^2$. Sind $g(x)$ und $h(y)$ zwei auf $W(X)$ und

$W(Y)$ definierte reelle Funktionen, wird analog (14-30)

$$E[g(X)h(Y)] = \sum_{\text{alle xi}} \sum_{\text{alle yi}} g(x_i)\, h(y_j)\, P(x_i, y_j) \tag{14-41}$$

definiert. Für $g(X) = X - m_X$ und $h(Y) = Y - m_Y$ folgt

$$E[(X - m_X)(Y - m_Y)] = \mu_{XY} = E[XY] - m_X E[Y] - m_Y E[X] + m_X m_Y,$$

also

$$\mu_{XY} = E[XY] - m_X m_Y, \tag{14-42}$$

die *Kovarianz*. Die normierte Kovarianz

$$\varrho_{XY} = \frac{\mu_{XY}}{\sigma_X \sigma_Y} \tag{14-43}$$

nennt man *Korrelationskoeffizient*. Dieser Koeffizient liefert ein Maß für die Abhängigkeit der beiden Zufallsvariablen X und Y voneinander. Für $X = Y$ ist $\mu_{XY} = \mu_2 - m^2$, so daß $\varrho_{XY} = 1$ wird. Sind dagegen X und Y voneinander statistisch unabhängig, so ist nach (14-8)

$$P(x_i, y_j) = P(x_i)\, P(y_j), \tag{14-44}$$

also $E[XY] = m_X m_Y$, d. h., $\mu_{XY} = 0$ und damit auch $\varrho_{XY} = 0$.

Schließlich erwähnen wir noch, daß auch mit der bedingten Wahrscheinlichkeit (vgl. 14-7)

$$P(y_j | x_i) = \frac{P(x_i, y_j)}{P(x_i)} \tag{14-45}$$

Erwartungswerte gebildet werden können. Man bezeichnet z. B.

$$r_{x_i} = \sum_{\text{alle yi}} y_j\, P(y_j | x_i) \tag{14-46}$$

als mittlere *Schwankungsregression* von y für x_i. Entsprechend ist

$$r_{y_j} = \sum_{\text{alle xi}} x_i P(x_i | y_j) \tag{14-47}$$

die mittlere Schwankungsregression von x für y_j.

Verbindet man in einer xy-Ebene die aus (14-46) bzw. (14-47) berechneten Punkte, so ergeben sich die beiden *Regressionskurven*, die im allgemeinen nicht zusammenfallen [lat. regressus = Rückgang (von der Wirkung zur Ursache)]. Wenn X und Y statistisch unabhängig sind, erhält man wegen (14-44) in der xy-Ebene zwei achsen-parallele Regressionsgeraden.

Beispiel

Ein weißer und ein schwarzer Würfel werden geworfen. Die Augenzahl des weißen Würfels liefert den Wertevorrat der Zufallsvariablen X, die Summe der Augenzahlen von schwarzem und weißem Würfel soll die Werte von Y bestimmen. Wir tragen den Wertevorrat beider Zufallsvariablen in einem xy-Diagramm ein (Abb. 129). In dieser Darstellung liegen die Punkte nicht völlig regellos in einer Ebene, so daß man eine Abhängigkeit der Zufallsvariablen

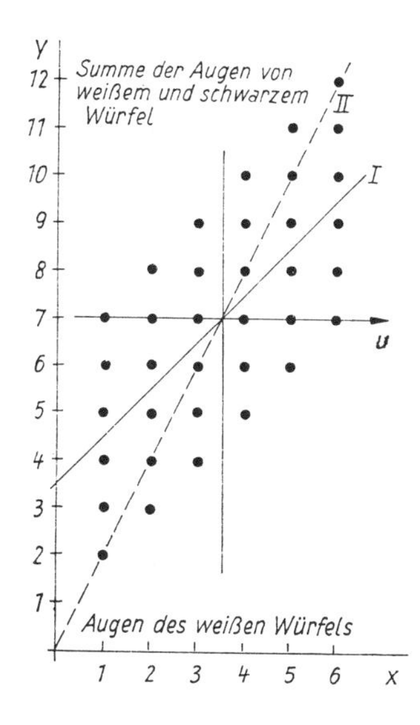

Abb. 129 Darstellung des Würfelspiels. I ist die Regressionsgerade für $\varphi(x)$, II die Regressionsgerade für $\psi(y)$

voneinander vermuten wird. Da für einen Würfel mit $x_i = r = 1, 2, \ldots, 6$ $P(x_i) = P(r) = \frac{1}{6}$ ist, muß wegen der Unabhängigkeit beider Würfel nach (14-44) für jeden in Abbildung 129 eingezeichneten xy-Punkt $P(x_i, y_j) = P(r,s) = \frac{1}{36}$ sein ($y_i = s = 2, 3, \ldots, 12$). Man beachte, daß nicht jede r,s-Kombination diese Wahrscheinlichkeit besitzt, z. B. ist $P(1,10) = P(2,10) = P(3,10) = 0$ usw. Aus (14-40) ergibt sich:

$$P(s=2) = P(s=12) = \frac{1}{36}; \quad P(s=3) = P(s=11) = \frac{2}{36};$$

$$P(s=4) = P(s=10) = \frac{3}{36}; \quad P(s=5) = P(s=9) = \frac{4}{36};$$

$$P(s=6) = P(s=8) = \frac{5}{36}; \quad P(s=7) = \frac{6}{36}.$$

Dementsprechend ist nach (14-29)

$$m_X = \sum_{r=1}^{6} rP(r) = 3{,}5 \quad \text{und} \quad m_Y = \sum_{s=2}^{12} sP(s) = 7\,.$$

Die Berechnung von σ_X bzw. σ_Y geschieht hier am besten direkt nach (14-32). Dazu setzen wir $x_i - m_X = r - 3{,}5 = u_i$ und $y_j - m_Y = s - 7 = v_j$, so daß $u_i = -2{,}5; -1{,}5; -0{,}5; 0{,}5; 1{,}5; 2{,}5$ und $v_j = -5; -4; -3; -2; -1; 0; 1; 2; 3; 4; 5$; ist. Dann liefert (14-32) $\sigma_X^2 = \frac{35}{12}$ und $\sigma_Y^2 = \frac{105}{18}$, also $\sigma_Y = \sqrt{2}\,\sigma_X$. Entsprechend ergibt sich $\mu_{XY} = \sum_i \sum_j (x_i - m_x) \cdot (y_j - m_y)\, P(x_i, y_j) = \sum_{j=1}^{11} v_j \{2{,}5\,[P(6,y_j) - P(1,y_j)] + 1{,}5\,[P(5,y_j) - P(2,y_j)] + 0{,}5\,[P(4,y_j) - P(3,y_j)]\} = \frac{105}{36}$, so daß man nach (14-43) $\varrho_{XY} = \frac{1}{\sqrt{2}} \approx 0{,}7$ erhält.

Da der weiße Würfel in diesem Beispiel zur Hälfte am Zustandekommen des Resultats beiträgt, ist $\varrho^2_{XY} = \frac{1}{2}$ ein Maß für den Anteil, den die Größe X an der Größe Y hat. Wir berechnen noch die Regressionskurven. Nach (14-45) ist für die in Abbildung 129 eingezeichneten xy-Punkte $P(y_j \mid x_i) = \frac{1}{6}$, also wegen (14-46) $r_{x_1} = 4{,}5$; $r_{x_2} = 5{,}5$; $r_{x_3} = 6{,}5$ usw., d. h., es ergibt sich eine Regressionsgerade $\varphi(x) = x + 3{,}5$ (I in Abb. 129). Andererseits ist für $P(x_i \mid y_j)$: $P(1 \mid 2) = 1$; $P(1 \mid 3) = P(2 \mid 3) = \frac{1}{2}$; $P(1 \mid 4) = P(2 \mid 4) = P(3 \mid 4) = \frac{1}{3}$ usw., so daß nach (14-47) $r_{y_1} = 1$; $r_{y_2} = 1{,}5$; $r_{y_3} = 2$ usw. folgt, d. h., es ergibt sich wieder eine Regressionsgerade $\psi(y) = 0{,}5y$ (II in Abb. 129), die nicht mit der anderen Regressionsgeraden zusammenfällt.

14.3. Versuche mit nichtabzählbarer Ereignismenge

In vielen Versuchen werden die möglichen Meßergebnisse (idealisiert) durch Teilmengen von $\mathbb{R}$ beschrieben (vgl. Abschnitt 2.1.). Dann ist die Ereignismenge $\Omega = \mathbb{R}$, und nach Abschnitt 1.2. erzeugt die Klasse der Intervalle (1-93) eine σ-Algebra B. Diese BORELsche σ-Algebra wird auch von der Klasse aller abgeschlossenen Intervalle $[a,b]$ erzeugt. Nach (1-96, 1-97) kann jedem solchen Intervall das LEBESGUE-BORELsche Maß $\lambda([a,b]) = b - a$ zugeordnet werden. Wenn $\Omega = J \subset \mathbb{R}$ ein Intervall mit der Länge L ist, erhält man für jedes Intervall $[a,b] \subset J$ die Wahrscheinlichkeit

$$P([a, b]) = P(\{\omega | \omega \in \mathbb{R} \quad \text{und} \quad a \leqq \omega \leqq b\}) = \frac{b - a}{L}. \tag{14-48}$$

Wenn X: $\mathbb{R} \to \bar{\mathbb{R}}$ eine auf $\Omega = \mathbb{R}$ definierte L-meßbare Zufallsvariable ist, kann man die Verteilungsfunktion (14-13) durch ein LEBESGUE-Integral (vgl. 8-94) in der Form

$$\boxed{F(x) = \int_{-\infty}^{x} f(\xi) \, d\lambda(\xi)} \tag{14-49}$$

schreiben. Dabei ist $f(\xi)$ eine *nichtnegative* L-integrierbare reelle Funktion, die *Wahrscheinlichkeitsdichte* der Zufallsvariablen X heißt. Die Verteilungsfunktion $F(x)$ ist stetig. Wegen (14-19) ergibt sich als Normierung

$$\int_{-\infty}^{+\infty} f(\xi) \, d\lambda(\xi) = 1. \tag{14-50}$$

Im Anschluß an (14-30) definiert man

$$\boxed{E[g(X)] := \int_{-\infty}^{+\infty} g(\xi) f(\xi) \, d\lambda(\xi)} \tag{14-51}$$

als Erwartungswert von $g(X)$ und bezeichnet

$$E[X^n] = \int_{-\infty}^{+\infty} \xi^n f(\xi) \, d\lambda(\xi) \tag{14-52}$$

als *n-tes Moment* der Zufallsvariablen X. Dann ist

$$E[X] = m = \int_{-\infty}^{+\infty} \xi f(\xi) \, d\lambda(\xi), \quad E[X^2] = \mu_2 = \int_{-\infty}^{+\infty} \xi^2 f(\xi) \, d\lambda(\xi) \tag{14-53}$$

der ***Mittelwert*** bzw. das *quadratische Mittel.* Für die Varianz gilt wieder (14-33).

Wenn mehrere L-meßbare Zufallsvariable betrachtet werden, z. B. X, Y und eine L-integrable *gemeinsame Wahrscheinlichkeitsdichte* $f(\xi,\eta) \geqq 0$ existiert, gilt für (14-20):

$$\boxed{F(x, y) = \iint_{-\infty}^{xy} f(\xi, \eta) \, d\lambda(\xi) \, d\lambda(\eta)} \tag{14-54}$$

mit

$$\iint\limits_{-\infty}^{+\infty} f(\xi, \eta)\, \mathrm{d}\lambda(\xi)\, \mathrm{d}\lambda(\eta) = 1 \,. \tag{14-55}$$

Entsprechend (14-41) ist

$$\boxed{E\,[g(X)\, h(Y)] = \iint\limits_{-\infty}^{+\infty} g(\xi)\, h(\eta)\, f(\xi, \eta)\, \mathrm{d}\lambda(\xi)\, \mathrm{d}\lambda(\eta)}\,, \tag{14-56}$$

so daß sich die Kovarianz formal wie in (14-42) schreiben läßt und der Korrelationskoeffizient wie in (14-43) gegeben ist. Falls die Zufallsvariablen X und Y statistisch unabhängig sind, ist

$$f(\xi, \eta) = f_X(\xi)\, f_Y(\eta), \quad \text{also} \quad F(x, y) = F_X(x) F_Y(y) \tag{14-57}$$

und $\varrho_{XY} = 0$. Man beachte aber, daß zwei unkorrelierte Zufallsvariablen, deren $\varrho_{XY} = 0$ ist, nicht notwendig statistisch unabhängig sind!

Entsprechend (14-22) liefert (14-54)

$$F(x, y = \infty) = F_X(x) = \iint\limits_{-\infty}^{x} f(\xi, \eta)\, \mathrm{d}\lambda\,(\xi)\, \mathrm{d}\lambda(\eta)\,, \tag{14-58}$$

so daß nach (14-49)

$$f_X(x) = \int\limits_{-\infty}^{+\infty} f(x, \eta)\, \mathrm{d}\lambda(\eta) \tag{14-59}$$

ist.

Analog (14-45) können wir die bedingte Wahrscheinlichkeitsdichte

$$f(y|x) = \frac{f(x, y)}{f_X(x)} \tag{14-60}$$

einführen, so daß

$$P(Y \leqq y | X = x) = F(y|x) = \int\limits_{-\infty}^{y} f(\eta|x)\, \mathrm{d}\lambda(\eta) \tag{14-61}$$

die Wahrscheinlichkeit ist, für einen bestimmten X-Wert $Y \leqq y$ zu finden (bedingte Wahrscheinlichkeitsverteilung). Aus (14-59) und (14-60) folgt sofort

$$\int\limits_{-\infty}^{+\infty} f(\eta| x)\, \mathrm{d}\lambda(\eta) = 1 \,. \tag{14-62}$$

Schließlich erwähnen wir noch die aus (14-54, 14-59, 14-60, 14-61) folgende Beziehung

$$F(x, y) = \int\limits_{-\infty}^{x} F(y|x)\, f_X(x)\, \mathrm{d}x \,. \tag{14-63}$$

Die oben zusammengestellten Beziehungen bilden den Ausgangspunkt für die Theorie der *stochastischen Prozesse.* Häufig ist ein Versuchsergebnis eines gegebenen Experiments nicht durch eine ganze Zahl, sondern nur durch eine von einem Parameter, etwa der Zeit t, abhängende Funktion $x^{(1)}(t)$ darstellbar. (Zum Beispiel kann x der in einer gewissen Zeit zurückgelegte Weg bei der eindimensionalen Brownschen Bewegung sein.) Eine Wiederholung des gleichen Experiments liefert bei einem nicht determinierten Prozeß im allgemeinen ein anderes Ergebnis, z. B. $x^{(2)}(t)$. Die Menge der in einem bestimmten Experiment auftretenden Versuchsergebnisse $\{x^{(1)}(t), x^{(2)}(t), \ldots\}$ faßt man auf als die Realisierung einer *Zufallsfunktion* $X(t)$. Diese Funktion beschreibt also einen in der Zeit ablaufenden Vorgang (Prozeß), dessen Realisierungen durch Wahrscheinlichkeitsangaben gekennzeichnet werden müssen. Durchläuft t das Kontinuum aller reellen Zahlen, so nennt man $X(t)$ einen *stochastischen Prozeß*; nimmt t nur diskrete Werte an (z. B. alle ganzen Zahlen) so bezeichnet man $X(t)$ als *stochastische Folge*. Leider können wir auf diese wichtigen Prozesse hier nicht weiter eingehen, zu denen Schwankungserscheinungen (wie das Rauschen der Elektronenröhren) gehören.

14.3.1. Normalverteilung (Gauss-Verteilung)

Als wichtigste Verteilungsfunktion besprechen wir die Gausssche Verteilungsfunktion, die in der Wahrscheinlichkeitsrechnung eine fundamentale Rolle spielt. Man kann unter sehr allgemeinen Voraussetzungen zeigen, daß sich die Normalverteilung asymptotisch ergibt, wenn die Zahl statistisch *unabhängiger* Zufallsvariabler *sehr groß* wird. Besonders bemerkenswert ist, daß *keineswegs* Normalverteilungen für die einzelnen Zufallsvariablen verlangt werden müssen. Diesen *zentralen Grenzwertsatz* beweisen wir hier nicht. Wir wollen das Theorem lediglich am Beispiel der binomischen Verteilung (14-24) verifizieren (de Moivre). Statt der ν-maligen Wiederholung des einen Experiments, das nur die Ergebnisse »A« oder »nicht A« liefert, denken wir uns ν gleiche Experimente aufgebaut, die voneinander unabhängig sind. Den Experimenten $i = 1, 2, \ldots, \nu$ ordnen wir die Zufallsvariablen X_i zu, die den Wert 1 (wenn A eingetreten ist) oder 0 (wenn A nicht eingetreten ist) annehmen können. Dann haben wir es für $\nu \to \infty$ tatsächlich mit vielen unabhängigen Zufallsvariablen zu tun.

Zunächst bemerken wir, daß sich durch den Übergang von n auf $\xi_n = \frac{n-m}{\sqrt{\nu}} = \frac{n}{\sqrt{\nu}} - \sqrt{\nu}\, p$ an den aus (14-24) berechneten Ordinatenwerten der Abbildung 127 und Abbildung 128 nichts ändert, da wir lediglich eine Nullpunktsverschiebung auf der Abszisse vornehmen. Es ist also $P(\xi_n;\nu) = P(n;\nu)$. Allerdings folgt nun $m_\xi = \sum_n \xi_n P(\xi_n;\nu) = 0$ und $\sigma_\xi^2 = \sum_n \xi_n^2 \cdot P(\xi_n;\nu) = qp$. Da $\xi_{n+1} - \xi_n = \frac{1}{\sqrt{\nu}}$ ist, werden wir mit $\nu \to \infty$ gerade den Übergang zu einem kontinuierlichen Wertebereich vollziehen. Es ist zweckmäßig, den aus (14-24) folgenden Zusammenhang

$$\ln P(n+1;\nu) = \ln P(n;\nu) + \ln\left(\frac{p}{q}\,\frac{\nu-n}{n+1}\right)$$

auszunutzen. Wir erinnern an die Definition der Ableitung (4-3) und bilden von

$$\frac{\ln P(\xi_{n+1};\nu) - \ln P(\xi_n;\nu)}{\xi_{n+1} - \xi_n} = \sqrt{\nu}\,\ln\left(\frac{p}{q}\,\frac{\nu q - \sqrt{\nu}\,\xi_n}{\nu p + \sqrt{\nu}\,\xi_n + 1}\right)$$

den Grenzübergang $\xi_{n+1} \to \xi_n$, d. h. $\nu \to \infty$.

Den Grenzwert der rechten Seite kann man nach der Regel von Bernoulli-de l'Hospital (4-68) bestimmen. Wir bezeichnen die Verteilung $P(\xi_n;\nu)$ nach dem Grenzübergang mit $f(\xi)$ und erhalten

$$\frac{\mathrm{d}\ln f}{\mathrm{d}\xi} = -\frac{\xi}{qp} = -\frac{\xi}{\sigma_\xi^2} \quad \text{oder} \quad f(\xi) = C\exp\left(\frac{\xi^2}{2\sigma_\xi^2}\right).$$

Die Normierung (14-50) liefert $C = \frac{1}{\sigma_\xi \sqrt{2\pi}}$ Außerdem weisen wir darauf hin, daß für $x_n = \frac{n}{\sqrt{\nu}}$ das Mittel $m_x = \sum_n x_n P(x_n;\nu) = \sqrt{\nu}\, p$ ist, also $\xi_n = x - m_x$. Dagegen bleibt $\sigma_x^2 = \sigma_\xi^2 = pq$

Man bezeichnet

$$\boxed{f(x) = \frac{1}{\sigma\sqrt{2\pi}}\, e^{\frac{-(x-m)^2}{2\sigma^2}}} \tag{14-64}$$

als *Dichte der Normalverteilung* oder GAUSS-*Verteilung*, wobei m und $\sigma^2 = \mu_2 - m^2$ durch (14-52) definiert sind. In Abbildung 130 ist diese Dichtefunktion dargestellt. Man sieht, daß die mittlere quadratische Abweichung σ ein Maß für die »Breite« ist, denn es gilt $f(m \pm \sqrt{2}\sigma) = e^{-1} f(m)$. Die Dichte der Normalverteilung gehört zu den um das Mittel *symmetrischen* Verteilungsfunktionen, die sich ganz allgemein dadurch auszeichnen, daß alle ungeraden Momente um das Mittel Null sind. Umgekehrt kann man von Null verschiedene ungerade Momente direkt als ein Maß der Asymmetrie oder »Schiefheit« einer Verteilungsfunktion ansehen. Den asymptotischen Zusammenhang zwischen binomischer Verteilung und Dichte der Normalverteilung zeigt Abbildung 128. Schließlich läßt sich die Normalverteilung nach (14-49) berechnen. Dabei benutzt man zweckmäßig das in entsprechenden Tabellenwerken tabellierte *Fehlerintegral* (error-function) (vgl. 8-24)

$$\operatorname{erf}(y) = \frac{2}{\sqrt{\pi}} \int_0^y e^{-t^2} dt, \tag{14-65}$$

denn die *Normalverteilung* $F(x)$ läßt sich durch

$$\boxed{F(x) = \frac{1}{2}\left\{1 \pm \operatorname{erf}\left(\frac{\pm [x-m]}{\sqrt{2}\,\sigma}\right)\right\}} \tag{14-66}$$

darstellen, wobei das obere Vorzeichen für $x \geqq m$ zu nehmen ist und das untere für $x \leqq m$. Für $(x - m) \gg \sqrt{2}\,\sigma$ ergibt sich näherungsweise

$$F(x) \approx 1 - \frac{\sigma}{\sqrt{2\pi}(x-m)}\, e^{-\frac{(x-m)^2}{2\sigma^2}}. \tag{14-67}$$

Ferner liefert (14-66) für $a \geqq 0$.

$$\boxed{F(m + a\sigma) - F(m - a\sigma) = \operatorname{erf}\left(\frac{a}{\sqrt{2}}\right)}. \tag{14-68}$$

Man kann also die zwischen $x = m + a\sigma$ und $x = m - a\sigma$ unter $f(x)$ liegende Fläche sofort den genannten Tabellen entnehmen (vgl. Abb. 130 und 131) und hat damit die *Wahrscheinlichkeit*, daß $x - m$ zwischen $-a\sigma$ und $+a\sigma$ liegt, gefunden.

14.3.2. Fehlerrechnung

Im Abschnitt 1.2. wurde darauf hingewiesen, daß nur Intervalle reeller Zahlen zur Beschreibung möglicher Meßwerte verwendet werden können. Im allgemeinen erhält man bei mehrmaligen Wiederholungen eines Versuchs nicht genau gleiche Ergebnisse. Wenn

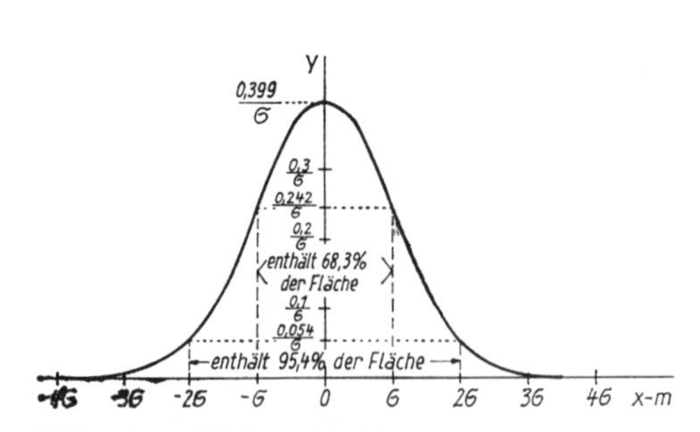

Abb. 130 Dichte der Normalverteilung nach (14-64)

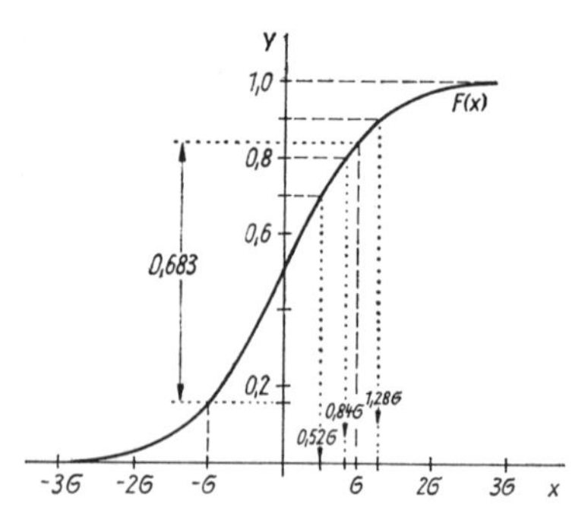

Abb. 131 Normalverteilung nach (14-66)

die Unterschiede keinen systematischen Zusammenhang erkennen lassen, bezeichnet man sie als zufällig. Das Auftreten eines bestimmten Ergebnisses ist dann mit der auf Intervallen definierten Wahrscheinlichkeit zu beschreiben. Da die Wahrscheinlichkeitsverteilung der die Meßergebnisse beschreibenden Zufallsvariablen unbekannt ist, verwendet man die (durch den zentralen Grenzwertsatz nahegelegte) Hypothese, daß die Meßergebnisse eines häufig wiederholten Versuchs mit einer der Normalverteilung entsprechenden Wahrscheinlichkeitsverteilung auftreten. Wenn wir annehmen, daß $x = m'$ der *wahre* Wert der gemessenen Größe ist und die Einzelmessungen $x_1, x_2, \ldots, x_n$ ergeben haben, so sollen die *wahren Fehler*

$$\eta_i = x_i - m', \quad (i = 1, 2, \ldots, n) \tag{14-69}$$

also nach (14-64) verteilt sein. Der wahre Wert $x = m'$ ist unbekannt und nie ganz zu bestimmen. Wir können dafür innerhalb des Streubereichs der Einzelmessungen nur einen *besten* Wert $x = m$ ermitteln. Dazu berücksichtigen wir, daß wegen der Unabhängigkeit der wiederholten Versuche die Wahrscheinlichkeit, sowohl η_1 als auch $\eta_2, \ldots$ als auch η_n zu messen, nach (14-57) proportional zu $\exp\left(-\frac{1}{2\sigma^2}\left[\eta_1^2 + \eta_2^2 + \ldots + \eta_n^2\right]\right)$ ist. Da wir die Meßergebnisse x_i kennen, ist dieser Ausdruck nach (14-69) auch als Wahrscheinlichkeit dafür zu interpretieren, daß m' der wahre Wert der gemessenen Größe ist. Diese Wahrscheinlichkeit wird offenbar am größten, wenn

$$\sum_{i=1}^{n} \eta_i^2 = \sum_{i=1}^{n} (x_i - m')^2 \tag{14-70}$$

ein *Minimum* wird. Leitet man diesen Ausdruck nach m' ab und setzt das Ergebnis gleich Null, so erhalten wir für die Unbekannte m' den Wert

$$\boxed{m = \frac{1}{n} \sum_{i=1}^{n} x_i}. \tag{14-71}$$

Das arithmetische Mittel aus den Einzelmessungen macht also die Wahrscheinlichkeit am größten, den wahren Wert der gemessenen Größe gefunden zu haben. (14-71) liefert demnach den *besten Wert* für die gemessene Größe. Die Abweichungen der Einzelergebnisse vom Bestwert (14-71) sind

$$\xi_i = x_i - m, \quad (i = 1, 2, \ldots, n), \tag{14-72}$$

die schlechthin als *Fehler* der Einzelmessungen bezeichnet werden. Da aus (14-69, 14-72) $\eta_i - \xi_i = m - m'$ folgt und $\sum_{i=1}^{n} \xi_i = 0$ ist, gilt $\sum_i (\eta_i - \xi_i) = \sum_i \eta_i = n(m - m')$, also

$$\xi_i = \eta_i - \frac{[\eta]}{n}. \tag{14-73}$$

wobei $[\eta] = \sum_{k=1}^{n} \eta_k$ gesetzt wurde. Die Annahme, daß η einer Normalverteilung genügt, ergibt demnach auch für ξ eine Normalverteilung. (14-73) liefert außerdem $\sum_i \eta_i^2 = \sum_i \xi_i^2 + 2\frac{[\eta]}{n}\sum_i \xi_i + \frac{[\eta]^2}{n}$. Da in $[\eta]^2 = \eta_1^2 + \eta_2^2 + \ldots + 2\eta_1\eta_2 + 2\eta_1\eta_3 + \ldots$ Terme gleicher Größenordnung mit wechselnden Vorzeichen auftreten, ist in sehr guter Näherung $[\eta]^2 = \sum_{k=1}^{n} \eta_k^2 = [\eta\eta]$, so daß

$$[\xi\xi] = \frac{n-1}{n}[\eta\eta] \tag{14-74}$$

gilt. Damit läßt sich nun der *mittlere quadratische Fehler jeder Einzelmessung* aus

$$\mu = \pm\sqrt{\frac{[\eta\,\eta]}{n}} = \pm\sqrt{\frac{[\xi\,\xi]}{n-1}} \tag{14-75}$$

berechnen. Nach (4-97) ergibt sich für $f = m$ und $\overline{\Delta x_i} = \mu$ der mittlere Fehler des arithmetischen Mittels (14-71), d. h. der *mittlere Fehler des Versuchsergebnisses* zu

$$\boxed{\Delta x = \pm\sqrt{\frac{[\xi\,\xi]}{n\,(n-1)}}}\,, \tag{14-76}$$

wobei n die Zahl der Einzelmessungen und $[\xi\xi] = \sum_{i=1}^{n} (x_i - m)^2$ ist. Die sehr wichtige Beziehung (14-76) wird in der Praxis oft verwendet. Dabei ist darauf zu achten, daß diese Fehlergrenze nur die *zufälligen Fehler* berücksichtigt. Die *systematischen Fehler* muß der Beobachter selbst erkennen und möglichst unschädlich machen.

Die Methode (14-70) zu einem Minimum zu machen, die wir im Anschluß an Gauss zur Bestimmung des wahrscheinlichsten Wertes der gemessenen Größe benutzt haben, bezeichnet man als *Methode der kleinsten Quadrate*. Sie läßt sich auch auf den Fall ausdehnen, daß mehrere Größen zu ermitteln sind. Von einem Stab sei z. B. bekannt, daß er sich bei Erwärmung nach der Formel $l = p + qt$ ausdehnt, wobei t die Temperatur, l die Länge bei $t°$, p die Länge bei 0° und $\frac{q}{p}$ den Ausdehnungskoeffizient bedeuten. Um p und q zu ermitteln, macht man bei verschiedenen Temperaturen $t_1, t_2, \ldots, t_n$ Längenmessungen $l_1, l_2, \ldots, l_n$. Wären die m Messungen fehlerfrei, so würde $p + qt_i - l_i = 0$ für jeden Wert von i sein. Stattdessen sind die Messungen fehlerhaft, und wir bezeichnen die Fehler der Einzelmessungen mit $\xi_i = p + qt_i - l_i$. Nun benutzen wir die Forderung an (14-70), die wegen (14-74) auch »$S = \sum_{i=1}^{n} \xi_i^2$ sei ein Minimum« lautet, um die wahrscheinlichsten Werte von p und q zu berechnen. Nach (4-132) ist dann notwendig $\frac{\partial S}{\partial p} = 0, \frac{\partial S}{\partial q} = 0$. Bildet man diese Ableitungen und addiert die jeweils n Gleichungen, so ergibt sich

$$pn + q\sum_{i=1}^{n} t_i - \sum_{i=1}^{n} l_i = 0; \quad p\sum_{i=1}^{n} t_i + q\sum_{i=1}^{n} t_i^2 - \sum_{i=1}^{n} l_i t_i = 0\,. \tag{14-77}$$

Aus diesen beiden Gleichungen mit bekannten Koeffizienten lassen sich die wahrscheinlichsten Werte von p und q berechnen. Man überzeugt sich leicht, daß diese Werte tatsächlich ein Minimum für S liefern. Diese Methode läßt sich auf beliebig viele Größen ausdehnen. Besteht zwischen diesen Größen $p, q, r, s, \ldots$ die Beziehung $l = F(p, q, r, s, \ldots)$ und ist der Fehler einer Einzelmessung $\xi_i = F_i(p, q, r, s, \ldots) - l_i$, so erhält man aus $S = \sum\limits_i^n \xi_i^2$ die erforderliche Anzahl von Gleichungen durch $\frac{\partial S}{\partial p} = 0$, $\frac{\partial S}{\partial q} = 0$, $\frac{\partial S}{\partial r} = 0$, $\frac{\partial S}{\partial s} = 0$, usw. Falls $F(p, q, r, s, \ldots)$ ein *nichtlinearer* Ausdruck ist, stößt die Auflösung dieser Gleichungen nach $p, q, r, s, \ldots$ allerdings auf Schwierigkeiten. Durch einen einfachen Kunstgriff gelingt es aber stets, die Aufgabe auf *lineare* Gleichungen zurückzuführen. Dazu ist es nötig, daß man sich auf diesem oder jenem Weg für die Unbekannten *angenäherte Werte* $p_0, q_0, r_0, \ldots$ verschafft, die nur noch kleiner Verbesserungen $p', q', r', \ldots$ bedürfen. Wir setzen also $p = p_0 + p'$; $q = q_0 + q'$; $r = r_0 + r'$; ... und können nach (4-130) für hinreichend kleine Werte von $p', q', r', \ldots$ schließlich

$$F_i(p, q, r, \ldots) = F_i(p_0, q_0, r_0, \ldots) + \left(\frac{\partial F_i}{\partial p}\right)_0 p' + \left(\frac{\partial F_i}{\partial q}\right)_0 q' + \left(\frac{\partial F_i}{\partial r}\right)_0 r' + \ldots$$

schreiben. Dann sind $\xi_i = F_i - l_i$ in den $p', q', r', \ldots$ *lineare* Gleichungen, auf die man die Methode der kleinsten Quadrate in der oben angegebenen Weise anwenden kann, um $p', q', r', \ldots$ zu berechnen.

In der eben geschilderten Weise werden z. B. die vorläufig berechneten Elemente einer Planeten- oder Kometenbahn so verbessert, daß sie sich möglichst gut an alle ausgeführten Ortsbestimmungen des Himmelskörpers anschließen.

14.4. Aufgaben zu 14.1. bis 14.3.

1. Eine Urne enthält vier weiße und zwei schwarze Kugeln, die bis auf die Farbe gleich sind. Wie groß ist die Wahrscheinlichkeit, daß man bei zwei Ziehungen

a) zwei weiße Kugeln,
b) zwei Kugeln gleicher Farbe,
c) mindestens eine weiße Kugel

zieht? Es wird vorausgesetzt, daß die Kugel der ersten Ziehung in die Urne

I. zurückgelegt,
II. nicht zurückgelegt wird.

2. Es werden gleiche Briefmarken betrachtet, die in zwei Auflagen hergestellt wurden. Ein Betrachter gibt an, er könne den anscheinend gleichen Briefmarken ihre Zugehörigkeit zur einen oder anderen Auflage in den meisten Fällen ansehen. Um diese Behauptung zu testen, werden der Versuchsperson 10 Briefmarkenpaare vorgelegt, von denen jedes Paar sowohl eine Briefmarke der ersten als auch der zweiten Auflage enthält. Wie groß ist die Wahrscheinlichkeit, bei den 10 Paaren mindesten 5- bzw. 6- bzw. 7- bzw. 8mal richtig zu entscheiden, wenn die Versuchsperson

a) kein Unterscheidungskriterium besitzt, sondern nur rät,
b) ein Kriterium besitzt, das in 3 von 4 Fällen das richtige Ergebnis liefert?

3. Zwei gleiche Würfel werden gemeinsam ν-mal geworfen. Wie groß ist die Wahrscheinlichkeit, daß der ν-te Wurf zum erstenmal die Summe 8 liefert?

4. Jede von N ($N \geqq 3$) Personen wirft eine gleiche Münze. Wie groß ist die Wahrscheinlichkeit, daß eine der N Münzen eine Seite zeigt, die von keiner der anderen Münzen gezeigt wird?

5. Die Werte x und y zweier Zufallsvariabler X und Y sollen mit Wahrscheinlichkeiten auftreten, die durch Normalverteilungen gegeben sind. Mit $\xi = x - m_x$; $\eta = y - m_y$ sei

$$f_X(\xi) = \frac{1}{\sigma_1 \sqrt{2\pi}} \exp\left(-\frac{\xi^2}{2\sigma_1^2}\right);$$

$$f_Y(\eta) = \frac{1}{\sigma_2 \sqrt{2\pi}} \exp\left(-\frac{\eta^2}{2\sigma_2^2}\right).$$

Wie sind dann die Werte $w = x + y$ der Zufallsvariablen $W = X + Y$ verteilt?

15. Numerische Methoden

In der Praxis sind numerische Methoden unentbehrlich. Wir können hier nur die wichtigsten allgemeinen Methoden besprechen. Für spezielle Probleme lassen sich häufig speziellere Methoden angeben, die oftmals viel Rechenarbeit ersparen (vgl. Literaturhinweise). Welche Methode als brauchbar anzusehen ist, das richtet sich aber nicht nur nach dem jeweiligen Problem, sondern auch nach den Genauigkeitsansprüchen und damit nach den verfügbaren Hilfsmitteln. Wir machen deshalb an geeigneten Stellen auch auf graphische Methoden aufmerksam. Verwendet man elektronische Rechenmaschinen, in denen in kurzer Zeit sehr viele Rechenoperationen ausgeführt werden können, so gilt im allgemeinen, daß die einfachsten Näherungsformeln die zweckmäßigsten sind.

15.1. Auflösung linearer Gleichungssysteme

Aus einem linearen Gleichungssystem

$$\sum_{j=1}^{n} a_{ij} x_j = b_i, \quad (i = 1, 2 \ldots n) \tag{15-1}$$

lassen sich im Prinzip nach der CRAMERschen Regel (3-27) die Unbekannten x_j berechnen. Die Zahl der Rechenschritte, die beim Rechnen mit Determinanten auszuführen sind, wächst aber mit zunehmendem n stark an. Bereits für $n > 3$ spart das GAUSS*sche Eliminationsverfahren* Rechenarbeit. Bei diesem Verfahren multipliziert man die erste Zeile von (15-1) mit $-\frac{a_{21}}{a_{11}}$ und addiert dann die zweite Zeile. Man erhält so

$$-\frac{a_{21}}{a_{11}} \sum_{j=1}^{n} a_{1j} x_j + \sum_{j=1}^{n} a_{2j} x_j = \sum_{j=2}^{n} \left(a_{2j} - \frac{a_{21}}{a_{11}} a_{1j}\right) x_j = -\frac{a_{21}}{a_{11}} b_1 + b_2 .$$

Entsprechend ergibt sich nach Multiplikation der ersten Zeile von (15-1) mit $-\frac{a_{31}}{a_{11}}$ und Addition der dritten Zeile

$$\sum_{j=2}^{n} \left(a_{3j} - \frac{a_{31}}{a_{11}} a_{1j}\right) x_j = -\frac{a_{31}}{a_{11}} b_1 + b_3 .$$

Fährt man in dieser Weise fort, so erhält man anstelle von (15-1) ein Gleichungssystem von $n-1$ Gleichungen für $n-1$ Unbekannte. Durch erneute Anwendung dieses Verfahrens reduziert sich die Zahl der Gleichungen und Unbekannten wieder um 1 usw., bis schließlich nur noch eine Gleichung mit einer Unbekannten verbleibt. Nach Auflösung dieser Gleichung lassen sich dann aus je *einer* Gleichung der erhaltenen Systeme nacheinander alle Unbekannten berechnen.

15.2. Berechnung eines Polynomwerts

Wenn der Wert eines Polynoms

$$p_n(x) = \sum_{\nu=0}^{n} a_\nu x^\nu, \qquad (a_\nu \in \mathbb{R})$$

an der Stelle $x = \alpha$ berechnet werden soll, ist folgendes Verfahren für größere n-Werte zweckmäßig: Man dividiert p_n durch $x - \alpha$ und erhält $p_n(x) = p_{n-1}(x)(x-\alpha) + r$. Dabei berechnen sich die Koeffizienten des Polynoms

$$p_{n-1}(x) = \sum_{\nu=0}^{n-1} b_\nu x^\nu \text{ zu } b_{n-1} = a_n;\ b_{n-2} = a_{n-1} + \alpha b_{n-1};\ b_{n-3} = a_{n-2} + \alpha b_{n-2};\ \ldots;\ b_0 = a_1 + \alpha b_1,$$

und der verbleibende Rest ist durch $r = a_0 + \alpha b_0$ gegeben. Da $p_n(\alpha) = r$ ist, genügt es, b_0 zu berechnen, um $p_n(\alpha)$ zu erhalten. Diese Berechnung geschieht mit Hilfe des HORNER*schen Schemas* (HORNER 1786—1837):

	a_n	a_{n-1}	$a_{n-2}\cdots$	a_1	a_0
		αb_{n-1}	$\alpha b_{n-2}\cdots$	αb_1	αb_0
(α)	b_{n-1}	b_{n-2}	$b_{n-3}\cdots$	b_0	$r = p_n(\alpha)$

(Koeffizienten, die *Null* sind, müssen *mitgeschrieben* werden!).

Beispiel

$p_4(x) = x^4 - 3x^2 - 12x - 112$ ist an der Stelle $x = 3$ zu berechnen:

	1	0	−3	−12	−112
		3	9	18	18
(3)	1	3	6	6	$-94 = p_4(3)$.

Wenn der Wert der Ableitung $p_\nu'(x)$ an der Stelle $x = \alpha$ gesucht wird, so läßt sich $p_n'(x) = p_{n-1}'(x)(x-\alpha) + p_{n-1}(x)$, d. h. $p_n'(\alpha) = p_{n-1}(\alpha)$ ausnutzen. Man hat dann also den Wert von $p_{n-1}(\alpha)$ mit Hilfe des HORNERschen Schemas zu berechnen.

15.3. Interpolation

15.3.1. Polynome

Häufig sind von einem funktionalen Zusammenhang $f(x)$ nur an den Stellen $x_0, x_1, \ldots, x_{n-1}, x_n$ die Funktionswerte $y_0, y_1, \ldots, y_{n-1}, y_n$ bekannt. Interessiert man sich auch für Zwischenwerte, so muß man *interpolieren*. Graphisch läßt sich dies erreichen, wenn die gegebenen Punkte durch eine möglichst glatte Kurve verbunden werden, aus der man dann die Zwischenwerte ohne weiteres entnehmen kann. Oft ist das graphische Verfahren jedoch nicht genau genug. Dann lassen sich Polynome benutzten, um den Kurvenverlauf in dem von x_0 und x_n begrenzten Bereich durch eine Formel darzustellen. Setzen wir nämlich in dem Polynom $p_n(x) = \sum_{\nu=0}^{n} a_n x^n$ der Reihe nach $x_0, x_1, \ldots, x_{n-1}, x_n$ und $p_n(x_0) = y_0, \ldots, p_n(x_n) = y_n$ ein, so ergeben sich $n + 1$ Gleichungen, aus denen die $n + 1$ Unbekannten $a_0, a_1, \ldots, a_{n-1}, a_n$ prinzipiell berechnet werden können. Für nur zwei Punkte x_0, x_1 erhält man aus $y_0 = a_0 + a_1 x_0$ und $y_1 = a_0 + a_1 x_1$ sofort die Gerade

$$y(x) = y_0 + \frac{y_1 - y_0}{x_1 - x_0}(x - x_0) = \frac{x - x_1}{x_0 - x_1} y_0 + \frac{x - x_0}{x_1 - x_0} y_1 . \tag{15-2}$$

Für $n + 1$ Punkte auf der Abszisse ergibt sich allgemein

$$y(x) = \sum_{i=0}^{n} l_i(x) y_i , \tag{15-3}$$

wobei

$$\begin{aligned} l_i(x) &= \frac{(x - x_0)\,(x - x_1) \cdots (x - x_{i-1})\,(x - x_{i+1}) \cdots (x - x_n)}{(x_i - x_0)\,(x_i - x_1) \cdots (x_i - x_{i-1})\,(x_i - x_{i+1}) \cdots (x_i - x_n)} \\ &= \frac{\pi_{n+1}(x)}{(x - x_i)\pi'_{n+1}(x_i)} \end{aligned} \tag{15-4}$$

ist, mit der Abkürzung für das Polynom $(n + 1)$-ten Grades

$$\pi_{n+1}(x) = (x - x_0)\,(x - x_1) \cdots (x - x_n). \tag{15-5}$$

Man bezeichnet (15-2) als LAGRANGE*sche Interpolationsformel* und (15-4) als LAGRANGE-Koeffizienten.

Interpolationsformeln vereinfachen sich beträchtlich, wenn man gleiche Differenzen $x_1 - x_0 = x_2 - x_1 = \ldots = x_n - x_{n-1} = h$ wählt. Im Fall solcher *äquidistanter Abstände* ist es zweckmäßig, ein *Differenzenschema* zu benutzen. Wir bezeichnen

$$\Delta y_0 = y_1 - y_0; \quad \Delta y_1 = y_2 - y_1, \ldots; \quad \Delta y_{n-1} = y_n - y_{n-1} \tag{15-6}$$

als *erste Differenzen* und

$$\Delta^2 y_0 = \Delta y_1 - \Delta y_0; \ldots; \Delta^2 y_{n-2} = \Delta y_{n-1} - \Delta y_{n-2} \tag{15-7}$$

als *zweite Differenzen*. Entsprechend gelangt man zu dritten, vierten usw. Differenzen, was in folgendem Schema angedeutet ist:

$$\begin{array}{lllll} y_0 & & & & \\ & \Delta y_0 & & & \\ y_1 & & \Delta^2 y_0 & & \\ & \Delta y_1 & & \Delta^3 y_0 & \\ y_2 & & \Delta^2 y_1 & & \Delta^4 y_0 \\ & \Delta y_2 & & \Delta^3 y_1 & \\ y_3 & & \Delta^2 y_2 & & \\ & \Delta y_3 & & & \\ y_4 & & & & \end{array} \tag{15-8}$$

Nach einem Vorschlag von NEWTON schreiben wir das gesuchte Polynom n-ten Grades in der Form

$$\begin{aligned} p_n(x) = b_0 + b_1(x - x_0) + b_2(x - x_0)\,(x - x_1) + \ldots \\ + b_n(x - x_0)\,(x - x_1) \ldots (x - x_{n-1}). \end{aligned} \tag{15-9}$$

Die $n+1$ Koeffizienten $b_0, \ldots, b_n$ ergeben sich durch Einsetzen der Werte $x_0, \ldots, x_n$ und $y_0, \ldots, y_n$. Dann ist nämlich $y_0 = b_0$; $y_1 = b_0 + b_1 h$; $y_2 = b_0 + 2b_1 h + 2b_2 h^2$; ...; $y_n = b_0 + nb_1 h + n(n-1)b_2 h^2 + \ldots + n!\, b_n h^n$, also $\Delta y_0 = b_1 h$, $\Delta y_1 = b_1 h + 2b_2 h^2$, $\Delta^2 y_0 = 2b_2 h^2$ usw. Man überzeugt sich leicht, daß allgemein

$$b_i = \frac{1}{i!\, h^i} \Delta^i y_0$$

ist, so daß (15-9) lautet

$$y(x) = y_0 + \frac{\Delta y_0}{h}(x - x_0) + \frac{\Delta^2 y_0}{2h^2}(x - x_0)(x - x_1) + \cdots + \frac{\Delta^n y_0}{n!\, h^n}(x - x_0)(x - x_1) \cdots (x - x_{n-1}). \tag{15-10}$$

Diese NEWTONsche *Interpolationsformel* zeichnet sich dadurch aus, daß von den Differenzen des Schemas (15-8) nur die in der oberen Schrägzeile benötigt werden.

Durch $u = \frac{x - x_0}{h}$ kann man die Abstände $x_0, \ldots, x_n$ als ganze Zahlen schreiben und erhält anstelle von (15-10)

$$\boxed{y(x) = y_0 + \binom{u}{1}\Delta y_0 + \binom{u}{2}\Delta^2 y_0 + \ldots + \binom{u}{n}\Delta^n y_0}. \tag{15-11}$$

Beispiel

Es sei y der BRIGGsche Logarithmus von x, der für die Zahlen $x_0 = 1210$; $x_1 = 1220$; $x_2 = 1230$ die Werte $y_0 = 3{,}0827854$; $y_1 = 3{,}0863598$; $y_2 = 3{,}0899051$ annimmt. Für log 1217 liefert die einfache Interpolationsformel (15-2) den Wert 3,0852875. Will man (15-11) anwenden, so ist $\Delta y_0 = 0{,}0035744$; $\Delta^2 y_0 = -0{,}0000291$ und $u = 0{,}7$ zu setzen. Dann ergibt sich 3,0852905. Der exakte Wert ist 3,0852906.

15.3.2. Harmonische Analyse

Eine Funktion $f(x)$,deren Werte an den Stellen $x_0, x_1, \ldots, x_n$ bekannt sind, läßt sich nicht nur durch ein Polynom angenähert darstellen. Wir erwähnten im Abschnitt 8.3. die Möglichkeit, periodische Funktionen durch trigonometrische Reihen zu approximieren. Diese Darstellung durch eine FOURIERsche Reihe (8-43) kann sofort angegeben werden, wenn der in (8-41, 8-42) benötigte analytische Ausdruck $f(x)$ bereits bekannt ist. Meist wird aber die Aufgabe von der Praxis so gestellt, daß die Funktion $f(x)$ nur durch eine experimentell gefundene Kurve gegeben ist. In diesem Fall müssen die Integrale (8-41, 8-42) numerisch oder graphisch ausgewertet werden (vgl. Abschnitt 15.5.). Da die Kenntnis der in einer periodischen Funktion steckenden »Harmonischen«, d. h. der Glieder cos mx und sin mx, in der Technik oft wichtig ist, gibt es einerseits zur graphischen Auswertung eine große Zahl sogenannter *harmonischer Analysatoren*. Andererseits lassen sich mit elektronischen Rechenmaschinen durch ein geeignetes Programm harmonische Analysen ausführen. Das Prinzip dieser Rechnung wurde schon vor der Entwicklung der elektronischen Rechenmaschinen benutzt, um für eine kleine Zahl von Koeffizienten Werte mit mäßiger Genauigkeit numerisch zu berechnen. Zu diesem Zweck unterteilt man das Interval $0 \leq x < 2l$, in dem die empirisch gefundene Kurve stetig sei, und an dessen Rand $f(2l) = f(0)$ gelten soll, in $2N$ äquidistante Teilintervalle ein (N ist eine positive ganze, aber sonst beliebig wählbare Zahl). Man erhält damit die

$2N$ Teilpunkte $x_n = \frac{nl}{N}$, $(n = 0, 1, \dots 2N - 1)$ oder wenn $\frac{\pi}{l}x = \psi$ gesetzt wird, $\psi_n = \frac{\pi n}{N}$. An diesen Stellen entnimmt man die zugehörigen Werte der empirisch gefundenen Kurve, die wir mit $u_0, u_1, \dots, u_{2N-1}$ bezeichnen. Dann setzt man entsprechend (8-36) in der Form (8-45) die Summe

$$f(\psi) = \sum_{\nu=0}^{2N-1} c_\nu \, e^{i\nu\psi}$$

an. Dies liefert für die $2N$ Werte ψ_n wegen $f(\psi_n) = u_n$ gerade $2N$ Gleichungen für die $2N$ Koeffizienten c_ν. Multipliziert man jede Gleichung des Systems mit $\exp(-i\mu\psi_n)$ und addiert, so ergibt sich

$$\sum_{n=0}^{2N-1} u_n \, e^{-i\mu\psi_n} = \sum_{n=0}^{2N-1} \sum_{\nu=0}^{2N-1} c_\nu \, e^{i(\nu-\mu)\psi_n} .$$

Da mit (1-116) $\sum_{n=0}^{2N-1} e^{i(\nu-\mu)\frac{\pi}{N}n} = \dfrac{1 - e^{i(\nu-\mu)2\pi}}{1 - e^{i(\nu-\mu)\frac{\pi}{N}}} = 2N\delta_{\nu\mu}$ ist, ergibt sich

$$c_\mu = \frac{1}{2N} \sum_{n=0}^{2N-1} u_n e^{-i\mu\psi_n}, \quad (\mu = 0, 1, \cdots, 2N-1). \tag{15-12}$$

Wir gehen nun zur Form (8-36) über, wobei ausgenutzt wird, daß

$$c_\nu e^{i\nu\psi_m} + c_{2N-\nu} e^{i(2N-\nu)\psi_m} = \frac{1}{N} \sum_{n=0}^{2N-1} u_n \cos \nu(\psi_m - \psi_n)$$

ist. Es stimmt deshalb

$$\boxed{f(\psi) = a_0 + \sum_{\nu=1}^{N} \{a_\nu \cos \nu\psi + b_\nu \sin \nu\psi\}} \tag{15-13}$$

für

$$\boxed{\begin{aligned} a_0 &= \frac{1}{2N} \sum_{n=0}^{2N-1} u_n; \quad a_N = \frac{1}{2N} \sum_{n=0}^{2N-1} (-1)^n u_n; \quad b_N = 0 \\ a_\nu &= \frac{1}{N} \sum_{n=0}^{2N-1} u_n \cos \nu\psi_n; \quad b_\nu = \frac{1}{N} \sum_{n=0}^{2N-1} u_n \sin \nu\psi_n \quad (\nu = 1, 2, \dots, N-1) \end{aligned}} \tag{15-14}$$

an den Stellen $\psi = \psi_n$ mit der empirisch gewonnenen Kurve überein, so daß wir durch (15-13) den ganzen Kurvenverlauf approximieren können. In (15-13) haben wir a_0 an die Stelle von $\frac{a_0}{2}$ in (8-37) gesetzt. Aus (15-13) ergibt sich als Probe $f(x_0) = a_0 + \sum_{\nu=1}^{N} a_\nu$. Auf das Problem, die Güte der Approximation durch ein Restglied in (15-13) anzugeben, gehen wir hier nicht ein. Man bezeichnet in (15-13) manchmal das Glied mit $\nu = 1$ als *Grundschwingung* und das Glied mit $\nu = r + 1$ als *r-te Oberschwingung*.

Die Berechnung der Koeffizienten (15-14) läßt sich mit Hilfe fertiger Rechenformulare übersichtlich ausführen. Wir gehen hierauf nicht weiter ein und betrachten sofort ein Beispiel.

Beispiel

Die in Abb. 132 dargestelle Kurve wurde als Oszillogramm experimentell aufgenommen. Wir wollen eine Fourier-Analyse für 6 Glieder durchführen. Dazu unterteilen wir das Gesamt-

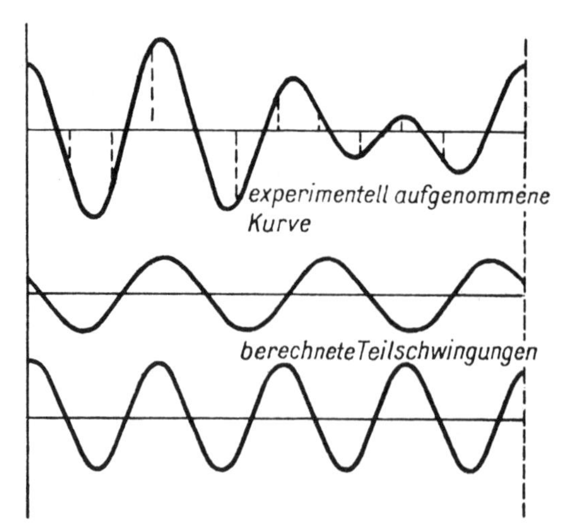

Abb. 132 Zur FOURIER-Analyse. Unter der experimentell aufgenommenen Kurve sind die Teilschwingungen $4{,}2 \cos 3\psi - 8{,}2 \sin 3\psi$ bzw. $12{,}7 \cos 4\psi + 4{,}6 \sin 4\psi$ dargestellt

intervall in 12 äquidistante Teilintervalle und entnehmen für die Teilpunkte $f(\psi_n) = u_n$ aus Abb. 132 mit folgendem Ergebnis

n	0	1	2	3	4	5	6	7	8	9	10	11
ψ_n	0°	30°	60°	90°	120°	150°	180°	210°	240°	270°	300°	330°
u_n	16,5	—11	—15	20,5	1	—19	8	5	—6,5	3,5	—7	—3

Nach (15-14) berechnen wir nun $a_0, a_1, \ldots, a_6$ und $b_1, b_2, \ldots, b_5$, wobei man zweckmäßigerweise darauf achtet, daß z. B. $\cos 30° = -\cos 150° = -\cos 210° = \cos 330° = \frac{1}{2}\sqrt{3}$ usw. ist. So ergibt sich z. B.

$$a_1 = \frac{1}{6}\left[u_0 - u_6 + \frac{1}{2}(u_2 - u_4 - u_8 + u_{10}) + \frac{1}{2}\sqrt{3}\,(u_1 - u_5 - u_7 + u_{11})\right] = \frac{1}{24}.$$

Da nach obiger Tabelle u_n nur bis auf eine Stelle nach dem Komma bekannt ist, müssen wir $a_1 \approx 0{,}042$ als $a_1 = 0$ interpretieren. Entsprechend findet man $a_0 = -0{,}6$; $a_1 = 0$; $a_2 = 0$; $a_3 = 4{,}2$; $a_4 = 12{,}7$; $a_5 = 0$; $a_6 = 0{,}1$; $b_1 = 0{,}1$; $b_2 = 0{,}1$; $b_3 = -8{,}2$; $b_4 = 4{,}6$; $b_5 = 0{,}2$ und hat damit das Ergebnis

$$f(\psi) = a_0 + \sum_{\nu=1}^{5} (a_\nu \cos \nu\psi + b_\nu \sin \nu\psi) + a_6 \cos 6\psi .$$

Zur Kontrolle benutzt man die hieraus sofort folgende Beziehung

$$u_0 = \sum_{\nu=0}^{6} a_\nu .$$

In Abb. 132 sind unter der experimentell aufgenommenen Kurve noch die Teilschwingungen $4{,}2 \cos 3\psi - 8{,}2 \sin 3\psi$ bzw. $12{,}7 \cos 4\psi + 4{,}6 \sin 4\psi$ dargestellt. Wie man sieht, würde eine Addition dieser beiden Teilschwingungen die ursprüngliche Kurve recht gut approximieren. Tatsächlich sind die berechneten a- und b-Werte für die anderen Teilschwingungen viel kleiner als die für a_3, b_3 bzw. a_4, b_4.

15.4. Verbesserung einer annähernd bekannten Lösung der Gleichung $f(x) = 0$

Hat man sich durch eine Skizze des Kurvenverlaufs oder durch Raten einen Wert x_1 verschafft, der $f(x) = 0$ annähernd erfüllt, so kann man auf folgende Weise eine Verbesserung anbringen: Liefert x_1 den kleinen Wert $f(x_1)$ und ersetzt man $f(x)$ in der

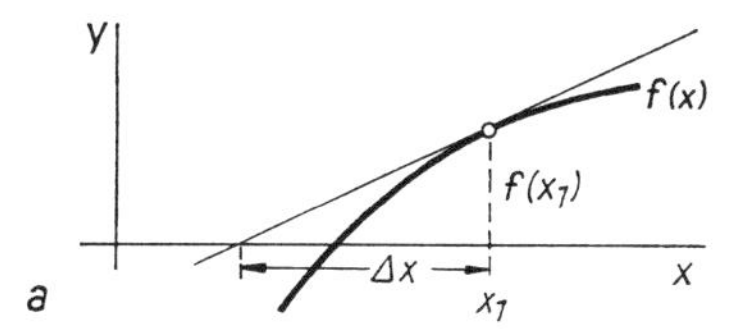

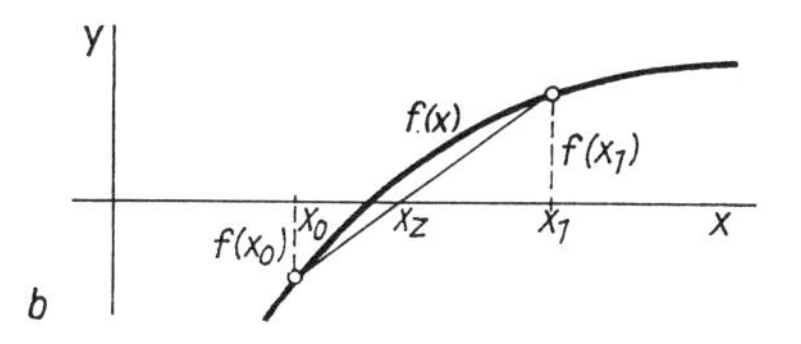

Abb. 133 Zur Berechnung einer Lösung $f(x) = 0$. *a* Extrapolation; *b* Interpolation

Nähe von Null durch die Tangente im Punkt $f'(x_1)$, so ist nach Abbildung 133a die an x_1 anzubringende Korrektur

$$\Delta x = -\frac{f(x_1)}{f'(x_1)}. \tag{15-15}$$

Beispiel

Für die transzendente Gleichung $x - e \sin x - p = 0$ sei x_1 eine Näherungslösung, die $f(x_1)$ ergibt und verbessert werden soll. Es ist $f'(x_1) = 1 - e \cos x_1$, also

$$\Delta x = \frac{-f(x_1)}{1 - e \cos x_1}.$$

Das Verfahren (15-15) liefert nur gute Ergebnisse, wenn man schon nahe am richtigen Wert ist, da nur dann auf die *Extrapolation* Verlaß ist. Sicherer ist die *Interpolation*, die allerdings voraussetzt, daß zwei Werte x_0 und x_1 mit entgegengesetztem Vorzeichen der zugehörigen Werte $f(x_0)$ und $f(x_1)$ bekannt sind. Dann folgt nach (15-2) und Abbildung 133b

$$\boxed{x_z = x_0 - \frac{f(x_0)}{f(x_1) - f(x_0)}(x_1 - x_0)} \quad \text{(regula falsi)}. \tag{15-16}$$

$f(x_0)$ ist in unserem Fall negativ, $x_z - x_0$ wird also positiv. Um Vorzeichenfehler zu vermeiden, mache man in jedem Fall eine kleine Skizze.

15.5. Differentiation und Integration

15.5.1. Differentiation

In beiden Fällen kann man sich auf die NEWTONsche Interpolationsformel (15-10) bzw. (15-11) stützen. So läßt sich die Ableitung $\left(\frac{\mathrm{d}y}{\mathrm{d}x}\right)_{x = x_0}$ wegen $u = \frac{x - x_0}{h}$ und $\frac{\mathrm{d}y}{\mathrm{d}x} = \frac{\mathrm{d}y}{\mathrm{d}u}\frac{\mathrm{d}u}{\mathrm{d}x} = \frac{1}{h}\frac{\mathrm{d}y}{\mathrm{d}u}$ direkt aus (15-11) gewinnen.

Es ergibt sich z. B. für $n = 1$: $\left(\frac{\mathrm{d}y}{\mathrm{d}x}\right)_{x = x_0} = \frac{y_1 - y_0}{h}$

und für $n = 2$: $\left(\frac{\mathrm{d}y}{\mathrm{d}x}\right)_{x = x_0} = \frac{1}{2h}(-3y_0 + 4y_1 - y_2)$ (sog. *vordere* Differenzenquotienten).

Im allgemeinen sind aber Ausdrücke vorzuziehen, die in den Indizes symmetrisch sind. Dazu benutzten wir die TAYLORschen Entwicklungen

$$y_1 = y(x_0 + h) = y_0 + h\left(\frac{dy}{dx}\right)_{x=x_0} + \frac{h^2}{2}\left(\frac{d^2y}{dx^2}\right)_{x=x_0} + \cdots,$$

$$y_{-1} = y(x_0 - h) = y_0 - h\left(\frac{dy}{dx}\right)_{x=x_0} + \frac{h^2}{2}\left(\frac{d^2y}{dx^2}\right)_{x=x_0} - \cdots,$$

die wir voneinander subtrahieren bzw. miteinander addieren.

Es ergibt sich dann

$$\left(\frac{dy}{dx}\right)_{x=x_0} = \frac{y_1 - y_{-1}}{2h} \text{ bzw. } \left(\frac{d^2y}{dx^2}\right)_{x=x_0} = \frac{1}{h^2}(y_{-1} - 2y_0 + y_1) \tag{15-17}$$

(*zentrale* Differenzenquotienten). Diese Beziehungen haben außerdem den Vorzug, im allgemeinen bessere Näherungswerte zu liefern; so ist z. B. $\left(\frac{dy}{dx}\right)_{x = x_0} = \frac{y_1 - y_0}{h}$ mit einem Fehler $-\frac{h}{2}y''(\xi)$, $(x_0 < \xi < x_1)$ behaftet, während die erste Gleichung von (15-17) bis auf $-\frac{h^2}{6}y'''(\xi)$, $(x_{-1} < \xi < x_1)$ richtig ist.

15.5.2. Integration

Bei der numerischen Integration stellt sich das Problem, ein bestimmtes Integral

$$J = \int_a^b f(x)\,dx = S + R, \tag{15-18}$$

dessen Integrand $f(x)$ *bekannt* ist, näherungsweise zu berechnen (S kennzeichnet den berechneten Wert, R den Rest). Eine solche *angenäherte Quadratur* ist z. B. nötig, wenn J nicht durch bekannte Funktionen dargestellt werden kann. Da ein Integral der Form (6-28) nach (6-15) aus einer Reihe von bestimmten Integralen zusammengesetzt werden kann, genügt hier die Betrachtung von (15-18). Wenn man zur Berechnung von S die NEWTONsche Interpolationsformel (15-11) verwendet, beschränkt man sich von vornherein auf die Einteilung der Abszisse in n *äquidistante Abstände* $x_1 - x_0 = x_2 - x_1 = \ldots = x_n - x_{n-1} = h$. Mit $x_0 = a$, $x_n = b$ und $u = \frac{x-a}{h}$ liefert (15-11)

$$S = \int_a^b y\,dx = h\int_0^n \left[y_0 + u\Delta y_0 + \frac{1}{2}(u^2 - u)\Delta^2 y_0 + \ldots + \binom{u}{n}\Delta^n y_0\right]du$$

oder

$$\boxed{S = (b-a)\left[y_0 + \frac{n}{2}\Delta y_0 + n\frac{2n-3}{12}\Delta^2 y_0 + \ldots\right]}. \tag{15-19}$$

Wir haben von dieser allgemeinen NEWTON-COTES *Formel* (COTES 1682—1716) nur die ersten drei Glieder ausgeschrieben, da wir hier lediglich $n = 1$ bzw. $n = 2$ betrachten wollen. Für $n = 1$ ergibt sich aus (15-19)

$$\boxed{S = \frac{b-a}{2}[f(a) + f(b)]}, \tag{15-20}$$

die sogenannte *Trapezregel*, da $(a,0)$; $(b,0)$; $(a,f(a))$; $(b,f(b))$ die Eckpunkte eines Trapezes sind, dessen Flächeninhalt (15-20) angibt. Setzt man (15-20) in (15-18) ein, so läßt sich auch für den Fehler R dieser Approximation ein Ausdruck gewinnen. Wir gehen auf diese Ableitung nicht näher ein – es wird dabei der Satz von ROLLE (Abschnitt 4.2.) mehrmals ausgenutzt, so daß man für $R_f = f(x) - p_n(x)$ einen Ausdruck der Form (4-79) erhält – und teilen nur das Ergebnis für differenzierbare Funktionen mit:

$$R = -\frac{(b-a)^3}{12} f''(\xi), \quad (a < \xi < b), \tag{15-21}$$

wobei ξ irgendeine Zwischenstelle ist. Im allgemeinen liefert (15-20) eine sehr schlechte Näherung für J, da die Funktion $f(x)$ durch eine einzige Gerade in $[a,b]$ approximiert wird. Sicher erhalten wir einen viel besseren Wert, wenn wir die Kurve $f(x)$ in kleinen Teilintervallen durch Geradenstücke approximieren. Wenden wir (15-20) auf jedes von N gleichen Teilintervallen in $[a,b]$ an, so ergibt sich

$$\boxed{S = \frac{b-a}{N}\left[\frac{1}{2} y_0 + y_1 + \ldots + y_{N-1} + \frac{1}{2} y_N\right]}, \tag{15-22}$$

die gegenüber (15-20) sehr viel bessere *Sehnenformel*. Man berechnet durch (15-22) nämlich die Fläche unter einem Sehnenpolygon, dessen Eckpunkte mit den Punkten der Kurve $f(x)$ zusammenfallen. In jedem Teilintervall ergibt sich ein Fehler nach (15-21), wenn dort $b - a$ durch h und ξ durch ξ_i ersetzt wird, wobei $x_i < \xi_i < x_{i+1}$ $(i = 0, 1, \ldots, N-1)$ ist. Wenn $f''(x)$ überall in $[a,b]$ stetig ist, so gibt es in diesem Intervall sicher eine Stelle η, für die $\sum_{i=0}^{N-1} f''(\xi_i) = N f''(\eta)$ ist. Somit ergibt sich durch Addition der Fehler wegen $h = \frac{1}{N}(b-a)$ schließlich

$$R = -\frac{(b-a)^3}{12 N^2} f''(\eta), \quad (a < \eta < b). \tag{15-23}$$

Im allgemeinen hängt der Wert η von der Anzahl N der Teilintervalle ab. Man kann zeigen – wir übergehen den Beweis –, daß sich (15-23) durch eine Reihe darstellen läßt, nämlich

$$R = -\frac{h^2}{12}[f'(b) - f'(a)] + \frac{h^4}{720}[f'''(b) - f'''(a)] + O(h^6).$$

In der Form $R = \frac{A}{N^2} + \frac{B}{N^4} + O\left(\frac{1}{N^6}\right)$ sind dann A und B von N unabhängig. Hieraus ergibt sich ein Verfahren, wonach die Sehnenformel (15-22) zur numerischen Integration mit größerer Genauigkeit verwendet werden kann, als man nach (15-23) erwartet (ROMBERG). Dazu verwendet man nebeneinander eine Unterteilung in N und $\frac{N}{2}$ Teilintervalle. Bezeichnet S_N den Ausdruck (15-22), so gilt nach (15-18) einerseits $J = S_N + \frac{A}{N^2} + O\left(\frac{1}{N^4}\right)$ und andererseits $J = S_{N/2} + \frac{4A}{N^2} + O\left(\frac{1}{N^4}\right)$, also $J = \frac{1}{3}(4S_N - S_{N/2}) + O\left(\frac{1}{N^4}\right)$. Damit hat man bereits die Genauigkeit (15-27) der später erwähnten SIMPSONschen Regel erreicht. Durch das gleiche Verfahren ergibt sich mit $Q_N = \frac{1}{3}(4S_N - S_{N/2})$ ferner

$$J = \frac{1}{15}\left(16 Q_N - Q_{\frac{N}{2}}\right) + O\left(\frac{1}{N^6}\right).$$

Für $n = 2$ liefert (15-19)

$$\boxed{S = \frac{b-a}{6}\left[f(a) + 4f\left(\frac{a+b}{2}\right) + f(b)\right]}, \tag{15-24}$$

die sogenannte SIMPSON*sche Regel* oder KEPLER*sche Faßregel.* Auch für diese Approximation von $f(x)$ durch einen Parabelbogen läßt sich ein Restglied R angeben. Man findet

$$R = -\frac{1}{90}\left(\frac{b-a}{2}\right)^5 f^{(4)}(\xi), \quad (a < \xi < b), \tag{15-25}$$

wobei ξ irgendeine Zwischenstelle ist und $f^{(4)}$ die vierte Ableitung von $f(x)$ bedeutet. Eine Verbesserung der Approximation läßt sich wieder durch Anwendung von (15-24) auf Teilintervalle erreichen. Zerlegt man $[a, b]$ in $2N$ gleiche Teilintervalle der Länge h und wendet auf diese Teilintervalle (15-24) an, so ergibt sich wegen $b - a = 2hN$

$$\boxed{\begin{aligned} S = \frac{b-a}{6N}&[y_0 + 4(y_1 + y_3 + \ldots + y_{2N-1}) \\ &+ 2(y_2 + y_4 + \ldots + y_{2N-2}) + y_{2N}] \end{aligned}}. \tag{15-26}$$

Durch Addition der Einzelfehler ergibt sich

$$R = -\frac{1}{90N^4}\left(\frac{b-a}{2}\right)^5 f^{(4)}(\eta), \quad (a < \eta < b). \tag{15-27}$$

Wir betrachten noch einmal die allgemeine Formel (15-19) und erkennen, daß wegen (15-6, 15-7) die Form $S = \sum_{i=0}^{n} A_i y_i$ vorliegt, wobei die Koeffizienten A_i durch (15-19) festgelegt sind (z. B. für $n = 1$ ist $A_0 = A_1 = \frac{b-a}{2}$, für $n = 2$ ist $A_0 = A_2 = \frac{b-a}{6}$, $A_1 = \frac{2}{3}(b-a)$ usw.). Setzt man allgemein anstelle von (15-18)

$$J = \int_a^b f(x)\,\mathrm{d}x = \sum_{i=0}^{n} A_i f(x_i) \tag{15-28}$$

und gibt die Werte $x_0, x_1, \ldots, x_n$ vor, so sind zunächst die $n + 1$ Koeffizienten A_i noch nicht festgelegt. Nur wenn $f(x)$ ein Polynom vom Grad $\leqq n$ ist, lassen sich die A_i so bestimmen, daß (15-28) *exakt* gilt. GAUSS bemerkte, daß sich die strenge Gültigkeit von (15-28) noch auf Polynome vom Grad $\leqq 2n + 1$ ausdehnen läßt, wenn neben den A_i zunächst auch die $n + 1$ Stellen $x_0, x_1, \ldots, x_n$ nicht festgelegt werden. Dann stehen auf der rechten Seite von (15-28) insgesamt $2n + 2$ Parameter zur Verfügung, die man so wählen kann, daß (15-28) für ein Polynom vom Grad $2n + 1$

$$f(x) = p_{2n+1}(x)$$

noch exakt gilt. Wir können die Werte der »geeignet« zu wählenden Stellen $x_0, x_1, \ldots, x_n$ sogar allgemein angeben. Dazu führen wir zunächst die Transformation $v = \frac{1}{b-a}(2x - b - a)$ ein und erhalten

$$J = \int_a^b f(x)\,\mathrm{d}x = \frac{b-a}{2}\int_{-1}^{1} F(v)\,\mathrm{d}v. \tag{15-29}$$

Entsprechend (15-28) setzen wir nun

$$\int_{-1}^{1} F(v)\,dv = \sum_{i=0}^{n} B_i F(v_i), \tag{15-30}$$

wobei über die $2n + 2$ Parameter B_i und v_i noch verfügt werden kann. Um die v_i geeignet festzulegen, schreiben wir

$$F(v) = p_{2n+1}(v) = p_n(v) + \pi_{n+1}(v)\, q_n(v), \tag{15-31}$$

wobei $\pi_{n+1}(v)$ die Form (15-5) haben soll und $p_n(v)$ bzw. $q_n(v)$ zwei Polynome n-ten Grades sind. Sicher kann man jedes Polynom vom $(2n + 1)$-ten Grad in dieser Weise zerlegen. Trägt man (15-31) in (15-30) ein, so ergibt sich wegen $\pi_{n+1}(v_i) = 0$

$$\int_{-1}^{1} [p_n(v) + \pi_{n+1}(v)\, q_n(v)]\,dv = \sum_{i=0}^{n} B_i p_n(v_i)\,. \tag{15-32}$$

Wenn wir

$$\int_{-1}^{1} \pi_{n+1}(v)\, q_n(v)\,dv = 0 \tag{15-33}$$

erreichen können, geht (15-32) in eine (15-28) entsprechende Form über, so daß wir dann nur noch die $n + 1$ Koeffizienten B_i brauchen, um die rechte Seite von (15-32) exakt gleich $\int_{-1}^{1} p_n(v)\,dv$ machen zu können. (15-33) läßt sich offenbar erreichen, wenn wir $\pi_{n+1}(v) = \alpha_n P_{n+1}(v)$ setzen, wobei $P_n(v)$ die Legendreschen Polynome sind. Nach (10-137) ist nämlich stets

$$\int_{-1}^{1} q_n(v)\, P_{n+1}(v)\,dv = 0\,.$$

$\pi_{n+1}(v_i) = 0$ verlangt nunmehr $P_{n+1}(v_i) = 0$, und es gilt demnach

$$\int_{-1}^{1} p_n(v)\,dv = \sum_{i=0}^{n} B_i p_n(v_i)\,, \tag{15-34}$$

wenn wir für v_i die *Nullstellen* des Legendre*schen Polynoms* $P_{n+1}(v)$ wählen. Aus (15-34) können wir die Koeffizienten B_i berechnen, denn diese Beziehung soll für jedes Polynom

$$p_n(v) = \sum_{\nu=0}^{n} a_\nu v^\nu$$

gelten. In (15-34) eingesetzt ergibt sich

$$\begin{aligned} 2a_0 + \frac{2}{3}a_2 + \frac{2}{5}a_4 + \ldots = {} & B_0(a_0 + a_1 v_0 + a_2 v_0^2 + \ldots + a_n v_0^n) \\ & + B_1(a_0 + a_1 v_1 + a_2 v_1^2 + \ldots + a_n v_1^n) \\ & + \ldots \\ & + B_n(a_0 + a_1 v_n + a_2 v_n^2 + \ldots + a_n v_n^n)\,. \end{aligned}$$

Da die a_ν beliebig wählbar sein sollen, muß

$$\sum_{i=0}^{n} B_i = 2\,; \quad \sum_{i=0}^{n} B_i v_i = 0\,; \quad \sum_{i=0}^{n} B_i v_i^2 = \frac{2}{3}\,; \quad \text{usw.} \tag{15-35}$$

sein. Aus diesen $n + 1$ Gleichungen sind die $n + 1$ Größen B_i zu berechnen, wobei für $v_0, v_1, v_2, \ldots, v_n$ die $n + 1$ Wurzeln von $P_{n+1}(v) = 0$ eingesetzt werden. Für gegebenes $F(v)$ ist nun die rechte Seite von (15-30) bestimmt und ist exakt gleich der linken Seite, wenn $F(v)$ ein Polynom höchstens vom Grad $2n + 1$ ist. Man nennt dann (15-30) die GAUSSsche *Quadraturformel*, die gegenüber der NEWTON-COTES-Formel den Vorteil hat, bei einer gleichen Anzahl von Abszissenwerten auch für Polynome zu gelten, deren Ordnung größer als n ist. Für eine auf $[-1,1]$ definierte Funktion $F(v)$ ist in

$$\int_{-1}^{1} F(v)\,\mathrm{d}v = \sum_{i=0}^{n} B_i\,F(v_i) + R \tag{15-36}$$

bei einer gegebenen Anzahl von Abszissenwerten der Rest R *kleiner* als in (15-18), wenn dort (15-29, 15-19) eingesetzt wird. Man kann sogar zeigen, daß die GAUSSsche Quadraturformel den Rest R zu einem Minimum macht. Der Nachteil der GAUSSschen Formel ist, daß irrationale Abszissenwerte auftreten. Ohne Herleitung geben wir für einige n-Werte R an, wobei $F(v)$ und $f(x)$ hinreichend oft differenzierbar sein sollen.

Aus $P_{n+1}(v) = 0$ und (15-35) ergibt sich für (15-36) im Fall $n = 0$

$$\int_{-1}^{1} F(v)\,\mathrm{d}v = 2F(0) + \frac{1}{3}F''(\zeta), \qquad (-1 < \zeta < 1)$$

also wegen (15-29)

$$\boxed{\int_{a}^{b} f(x)\,\mathrm{d}x = (b-a)f\left(\frac{b+a}{2}\right) + \frac{(b-a)^3}{24}f''(\xi)}, \quad (a < \xi < b) \tag{15-37}$$

(vgl. 15-20, 15-21).

Im Fall $n = 1$ ergibt sich

$$\int_{-1}^{1} F(v)\,\mathrm{d}v = F\left(-\frac{1}{\sqrt{3}}\right) + F\left(\frac{1}{\sqrt{3}}\right) + \left(\frac{1}{135}\right)F^{(4)}(\zeta), \quad (-1 < \zeta < 1)$$

und

$$\boxed{\begin{aligned}\int_{a}^{b} f(x)\,\mathrm{d}x = {} & \frac{b-a}{2}\left[f\left(\frac{a+b}{2} - \frac{1}{\sqrt{3}}\,\frac{b-a}{2}\right) + f\left(\frac{a+b}{2} + \frac{1}{\sqrt{3}}\,\frac{b-a}{2}\right)\right] \\ & + \frac{1}{135}\left(\frac{b-a}{2}\right)^5 f^{(4)}(\xi)\end{aligned}},$$

$$(a < \xi < b) \tag{15-38}$$

(vgl. 15-24, 15-25).

Für $n = 2$ findet man

$$\int_{-1}^{1} F(v)\,\mathrm{d}v = \frac{5}{9}F\left(-\sqrt{\frac{5}{3}}\right) + \frac{8}{9}F(0) + \frac{5}{9}F\left(\sqrt{\frac{5}{3}}\right) + \frac{1}{15750}F^{(6)}(\zeta)$$

und

$$\int_a^b f(x)\,\mathrm{d}x = \frac{b-a}{18}\left[5f\left(\frac{a+b}{2} - \sqrt{\frac{5}{3}}\,\frac{b-a}{2}\right) + 8f\left(\frac{a+b}{2}\right) + 5f\left(\frac{a+b}{2} + \sqrt{\frac{5}{3}}\,\frac{b-a}{2}\right)\right] + \frac{1}{15750}\left(\frac{b-a}{2}\right)^7 f^{6}(\xi),$$

$$(a < \xi < b) \tag{15-39}$$

Bei geringeren Genauigkeitsansprüchen läßt sich der Inhalt eines auf Papier gezeichneten Flächenstücks mit Instrumenten, die man als *Planimeter* bezeichnet, ausmessen. Um das Prinzip dieser Apparate zu demonstrieren, denken wir uns das auszumessende Flächenstück von einer stückweise glatten, sich selbst nicht überschneidenden Randkurve $\mathfrak{C}$ begrenzt. In Parameterdarstellung sei $\mathfrak{C}$ durch $x(u)$; $y(u)$ gegeben. Den Flächeninhalt des eingeschlossenen Flächenstücks berechnet man nach Abschnitt 6.7. (Aufgabe gabe 26) am besten mit Hilfe der LEIBNIZschen Sektorformel

$$F = \frac{1}{2}\oint_{\mathfrak{C}} (x\dot{y} - y\dot{x})\,\mathrm{d}u\,. \tag{15-40}$$

Wir wählen außerdem in der xy-Ebene noch eine Leitkurve $\mathfrak{L}$, die zur Vereinfachung als eine zur y-Achse parallele Gerade $x = a$ angenommen wird. Schließlich verbinden wir einen Punkt P von $\mathfrak{C}$ mit einem Punkt Q von $\mathfrak{L}$ durch eine Strecke der Länge l. Wir durchfahren nun mit dem Endpunkt P einmal die ganze Randkurve, wobei l konstant bleiben soll, so daß der andere Endpunkt Q auf der Leitkurve $\mathfrak{L}$ gleitet. Dann hat Q die Koordinaten $(a, \eta(u))$ und es gilt (Abb. 134a):

$$x = a + l\cos\alpha;\; y = \eta + l\sin\alpha;\; \dot{x} = -l\dot{\alpha}\sin\alpha;\; \dot{y} = \dot{\eta} + l\dot{\alpha}\cos\alpha,$$

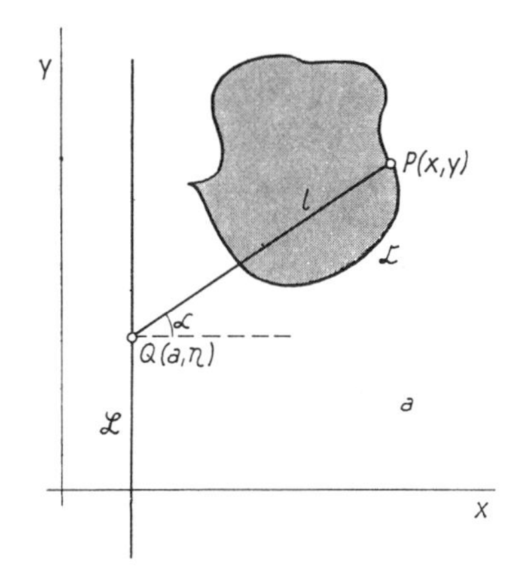

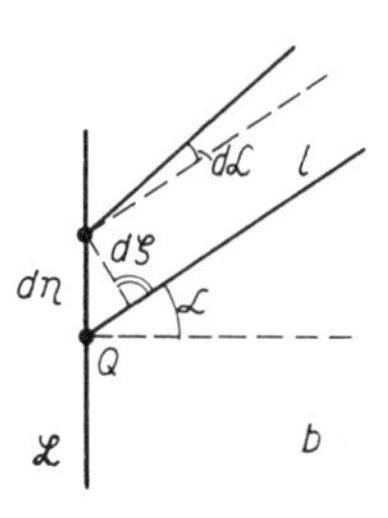

Abb. 134 Planimeterprinzip

also

$$\int_{u_0}^{u_1} (x\dot{y} - y\dot{x})\,\mathrm{d}u = a\,[\eta(u_1) - \eta(u_0)] + l^2\,[\alpha(u_1) - \alpha(u_0)] + l\int_{u_0}^{u_1} [\dot{\alpha}\,(a\cos\alpha + \eta\sin\alpha) + \dot{\eta}\cos\alpha]\,\mathrm{d}u\,.$$

Das auf der rechten Seite verbleibende Integral läßt sich wegen

$$\frac{\mathrm{d}}{\mathrm{d}u}(a \sin \alpha - \eta \cos \alpha) = \dot{\alpha}(a \cos \alpha + \eta \sin \alpha) - \dot{\eta} \cos \alpha$$

umformen, und man erhält

$$\int_{u_0}^{u_1} (x\dot{y} - y\dot{x})\,\mathrm{d}u = a[\eta_1 - \eta_0] + l^2[\alpha_1 - \alpha_0] + 2l \int_{u_0}^{u_1} \cos \alpha\, \dot{\eta}\,\mathrm{d}u$$

$$+ l[a \sin \alpha_1 - \eta_1 \cos \alpha_1 - a \sin \alpha_0 + \eta_0 \cos \alpha_0].$$

Wenn $\mathfrak{C}$ einmal durchlaufen wurde, so ist die Strecke l wieder in die Ausgangslage zurückgekehrt, also $\eta_1 = \eta_0$; $\alpha_1 = \alpha_0$ und damit

$$F = l \oint \cos \alpha\, \dot{\eta}\,\mathrm{d}u \tag{15-41}$$

Aus Abbildung 134b entnehmen wir die Beziehung $\cos \alpha\, \mathrm{d}\eta = \mathrm{d}\zeta$, so daß der Integrand die Projektion von $\mathrm{d}\eta$ auf die zur Strecke l *senkrechte* Richtung darstellt. Bringt man auf der durch einen Metallstab realisierten Strecke l ein Rädchen (sog. *Integrierrolle*) an, dessen Achse mit der Stabachse zusammenfällt, so dreht sich diese Meßrolle nur bei einer Bewegung quer zum Stab, während sie bei einer Längsbewegung nur gleitet ohne zu rollen. Der von dem Rädchen rollend zurückgelegte Weg ist (vgl. Abb. 134b) $\mathrm{d}S = \mathrm{d}\zeta + b\,\mathrm{d}\alpha$, wenn b den Abstand der Meßrolle von Q kennzeichnet. Damit liefert (15-41) direkt

$$F = l[S_E - S_B], \tag{15-42}$$

wenn auf der an der Integrierrolle angebrachten Teilung zu Beginn S_B und nach einem vollständigen Umlauf S_E in Längeneinheiten abgelesen wird. Es ist zweckmäßig, die Skala durch Ausmessen eines bekannten Flächenstücks gleich in cm² zu eichen. Planimeter, die eine Gerade als Leitkurve benutzten, bezeichnet man als *Linearplanimeter*. Beim *Polarplanimeter* ist das Ende Q des Fahrstabs gelenkig mit dem beweglichen Ende eines sogenannten *Polarmes* verbunden, dessen anderes Ende sich um einen ortsfesten Punkt, den *Pol*, drehen kann. Obwohl die Leitkurve $\mathfrak{L}$ dann keine Gerade mehr ist, bleibt die Beziehung (15-42) noch gültig, wenn der Pol *außerhalb* des zu messenden Flächenstücks gewählt wird. Bei der Stellung »Pol innen« (d. h. Pol innerhalb des Flächenstücks) ist der Rollenablesung eine Konstante hinzuzufügen, die wiederum zweckmäßig durch eine Eichung bestimmt wird.

15.6. Differentialgleichungen

15.6.1. Gewöhnliche Differentialgleichungen

Wir betrachten zunächst eine Differentialgleichung erster Ordnung

$$y' = \frac{\mathrm{d}y}{\mathrm{d}x} = f(x, y(x)), \tag{15-43}$$

von der die durch x_0, $y_0 = y(x_0)$ gehende Lösungskurve gesucht wird. Da sich (15-43) auch als Integralgleichung

$$y(x) = y_0 + \int_{x_0}^{x} f(x, y(x))\,\mathrm{d}x \tag{15-44}$$

schreiben läßt, kann man eine numerische Berechnung an die im vorigen Abschnitt diskutierten Methoden der numerischen Integration anknüpfen. Dazu führen wir die äquidistanten Abstände $x_1 - x_0 = x_2 - x_1 = \ldots = h$ ein und berechnen $y(x_1)$ näherungsweise. Ist h ein hinreichend kleiner Schritt, so liefert die primitivste Annahme, nämlich für $x = x_1$ sei der Integrand von (15-44) gleich $f(x_0, y_0)$, die erste Näherung

$$\boxed{y_{\mathrm{I}}(x_1) = y_0 + hf(x_0, y_0)}\,. \tag{15-45}$$

Dies bedeutet, daß im Intervall $[x_0, x_1]$ die Lösungskurve $y(x)$ durch ihre Tangente im Punkt x_0, y_0 ersetzt wurde (vgl. 4-6). Eine etwas bessere Näherung liefert (15-44), wenn wir die Trapezregel (15-20) zur Auswertung benutzen:

$$y^T(x_1) = y_0 + \frac{h}{2}\left[f(x_0, y_0) + f(x_1, y(x_1))\right]. \tag{15-46}$$

Auf der Anwendung von (15-45, 14-56) beruht die *verbesserte* EULER*sche Methode*. Danach setzt man die Näherung (15-45) auf der rechten Seite von (15-46) ein und erhält eine zweite Näherung

$$\boxed{y_{\mathrm{II}}(x_1) = y_0 + \frac{h}{2}\left[f(x_0, y_0) + f(x_1, y_{\mathrm{I}}(x_1))\right]}\,. \tag{15-47}$$

Nun kann man nach (15-45) eine erste Näherung für die Stelle x_2 berechnen, nämlich

$$\boxed{y_{\mathrm{I}}(x_2) = y_{\mathrm{II}}(x_1) + hf(x_1, y_{\mathrm{I}}(x_1))} \tag{15-48}$$

und erhält entsprechend (15-47)

$$\boxed{y_{\mathrm{II}}(x_2) = y_{\mathrm{II}}(x_1) + \frac{h}{2}\left[f(x_1, y_{\mathrm{I}}(x_1)) + f(x_2, y_{\mathrm{I}}(x_2))\right]}\,. \tag{15-49}$$

In dieser Weise kann man fortfahren, um für y die Stellen x_3, x_4 usw. zu berechnen.

Beispiel

$y' = \sqrt{x^2 + y^2}$ (vgl. Abb. 114) mit $x_0 = 0{,}5$ und $y_0 = y(0{,}5) = 0$ für $h = 0{,}1$.

x	$f(x, y_{\mathrm{I}}(x))$	$y_{\mathrm{I}}(x)$	$y_{\mathrm{II}}(x)$
0,5	0,5	0	0
0,6	0,6021	0,05	0,0551
0,7	0,7094	0,1153	0,1207
0,8	0,8226	0,1916	0,1973
0,9	0,9242	0,2796	0,2856
1,0	1,0697	0,3798	0,3862

Will man die Ergebnisse noch weiter verbessern, so kann man einerseits an jeder Stelle $x_1, x_2, \ldots$ (15-46) noch einmal (oder mehrmals) ausnutzen. So erhält man z. B. eine dritte Näherung $y_{\mathrm{III}}(x_1)$, wenn in (15-46) rechts $y_{\mathrm{II}}(x_1)$ eingesetzt wird. Andererseits kann man von vornherein ein kleineres x-Intervall h benutzen. Beide Möglichkeiten lassen sich auch kombinieren.

Beispiel

$y' = \sqrt{x^2 + y^2}$ mit $x_0 = 0{,}5$ und $y_0 = y(0{,}5) = 0$ für $h = 0{,}05$.

x	$y_{III}(x)$	x	$y_{III}(x)$	x	$y_{III}(x)$
0,50	0	0,70	0,1207	0,90	0,2857
0,55	0,0236	0,75	0,1576	0,95	0,3345
0,60	0,0551	0,80	0,1974	1,00	0,3865
0,65	0,0866	0,85	0,2401	usw.	

Wie man sieht, sind hier die Verbesserungen gegenüber der oberen Tabelle nur ganz am Schluß merklich.

Diese EULERsche Methode ist kein sehr elegantes, dafür aber äußerst einfaches und zuverlässiges Verfahren. Verwendet man statt der Trapezregel in (15-44) die SIMPSONsche Regel (15-24), so gelangt man zu den Methoden von RUNGE und KUTTA. Ohne auf die Ableitung einzugehen, geben wir das zweckmäßigste Rechenschema dieses Verfahrens an. Man berechnet zunächst

$$\begin{array}{ll} k_1 = hf(x_0, y_0); & k_2 = hf\left(x_0 + \frac{h}{2},\; y_0 + \frac{k_1}{2}\right) \\ k_3 = hf\left(x_0 + \frac{h}{2}, y_0 + \frac{k_2}{2}\right); & k_4 = hf(x_0 + h,\; y_0 + k_3) \end{array} \tag{15-50}$$

und erhält dann

$$y_{RK}(x_1) = y_0 + \frac{1}{6}(k_1 + 2k_2 + 2k_3 + k_4), \tag{15-51}$$

wobei der Fehler von der Größenordnung h^5 ist.

Differentialgleichungen höherer Ordnung lassen sich stets auf ein System von Differentialgleichungen erster Ordnung zurückführen (Abschnitt 10.4.). Auf dieses System lassen sich dann die oben erwähnten Verfahren in einfacher Weise anwenden.

Häufig sucht man von einer Differentialgleichung Lösungen, die in der xy-Ebene nicht nur durch einen Punkt, sondern durch *zwei vorgegebene Punkte* gehen sollen. Die hierher gehörenden *Eigenwertaufgaben* erwähnten wir bei (10-68). Ein Spezialfall dieser STURM-LIOUVILLEschen Gleichung ist z. B.

$$y''(x) = -\lambda r(x)\, y(x), \tag{15-52}$$

mit den (10-72) genügenden Randbedingungen $y(a) = y(b) = 0$. Ein Verfahren, das zur Lösung solcher *linearer* Gleichungen besonders bei Verwendung elektronischer Rechenmaschinen zweckmäßig erscheint, ist die *Differenzen-Methode.* Man teilt das Intervall $[a,b]$ in n gleiche Teilintervalle der Länge h, so daß $x_m = x_0 + mh$, $(m = 0, 1, \ldots, n)$ und $b - a = nh$ ist. Wir bezeichnen $y_m = y(x_m)$; $r_m = r(x_m)$ und approximieren die Ableitungen durch die für numerische Differentiation abgeleiteten Ausdrücke (15-17). Damit geht (15-52) über in

$$y_{m-1} + (\lambda h^2 r_m - 2)y_m + y_{m+1} = 0, \quad (m = 1, 2, \ldots, n-1). \tag{15-53}$$

Da $y_0 = y(a) = 0$ und $y_n = y(b) = 0$ ist, lassen sich aus den $n - 1$ Gleichungen (15-53) die $n - 1$ Unbekannten $y_1, \ldots, y_{n-1}$ berechnen. Für nichttriviale Lösungen muß die

Determinante des Systems (15-53) verschwinden, so daß man wieder eine charakteristische Gleichung für λ erhält (vgl. Abschnitt 10.4.).

Beispiel

Gesucht werden die ersten beiden Eigenwerte der Gleichung $y'' + \lambda y = 0$, wenn die Randwerte $y(0) = y(1) = 0$ sind. Dieses Problem ist exakt lösbar [$\lambda_\nu = (\nu\pi)^2$, ($\nu = 1, 2, \ldots$), vgl. (11-57, 11-86)], so daß wir demonstrieren können, wie gut die Differenzen-Methode arbeitet. Für $n = 2$ liefert (15-53) wegen $y_0 = y_2 = 0$ sofort $\lambda_1 = 8$ als erste Näherung des niedrigsten Eigenwerts. Für $n = 3$ ergibt sich wegen $y_0 = y_3 = 0$ aus (15-53)

$$(\lambda - 18)y_1 + 9y_2 = 0; \quad 9y_1 + (\lambda - 18)y_2 = 0.$$

Die zugehörige Determinante Null gesetzt, liefert $\lambda_1 = 9$, $\lambda_2 = 27$, also eine zweite Näherung für λ_1 und eine erste Näherung für λ_2 usw.

Zum Schluß wollen wir den Leser davor warnen, Differentialgleichungen ohne weitere Überlegungen in Differenzengleichungen zu verwandeln. Es kann nämlich durch Verwendung von unzweckmäßigen Integrationsmethoden zur *numerischen Instabilität* kommen. Wir erläutern dieses Problem am folgenden Beispiel.

Beispiel

Die Gleichung $y' = -y$ mit $y(0) = 1$ läßt sich exakt lösen. Es ergibt sich

$$y = e^{-x}. \tag{15-54}$$

Versucht man eine numerische Lösung dieser Gleichung mit Hilfe des vorderen Differenzenquotienten zweiter Ordnung (vgl. Abschnitt 15.5.) zu finden, so gelangt man mit $x_m = mh$ zu

$$y_{m+2} - 4y_{m+1} + (3 - 2h)y_m = 0; \quad y_0 = 1.$$

Diese Gleichung läßt sich mit dem Ansatz $y_m = \beta^m$ lösen. Es ergibt sich $\beta_1 = 2 - \sqrt{1 + 2h}$; $\beta_2 = 2 + \sqrt{1 + 2h}$, und man kann zeigen, daß dann

$$y_m = c_1\beta_1^m + c_2\beta_2^m$$

die allgemeine Lösung ist. Für kleine Schritte ist $\beta_1 \approx 1 - h$, $\beta_2 \approx 3 + h$, und nach (2-34) gilt $\lim\limits_{h\to 0} (1 \pm h)^{x_m/h} = e^{\pm x_m}$, so daß sich die Lösung der Differenzengleichung für $h \to 0$ entsprechend

$$y_m = c_1 e^{-x_m} + c_2 3^m e^{\frac{x_m}{3}} \tag{15-55}$$

verhält, d. h. nur für $c_1 = 1$, $c_2 = 0$ ergibt sich das exakte Resultat. Bei einer numerischen Rechnung muß man sich aber die Konstanten c_1, c_2 aus der Rechnung selbst verschaffen. Geht man von $y_0 = 1$ aus und berechnet y_1 z. B. nach (15-45), so ergibt sich $y_1 = 1 - h$. Das Gleichungssystem

$$y_0 = 1 = c_1 + c_2; \qquad y_1 = 1 - h = c_1 e^{-h} + 3c_2 e^{\frac{h}{3}}$$

liefert zwar einen kleinen Wert für c_2, aber nicht Null. Das zweite Glied in (15-55) sorgt dafür, daß der zunächst nur kleine Fehler bei fortschreitender Rechnung exponentiell die richtige Lösung überwuchert. Man überzeuge sich davon, daß diese numerische Instabilität *nicht* aufgetreten wäre, wenn man statt mit dem vorderen Differenzenquotienten zweiter Ordnung nur mit dem von erster Ordnung gearbeitet hätte!

15.6.2. Partielle Differentialgleichungen

Die *Differenzen-Methode* läßt sich auf partielle Differentialgleichungen übertragen. An die Stelle der Teilpunkte x_m treten dabei Gitterpunkte $x_q, y_r, z_s, \ldots$, wobei in $x_q = x_0 + qh$; $y_r = y_0 + rk$; $z_s = z_0 + sl$; ... durch $h, k, l, \ldots$ die *Maschenweite* des Gitters bestimmt wird. Gitter mit gleichen Maschenweiten: $h = k = l = \ldots$ bezeichnet man als *quadratische* Gitter. Bei hyperbolischen Differentialgleichungen kann anstelle des rechteckigen Gitters auch eine Mascheneinteilung durch die Charakteristiken benutzt werden. Die numerische Stabilität muß sehr sorgfältig untersucht werden, da z. B. schon das Ersetzen eines vorderen durch einen zentralen Differenzenquotienten eine numerische Instabilität zur Folge haben kann.

15.7. Aufgaben zu 15.1. bis 15.6.

1. Man berechne den Wert des Polynoms $p_5(x) = x^5 - x^3 + 4x^2 - 2x + 5$ und den Wert der Ableitung $p_5'(x)$ an der Stelle $x = 2{,}1$.

2. In einer Tabelle sind die Werte

x	0	1	3	4
y	1	4	34	121

gegeben. Wie lautet die mit Hilfe der LAGRANGEschen Formel berechnete Interpolationsparabel dritter Ordnung? Welchen Wert liefert die Interpolation für $x = 2$? Trägt man auch $y(2)$ in die Tabelle ein, welches Polynom liefert dann die NEWTONsche Interpolationsformel?

3. Für die kubische Gleichung $f(x) = x^3 - 7x - 7 = 0$ bestimme man die zwischen $x = 3$ und $x = 4$ gelegene Nullstelle bis auf 4 Stellen.

4. Im x-Intervall $[a,b]$ soll ein Integral mit Hilfe der Sehnenformel (15-22) berechnet werden, wobei im ganzen Intervall $f''(x) \approx 1$ ist. In wieviel Teilintervalle muß $b - a = 1$ unterteilt werden, damit das Integral mit einer Genauigkeit von 10^{-4} berechnet werden kann?

5. Ausgehend von $x_0 = 0$, $y_0 = 1$ löse man die Differentialgleichung $y' + xy = 0$ mit der Schrittweite $h = 0{,}1$ bis $x = 0{,}5$ einerseits nach der verbesserten EULERschen Methode, andererseits nach dem Verfahren von RUNGE-KUTTA und vergleiche die Ergebnisse bei $x = 0{,}5$ mit der exakten Lösung.

16. Lösungen der Aufgaben

Zu 1.4.

1. Folgt aus (1-15, 1-19, 1-20, 1-24, 1-26).

2. Wegen (1-15, 1-16, 1-17) gilt $(A_1 \cap B) \cap (A_2 \cap B) = A_1 \cap (A_2 \cap B) = B \cap (A_1 \cap A_2) = \emptyset$, da $A_1 \cap A_2 = \emptyset$.

3. z beschreibt einen Kreis mit Radius a, dessen Mittelpunkt bei z_0 liegt. $(x - 3)^2 + y^2 = 16$.

4. $(z_1 + z_2)(z_1 + z_2)^* = |z_1|^2 + z_2 z_1^* + z_1 z_2^* + |z_2|^2$; $z_2 z_1^* + z_1 z_2^* = z_1 z_2^* + (z_1 z_2)^* = 2 Re(z_1 z_2^*)$.

5.
$$\cos n\varphi = \sum_{\mu=0}^{N} (-1)^\mu \binom{n}{2\mu} \cos^{n-2\mu}\varphi \sin^{2\mu}\varphi .$$

$$N = \begin{cases} \dfrac{n}{2} & \text{für } n \text{ gerade Zahl} \\[2ex] \dfrac{n-1}{2} & \text{für } n \text{ ungerade Zahl}. \end{cases}$$

$$\sin n\varphi = \sum_{\mu=0}^{N'} (-1)^\mu \binom{n}{2\mu+1} \cos^{n-(2\mu+1)}\varphi \sin^{2\mu+1}\varphi ,$$

$$N' = \begin{cases} \dfrac{n}{2} - 1 & \text{für } n \text{ gerade Zahl} \\[2ex] \dfrac{n-1}{2} & \text{für } n \text{ ungerade Zahl}. \end{cases}$$

$$\cos 2\varphi = \cos^2\varphi - \sin^2\varphi; \qquad \sin 2\varphi = 2 \cos\varphi \sin\varphi;$$

$$\cos 3\varphi = (4\cos^2\varphi - 3)\cos\varphi; \quad \sin 3\varphi = (3 - 4\sin^2\varphi)\sin\varphi .$$

6. $w = \sqrt[3]{8 + 6i}$; $\varrho = 10$; $\varphi = 36° 52'$.

$$w_0 = 2{,}105 + i\,0{,}458; \quad w_1 = -1{,}449 + i\,1{,}593; \quad w_2 = -0{,}655 - i\,2{,}052 .$$

7.

```
        1   1
      1   2   1
    1   3   3   1
  1   4   6   4   1
  ...............
```

8. $\binom{n}{p-1} + \binom{n}{p} = \frac{n!}{p!\,(n-p)!}\left(1 + \frac{p}{n-p+1}\right) = \frac{(n+1)!}{p!\,(n-p+1)!} = \binom{n+1}{p}$.

9. a) $\frac{n\,(n-1)}{2}$; b) $m \cdot n$.

10. a) $26^3 = 17\,580$; b) $n_{\text{Vok}} \cdot n^2_{\text{Kons.}} = 5 \cdot (21)^2 = 2205$.

11. Zum Beispiel sei $N = 8$, $g = 5$. Bezeichne die Teilchen mit $A_j (j = 1, 2, \ldots, 8)$, dann ist eine mögliche Verteilung:

Zellennummer i	1	2	3	4	5
Zelle	A_2A_8	A_3A_5	A_1	$A_4A_6A_2$	
Teilchenzahl N_i	2	2	1	3	0

Alle Anordnungen, die bei festgehaltenen Teilchenzahlen N_i möglich sind, ergeben sich durch Permutation der 8 Teilchen. Dabei ist zu beachten, daß Vertauschungen innerhalb einer Zelle, z. B. A_2 mit A_8, keine neuen Anordnungen ergeben. Somit gibt es $\frac{8!}{2!\,2!\,1!\,3!\,0!} =$ 1680 verschiedene Verteilungen, allgemein $\frac{N!}{\prod\limits_i N_i!}$ mit $\sum\limits_i N_i = N$.

12. Es werden von g Zellen N mit einem Teilchen versehen. Das ist auf $\binom{g}{N}$ verschiedene Arten möglich.

13. Ausgehend von einer Verteilung | 0 | 0000 | 0 | 00 | 000 | 00 | 000 | betrachten wir die N Teilchen und $g - 1$ Zwischenwände als $g + N - 1$ Elemente, von denen N bzw. $g - 1$ gleich sind. Die gesuchte Lösung ergibt sich dann direkt als Zahl der möglichen verschiedenen Anordnungen: $\frac{(g + N - 1)!}{N!\,(g-1)!}$.

Zu 2.3.

1. a) Man dividiere Zähler und Nenner durch $x - 5$. Als Grenzwert ergibt sich 6; b) $\frac{3}{2}$; c) $\frac{a}{c}$, wenn $m = n$; 0, wenn $m < n$, und ∞, wenn $m > n$ ist; d) Setze $1 - 3x = \frac{1}{1 + \varepsilon}$, der Grenzwert ist e^{-3}; e) $\lim\,(1 + x^2)^{1/x} = \lim\left[(1 + x^2)^{1/x^2}\right]^x = \lim e^x = 1$; f) $\lim\,(1 + x)^{1/x^2} = \infty$; g) $\lim\limits_{\varphi\to 0} \frac{\sin\varphi}{\varphi} = \lim\limits_{x\to 0} = \frac{\sin x}{\frac{180}{\pi}x} = \frac{\pi}{180}$.

2. $1 - \cos 2x = 2\sin^2 x$, also $\frac{1 - \cos x}{x^2} = \frac{1}{2}\,\frac{\sin^2\frac{x}{2}}{\left(\frac{x}{2}\right)^2}$;

$$\frac{n!}{n^n} = \frac{n}{n} \cdot \frac{n-1}{n} \cdot \frac{n-2}{n} \cdots \frac{1}{n} = 1 \cdot \left(1 - \frac{1}{n}\right) \cdot \left(1 - \frac{2}{n}\right) \cdots \frac{1}{n} \to \frac{1}{n} \to 0\,.$$

3. $\lim\limits_{x \to +0} \arctan \frac{1}{x} = +\frac{\pi}{2}$; $\lim\limits_{x \to -0} \arctan \frac{1}{x} = -\frac{\pi}{2}$, also nicht stetig.

$\lim\limits_{x \to 0} |x| = 0 = f(x = 0)$, also stetig; $\lim\limits_{x \to -0} \frac{x}{|x|} = -1$, $\lim\limits_{x \to +0} \frac{x}{|x|} = 1$, also nicht stetig.

4. $\lim\limits_{x \to 0} \left(\lim\limits_{y \to 0} f\right) = \frac{1}{3}$; $\lim\limits_{y \to 0} \left(\lim\limits_{x \to 0} f\right) = -2$; $\lim\limits_{(x,y) \to (0,0)} f$ existiert nicht (Abb. 135).

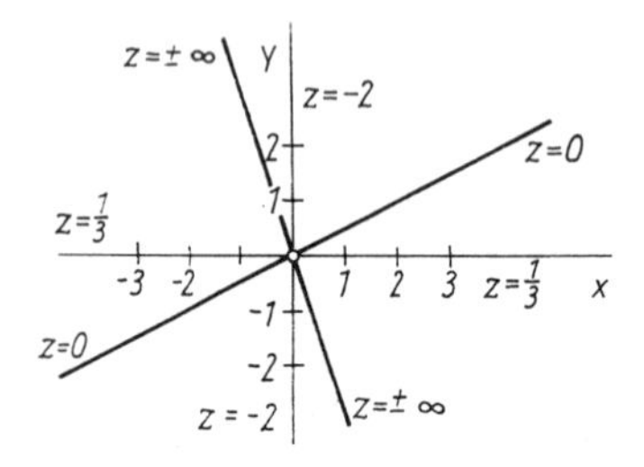

Abb. 135 Schichtlinienbild der Fläche $f(x,y) = \frac{x - 2y}{3x + y}$

5. Nein. Nähern wir uns dem Punkt (0,0) längs der Geraden $y(x) = 2x$, so folgt $f \to 1$

6. $\frac{\frac{1}{2}}{x-4} - \frac{\frac{1}{6}}{x+2} - \frac{\frac{1}{3}}{x+5}$; $\frac{1}{(x+1)^3} - \frac{1}{(x+1)^2} + \frac{1}{x+1}$; $\frac{\frac{5}{2}x+3}{x^2+x+1} + \frac{-\frac{5}{2}x+3}{x^2-x+1}$.

7. Da $-1 \leqq \sin \frac{1}{x} \leqq +1$, so ist für $x > 0: -x \leqq y \leqq x$; $x < 0: x \leqq y \leqq -x$, also $-|x| \leqq y \leqq |x|$ für alle x.

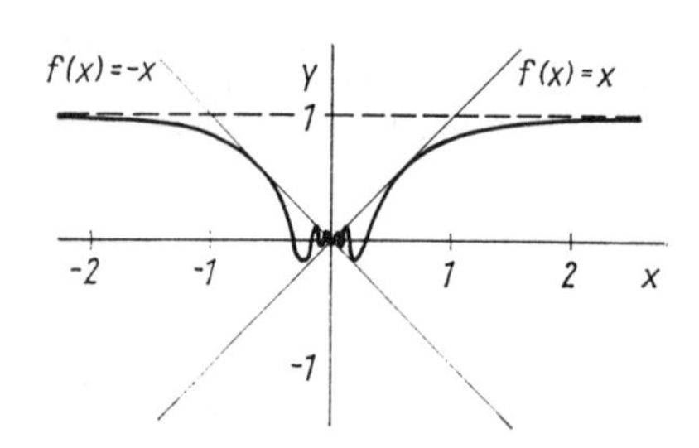

Abb. 136 Funktion $f(x) = x \sin \frac{1}{x}$

Wegen $\lim\limits_{x \to 0} |x| = 0$ folgt $\lim\limits_{x \to 0} x \sin \frac{1}{x} = 0$ (Abb. 136).

8. $\cos^5\varphi = \frac{1}{16}(\cos 5\varphi + 5 \cos 3\varphi + 10 \cos \varphi)$

$\sin^5\varphi = \frac{1}{16}(\sin 5\varphi - 5 \sin 3\varphi + 10 \sin \varphi)$.

9. Setze $a = m \cos p$; $b = m \sin p$, so ist $p = \arctan \frac{b}{a}$; $m = \pm \sqrt{a^2 + b^2}$

und aus $\cos(x - p) = \frac{c}{m}$ folgt $x = p + \operatorname{arccos} \frac{c}{m}$.

10. Das Bild steht still, wenn ein (zweiflügliger) Propeller sich zwischen zwei Aufnahmen um ganze Vielfache von π gedreht hat. Die psychologische Zuordnung ist bei anderen Geschwindigkeitsverhältnissen immer so, daß man die Bewegung in der Richtung annimmt, welche durch den kleineren Winkel gegeben ist. Bei Geschwindigkeitsänderungen kann also der Richtungssinn wechseln.

11. Die Kurve macht mit wachsendem x immer engere Wellenlinien.

12. $e^{i\pi} = \cos \pi + i \sin \pi = -1$ liefert $\ln(-1) = i\pi$, ebenso $= 3i\pi, 5i\pi, \ldots$

13. a) Folgt mit $\arctan x_1 = y_1$; $\arctan x_2 = y_2$ direkt aus (2-41) für $\tan(y_1 + y_2)$; b) die Summe ergibt *einen* der ∞ vielen Werte, die $\arctan \frac{x_1 + x_2}{1 - x_1 x_2}$ annehmen kann; c) $x_1 x_2 < 1$.

Zu 3.5.

1. Folgt aus (3-2).

2. $y^n + c a_{n-1} y^{n-1} + \ldots + c^{n-1} a_1 y + c^n a_0 = 0$.

3. $x_1 = 7$; $x_2 = -2 + i2\sqrt{3}$; $x_3 = -2 - i2\sqrt{3}$.

4. $x_1 = -2$; $x_2 = 3$; $x_3 = 2$.

5. 15 und 0.

6. $p^4(a^2 + b^2 + c^2 - p^2)$.

7. a) $x_1 = \frac{8}{11}$, $x_2 = -2$, $x_3 = -\frac{10}{11}$; b) keine Lösung.

8. $$\mathbf{a}^{-1} = \frac{1}{66} \begin{pmatrix} 11 & 7 & 1 \\ -11 & 11 & 11 \\ -11 & 5 & 29 \end{pmatrix}.$$

9. Wenn $\mathbf{a}$ eine schiefhermitesche Matrix ist, folgt $i\mathbf{a}$ = hermitesch, so daß $i\lambda$ reell ist, d. h. λ imaginär.

10. a) $\lambda_1 = 5, \lambda_2 = -2$; $\hat{\mathfrak{r}}_1 = \frac{1}{\sqrt{2}} \begin{pmatrix} 1 \\ 1 \end{pmatrix}$, $\hat{\mathfrak{r}}_2 = \frac{1}{\sqrt{137}} \begin{pmatrix} 4 \\ 11 \end{pmatrix}$;

b) $\lambda_1 = 2, \lambda_2 = i$; $\hat{\mathfrak{r}}_1 = \frac{1}{\sqrt{6}} \begin{pmatrix} 1-i \\ 2 \end{pmatrix}$, $\hat{\mathfrak{r}}_2 = \frac{1}{\sqrt{11}} \begin{pmatrix} 1-i \\ 3 \end{pmatrix}$.

11. $\lambda_1 = 3$; $\lambda_2 = -2$; $\hat{\mathfrak{r}}_1 = \frac{1}{5} \begin{pmatrix} 3i \\ 4 \end{pmatrix}$, $\hat{\mathfrak{r}}_2 = \frac{1}{5} \begin{pmatrix} 4 \\ 3i \end{pmatrix}$.

12. Die Matrix ist hermitesch, also diagonalisierbar zu

$\mathbf{L} = \begin{pmatrix} 3 & 0 \\ 0 & -2 \end{pmatrix}$. Aus $\mathbf{u} = \frac{1}{5} \begin{pmatrix} 3i & 4 \\ 4 & 3i \end{pmatrix}$ folgt $\mathbf{u}^{-1} = \frac{1}{5} \begin{pmatrix} -3i & 4 \\ 4 & -3i \end{pmatrix}$, so daß $\mathbf{u}^{-1} = \mathbf{u}^{+}$ erfüllt ist.

13. Vgl. (3-46) für reelle Elemente.

$\mathfrak{y} = \mathbf{ab}\mathfrak{z}$ mit (vgl. Abschnitt 3.3.) $(\mathbf{ab})^{-1} = \mathbf{b}^{-1}\mathbf{a}^{-1} = \tilde{\mathbf{b}}\tilde{\mathbf{a}} = \widetilde{(\mathbf{ab})}$ also ist $\mathbf{ab}$ orthogonal.

14. a) $a_{ij} = \delta_{ij}$, b) $a_{ij} = -\delta_{ij}$, c) $a_{11} = a_{22} = 1$, $a_{33} = -1$, sonst Null.

15. Im gedrehten System hat P die Koordinaten

$$y_1 = \frac{1}{2}\left(-x_1 - \sqrt{3}\, x_3\right); \quad y_2 = x_2; \quad y_3 = \frac{1}{2}\left(\sqrt{3}\, x_1 - x_3\right).$$

Zu 4.5.

1. $12\,x^2 - \frac{15}{2}\, x\sqrt{x} + 2$. **2.** $-\frac{11}{5x^3\sqrt[5]{x}}$. **3.** $\frac{3x - 3 + \sqrt[3]{x^2} - \sqrt[3]{x}}{6x\sqrt{x}}$.

4. $bpqx^{p-1}\,(a + bx^p)^{q-1}$. **5.** $\frac{2nx^{2n-1}}{(1 + x^2)^{n+1}}$. **6.** $(a + x)\,[ab + (3b - 2a)\,x - 4x^2]$.

7. $[a + (n+1)\,bx + (2n+1)cx^2]\,(a + bx + cx^2)^{n-1}$. **8.** $-\frac{x}{\sqrt{1 - x^2}}$.

9. $\frac{1}{(1-x)\sqrt{1 - x^2}}$. **10.** $\frac{\sqrt{ax} - a}{2(\sqrt{a} + \sqrt{x})^2\sqrt{x}\,(a + x)}$. **11.** $\frac{b + 2cx}{2\sqrt{a + bx + cx^2}}$.

12. $\frac{3a + 2bx + cx^2}{3\sqrt[3]{(a + bx + cx^2)^4}}$. **13.** $\frac{n\,(x + \sqrt{1 - x^2})^{n-1}(-x + \sqrt{1 - x^2})}{\sqrt{1 - x^2}}$.

14. $(m-1)\,x^{m-2}\,(a + bx^n)^{\frac{p}{q}} + bn\,\frac{p}{q}\,x^{m+n-2}\,(a + bx^n)^{\frac{p-c}{q}}$.

15. $(q + 2rx)\,e^{p+qx+rx^2}$. **16.** x^3e^x. **17.** $-\frac{x\ln p}{\sqrt{1 - x^2}}\,p^{\sqrt{1-x^2}}$. **18.** $\ln x$.

19. $\frac{q + 2rx}{p + qx + rx^2}$. **20.** $\frac{e^x - e^{-x}}{e^x + e^{-x}} = \tanh x$. **21.** $-\frac{\sqrt{b^2 - 4ac}}{a + bx + cx^2}$.

22. $(p\cos^2 x - q\sin^2 x)\sin^{p-1} x\cos^{q-1} x$. **23.** $\frac{x\cos x - \sin x}{x^2}$. **24.** $\tan^2 x$.

25. $-\frac{a\sin x\cos x}{\sqrt{1 - a\sin^2 x}}$. **26.** $\frac{\sin x}{\cos^2 x}$. **27.** $\frac{e^x(\cos x - \sin x) - e^{2x}}{(1 + e^x\sin x)^2}$.

28. $\frac{e^{1+\tan x}}{\cos^2 x}$. **29.** $\frac{1}{\sin x}$. **30.** $\frac{2\,(1 - 2x^2)}{\sqrt{1 - x^2}}$. **31.** $-\frac{1}{1 + x^2}$.

32. $-ae^{-\lambda t}\left[\lambda\cos 2\pi\left(\frac{t}{T} + p\right) + \frac{2\pi}{T}\sin 2\pi\left(\frac{t}{T} + p\right)\right]$ und

$$ae^{-\lambda t}\left[\left(\lambda^2 - \frac{4\pi^2}{T^2}\right)\cos 2\pi\left(\frac{t}{T} + p\right) + \frac{4\pi\lambda}{T}\sin 2\pi\left(\frac{t}{T} + p\right)\right].$$

33. $\mathrm{d}p : \mathrm{d}v : \mathrm{d}T = -kp : v : (1 - k)T$. **34.** $\approx\delta$.

35. $\Delta y = \frac{0{,}8686}{\sin 2x}\,\Delta x$; für $x = 45°$: $\Delta y = 0{,}0000421$; für $x = 15°$: $\Delta y = 0{,}0000842$.

36. Man findet diesen Winkel (im Bogenmaß), indem man die Differenz der Wellenlängen λ mit $\frac{\sin\alpha}{\cos\varphi'\cos\psi}\,\frac{\mathrm{d}n}{\mathrm{d}\lambda}$ multipliziert. Dabei muß $\frac{\mathrm{d}n}{\mathrm{d}\lambda}$ aus der Dispersionsformel berechnet werden (vgl. Abb. 36).

37. Es seien b, m und n positiv. Maximum für $x = \frac{mb}{m + n}$.

38. Die gesuchten Werte sind die Wurzeln der Gleichung $\tan x = x$. Man findet dafür, indem man erst den Versuch mit einigen Werten von x macht und diese darauf verbessert, 0; $1{,}4303\pi$; $2{,}4590\pi$; $3{,}4709\pi$ usw.

39. $e^u\left[\left(\frac{du}{dx}\right)^2+\frac{d^2u}{dx^2}\right]$; $\quad -\sin u\left(\frac{du}{dx}\right)^2+\cos u\,\frac{d^2u}{dx^2}$;

$$-\frac{2u}{(1+u^2)^2}\left(\frac{du}{dx}\right)^2+\frac{1}{1+u^2}\,\frac{d^2u}{dx^2};$$

$$\frac{1}{v}\,\frac{d^2u}{dx^2}-\frac{2}{v^2}\,\frac{du}{dx}\,\frac{dv}{dx}+\frac{2u}{v^3}\left(\frac{dv}{dx}\right)^2-\frac{u}{v^2}\,\frac{d^2v}{dx^2};$$

$$vw\,\frac{d^2u}{dx^2}+wu\,\frac{d^2v}{dx^2}+uv\,\frac{d^2w}{dx^2}+2u\,\frac{dv}{dx}\,\frac{dw}{dx}+2v\,\frac{dw}{dx}\,\frac{du}{dx}+2w\,\frac{du}{dx}\,\frac{dv}{dx}.$$

40. $\frac{d^2y}{dx^2}=-(m-1)\,\frac{b^{2m}x^{m-2}}{a^m y^{2m-1}}$.

41. $\frac{d^2y}{dx^2}=-\,\frac{b}{a^2\sin^3\vartheta}$.

42. m muß die Gleichung: $Am^2+Bm+C=0$ befriedigen.

43. Durch Differenzieren und Einsetzen unmittelbar zu zeigen.

44. Wenn x von $-\infty$ bis auf $+\infty$ übergeht, dann beginnt die Funktion mit dem Wert 1 und steigt bis $x=-\frac{1}{2}(1+\sqrt{5})$, wo sie den Wert $+\infty$ erreicht. Jetzt springt y plötzlich von $+\infty$ zu $-\infty$ über und steigt aufs neue, bis für $x=0$ ein Maximum $=-1$ erreicht wird. Dann sinkt die Funktion, wird $-\infty$ für $x=\frac{1}{2}(-1+\sqrt{5})$, springt darauf über in $+\infty$ und sinkt aufs neue, bis $x=2$ wird. Hier ist ein Minimum $=\frac{3}{5}$ erreicht; es folgt ein fortlaufendes Steigen, bis für $x=\infty$ die Funktion den Wert 1 annimmt.

45. Für $x=\frac{1}{3}\pi$ Maximum, für $x=\frac{5}{3}\pi$ Minimum.

46. Wir beschränken uns auf $v>b$. Für $v=b$ wird $p=\infty$, für $v=\infty$ ist $p=0$. Der Verlauf von p wird weiter bestimmt durch

$$\frac{dp}{dv}=\frac{1}{(v-b)^2}\left[2a\cdot\frac{(v-b)^2}{v^3}-RT\right].$$

Die hier vorkommende Funktion $\frac{(v-b)^2}{v^3}$ ist 0 für $v=b$, steigt dann, bis für $v=3b$ ein Maximum $=\frac{4}{27b}$ erreicht wird, und sinkt darauf, um für $v=\infty$ den Wert 0 zu erreichen. Ist $RT>\frac{8a}{27b}$, dann liegt RT sogar oberhalb des Maximums von $2a\,\frac{(v-b)^2}{v^3}$, so daß, wenn v zunimmt, p stets sinkt. Ist dagegen $RT<\frac{8a}{27b}$, dann nimmt bei zunehmendem Volumen p für kleine und ebenso für sehr große Werte von v ab; nur in der Nähe von $v=3b$ steigt p. Der Druck hat dann ein Minimum bzw. ein Maximum für die beiden Werte von v, die $2a\,\frac{(v-b)^2}{v^3}=RT$ liefern.

47. Abb. 137.

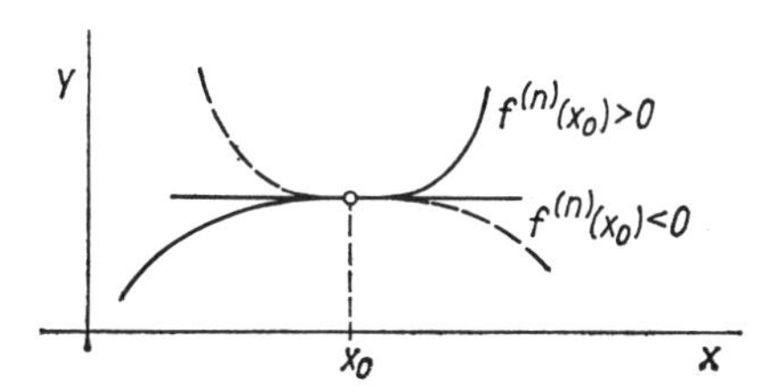

Abb. 137 Wendepunkt

48.[1] a) $mx^{m-1}y^n$; $nx^m y^{n-1}$; $m(m-1)\,x^{m-2}y^n$; $mnx^{m-1}y^{n-1}$; $n(n-1)\,x^m y^{n-2}$;
b) $yF'(xy)$; $xF'(xy)$; $y^2F''(xy)$; $F'(xy) + xyF''(xy)$; $x^2F''(xy)$;
c) $F'(x+y)$; $F'(x+y)$; $F''(x+y)$; $F''(x+y)$; $F''(x+y)$;
d) $mx^{m-1}\cos py$; $-px^m \sin py$; $m(m-1)\,x^{m-2}\cos py$; $-pmx^{m-1}\sin py$; $-p^2x^m \cos py$;
e) $pe^{px}\cos qy$; $-qe^{px}\sin qy$; $p^2e^{px}\cos qx$; $-pqe^{px}\sin qy$; $-q^2e^{px}\cos qy$;
f) $(2\alpha x + \beta y)z$; $(\beta x + 2\gamma y)z$; $[2\alpha + (2\alpha x + \beta y)^2]z$; $[\beta + (2\alpha x + \beta y)(\beta x + 2\gamma y)]z$; $[2\gamma + (\beta x + 2\gamma y)^2]z$; $(z = e^{\alpha x^2 + \beta yx + \gamma y^2})$;

g) $\dfrac{y}{x^2+y^2}$; $-\dfrac{x}{x^2+y^2}$; $-\dfrac{2xy}{(x^2+y^2)^2}$; $\dfrac{x^2-y^2}{(x^2+y^2)^2}$; $\dfrac{2xy}{(x^2+y^2)^2}$;

h) $\dfrac{x}{r}F'(r)$; $\dfrac{y}{r}F'(r)$; $\dfrac{1}{r}F'(r) - \dfrac{x^2}{r^3}F'(r) + \dfrac{x^2}{r^2}F''(r)$;

$-\dfrac{xy}{r^3}F'(r) + \dfrac{xy}{r^2}F''(r)$; $\dfrac{1}{r}F'(r) - \dfrac{y^2}{r^3}F'(r) + \dfrac{y^2}{r^2}F''(r)$.

49. $\dfrac{2}{r}$; $\dfrac{1}{r^2}$; $\dfrac{2}{r}F'(r) + F''(r)$.

50. $x\left[\dfrac{4}{r}F'(r) + F''(r)\right]$; $xy\left[\dfrac{6}{r}F'(r) + F''(r)\right]$.

51. Folgt aus der Vertauschbarkeit der Reihenfolge der Differentiationen.

52. $\alpha^2 = A\beta^2 + B\beta$.

53. $\dfrac{\partial p}{\partial t} = -\dfrac{\partial v}{\partial t} : \dfrac{\partial v}{\partial p}$.

54. Setze $tx = \xi$, $ty = \eta$, so liefert die Ableitung nach t

$$\frac{\partial f(\xi,\eta)}{\partial t} = \frac{\partial f}{\partial \xi}x + \frac{\partial f}{\partial \eta}y = mt^{m-1}f(x,y).$$

Für $t = 1$ folgt das Theorem von EULER.

55. Die drei stationären Werte liegen bei $x = 0$, $y = 0$ (Sattelpunkt); $x = \pm a$, $y = 0$ (Minima)

56. 0; 0; $\dfrac{1}{6}$; e^{2a}; 1.

57. $\ln(1+x) = \sum\limits_{\nu=1}^{n} (-1)^{\nu-1}\dfrac{x^\nu}{\nu} + (-1)^n \dfrac{x^{n+1}}{(n+1)(1+\vartheta x)^{n+1}}$;

Für $x = 1$ ist maximal $R_n = (-1)^n \dfrac{1}{n+1}$.

58. $\sin x = x - \dfrac{x^3}{3!} + \dfrac{x^5}{5!} - \cdots (-1)^{r-1}\dfrac{x^{2r-1}}{(2r-1)!} + (-1)^r \dfrac{x^{2r+1}}{(2r+1)!}\cos\vartheta x$;

$\cos x = 1 - \dfrac{x^2}{2!} + \dfrac{x^4}{4!} \cdots (-1)^r \dfrac{x^{2r}}{(2r)!} + (-1)^{r+1}\dfrac{x^{2r+2}}{(2r+2)!}\cos\vartheta x$.

Zu 5.4.

1. Es ist $\tan\vartheta = \dfrac{b^2x}{a^2y}$, woraus folgt, daß die Tangente den Winkel zwischen den Leitstrahlen halbiert (vgl. Abschnitt 5.2.). Die zweite Behauptung folgt durch Ausrechnen der Schnittpunktskoordinaten und der daraus folgenden Längen der Abschnitte der Tangente.

---

[1] Die Differentialquotienten sind hier angegeben in der Reihenfolge: F_x; F_y; F_{xx}; F_{xy}; F_{yy}

2. $\tan\vartheta = \frac{1}{2}(e^{bx} - e^{-bx}) = \sinh bx$.

3. Bei den drei Kurven ist die trigonometrische Tangente des Winkels zwischen der Berührungslinie und dem Leitstrahl φ, $-\varphi$ und $\frac{1}{b}$.

4. Bei beiden Kurven ist $\varrho = -\frac{(a^4y^2 + b^4x^2)^{3/2}}{a^4b^4}$, also bei der Ellipse ist für $y = 0$: $\varrho = \pm\frac{b^2}{a}$, für $x = 0$: $\varrho = \pm\frac{a^2}{b}$.

5. Die Steigung der Diagonalen ist $-\frac{b}{a}$, also die Steigung des Lotes $\frac{a}{b}$ und $y - b = \frac{a}{b}(x - a)$ seine Gleichung. $x = 0$ liefert $y = b - \frac{a^2}{b}$ und $y = 0$ ergibt $x = a - \frac{b^2}{a}$.

6. Der Punkt P liege in dem Quadranten zwischen Ox und Oy. Ist Q der Schnittpunkt der Geraden mit Ox, so ist die Länge ein Minimum, wenn $\tan PQO = \sqrt[3]{\tan POx}$ ist.

7. Höhe $= \frac{2}{\sqrt{3}} \times$ Radius der Kugel.

8. Der gesuchte Punkt liegt gleich weit entfernt von den Projektionen der gegebenen Punkte auf die Linie.

9. Wendet man die Transformationsmatrix (3-75) an, so wird mit $\cos\varphi = \frac{1}{\sqrt{2}}$, $\sin\varphi = \frac{1}{\sqrt{2}}$

$$x'^2\left(\frac{1}{a^2} + \frac{1}{b^2}\right) + y'^2\left(\frac{1}{a^2} + \frac{1}{b^2}\right) + 2x'y'\left(\frac{1}{b^2} - \frac{1}{a^2}\right) - 2 = 0\,.$$

10. Es sei A der Fußpunkt des von F, C der Fußpunkt des von P auf die Gerade gefällten Lotes, $AF = d$, das gegebene Verhältnis $PF:PC = \varepsilon$. Man wähle A zum Ursprung und AF zur x-Achse. Die Gleichung ist dann: $(x - d)^2 + y^2 = \varepsilon^2x^2$. Wenn ε nicht gleich 1 ist, so wird die x-Achse in zwei Punkten geschnitten. Man verschiebe die y-Achse nach dem Punkt, der gleich weit von den beiden letzteren entfernt ist. Es ergibt sich dann, daß die Linie für $\varepsilon < 1$ eine Ellipse, für $\varepsilon > 1$ eine Hyperbel ist. Für $\varepsilon = 1$ ist sie eine Parabel. In jedem Fall ist F ein Brennpunkt der Kurve.

11. Die Gleichung lautet: $(x^2 + y^2 + a^2)^2 - 4a^2x^2 - b^4 = 0$.

12. $\left(\frac{x^2}{a^2} - \frac{y}{2a}\cos 4\pi p - \frac{1}{2}\right)^2 = \frac{1}{4}\sin^2 4\pi p\left(1 - \frac{y^2}{a^2}\right)$. Für $p = 0$, Parabel.

13. Da in (5-73) 10 Koeffizienten vorkommen, von denen man (da z. B. durch a_{44} dividiert werden kann) nur die Verhältnisse kennen muß, braucht man 9 Gleichungen, also 9 Punkte zu ihrer Ermittlung.

14. Es sei $a > b > c$, dann hat die Kugel $x^2 + y^2 + z^2 - b^2 = 0$ mit dem Ellipsoid zwei ebene Schnittkurven, die als Schnitte von Kugel und Ebene Kreise sein müssen. Durch Subtraktion der Kugelgleichung von der Ellipsoidgleichung erhält man nämlich

$$\frac{x^2}{a^2} - \frac{x^2}{b^2} + \frac{z^2}{c^2} - \frac{z^2}{b^2} = 0 \quad \text{oder} \quad \frac{z}{x} = \pm\frac{c}{a}\sqrt{\frac{a^2 - b^2}{b^2 - c^2}}$$

als Richtung der Kreisschnitte.

15. Wir denken uns die Fläche als eine Folge von zur xy-Ebene parallelen Kreisen, deren Mittelpunkte auf der z-Achse liegen und deren Radien eine solche Funktion von z sein müssen, daß die Gerade stets geschnitten wird. Den kürzesten Abstand a der Geraden von der z-Achse machen wir zur y-Achse, die Steigung nennen wir $\frac{c}{a}$. Dann ist

$$x^2 + y^2 = r^2(z); \quad y = a; \quad \frac{z}{x} = \frac{c}{a},$$

hieraus findet man für $r(z)$ die Gleichung

$$\frac{r^2 - a^2}{a^2} = \frac{z^2}{c^2} \quad \text{und damit} \quad \frac{x^2 + y^2}{a^2} - \frac{z^2}{c^2} = 1\,,$$ also ein Rotationshyperboloid.

16. Wenn ϑ der ursprüngliche Wert des Winkels ist, dann ist die gesuchte Änderung $\cot\vartheta\,[\delta(\cos^2\alpha + \cos^2\alpha') + \varepsilon(\cos^2\beta + \cos^2\beta') + \zeta(\cos^2\gamma + \cos^2\gamma')]$ $-\frac{2}{\sin\vartheta}\,[\delta\cos\alpha\cos\alpha' + \varepsilon\cos\beta\cos\beta' + \zeta\cos\gamma\cos\gamma']$.

17. Bei dem Ellipsoid seien die halben Achsen $R(1 + \alpha)$; $R(1 + \beta)$; $R(1 + \gamma)$; (α, β, γ »unendlich klein«). In einem Punkt, dessen Koordinaten x, y, z sind, ist der gesuchte Winkel

$$\frac{2}{R^2}\sqrt{(\alpha-\beta)^2x^2y^2 + (\beta-\gamma)^2y^2z^2 + (\gamma-\alpha)^2z^2x^2}\,.$$

18. Die Koordinate des gesuchten Punktes in bezug auf eine der Achsen ist das arithmetische Mittel der Koordinaten der gegebenen Punkte in bezug auf dieselbe Achse. Dies bedeutet, daß der gesuchte Punkt der Schwerpunkt des Punktsystems ist.

19. a) $A_{33} = 0$; $A_{32} = 4$; $A_{31} = 4$; $A = -16$, also Parabel mit $p = \sqrt{2}$, d. h. $w^2 = \sqrt{2}\,2t$; b) $A_{33} = 0$; $A_{32} = 0$; $A_{31} = 0$; $A = 0$; $A_{11} = A_{22} = 1$, also imaginäre Gerade; c) $A_{33} = -4$; $A_{32} = 6$; $A_{31} = -2$; $A = 8$; also Hyperbel, deren Mittelpunkt bei $x_0 = \frac{1}{2}$, $y_0 = -\frac{3}{2}$ liegt. In einem Koordinatensystem u, v, dessen Nullpunkt bei $x = \frac{1}{2}$, $y = -\frac{3}{2}$ liegt und das um 45° gegen das x,y-System gedreht ist, hat diese Hyperbel die Gleichung $u^2 - v^2 = 1$. Durch Einsetzen bestimmter x- und y-Werte in die Ausgangsgleichung (z. B. $x = 0$ oder $y = 0$) ergibt sich, welches die u- bzw. v-Achse ist.

Zu 6.7.

1. $\frac{3}{5}x\sqrt[3]{x^2} + C$. **2.** $x + \frac{1}{2}x^2 + \frac{1}{3}x^3 + \cdots + \frac{1}{n}x^n + C$.

3. $\frac{1}{2}\arctan x^2 + C$. **4.** $\frac{47}{20}a\sqrt[3]{a^2}$. **5.** $\frac{\pi}{2}$.

6. $\ln(1 + \sqrt{2})$. **7.** a) $\frac{\pi}{2} - 1$; b) $\frac{\pi}{2} + 1$. **8.** $\frac{1}{210}$.

9. $\frac{1}{p}$. **10.** $\frac{3}{2}x + \frac{7}{4}\ln|1 + 2x| + C$.

11. $(1 + x)\ln|1 + x| + (1 - x)\ln|1 - x| + C$. **12.** $\frac{2}{\sqrt{3}}\arctan\frac{1 + 2x}{\sqrt{3}} + C$.

13. $\ln|x + 1 + \sqrt{x^2 + 2x + 2}| + C$.

14. $\frac{1}{3(1-x)} + \frac{1}{6}\ln|x^2 + x + 1| - \frac{1}{3}\ln|x - 1| + \frac{\sqrt{3}}{9}\arctan\frac{2x + 1}{\sqrt{3}} + C$.

15. $\cos(\alpha - \beta)\ln(-\cot\beta) + \frac{1}{2}\pi\sin(\alpha - \beta)$. (Dies gilt indes nur so lange, wie in dem Intervall von $x = 0$ bis $x = \frac{1}{2}\pi$ der Nenner $\cos(\beta + x)$ nicht Nul wird. Wäre dies der Fall, dann würde die Funktion unter dem Integralzeichen unendlich groß werden und dabei das Vorzeichen ändern. Der Ausdruck verliert dann seine Bedeutung.)

16. $\frac{1}{2}\sin x - \frac{1}{6}\sin 3x + C$. **17.** $\frac{1}{2b}e^{a+bx^2} + C$. **18.** $\frac{1}{r}\ln\tan\frac{x + \varphi}{2} + C$.

19. $\tan x - x + C$. **20.** $x\arctan x - \frac{1}{2}\ln(1 + x^2) + C$.

21. $\frac{1}{a^2 - b^2}e^{ax}[a\cosh bx - b\sinh bx] + C$.

22. $\frac{1}{a^2 + b^2}e^{ax}[a\cos bx + b\sin bx] + C$. **23.** $\frac{1}{2}$. **24.** π. **25.** -4π.

26. $\mathfrak{C}$ erreiche bei x_1 den kleinsten, bei x_2 ihren größten x-Wert. Dann sei $\varphi(x)$ der untere, $\psi(x)$ der obere Teil von $\mathfrak{C}$, so daß gilt

$$F = \int_{x_1}^{x_2} \psi(x)\,dx - \int_{x_1}^{x_2} \varphi(x)\,dx = \int_{x_1}^{x_2} \psi(x)\,dx + \int_{x_2}^{x_1} \varphi(x)\,dx = \oint y\,dx\,.$$

Ebenso ergibt sich, wenn y_1 der kleinste, y_2 der größte y-Wert von $\mathfrak{C}$ ist, $F = -\oint x\,dy$. Entsprechend ist bei negativem Umlaufsinn

$$\oint (x\,dy - y\,dx) = -F\,.$$

Hat man eine geschlossene Kurve $\mathfrak{C}$, die von gewissen Geraden $x = \text{const}$ bzw. $y = \text{const}$ in mehr als 2 Punkten (aber in endlich vielen) geschnitten wird, so läßt sich durch Unterteilung der umschlossenen Fläche zeigen, daß die LEIBNIZsche Sektorformel trotzdem gültig bleibt.

27. Ist $x = a$ die zur Endordinate gehörende Abszisse, so ist der Inhalt $\sinh a$.

28. $F = \frac{1}{2}\oint (x\,\dot{y} - y\,\dot{x})\,dt = \frac{1}{2}\int_0^{2\pi} a\,b\,dt = \pi\,a\,b\,.$ Die Kurve ist eine Ellipse.

29. $\frac{\pi}{4}(\sinh 2\,a + 2\,a)\,.$

30. a) $S(\lambda) = 4r\left(1 - \cos\frac{\lambda}{2}\right)$, also $S(\pi) = 4r$; b) $F = \int_0^{2\pi} y\,\dot{x}\,d\lambda = 3\,\pi r^2\,.$

31. Die Anziehung in der Entfernung 1 sei $\varkappa$. Die gesuchte Arbeit ist

$$\frac{\varkappa}{m+1}\left(r_1^{m+1} - r_2^{m+1}\right).$$

32. $\frac{16}{3}\,a^3\,.$

33. $\frac{p_0 v_0}{k-1}\left[1 - \left(\frac{v_0}{v_1}\right)^{k-1}\right]$. Für $k = 1: p_0\,v_0 \ln\left(\frac{v_1}{v_0}\right)$.

34. $\frac{\pi}{2}\,a\,R^4\,.$

35. $\frac{1}{a}\int_{h_2}^{h_1} \frac{Q}{\sqrt{h}}\,dh$. Bei dem Zylinder ist Q konstant, bei dem Kegel ist $Q = ch^2$ (c konstant), bei der Kugel (Radius R) ist $Q = \pi h(2R - h)$. In diesen drei Fällen wird die Ausströmungszeit

$$\frac{2Q}{a}\left(\sqrt{h_1} - \sqrt{h_2}\right) \text{ bzw. } \frac{2c}{5a}\left(h_1^2\sqrt{h_1} - h_2^2\sqrt{h_2}\right) \text{ bzw.}$$

$$\frac{\pi}{a}\left[\frac{4}{3}R\left(h_1\sqrt{h_1} - h_2\sqrt{h_2}\right) - \frac{2}{5}\left(h_1^2\sqrt{h_1} - h_2^2\sqrt{h_2}\right)\right].$$

36. $\int x^m \sin px\,dx = -\frac{1}{p}\,x^m \cos px + \frac{m}{p}\int x^{m-1}\cos px\,dx\,.$

$\int x^m \cos px\,dx = \frac{1}{p}\,x^m \sin px - \frac{m}{p}\int x^{m-1}\sin px\,dx$; daraus z. B.

$$\int x^2 \cos px\,dx = \frac{1}{p}\,x^2 \sin px + \frac{2}{p^2}\,x\cos px - \frac{2}{p^3}\sin px\,.$$

37. $2\pi\sigma\left[1 - \frac{d}{\sqrt{d^2 + a^2}}\right].$

38. $\sigma\left\{2\pi - 8 \arcsin\left[\frac{1}{2}\sqrt{2}\frac{h}{\sqrt{h^2+\frac{1}{4}a^2}}\right]\right\}$ (arcsin im ersten Quadranten.)

39. a) Abstand des Schwerpunktes von der Seite a: $\frac{h\left(\frac{1}{3}a+\frac{2}{3}b\right)}{a+b}$;

b) Abstand von der Grundfläche: $\frac{1}{4}h\frac{r_1^2+2r_1r_2+3r_2^2}{r_1^2+r_1r_2+r_2^2}$.

40. Es ist $V = \iint z\,dx\,dy$ und $z = a + bx + cy$, die Schwerpunktskoordinaten sind

$$x_s = \frac{\iint x\,dx\,dy}{F}, \quad y_s = \frac{\iint y\,dx\,dy}{F} \quad \text{mit } F = \iint dx\,dy.$$

Inhalt des senkrecht abgeschnittenen Zylinders: $V' = F(a + bx_s + cy_s)$. Der Vergleich zeigt, daß $V' = V$ ist.

41. Wir nehmen den Schwerpunkt als Ursprung, das Lot von 0 auf die neue Achse als x-Richtung; dann ist, wenn man die Abstände von der Schwerpunktsachse mit r_s bezeichnet:

$$r^2 = r_s^2 + d^2 - 2dr_s\cos\alpha$$

(α Winkel von r mit der x-Achse). Nun ist $r_s\cos\alpha = x_s$. Bei der Bildung von $\Sigma\, mr^2$ verschwindet der Ausdruck $\Sigma\, mx_s$, weil nach Voraussetzung der Schwerpunkt in O liegt.

42. a) $\frac{1}{32}\sqrt{3}\,\sigma a^4$ und $\frac{5}{48}\sqrt{3}\,\sigma a^4$;

b) $\frac{1}{12}n\sigma r^4 \sin\frac{2\pi}{n}\left(2+\cos\frac{2\pi}{n}\right)$;

c) $\frac{1}{3}\varrho abc\,(b^2+c^2)$, usw.;

d) $\frac{1}{2}\pi\varrho r^4 h$ und $\pi\varrho r^2 h\left(\frac{1}{4}r^2+\frac{1}{3}h^2\right)$;

e) $\frac{1}{10}\pi\varrho h^5\tan^4\alpha$ und $\frac{1}{20}\pi\varrho h^5(\tan^4\alpha+4\tan^2\alpha)$;

f) $\frac{1}{2}\pi\varrho h^3\left[\frac{4}{3}r^2 - rh + \frac{1}{5}h^2\right]$ (σ Flächendichte, ϱ Raumdichte).

Zu 7.5.

1. Wir teilen das Polygon in Streifen parallel zur Schnittgeraden der beiden Ebenen. Die Länge dieser Streifen wird in der Projektion nicht verändert, dagegen erleiden die zur Schnittgeraden senkrechten Richtungen eine Verkürzung im Verhältnis $\cos\alpha$ [folgt auch unmittelbar aus (7-43)].

2. $\boldsymbol{r} = \boldsymbol{r}_\perp + \boldsymbol{r}_{||}$; $\boldsymbol{r}_\perp = (\boldsymbol{r}\cdot\boldsymbol{n})\,\boldsymbol{n}$; $\boldsymbol{n} = \frac{\boldsymbol{A}\times\boldsymbol{B}}{|\boldsymbol{A}\times\boldsymbol{B}|}$; $\boldsymbol{r}_{||} = \boldsymbol{r} - \boldsymbol{r}_\perp$

3. a) Bei der Spiegelung wechselt die zu $\boldsymbol{n}$ parallele Komponente das Vorzeichen, während die dazu senkrechte unverändert bleibt. Schreibt man die senkrechte Kompnoente $\boldsymbol{a}-(\boldsymbol{a}\cdot\boldsymbol{n})\boldsymbol{n}$, so ergibt sich für den gesuchten Vektor $\boldsymbol{v} = \boldsymbol{a} - (\boldsymbol{a}\cdot\boldsymbol{n})\boldsymbol{n} - (\boldsymbol{a}\cdot\boldsymbol{n})\boldsymbol{n} = \boldsymbol{a} - 2(\boldsymbol{a}\cdot\boldsymbol{n})\boldsymbol{n}$.
b) Da die zu $\boldsymbol{e}$ senkrechte Komponente das Vorzeichen wechselt, wird $\boldsymbol{v} = 2(\boldsymbol{a}\cdot\boldsymbol{e})\boldsymbol{e} - \boldsymbol{a}$.

4. $\cos x = \cos\left(\frac{\pi}{2}-b_1\right)\cos\left(\frac{\pi}{2}-b_2\right) + \sin\left(\frac{\pi}{2}-b_1\right)\sin\left(\frac{\pi}{2}-b_2\right)\cos(l_2-l_1)$.

5. a) $(\boldsymbol{r} - \boldsymbol{r}_0)^2 = a^2$; b) $(\boldsymbol{r} - \boldsymbol{r}_0) \cdot \boldsymbol{r} = 0$; c) $(\boldsymbol{r} - \boldsymbol{r}_0) \cdot \boldsymbol{r}_0 = 0$.

6. Der Winkel der beiden Ortsvektoren ergibt sich zu

$$\cos \vartheta = \cos \vartheta_1 \cos \vartheta_2 + \sin \vartheta_1 \sin \vartheta_2 \cos (\varphi_2 - \varphi_1),$$

also wird der Abstand $r = \sqrt{r_1^2 + r_2^2 - 2r_1r_2 \cos \vartheta}$.

7. (a, a, a); $(-a, a, -a)$; $(a, -a, -a)$; $(-a, -a, a)$.

8. Die Transformationsformel für die Koordinaten lautet $x_i = \sum\limits_{j=1}^{3} a_{ij}x'_j$ $(i = 1, 2, 3)$, wobei wegen der Orthogonalität noch (7-1) und (3-74) gelten. Der Gradient besitzt im gestrichenen Koordinatensystem nach (7-113) die Komponenten

$$\frac{\partial \Phi\ (x'_1, x'_2, x'_3)}{\partial x'_k} \quad (k = 1, 2, 3).$$

Wegen (7-7) folgt

$$\frac{\partial \Phi\ (x'_1, x'_2, x'_3)}{\partial x'_k} = \frac{\partial \Phi\ (x_1, x_2, x_3)}{\partial x'_k} = \sum_{i=1}^{3} \frac{\partial \Phi\ (x_1, x_2, x_3)}{\partial x_i} \frac{\partial x_i}{\partial x'_k} = \\ = \sum_{i=1}^{3} a_{ik} \frac{\partial \Phi\ (x_1, x_2, x_3)}{\partial x_i},$$

d. h., (7-4) ist erfüllt. Die Komponenten der Rotation werden nach (7-134) im gestrichenen System durch Ausdrücke der Form $\frac{\partial A'_k}{\partial x'_l}$ aufgebaut. Wegen (7-4) folgt

$$\frac{\partial A'_k}{\partial x'_l} = \sum_{j=1}^{3} a_{jk} \frac{\partial A_j}{\partial x'_l} = \sum_{i,j=1}^{3} a_{jk} a_{il} \frac{\partial A_j}{\partial x_i}.$$

Bildet man $\frac{\partial A'_k}{\partial x'_l} - \frac{\partial A'_l}{\partial x'_k}$ z. B. für $k = 3$, $l = 2$ und nutzt (3-74) aus, so folgt wie in (7-42), daß $(\operatorname{rot} \boldsymbol{A})_1$ die Komponente eines Pseudovektors ist.

9. a) $2\pi A$; b) 0; $\operatorname{rot} \boldsymbol{A} = 0$; $\boldsymbol{A}$ ist bei $x = y = 0$ nicht differenzierbar, deshalb existiert im Fall a) (7-136) nicht.

10. $\operatorname{grad} \frac{1}{r} = -\frac{\boldsymbol{r}}{r^3}$; $\quad (\boldsymbol{A} \cdot \nabla)\, \boldsymbol{r} = \boldsymbol{A}$; $\quad \operatorname{rot} r^n \boldsymbol{r} = 0$; $\quad \operatorname{div} (r^n \boldsymbol{r}) = (n+3)\, r^n$; $\quad \Delta \frac{1}{r} = 0$.

11. $\operatorname{rot} \boldsymbol{A} = \operatorname{grad} A \times \boldsymbol{t} + (\boldsymbol{t} \cdot \operatorname{rot} \boldsymbol{t})\, A\boldsymbol{t} + \frac{A}{\varrho} \boldsymbol{b}$.

12. $\mathsf{A} = \begin{pmatrix} & x_1x_2 \\ -x_2x_1 & \end{pmatrix}$. $\mathsf{AB} = (x_1u_1 - x_2u_2)\, \boldsymbol{\delta} + (x_2u_1 + x_1u_2)\, \boldsymbol{\varepsilon}$, $\mathsf{A} + \mathsf{B} = (x_1 + u_1)\, \boldsymbol{\delta} + (x_2 + u_2)\, \boldsymbol{\varepsilon}$ also ebenso wie (1-99, 1-100). Außerdem ist $\boldsymbol{\varepsilon\varepsilon} = -\boldsymbol{\delta}$. Ersetzt man $\boldsymbol{\delta}$ durch 1, $\boldsymbol{\varepsilon}$ durch $\sqrt{-1} = i$, so geht A in eine komplexe Zahl über. Komplexe Zahlen lassen sich demnach als Koordinatentensoren interpretieren. Das Rechnen mit komplexen Zahlen entspricht also einer *Tensorrechnung*. Nur Addition und Subtraktion lassen sich »zufällig« vektoriell ausführen!

13. $\sqrt{g} = \frac{1}{\sqrt{g_{\text{rez.}}}}$.

14. $x^k = \sum\limits_{i=1}^{3} b^k_i u^i$ mit $b^k_i = \text{const}$ liefert

$$\boldsymbol{a}_i = b^1_i \boldsymbol{i} + b^2_i \boldsymbol{j} + b^3_i \boldsymbol{k}, \quad \text{also}$$

$$\boldsymbol{a}_i \cdot \boldsymbol{a}_j = g_{ij} = \sum_{k=1}^{3} b^k_i b^k_j = \text{const}.$$

15. $\boldsymbol{B} \times \boldsymbol{C} = \sqrt{g} \begin{vmatrix} \boldsymbol{a}^1 \boldsymbol{a}^2 \boldsymbol{a}^3 \\ b^1 b^2 b^3 \\ c^1 c^2 c^3 \end{vmatrix}$.

16. $h_1 \dfrac{du^1}{A_1} = h_2 \dfrac{du^2}{A_2} = h_3 \dfrac{du^3}{A_3}$, also in Zylinderkoordinaten

$$\frac{d\varrho}{B_\varrho} = \varrho \frac{d\varphi}{B_\varphi} = \frac{dz}{B_z} \quad \text{und speziell} \quad z = \frac{c}{a} \varphi + z_0 .$$

17. $y^2 + (x - a \coth \xi)^2 = \dfrac{a^2}{\sinh^2 \xi}$; $x^2 + (y - a \cot \eta)^2 = \dfrac{a^2}{\sin^2 \eta}$, also zwei Scharen von Kreisen, deren Mittelpunkte längs der x- bzw. y-Achse verschoben werden. Die Kreise der letzteren Schar gehen alle durch $x = \pm a$, so daß man von Bipolar-Koordinaten spricht

$$h_\xi = h_\eta = \frac{a}{\cosh \xi - \cos \eta}, \quad h_z = 1 .$$

18. $\boldsymbol{v} = \dfrac{\Gamma}{2\pi [(x - x_0)^2 + (y - y_0)^2]} [-(y - y_0) \boldsymbol{i} + (x - x_0) \boldsymbol{j}]$.

Zu 8.7.

1. $\dfrac{g_{n+1}}{g_n} < \dfrac{(\ln n)^n}{(\ln n)^{n+1}} = \dfrac{1}{\ln n} < 0{,}75$ für $n \geqq 4$, also konvergent.

2. a) $2\left(1 + \dfrac{1 \cdot 3}{2 \cdot 4} x^4 + \dfrac{1 \cdot 3 \cdot 5 \cdot 7}{2 \cdot 4 \cdot 6 \cdot 8} x^8 + \cdots\right)$, $(|x| < 1)$;

b) $\sum\limits_{\nu=0}^{\infty} \dfrac{x^{2\nu}}{(2\nu)!}$, $(|x| < \infty)$;

c) $\dfrac{1}{2} \sin 2x = x - \dfrac{2^2}{3!} x^3 + \dfrac{2^4}{5!} x^5 - \cdots$, $(|x| < \infty)$;

d) $\alpha x + \dfrac{\alpha^3}{3} x^3 + \dfrac{2}{15} \alpha^5 x^5 + \dfrac{17}{315} \alpha^7 x^7 + \cdots$, $\left(|x| < \dfrac{\pi}{2\alpha}\right)$;

e) nach (8-21) $\sum\limits_{\nu=1}^{\infty} \dfrac{1}{2\nu - 1} x^{2\nu - 1}$, $(|x| < 1)$;

f) nach (8-20) $\ln x = \sum\limits_{\nu=1}^{\infty} (-1)^{\nu-1} \dfrac{(x-1)^\nu}{\nu}$, $(0 < x \leqq 2)$;

g) $-\dfrac{x^2}{2} - \dfrac{x^4}{12} - \dfrac{x^6}{45} - \dfrac{17}{2520} x^8 - \cdots$, $\left(|x| < \dfrac{\pi}{2}\right)$;

h) Da $\sin 0 = 0$ ist, so ist um $x = 0$ keine Entwicklung nach steigenden Potenzen von x möglich. Dagegen kann z. B. um $x = \dfrac{\pi}{2}$ entwickelt werden;

i) $\ln x - \dfrac{1}{6} x^2 - \dfrac{1}{180} x^4 - \dfrac{1}{2835} x^6 - \cdots$, $(|x| < \pi)$.

3. $T = 2\pi \sqrt{\dfrac{l}{g}} \left(1 + \left(\dfrac{1}{2}\right)^2 \sin^2 \dfrac{\alpha}{2} + \left(\dfrac{1 \cdot 3}{2 \cdot 4}\right)^2 \sin^4 \dfrac{\alpha}{2} + \left(\dfrac{1 \cdot 3 \cdot 5}{2 \cdot 4 \cdot 6}\right)^2 \sin^6 \dfrac{\alpha}{2}\right)$.

4. $(x - l)^2 = \dfrac{1}{3} l^2 + \sum\limits_{\nu=1}^{\infty} \left(\dfrac{2l}{\pi\nu}\right)^2 \cos \dfrac{\nu\pi}{l} x$ konvergiert für alle x-Werte gleichmäßig. Für $x = 0$ folgt

$$\frac{\pi^2}{6} = \sum_{\nu=1}^{\infty} \frac{1}{\nu^2}.$$

5. $(x - l) = -\sum_{\nu=1}^{\infty} \frac{2l}{\pi\nu} \sin\frac{\nu\pi}{l} x$ liefert für $l = \pi$, $x = \frac{\pi}{2}$: $\frac{\pi}{4} = 1 - \frac{1}{3} + \frac{1}{5} - + \cdots$;

Integration von 0 bis x in $[0,2l]$ ergibt $\frac{1}{3}(x - l)^3 + \frac{l^3}{x} = \frac{1}{3} l^2 x$

$+ \sum_{\nu=1}^{\infty} 4\left(\frac{l}{\pi\nu}\right)^3 \sin\frac{\nu\pi}{l} x$ und liefert für $l = \pi$, $x = \frac{\pi}{2}$: $\frac{\pi^3}{24} = 1 - \frac{1}{3^3} + \frac{1}{5^3} - + \cdots$.

6. $$s(x) = \frac{C}{2} + \frac{C}{\pi} \sum_{\nu=1}^{\infty} \frac{1}{\nu}[(-1)^\nu - 1] \sin\frac{\nu\pi}{l} x$$

$$= \frac{C}{2} - \frac{2C}{\pi} \sum_{\mu=0}^{\infty} \frac{\sin(2\mu+1)\frac{\pi}{l} x}{2\mu+1}.$$

Für $x = -l, 0, +l$ ist $s(x) = \frac{C}{2}$.

7. Nein.

8. Orthogonal, aber nicht normiert; $K_\nu = \frac{2}{2\nu + 1}$ (LEGENDREsche Polynome).

9. Orthogonal und normiert nur in $[0,1]$ (BERNOULLIsche Polynome).

10. Nach (8-120) ist $|F|^2 = F F^* = \frac{1}{4\pi^2} \frac{\alpha^2 + k^2}{(\omega^2 + \alpha^2 + k^2)^2 - 4\omega^2 k^2}$.

11. Nach (8-122, 8-123) ist $a(k) = 0$ und

$$b(k) = 2\frac{k \sin\omega T \cos kT - \omega \cos\omega T \sin kT}{\pi(\omega^2 - k^2)}.$$

12. a) $F(k) = \frac{1}{\sqrt{2\pi}} e^{-\alpha|k|}$; b) $F(k) = \frac{1}{\sqrt{2\pi}} e^{-\frac{1}{4}\cdot\beta^2 k^2}$.

13. a) $J = \frac{\alpha + \gamma}{\pi[x^2 + (\alpha + \gamma)^2]}$; b) $J = \frac{1}{\sqrt{\pi}(\beta + \gamma)} e^{-\left(\frac{x}{\beta+\gamma}\right)^2}$.

14. Einer Punkladung e am Ort x_0 kann man $e\delta(x - x_0)$ als Raumladungsdichte zuordnen, d. h. nach (8-128, 8-133) das Funktional $e\delta_{x_0}(f) = ef(x_0)$. Entsprechend wird das Punktladungspaar durch das Funktional $e(\delta_{x_0+l}(f) - \delta_{x_0}(f)) = e(f(x_0 + l) - f(x_0))$ beschrieben. Wegen $f'(x_0) = \lim_{l\to 0} \frac{f(x_0 + l) - f(x_0)}{l}$ ist dann $el\, f'(x_0)$ dem Dipol am Ort x_0 zuzuordnen, nach (8-136) also die Raumladungsdichte $-p\delta'(x - x_0)$. Man vgl. hiermit auch eine graphische Darstellung der nach (8-138) für $\delta'(x - x_0)$ benutzten Folge. Für einen Dipol mit beliebiger Richtung des Dipolmoments $\boldsymbol{p}$ an der Stelle $\boldsymbol{r}_0$ ergibt sich die Raumladungsdichte

$$-(\boldsymbol{p}\cdot\nabla)\delta(\boldsymbol{r} - \boldsymbol{r}_0).$$

Zu 9.3.

1. $\frac{\partial u}{\partial r} = \frac{1}{r}\frac{\partial v}{\partial\varphi}, \frac{\partial v}{\partial r} = -\frac{1}{r}\frac{\partial u}{\partial\varphi}$.

2. $u + iv = \sin(x + iy) = \sin x \cosh y + i \cos x \sinh y$; $u = \sin x \cosh y$;

$v = \cos x \sinh y$. Elimination von x bzw. y ergibt

$$\frac{u^2}{\cosh^2 y} + \frac{v^2}{\sinh^2 y} = 1\,, \qquad \frac{u^2}{\sin^2 x} - \frac{v^2}{\cos^2 x} = 1\,.$$

Die Netzgeraden $x = \text{const}$ und $y = \text{const}$ bilden sich als konfokale Ellipsen und Hyperbeln ab, da z. B. für die Ellipsen $b^2 - a^2 = e^2 = 1$ für jeden Wert von y wird.

3. Die Strömung wird durch eine Quelle der Stärke m bei z_1 und eine Senke gleicher Stärke bei z_2 gekennzeichnet. Mit $z - z_2 = \zeta$ und $z_2 - z_1 = \Delta z = -\zeta_1$ folgt $U + iV = m[\ln(\zeta - \zeta_1) - \ln \zeta]$. Wegen $m\,\Delta z = -m\zeta_1 = -\mu = \text{const}$ ergibt $\zeta_1 \to 0$ infolge (9-3): $U + iV = -\mu \dfrac{\mathrm{d}\, ln\, \zeta}{\mathrm{d}\,\zeta} = -\dfrac{\mu}{z - z_2}$. In bezug auf das kartesische Koordinatensystem ξ, η, dessen Nullpunkt in z_2 liegt, hat diese Strömung für reelles μ das Potential $U = -\dfrac{\mu}{\varrho} \cos \varphi$ und die Stromfunktion $V = \dfrac{\mu}{\varrho} \sin \varphi$. Demnach sind die Stromlinien $\varrho = C \sin \varphi$ Kreise mit Durchmesser C, deren Mittelpunkte auf der η-Achse liegen und durch z_2 gehen. Aus $f'(\zeta) = \dfrac{\mu}{\zeta^2} = \dfrac{\mu}{\varrho^2}(\cos 2\varphi - i \sin 2\varphi)$ folgt $v_\xi = \dfrac{\mu}{\varrho^2} \cos 2\varphi$ und $v_\eta = \dfrac{\mu}{\varrho^2} \sin 2\varphi$. Diese Strömung stammt aus der bei z_2 liegenden Quelle, die man *Dipolquelle* nennt.

4. Bei z_0 befinde sich eine Dipolquelle, deren Potential durch $-\dfrac{\mu}{z - z_0}$, $(\mu > 0)$ bestimmt ist. Eine bei z_1 liegende Dipolquelle, deren Potential durch $\dfrac{\mu}{z - z_1}$ gegeben sei, wird nach z_0 verschoben. Mit $\zeta = z - z_0$ und $z_0 - z_1 = \zeta_1$ ist $U + iV = \mu\left(\dfrac{1}{\zeta + \zeta_1} - \dfrac{1}{\zeta}\right)$, also liefert $U + iV = -\dfrac{\sigma}{(z - z_0)^2}$, $(\mu\zeta_1 = \sigma = \text{const})$ das Potential $U = -\dfrac{\sigma}{\varrho^2} \cos 2\varphi$ und die Stromfunktion $V = \dfrac{\sigma}{\varrho^2} \sin 2\varphi$ für eine Quadrupolquelle bei z_0, die eine Strömung $v_\xi = \dfrac{2\sigma}{\varrho^3} \cos 3\varphi$, $v_\eta = \dfrac{2\sigma}{\varrho^3} \sin 3\varphi$ zur Folge hat.

5. Drückt man $\cos x$ durch e^{ix} aus und führt $e^{ix} = z$ ein, so ergibt sich

$$J = -\frac{b}{4\pi i} \oint \frac{(z-1)^2\,\mathrm{d}z}{z\left[\frac{b^2}{4} z^4 + abz^3 + \left(1 + a^2 + \frac{b^2}{2}\right) z^2 + abz + \frac{b^2}{4}\right]}\,,$$

wobei das Integral längs des Einheitskreises zu erstrecken ist.
Nullstellen des Nenners sind

$$z_0 = 0;\; z_1 = -\frac{(a + i) + \sqrt{a^2 - b^2 - 1 + 2ai}}{b}\,;$$

$$z_2 = -\frac{(a + i) + \sqrt{a^2 - b^2 - 1 - 2ai}}{b}\,;$$

$$z_3 = -\frac{(a - i) - \sqrt{a^2 - b^2 - 1 - 2ai}}{b}\,;$$

$$z_4 = -\frac{(a + i) - \sqrt{a^2 - b^2 - 1 + 2ai}}{b}\,.$$

z_0, z_1, z_2 liegen innerhalb des Einheitskreises; setzt man

$$z_1 = \varrho e^{i\varphi}, \quad z_2 = \varrho e^{-i\varphi}, \quad z_3 = \frac{e^{-i\varphi}}{\varrho}, \quad z_4 = \frac{e^{i\varphi}}{\varrho}, \quad \text{so wird} \quad J = \frac{4\varrho^2}{b\,(1 - \varrho^2)}\,,$$

wobei sich ϱ berechnet aus

$$\varrho^2 = \frac{1}{b^2}\left[\sigma^2 - 2\sigma\,(a \cos \psi + \sin \psi) + a^2 + 1\right],$$

$$\text{mit} \quad \tan 2\psi = \frac{a}{a^2 - b^2 - 1}\,, \quad \sigma = \sqrt[4]{(a^2 - b^2 - 1)^2 + 4a^2}\,.$$

6. $f(z)=\dfrac{1}{a+z^4}$ hat 4 Pole erster Ordnung

$$z=\pm b\mathrm{e}^{\pm i\frac{\pi}{4}}, \quad \left(b=\sqrt[4]{a}\right), \quad \text{von denen nur zwei, nämlich}$$

$$z_1=b\mathrm{e}^{i\frac{\pi}{4}} \quad \text{und} \quad z_2=-b\mathrm{e}^{-i\frac{\pi}{4}}, \quad \text{in der oberen Halbebene liegen.}$$

Nach (9-45) liefert (9-49):

$$\int_{-\infty}^{+\infty}\frac{\mathrm{d}x}{a+x^4}=\frac{2\pi\mathrm{i}}{4b^3}\left(\mathrm{e}^{-i\frac{3\pi}{4}}-\mathrm{e}^{i\frac{3\pi}{4}}\right)=\frac{\pi}{\sqrt{2}\,b^3}, \quad \text{also} \quad \int_0^{\infty}\frac{\mathrm{d}x}{a+x^4}=\frac{\pi}{2\sqrt{2}\,a^{\frac{3}{4}}},$$

7. $(\sin a)^{-2}$

8. Hat $f(z)$ an der Stelle $z=\alpha_1$ eine Nullstelle n_1-ter Ordnung, so beginnt die TAYLORsche Entwicklung in der Umgebung von α_1 nach (9-44) mit $f(z)=(z-\alpha_1)^{n_1}g(z)$, wobei $g(z)=\dfrac{1}{n_1!}f^{(n_1)}(\alpha_1)\neq 0$ und holomorph ist. Hiermit folgt

$$\frac{f'(z)}{f(z)}=-\frac{n_1}{z-\alpha_1}+\frac{g'(z)}{g(z)}.$$

Hat $f(z)$ an der Stelle $z=\beta_1$ einen Pol p_1-ter Ordnung, so beginnt die LAURENTsche Entwicklung in der Umgebung von β_1 nach (9-39) mit $f(z)=(z-\beta_1)^{-p_1}h(z)$, wobei $h(z)$ regulär ist. Demnach ist

$$\frac{f'(z)}{f(z)}=-\frac{p_1}{z-\beta_1}+\frac{h'(z)}{h(z)}.$$

$\dfrac{f'(z)}{f(z)}$ hat also bei $z=\alpha_1$ einen einfachen Pol mit dem Residuum n_1 und bei $z=\beta_1$ einen einfachen Pol mit dem Residuum $-p_1$. Für mehrere Nullstellen $\alpha_1,\alpha_2,\ldots$ und Pole $p_1,p_2,\ldots$ liefert der Residuensatz (9-47) direkt (9-93).

9. Analog zu (9-49).

10. Da $F(s)$ die Form $\dfrac{\varphi(s)}{\psi(s)}$ hat und $\psi(s)$ einfache Nullstellen bei $s_0=0$; $s_1=-1$; $s_2=-2$; $s_3=-3$, so liefert (9-94) mit (9-45):

$$f(t)=\sum_{s_l=0}^{-3}\frac{1}{4s_l^3+18s_l^2+22\,s_l+6}\,\mathrm{e}^{s_lt}=\frac{1}{6}-\frac{1}{2}\mathrm{e}^{-t}+\frac{1}{2}\mathrm{e}^{-2t}-\frac{1}{6}\mathrm{e}^{-3t}.$$

Zu 10.6.

1. a) $\ln\left(\dfrac{x}{y}\right)+\dfrac{1}{2}(x^2+y^2)=C;$ b) $\cos y=C\cos x;$

c) $\displaystyle\int\frac{\mathrm{d}x}{\psi(x)}+\int\frac{\mathrm{d}y}{\varphi(y)}=C;$ d) $2x^2y^2+x^4=C;$

e) $\dfrac{x}{y}+\ln y=C;$ f) $(y+2x)^3(y+x)^2=C$ [1].

---

[1] Will man durch Einsetzen die Richtigkeit prüfen, so wendet man am besten die »*logarithmischen Differentiation*« an, ein Verfahren, das oft viel Zeit spart. Man logarithmiere zunächst f):

$$3\ln(y+2x)+2\ln(y+x)=\ln C$$

und differenziere dann erst:

$$\frac{3\left(\frac{\mathrm{d}y}{\mathrm{d}x}+2\right)}{y+2x}+\frac{2\left(\frac{\mathrm{d}y}{\mathrm{d}x}+1\right)}{y+x}=0.$$

Wie man leicht nachrechnet, ist dies die ursprüngliche Differentialgleichung

2. a) $y = Ce^x + C'e^{4x}$; c) $y = Ce^x + C'e^{4x} + \frac{1}{16}(4x + 5)$;

c) $y = C \sin x + C' \cos x + x$; d) $y = (Cx + C')\,e^{-x}$.

3. Nach Abb. 44 gilt: Subnormale $= y\dfrac{dy}{dx}$. Die gesuchten Kurven sind also charakterisiert durch $yy' = p$ oder $y\,dy = p\,dx$. Die Lösung ist $y^2 = 2px + C$. Die Kurven sind demnach Parabeln, bei denen der Brennpunkt auf der Abszisse um die Strecke $\frac{p}{2}$ vom Scheitel entfernt ist, wobei der Scheitelpunkt eine beliebige Lage auf der x-Achse hat.

4. Beim Kreis.

5. Bei der logarithmischen Spirale.

6. Gleichung der Evolute (wegen der Vorzeichen zeichne man sich eine Figur mit positivem y'):

$$\left.\begin{aligned} \xi &= x - \varrho \sin\varphi \\ \eta &= f(x) + \varrho \cos\varphi \end{aligned}\right\} \quad \text{mit} \quad \tan\varphi = y'; \qquad \varrho = \frac{(1 + y'^2)^{3/2}}{y''}.$$

Für die Parabel wird

$$\xi = 3x + p, \quad \eta = -\sqrt{\frac{8x^3}{p}},$$

also

$$27\,p\eta^2 = 8\,(\xi - p)^3$$

oder nach Verschiebung des Koordinatensystems $\eta^2 = \text{const}\ \xi^3$. Da der Krümmungsmittelpunkt als Schnitt zweier benachbarter Normalen entsteht, sieht man leicht ein, daß die Evolute von den Normalen der ursprünglichen Kurve umhüllt wird. Daraus sieht man, daß die Tangenten der Evolute die Normalen der Evolvente sind. So erklärt sich sofort die Fadenkonstruktion der Evolvente, denn bei der Abwicklung ist der Drehpunkt der Fadenrichtung der Berührungspunkt, alle Punkte des Fadens beschreiben daher zur Fadenrichtung senkrechte Kurven. Analytisch erhält man die Evolventengleichung für eine Kurve $f(x)$ folgendermaßen:

Normalengleichung für die Stelle $y = f(x)$ (vgl. 5-16):

$$(\eta - y) = -\frac{1}{\eta'}(\xi - x) \quad \text{oder} \quad \xi + \eta\eta' = x + \eta' f(x).$$

Dazu die Beziehung zwischen Tangente an $y = f(x)$ und Normale von $\eta = g(\xi)$

$$\eta' = -\frac{1}{f'(x)} = h(x).$$

Entnimmt man $f'(x)$ durch Differenzieren der gegebenen Kurvengleichung, so stellt die zweite Gleichung eine Beziehung zwischen x und η' dar. Drückt man also x durch η' aus und setzt diesen Ausdruck in die erste Gleichung ein, so erhält man eine *Differential*gleichung zwischen ξ und η, woraus folgt, daß es eine ganze Evolventen*schar* gibt.

Bei der Kettenlinie wird $f'(x) = \sinh ax = \frac{1}{2}(e^{ax} - e^{-ax})$. Setzt man $e^{ax} = t$, so kann man x durch η' ausdrücken:

$$\frac{1}{2}\left(t - \frac{1}{t}\right) = -\frac{1}{\eta'},$$

woraus folgt (t nur $\geqq 0$ möglich):

$$t = \frac{1}{\eta'}\left[\sqrt{1 + \eta'^2} - 1\right]; \quad \frac{1}{t} = \frac{1}{\eta'}\left[\sqrt{1 + \eta'^2} + 1\right].$$

Die Differentialgleichung, die sich so ergibt, sieht ziemlich schlimm aus:

$$\xi + \eta\eta' = \frac{1}{a}\left[\sqrt{1 + \eta'^2} + \ln\frac{\sqrt{1 + \eta'^2} - 1}{\eta'}\right].$$

Man kann jedoch durch Differenzieren eine bequemere Gleichung zwischen ξ und η' erhalten, mit deren Hilfe man findet:

$$\xi = \frac{1}{a}\left(\cos\varphi + \ln\tan\frac{\varphi}{2}\right) - C\sin\varphi;$$

$$\eta = \frac{1}{a}\sin\varphi + C\cos\varphi; \quad \tan\varphi = \eta'.$$

Für $C = 0$ läßt sich φ leicht eliminieren. Die zu $C = 0$ gehörende Kurve hat in der Geometrie eine gewisse Bedeutung, sie heißt *Traktrix*.

7. $\varrho = C\mathrm{e}^{-\frac{g}{a}z}; \quad p = aC\mathrm{e}^{-\frac{g}{a}z}.$

8. $h_1 = \frac{S_1}{S_1 + S_2} H_1 + \frac{S_2}{S_1 + S_2}\left[H_2 + (H_1 - H_2)\,\mathrm{e}^{-a\frac{S_1+S_2}{S_1 S_2}t}\right].$

9. Aus (10-50) ergibt sich

$$y(x) = \frac{1}{13}(\mathrm{e}^{-2x} + 38\,\mathrm{e}^{x}\cos 2x) - \frac{49}{26}\mathrm{e}^{x}\sin 2x,$$

10. Mit Hilfe der LAPLACE-Transformation ergibt sich das System

$$(s^2+2)\,Y(s) - sX(s) = \frac{4}{s^2} - 1, \quad sY(s) + (s^2+2)\,X(s) = s,$$

dessen Lösung

$$Y(s) = \frac{2}{s^2} - \frac{2}{s^2+1}; \quad X(s) = -\frac{1}{s} + \frac{2s}{s^2+1}$$

liefert. Durch Rücktransformation erhält man

$$y(t) = 2\,(t - \sin t); \quad x(t) = 2\cos t - 1.$$

11. Wähle in (10-116) für $\mathfrak{C}$ den Einheitskreis $t = e^{i\vartheta}$, $(-\pi \leqq \vartheta \leqq \pi)$, so folgt

$$J_n(z) = \frac{1}{2\pi}\int_{-\pi}^{\pi} \mathrm{e}^{i(n\vartheta - z\sin\vartheta)}\,\mathrm{d}\vartheta.$$

Zerlegt man das Integral in 2 Integrale: $0\ldots\pi$ bzw. $-\pi\ldots 0$ und ersetzt im zweiten Integral ϑ durch $-\vartheta$, so ergibt sich das BESSELsche Integral.

12. a) Folgt für $\zeta = \mathrm{e}^{i\vartheta}$ und $z = x$ aus (10-115). Für $\vartheta = \frac{\pi}{2}$ ergibt sich wegen (10-104) $\mathrm{e}^{ix} = J_0(x) + 2\sum_{n=0}^{\infty} i^n J_n(x)$ und hieraus nach der EULERschen Formel b) bzw. c).

13. $\frac{1}{R} = \frac{1}{r}\sum_{\nu=0}^{\infty}\left(\frac{a}{r}\right)^{\nu} P_\nu(\cos\vartheta), \quad (a < r).$

14. $\frac{e_1}{R_1} + \frac{e_2}{R_2} = \sum_{\nu=0}^{\infty}\frac{M_\nu}{r^{\nu+1}},$

wobei $M_\nu = (e_1 a_1^\nu + e_2 a_2^\nu)\,P_\nu(\cos\vartheta)$ als *Multipolentwicklung* bezeichnet wird. Für $e_1 = -e_2$ und $a_2 - a_1 = d$ ist nämlich $M_0 = e_1 + e_2$ (Stärke der Monopole); $M_1 = e_2 d\cdot\cos\vartheta$ (Stärke der Dipole); $M_2 = e_2 d\cdot\frac{(a_1 + a_2)}{2}(3\cos^2\vartheta - 1)$ (Stärke der Quadrupole) usw.

Zu 11.7.

1. $\Delta U = \frac{\partial^2 U}{\partial r^2} + \frac{n-1}{\partial r}\frac{\partial U}{\partial r} = 0;$

für $n = 1$: $U = ar + b$; für $n = 2$: $U = a \ln r + b$; für $n = 3$: $U = -\frac{a}{r} + b$.

2. $\frac{\partial^2 U}{\partial r^2} + \frac{2}{r}\frac{\partial U}{\partial r} = \frac{1}{r}\frac{\partial^2(rU)}{\partial r^2} = \frac{1}{c^2}\frac{\partial^2 U}{\partial t^2}$. Für $r\,U(r, t) = \psi(r, t)$ ergibt sich eine Gleichung der Form (11-18). Die allgemeine Lösung (11-22) lautet hier $U(r,t) = \frac{1}{r}\psi_1(r-ct) + \frac{1}{r}\psi_2(r+ct)$. Die entsprechende zweidimensionale Wellengleichung $\frac{1}{r}\frac{\partial}{\partial r}\left(r\frac{\partial U}{\partial r}\right) = \frac{1}{c^2}\frac{\partial^2 U}{\partial t^2}$ läßt sich *nicht* auf die Form (11-18) bringen, d. h., die allgemeine Lösung läßt sich *nicht* durch Superposition einer ein- und einer auslaufenden Welle darstellen.

3. a) Für die unendlich ausgedehnte Saite ist (11-24) die Lösung. Da für die eingespannte Saite $F(x)$ und $H(x)$ nur im Intervall $0 \leqq x \leqq l$ bekannt sind, versuchen wir eine Ergänzung dieser Funktionen für alle anderen x-Werte, die natürlich so beschaffen sein muß, daß die Randbedingungen bei $x = 0$ und $x = l$ zu jeder Zeit erfüllt sind. Wegen dieser Bedingungen ist nach (11-22) für $x = 0$ und $x = l$, wenn $ct = y$ gesetzt wird:

$$U_1(-y) + U_2(y) = 0; \quad U_1(l-y) + U_2(l+y) = 0.$$

Hieraus folgt $U_2(2nl + y) = -U_1(2l[1-n]-y) = U_2([n-1]2l + y)$ für $n = 0, 1, 2, \ldots$ Schließlich also $U_2(2nl + y) = U_2(y)$ und analog $U_1(2nl + y) = U_1(y)$. Ferner ergibt sich $U_2([2n+1]l + y) = U_2([2n-1]l + y) = U_2(-l + y)$, also $U_2([2n+1]l + y) = -U_1(l-y)$ und analog $U_1([2n+1]l + y) = -U_2(l-y)$. Damit läßt sich nun $F(x)$ und $H(x)$ über $0 \leqq x \leqq l$ hinaus ergänzen. Aus $F(x) = U_1(x) + U_2(x)$ folgt $F(x) = -F(x)$; $F(2nl + x) = F(x)$; $F([2n+1]l + x) = -F(l-x)$.

Aus $J(x) = \int_0^x H(\varepsilon)\,d\varepsilon = c[U_2(x) - U_1(x)]$ folgt $J(-x) = J(x)$; $J(2nl + x) = J(x)$; $J([2n+1]l + x) = J(l-x)$. Damit liefert (11-24) im Zeitintervall $ct = 2nl + \zeta$, $(0 \leqq \zeta \leqq l)$ die Lösung ($n = 0, 1, 2, \ldots$):

$$U\left(x, \frac{2nl+\zeta}{c}\right) = \frac{1}{2}[F(x-\zeta) + F(x+\zeta)] + \frac{1}{2c}\int_{x-\zeta}^{x+\zeta} H(\varepsilon)\,d\varepsilon.$$

Zum Beispiel für $\zeta = 0$ ist $U\left(x, \frac{2nl}{c}\right) = F(x)$ und für $\zeta = l$ folgt $U\left(x, \frac{[2n+1]l}{c}\right) = -F(l-x)$. Man skizziere sich für ein willkürlich angenommenes $F(x)$, das nur $F(0) = F(l) = 0$ erfüllen muß, die Funktion $-F(l-x)$.

b) Nach (11-107) ist $U_k(x,t) = (a \cos kx + b \sin kx)(A \cos kct + B \sin kct)$. $U_k(0,t) = 0$ verlangt $a = 0$ und $U_k(l,t) = 0$ erfordert $\sin kl = 0$, also $k = \frac{\pi m}{l}$, wobei $m = \pm 1, \pm 2, \ldots$ sein kann. Der Fall $m = 0$ liefert nur die triviale Lösung $U(x,t) = 0$. Demnach ist

$$U(x, t) = \sum_{m=1}^{\infty}\left(A_m \cos\frac{\pi m}{l}ct + B_m \sin\frac{\pi m}{l}ct\right)\sin\frac{\pi m}{l}x,$$

wobei wir nur die positiven Werte von m zu benutzen brauchen, da die negativen Werte für $B_{-m} = B_m$, $A_{-m} = -A_m$ die gleiche Lösung liefern. Dann ist

$$F(x) = U(x, 0) = \sum_{m=1}^{\infty} A_m \sin\frac{\pi m}{l}x$$

und

$$H(x) = U_t(x, 0) = \sum_{m=1}^{\infty} B_m \frac{\pi m c}{l}\sin\frac{\pi m}{l}x.$$

Für diese FOURIERschen Reihenentwicklungen der Anfangsfunktionen wissen wir, wie die Koeffizienten A_m, B_m zu berechnen sind. Nach (8-42) ist

$$A_m = \frac{2}{l}\int_0^l F(x)\sin\frac{m\pi}{l}x\,\mathrm{d}x; \qquad B_m = \frac{2}{\pi mc}\int_0^l H(x)\sin\frac{m\pi}{l}x\,\mathrm{d}x.$$

Damit haben wir in der Lösung die Koeffizienten auf die Anfangsfunktionen zurückgeführt. Man findet wieder $U\left(x, \frac{2ml}{c}\right) = F(x)$ und wegen $\sin\frac{m\pi}{l}([2n+1]l - x) = -\cos m\pi[2n+1]$ $\sin\frac{m\pi}{l}x$ auch $U\left(x, \frac{[2n+1]l}{c}\right) = -F(l-x)$.

4. Setze in (11-95) $\varrho(\boldsymbol{r}) = 4\pi(\boldsymbol{p}\cdot\nabla)\,\delta(\boldsymbol{r}-\boldsymbol{r}_0)$ ein. Da durch partielle Integration z. B.

$$-\int\frac{\partial\delta(\boldsymbol{r}'-\boldsymbol{r}_0)}{\partial x'}\frac{p_1}{|\boldsymbol{r}-\boldsymbol{r}'|}\delta x' = \int\delta(\boldsymbol{r}'-\boldsymbol{r}_0)p_1\frac{\partial|\boldsymbol{r}-\boldsymbol{r}'|^{-1}}{\partial x'}\mathrm{d}x' =$$

$$= \int\partial(\boldsymbol{r}'-\boldsymbol{r}_0)\frac{p_1(x-x')}{|\boldsymbol{r}-\boldsymbol{r}'|^3} = p_1\frac{x-x_0}{|\boldsymbol{r}-\boldsymbol{r}_0|^3}\text{ folgt [vgl. auch (8-136)],}$$

ergibt sich

$$U(\boldsymbol{r}) = \boldsymbol{p}\cdot\frac{\boldsymbol{r}-\boldsymbol{r}_0}{|\boldsymbol{r}-\boldsymbol{r}_0|^3}.$$

Das elektrische Feld findet man nach (7-155) wegen $\operatorname{rot}\frac{\boldsymbol{r}-\boldsymbol{r}_0}{|\boldsymbol{r}-\boldsymbol{r}_0|^3} = 0$ und $\operatorname{grad}\frac{1}{|\boldsymbol{r}-\boldsymbol{r}_0|^3} = -3\frac{\boldsymbol{r}-\boldsymbol{r}_0}{|\boldsymbol{r}-\boldsymbol{r}_0|^5}$ zu $\boldsymbol{E} = -\operatorname{grad} U = 3\frac{\boldsymbol{r}-\boldsymbol{r}_0}{|\boldsymbol{r}-\boldsymbol{r}_0|^5}(\boldsymbol{p}\cdot(\boldsymbol{r}-\boldsymbol{r}_0)) - \frac{\boldsymbol{p}}{|\boldsymbol{r}-\boldsymbol{r}_0|^3}$.

5. Nach (11-63) und (11-99) ist $U_{\varrho\varrho} + \frac{1}{\varrho}U_\varrho = \frac{1}{c^2}U_{tt}$ zu lösen. Der Ansatz $U(\varrho,t) = P(\varrho)\cdot T(t)$ liefert (11-103) und $\frac{\mathrm{d}^2P}{\mathrm{d}\varrho^2} + \frac{1}{\varrho}\frac{\mathrm{d}P}{\mathrm{d}\varrho} + \frac{\omega^2}{c^2}P = 0$. Diese BESSELsche Gleichung hat die Lösung (10-103) bzw. in HANKELschen Funktionen $P(\varrho) = AH_0^{(1)}\left(\frac{\omega\varrho}{c}\right) + BH_0^{(2)}\left(\frac{\omega\varrho}{c}\right)$. Für große Werte von ϱ gilt nach (10-118) und (10-107) asymptotisch $H_0^{(1)}\left(\frac{\omega\varrho}{c}\right) \to \sqrt{\frac{2c}{\pi\omega\varrho}}\,\mathrm{e}^{i\left(\frac{\omega\varrho}{c}-\frac{\pi}{4}\right)}$ bzw. $H_0^{(2)}\left(\frac{\omega\varrho}{c}\right) \to \sqrt{\frac{2c}{\pi\omega\varrho}}\,\mathrm{e}^{-i\left(\frac{\omega\varrho}{c}-\frac{\pi}{4}\right)}$. Wir setzen $\omega = kc$ und erhalten

$$U(\varrho,t) = \sum_k\sqrt{\frac{2}{\pi k\varrho}}\left[U_1(k)\mathrm{e}^{i\left(k\varrho-\frac{\pi}{4}+kct\right)} + U_2(k)\,\mathrm{e}^{i\left(k\varrho-\frac{\pi}{4}-kct\right)}\right].$$

Für diese *Zylinderwellen* liefert (11-109) wieder Phasengeschwindigkeit $= c$. Man beachte, daß die Darstellung durch ein- und auslaufende Wellen hier *nur asymptotisch* möglich ist, also *nicht* für alle Werte von ϱ (vgl. Aufgabe 2).

6. Randbedingungen sind: Für die Erdoberfläche bei $x = 0$ sei $T(t) = T_0\cos\omega t$, mit $\omega \approx 2\cdot 10^{-7}\,\mathrm{sec}^{-1}$. Für $x\to\infty$ wähle $U\to 0$. Mit $U(0,t) = \mathrm{e}^{-i\omega t}$ erhält man aus (11-124) die Lösung

$$U(x,t) = A\,\mathrm{e}^{ikx-\varkappa^2k^2t} + B\,\mathrm{e}^{-ikx-\varkappa^2k^2t}, \text{ wobei } k = \frac{1}{\varkappa}\sqrt{i\omega}$$

ist. Wegen $\sqrt{i} = \frac{1}{\sqrt{2}}(1+i)$ setzen wir $k = \frac{1}{\varkappa}\sqrt{\frac{\omega}{2}}(1+i)$ ein. Damit $U\to 0$ für $x\to\infty$ erfüllt wird, muß $B = 0$ sein, also ergibt sich die Lösung $U(x,t) = T_0\mathrm{e}^{-\alpha x}\cos(\alpha x - \omega t)$, wobei $\alpha = \frac{1}{\varkappa}\sqrt{\frac{\omega}{2}} \approx 7\cdot 10^{-3}\,\mathrm{cm}^{-1}$ ist. In 1 m Tiefe findet die Schwankung mit einer Phasenverschiebung von etwa 40 Tagen statt, wobei die Amplitude etwa auf $0{,}5\,T_0$ abgeklungen ist. In 4 m Tiefe beträgt die Phasenverschiebung 162 Tage (etwa ein halbes Jahr!), wobei die Amplitude auf $0{,}06\,T_0$ abgenommen hat.

Zu 12.3.

1. Wir verwenden die Methode der Entwicklung nach Eigenfunktionen in der bei (12-29) benutzten Form. Die homogene Gleichung ist $\varphi(x) = \lambda x A + \lambda B$ mit $A = \int_0^1 \varphi(x')\,\mathrm{d}x'$; $B = \int_0^1 x'\varphi(x')\,\mathrm{d}x'$. Setze $\varphi(x)$ in A und B ein, so folgt $\left(1 - \frac{\lambda}{2}\right)A = \lambda B$; $\left(1 - \frac{\lambda}{2}\right) B = \frac{\lambda}{3} A$.
Die nichttrivialen Lösungen dieses Systems ergeben sich aus $\lambda^2 + 12\lambda - 12 = 0$ zu $\lambda_1 = 0{,}93$; $\lambda_2 = -12{,}93$. Für λ_1 ist $B = 0{,}58A$ und für λ_2 folgt $B = -0{,}58A$, so daß sich nach der Normierung die Eigenfunktionen $\varphi_1(x) = 0{,}89x + 0{,}52$ und $\varphi_2(x) = 3{,}33x - 1{,}93$ ergeben. Die Lösung für die inhomogene Gleichung ergibt sich nun entweder nach (12-21) oder direkt aus $\varphi(x) = x^2 + \lambda x A + \lambda B$, wenn dies in A bzw. B eingesetzt wird. Dann ergibt sich $\left(1 - \frac{\lambda}{2}\right)A - \lambda B = \frac{1}{3}$; $-\frac{\lambda}{3} A + \left(1 - \frac{\lambda}{2}\right)B = \frac{1}{4}$, und dieses inhomogene System läßt sich lösen, wenn $\lambda^2 + 12\lambda - 12 \neq 0$ ist, d. h., wenn λ kein Eigenwert ist. Man erhält die Lösung

$$\varphi(x) = x^2 + \frac{\lambda}{12 - 12\lambda - \lambda^2}\left(4x + \lambda x + 3 - \frac{1}{6}\right).$$

2. Für $\alpha = \frac{1}{2}$ liefert (12-40)

$$\Phi(z_p) = \frac{1}{\pi}\left[\int_0^{z_p} (z_p - \xi)^{-\frac{1}{2}} \frac{\mathrm{d}T(\xi)}{\mathrm{d}\xi}\,\mathrm{d}\xi + \frac{1}{\sqrt{z_p}}\,T(0)\right].$$

Wegen $\Phi(z_p) = \sqrt{\frac{1}{2g}(1 + y'^2)}$; $\frac{\mathrm{d}T}{\mathrm{d}\xi} = \frac{1}{\sqrt{2g\xi}}$; $T(0) = 0$ ergibt sich die Lösung $\sqrt{1 + y'^2} = 1$, also hat die gesuchte Kurve die Gestalt $y = \text{const} = 0$. Tatsächlich gehört die vorgegebene Fallzeit zum freien Fall.

3. Wir benutzten die im Anschluß an (10-71) ausgeführten partiellen Integrationen und setzen dort $v(x) = G(x,x')$, $u = y$. Dann folgt

$$\int_a^b (G\,Ly - y\,LG)\,\mathrm{d}x = \left[Gp\,\frac{\mathrm{d}y}{\mathrm{d}x}\right]_a^b - \left[y\,p\,\frac{\mathrm{d}G}{\mathrm{d}x}\right]_a^b.$$

Die linke Seite ist nach (10-70) und (12-42) $-\int_b^a \lambda r G y\,\mathrm{d}x + y(x')$, also

$$y(x) = \lambda \int_a^b G(x', x) r(x') y(x')\,\mathrm{d}x' + \left[G(x', x)\,p\,(x')\,\frac{\mathrm{d}y}{\mathrm{d}x'}\right]_{x'=a}^{x'=b}$$
$$- \left[y(x')p(x')\,\frac{\mathrm{d}G(x'x)}{\mathrm{d}x'}\right]_{x'=a}^{x'=b}.$$

Für $y(a) = y(b) = 0$ wird diese Gleichung offenbar durch $G(x',a) = G(x',b) = G(a,x) = G(b,x)$ erfüllt.

Für $\left.\frac{\mathrm{d}y}{\mathrm{d}x}\right|_{x=a} = \left.\frac{\mathrm{d}y}{\mathrm{d}x}\right|_{x=b} = 0$ geschieht dies

durch $\left.\frac{\mathrm{d}G(x', x)}{\mathrm{d}x}\right|_{x=a} = \left.\frac{\mathrm{d}G(x', x)}{\mathrm{d}x}\right|_{x=b} = \left.\frac{\mathrm{d}G(x', x)}{\mathrm{d}x'}\right|_{x'=a} = \left.\frac{\mathrm{d}G(x', x)}{\mathrm{d}x'}\right|_{x'=b} = 0.$

Dann ist auch

$$\int_a^b [G(x, x')LG(x, x'') - G(x, x'')LG(x, x')]\,\mathrm{d}x = G(x'', x') - G(x', x'') = 0,$$

womit gezeigt ist, daß (12-41) gilt. Eine ausführliche Darstellung findet man z. B. in dem unter den Literaturhinweisen genannten ersten Band von Courant-Hilbert.

Zu 13.3.

1. In der Ebene ist $s = \int_A^B ds = \int_a^b \sqrt{1 + y'^2}\,dx$ zu einem Minimum zu machen. Für $F = \sqrt{1 + y'^2}$ liefert (13-12) $\frac{y'}{\sqrt{1 + y'^2}} = \text{const}$, d. h. $y' = \text{const}$ und $y = \alpha x + \beta$. Auf der Kugeloberfläche ist (vgl. Abb. 67a) $ds = r\sqrt{d\vartheta^2 + \sin^2\vartheta\, d\varphi^2}$, also für eine Kurve $\varphi = \varphi(\vartheta)$ ist $s = \int_a^b r\sqrt{1 + \sin^2\vartheta\varphi'^2}\,d\vartheta$ zu einem Minimum zu machen. (13-12) liefert hier $\varphi' = \frac{c}{\sin\vartheta\sqrt{\sin^2\vartheta - c^2}}$ oder $\varphi = \alpha - \arcsin(\beta\cot\vartheta)$. Demnach ist $\sin(\alpha - \varphi) = \beta\cot\vartheta$ oder (Kugelkoordinaten) $x\sin\alpha - y\cos\alpha = \beta z$. Dies stellt die Normalform von Ebenen durch den Ursprung dar, deren Schnitt mit der Kugeloberfläche stets ein Großkreis ist.

2. Nach (6-75) ist $0 = 2\pi\int_A^B y\,ds = 2\pi\int_a^b y\sqrt{1 + y'^2}\,dx$. (13-13) liefert $\frac{y}{\sqrt{1 + y'^2}} = \beta$, d. h. dieselbe Gleichung wie (13-32), so daß wieder $y = \beta\cosh\left(\frac{x}{\beta} + \alpha\right)$ die Lösung ist.

3. Wegen $v = \frac{dt}{ds}$ ist in diesem ebenen Problem $J = \int_A^B dt = \int_a^b \frac{\sqrt{1 + y'^2}}{v(x,y)}\,dx$ zu einem Minimum zu machen. Da $v \sim y$ sein soll, liefert (13-13) $y\sqrt{1 + y'^2} = \beta$ oder $y' = \sqrt{\left(\frac{\beta}{y}\right)^2 - 1}$. Durch Trennung der Variablen ergibt sich $(x + \alpha)^2 + y^2 = \beta^2$, d. h., die Extremalen sind Kreise, deren Mittelpunkte auf der x-Achse liegen.

4. Die Gleichung (13-28) hat hier die Form der STURM-LIOUVILLEschen Gleichung (10-68). Die gesuchten Extremalen, die durch die Randpunkte A und B gehen, ergeben sich demnach als Eigenfunktionen des Randwertproblems (10-68) mit (10-72), und der in (13-25) eingeführte Multiplikator λ wird durch die Eigenwerte von (10-68) bestimmt. Man kann diesen Zusammenhang zwischen Eigenwertproblemen und Variationsrechnung umgekehrt ausnutzen, um die Eigenwerte zu berechnen.

Zu 14.4.

1. I.) $P(w;w) = \frac{4}{9}$, $P(w;s) = P(s;w) = \frac{2}{9}$, $P(s;s) = \frac{1}{9}$, also

a) 0,444; b) 0,555; c) 0,888;

II.) $P(w;w) = \frac{2}{5}$, $P(w;s) = P(s;w) = \frac{4}{15}$, $P(s;s) = \frac{1}{15}$, also

a) 0,4; b) 0,466; c) 0,933.

2. Die Wahrscheinlichkeit, für ein Paar richtig zu entscheiden, sei p. Dann ist nach (14-24) die Wahrscheinlichkeit, in mindestens 5 Fällen richtig zu entscheiden,

$$P(p) = \binom{10}{5}p^5q^5 + \binom{10}{6}p^6q^4 + \binom{10}{7}p^7q^3 + \binom{10}{8}p^8q^2 + \binom{10}{9}p^9q + p^{10}.$$

a) $p = q = 0{,}5$ ergibt für mindestens
5 richtige Fälle $P(0{,}5) = 0{,}623$;
6 richtige Fälle $P(0{,}5) = 0{,}377$;
7 richtige Fälle $P(0{,}5) = 0{,}172$;
8 richtige Fälle $P(0{,}5) = 0{,}055$.

b) $p = 0{,}75$; $q = 0{,}25$ ergibt für mindestens
5 richtige Fälle $P(0{,}75) = 0{,}981$;
6 richtige Fälle $P(0{,}75) = 0{,}922$;
7 richtige Fälle $P(0{,}75) = 0{,}776$;
8 richtige Fälle $P(0{,}75) = 0{,}526$.

3. Es ist im Beispiel nach (14-47) $P(8) = \frac{5}{36}$, also $Q(8) = 1 - P(8) = \frac{31}{36}$ die Wahrscheinlichkeit, bei einem Wurf nicht die Summe 8 zu erhalten. Nach (14-8) ist dann $Q^{\nu-1} \cdot P = \frac{31^{\nu-1} \cdot 5}{36^{\nu}}$ die gesuchte Wahrscheinlichkeit.

4. Nach (14-24) ist Npq^{N-1} die Wahrscheinlichkeit, daß z. B. die Vorderseite einmal auftritt. Dann ist die Wahrscheinlichkeit für das Auftreten einer einzigen Rückseite $\binom{N}{N-1} p^{N-1} q = Np^{N-1}q$, so daß die gesuchte Wahrscheinlichkeit $N(p^{N-1}q + pq^{N-1}) = N\, 2^{1-N}$ ist $\left(p = \frac{1}{2}\right)$.

5. Mit $\zeta = \xi + \eta$ ist nach (14-57): $f(\xi,\eta) = f_X(\xi)\, f_Y(\eta) = f_X(\xi)\, f_Y(\zeta - \xi)$, so daß nach (14-59) $f_{X+Y}(\zeta) = \int\limits_{-\infty}^{+\infty} f(\xi, \zeta - \xi)\, d\xi$ ist. Die Integration liefert

$$f_{X+Y}(\zeta) = \frac{1}{\sigma_3 \sqrt{2\pi}} \exp\left(-\frac{\zeta^2}{2\sigma_3^2}\right)$$

mit $\sigma_3^2 = \sigma_1^2 + \sigma_2^2$ und $m_w = m_x + m_y$.

Zu 15.8.

1. $p_5(2{,}1) = 50{,}02001$; $p_5'(2{,}1) = 98{,}8105$.

2. $y(x) = 5x^3 - 16x^2 + 14x + 1$; $y(2) = 5$; (15-10) liefert das gleiche Polynom.

3. (15-16) liefert $x_z^{\mathrm{I}} \approx 3{,}03$ und das Hornersche Schema ergibt $f(x_z^{\mathrm{I}}) = -0{,}39$. Für $x_1 = 3{,}05$ ergibt sich $f(x_1) = 0{,}02$, so daß (15-16) erneut angewendet werden kann, mit dem Ergebnis $x_z^{\mathrm{II}} \approx 3{,}049$ und $f(x_z^{\mathrm{II}}) = 0{,}00173$. Da $x_0 = 3{,}048$ bereits $f(x_0) = -0{,}01915$ liefert, ergibt eine nochmalige Anwendung von (15-16) $x_z^{\mathrm{III}} \approx 3{,}0489$.

4. Nach (15-23) ist $|R| \leqq \frac{1}{12n^2}$; für $R_{\max} = 10^{-4}$ also $n \geqq 29$.

5. Die Eulersche Methode liefert für 4 Dezimalstellen

x	0	0,1	0,2	0,3	0,4	0,5
$y_{\mathrm{II}}(x)$	1	0,9950	0,9801	0,9558	0,9229	0,8822

Nach (15-50, 15-51) berechnet man im Runge-Kutta-Verfahren [Fehler: $O(h^5) = O(10^{-5})$]

x	y	$f(x,y)$	k_1	k_2	k_3	k_4
0	1	0	0	—0,0050	—0,0050	—0,0100
0,1	0,9950	—0,0995	—0,0100	—0,0149	—0,0148	—0,0196
0,2	0,9802	—0,1960	—0,0196	—0,0243	—0,0242	—0,0287
0,3	0,9560	—0,2868	—0,0287	—0,0330	—0,0329	—0,0369
0,4	0,9231	—0,3692	—0,0369	—0,0407	—0,0406	—0,0441
0,5	0,8825					

$y = \exp\left(-\frac{x^2}{2}\right)$ liefert bei $x = 0{,}5$: $y = 0{,}8825$

Literaturhinweise

Für den Leser, der sich genauer informieren will, geben wir im folgenden einige neuere Literatur an. Dabei legen wir keinen Wert auf Vollständigkeit der Hinweise, sondern nennen zu den einzelnen Kapiteln nur jeweils geeignete Werke

Werke, die (fast) den gesamten Stoff dieses Buches behandeln

Bronstein, I.N., und K.A. Semendjajew, G. Musiol, H. Mühlig,
Taschenbuch der Mathematik. Harri Deutsch, Thun und Frankfurt/M 1993.

Bronstein, I.N., und K.A. Semendjajew,
Taschenbuch der Mathematik. Ergänzende Kapitel. Harri Deutsch, Thun und Frankfurt/M. 1990.

Courant, R., und D. Hibert,
Methoden der mathematischen Physik. Bd. 1, 2, Springer, Berlin, Heidelberg, New York 1968.

Dieudonné, J.,
Grundzüge der modernen Analysis. Bd. 1-9, Vieweg, Braunschweig, Wiesbaden 1975, 1976, 1979, 1982, 1983, 1987.

Mangoldt, H. von, und K. Knopp,
Höhere Mathematik. Bd. 1-4, , Friedrich Hirzel, Stuttgart 1989.

Morse, P. M., and H. Feshbach,
Methods of Theoretical Physics. Part 1, 2, McGraw-Hill, New York, Toronto, London 1953.

Rudin, W.,
Real and Complex Analysis. McGraw-Hill, London, NewYork, Sydney, Toronto 1987.

Smirnow, W. I.,
Lehrgang der höheren Mathematik. Bd. 1-5, Harri Deutsch, Thun, Frankfurt/M. 1990, 1991, 1987, 1988, 1989.

Mathematische Tafelwerke

Brytschkow; I. A., u.a.,
Tabellen unbestimmter Integrale, Harri Deutsch, Thun, Frankfurt/M. 1991.

Gradstein, I. S., I. M. Ryshik,
Summen, Produkte, Integrale. Harri Deutsch, Thun, Frankfurt/M. 1981.

Rottmann, K.,
Mathematische Formelsammlung. Bibliographisches Institut, Mannheim 1991.

Stöcker, H.,
Taschenbuch mathematischer Formeln und moderner Verfahren. Harri Deutsch, Thun, Frankfurt/M. 1993.

Spezielle Werke zum 1. Kapitel

Henze, E.,
Einführung in die Maßtheorie. Bibliographisches Institut, Mannheim 1985.

Klaua, D.,
Allgemeine Mengenlehre. Walter de Gruyter, Berlin, NewYork 1979.

Schmidt, J.,
Mengenlehre. Bd. 1, Bibliographisches Institut, Mannheim 1974.

Spezielle Werke zum 3. Kapitel

Gantmacher, F. R.,
Matrizentheotie. Springer, Berlin, Heidelberg, New York, Tokyo 1986

Zurmühl, R., und S. Falk,
Matrizen und ihre Anwendungen. Teil 1, 2, Springer, Berlin, Heidelberg, New York 1992, 1986.

Spezielle Werke zum 5. Kapitel

Eisenreich, G.,
Lineare Algebra und analytische Geometrie. Harri Deutsch, Thun, Frankfurt/M. 1989.

Fischer, G.,
Analytische Geometrie. Vieweg, Braunschweig, Wiesbaden 1992.

Spezielle Werke zum 7. Kapitel

Gerlich, G.,
Vektor- und Tensorrechnung für Physik. Vieweg, Braunschweig 1977

Klingbeil, E.,
Tensorrechnung für Ingenieure. Bibliographisches Institut, Mannheim 1989.

Kowalsky, H.-J.,
Vektoranalysis. Bd. 1, 2, Walter de Gruyter, Berlin 1974, 1976.

Spezielle Werke zum 8. Kapitel

Champeney, D. C.,
Fourier Transform and their Physical Applications. Academic Press, New York 1973.

Collatz, L.,
Funtionalanalysis und Numerische Mathematik. Springer, Berlin, Heidelberg, New York 1968.

Jantscher, L.,
Distributionen. Walter de Gruyter, Berlin, New York 1971.

Ljusternik, L. A., und W. J. Sobolew,
Elemente der Funktionalanalysis. Harri Deutsch, Thun, Frankfurt/M. 1976.

Rudin, W.,
Functinal Analysis. McGraw-Hill, London, New York, Sydney, Toronto 1972.

Triebel, H.,
Höhere Analysis. Harri Deutsch, Thun, Frankfurt/M. 1980.

Spezielle Werke zum 9. Kapitel

Behnke, H., und F. Sommer,
Theorie der analytischen Funktionen einer komplexen Veränderlichen. Springer, Berlin, Heidelberg, New York 1976.

Doetsch, G.,
Einführung in Theorie und Anwendung der Laplace -Transformation. Birkhäuser 1976.

Doetsch, G.,
Anleitung zum praktischen Gebrauch der Laplace-Transformation . R. Oldenbourg, München, Wien 1989.

Knopp, K.,
Elemente der Funktionentheorie. Walter de Gruyter, Berlin, New York 1978.

Knopp, K.,
Funktionentheorie. Bd. 1, 2, Walter de Gruyter, Berlin, New York 1976, 1981.

Spezielle Werke zum 10. und 11. Kapitel

Aman, H.,
Gewöhnliche Differentialgleichungen. Walter de Gruyter, Berlin, New York, 1983.

Bellmann, R., and G. Adomian,
Partial Differential Equations. Reidel, Dodrecht 1985.

Kamke, E.,
Differentialgleichungen, Lösungsmethoden und Lösungen. Bd. 1, 2, B. G. Teubner, Stuttgart, 1983, 1979.

Knobloch, H. W., und F. Kappel,
Gewöhnliche Differentialgleichungen. B. G. Teubner, Stuttgart 1974.

Michlin, S. G.,
Partielle Differentialgleichungen in der Physik. Harri Deutsch, Thun, Frankfurt/M. 1978.

Spezielle Werke zum 12. Kapitel

Jörgens, K.,
Lineare Integraloperatoren. B. G. Teubner, Stuttgart 1970.

Spezielle Werke zum 13. Kapitel

Blanchard, P., und E. Brüning,
Direkte Methoden der Variationsrechnung. Springer, Wien, New York 1982.

Klingbeil, E.,
Variationsrechnung. Bibliographisches Institut, Mannheim, Wien, Zürich 1988.

Spezielle Werke zum 14. Kapitel

Bauer, H.,
Wahrscheinlichkeitstheorie und Grundzüge der Maßtheorie. Walter de Gruyter, Berlin, New York 1991.

Feller, W.,
An Introduction to Probability Theory and Its Applications. Bd. 1, 2, J. Wiley & Sons, New York 1991, 1971.

Gnedenko, I.,
Lehrbuch der Wahrscheinlichkeitsrechnung. Harri Deutsch, Thun, Frankfurt/M. 1987.

Kreyszig, E.,
Statistische Methoden und ihre Anwendungen, Vandenhoeck & Ruprecht, Göttingen 1991.

Papoulis, A.,
Probability, Random Variables, and Stochastic Processes. McGraw-Hill, New York, Toronto, London 1984.

Spezielle Werke zum 15. Kapitel

Engeln-Müllges, G., und F. Reutter,
Formelsammlung zur Numerischen Mathematik mit Turbo-Pascal-Programmen. B. I. Wissenschafts-verlag, Mannheim, Wien, Zürich 1991.

Stiefel, E.,
Einführung in die numerische Mathematik. B. G. Teubner, Stuttgart 1976.

Stoer, J., und R. Bulirsch,
Numerische Mathematik. Bd. 1, 2, Springer, Berlin, Heidelberg, New York 1989, 1990.

Zurmühl, R.,
Praktische Mathematik für Ingenieure und Physiker. Springer, Berlin, Heidelberg, New York 1984.

Sachwortverzeichnis